Molecular Interaction Theory in Macro State

Basis and Calculation

张福田　著

宏观分子相互作用理论

基础和计算

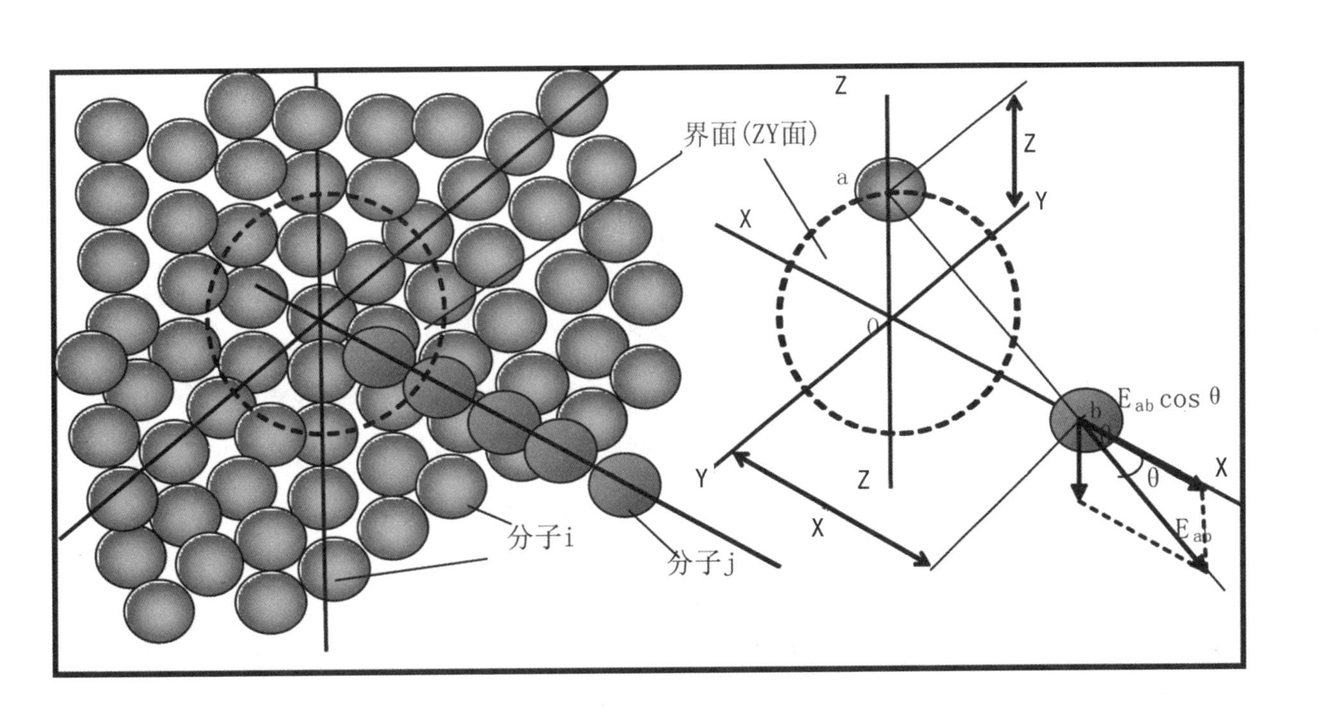

上海科学技术文献出版社

图书在版编目（CIP）数据

宏观分子相互作用理论 / 张福田著 . —上海：上海科学技术文献出版社，2012.3
ISBN 978-7-5439-5211-9

Ⅰ . ①宏… Ⅱ . ①张… Ⅲ . ①分子作用 Ⅳ . ① 0561.4

中国版本图书馆 CIP 数据核字（2012）012064 号

责任编辑：忻静芬
封面设计：汪伟俊

宏观分子相互作用理论
张福田 著
*
上海科学技术文献出版社出版发行
（上海市长乐路 746 号 邮政编码 200040）
全国新华书店经销
常熟市人民印刷厂印刷
*
开本 787 × 1092 1/16 印张 43 字数 939 000
2012 年 3 月第 1 版 2012 年 3 月第 1 次印刷
ISBN 978-7-5439-5211-9
定价：148.00 元
http://www.sstlp.com

出版说明

科学技术是第一生产力。21 世纪，科学技术和生产力必将发生新的革命性突破。

为贯彻落实“科教兴国”和“科教兴市”战略，上海市科学技术委员会和上海市新闻出版局于 2000 年设立“上海科技专著出版资金”，资助优秀科技著作在上海出版。

本书出版受“上海科技专著出版资金”资助。

上海科技专著出版资金管理委员会

内容简介

宏观分子间相互作用理论是讨论大量粒子体系中分子间相互作用，由此在微观分子间相互作用理论基础上，找出宏观性质的统计规律性，即找出宏观性质的微观结构，作为分析、解释、改变宏观性质的微观依据。本书以宏观性质压力为讨论主线，集聚了众多实际数据，制成图、表对理论讨论作了明确说明，将本书理论观点与实际数据结合起来，成为具有特色的分子间相互作用理论专著。

全书共八章，前两章介绍微观的和宏观的分子间相互作用理论，第三章讨论分子间相互作用与宏观性质的统计力学关系。后五章是分子压力理论，介绍分子压力的导出，分子压力与宏观性质“压力”的关系，分子压力理论在纯物质、气体和液体混合物的应用。提出了分子压力分为分子动压力和分子静压力两种概念，在液体混合物——溶液讨论中提出溶液条件以区别不同类型的溶液，并以物理界面相平衡理论明确地解释溶液成为理想溶液的微观因素。

本书可作为高等院校理工科（如物理、化学、化工、能源、生物、药学、材料、冶金、等）有关专业的大学教师、高年级大学生和研究生的教、学参考书，也可供有关科研人员、工程技术人员参考。

前　言

物质的宏观性质与物质内部的各种分子间的相互作用密切相关。目前用于描述物质内分子间相互作用的方法有两种：

第一种方法为微观分子间相互作用研究法。即研究分析两个分子间的相互作用。

第二种方法为宏观分子间相互作用研究法。即研究宏观状态下大量微观粒子集体运动的规律性，在统计力学中叫做统计规律性。

这两个研究领域对于促进科学技术的发展所起的作用应该是异曲同工的。

微观分子间相互作用研究方法是从微观信息出发，例如分子的微观性质、分子的移动、转动、振动能阶和分子间作用力等。这些微观信息经过统计力学处理，用于预测体系的宏观性质。

胡英教授指出，这里的“预测”专指的是由微观结构预测宏观性质。

宏观分子间相互作用研究方法是从宏观性质出发，经过统计力学处理，找出相适应的统计规律性，以达到了解、分析、解释、改变这个宏观性质及其变化规律。

这里的“找出”应该是由宏观性质找出其统计规律性。

这两种方法在当前统计力学理论中均有应用。简单举例来讲，就是计算一个平衡体系的内能。微观分子间相互作用研究方法是计算每个分子在每个瞬时的能量，然后将所有分子瞬时的能量加和起来，用以预测宏观体系的内能。

宏观分子间相互作用研究方法认为每个粒子在每一瞬间时的能量虽然不同，但在平衡状态时其平均能量却是一定的。故而采用统计力学的方法，如统计、分布、涨落等法，从宏观性质内能找出粒子的平均能量，然后由体系粒子数目，得到体系的内能值。因此这个方法是采用所讨论的宏观性质的统计规律性找出该宏观性质的微观结构。

比较而言，宏观分子间相互作用研究方法与宏观性质联系更紧密些，亦就是与实际现象联系更紧密些，理论上可能遇到的困难会少一些，数学上的难题亦可能少一些。

这两种讨论分子间相互作用方法在现有统计力学、统计物理和分子热力学中都有涉及，并已做了很多有意义的工作。微观分子间相互作用理论从其目的——预测宏观性质来看，应有一定的实际意义。但其出发点是微观结构，很自然地会较偏重于理论性的探讨；

而宏观分子间相互作用理论的出发点是宏观性质，其目的是找出宏观性质的统计规律性，用于解释、分析和改变宏观性质，应有可能与实践结合得更紧密些。为此，作者认为值得将宏观分子间相互作用理论进行较系统地总结、归纳、整理，以介绍给读者。

本书将以宏观性质中的压力和微观性质中的各种分子压力为主线，将宏观分子间相互作用研究中涉及的宏观性质、统计规律性、微观结构对宏观性质及其变化规律的影响等相关内容串联起来，从而使本书内容不仅是单纯的理论探讨，而且使理论与实践联系起来。书内列有很多计算实例与图表，便于读者阅读与理解。

本书主要内容由三个部分八章组成：首先介绍宏观分子间相互作用理论与微观分子间相互作用理论间不同之处，由此讨论宏观分子间相互作用的特性；其次对关联宏观性质—微观性质的统计力学一些相关概念作简单的介绍，并说明选择压力作为讨论的宏观性质的原因；最终对压力的微观结构中的分子压力进行了较全面的分析讨论。

第一章简单介绍微观下分子间相互作用的基本特性、长程力和不同物质间分子作用力等基本概念，为下一步讨论作铺垫。

第二章主要内容为讨论分析大量粒子间相互作用的一些基本特性、大量分子相互作用下的长程性质作用力、多种分子体系中分子间的相互作用和系统中与移动分子相关的分子动压力与定居分子相关的分子静压力等。

第三章分析讨论宏观分子间相互作用统计力学基础。由于宏观分子间相互作用与宏观性质密切相关，本书讨论的微观性质为各种分子压力，故与微观性质中分子动压力相关的宏观性质中的压力是着重讨论的对象。

第四章提出分子压力概念，并以状态方程、统计力学理论计算和讨论分子压力。

第五章讨论气态纯物质的分子压力。内容有不同热力学过程下气体分子压力的特性、影响气相分子压力的各种因素、经典热力学中代表分子间相互作用影响的逸度与分子压力的关系。

第六章讨论理想气体和真实气体混合物的分子压力规律，由此讨论在气体混合物中分子压力的混合规则及气体 Virial 系数的微观特征。

第七章讨论液态纯物质的分子动压力和分子静压力。着重讨论分子动压力的特性和各种影响因素。此外，依据宏观分子间相互作用观点，对液态物质引入了 Virial 方程，讨论了 Virial 方程对液体的适用性和液体 Virial 系数与分子压力的关系，并对气体与液体 Virial 系数进行了比较。

第八章以经典热力学理论、相平衡理论、统计力学理论讨论溶液——液态物质混合物中多分子间相互作用和液体结构对溶液——液态物质混合物中分子压力的影响。并依据溶液条件不同，讨论完全理想溶液、近似理想溶液和实际溶液的分子压力特点及其混合规则。

本书中宏观分子间相互作用理论可归纳成以下理论结果：其一是提出了宏观性

质的压力和微观组成结构中分子压力的关系;其二是提出了气态和液态纯物质与混合物的各种分子压力的计算原理和方法;其三是提出分析了形成不同类型溶液的溶液条件和溶液特性;其四是通过分子压力,有可能将分子间相互作用微观信息(分子间吸引作用和排斥作用)用于定量地分析和讨论宏观物质热力学过程。相信这些理论结果将有助于冶金、化学、化工、石油化工、医药科学、生命科学等领域的研究,为改进生产工艺参数,提高产品质量、产量,发展新技术和新材料、新产品提供一些理论思路。

因此本书的读者对象为物理、化学、物理化学、冶金、焊结、胶接、化工、生化、医药、金属和非金属材料等专业的大学生、硕士生、博士生、教师和研究人员,以及在各种高新技术和各个工业技术领域中从事与生产工艺有关的技术人员和研究人员。

分子间相互作用理论是近代开始发展起来的,特别是当分子间相互作用理论与统计力学相结合,发展为分子热力学时更涉及众多的新知识。如上所述,其中理论难点必定很多,限于作者的能力与水平,书中的缺点、错误等一定在所难免,对于此,希望读者能给予指正和谅解。

此外,作者向关心与支持宏观分子间相互作用理论、分子压力概念的读者和研究人员表示感谢,对于在本书编写过程中给予支持和帮助的老一辈专家李正邦教授、刘友梅教授和陈国邦教授等表示衷心感谢;华东理工大学刘洪来教授审阅了本书,提出了许多宝贵意见,在此亦表示衷心感谢。

张福田

2011.4.20 于上海

附注:作者的 Email 地址:zftzq2@yahoo.com.cn,欢迎大家就本书内容进行交流和提供意见和建议。

Preface

The macroscopical properties of a substance are related closely with the interactions between the molecules in the substance. At present time, there are two ways for describing the molecular interactions, they are:

The first is the microscopical molecular interactions method, that is to research the interactions between two molecules.

The second is the macroscopical molecular interaction method, that is to research the regularity of collective movements under the condition of large quantities of molecules in macroscopical state, which is called as statistical regularity in statistical mechanics.

The approaches of the two research fields are different, but both play the same role to promote the development of science and technology.

The research method of microscopical molecular interactions is to start from the microscopical information, such as the microscopical characteristics of molecules, translation and turning of molecules, energy order of vibration and molecular interactions etc. The above information can be used to predict the macroscopical properties of system through the treatments of statistical mechanics.

The professor Hu Ying points out that the "prediction" here is indicated specially as the prediction of macroscopical properties according to the microstructure.

The research method of macroscopical molecular interactions starts out from macroscopical properties, and by means of statistical mechanics, find out appropriate statistical regularity to be used to understand, analyze, explain, and change the macroscopical properties and the laws of its variation.

Here "find out" is indicated specially as the finding of statistical regularity from the macroscopical properties.

The both methods have applications in the current statistical mechanics theory. For instance, if you want to calculate the internal energy of a system, the research method of microscopical molecular interactions is to calculate the instantaneous energy of each molecule, then the instantaneous energies of all molecules are added up to predict the internal energy of the macroscopical system.

The research method of macroscopical molecular interactions thinks although the energy of each particle in every moment is different, but in equilibrium state its average energy is certain. Namely, it is possible to use statistical mechanics methods, such as statistics, distribution, fluctuation etc. , to found out the average internal energy of particle from the internal energy properties in macroscopical state, and then according to the particle numbers of system, the internal energy value of the system is obtained. Therefore this method is to use the statistical regularity of discussed macroscopical properties, to found out the microstructure of the discussed macroscopical properties.

By comparison, the research methods of macroscopical molecular interactions are more closely contact with the macroscopical properties, also more closely linked with the practice phenomenon, therefore, the possible difficulties will be relatively less in the theory research, and mathematical problems also may be less.

The discussion methods of the two kinds of molecular interactions all have been involved on the existing statistical mechanics, statistical physics and molecular thermodynamics, and already possess a lot of meaningful work. But microscopical molecular interaction theory, from its purpose is to predict macro properties, should has certain practical significance, however, because its starting point is the microstructure, naturally more focus on theoretical discussion. While the starting point of macroscopical molecular interaction theory is macroscopical property, its purpose is to find the statistical regularity of the macroscopical property, and it can be used to explain, analysis and change the macroscopical properties, therefore, may be combined more closely with practice. Therefore, we think: it is rewarding that the macroscopic molecular interaction theory systematically is summarized, summed up and sorted out, and is introduced to readers.

The mainline of this book is macro properties — pressure and microscopical properties — molecular pressures, this mainline is used to string together the macroscopical molecular interactions, statistical regularity, the influence of microstructure on macroscopical properties as well as the variation rules and other related contents. Thus it is made that the contents of this book is not only single theoretic discussions, but also association between the theory and practice. There are many calculating examples and charts in the book to facilitate readers' reading and understanding.

The main content of this book consists of three parts eight chapters: the first part introduces the difference between macro and micro molecular theories of interaction, thus discusses the characteristics of macroscopical molecular interactions, the second part is the simple introduction to some concepts of statistical mechanics related with macro properties — microscopical nature, and explains why pressure is selected as the macroscopical properties discussed. Finally, the third part comprehensively goes about the analysis and discussion of microscopical structure of pressure — molecules pressure.

The first chapter introduces the basic characteristics of the interactions between molecules in microscopical state, the basic concepts of long-distance forces and the molecular acting forces between various substances etc. , which foreshadows the further discussion.

The main contents of second chapter are the discussion and analysis about the basic characteristics of interactions between large quantity of particles, long-distance forces of mass molecular interactions, molecular interactions in multicomponent system and dynamic molecular pressure related with moving molecules and static molecular pressure related with settled molecules in system, etc.

The third chapter discusses the foundations of statistical mechanics for macroscopical molecular interactions. Because the macroscopical molecular interactions closely relate with the macroscopical properties, and the microscopical properties discussed in this book are various kinds of the molecular pressure, so the macroscopical property — pressure related with dynamic molecular pressure in micro properties is discussed emphatically.

The fourth chapter put forwards the concept of molecular pressure, and calculations and discussions of molecular pressure by using state equation and statistical mechanics theory.

The fifth chapter discusses the molecular pressure of pure gas substances. In its content there are the characteristics of the molecular pressures of gas under different thermodynamics process, the influence factors of the molecular pressures of gas, and the relations of the fugacity which represents the influence of the molecular interactions in classical thermodynamics with the molecular pressure.

The sixth chapter discusses the rules of molecular pressures for real and ideal gas mixture, thereof discusses the mixed rules of molecular pressures in a mixture of gas and the microscopical characteristics of Virial coefficient for gas.

The seventh chapter discusses dynamic molecular pressure and static molecular pressure. This chapter gives emphasis to discuss the properties and the influence factors of the dynamic pressure of liquid. In addition, according to the viewpoint of the macroscopical molecular interactions, Virial equation is led in the liquid substances, the applicability of Virial equation for liquid and the relations of Virial coefficient of liquid with the molecular pressures are discussed, and the Virial coefficient of liquid is compared with the Virial coefficient of gas.

The eighth chapter discusses the influences of multimolecular interactions and liquid structure on the molecular pressures in solution — mixtures of liquid substances by using classical thermodynamics theory, phase equilibrium theory and statistical mechanics theory, and discussed the characteristics of molecular pressures and mixed rules of perfectly ideal solution, approximate ideal solution and practical solution according to different solution conditions.

The macroscopical molecular interaction theory of this book can be concluded as the following theoretical results: The first, the relations between macroscopical properties — the micro structure of pressure — molecular pressures are proposed. The second, the principle and the methods of the molecular pressures of pure substance and mixtures in the state of gas or liquid are proposed. The third, the solution conditions and the solution characteristics of different types of solution are proposed and expounded. The fourth, with the aid of molecular pressure, the microcosmic information of molecular interactions (attractions and repulsion between molecules) can be used quantitatively to analyze and discuss the thermodynamics processes of macroscopical matter. It is believe that above molecular information will be helpful to provide some theoretical ideas about the improvement of parameters of production process, the improvement of quality and quantity of products and the development of new technology and new materials and new products for the researchers in metallurgy, chemistry, chemical engineering, petroleum chemical industry, medical science, life science and other areas.

Therefore, the suitable readers of this book are students, master or doctors, teachers and researchers in physics, chemistry, physical chemistry, metallurgy, welding, glued joint, chemical engineering, biochemistry, medicine, metallic and non-metallic materials, technicists and researchers related with manufacturing technique in the fields of high and new technology and various industrial technology.

Molecular interaction theory is developed in modern times, which involves new numerous knowledge especially when the molecular interactions theory was combined with statistical mechanics and developed into molecular thermodynamics. As above mentioned, there exists many theoretical difficulties, therefore, the shortcomings and errors in the book must be unavoidable due to the limit of author's ability and level, for these, hope readers can give to correct and understanding.

In addition, author greatly appreciates readers and researchers' concern and support to the macroscopical molecular interactions theory and molecular pressures conception, sincerely thanks Professor Li Zheng Bang, Professor Liu You Mei, and Professor Chen Guo Bang those experts of the older generation for their support and help during the preparation of this book, and sincerely thanks Professor Liu Hong Lai at East China University of Science and Technology, who checks and approves the contents of this book and gives many precious suggestions.

Zhang Fu Tian

2011. 4. 20 in Shanghai

Nate: The author's Email address: zftzq2@yahoo. com. cn. The author welcomes any comments for future revisions.

目　　录

Contents

第一章

微观分子间相互作用

众所周知,任何物质,无论是纯物质或是混合物,其性质必定与所讨论物质内部的分子间作用力相关。因而在讨论之前,本章先对分子间相互作用作简要的介绍。

Prausnitz[1]指出:我们对分子间力的认识远远不够。对联系分子间力和宏观物性的许多定量关系目前也只是局限于简单的理想化的情况。因而,下面介绍的分子间相互作用的部分知识,亦只是为进行下一步讨论作准备。

分子间相互作用可以分成两种情况讨论:

第一,在微观状态下,当一个分子附近出现另一个分子时,这两个分子应该彼此间存在影响,即讨论的单个分子与另一个单个分子间的相互影响,称之为微观分子间相互作用,这是进行分子间相互作用理论讨论的基础,也是本章的主要内容。

第二,在宏观实际状态下,体系中存在千千万万个分子,这些分子间均存在相互作用。一个分子附近会出现许多分子,一些分子可能与讨论分子是同一种分子,另一些分子也可能与讨论分子不是同一种分子。这时,讨论的对象将是同种分子多分子间的相互作用与异种分子多分子间的相互作用,多分子间的相互作用与单个分子间相互作用有什么不同,多分子间共同作用对分子间相互作用有什么影响,这些亦是需要了解的。大量分子间相互作用称为宏观分子间相互作用,这将是第二章讨论的主要内容。

最简单的微观状态下分子间相互作用为:有两个分子,当这两个分子相互靠近到一定距离时,分子间会产生吸引力和排斥力。因此,分子间的吸引力和排斥力是分子间相互作用理论研究的最基础内容。如果分子间不存在吸引力,显然,气体就不会凝聚为液体和固体,换句话讲,凝聚相将不存在。如果分子间不存在排斥力,那么,只要有一定的环境压力,任何物质均可以无限制地被压缩。因而,分子间无论存在吸引力,或是排斥力,均对物质性质会有重大的影响。

自然界中存在各种各样物质,例如金属熔体、离子型物质、各种有机物质等等,物质内粒子相互作用的形式亦应是各种各样,有金属键相互作用、离子键相互作用、极性分子相互作用、非极性分子相互作用等等,所以,分子间力会有许多类型。例如我国张开教授[2]认为分子间总的作用能应由下列各项组成:

$$\varepsilon_{12} = \varepsilon_{12}^{d} + \varepsilon_{12}^{P} + \varepsilon_{12}^{I} + \varepsilon_{12}^{h} \qquad [1-1]$$

这里已列有四种相互作用:ε_{12}^{d} 为色散力相互作用,ε_{12}^{P} 为偶极力相互作用,ε_{12}^{I} 为诱导力相互作用,ε_{12}^{h} 为氢键力相互作用。

在这方面,国外研究者提出的相互作用种类更多,例如Jańczuk[3]和Fowkes[4, 5]认为:表面张力是由下列各相互作用所组成的:

$$\gamma = \gamma^d + \gamma^P + \gamma^I + \gamma^h + \gamma^\pi + \gamma^{ad} + \gamma^e \qquad [1-2]$$

式中增加了π键相互作用γ^π、电子授受相互作用γ^{ad}和静电相互作用γ^e。Jańczuk还考虑了Lifshitz-van der Waals相互作用γ^{LW}和Lewis酸碱相互作用γ^{AB}。

本书不可能亦没必要对上述类型的分子间相互作用均作详尽的讨论。参照Prausnitz[1]的意见，下面将按以下分类对分子间相互作用进行讨论。

(1) 静电相互作用，简称静电力。指带电粒子（离子）之间，及永久偶极子、四极子和高阶多极子之间的静电相互作用。

(2) 诱导相互作用，简称诱导力。指永久偶极子对诱导偶极子的静电诱导相互作用。

(3) 色散相互作用，简称色散力。指非极性分子之间的相互作用。

(4) 排斥力。

1-1　各种分子间相互作用

已知任何物质分子间均存在相互作用，依据目前文献报道，从方便讨论的目的出发，将分子间的相互作用大致分成为三种类型进行讨论。

(1) 第一类分子间相互作用。依据分子间相互作用的结果来讨论。分子间相互作用的结果有两种：一种是在分子间产生引力，另一种是在分子间产生斥力。故这类分子间相互作用应包含有分子间吸引相互作用和分子间排斥相互作用。

(2) 第二类分子间相互作用。依据分子间相互作用的有效作用距离分类，亦有两种：一种为短程分子间相互作用，另一种为长程相互作用。

(3) 第三类分子间相互作用。按照分子间相互作用的性质来分类。由式[1-1]和[1-2]来看，有许多不同作用性质的分子间相互作用，这些不同作用性质的分子间相互作用是本章的讨论对象。从实际应用的角度出发，在这些不同作用性质的分子间相互作用中将重点分析讨论静电力、诱导力和色散力。

1-1-1　第一类分子间相互作用

微观粒子包括中性原子、分子（极性或非极性分子）、离子、电子等，这些微观粒子间存在相互作用力，即具有一定的位能。一般认为，一对相互作用的粒子之间的相互作用有两种作用类型[6]。

(1) 带电粒子之间的静电作用。静电作用力与距离的$n(<6)$次方成反比。如果两个相互作用的粒子所带的电荷相反，则两粒子间产生吸引力位能，此位能以负号表示。如果两个相互作用的粒子所带的电荷相同号，则两粒子间产生斥力位能，此位能以正号表示。静电

作用力又称为库仑力。

(2) 不带电荷的中性粒子间的相互作用,又称为 van der Waals 相互作用位能。这一相互作用位能与粒子间距离 $n(=6)$ 次方成反比。在一般情况下 van der Waals 相互作用位能总是吸引力位能,只是当讨论的两个粒子间距离非常靠近时(一般在<0.4 nm 时),由于这时两个粒子的电子云发生重叠,会产生巨大的斥力,这个斥力称为 Boer 斥力。这一斥力与粒子间距离 $n(=9\sim12)$ 次方成反比。因此一对中性粒子所具有的位能应为:

$$u = u_P + u_{at} = b_1 \times \frac{1}{r^{12}} - b_2 \times \frac{1}{r^6} \qquad [1-1-1]$$

式中斥力位能 $u_P = b_1/r^{12}$, b_1 为 Boer 斥力常数, r 为两粒子间距离。

式中引力位能 $u_{at} = b_2/r^6$, b_2 为 London 常数。

由于式[1-1-1]右边有两项,一项是引力位能项,一项是斥力位能项,两项符号相反,因此其位能综合曲线上必会出现位能的最低值 U_m,与其相对应的粒子间距离 r_m 被称为平衡距离。此时相互作用的微粒处于稳定平衡态。如对式[1-1-1]微分,并令其为零值,则有:

$$\frac{du}{dr} = -12b_1 r^{-13} + 6b_2 r^{-7} = 0 \qquad [1-1-2]$$

这样平衡距离应为: $$r_m = (2b_1/b_2)^{1/6} \qquad [1-1-3]$$

位能最低值: $$u_m = -\frac{b_2}{2} r_m^{-6} = -b_1 r_m^{-12} \qquad [1-1-4]$$

将此式代入到式[1-1-1]中,得:

$$u = u_m\left[\left(\frac{r_m}{r}\right)^{12} - 2\left(\frac{r_m}{r}\right)^{6}\right] \qquad [1-1-5]$$

此式即为著名的 Lennard-Jones 位能方程。方程中各项常数可通过凝聚相的压缩系数、气体的维利系数或以其他方法给予确定。

由此看来,无论是静电库仑力,或是 van der Waals 相互作用都是由两种基本作用力所组成,其一为粒子间吸引作用力;另一为粒子间斥力作用力。两者符号不同,亦就是作用方向不同。这两种相互作用力存在的条件亦互不相同,因此引力位能和斥力位能是两种不同的分子间作用位能,由它们形成了第一类分子间作用位能。换句话讲,引力相互作用和斥力相互作用是这类分子间作用位能的特征。

研究这类分子间作用的工具是位能函数。所谓位能函数是指一对相互作用的分子对的位能与分子间距离 r 的函数关系。为了得到有应用价值的位能函数的定量关系,还需要借助于各种简化的模型。为此,在以往文献[7~9]中围绕着分子间引力和斥力的特性、生成条件、变化情况等曾建立和讨论了许多位能函数研究模型,并以此对分子间引力和斥力进行了讨论研究。

对这种位能函数模型的要求，首先是理论上必须是合理的，能在一定程度上符合实际情况。其次模型应该简化，数学处理方便。下面简单介绍一些应用较多的模型。

1. 硬球位能函数

硬球位能函数是最简单的一种位能函数，它将分子看成为没有吸引力的硬球，其位能曲线如图 1-1-1 所示。

图中 σ 是硬球直径，硬球位能函数的表示式为：

$$\left.\begin{aligned} u &= 0, \quad r > \sigma \\ u &= \infty, \quad r \leqslant \sigma \end{aligned}\right\} \qquad [1-1-6]$$

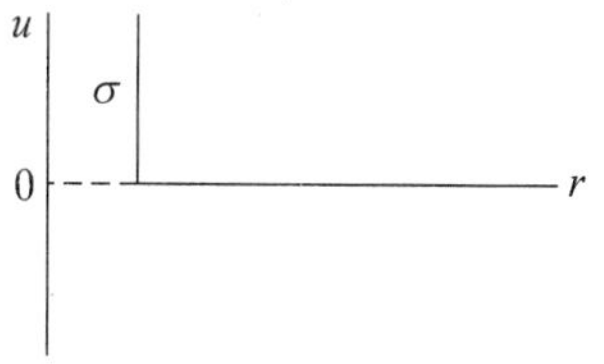

图 1-1-1 硬球位能函数

硬球模型过于简单粗糙，只是粗略地反映了分子间存在极强的超短程斥力，并不能反映实际的分子间作用情况。但其优点是数学处理比较容易，故在讨论分子间相互作用时还会使用这一模型。

2. 方阱位能函数

方阱模型将分子看成是个直径为 σ 并有吸引力的硬球。但这一硬球的吸引力范围为两分子间距离 r 小于或等于 $R\sigma$。R 称为对比阱宽，方阱位能函数的示意图见图 1-1-2，函数的表示式为：

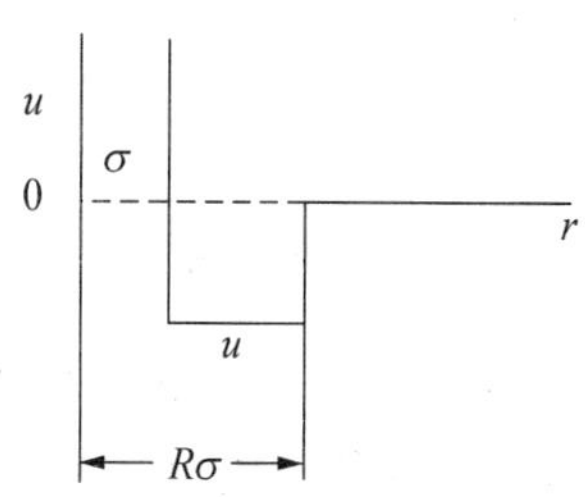

图 1-1-2 方阱模型

$$\left.\begin{aligned} u &= 0, \quad r > R\sigma \\ u &= -u, \quad \sigma < r > R\sigma \\ u &= \infty, \quad r \leqslant \sigma \end{aligned}\right\} \qquad [1-1-7]$$

方阱模型比硬球模型合理，在模型中开始粗略地考虑了吸引力和排斥力，虽然与实际情况相差还是较远，但数学处理简单，故在许多理论分析中还经常应用这一模型。

3. 双阱模型

童景山教授[9]改进了方阱模型，提出了双阱模型的位能函数，如图 1-1-3 所示。双阱模型的位能函数为：

$$\left.\begin{aligned} u &= 0, \quad r > R^{**}\sigma \\ u &= -mu_m, \quad R^{*}\sigma < r > R^{**}\sigma \\ u &= -u_m, \quad \sigma < r > R^{*}\sigma \\ u &= \infty, \quad r \leqslant \sigma \end{aligned}\right\} \qquad [1-1-8]$$

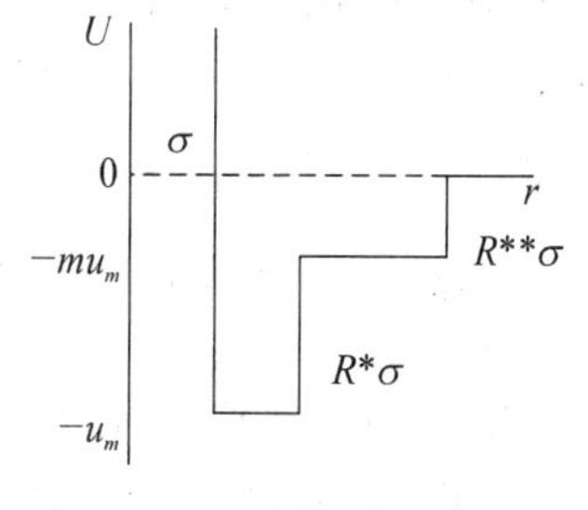

图 1-1-3 双阱模型

双阱模型位能函数与童景山教授提出的分子聚集理论契合，而且与方阱模型相比，双阱模型更接近于分子相互作用的实际行为。此外双阱模型位能函数与方阱模型位能函数同样便于数学处理，这为实际应用带来了方便。

4. Sutherland 位能函数

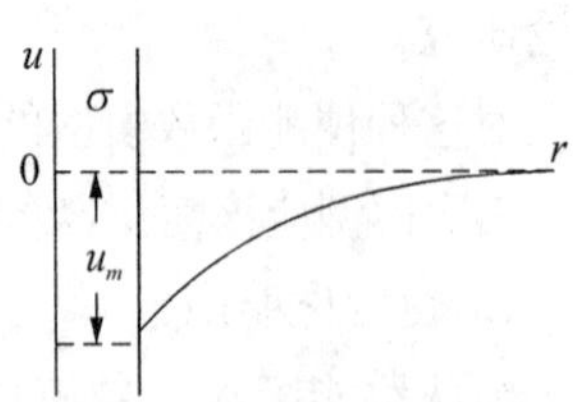

图 1-1-4 Sutherland 位能函数

Sutherland 位能函数亦将分子看作直径为 σ 的有吸引力的硬球，其吸引力与 r^6 成反比，Sutherland 位能函数曲线示于图 1-1-4，位能函数为：

$$\left.\begin{aligned} u &= -u_m\left(\frac{\sigma}{r}\right)^6, & r > \sigma \\ u &= \infty, & r \leqslant \sigma \end{aligned}\right\} \qquad [1-1-9]$$

这一位能函数模型更合理，模型中无论对吸引力还是对斥力的考虑均与实际情况接近，分子理论讨论亦证实这一模型与 van der Waals 方程是一致的。

5. Lennard-Jones 位能函数

Lennard-Jones 位能函数是个重要的并应用广泛的位能函数，在前面讨论中已有多处涉及，其表示式为：

$$u = u_m\left[\left(\frac{r_m}{r}\right)^{12} - 2\left(\frac{r_m}{r}\right)^6\right] \qquad [1-1-10]$$

如果以 σ 来表示：

$$u = 4u_m\left[\left(\frac{\sigma}{r}\right)^{12} - \left(\frac{\sigma}{r}\right)^6\right] \qquad [1-1-11]$$

Lennard-Jones 位能函数较明确地表示了分子间相互作用的吸引力项和斥力项，由于分子间相互作用位能可表示为 $u = u_P + u_{at}$，因而 Lennard-Jones 位能函数中，

斥力位能：

$$u_P = u_m\left(\frac{r_m}{r}\right)^{12} = 4u_m\left(\frac{\sigma}{r}\right)^{12} \qquad [1-1-12]$$

吸引力位能：

$$u_{at} = -2u_m\left(\frac{r_m}{r}\right)^6 = -4u_m\left(\frac{\sigma}{r}\right)^6 \qquad [1-1-13]$$

图 1-1-5 列示了 Lennard-Jones 位能函数曲线，并在此图的右上角单独列示了 Lennard-Jones 位能函数的吸引力项和斥力项。

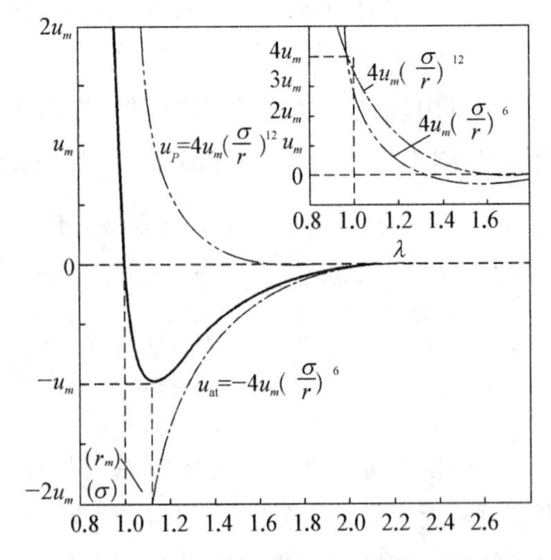

图 1-1-5 Lennard-Jones 位能曲线

此图表示，斥力项 $4u_m\left(\frac{\sigma}{r}\right)^{12}$ 应是短程相互作用，只是在两个分子间距离很小时才会有明显的作用，由式[1-1-12]和[1-1-13]可知，当 $\sigma/r = 1$ 时吸引力位能应与斥力位能相当，$u_P = u_{at}$。这时，$u = 0$，$r = \sigma$，故 σ 应是当位能为零值并吸引位能与排斥位能相互相等时的分子间距离，一般近似地将这个距离看成

为分子的直径。

图 1-1-5 中粗线表示分子间位能随分子间距离的变化。由此可见当 $r/\sigma>1$ 到 $r/\sigma=\infty$ 时吸引力位能应大于斥力位能，或吸引力位能与斥力位能都接近为零。亦就是说，在通常的讨论条件下，凝聚相中吸引力位能应大于斥力位能，气相中吸引力位能与斥力位能应都很小，接近为零。

另需注意图中位能曲线的最低点，此点处应有关系 $(\mathrm{d}u/\mathrm{d}r)=0$，亦就是说此点处吸引力与排斥力相等，即其合力为零，是平衡点。在该点处的位能为 $-u_m$，故 u_m 就是将相互作用力处于平衡状态的一对分子分离至无穷远时所需消耗的能量。

可以证得平衡距离 r_m 与分子直径 σ 的关系应为：

$$r_m=(12/6)^{1/(12-6)}\sigma=1.123\sigma。$$

应当指出，Lennard-Jones 位能函数只是一种模型，是一种考虑较全面、应用面较广泛的模型，当然与实际情况仍有一定的距离。亦有一些研究者认为，将 Lennard-Jones 位能函数修正成下列形式可能与实际符合得更好些：

$$u=\frac{27}{4}u_m\left[\left(\frac{\sigma}{r}\right)^9-\left(\frac{\sigma}{r}\right)^6\right] \qquad [1-1-14]$$

综合以上所述，在大多数位能函数表示式中均存在下列关系：

$$u=u_P+u_{\mathrm{at}} \qquad [1-1-15]$$

即一对分子间的位能可以看成分子间排斥位能和吸引位能之和，亦就是说一对分子之间的位能是由分子间排斥位能和分子间吸引位能所组成的。将式[1-1-1]两边对分子间距离 r 取微分，得：

$$\frac{\mathrm{d}u}{\mathrm{d}r}=\frac{\mathrm{d}u_P}{\mathrm{d}r}+\frac{\mathrm{d}u_{\mathrm{at}}}{\mathrm{d}r} \qquad [1-1-16a]$$

将式[1-1-16]两边均当作是某种力，即两个分子间的作用力，故得：

$$f=f_P+f_{\mathrm{at}} \qquad [1-1-16b]$$

因此，两个分子间的作用力 f 应是分子间吸引力 f_{at} 和分子间斥力 f_P 之和。由此可知，分子间存在第一类分子间相互作用，在分子间存在吸引力和排斥力，正是因为分子间出现了这两种力，必然会产生分子间的力学平衡，进而对讨论体系中全体分子间的力学平衡产生影响，热力学系统中最重要的力学平衡是压力所作的膨胀功，而对存在界面的讨论系统中的力学平衡还需考虑表面张力所作的表面功，因此第一类分子间相互作用将会对讨论系统中压力及界面层中表面张力所表示的力学平衡产生影响。

1-1-2　第二类分子间相互作用

由图 1-1-5 可见，在分子间相互作用曲线中有几个较重要的分子间距离：其一为 σ，此点的物理意义是在此点处分子间相互作用位能为零值，是吸引位能与排斥位能相互相等时的分子间距离，一般近似地将这个距离看成为是分子的直径。另一为分子间作用位能为最低值时的分子间距离 r_0。此点处应有关系 $(du/dr)=0$，即在此点处吸引力与排斥力相等，合力为零，是力平衡点，故称为分子间排斥力与吸引力相互平衡处的分子间距离，为此，在本节讨论中将 r_0 标志改为 r_m。第三个重要分子间距离为图 1-1-5 中的 λ，其物理意义是当分子间距离超过 λ 时可以认为分子间相互作用位能很小，无论是分子间吸引力位能还是斥力位能均很小，可以忽略为零值，即可忽略分子间相互作用。因此一些研究者，如 Lee[10] 将分子对之间距离 r 分成三个区域以便于讨论：

短程区，$r<\sigma$；

近程区，$\sigma<r<\lambda$；

长程区，$r>\lambda$。

由于不同区域内分子间作用距离不同，因而亦可以按分子间作用距离不同来讨论分子间相互作用情况，这就是讨论第二类分子间相互作用的理论依据。

讨论第二类分子间相互作用时一个重要的参数是分子间距离。可以有多种方法获得物质内分子间距离的数值，如 X 光结构分析等等。Adamson[11] 认为摩尔体积是分子之间平均距离的量度，通过实验测得讨论物质的摩尔体积数值，即可得到在讨论条件下的分子半径近似数值：

$$r\cong\left(\frac{3V_m}{4\pi N_A}\right)^{1/3} \qquad [1-1-17]$$

式中 r 为分子半径，故分子对距离为 $r_{ij}\cong 2r$；V_m 为摩尔体积。

表 1-1-1 中列示了各种物质的 σ 数值（依据量子力学方程计算）、由熔点下摩尔体积 V_{mf} 计算的熔点时分子间距离和由临界点下摩尔体积 V_C 计算的临界点下分子间距离。

表 1-1-1　各种物质的分子直径、熔点和临界点下分子间距离(*)

名　称	σ /Å	熔　点			临　界　点		
		V_{mf} /$cm^3\cdot mol^{-1}$	r /Å	r_{ij}/σ	V_C /$cm^3\cdot mol^{-1}$	r /Å	r_{ij}/σ
氩	3.542	28.272	2.238	1.264	74.900	3.097	1.748
氪	3.655	34.356	2.388	1.307	91.500	3.310	1.811
氖	2.820	16.167	1.857	1.317	41.500	2.543	1.804
溴	4.296	49.938	2.705	1.259	127.000	3.692	1.719
四氯化碳	5.947	92.202	3.319	1.116	275.670	4.781	1.608
四氟化碳	4.662	45.747	2.627	1.127	139.910	3.814	1.636
三氯甲烷	5.389	73.064	3.071	1.140	239.000	4.559	1.692

续表

名称	σ /Å	熔点			临界点		
		V_{mf} /$cm^3\cdot mol^{-1}$	r /Å	$\frac{r_{ij}}{\sigma}$	V_C /$cm^3\cdot mol^{-1}$	r /Å	$\frac{r_{ij}}{\sigma}$
二氯甲烷	4.898	56.173	2.813	1.149	193.030	4.245	1.734
溴甲烷	4.118	48.545	2.680	1.301	165.110	4.030	1.957
一氯甲烷	4.182	44.995	2.613	1.250	139.090	3.806	1.820
甲醇	3.626	35.027	2.404	1.326	118.000	3.603	1.987
甲烷	3.758	35.329	2.410	1.283	99.030	3.399	1.809
一氧化碳	3.690	33.007	2.356	1.277	93.100	3.329	1.805
碳酰硫	4.130	44.083	2.595	1.257	136.530	3.783	1.832
二氧化碳	3.941	37.252	2.453	1.245	128.100	3.703	1.879
二硫化碳	4.483	53.086	2.761	1.232	182.150	4.164	1.858
乙炔	4.033	42.110	2.556	1.267	112.720	3.549	1.760
乙烯	4.163	42.896	2.572	1.235	128.690	3.709	1.782
乙烷	4.443	45.887	2.630	1.184	148.000	3.886	1.749
溴乙烷	4.898	58.980	2.859	1.168	199.120	4.290	1.752
乙醇	4.530	49.457	2.696	1.190	167.000	4.045	1.786
甲醚	4.307	53.277	2.764	1.284	177.870	4.131	1.918
丙炔	4.761	52.626	2.753	1.156	163.530	4.017	1.688
环丙烷	4.807	55.651	2.805	1.167	169.680	4.067	1.692
丙烷	5.118	60.898	2.890	1.129	203.000	4.317	1.687
丙烯	4.678	55.651	2.805	1.199	180.610	4.152	1.775
丙醇	4.549	64.289	2.943	1.294	218.500	4.425	1.945
丙酮	4.600	64.126	2.940	1.278	208.920	4.359	1.895
乙酸甲酯	4.936	68.465	3.005	1.218	228.000	4.488	1.818
正丁烷	4.687	78.897	3.151	1.344	255.000	4.658	1.988
异丁烷	5.278	79.312	3.156	1.196	263.000	4.707	1.783
乙醚	5.678	86.219	3.245	1.143	279.710	4.804	1.692
乙酸乙酯	5.205	86.747	3.252	1.250	286.060	4.840	1.860
正戊烷	5.784	95.183	3.354	1.160	304.000	4.939	1.708
新戊烷	6.464	114.412	3.566	1.103	303.000	4.934	1.527
苯	5.349	87.602	3.263	1.220	258.660	4.680	1.750
1-己烯	6.182	103.392	3.448	1.115	350.680	5.180	1.676

续 表

名 称	σ /Å	熔 点			临 界 点		
		V_{mf} /$cm^3 \cdot mol^{-1}$	r /Å	$\frac{r_{ij}}{\sigma}$	V_C /$cm^3 \cdot mol^{-1}$	r /Å	$\frac{r_{ij}}{\sigma}$
正己烷	5.949	113.662	3.558	1.196	370.000	5.274	1.773
氟	3.357	28.239	2.237	1.333	66.200	2.972	1.770
氯化氢	3.339	28.903	2.254	1.350	81.000	3.178	1.904
氟化氢	3.148	16.337	1.864	1.184	69.000	3.013	1.914
碘化氢	4.211	41.744	2.548	1.210	131.000	3.731	1.772
氢	2.827	25.960	2.175	1.539	65.000	2.954	2.090
水	2.641	18.000	1.925	1.458	56.000	2.810	2.128
硫化氢	3.623	35.001	2.403	1.326	98.500	3.393	1.873
汞	2.969	14.640	1.797	1.211	40.100	2.514	1.694
氨	2.900	23.390	2.101	1.449	72.500	3.063	2.112
一氧化氮	3.492	22.071	2.061	1.180	58.000	2.844	1.629
氮	3.798	31.853	2.329	1.226	89.500	3.286	1.730
一氧化二氮	3.828	36.073	2.427	1.268	97.400	3.380	1.766
氧	3.467	24.596	2.136	1.232	73.400	3.076	1.774
二氧化硫	4.112	39.673	2.505	1.219	122.000	3.643	1.772

注：表中数据取自文献[12]。

表中数据表明，当物质温度处在熔点时，依据讨论物质不同，分子间距离对分子直径的比值 r_{ij}/σ 约为 1.10～1.54 范围，固态物质中此比值有可能还会低于此值范围，说明固体与熔点时的液体中 r_{ij} 与 σ 很接近，按照 Lennard-Jones 位能函数可知，此时分子间吸引力和斥力均很大，接近相互平衡，并且随着温度降低，分子间斥力将很快地增加。

当物体温度高于熔点、低于临界点时，即物质处于液体状态时，分子间距离对分子直径的比值 r_{ij}/σ 要大于固态时的数值，但低于 1.60～2.20 范围，与 Lennard-Jones 位能函数的图 1-1-5 中 λ 所示范围大致符合。图中 λ 大约在 r_{ij}/σ(2.0～2.2)，可能与物质性质相关，有些物质 r_{ij}/σ 比值高一些，有些低一些。

这时液态物质中分子间距离已大于分子直径，按照 Lennard-Jones 位能函数可知，此时分子间斥力很快降低，吸引力大于斥力，说明液体状态下体系内主要的分子间作用力是吸引力。但随着温度的升高，分子间作用力将会很快地降低。

当分子间距离超过图 1-1-5 中 λ 所示范围，这时分子间吸引力和斥力均很小，甚至可忽略不计。气态物质中分子间相互作用即为此种情况。

在物质呈液态或固态时，当分子间距离超过图 1－1－5 中 λ 所示范围时，从 Lennard-Jones 位能函数来看这两个分子可以忽略其相互作用。但是近代研究表明，特别是对表面现象中表面力的研究表明[13~15]：穿过界面或界面之间的力在某些方面的作用是相当长程的。

由此可见，第二类分子间相互作用是按照分子间相互作用距离来分类，这种分类的结果有两种，一种为短程分子间相互作用，称为短程作用位能或简称为短程能；另一种为长程相互作用，称为长程作用位能或简称为长程能。

短程能和长程能之间的差别在于短程能是由于两个分子在十分靠近时发生电子云相互重叠所引起的，因而需要考虑电子的全等性；而长程能不是因为分子间电子云重叠所引起，因而可以不考虑电子的全等性。

说得更明确一些，短程作用的产生是由于相互作用分子的电子云非常接近并发生了电子云的重叠，由于 Pauli 不相容原理，在重叠区内某些电子会被排斥出去，从而使重叠区内电子密度降低，并使相互作用分子中正电荷的原子核间的屏蔽作用减弱，从而产生了相互排斥作用，由此可知短程分子间力是电子云重叠形成的作用力。

短程作用的区域应在 $r < \sigma$，但由于当 $r < r_m$ 时排斥力已大于吸引力，在此区域内当 r 减少时斥力位能亦会急剧上升，故而短程力作用区域为 $r < r_m$。

短程力中包含有形成分子的共价键力。Myers[16] 指出：当两个原子形成一个典型的非离子型分子时，在形成键时所包含的力被认为是共价力，由此形成的键称为共价键。在形成共价键时所含有的电子由两个（或更多）原子所共享，且这些原子本身的一些特性（只要与共享电子有关的）在某种程度上将失去。Myers 认为，共价键显然对我们了解事物的本质是非常重要的。但是共价键只是局部处在原子之间的区域中，并且是短程的，这意味着它们作用在不超过键距离 0.1～0.2 nm 处，大部分共价键能范围为 150～900 kJ/mol，并且一般随着键距的增加键强度会减弱。一些典型的共价键强度列于表 1－1－2。

表 1－1－2　共价键强度

共价键类型	键强度/kJ・mol^{-1}	共价键类型	键强度/kJ・mol^{-1}
F—F(F_2)	150	C—H(CH_4)	430
N—O(NH_2OH)	200	O—H(H_2O)	460
C—O(CH_3OH)	340	C═C(C_2H_4)	600
C—C(C_2H_6)	360	C═O(HCHO)	690
Si—O	370	C≡N(HCN)	870

注：本表数据取自文献[10]。

虽然共价键非常强，但它们受限于所作用的范围，即被有效地限制于所形成分子中和相互作用的原子之间。

因而 Lee[10] 对短程力概括为形成短程力的根源是价键能（或化学力），短程力有两种，即，以静电力为主要贡献的短程力和以交换力为主要贡献的短程力。其中静电力对短程力的贡献产生于电子—电子对、电子—原子核、原子核—原子核之间的静电作用即库仑相互作用，而交换力对短程力的贡献来自量子力学中 Pauli 不相容原理。短程力本质上是种斥力，可以用量子力学中 Schrödinger 方程进行计算并且通常用简单的指数定律表示：

$$u_P(r) = m\exp(-nr) \qquad [1-1-18]$$

但是对于分子间力的宏观表象，例如对于与分子间力强弱密切相关的界面现象来讲，Myers 指出：在表面和胶体系统中的作用力是与作用在不连续的未键合的原子或分子之间、相距尺寸远超过分子键尺度（十个或千个 nm）的分子间力（或原子间力）有关，而与作用于分子内部的力，例如与短程力、共价键力无关。与表面现象中作用力相关的力一般是无方向性的、无化学当量的长程力。由于长程力引起的相互作用某些时候可以认为是种"物理"的相互作用。物理相互作用意味着不发生化学反应。虽然物理相互作用一般不包括类似于形成共价键那样的电子转移，但物理相互作用在某些条件下可能同样是有一定强度的。亦就是说，由长程力引起的相互作用应是界面现象讨论中主要的作用力。

按照 Lee[10] 的意见，在长程力作用区域内至少应含有三种不同类型的长程分子间相互作用，即色散力、诱导力和静电力。如果长程区的范围为 $r_m < r < \lambda$，也含有部分近程区范围，则除上述三种分子间相互作用外，还有氢键力、电子接受体—施予体间作用力等，这些力均需以量子力学来处理。

从 Lennard-Jones 位能函数（图 1-1-5）来看，长程力的作用范围大约为 $r/\sigma > 1$（或 1.123）到 $r/\sigma \approx 2.2$，依据讨论分子的情况不同，这一范围可能会有变化。此外，Lennard-Jones 位能函数只是反映两个分子间的作用情况，而实际情况是许许多多分子聚集在一起的相互作用，这时这一范围亦可能会有变化，在存在有大量分子的体系中，长程力的范围有可能延伸到 $r > \lambda$ 的范围。

长程力中色散力、诱导力和静电力统称为 van der Waals 作用力。依据张季爽和申成的介绍[17]，van der Waals 作用力应具有下列一些特性：

（1）物质内存在原子或分子，在这些分子或原子之间永远存在 van der Waals 作用力。

（2）van der Waals 作用力是一种吸引力，其大小只有几十焦耳/摩尔，比化学键能要小 1 到 2 个数量级。

（3）van der Waals 作用力不具有方向性和饱和性。

（4）van der Waals 作用力的作用范围约有数百 pm，属长程作用力。

（5）色散力是 van der Waals 作用力中一个重要的分子间作用力，色散力与极化率 α 的平方成正比，α 反映了电子云变形难易的程度。在原子量大、电子数目增多、外层电子离核远、分子中有 π 键、尤其是离域 π 键等情况时，电子云容易变形，这会使 α 增大，从而使色散力数值增大。

综合上述讨论，第二类分子间相互作用的特性是：

第二类分子间相互作用中短程力只是在分子间距离很小时才具有很大的影响。

长程力是第二类分子间相互作用中最主要的分子间相互作用力，长程力对讨论物质的性质有着重要的影响。

长程力中主要的是 van der Waals 作用力。

1-1-3 第三类分子间相互作用

由上述讨论可知，长程力是物质中存在的分子间力中形成吸引力位能的主要分子间作用力，为此将其作为一类，称之为第三类分子间相互作用进行单独讨论。

长程力有各种类型，可归纳为以下三种分子间力：

(1) 静电作用力。这是指带电粒子之间，例如离子间、永久偶极子、四极子和高阶多极子间的静电相互作用。如果长程区域中还包括有近程作用区域，则静电性质相互作用还可包括有氢键力、电子接受体—施予体间作用力等。

(2) 诱导相互作用力。这是指带电粒子，例如永久偶极子对诱导偶极子的静电诱导相互作用。

(3) 色散相互作用，简称色散力。这是指非极性分子之间的相互作用。

这些作用力的共同点是均不是短程力，其作用结果均是吸引力，是会对物质性质起到重要影响的分子间力。

下面将分析讨论它们在分子间相互作用上的一些特性、形成原因、作用机制、影响范围和作用力的性质。

1-2 长 程 力

1-2-1 静电力

物质中带有静电的粒子有离子和极性分子，这些带有静电的粒子间的相互作用称之为静电力。

1. 离子与离子相互作用

静电力中最为大家所熟知的为两个离子之间的静电作用力，这一静电作用力又称为离子键力。

当电离能很小的金属(如碱金属和碱土金属)与电子亲和能很大的非金属元素(例如卤族元素)原子互相接近时，金属原子可能失去价电子而成为正离子，非金属原子可能得到电子而成为负离子，对于正负离子、极性分子等带电粒子，它们的分子间力主要是静电作用力，可以用库仑定律描述，正负离子间以库仑力相互吸引。可以认为两个带电的原子之间或者两个带电的分子之间的相互作用应是位势上最强的相互作用之一。但当正负离子过分接近时，离子的电子云间又将相互排斥，在吸引与排斥的作用相等时就形成稳定的离子键。由于正负离子的电子云也是球状对称的，所以离子键没有方向性和饱和性。

现设有两个粒子各带有不同电荷 Q_1 和 Q_2，由于粒子很小故称它们为点电荷。它们之间的相互吸引位能为：

$$u_{\mathrm{P}}^{K}(r)=\frac{Q_1Q_2}{r}=\frac{Z_1Z_2e^2}{r} \qquad [1-2-1]$$

式中 r 为两点电荷间的距离，式中电荷 Q_1 和 Q_2 可以以每个离子的电荷符号和其价数来表示，即，$Q_1=+Z_1e$，$Q_2=-Z_2e$。Z 为粒子所具有的价数。e 为基本电荷（$=1.602\times10^{-19}$ 库仑）。静电作用力可以在上式进行对 r 的微分而得到：

$$F^{K}=\frac{\mathrm{d}u_{\mathrm{P}}^{K}(r)}{\mathrm{d}r}=\frac{Q_1Q_2}{r^2}=\frac{Z_1Z_2e^2}{r^2} \qquad [1-2-2]$$

由式[1-2-1]和[1-2-2]可知，带电粒子间的静电作用力与距离平方成反比，故这是一种长程力。盐类晶体中的离子之间就是依靠这种力而结合在一起的。此外，电荷 Q 会产生电势 V，其定义为：

$$V=\frac{Q}{r}=\frac{Ze}{r} \qquad [1-2-3]$$

这样，如果在距离 r 处有一个单位反电荷 Q_0，则与电荷 Q 会产生位能为：

$$u_{\mathrm{P}}^{K}(r)=-QQ_0/r \qquad [1-2-4]$$

这里由于明确 Q_0 是电荷 Q 的反电荷，故式[1-2-4]取负号。电势 V 的符号取决于电荷 Q 的符号，若其为负的，则电势符号亦是负的。由此可知使离子 1 和离子 2 产生静电相互作用而所需的功为：

$$U_{12}^{K}=-u_{\mathrm{P}12}^{K}(r)=\frac{Q_1Q_2}{r_{12}}=\sqrt{\frac{Q_1^2}{r_{12}}}\times\sqrt{\frac{Q_2^2}{r_{12}}} \qquad [1-2-5]$$

因此同种离子的相互作用为：

$$U_{11}^{K}=-u_{\mathrm{P}11}^{K}(r)=\frac{Q_1Q_1}{r_{11}}=\sqrt{\frac{Q_1^2}{r_{11}}}\times\sqrt{\frac{Q_1^2}{r_{11}}} \qquad [1-2-6]$$

$$U_{22}^{K}=-u_{\mathrm{P}22}^{K}(r)=\frac{Q_2Q_2}{r_{22}}=\sqrt{\frac{Q_2^2}{r_{22}}}\times\sqrt{\frac{Q_2^2}{r_{22}}} \qquad [1-2-7]$$

如果讨论中符合：

$$r_{11}\cong r_{22}\cong r_{12} \qquad [1-2-8]$$

或者可以近似认为：　$$r_{12} \cong \sqrt{r_{11} \times r_{22}} \qquad [1-2-9]$$

那么可以认为：　$$U_{12}^{K} = \sqrt{U_{11}^{K} \times U_{22}^{K}} \qquad [1-2-10]$$

即可以认为离子间静电相互作用服从 Berthelot 组合律[18,19]。

可以定义：　$$\psi_1^K = \sqrt{U_{11}^K}; \quad \psi_2^K = \sqrt{U_{22}^K} \qquad [1-2-11]$$

称 ψ_i^K 为离子 i 的静电作用系数，这样静电相互作用的 Berthelot 组合律可表示为：

$$U_{12}^{K} = \psi_1^K \times \psi_2^K \qquad [1-2-12]$$

2. 离子与极性分子相互作用

存在离子与极性分子相互作用的化合物有水基化合物、氨基化合物以及含有醇、胺等离子型化合物。

已知，非离子型分子有两种类型，一种为极性分子，极性分子中正电中心与负电中心不重合；另一种分子为非极性分子，非极性分子中正电中心与负电中心相互重合。为此可能以分子中正电中心与负电中心偏离的程度来度量极性分子极性的大小，这就是 Debye 在 1912 年首先提出的偶极矩概念。偶极矩被定义为：如果两个相距为 l 的质点带有相反电荷 +e 和 −e，则偶极矩为：

$$\mu = el \qquad [1-2-13]$$

具有偶极矩的极性分子又称为偶极子。偶极矩应是向量，方向由正到负，单位为 Debye（符号为 D）。作为例子，一些分子和价键的偶极矩数值如表 1-2-1 所示。

表 1-2-1　一些分子和价键的偶极矩

分　子	μ/D	键	μ/D
正烷烃	0	C—C	0
苯	0	C═C	0
四氯化碳	0	C—H	0.22
二氧化碳	0	N—O	0.03
氯仿	1.06	C—O	0.74
盐酸	1.08	N—H	1.31
氨	1.47	O—H	1.51
甲醇	1.69	C—Cl	1.5～1.7
乙酸	1.70	F—H	1.94
水	1.85	N═O	2.00
环氧乙烷	1.90	C═O	2.3～2.7

续 表

分　　子	μ/D	键	μ/D
丙酮	2.85		
乙腈	3.93		

注：本表数据取自文献[16]。

一个偶极子处在电场中时，电场对偶极子排列位置会产生影响。按照 Ketelaar[20] 的意见：如图 1-2-1 所示，一极性分子处在带电荷 Q 的离子形成的电场中，离子与偶极子相距为 r。这时，这个极性分子得到的势能为：

$$u_{\mathrm{P}}^{KP}(\mu,\ E)=-\frac{Qq}{r-\frac{l}{2}}+\frac{Qq}{r+\frac{l}{2}} \qquad [1-2-14]$$

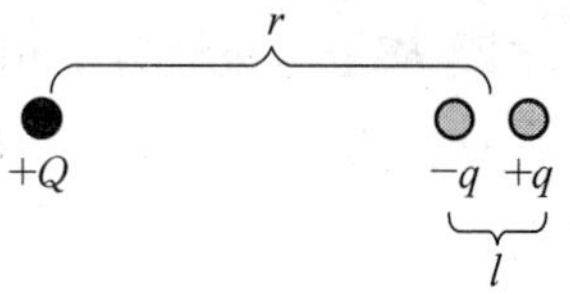

图 1-2-1　离子与偶极矩相互作用示意图

故得：

$$u_{\mathrm{P}}^{KP}(\mu,\ E)=-\frac{Qq}{r}\left(\frac{1}{1-\frac{l}{2r}}-\frac{1}{1+\frac{l}{2r}}\right) \qquad [1-2-15]$$

注意 $\mu=q\times l$，和 $l\ll r$，得：

$$u_{\mathrm{P}}^{KP}(\mu,\ E)=-\frac{Qq}{r}\frac{l}{r}=-\frac{Q\mu}{r^{2}}=-\mu E \qquad [1-2-16]$$

式中 E 为偶极子位置处的电场强度。像图 1-2-1 那样将一个极性分子放在带电荷 Q 的离子所形成的电场中时所消耗的能量为：

$$U_{12}^{KP}=-u_{\mathrm{P12}}^{KP}(E,\mu)=\sqrt{\frac{Q_1^2}{r_{12}}}\times\sqrt{\frac{\mu_2^2}{r_{12}^3}} \qquad [1-2-17]$$

已知离子 1 的静电相互作用系数：

$$\psi_1^K=\sqrt{U_{11}^K}=\sqrt{\frac{Q_1^2}{r_{11}}} \qquad [1-2-18]$$

并定义极性分子 2 的偶极矩相互作用系数为：

$$\psi_2^P=\sqrt{\frac{\mu_1^2}{r_{22}^3}} \qquad [1-2-19]$$

如果离子与极性分子距离满足式[1-2-8]或[1-2-9]，这时可得：

$$U_{12}^{KP}=\psi_1^K\psi_2^P \qquad [1-2-20]$$

离子电荷对偶极矩的作用，由于离子电荷和偶极矩所带电荷均是静电电荷，它们间相互作用均属静电相互作用。式[1-2-20]表明离子与偶极矩之间静电相互作用亦应服从Berthelot组合律。正因为如此，偶极矩1形成的电场对离子电荷2的作用位能亦可以上式计算，即：

$$U_{21}^{PK}=\psi_1^P\psi_2^K \qquad [1-2-21]$$

3. 离子与非极性分子相互作用

当一个非极性分子处在一个离子所产生的电场中，在电场作用下非极性分子的正负电荷中心不再重合，而极性分子的正负电荷中心会分离得更远，这就是说，电场使讨论分子产生了一个附加的偶极矩 μ_{ind}，这个附加偶极矩在分子理论中又称为诱导偶极矩。

分子在电场中这一行为称之为分子的极化。前面讨论中谈到极性分子由于正负电荷中心不重合而具有的偶极矩是固定偶极矩。在电场的作用下，无论是固定偶极矩还是诱导偶极矩均会发生沿着电场方向取向运动，显然诱导偶极矩的平均值应与讨论分子所感受到的电场强度相关，即：

$$\bar{\mu}_{\mathrm{ind}}=\alpha E=\alpha\frac{Q}{r^2}=\alpha\frac{Ze}{r^2} \qquad [1-2-22]$$

式中 α 为讨论分子的极化率，被定义为单位电场强度下的诱导偶极矩，极化率是分子电子云在外电场作用下变形能力的度量。分子的极化率可由介电性质和折射率求得。一些分子的平均极化率列示于表1-2-2。

表1-2-2　一些分子的平均极化率　　$cm^3\times10^{25}$

分　子	α	分　子	α	分　子	α	分　子	α
氢	7.9	氟化氢	24.6	溴化氢	36.1	乙醚	87.3
水	15.9	甲烷	26	二氧化硫	37.2	四氯化碳	105
氩	16.3	氯化氢	26.3	氯	46.1	环己烷	109
氮	17.6	二氧化碳	26.5	碘化氢	54.4	甲苯	123
一氧化碳	19.5	甲醇	32.3	丙酮	63.3	硝基苯	129
氨	22.6	乙炔	33.3	氯仿	82.3	正庚烷	136

分子的极化需考虑分子的变形极化(将分子的正负电荷中心相分离)和分子沿着电场方向取向引起的极化两者共同的结果，故有：

$$\alpha=\alpha_D+\alpha_0 \qquad [1-2-23]$$

因而，非极性分子在电场中的位能应为：

$$u_{\mathrm{P}}^{KI}(\alpha,E)=-\alpha\int_0^E E\mathrm{d}E=-\frac{1}{2}\alpha E^2=-\frac{1}{2}\frac{\alpha Q^2}{r^4} \qquad [1-2-24]$$

已知式[1-2-22]，代入上式得：

$$u_{\mathrm{P}}^{KI}(\alpha,E)=-\frac{1}{2}\alpha E^2=-\frac{1}{2}\frac{\overline{\mu}_{\mathrm{ind}}Q_1}{r_{12}^2} \qquad [1-2-25]$$

因此，当一个离子1与非极性分子2接近，为克服两者产生的诱导力相互作用需消耗的功应为：

$$U_{12}^{KI}=-u_{\mathrm{P}}^{KI}(\alpha,E)=\frac{1}{2}\frac{\overline{\mu}_{\mathrm{ind}}Q_1}{r_{12}^2}=\frac{1}{2}\sqrt{\frac{Q_1^2}{r_{12}}}\times\sqrt{\frac{\overline{\mu}_{\mathrm{ind}}}{r_{12}^3}} \qquad [1-2-26]$$

已知离子1的静电相互作用系数 $\psi_1^K=\sqrt{U_{11}^K}=\sqrt{\frac{Q_1^2}{r_{11}}}$，并定义非极性分子2中形成诱导偶极矩的相互作用系数为：

$$\psi_2^I=\sqrt{\frac{\overline{\mu}_{\mathrm{ind}}^2}{r_{22}^3}} \qquad [1-2-27]$$

如果离子与极性分子距离满足式[1-2-8]或式[1-2-9]，这时不能证明两者具有Berthelot组合律的表示形式，即：

$$U_{12}^{KI}\neq\psi_1^K\psi_2^I \qquad [1-2-28]$$

说明离子电荷与非极性分子中形成的诱导偶极矩的相互作用不服从Berthelot组合律。

1-2-2 极性分子间相互作用(偶极力)

除金属、离子型物质外，van der Waals力是物质中存在的重要分子间作用力，一般认为van der Waals力可分为Keesom提出的极性分子中偶极距的相互作用力，即偶极力；Debye提出的极性分子与非极性分子之间的作用力，即由非极性分子被极化而产生诱导偶极矩所产生的相互作用力，可称为诱导力；以及London提出的分子中瞬间偶极矩之间的相互作用力，称作色散力。

极性分子具有偶极矩，偶极矩带着电荷，因此，偶极矩亦可产生电场。例如一个试验电荷 q_0 离开偶极矩距离为 r，如果这个距离远大于偶极长度时，这个电荷的位能应为：

$$u_{\mathrm{P}}^{PK}(\mu,\ q_0)=\frac{\mu}{r^2}q_0 \qquad [1-2-29]$$

故而偶极子的电势是：

$$V(\mu)=\frac{\mu}{r^2} \qquad [1-2-30]$$

因而偶极子的场强是：

$$E(\mu)=\frac{2\mu}{r^3} \qquad [1-2-31]$$

这里对电势和电场的符号说明一下，电势和电场均是以正号表示的。电荷或偶极子的相互作用能如果是吸引能，则是负号，反之，则是正号。

如果两个极性分子分别具有偶极矩 μ_1 和 μ_2，这两个极性分子彼此相距为 r，图 1-2-2 为这两个极性分子在偶极矩电荷作用下彼此所作的取向位置示意图。

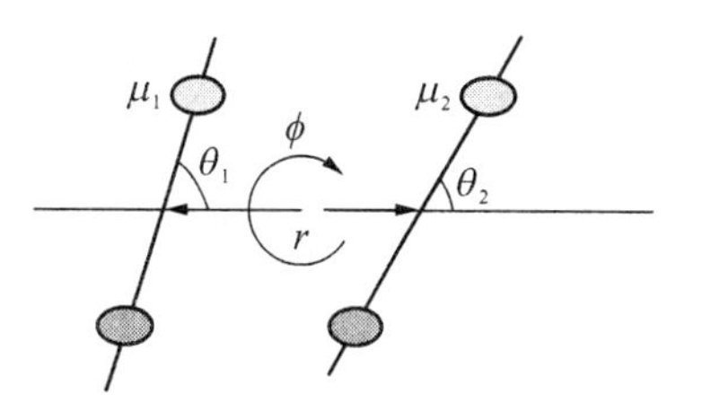

图 1-2-2 偶极子间相互作用

在这种情况下，这两个偶极矩之间的相互作用位能为：

$$u_{\mathrm{P}}^{PP}(r,\ \theta_1,\ \theta_2,\ \phi)=-\frac{\mu_1\mu_2}{r^3}(2\cos\theta_1\cos\theta_2-\sin\theta_1\sin\theta_2\cos\phi) \qquad [1-2-32]$$

相互作用位能的最大值是当两个偶极子处于一条线排列时 $(\theta_1=\theta_2=0)$，这时两个偶极子相互作用位能为：

$$u_{\mathrm{P}}^{PP}(r,\ 0,\ 0,\ \phi)=-\frac{2\mu_1\mu_2}{r^3} \qquad [1-2-33]$$

从偶极矩相互作用系数也可计算得到上式，已知偶极子 1 的偶极矩相互作用系数为 $\psi_1^P=\sqrt{\frac{\mu_1^2}{r_{11}^3}}$；偶极子 2 的偶极矩相互作用系数为 $\psi_2^P=\sqrt{\frac{\mu_2^2}{r_{22}^3}}$，故偶极子 1 对偶极子 2 的作用位势所消耗的功按照 Berthelot 组合律为：

$$U_{1\to2}^{PP}=\psi_1^P\times\psi_2^P \qquad [1-2-34a]$$

同时，偶极子 2 对偶极子 1 的作用位势而消耗的功为：

$$U_{2\to1}^{PP}=\psi_2^P\times\psi_1^P \qquad [1-2-34b]$$

故两个偶极子相互作用最大值为：

$$U_{12}^{PP}=U_{1\to2}^{PP}+U_{2\to1}^{PP}=2\psi_1^P\times\psi_2^P=2\sqrt{\frac{\mu_1^2}{r_{11}^3}}\times\sqrt{\frac{\mu_2^2}{r_{22}^3}}=-\frac{2\mu_1\mu_2}{r_{12}^3} \qquad [1-2-34c]$$

但是在讨论系统（气体、液体）中，热运动有使两偶极子之间的相对取向呈无序的倾向，而相互作用的吸引力则使偶极子有序地排列成行，因而由 Boltzmann 分布定律可知偶极子相互作用位能的平均值为：

$$\bar{u}_{\mathrm{P}}^{PP}=-\frac{\iint u_{\mathrm{P}}^{PP}\exp\left(-\frac{u_{\mathrm{P}}^{PP}}{\mathrm{k}T}\right)\mathrm{d}\Omega_i\,\mathrm{d}\Omega_j}{\iint\exp\left(-\frac{u_{\mathrm{P}}^{PP}}{\mathrm{k}T}\right)\mathrm{d}\Omega_i\,\mathrm{d}\Omega_j} \qquad [1-2-35]$$

式中 $\mathrm{d}\Omega=\sin\theta\mathrm{d}\theta\mathrm{d}\phi$。当讨论温度较高，两偶极子间距较大，则有关系 $u_{\mathrm{P}}^{PP}(r,\ \theta_1,\ \theta_2,\ \phi)<\frac{2\mu_1\mu_2}{r^3}\ll\mathrm{k}T$，故可将 $\exp\left(-\frac{u_{\mathrm{P}}^{PP}}{\mathrm{k}T}\right)$ 展开，取前两项，即有关系：

$$\exp\left(-\frac{u_{\mathrm{P}}^{PP}}{\mathrm{k}T}\right)\approx 1-\frac{u_{\mathrm{P}}^{PP}}{\mathrm{k}T} \quad [1-2-36]$$

代入到式[1-2-35]中去，积分可得：

$$\bar{u}_{\mathrm{P12}}^{PP}=-\frac{2\mu_1^2\mu_2^2}{3\mathrm{k}Tr_{12}^6} \quad [1-2-37]$$

式中 r_{12} 为不同分子间距离，同类分子之间距离分别为 r_{11} 和 r_{22}，故得：

分子 1 $$\bar{u}_{\mathrm{P11}}^{PP}=-\frac{2\mu_1^4}{3\mathrm{k}Tr_{11}^6} \quad [1-2-38]$$

分子 2 $$\bar{u}_{\mathrm{P22}}^{PP}=-\frac{2\mu_2^4}{3\mathrm{k}Tr_{22}^6} \quad [1-2-39]$$

这样在产生偶极矩—偶极矩相互作用过程中所消耗的功为：

对同样分子，分子 1： $$U_{11}^{PP}=-\bar{u}_{\mathrm{P11}}^{PP}=\frac{2\mu_1^4}{3\mathrm{k}Tr_{11}^6} \quad [1-2-40a]$$

分子 2： $$U_{22}^{PP}=-\bar{u}_{\mathrm{P22}}^{PP}=\frac{2\mu_2^4}{3\mathrm{k}Tr_{22}^6} \quad [1-2-40b]$$

对不同分子 1 和分子 2： $$U_{12}^{P}=-\bar{u}_{\mathrm{P12}}^{PP}=\frac{2\mu_1^2\mu_2^2}{3\mathrm{k}Tr_{12}^6} \quad [1-2-40c]$$

如果讨论中符合： $$r_{11}\cong r_{22}\cong r_{12} \quad [1-2-8]$$

例如，Fowkes[21]曾介绍，烷烃、芳香族中 CH_2 基团、CH 基团与水分子半径或汞原子半径较为接近；可以近似认为：

$$r_{12}\cong\sqrt{r_{11}\times r_{22}} \quad [1-2-9]$$

对式[1-2-40]进行整理，得：

对同样分子，分子 1： $$U_{11}^{PP}=\bar{\varPsi}_1^P\bar{\varPsi}_1^P=\sqrt{\frac{2\mu_1^4}{3\mathrm{k}Tr_{11}^6}}\times\sqrt{\frac{2\mu_1^4}{3\mathrm{k}Tr_{11}^6}} \quad [1-2-41a]$$

分子 2： $$U_{22}^{PP}=\bar{\varPsi}_2^P\bar{\varPsi}_2^P=\sqrt{\frac{2\mu_2^4}{3\mathrm{k}Tr_{22}^6}}\times\sqrt{\frac{2\mu_2^4}{3\mathrm{k}Tr_{22}^6}} \quad [1-2-41b]$$

对不同分子 1 和分子 2： $$U_{12}^{PP}=\bar{\varPsi}_1^P\bar{\varPsi}_2^P=\sqrt{\frac{2\mu_1^4}{3\mathrm{k}Tr_{11}^6}}\times\sqrt{\frac{2\mu_2^4}{3\mathrm{k}Tr_{22}^6}} \quad [1-2-41c]$$

这里可以定义： $$\bar{\varPsi}_1^P=\sqrt{\frac{2\mu_1^4}{3\mathrm{k}Tr_{11}^6}}=\sqrt{\frac{2}{3\mathrm{k}T}}\frac{\mu_1^2}{r_{11}^3} \quad [1-2-42]$$

$$\bar{\varPsi}_2^P=\sqrt{\frac{2\mu_2^4}{3\mathrm{k}Tr_{22}^6}}=\sqrt{\frac{2}{3\mathrm{k}T}}\frac{\mu_2^2}{r_{22}^3} \quad [1-2-43]$$

式中 $\bar{\psi}_1^P$、$\bar{\psi}_2^P$ 分别为分子 1 和分子 2 的偶极矩作用系数的平均值。由上述讨论可知对不同极性分子之间的偶极矩相互作用位能，可应用 Berthelot 组合律[18,19]，即可视为是两种极性分子中偶极矩的相互作用位能的几何平均值，也可视为是此两种极性分子偶极矩相互作用系数平均值的乘积：

$$U_{12}^{PP}=\sqrt{U_1^P \times U_2^P}=\bar{\psi}_1^P \times \bar{\psi}_2^P \qquad [1-2-44]$$

这里需加说明的是偶极矩作用系数与偶极矩作用系数平均值在物理含义上是相似的，但前者指的是一对相互作用的分子对在某些特定的条件下相互作用情况；而后者是指许多分子对相互作用的平均值。

1-2-3　极性分子与非极性分子相互作用(诱导作用力)

在前面讨论中已经指出，当非极性分子处于外电场(可能是由离子电荷形成的；也可能是由偶极矩形成的)作用下会形成诱导偶极矩，外电场与诱导偶极矩之间的静电作用力称之为诱导作用力，简称为诱导力。

由于这种诱导力是由于电场的诱导而产生的，因此有两个特点。

(1) 诱导作用只有存在外电场时才会出现，外电场增强，诱导作用亦增大；外电场消失，诱导作用亦消失，诱导作用应与外电场成正比[22]。

(2) 分子间存在的静电相互作用力，通常是产生诱导作用力的外电场。此分子间诱导力应与分子间静电作用力有关，物质中静电作用越大，该物质分子对其他分子产生的诱导作用亦应越大。

Debye 在 1920 年推导得到诱导力的计算公式。在强度为 E 的电场中极化率为 α 的分子会产生诱导偶极矩：

$$\bar{\mu}_{\mathrm{ind}}=\alpha E \qquad [1-2-45]$$

式中分子的极化率应为分子的变形 (将分子的正负电荷中心相分离)极化率 α_D 和分子沿着电场方向取向引起的取向极化率 α_O 两者共同的结果，故有：

$$\alpha=\alpha_D+\alpha_O=\alpha_D+\frac{\mu^2}{3\mathrm{k}T} \qquad [1-2-46]$$

非极性分子在电场中的位能应为：

$$u_{\mathrm{P}}^{KI}(\alpha,E)=-\alpha\int_0^E E\mathrm{d}E=-\frac{1}{2}\alpha E^2 \qquad [1-2-47]$$

已知偶极矩为 μ_1 的极性分子 1 在相距为 r_{12}、方向角为 θ_1 处产生的电场强度为：

$$E_1=\frac{\mu_1}{r^3}\sqrt{1+3\cos^2\theta} \qquad [1-2-48]$$

故它与极化率为 α_2 的分子 2 的相互作用能为：

$$u_{P1\to2}^{PI}(\alpha_2,E_1)=-\frac{1}{2}\alpha_2E_1^2=-\frac{1}{2}\frac{\alpha_2\mu_1^2}{r_{12}^6}(1+3\cos^2\theta_1) \qquad [1-2-49a]$$

$u_P^{PI}(\alpha_2,E_1)$ 应为负值，表示这是分子间的吸引相互作用能。对 θ_1 取平均值，得：

$$u_{P1\to2}^{PI}(\alpha_2,E_1)=-\frac{\alpha_2\mu_1^2}{r_{12}^6} \qquad [1-2-49b]$$

式[1-2-49b]表示了偶极矩为 μ_1 的分子 1 对相距为 r_{12}、极化率为 α_2 的分子之间的平均诱导作用能为：

$$U_{1\to2}^{I}=-u_{P1\to2}^{PI}(\alpha_2,E_1)=\frac{\alpha_2\mu_1^2}{r_{12}^6} \qquad [1-2-50a]$$

式中“1→2”表示分子 1 对分子 2 的诱导作用能，下面讨论中以此类推。

同理，偶数矩为 μ_2 的分子 2 与极化率为 α_1 的分子 1 之间的平均诱导作用能，应为：

$$U_{2\to1}^{I}=-u_{P2\to1}^{PI}(\alpha_1,E_2)=\frac{\alpha_1\mu_2^2}{r_{12}^6} \qquad [1-2-50b]$$

因此，分子 1 和分子 2 之间，即不同分子之间的诱导作用能应为：

$$U_{1\Leftrightarrow2}^{I}=U_{1\to2}^{I}+U_{2\to1}^{I}=\frac{\alpha_2\mu_1^2}{r_{12}^6}+\frac{\alpha_1\mu_2^2}{r_{12}^6} \qquad [1-2-50c]$$

对于同类分子则应有：

$$U_{1\Leftrightarrow1}^{I}=2\frac{\alpha_1\mu_1^2}{r_{11}^6};U_{2\Leftrightarrow2}^{I}=2\frac{\alpha_2\mu_2^2}{r_{22}^6} \qquad [1-2-50d]$$

因此，从上述各式来看，无论是同一物质内发生的诱导相互作用，还是不同物质之间的诱导相互作用，均不服从 Berthelot 组合律规律。变换式[1-2-50]各式，得：

$$U_{1\Leftrightarrow1}^{I}=\sqrt{\frac{2}{3kT}\frac{\mu_1^4}{r_{11}^6}}\times\frac{2\alpha_1}{r_{11}^3}\sqrt{\frac{3kT}{2}}=(U_{11}^P)^{1/2}\times\frac{2\alpha_1}{r_{11}^3}\sqrt{\frac{3kT}{2}}=\psi_1^P\times\frac{2\alpha_1}{r_{11}^3}\sqrt{\frac{3kT}{2}} \qquad [1-2-51a]$$

$$U_{2\Leftrightarrow2}^{I}=\sqrt{\frac{2}{3kT}\frac{\mu_2^4}{r_{22}^6}}\times\frac{2\alpha_2}{r_{22}^3}\sqrt{\frac{3kT}{2}}=(U_{22}^P)^{1/2}\times\frac{2\alpha_2}{r_{22}^3}\sqrt{\frac{3kT}{2}}=\psi_2^P\times\frac{2\alpha_2}{r_{22}^3}\sqrt{\frac{3kT}{2}} \qquad [1-2-51b]$$

$$U_{1\to2}^{I}=\sqrt{\frac{2}{3kT}\frac{\mu_1^4}{r_{11}^6}}\times\frac{\alpha_2}{r_{22}^3}\sqrt{\frac{3kT}{2}}=(U_{11}^P)^{1/2}\times\frac{\alpha_2}{r_{22}^3}\sqrt{\frac{3kT}{2}}=\psi_1^P\times\frac{\alpha_2}{r_{22}^3}\sqrt{\frac{3kT}{2}} \qquad [1-2-51c]$$

$$U_{2\to 1}^{I}=\sqrt{\frac{2}{3kT}\frac{\mu_2^4}{r_{22}^6}}\times\frac{\alpha_1}{r_{11}^3}\sqrt{\frac{3kT}{2}}=(U_{22}^{P})^{1/2}\times\frac{\alpha_1}{r_{11}^3}\sqrt{\frac{3kT}{2}}=\psi_2^P\times\frac{\alpha_1}{r_{11}^3}\sqrt{\frac{3kT}{2}}$$ [1-2-51d]

整理得：

$$U_{1\Leftrightarrow 1}^{I}=\psi_1^P\times\sqrt{\frac{2}{3kT}\frac{3kT\alpha_1}{r_{11}^3}}$$ [1-2-52]

$$U_{2\Leftrightarrow 2}^{I}=\psi_2^P\times\sqrt{\frac{2}{3kT}\frac{3kT\alpha_2}{r_{22}^3}}$$ [1-2-53]

$$U_{1\to 2}^{I}=\frac{1}{2}\psi_1^P\times\sqrt{\frac{2}{3kT}\frac{3kT\alpha_2}{r_{22}^3}}$$ [1-2-54]

$$U_{2\to 1}^{I}=\frac{1}{2}\psi_2^P\times\sqrt{\frac{2}{3kT}\frac{3kT\alpha_1}{r_{11}^3}}$$ [1-2-55]

定义物质 1 的诱导系数平均值为，

$$\psi_1^{KI}=(U_{11}^{KI})^{1/2}=\sqrt{\frac{2}{3kT}\frac{3kT\alpha_1}{r_{11}^3}}$$ [1-2-56]

物质 2 的诱导系数平均值为，

$$\psi_2^{KI}=(U_{22}^{KI})^{1/2}=\sqrt{\frac{2}{3kT}\frac{3kT\alpha_2}{r_{22}^3}}$$ [1-2-57]

诱导系数 ψ_1^{KI} 和 ψ_2^{KI} 只与该物质性质有关，而与该物质相互作用的物质性质无关，诱导系数代表着该物质受到其他具有静电作用力的物质作用时产生诱导作用力的能力。因此式[1-2-52]到式[1-2-55]可改写为：

$$U_{1\Leftrightarrow 1}^{I}=(U_{11}^{PP}U_{11}^{KI})^{1/2}=\psi_1^P\times\psi_1^{KI}$$ [1-2-58]

$$U_{2\Leftrightarrow 2}^{I}=(U_{22}^{PP}U_{22}^{KI})^{1/2}=\psi_2^P\times\psi_2^{KI}$$ [1-2-59]

$$U_{1\to 2}^{I}=\frac{1}{2}(U_{11}^{PP}U_{22}^{KI})^{1/2}=\frac{1}{2}\psi_1^P\times\psi_2^{KI}$$ [1-2-60]

$$U_{2\to 1}^{I}=\frac{1}{2}(U_{22}^{PP}U_{11}^{KI})^{1/2}=\frac{1}{2}\psi_2^P\times\psi_1^{KI}$$ [1-2-61]

$$U_{1\Leftrightarrow 2}^{I}=\frac{1}{2}[(U_{11}^{PP}U_{22}^{KI})^{1/2}+(U_{22}^{PP}U_{11}^{KI})^{1/2}]=\frac{1}{2}(\psi_1^P\times\psi_2^{KI}+\psi_2^P\times\psi_1^{KI})$$ [1-2-62]

但上列各式是指产生外电场物质只存在着单一静电力的情况，实际情况是物质分子间有着多种可能的相互作用，其中一些类型的相互作用，如色散力是不能产生诱导作用的，而静电力只占有一定的比例。因此物质产生的实际诱导作用能还需按静电力所占比例进行修正，这在1-2-5节中进行讨论。

上面得到的诱导力计算式表明诱导力计算不服从Berthelot组合律。

1-2-4 非极性分子与非极性分子相互作用(色散作用力)

惰性气体分子的电子云分布是球形对称的，偶极矩等于零，它们之间应该没有静电力和诱导力，但实验表明惰性气体分子的van der Waals引力依然存在，此外对极性分子来说，用静电力和诱导力计算出的van der Waals引力要比实验值小得多，所以除了这两种力之外，一定还有第三种力在作用。

1930年London[23]用量子力学的近似计算法证明分子间存在着第三种作用力，它的作用能近似地等于：

$$u_{P1\Leftrightarrow 2}^{DD}(\alpha,I)=-\frac{3}{2}\frac{I_1 I_2}{I_1+I_2}\frac{\alpha_1\alpha_2}{r_{12}^6} \qquad [1-2-63]$$

上式中 I_1 和 I_2 为分子1和分子2的第一电离势，对同类分子，式[1-2-63]为：

分子1： $$u_{P1\Leftrightarrow 1}^{DD}(\alpha,I)=-\frac{3}{4}\frac{I_1\alpha_1^2}{r_{11}^6} \qquad [1-2-64]$$

分子2： $$u_{P2\Leftrightarrow 2}^{DD}(\alpha,I)=-\frac{3}{4}\frac{I_2\alpha_2^2}{r_{22}^6} \qquad [1-2-65]$$

一些分子的第一电离势列于表1-2-3。

表1-2-3 一些分子的第一电离势

分子	I	分子	I	分子	I
甲苯	8.9	碘化氢	10.7	溴化氢	12.0
苯	9.2	氯乙烷	10.8	水	12.6
正庚烷	9.5	甲醇	10.8	氯化氢	12.8
乙硫醇	9.7	四氯化碳	11.0	甲烷	13.0
吡啶	9.8	环己烷	11.0	氯	13.2
丙酮	10.1	丙烷	11.2	二氧化碳	13.7
乙醚	10.2	氯甲烷	11.2	一氧化碳	14.1
正庚烷	10.4	乙炔	11.4	氢	15.4
乙烯	10.7	氯仿	11.5	四氟化碳	17.8
乙醇	10.7	氨	11.5	氦	24.5

色散力产生的原因可简单解释如下：如果对原子或分子作瞬间摄影，会发现核与电子在各种不同相对位置的图象，这使分子具有瞬间的周期变化的偶极矩（对惰性气体分子来说，这种瞬变偶极矩的平均值等于零），伴随着这种周期性变化的偶极矩有一同步的（同频率的）电场，它使邻近的分子极化，邻近分子的极化又反过来使瞬变偶极矩的变化幅度增加，色散力就是在这样的反复作用下产生的。

由于 $u^{DD}_{P2\Leftrightarrow 2}(\alpha, I)$ 为负值，因此是吸引力，这样产生瞬变偶极矩过程中所消耗的功为：

同类分子，分子 1：
$$U^D_{11} = -u^{DD}_{P1\Leftrightarrow 1}(\alpha, I) = \frac{3}{4}\frac{I_1\alpha_1^2}{r_{11}^6} \qquad [1-2-66]$$

分子 2：
$$U^D_{22} = -u^{DD}_{P2\Leftrightarrow 2}(\alpha, I) = \frac{3}{4}\frac{I_2\alpha_2^2}{r_{22}^6} \qquad [1-2-67]$$

异类分子：
$$U^D_{12} = -u^{DD}_{P1\Leftrightarrow 2}(\alpha, I) = \frac{3}{2}\frac{I_1 I_2}{I_1 + I_2}\frac{\alpha_1\alpha_2}{r_{12}^6} \qquad [1-2-68]$$

Fowkes[21]对电离能引入 Berthelot 组合律替代算术平均值进行计算，即认为：

$$\frac{1}{2}(I_1 + I_2) = \sqrt{I_1 I_2} \qquad [1-2-69]$$

从表 1-2-3 所列数据可见，一些分子的第一电离势的数值彼此相差不大。故 Fowkes 认为：对电离势引入 Berthelot 组合律，即使二物质的电离能值相差高达 50%，而引起的误差也只是 2%。这样如果假设不同分子间距离与讨论分子本身分子间距离符合式[1-2-8]或[1-2-9]的话，则式[1-2-68]可改写为：

异类分子：

$$U^D_{12} = \sqrt{\frac{3}{4}\frac{I_1\alpha_1^2}{r_{11}^6}} \times \sqrt{\frac{3}{4}\frac{I_2\alpha_2^2}{r_{22}^6}} = (U^D_{11} \times U^D_{22})^{1/2} = \psi^D_1 \times \psi^D_2 \qquad [1-2-70]$$

同类分子，分子 1：

$$U^D_{11} = \sqrt{\frac{3}{4}\frac{I_1\alpha_1^2}{r_{11}^6}} \times \sqrt{\frac{3}{4}\frac{I_1\alpha_1^2}{r_{11}^6}} = (U^D_{11} \times U^D_{11})^{1/2} = \psi^D_1 \times \psi^D_1 \qquad [1-2-71]$$

分子 2：
$$U^D_{22} = \sqrt{\frac{3}{4}\frac{I_2\alpha_2^2}{r_{22}^6}} \times \sqrt{\frac{3}{4}\frac{I_2\alpha_2^2}{r_{22}^6}} = (U^D_{22} \times U^D_{22})^{1/2} = \psi^D_2 \times \psi^D_2 \qquad [1-2-72]$$

上列各式表明，不同分子间色散作用能的计算可应用 Berthelot 组合律，即可视为两种分子色散作用能的几何平均值。这一概念已在许多研究者的论著中得到应用。

1-2-5　总 van der Waals 力

上面已经讨论了偶极矩与偶极矩之间的相互作用——偶极力或 Keesom 力；偶极矩与

诱导偶极矩之间的相互作用——诱导力或 Debye 力；瞬变偶极矩之间的相互作用——色散力或 London 力。目前分子相互作用理论认为这三种相互作用是各类分子间相互作用中较重要的分子间相互作用，并将这三种相互作用合起来共称为分子间总 van der Waals 力。

上面讨论表明这三种分子间相互作用均与两个讨论分子的中心距离成六次方反比，因此，van der Waals 相互作用总位能可表示成为：

$$u_{vdw}(r) = -\frac{C_{vdw}}{r^6} \qquad [1-2-73]$$

式中 C_{vdw} 是总的 van der Waals 力常数，亦称为相互作用系数，可表示为：

$$C_{vdw} = (C_{P-P} + C_{P-I} + C_{D-D}) \qquad [1-2-74]$$

引入式[1－2－73]，得：

$$C_{vdw} = (C_{P-P} + C_{P-I} + C_{D-D}) = \mu_{vdw}(r)r^6 \qquad [1-2-75]$$

将式[1－2－74]两边均除以 C_{vdw}，得到在物质内部相互作用能中 Keesom 成分(P)、Debye 成分(I)和 London 成分(D)对总的 van der Waals 作用能的贡献分数：

$$f_P + f_I + f_D = 100\% \qquad [1-2-76]$$

表 1－2－4 中列示了不同物质分子中这些不同类型的相互作用对总 van der Waals 力贡献值。除极性很高的水分子外，实际上一般分子中 London 成分(或色散力成分)对分子间引力有重要的贡献，对水来讲，还有可能存在氢键，它将提供额外的强的相互作用，故在水中色散力和诱导力的作用应该比表 1－2－4 中列出数值还要小。指出这点是很重要的，我们在以后的讨论中将提到这一点。

表 1－2－4　一些分子的 van der Waals 作用能

分　子	偶极矩 /10^{-30}C·m	Keesom 力		Debye 力		London 力	
		kJ·mol^{-1}	%	kJ·mol^{-1}	%	kJ·mol^{-1}	%
氩	0	0.000	0.000	0.000	0.000	8.49	100
一氧化碳	0.40	0.003	0.034	0.008	0.091	8.74	99.875
碘化氢	1.27	0.025	0.096	0.113	0.436	25.80	99.468
溴化氢	2.60	0.686	2.971	0.502	2.174	21.90	94.855
氯化氢	3.43	3.300	15.640	1.000	4.739	16.80	79.621
氨	5.00	13.300	44.706	1.550	5.210	14.90	50.084
水	6.14	36.300	76.890	1.920	4.067	8.99	19.04

注：本表数据取自文献[17]。

表 1－2－4 的数据还说明，任何物质，除色散力外，其他类型相互作用不可能在物质内

单独存在。其原因是明显的,这是由于色散力不会对其他分子产生影响,故在非极性物质中有只存在色散力一种作用力的可能性。但是如果物质中存在有静电力,如偶极力,那么物质中除静电力、偶极力的自身相互作用外,还可能对其他分子产生诱导作用,因此极性分子之间的相互作用不可能仅只是静电力一种,还应存在诱导力和色散力。表 1-2-4 数据表明,即使是强电解质盐酸(HCl)分子,其所具有的 van der Waals 力中,偶极力亦仅占有 15%左右,分子间还有相当比例的诱导力和色散力,当然还应有离子键力。

黄子卿教授[24]认为:在离子型化合物中,由于离子间相互作用仅只是静电力间相互作用,其他分子间力都可以忽略。

但是不同的离子型化合物应有不同的情况,并不是所有离子型物质的静电力的贡献都是占 100%,离子键所占的份数应由形成离子键的各元素的负电性决定。Hannky 和 Smyth[25]提出离子键结合所占总的相互作用百分数 P 可按下列经验式计算:

$$P = 16[x_A - x_B] + 3.5[x_A - x_B]^2 \qquad [1-2-77]$$

式中 x_A、x_B 表示元素 A、B 的负电性,($x_A > x_B$)。所谓负电性是指原子或分子中吸引电子能力的相对大小。根据两元素负电性之差值大小,可以大致判断这两个元素之间所形成键的性质。两元素负电性相差较大则可能会形成离子键;而两元素负电性相差较小时则可能会形成共价键。各种元素的负电性值列于表 1-2-5。

表 1-2-5　元素的负电性

周期＼族	Ⅰ	Ⅱ	Ⅲ	Ⅳ	Ⅴ	Ⅵ	Ⅶ	Ⅷ
1	H/2.15							He
2	Li/1.0	Be/1.5	B /2.0	C /2.5	N /3.0	O /3.5	F /4.0	Ne
3	Na/0.9	Mg/1.2	Al/1.5	Si/1.8	P/2.1	S/2.5	Cl/3.0	Ar
4	K /0.8	Ca/1.0	Sc/1.3	Ti/1.5	V 1.6	Cr/1.6	Mn/1.5	Fe/1.8; Co/1.7; Ni/1.8
	Cu/1.9	Zn/1.6	Ga/1.6	Ge/1.0	As/2.0	Se/2.4	Br/2.9	Kr
5	Rb/0.8	Sr/1.0	Y /1.2	Zr/1.4	Nb/1.6	Mo/1.8	Tc/1.9	
	Ag/1.9	Cd/1.7	In/1.7	Sn/1.8	Sb/1.9	Te/2.1	I /2.5	Xe
6	Cs/0.7	Ba/0.9	La/1.1	Hf/1.3	Ta/1.5	W /1.7	Re/1.9	
	Au/2.4	Hg/1.9	Tl/1.8	Pb/1.8	Bi/1.9	Po/2.0	At/2.2	Rn

注:本表数据取自文献[26, 27]。

例如:$x_{Ca} = 1.0$,$x_F = 4.0$,得:

$$P(\%) = 16 \times (4-1) + 3.5(4-1)^2 = 79.5\% \qquad [1-2-78]$$

以此表数据和经验式[1-2-77]对一些离子型物质的计算结果列于表1-2-6。

表1-2-6　一些离子型物质内离子键能所占百分数

化合物	CaF_2	Na_2O	CaO	MgO	MnO	FeO	Al_2O_3	TiO_2
%	80	69	62	55	46	40	46	43
化合物	Fe_2O_3	SiO_2	P_2O_5	CaS	MgS	MnS	FeS	
%	37	37	29	32	27	20	13	

由此可见，依着氟化物、氧化物、硫化物的次序，物质内的离子键的百分数依次递减，也就是其他类型的作用力的百分数增大。

虽然式[1-2-77]只是个经验式，所得数据亦只是供分析参考，但是从表1-2-4和表1-2-6数据来看，无论是极性分子物质，还是离子型物质，这些物质中静电作用力（偶极力或离子力）均不可能占到全部份数，即不可能100%都是静电作用力。

与此同理，当具有偶极力的物质或具有离子力的物质与其他物质相互作用时两种物质间总的相互作用中亦不可能只是由偶极力或是离子力这类静电作用力所组成，应该还可能有其他类型的作用，例如，当离子型物质与一个极性分子相互作用时，离子产生的静电电场应该对极性分子产生诱导作用，即它们之间亦存在有诱导作用力。

表1-2-7中列举的相互作用的两种不同物质之间各种相互作用的计算数据[7]，说明两种物质之间的相互作用不能认为100%均为偶极力或离子力之类的静电作用力。

表1-2-7　不同分子之间的相互作用

分子		偶极矩/D		相互作用系数/erg·$cm^6\times10^{60}$		
(1)	(2)	(1)	(2)	C_{P-P}	C_{P-I}	C_{D-D}
四氯化碳	环己烷	0	0	0	0	1510
四氯化碳	氨	0	1.47	0	22.7	320
丙酮	环己烷	2.87	0	0	89.5	870
一氧化碳	盐酸	0.10	1.08	0.206	2.30	82.7
水	盐酸	1.84	1.08	69.8	10.8	63.7
丙酮	氨	2.87	1.47	315	32.3	185
丙酮	水	2.87	1.84	493	34.5	135

上表所列数据表明，当两个分子的偶极矩均为零时，即两个分子都是非极性分子时这两分子间的相互作用中不存在偶极静电作用。当偶极矩很小，小于1 D时静电作用的贡献作为近似计算亦可以不计。在极性分子与非极性分子相互作用中不存在静电作用贡献时，诱导力的比例却不容忽视。而即使是强极性物质之间，如NH_3、H_2O、$(CH_3)_2CO$之间的相互作用，以及离子型物质与极性物质间相互作用，如HCl与H_2O，色散作用力亦有着相当的比

例。说明即使是离子型物质内亦应存在色散相互作用。

以上讨论表明，色散力在分子间相互作用中占有重要地位，实际上色散力在所有讨论情况中均应存在。我国丁莹如、秦关林[28]指出："极性分子在共价固体表面上的吸附和球状对称惰性原子在离子固体表面上的吸附，其吸附力主要是色散力。非极性分子与金属之间的吸引力可以考虑为色散力，而非极性分子在共价固体表面上的物理吸附应认为就是色散力。"由此我们引出物质中总的 van der Wasls 作用的计算为：

同类分子，

分子 1： $$U_{11}^{\text{vdw}} = U_{11}^{P} + U_{11}^{I} + U_{11}^{D} = \frac{2\mu_1^4}{3kTr_{11}^6} + 2\frac{\alpha_1\mu_1^2}{r_{11}^6} + \frac{3}{4}\frac{I_1\alpha_1^2}{r_{11}^6} \qquad [1-2-79a]$$

分子 2： $$U_{22}^{\text{vdw}} = U_{22}^{P} + U_{22}^{I} + U_{22}^{D} = \frac{2\mu_2^4}{3kTr_{22}^6} + 2\frac{\alpha_2\mu_2^2}{r_{22}^6} + \frac{3}{4}\frac{I_2\alpha_2^2}{r_{22}^6} \qquad [1-2-79b]$$

对不同分子，分子 1 和分子 2：

$$U_{12}^{\text{vdw}} = U_{12}^{P} + U_{12}^{I} + U_{12}^{D} = \frac{2\mu_1^2\mu_2^2}{3kTr_{12}^6} + \frac{\alpha_2\mu_1^2}{r_{12}^6} + \frac{\alpha_1\mu_2^2}{r_{12}^6} + \frac{3}{4}\frac{I_1I_2\alpha_1^2\alpha_2^2}{r_{12}^6} \qquad [1-2-80]$$

将式[1-2-79]到式[1-2-80]改写为我们所推导的形式：同类分子，

分子 1： $$U_{11}^{\text{vdw}} = U_{11}^{P} + U_{11}^{I} + U_{11}^{D} = \psi_1^P\times\psi_1^P + \psi_1^P\times\psi_1^{PI} + \psi_1^D\times\psi_1^D \qquad [1-2-81]$$

分子 2： $$U_{22}^{\text{vdw}} = U_{22}^{P} + U_{22}^{I} + U_{22}^{D} = \psi_2^P\times\psi_2^P + \psi_2^P\times\psi_2^{PI} + \psi_2^D\times\psi_2^D \qquad [1-2-82]$$

对不同分子，分子 1 和分子 2：

$$U_{12}^{\text{vdw}} = U_{12}^{P} + U_{12}^{I} + U_{12}^{D} = \psi_1^P\times\psi_2^P + \frac{1}{2}(\psi_1^P\times\psi_2^{PI} + \psi_2^P\times\psi_1^{PI}) + \psi_1^D\times\psi_2^D \qquad [1-2-83]$$

由于上面各式中偶极力相互作用系数 ψ^P 的作用本质是静电相互作用。我国徐光宪教授[29]指出：一些研究者倾向于用偶极矩来判别离子键和共价键，例如认为 100%的共价键的偶极矩等于零，而 100%的离子键的偶极矩应等于：

$$\mu_i = q_i r_0 \qquad [1-2-84]$$

式中 q_i 是离子所带的电荷，r_0 为核间距离。绝大多数的化学键的偶极矩在 0 到 μ_i 之间。这意味着有可能将偶极力和离子键力作为同一种类型的分子间相互作用力来对待。

我国张开[2]亦认为：总引力常数也可将各种极化能（包括偶极、诱导和氢键能）归并成一项来计算。因此从这一角度出发，van der Waals 力中的偶极矩相互作用系数 ψ_i^P 可扩大其范围，写成为静电作用系数 ψ_i^K，这样包含有静电作用力的广义 van der Waals 力的表示式为：

同类分子，

分子 1： $$U_{11}^{\text{vdw}} = U_{11}^{K} + U_{11}^{I} + U_{11}^{D} = \psi_1^K\times\psi_1^K + \psi_1^K\times\psi_1^{KI} + \psi_1^D\times\psi_1^D \qquad [1-2-85]$$

分子 2： $$U_{22}^{\text{vdw}} = U_{22}^{K} + U_{22}^{I} + U_{22}^{D} = \psi_2^K\times\psi_2^K + \psi_2^K\times\psi_2^{KI} + \psi_2^D\times\psi_2^D \qquad [1-2-86]$$

对不同分子，分子 1 和分子 2：

$$U_{12}^{vdw}=U_{12}^{K}+U_{12}^{I}+U_{12}^{D}=\psi_1^K\times\psi_2^K+\frac{1}{2}(\psi_1^K\times\psi_2^{KI}+\psi_2^K\times\psi_1^{KI})+\psi_1^D\times\psi_2^D$$

[1-2-87]

这样的分子间相互作用分类在文献中已有报道。我国项红卫教授[30]认为一般把长程力对分子间作用势能的贡献分成三种类型，统称为 van der Waals 力，即定向力、诱导力和色散力。所谓定向力来自分子内各种偶极矩产生的引力，这包括有电荷(C)、偶极矩(μ)、四极矩(Q)等。对分子 a 和 b 之间各种类型的相互作用，由 Boltzmann 权重因子按 $1/\mathrm{k}T$ 的幂指数展开，并且可得到平均势能函数：

$$\bar{\varphi}_{ab}^{(C,\,C)}=\frac{C_aC_b}{r} \quad [1-2-88a]$$

$$\bar{\varphi}_{ab}^{(C,\,\mu)}=-\frac{1}{3\mathrm{k}T}\frac{C_a^2\mu_b^2}{r^4} \quad [1-2-88b]$$

$$\bar{\varphi}_{ab}^{(C,\,Q)}=-\frac{1}{20\mathrm{k}T}\frac{C_a^2Q_b^2}{r^6} \quad [1-2-88c]$$

$$\bar{\varphi}_{ab}^{(\mu,\,\mu)}=-\frac{2}{3\mathrm{k}T}\frac{\mu_a^2\mu_b^2}{r^6} \quad [1-2-88d]$$

$$\bar{\varphi}_{ab}^{(\mu,\,Q)}=-\frac{1}{\mathrm{k}T}\frac{\mu_a^2Q_b^2}{r^8} \quad [1-2-88e]$$

$$\bar{\varphi}_{ab}^{(Q,\,Q)}=-\frac{7}{40\mathrm{k}T}\frac{Q_a^2Q_b^2}{r^{10}} \quad [1-2-88f]$$

由上列各式可见，电荷(C)、偶极矩(μ)、四极矩(Q)等这些以静电作用力为基本作用力的各种类型相互作用力表示式彼此十分相似，这些类型相互作用力均可认为服从于 Berthelot 规律。因此可将它们归属于一类，统称为静电类相互作用。

从式[1-2-86]到式[1-2-87]，均指会产生外电场物质，相互作用只是单一静电力的情况。在上面讨论时已经指出，实际情况是物质分子间有着多种可能的相互作用，其中一些，如色散力是不能产生诱导作用的。我们已经介绍，物质中即使是离子型物质静电力亦只占有一定的比例。因此物质产生的实际诱导作用能还需按静电力所占比例进行修正[31]。

设系数 K_1 和 K_2 为物质 1 和物质 2 中静电作用能对总的相互作用能的比值，即：

$$K_1=\frac{U_{11}^K}{U_{11}^{vdw}};\qquad K_2=\frac{U_{22}^K}{U_{22}^{vdw}} \quad [1-2-89]$$

这样，修正后的诱导作用力为：

$$U_{1\Leftrightarrow1}^{I}=(U_{11}^{K}K_1U_{11}^{KI})^{1/2}=\psi_1^K\psi_1^{KI}\sqrt{K_1} \quad [1-2-90]$$

$$U^I_{2\Leftrightarrow 2} = (U^K_{22}K_2U^{KI}_{22})^{1/2} = \psi^K_2\psi^{KI}_2\sqrt{K_2} \qquad [1-2-91]$$

$$U^I_{1\to 2} = \frac{1}{2}(U^K_{11}K_1U^{KI}_{22})^{1/2} = \frac{1}{2}\psi^K_1\psi^{KI}_2\sqrt{K_1} \qquad [1-2-92]$$

$$U^I_{2\to 1} = \frac{1}{2}(U^K_{22}K_2U^{KI}_{11})^{1/2} = \frac{1}{2}\psi^K_2\psi^{KI}_1\sqrt{K_2} \qquad [1-2-93]$$

$$\begin{aligned} U^I_{1\Leftrightarrow 2} &= \frac{1}{2}\left[(U^K_{11}K_1U^{KI}_{22})^{1/2} + (U^K_{22}K_2U^{KI}_{11})^{1/2}\right] \\ &= \frac{1}{2}(\psi^K_1\psi^{KI}_2\sqrt{K_1} + \psi^K_2\psi^{KI}_1\sqrt{K_2}) \end{aligned} \qquad [1-2-94]$$

由此可知，诱导力是受外电场影响而产生的一种诱导静电相互作用，受到物质中存在的静电力强度的影响，亦受到施加作用的外电场在总的相互作用位势中所占比例的影响，因此计算时不能简单地使用 Berthelot 组合律。

这样，诱导力经修正后广义的 van der Waals 力可表示成下列各式：

同类分子，

分子 1： $$U^{vdw}_{11} = U^K_{11} + U^I_{11} + U^D_{11} = \psi^K_1\psi^K_1 + \psi^K_1\psi^{KI}_1\sqrt{K_1} + \psi^D_1\psi^D_1 \qquad [1-2-95]$$

分子 2： $$U^{vdw}_{22} = U^K_{22} + U^I_{22} + U^D_{22} = \psi^K_2\psi^K_2 + \psi^K_2\psi^{KI}_2\sqrt{K_2} + \psi^D_2\psi^D_2 \qquad [1-2-96]$$

对不同分子，分子 1 和分子 2：

$$U^{vdw}_{12} = U^K_{12} + U^I_{12} + U^D_{12} = \psi^K_1\psi^K_2 + \frac{1}{2}(\psi^K_1\psi^{KI}_2\sqrt{K_1} + \psi^K_2\psi^{KI}_1\sqrt{K_2}) + \psi^D_1\psi^D_2$$

[1-2-97]

由此可见，分子间相互作用理论表明，van der Waals 力可广义地认为是由静电相互作用（包含偶极相互作用）、诱导（Debye）相互作用和色散（London）相互作用组成。在实际物质中这三种相互作用力各占一定比例。

1-3 其他分子间力

查阅相关的分子间相互作用理论文献，可发现除关于上述的 van der Waals 力外，还有很多其他类型分子间力的报道，例如，强极性分子中存在的氢键力和近年来很多文献讨论的酸—碱理论等等，为此，下面来分析讨论这些类型的分子间力。

1-3-1 氢键力

很多实验结果发现有些化合物中氢原子可以同时和两个原子半径较小的电负性原子

(如O、F、N等)结合,这种结合叫做氢键。

氢键的存在十分广泛,许多重要物质如水、醇、酚、酸、羧酸、氨、胺、酰胺、氨基酸、蛋白质、碳水化合物、氢氧化合物、酸式盐、碱式盐(含OH)、结晶水合物等都存在氢键,在研究这些物质的结构与性能关系中,氢键起着重要作用,例如脱氧核糖酸(DNA)的双螺旋结构也是靠氢键建立起来的。

氢键力的计算比较复杂,但这方面并不是本书讨论的范围,有兴趣的读者可以参考相关的专著[32]。

氢键结合力的本质是什么呢?氢同时与X、Y两个原子相结合,一般认为在氢键X—H···Y中X—H是共价键,而H···Y则是一种强有力的有方向性的van der Waals引力。因此一般研究者把氢键力归入到van der Waals力中,其理由是因为氢键力在本质上是带有部分负电荷的原子Y与偶极矩很大的极性键X—H间的静电相互作用力,X—H的电偶矩很大,H的半径很小且又无内层电子,可以允许带有部分负电荷的Y原子充分接近它,这样会产生相当强的静电吸引作用而构成氢键。

氢键的键能一般小于30 kJ·mol^{-1},比化学键的键能要小得多,但和van der Waals引力的数量级相同或稍大一些。所以氢键力可归属于van der Waals引力一类。

当然,氢键力也有与van der Waals引力不同的地方,即它的饱和性和方向性,氢键的饱和性表现在X—H只能和一个Y原子相结合,这是因为氢原子非常小,而X和Y都相当大,如果有另一个Y原子来接近它们,则它受X和Y的推斥力要比受到H的吸引力来得大,所以X—H不能和两个Y原子相结合。此外,具有偶极矩的X—H与原子Y的相互作用只有当X—H···Y在同一直线上的时候最为强烈,这是氢键具有方向性的原因。

但氢键力的这两个特点也说明氢键力的本质是带有部分负电荷的原子Y与偶极矩很大的极性键X—H间的静电相互作用。下列实验事实亦证实了氢键的本质是静电相互作用力,即氢键的强弱与X及Y的电负性的大小有关,电负性愈大,则氢键愈强;又与Y的半径大小也有关系,半径愈小,则愈能接近H—X,因此氢键愈强。例如元素F的电负性最大而半径很小,所以F—H···F是最强的氢键,O—H···O次之,O—H···N又次之, N—H···N更次之,而C—H一般不能构成氢键,因为C的电负性小,但在H—C≡N或$HCCl_3$中,由于N和Cl的影响,使C的电负性增大,也可以产生氢键。Cl的电负性虽然颇大,但因它的原子半径也大,所以氢键O—H···Cl很弱。同理O—H···S更弱,而O—H···Br, O—H···Se, O—H···I等是否存在氢键还没有定论,即使存在氢键也是非常弱的。

我国张季爽和申成[17]指出:对氟化氢进行量子化学计算表明,在形成氢键的过程中,至少有四种不同类型的相互作用:

(1) HF偶极矩的取向力使F—H···F—H排列成直线,该种作用能约为-25 kJ·mol^{-1}。

(2) 一个HF分子的最高被占用的轨道与另一分子的最低空余轨道之间发生轨道重叠与电荷转移作用,其作用能约等于-12.5 kJ·mol^{-1},轨道的重叠象征着共价键力的形成。

(3) HF分子间电子云的排斥作用。排斥能约为12.5 kJ · mol^{-1},恰好与电荷转移能相抵消。

(4) HF分子间存在诱导偶极矩的作用。但其作用能很弱,只能使$(HF)_2$稍加稳定。

上述结果表明,在H…F结合成氢键的过程中起主要作用的是HF偶极矩的取向作用能(−25 kJ · mol^{-1}),即偶极矩作用能或静电作用能。

由以上讨论可知道,氢键的本质是静电相互作用力,因而氢键可应用广义van der Waals力计算式进行计算。并且,我们在处理氢键力的能量关系时,可使用van der Waals引力计算式中静电力的计算公式,并认为不同物质之间的氢键作用力是各物质间氢键力的几何平均值,即服从Berthelot组合律。

1-3-2　金属键力

金属具有表面张力,并且金属表面张力数值一般要高于其他各类物质的表面张力,这反映金属内部存在着某种相互作用,并且是一种很强的相互作用。

在金属单质的晶体中,金属原子上的价电子在整个金属体内自由地运动,金属单质晶体就是靠自由的价电子与金属原子、离子形成的点阵之间的相互作用结合在一起的,这种相互作用称为金属键。

构成金属单质晶体的金属原子,由于价电子活动在整个金属的体内,金属原子沉浸在快速运动的电子云雾中,它的电子层分布可以看成是球形对称,整个金属原子可以看成具有一定体积的圆球,所以金属键是没有饱和性和方向性的。

因此金属可以看作为一系列的被自由电子气或电子云联结在一起的带正电荷的球。

上述对金属键的描述是当前文献中较普遍的意见。例如,李俊清、何天敬等[33]指出:“在金属内部,带正电荷的原子实浸在共有化的电子云的包围之中。金属晶体的结合主要是靠电子云和正离子(即原子实)之间的Coulomb相互作用,显然体积越小,电子密度越大,则Coulomb作用越强,形成把原子实聚合起来的作用越强。”

又如,范宏昌[34]对金属键的定义为:“把金属离子束缚在电子气体内的离子和电子气体的相互作用称为金属键”。显然,离子和电子气体的相互作用在本质上应与静电作用有关。

金属键的本质及其计算方法涉及金属的自由电子理论、能带理论等方面知识,超出了本书所研究的范围,感兴趣的读者可参阅有关专著[35]。

下面介绍我国金家骏等[8]对液态金属的结构理论的简单描述,其中涉及一些金属内部相互作用的基本概念。

液态金属理论因存在原子和离子之间的多体相互作用而复杂化。但在熔点附近的流体性质与相应的固体差别不大,故可利用有效双体势能概念来处理,得到的结果能很好地符合实验结果。

在金属内部游离原子中,最外层电子被其他电子所屏蔽。导电电子形成一个屏蔽电荷来抵消离子的吸引作用。这时金属离子和屏蔽电子构成一个所谓准原子，而离子和导电电子间的弱相互作用叫做准势能 W。

准势能 W 可看作 N 个单个离子对 W 的贡献 $w(r)$ 的总和，即

$$W(r) = \sum_i w(r - r_i)$$

金属内总的相互作用势能为原子—原子间相互作用 $U_{直接}(r)$ 和离子—离子的非直接相互作用势能 $U_{非直接}(r)$ 之和。

原子—原子间相互作用的总有效势能等于由静电相互作用势能：

$$U_{直接}(r) = \frac{Z^2 e^2}{r^2} \qquad [1-3-1]$$

故
$$U(r) = U_{直接}(r) + U_{非直接}(r) = \frac{Z^2 e^2}{r^2} + \frac{\upsilon}{\pi^2 r}\int_0^\infty qF(q)\sin(qr)\mathrm{d}q \qquad [1-3-2]$$

式中 Z 为有效电荷，$F(q)$ 为能量特征波数，它决定于准势能和原子体积 υ，但与离子的位置无关，$F(q)$ 与静介电函数 $D(q)$ 的关系为：

$$F(q) = \frac{\upsilon q^2}{8\pi e^2}\left\{\frac{1}{D(q)} - 1\right\} \mid Fw_0(q) \mid^2 \qquad [1-3-3]$$

式中 $Fw_0(q)$ 为函数 $w_0(q)$ 的 Fourier 变换。

注意金属具有下列一些基本特点。这些金属所显现的特点亦反映了金属中分子间相互作用的一些属性。

(1) 从物质的电结构来看，金属确具有带负电的自由电子和带正电的晶体点阵，但在宏观上金属不带电，在不受到外电场作用时，自由电子的负电荷和晶体点阵的正电荷相互中和，致使整个金属或其中任一部分都是电中性的。因此当金属与非极性分子或其他不存在静电类型作用的物质相互接触时，不应存在静电类型的相互作用。

(2) 当金属受到外电场的作用时，不论金属原来是否带电，金属体中的自由电子在外电场力的作用下，将相对于晶体点阵运动，引起金属体上电荷的重新分布，最后，导致金属体中自由电子处于新的平衡状态。这时外电场力和导体上重新分布了的电荷形成的电场力，亦就是说，这时外电场与金属中由外电场所感生的电场之间应该存在着某种静电作用力，即外电场与金属之间应该存在由外电场诱导产生的诱导力。外电场可以是离子型物质中离子静电场，也可以是极性物质中偶极矩产生的电场。Bardeen[36] 曾研究过物质与金属表面 van der Waals 作用力的计算方法。认为与极性分子中产生的诱导力不同，金属中电子由于不受原子中正电荷的束缚，能在整个晶格点阵内自由运动，因此更易受到外电场的影响，亦就是说，金属产生诱导力的能力可能更强些，金属的诱导作用系数数值可能比极性分子的要大一些。

(3) 已知色散力可以看作是分子的瞬间偶极矩相互作用的结果，即使讨论分子中无偶

极矩，但分子中电子运动的瞬时状态亦会形成偶极矩。这种瞬时偶极矩会诱导邻近分子也会产生和它相吸引的瞬时偶极矩。反过来也一样，这种相互作用便产生色散力。由于金属中的自由电子是不断地处在无规则的运动状态中，从统计观点出发，可假定电子运动的平均动能等于原子的平均动能，即 $3kT/2$，式中，T 是绝对温度，如果 $\bar{V}_e$ 表示电子这种不规则运动的均方根速度，则：

$$\frac{1}{2}m_0\bar{V}_e^2 = \frac{3}{2}kT; \qquad \bar{V}_e = \left(\frac{kT}{m_0}\right)^{1/2} \qquad [1-3-4]$$

由此可估算室温时电子热运动速度大约在 10^5 m/s。电子以这样的速度在金属内部作无规则的运动，应是金属在宏观上呈电中性的原因之一。但这样的运动速度当然也有可能存在瞬间产生瞬时偶极矩的可能性。因此，金属中存在色散力，金属与其他物质之间的相互作用亦应存在着色散作用力。国外一些研究者已注意到金属与气体之间相互作用存在着色散力，Fowkes[21, 37]在研究金属汞与碳氢化合物、油、水等物相互作用时认为，金属与这些化合物之间主要以色散力相互作用，金属键对这些物质不起作用。对金属 Hg 的表面自由能，Fowkes 认为由两部分所组成：

$$\sigma_{Hg} = \sigma_{Hg}^D + \sigma_{Hg}^M \qquad [1-3-5]$$

式中 σ_{Hg}^D、σ_{Hg}^M 分别为汞中色散力和金属键力对汞的表面自由能的贡献。

(4) 当两种金属相互接触时，一种金属中部分自由电子可以克服界面处逸出壁垒而进入到与其相接触的另一个金属中去。其原因是金属内自由电子的热运动具有一定的动能，另一个原因是依据经典电子理论，金属中自由电子有如容器中的气体分子，并遵从气体分子的运动规律。若设两个金属 A 和 B 内的电子密度分别为 n_A 和 n_B，$n_A > n_B$，当两个金属相互接触后，在接触界面两边，金属 A 中“电子气”的压力应大于金属 B 中“电子气”的压力，因而由金属 A 迁移到金属 B 中的电子数将大于反向迁移。在电子热运动动能和“电子气”压力作用下界面两边金属的自由电子往返流动，最终达成动态平衡。这在宏观上会形成两种物理现象：

——在两种金属接触界面的两边形成接触电位差，由此而成为实际应用的热电偶的基本工作原理。显然，热电偶电势随温度变化而变化的实验事实说明温度对金属内电子热运动确有影响，亦就是说对界面两边接触电势、界面电场确有影响。

——在两种金属接触界面的两边形成接触电位差，说明界面两边会形成界面双电层，这与在电场中离子溶液界面处出现双电层的情况类似，两种相互接触的金属中失去电子较多的一种金属在界面处可能有正电荷，而得到电子的一方在界面一边有负电荷，因此在界面处两种金属相互作用的实质应是 Coulomb 力。

(5) 由金属原子间的有效双体相互作用势能理论可知，金属内金属离子和屏蔽电子会构成一个准原子，而原子与原子之间存在直接相互作用，这一相互作用可以 Coulomb 力表示。如果这一直接相互作用力被认为是金属之间的作用力，那么形成金属间相互作用的前提是参加作用的两个物质中应存在这种准原子，亦就是说参加作用的两个物质中应存在金属离子和屏蔽电子。这两个条件只有金属物质才存在，因此只有金属物质之间才能形成金属键，其他类物资不存在金属键相互作用。

依据上述文献的意见和金属所具有的一些特性，对于金属物质，可能存在的作用力为：金属物质独有的金属键、受到外电场的影响而形成的诱导作用力、自由电子无规则的运动而形成的色散作用力。

1-3-3 其他相互作用

Fowkes[4, 38]认为：表面张力是由下列各种"相互作用"所组成的：

$$\gamma = \gamma^d + \gamma^p + \gamma^I + \gamma^h + \gamma^\pi + \gamma^{ad} + \gamma^e$$

表面自由能与分子间相互作用有关，从分子间相互作用的角度出发，分子间相互作用总的能量亦应是由这些分子间相互作用所组成：

$$u = u^d + u^p + u^I + u^h + u^\pi + u^{ad} + u^e \qquad [1-3-6]$$

这就给分子理论的讨论带来困难，对一种物质要讨论这么多类型的相互作用，分析每一种相互作用对总的相互作用的贡献，了解每种相互作用的本质及它们间相互关系等，这在某种程度上是有一定困难的。为此，国外一些研究者对这些相互作用作了一些归纳、总结工作。目前国外文献中存在两种不同的处理方法：

其一，Fowkes[38]曾将各项分子间相互作用简化成二项，即色散力对分子间相互作用力的贡献和非色散力对分子间作用力的贡献。在表面张力表示式中则体现为液相表面张力为色散力 d 组成的表面张力分力(我们称为色散表面力)和非色散力 n 表面张力分力(非色散表面力)之和：

$$\sigma = \sigma^d + \sigma^n \qquad [1-3-7]$$

其二，亦有一些作者，例如 Busscher 和 Arends[39]，认为液相表面张力为色散(d)表面力和极性(P)表面力之和：

$$\sigma = \sigma^d + \sigma^P \qquad [1-3-8]$$

张开[2]认为，总引力常数也可将各种极化能(包括偶极、诱导和氢键能)归并成一项来计算，即：

$$A_{12} = A_{12}^d + A_{12}^P = (A_{11}^d A_{22}^d)^{1/2} + (A_{11}^P A_{22}^P)^{1/2} \qquad [1-3-9]$$

Fowkes[40~43]在 1978 年以后提出将诱导力、偶极力和氢键力三项组合成一项，即酸—碱作用力，其表面张力表示式为：

$$\sigma = \sigma^{d} + \sigma^{ab} \quad [1-3-10]$$

综合以上讨论，可知 Fowkes 对分子间相互作用的最主要的看法是色散力，并认为色散力存在于一切物质的相互作用之中。Fowkes 曾针对不同相互作用对象提出一些不同的分子间相互作用的表示式，但在其所有的表示式中总是存在色散力这项分子间作用力。

Fowkes 的这些讨论表明分子间非极性相互作用与极性相互作用对液体和固体表面张力的贡献是非常重要的。但亦有一些研究者对所谓"极性" 概念有不同的理解。其中较著名的研究者 van Oss、Chaudhury 和 Good[44] 认为，有三种不同类型的化合物存在分子间极性相互作用：

(1) A 种。偶极化合物，这类物质具有明显的偶极矩。

(2) B 种。氢键类化合物，这类化合物可以用 Bronsted (质子给体和质子受体) 酸碱理论处理。再细分有以下物质：

① B1 种。是质子给体(酸)又是质子受体(碱)类物质，如水。van Oss 他们称之为双极类化合物。

② B2 种。该类物质作为质子给体(酸)来讲要比作为质子受体(碱)类物质更为有效，例如 $CHCl_3$。

③ B3 种。该物质作为质子受体(碱)来讲要比作为质子给体(酸)类物质更为有效，如丙酮。

(3) C 种。这类化合物可当作 Lewis 酸或 Lewis 碱，即电子受体和电子给体相互作用。进一步细分有：

① C1 种。具有电子受体和电子给体两种功能的一些物质。B1 种双极性物质即为这类物质，因为 Lewis 酸—碱体系包含着 Bronsted 酸—碱体系。

② C2 种。该物质作为电子给体来讲要比作为电子受体更为有效。

③ C3 种。该物质作为电子受体来讲要比作为电子给体更为有效。

1984 年 Chaudhury[45] 提出应用 Lifshitz 的方法，即将组成表面张力的三个电动力相互作用(London+Keesom+Debye)都集中在一起，以"LW" 标识，称作 Lifshitz-van der Waals 作用力，亦就是说，下面表达式成立：

$$\sigma^{LW} = \sigma^{d} + \sigma^{i} + \sigma^{p} \quad [1-3-11]$$

一些文献认为，偶极力相互作用，例如 Keesom 力对表面张力和界面张力的贡献很小，例如对于水，由于氢键力的存在，Keesom 力对水的表面张力的贡献最多只有 5% 的数量级[46]，这样在 σ^{LW} 中占绝对优势应该是 London 力项，因此 van Oss、Chaudhury 和 Good 这些对提出和推广 Lifshitz-van der Waals 作用力有贡献的研究者认为可将 σ^{LW} 简单地称为表面张力中非极性分力。

分子间相互作用有非极性力相互作用，亦应有极性力的相互作用。由于酸—碱相互作用对于表面张力和界面张力亦是有贡献的，因此由式[1-3-10]知，可以将物质的表面张力表示成为非极性分力和极性分力之总和，即，以 σ^{LW} 代表非极性分力，以酸—碱相互作用分力 σ^{ab} 代表极性分力，即：

$$\sigma = \sigma^{LW} + \sigma^{ab} \qquad [1-3-12]$$

式[1-3-12]已在近代一些文献中得到讨论和应用[3]。

由于 Lifshitz 理论涉及连续电动力学方法，这种方法中每一单元或者每一介质均是以其与频率相关的介电常数来描述，其推导过程复杂[16]，超过了本书的内容，故本书中不对 Lifshitz-van der Waals 作用力和酸—碱相互作用力作更详细的介绍，有兴趣的读者可参阅有关文献①。

国外一些研究者对 Lifshitz 理论有所评论。Hiemenz 和 Rajagopalan 在其著作[50]指出：Lifshitz 理论(即 Dzyaloshinskii、Lifshitz and Pitaevakii 理论[46]，在文献[50]中简称为 DLP 理论)非常复杂并难于应用。这个理论的标志是求得了 Hamaker 常数 A_{213} 的表示式：

$$A_{213} = \frac{3}{8\pi^2}\mathrm{h}\int_0^{\infty}\left[\frac{\varepsilon_2(i\xi)-\varepsilon_1(i\xi)}{\varepsilon_2(i\xi)+\varepsilon_1(i\xi)}\right]\left[\frac{\varepsilon_3(i\xi)-\varepsilon_1(i\xi)}{\varepsilon_3(i\xi)+\varepsilon_1(i\xi)}\right]\mathrm{d}\xi \qquad [1-3-13]$$

式中 A_{213} 表示当物质 2 和 3 被物质 1 分隔开时的相互作用。$\varepsilon(i\xi)$ 是介电常数，在虚拟频率轴 $i\xi$ 上是频率的函数。对于任何物质作为介电常数频谱中损耗部分，这是一个可测试的数据。而介电常数频谱中损耗部分对讨论的三个物质中每一物质而言都是可通过实验确定的频率的函数，并且式[1-3-12]方程是对所有频率进行积分。

这样做虽然非常全面，但使应用 DLP 理论发生困难，并已经限止了这一理论的应用，也促使提出各种近似计算方法和设定各种特殊的情况。Hiemenz 和 Rajagopalan 仅对 DLP 理论中在式[1-3-12]分子中出现的讨论物质与介质之间介电常数 $\varepsilon(i\xi)$ 的差值有兴趣。如果在物质 1、2 和 3 的所有频率上这些物质介电常数的损耗部分大致相当，则由式[1-3-12]可知 Hamaker 常数将为零。虽然实际上似乎不是严格地彼此相当，但这是个近似的表示。

这是我们看到的国外研究者对 Lifshitz 理论的分析和看法。但是将 Lifshitz 理论引入到分子间相互作用理论中来应该是式[1-3-11]，此式明确地告诉我们 Lifshitz 理论所推导分子间相互作用力应该是色散力、诱导力和偶极力之总和。在这一点上我们认为色散力、诱导力和偶极力应是三种不同作用性质所形成的三种不同的分子间作用力，不应该亦不可能将它们归纳为同一种类型作用力。这三种不同的分子间作用力实际上反映了物质间相互作用的各种可能形式：Keesom 力代表着带有电荷粒子间的静电相互作用；而 Debye 力则反映带电荷质点对不带电荷质点由电场感应而产生的相互作用力；London 力则反映两种不带电荷质点间的相互作用。因而以某一种类型的作用力代表这三种不同类型作用力是不应该亦是不可能的。何况在应用 Lifshitz 理论时认为 Keesom 力所占份额很少，从而认为 Lifshitz

① 文献[46～48]为 Lifshitz-van der Waals 作用力方面；文献[42，43，49]为酸—碱相互作用力方面。

理论表示的分子间相互作用力所起的作用与非极性分子类似，这样的假设显然是需要再推敲的。

式[1-3-12]中另一项是以酸碱理论为基础的 σ^{ab}，按照上面讨论被定义为代表极性作用项。其实酸碱理论在基础化学中已有说明，无论是以质子转移为其理论基础的 Bronsted-Lowry 酸—碱理论，还是以电子转移为其理论基础的 Lewis 酸—碱理论，均可以认为是正、负两离子间之间相互作用，即静电作用力。只不过由于讨论物质的负电性上的差异，致使两离子之间静电作用力有强有弱，而离子的静电电场对其他粒子的感应电场作用亦有强有弱。从这一角度出发，可以将 σ^{ab} 归入到广义静电力中，因此我们对分子间相互作用的看法仍然是：静电作用力、由静电作用力引起的诱导作用力和讨论分子间无极性的色散作用力。

1-4　不同物质间分子间力

在上述讨论中我们分析介绍了物质内各种不同类型的分子间相互作用。如果两个不同物质相交，由于各个物质内可能具有各种类型的分子间相互作用，这些不同物质分子在相交后会发生怎样的分子间相互作用，在本节中我们将对此做初步的探讨。

综合上述讨论中对不同分子间力的分析，我们对各类分子间相互作用情况总结成表1-4-1所示内容，供我们在讨论不同物质间相互作用时参考。

表1-4-1　各类物质间相互作用

作用类型	物　质(1)	物　质(2)			
		非极性物质	极性物质	离子型物质	金　属
静电力	非极性物质				
	极性物质		有	有	
	离子型物质		有	有	？无
	金　属		？无	？无	？无
诱导力	非极性物质		有	有	
	极性物质	有	有	有	有
	离子型物质	有	有	有	有
	金　属		有	有	？有
色散力	非极性物质	有	有	有	有
	极性物质	有	有	有	有
	离子型物质	有	有	有	有
	金　属	有	有	有	有

续表

作用类型	物质(1)	物质(2)			
		非极性物质	极性物质	离子型物质	金属
金属键力	非极性物质				
	极性物质				
	离子型物质				
	金属				有

对表1-4-1作说明如下:

色散力:色散力在任何物质间的相互作用中均应存在。

诱导力:诱导力在非极性物质之间是肯定不存在的。此外在金属与非极性物质之间我们倾向于不存在诱导力,这是由于金属在不存在外电场的影响时应该是电中性的,不会对非极性物质产生静电诱导作用。在不同金属之间我们不能确定是否一定存在静电诱导力,但我们倾向于存在静电诱导力,故在表中用了符号"有?",理由是不同金属之间有可能在界面形成界面电位差,即界面电场,这一静电场将会对界面两边金属产生影响。

静电力:在静电相互作用中比较难于把握的是金属与极性物质、离子型物质及另一个金属之间有否静电相互作用。前面讨论已经指出,从金属键本质而言应是金属中电子云与金属原子正电荷之间的静电相互作用,由此而言,似乎金属应与极性物质、离子型物质或另一个金属之间存在静电相互作用。但是金属键的静电相互作用本质应与离子型两个点电荷之间的静电作用情况有所不同,故而我们较倾向于金属与极性物质、离子型物质和另一个金属之间不存在类似点电荷之间纯静电相互作用,故而在表中用了符号"?",将金属与这些物质之间静电相互作用体现在金属与这些物质的诱导作用力上似乎更合适一些。

金属键力:如果按上述处理,金属键虽然亦具有静电相互作用的本质,但却不能将其与离子型静电力、偶极矩静电力合并成一类,故而在表中将其独辟一类,单独作为金属键力处理。从表列情况看,金属键只是在与另一金属相接触时才存在,金属与其他非金属物质相接触时,彼此之间应该不存在金属键力。

因此,从表1-4-1来看,不同物质之间相互作用可写成以下表示式:

总的相互作用 = 色散力作用 + 诱导力作用 + 静电力作用 + 金属键力作用　　[1-4-1a]

即

$$u = u^D + u^I + u^K + u^M \qquad [1-4-1b]$$

对于非金属类物质之间的相互作用:

总的相互作用 = 色散力作用 + 诱导力作用 + 静电力作用　　[1-4-2a]

即

$$u = u^D + u^I + u^K \qquad [1-4-2b]$$

对于金属类物质之间的相互作用:

$$总的相互作用 = 色散力作用 + (诱导力作用?) + 金属键力作用 \quad [1-4-3a]$$

即
$$u = u^D + (u^I ?) + u^M \quad [1-4-3b]$$

对于金属与非金属类物质之间的相互作用：

$$总的相互作用 = 色散力作用 + 诱导力作用 \quad [1-4-4a]$$

即
$$u = u^D + u^I \quad [1-4-4b]$$

作者提出在不同物质之间相互作用的计算式[1-4-1～4]供大家讨论。目前还无法对以上计算式进行理论证明，正像作者对表1-4-1所作的说明那样，这四个计算式中有一些类型作用力在理论上还有推敲的地方。这是由于目前作者对分子间相互作用的认识还远非完全，只有对于一些简单的理想的情况才能得出定量的结果。另一方面，联系分子间相互作用力与热力学性质的桥梁——统计力学，理论上也还有许多实际困难有待解决，分子间力理论能给我们的只是一个定性的或半定量的基础，表1-4-1所示也只是根据分子间力现有情况所总结出的一个初步的认识，一定还有错误或不完全之处。但想以此作为初步基础，一方面有待于分子间力理论的发展给予不断地补充与改正，另一方面亦想在以后的实际结果中加以验证与再认识。

参考文献

[1] Prausnitz J M, Lichtenthaler R N, de Azevedo E G. Molecular Thermodynamics of Fluid-Phase Equilibria[M], 3rd ed. Prentice Hall PTR, 1999.
[2] 张开. 高分子界面科学[M]. 北京：中国石化出版社，1997.
[3] Jańczuk B, Białopiotrowicz T, and Zdziennicka A. Some Remarks on the Components of the Liquid Surface Free Energy[J]. J of Colloid and Interface Science, 1999, 211: 96-103.
[4] Fowkes F M. J Adhesion, 1972, 4: 153.
[5] Jańczuk B, Białopiotrowicz T. Surface Free Energy Components of Liquids and Low Energy Solids and Contact Angles[J]. Jour of colloid and interface Science, 1989, 127(1): 189.
[6] 郑忠，李宁. 分子力与胶体的稳定和聚沉[M]. 北京：高等教育出版社，1995.
[7] 胡英. 流体的分子热力学[M]. 北京：高等教育出版社，1983.
[8] 金家骏，陈民生，俞闻枫. 分子热力学[M]. 北京：科学出版社，1990.
[9] 童景山. 分子聚集理论及其应用[M]. 北京：科学出版社，1999.
[10] Lee L L. Molecular Thermodynamics of Nonideal Fluids[M]. Butterworths Series in Chemical Engineering, London: Boston, 1987.
[11] Adamson A W. A Textbook of Physical Chemistry[M], Academic Press, INC., 1973.
[12] 卢焕章. 石油化工基础数据手册[M]. 北京：化学工业出版社，1984.
[13] Adamson A W. Physical Chemistry of Surface[M]. 3rd ed. New York: John Wiley, 1976.
[14] Adamson A W, Gast A P. Physical Chemistry of Surfaces[M]. 6th ed. New York: John-Wiley, 1997.
[15] 张福田. 分子界面化学[M]. 上海：上海科技文献出版社，2006.
[16] Myers D. Surfaces, Interfaces, and Colloids Principles and Application[M]. Second Edition. New york: Wiley-VCH, 1999.
[17] 张季爽，申成主. 基础物理化学[M]. 下册，北京：科学出版社，2001.
[18] 黄子卿. 非电解质溶液理论导论[M]. 北京：科学出版社，1973.

[19] Hildebrand J H, Scott R L. Regular Solutions[M]. New Jersey: PRENTICE • Hall, INC, 1962.
[20] Ketelaar J A A. Chemical Constitution: an introduction to the theory of the chemical bond[M]. New York: Elesevier Publishing Company, 1953.
[21] Fowkes F M. Ind Eng Chem, 1964,56 (12): 40.
[22] D 哈里德,R 瑞斯尼克. 物理学[M]. 第二卷,第一册,北京:科学出版社,1982.
[23] London F. The General Theory of Molecular Forces[J], Trans of the Faraday Soc, 1937,33: 8 - 26.
[24] 黄子卿. 电解质溶液理论导论[M]. 北京:科学出版社,1964.
[25] Hannky N, Smyth C J. J. Amer. Chem. Soc., 1946,68: 171.
[26] ИИ 包尔纳茨基. 炼钢过程的物理化学基础[M]. 北京:冶金工业出版社, 1981: 62.
[27] 曲英. 炼钢学原理[M]. 北京:冶金工业出版社,1980,107.
[28] 丁莹如, 秦关林. 固体表面化学[M]. 上海:上海科学技术出版社,1988.
[29] 徐光宪. 物质结构[M]. 上、下册,第 7 版. 北京:人民教育出版社,1978.
[30] 项红卫. 流体的热物理化学性质—对应态原理与应用[M]. 北京:科学出版社,2003.
[31] 张福田. 界面层模型和表面力[J]. 化学学报, 1986,44: 1 - 9.
[32] Scheiner Steve. Hydrogen Bonding: a theoretical perspective[M]. New York: Oxford University Press, 1997.
[33] 李俊清,何天敬,王俭,等. 物质结构导论[M]. 合肥:中国科学技术大学出版社,1995,529.
[34] 范宏昌. 热学[M]. 北京:科学出版社,2003.
[35] 乌曼斯基. 金属学物理基础[M]. 北京:科学出版社,1958.
[36] Bardeen J. The Image and Van der Waals Forces at a Metallic Surface[J]. Phys Rev, 1940, 58: 727.
[37] Fowkes F M. Surface and Interface I, Chemical and Physical Characteristics[M]. Syracuse University Press, 1966, 197.
[38] Fowkes F M. Amer. Chem. Soc, Div. Org. Coat Plast Chem. Preper, 1979, 40: 13.
[39] Busscher H J. Arends J. J of Colloid and Interface Science,1981,81(1): 75.
[40] Fowkes F M. Moistafa M A. Ind. Eng. Chem, Prod. Res. Dev, 1978, 17: 3.
[41] Fowkes F M. Acid-base interactions in polymer adhesion. in: Physico-Chemical Aspects of Polymer Suefaces, 2 (K L Mittal, ed.)[M]. New York and London: Plenum Press, 1983.
[42] Fowkes F M. Role of acid-base interfacial bonding in adhesion[J]. J Adhesion Sci. Tech,1987, 1(1): 7 - 22.
[43] Riddle F L, Fowkes F M. Spectral shifts in acid-base chemistry 1[J]. J of the American Chem Society, 1990,112(9): 3259.
[44] van Oss C J, Chaudhury M K, Good R J. Monopolar surfaces[J], Advances in Colloid and Interface Science, 1987, (28): 35 - 64.
[45] Chaudnury M K. Short range and long range forces in colloidal and macroscopic systems[M], Ph D Thesis, State Univ. of N. Y. At Buffalo, 1984.
[46] Dzyaloshinskii D, Lifshitz E M, Pitaevakii L P. Adv. Phys. 1961,(10): 165.
[47] Lieng-Huang Lee. The Chemistry and Physics of Solid Adhesion[G]//Fundamentals of Adhesion, Edited by Lieng-Huang Lee, New York and London: Plenum Press, 1991, 1 - 86.
[48] Good R J, Chaudhury M K. Theory of Adhesive Forces Across Interface[G]// Fundamentals of Adhesion, Edited by Lieng-Huang Lee, New York and London: Plenum Press, 1991, 137 - 151.
[49] Good R J, van Oss C J. The of Contact Angles and the Hydrogen Bond Components of Surface Energies[G]// Moder Approaches to Wettability (Theory and Applications), Edited by M E Schrader and G I Loeb, Ner York and London: Plenum Press, 1992, 1 - 27.
[50] Hiemenz Paul C, Rajagopalan Raj. Principles of Colloid and Surface Chemistry. Third Ed. Revised and Expanded, New York, Hong Kong: Marcel Dekker, Inc, 1997,487.

第二章

宏观分子间相互作用

第一章讨论了两个单独分子间的种种相互作用情况，这是分子间相互作用理论的最基本的内容。由于讨论的出发点是两个单独分子间的相互作用，故而称之为“微观”分子间相互作用。

两个单独分子间的相互作用虽然是讨论分子间相互作用理论的基础，但是对于实际物质来说，两个单独分子间的相互作用情况显然无法用来说明或分析实际的分子间相互作用情况。那么实际的分子间相互作用情况与两个单独分子间的相互作用情况有什么区别，实际的分子间相互作用情况又有什么特点，是本章的主要内容。

实际的分子间相互作用与两个单独分子间的相互作用的最大区别在于实际情况中存在有许许多多分子，而两个单独分子间的相互作用情况中仅仅只有两个分子。在实际情况下，即在宏观状态下分子间的相互作用称之为宏观的分子间相互作用，而两个单独分子间的相互作用则称之为微观的分子间相互作用。

在宏观状态下，一个分子附近会出现许多分子，一些分子可能与讨论分子是同一种分子，一些分子可能不是同一种分子。大量分子情况与单个分子间相互作用有什么不同，大量分子的存在对单个分子间相互作用有什么影响，多种分子间有什么相互影响，这将是宏观分子间相互作用讨论的主要内容。

为了方便开展本章的讨论，这里先简单地列示一下大量分子间相互作用的一些特点：

1. 统计平均性

已知实际情况中，物质是以大量质点(数量在 10^{20} 以上)构成的一个宏观整体。在分子热力学中称为 *N*-body system[1]，即系统集合中可能有 N 个物质粒子。这些粒子可以是分子、带电离子或胶粒等。因而经典热力学所讨论的种种性质不可能是个别粒子的性质，这些性质应该而且必定具有统计性。也就是说，经典热力学所讨论的性质应该是由大量质点集合共同作用所呈现的某种统计平均值。例如，单独质点的移动能量和大量质点的平均动能差得很远，但是温度却是由大量质点的平均动能所决定的。同样，气体压力也是大量分子对器壁冲击的平均效应。密度、比容或摩尔容积等同样具有统计平均性。依此类推，由温度、压力或容积所决定的熵和各种热力学位势均同样具有统计平均性。这就是说，经典热力学所讨论的各种性质均具有统计性质。

这说明，当讨论对象是由大量质点所组成的体系时，计算两个单独分子的分子间相互作用数值应该不能很好地反映大量质点组成的实际体系中分子间相互作用情况，能够反映实际情况的只能是单独分子间相互作用在实际讨论状态下的某种统计平均性质值。

2. 大量对独立的影响

在讨论两个单独分子间相互作用时并不考虑第三个分子对它们相互作用的影响。而在实际情况中这种影响必定是存在的，是需要考虑的。例如图 2－1 所示的 A 和 B 两个分子，

单独 A 和 B 两个分子相互作用(图 2-1a),与 A 和 B 两个分子周围存在有 C、D、E…这些分子时的 A 和 B 两个分子相互作用应有变化(见图 2-1b);此外,当 A 和 B 两个分子中间存在一些分子时 A 和 B 两个分子相互作用也会有变化(见图 2-1c)。亦就是说,大量分子共同存在时会对单独分子相互作用产生影响。

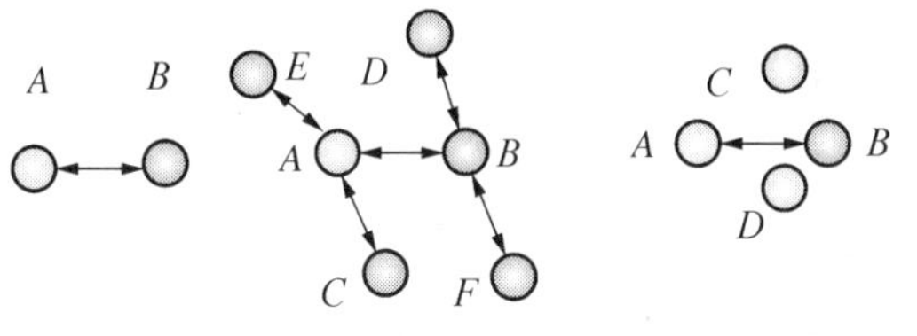

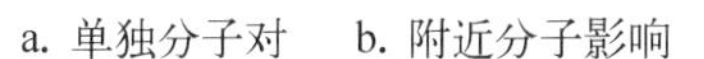
a. 单独分子对　b. 附近分子影响　c. 中间分子影响

图 2-1　大量分子存在对分子对相互作用的影响

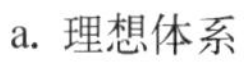
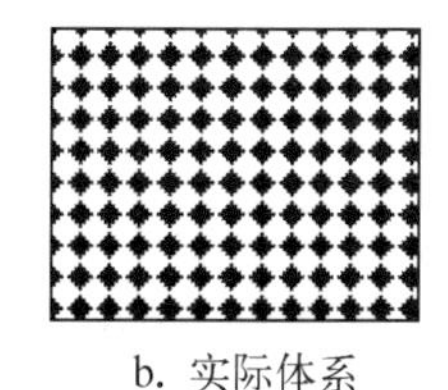
a. 理想体系　b. 实际体系

图 2-2　考虑与不考虑分子本身体积

3. 大量分子作用

物理化学理论在讨论分子间相互作用时采用了某种理想化的体系,即认为讨论的是两个相互作用着的质点,并不考虑这两个分子的大小、体积、形状等,这如图 2-2a 所示。而实际体系下集聚着大量的分子,这时分子本身具有的体积、形状等所产生的影响必须给予考虑。这如图 2-2b 所示。当然,在微观分子间相互作用理论中当讨论、计算两个单独分子间相互作用情况时亦需要考虑讨论分子的大小与形状,只是本书不进行这方面的讨论,这里讨论的是大量分子的情况。

4. 非理想状态

如果只是考虑微观状态的两个单独分子间相互作用,则可以不考虑所讨论的分子在体系中的分布状态情况。

在讨论具有大量分子的体系时物理化学理论设定了某种理想化的体系,即,当体系中不存在(或可以忽略其)分子间相互作用时,可以认为分子在体系中会呈随机分布。这对于理想气体,是完全正确和完全适合的。所以经典热力学讨论的所有热力学性质之间的关系和规律,完全适用于随机分布的理想气体。

但是,实际体系中存在着大量的分子,即使是气体,虽然分子间相距很大,但总有部分分子可能会彼此接近,从而形成一定的分子间相互作用,在体系中会产生一定的非随机性(或称为非理想性),亦就是说,体系的实际性质与作为理想状态的随机分布计算的结果会发生偏差,需要修正。同样对于液体亦会存有随机分布的无序分布状态和非随机分布的近程有序分布状态。故而在讨论大量质点体系时应注意对讨论物质分子所处的分布结构的要求。

5. 加和特性

已知,微观讨论对象与宏观讨论对象的区别在于后者的讨论对象是具有大量分子的体系,因此这个大量分子的体系有可能以统计力学理论来进行讨论,亦就是说,对于大量分子体系的一些性质可能具有加和性特性,例如,分子间相互作用能应具有加和性特性,即系统总的能量是所有分子对相互作用能的总和。

关于分子间力的加和性特性将在下一节(2-1 节)进行讨论。

因而，讨论两个单独分子间的相互作用情况，即讨论微观分子间相互作用应该是讨论大量分子体系的宏观分子间相互作用情况的理论基础。在某种情况下可以认为前者是在一些简化的条件下为后者建立的某种模型性的理论准备工作，这是完全有必要并且是必须的。

2-1 分子间力的加和性特性

众所周知，与分子相关的性质有两类：一类是具有加和性的性质，另一类是不具有加和性的性质。例如，分子量是分子内各原子的原子量的总和，即具有加和性，这一加和性是讨论有机化学中同系物性质的基础。烃同系物的摩尔体积和摩尔折射也近似有加和性。相反，烃的沸点、比重等性质却不具有这种加和性。

1963 年，Fowkes[2]曾发表过一篇题目名为“在界面处分子间作用力的加和性”的文章。在此文章中 Fowkes 提出饱和碳氢化合物中只存在色散力，而像水那样的复杂物质，其表面张力则是由极性相互作用力 σ^P、氢键力 σ^h 和色散力 σ^d 所共同组成，即：

$$\sigma = \sigma^P + \sigma^h + \sigma^d \qquad [2-1-1]$$

这里 Fowkes 提出了一个分子间相互作用的理论问题，即物质分子间所具有分子间相互作用力可以认为是此物质内分子间可能具有的各种不同类型的分子间相互作用力的总和，即认为不同类型分子间相互作用力是相互可以加和的，亦就是说，不同类型分子间相互作用力具有加和特性。

Fowkes 提出的这些概念促进了分子间相互作用理论与表面现象理论的结合，加快了表面现象理论的发展，为分子界面化学的提出提供了一定的理论基础。

为方便讨论，这里将分子间相互作用的加和性分成两大类，即分子间相互作用在数量上的加和性和分子间相互作用在作用类型、作用性质上的加和性。前者我们称之第一类加和性，后者称之为第二类加和性。

简单地讲，第一类加和性是指讨论体系中分子间总的相互作用能可以认为是讨论体系中所具有的每一个分子拥有的能量或是每一对分子所具有的相互作用能量的总和；而第二类加和性是指讨论体系中分子间总的相互作用能，可以认为是讨论体系中所具有的各种不同类型、不同作用性质的分子间相互作用能之总和。

下面分别介绍这两类分子间相互作用的加和性。

2-1-1 第一类分子间相互作用加和性

如果我们研究一个最简单的，由相同、可辨、近独立粒子组成的孤立系统，当这个孤立系统处于热平衡状态时系统必定满足粒子总数 N 守恒和总能量 U 守恒，即有：

$$\sum_{i=1}^{i} N_i = N = \text{常量} \qquad [2-1-2]$$

$$\sum_{i=1}^{i} N_i u_i = U = \text{常量} \qquad [2-1-3]$$

式中 u_i 代表单个分子所具有的能量。式[2-1-3]表示了孤立体系中，体系的能量是体系中各个粒子所具有的能量的总和的加和性关系。

近独立粒子组成的孤立系统所具有的这种加和特性导致在热力学中获得了一系列与此相关的热力学关系，例如，

内能：
$$U = TS - PV + \sum N_i \mu_i \qquad [2-1-4]$$

Gibbs 自由能：
$$G = U - TS - PV = \sum N_i \mu_i \qquad [2-1-5]$$

近独立粒子组成的孤立系统一般是理想气体系统，近独立粒子组成的孤立系统能量具有的加和性是指理想气体分子动能具有的加和性。如果讨论系统由近独立粒子转为相依子系统，则必须考虑分子间相互作用的影响，这意味着在实际气体中式[2-1-3]不再适用，系统总的能量应为系统中动能 U_K 和位能 U_P 之和：

$$U = U_K + U_P \qquad [2-1-6]$$

统计力学理论已经指出，由 Gibbs 建立的系综理论可适用于处理在讨论系统中存在粒子间相互作用的情况。

在系综理论中认为体系是由许多可区分的封闭体系 A、B、C，…所组成，这些封闭体系 A、B、C，…的体积固定，而且彼此是独立的。即体系整体的能量可以表示成各部分能量的加和，讨论系统的总能量应为：

$$U = u_A + u_B + u_C + \cdots = \sum_{i=1}^{i} u_i \qquad [2-1-7]$$

式[2-1-7]为考虑了分子间相互作用的系综理论的能量的"加和性"[3]。

系综理论的这一加和性亦体现在热力学理论的讨论上，例如考虑 N 个分子所构成的体系，它是由相 1 和相 2 两个相所组成。认为讨论体系与外界相隔绝，因而总能量 U 及其总体积保持不变，这样可以得到下列讨论条件：

$$\left.\begin{aligned} U_1 + U_2 = U = \text{常数} \\ V_1 + V_2 = V = \text{常数} \\ N_1 + N_2 = N = \text{常数} \end{aligned}\right\} \qquad [2-1-8]$$

统计力学从另一角度出发来讨论系统能量的可加和性。已知在非理想气体中分子间相互作用能量与分子的位置有关，即：

$$U(r) = U(r_1, r_2, \cdots, r_N) \qquad [2-1-9]$$

为求得分子之间总的相互作用能$U(r)$，统计力学中采用了位形积分方法。应该说位形积分方法在原则上认为是可以计算的，但一般来说具体计算起来时是很不容易的。为此，在统计力学理论中认为粒子体系总势能$U(r)$是所有可能的分子对之间的相互作用能之和，设任意两个分子i、j间的相互作用为u_{ij}，它仅是两个分子间的距离r_{ij}的函数，即有下列一些关系：

$$u_{ij}=u(r_{ij}) \tag{2-1-10}$$

$$r_{ij}=|r_j-r_i| \tag{2-1-11}$$

$$U(r)=\sum_{i<j}u(r_{ij})=\sum_{i<j}u_{ij} \tag{2-1-12}$$

三个或三个以上分子同时具有相互作用是可能的，但假设它们均可以表示为分子两两相互作用之和，例如，有1、2、3三个分子，这三个分子所具有的相互作用能，可认为是1、2一对分子，1、3一对分子和2、3一对分子相互作用之总和：

$$u(1,2,3)=u_{1,2}+u_{1,3}+u_{2,3} \tag{2-1-13}$$

这里还采用了一种简化的情形：由于气体足够稀薄，并无分子间相互作用的短程特性(只有在分子间距离小到一定程度时分子间才有的明显相互作用)，这样可以认为一个分子同时与两个或两个以上分子发生作用的可能性很小，即可忽略三体以及三体以上分子之间的相互作用，也就是说分子间相互作用只以成对的方式实现[4, 5]。展开式[2-1-13]，即：

$$U=\sum_{i<j}u_{ij}=u_{12}+u_{13}+\cdots+u_{1N}+u_{23}+u_{24}+\cdots+u_{2N}+\cdots+u_{(N-1)N} \tag{2-1-14}$$

式[2-1-14]表示讨论体系总的分子间相互作用能应是体系中所有成对分子间相互作用的总和。这种“加和性”的处理方法已较多地应用于统计力学的各种讨论中，例如应用于Mayer函数理论的讨论中。

我国胡英教授在其著作[6]中将这一加和性规律应用于混合物、溶液理论的讨论中，依此加和性，可求得以径向分布函数表示的混合物的状态方程为：

$$P=\frac{NkT}{V}\left[1-\frac{1}{6kT}\left(\frac{N}{V}\right)\sum_{i=1}^{K}\sum_{j=1}^{K}x_ix_j\times\int_0^{\infty}\frac{du_P(r_{ij})}{dr_{ij}}g(r_{ij},\rho_1,\cdots,\rho_K,T)4\pi r_{ij}^3dr_{ij}\right] \tag{2-1-15}$$

另一方面，如果将混合物当作一个虚拟的纯物质，这个虚拟的纯物质应具有虚拟的位能函数$u'_P(r)$，其状态方程为：

$$P=\frac{NkT}{V}\left[1-\frac{1}{6kT}\left(\frac{N}{V}\right)\int_0^{\infty}\frac{du'_P(r)}{dr}g(r,\rho,T)4\pi r^3dr\right]$$

这两个式子应该相等，因此，

$$\int_0^{\infty}\frac{\mathrm{d}u'_{\mathrm{P}}(r)}{\mathrm{d}r}g(r,\rho,T)4\pi r^3\mathrm{d}r=\sum_{i=1}^{K}\sum_{j=1}^{K}x_ix_j\times\int_0^{\infty}\frac{\mathrm{d}u_{\mathrm{P}}(r_{ij})}{\mathrm{d}r_{ij}}g(r_{ij},\rho_1,\cdots,\rho_K,T)4\pi r_{ij}^3\mathrm{d}r_{ij} \tag{2-1-16}$$

式[2－1－16]可将虚拟位能函数 $u'_{\mathrm{P}}(r)$ 与混合物中各个分子对的位能函数 $u_{\mathrm{P}}(r_{ij})$ 联系起来。而对于一个随机分布的混合物，在一个分子的周围找到任何一个分子的机会都是一样的，这意味着我们可以假定式[2－1－16]两边的径向分布函数 $g(r,\rho,T)$ 和 $g(r_{ij},\rho_1,\cdots,\rho_K,T)$ 应该相同，故得：

$$u'_{\mathrm{P}}=\sum_{i=1}^{K}\sum_{j=1}^{K}x_ix_ju_{\mathrm{P}ij} \tag{2-1-17}$$

对于二元系，

$$u'_{\mathrm{P}}=x_1^2u_{\mathrm{P11}}+2x_1x_2u_{\mathrm{P12}}+x_2^2u_{\mathrm{P22}} \tag{2-1-18}$$

以上所得到的结果，显然表示混合物的位能与组成混合物的组元所具有的位能之间应具有“加和性”特征。

在许多溶液理论的讨论我们都可以看到“加和性”的影响。例如S－正规溶液的基本假设中有认为整个格子的能量 U_L 为：

$$U_L=N_{11}u_{11}+N_{12}u_{12}+N_{22}u_{22} \tag{2-1-19}$$

式中 N_{11}、N_{12}、N_{22} 分别为1－1、1－2、2－2分子对的数目。

综合上述讨论表明，理想气体分子间不存在相互作用，理想气体体系具有最简单、最直接的分子数量上的加和性。而一般情况下的实际气体由于需要考虑分子间相互作用，故可采用两体相互作用处理。但是在一些固体、液体、熔融盐以及浓稠气体等中有一些实际的分子和离子体系，这些实际体系中粒子间的作用范围并不比粒子间的距离小，此时三体及三体以上的分子间相互作用已不能忽略，体系的总位能可表示为：

$$\begin{aligned}U&=\frac{1}{2!}\sum\sum_{i\neq j}u_{ij}+\frac{1}{3!}\sum\sum\sum_{i\neq j\neq k}u_{ijk}+\cdots+\frac{1}{n!}\sum\sum\cdots\sum\sum_{i\neq j\neq\cdots\neq n}u_{ij\cdots n}\\&=\frac{1}{2}\sum\sum_{i\neq j}\left[u_{ij}+\frac{2}{3!}\sum_{k}u_{ijk}+\cdots+\frac{2}{n!}\sum_{k}\cdots\sum_{n}u_{ij\cdots n}\right]\end{aligned} \tag{2-1-20}$$

式中 u_{ij} 是两体相互作用，通常称为粒子 i、j 的对势。与此相应，u_{ijk} 是三体相互作用，$u_{ij\cdots n}$ 是 n 体相互作用。在非极限的情况下，三体以上的相互作用与两体相互作用相比总是很微弱的，因此式[2－1－20]可写为：

$$U=\frac{1}{2}\sum\sum_{i\neq j}u_{ij}^{eff} \tag{2-1-21}$$

式中 u_{ij}^{eff} 是有效对势，其物理意义是考虑了讨论体系中各个粒子所产生的平均势场中两个讨论粒子 i 和 j 之间的有效相互作用势场。这个平均势场可用自洽场方法精确导出，亦可由简单物理模拟近似得出。两体有效相互作用势场可表示为：

$$u_{ij}^{eff} = u_{ij}\left[1 + \frac{2}{3!}\sum_{k} u_{ijk}/u_{ij} + \cdots + \frac{2}{n!}\sum_{k}\cdots\sum_{n} u_{ij\cdots n}/u_{ij}\right] \quad [2-1-22]$$

采用两体有效对势近似后，体系总能量可表示为粒子对有效对势之和，这会使模拟计算简化。在讨论中对讨论体系做一些基本假设：如动力学可经典处理，如粒子是球形的，且具有化学惰性，任意两粒子间力仅取决于它们之间的距离，等。在这种情况下，总位能可认为是系统内所有两个相互作用粒子位能的和：

$$U = u(r_{12}) + u(r_{13}) + \cdots + u(r_{23}) + u(r_{24}) + \cdots = \sum_{i<j\neq 1}^{N} u(r_{ij}) \quad [2-1-23]$$

非带电原子的 $u(r_{ij})$ 可根据量子力学计算的第一原理推导，但其计算非常复杂[7]。讨论分析分子间相互作用加和性的目的是为了应用分子间相互作用理论来讨论和分析实际情况下物质性质的变化。如果认为两体有效对势是计算分子间相互作用力的一个可能的出发点的话，那么其复杂的计算、实验测试上可能的困难均可能限制两体有效对势的实际应用。所以讨论宏观分子间相互作用理论的目的之一是寻找一个与分子间相互作用力相关的、可以直接“量度”分子间相互作用力的、与分子间相互作用力的数值可能成比例的、便于通过实验可得到的讨论物质的某种或某些宏观热力学参数，以此热力学参数即以宏观性质来表示、反映或“量度”分子间相互作用力的数值。

在本节的开端已经引用了 Fowkes 的观点[2]，即“表面张力可以直接是分子间相互作用力的量度，并且表面张力和界面张力是确定各种类型分子间相互作用力的有价值的工具”。这里需注意的是 Fowkes 用的词汇是“量度”，亦就是说，表面张力并非就是分子间相互作用力，表面张力只是反映了物质内部分子间相互作用力的强弱。由于表面张力是一项可以直接测量的实际热力学参数，那么表面张力反映的必定是实际的分子间相互作用力，如果我们认为两体相互作用力是计算一对分子间相互作用力的一个基本单位的话，那么表面张力应该不是反映理论上的两个单独粒子之间的两体相互作用力 u_{ij}，而应反映的是代表讨论体系中所有各个粒子的实际平均有效相互作用势场 u_{ij}^{eff}，即是个统计平均值。故在宏观状态下讨论分子间的相互作用理论思路是：一个与分子间相互作用相关的宏观性质，通过统计力学方法，寻出其统计规律性，得到此宏观性质与微观分子间相互作用的相互关系，结合状态参数变化对此宏观性质的种种影响、预期和分析与此宏观性质相对应的讨论体系内分子间相互作用的变化和影响，用以指导讨论宏观状态下分子间相互作用的理论规律。

因此，宏观分子间相互作用理论，除本章开始所介绍的含义外也可理解为是以某种宏观性质来量度在宏观状态下有效的分子间相互作用；或者是，在宏观状态下有效的分子间相互作用在某种宏观性质上的体现。

2-1-2　第二类分子间相互作用加和性

第二类分子间相互作用加和性是指讨论体系中分子间总的相互作用能，可以认为是讨论体系中所具有的各种不同类型、不同作用性质的分子间相互作用能之和。

这类分子间相互作用加和性在分子相互作用理论中应用地十分广泛。例如，在Lennard-Jones位能函数的讨论中，理论上认为完整的位能函数应由分子间吸引力与排斥力两种贡献所组成。亦就是说，分子的位能 u_P 可表示为：

$$u_P = u_{排斥} + u_{吸引} = \frac{A}{r^n} - \frac{B}{r^m} \qquad [2-1-24]$$

位能函数所表示分子的位能应由分子间吸引力与排斥力两种贡献所组成，这就是第二类分子间力加和性的概念。这一概念反映在状态方程表示的压力项上，则可以认为讨论系统的压力应由吸引力与排斥力两种贡献所组成。例如，对van der Waals状态方程有：

$$P = P_{排斥} + P_{吸引} = \frac{RT}{V-b} - \frac{a}{V^2} \qquad [2-1-25]$$

亦就是说，压力，这个宏观性质有可能反映宏观状态下的分子间相互作用的状况。

理想气体的能量应是由气体的动能所组成，单原子理想气体的动能应有原子平动能量 u_t、电子运动能量 u_e 和核自旋运动能量 u_{ns}，因而理想气体单原子分子的动能是这三项运动能量的总和：

$$u = u_t + u_e + u_{ns} \qquad [2-1-26]$$

理想气体中双原子分子的运动除平动、电子运动、核自旋外，还有原子核绕分子质心的转动及沿核联线的振动，即：

$$u = u_t + u_e + u_{ns} + u_r + u_v \qquad [2-1-27]$$

如果将气体分子的电子运动、核自旋、分子转动及振动作为分子的内部运动，则在各种运动自由度互相独立的近似条件下，理想气体的热力学函数应是平动和内部运动贡献之和。这是第二类分子间力加和性对理想气体能量的体现。

在非理想气体和液体中，不能忽略粒子的相互作用，所以Halmiton算符通常可用下式表示：

$$H = \frac{1}{2m}\sum_i^N (P_{x_i}^2 + P_{y_i}^2 + P_{z_i}^2) + U(\mathbf{r}_1, \mathbf{r}_2, \cdots, \mathbf{r}_N) + \sum_i^N \omega_i \qquad [2-1-28]$$

式中，右边的第一项表示平动能，第二项是分子间相互作用的能量，第三项表示体系内部运动(振动、转动)的能量。式中 $\mathbf{r}_i$ 表示第 i 个粒子的位置坐标，$\mathbf{r}_i = (x_i, y_i, z_i)$。式[2-1-28]也体现了非理想气体和液体的第二类分子间力加和性。

在非理想气体和液体中必须考虑分子间相互作用的能量。统计力学中采用构型位能配分函数(或简称构型积分)来处理非理想体系中分子间相互作用问题。构型位能配分函数为:

$$Q_K = \frac{1}{N!}\int\cdots\int \exp\left[-\sum_{i<j} u_{ij}/kT\right]\prod_{i=1}^{N} dr_i \qquad [2-1-29]$$

统计力学理论指出,为了计算非理想体系的正则配分函数,关键问题是如何计算讨论体系中分子间相互作用势能对配分函数的贡献。统计力学中采用下列方法:

由式[2-1-24]可知,分子间相互作用位能为:$u_{ij} = u_{ij}^{P} - u_{ij}^{at}$

代入,得: $$Q_K = \int\cdots\int \exp(-\beta\sum_{i<j}(u_{ij}^{P} - u_{ij}^{at}))dV_1 dV_2, \cdots, dV_N \qquad [2-1-30]$$

$$\begin{aligned} Q_K &= \int\cdots\int \exp(-\beta(U^P - U^{at}))dV_1 dV_2, \cdots, dV_N \\ &= \int\cdots\int \exp - \beta U^P dV_1 dV_2, \cdots, dV_N \times \int\cdots\int \exp - \beta(-U^{at})dV_1 dV_2, \cdots, dV_N \\ &= Q_K^P Q_K^{at} \end{aligned} \qquad [2-1-31]$$

由此可知,系统总能量可认为是各种不同类型的分子相互作用加和而成。

当前,较一致的看法是认为分子间相互吸引作用主要包括三个方面:即取向作用、诱导作用和色散作用。因而两个不同极性分子间的相互作用能可表示为:

$$U_{12}^{vdw} = U_{12}^{P} + U_{12}^{I} + U_{12}^{D} = \frac{2\mu_1^2\mu_2^2}{3kTr_{11}^6} + \frac{\alpha_2\mu_1^2}{r_{12}^6} + \frac{\alpha_1\mu_2^2}{r_{12}^6} + \frac{3}{4}\frac{I_1 I_2\alpha_1^2\alpha_2^2}{r_{11}^6} \qquad [2-1-32]$$

如果分子间吸引位势可以采用上述 van der Waals 力来表示,则位形积分中吸引位势部分可改写为:

$$\begin{aligned} Q_K^{at} &= \int\cdots\int \exp\Big(-\beta\sum_{i<j}(-u_{ij}^{at})\Big)dV_1 dV_2, \cdots, dV_N \\ &= \int\cdots\int \exp\Big(-\beta\sum_{i<j}(-u_{ij}^{P} - u_{ij}^{I} - u_{ij}^{D})\Big)dV_1 dV_2, \cdots, dV_N = Q_K^P Q_K^I Q_K^D \end{aligned} \qquad [2-1-33]$$

说明不同性质的分子间相互作用同样亦符合加和性原则,这就是第二类分子间相互作用加和性可以在实际情况下应用的理论基础。

2-2 大量分子体系中分子间的相互作用

众所周知,两个单独分子相互作用时,如果在这两个分子附近还存在其他分子,则这些存在在讨论分子周围的分子可能会对讨论分子的相互作用结果产生影响。亦就是说，大量分子体系中两体分子的对势与理论上讨论的两个单独分子的对势可能是不同的。下面分别讨论大量分子体系中分子间相互作用的情况。

2-2-1　大量分子的影响

大量分子的存在对体系中单独分子对的相互作用有影响，这里我们采用 Prausnitz 和胡英教授的著作[6, 8]中的方法来讨论这一影响。

已知 Lennard-Jones 位能函数

$$u = 4u_m\left[\left(\frac{\sigma}{r}\right)^{12} - \left(\frac{\sigma}{r}\right)^{6}\right]$$

上式为两个单独分子相互作用的位势。由此式可导得：

$$r_m = (12/6)^{1/(12-6)}\sigma = 1.123\sigma \qquad [2-2-1]$$

式中 r_m 为两个分子相互作用的平衡距离；σ 为分子直径。这一结果适用于完全孤立的非极性球形对称的分子对情况。但在实际的非稀薄气体、液态或固态的凝聚体中分子对并非是孤立的，在其周围有许多其他分子，为此 Moelwyn-Hughes[9] 引入了一些简化假设，利用 Lennard-Jones 位能函数，为大量分子体系的讨论建立了一个简单的理论。

假设 N 个分子凝聚系统的总能量主要是所有邻近分子间相互作用能的总和，令 Z 为分子的近邻分子数，则其总位能为：

$$U_t = \frac{1}{2}NZu \qquad [2-2-2]$$

引入 Lennard-Jones 位能函数，得

$$U_t = \frac{1}{2}NZ\left[\frac{A}{r^{12}} - \frac{B}{r^{6}}\right] \qquad [2-2-3]$$

Prausnitz 认为[8]：即使忽略非近邻分子的影响，式[2-2-3]也是不精确的，这是由于式中假定多体系统位能是二体位能的加和。如果再考虑分子与所有近邻层外的分子相互作用，则要引进常数 s_m 和 s_n，即：

$$U_t = \frac{1}{2}NZ\left[\frac{s_n A}{r^{12}} - \frac{s_m B}{r^{6}}\right] \qquad [2-2-4]$$

如果将凝聚系统假设为规则排列晶体中的晶格。则 s_m 和 s_n 可以从晶格的几何条件求得。例如简单立方晶体中的分子在与其相距 r 处有 6 个近邻，在距离 $r\sqrt{12}$ 有 12 个近邻，在距离 $r\sqrt{3}$ 有 8 个近邻，等等。这样计算得到：

对吸引能项 $$s_m = 1 + \frac{2}{2^{m/2}} + \frac{4}{3^{(m+2)/2}} + \cdots \quad [2-2-5a]$$

对斥力能项 $$s_n = 1 + \frac{2}{2^{n/2}} + \frac{4}{3^{(n+2)/2}} + \cdots \quad [2-2-5b]$$

表 2-2-1 中列有一些立方晶格的 s_m 和 s_n 数值。有了 s_m 和 s_n 数值，便可以求得孤立分子对的平衡间距 r_m 与大量分子体系中分子与其近邻分子的平衡间距 r_{mt} 之间的关系。由式[2-2-4]可得：

$$(r_{mt})^{n-m} = \frac{s_n nA}{s_m mB} \quad [2-2-6]$$

表 2-2-1 一些立方晶格的 s_m 和 s_n 数值

n 或 m	简单立方 $Z=6$	体心立方 $Z=8$	面心立方 $Z=12$
6	1.400 3	1.531 7	1.204 5
9	1.104 8	1.236 8	1.041 0
12	1.033 7	1.139 4	1.011 0
15	1.011 5	1.085 4	1.003 3

对照式[2-2-1]得 $$\left(\frac{r_m}{r_{mt}}\right)^{n-m} = \frac{s_m}{s_n} \quad [2-2-7]$$

以 $m=6$，$n=12$ 代入，并取表 2-2-1 中面心立方的数据，得：

$$r_{mt} = 0.971 r_m \quad [2-2-8]$$

说明平衡间距在凝聚相中比孤立分子对略有减小，一般缩小 3%～5%[6]。

得平衡时 N 个分子的总位能为：

$$U_t = \frac{1}{2}NZ\frac{s_n A}{(r_{mt})^n}\left[1-\frac{n}{m}\right] = \frac{1}{2}NZ\frac{s_m B}{(r_{mt})^m}\left[\frac{n}{m}-1\right] \quad [2-2-9a]$$

故知在大量分子体系中平均的一个邻近分子对的位能为：

$$u_t = \frac{s_n A}{(r_{mt})^n}\left[1-\frac{n}{m}\right] = \frac{s_m B}{(r_{mt})^m}\left[\frac{n}{m}-1\right] \quad [2-2-9b]$$

已知 Lennard-Jones 位能函数表示的每对分子对的位能[6]可表示为：

$$u = \frac{A}{(r_m)^n}\left[1-\frac{n}{m}\right] = \frac{B}{(r_m)^m}\left[\frac{n}{m}-1\right] \quad [2-2-10]$$

对比之下可知在大量分子体系中的位能要比孤立分子对的高 40%～60%，亦就是说，在大量分子体系中分子集聚体会对每个分子与其他分子的位势产生影响。

上述大量分子体系中孤立分子对相互作用讨论在理论上也只是作为参考，较合理的是采用按两体有效对势计算，但已指出，即使是非带电原子的 $u(r_{ij})$，虽然可根据量子力学计算的第一原理进行推导，但其计算非常复杂[7]，在实用性上有较大的问题。

胡英教授[6]指出：式[2-2-9]中表示的大量分子体系的总位能 U_t 大体上相当于升华能或蒸发能。因而可以推测与升华能或蒸发能相关的一些热力学参数有可能反映大量分子体系中分子间实际的相互作用情况。

2-2-2　异类分子的影响

在上一节中讨论了大量分子体系中分子集聚对孤立分子对相互作用的影响。在上述讨论体系中均是同一种类分子。下面讨论体系中将存在着多种不同类型的分子，讨论多元体系中不同分子间影响同样可以应用 Prausnitz 和胡英教授的方法[6, 8]。

对讨论先作一定简化：现讨论一个大量分子二元体系，假设分子 1 的孤立分子对的位势与分子 2 的孤立分子对的位势并不相同，亦与分子 1 和分子 2 组成的孤立分子对的位势也不同。这样，从物理化学理论可知，讨论的二元系不是理想体系。此外，还认为由分子 1 形成的凝聚相、分子 2 凝聚相和二元系凝聚相均是简单立方晶格。已知：

分子 1 孤立分子对位势：
$$u_{11}=\frac{A_{11}}{r_{11}^{n}}-\frac{B_{11}}{r_{11}^{m}} \qquad [2-2-11a]$$

分子 2 孤立分子对位势：
$$u_{22}=\frac{A_{22}}{r_{22}^{n}}-\frac{B_{22}}{r_{22}^{m}} \qquad [2-2-11b]$$

分子 1，2 孤立分子对位势：
$$u_{12}=\frac{A_{12}}{r_{12}^{n}}-\frac{B_{12}}{r_{12}^{m}} \qquad [2-2-11c]$$

单元系中讨论分子与周围邻近各同类分子的相互作用位能为：

分子 1，
$$u_{11t}=\frac{s_{n11}A_{11}}{(r_{mt1})^{n}}\left[1-\frac{n}{m}\right]=\frac{s_{m11}B_{11}}{(r_{mt1})^{m}}\left[\frac{n}{m}-1\right] \qquad [2-2-12a]$$

分子 2，
$$u_{22t}=\frac{s_{n22}A_{22}}{(r_{mt2})^{n}}\left[1-\frac{n}{m}\right]=\frac{s_{m22}B_{22}}{(r_{mt2})^{m}}\left[\frac{n}{m}-1\right] \qquad [2-2-12b]$$

分子 1 和分子 2 组成二元系，假设分子 1 外全部是分子 2 时分子 1 与周围邻近各分子的相互作用位能为：

分子 1，2
$$u_{12t}=\frac{s_{n12}A_{12}}{(r_{mt12})^{n}}\left[1-\frac{n}{m}\right]=\frac{s_{m12}B_{12}}{(r_{mt12})^{m}}\left[\frac{n}{m}-1\right] \qquad [2-2-12c]$$

同样，假设分子 2 外全部是分子 1 时分子 2 与周围邻近各分子的相互作用位能为：

分子 2，1 $$u_{21t}=\frac{s_{n21}A_{21}}{(r_{mt21})^n}\left[1-\frac{n}{m}\right]=\frac{s_{m21}B_{21}}{(r_{mt21})^m}\left[\frac{n}{m}-1\right] \qquad [2-2-12d]$$

由于假设分子 1 形成的凝聚相、分子 2 的凝聚相和二元系凝聚相均是简单立方晶格。因而有下列关系：

$$s_n=s_{n11}=s_{n22}=s_{n12}=s_{n21} \qquad [2-2-13a]$$

$$s_m=s_{m11}=s_{m22}=s_{m12}=s_{m21} \qquad [2-2-13b]$$

又因不同分子相互作用情况不同，故有

$$A_{11}\neq A_{22}\neq A_{12},\qquad B_{11}\neq B_{22}\neq B_{12} \qquad [2-2-13c]$$

分子 1 对分子 2 的作用，即为分子 2 对分子 1 的作用：

$$A_{12}=A_{21},\qquad B_{12}=B_{21} \qquad [2-2-13d]$$

现认为所讨论的二元系中分子 1 占有的数量为 x_1 摩尔分数，分子 2 为 x_2 摩尔分数。这样二元系中分子 1 周围最邻近的分子数仍然是 6 个分子，但这 6 个分子不再都是分子 1，而是又有分子 1，又有分子 2。如果认为分子在讨论体系中是呈随机均匀分布，而无局部偏聚现象，则分子 1 周围最邻近的分子中分子 1 数应为 $6\times x_1$，分子 2 数应为 $6\times x_2$。同理，在间距为 $r\sqrt{2}$ 处有分子 1 数应为 $12\times x_1$，分子 2 数应为 $12\times x_2$，间距为 $r\sqrt{3}$ 处有分子 1 数应为 $8\times x_1$，分子 2 数应为 $8\times x_2$ …。这样，在二元系中分子 1 与周围邻近各分子的相互作用位能为：

$$\begin{aligned}u_{1m}&=x_1\frac{s_{n11}A_{11}}{(r_{mt1})^n}\left[1-\frac{n}{m}\right]+x_2\frac{s_{n12}A_{12}}{(r_{mt12})^n}\left[1-\frac{n}{m}\right]\\&=x_1\frac{s_{m11}B_{11}}{(r_{mt1})^m}\left[\frac{n}{m}-1\right]+x_2\frac{s_{m12}B_{12}}{(r_{mt12})^m}\left[\frac{n}{m}-1\right]\end{aligned} \qquad [2-2-14a]$$

在二元系中分子 2 与周围邻近各分子的相互作用位能为：

$$\begin{aligned}u_{2m}&=x_2\frac{s_{n22}A_{22}}{(r_{mt2})^n}\left[1-\frac{n}{m}\right]+x_1\frac{s_{n21}A_{21}}{(r_{mt21})^n}\left[1-\frac{n}{m}\right]\\&=x_2\frac{s_{m22}B_{22}}{(r_{mt2})^m}\left[\frac{n}{m}-1\right]+x_1\frac{s_{m21}B_{21}}{(r_{mt21})^m}\left[\frac{n}{m}-1\right]\end{aligned} \qquad [2-2-14b]$$

将式[2-2-14]与式[2-2-12]比较，可见在纯物质状态下分子 1 与周围邻近各分子的相互作用位能 u_{11t} 不同于分子 1 处在二元混合物状态下的位能 u_{1m} 数值，其关系如下：

$$\begin{aligned}\frac{u_{1m}}{u_{11t}}&=\left(x_1+x_2\frac{A_{12}\,(r_{mt1})^n}{A_{11}\,(r_{mt12})^n}\right)=\left(x_1+x_2\frac{u_{12}^{at}}{u_{11}^{at}}\right)\\&=\left(x_1+x_2\frac{B_{12}\,(r_{mt1})^n}{B_{11}\,(r_{mt12})^n}\right)=\left(x_1+x_2\frac{u_{12}^{P}}{u_{11}^{P}}\right)\end{aligned} \qquad [2-2-15a]$$

对在纯物质状态下分子 2 与周围邻近各分子的相互作用位能 u_{22t} 与分子 2 处在二元混合物状态下的位能 u_{2m} 关系为：

$$\frac{u_{2m}}{u_{22t}} = \left(x_2 + x_1 \frac{A_{21}(r_{mt2})^n}{A_{22}(r_{mt21})^n}\right) = \left(x_2 + x_1 \frac{u_{21}^{at}}{u_{22}^{at}}\right) \quad [2-2-15b]$$
$$= \left(x_2 + x_1 \frac{B_{21}(r_{mt2})^n}{B_{22}(r_{mt21})^n}\right) = \left(x_2 + x_1 \frac{u_{21}^{P}}{u_{22}^{P}}\right)$$

由式[2－2－15]可知，在一般情况下，分子 1 或分子 2 在纯物质状态下与周围邻近各分子的相互作用位能与分子 1 或分子 2 处在二元混合物状态下时的数值不同，当讨论分子本身的分子间相互作用大于讨论分子与另一类分子间相互作用时：

$$u_{12}^{at} > u_{11}^{at},\quad u_{21}^{at} > u_{22}^{at} \text{则} \quad u_{1m} > u_{11t},\quad u_{2m} > u_{22t} \quad [2-2-16a]$$

当讨论分子本身的分子间相互作用小于讨论分子与另一类分子间相互作用时：

$$u_{12}^{at} < u_{11}^{at},\quad u_{21}^{at} < u_{22}^{at} \text{则} \quad u_{1m} < u_{11t},\quad u_{2m} < u_{22t} \quad [2-2-16b]$$

当讨论分子本身的分子间相互作用等于讨论分子与另一类分子间相互作用时：

$$u_{12}^{at} = u_{11}^{at};\quad u_{21}^{at} = u_{22}^{at} \text{则} \quad u_{1m} = u_{11t};\quad u_{2m} = u_{22t} \quad [2-2-17]$$

显然，式[2－2－16]和式[2－2－17]表示的意见是符合实际情况的。

又知式[2－2－11]表示着孤立分子对的位势，依据两体位势理论，N 个分子 1 体系的总位能为：

$$U_{11} = \frac{1}{2}NZ\frac{A_{11}}{(r_{11})^n}\left(1 - \frac{n}{m}\right) \quad [2-2-18]$$

由此可知，分子 1 组成的体系中每个分子所具有的平均位能为：

$$\bar{u}_{11} = \frac{1}{2}Z\frac{A_{11}}{(r_{11})^n}\left(1 - \frac{n}{m}\right) \quad [2-2-19a]$$

同理，分子 2 组成的体系中每个分子所具有的平均位能为：

$$\bar{u}_{22} = \frac{1}{2}Z\frac{A_{22}}{(r_{22})^n}\left(1 - \frac{n}{m}\right) \quad [2-2-19b]$$

在虚拟物质 12 中分子 1，2 对所具有的平均位能为：

$$\bar{u}_{21} = \bar{u}_{12} = \frac{1}{2}Z\frac{A_{12}}{(r_{12})^n}\left(1 - \frac{n}{m}\right) \quad [2-2-19c]$$

由[2－2－14]可知，在二元系中每一类分子与周围邻近各分子的相互作用位能中包含有两种位能的贡献，其一为讨论分子与周围邻近的同类分子的相互作用位能，其二为讨论分子与周围邻近的异类分子的相互作用位能，这如下式所表示：

讨论分子与邻近的同类分子的相互作用位能：

$$u_{11}^{m}=x_1 s_{n11}\left(\frac{r_{11}}{r_{mt1}}\right)^{n}\frac{A_{11}}{(r_{11})^{n}}\left[1-\frac{n}{m}\right]=\frac{2}{Z}x_1 s_{n11}\left(\frac{r_{11}}{r_{mt1}}\right)^{n}\bar{u}_{11} \qquad [2-2-20]$$

$$u_{22}^{m}=x_2 s_{n22}\left(\frac{r_{22}}{r_{mt2}}\right)^{n}\frac{A_{22}}{(r_{22})^{n}}\left[1-\frac{n}{m}\right]=\frac{2}{Z}x_2 s_{n22}\left(\frac{r_{22}}{r_{mt2}}\right)^{n}\bar{u}_{22} \qquad [2-2-21]$$

讨论分子与邻近的异类分子的相互作用位能：

$$u_{12}^{m}=x_2 s_{n12}\left(\frac{r_{12}}{r_{mt12}}\right)^{n}\frac{A_{12}}{(r_{12})^{n}}\left[1-\frac{n}{m}\right]=\frac{2}{Z}x_2 s_{n12}\left(\frac{r_{12}}{r_{mt12}}\right)^{n}\bar{u}_{12} \qquad [2-2-22]$$

$$u_{21}^{m}=x_1 s_{n21}\left(\frac{r_{21}}{r_{mt21}}\right)^{n}\frac{A_{21}}{(r_{21})^{n}}\left[1-\frac{n}{m}\right]=\frac{2}{Z}x_1 s_{n21}\left(\frac{r_{21}}{r_{mt21}}\right)^{n}\bar{u}_{21} \qquad [2-2-23]$$

先讨论同类分子的相互作用位能，由式[2-2-20，21]可知，这一位势的影响因素有：

(1) 讨论分子在二元系中的数量，即其浓度 x_1 或 x_2。

(2) 经验常数 s_{n11}、s_{n22}，表示体系内分子分布排列情况对该位能的影响。如果分子1与其周围分子分布排列情况与分子2和其周围分子分布排列情况相同，这时 $s_{n11}=s_{n22}$。

(3) 两个分子间的距离 r_{11} 对体系中分子对的平衡间距 r_{mt1} 的比值。已知，

$$r_{mt1}=(0.95-0.97)\times 1.123\times\sigma=(1.06-1.09)\times\sigma \qquad [2-2-24]$$

故

$$\left(\frac{r_{11}}{r_{mt1}}\right)^{n}=K_{P/\sigma}\left(\frac{V_{m11}^{P}}{V_{m11}^{\sigma}}\right)^{n/3} \qquad [2-2-25]$$

式中 V_m^P 为讨论条件下分子的实际体积；V_m^σ 为分子的本身体积，其值可依据分子直径 σ 数值计算；如认为 $n=6$，则 $1/K_{P/\sigma}$ 约为1.418～1.677，故可近似认为 $K_{P/\sigma}$ 是0.6～0.7，大致可认为是个常数。这说明讨论分子本身体积大小对分子间相互作用有影响。但在讨论分子与邻近分子是同类分子、体系的状态参数恒定时，例如在恒温恒压条件下，可认为 r_{11}/r_{mt1} 是个恒定的数，因而 r_{11}/r_{mt1} 的影响在纯物质情况下并不明显。但在讨论分子与邻近分子不是同类分子时此项影响应是十分明显的。

(4) 与讨论分子在讨论条件下具有的位能数值 $\bar{u}_{11}$ 和 $\bar{u}_{22}$ 有关。显然，$\bar{u}_{11}$ 的数值高时，体系中物质1具有的分子间相互作用位势数值亦大些。

由式[2-2-22，23]可知，影响异类邻近分子对的平均位能的因素有：

(1) 讨论分子相互作用的异类分子在体系中的数量，即其浓度 x_1 或 x_2。

(2) s_{n12}、s_{n21} 表示体系内异类分子分布排列情况。如果在中心分子1周围分子2分布排列情况与在中心分子2周围分子1分布排列情况相同，这时 $s_{n12}=s_{n21}$。这反映了分子在体系中分布排列结构的影响。

(3) 异类分子在实际情况下组成的分子对的分子间距离 r_{12}、r_{21} 与分子对平衡间距 r_{mt12}、r_{mt21} 的比值。与纯物质情况类似,可将此比值表示成以下关系:

故,
$$\left(\frac{r_{12}}{r_{mt12}}\right)^n = K_{P/\sigma}^{12}\left(\frac{V_{m12}^P}{V_{m12}^\sigma}\right)^{n/3} \quad [2-2-26]$$

$$\left(\frac{r_{21}}{r_{mt21}}\right)^n = K_{P/\sigma}^{21}\left(\frac{V_{m21}^P}{V_{m21}^\sigma}\right)^{n/3} \quad [2-2-27]$$

式中 $r_{12}=r_{21}$,故而有 $V_{m12}^P=V_{m21}^P$,注意这里的体积 V_m^P 是在讨论条件下某种虚拟物质 12 中分子的体积;因 $r_{mt12}=r_{mt21}$,故有 $V_{m12}^\sigma=V_{m21}^\sigma$,$V_m^\sigma$ 是虚拟物质 12 中分子本身体积。为了方便讨论,这里以几何平均值处理两个不同分子间距离

$$r_{12}=(r_{11}\times r_{22})^{1/2} \quad [2-2-28]$$

同理
$$r_{mt12}=(r_{mt1}\times r_{mt2})^{1/2} \quad [2-2-29]$$

故
$$\frac{r_{12}}{r_{mt12}}=\left(\frac{r_{11}}{r_{mt1}}\times\frac{r_{22}}{r_{mt2}}\right)^{1/2} \quad [2-2-30]$$

这样,在体系中加入分子 2 时,

当加入的分子 2 比值大于分子 1 时,$\frac{r_{22}}{r_{mt2}}>\frac{r_{11}}{r_{mt1}}$,这时会使 $u_{12}^m>u_{11}^m$;

当加入的分子 2 比值小于分子 1 时,$\frac{r_{22}}{r_{mt2}}<\frac{r_{11}}{r_{mt1}}$,这时会使 $u_{12}^m<u_{11}^m$;

当加入的分子 2 比值与分子 1 相同时,$\frac{r_{22}}{r_{mt2}}\approx\frac{r_{11}}{r_{mt1}}$,这时会使 $u_{12}^m\cong u_{11}^m$。

因而在多元系中分子体积大小对讨论分子与周围邻近分子的相互作用有很大的影响。物理化学中在讨论真实溶液体系时十分重视组元体积的影响是有道理的。

(4) 与讨论分子与异类分子相互作用的平均位能数值 $\bar{u}_{12}$ 和 $\bar{u}_{21}$ 相关。在混合物中加入与讨论分子有强烈相互作用的物质,必定会增加讨论分子与其他分子的作用位势,反之亦然。在纯物质体系中 $\bar{u}_{11}$ 和 $\bar{u}_{22}$ 均为恒定数值,虚拟物质体系中亦可认为 $\bar{u}_{12}$ 和 $\bar{u}_{21}$ 为恒定的数值。但在混合物中分子与其同类分子相互作用 u_{11}^m 和 u_{22}^m,和分子与其异类分子相互作用 u_{12}^m 和 u_{21}^m 均应与讨论分子相作用分子的数量相关。设体系中有 N_1 个分子 1 和 N_2 个分子 2,则 N_1 个分子 1 与同类分子的相互作用位能为

$$U_{11}=\frac{1}{2}N_1 z u_{11}^m = N_1 x_1 s_{n11}\left(\frac{r_{11}}{r_{mt1}}\right)^n \bar{u}_{11}\cong N_1 x_1 s_{n11} K_{P/\sigma}^{11}\left(\frac{V_{m11}^P}{V_{m11}^\sigma}\right)^{n/3}\bar{u}_{11} \quad [2-2-31]$$

N_2 个分子 2 与邻近的同类分子的相互作用对二元系总位能的贡献为

$$U_{22}=\frac{1}{2}N_2zu_{22}^m=N_2x_2s_{n22}\left(\frac{r_{22}}{r_{mt2}}\right)^n\bar{u}_{22}=N_2x_2s_{n22}K_{P/\sigma}^{22}\left(\frac{V_{m22}^P}{V_{m22}^\sigma}\right)^{n/3}\bar{u}_{22}$$

[2-2-32]

N_1 个分子 1 与邻近的异类分子的相互作用对二元系总位能的贡献为

$$U_{12}=\frac{1}{2}N_1x_2u_{12}^m=N_1x_2s_{n12}\left(\frac{r_{12}}{r_{mt12}}\right)^n\bar{u}_{12}=N_1x_2s_{n12}K_{P/\sigma}^{12}\left(\frac{V_{m12}^P}{V_{m12}^\sigma}\right)^{n/3}\bar{u}_{12}$$

[2-2-33]

N_2 个分子 2 与邻近的异类分子的相互作用对二元系总位能的贡献为

$$U_{21}=\frac{1}{2}N_2x_1u_{21}^m=N_2x_1s_{n21}\left(\frac{r_{21}}{r_{mt21}}\right)^n\bar{u}_{21}=N_2x_1s_{n21}K_{P/\sigma}^{21}\left(\frac{V_{m21}^P}{V_{m21}^\sigma}\right)^{n/3}\bar{u}_{21}$$

[2-2-34]

这样,考虑了与周围邻近分子的相互作用后体系中每个分子(每摩尔)的平均位能如下:分子 1 与邻近的同类分子的相互作用的平均位能为

$$\bar{u}_{11}=\frac{U_{11}}{N}=\frac{1}{2}\frac{N_1}{N}zu_{11}^m=x_1x_1s_{n11}\left(\frac{r_{11}}{r_{mt1}}\right)^n\bar{u}_{11}\cong x_1x_1s_{n11}K_{P/\sigma}^{11}\left(\frac{V_{m11}^P}{V_{m11}^\sigma}\right)^{n/3}\bar{u}_{11}$$

[2-2-35]

分子 2 与邻近的同类分子的相互作用的平均位能为

$$\bar{u}_{22}=\frac{U_{22}}{N}=\frac{1}{2}\frac{N_2}{N}zu_{22}^m=x_2x_2s_{n22}\left(\frac{r_{22}}{r_{mt2}}\right)^n\bar{u}_{22}=x_2x_2s_{n22}K_{P/\sigma}^{22}\left(\frac{V_{m22}^P}{V_{m22}^\sigma}\right)^{n/3}\bar{u}_{22}$$

[2-2-36]

分子 1 与邻近的异类分子的相互作用的平均位能为

$$\bar{u}_{12}=\frac{U_{12}}{N}=\frac{1}{2}\frac{N_1}{N}zu_{12}^m=x_1x_2s_{n12}\left(\frac{r_{12}}{r_{mt12}}\right)^n\bar{u}_{12}\cong x_1x_2s_{n12}K_{P/\sigma}^{12}\left(\frac{V_{m12}^P}{V_{m12}^\sigma}\right)^{n/3}\bar{u}_{12}$$

[2-2-37]

分子 2 与邻近的异类分子的相互作用的平均位能为

$$\bar{u}_{21}=\frac{U_{21}}{N}=\frac{1}{2}\frac{N_2}{N}zu_{21}^m=x_2x_1s_{n21}\left(\frac{r_{21}}{r_{mt21}}\right)^n\bar{u}_{21}=x_2x_1s_{n21}K_{P/\sigma}^{21}\left(\frac{V_{m21}^P}{V_{m21}^\sigma}\right)^{n/3}\bar{u}_{21}$$

[2-2-38]

现设定系数 Z_{ij}^T 代表各种因素对分子 $i-j$ 间相互作用的影响,即有

$$Z_{ij}^T=Z_{ij}^{T1}Z_{ij}^{T2}=s_{nij}K_{P/\sigma}^{ij}\left(\frac{V_{mij}^P}{V_{mij}^\sigma}\right)^{n/3}$$ [2-2-39]

式中，$Z_{ij}^{T1}=s_{nij}$，表示体系中分子分布、排列方式、晶格结构等对分子间相互作用影响；$Z_{ij}^{T2}=K_{P/\sigma}^{ij}\left(\frac{V_{mij}^{P}}{V_{mij}^{\sigma}}\right)^{n/3}$，表示体系中分子体积大小对分子间相互作用的影响。

因而体系每摩尔分子具有的总位能为：

$$\begin{aligned}\bar{u}&=\bar{u}_{11}+\bar{u}_{22}+\bar{u}_{12}+\bar{u}_{21}\\&=x_1x_1z_{11}^{T}\,\bar{u}_{11}+x_2x_2z_{22}^{T}\,\bar{u}_{22}+x_1x_2z_{12}^{T}\,\bar{u}_{12}+x_2x_1z_{21}^{T}\,\bar{u}_{21}\\&=\sum_i\sum_j x_ix_jz_{ij}^{T}\,\bar{u}_{ij}\end{aligned}\qquad[2-2-40]$$

这一公式的形式是大家所熟悉的，例如：

状态方程中对方程常数 a 的混合规则[10,11]：

$$a=\sum_i\sum_j x_ix_ja_{ij}$$

又如 Mathias 等[12]提出的应用于 PR 方程的混合规则：

$$a=\sum_i\sum_j x_ix_ja_{ij}(1-\bar{k}_{ij})$$

综合上述讨论，可知，

(1) 多元系中不同组元分子间确存在有相互影响。

(2) 各组元分子数量上的变化会对体系中各种分子间相互作用产生影响。

(3) 分子在体系中分布情况，排列结构会对分子间相互作用有影响。

(4) 组元分子体积大小会对多元系中分子间相互作用有影响。

(5) 组元分子间相互作用的强弱会对多元系中分子间相互作用有影响。

应该指出：这里的讨论是较为简单的，所得到的结论亦是大家所熟知的，我们只是将这些意见系统地罗列在一起，形成一个综合性的看法。即便如此，有些影响因素我们分析得还是不够透彻。例如对于组元分子间相互作用的强弱这一影响因素我们还未能与局部组成概念[13,14]相联系。又如组元分子体积大小会对多元系中分子间相互作用有影响亦讨论得不够，下面进行这方面的讨论。

2-2-3 分子体积的影响

在上一节的讨论中涉及分子体积的影响可以其体积影响系数表示，即

$$Z_{ij}^{T2}=K_{P/\sigma}^{ij}\left(\frac{V_{mij}^{P}}{V_{mij}^{\sigma}}\right)^{n/3}\qquad[2-2-41]$$

式中，$K_{P/\sigma}^{ij}$ 为系数，数值大致在 0.6～0.7，可近似当作是个常数；

V^P_{mij} 为分子在讨论条件下的实际体积，即讨论物质的摩尔体积；

V^σ_{mij} 为分子本身体积。

这两个体积的比值反映的是实际分子距离对平衡时分子距离的比值。Adamson[15] 指出摩尔体积是分子之间平均距离的量度。而分子直径又与平衡间距直接相关。V^P_{mij} 与讨论温度和压力相关，

$$V^P_{mij} = f(T,\ P) \qquad [2-2-42]$$

但是分子直径是个常数，仅与讨论物质的性质相关。Prausnitz[8] 指出：随着温度的降低，分子间平均距离 r_{ii} 越来越接近分子平衡间距 r_{mti}，到 $T = 0\,\mathrm{K}$ 时两者完全相等。因而，r_{mti} 是讨论物质在 $T = 0\,\mathrm{K}$ 时的分子间距。r_{mti} 是个常数，故式[2-2-41]可改写为；

$$Z^{T2}_{ij} = K^{ij}_{P/\sigma}\left(\frac{V^P_{mij}}{V^\sigma_{mij}}\right)^{n/3} = K^{mij}_{P/\sigma}\ (V^P_{mij})^{n/3} \qquad [2-2-43]$$

亦就是说，体积修正系数 Z^{T2}_{ij} 仅与分子实际体积 V^P_{mij} 有关，即：

$$Z^{T2}_{ij} = f(V^P_{mij}) = f(T,\ P) \qquad [2-2-44]$$

因而，体积修正系数取决于讨论体系的温度和压力，亦就是说，在实际情况中分子体积的大小将会对讨论结果产生影响，并且这个影响将与讨论体系的状态变化，即体系的温度、压力相关。

已知[16] 理想气体的微观模型认为：分子本身的线度与气体中相邻分子平均间距相比可以忽略，也就是在理想气体的微观模型中将不计分子本身的大小，目前在状态方程理论中均持上述观点。

按理想气体的微观模型得到理想气体的状态方程为：

$$PV = n\mathrm{R}T = \frac{m}{M}\mathrm{R}T \qquad [2-2-45]$$

式中 n 为摩尔数；m 为质量；M 为分子量。

但是理想气体的状态方程所得结果与实验事实不符。这直接影响到状态方程计算结果的正确性。为此许多著名的状态方程，例如 van der Waals 方程等引入两项修正项：

其一为表示分子间存在的吸引相互作用的影响，对 van der Waals 方程的修正项为 a/V^2_m。式中 V_m 为摩尔体积，a/V^2_m 在一些文献中亦有称之为内压力[18]。

其二为表示分子存在的体积的影响，对 van der Waals 方程的修正项为 b，为分子本身体积。

亦就是 van der Waals 等这些状态方程研究者认为需要进行修正的：可能存在的分子间相互吸引作用的影响和分子本身存在的体积的影响。

本节将对分子本身存在的体积的影响作下列讨论。

先讨论一例，氮气分子的半径约为 1.9×10^{-8} cm[17]，这样估算的氮气分子（当作球形分子）体积为：

$$V_{N_2}^{P}=\frac{4}{3}\pi\,(r_{N_2})^3\approx28\times10^{-24}\,\mathrm{cm}^3 \qquad [2-2-46]$$

1 mol 氮气分子本身的总体积为

$$V_{1\,\mathrm{mol},\,N_2}^{P}=6.025\times10^{23}\times28\times10^{-24}\ \mathrm{cm}^3\approx16.8\ \mathrm{cm}^3 \qquad [2-2-47]$$

而 1 mol 氮气在标准状态下所占的体积约为 $22.4\times10^3\,\mathrm{cm}^3$。即，1 mol 氮气分子本身的总体积约等于标准状态下气体体积的万分之七，占的比例很小，可以允许忽略其影响。

但如果压力增加到 100 个大气压，按式[2－2－45]估算，1 mol 气体的体积缩小到约 224 cm^3，这时分子本身的总体积占气体体积的 7%，这时分子本身的体积影响应该不能给忽略了。如果压力再增加到 1 000 个大气压，实验数值表明，1 mol 气体的体积缩小约 1/500，这时分子本身的总体积占气体体积的 37%，上述情况下气体热力学行为绝不只是受到分子间存在相互作用的影响，实际分子本身的体积影响绝对不能忽略，理想气体的微观模型中不计分子本身大小的观点需要推敲。

同样道理，讨论凝聚体体系，如液体、溶液等，状态方程计算结果出现大偏差的原因之一亦是在计算中未考虑讨论体系中分子本身体积的影响。

亦就是说，在实际讨论体系中分子本身的体积影响是项必须考虑的影响因素。

由上讨论可知，分子本身的体积在实际体系中所起的影响与体系中分子间距离相关。当分子间距离很大时分子本身的体积在实际体系中所起的影响很小，随着分子间距离变小，这一影响会越来越明显。

在实际体系中体系体积应该与体系中分子间相互作用情况相关，下面以气体为例说明这方面影响：

（1）在体系中分子间平均距离缩短时气体分子间吸引力应该会逐渐变大，即气体的体积在分子间吸引力的作用下会缩小。其宏观表现为当存在分子间吸引力时，气体的实际体积要小于按理想气体的状态方程所计算的理想状态时的体积。亦就是说，存在分子间吸引力会使气体体积减小，气体的 PV 值会随着分子间吸引力的增加而减小。

（2）由于讨论体系中每个分子均具有自己的体积，这样，当气体被压缩到不能忽视分子本身体积的存在时，体系中可以被压缩的空间已经比气体的实际名义体积减小了许多，亦就是说，把气体压缩到一定体积的压力应大于理想气体的状态方程所计算的压力值，气体的 PV 值会因为体系中分子有自己的体积而变大。

由此可知，分子间吸引力和分子具有的本身体积这两个因素的影响是相反的。在一定温度和压力下，由于分子间存在的吸引力，致使气体的体积要小于将气体当作理想气体时的体积，真实气体 PV 值小于理想气体的数值；而分子本身体积的影响与此相反，真实气体 PV

值会大于理想气体的数值。如果认为前者是因为存在分子间吸引力的影响，那么，由于分子本身体积的影响正与分子间吸引力的影响相反，可以认为分子本身体积的影响相当于似乎是分子间存在着某种斥力所产生的影响，这在现代文献中得到了承认。例如，范宏昌教授[16]提出：分子占有一定体积可看作分子间距离很小时有巨大斥力所引起，因而所作的修正也可看作考虑分子间斥力所引起的修正。

因此，从分子间相互作用的角度来看，分子本身存在的体积可以理解为分子间的排斥作用，修正的原因应该是分子间存在相互作用，包括有分子间排斥作用和分子间吸引作用。按分子间吸引力和分子本身体积对理想气体方程式[2-2-45]所作的修正，得到著名的 van der Waals 方程：

$$P=\frac{RT}{V_m-b}-\frac{a}{V_m^2} \qquad [2-2-48a]$$

按目前文献中状态方程的讨论意见，上式中存在两种修正项：

其一：分子间吸引力项， $P^{at}=-a/(V_m)^2$ [2-2-48b]

其二：分子本身体积修正后的斥力项，

$$P=RT/(V_m-b) \qquad [2-2-48c]$$

式中以 V_m-b 形式对计算进行修正；b 是本节讨论的主要对象，对其说明如下。

文献中称 b 为协体积(covolume)，对其说明为：考虑两个分子间的碰撞(见图 2-2-1)，讨论分子 A 和 B 都是直径为 σ 的硬球，当这两个分子相接触时，分子 B 的中心不能进入到图 2-2-1a 中虚线所示的称为分子作用球的球体中，这个球体的体积为

$$\frac{4}{3}\pi d^3=8\times\frac{4}{3}\pi\left(\frac{d}{2}\right)^3=8\times\frac{4}{3}\pi\left(\frac{\sigma}{2}\right)^3 \qquad [2-2-49]$$

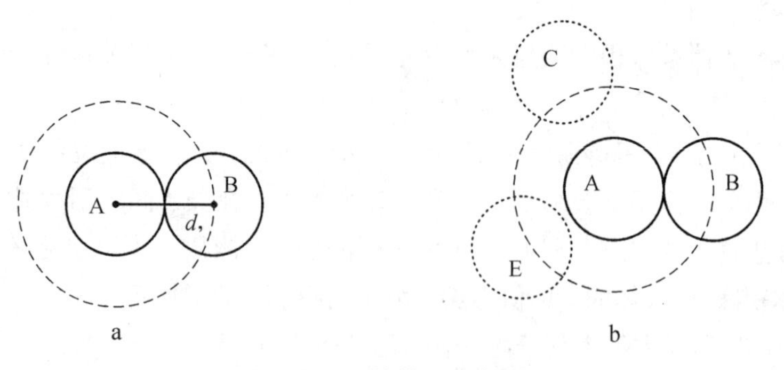

图 2-2-1 协体积示意图

亦就是相当于一个分子体积的 8 倍，由于这部分体积是分子 B 不能进入的区域，这就是说，体系中分子自由活动的空间要减少这部分体积。由于这部分体积是分子 A 和分子 B 所共有的，故而平均每个分子自由活动空间要减少分子本身体积的四倍，一摩尔气体分子自由活动的空间的减少量即为协体积 b，其值应为一摩尔气体分子本身体积总和的四倍。

有文献认为：协体积 b 是与温度无关的数量[18]。下面讨论这个问题。

(1) 对比一些状态方程所取的协体积的数值

van der Waals 方程：$b = \dfrac{RT_C}{8P_C}$，$\Omega_b = \dfrac{bZ_C}{V_C} = \dfrac{1}{8}$。

Redlich-Kwong 方程：$b = \Omega_b \dfrac{RT_C}{P_C}$，$\Omega_b = 0.086\,64$。

Soave 方程：$b = \Omega_b \dfrac{RT_C}{P_C}$，$\Omega_b = 0.086\,64$。

Peng-Robinson 方程：$b = \Omega_b \dfrac{RT_C}{P_C}$，$\Omega_b = 0.077\,80$。

童景山方程：$b = \Omega_b \dfrac{RT_C}{P_C}$，$\Omega_b = 0.077\,80$。

这些状态方程中 b 系数、Ω_b 系数数据彼此并不相同。说明这一参数值可允许变动。

(2) 从协体积 b 的估算式[2-2-49]来看，协体积 b 仅与分子直径 σ 相关，因而 b 仅与物质本性相关，似乎与温度或其他热力学条件无关。

在前面的讨论中已经说明，分子本身体积 V_{mij}^{σ} 可近似认为是在温度为 0 K 时分子的实际体积，即分子直径 σ 可近似认为是指在温度为 0 K 时分子的数据。经典物理学认为在 $T = 0$ K 时分子平均动能为零（近代物理[19]认为还有零点能），亦就是说此时讨论分子不会移动、不会振动，不会旋转等。

但是讨论条件一般不会是 $T = 0$K，更重要的是讨论系统中存在有大量分子。温度升高，讨论分子应该会发生或加剧分子本身的移动、振动、旋转等的运动。可以想象，分子本身这些运动应该会加剧系统内分子间的碰撞，即，其他分子进入到讨论分子的分子作用球的球体的概率会增加（见图 2-2-1b 所示），实际协体积数值应与式[2-2-49]计算的不同，即温度和压力会对协体积 b 大小产生影响。诚然，目前我们还无法从分子理论出发来确定 b 与温度或与压力等热力学参数之间的关系。但可写成：

$$b = f(P, T) \qquad [2-2-50]$$

利用实验测得的 P、V、T 数据，可计算得到恒温条件下 b 随压力的变化和在恒压条件下 b 随温度的变化。表 2-2-2 中列示了这些数据。

表 2-2-2　恒温条件下 b 随压力的变化和在恒压条件下 b 随温度的变化(1)

名　称	V_r	T_r	P_r	方程 1	方程 2	方程 3	方程 4	方程 5
				Ω_b (2)				
氩	108.998	0.662 7	0.020 4	0.125 00	0.086 64	0.086 64	0.077 80	0.088 39
	31.494	0.662 7	0.066 3	0.070 66	0.086 64	0.086 64	0.077 80	0.088 39
	0.409	0.662 7	0.066 3	0.096 74	0.087 95	0.087 00	0.084 62	0.087 14

续 表

名 称	V_r	T_r	P_r	方程 1	方程 2	方程 3	方程 4	方程 5
				Ω_b (2)				
氩	0.397	0.662 7	2.041 7	0.095 92	0.088 38	0.087 59	0.085 84	0.087 67
	0.389	0.662 7	4.083 3	0.095 21	0.088 63	0.087 96	0.086 65	0.088 01
	0.375	0.662 7	8.166 6	0.093 98	0.088 78	0.088 28	0.087 47	0.088 29
	0.365	0.662 7	12.250	0.092 92	0.088 66	0.088 26	0.087 73	0.088 25
	0.322	0.662 7	16.333	0.083 37	0.080 03	0.079 72	0.079 39	0.079 70
	0.318	0.662 7	20.417	0.080 00	0.080 08	0.079 82	0.079 57	0.079 79
水	0.311 2	0.540 7	4.520 8	0.066 58	0.064 39	0.065 54	0.065 30	0.065 13
	0.321 1	0.618 0	4.520 8	0.067 53	0.064 37	0.065 69	0.065 36	0.065 26
	0.334 1	0.695 2	4.520 8	0.068 91	0.064 58	0.065 97	0.065 53	0.065 56
	0.350 8	0.772 4	4.520 8	0.070 77	0.065 02	0.066 38	0.065 77	0.066 03
	0.399 1	0.926 9	4.520 8	0.076 05	0.066 50	0.067 22	0.066 05	0.067 17
	0.484 5	1.081 4	4.520 8	0.084 61	0.069 19	0.067 90	0.065 85	0.068 63
	0.653 6	1.235 9	4.520 8	0.098 36	0.073 92	0.067 91	0.065 14	0.070 19
	0.917 0	1.390 4	4.520 8	0.113 21	0.079 42	0.065 52	0.063 88	0.069 88
	1.187 1	1.544 9	4.520 8	0.123 94	0.084 38	0.062 00	0.062 94	0.068 18
	2.208 2	2.317 3	4.520 8	0.138 00	0.088 99	0.044 12	0.050 00	0.050 00

注：(1) 本表计算数据取自文献[20]。

(2) $\Omega_b = bZ_C/V_C$。表中方程 1 是 van der Waals 方程；方程 2 是 Redlich-Kwong 方程；方程 3 是 Soave 方程；方程 4 是 Peng-Robinson 方程；方程 5 是童景山方程。

将表中数据图示于图 2-2-2 和图 2-2-3 中，分别表示在恒温下压力对协体积的影响和恒压下温度对协体积的影响。

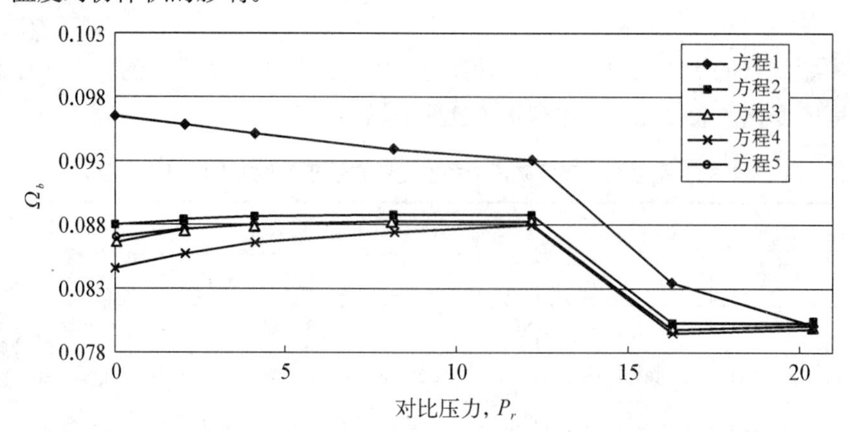

图 2-2-2 氩在恒温(T_r=0.662 7)下协体积与压力关系

图 2－2－2 的图例中数字 1、2…与表[2－2－2]中方程 1、方程 2…对应。由图可知，恒温下压力增大，会使 Ω_b 数值下降。这说明压力对分子协体积应该有一定的影响。

图 2－2－3 表示在一定的压力下 b 与温度的关系。Van der Waals 方程和 Redlich-Kwong 方程得到结果是随着温度的升高，b 数值亦随之增大，这与一般推测相符，但 Soave 方程、Peng-Robinson 方程和童景山方程的结果为在一定温度范围内，随着温度的升高，b 数值亦随之增大。但当温度进一步提高时，b 数值反而减小了。目前对此原因不清，估计或为所依据的实验数据有某些偏差，或是状态方程本身一些修正系数设计导致此结果。

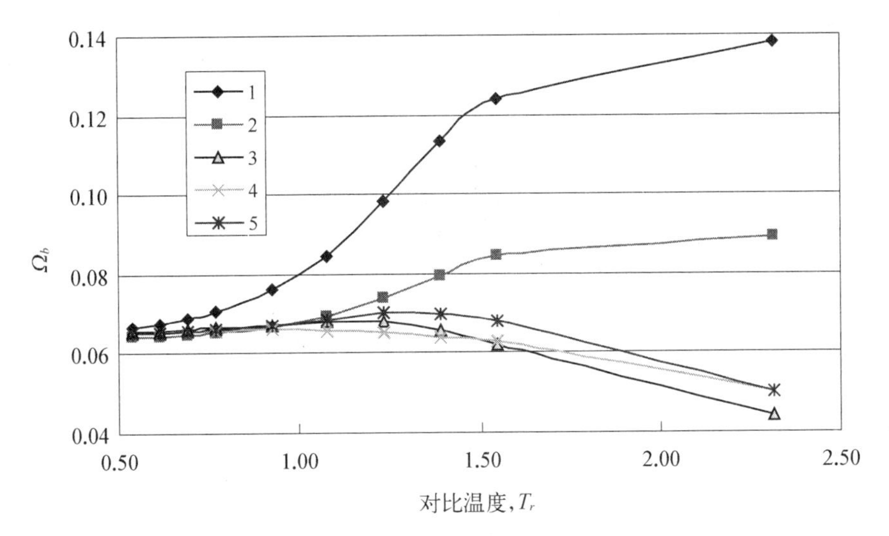

图 2－2－3　H_2O 在恒压(P_r＝4.520 8)下协体积与温度关系

以上情况表明我们对影响 b 数值因素的讨论还只是初步的，非常粗糙的。但一点可以肯定，在讨论的状态方程中 b 数值不应是固定不变的数值，b 数值应与讨论条件相关，会受到温度和压力变化的影响。本书第七章中会对协体积作进一步的讨论，以供读者进一步分析研究。

综合本节讨论内容知：

(1) 分子本身存在一定体积。

(2) 在大量分子体系中分子本身存在体积的影响是以一种斥力形式存在着，而孤立的两个分子间的相互作用中可不考虑分子本身体积的影响。

(3) 分子本身体积与讨论条件相关，会受到温度和压力变化的影响。

2－2－4　局部组成概念

当两种物质形成混合物时，由于组元 1 与组元 2 的分子间相互作用情况不同，混合物中各组元的分子分布情况应该不是随意的、均匀的。例如当分子 1 与分子 1、分子 2 与分子 2 之间的吸引力要大于分子 1 与分子 2 之间的吸引力时，在分子 1 或分子 2 的周围应有较多些同类分子所环绕；反之，分子 1 和分子 2 就会尽可能地相互接近，在分子 1 或分子 2 的周围应有较多些异类分子所环绕。亦就是说，如果分子 1 或分子 2 的摩尔分数为 x_1 和 x_2，那么由于组元分子间相互作用情况不同，在各个分子周围会出现与 x_1 和 x_2 不同的局部浓度，即在微观局部处出现了不均匀性。

在二元系混合物中会可能存在四种局部浓度，即

分子 1 周围分子 1 的局部摩尔分数 x_{11}；

分子 1 周围分子 2 的局部摩尔分数 x_{12}；

分子 2 周围分子 2 的局部摩尔分数 x_{22}；

分子 2 周围分子 1 的局部摩尔分数 x_{21}。

这些局部浓度应有关系[6]：

$$x_{11} + x_{12} = 1 \qquad [2-2-51a]$$

$$x_{22} + x_{21} = 1 \qquad [2-2-51b]$$

局部组成概念中核心问题是如何处理局部浓度与总体浓度的关系。

可以设想，分子 2 的摩尔分数 x_2越大，它出现在分子 1 周围的概率也越大；同时，分子 1 与分子 2 之间的相互吸引作用能 g_{12}越大，分子 2 出现在分子 1 周围的概率也越大，相互作用能的影响可以用 Boltzmann 因子来表达，即 $\exp(-g_{12}/RT)$。将这两个因素结合起来考虑，我们可以写出：

$$x_{11} = k_1 x_1 \exp(-g_{11}/RT) \qquad [2-2-51c]$$

$$x_{12} = k_2 x_2 \exp(-g_{12}/RT) \qquad [2-2-51d]$$

$$x_{21} = k_3 x_1 \exp(-g_{12}/RT) \qquad [2-2-51e]$$

$$x_{22} = k_4 x_2 \exp(-g_{22}/RT) \qquad [2-2-51f]$$

k_1、k_2、k_3和 k_4是比例系数，我们并不清楚其具体的数值，也没有必要知道。但我们可以合理地假设它们是相等的，由此可以得到：

$$\frac{x_{12}}{x_{11}} = \frac{x_2 \exp(-g_{12}/RT)}{x_1 \exp(-g_{11}/RT)} \qquad [2-2-52a]$$

$$\frac{x_{21}}{x_{22}} = \frac{x_1 \exp(-g_{21}/RT)}{x_2 \exp(-g_{22}/RT)} \qquad [2-2-52b]$$

由[2-2-51]和[2-2-52]可以得到：

$$x_{11} = \frac{x_1 \exp(-g_{11}/RT)}{x_1 \exp(-g_{11}/RT) + x_2 \exp(-g_{12}/RT)} \qquad [2-2-53]$$

$$x_{22} = \frac{x_2 \exp(-g_{22}/RT)}{x_2 \exp(-g_{22}/RT) + x_1 \exp(-g_{21}/RT)} \qquad [2-2-54]$$

上述各式即为 Wilson[21] 依据经验，考虑了各组元分子间相互作用的影响，扩展了

Flory-Huggins 方程式，在文献中称为 Wilson 方程。式中 $g_{12}=g_{21}$。如果将分子 1 和分子 2 的浓度单位改为局部体积分数 ξ 为：

$$\xi_{11}=\frac{x_1\exp(-g_{11}/RT)V_{m1}}{x_1\exp(-g_{11}/RT)V_{m1}+x_2\exp(-g_{12}/RT)V_{m2}} \qquad [2-2-55]$$

$$\xi_{22}=\frac{x_2\exp(-g_{22}/RT)V_{m2}}{x_2\exp(-g_{22}/RT)V_{m2}+x_1\exp(-g_{21}/RT)V_{m1}} \qquad [2-2-56]$$

式中 V_{mi} 为纯物质 i 的摩尔体积。因而局部体积分数 ξ 可表示为：

$$\xi_{ii}=\frac{x_i\exp(-g_{ii}/RT)V_{mi}}{\sum_{j=1}^{N}x_j\exp(-g_{ij}/RT)V_{mj}} \qquad [2-2-57]$$

又知 Flory 和 Huggins[22] 提出的无热溶液的 G^E 函数表示式为：

$$G^E=RT\sum_{i=1}^{n}x_i\ln\frac{\phi_i}{x_i} \qquad [2-2-58]$$

式中 ϕ_i 为体系中组分 i 的体积分数，

$$\phi_i=\frac{x_iV_{mi}}{\sum_{i=1}^{n}x_iV_{mi}} \qquad [2-2-59]$$

Wilson 建议将局部体积分数替代 Flory 和 Huggins 提出的无热溶液的 G^E 函数中总体平均体积分数，得

$$G^E=RT\sum_{i=1}^{n}x_i\ln\frac{\xi_i}{x_i} \qquad [2-2-60]$$

将式[2-2-55，56]代入上式，得到多元系中超额自由焓的 Wilson 表示式：

$$G^E=RT\sum_{i=1}^{n}x_i\ln\left(\sum_{j=1}^{n}\Lambda_{ij}x_j\right) \qquad [2-2-61]$$

式中 Λ_{ij} 为 Wilson 参数，其定义式为

$$\Lambda_{ij}=\frac{V_{mj}}{V_{mi}}\exp[-(g_{ij}-g_{ii})/RT] \qquad [2-2-62]$$

由此式可知，Wilson 参数有以下特点：

对理想溶液，$\Lambda_{ij}=\Lambda_{ji}=1$，$\Lambda_{ij}>0$，$\Lambda_{ij}$ 与 1 偏离愈远，说明讨论体系的非理想性愈强。

非理想溶液时一般 $\Lambda_{ij}\neq\Lambda_{ji}$。对于同类分子，有关系 $\Lambda_{ii}=\Lambda_{jj}=1$。此外，当 Λ_{ij}、Λ_{ji} 均大于 1 时表示讨论的超额自由焓 $G^E<0$；当 Λ_{ij}、Λ_{ji} 均小于 1 时表示讨论的超额自由焓 $G^E>0$；当 Λ_{ij}、Λ_{ji} 中一个大于 1，另一个小于 1 时表示讨论体系的非理想性不甚明显。

Wilson 参数可依据二元交互作用能量参数 $(g_{ij}-g_{ii})$ 计算，而 $(g_{ij}-g_{ii})$ 可由二元气液

平衡的实验数据确定，表 2-2-3 中列示了一些二元交互作用能量参数以供计算参考。

表 2-2-3　一些 Wilson 二元交互作用能量参数(1)

体系		$(g_{12}-g_{11})$ /J·mol^{-1}	$(g_{21}-g_{22})$ /J·mol^{-1}	RMS(3)×10^2
组分 1	组分 2			
丙酮(2)	甲醇	−959.517	2 607.155	0.402 1
丙酮(2)	乙酸乙酯	2 830.505	−1 674.508	0.290 4
甲醇	异丙醇	−696.741	2 012.073	0.345 4
异丙醇	水	3 987.176	4 935.107 5	1.916 7
丙酮	异丙醇	1 879.344	172.272	1.093 0
丙酮	水	1 582.067	6 201.483	1.628 8
甲醇	水	479.269	2 083.837	0.976 7
氯仿	苯	−802.110	403.036	0.244 1
甲醇(2)	苯	7 117.026	558.547	1.218 0
乙酸乙酯	苯	586.802	−153.540	0.247 0
氯仿(2)	甲醇	−1 682.399	7 362.380	0.970 9
乙酸乙酯(2)	氯仿	705.966	−2 096.899	0.259 6
乙酸乙酯(2)	甲醇	−539.062	3 416.885	0.577 9
甲基环戊烷(2)	乙醇	989.516	9 092.849	1.840 6
乙醇(2)	苯	5 909.553	452.332	0.815 1
甲基环戊烷(2)	苯	121.218 8	990.487	0.136 4

注：(1) 表内数据取自文献[22]；(2) 共沸体系；(3) 均方根误差。

Wilson 方程由于其形式简明、有一定理论依据、计算精度较高等优点而引起研究者的注意，但 Wilson 方程也有其局限性，如不能用于部分互溶体系等。故而此后陆续出现了许多修正的 Wilson 方程或以局部组成概念为基础的其他一些方程，下面作些粗略的介绍，以供读者参考和便于下面的讨论，感兴趣的读者可依据所列参考文献作进一步的研究。

1. Renon[23]方程

Renon 方程的局部摩尔分数表示式为

$$\frac{x_{12}}{x_{11}}=\frac{x_2\exp(-\alpha_{12}g_{12}/RT)}{x_1\exp(-\alpha_{12}g_{11}/RT)};\quad \frac{x_{21}}{x_{22}}=\frac{x_1\exp(-\alpha_{12}g_{21}/RT)}{x_2\exp(-\alpha_{12}g_{22}/RT)} \qquad [2-2-63]$$

式中 $g_{12}(=g_{21})$、g_{11}、g_{22} 同样表示异类分子对或同类分子对之间的相互作用能，而式中应用的 $\alpha_{12}(=\alpha_{21})$ 表示组分 1 和组分 2 混合的有序特性参数。

Renon 曾提出 α_{12} 可按不同类别溶液指定一个相对应的常数，这样方程成为两参数方程，Renon 推荐的 α_{12} 数值列于表 2－2－4。

表 2－2－4　Renon 推荐的 α_{12} 数值

类　别	说　　　明	α_{12}
Ⅰ	和理想溶液偏离不大的体系，$\lvert G^E_{max} \rvert < 0.35RT$	0.30
Ⅱ	烷烃和非缔合极性液体的混合物	0.20
Ⅲ	烷烃和全氟化碳同系物的溶液	0.40
Ⅳ	强缔合性组分（如醇类）和非极性组分（如烃类或四氯化碳）的混合物	0.47
Ⅴ	具有高度非随机性的极性组分（如乙腈和硝基甲烷）和四氯化碳的混合物	0.47
Ⅵ	水和非缔合极性组分（如丙酮和二噁烷）的混合物	0.30
Ⅶ	水和缔合极性组分（如丁二醇和吡啶）的混合物	0.47

表中所推荐的 α_{12} 值具有一定的任意性，有时会对计算结果有显著的影响，因而在处理实验数据时宜按三参数方程处理。

若设：

$$\tau_{12} = \frac{g_{12} - g_{11}}{RT};\quad \tau_{21} = \frac{g_{21} - g_{22}}{RT} \tag{2-2-64}$$

$$\lambda_{12} = \exp[-\alpha_{12}\tau_{12}];\quad \lambda_{21} = \exp[-\alpha_{21}\tau_{21}] \tag{2-2-65}$$

则得：

$$G^E = RTx_1x_2\left[\frac{\tau_{12}\lambda_{12}}{x_1 + x_2\lambda_{12}} + \frac{\tau_{21}\lambda_{21}}{x_2 + x_1\lambda_{21}}\right] \tag{2-2-66}$$

对多元系

$$G^E = RT\sum_{i=1}^{n} x_i \sum_{j=1}^{n} \tau_{ji}\lambda_{ji}x_j \Big/ \sum_{k=1}^{n} \lambda_{ki}x_k \tag{2-2-67}$$

此式又被称为 NRTL 方程。NRTL 方程具有下列特点：

(1) 计算精度大致与 Wilson 方程相同；

(2) 可用二元系数据预测多元系的活度系数；

(3) 可扩展应用于部分互溶体系。

NRTL 方程应用时的关键是 α_{12} 值的选定，一般认为 α_{12} 值与温度和溶液组成无关，只取决于溶液的类型，是溶液的特征函数。

2. 通用似化学模型（UNIQUAC）[24, 25]

这个模型应用了三个基本概念：

(1) 将超额自由焓分为两部分进行计算：

$$G^E = G^E_{组合} + G^E_{剩余} \tag{2-2-68}$$

式中 $G^E_{组合}$ 为超额自由焓中组合部分；$G^E_{剩余}$ 为其剩余部分。

(2) 超额自由焓中组合部分采用 Guggenheim 的似晶体（Quasi-Crystal）理论进行计算，为避免 Guggenheim 理论只考虑大小与形状相同的混合物，这个模型进一步考虑了大小与形状不同的分子混合物，为此引入体积参数 r_i 和面积参数 q_i，其数值依据 van der Waals 体

积 V_{Wi} 和表面积 A_{Wi} 计算得出，即

$$r_i = V_{Wi}/15.7 \qquad [2-2-69]$$

$$q_i = A_{Wi}/2.5 \times 10^9 \qquad [2-2-70]$$

一些物质的体积参数 r_i 和面积参数 q_i 列于表 2-2-5 中以供参考。

表 2-2-5　一些物质的体积参数 r_i 和面积参数 q_i 数值

物　质	r_i	q_i	物　质	r_i	q_i
水	0.92	1.40	甲苯	3.87	2.93
二氧化碳	1.30	1.12	苯胺	3.72	2.83
乙醛	1.90	1.80	三乙基胺	5.01	4.26
乙烷	1.80	1.70	正辛烷	5.84	4.93
二甲基胺	2.33	2.09	正庚烷	7.20	6.02
乙酸甲酯	2.80	2.58	正十六烷	11.24	9.26
糠醛	2.80	2.58	丙酮	2.57	2.34
苯	3.19	2.40	氯仿	2.87	2.41

这样，

二元系组元 i 的平均体积分数：$$\phi_i = \frac{x_i r_i}{\sum_{i=1}^{n} x_i r_i} \qquad [2-2-71]$$

二元系组元 i 的平均面积分数：$$\theta_i = \frac{x_i q_i}{\sum_{i=1}^{n} x_i q_i} \qquad [2-2-72]$$

(3) 超额自由焓中剩余部分采用 Wilson 的局部组成概念进行计算。但将局部摩尔分数概念改为局部面积分数，即有下列关系：

$$\theta_{11} + \theta_{12} = 1 \qquad [2-2-73]$$

$$\theta_{22} + \theta_{21} = 1 \qquad [2-2-74]$$

与 Welson 方程中采用的方法相类似，UNIQUAC 模型中局部面积分数与平均面积分数有下列关系：

$$\theta_{12} = \frac{\theta_1}{\theta_1 + \theta_2 \exp\left[-\left(\frac{U_{12} - U_{11}}{RT}\right)\right]} \qquad [2-2-75]$$

$$\theta_{21} = \frac{\theta_2}{\theta_2 + \theta_1 \exp\left[-\left(\frac{U_{21} - U_{22}}{RT}\right)\right]} \qquad [2-2-76]$$

U_{11}、U_{22} 和 U_{12}、U_{21} 分别为同类分子间和异类分子间的相互作用能。

设：
$$\tau_{12}=-\frac{U_{12}-U_{11}}{RT};\qquad \tau_{21}=-\frac{U_{21}-U_{22}}{RT}\qquad [2-2-77]$$

由此得到超额自由焓中组合部分为：

$$\frac{G^E_{组合}}{RT}=x_1\ln\frac{\phi_1}{x_1}+x_2\ln\frac{\phi_2}{x_2}+\frac{Z}{2}\left(q_1x_1\ln\frac{\theta_1}{\phi_1}+q_2x_2\ln\frac{\theta_2}{\phi_2}\right)\qquad [2-2-78a]$$

式中 Z 是晶格配位数，一般 $Z=10$。超额自由焓中剩余部分为：

$$\frac{G^E_{剩余}}{RT}=q_1x_1\ln(\theta_1+\theta_2\tau_{12})-q_2x_2\ln(\theta_2+\theta_1\tau_{21})\qquad [2-2-78b]$$

由上述讨论可知，UNIQUAC 方程是一个理论性较强，比 Wilson 和 NRTL 更复杂一些的方程。这一方程可用于各种溶液，包括分子大小相差悬殊的聚合物溶液和有分层的溶液，因而 UNIQUAC 又称为通用化学模型。

至此，我们介绍了以局部组成为基础的三种目前应用得较广泛的计算方程，现将它们列在一起以作比较：

Wilson 方程：

依据 Wilson 导得的式[2-2-52]～[2-2-54]，局部浓度表示式：

摩尔分数　　$x_{11}=k\times x_1\exp(-g_{11}/RT)$

NRTL(Renon)方程局部浓度表示式：

摩尔分数　　$x_{11}=k\times x_1\exp(-\alpha_{12}g_{11}/RT)$

UNIQUAC 方程中超额自由焓中剩余部分与 Wilson 方程相似，但其将局部摩尔分数改换为局部面积分数，局部面积分数与总体面积分数的关系类似于 Wilson 方程中采用的关系。

因而局部浓度与总体平均浓度的关系可写成下列普遍形式(以摩尔分数浓度为例)：

分子 1 周围出现同类分子概率：

$$x_{11}=x_1\times Z(u_{11},\ T,\ n_{\alpha11},\ k)\qquad [2-2-79a]$$

分子 1 周围出现异类分子概率：

$$x_{12}=x_2\times Z(u_{12},\ T,\ n_{\alpha12},\ k)\qquad [2-2-79b]$$

分子 2 周围出现异类分子概率：

$$x_{21}=x_1\times Z(u_{21},\ T,\ n_{\alpha21},\ k)\qquad [2-2-79c]$$

分子 2 周围出现同类分子概率：

$$x_{22}=x_2\times Z(u_{22},\ T,\ n_{\alpha22},\ k)\qquad [2-2-79d]$$

式中系数 $Z(u_{ii}, T, n_{\alpha i}, k)$ 代表 $i—i$ 分子间作用能量 u_{ii}、温度 T、讨论溶液特性 $n_{\alpha i}$ 和计算的转换系数 k 对形成局部组成的影响。

从 NRTL 方程的讨论来看，这一系数可以分成两部分：其一是 u_{ii}、k 和 T 的影响；另一为溶液特性的影响，即两组分混合的有序特性参数的影响

$$Z(u_{ii}, T, n_{\alpha i}, k) = Z(u_{ii}, T, k) \times Z(n_{\alpha i}) \qquad [2-2-80]$$

并且，将上式代入到式[2-2-79]中，得：

分子 1 周围出现同类分子：

$$x_{11} = x_1 \times Z(u_{11}, T, k) \times Z(n_{\alpha 11}) \qquad [2-2-81a]$$

分子 1 周围出现异类分子：

$$x_{12} = x_2 \times Z(u_{12}, T, k) \times Z(n_{\alpha 12}) \qquad [2-2-81b]$$

分子 2 周围出现异类分子：

$$x_{21} = x_1 \times Z(u_{21}, T, k) \times Z(n_{\alpha 21}) \qquad [2-2-81c]$$

分子 2 周围出现同类分子：

$$x_{22} = x_2 \times Z(u_{22}, T, k) \times Z(n_{\alpha 22}) \qquad [2-2-81d]$$

在 Wilson 方程中 $Z(n_\alpha) = 1$，由 Wilson 对局部组成的定义式[2-2-51]可知：

$$Z(u_{11}, T, k) = k \times \exp(-g_{11}/RT) \qquad [2-2-82a]$$

$$Z(u_{12}, T, k) = k \times \exp(-g_{12}/RT) \qquad [2-2-82b]$$

$$Z(u_{21}, T, k) = k \times \exp(-g_{21}/RT) \qquad [2-2-82c]$$

$$Z(u_{22}, T, k) = k \times \exp(-g_{22}/RT) \qquad [2-2-82d]$$

按照 Wilson 的定义，式中 g_{ii} 和 g_{ij} 应该是同类分子对或异类分子对的相互作用能。这给式[2-2-82]应用带来不便。为此可依据式[2-2-81]和式[2-2-52～54]关系得到：

$$Z(u_{11}, T, k) = \frac{1}{x_1 + x_2 \exp\left[-\left(\dfrac{g_{12} - g_{11}}{RT}\right)\right]} = \frac{1}{x_1 + x_2 \zeta_{12}} = \frac{1}{1 + x_2(\zeta_{12} - 1)} \qquad [2-2-83a]$$

$$Z(u_{12}, T, k) = \frac{1}{x_1 \exp\left[-\left(\dfrac{g_{11} - g_{12}}{RT}\right)\right] + x_2} = \frac{\zeta_{12}}{x_1 + x_2 \zeta_{12}} = \frac{\zeta_{12}}{1 + x_2(\zeta_{12} - 1)} \qquad [2-2-83b]$$

$$Z(u_{21}, T, k) = \frac{1}{x_2 \exp\left[-\left(\frac{g_{22} - g_{21}}{RT}\right)\right] + x_1} \qquad [2-2-83c]$$

$$= \frac{\zeta_{21}}{x_2 + x_1 \zeta_{21}} = \frac{\zeta_{21}}{1 + x_1(\zeta_{21} - 1)}$$

$$Z(u_{22}, T, k) = \frac{1}{x_2 + x_1 \exp\left[-\left(\frac{g_{21} - g_{22}}{RT}\right)\right]} \qquad [2-2-83d]$$

$$= \frac{1}{x_2 + x_1 \zeta_{21}} = \frac{1}{1 + x_1(\zeta_{21} - 1)}$$

式中 $\zeta_{12} = \exp\left[-\left(\frac{g_{12} - g_{11}}{RT}\right)\right]$，$\zeta_{21} = \exp\left[-\left(\frac{g_{21} - g_{22}}{RT}\right)\right]$。

因为 g_{12} 和 g_{11} 为分子对相互作用能，故在恒温下可看作是具有固定数值的系数，这样 ζ_{12} 在恒温下亦可当作是具有固定数值的系数。

同理对 ζ_{21} 在恒温下亦可当作是具有固定数值的系数。但注意 $\zeta_{12} \neq \zeta_{21}$，虽然 $g_{12} = g_{21}$。

由此可见，溶液中局部组成对溶液能量的影响与组元总体平均浓度的关系有可能呈双曲线形式，这在溶液表面现象表面自由能的讨论[26]中已有数据证实。

其次我们讨论 $Z(n_{\alpha ii})$ 系数，这一系数是由 NRTL(Renon)方程中提出的，依据 NRTL(Renon)方程的定义：

$$x_{11} = k_1 \times x_1 \exp(-\alpha_{12} g_{11}/RT)$$
$$= k_1 \times x_1 [\exp(-g_{11}/RT)]^{\alpha_{12}} = x_1 \times Z(u_{11}, T, k) \times Z(n_{\alpha 11})$$

代入 $Z(u_{11}, T, k)$ 的定义式[2-2-82]并依此类推，得

$$\left.\begin{aligned} Z(n_{\alpha 11}) &= [\exp(-g_{11}/RT)]^{\alpha_{12}-1} \\ Z(n_{\alpha 12}) &= [\exp(-g_{12}/RT)]^{\alpha_{12}-1} \\ Z(n_{\alpha 21}) &= [\exp(-g_{21}/RT)]^{\alpha_{12}-1} \\ Z(n_{\alpha 22}) &= [\exp(-g_{22}/RT)]^{\alpha_{12}-1} \end{aligned}\right\} \qquad [2-2-84]$$

由于在恒温下 i—j 分子对相互作用能可视为恒定，而 α_{12} 在讨论溶液确定时亦是个常数，故式[2-2-84]中各个 $Z(n_{\alpha ii})$ 系数在恒温，讨论对象确定的情况下均应是固定的数值，但需注意

$$Z(n_{\alpha 11}) \neq Z(n_{\alpha 22}) \neq Z(n_{\alpha 12}) = Z(n_{\alpha 21}) \qquad [2-2-85]$$

这样，修正系数 $Z(u_{ii}, T, n_{\alpha ii})$ 可改写为：

$$Z(u_{11},T,n_{\alpha 11},k)=\frac{1}{x_1+x_2\exp\left[-\alpha_{12}\left(\frac{g_{12}-g_{11}}{RT}\right)\right]} \qquad [2-2-86a]$$

$$=\frac{1}{x_1+x_2\zeta_{12}^{\alpha_{12}}}=\frac{1}{1+x_2(\zeta_{12}^{\alpha_{12}}-1)}$$

$$Z(u_{12},T,n_{\alpha 12},k)=\frac{\exp\left[-\alpha_{12}\left(\frac{g_{12}-g_{11}}{RT}\right)\right]}{x_1+x_2\exp\left[-\alpha_{12}\left(\frac{g_{12}-g_{11}}{RT}\right)\right]} \qquad [2-2-86b]$$

$$=\frac{\zeta_{12}^{\alpha_{12}}}{x_1+x_2\zeta_{12}^{\alpha_{12}}}=\frac{\zeta_{12}^{\alpha_{12}}}{1+x_2(\zeta_{12}^{\alpha_{12}}-1)}$$

$$Z(u_{21},T,n_{\alpha 21},k)=\frac{\exp\left[-\alpha_{12}\left(\frac{g_{21}-g_{22}}{RT}\right)\right]}{x_2+x_1\exp\left[-\alpha_{12}\left(\frac{g_{21}-g_{22}}{RT}\right)\right]} \qquad [2-2-86c]$$

$$=\frac{\zeta_{21}^{\alpha_{12}}}{x_2+x_1\zeta_{21}^{\alpha_{12}}}=\frac{\zeta_{21}^{\alpha_{12}}}{1+x_1(\zeta_{21}^{\alpha_{12}}-1)}$$

$$Z(u_{22},T,n_{\alpha 22},k)=\frac{1}{x_2+x_1\exp\left[-\alpha_{12}\left(\frac{g_{21}-g_{22}}{RT}\right)\right]} \qquad [2-2-86d]$$

$$=\frac{1}{x_2+x_1\zeta_{21}^{\alpha_{12}}}=\frac{1}{1+x_1(\zeta_{21}^{\alpha_{12}}-1)}$$

由于 α_{12} 在讨论溶液确定后是个常数，因而上式中 $\zeta_{ij}^{\alpha_{ij}}$ 各系数亦是个固定的数值，故与式[2-2-83]一样，修正系数 $Z(u_{ii},T,n_{\alpha i})$ 与组元浓度的关系亦为双曲线关系。并且亦有关系

$$\zeta_{11}^{\alpha_{11}}\neq\zeta_{22}^{\alpha_{22}}\neq\zeta_{12}^{\alpha_{12}}\neq\zeta_{21}^{\alpha_{21}} \qquad [2-2-87]$$

由此知

$$Z(u_{11},T,n_{\alpha 11},k)\neq Z(u_{22},T,n_{\alpha 22},k)\neq Z(u_{12},T,n_{\alpha 12},k)\neq Z(u_{21},T,n_{\alpha 21},k) \qquad [2-2-88]$$

需要指出的是对于纯物质应有关系

$$Z(u_{ii},T,n_{\alpha ii},k)(\text{纯物质})=Z(u_{jj},T,n_{\alpha ij},k)(\text{纯物质})=1 \qquad [2-2-89]$$

讨论了 $Z(u_{ii},T,n_{\alpha i},k)$ 与组元浓度关系后，再将表示局部组成概念的式[2-2-86]引入到式[2-2-35～38]中。得分子 1 与邻近的同类分子的相互作用的平均位能为：

$$\bar{u}_{11} = x_1 x_{11} s_{n11} K_{P/\sigma}^{11} \left(\frac{V_{m11}^{P}}{V_{m11}^{\sigma}}\right)^{n/3} \bar{u}_{11}$$

$$= x_1 x_1 \frac{1}{1 + x_2(\zeta_{12}^{\alpha_{12}} - 1)} s_{n11} K_{P/\sigma}^{11} \left(\frac{V_{m11}^{P}}{V_{m11}^{\sigma}}\right)^{n/3} \bar{u}_{11} \qquad [2-2-90a]$$

同理可得分子 2 与邻近的同类分子的相互作用的平均位能为

$$\bar{u}_{22} = x_2 x_{22} s_{n22} K_{P/\sigma}^{22} \left(\frac{V_{m22}^{P}}{V_{m22}^{\sigma}}\right)^{n/3} \bar{u}_{22}$$

$$= x_2 x_2 \frac{1}{1 + x_1(\zeta_{21}^{\alpha_{12}} - 1)} s_{n22} K_{P/\sigma}^{22} \left(\frac{V_{m22}^{P}}{V_{m22}^{\sigma}}\right)^{n/3} \bar{u}_{22} \qquad [2-2-90b]$$

分子 1 与邻近的异类分子的相互作用的平均位能为

$$\bar{u}_{12} = x_1 x_{12} s_{n12} K_{P/\sigma}^{12} \left(\frac{V_{m12}^{P}}{V_{m12}^{\sigma}}\right)^{n/3} \bar{u}_{12}$$

$$= x_1 x_2 \frac{\zeta_{12}^{\alpha_{12}}}{1 + x_2(\zeta_{12}^{\alpha_{12}} - 1)} s_{n12} K_{P/\sigma}^{12} \left(\frac{V_{m12}^{P}}{V_{m12}^{\sigma}}\right)^{n/3} \bar{u}_{12} \qquad [2-2-90c]$$

分子 2 与邻近的异类分子的相互作用的平均位能为

$$\bar{u}_{21} = x_2 x_{21} s_{n21} K_{P/\sigma}^{21} \left(\frac{V_{m21}^{P}}{V_{m21}^{\sigma}}\right)^{n/3} \bar{u}_{21}$$

$$= x_2 x_1 \frac{\zeta_{21}^{\alpha_{12}}}{1 + x_1(\zeta_{21}^{\alpha_{12}} - 1)} s_{n21} K_{P/\sigma}^{21} \left(\frac{V_{m21}^{P}}{V_{m21}^{\sigma}}\right)^{n/3} \bar{u}_{21} \qquad [2-2-90d]$$

在式[2－2－90]中引入关系式：

$$x_{11} = x_1 \frac{1}{1 + x_2(\zeta_{12}^{\alpha_{12}} - 1)} \qquad [2-2-91a]$$

$$x_{22} = x_2 \frac{1}{1 + x_1(\zeta_{21}^{\alpha_{12}} - 1)} \qquad [2-2-91b]$$

$$x_{12} = x_2 \frac{\zeta_{12}^{\alpha_{12}}}{1 + x_2(\zeta_{12}^{\alpha_{12}} - 1)} \qquad [2-2-91c]$$

$$x_{21} = x_1 \frac{\zeta_{21}^{\alpha_{12}}}{1 + x_1(\zeta_{21}^{\alpha_{12}} - 1)} \qquad [2-2-91d]$$

式[2－2－90]中 S_{nij} 系数表示体系中分子分布、排列方式、晶格结构等对分子间相互作用影响。在讨论条件不变的情况下，S_{nij} 应该是个不变的数值，但有关系：

$$S_{n11} \neq S_{n22} \neq S_{n12} \neq S_{n21} \qquad [2-2-92]$$

又知
$$Z_{ij}^{T2} = K_{P/\sigma}^{ij}\left(\frac{V_{mij}^{P}}{V_{mij}^{\sigma}}\right)^{n/3} \qquad [2-2-93]$$

表示体系中分子体积大小对分子间相互作用的影响，其中 V_{mij}^{P} 为分子 j 在讨论条件下的实际体积；V_{mij}^{σ} 为讨论分子 j 本身体积；$K_{P/\sigma}^{ij}$ 是个计算系数，可当作是个常数。因而，式[2-2-90]中系数，

对同类分子：　$s_{n11}K_{P/\sigma}^{11}\left(\frac{V_{m11}^{P}}{V_{m11}^{\sigma}}\right)^{n/3}$ 和 $s_{n22}K_{P/\sigma}^{22}\left(\frac{V_{m22}^{P}}{V_{m22}^{\sigma}}\right)^{n/3}$

对异类分子：　$s_{n12}K_{P/\sigma}^{12}\left(\frac{V_{m12}^{P}}{V_{m12}^{\sigma}}\right)^{n/3}$ 和 $s_{n21}K_{P/\sigma}^{21}\left(\frac{V_{m21}^{P}}{V_{m21}^{\sigma}}\right)^{n/3}$

均可看作为某一固定的数值，但这四个系数数值可能彼此不同。现假设：

$$\left.\begin{aligned} A_{11} &= 1\times s_{n11}K_{P/\sigma}^{11}\left(\frac{V_{m11}^{P}}{V_{m11}^{\sigma}}\right)^{n/3}; \quad A_{12} = \zeta_{12}\times s_{n12}K_{P/\sigma}^{12}\left(\frac{V_{m12}^{P}}{V_{m12}^{\sigma}}\right)^{n/3} \\ A_{22} &= 1\times s_{n22}K_{P/\sigma}^{22}\left(\frac{V_{m22}^{P}}{V_{m22}^{\sigma}}\right)^{n/3}; \quad A_{21} = \zeta_{21}\times s_{n21}K_{P/\sigma}^{21}\left(\frac{V_{m21}^{P}}{V_{m21}^{\sigma}}\right)^{n/3} \end{aligned}\right\} \qquad [2-2-94]$$

由上讨论可知，A_{11}、A_{12}、A_{22}、A_{21} 均是个固定数值的系数，但有关系

$$A_{11} \neq A_{12} \neq A_{22} \neq A_{21} \qquad [2-2-95]$$

又设：
$$\left.\begin{aligned} B_{11} &= (\zeta_{11}^{\alpha_{12}}-1);\ B_{12} = (\zeta_{12}^{\alpha_{12}}-1) \\ B_{22} &= (\zeta_{22}^{\alpha_{12}}-1);\ B_{21} = (\zeta_{21}^{\alpha_{12}}-1) \end{aligned}\right\} \qquad [2-2-96]$$

同理有：
$$B_{11} \neq B_{12} \neq B_{22} \neq B_{21} \qquad [2-2-97]$$

故得：分子 1 与邻近的同类分子的相互作用的平均位能为

$$\bar{u}_{11} = x_1x_1\frac{A_{11}}{1+x_2B_{11}}\bar{u}_{11} \qquad [2-2-98a]$$

分子 2 与邻近的同类分子的相互作用的平均位能为

$$\bar{u}_{22} = x_2x_2\frac{A_{22}}{1+x_1B_{22}}\bar{u}_{22} \qquad [2-2-98b]$$

分子 1 与邻近的异类分子的相互作用的平均位能为

$$\bar{u}_{12} = x_1x_2\frac{A_{12}}{1+x_2B_{12}}\bar{u}_{12} \qquad [2-2-98c]$$

分子 2 与邻近的异类分子的相互作用的平均位能为

$$\bar{u}_{21} = x_2x_1\frac{A_{21}}{1+x_1B_{21}}\bar{u}_{21} \qquad [2-2-98d]$$

设
$$S_{ij}^{T} = \frac{A_{ij}}{1+x_jB_{ij}} \qquad [2-2-99]$$

称系数 S_{ij}^T 为在一定的讨论条件下影响混合物中分子 i 与 j 之间相互作用的综合影响因素，即为体积不同的影响、分子本身体积的影响、同类和异类分子分布，排列的影响、局部组成变化影响等综合起来的影响。注意有

$$S_{11}^T \neq S_{12}^T \neq S_{22}^T \neq S_{21}^T \qquad [2-2-100]$$

我们曾讨论了 12 种溶液表面自由能与溶液浓度的关系[26]，曾在 10 种溶液中发现存在有式[2-2-98]所示的双曲线规律，其中二个溶液不符合双曲线规律，而与浓度呈线性关系。

2-3　宏观长程力基本概念

按照 Lee[1] 的意见一对分子的相互作用中包含有：

短程力：分子间距离 $r_{ij} < \sigma$，在这一范围内相互作用力是斥力，形成短程排斥作用主要是由核外电子云的重叠引起的。短程力的计算需要量子力学的知识。

近程力：$\sigma < r_{ij} < \lambda$，这是一种剩余价力，例如氢键力即发生在这一范围内；一些带有电荷转换相互作用化合物，其电子接受体—施与体间相互作用也发生在这个范围中。

长程力：$r_{ij} > \lambda$，作用在这一范围内的分子间力称作为长程力。按照 Lee[1] 的意见，长程力中至少包含有三种不同的分子相互作用力，即：色散力、诱导力和静电力，因此，长程力应是分子间相互作用中的吸引力。

如果长程区的范围扩展为包含 $r_m < r_{ij} < \lambda$，即包含部分近程区范围，则除上述三种分子间相互作用外，还有氢键力、电子接受体—施与体间作用力等，理论上这些力均需以量子力学来处理，但无论是氢键力还是电子接受体—施与体间作用力，其物理本质仍是静电相互作用力，故在前面讨论中建议将其合并在静电力中一起讨论。

从 Lennard-Jones 位能函数（图 1-1-5）来看，长程力的作用范围大约为 $r_{ij}/\sigma > 1$（或 1.123）到 $r_{ij}/\sigma \approx 2.2$ 以上，依据讨论分子的情况不同，这一范围可能会有变化。

但是，从只是反映两个分子间的相互作用情况的 Lennard-Jones 位能函数来看，当两个孤立分子之间距离为 $r_{ij} = \lambda$ 时 Lennard-Jones 位能函数表示这两个分子间的相互作用可以忽视，即这两个分子间的相互作用能可视作为零，这两个分子间的相互作用力亦可视作为零。这一意见是当前讨论两个单独分子间相互作用理论的看法。

实际情况是许多大量分子聚集在一起的相互作用，这时这一情况可能会有变化。下面讨论大量分子体系中分子间长程力的相互作用情况。

2-3-1　基本概念

在宏观物质中存在作用距离较长的长程作用力应该是讨论表面现象时开始发现的。例

如，早期，Henniker[27]想了解的问题是一个液体的表面区是否只是该液体的一个单分子层还是多分子层。从对液体表面区的深度(即液体表面层厚度)讨论中提出了宏观物质中存在长程作用力。

以往有些意见认为液体的最外层是个单分子层。Henniker 收集并讨论了物质的一些性质数据，如折射率、大量分子吸附、X-线衍射、电子衍射、表面黏度、黏附、定向拉伸和压缩强度等，认为液体的表面区域并不只是一个单分子层，而是一个可能延伸到多层分子的取向区域。由于表面区范围取决于表面区内分子的有效作用距离，因而认为在宏观物质中分子的有效作用距离并不像 Lennard-Jones 位能函数所表示的那样，只有 1 nm 左右的距离，而应有更大的作用范围。

Henniker 认为："虽然分子间相互作用只是在很短的距离内有效，但是这些分子可以对近邻分子进行连续极化从而使分子间相互作用传播到一个相当远的范围。这与磁铁的作用相似，一块磁铁作用的吸引力范围有限，但如果磁铁与被吸引的铁块中间放一些铁屑或铁块作为中间联结，那么隔开相当距离仍对铁块会有吸引力。在液体中那样的中间联结或者中间层由于热扰动会不断地生成或消失，问题是这样的作用方式可能有多大的范围和这样的作用方式怎样才可以存在。"

Kitchener[28]对固体和液体上液体薄层和自由液层进行了测试，并认为在两个相距大于 100 nm 的抛光平面间可测量到 van der Waals 长程作用力。

此后陆续有一些研究者探讨或收集长程力存在的证据[29, 30]。由于长程力的讨论涉及一门重要的学科——界面科学中的一个重要问题，即液体表面区厚度应是单分子层厚度还是多分子层厚度，所以吸引了一些表面科学家参与了这个问题的讨论。

例如，我国李法西教授[31]曾发表论文，讨论"液体表面层的厚度问题"。

著名表面物理学家 Adamson[32, 33]在其著作《Physical Chemistry of Surfaces》中曾以整章的篇幅对长程力进行了讨论，指出：一般说来，原子间的力是短程的；如果不是，那么宏观体系中物质的一部分的能量就会与其大小有关；例如，将摩尔生成焓列表而不说明实验的规模。但穿过界面或界面之间的力在某些方面其作用可以是相当长程的。故而，所谓长程力者，就是造成结构和性质与体相有所不同的深表面区的力。

Adamson 对长程力的描述有以下几点需加注意：

(1) 长程力的存在应与界面的存在相关，凡讨论系统中存在界面时长程力才会存在，迄今为止，在报道存在长程力及其影响的相关资料中均可找到在其讨论对象中存在界面，例如，液体-盛放液体的容器壁[32]、膜和膜-体相液体-固体基底[34, 35, 36]、不同薄层之间[37]、双电层[38]、溶胶体中质点间相互作用[28]、大量分子吸附膜[27]等，在这些讨论对象中均存在各种界面。亦就是说，界面应该是长程力出现的原因。

(2) 讨论对象中出现长程力的同时会在讨论对象中出现长程力的区域内引发结构和性质的变化，致使这一区域的结构和性质与其体相的结构和性质不同。亦就是说，出现的长程力会对其可能影响的区域做功，从而改变这个区域的结构和性质。

(3) 这个受到长程力影响的区域有两个特征，其一，这个区域必定在界面附近，其二应包括界面，这就是界面科学中所定义的界面区[26]。

为此对上述长程力特征进行讨论：

所谓“界面”系指系统与系统之外部分间存在着的边界面。界面在本质上应是一种几何面，因而界面上不包含有物质，亦就是界面本身不具有任何物理和化学性质。

界面的两边分别为讨论体系和体系外的环境。讨论体系中存在大量分子，而环境中有可能亦存在大量分子(当环境是某种凝聚物质)，亦有可能存在着很少量分子(当环境是某种气态物质)，亦有可能不存在分子(当环境是真空时)。因而当讨论对象中出现有界面时，界面两边可能会出现下列各种情况。

(1) 界面两边均存在大量分子，但界面一边的分子与界面另一边的分子不同，这如图 2-3-1(c)所示。

(2) 界面一边为讨论物质，存在大量分子，但环境中存在着气态物质，故界面另一边的分子数量很少，两边的分子不同，这如图 2-3-1(b)所示。

(3) 界面一边为讨论物质，存在大量分子，但环境是真空，不存在分子，这如图 2-3-1(a)所示。

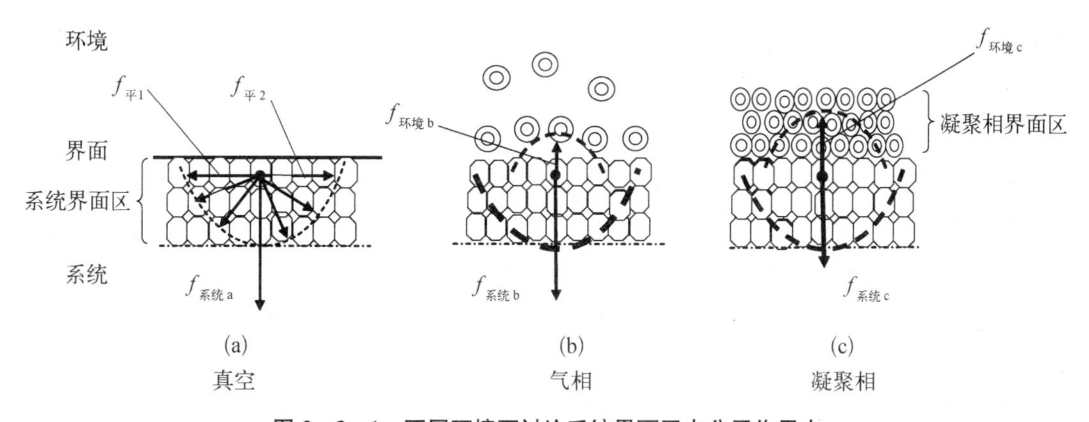

图 2-3-1　不同环境下讨论系统界面区内分子作用力

首先讨论图 2-3-1(a)。此图表示，讨论系统界面的外部环境是真空，亦就是说，可以认为在界面外环境一侧不存在分子，因此处在界面区内每个分子不再具有一个完整的分子作用球，由图可见，界面上每个分子只具有半个分子作用球(以虚线表示)，亦就是说，界面上每个分子只受到讨论系统中分子对其作用，而没有环境分子对这个分子的作用。因而，界面上每个分子均受到一个来自系统内部对其不均衡作用力，由于这一不均衡作用力产生于处在界面一边的半个分子作用球，因此系统内部各个分子对界面分子在各个方向上的作用力的最终合力 $f_{系统a}$ 应该与界面垂直，而不应该存在与界面平行的分子间作用力，这点在 Adamson 的著作[32, 33]、我国黄蕴元教授的著作[39]和作者的著作[26]中均已有详尽的说明，不再在此展开分析。简单地说，界面上每个分子由于受到周围分子的作用，在平行于界面方向确会产生作用力 $f_{平1}$ 和 $f_{平2}$，但这两个作用力应该是数值相同，但作用方向相反，因而处在同一平面上的各分子间力应彼此平衡，$f_{平1}=f_{平2}$，不会出现一个平行于界面的作用力。

这个与界面垂直的合力，由于得不到来自界面另一边的反方向作用力的平衡，故 $f_{系统a}$ 会对它所能够影响的区域产生实际的影响，并且 $f_{系统a}$ 的作用范围有多大，$f_{系统a}$ 的影响范围亦应有多大，这个作用力就是长程力。

因而只要讨论对象中存在界面，则讨论对象中就会存在长程力，就会出现长程力所呈现的种种影响，亦就是 Adamson 所总结的那样：造成结构和性质与体相有所不同的深表面区的力。反之，如果讨论对象中不存在界面，则讨论对象中就"不存在"长程力，就不会出现长程力所呈现的种种影响。从这个意义上来讲，长程力应是界面区内存在的特殊分子间相互作用力，在体相内部"不存在"这种长程力。故长程力对正确认识界面、界面区有特殊的意义，对界面科学的发展有特殊的意义。

这里对不存在加上了引号，表示在体相内部不是不存在长程力。体相内部每个分子都具有一个完整的分子作用球，在任意方向上如果形成长程力，必定会被数值相同，但方向相反的另一个长程力所平衡，故显示不了长程力的影响，这在下面讨论图 2-3-1(c)时会再讨论。

由于长程力作用于界面、界面区内，因此，作用在单位面积上的长程力就是对界面、界面区的压力，这个压力在物理化学理论中称为分子内压力，故分子内压力是造成结构和性质与体相有所不同的表面区的根本原因。

由此可知，在孤立的分子对之间是不能产生上述意义的长程力，这里讨论的分子间长程力仅只有在带有界面的大量分子体系中才会存在。

图 2-3-1(b)表示讨论系统界面外的环境是气态物质，气态物质的密度很低，亦就是界面外环境中的分子数量很少，这样可以认为环境分子对讨论系统界面区内分子的作用力很小，可以像真空情况那样，忽略环境分子对讨论分子的作用，图 2-3-1(b)中以一个很短的箭头表示环境分子对讨论分子的可能作用力的合力 $f_{环境b}$，这样，一般情况下讨论系统内部分子对界面分子的作用力 $f_{系统b}$ 应该与真空情况下的作用力 $f_{系统a}$ 近似相等或稍有减少。

图 2-3-1(c)表示讨论系统界面外的环境是某种凝聚态物质，凝聚态物质的密度不能忽视，亦就是界面外环境中有着大量分子，这些环境分子对讨论系统界面区内分子的作用力应有一定数值，不能像真空或气态物质情况那样可以给予忽略。图 2-3-1(c)中以 $f_{环境c}$ 表示环境分子对讨论分子的作用力的合力，这时讨论系统界面区内分子上的作用力应为：

$$f_{系统c}=f_{系统a}-f_{环境c} \qquad [2-3-1]$$

显然，如果环境中凝聚态物质与讨论系统是同一物质，则有：

$$f_{系统a}=f_{环境c} \qquad [2-3-2]$$

即

$$f_{系统c}=0 \qquad [2-3-3]$$

亦就是说，在任何物质体相内部"不存在"长程力，更确切地说在任何物质体相内部不存在这种长程力的影响。

如果环境中凝聚态物质与讨论系统不是同一物质，但环境分子对讨论分子的作用力小于讨论分子本身的作用力，即：

$$f_{系统a} > f_{环境c} \qquad [2-3-4]$$

这时有：

$$f_{系统c} > 0 \qquad [2-3-5]$$

说明讨论系统中仍存在系统本身分子产生的长程力，这个长程力仍会对系统界面区的结构和性质产生影响。

如果环境中凝聚态物质与讨论系统不是同一物质，但环境分子对讨论分子的作用力大于讨论分子本身的作用力，即：

$$f_{系统a} < f_{环境c} \qquad [2-3-6]$$

这时有：

$$f_{系统c} < 0 \qquad [2-3-7]$$

亦就是说，这时产生的长程力是由环境分子与讨论分子相互作用产生的作用力，这个作用力的作用方向亦应垂直于界面，但不是指向讨论系统内部，而是指向环境物质的内部，这一作用力不仅对讨论系统界面区结构和性质有影响，对环境物质的界面区的结构和性质亦会有影响。

2-3-2　静电长程力

长程力包含三种不同的分子相互作用力，即静电力、诱导力和色散力。

已有很多分子间相互作用理论著作对长程力进行了讨论。例如 Hirschfelder、Curtiss 和 Bird 的著作《Molecular Theory of Gases and Liquids》[40]中曾对长程力进行讨论。近代亦有研究者以量子力学微扰理论讨论了长程力[41]。但这些论著内容基本上是对两个孤立分子间的相互作用的基本理论，未涉及大量分子体系中长程力的情况。对大量分子体系中长程力的情况作过一定讨论的主要是表面科学领域中的研究者，例如 Adamson[32, 33]、Fowkes[42, 43]、黄祖洽[44]和郑忠[45]等研究者。下面按静电力、诱导力和色散力三种不同类型的长程作用力分别给予介绍。

分子间相互存在作用力的原因是分子可能带有静电电荷，例如离子中存在点电荷，极性分子中存在偶极矩，非极性分子受外电场的影响存在诱导偶极矩，非极性分子本身会产生瞬间偶极矩等，这些在现有分子理论中已有明确的讨论。当然还有可能会存在分子间磁性的相互作用和重力的相互作用，但一般来说，这两个相互作用可以忽略[41]。

这里讨论的静电长程力将包含离子点电荷之间相互作用；离子与极性分子偶极矩和极性分子偶极矩之间相互作用；离子和极性分子与其他分子，包括非极性分子中诱导偶极矩之间的相互作用。

基于各种分子间相互作用的区别，在分子理论中按分子间可能相互作用的距离将这些分子间相互作用进行分类。微观分子间相互作用理论认为：两个孤立分子间相互作用势是

按距离 r 的幂函数衰减的：

$$u(r) \propto r^{-n} \tag{2-3-8}$$

其中 n 是个正整数。现在分子间相互作用理论已证明：

对于两个离子间的相互作用，$n = 1$；对于两个偶极矩间的相互作用，$n = 3$。

现有分子理论认为，当 $u(r)$ 按照比 r^{-5} 更快的方式衰减时，其效果都是短程的[44]。静电作用力，无论是离子电荷间作用力，还是偶极矩之间的静电作用力，微观分子间相互作用理论认为相比较而言均是"长"程力了。

那么，在宏观物质中，也就是说在一个大量分子体系中静电作用力的可能作用范围是否仍是孤立分子对所示的范围还是有所变化。

众所周知，天空中的云层在积聚了一定数量的静电荷时会对大地或在云层之间放电，即产生闪电。这说明，只要电场强度足够，在相距很远的距离时也能够存在着静电相互作用。

Henniker[27]曾报道了种种宏观物质中长程力存在的证据。将平板放在饱和水蒸气或苯蒸气气氛中，得到了一定厚度的吸附膜。水在石英玻璃上的膜厚度为 45×10^{-10} m，水在玻璃上的膜厚度为 $5\,300 \times 10^{-10}$ m，水与石英玻璃、水与玻璃间的相互作用可认为主要是静电作用力。

当然，所得数据的正确性是可以验证的，吸附膜厚度可否正确地反映长程力的作用范围亦是可以商榷的，但是上述讨论对象中应该存在着一个有着超过微观分子对相互作用范围的长程作用力是可以预期的。

为了更好地了解大量分子体系中长程力的情况，先要了解微观的长程力为什么在宏观体系中其作用范围会有变化，亦就是说，宏观体系中长程力的作用机制是什么。

当前文献中一些研究者，例如早期的 Hardy[46] 和 McBain[47]、20 世纪 50 年代时的李法西[31]、近年的 Adamson[32, 33] 与 Fowkes[42, 43] 等，对宏观体系中长程力的作用机制有着较类似的看法。

早期 Hardy 和 McBain 的观点有一定的代表性，他们均认为：虽然两分子间作用范围不大，但是，正像磁铁吸引铁屑一样，由于液体中分子距离很近，短距离作用力可以通过分子极化和感应把影响由一个分子接着一个分子地传递到较远（例如 $10^4 \sim 10^6$ Å），磁铁对单独一片铁屑的作用距离并不远，但它可以通过一连串铁屑吸引着距离远得多的铁屑。Fowkes 则提出分子极化和感应可分层地一层一层地传播到一定的距离。

依据这一作用机制，下面按参考文献[32, 33]来讨论。

依据 Coulomb 定律，两个带点电荷分子之间的相互作用能为：

$$u_{ij}^{0}(r) = \frac{q_i q_j}{4\pi\varepsilon_0 \mathrm{D} r_{ij}^{0}} \tag{2-3-9}$$

式中 $u_{ij}^{0}(r)$ 为这两个分子单独相互作用的能量，r_{ij}^{0} 为这两个分子间的距离。$4\pi\varepsilon_0$ 为真空介电常数，$4\pi\varepsilon_0 = 1.112\,65 \times 10^{-10}\,\mathrm{C^2 \cdot N^{-1} \cdot m^{-2}}$。D 为介质的相对介电常数。

这样，离孤立点电荷 q_i 距离为 r_{ij}^{0} 远的任一点的电场强度 E 为：

$$E_{ij} = \frac{q_i}{4\pi\varepsilon_0 D(r_{ij}^0)^2} \quad [2-3-10]$$

这只是用于讨论一个分子 j 和另一个分子 i，两个分子间作用力的情况，这是微观分子间相互作用讨论的理论出发点。

但是，实际情况中在分子 i 周围有着大量分子，在分子 j 周围亦有着大量分子，这样需要讨论大量分子的可能影响，会出现下列三种情况。

2-3-3　中间分子的影响

现讨论两分子之间存在其他分子时的相互作用情况与两分子间不存在其他分子时的相互作用情况的区别。

其结论是明显的。如果讨论分子 i 与分子 d 的相互作用，当这两个分子间出现中间分子 a、b 和 c 时，分子 i 会受到分子 a～d 的所有分子作用能的叠加，这种叠加的结果会使分子间作用范围变得更远。

为能了解这种多分子效应可能会使分子间作用范围达到多远，下面将从多方面讨论大量分子体系中多分子对分子间作用范围的可能影响。多分子效应亦将是宏观分子间相互作用与微观分子间相互作用的重要区别。

本节先讨论最简单的情况，即讨论在界面一边的分子 i 与另一边分子 a、b、c、d 之间的相互作用(见图 2-3-2)。讨论方法参考 Adamson 著作中所作的理论描述，并在推论中尽量简化，故这里的讨论只是较粗糙的理想化模型的一种近似方法。

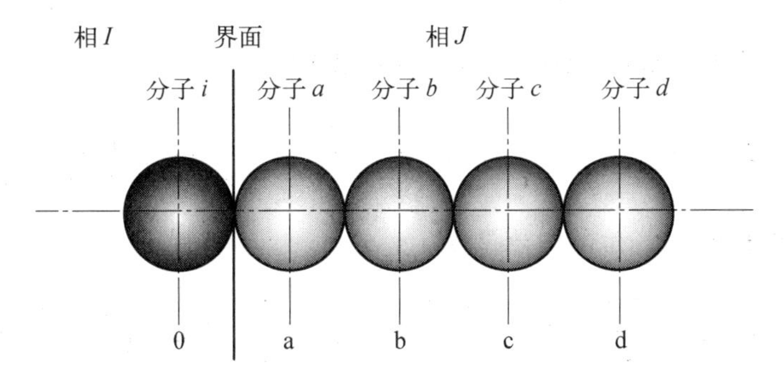

图 2-3-2　相 I 和相 J 分子间相互作用

假设相 I 的分子与相 J 的分子均是球形分子，且大小相同，这样每个分子与相邻分子间距离应该一样，即有：

$$r^0 = 0a = ab = bc = cd = \cdots\cdots \quad [2-3-11]$$

分子 i 不带电荷，相 J 的分子带电荷 q，现讨论各个分子对分子 i 的相互作用。

1. 分子 a 与分子 i 的相互作用

分子 a 在分子 i 处产生的电场强度：

$$E_{ia}=\frac{q}{4\pi\varepsilon_0 D(r_{ia}^0)^2}=\frac{q}{4\pi\varepsilon_0 D(r^0)^2} \qquad [2-3-12]$$

分子 a 在分子 i 处产生的诱导偶极矩：

$$\mu_{\text{ind}}^{(ia)}=\alpha E_{ia} \qquad [2-3-13]$$

分子 a 与分子 i 的相互作用：

$$u_{ia}(r)=\mu_{\text{ind}}^{(ia)}\times E_{ia} \qquad [2-3-14]$$

$u_{ia}(r)$ 亦表示为两个单独分子间相互作用，以此作为计算比较的基准数。

2. 分子 b 与分子 i 的相互作用

分子 b 在分子 i 处产生的电场强度：

$$E_{ib}=\frac{q}{4\pi\varepsilon_0 D(r_{ib}^0)^2}=\frac{q}{4\pi\varepsilon_0 D(2r^0)^2}=\frac{1}{4}E_{ia} \qquad [2-3-15]$$

因此，在分子 b 与分子 i 间无其他分子时两分子间相互作用为：

$$u_{ib}^0(r)=\mu_{\text{ind}}^{(ib)}\times E_{ib}=\alpha\times E_{ib}^2=\frac{1}{16}\alpha E_{ia}^2=\frac{1}{16}u_{ia}(r) \qquad [2-3-16]$$

分子 b 在中间分子 a 处产生诱导偶极矩 $\mu_{\text{ind}}^{(ia)}$，由此分子 a 在分子 i 处产生的电场强度：

$$E_{ai}=\frac{2\mu_{\text{ind}}^{(ia)}}{4\pi\varepsilon_0 D(r_{ai}^0)^3}=\frac{2\mu_{\text{ind}}^{(ia)}}{qr_{ai}^0}\,\frac{q}{4\pi\varepsilon_0 D(r^0)^2}=2\times\left(\frac{u_{ia}(r)}{qr^0}\right) \qquad [2-3-17]$$

E_{ib} 与 E_{ai} 作用方向相同，故在分子 i 处的合电场为：

$$E_b=E_{ib}+E_{ai}=\frac{1}{4}E_{ia}+2\times\left(\frac{u_{ia}(r)}{qr^0}\right)=\left[\frac{1}{4}+2\times\left(\frac{\mu_{\text{ind}}^{(ia)}}{qr^0}\right)\right]E_{ia} \qquad [2-3-18]$$

这合电场在分子 i 处产生的诱导偶极矩

$$\mu_{\text{ind}}^{(ib)}=\alpha E_b=\left[\frac{1}{4}+2\times\left(\frac{\mu_{\text{ind}}^{(ia)}}{qr^0}\right)\right]\alpha E_{ia}=\left[\frac{1}{4}+2\times\left(\frac{\mu_{\text{ind}}^{(ia)}}{qr^0}\right)\right]\mu_{\text{ind}}^{(ia)} \qquad [2-3-19]$$

故而，分子 b 在有分子 a 时与分子 i 的相互作用

$$\begin{aligned}u_{ib}(r)&=\mu_{\text{ind}}^{(ib)}\times E_b\\&=\frac{1}{16}\left[1+8\times\left(\frac{\mu_{\text{ind}}^{(ia)}}{qr^0}\right)\right]^2u_{ia}(r)=\left[1+8\times\left(\frac{\mu_{\text{ind}}^{(ia)}}{qr^0}\right)\right]^2u_{ib}^0(r)\end{aligned} \qquad [2-3-20]$$

设：$K_{ib}=(1+8\mu_{\text{ind}}^{(ia)}/qr^0)$，故 $u_{ib}(r)=(K_{ib})^2u_{ib}^0(r)$ [2-3-21]

K_{ib} 应是数值上大于 1 的计算系数。由此可知，$u_{ib}(r) > u_{ib}^0(r)$，即在两分子之间存在其他分子时的相互作用应强于两分子之间不存在其他分子时的相互作用。

3. 分子 c 与分子 i 的相互作用

分子 c 在分子 i 处产生的电场强度：

$$E_{ic} = \frac{q}{4\pi\varepsilon_0 D(r_{ic}^0)^2} = \frac{q}{4\pi\varepsilon_0 D(3r^0)^2} = \frac{1}{9}E_{ia} \qquad [2-3-22]$$

因此，在分子 c 与分子 i 间无其他分子时两分子间相互作用为：

$$u_{ic}^0(r) = \mu_{\text{ind}}^{(ic)} \times E_{ic} = \alpha \times E_{ic}^2 = \frac{1}{81}\alpha E_{ia}^2 = \frac{1}{81}u_{ia}(r) \qquad [2-3-23]$$

分子 c 在中间分子 a 处产生诱导偶极矩：

$$\mu_{\text{ind}}^{(ac)} = \frac{\alpha q}{4\pi\varepsilon_0 D(r_{ac}^0)^2} = \frac{\alpha q}{4\pi\varepsilon_0 D(2r^0)^2} = \frac{1}{4}\alpha E_{ia} \qquad [2-3-24]$$

分子 c 在中间分子 b 处产生诱导偶极矩：

$$\mu_{\text{ind}}^{(bc)} = \frac{\alpha q}{4\pi\varepsilon_0 D(r_{bc}^0)^2} = \frac{\alpha q}{4\pi\varepsilon_0 D(r^0)^2} = \alpha E_{ia} \qquad [2-3-25]$$

由此分子 a 处诱导偶极矩在分子 i 处产生的电场强度：

$$E_{ai} = \frac{2\mu_{\text{ind}}^{(ac)}}{4\pi\varepsilon_0 D(r_{ai}^0)^3} = \frac{2\mu_{\text{ind}}^{(ac)}}{qr^0}\frac{q}{4\pi\varepsilon_0 D(r^0)^2} = \frac{2\mu_{\text{ind}}^{(ac)}}{q_i r^0}E_{ia} = \frac{1}{2q_i r^0}u_{ia}(r)$$

$$[2-3-26a]$$

分子 b 处诱导偶极矩在分子 i 处产生的电场强度：

$$E_{bi} = \frac{2\mu_{\text{ind}}^{(bc)}}{4\pi\varepsilon_0 D(r_{bi}^0)^3} = \frac{\mu_{\text{ind}}^{(bc)}}{4qr_{bc}^0}\frac{q}{4\pi\varepsilon_0 D(r^0)^2} = \frac{\mu_{\text{ind}}^{(ia)}}{4qr^0}E_{ia} = \frac{1}{4qr^0}u_{ia}(r)$$

$$[2-3-26b]$$

E_{ic}、E_{ai} 与 E_{bi} 作用方向相同，故在分子 i 处的合电场为：

$$E_c = E_{ic} + E_{ai} + E_{bi} = \left(\frac{1}{9} + \frac{3\mu_{\text{ind}}^{(ia)}}{4qr^0}\right)E_{ia} \qquad [2-3-27]$$

这合电场在分子 i 处产生的诱导偶极矩：

$$\mu_{\text{ind}}^{(ic)} = \alpha E_c = \alpha\left(\frac{1}{9} + \frac{3\mu_{\text{ind}}^{(ia)}}{4qr^0}\right)E_{ia} \qquad [2-3-28]$$

故，分子 i 与分子 c 的相互作用：

$$u_{ic}(r)=\mu_{\text{ind}}^{(ic)}\times E_c$$
$$=\left(\frac{1}{9}+\frac{3\mu_{\text{ind}}^{(ia)}}{4qr^0}\right)^2 u_{ia}(r)=\left(1+\frac{27\mu_{\text{ind}}^{(ia)}}{4qr^0}\right)^2 u_{ic}^0(r) \quad [2-3-29]$$

设：$K_{ic}=[1+27\mu_{\text{ind}}^{(ia)}/4qr^0]$，故 $u_{ic}(r)=(K_{ic})^2 u_{ic}^0(r)$ [2-3-30]

K_{ic} 应是数值上大于1的计算系数。由此可知，$u_{ib}(r)>u_{ib}^0(r)$，即在两分子之间存在有其他分子时的相互作用应强于两分子之间不存在其他分子时的相互作用。

由上面讨论知：

对于分子 a 与分子 j 间相互作用：

$$u_{ia}(r)=\mu_{\text{ind}}^{(ia)}\times E_{ia}=\left(1+0\times\frac{\mu_{\text{ind}}^{(ia)}}{qr^0}\right)^2 u_{ia}^0(r) \quad [2-3-31a]$$

设 $f_{ia}^K=0$，此时计算系数

$$K_{ia}=1+0\times\frac{\mu_{\text{ind}}^{(ia)}}{qr^0}=1+f_{ia}^K\times\frac{\mu_{\text{ind}}^{(ia)}}{qr^0} \quad [2-3-31b]$$

对于分子 b 与分子 j 间相互作用：

$$u_{ib}(r)=\mu_{\text{ind}}^{(ib)}\times E_b=\left(1+8\times\frac{\mu_{\text{ind}}^{(ia)}}{qr^0}\right)^2 u_{ib}^0(r) \quad [2-3-32a]$$

设 $f_{ib}^K=8$，此时计算系数

$$K_{ib}=1+8\times\frac{\mu_{\text{ind}}^{(ia)}}{qr^0}=1+f_{ib}^K\times\frac{\mu_{\text{ind}}^{(ia)}}{qr^0} \quad [2-3-32b]$$

对于分子 c 与分子 j 间相互作用：

$$u_{ic}(r)=\mu_{\text{ind}}^{(ic)}\times E_c=\left(1+\frac{27\mu_{\text{ind}}^{(ia)}}{4qr^0}\right)^2 u_{ic}^0(r) \quad [2-3-33a]$$

设 $f_{ic}^K=27/4$，此时计算系数

$$K_{ia}=1+\frac{27\mu_{\text{ind}}^{(ia)}}{4qr^0}=1+f_{ic}^K\times\frac{\mu_{\text{ind}}^{(ia)}}{qr^0} \quad [2-3-33b]$$

综合上述可知，两分子(分子 i 和分子 j)之间存在其他分子时的相互作用与两分子之间不存在其他分子时的相互作用的关系可写成为：

$$u_{ij}(r)=(K_{ij})^2 u_{ij}^0(r) \quad [2-3-34]$$

$$K_{ij}=1+f_{ij}^K\times\frac{\mu_{\text{ind}}^{(ia)}}{qr^0} \quad [2-3-35]$$

式中 K_{ij} 为大于 1 的计算系数，与分子间距离有关，亦与讨论物质性质有关。这可由下式得到反映：

$$K_{ij} = 1 + f_{ij}^{K} \times \frac{\mu_{\text{ind}}^{(ia)}}{qr^{0}} = 1 + f_{ij}^{K} \frac{\alpha}{4\pi\varepsilon_{0} D (r^{0})^{3}} \qquad [2-3-36]$$

由此可得到结论：当两个分子相互作用时，如果两分子间存在其他分子，则会适当加强这两个分子的相互作用。

2-3-4　界面分子对界面另一侧分子的影响

如果讨论条件改为分子 i 周围存在许多同样的分子，并带电荷 q_i，这些分子应该亦必定会对分子 a、b、c、d 产生影响，下面讨论这一影响。

分子 i 均处于界面的一侧，而界面的另一侧在垂直界面的方向上存在着一串分子 j，这些分子 j 在电场作用下是一些能够产生诱导偶极矩的非极性分子(见图 2-3-3)。

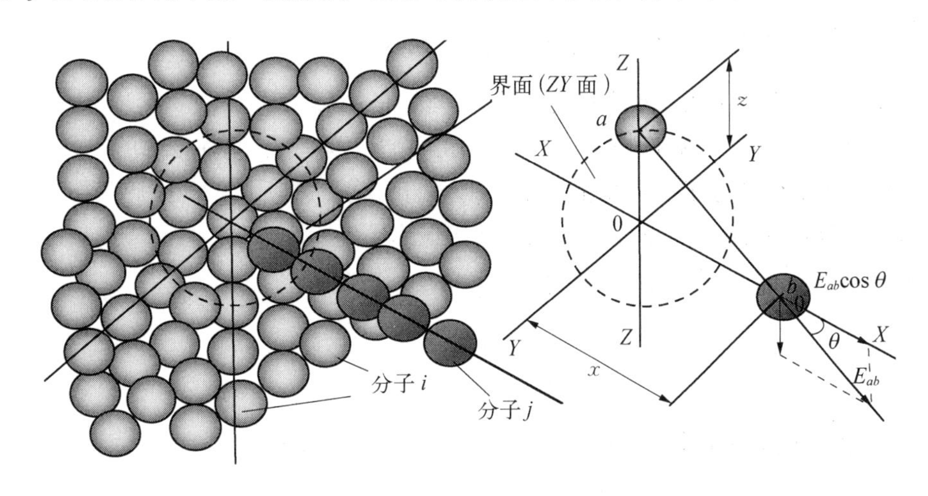

图 2-3-3　多分子 i 与分子 j 相互作用

任意取一个分子 i 和分子 j 单独列于图 2-3-3 的右侧。取一串分子 j 作其连线 $0b$，并使 $0b$ 垂直于界面，与界面的交点为 0。在 $0b$ 上取一个分子 j，此分子与讨论的分子 i 距离为 ab，则有

$$ab^{2} = 0a^{2} + 0b^{2} = z^{2} + x^{2} \qquad [2-3-37]$$

设界面上的分子在垂直于界面的方向上均呈连续排列，又设两个分子大小相同，均为球形分子，故分子间距离均为 r^{0}，这样可认为：

$$z = 0a = n \times r^{0}; \quad x = 0b = m \times r^{0} \qquad [2-3-38]$$

显然，由于讨论分子 j 的位置被设定，因而 m 的数值亦为一定。由于是讨论分子 j 与整

个界面上所有分子 i 的相互作用，故 n 的数值可以从 0 变化到∞。为此：

$$ab^2 = z^2 + x^2 = (n^2 + m^2)(r^0)^2 \qquad [2-3-39]$$

这样在图 2-3-3 中界面上半径为 z 的圆环线(图中以虚线表示)上分子 i 在分子 j 处产生的电场为：

$$E_{ab} = \frac{q_i}{4\pi\varepsilon_0 D(ab)^2} = \frac{q_i}{4\pi\varepsilon_0 D(n^2+m^2)(r^0)^2} = \frac{1}{(n^2+m^2)}E(i,\ j) \qquad [2-3-40]$$

式中 $E(i,\ j)$ 表示相距为 r^0 的孤立分子对中分子 i 在分子 j 处产生的电场。

这一电场方向与界面上垂线方向(X 轴方向)成 θ 角，故电场 E_{ab} 会在垂直 X 轴方向和平行于 X 轴方向上产生电场分量。

垂直 X 轴方向分量： $$E_{ab}^{\perp} = \frac{1}{(n^2+m^2)}E(i,\ j)\sin(\theta) \qquad [2-3-41]$$

平行 X 轴方向分量： $$E_{ab}^{=} = \frac{1}{(n^2+m^2)}E(i,\ j)\cos(\theta) \qquad [2-3-42]$$

在图 2-3-3 中以虚线表示半径为 z 的圆环线上每个分子均会对 b 点分子 j 处产生的电场，而环上分子分布呈现对称性，故环上某一分子产生的垂直 X 轴方向的电场分量会被这个分子在环上对侧的分子所产生的等值反向垂直方向分量所抵消。因此只有平行 X 轴方向的电场分量对分子 i 与 b 点分子 j 相互作用最终结果才有贡献。

式中 $\cos(\theta) = m/(n^2+m^2)^{1/2}$，代入式[2-3-42]得

$$E_{ab}^{=} = \frac{m}{(n^2+m^2)^{3/2}}E(i,\ j) \qquad [2-3-43]$$

这样，此圆环线上所有分子 i 在 b 点分子 j 处产生的在 X 轴方向的合电场为：

$$E_{i,\ j} = E_{ab}^{=} \times k \qquad [2-3-44]$$

式中 k 为圆环线上分子 i 的分子数，其近似计算方法为：

当 z=0 时， $$k = 1 \qquad [2-3-45a]$$

当 z>0 时， $$k = \left.\frac{2\pi \times z}{r^0}\right|_{z>0} = \left.\frac{2\pi \times nr^0}{r^0}\right|_{n>0} = 2\pi \times n\,|_{n>0} \qquad [2-3-45b]$$

式中 $n = z/r^0$。代入式[2-3-44]，得圆环线上各个分子 i 对分子 j 的相互作用合电场：

当 z=0 时， $$E_{i,\ j}^{n} = (1)\,E_{ab}^{=} = \left.\frac{1}{m^2}\right|_{n=0} E(i,\ j) \qquad [2-3-46a]$$

当 z>0 时， $$E_{i,\ j}^{n} = (2\pi n)E_{ab}^{=} = 2\pi \left.\frac{n \times m}{(n^2+m^2)^{3/2}}\right|_{n>0} E(i,\ j) \qquad [2-3-46b]$$

当 z 由 0 变化到∞时，环线上所有分子 i 对 b 处分子 j 的合电场产生的诱导偶极矩为：

当 $z=0$ 时， $\mu^t_{n=0} = \alpha E^=_{ab} = \frac{1}{m^2}\Big|_{n=0} \alpha E(i, j) = \frac{1}{m^2}\Big|_{n=0} \mu(i, j)$ [2-3-47a]

当 $z>0$ 时， $\mu^t_{n>0} = 2\pi n\alpha E^=_{ab} = 2\pi \frac{n\times m}{(n^2+m^2)^{3/2}}\Big|_{n>0} \alpha E(i, j)$

$$= 2\pi \frac{n\times m}{(n^2+m^2)^{3/2}}\Big|_{n>0} \mu(i, j) \qquad [2-3-47b]$$

式中 $\mu(i, j)$ 为微观中一个分子 i 对相距距离为 r^0 的另一个分子 j 产生的诱导偶极矩。

$$\mu(i, j) = \alpha E(i, j) = \alpha \frac{q_i}{4\pi\varepsilon_0 D(r^0)^2} \qquad [2-3-48]$$

这样，环线上所有分子 i 对 b 处分子 j 产生的相互作用能为：

当 $z=0$ 时， $u^t_{n=0} = \mu^t_{n=0} E^=_{ab} = \frac{1}{m^4}\Big|_{n=0} u(i, j)$ [2-3-49a]

当 $z>0$ 时， $u^t_{n>0} = \mu^t_{n>0} 2\pi n E^=_{ab} = \left[2\pi \frac{n\times m}{(n^2+m^2)^{3/2}}\Big|_{n>0}\right]^2 u(i, j)$ [2-3-49b]

$u(i, j)$ 为微观中一对相距距离为 r^0 的分子对的相互作用能量。

$$u(i, j) = \alpha E(i, j)^2 = \alpha \left(\frac{q_i}{4\pi\varepsilon_0 D(r^0)^2}\right)^2 \qquad [2-3-50]$$

当 z 由 0 变化到∞时，整个界面上所有分子 i 对 b 处分子 j 的相互作用能量为：

$$U_t = \frac{1}{m^4}\Big|_{n=0} u(i, j) + \sum_{n=1}^{n} \left(2\pi \frac{n\times m}{(n^2+m^2)^{3/2}}\right)^2 u(i, j) \qquad [2-3-51]$$

故大量分子 i 对分子 j 的相互作用能 $U_{t,j}$ 要较单独分子对的相互作用能 $u(i, j)$ 的增加倍率为：

$$K_{U/u} = \frac{U_{t,j}}{u(i, j)} = \left[\frac{1}{m^2}\right]^2_{n=0} + \sum_{n>0} \left[2\pi \frac{n\times m}{(n^2+m^2)^{3/2}}\right]^2 \qquad [2-3-52]$$

考虑到在 $0b$ 范围内可能包含有一些分子 j 对在 b 点上的分子 b 有一定影响，但由上述讨论知计算系数 f^K_{ij} 中诱导偶极矩数值与 qr^0 比值不会很大，在大量分子体系中如果计算这一影响会使计算变得十分繁杂，而计算系数 K_{ij} 与数值 1 偏差又不会很大。为便于讨论这里给予忽略，可在最后计算结果中给予一定的修正。

计算了 n 从 0 变化到 20，m 从 1 变化到 30 的能量的增加倍率的变化情况，结果列于图 2-3-4。表明随着计算中 n 和 m 的数值增加，这个能量的增加倍率应该会迅速地变小，从图 2-3-4 所列数据可知，大量分子 i 对处于不同位置的分子 j 会产生下列影响：

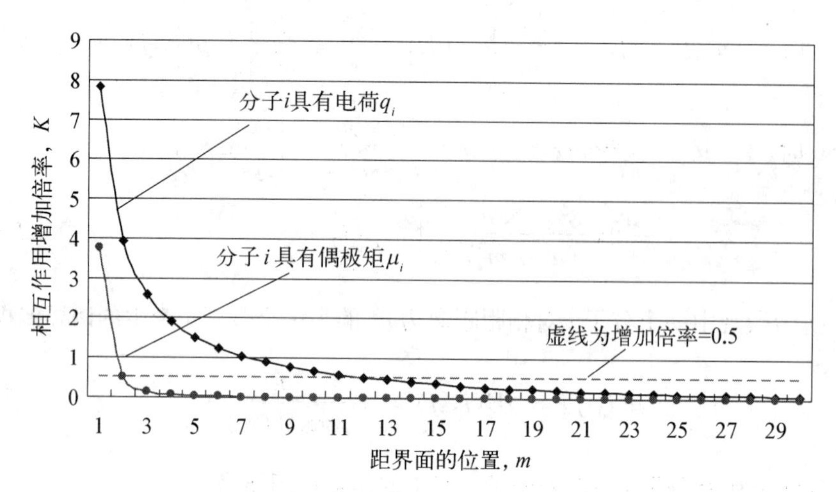

图 2-3-4　界面上分子 i 对距界面不同距离的分子 j 的相互作用

1. 界面位置与作用能量

界面一侧大量分子 i 的存在会增强分子 i 与相隔一定距离分子 j 的相互作用能量。在上面讨论中已知，当 $m=2$ 时两孤立分子的相互作用能量只是 $m=1$ 时两孤立分子的相互作用能量的 1/4 左右。但是在大量分子的情况下，$m=2$ 时大量分子 i 对分子 j 的相互作用能量可达 $m=1$ 时两孤立分子的相互作用能量的 4 倍左右，较 $m=2$ 时两孤立分子的相互作用能量增加了 16 倍。

2. 界面厚度与作用

大量分子体系中分子间相互作用能力的加强，应该使分子间可以存在相互作用的距离亦会增加。为了简化，这里的讨论中未考虑在两讨论分子间存在的其他分子的影响，故设定分子 i 与分子 j 相互作用能量低于两孤立分子对的相互作用能量 $u(i, j)$ 的 1/2 时认为分子 i 与分子 j 的相互作用可以忽略。这样，当分子 i 具有 q_i 电荷时，孤立分子对的相互作用能量达到 $0.5\,u(i, j)$ 时的计算距离约为 $1.4\,r^0$。而在大量分子体系中，从图 2-3-4 可知，大量分子 i 对分子 j 的相互作用可达 $11r^0 \sim 15\,r^0$，可以相互作用的距离应该大有增加。

因此，宏观体系中在界面两边，受界面形成影响的界面层可能性较大的应该是个多层分子层结构，正因为界面层是个多层分子层结构，因而界面层可以作为一个系统来讨论，并才有可能具有不同于体相内部的，界面层自己的、独特的种种界面性质。

当然，上面得到的这个可能相互作用的距离的数值是粗糙的，可进一步讨论。但这里，可作为一个简单粗略的估算比较：图 2-3-4 表示对于带有电荷的分子，可能相互作用的距离约为 $11r^0 \sim 15r^0$，而对于带有偶极矩的极性分子，这个距离将会小得多(这在下一节中讨论)。目前在文献中见到的数据如 Henniker[28] 曾报道将玻璃平板放在水汽饱和或苯蒸气饱和的气氛中，得到了一定厚度的吸附膜。水在玻璃上的膜厚度为 $5\,300 \times 10^{-10}$ m，而水与玻璃间的相互作用均可认为主要是静电作用力。苯在玻璃上的膜厚度为 110×10^{-10} m，而苯与玻璃间的相互作用可认为是静电与非极性分子间的相互作用。考虑到苯的硬球直径为

5.349×10^{-10} m，故若认为膜厚度即为长程力作用范围(这只是一种近似假设)，则苯与玻璃的相互作用可能范围约为 $20r^0$，与我们的讨论结果在数量级上是接近的。

3. 界面层两侧分子作用

图 2-3-4 表明，当 $m=1$ 时，亦就是分子 i 与分子 j 的距离最近为 r^0 时分子 j 受到界面上大量分子 i 的影响是最大的。当分子 i 具有 q_i 电荷时，界面上分子 i 对分子 j 的相互作用能量可达两孤立分子相互作用能量的 8 倍左右；对于带有偶极矩的极性分子，亦可高达 4 倍左右。这说明界面两侧紧邻着的两层分子间有着很大的相互作用，亦说明在界面处可能会存在着高的电场强度，并且这一电场作用方向应该垂直于界面，即图 2-3-4 中的 X 轴方向。由此可能会产生两种界面现象：

(1) 在界面两侧形成双电层。这在许多文献著作中均有过讨论与介绍。

(2) 会使处在界面上的分子，不管是吸附在界面上的分子还是界面两侧讨论相的分子，不管是否是带电荷还是带偶极矩的分子，在这一电场作用下，分子内部的电荷或偶极矩或诱导偶极矩均会顺着电场方向，即顺着垂直于界面方向重新排列，亦就是界面上的分子会在这个电场驱使下作定向排列。这一现象在 Adamson 的著作[32, 33]中已有过系统的介绍。界面定向一直是界面科学中的热门题目，文献中曾有过很多不同的说法，有些意见认为与分子周围存在某种“力场”相关，而这一“力场”与分子的极性和结构特点有关[48, 49]；亦有认为以“相互作用能”代替“力场”，从而分子在界面上定向应取能使分子间的相互作用能有着最大值[32, 33]；亦有提出所谓“表面独立作用原理”[50]等许多观点。但作者认为，两个单独分子间的相互作用能，或两个单独分子间所存在的作用电场还不足以使分子能够沿着与界面垂直的方向相排列，只有在大量分子的共同作用下，在界面上这个特殊方向、特殊位置处形成的增强的电场，才有可能使分子沿着与界面垂直的方向相排列。

界面上分子的定向排列在近代已发展成为分子的自组装技术，成为分子科学发展的一个重要领域，相信对上述垂直于界面的强分子电场的研究会有助于这一重要的近代分子界面科学课题的发展。

4. 极性分子

如果讨论分子并不带电荷 q_i，而是一个极性分子，具有偶极矩 μ_i，则 μ_i 同样亦会对相距 mr^0 处的分子 j 产生相互作用，为此进行下面的讨论。

已知，在图 2-3-3 中界面上半径为 z 的圆周上，一个带有偶极矩 μ_i 的极性分子 i 在相距 ab 处分子 j 处产生的电场为：

$$E_{ab}^{\mu}=\frac{2\mu_i}{4\pi\varepsilon_0 D(ab)^3}=\frac{2\mu_i}{4\pi\varepsilon_0 D(n^2+m^2)^{3/2}(r^0)^3}=\frac{1}{(n^2+m^2)^{3/2}}E^{\mu}(i,j)\qquad[2-3-53]$$

式中 $E^{\mu}(i,j)$ 表示孤立分子对中分子 i 的偶极矩在分子 j 处产生的电场，

$$E^{\mu}(i, j)=\frac{2\mu_i}{4\pi\varepsilon_0 D(r^0)^3} \qquad [2-3-54]$$

以同样方法证得:平行 X 轴方向分量

$$E_{ab}^{\mu=}=\frac{m}{(n^2+m^2)^2}E^{\mu}(i, j) \qquad [2-3-55]$$

这样,环线上所有分子 i 对 b 处分子 j 产生的相互作用能为:

当 $z=0$ 时,
$$u_{n=0}^{\mu}=\alpha(E_{ab}^{\mu=})^2=\frac{1}{m^6}\bigg|_{n=0}u^{\mu}(i, j) \qquad [2-3-56a]$$

当 $z>0$ 时,
$$u_{n>0}^{\mu}=\alpha(2\pi nE_{ab}^{\mu=})^2=\left[2\pi\frac{n\times m}{(n^2+m^2)^2}\bigg|_{n>0}\right]^2u^{\mu}(i, j) \qquad [2-3-56b]$$

式中 $u^{\mu}(i, j)$ 为微观相距距离为 r^0 两分子的分子对的相互作用能量。

$$u^{\mu}(i, j)=\alpha E^{\mu}(i, j)^2=\alpha\left(\frac{2\mu_i}{4\pi\varepsilon_0 D(r^0)^3}\right)^2 \qquad [2-3-57]$$

当 n 由 0 变化到∞时,亦就是整个界面上所有分子 i 对 b 处分子 j 的相互作用能量为:

$$U_t^{\mu}=\frac{1}{m^6}\bigg|_{n=0}u^{\mu}(i, j)+\sum_{n=1}^{n}\left(2\pi\frac{n\times m}{(n^2+m^2)^2}\right)^2u^{\mu}(i, j) \qquad [2-3-58]$$

故大量分子体系中大量分子 i 对分子 j 的相互作用能要较孤独分子 i 与相距距离为 r^0 的另一孤独分子 j 的相互作用能的增加倍率为:

$$K_{U/u}^{\mu}=\frac{U_t^{\mu}}{u^{\mu}(i, j)}=\left(\frac{1}{m^3}\bigg|_{n=0}\right)^2+\sum_{n>0}\left(2\pi\frac{n\times m}{(n^2+m^2)^2}\right)^2 \qquad [2-3-59]$$

此式的计算结果亦列于图 2-3-4 中,与带有电荷 q_i 的分子情况相比较,两者区别为:

(1) 计算结果表明,无论分子 i 带有电荷 q_i 还是偶极矩,分子 i 与分子 j 的相互作用变化规律一样,即分子间距离增加,分子间相互作用会随之减弱。但是偶极矩情况下这种减弱速率会更快,这是因为以偶极矩计算的分子间相互作用能与距离成六次方反比。

(2) 在大量分子 i 共同作用下,虽然分子带有偶极矩,但亦能在界面处形成对分子 j 的相互作用加强情况,亦就是说在界面处会有一个方向垂直于界面的强电场。但是这个相互作用能要比带电荷的分子所形成的能量低得多,所形成的电场强度亦要比带电荷的分子所形成的电场强度低得多。因而带有偶极矩的分子能否使界面上分子定向还需具体情况具体分析。

(3) 在大量分子共同作用下,分子间存在相互作用的距离应该较孤立分子对情况有所增大。由图 2-3-4 可知,如果认为最低的相互作用是孤立分子对相互作用能量值的 1/2 时,这一距离约为 $2r^0\sim3r^0$。因此,当界面一侧为具有偶极矩的极性物质时,这一物质对界面另一侧物质的影响范围不会太大。

2-3-5　同一相内分子对界面分子的影响

同一相内分子对界面分子的影响如图 2-3-5 所示。界面一侧为环境，假设环境处不存在分子，因此环境不对界面另一侧讨论相发生影响。

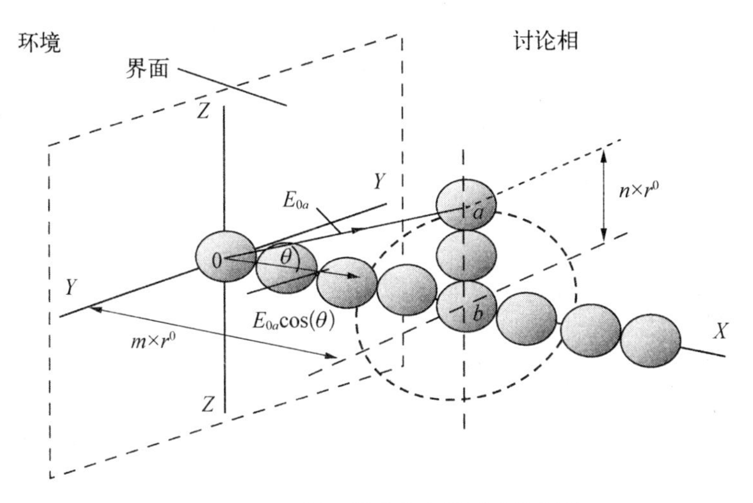

图 2-3-5　同一相内多分子影响示意图

现讨论相内距界面 $0b$ 距离 b 处分子对在界面 0 点处分子的相互作用。在 b 处和界面处分子是同一相内同样的分子。假设讨论相分子是圆球形并具有电荷 q 分子，为了简化讨论，这里不考虑分子间其他相互作用。知：

$$0b = m \times r^0 \qquad [2-3-60]$$

与前面讨论方法类似，研究在 b 点处与界面相平行的面上一个以 b 为中心、半径为 a 的圆环线上分子 a 与界面上 0 点处分子的相互作用。这里：

$$ab = n \times r^0; \quad 0a = (n^2 + m^2)^{1/2} \times r^0 \qquad [2-3-61]$$

已知，在图 2-3-5 中半径为 ab 的圆周上一个带有电荷 q 分子在相距 $0a$ 的分子处产生的电场为：

$$E_{0a} = \frac{q}{4\pi\varepsilon_0 D\,(0a)^2} = \frac{q}{4\pi\varepsilon_0 D(n^2 + m^2)\,(r^0)^2} = \frac{1}{(n^2 + m^2)}E(i) \qquad [2-3-62]$$

式中 $E(i)$ 表示孤立分子所产生的电场：

$$E(i) = \frac{q}{4\pi\varepsilon_0 D\,(r^0)^2} \qquad [2-3-63]$$

以同样方法证得：平行 X 轴方向分量

$$E_{0a}^{=} = \frac{m}{(n^2+m^2)^{3/2}} E(i) \qquad [2-3-64]$$

这样，环线上所有分子对0点处分子产生的作用力在 X 方向上合力为：

当 $z=0$ 时，
$$f_{n=0} = qE_{0a}^{=} = \frac{1}{m^2}\bigg|_{n=0} f(i) \qquad [2-3-65]$$

当 $z>0$ 时，
$$f_{n>0} = q(2\pi n E_{0a}^{=}) = 2\pi \frac{n \times m}{(n^2+m^2)^{3/2}}\bigg|_{n>0} f(i) \qquad [2-3-66]$$

式中 $f(i)$ 为距离为 r^0 孤立分子对的相互作用力。

$$f(i) = qE(i) = q\frac{q}{4\pi\varepsilon_0 D (r^0)^2} \qquad [2-3-67]$$

当 n 由0变化到∞时，亦就是整个圆环线上所有分子对0处分子的作用力为：

$$F = \frac{1}{m^2}\bigg|_{n=0} f(i) + \sum_{n=1}^{n} 2\pi \frac{n \times m}{(n^2+m^2)^{3/2}} f(i) \qquad [2-3-68]$$

故相内大量分子对界面处分子的作用力要较孤独分子对的作用力可能增加倍率为：

$$K_{F/f} = \frac{F}{f(i)} = \left(\frac{1}{m^2}\bigg|_{n=0}\right)^2 + \sum_{n>0} 2\pi \frac{n \times m}{(n^2+m^2)^{3/2}} \qquad [2-3-69]$$

依据此式的计算结果列示于图2-3-6中。

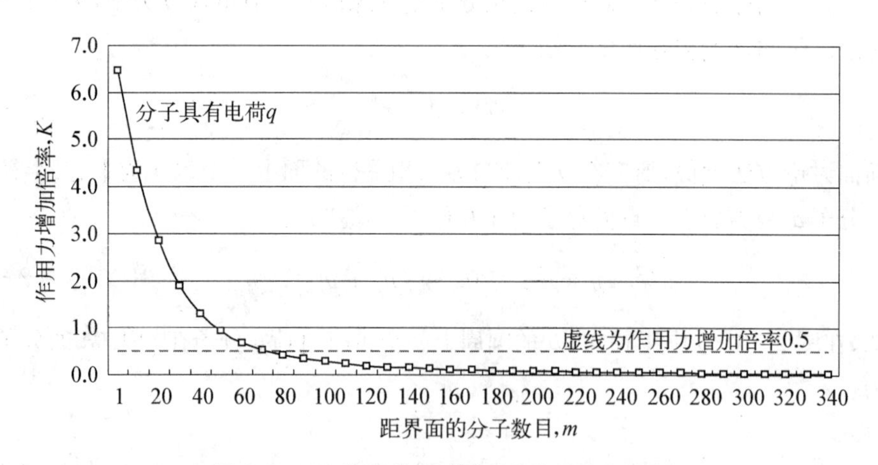

图2-3-6　相内分子对界面处分子的作用力

图中所列数据表明：

(1) 随着与界面的距离加大，相内分子对界面分子的作用力会逐渐减小。

(2) 这一作用力是相内大量分子对界面分子的合力，这一作用力的作用方向应垂直于界面并指向讨论相内部。

(3) 界面处分子受到的作用力最大，对带电荷分子，这个作用力可较孤立分子对的作用力增加 6～7 倍。随着与界面距离增大，这一作用力会有规律地逐渐减小，至一定距离后，这一作用力会减小到可以忽略的数值。

（4）因而，在距界面不同距离处，作用力的大小不同。这就有可能致使在受到这一作用力的影响范围内，不同地方将会有不同的性质表现。

（5）由于这一作用力的性质是垂直于界面并指向讨论相内部，在平行界面的各点，这一作用力的数值应该相同，因此这一作用力具有两维特征。故可以取对界面的垂直距离的平均值来表征这个作用力，设界面区内受这一作用力的影响距离为 R，则：

界面区内分子上的平均作用力 $\overline{f}=\int_0^R \frac{f\mathrm{d}r}{R}$ [2-3-70]

界面区内各处性质的平均值 $\overline{X}=\int_0^R \frac{X\mathrm{d}r}{R}$ [2-3-71]

例如界面区内由相内分子形成的分子压力的平均值：

$$\overline{P}_{\mathrm{M}}=\frac{\overline{f}}{\overline{A}}=\int_0^R \frac{f}{A}\frac{\mathrm{d}r}{R}=\int_0^R \frac{P_{\mathrm{M}}\mathrm{d}r}{R} \qquad [2-3-72]$$

式中 A 为分子面积。P_M 为相内分子对界面分子作用力所产生的压力，故应是分子压力中的一种。由上所述可知，这一压力只存在于界面区内，方向垂直于界面并指向相内。在当前的物理化学著作中称为“分子内压力”，对分子内压力在本书第七章讨论并给予符号 P_{in}。从分子间相互作用角度对界面区的描述与界面化学中的讨论相吻合，这可参考作者的著作《分子界面化学基础》[26]。

（6）在式[2-3-71]中涉及这一作用力的影响距离为 R，如果当分子作用力的增加倍率低于 0.5 时，说明在此点处分子可以忽略界面存在的影响，即界面区分子产生的不均匀分子作用力场的影响。亦就是说，此点的状态与讨论相内部各个分子的状态一样，故可以认为此点是讨论相中界面区与体相内部的分界处。从界面化学角度看，这一作用力的影响范围应该是界面区的厚度。从分子间相互作用角度看，这一作用力的影响范围内应该是大量分子体系中可以反映分子间相互作用可能的各种影响的范围，亦就是大量分子体系中分子的有效作用半径。

（7）若讨论相的分子是带有偶极矩的分子，应该亦可以得到图 2-3-6 所表示的规律。例如，随着与界面距离增加，作用力会连续地下降，但带有偶极矩的情况下降速度会更快；在界面处的分子受到的作用力亦应该是最大的，但作用力增加倍率应低于带电荷的分子；这一作用力亦应有一定的影响范围，但这一范围应较带电荷的分子略小，或者要小得多。这时两个孤立的偶极矩间相互作用能为[51]：

$$u^{\mu}(i)=\frac{\mu_i\mu_i}{4\pi\varepsilon_0 \mathrm{D}\,(r^0)^3}(2\cos\theta_1\cos\theta_2-\sin\theta_1\sin\theta_2\cos\phi) \qquad [2-3-73]$$

其平均分子间相互作用能为：

$$u^{\mu}(i)=\frac{\mu_i\mu_i}{3kT\,(4\pi\varepsilon_0 D)^2\,(r^0)^6} \qquad [2-3-74]$$

因此，偶极矩间相互作用能应与分子间距离的 3～6 次方成反比，而电荷间相互作用能与分子间距离的 1～2 次方成反比。

偶极矩间相互作用计算方法比较复杂，超过本书讨论范围，这里不作讨论。

2-3-6 大量分子系统中长程色散力

色散力是分子间相互作用力中一项重要的作用力。色散力能否像静电电荷作用力和偶极矩作用力那样受到宏观体系中存在的大量分子的影响，这是本节讨论的问题。

大量分子体系中色散力的表现已有许多研究者作过研究，下面介绍 Fowkes[43, 52] 和我国程传煊[33] 的研究结果。

色散相互作用中包含着偶极矩与四极矩相互作用 (R^{-8})、四极矩相互作用与四极矩相互作用 (R^{-10}) 以及分子间斥作用力 (R^{-12}) 各项：

$$E^D=-C_d/R^{-6}-C_{dq}/R^{-8}-C_{qq}/R^{-10}+C_r/R^{-12} \qquad [2-3-75]$$

Fowkes 指出此式右边第二项和第三项的数值通常是很小的，例如对于在碳上的惰性气体之间的相互作用，第二项和第三项约占 E^D 的 4%，故可以忽略。

这样两个分子间的色散作用能可以表示为：

$$E^D=-\frac{C_d}{R^6} \qquad [2-3-76]$$

式中 R 是两个分子中心对中心的距离。C_d 是吸引常数，可表示：

$$C_d=\frac{3}{4}h\nu_0\alpha^2 \qquad [2-3-77]$$

这里 h 为 Planck 常数，ν_0 电子振动频率，α 是极化率。London 将电离势 I 替代 $h\nu_0$，得：

$$C_d=\frac{3}{4}I\alpha^2 \qquad [2-3-78]$$

对于分子 1 和分子 2 间的色散相互作用为：

$$C_{d12}=\frac{3}{2}\,\frac{I_1I_2}{(I_1+I_2)}\alpha_1\alpha_2 \qquad [2-3-79]$$

上述讨论的基础是将相 1 和相 2 均视为分子极化率均匀分布的连续体，从而可以采用积分方法求得结果，这样的计算被称为假定相的分子作用势能是均匀连续模型的计算。但是这一假定与分子极化率是以分子为中心呈现非连续性对称分布的实际情况有一定差异，这会导致计算结果误差增大。

色散相互作用具有加和性。图 2-3-7 表示物质 j 界面上的分子与距此界面 R 处分子 i 的相互作用。依据分子作用势能是均匀连续模型,并应用圆柱坐标和积分方法得到这一相互作用计算式[52]为:

$$E_{ij}^{D}=-2\pi n_j C_{dij}\iint\left(\frac{R}{\cos\phi}\right)^{-6}\times\frac{\mathrm{d}R}{\cos\phi}\times\frac{R\sin\phi}{\cos\phi}\times\frac{R}{\cos\phi}\mathrm{d}\phi$$

$$=-2\pi n_j C_{dij}\int_{R_i}^{\infty}\frac{\mathrm{d}R}{R^{-4}}\int_0^{\frac{\pi}{2}}\cos^3\phi\sin\phi\mathrm{d}\phi=-\frac{\pi n_j C_{dij}}{6R^3}\qquad[2-3-80]$$

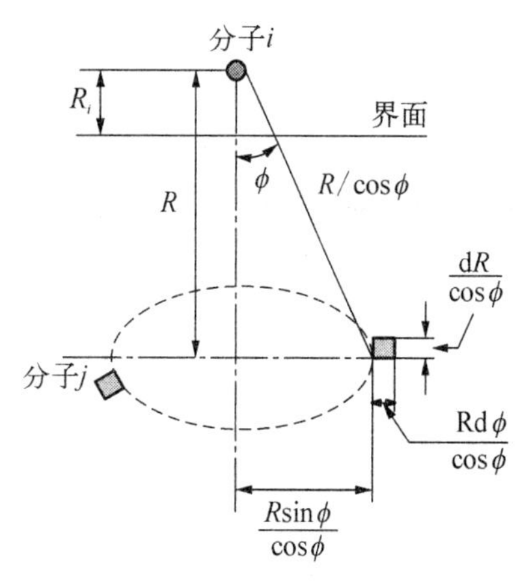

图 2-3-7　假定 J 相的分子作用势能是均匀连续模型

式中 n_j 为相 J 中分子密度。由此可知,即使依据分子作用势能是均匀连续的模型,在大量分子影响下,色散作用能亦会从孤立分子对与距离 -6 次方成比例减小到与距离 -2 次方成比例,说明在大量分子体系中色散作用的有效作用距离可增加不少。

亦可证明,在分子间距离 $d_j=d_i=d$ 的情况下,将 R 从$=0$ 积分到 $R=\infty$,可得到两相间色散作用为

$$E_{ij}=\frac{\pi n_i n_j C_{dij}}{12d^2}\qquad[2-3-81]$$

Fowkes 对计算方法提出了部分修正。Fowkes 认为界面处的色散相互作用是由在与界面相平行的一层层平面上均匀分布着的大量分子所产生的。图 2-3-8 列示了与相 J 界面距离为 d_{ij} 的相 I 内某 i 层上分子与相 J 处某一 j 层上分子的色散相互作用。讨论相 I 中分子与相 J 中相距为 R、厚度为 Δ 的一层分子的相互作用,该层的分子密度为 $n_j\times d_j/\Delta$。计算表明,相 J 中一层层所有各层对相 I 中分子的总的相互吸引作用能为

$$E_{ij}^{j}=-\pi\frac{n_j C_{dij}}{2d_j^3}\sum_{j=1}^{\infty}j^{-4}\qquad[2-3-82]$$

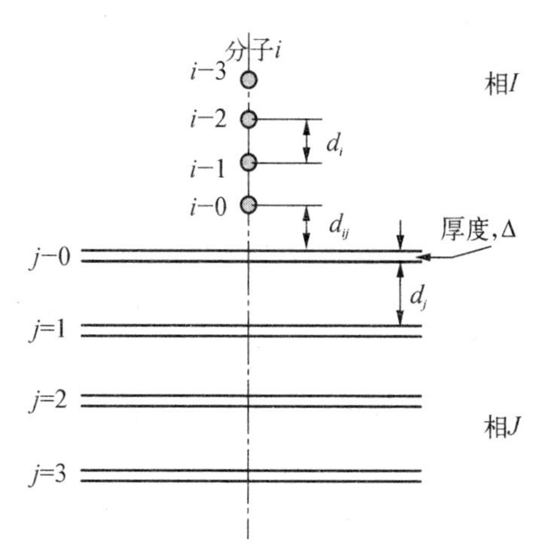

图 2-3-8　假定 J 相的分子作用势能是一层层平面的 Fowkes 模型

式中 $\sum_{j=1}^{\infty}j^{-4}$ 为相 J 中层数 -4 次方的总和。当 j 从 0 加和至 1 000 时其值约为 1.082。上述推导中只考虑了引力项 C_d,还需考虑斥力项 C_r。为此对引力项 C_d 引入修正系数 f_{ij},即

$$E_{ij}^{j} = -\pi \frac{n_j C_{dij} f_{ij}}{2d_j^3} \sum_{j=1}^{\infty} j^{-4} \qquad [2-3-83]$$

如果 $f_{ij} = 0.84$，则 Fowkes 认为按此式计算的相 J 分子对一个分子 i 的色散作用力要较以孤立分子对色散作用力计算式[2-3-80]的计算值大约 2.6 倍，这就是大量分子的影响。

相 I 和相 J 之间总的色散作用能为

$$E_{ij} = -\frac{\pi}{2} n_i n_j d_i d_j C_{dij} f_{ij} \sum_{j=0}^{\infty} \sum_{i=0}^{\infty} \frac{1}{(d_{ij} + j \times d_j + i \times d_i)^4} \qquad [2-3-84]$$

如果讨论中有 $d_{ij} = d_j = d_i = d$，则有

$$E_{ij} = -\frac{\pi}{2} \frac{n_i n_j C_{dij} f_{ij}}{d^2} \sum_{b=1}^{\infty} \frac{1}{b^{-3}} \qquad [2-3-85]$$

一千层的 b^{-3} 总和为 1.20，对于密排六方结构界面计算修正系数约为 0.86。故上式计算结果要较式[2-3-81]的大 6～7 倍。

以上讨论说明，宏观体系中大量分子对分子间色散作用力同样也会有影响。

2-4 宏观状态与微观状态

本节将对物质的宏观状态与微观状态并列一起讨论，通过对这两种不同物质状态进行对比，为求对这两种不同物质状态有进一步的了解。

这里讨论的宏观状态是指在人类生活的地球表面附近物质的聚合状态，物理学中称为物质的聚集态，简称物态。目前已确认的物态有五种，即气态、液态、固态、等离子态和超密态。物质处于何种状态与讨论时的温度、压力等条件有关。限于篇幅，这里讨论的只是通常的气态、液态和固态，侧重于气态、液态。

微观状态是指气态物质、液态物质和固态物质中构成此物质的微粒（分子）的状态——微粒（分子）的能量状态和微粒（分子）的运动状态。

本节将通过对物质的宏观状态和微观状态的比较，讨论物质宏观状态和微观状态的关系，了解其变化规律。

2-4-1 气态物质

气态物质又称气体，其宏观状态基本特征为：气体具有可无限膨胀性和无限掺混性，气体没有一定的形状，没有一定的体积，很容易压缩，无论容器的大小，亦无论气体量的多少，气体都能够充满整个容器，并且不同气体可按任意比例混合，而形成均匀的气体混合物。

气态物质的微观状态基本特征为：

1. 气态物质由大量分子所构成

由大量分子所构成的气态物质是不连续的，气态物质的宏观状态基本特征中有气体物质很容易压缩特性，说明气体分子之间存在很大的空隙。亦就是说，气态物质的微观状态基本特征之一是气态物质中每个分子与另一个分子之间的距离 r_{ij} 是相距很远，平均来看，在 1 个大气压，温度为 0℃时分子间距离约是分子直径的 10 倍左右，远大于 Lennard-Jones 位能函数中 λ 数值，即有：

$$r_{ij} \gg \lambda \qquad [2-4-1]$$

Lennard-Jones 位能函数表示，这时，这两个分子间的相互作用可以忽视，即这两个分子间的相互作用能可视作为零，这两个分子间的相互作用力亦可视作为零。

亦就是说，气态物质的微观状态表明气体分子有以下特性：

——与气体分子间距离相比较，每个气体分子本身的体积大小往往可以忽视，因此在气体理论讨论中往往将气体分子当作一个质点来处理，即不考虑气体分子本身体积的影响。

——在一定的状态参数条件下，例如，高温、低压、扩大气体体积的条件下，亦就是说，在满足使气体中分子间距离尽量增大的状态参数条件下，认为气体分子间可以不考虑分子间相互作用，处在这种状态的气体理论上称为处在理想状态下的气体，即，气态物质的微观状态中允许存在理想气体状态。

2. 无休止的随机运动

构成的气态物质的大量分子进行着无休止的随机运动，这种随机运动是永不停息的、杂乱无章的、无规律，称为气体分子的热运动，这种分子热运动与温度有关。

一些宏观现象证实、反映了气态物质中存在分子的这种随机热运动：

——扩散现象；

——气体的可无限膨胀性和无限掺混性；

——布朗运动。

由于气态物质中大量分子进行着随机热运动，可知气体物质内每个分子均在不断改变着位置、运动方向，因此气体内不存在有在一定位置静止不动的分子，而均是在不断运动着的分子，称为动态分子。亦就是说，气态物质微观状态的基本特征中最基本、最重要的特征是：气态物质中每个分子都是动态分子。

由上述讨论可知，气体微观状态允许理想状态的气体存在。因此，气体微观状态允许气体存在理想的动态分子——即理想的动态分子可以不考虑与气体中其他动态分子有分子间相互作用；气体微观状态亦允许气体存在非理想的动态分子——即非理想的动态分子需要考虑与气体中其他动态分子间的相互作用。

3. 分子量极大

已知气体中含有的分子数量是很大的，标准状态下 1 cm^3 的气体中约有 2.7×10^{19} 个分子,而气体分子热运动的速率又很大,室温下其数量级约为每秒几百米。这两种因素决定了分子间相互碰撞应该是极其频繁的。计算表明,一个分子和其他分子碰撞次数约有 10^{10} 次数量级。

气体分子间相互碰撞对气体宏观和微观行为都会有重要的影响,气体分子间相互碰撞应是气体分子运动杂乱无章的重要原因,也是气体中产生一些宏观物理现象的重要原因,例如,平衡态下气体压强、气体分子速率分布等。讨论气体分子间的相互碰撞时需注意:

气体分子间的相互碰撞仍然遵循着力学规律,相互碰撞的气体分子间仍然按照动量守恒定律和能量守恒定律进行动量与能量的传递与交换。

不发生碰撞时两个气体动态分子之间应该不会产生分子间相互作用。这是由于只有当两个分子间距离接近到一定的距离时才会产生相互吸引的力或相互排斥的力。分子吸引力的有效作用距离约为 10^{-9}m,分子排斥力的有效作用距离约为 10^{-10}m。显然,使两个气体动态分子之间可能产生分子间相互作用的原因是两个运动着的动态分子相互碰撞。亦就是说,当相互碰撞的两个动态分子间距离符合产生分子吸引力的要求时两动态分子会产生分子吸引力,符合产生分子排斥力的要求时两动态分子会产生分子排斥力。因而两动态分子间的相互作用有着下列一些特点:

① 两动态分子间相互作用是两个运动着的分子在相互碰撞时产生的分子间相互作用。这两个分子所进行的运动是随机热运动,因此它们的运动方向是无规律的、杂乱无章的,因而这两个分子间作用方向亦是无规律的、杂乱无章的。

② 两个分子所产生的分子间作用应该对这两个分子的运动状态产生影响。显然,分子间的力是吸引力时则会使两动态分子的相对运动速度变化,亦可能使它们的运动方向发生变化;分子间的力是排斥力时则会加速两动态分子的分离,同样也会使它们的运动方向发生变化。

③ 由于碰撞的两个分子都是处在运动状态的分子,因而这两个分子碰撞时分子间的距离不可能是个恒定的距离,此距离取决于这两个分子的相对速度和分子的运动方向。由于动态分子随机热运动的特性,这个分子间的距离必定也是随机变化的、不会是恒定的。因而两个动态分子间产生的分子间相互作用有可能是分子间吸引作用,也有可能是分子间排斥作用。亦就是说,气态物质中大量动态分子间相互作用的微观特征是可能出现分子间相互吸引作用,亦可能出现分子间相互排斥作用。这两种分子间相互作用均会对动态分子的运动状态产生影响,这点也是大量分子间相互作用,即宏观分子间相互作用的特性之一。显然,单独两个分子间相互作用的微观状态特征与此不同,应该出现分子间吸引作用就只出现有分子间吸引作用,应该出现分子间排斥作用亦只出现有分子间排斥作用。微观分子间相互作用与宏观分子间相互作用应有区别。

综合上述讨论,气态物质的微观状态特征有:气体分子间距离很大、气体分子都是处在运动状态的分子——动态分子,气体内分子会不断地相互碰撞,在分子间距离接近到一定程度时形成分子间相互作用、大量气体分子间相互作用的特点是同时存在吸引作用和排斥作用。在气体分子间距离扩大到一定程度时,气体分子间碰撞概率减少,气体分子间相互作用也减少到可以忽略程度，即这时气体状态达到了理想气体状态。

2-4-2　气体的微观模型

为了更好地讨论气体，需要对不同状态下的气体设立不同的微观模型，如上所说，在一定状态条件下，允许认为讨论气体是理想状态气体，为此先讨论理想气体的微观模型，对理想状态气体进行讨论，为其他类型气体微观模型的讨论作准备：

2-4-2-1　完全理想气体微观模型

现有文献[54, 55]对理想气体的微观模型的描述如下：

(1) 理想气体的微观模型不考虑不同气体分子的大小与结构的不同，即所谓理想状态气体分子是体积为零的、有质量的质点。

(2) 理想气体微观模型不考虑气体分子间相互作用，亦就是说，除分子与器壁之间有弹性碰撞外没有其他相互作用，在两次碰撞之间每个分子在气体中作匀速直线运动。

(3) 分子的运动遵守牛顿运动定律。

这个微观模型的特点是不考虑讨论气体的分子大小；不考虑气体分子间相互作用，为此称为完全理想气体的微观模型。完全理想气体微观模型是一个理论性模型，适用于进行理论性研究。在自然界中，即在宏观条件下具有大量分子的气体系统中是不存在的。

依据上述模型，可得到：

气体中分子的平均速率 $\bar{v}$ 和平均速度分量有下列关系：

$$\overline{v^2} = \overline{v_x^2} + \overline{v_y^2} + \overline{v_z^2} \qquad [2-4-2]$$

$$\overline{v_x^2} = \overline{v_y^2} = \overline{v_z^2} = \frac{1}{3}\overline{v^2} \qquad [2-4-3]$$

亦就是说，分子速度在各个方向的分量平方的统计平均值是相等的。导得理想气体压强公式：

$$P = \frac{1}{3}nm\overline{v^2} = \frac{1}{3}\rho\overline{v^2} \qquad [2-4-4]$$

式中 n 为单位体积内分子数，m 为分子质量。上式说明，气体的密度 ρ 越大，分子的 $\overline{v^2}$ 越大，则气体压强也越大。

又知分子平均动能 $\overline{U_K} = \frac{1}{2}m\overline{v^2}$，如果以分子动能表示压强，则有：

$$P = \frac{2}{3}n\overline{U_K} \qquad [2-4-5]$$

2-4-2-2　近似理想气体微观模型

近似理想气体的微观模型如下：

(1) 近似理想气体的微观模型亦不考虑气体分子间相互作用。但近似理想气体的微观模型认为气体分子间或者不存在相互作用，或者认为气体体系中虽然存在少量的分子相互作用，但这些分子间相互作用的数量低到可以忽略的程度，这些分子间相互作用对体系的一些热力学参数的影响亦低到可以忽略的程度。

(2) 分子的运动遵守牛顿运动定律。

(3) 近似理想气体的微观模型考虑了气体分子本身大小，这时所谓理想状态气体分子是有体积、有质量的实体分子。

符合上述要求的讨论气体系统称为近似理想气体的微观模型。这是因为近似理想气体微观模型在对讨论体系中分子间相互作用的要求与完全理想气体微观模型的要求基本相同，即两个模型的共同点均是不考虑气体分子间相互作用。但此微观模型与完全理想气体的微观模型亦有一些区别，故称为近似理想气体的微观模型。如果与完全理想气体微观模型相对应，又可称此模型为非完全理想气体的微观模型。

符合此模型的气体本书中称为近似理想气体。

比较两种气体微观模型对体系中分子间相互作用的要求，与完全理想气体微观模型有类似要求的是，近似理想气体微观模型亦认为在讨论的气体系统中不存在任何类型的分子间相互作用，符合理想气体的要求。但两个模型间的区别是，近似理想气体微观模型增加了一个要求，即，认为讨论气体体系中虽然存在少量的分子相互作用，但这些分子间相互作用的数量低到可以忽略的程度，这种情况也符合模型要求。

为了说明近似理想气体的微观模型的这些要求，在第五章中将会讨论一些宏观条件下具有大量分子的气体系统，讨论气体系统的压缩因子 $Z=1$，亦就是它们应该是理想气体，第五章中列出了这些理想气体中代表分子间吸引作用和代表分子间排斥作用的各种参数实际数据。这些数据表示：这些理想气体中确存在各种分子间相互作用，同时亦表示这些各种分子间相互作用的数量确实是很少，可以忽略不计。

由于完全理想气体在自然界中并不存在，本书的讨论对象中大部分是宏观状态下具有大量分子的“理想气体”，这些理想气体体系适合以近似理想气体微观模型进行讨论，这些理想气体应该是近似理想气体。为此在本书讨论中的“理想气体”，除特别说明是完全理想气体或是近似理想气体外，应该讲的就是近似理想气体。

完全理想气体的微观模型提出不考虑气体分子本身大小，其理由应该讲是较充分的，这里我们借用文献[56]中列示的“分子本身的线度与分子间的平均距离相比可以忽略不计”理由来讨论这个问题。

在标准状态下，1 摩尔任何气体占有的体积 $V_{m0} \approx 22.4 \times 10^{-3}\,\mathrm{m}^3$，故标准状态下，在 1 m^3的任何气体中含有的分子数为：

$$n_0 = \frac{N_\mathrm{A}}{V_{m0}} = \frac{6.02 \times 10^{23}}{22.4 \times 10^{-3}} = 2.7 \times 10^{25}\ \mathrm{m}^{-3}$$

故在标准状态下分子间的平均距离为：

$$\overline{L}=\sqrt[3]{\frac{1}{n_0}}=\left(\frac{1}{2.7\times10^{25}}\right)^{1/3}=3.3\times10^{-9}\ \mathrm{m}$$

计算结果表明：就数量级而言，$\overline{L}$ 大约是分子本身线度的 10 倍。此外，气体越稀薄就越接近于理想气体，亦就是说，越接近于理想气体，$\overline{L}$ 有可能大于 10 倍以上的分子本身线度。就此完全理想气体的微观模型有理由设定不考虑分子本身的体积。但是，如果我们考虑到下面情况：

(1) 实际情况中，无论是理想气体还是实际气体，都是气态物质，组成物质的微观分子必定是物质，绝不会是无体积的质点。即实际物质分子一定具有其分子本身所具有的体积。

(2) 物理学已明确指出，气体有着良好的压缩性，但气体不能无限制的压缩。其原因之一是分子本身具有一定大小的体积，之二是分子间存在相互作用。

(3) 在标准状态下分子间的平均距离大约是分子本身线度的 10 倍，亦就是说，在标准状态下分子本身体积大约是气体总体积的千分之一。标准状态下对占气体体积约千分之一的分子本身体积的可能影响可以忽视，故可以采用完全理想气体的微观模型进行讨论，也可以考虑这个影响而采用近似理想气体的微观模型进行讨论。

已知理想气体分子速率与讨论系统温度有关，即

$$\overline{v^2}=3kT/m \qquad [2-4-6]$$

设定以完全理想气体的微观模型和以近似理想气体的微观模型进行讨论时的温度相同，故以近似理想气体的微观模型进行讨论时气体中分子的平均速率 $\overline{v}$ 和平均速度分量均与以完全理想气体的微观模型讨论的相同，均可以式[2-4-2]和式[2-4-3]计算表示。

设讨论系统体积为 V，具有 N 个分子数。以完全理想气体的微观模型讨论时导得理想气体压强公式亦为式[2-4-4]，改写此式：

$$P_{(1)}=\frac{1}{3}n_{(1)}m\overline{v^2}=\frac{1}{3}\frac{N}{V}m\overline{v^2} \qquad [2-4-7]$$

现假设系统 N 个分子具有分子本身体积为 b^0，故有关系：

$$V=V^f+b^0 \qquad [2-4-8]$$

式中 V^f 表示系统体积 V 中去除了系统中 N 个分子具有分子本身体积(b^0)* 后系统可供动态分子自由运动的体积范围。故以近似理想气体的微观模型讨论得到的理想气体压强公式

$$P_{(2)}=\frac{1}{3}n_{(2)}m\overline{v^2}=\frac{1}{3}\frac{N}{V^f}m\overline{v^2} \qquad [2-4-9]$$

---

* 气体和液体所具有的分子本身体积在文献中称为分子协体积。在第七章 7-7 节中详细讨论。

由式[2-4-8]知 $V > V^f$，故 $P_{(2)} > P_{(1)}$。因此，在不考虑分子间相互作用情况下，分子本身体积的存在将会使系统中动态分子自由运动的空间减少，从而使体系压力增加，亦就是说，分子本身体积存在对讨论体系而言相当于起着分子间相互排斥的作用，使系统压力增加。

改变上式，得
$$P_{(1)}V = \frac{1}{3}Nm\overline{v^2} = P_{(2)}V^f \qquad [2-4-10]$$

式[2-4-10]表示了理想气体系统在忽略分子本身体积时和考虑分子本身体积时系统压强之间的关系。

又设：
$$P_{(2)} = P_{(1)} + \Delta P \qquad [2-4-11]$$

即

$$\begin{aligned} P_{(2)}V^f &= P_{(1)}V^f + \Delta PV^f \\ &= P_{(1)}V - P_{(1)}b^0 + \Delta P(V - b^0) = P_{(1)}V - P_{(2)}b^0 + \Delta P \times V \end{aligned} \qquad [2-4-12]$$

对比式[2-4-10]知：$-P_{(2)}b^0 + \Delta P \times V = 0$，故有：

$$P_{(2)}b^0 = \Delta P \times V \qquad [2-4-13]$$

由此可以计算分子本身体积对讨论体系压力的影响 ΔP，即：

$$\Delta P = P_{(2)}\frac{b^0}{V} \qquad [2-4-14]$$

由于分子本身体积对讨论体系压力的影响相当于某种分子间相互排斥作用的影响，故称分子本身体积对讨论体系压力的影响为第一分子斥作用力对体系压力的影响，简称为第一分子斥压力，表示为：

$$P_{P1} = \Delta P = P_{(2)}\frac{b^0}{V} \qquad [2-4-15]$$

上式为第一分子斥压力的定义式。

关于第一分子斥压力将在下面各章节中将会有详细的讨论。如果以完全理想气体微观模型讨论时导得的气体压强作为完全理想情况下的理想气体压强，即 $P_{(1)} = P_{id}^{Gn}$；以考虑了分子本身体积时近似理想气体微观模型得到的气体压强作为讨论体系的实际压强，即 $P_{id}^{G} = P_{(2)}$，这样，在考虑了第一分子斥压力后，式[2-4-11]应改为：

$$P_{id}^{G} = P_{id}^{Gn} + \Delta P^{G} = P_{id}^{Gn} + P_{P1}^{G} \qquad [2-4-16]$$

上式是近独立子系统的压力微观结构式。

通常，特别对于气体系统，由于 $b^0 \ll V$，故才有：

$$P_{id}^{G} \cong P_{id}^{Gn} \qquad [2-4-17]$$

这是历来文献中对分子本身体积的影响未给予重视的原因。由上述讨论可知，对于有着大量的粒子系统，分子本身体积的影响应该给予重视。

2-4-2-3　实际气体微观模型

实际气体微观模型如下：

(1) 实际气体的微观模型考虑了不同气体分子本身大小，这时气体分子是有体积、有质量的实体分子。

(2) 实际气体的微观模型考虑了气体分子间相互作用。除完全弹性碰撞外，分子之间应存在其他相互作用。在每次碰撞后，受到分子间相互作用的影响，每个分子在气体中的运动状态、运动速率和运动方向都可能发生变化。

(3) 实际气体分子的运动也遵守牛顿运动定律，但需要依据分子间相互作用情况而给予修正。

设在完全理想气体和近似完全理想气体的两种微观模型下分子速率为 v_{id}，则在不考虑分子间相互作用影响下气体中分子的平均速率 $\overline{v}$ 和平均速度分量有下列关系：

$$\overline{v_{id}^2} = \overline{v_{id,x}^2} + \overline{v_{id,y}^2} + \overline{v_{id,z}^2} \tag{2-4-18}$$

$$\overline{v_{id,x}^2} = \overline{v_{id,y}^2} = \overline{v_{id,z}^2} = \frac{1}{3}\overline{v_{id}^2} \tag{2-4-19}$$

又设实际气体分子间斥作用力对分子的平均速率的影响 $\overline{\Delta v_P}$ 和平均速度分量的影响为：

$$\overline{\Delta v_P^2} = \overline{\Delta v_{P,x}^2} + \overline{\Delta v_{P,y}^2} + \overline{\Delta v_{P,z}^2} \tag{2-4-20}$$

$$\overline{\Delta v_{P,x}^2} = \overline{\Delta v_{P,y}^2} = \overline{\Delta v_{P,z}^2} = \frac{1}{3}\overline{\Delta v_P^2} \tag{2-4-21}$$

实际气体分子间吸引作用力对分子的平均速率的影响 $\overline{\Delta v_{at}}$ 和平均速度分量的影响为：

$$\overline{\Delta v_{at}^2} = \overline{\Delta v_{at,x}^2} + \overline{\Delta v_{at,y}^2} + \overline{\Delta v_{at,z}^2} \tag{2-4-22}$$

$$\overline{\Delta v_{at,x}^2} = \overline{\Delta v_{at,y}^2} = \overline{\Delta v_{at,z}^2} = \frac{1}{3}\overline{\Delta v_{at}^2} \tag{2-4-23}$$

因此，受到分子间相互作用影响，实际气体分子的平均速率 $\overline{v}$ 和平均速度分量为：

$$\begin{aligned}\overline{v^2} &= \overline{v_{id}^2} + \overline{\Delta v_P^2} - \overline{\Delta v_{at}^2} \\ &= (\overline{v_{id,x}^2} + \overline{v_{id,y}^2} + \overline{v_{id,z}^2}) + (\overline{\Delta v_{P,x}^2} + \overline{\Delta v_{P,y}^2} + \overline{\Delta v_{P,z}^2}) - (\overline{\Delta v_{at,x}^2} + \overline{\Delta v_{at,y}^2} + \overline{\Delta v_{at,z}^2})\end{aligned} \tag{2-4-24}$$

故有：

$$\overline{v_{id,x}^2} = \overline{v_{id,y}^2} = \overline{v_{id,z}^2} = \frac{1}{3}\overline{v_{id}^2} \tag{2-4-25}$$

$$\overline{\Delta v_{P,x}^2} = \overline{\Delta v_{P,y}^2} = \overline{\Delta v_{P,z}^2} = \frac{1}{3}\overline{\Delta v_P^2} \quad [2-4-26]$$

$$\overline{\Delta v_{at,x}^2} = \overline{\Delta v_{at,y}^2} = \overline{\Delta v_{at,z}^2} = \frac{1}{3}\overline{\Delta v_{at}^2} \quad [2-4-27]$$

亦就是说，分子速度在各个方向的分量和在各个方向上受到分子间相互作用影响的平方的统计平均值是相等的。故可导得实际气体压强公式：

$$P = \frac{1}{3}nm\overline{v^2} = \frac{1}{3}nm(\overline{v_{id}^2} + \overline{\Delta v_P^2} - \overline{\Delta v_{at}^2}) = P_{id} + P_P - P_{at} \quad [2-4-28]$$

对上式进一步考虑分子本身体积的影响，引入式[2-4-16]，并将上式中斥作用力影响项 P_P 改为 P_{P2}，得气体的压力：

$$P^G = P_{id}^G + P_{P2}^G - P_{at}^G = P_{id}^{Gn} + P_{P1}^G + P_{P2}^G - P_{at}^G \quad [2-4-29]$$

式中 P_{id}^{Gn}、P_{P1}^G、P_{P2}^G、P_{at}^G 都是依据微观模型规定概念所导得的，表示系统分子某种分子行为的，以压力形式表示的微观参数，称为分子压力。P_{id}^{Gn} 表示不考虑分子间相互作用，亦不考虑分子本身体积存在时系统的压力，称为分子理想压力，亦就是热力学中的理想压力。P_{id}^G 表示不考虑分子间相互作用，但考虑分子本身体积时的压力。P_{P1}^G 表示分子本身体积的存在给系统压力带来的影响，称为第一分子斥压力。P_{P2}^G 表示分子间排斥作用给系统压力带来的影响，称为第二分子斥压力。P_{at}^G 表示分子间吸引作用给系统压力带来的影响，称为分子吸引压力。

式[2-4-29]是联系宏观性质—系统压强与微观性质—分子压力的关系式，又称为压力微观结构式。此式可应用于气体、液体，是讨论动态分子宏观状态与微观状态关系的基础公式。上面只是初步证明，鉴于此式的重要性，在第三章中进行统计力学讨论时还将对其进行讨论证明。

2-4-3 液态物质

液态物质又称为液体，其宏观状态基本特征介于气体与固体之间。液体不像气体那样具有可无限膨胀性，又没有一定的体积。但液体物质有一定的形状，有一定的体积，不易压缩，这与固体相似。

液态是气、固、液物质三态中最难以处理的物态，液体统计理论可以说至今仍不完善，还是处在发展之中，并且是当代统计理论中最具挑战性、最活跃的研究领域之一。

液态物质的微观状态基本特征为：

1. 液体由大量分子构成

与气态物质相似，液体也是由大量分子所构成的，但液体与气体相比较，液体密度要比气体密度大得多。说明液体分子之间空隙不大。故液态物质的微观状态基本特征之一是液体中每个分子与另一个分子之间的距离 r_{ij} 相距不远，平均来看，在1个大气压，温度为0℃时气体分子间距离约是分子直径的10倍左右，而液体密度则大得多，因此液体分子间距离应与固体分子距离相接近。因此，讨论液体微观状态时应注意：

① 必须考虑液体中分子间的相互作用。

② 必须考虑液体中分子本身的体积。

故可以认为存在实际理想气体，但是不能认为存在实际理想液体。即忽略液体分子间相互作用的或不考虑液体中分子本身的体积的所谓理想液体只是为讨论目的而作的一种理论假设，或是一种理论模型。

2. 存在分子热运动

液体分子同样存在热运动[16, 56]。虽然液体分子间距离远小于气体分子间距离，分子间相互作用力很大，但是与固体相比，液体的结构毕竟松散些，分子间的空隙大一些。因此液体分子还是存在分子热运动。

液体分子热运动的主要运动形式为振动和移动，这反映了液体热运动介于气体与固体之间。振动是液体分子在平衡位置附近做小振动，依据文献意见，固体中大多数原子都在平衡位置附近振动，因此液体分子在平衡位置附近振动说明液体分子运动方式向固体接近；另一种液体分子的热运动形式是移动，由于液体中分子间相互作用毕竟没有固体中那么强，因此与固体分子不同，液体分子在一个固定的平衡位置处不能长时间振动停留，一段时间后，会转到另一个平衡位置处振动。液体分子可能在整个液体体积内移动，这个液体分子移动运动显然与气体动态分子的平动运动类似，应同样是随机热运动。

由此可知，液体中存在两种不同微观状态的分子。一种液体分子的微观状态与固体分子接近，另一种液体分子的微观状态与气体分子的相似，这似乎亦是液体状态介于气体与固体之间的原因之一。

3. 动态分子和静态分子

液体分子在各个平衡位置处振动的时间长短不一，但在一定的温度和压力下，各种液体分子的平均振动时间是一定的，文献中称为定居时间。水的定居时间 τ 为 10^{-11} 秒数量级，液态金属的定居时间为 10^{-10} 秒数量级。比较分子的振动周期 τ_0 与定居时间 τ，τ_0 约比 τ 小两个数量级。亦就是说，分子要经过千百次振动后才迁移一次。

由此可见，液体中两种分子行为不同：在固定平衡位置处振动的分子，在一定的温度和压力下，在一定的定居时间内不会离开一个固定平衡位置，此分子可称为固定分子，或称定居分子。为与运动着的分子区别，称为静态分子。

液体中还存在进行着移动运动的分子，其运动性质与气体分子作平移运动性质一样，故液体中这部分分子应该是移动分子，对气体、液体中这些移动运动着的分子可统称为动态分子。

因而液态物质微观结构表明：存在两种类型液体分子，一种是液体的动态分子，另一种是液体的静态分子。

依据 Eyring 液体理论[15, 40, 58]可估算一些液体内动态分子和静态分子的数量列于表 2-4-1 中以供参考，表内数据取自文献[59]，计算方法介绍见第七章内容。

表 2-4-1 熔点温度下液体内动态分子和静态分子数量

液态物质	熔点/K	M	密度×10^3/kg·m^{-3}	$n\times10^{-28}$/个数·m^{-3}	$n_L\times10^{-28}$/个数·m^{-3}	n_L/n/%	$n_m\times10^{-25}$/个数·m^{-3}	n_m/n/%
氧	54.35	32.00	1.296 8	2.441	2.381	97.55	59.80	2.45
氮	63.25	28.01	0.870 5	1.872	1.777	94.94	94.74	5.06
甲醇(1)	174.45	32.04	0.915 5	0.637	0.637	99.96	0.28	0.04
乙醇(1)	159.05	46.07	0.931 5	0.553	0.553	99.996	0.02	0.004
丙酮	178.15	58.08	0.905 6	0.939	0.936	99.70	2.81	0.30
苯	278.68	78.12	0.892 0	0.688	0.684	99.42	3.98	0.58
甲苯	178.24	92.14	0.973 1	0.636	0.635	99.86	0.92	0.14
乙苯	178.18	106.17	0.969 0	0.549	0.549	99.89	0.59	0.11
甲烷	90.67	16.04	0.454 1	1.705	1.606	94.21	98.77	5.79
乙烷	89.88	30.07	0.655 0	1.312	1.302	99.28	9.41	0.72
丙烷	85.46	44.10	0.724 0	0.989	0.988	99.92	0.80	0.08
丁烷	134.80	58.12	0.736 7	0.763	0.761	99.72	2.11	0.28
己烷	177.80	86.18	0.758 0	0.529	0.529	99.81	0.99	0.19
辛烷	217.35	114.23	0.766 8	0.101	0.101	99.48	0.526	0.52

注：CH_3OH，C_2H_5Cl 的缔合度分别为 2.7 和 2.2。

表 2-4-1 中 n 为单位体积内总分子数，计算式为 $n=d\times N_A/M$（d、N_A、M 分别为密度、阿氏常数和克分子量），计算得到其数量级为 10^{28}个/m^3左右。

静态分子的数量单位是每立方米为 n_L 个分子，动态分子是每立方米为 n_m 个分子，其计算方法是 Eyring 液体理论。有关系：

$$n=n_m+n_L \tag{2-4-30}$$

表 2-4-1 数据表明，动态分子的数量级约为 10^{25}数量级，按表 2-4-1 中 14 种物质计算的数据说明，静态分子占全部分子平均约 98.82%以上，移动分子占全部分子平均约 1.18%。液体中静态分子占了绝大多数，可以产生动态压力的动态分子数量很少，这说明由液体内动态分子产生的压力数值应很低。这符合实际情况。

由上述讨论可知，在固体中静态分子应占比例更多，可以产生动态压力的动态分子数量比液体更少，这说明由固体内动态分子产生的压力数值应很低很低。这也符合实际情况。

4. 分子间作用力

分子间存在相互作用力，在分子力的作用下，会使分子聚集在一起，在空间形成某种规律性的排列(称为有序排列)。分子的随机热运动会破坏这种有序排列,使分子无序地分散开来。

气体的分子间相互作用很弱,无力使分子聚集在一起形成有序排列。固体的分子间相互作用很强,使分子束缚在各自的平衡位置附近做微小的振动,并使分子聚集在一起形成有序排列。液体的分子间相互作用介于气、固之间,在一定的温度、压力条件下,液体分子也可能被束缚在各自的平衡位置附近作振动,但只是在定居时间之内;液体分子也可能被聚集在一起,在空间形成有序排列,但这种有序排列只是在局部范围内。从宏观范围来看,液体并不呈现有固体那样的大范围整体性的长程有序排列。液体只可能具有短程有序、长程无序的微观结构。

因此,液态物质微观结构表明:构成液体中短程有序排列的分子群体必定是液体中的静态分子。液体静态分子具有下列一些微观特性:

① 在一定的温度、压力条件下,液体中短程有序排列的各静态分子之间的距离应是平衡状态下分子间距离。

② 在一定的温度、压力条件下,液体中短程有序排列的各静态分子之间的相互作用必定是分子间吸引相互作用。

③ 各静态分子之间的吸引相互作用会使相互作用的两个静态分子之间产生分子间吸引作用力,单位面积分子间吸引作用力为分子吸引压力,借用流体力学[57]概念亦可称其为分子静压力。在分子静压力作用下液体内部各静态分子的固定位置并未变化,相互作用的两静态分子之间的距离亦未变化,说明分子静压力对液体内部各静态分子的分子微观形态并未影响。这是由于讨论的静态分子并不是单独分子对,它们是处在液体短程有序结构中的两个静态分子,短程有序结构应该由一定数量的静态分子所构成,讨论的静态分子在与其相互作用分子的反向对称位置上,亦应有同样的另一个静态分子与其相互吸引作用,因而使两边作用于讨论分子上的分子间吸引作用力相互平衡,故分子静压力对液体内部的静态分子形态并不显现其作用效果。但是,当讨论分子处在液体界面层处时,由于讨论分子因界面的影响而失去分子静压力的平衡,这时分子静压力的影响效果得以明显显现,分子静压力将对液体界面层做功,液体显现其表面现象,液体界面处将呈现能量壁垒等[26]。

④ 液体中还存在动态分子。动态分子可能会与另外动态分子相互作用,也可能会与静态分子相互作用。但是,在动态分子运动过程中,与另外分子相互可能接近的距离是难以确定的。讨论分子受到的分子间相互作用可能是吸力势,亦可能是斥力势,这些分子间相互作用对动态分子的微观运动形态均会产生明显的影响。综合上述动态分子微观运动形态所受到的种种影响,并以分子压力形式来表示这些影响,称为分子动压力。

分子动压力与分子静压力在形成原因、作用机制、表现形式、宏观和微观特性上都有很大的区别。气体系统只存在分子动压力。一般可以认为固体只存在分子静压力,液体系统则既有分子动压力,也有分子静压力。这就使对液体的研究变得复杂而困难。

2-4-4　液体分子动压力

由力学概念知，
$$P=-\left(\frac{\partial U}{\partial V}\right)_A \qquad [2-4-31]$$

P 为压力，或称压强，因此，压力应该是这个力所作用的表面积的法线方向的单位面积上的作用力。

依据压力的定义，可以认为不同的能量形式，应该会产生不同形式的压力，由此来看，分子压力与力学概念上压力的根本区别在于形成压力的能量形式不同。

已知物体的能量可以认为是由物质内粒子的动能 U_K 和粒子间位能 U_P 所组成，即

$$U=U_K+U_P \qquad [2-4-32]$$

故由式[2-4-31]知

$$P_K=-\left(\frac{\partial U}{\partial V}\right)_A=-\left(\frac{\partial U_K}{\partial V}\right)_A \qquad [2-4-33]$$

$$P_S=-\left(\frac{\partial U}{\partial V}\right)_A=-\left(\frac{\partial U_P}{\partial V}\right)_A \qquad [2-4-34]$$

上式所列两种压力都是由于分子具有的能量形成的压力，故可统称为分子压力。理论上认为分子压力应有两种不同类型：

第一种由分子动能产生的压力，即运动着的分子所引起的压力，或是由动态分子所引起的压力。这里称为分子动态压力，简称为分子动压力，标志为 P_K；

第二种为分子间相互作用使物质内分子具有的势能所引起的压力，形成势能压力的分子不具有移动运动状态，是静止分子，称为分子静态压力，简称分子静压力，标志为 P_S。

本节将讨论分子动压力，在下一节中将讨论分子静压力。

已知，气体分子是运动着的分子，称为动态分子，液体中也存在运动着的分子，故亦称为动态分子。气体动态分子与液体动态分子在分子的运动形态上是相似的，即气体动态分子的运动方式为平动运动，而液体动态分子的运动方式也为移动运动，两者是一致的。因而，对气体动态分子的讨论方法、微观模型和讨论结果均可用于对液体动态分子的讨论。

2-4-4-1　完全理想液体微观模型

与完全理想气体微观模型的内容相类似，完全理想液体微观模型内容有：

(1) 完全理想液体的微观模型亦不考虑液体分子大小与结构的不同，即所谓完全理想状态液体分子是体积为零的、有质量的质点。

(2) 完全理想液体的微观模型不考虑液体分子间相互作用，亦就是说，除完全弹性碰撞

外，分子之间及分子与器壁之间没有其他相互作用，在两次碰撞之间每个分子在液体中做匀速直线运动。

(3) 分子的运动遵守牛顿运动定律。

这个微观模型的特点是：不考虑不同液体分子大小；不考虑液体分子间相互作用，为此称为完全理想液体的微观模型。但是，实际液体内必定存在分子间相互作用，亦必定存在液体分子本身体积，这只是一种虚拟的理论模型。

依据上述模型，与气体动态分子一样，导得与理想气体一样的完全理想的液体压强公式：

$$P_{id}^{L}=\frac{1}{3}n^{L}m\overline{(v^{L})^{2}}=\frac{1}{3}\rho^{L}\overline{(v^{L})^{2}} \qquad [2-4-35]$$

式中 n^{L} 为单位体积内分子数，m 为分子质量。上式说明，理想液体的密度 ρ^{L} 越大，分子的 $\overline{(v^{L})^{2}}$ 越大，则理想液体压强也越大。

对比理想气体压强公式：

$$P_{id}^{G}=\frac{1}{3}n^{G}m\overline{(v^{G})^{2}}=\frac{1}{3}\rho^{G}\overline{(v^{G})^{2}} \qquad [2-4-36]$$

式中 $n^{G}=N_{A}/V_{m}^{G}$、$n^{L}=N_{A}/V_{m}^{L}$，其中 N_{A} 为 Avogadro 常数，V_{m} 为气体和液体的摩尔体积。又知分子平均动能 $\overline{U_{K}}=\frac{1}{2}m\overline{v^{2}}=\frac{3}{2}kT$，以能量形式表示压强：

理想液体压强：$$P_{id}^{L}=\frac{2}{3}n^{L}\overline{U_{K}^{L}}=n^{L}kT=\frac{RT}{V_{m}^{L}} \qquad [2-4-37]$$

理想气体压强：$$P_{id}^{G}=\frac{2}{3}n^{G}\overline{U_{K}^{G}}=n^{G}kT=\frac{RT}{V_{m}^{G}} \qquad [2-4-38]$$

由此可知，完全理想状态下，讨论物质中每个分子具有的动能为：

液体：$$\overline{U_{K}^{L}}=\frac{3}{2}\frac{P_{id}^{L}V_{m}^{L}}{N_{A}}=\frac{3}{2}kT \qquad [2-4-39]$$

气体：$$\overline{U_{K}^{G}}=\frac{3}{2}\frac{P_{id}^{G}V_{m}^{G}}{N_{A}}=\frac{3}{2}kT \qquad [2-4-40]$$

亦就是说，完全理想状态下，无论是液体还是气体，讨论物质中每个运动着的分子——动态分子具有的动能只与讨论系统的温度有关，同样的温度，完全理想液体和完全理想气体中每一个分子的动能是相同的。

联合上两式，得：

$$\frac{P_{id}^{L}}{P_{id}^{G}}=\frac{V_{m}^{G}}{V_{m}^{L}} \qquad [2-4-41]$$

或有：$$P_{id}^{G}V_{m}^{G}=P_{id}^{L}V_{m}^{L} \qquad [2-4-42]$$

此式表示，完全理想状态，同样温度下，液体压强对气体压强的比值与气体摩尔体积对液体摩尔体积的比值相等。或者，液体理想压强对1摩尔体积液体所做的膨胀功与同样温度下，气体理想压强对1摩尔体积气体所做的膨胀功相等。

设 $Z^{L,id}=V_m^L/V_m^G$，为理想状态下液态物质的压缩因子，称为理想压缩因子。$Z^{L,id}$ 为凝聚液态物质所具有，气态物质不具有理想压缩因子，或者说气态物质的理想压缩因子 $Z^{G,id}=1$。

故有：
$$P_{id}^G=P_{id}^L\frac{V_m^L}{V_m^G}=P_{id}^L\times Z^{L,id} \qquad [2-4-43]$$

式中 $P_{id}^L=RT^L/V_m^L$，表示当液体像理想气体那样不考虑分子间相互作用和分子本身体积的影响时，在温度 T^L、体积 V_m^L 的体系中1 mol分子运动可形成的压力，这就是物理化学中理论上的理想压力。已知物理化学中的理论理想压力表示式为 $P_{id}^{Ln}=RT^L/V_m^L$，故对完全理想液体的微观模型有关系：

$$P_{id}^G=P_{id}^LZ^{L,id}=P_{id}^{Ln}Z^{L,id} \qquad [2-4-44]$$

引入理想压缩因子的原因是理想气体与理想液体情况不同：对理想气体实际上可以认为不存在或忽略有分子间相互作用；而理想液体中实际上存在或不可忽略分子间相互作用。但在完全理想液体的微观模型计算中摩尔体积 V_m^L 亦被认为是符合完全理想液体的微观模型的条件，即像气体的摩尔体积那样不考虑分子间相互作用。液体摩尔体积 V_m^L 值是与分子间相互作用影响相关的性质参数，其反映的理想的液体压力值 RT^L/V_m^L 应是个虚拟的压力值。故在下一步实际液体计算时需理想压缩因子修正。

由定义式 $Z^{L,id}=V_m^L/V_m^G$ 知理想压缩因子有下列特点：

(1) $Z^{L,id}$ 应是液体摩尔体积对气体摩尔体积的比值。在一定的讨论条件下，V_m^G 和 V_m^L 都是恒定的数值，因而，在一定的讨论条件下，$Z^{L,id}$ 必定是个恒定的数值。

(2) 又知，$P_{id}^G=RT/V_m^G$，$P_{id}^{Ln}=RT/V_m^L$，故理想压缩因子又可表示为 $Z^{L,id}=P_{id}^G/P_{id}^{Ln}$，此式中 P_{id}^{Ln}/P_{id}^G 必定也是个恒定的数值。

理想压缩因子 $Z^{L,id}$ 概念对液体研究是个有用的概念，将在第八章讨论中进一步讨论。

2-4-4-2 近似理想液体微观模型

近似理想液体的微观模型如下：

(1) 近似理想液体的微观模型不考虑液体分子间相互作用，亦就是说，除完全弹性碰撞外，分子之间及分子与器壁之间没有其他相互作用，在两次碰撞之间每个分子在液体中做匀速直线运动。

(2) 分子的运动遵守牛顿运动定律。

(3) 近似理想液体的微观模型考虑了液体分子本身大小，这时所谓理想状态液体分子是有体积、有质量的实体分子。

由于近似理想液体的微观模型与完全理想液体的微观模型的共同点均不考虑液体分子

间相互作用，故这个模型亦可称为只考虑理想的分子相互作用的液体的微观模型；或者与完全理想液体微观模型相对应，称为非完全理想液体微观模型。

依据上述理想的分子间互不相互作用气体的微观模型讨论气体动态分子的方法，对液态动态分子应该可以得到与气体动态分子同样的结论意见：

液体第一分子斥压力为：
$$P_{P1}^{L}=P^{L}\frac{b^{L}}{V^{L}} \qquad [2-4-45]$$

式中 P^{L} 为液体的平衡压力，b^{L} 为液体中所有分子具有的总体积。亦就是说，气体与液体的第一分子斥压力的定义式是相同的。比较气体第一分子斥压力：

$$P_{P1}^{G}=P^{G}\frac{b^{G}}{V^{G}} \qquad [2-4-46]$$

注意讨论气、液平衡时 $P^{L}=P^{G}$，但 $b^{G}\neq b^{L}$，故有

$$\frac{b^{L}}{b^{G}}=\frac{P_{P1}^{L}V^{L}}{P_{P1}^{G}V^{G}} \qquad [2-4-47]$$

上式表示，液、气平衡时，液、气的分子体积比值（状态方程理论中称为分子协体积）与液、气的第一分子斥压力对体系体积作的膨胀功比值相等。

同理，近似理想液体微观模型讨论得到的液体压力微观结构式为：

$$P_{id}^{L}=P_{id}^{Ln}+P_{P1}^{L} \qquad [2-4-48]$$

式中 P_{id}^{L} 为液体考虑了分子本身体积的影响，但不考虑有分子间相互作用的压力。故而这个压力应不是真实压力，而是为着讨论的虚拟压力。由此可见，上式是近独立子系统的压力微观结构式。

通常，液体系统 $P_{P1}\ll P_{id}^{Ln}$，故有

$$P_{id}^{L}\cong P_{id}^{Ln} \qquad [2-4-49]$$

这也是历来文献中对分子本身体积的影响未给予重视的原因。

气体
$$P^{G}=P_{id}^{G}=P_{id}^{Gn}+P_{P1}^{G} \qquad [2-4-50]$$

P_{id}^{Gn} 为未考虑分子本身体积和分子间相互作用的理想压力。P_{id}^{G} 为考虑了分子本身体积，但不考虑分子间相互作用的理想压力。此压力应是近独立子系统的实际压力。

改变式[2-4-48]
$$\frac{RT}{V^{L}-b^{L}}=\frac{RT}{V^{L}}+\frac{P_{id}^{L}b^{L}}{V^{L}} \qquad [2-4-51]$$

由此得到理想状态下液体分子协体积计算式为：

$$b^{L}=V^{L}-\frac{RT}{P_{id}^{L}} \qquad [2-4-52]$$

$$b^{L}=\left(1-\frac{P_{id}^{Ln}}{P_{id}^{L}}\right)\times V^{L} \qquad [2-4-53]$$

同理得到理想状态气体分子协体积计算式为：

$$b^{G}=V^{G}-\frac{RT}{P_{id}^{G}} \qquad [2-4-54]$$

$$b^{G}=\left(1-\frac{P_{id}^{Gn}}{P_{id}^{G}}\right)\times V^{G} \qquad [2-4-55]$$

一些理想气体(压缩因子 $Z=1$)与液体分子协体积数据列示于表 2-4-2 中以供参考。

表 2-4-2　一些理想气体与一些理想液体的分子协体积 b^0 数据

状态	方程[(1)]	Z^G 或 Z^L[(2)]	P_{id}^G 或 P_{id}^L	P_{id}^{Gn} 或 P_{id}^{Ln}	V /$cm^3 \cdot mol^{-1}$	b^{G0} 或 b^{L0} /$cm^3 \cdot mol^{-1}$[(3)]	Ω_b^{G0} 或 Ω_b^{L0}
1. 苯；$P_C=48.979$ bar，$T_C=562.2$ K，$V_C=257\ cm^3 \cdot mol^{-1}$，$P_r=1.756\ 0E-03$，$T_r=0.515\ 8$							
气体 G	1	0.994 4	8.651 7E−02	8.648 0E−02	278 792.38	119.29	0.125 000 0
	2		8.650 6E−02			82.68	0.086 640 0
	3		8.650 6E−02			82.68	0.086 640 0
	4		8.650 3E−02			74.25	0.077 800 0
	5		8.650 6E−02			84.35	0.088 388 3
液体 L	1	3.157 4E−04	2 509.47	272.40	88.51	78.90	0.082 677 0
	2		1 887.51			75.74	0.079 359 7
	3		2 037.44			76.68	0.080 344 7
	4		1 936.09			76.06	0.079 695 6
	5		1 964.47			76.24	0.079 884 1
2. 氯仿；$P_C=54.729$ bar，$T_C=536.6$ K，$V_C=238.76\ cm^3 \cdot mol^{-1}$，$P_r=2.102E-03$，$T_r=0.521\ 8$							
气体 G	1	0.996 0	1.155 2E−01	1.154 6E−01	201 629.44	101.92	0.125 000 0
	2		1.155 0E−01			70.64	0.086 640 0
	3		1.155 0E−01			70.64	0.086 640 0
	4		1.154 9E−01			63.43	0.077 800 0
	5		1.155 0E−01			72.07	0.088 388 3
液体 L	1	3.892 8E−04	2 480.99	295.47	79.79	69.41	0.085 127 1
	2		1 886.35			66.45	0.081 499 2
	3		2 035.09			67.35	0.082 605 5
	4		1 934.29			66.75	0.081 874 3
	5		1 965.82			66.95	0.082 111 1

续　表

状态	方程(1)	Z^G 或 $Z^{L(2)}$	P_{id}^G 或 P_{id}^L	P_{id}^{Gn} 或 P_{id}^{Ln}	V /$cm^3 \cdot mol^{-1}$	b^{G0} 或 b^{L0} /$cm^3 \cdot mol^{-1(3)}$	Ω_b^{G0} 或 Ω_b^{L0}
3. 汞；$P_C = 1\,720$ bar，$T_C = 1\,750$ K，$V_C = 42.990\,7\ cm^3 \cdot mol^{-1}$，$P_r = 1.589E-10$，$T_r = 0.156\,1$							
	1		2.780 6E−07			10.57	0.125 000 0
	2		2.780 6E−07			7.33	0.086 640 0
气体 G	3	1.000 0	2.780 6E−07	2.780 6E−07	81 682 330 000.00	7.33	0.086 640 0
	4		2.780 6E−07			6.58	0.077 800 0
	5		2.780 6E−07			7.48	0.088 388 3
	1		23 762.61			13.80	0.163 117 1
	2		31 195.83			14.03	0.165 809 4
液体 L	3	1.775 4 E−10	14 586.76	1 539.38	14.75	13.20	0.156 009 5
	4		15 072.65			13.25	0.156 602 9
	5		17 120.85			13.43	0.158 733 9

注：(1) 表中方程 1 为 van der Waals 方程，方程 2 为 Redlich-Kwong 方程，方程 3 为 Soave 方程，方程 4 为 Peng-Robinson 方程，方程 5 为童景山教授方程[14, 60]。

(2) 气体压缩因子与液体压缩因子。

(3) 理想气体 Ω_b^{G0} 的数值与文献数值吻合；而液体 Ω_b^{L0} 数值计算方法详见第七章中讨论。b^{G0} 和 b^{L0} 的计算式为式[2-4-55]和式[2-4-53]。

2-4-4-3　实际液体微观模型

实际液体微观模型如下：

(1) 实际液体微观模型考虑了不同液体分子本身大小，这时液体分子是有体积、有质量的实体分子。

(2) 实际液体的微观模型考虑液体分子间相互作用，亦就是说，除完全弹性碰撞外，分子之间应存在分子间相互作用，在每次碰撞后，受到分子间相互作用的影响，每个分子在液体中的运动状态、运动速率和运动方向都可能发生变化。

(3) 分子的运动遵守牛顿运动定律，但在实际情况下需要依据分子间相互作用情况而给予修正。

以上各点与完全理想液体的微观模型要求不同。亦与近似理想液体的微观模型不同。

依据上述实际气体的微观模型中讨论方法，可导得实际液体压强公式：

$$P^L = \frac{1}{3}nm\,\overline{(v^L)^2} = \frac{1}{3}nm\left(\overline{(v_{id}^L)^2} + \overline{(\Delta v_P^L)^2} - \overline{(\Delta v_{at}^L)^2}\right) = P_{id}^L + P_P^L - P_{at}^L \tag{2-4-56}$$

对上式进一步考虑分子本身体积的影响，并将上式中斥作用力影响项 P_P^L 改为 P_{P2}^L，得：

$$P^{L} = P^{L}_{id} + P^{L}_{P2} - P^{L}_{at} = P^{Ln}_{id} + P^{L}_{P1} + P^{L}_{P2} - P^{L}_{at} \quad [2-4-57]$$

式中 P^{Ln}_{id}、P^{L}_{P1}、P^{L}_{P2}、P^{L}_{at} 都是依据微观模型定义所导得的，表示系统分子某种分子行为的以压力形式表示的微观参数，对此我们给予一个总称——液体的分子压力。

P^{Ln}_{id} 表示不考虑分子间相互作用，亦不考虑分子本身体积存在时系统的压力，称为分子理想压力，即物理化学中的理想压力。

P^{L}_{id} 表示不考虑分子间相互作用，但考虑分子本身体积时的压力，以上两个压力都是虚拟压力，实际液体中必定存在有分子间相互作用和分子本身体积的影响。

P^{L}_{P1} 表示分子本身体积的存在会给系统压力带来的影响，称为第一分子斥压力。

P^{L}_{P2} 表示分子间排斥作用给系统压力带来的影响，称为第二分子斥压力。

P^{L}_{at} 表示分子间吸引作用给系统压力带来的影响，称为分子吸引压力。

式[2-4-57]与式[2-4-29]一样，均是联系宏观性质—系统压强与微观性质—分子压力的关系式，又称为压力微观结构式，故此式对于液体、液体均可应用，是讨论动态分子宏观状态与微观状态关系的基础公式。

气体压力微观结构式： $P^{G} = P^{Gn}_{id} + P^{G}_{P1} + P^{G}_{P2} - P^{G}_{at}$

液体压力微观结构式： $P^{L} = P^{Ln}_{id} + P^{L}_{P1} + P^{L}_{P2} - P^{L}_{at}$

对于同物质，在平衡时有： $P^{G} = P^{L}$ [2-4-58]

又知 $Z^{G} P^{Gn}_{id} = Z^{L} P^{Ln}_{id}$ [2-4-59]

改写之 $$Z^{G} = Z^{L} \frac{P^{Ln}_{id}}{P^{Gn}_{id}} = Z^{L} \frac{V^{G}_{m}}{V^{L}_{m}} = Z^{L} Z^{L,id} \quad [2-4-60]$$

故知液体、气体平衡时气体压缩因子 Z^{G} 是液体压缩因子 Z^{L} 与理想压缩因子 $Z^{L,id}$ 的乘积。或者 Z^{G}/Z^{L} 与气体摩尔体积与液体摩尔体积比值 V^{G}_{m}/V^{L}_{m} 相等。

这是实际气体与实际液体间重要关系，由此可依据实际气体数据计算液体的数据。

由式[2-4-60]知：

当气体为理想气体时 $Z^{G} = 1$，故知 $Z^{L} Z^{L,id} = 1$ 或 $Z^{L} = 1/Z^{L,id}$。

2-4-5 液体分子静压力

与液体分子动压力不同，液体分子静态压力指的是，分子处于静止状态或在一定时间范围内在某一空间位置范围内不作移动运动时由分子间相互作用力所形成的压力，可称为静态的分子压力，简称为分子静态压力或分子静压力。

物理学中同样存在着这种静态压力，例如，在讨论物体上放置重物，讨论物体则会承受着重物对其的静压力；又如拉紧着的弹簧，会对其固定的物体产生作用力，这个固定物体受到了弹簧所施加的压力，这也是静压力。

下面讨论由分子间相互作用力所产生的这种分子静压力。

(1) 首先,微观孤立的一对分子对产生不了这种分子静态压力。产生分子间相互作用力所形成的分子静态压力首要和必须条件是讨论体系中必须有大量能够相互作用的粒子存在,更明确地说,是真实的相依子物质体系。只有在真实的相依子物质体系中才有可能出现由大量分子间相互作用力形成的分子静态压力。

(2) 由于分子静态压力是分子处于静止状态或在一定时间范围内分子在某一空间范围中不作移动运动时由分子间相互作用力所形成的分子压力。因而要求讨论体系内分子处于静止状态或在一定时间范围内在某一空间范围内不作移动运动,依据 Eyring 液体理论[15, 40, 58],三种物态中分子形态情况比较如下。

气态物质:只存在可移动分子。

液态物质:存在少量可移动分子,大部分是定居分子。

固态物质:不存在或有极少量的可移动分子,只存在或绝大部分是定居分子。

因此,从目前所知的物性知识而言,上述的分子静压力只是在凝聚系统——液体和固体中才具有。动压力在三种物态物质中均有可能存在,但在压力数值上彼此不同。气态物质分子全部是可移动分子,故气态物质的动压力数值较高,而非理想性气体中分子间相互作用力只是影响动压力数值的高低;液态物质的动压力数值应远低于气态物质,这与其可移动分子数量很少且其动态分子受到液体分子强烈的相互作用有关;固态物质的动压力极低,固态物质应具有高的静压力。

即,运动着的分子不能产生分子静压力,不"运动"的分子不能产生分子动压力,只能影响分子动压力。反之,运动着的分子只能产生分子动压力,不"运动"的分子只能产生静压力。

2-4-5-1　液体分子静压力的微观说明

在统计力学中液态是在气、固、液物质三态中最难以处理的物态,液体统计理论可以说至今仍不完善,还是处在发展之中,并且是当代统计理论中最具挑战性、最活跃的研究领域之一。

一般认为,可以假设液体内分子的运动或分布在整个液体范围内是呈随机而无序分布的。例如,Adamson[32, 33]指出:"一些非理想气体的各种状态方程式也能相当满意地用来估算液体的热力学性质。虽然液体内分子间存在相互作用势场,但分子仍处于无规则的运动之中。"

我国汤文辉、张若棋[61]提出:"近代 X 射线衍射实验表明,液体的 X 射线衍射图样与相应的稠密气体相像,而完全不同于相应固体的图样。另外,实验表明,气体可经由超临界区连续地变成液体,但液体却不能连续地过渡到固体。这些实验结果表明,把液体看成稠密气体似乎更确切"。

对液体进行 X 射线检验的结果表明:液态分子分布呈短程有序,长程无序。所谓短程有序是任何一个分子与其紧邻(2～3 个分子直径的距离)的其他分子具有或多或少的有序排列。而所谓长程无序,即在整个液体范围内,没有一种排列模式会重复出现,从任何方向看都是无规律可言的，这在宏观性质上表现出各向同性。

X射线检验的结果是研究液体分子结构有力的工具，在统计力学中称为径向分布函数理论。所谓径向分布函数，简单地说，就是在一个分子的周围距离为 r 的地方出现另一个分子的概率相对于随机分布的比值。

现在我们讨论某一体系，体系中有粒子数为 N，体系体积为 V。取一个特定的分子为讨论分子，设在距离讨论分子 r 处的微体积元 dr 内分子的数密度为 ρ_r，则微体积元 dr 内分子的数应为 $\rho_r dr$。如果分子间不存在相互作用，则体系中分子的分布应是完全随机的，此时 ρ_r 应等于体系的平均数密度 ρ_0（$\rho_0 = N/V$）。这样，径向分布函数被定义为：

$$g(r) = \rho_r/\rho_0 \qquad [2-4-61]$$

上式表明，$g(r)$ 不仅是 r，而且也是密度与温度的函数。由上式可知，在微体积元 dr 内的分子数则为：

$$\rho_r dr = \rho_0 g(r) dr \qquad [2-4-62]$$

径向分布函数也可由X射线衍射的实验得到。图2-4-1是以X射线衍射对液态钾的分子结构进行研究的结果[62]。

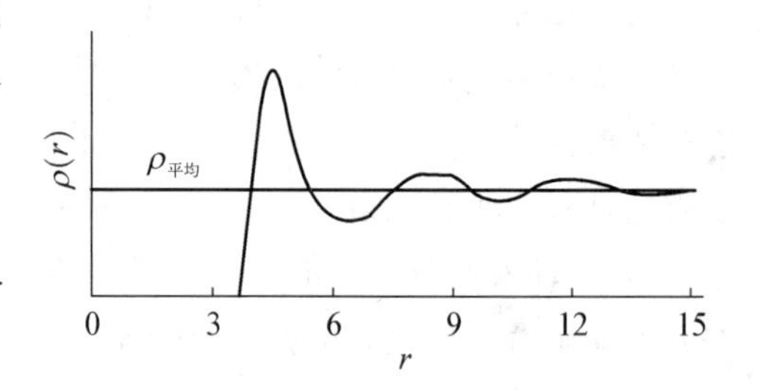

图2-4-1　液态钾的径向分布函数

图中纵坐标可看作为径向分布函数 $g(r)$，而横坐标是分子间距离 r。由图可见，$g(r)$ 随 r 的变化有下列特征：

在 r 较小时 $g(r)$ 存在几个峰值，分别称为讨论分子的第一、第二、……配位圈。第一配位圈的峰值位置相应于分子间相互作用位能 $u(r)$ 的最低点 r_m 处（见图1-1-5）。液态钾分子在相距约为4.64 Å处出现径向分布函数的第一个峰值，即在此处会排列分布一些近邻的钾原子；在约两倍于这个距离，即8.5～9 Å处测试曲线出现第二个峰值，但此峰值要较第一个峰值低许多，也就是说，发现一个近邻钾原子的机会仅比无规则随机分布时的要稍大一些；超过这个距离时液体就表现出各向同性现象。

汞的测试结果与钾的结果相似，汞原子最近的邻居位于约3 Å处。液态水分子的最近的一些水分子约在2.9 Å。并且在分子间距离大过一定数值时，液体径向分布函数的数值等于1。这说明在液体中随着分子间距离 r 的增加，$g(r)$ 的第二、第三、……配位圈的峰值均会随之降低。综合上述，径向分布函数使液体内分子分布具有如下规律：

当 $r \leqslant \sigma$ 时，　　$g(r) = 0$；

当 $\sigma < r < \lambda$ 时，　　$g(r) = \rho_r/\rho_0$；

当 $\lambda \leqslant r < \infty$ 时，　　$g(r) = 1$，此时已是无规律的随机分布结构，$\rho_r = \rho_0$。

式中 λ 为分子间有效作用距离。σ、λ 的说明见图1-1-5。

依据文献[62]列示的液态钾 70℃下 X 射线衍射的测试结果知，在径向分布函数对分子间距离的曲线上，第一峰处峰值的 ρ_r 对 ρ_0 的比值为 2～2.2，而在 395℃时为 1.7～1.8。

现将液态汞和液态氩的测试结果同列示于表 2－4－3 中以作比较。

表 2－4－3　不同温度下液态汞和氩的径向分布函数数值

液态汞[63]：							
测试温度	℃	−38	0	50	100	150	200
对比温度		0.134 4	0.156 1	0.184 7	0.213 2	0.241 8	0.270 4
第一峰位置	Å	3.00	3.00	3.00	3.00	3.00	3.05
$g(r)$		2.3	2.2	2.2	1.9	1.8	1.7
液态氩[64]：							
测试温度	K	84.4	91.8	126.7	144.1	149.3	
对比温度		0.559 7	0.608 8	0.840 2	0.955 6	0.990 1	
第一峰位置	Å	3.790	3.818	3.855	3.982	4.727	
$g(r)$		3.2～3.3	2.5～2.6	2.0～2.1	1.9～2.0	1.2～1.3	

注：表中数据取自文献[63，64]。

由上述所列数据可得到下列一些信息：

(1) 当分子间距离大于一定数值 λ 时，由于这时有关系 $\rho_r=\rho_0$，故可认为讨论体系的分子微观分布状态具有无序随机性特征。亦就是说，此时液体分布结构特征可近似认为与气体微观分子分布结构特征一致，即认为是种随机分布的统计平均结构。因而在宏观上，液体的性质会呈现统计性、随机性和平均性三个特性。

(2) 但是径向分布函数理论还反映液态分子排列结构具有另一特性。X 射线研究结果表明，液体中每个分子都有一定数目并呈某种几何构型的最邻近分子围绕着它。这种结构是随时间而起伏的，所以它不是完全有规则的。实际上只是一些分子在一个分子周围所形成的任何规律性，在三四个分子直径以外的地方就已经消失了。这种局部的结晶性或有组织性在文献中通常的说法为液体的近程有序性。如上所说，这种近程有序性只存在于液体中每个分子的周围，因此是一种微观结构。由此可知，液态分子排列结构的另一特点为在微观结构中，液体并不同于气体，不是随机分布的平均结构，而是一种特殊的近程有序结构。

(3) 从表 2－4－3 所列数据来看，径向分布函数 $g(r)$ 与温度相关，随着温度的升高，$g(r)$ 数值降低，这意味着液体分子有序度的降低。表中列示了液态氩在对比温度为 0.99，即接近临界温度时的 $g(r)$ 为 1.2～1.3，说明此时液体内无序度已很高，但其有序度还未完全消失，还未完全转变为气体，还保留有液态的一些特征。一直要到临界温度，则液态特征完全消失，液体转变成为气体。

由上分析可知，液态物质分子排列结构的基本特点是宏观上呈现为随机分布的统计平均结构，而其微观分子排列结构则是近程有序结构。

近代相关著作中对液体微观结构的看法与此相似。范宏昌[16]对液体微观结构总结为：液体的微观结构是短程有序、长程无序。从宏观范围看，液体内原子、分子的有规则周期排列不再存在，但局部看，在几个或十几个原子间距的范围内，常常还有一定的规则排列，短程有序的一个小区域可看作一个单元，液体可看作由许多这样的单元完全无序地集合在一起构成的，因而液体在宏观上表现为各向同性。但由于分子的热运动相对较强，这种单元的边界和大小随时在改变，有时这种单元会解体，新的单元也会不断形成。

因此在处理液体问题能否这样考虑，即认为在讨论液体体系内部存在着两个系统，一个是类似于真实气体的相依子开放系统，其微观结构特征为随机性、无序性和统计平均性。另一个是在某种局部范围内类似固体的开放系统，其微观结构特征为有规律性和有序性。这两个系统在液体内相互交换着能量和物质，在一定讨论条件下达到一定的平衡状态。例如，温度较低时液体分子聚集成类似固体的开放系统的可能性大；而温度增高时分子出现另一种系统的概率将会增高。

由此亦可以这样地描述液体状态，即认为在讨论液体体系内部存在着两种不同粒子，一种是类似于气体分子，在液体体系内部作无序的、随机的分子运动，这种粒子被称为可移动分子，或动态分子。另一种粒子类似固体分子，在一定的时间内只是在一些固定位置上做一些分子内部的运动，而并不在体系内部移动，这类分子可称为静态分子或定居分子，静态分子集聚在一起形成的微观结构特征为有规律性和有序性。这两类粒子在液体内相互交换着能量，变换着彼此的身份，在一定讨论条件下达到一定的平衡状态。例如，温度较低时液体分子聚集成类似固体的静态分子的可能性大，静态分子有序排列的范围会扩大，分子处于“静态”的时间范围会更长些；而温度增高时可移动分子的数量会增加，这意味着无序区域内分子数量增多，液体向气态更接近了一些。

以上描述与 Eyring 液体理论[15, 40, 58]相符合。

2－4－5－2　液体中分子间相互作用

已知液态物质内有两种分子排列方式：即液体内动态分子呈无序随机排列方式和静态分子呈短程有序排列方式。显然，分子运动状态不同、分子排列方式不同，则讨论分子与周围分子的相互作用情况亦会有所不同。图 2－4－2 示意地表示了液体内两种不同分子排列情况下分子间相互作用。

由图 2－4－2 可知，处在无序排列部分的液体分子是动态分子或称移动分子，而处在短程有序排列部分的液体分子是静态分子或称定居分子。

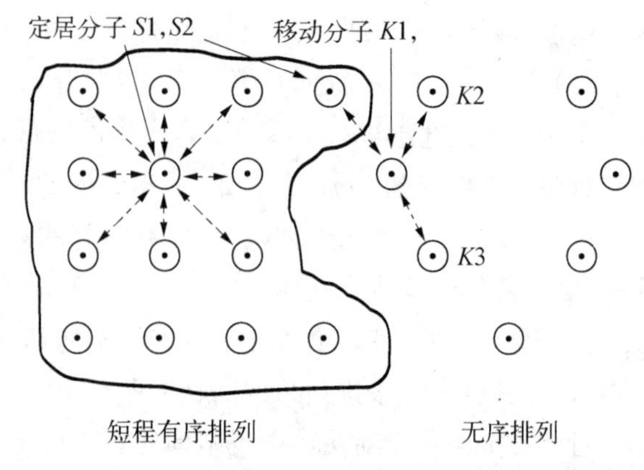

图 2－4－2　液体中两种分子排列下分子间相互作用

动态分子与其周围分子的相互作用有以下特点：

(1) 图 2－4－2 表示，动态分子，以标志 $K1$ 的分子为例，可以与其他动态分子，如 $K2$、$K3$ 动态分子相互作用，亦可以与静态分子，如 $S2$ 静态分子相互作用。

(2) 动态分子 $K1$ 是个正在运动着的分子，随着动态分子 $K1$ 在体系中位置的变化，$K1$ 不断更换着与其相互作用的对象，动态分子 $K1$ 不可能只是与某几个与 $K1$ 相对位置固定的分子相互作用。

(3) 动态分子 $K1$ 在某个瞬时与分子 $K2$、$K3$、$S2$ 发生了相互作用。由于动态分子 $K1$ 是个正在运动着的分子，因此分子 $K1$ 与 $K2$ 间距离、$K1$ 与 $K3$ 间距离和 $K1$ 与 $S2$ 间距离很可能相互不同，即

$$K1—K2 \neq K1—K3 \neq K1—S2$$

亦就是说 $K1—K2$、$K1—K3$、$K1—S2$ 分子间发生的相互作用情况可能会不同。或许，这些分子间发生的相互作用都是吸引相互作用，但它们的吸引相互作用的强度也应依据它们分子间距离不同而有所不同；此外，动态分子 $K1$ 的运动也有可能致使 $K1$ 与某个分子(如 $K2$)的距离很近，这时 $K1—K2$ 间的相互作用转变为斥作用力。

(4) 无论讨论动态分子与另一个分子相互作用，还是与几个分子相互作用，它们的作用力或作用合力会对讨论动态分子产生作用。由于讨论分子是运动分子，此外讨论分子与周围分子间的相互作用有着上述特点，这个作用力或作用合力不可能在讨论分子上得到平衡。亦就是说，这个作用力或作用合力将对讨论动态分子产生力的作用，使讨论分子的运动状态发生变化，会影响讨论动态分子的运动方向、运动速度和运动动能。这是动态分子与其他分子间相互作用产生的结果。

动态分子与周围分子相互作用的特点是：与讨论的动态分子相互作用的分子，可以是另一个动态分子，也可以是静态分子；讨论动态分子与各个相互作用的分子间距离是不确定的，故它们的分子间相互作用强度亦是不确定的；讨论动态分子与各个相互作用的分子间相互作用性质是不确定的，有可能是引力位势，也有可能是斥力位势。动态分子与周围分子的相互作用会影响讨论动态分子的运动方向、运动速度和运动动能。

静态分子与其周围分子的相互作用有以下特点：

(1) 图 2-4-2 表示，静态分子，以标志 $S1$ 的分子为例，可以与其周围的静态分子相互作用；当静态分子处在短程有序排列区域周边时，可以与另一个处在短程有序排列区域周边的静态分子相互作用，亦可与无序排列的动态分子相互作用。由于短程有序排列区域是由一定数量的静态分子按一定的规律、有序地排列起来所形成的，因而静态分子与静态分子间相互作用的概率应大于静态分子与动态分子间相互作用的概率。

(2) 液体中静态分子 $S1$ 不是个运动着的分子，一定时间范围内体系中静态分子位置是相对恒定的，每个静态分子与其周围的其他静态分子相对位置是固定的，亦就是说，静态分子 $S1$ 可能与若干个与其相对位置固定的并呈有序排列分布的分子相互作用。

(3) 以静态分子 $S1$ 为例，讨论在某个瞬时静态分子 $S1$ 与其周围若干个分子发生了相互作用(见图 2-4-2)。由于静态分子 $S1$ 在一定时间范围内可认为是个位置恒定、不作移

动运动的分子，因此静态分子 S1 与其周围的其他静态分子间距离应该是一定的，即静态分子 S1 与其周围发生了相互作用的若干个分子间的距离应该是相同的，此分子间的距离数值应取决于系统的状态参数。

由于静态分子间距离是一定的，亦就是说，在一定的讨论条件下静态分子间相互作用的性质是一定的，液体属凝聚态物质，又根据 Sutherland 位能函数知，静态分子间相互作用的性质应是分子间吸引相互作用。亦就是说，虽然动态分子间相互作用有可能是引力位能，也有可能是斥力位能。但是静态分子间相互作用只应是引力位能。静态分子与静态分子间的分子间相互作用性质是确定的。

（4）在短程有序排列区域内静态分子间相互作用应该在讨论的静态分子的上下、左右、前后的各个方向上都有静态分子与其相互作用，这些静态分子间相互作用有着以下特点：

① 这些静态分子间相互作用都是吸引力势，它们的相互作用强度应彼此相等。

② 这些静态分子间相互作用会产生周围分子对讨论分子的作用力，但有序排列中各分子呈规律的排列，会使讨论分子在受到某个分子作用力时，必定会有与此分子作用力数值相等、作用方向相反的另一个分子作用力与其相平衡，故讨论分子固定在一定位置处作分子振动的运动状态不会变化，此点是静态分子间相互作用与动态分子间相互作用的不同之处。

2-4-5-3　液体分子静压力

已知物体的能量可以认为是由物质内粒子的动能 U_K 和粒子间位能 U_P 所组成，即：

$$\begin{aligned} U &= U_K^0 + U_P = U_K^0 + U_{KP} + U_{SP} = U_K + U_{SP} \\ &= \sum u_{K,i}^0 + \sum u_{KP,ij} + \sum u_{SP,ij} = \sum u_{K,i} + \sum u_{SP,ij} \end{aligned} \quad [2-4-63]$$

式中 U_K^0 为不考虑分子间相互作用时动态分子所具有的动能，下标 KP 和 SP 表示动态分子、静态分子与周围分子间相互作用，$u_{K,i}$ 为考虑了周围分子的相互作用影响后单个动态分子具有的动能。$u_{SP,ij}$ 为静态分子的相互作用位能。

由不运动的粒子间位能形成的压力称为分子静压力，其表示式为：

$$P_{SP} = -\left(\frac{\partial U_{SP}}{\partial V}\right)_s = -\frac{\partial \sum u_{SP,ij}}{\partial V} \quad [2-4-64]$$

对于液体而言，由于液体的微观结构是短程有序、长程无序。从局部看，液体中几个或十几个原子间距的范围内，常常还有一定的排列规则，短程有序的一个个小区域可看作一个个单元，如果某个讨论小单元中短程有序排列的分子具有能量为 U_{SP}，则式[2-4-64]中 P_{SP} 表示的是这些小区域单元所显示的分子静压力。由于液体中这种单元的边界和大小随时在改变，有时这种单元会解体，新的单元也会不断形成，因此，从这个意义上来讲，这里的 P_{SP} 应该理解为某一瞬间这些单元可能具有的一种分子静压力，因此分子静压力应服从统计力学规律，是某种统计的结果。

此外，液体可看作由许多这样的单元完全无序地集合在一起构成的，因而液体内各小单元形成的分子静压力的作用矢量方向应是混乱的，而不是恒定的。因此，从统计力学角度来看，可以认为液体内各小单元的分子静压力对体系所起的作用是相互抵消的，在宏观上分子静压力并不对体系压力行为显示有影响。

上式表示分子静压力有着以下一些特点：

(1) 各静态分子对的相互作用位能数值相等，即 $u_{SP,\,ij} = u_{SP,\,ji}$。

(2) 各静态分子对的相互作用力的数值相等，即 $P_{SP,\,ij} = \dfrac{\partial u_{SP,\,ij}}{\partial r} = \dfrac{\partial u_{SP,\,ji}}{\partial r} = P_{SP,\,ji}$。

(3) 众所周知，液体是由两部分所组成，即液体的体相内部部分（相内区）和液体的表面区部分。在液体的这两部分中分子静压力均存在，但其平衡情况不同。

对液体的相内区而言，假设存在某静态分子（见图 2-4-3）。在该分子处某一方向形成分子静压力 $P^{L}_{SP,\,1}$，但是在其反方向由近程有序规律排列而形成另一个分子静压力 $P^{L}_{SP,\,2}$。显然，对讨论分子而言，这两个分子静压力应是方向相反，数值相等，彼此抵消。因而在液体相内区的分子内压力平衡式为：

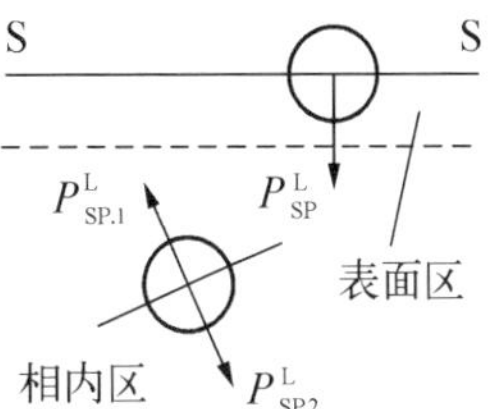

图 2-4-3　表面区与相内区分子静压力

$$P^{L}_{SP,\,1} + P^{L}_{SP,\,2} = 0 \qquad [2-4-65]$$

所以，在液体内部，每个分子在各个方向上均受到其周围分子对其作用的分子静压力，但在每个分子上所受到的所有分子静压力的合力，平均地讲，等于零。

由于相内区内的每个分子的分子静压力的合力均为零，因而分子静压力对讨论相无任何贡献。由此可允许经典热力学在讨论体系的压力平衡时只考虑体系外压力与体系内分子动压力之间的关系。

对于处在表面区（或界面区）内的分子则有不同的情况。表面区分子的分子作用球仅只有一半是液体内部，另一半在液体表面外部（见图 2-4-3）。而液体外部为平衡蒸汽相。处在液相内的半个分子作用球，由于液相存在的近程有序分子结构，对表面部分分子会产生分子静压力，而处于汽相的半个分子作用球，由于汽相分子浓度很小，对液相表面分子的作用力一般可以忽略不计，不能对讨论分子形成分子静压力。这样造成讨论分子两边的分子静压力数值不能相互抵消，在讨论分子上就会产生一定数值的合力，此合力指向液体内部。由此可见，处在液体表面层内的一些分子，只要这些分子到液面距离小于分子作用半径，则这些分子均会受到一个垂直于液面并指向体相内部的分子间力的作用。这导致整个液体表面层会对讨论液体产生压力，这一压力即为分子静压力，亦就是通常称呼的分子内压力。

表面层内分子内压力得不到平衡，从而对整个液体表面层施加压力，完成对液体表面层压缩的膨胀功。由于这是使体系获得功，因此是正功。众所周知，与此同时，表面层内形成表面张力，完成表面功。因此可以认为，分子内压力对体系所作的膨胀功已转化为体系的表面功。

关于分子内压力与表面功、表面张力的关系讨论可详见作者另一著作[26]。

由此得液体中分子动压力与分子静压力的平衡关系：

体相内部分子动压力平衡式：

$$P^{LB} = P_{id}^{LB} + P_P^{LB} - P_{at}^{LB} = P_{id}^{LBn} + P_{P1}^{LB} + P_{P2}^{LB} - P_{at}^{LB} \quad [2-4-66]$$

界面区内分子动压力平衡式：

$$P^{LS} = P_{id}^{LS} + P_P^{LS} - P_{at}^{LS} = P_{id}^{LSn} + P_{P1}^{LS} + P_{P2}^{LS} - P_{at}^{LS} \quad [2-4-67]$$

界面区与体相内部是同一相内两个部分，因此在这两部分中各种动压力应彼此相等，即，$P^{LS} = P^{LB} = P^{L}$；

故有

$$P_{id}^{LS} = P_{id}^{LB} = P_{id}^{L}；P_P^{LS} = P_P^{LB} = P_P^{L}；P_{P1}^{LS} = P_{P1}^{LB} = P_{P1}^{L}；P_{at}^{LS} = P_{at}^{LB} = P_{at}^{L} \quad [2-4-68]$$

因而，液体处于远程无序状态时，无论表面区或相内区，其压力平衡式为：

压力形式： $$P^{L} = P_{id}^{L} + P_P^{L} - P_{at}^{L} = P_{id}^{Ln} + P_{P1}^{L} + P_{P2}^{L} - P_{at}^{L} \quad [2-4-69]$$

液体中除了存在远程无序平均结构外还应存在近程有序结构，对近程有序结构下产生的液体内分子内压力，液体以形成表面功，表面张力 σ 和在分子内压力作功时为维持讨论体系温度不变化而产生的热量 q 给予平衡，故而，

在液体相内区分子内压力平衡式：$\sum_{i}^{N} P_{in}^{LB} = 0$ [2-4-70]

在液体界面区分子内压力平衡式：$P_{in}^{LS} = f(\sigma, q)$ [2-4-71]

式[2-4-71]的讨论可参见文献[26]。

参 考 文 献

[1] Lee L L. Molecular Thermodynamics of Nonideal fluids[M]. Boston: Butterworth, 1988.
[2] Fowkes F M. Additivity of Intermolecular Forces at Interface[J]. Jour. of Phys. Chem, 1963, (67): 2538.
[3] 钱平凯. 热力学与统计物理[M]. 下册，北京：电子工业出版社，1991.
[4] 李如生. 平衡和非平衡统计力学[M]. 北京：清华大学出版社，1995. 109.
[5] 刘光恒，戴树珊. 化学应用统计力学[M]. 北京：科学出版社，2001.
[6] 胡英. 流体的分子热力学[M]. 北京：高等教育出版社，1983.
[7] 谢刚. 熔融盐理论与应用[M]. 北京：冶金工业出版社，1998.
[8] Prausnitz J M, Lichtenthaler R N, Azevedo E G de. Molecular Thermodynamics of Fluid-Phase Equilibria [M]. Second Edition. Prentice-Hall Inc., Englewood Cliffs, N. J., 1986, Third Edition. 1999.
[9] Moelwyn-Hughes E A. Physical Chemistry[M]. 2nd ed. Oxford: Pergaman Press, 1961.
[10] 郑丹星. 流体与过程热力学[M]. 北京：化学工业出版社，2005.
[11] 马沛生. 化工热力学(通用型)[M]. 北京：化学工业出版社，2005.

[12] Mathias, P M, Copeman T W. Fluid Phase Equil, 1983, (13): 91.
[13] Wilson G M. J. Am. Chem. Soc, 1964, (86): 127.
[14] 童景山，高光华，刘裕品. 化工热力学[M]. 北京：清华大学出版社，2001.
[15] Adamson A W. A Textbook of Physical Chemistry[M]. Academic Press, INC. , 1973.
[16] 范宏昌. 热学[M]. 北京：科学出版社，2003.
[17] 卢焕章. 石油化工基础数据手册[M]. 北京：化学工业出版社，1984.
[18] Ding-Yu Peng, Robinson D B. A New Two-Constant Equation of State[J]. Ind. Eng. Chem, Fundam, 1976,15(1): 59.
[19] 项红卫. 流体的热物理化学性质—对应态原理与应用[M]. 北京：科学出版社，2003.
[20] Perry R H. Perry's Chemical Engineer's Handbook[M]. Sixth Edition. New York: McGraw-Hill, 1984.
Perry R H, Green D W. Perry's Chemical Engineer's Handbook[M]. Seventh Edition. New York: McGraw-Hill, 1999.
[21] Wilson G M. J. Am. Chem. Soc, 1964, (86): 127.
[22] 张顺利. 化工热力学教程[M]. 开封：河南大学出版社，1998.
[23] Renon H, Prausnitz J M. AIChE J. , 1968, (14): 135.
[24] Abram D S, Prausnitz J M. AIChE J. , 1975, (21): 116.
[25] 马沛生. 化工热力学(通用型)[M]. 北京：化学工业出版社，2005.
[26] 张福田. 分子界面化学[M]. 上海：上海科技文献出版社，2006.
[27] Henniker J C. The Depth of the Surface Zone of a Liquid[J]. Reviews of Modern Physis, 1949, 21 (2): 322.
[28] Kitchener J A. Surface forces in thin liquid films[J]. Endeavour, 1963,22(87): 118.
[29] Derjaguin B V. Pure Appl. Chem. , 1965, (10): 375.
[30] Drost-Hansen W. Ind. Eng. Chem. , 1969(61): 10.
[31] 李法西. 科学进展，1952, (2): 57.
[32] Adamson A W. Physical Chemistry of surface[M]. Third Edition. John-Wiley, 1976.
[33] Adamson A W, Gast A P. Physical Chemistry of Surfaces[M]. 6th ed. New York: John-Wiley, 1997: 225.
[34] Derjaguin B V, Zorin Z M. Proc. 2nd Int. Congr. Surface Activity (London)[C]. 1957, 2, 145.
[35] Tadros M E, Hu P, Adamson A W. J. Colloid Interface Sci. , 1974 (49): 184.
[36] Karagounis G. Helv. Chim. Acta, 1954, (37): 805.
[37] Hachisu S, Furusawa K. Chem. Abstr. , 1964, (61): 65.
[38] Verwey E J W, Overbeek J Th G. Trans. Faraday Soc. , 1946, (42B): 117.
[39] 谈慕华，黄蕴元. 表面物理化学[M]. 北京：中国建筑工业出版社，1985.
[40] Hirschfelder J O, Curtiss C F, Bird R B. Molecular Theory of Gases and Liquids[M], University of Wisconsin, 1954.
[41] Bukingham AD. Basic Theory of intermolecular Forces in Molecular Liquids[G]//New Perspectives in Physics and Chemistry, Edited by Jose J C. Teixeira-Dias, London: Kluwer Academic Publishers, 1991.
[42] Fowkes F M. Surface and Interface I, Chemical and Physical Characteristics[M]. Syracuse University Press, 1966: 197.
[43] Fowkes F M, Moistafa M A. Ind. Eng. Chem. Prod. Res. Dev. , 1978, (17): 3.
[44] 黄祖洽，丁鄂江. 表面浸润和浸润相变[M]. 上海：上海科学技术出版社，1994.
[45] 郑忠，李宁. 分子力与胶体的稳定和聚沉[M]. 北京：高等教育出版社，1995.
[46] Hardy J. Gen. Physiol. 1927, (8): 641.
[47] McBain, Davies. J. Am. Chem. Soc. , 1927, (49): 2230.
[48] Hardy W B. Pro. Roy. Soc, (London), 1913, (A88): 303.
[49] Harkins W D. The Physical Chemistry of surface Films[M]. New York: Reinhold, 1952.
[50] Langmuir I. Colloid Symposium Monograph[M]. New York: The Chemical Catalog Company,

1925：48.
[51] Myers D. Surfaces，Interfaces，and Colloids Principles and Application[M]. Second Edition，New York：Wiley-VCH，1999.
[52] Fowkes F M. Surface Chemistry[R]//Treatise on Adhesives and Adhesion，ed. Patrick R A. New York：Marrcel Dekker，1966：325.
[53] 程传煊. 表面物理化学[M]. 北京：科学技术文献出版社，1995.
[54] 吴百诗. 大学物理[M]. 下(第二次修订本)，西安：西安交通大学出版社，2004.
[55] 王建邦. 大学物理学[M]. 第 2 版，第一卷 经典物理基础，北京：机械工业出版社，2007.
[56] 邹邦银. 热力学与分子物理学[M]. 武昌：华中师范大学出版社，2004.
[57] 王新月. 气体动力学基础[M]. 西安：西北工业大学出版社，2006.
[58] Tabor D. Gas，Liquid and Solids and Other States of Matter[M]. 3rd ed. New York：Cambridge University Press，1991：304.
[59] 张福田，谈慕华. 应用 Eyring 理论探讨液相界面微观结构[C]//2000 年第八届全国胶体与界面科学研讨会会议的摘要文集，扬州.
[60] 童景山. 流体的热物理性质[M]. 北京：中国石化出版社，1996.
[61] 汤文辉，张若棋. 物态方程理论及计算概论[M]. 长沙：国防科技大学出版社，1999，128.
[62] Thomas C D，Gingrich N S. The effect of temperature on the atomic distribution in liquid potassium [J]. J. of Chem. Phys.，1938，6(8)：411.
[63] Campbell J A，Hildebrand J H. The structure of Liquid Mercury[J]. J. of Chem. Phys.，1943，11 (7) 332.
[64] Gingrich N S. The diffraction of X-ray by liquid elements[J]. Reviews of modern physics，1943，15 (1)：90.

第三章

宏观分子间相互作用统计力学基础

在第二章中较系统地介绍了在讨论体系中存在大量分子的情况下分子间相互作用的特征，与第一章讨论的微观分子间相互作用比较，从不同角度讨论的分子间相互作用，其目的是研究物质的性质。由于两种分子间相互作用理论讨论的角度不同，因此在研究物质的性质时讨论方法上亦有所不同。下面来讨论这两种方法。

对于具有 N 个近独立定域粒子的体系具有下列限制条件：

$$\sum_i n_i u_i = U \qquad [3-1a]$$

$$\sum_i n_i = N \qquad [3-1b]$$

式中 u_i 为第 i 粒子的能量本征值，n_i 是处于能级 u_i 上的粒子数。一组 $(n_1, n_2, \cdots, n_i) = \{n_i\}$ 叫做体系的一种分布。这种分布所对应的微观状态数也就是一种宏观状态对应的微观状态数。亦就是说，宏观状态与微观状态之间的对应关系取决于粒子在各个能级上的分布规则。

U 是讨论体系的能量，当 N 具有足够大的量时 U 应是宏观性质的一种。u_i 是某个粒子的能量本征值，是微观状态。因此可以认为式[3－1]反映了宏观性质与微观状态之间的关系。

由式[3－1]可知，有两种不同的研究方法。

1. 由微观结构预测宏观性质[1]

计算每个分子在每个瞬时的能量本征值，然后将所有分子瞬时的能量加和起来，用以预测宏观体系的瞬时内能，即

$$U = \sum_{i=1}^{N} u_i \qquad [3-2a]$$

这一方法涉及微观分子间相互作用。要了解粒子的能量本征值，需要种种微观信息，如分子移动、转动、振动能阶和分子间作用力等。但是统计力学在处理这些微观信息时会遇到一些困难，例如复杂分子的振动频率、分子内旋转以及非谐性振动问题目前还未完全解决，所以计算这些分子的配分函数时还存在很大的近似性。另一方面，“预测”宏观性质需要引入相对应的微观模型。近年来，虽然随着对物质结构知识逐步深入了解，各种物质结构模型亦在不断地修改和充实，但这些模型本身也有一定的近似性、假设性。因此所得到的结论也具有一定的近似性和局限性。再有，数学上的困难，特别是从微观分子对的行为进展到千千万万分子组成的宏观行为，应用数学工具求取多重积分时往往难以实际运算，从而不得不引入各种近似方法。这种简化和近似方法的舍取对所得结果影响常常是决定性的。从这个角

度而言，很多研究者，如，著名的热力学家傅鹰教授在其《化学热力学导论》中指出，“现阶段统计力学只能处理最简单的问题”，对统计力学表示了期望的心情。

2. 由宏观性质研究微观结构

另一种方法是了解宏观性质内能的特性，每个粒子在每一瞬间时的能量虽然不同，但在平衡状态时其平均能量却是一定的。故采用统计力学的方法，如统计、分布、涨落等，先得到粒子的平均能量，然后由体系粒子数目得到体系的能量值，即

$$U = N \times \bar{u}_i \tag{3-2b}$$

因此这个方法是：确定宏观性质——体系的总能量U，然后采用统计规律性处理这个宏观性质，找出与这个宏观性质相对应的统计规律性，由此将宏观性质与微观信息联系起来。

类似方法有：如果讨论的宏观性质——能量可以认为是由几种不同性质的能量所组成，即

$$U = U_1 + U_2 + \cdots + U_K \tag{3-3}$$

如果式中每种能量均能找到其统计规律性，例如其统计平均能量，则有

$$U_1 = N_1 \times \bar{u}_1 \mid_{U_1};\ U_2 = N_2 \times \bar{u}_2 \mid_{U_2};\ \cdots\ U_K = N_K \times \bar{u}_K \mid_{U_K} \tag{3-4}$$

或是讨论体系中各部分粒子分布的能级不同，因此各分布的能量亦不相同，有

$$U_i = \sum n_i u_i = n_i \times \bar{u}_i,\ U_j = \sum n_j u_j = n_j \times \bar{u}_j,\ \cdots,\ U_K = \sum n_K u_K = n_K \times \bar{u}_K \tag{3-5}$$

这些方法均与大量分子间相互作用相关，亦就是与宏观分子间相互作用相关。由上述讨论可知，与宏观分子间相互作用相关的讨论方法大致有以下步骤：

第一，确定宏观性质；

第二，找出所讨论的宏观性质的统计规律性；

第三，建立宏观性质与微观性质之间的关系式。

因此，上述研究方法是从宏观性质出发，找出与其相关联的统计规律性，由此建立宏观性质与微观性质之间的关系式，从而达到以微观性质解释、指导和预测宏观性质的目的。

相比较而言，宏观分子间相互作用研究方法与宏观性质联系更紧密些，亦就是与实践现象联系更紧密，相对而言在研究中，理论上可能遇到的困难会少一些，数学上的难题亦可能少一些。

由于宏观分子间相互作用研究方法的基础是体系中存在大量粒子，讨论这个方法的最佳工具是统计力学理论，为此，结合宏观分子间相互作用研究方法，下面介绍一些相关的统计力学基本概念。注意，这些基本概念在统计力学著作中都有介绍，这里只是结合宏观分子间相互作用研究方法的需要，将其集合归纳起来，作些简单的介绍，以便于下面的讨论。

3-1 统计规律性

宏观物体内存在大量的粒子，这些粒子遵循着一定的力学规律，如经典的牛顿力学规律或量子力学规律，作复杂的无规则运动。每个进行着复杂的无规则运动的粒子行为统计力学中称为偶然事件(也称为随机事件)。大量的偶然事件所遵循的规律统计力学中称为统计规律性。统计规律性主要表现为：在一定的条件下当一类偶然事件的总数 N 趋于无限大时，其中某种特定情况的数目 n 与总数 N 的比值 n/N 趋于一个极限值。亦就是说，在一定的条件下，大量偶然事件中各种可能情况出现的概率是一定的。

统计规律性的数学表示式为：

在大量偶然事件中出现某种特定情况的概率：

$$\mathrm{P} = \lim_{N\to\infty} \frac{n}{N} \qquad [3-1-1]$$

统计规律性具有以下特点：

(1) 统计规律只对大量偶然事件的整体起作用，反映的是偶然性中的必然性。这种必然性就是一类偶然事件出现的各种特定情况的概率是一定的。这也说明与一类偶然事件有关物理量的统计平均值是一定的。例如，设 N 个分子中分子速率为 $v_i(i=1,\ 2,\ \cdots,\ S)$ 的分子数为 $N_i(i=1,\ 2,\ \cdots,\ S)$ 时，则 v_i 的算术平均值为：

$$\frac{N_1v_1+N_2v_2+\cdots+N_iv_i}{N_1+N_2+\cdots+N_i} = \frac{\sum\limits_{i=1} N_iv_i}{N} \qquad [3-1-2]$$

设 $N\to\infty$时分子速率为 v_i 的概率为 P_i，则上式表示的平均速率为：

$$\bar{v} = \sum_i \mathrm{P}_i v_i \qquad [3-1-3]$$

从分子运动论的观点来看，一切与热运动有关的宏观量，如压强、温度等的数值都是统计平均值。

(2) 统计规律性不但表现在分子数按空间位置的分布上，也表现在分子数按速度大小和方向的分布上。亦就是说，尽管大量分子的运动是复杂的、无规则的，但是当体系处于平衡状态时，在一定的空间体积中的分子数，或在一定的速率间隔内的分子数占总分子数的比率都接近一定值。在同一体积中，不同取向的同样大小立体角内运动的分子数占总分子数的比率几乎都是一样的。或者说，任何分子处于一定体积空间中的概率是一定的，也可认为任一分子在某区间中速率的概率是一定的，向各方向运动的概率是相等的。亦就是说，统计规律一个重要特性是在一定宏观条件下的稳定性。粒子按空间位置和速度分布，即概率分布的统计规律是统计力学中重要的内容，亦是讨论微观过程与宏观性质之间关系的重要内容。

(3) 统计规律性不能规定个体的运动，即对于偶然事件的个体无制约作用。因为出现某种情况的概率是一定的，只规定了该种情况占事件总数的百分比，而无法确定每一事件出现的先后次序，亦就是说，每一个别事件的出现是完全偶然的，有着极大的随意性。

(4) 统计中每次测得的某个量的数值，与这个量的大量测量结果的统计平均值之间会有偏差，偏差时大有时小、时正时负，这是统计规律性的特点之一，即统计规律会出现涨落现象。涨落现象的存在是事件的偶然性所导致测量值的不确定性的必然结果。而事件的偶然性取决于参与这个事件的偶然事件的数量，大量偶然事件均参与这个事件，则这个事件出现的概率将会稳定，偏差会很小，涨落对实测值的影响很小；当参与这个事件的偶然事件的数量很少时，涨落对实测值的影响将会非常可观，可能会达到与实测值在数量级上相当的程度。由此可知，在任何给定的瞬间或在宏观系统的任意给定局部范围内，所观测到的宏观量的实际数组一般都会与统计平均值有偏差，即存在涨落现象。

形成和影响统计规律性的微观原因大致有：

(1) 宏观物质是由大量的粒子——分子或原子所组成，这是形成可能实际应用的统计规律性的基本原因。

(2) 物体内分子在不停地运动着。分子间相互作用理论认为分子的运动遵循牛顿力学定律，从这个意义上来说，分子运动是有规则的。只不过在大量分子存在的体系中还存在着分子间的相互作用，使得这种分子运动变得非常复杂，看似无规则而已。正是千千万万分子作着这种复杂的、无规则的分子运动，使物质具有一定的宏观性质，例如能量、温度、压强等。

(3) 不同物质中存在的分子有着不同的分子特性，例如，不同物质分子可能具有的分子体积大小不同，不同物质分子间的间距可能不同，这将影响物体内的分子运动特性。

(4) 分子间存在着相互作用力，分子间作用力会对分子运动产生影响，分子间引力会使分子间相互吸引，分子间斥力会使分子相互排斥，这些都会使分子运动状况变化。

统计规律与力学定律都是自然界中存在的客观规律，但两者之间有着本质差别：

(1) 力学定律是在一定的起始条件下、在某个特定的时刻下，物质系统遵循这个力学定律而必然处于某种确定的运动状态。亦就是说，力学定律中的起始条件、得到结果应是一定的、绝对的，即力学定律的因果关系是必然的、绝对的。

(2) 统计规律是在一定的宏观条件下、在某个特定的时刻下，某个粒子会是何种运动状态完全是偶然的。亦就是说，统计规律的因果关系是或然的、随机的。但是，如同上述，统计规律的重要特性是在一定宏观条件下的稳定性，当宏观条件一定，系统最可能出现的状态则是在大量偶然性中包含着的必然性，这是统计规律的重要特征。

3-1-1 统计平均值

统计平均值是常用的一种统计规律性。其定义如式[3-1-2]所示,改写此式以极值表示:

$$\bar{u} = \lim_{N\to\infty} \sum_i \frac{u_i N_i}{N} = \sum_i u_i \mathrm{P}_i \quad [3-1-4a]$$

式[3-1-4]亦可改换以统计术语说明:测量任一宏观性质 u,每次测得的量值不同,将每次测得的 u 值的总和除以测量总次数所得之值,在测量次数极大时趋于稳定值,这个稳定值即是测试性质 u 的统计平均值[2]。

当物理量随系统状态连续变化时,统计平均值表示式为:

$$\bar{u} = \int u(i)\mathrm{dP}(i) = \int u(i)\rho(i)\mathrm{d}i \quad [3-1-4b]$$

式中 $\rho(i)$是概率密度。$\rho(i)$是状态 i 的函数。如果 i 是个物理量,如速度、温度等,这样 $\rho(i)$就是速度、温度等的函数,故 $\rho(i)$又叫做概率分布函数,是统计力学中重要参数之一。

在计算讨论统计平均值时需注意以下各点:

1. 统计平均值和统计抽样值

改变式[3-1-4a],得 $\quad u(T) = \bar{u}N = \sum_i u_i N_i \quad [3-1-5]$

由上式可知,此式左边 $u(T)$表示的是某种宏观性质,而此式右边有两种表示式,其一为体系中测试值为 u_i 与其测试次数 N_i 的乘积 u_iN_i。此式右边另一表示式为体系中每个子系统的平均性质值$\bar{u}$与测试总数 N 的乘积,显然$\bar{u}$亦是个微观性质,亦就是说 u_i 与$\bar{u}$不同,但两者都是微观粒子的一种性质。$\bar{u}$是统计平均值,是统计规律性性质中的一种,而 u_i 不是统计平均值,是体系中一次统计抽样的值。

2. 宏观性质与微观性质关系

式[3-1-5]表示,宏观性质与微观性质有两种关系形式。

(1) 宏观性质 $\quad u(T) = f(u_i)$

通过非统计规律性的微观性质 u_i——即以 i 粒子具有的性质本征值讨论宏观性质。

(2) 宏观性质 $\quad u(T) = f(\overline{u_i})$

通过属于统计规律性的微观性质$\overline{u_i}$——即体系中 i 粒子具有的性质的统计平均值讨论宏观性质。

3. 平均性质值

由上述讨论可知,当讨论性质 u_i 的测试概率为 P_i 时,测得的统计平均值为:

$$\overline{u_i} = \sum u_i \mathrm{P}_i \quad [3-1-6]$$

在一定的条件下,由于概率 P_i 是确定的,故上述的平均性质$\overline{u_i}$是一定值。根据同样的理由，其他形式的统计平均值也应该是一定的，例如讨论性质的方均值极限：

$$\overline{u_i^2} = \lim_{N\to\infty} \frac{\sum N_i u_i^2}{N} = \sum u_i^2 \mathrm{P}_i \qquad [3-1-7]$$

亦就是说，当概率 P_i 确定时这种方均值也是一定值。据此可类推到其他类型的平均值，当概率 P_i 确定时，这些方均值应该也是一定值。

4. 两量之和的平均值等于两量的平均值之和

设 u 和 v 是同一系统的两个状态函数。由于系统处于某个状态的概率与系统某状态函数取该状态对应值的概率是相同的，因此，u 取值 u_i，v 取值 v_i，与 $(u+v)$ 取值 (u_i+v_i) 的概率都应该是 P_i。由平均值的定义有：

$$\overline{u+v} = \sum (u_i+v_i)\mathrm{P}_i = \sum u_i\mathrm{P}_i + \sum v_i\mathrm{P}_i = \bar{u}+\bar{v} \qquad [3-1-8a]$$

5. 两独立量之积的平均值等于此两量的平均值之积

由平均值的定义

$$\overline{uv} = \sum (u_i v_j)(\mathrm{P}_i\mathrm{P}_j) = \sum u_i\mathrm{P}_i \times \sum v_j\mathrm{P}_j = \bar{u}\times\bar{v} \qquad [3-1-8b]$$

如果 a 是一个与状态无关的常数，则有

$$\overline{au} = a\times\bar{u} \qquad [3-1-8c]$$

综合上述讨论可知，对于任何一个微观量，如果知道其所有可能取值的概率（即概率分布），则可计算表征此微观量特征的统计平均值。可认为，系统所具有的宏观性质，如电流、温度、压力……是相应的微观量的统计平均值。因而在获得微观量的概率分布后，最重要的是计算它的统计平均值。这样便可与实验观测的结果进行比较，以验证理论计算与实际相互吻合的程度。

3-1-2　涨落

在统计力学中只要知道某个物理量的概率分布，就可计算它的涨落。

设物理量 u 的平均涨落为：

$$\overline{\Delta u} = \overline{(u_i-\bar{u})} = \sum_i (u_i-\bar{u})\mathrm{P}_i = \sum_i u_i\mathrm{P}_i - \bar{u}\sum_i \mathrm{P}_i = \bar{u}-\bar{u} = 0 \qquad [3-1-9]$$

由于物理量 u 的平均涨落 $\overline{\Delta u}$ 计算结果为零，故而 u 的涨落大小不能用 $\overline{\Delta u}$ 来量度。

通常是用 u 的均方涨落来量度。其定义为：

$$\overline{(\Delta u)^2} = \sum (u_i-\bar{u})^2\mathrm{P}_i = \sum_i u_i^2\mathrm{P}_i - 2\,\bar{u}\sum_i u_i\mathrm{P}_i + \bar{u}^2\sum \mathrm{P}_i = \overline{u^2} - \bar{u}^2$$

[3-1-10]

即某物理量的均方涨落等于该物理量的平方的平均值$\overline{u^2}$与平均值的平方$\bar{u}^2$之差。亦就是说，只要求得物理量 u 的平均值$\bar{u}$和平方的平均值即可求得该物理量的涨落。

有时物理量 u 的涨落大小亦以均方涨落的平方根来量度，即：

$$\Delta u = \sqrt{\overline{(\Delta u)^2}} = \sqrt{\overline{u^2} - (\bar{u})^2} \qquad [3-1-11]$$

Δu 称为物理量 u 的标准误差(或称为涨落)。因为均方涨落与系统大小相关，故在任意系统内物理量 u 的涨落程度是由相对涨落表示，即：

$$\delta(u) = \frac{\Delta u}{\bar{u}} = \frac{\sqrt{\overline{(\Delta u)^2}}}{\bar{u}} \qquad [3-1-12]$$

下面可试举一例说明涨落的计算。已知气体分子速率在 $v-v+\mathrm{d}v$ 区间内的概率为：

$$\mathrm{dP} = \frac{\mathrm{d}N}{N} = \frac{4}{v_P^3\sqrt{\pi}} v^2 \exp\left(-\frac{v^2}{v_P^2}\right)\mathrm{d}v \qquad [3-1-13]$$

式中 $v_P = (2\mathrm{k}T/m)^{1/2}$。由式[3-1-2]知，分子统计平均能量：

$$\bar{u} = \frac{1}{2}m\overline{v^2} = \frac{1}{2}m\frac{4}{v_P^3\sqrt{\pi}}\int_0^\infty v^4\exp\left(-\frac{v^2}{v_P^2}\right)\mathrm{d}v = \frac{3}{2}\mathrm{k}T \qquad [3-1-14]$$

$$\overline{u^2} = \frac{1}{4}m^2\overline{v^4} = \frac{1}{4}m^2\frac{4}{v_P^3\sqrt{\pi}}\int_0^\infty v^4\exp\left(-\frac{v^2}{v_P^2}\right)\mathrm{d}v = \frac{15}{4}(\mathrm{k}T)^2 \qquad [3-1-15]$$

故相对涨落 $\delta(u) = \sqrt{\frac{15}{4}\mathrm{k}T - \left(\frac{3}{2}\mathrm{k}T\right)^2} \Big/ \frac{3}{2}\mathrm{k}T = \sqrt{\frac{2}{3}} = 81.6\%$ [3-1-16]

由此可见，单独一个分子的$\sqrt{\overline{(\Delta u)^2}}$ 与 $\bar{u}$ 相差很大。因此，统计平均值并不是每个分子的性质本征值，并不能够代表每个分子的性质本征值。

但是如果考虑整个气体内分子总数 N 是个极大的数值，则情况有所不同。这时

气体平均能量：$\bar{U} = N\bar{u} = \frac{3}{2}N\mathrm{k}T$ [3-1-17]

$$\overline{(\Delta U)^2} = \sum\overline{(\Delta u_i)^2} + \sum\overline{\Delta u_i}\cdot\overline{\Delta u_j} = N\overline{(\Delta u_i)^2} = \frac{3}{2}N(\mathrm{k}T)^2 \qquad [3-1-18]$$

故这时体系能量相对涨落：

$$\delta(U) = \sqrt{\overline{(\Delta U)^2}}/\bar{U} = \sqrt{\frac{2}{3N}} \qquad [3-1-19]$$

亦就是说体系能量相对涨落 $\delta(U)$ 值很小，这时可以用平均值代替真实值，亦就是有关系：

$$U = \bar{U} = N\bar{u} \qquad [3-1-20]$$

上式说明，计算的微观量统计平均值 $\bar{u}$，可以代表体系中每个分子的分子性质，参与组成整个系统的该性质的平均值，而这个平均值当讨论系统具有足够的分子数量时可以用来替代讨论系统该性质的真实值，亦就是说，微观量统计平均值可以用来反映、说明对应的宏观性质。

3-1-3　统计平均值的加和性(1)

在第二章讨论中已知分子间相互作用有两类加和性质：第一类加和性是指讨论体系中分子间总的相互作用能，可以认为是讨论体系中每个分子的能量或是每一对分子的相互作用能量的总和；而第二类加和性是指讨论体系中分子间总的相互作用能，可以认为是讨论体系中所具有的各种不同类型、不同作用性质的分子间相互作用能之总和。

第一类加和性质的特点是每一个分子的能量或每一对分子的相互作用能量不变，因此体系总能量是它们的总和，由此可得到体系能量的统计平均值，这已在上面讨论了。

第一类加和性质亦表示，体系中子系统中每一个分子的能量或每一对分子的相互作用能量不变，亦就是可设 u_K 为 K 子系统中能级。当每个子系统有大量分子时

$$N = N_A + N_B + \cdots + N_K \qquad [3-1-21]$$

$$U = \sum u_A N_A + \sum u_B N_B + \cdots + \sum u_K N_K \qquad [3-1-22]$$

设
$$U = U_A + U_B + \cdots + U_K$$

则有
$$U_A = \sum u_A N_A,\quad U_B = \sum u_B N_B,\quad \cdots,\quad U_K = \sum u_K N_K \qquad [3-1-23]$$

得
$$\overline{u_A} = \sum \frac{u_A N_A}{N} = \sum u_A \mathrm{P}_A,$$

$$\overline{u_B} = \sum \frac{u_B N_B}{N} = \sum u_B \mathrm{P}_B,$$

$$\overline{u_C} = \sum \frac{u_C N_C}{N} = \sum u_C \mathrm{P}_C$$

亦就是说，体系中有着不同能级的各个子系统均存在自己的统计平均值。因此

$$\bar{u}N = \overline{u_A}N_A + \overline{u_B}N_B + \cdots + \overline{u_K}N_K \qquad [3-1-24a]$$

即
$$\bar{u} = \overline{u_A}\frac{N_A}{N} + \overline{u_B}\frac{N_B}{N} + \cdots + \overline{u_K}\frac{N_K}{N}$$

$$= \overline{u_A}x_A + \overline{u_B}x_B + \cdots + \overline{u_K}x_K \qquad [3-1-24b]$$

亦就是说，在一定的讨论条件下，体系的总统计平均值是体系中各子系统的统计平均值与组元摩尔分数的乘积。

这个性质已在经典热力学中得到广泛的应用。例如已知广度性质物理量 $M = M(T,$

$P, n_1, n_2\cdots$)，根据 Euler 定理，在恒温恒压下：

$$M = n_1 \left(\frac{\partial M}{\partial n_1}\right)_{T,P,n_2,n_3\cdots} + n_2 \left(\frac{\partial M}{\partial n_2}\right)_{T,P,n_1,n_3\cdots} + \cdots \tag{3-1-25}$$
$$= \sum n_i \left(\frac{\partial M}{\partial n_i}\right)_{T,P,\sum n_j} = \sum n_i \bar{M}_i$$

经典热力学中称式中 $\bar{M}_i = \left(\frac{\partial M}{\partial n_i}\right)_{T,P,\sum n_j}$ 为组元 i 的偏摩尔量。所谓组元 i 偏摩尔量是在恒温恒压和给定组成下，将 1 mol 组分 i 加入到数量很大的混合物中所引起的物理量的变化。

因此上式可改写为：

$$M = M_m \times N = n_1 \left(\frac{\partial M}{\partial n_1}\right)_{T,P,n_2,n_3\cdots} + n_2 \left(\frac{\partial M}{\partial n_2}\right)_{T,P,n_1,n_3\cdots} + \cdots \tag{3-1-26}$$

对比式[3-1-24]可知：

——系统的统计平均值 $\bar{u} = M_m$，M_m 为系统的摩尔性质。

——系统中具有能级 u_i 的子系统的统计平均值 $\overline{u_K}$ 与组元 i 的偏摩尔量相当，即：

$$\overline{u_K} = \bar{M}_i = \left(\frac{\partial M}{\partial n_i}\right)_{T,P,\sum n_j} \tag{3-1-27}$$

依据上面讨论，同样可得到各种广度性质热力学量的统计平均值表示式：

$$U = \sum n_i \overline{U}_i,\quad H = \sum n_i \overline{H}_i,\quad S = \sum n_i \overline{S}_i,\quad F = \sum n_i \overline{F}_i,\quad G = \sum n_i \overline{G}_i = \sum n_i \mu_i$$

由上述讨论所知，统计平均值应与偏摩尔量有着相同特性，即：

$$\frac{\partial \overline{u_i}}{\partial n_j} = \frac{\partial \bar{M}_i}{\partial n_j} = \frac{\partial}{\partial n_j}\left(\frac{\partial M}{\partial n_i}\right)_{T,P,\sum n_j} = \frac{\partial}{\partial n_i}\left(\frac{\partial M}{\partial n_j}\right)_{T,P,\sum n_j} = \frac{\partial \bar{M}_j}{\partial n_i} = \frac{\partial \bar{u}_j}{\partial n_i}$$

故得：

$$\sum n_i \frac{\partial \bar{M}_i}{\partial n_j} = \sum n_i \frac{\partial \bar{M}_j}{\partial n_i} = 0 \tag{3-1-28a}$$

$$\sum n_i \frac{\partial \bar{u}_i}{\partial n_j} = \sum n_i \frac{\partial \bar{u}_j}{\partial n_i} = 0 \tag{3-1-28b}$$

由此可知，统计平均值彼此相关，非完全独立。对二元系有：

$$n_1 \frac{\partial \bar{u}_1}{\partial n_2} + n_2 \frac{\partial \bar{u}_2}{\partial n_1} = 0 \tag{3-1-28c}$$

如果已知式中 $\frac{\partial \bar{u}_1}{\partial n_2}$ 和成分，则可计算 $\frac{\partial \bar{u}_2}{\partial n_1}$。又知式[3-1-26]，故有：

$$dM = \sum n_i d\,\overline{M}_i + \sum \overline{M}_i dn_i$$

但在恒温恒压下 $dM = \sum \overline{M}_i dn_i$，故有：

$$\sum n_i d\,\overline{M}_i = 0 \qquad [3-1-29a]$$

即：

$$\sum n_i d\,\overline{u}_i = 0 \qquad [3-1-29b]$$

式[3-1-29a]是 Gibbs-Duhem 方程的一般形式，经典热力学认为 M 适用于均相系统中任何热力学函数。式[3-1-29b]表示，Gibbs-Duhem 方程是统计平均值所具有的普适统计规律的一种，应该适用于具有广度性质的宏观性质。

经典热力学由 Gibbs-Duhem 方程曾推导出有许多偏摩尔量的规律，这些规律应该亦可以用于统计规律性的讨论。Gibbs-Duhem 方程的讨论是经典热力学的重要内容之一，感兴趣的读者可结合统计平均值特性，参照有关著作[3, 4]对 Gibbs-Duhem 方程进行讨论研究。

3-1-4　统计平均值的加和性(2)

第二类加和性是指讨论体系中每一个分子的能量或每一对分子的相互作用能量，可以认为是讨论体系中每个分子所具有的各种不同类型本征能量，或每对分子间不同作用性质的分子间相互作用能之总和。

简单地说，例如，理想气体中双原子分子的运动除平动、电子运动、核自旋外，还有原子核绕分子质心的转动及沿核连线的振动，即：

$$u = u_t + u_e + u_{ns} + u_r + u_v$$

如果将气体分子的电子运动、核自旋、分子转动及振动作为分子的内部运动，则在各种运动自由度互相独立的近似条件下，理想气体的热力学函数应是平动和内部运动贡献之和。这是第二类分子间力加和性对理想气体能量的体现。

在非理想气体和液体中，不能忽略粒子的相互作用，所以 Halmiton 算符通常可以下式表示：

$$H = \frac{1}{2m}\sum_i^N (P_{x_i}^2 + P_{y_i}^2 + P_{z_i}^2) + \sum u(r_1, r_2, \cdots, r_N) + \sum_i^N u_{\text{int}} \qquad [3-1-30]$$

上式体现了非理想气体和液体内分子所具有的各种能量关系上的第二类分子间力加和性。对式中分子具有的能量讨论如下：

第一项，$\frac{1}{2m}\sum_i^N (P_{x_i}^2 + P_{y_i}^2 + P_{z_i}^2)$，表示分子在空间作平移运动时所具有的能量。从式[3-1-30]来看，此能量应是体系中此讨论分子在无周围分子对其产生的分子间相互作用时所具有的能量，因而此项分子能量具有两个特点。

(1) 由于无周围分子对其产生的分子间相互作用，故此项分子能量是该分子处于理想状态下的分子能量。

(2) 此项分子能量与动量相关，因此是分子的动能。当然，具有动能的分子应该是一种运动着的分子——动态分子。可以认为，动态分子应该只存在于气态物质和液态物质中。对固态物质，可理想地认为，对于晶体，其粒子会有序地排列在每个晶格点处，非晶体中粒子排列并无一定规则，但它们均是在平衡位置附近振动，并且固体中邻近原子间的相互作用很强。因此，固态物质中不存在动态分子。

因此这项能量可以理解为是处在理想状态时的每个动态分子具有的动能，即：

$$u_{K,\ id}=\frac{1}{2m}(P_{x_i}^2+P_{y_i}^2+P_{z_i}^2) \qquad [3-1-31]$$

式中下标"K"表示动能；"id"表示理想状态，即讨论分子未受到邻近分子间的相互作用。但是实际物质中存在分子间相互作用，因此需要讨论分子间相互作用的影响。

第二项，$u(r_1,\ r_2,\ \cdots,\ r_N)$ 表示讨论系统中每个分子与邻近分子间相互作用能量。式中 r_i 表示第 i 个粒子的位置坐标，$r_i=(x_i,\ y_i,\ z_i)$。这项能量亦有其特点：

(1) 这项能量仅与分子间距离有关，而与讨论分子的动量无关，因此此项能量不是分子的动能，而应是分子的势能(也可称为位能)，即：

$$u_P=u(r_1,\ r_2,\ \cdots,\ r_N) \qquad [3-1-32]$$

式中下标"P"表示势能。

(2) 分子的势能与分子间距离有关，因此在下列情况下均应会产生分子间相互作用势能。

设两个分子间的距离 $r_{ij}=|r_j-r_i|$ [3-1-33]

又知当两个分子间的距离 $r_{ij}\geqslant\lambda$ 时 $u_P=0$，$r_{ij}<\lambda$ 时，$u_P\neq 0$。

对于存在运动着分子的体系，即存在动态分子的体系，如气体或如液体，当体系中动态分子在运动着的某个瞬间位置处，与周围相邻近的分子，无论这个邻近的分子是动态分子，还是静态分子，只需这个讨论分子与其相邻近的分子间的距离符合 $r_{ij}<\lambda$ 的要求，这个讨论分子与其相邻近的分子间就会产生分子间相互作用势能。亦就是说，这个讨论分子受到了分子间相互作用的影响。

动态分子在体系中的运动是混乱的、随机的，动态分子与其相邻近分子的相对位置亦是混乱的、随机的，因此，动态分子受到的分子间相互作用影响亦必定是混乱的、随机的。

气体中只存在动态分子，因此，气体动态分子会受到分子间相互作用的影响，这是气体的实际情况，故称为实际气体。但在压力很低、气体密度很低时，气体动态分子周围出现 $r_{ij}<\lambda$ 的邻近分子概率很小，讨论分子受到的分子间相互作用影响会很低，在低到可以忽略的程度时，才可认为动态分子间不考虑分子间相互作用的影响，这时的气体是理想气体。

液体中存在动态分子和静态分子，由于液体中分子密度很高，动态分子肯定会受到分子间相互作用的影响。静态分子在体系一定范围内呈规则、有序地排列，并在平衡位置上作振动，若干个液体静态分子在液体中规律地排列起来，形成一个个分子集团，称为短程有序[5]。Eyring[6,7]依据液体结构特征，提出 Eyring 模型，液体中定居分子均处于平衡位置处，定居分子间距离应有 $r_{ij} = r_{eq}$，故定居分子所受到的邻近分子间相互作用影响为 u_P。

因此，气体分子——动态分子有可能会受到分子间相互作用势能的影响，液体分子——移动分子和定居分子均会受到分子间相互作用势能的影响。

对气体动态分子或液体移动分子，分子间相互作用势能会影响其运动的状态。按照 Lennard-Jones 位能函数，一对分子对的位能可以是分子间排斥位能，或者是吸引位能，这取决于分子对之间的距离。但在气体或液体中，动态分子或移动分子的位置是不固定的，分子与邻近分子间的距离可以使分子间产生吸引力，也可能彼此相距很近而出现分子间斥力。亦就是说，气体或液体中动态分子所受到的分子间相互作用势能的影响可能是分子间排斥位能的影响，也可能是分子间吸引位能的影响。

对定居分子的影响则与移动分子不同。定居分子在液体中并不作移动运动，在体系一定范围内呈规则、有序地排列，并在平衡位置上作振动，这样短程有序地排列使定居分子间距离不变，恒定在由状态参数决定的平衡距离上。由 Lennard-Jones 位能函数知，处在平衡距离分子对的相互作用应该是分子间的相互吸引力，这是定居分子受到的分子间相互作用影响与移动分子的区别所在。

因此，气体和液体的动态分子所受到的分子间相互作用势能影响为：

$$u_P^{动态} = u_P^{动态}(r_1, r_2, \cdots, r_N) = u_{P,P}^{动态} + u_{P,at}^{动态} \qquad [3-1-34]$$

式中 $u_{P,P}^{动态}$ 为动态分子所受到的分子间排斥位能；$u_{P,at}^{动态}$ 为动态分子所受到的分子间吸引位能。亦就是说，无论气体或液体，体系中动态分子将会受到分子间排斥位能的影响，也会受到分子间吸引位能的影响。

静态分子所受到的分子间相互作用势能影响为：

$$u_P^{静态} = u_P^{静态}(r_1, r_2, \cdots, r_N) = u_{P,at}^{静态} \qquad [3-1-35]$$

即液体静态分子只是受到周围分子的吸引相互作用的影响，故此体系分子间总的相互作用为：

$$u_P = u_P^{动态} + u_P^{静态} = u_{P,P}^{动态} + u_{P,at}^{动态} + u_{P,at}^{静态} \qquad [3-1-36]$$

亦就是说，分子间相互作用位能可分成为动态分子与其他分子间的相互作用和静态分子与其他分子间的相互作用；动态分子与其他分子间的相互作用可以是排斥相互作用，也可以是吸引相互作用；静态分子间的相互作用只是吸引相互作用。

第三项，$\sum_i^N u_{int}$ 表示分子的内部运动。分子内部运动可分解为电子运动(e)、转动(r)、振动(v)、核自旋(ns)等独立部分[8]。

$$u_{\mathrm{int}} = u_e + u_r + u_v + u_{ns} \tag{3-1-37}$$

而分子的总能量是上述各种能量之和，即：

$$u = u_{\mathrm{K,id}} + u_{\mathrm{P}} + u_{\mathrm{int}} = u_{\mathrm{K,id}} + u_{\mathrm{P},P}^{\text{动态}} + u_{\mathrm{P,at}}^{\text{动态}} + u_{\mathrm{P,at}}^{\text{静态}} + u_{\mathrm{int}} = u_t + u_{\mathrm{P,at}}^{\text{静态}} + u_{\mathrm{int}} \tag{3-1-38}$$

分子平动运动在统计力学中有其特殊意义，由上式可知，分子平动能量为：

$$u_t = u_{\mathrm{K,id}} + u_{\mathrm{P},P}^{\text{动态}} + u_{\mathrm{P,at}}^{\text{动态}} = u_{\mathrm{K,id}} + u_{\mathrm{KP}} \tag{3-1-39}$$

分子平动能量由两部分组成：$u_{\mathrm{K,id}}$ 表示在未受到周围分子相互作用影响时动态分子具有的能量，u_{KP} 表示受到了周围分子相互作用影响时动态分子发生的能量变化。

即，动态分子的动能包含有理想状态下的分子平动动能和周围分子相互作用的影响，动态分子的动能：

$$u_{\mathrm{K}} = u_t \tag{3-1-40}$$

式[3-1-39]中 u_{KP} 表示体系分子受到的分子间相互作用对体系动能产生的影响，即：

$$u_{\mathrm{KP}} = u_{\mathrm{P},P}^{\text{动态}} + u_{\mathrm{P,at}}^{\text{动态}} \tag{3-1-41}$$

这意味着分子的动能会受到分子间排斥位能和分子间吸引位能的影响。

静态分子势能部分 $$u_{\mathrm{P,at}}^{\text{静态}} = u_{\mathrm{SP}} \tag{3-1-42}$$

故每个分子所具有的能量为

$$u = u_{\mathrm{K}} + u_{\mathrm{SP}} + u_{\mathrm{int}} \tag{3-1-43}$$

故得：

$$\bar{u} = \sum_i \frac{u_i N_i}{N} = \sum_i (u_{\mathrm{K},i} + u_{\mathrm{SP},i} + u_{\mathrm{int},i}) \frac{N_i}{N} = \overline{u_{\mathrm{K}}} + \overline{u_{\mathrm{SP}}} + \overline{u_{\mathrm{int}}} \tag{3-1-44}$$

亦就是说，讨论体系能量的统计平均值是组成此能量的各个分能量——动能、势能和每个分子内部能量的统计平均值之和。

同理，动能的统计平均值是组成动能的各个分能量的统计平均值之和，即

$$\overline{u_{\mathrm{K}}} = \overline{u_{\mathrm{P},P}^{\text{动态}}} + \overline{u_{\mathrm{P,at}}^{\text{动态}}} + \overline{u_{\mathrm{K,id}}} = \overline{u_{\mathrm{KP}}} + \overline{u_{\mathrm{K,id}}} \tag{3-1-45}$$

由此可知，所讨论的宏观性质，如果与分子间相互作用有关，则此宏观性质的统计平均值应是该性质中与分子间相互作用性质中相对应的各部分性质的统计平均值的总和。

下面以物质汽化热为例来说明上述讨论，汽化热表示式：

$$\Delta H^V = \Delta U^V + P^S (V^G - V^L) \tag{3-1-46}$$

亦就是说，汽化热可认为由两部分所组成，即外汽化热和内汽化热[9, 10]。

1. 外汽化热

外汽化热是指物质从液态变成气态时由于体积从 V^L 变化到 V^G 而做的膨胀功，即为 $P^S(V^G-V^L)$，式中 P^S 为饱和蒸汽压力，这是把密集的液相分子“疏松”变成气相分子时需要克服分子间相互作用而消耗能量，需要从外部吸取一部分热量。

2. 内汽化热

上式中 ΔU^V 为蒸发内能，文献[9，10]中称其为内汽化热。其含意是将液态下物质内所有相互联系着的分子分开成为相距无限远的分子状态，即物质内聚集体分子解聚时所需消耗的能量，因此，蒸发内能 ΔU^V 应是适用于反映、量度物质内分子间相互作用的一个物质性质。

改写汽化热表示式，

$$\Delta U^V = \Delta H^V - P^S(V^G - V^L) \quad [3-1-47]$$

实际上文献中已经应用 ΔU^V 来反映物质内分子间相互作用，例如，1949 年 Hildebrand 对溶解度参数定义为室温下无定形状态的内聚能密度的平方根[11~13]。这里室温一般指的是 298 K。因此应用此溶解度参数法所得到的数据时应注意在讨论温度上有此局限性。

已知凝聚态物质的内聚能 E_{coeh} 的定义是在 1 克分子物质中除去全部分子间力而使内能的增加量。故 E_{coeh} 应与蒸发内能相对应。设 V 是讨论物质的摩尔体积。

定义内聚能密度为：

$$e_{coeh} = \frac{E_{coeh}}{V} = \frac{\Delta U^V}{V} = \frac{\Delta H^V - P^S(V^G - V^L)}{V}\ (298\ \text{K}),\ \text{J/cm}^3 \quad [3-1-48]$$

进而溶解度参数被定义为：

$$\delta \equiv \left(\frac{E_{coeh}}{V}\right)^{1/2} = \left(\frac{\Delta U^V}{V}\right)^{1/2} = e_{coeh}^{1/2}(298\ \text{K}) \quad [3-1-49]$$

溶解度参数是大家已经熟悉的参数，已有大量文献据此讨论了物质内不同类型分子间相互作用的组成情况。溶解度理论认为内聚能应由三个部分所组成：

$$E_{coeh} = E_D + E_P + E_h \quad [3-1-50]$$

式中 E_D 为色散力的贡献，E_P 为偶极力的贡献，E_h 为氢键力的贡献。

对应的溶解度参数方程是：

$$\delta^2 = \delta_D^2 + \delta_P^2 + \delta_h^2 \quad [3-1-51]$$

可以设想极性分量 δ_P 与偶极矩 μ 相关，而氢键分量 δ_h 则与氢键数有关，因为已知偶极矩数值和氢键数的物质为数不多，这给计算溶解度参数带来困难。为此曾有许多研究者研究溶解度参数的估算方法，以求得到各种物质的溶解度参数数值。

表 3-1-1 中列示了 van Krevelen 在其著作[13]中列出的各种物质的溶解度参数分量的数据以供参考。

表 3-1-1　van Krevelen[13]的各种物质的溶解度参数

物　质	δ	δ_D	δ_P	δ_h
烷烃				
己烷	14.8	14.8	0	0
庚烷	15.2	15.2	0	0
辛烷	15.6	15.6	0	0
环己烷	16.7	16.7	0	0
苯	18.5～18.8	17.6～18.5	1.0	2.0
甲苯	18.2～18.3	17.3～38.1	1.4	2.0
邻二甲苯	17.66(1)	17.6	1.0	1.0
间二甲苯	17.46(1)	17.4	1.0	1.0
对二甲苯	17.36(1)	17.3	1.0	1.0
乙苯	17.87(1)	17.8	0.6	1.4
苯乙烯	18.98(1)	18.5	1.0	4.1
萘满	19.42(1)	19.1	2.0	2.9
卤代烃				
二氯甲烷	19.9	17.83	6.4	6.1
氯仿	19.0	17.84	3.2	5.7
四氯化碳	17.7	17.7	0	0
氯乙烷	17.4	16.3		
氯化乙叉	18.3	16.8		
1,1,1-三氯乙烷	17.5	16.85	4.3	2.0
1-氯丙烷	17.4	15.9		
1-氯丁烷	17.3	16.27	5.5	2.1
氯苯	19.6	19.0	4.3	2.1
溴苯	20.0	18.9		
醚类				
乙醚	15.55	14.4	2.9	5.1
异丙醚	14.4	13.7		
丁醚	15.9	15.2		
酯类				
甲酸乙酯	19.6	15.6		
甲酸丙酯	19.6	15.0		
乙酸甲酯	19.42	11.7		
乙酸乙酯	18.6	15.2	5.3	9.2
乙酸丙酯	17.91	15.6		
乙酸异丙酯	17.6	14.9	4.5	8.2
乙酸丁酯	17.4	15.7	3.7	6.4
酮类与醛类				
丙酮	20.5	15.5	10.4	7.0
丁酮-2	19.0	15.9	9.0	5.1
戊酮-3	18.1	15.7		
戊酮-2	18.3	15.8		
己酮-2	17.7	15.9		
环己酮	20.2	17.7	8.4	5.1
苯甲醛	21.3	18.7	8.6	5.3
醇类				
甲醇	29.66	15.2	12.3	22.3
乙醇	26.5	15.8	8.8	19.5
丙醇-1	24.5	15.9	6.8	17.4
异丙醇	23.6	15.8	6.1	16.4
丁醇-1	23.3	16.0	5.7	15.8
异丁醇	22.9	15.2	5.7	16.0
丁醇-2	22.2	15.8		
戊醇-1	21.67	16.0	4.5	13.9
环己醇	23.3	17.4	4.1	13.5
苯甲醇	24.8	18.5		
乙二醇	33.4	16.9	11.1	26.0
丙二醇	30.3	16.9	9.4	23.3
丁二醇	29.0	16.6	10.0	21.5
丙三醇(2)	43.2	17.3	12.1	(9.3) 37.6
酸类				
甲酸	25.0	14.42	11.9	16.6
乙酸	22.4	16.0	8.0	13.5
丁酸	19.87	16.3	4.1	10.6
乙酸酐	21.71	16.0	11.1	9.6
含氮化合物				
丙胺	18.4	15.5		
苯胺	22.6	19.5	5.1	10.2
硝基甲烷	25.6	16.6	18.8	5.1
硝基苯	21.9	17.65	12.3	4.1
甲酰胺	36.7	17.2	26.2	19.0
其他				
二硫化碳	20.4	20.4	0	0
水	48.15	13.0	31.3	34.2

注：(1) 为依据表中 δ_D、δ_P 和 δ_h 数据计算的 δ 数据。

(2) 9.3 为原表列数据，疑是错误的，37.6 是作者核算数据。

由式[3-1-51]可知，如果我们得到了讨论物质的 δ_D、δ_P 和 δ_h 这些溶解度参数的数值，则我们能得到该物质中非极性作用力所占的比例和静电力所占的比例，非极性(色散力)比例：

$$f_D = \frac{\delta_D^2}{\delta^2} = \frac{\delta_D^2}{\delta_D^2 + \delta_P^2 + \delta_h^2} \quad [3-1-52]$$

静电力比例：
$$f_K = \frac{\delta_P^2 + \delta_h^2}{\delta^2} = \frac{\delta_P^2 + \delta_h^2}{\delta_D^2 + \delta_P^2 + \delta_h^2} = \frac{\delta^2 - \delta_D^2}{\delta^2} \quad [3-1-53]$$

溶解度参数理论中亦有涉及对诱导溶解度参数的讨论。一些研究者推出了更精细的溶解度参数概念，这些均不是本书讨论的内容，有兴趣的读者可参阅文献[14]。

由此可知，宏观性质汽化热、溶解度参数反映色散力、静电力、诱导力等微观性质。已知：

对液体 $\Delta H^L = \Delta U^L + PV^L$

对气体 $\Delta H^G = \Delta U^G + PV^G$

式中 P 为体系中平衡压力，$P = P^G = P^L$。

故汽化热：
$$\Delta H^V = \Delta H^L - \Delta H^G = \Delta(U^L - U^G) + (PV^L - PV^G)$$
$$= \Delta U^V + (PV^L - PV^G) \quad [3-1-54]$$

设讨论体系共有 N 数量分子，对上式求统计平均值为：

$$\overline{\Delta h^V} = \frac{\Delta H^V}{N} = \frac{\Delta U^V}{N} + \frac{(PV^L - PV^G)}{N} = \overline{\Delta u^V} + (\overline{w^L} - \overline{w^G}) \quad [3-1-55]$$

式中 $\overline{w} = W/N = PV/N$，表示膨胀功的平均值。由式[3-1-44]知，汽化热的平均值为：

$$\overline{\Delta h^V} = \overline{\Delta h^L} - \overline{\Delta h^G} = (\overline{\Delta h_K^L} + \overline{\Delta h_{SP}^L} + \overline{\Delta h_{int}^L}) - (\overline{\Delta h_K^G} + \overline{\Delta h_{int}^G}) \quad [3-1-56]$$

同理，蒸发内能的统计平均值为：

$$\overline{\Delta u^V} = \overline{\Delta u^L} - \overline{\Delta u^G} = (\overline{\Delta u_K^L} + \overline{\Delta u_{SP}^L} + \overline{\Delta u_{int}^L}) - (\overline{\Delta u_K^G} + \overline{\Delta u_{int}^G}) \quad [3-1-57]$$

对气体而言：$\overline{\Delta h_{SP}^G} = 0$；$\overline{\Delta u_{SP}^G} = 0$

由于体系压力是由分子运动产生，因而压力的统计平均值应只考虑动态分子动能及其所受到的各种分子间相互作用的影响，而不考虑静态分子的势能。

依据式[3-1-45]，膨胀功的统计平均值为：

$$\overline{w^L} - \overline{w^G} = (\overline{P_{K,P}^L} + \overline{P_{K,id}^L}) \times \overline{V^L} - (\overline{P_{K,P}^G} + \overline{P_{K,id}^G}) \times \overline{V^G} \quad [3-1-58]$$

认为在同样温度下可设气体和液体的分子内部运动性质相等，即 $\overline{\Delta h_{int}^L} = \overline{\Delta h_{int}^G}$，$\overline{\Delta u_{int}^L} = \overline{\Delta u_{int}^G}$。将上述各项代入式[3-1-55]中：

$$(\overline{\Delta h_{K}^{L}}+\overline{\Delta h_{SP}^{L}})-(\overline{\Delta h_{K}^{G}})=(\overline{\Delta u_{K}^{L}}+\overline{\Delta u_{SP}^{L}})-(\overline{\Delta u_{K}^{G}})+(\overline{w^{L}}-\overline{w^{G}}) \quad [3-1-59a]$$

将与动态分子相关的各项整理在一起，知：

$$\overline{\Delta h_{K}^{L}}=\overline{\Delta u_{K}^{L}}+\overline{w^{L}}\ ;\quad \overline{\Delta h_{K}^{G}}=\overline{\Delta u_{K}^{G}}+\overline{w^{G}}$$

故可改写为

$$\overline{\Delta h_{SP}^{L}}=\overline{\Delta u_{SP}^{L}} \quad [3-1-59b]$$

式[3-1-59b]表明：

(1) 讨论物质蒸发内能中分子间相互作用势能的统计平均值与讨论物质汽化热中分子间相互作用势能的平均值数值上相等。

(2) 讨论物质蒸发内能中分子间相互作用势能的统计平均值是指每个静态分子与邻近分子之间相互作用势能的统计平均值。由上式关系知，讨论物质汽化热中分子间相互作用势能的平均值亦是指讨论物质中每个静态分子所受到的与邻近分子之间相互作用势能的统计平均值。

(3) 改变式[3-1-59]，

$$\begin{aligned}\overline{\Delta h^{V}}&=\overline{\Delta h_{SP}^{L}}+(\overline{\Delta h_{K}^{L}}-\overline{\Delta h_{K}^{G}})\\&=\overline{\Delta u_{SP}^{L}}+(\overline{\Delta u_{K}^{L}}-\overline{\Delta u_{K}^{G}})+(\overline{w^{L}}-\overline{w^{G}})\end{aligned} \quad [3-1-60]$$

由此看来，组成物质蒸发所需要的总热量——汽化热为：需要克服液体静态分子间的相互作用所产生的势能和由液态动态分子变化到气态动态分子的动能和功的变化。

又由式[3-1-45]知：

$$(\overline{\Delta u_{K}^{L}}-\overline{\Delta u_{K}^{G}})=(\overline{\Delta u_{KP}^{L}}+\overline{\Delta u_{K,\,id}^{L}})-(\overline{\Delta u_{KP}^{G}}+\overline{\Delta u_{K,\,id}^{G}})$$

由于气体和液体的分子是同一种分子，平衡时气体、液体的状态条件完全相同，当假设液体分子像气体分子那样处于自由分子状态，亦忽略周围分子对其分子间相互作用，即处于理想状态时应有：

$$\overline{\Delta u_{K,\,id}^{L}}=\overline{\Delta u_{K,\,id}^{G}}$$

这样，式[3-1-60]为：

$$\begin{aligned}\overline{\Delta h^{V}}&=\overline{\Delta u_{SP}^{L}}+(\overline{\Delta u_{KP}^{L}}-\overline{\Delta u_{KP}^{G}})+(\overline{w^{L}}-\overline{w^{G}})\\&\simeq\overline{\Delta u_{SP}^{L}}+\overline{\Delta u_{KP}^{L}}+(\overline{w^{L}}-\overline{w^{G}})=\overline{\Delta u_{P}^{L}}+(\overline{w^{L}}-\overline{w^{G}})\end{aligned} \quad [3-1-61]$$

式[3-1-61]中忽略了分子相互作用势能对气体动能的影响 $\overline{\Delta u_{KP}^{G}}$ 数值，因为与液体内能相比较，气体的 $\overline{\Delta u_{KP}^{G}}$ 数值是很低的。式[3-1-61]中 $\overline{\Delta u_{P}^{L}}=\overline{\Delta u_{SP}^{L}}+\overline{\Delta u_{KP}^{L}}$，表示了液体内全部分子间相互作用势能的数值。这包含有液体内每个静态分子(定居分子)的相互作用势能的统计平均值数值 $\overline{\Delta u_{SP}^{L}}$，和液体内每个动态分子(移动分子)受到周围邻近分子相互作用势能对其影响统计平均值数值 $\overline{\Delta u_{\mathrm{KP}}^{\mathrm{L}}}$。

式[3-1-61]表示，物质蒸发所需要的总热量——汽化热中内汽化热主要是用于克服液体中静态分子间相互作用势能；而外汽化热则用于由液态分子变化到气态分子需做的功。

汽化热的计算式[3-1-47]表示了蒸发内能 ΔU^V 与汽化热 ΔH^V 的关系。ΔU^V 难于由直接测量获得，而是通过 $\Delta U^V = \Delta H^V - P^S(V^G - V^L)$ 关系计算得到。由于 ΔH^V 与讨论液体的势能 ΔU_P^L 相关，即实验测试 ΔH^V 的数据可用于计算微观分子间相互作用势能数值。

直接测量汽化热 ΔH^V 的方法有量热法和色谱法。

1. 量热法

通过热量测试求得热力学性质的方法，是测定汽化热的最重要的直接法。

量热法分为冷凝法和蒸发法两种。冷凝法是测定单位蒸汽冷凝为液体时所放出的热。此法设备简单，测定快速，但精度不高，误差一般要大于1%。蒸发法是测定单位液体蒸发成为蒸汽时所放出的热，测定误差为0.1%～0.3%。

2. 色谱法

色谱法也是直接测量法，它是基于比保留时间与蒸发焓及固定相熔解焓之间的关系式。色谱法亦被用于测定高沸点化合物的汽化热。

在热力学过程讨论中，除一些化合物(目前来看还有相当的数量)的汽化热需要直接测量获得数据外，目前很多化合物的汽化热数据均可查阅相关手册而得到，这集聚了许多研究者的辛勤工作。例如，Maier 等[15]收集了大量由量热法测得的 ΔH^V 数值，并推荐了 ΔH_{298}^V 和 ΔH_b^V。其他还有许多列示汽化热的数据的手册，如 Yaws 的工作[16]等。

从目前汽化热数据应用情况来看，这些数据大部分被用于进行热力学过程的讨论，例如计算混合物的汽化热、计算不同温度下汽化热、不同相态间生成焓换算等。但很少有依据汽化热数据来分析讨论物质中分子间相互作用的情况，而上述的溶解度参数理论可作为这方面探索的一例。因此，无论在理论上或实际应用上，还需要寻找像汽化热这样与分子间相互作用有直接相关的更多的物性参数，将物质中分子间相互作用情况反映出来以供了解。

3-2　配分函数

在3-1节中简单介绍了统计规律性，亦就是说，为了建立宏观性质与微观分子运动的关系，需要研究与宏观状态相应的一些微观状态的规律，即各种性质的统计平均值。

已知统计平均值被定义为

$$\bar{u} = \lim_{N\to\infty}\sum_K \frac{u_K n_K}{N} = \sum_K u_K \mathrm{P}_K$$

对于上列定义式，在 N 个近独立定域粒子的体系中具有下列限制条件：

(1) $\sum_i n_i u_i = U$

(2) $\sum_i n_i = N$

一组 $(n_1, n_2, \cdots, n_i) = \{n_i\}$ 叫做体系的一种分布。一种分布所对应的微观状态数也就是一种宏观状态对应的微观状态数。亦就是说,宏观状态与微观状态之间的对应关系取决于粒子在各个能级上的分布规则。

因此有:

$$N = \{n_A\} + \{n_B\} + \cdots + \{n_K\} \quad [3-2-1]$$

$$U = \sum u_A n_A + \sum u_B n_B + \cdots + \sum u_K n_K \quad [3-2-2]$$

得:

$$\bar{u} = \overline{u_A}\frac{n_A}{N} + \overline{u_B}\frac{n_B}{N} + \cdots + \overline{u_K}\frac{n_K}{N}$$

$$= \overline{u_A}\mathrm{P}_A + \overline{u_B}\mathrm{P}_B + \cdots + \overline{u_K}\mathrm{P}_K \quad [3-2-3]$$

亦就是说,体系中不同能级均存在自己的统计平均值。因此在一定的讨论条件下,体系的总统计平均值应取决于体系中各能级能量的统计平均值和各能级在讨论体系中的概率。

显然当体系中能级 u_K 数值波动时,或者能级 u_K 内分子数量出现概率变化时均会影响体系的统计平均值数值变化,不利于将宏观性质与微观状态间正确地联系起来。

为此,我们需要讨论:

(1) 微观状态的统计分布。

(2) 微观状态的最可几分布。

3-2-1 分布

设讨论体系中有粒子数 N,体积 V 和温度 T,则由量子力学可得到粒子允许的能级 $u_i (i = 1, 2, \cdots)$ 和各能级的简并度 ω_i。系统内各个粒子分属于各个能级,设能级第 i 能级上粒子数为 n_i,将系统中粒子处于不同能级的情况可描述如下:

能　级:$u_1, u_2, \cdots, u_i, \cdots$

简并度:$\omega_1, \omega_2, \cdots, \omega_i, \cdots$

粒子数:$n_1, n_2, \cdots, n_i, \cdots$

文献中称这种反映粒子在能级上分布情况的表为分布表[17],分布表中所列各能级上的粒子数 $n_1, n_2, \cdots, n_i$ 被标志以 $\{n_i\}$,统计力学中称为分布。

统计力学讨论目的是了解在一定的讨论条件下,系统处于平衡时,实际的微观状态在分布表中各个可能的能阶上是怎样分布的。

显然,粒子对于一个能级的量子态占据会有不同的方式,而不同的占据方式会构成系统不同的微观状态,所以一个分布 $\{n_i\}$ 会包含多种微观状态。同样,不同的宏观条件下讨论系统将会出现不同的分布情况。当前统计力学中讨论的统计分布有多种多样,以本书的篇幅不可能对其进行详尽的讨论，下面，将以三种典型系综中分布为例进行讨论，即：

(1) 微正则系综。一群保守的孤立的或近似孤立的相同系统的集合称作微正则系综。其宏观条件中总能量、粒子总数和体积应恒定，即：

$$\Delta U = 0, \quad \Delta N = 0, \quad \Delta V = 0$$

也就是说，这种系综适用于与外界没有能量交换和粒子交换的孤立(隔离)系统。

(2) 正则系综。一群与一个大热源相接触并处于热平衡的相同系统的集合被称作正则系综。其宏观条件是温度、粒子总数和体积恒定，而能量有变化，即：

$$\Delta T = 0, \quad \Delta N = 0, \quad \Delta V = 0, \quad \Delta U \neq 0$$

这种系综适用于与环境只有能量交换的封闭系统。

(3) 巨正则系综。一群与一热源和粒子源有能量交换和粒子交换，并处于平衡的相同系统的集合被称作巨正则系综。其宏观条件是温度和体积恒定，有一定的化学势，但能量和粒子数有变化。即：

$$\Delta T = 0, \quad \Delta \mu = 0, \quad \Delta V = 0, \quad \Delta U \neq 0, \quad \Delta N \neq 0$$

这种系综适用于与环境有能量也有物质交换的敞开系统。

3-2-2　三种系综分布函数

1. 微正则系综

统计力学通过对微正则系综的分布函数的讨论，得到以下一些结论和意见：

(1) 对于处在平衡态的孤立系统，系统中每一个可能的微观态出现的概率相等。统计力学称为等概率原理。

(2) 近独立子系统讨论分布函数所使用方法是 Boltzmann 统计理论。由此出发，通过分子的配分函数可以求得微观的运动形态如分子的移动能、转动能、振动能等与理想气体的热力学性质之间的关系。

(3) 统计力学证得，Boltzmann 系统一个分布 $\{n_i\}$ 所包含的微观状态数公式为：

$$\Omega = \frac{N!}{\prod_i n_i!} \prod_i \omega_i^{n_i} \qquad [3-2-4]$$

2. 正则系综

正则系综允许考虑分子间相互作用，因此正则系综允许讨论实际体系。讨论的 Hamiltonian 函数为：

$$H = \frac{1}{2m} \sum_{i=1}^{N} (p_{xi}^2 + p_{yi}^2 + p_{zi}^2) + U_{\mathrm{p}}(q_1, q_2, \cdots, q_N) \qquad [3-2-5]$$

式中 $U_p(q_1, q_2, \cdots, q_N)$ 为系统位能，仅与 N 个粒子的位置有关，依据量子力学的基本方程

$$H\psi = U\psi \tag{3-2-6}$$

由此得到一系列本征态和能量本征值，从而列示所得到各能级分布表。正则系综对分布的限制条件为：

标本系综的数目一定 $$\underline{N} = \sum_i \underline{n}_i \tag{3-2-7}$$

正则系综的总能量一定 $$\underline{N}\bar{U} = \sum_i \underline{n}_i u_i \tag{3-2-8}$$

由于系综中的每一个标本系统彼此可以辨别，因此，对于任一给定的分布 $\{n_i\}$ 所包含为微观状态数公式为：

$$\Omega = \frac{\underline{N}!}{\prod_i n_i!} \prod_i \omega_i^{n_i} \tag{3-2-9}$$

3. 巨正则系综

巨正则系综是由大量的温度 T、体积 V 和化学势 μ 都相同的系统所组成的系综[18]。与正则系综不同处是标本系统的粒子数不是固定数。设巨正则系综中标本系统总数为 $\underline{N}$，当分子数为 N 时(N 不是固定数)，巨正则系综分布表如下：

粒子数为 N 系统可能处的能级：$U_1(N), U_2(N), \cdots, U_i(N), \cdots$

相应能级的简并度： $\omega_1(N), \omega_2(N), \cdots, \omega_i(N), \cdots$

标本的粒子数： $n_1(N), n_2(N), \cdots, n_i(N), \cdots$

对于任一给定的分布 $\{n_i(N)\}$ 所包含的微观状态数公式为

$$\Omega = \underline{N}! \prod_i \prod_N \frac{\omega_i(N)_i^{n_i(N)}}{n_i(N)!} \tag{3-2-10}$$

此式与正则系综的式[3-2-9]的区别在于上式中考虑了分子数 N 可以具有不同的值，故计算式中列入了 $\prod_N$。

3-2-3 最可几分布

上节讨论中介绍了三种最常用的统计系综在任一给定的分布 $\{n_i\}$ 所包含的微观状态数的计算。但是每个给定的分布 $\{n_i\}$ 对应的是有着大量粒子占据的各个能级上单粒子量子态的可能方式，每种特定的占据方式对应于系统的一个微观态。故哪一种分布对应的微观态越多，则出现这种分布概率也就越大。在热力学中讨论系统最终要达到的是热力学平衡态，而统计力学所希望的是系统趋向于出现概率最大的哪种分布，也就是说，趋向于包含有微观状态最多的分布，这种分布称为最可几分布。

最可几分布所包含的微观状态比其他分布的微观状态总和还要多得多，故统计平衡态时粒子按单粒子能级的分布问题，改变为寻求微观状态数最多的分布。为此，按照上述得到的三种不同统计系综，寻求给定的分布 $\{n_i\}$ 中微观状态数最多的分布。

寻找最可几分布的方法是在一些讨论条件不变时得到各个给定的分布 $\{n_i\}$ 的微观状态数 Ω 是最多的分布。Boltzmann 导得，系统的熵 S 与微观状态数 Ω 的关系

$$S = \mathrm{k}\ln\Omega \tag{3-2-11}$$

式中 $\mathrm{k} = 1.380\,658 \times 10^{-23}\ \mathrm{J \cdot K^{-1}}$，为 Boltzmann 常数。

此式表示，熵是一定状态条件下系统包含的可能微观状态数的量度。由于所包含的可能微观状态数量越多则系统显得越混乱，熵在热力学中又认为是混乱度的量度。故式中 $\ln\Omega$ 也可认为是可能微观状态数的量度，或认为是混乱度的量度。

由于 Ω 和 $\ln\Omega$ 取极大值的分布相同，但 Ω 中有阶乘形式，给计算带来一些麻烦，而 $\ln\Omega$ 可能将阶乘形式计算改变，使计算简化，故统计计算中多采用 $\ln\Omega$。

下面对三种统计系综最可几分布进行计算。

1. 微正则系综

对 Boltzmann 系统一个分布 $\{n_i\}$ 所包含的微观状态数计算式[3-2-4]两边取对数，并对 $\ln n_i!$ 应用 Stirling 公式展开，

$$\begin{aligned}\ln\Omega &= \ln N! - \sum_i \ln n_i! + \sum_i n_i \ln\omega_i \\ &= N\ln N - N - \sum_i n_i \ln n_i + \sum_i n_i + \sum_i n_i \ln\omega_i\end{aligned} \tag{3-2-12}$$

对 $\ln\Omega$ 以 n_i 为变量求一级变分，得：

$$\delta\ln\Omega = \sum_i \delta n_i \ln\frac{\omega_i}{n_i} \tag{3-2-13}$$

引入微正则系综的 N、U 不变两个限制条件。

N 不变限制条件 $N = \sum n_i$，求变分：

$$\delta N = \sum \delta n_i \tag{3-2-14}$$

U 不变限制条件 $U = \sum u_i n_i$，求变分：

$$\delta U = \sum u_i \delta n_i \tag{3-2-15}$$

将式[3-2-13～15]进行 Lagrange 待定乘子法处理，即：

$$\delta\ln\Omega - \alpha\delta N - \beta\delta U = \sum_i \delta n_i \left(\ln\frac{\omega_i}{n_i} - \alpha - \beta u_i\right) = 0 \tag{3-2-16}$$

式中 δn_i 可以为任意值，故上式成立的条件为 $\ln\frac{\omega_i}{n_i}-\alpha-\beta u_i=0$，即

$$n_i=\omega_i\exp(-\alpha-\beta u_i) \qquad [3-2-17]$$

这就是 Ω 和 $\ln\Omega$ 取极大值时所遵从的分布，亦应是最可几分布，文献中称之为 Maxwell-Boltzmann 分布，简称为 Boltzmann 分布。

上式是由函数 $\ln\Omega$ 取极大值时求得，若确为极大值，则分布 $\{n_i\}$ 变化引起偏离 $\Delta\Omega$ 时应有：

$$\ln(\Omega+\Delta\Omega)-\ln\Omega=\delta\ln\Omega+\frac{1}{2}\delta^2\ln\Omega<0 \qquad [3-2-18]$$

由于取极值时 $\delta\ln\Omega=0$，故有：$\frac{1}{2}\delta^2\ln\Omega<0$ [3-2-19]

由式[3-2-13]知，对其求 n_i 的二级变分，得：

$$\delta^2\ln\Omega=-\sum_i\frac{(\delta n_i)^2}{n_i} \qquad [3-2-20]$$

已知 $n_i>0$，故[3-2-19]成立，由此证实式[3-2-17]确是最可几分布。

2. 正则系综

对正则系综的限制条件为[2, 10]：

标本系统的数目一定，$\underline{N}=\sum_i\underline{n}_i$；求变分

$$\sum\delta\underline{n}_i=0 \qquad [3-2-21]$$

正则系综的总能量一定 $\underline{N}\bar{U}=\sum_i\underline{n}_i u_i$；求变分

$$\sum u_i\delta\underline{n}_i=0 \qquad [3-2-22]$$

同样，依据 Lagrange 待定乘子法处理，亦可得到 $\ln\frac{\omega_i}{\underline{n}_i}-\alpha-\beta u_i=0$，即：

$$\underline{n}_i=\omega_i\exp(-\alpha-\beta u_i) \qquad [3-2-23]$$

这就是 Ω 和 $\ln\Omega$ 取极大值时所遵从的分布，即是正则系综中的最可几分布[19]。

3. 巨正则系综

对巨正则系综的限制条件[2, 10]为：

标本系统的数目一定， $\underline{N}=\sum_i\sum_N\underline{n}_i(N)$ [3-2-24]

标本系统平均能量一定， $\underline{N}\bar{U}=\sum_i\sum_N\underline{n}_i(N)u_i(N)$ [3-2-25]

标本系统平均数量一定，　$\underline{N}\,\overline{N} = \sum_i \sum_N \underline{n}_i(N)N$　[3-2-26]

利用 Lagrange 待定乘子法对上述三式的变分分别乘以未定系数 α、β、γ，并与 $\delta \ln \Omega = 0$ 相减，得：

$$\underline{n}_i(N) = \omega_i(N)\exp(-\alpha - \beta u_i - \gamma N) \quad [3-2-27]$$

这就是 Ω 和 $\ln \Omega$ 取极大值时所遵从的分布，即是巨正则系综中的最可几分布[19]。

3-2-4　配分函数

已知对近独立定域粒子系统，由 Boltzmann 分布出发，将式[3-2-17]对 i 求和，得：

$$N = \sum_i n_i = \exp(-\alpha)\sum_i \omega_i \exp(-\beta u_i) \quad [3-2-28]$$

量子力学可以计算式中粒子的能级 u_i 和简并度[17]，这样，式中 $\sum_i \omega_i \exp(-\beta u_i)$ 部分亦可求得，对此部分以 Z 表示，称之为粒子的配分函数，简称为配分函数，其表示式为：

$$Z = \sum_i \omega_i \exp(-\beta u_i) \quad [3-2-29]$$

配分函数是统计力学中一个重要的函数关系。已经证明[20]系统所有的热力学宏观量都可由配分函数来表示。

上述讨论中两个未定系数 α、β 的计算如下：

未定系数 α，由式[3-2-28]知

$$\exp(-\alpha) = \frac{N}{\sum_i \omega_i \exp(-\beta u_i)} = \frac{N}{Z} \quad [3-2-30]$$

未定系数 β，已证明，　$\beta = \frac{1}{\mathrm{k}T}$　[3-2-31]

式中 k 为 Boltzmann 常数。故而 β 所表示的也是系统的温度性质，通常称为统计温度。两者的区别是温度 T 越高，则对应的 β 越小。

由此可将式[3-2-17]改写为

$$n_i = \frac{N}{Z}\omega_i \exp(-\beta u_i) = \frac{N}{Z}\omega_i \exp\left(-\frac{u_i}{\mathrm{k}T}\right) \quad [3-2-32]$$

由此式可知，通过系统粒子数 N，系统结构参数 ω_i、u_i 和平衡态参数 β 可以确定分布中 n_i 数值，亦就是说，可以从系统的微观模型结构出发求得系统宏观量的数值。

对正则系综的最可几分布式[3-2-23]进行类似处理，可证得：

$$\exp(-\alpha)=\frac{\underline{N}}{\sum_{i}\omega_{i}\exp(-\beta u_{i})}=\frac{\underline{N}}{\sum_{i}\omega_{i}\exp(-u_{i}/\mathrm{k}T)} \qquad [3-2-33]$$

所以
$$\frac{\underline{n}_i}{\underline{N}}=\frac{\omega_i\exp(-u_i/\mathrm{k}T)}{\sum_i\omega_i\exp(-u_i/\mathrm{k}T)} \qquad [3-2-34]$$

此式即为吉布斯正则分布式。式中 $\underline{n}_i/\underline{N}$ 应是在系统能级 u_i 上的概率，由此式可知，此概率应与简并度 ω_i 和 Boltzmann 因子 $\exp(-u_i/\mathrm{k}T)$ 相关，ω_i 越大，粒子处于该能级上的概率越大；而能级上粒子能量 u_i 越高，则 Boltzmann 因子 $\exp(-u_i/\mathrm{k}T)$ 越小，粒子处于该能级上的概率也越小。

定义正则配分函数为：

$$Z(T,V,N)=\sum_i\omega_i\exp(-u_i/\mathrm{k}T) \qquad [3-2-35]$$

表示系统的微观状态在所有能级上的统计分布。

对巨正则系综的最可几分布式[3-2-27]也可进行类似处理，巨正则系综除对应的限制条件式[3-2-26]外还需引入另一个未定系数 γ，已证得：

$$\gamma=-\frac{\mu}{\mathrm{k}T}$$

由此得：
$$\underline{n}_i(N)=\omega_i(N)\exp(-\alpha)\exp(-\beta u_i(N))\exp(-\gamma N) \qquad [3-2-36]$$

未定系数 α 为：

$$\begin{aligned}\exp(-\alpha)&=\frac{\underline{N}}{\sum_i\sum_N\omega_i(N)\exp(-\beta u_i(N))\exp(-\gamma N)}\\&=\frac{\underline{N}}{\sum_i\sum_N\omega_i(N)\exp(-u_i(N)/\mathrm{k}T)\exp(-N\mu/\mathrm{k}T)}\end{aligned} \qquad [3-2-37]$$

由此得：
$$\frac{\underline{n}_i(N)}{\underline{N}}=\frac{\omega_i(N)\exp\left(-\frac{u_i(N)}{\mathrm{k}T}+\frac{N\mu}{\mathrm{k}T}\right)}{\sum_i\sum_N\omega_i(N)\exp\left(-\frac{u_i(N)}{\mathrm{k}T}+\frac{N\mu}{\mathrm{k}T}\right)} \qquad [3-2-38]$$

此式即为巨正则分布式，将式中分母设为：

$$\Xi(T,V,\mu)=\sum_i\sum_N\omega_i(N)\exp\left(-\frac{u_i(N)}{\mathrm{k}T}+\frac{N\mu}{\mathrm{k}T}\right) \qquad [3-2-39]$$

$\Xi(T,V,\mu)$ 称为巨配分函数，表示系统的微观状态对所有可能的分子数的统计分布。如果系统中有 K 个组分，则巨配分函数为

$$\Xi(T,V,\mu_1,\cdots,\mu_K)=\sum_i\sum_{N_1}\cdots\sum_{N_K}\omega_i(N_1,\cdots,N_K)\exp\left[-\frac{u_i(N_1,\cdots,N_K)}{\mathrm{k}T}+\frac{\sum_{j=1}^{K}N_j\mu_j}{\mathrm{k}T}\right] \qquad [3-2-40]$$

3-2-5　热力学量与配分函数

由上述三种不同统计系综的配分函数可导出各种热力学宏观性质的统计公式,并可对一些相关的物理量含义进行讨论,这在一些统计力学著作中均有详尽的介绍,在此仅列举系统内能和压力的计算,为下面讨论做好准备。

3-2-5-1　微正则系综

系统内能:

$$U=\sum u_i n_i=\sum u_i\omega_i \mathrm{e}^{-\alpha-\beta u_i}=-\mathrm{e}^{-\alpha}\frac{\partial}{\partial\beta}\sum\omega_i \mathrm{e}^{-\beta u_i}=-\frac{N}{Z}\frac{\partial}{\partial\beta}Z \quad [3-2-41]$$

广义力:系统所受的广义力等于其能量对于外参量 y 的偏导数,即

$$Y=\frac{\partial}{\partial y}\sum u_i n_i=\sum n_i\frac{\partial u_i}{\partial y}=\sum\omega_i \mathrm{e}^{-\alpha-\beta u_i}\frac{\partial u_i}{\partial y}=-\frac{N}{\beta Z}\frac{\partial}{\partial y}Z \quad [3-2-42]$$

对于不考虑分子间相互作用,简单的 PVT 系统,由于 $\mathrm{d}y=\mathrm{d}V$, $Y=P$,得压强公式:

$$P=\frac{N}{\beta}\frac{\partial}{\partial V}\ln Z=N\mathrm{k}T\frac{\partial}{\partial V}\ln Z \quad [3-2-43]$$

如果讨论的是一种完全的理想状态,在这种状态下统计力学认为体系中每个粒子均是一个不计其体积的质点。这些质点,根据量子力学,其分子的能量只与平动能量和体系体积 V 有关。因此计算理想状态体系的配分函数时只需用平动配分函数就够了,即上式中

$$Z=Z_{\text{平动}}=\frac{V}{h^3}\left(\frac{2\pi m}{\beta}\right)^{3/2} \quad [3-2-44]$$

故对于理想状态体系的压力为:　　$P=\dfrac{N}{\beta V}$

理想状态体系的物态方程:　　$PV=N\mathrm{k}T$　　[3-2-45]

这个物态方程已被广泛地应用于理想气体情况、理想液体。条件是讨论系统内不考虑分子间相互作用和讨论系统内所有粒子均不计其本身的体积大小。

但是,实际上每个讨论系统内所有分子均有着分子本身的体积,每一个分子体积值很小,但讨论系统内存在大量的分子时,大量分子本身体积的综合将具有一定的数值。设每个分子本身的体积为 v_b。在一定温度下体系内分子均在作一定的移动运动,故可认为当讨论系统内不考虑分子间相互作用时,在每个分子周围可能发生分子间相互作用的距离范围内均不存在着另一个分子,故体系所有分子本身体积的综合为:

$$b^0=N\times v_b \quad [3-2-46]$$

故系统体积应为：
$$V = V^f + b^0 \qquad [3-2-47]$$
式中 V^f 为讨论体系中分子可以自由活动的空间。在这个自由空间内活动着的分子应有一定的能量，但因为将分子本身体积均考虑在 b^0 中，故在 V^f 中运动着的分子均不考虑其本身体积。在不考虑分子间相互作用影响时设每个分子具有的能量为 u_K，即为动态分子平动运动的动能，体系能量为

$$U_K^f = \sum_i^N u_K$$

对分子本身总体积 b^0 应注意：

(1) 在一定的讨论条件下（恒温，分子数量不变）和不考虑分子间相互作用影响时，b^0 应是个恒定的数值。

(2) 由于 b^0 只是将体系内所有分子的本身体积加和起来的一个数值，因此在 b^0 这个体积内应该不再考虑分子本身所具有的各种能量。亦就是说，在体积 b^0 内虚拟分子的能量 $u_b = 0$，该体积 b^0 系统内能量为：

$$U_K^b = \sum_i^N u_b = 0$$

(3) 式[3-2-46]中 v_b 表示每个分子可能占有的空间范围的体积。由于不考虑分子间相互作用，体积中 b^0 不存在有分子间的吸引或排斥现象，因此每个分子占有的空间范围可能有着一个恒定的数值。由于体系中分子数目 N 是恒定的，因此 b^0 数值也是恒定的。但是，当讨论体系中存在分子间相互作用时，出现了分子间的吸引或排斥现象，致使每个分子独占其分子作用半径的空间范围成为不可能，在此空间范围内有可能出现一个或几个其他分子，亦就是 v_b 不再是由单独一个分子所占有，平均到每个分子所占有的空间范围将减小。由于体系中分子数目 N 是恒定的，因此存在分子间相互作用时 b 数值将低于 b^0 数值，且会受到分子间相互作用的影响而变化，b 数值将不再是恒定的。这在热力学中称之为分子协体积现象，b 亦称为分子协体积。关于分子协体积，本书将在第七章中讨论。这里，对微正则系综在不考虑分子间相互作用、b^0 数值恒定的情况下进行讨论。

式[3-2-44]表示的是未考虑分子本身体积影响的配分函数，由此计算的系统内能也是未考虑分子本身体积影响的系统内能，将它们均称为理想的配分函数和理想的系统内能，即：

$$Z^{id} = Z^{id}_{平动} = \frac{V}{h^3}\left(\frac{2\pi m}{\beta}\right)^{3/2}; \quad U^{id} = -\frac{N}{Z^{id}}\frac{\partial}{\partial\beta}Z^{id} = \frac{3}{2}NkT \qquad [3-2-48]$$

如果考虑分子本身体积的影响，则体系的实际体积应是 V^f，这时配分函数应是：

$$Z^f = Z^f_{平动} = \frac{V^f}{h^3}\left(\frac{2\pi m}{\beta}\right)^{3/2} \qquad [3-2-49]$$

故系统内能：　$U^f = \sum u_i n_i = -\frac{N}{Z^f}\frac{\partial}{\partial \beta}Z^f = \frac{3}{2}NkT$　[3－2－50]

又知 b^0 体积部分不含有能量，即：　$U^{b^0} = 0$，　[3－2－51]

故而近独立粒子系统在不考虑分子本身体积影响时系统内能 U^{id} 与考虑分子本身体积影响时系统内能 $U^f + U^{b^0}$ 的关系是：

$$U^{id} = U^f + U^{b^0} = U^f \quad [3-2-52]$$

同理，对系统压强表示式亦应考虑分子本身体积的影响，故式[3－2－43]应改为：

实际压力　$P = NkT\frac{\partial}{\partial V^f}\ln Z^f = \frac{NkT}{V^f}$　[3－2－53a]

即，　$PV^f = NkT$　[3－2－53b]

因此式[3－2－53]表示在微正则系综中由配分函数计算的压力应是该讨论体积所具有的实际压力，其所做的膨胀功为：

如果认为讨论体系中所有分子均可以不考虑其本身的体积，仅将其当作一个无体积的质点，这时，设在不考虑分子间相互作用时的理想情况下体系压力为 P_{id}，P_{id} 所做的膨胀功由式[3－2－45]计算，即：

$$P_{id}V = NkT \quad [3-2-53c]$$

注意 P_{id} 为不考虑其分子本身的体积、不考虑分子间相互作用时的理想压力。故有：

$$PV^f = P_{id}V \quad [3-2-54]$$

因为 $V > V^f$，故：　$P > P_{id}$　[3－2－55]

因此不考虑分子间相互作用情况下，分子本身体积的存在将会使不考虑分子本身体积的体系压力数值增加。亦就是说，分子本身体积存在对讨论体系而言相当于起着形成分子间相互排斥的作用，这使系统压力增加。

改变上式，设：　$P = P_{id} + \Delta P$　[3－2－56a]

即：　$PV^f = P_{id}V^f + \Delta PV^f$

$= P_{id}V - P_{id}b^0 + \Delta P(V - b^0) = P_{id}V - Pb^0 + \Delta P \times V$　[3－2－56b]

对比式[3－2－54]知：$-Pb^0 + \Delta P \times V = 0$，故有：

$$Pb^0 = \Delta P \times V \quad [3-2-56c]$$

由此可知，当知道分子本身总体积数值时便可计算分子本身体积对讨论体系压力的影响，即：

$$\Delta P = P\frac{b^0}{V} \quad [3-2-57a]$$

由于分子本身体积对讨论体系压力的影响相当于某种分子间相互排斥作用的影响，故而我们称分子本身体积对讨论体系压力的影响为第一分子斥力对体系压力的影响，简称为第一分子斥压力，表示为：

$$P_{P1} = \Delta P = P\frac{b^0}{V} \qquad [3-2-57b]$$

上式为第一分子斥压力的定义式。关于第一分子斥压力已在第二章中作了简单的引入，并将在下面章节中进行更详细的讨论。这样，在考虑了第一分子斥压力后，式[3-2-56a]应改为：

$$P = P_{id} + \Delta P = P_{id} + P_{P1} \qquad [3-2-58]$$

上式是近独立子系统的压力微观结构式。通常，特别对于气体系统，$b^0 \ll V$，故有：

$$P \cong P_{id} \qquad [3-2-59]$$

这是历来文献中对分子本身体积未给予重视的原因。由上述讨论可知，对于大量的粒子系统，分子本身体积的影响应该给予重视。

3-2-5-2　正则系综

正则系综配分函数可表示为[17]：

$$Z = \sum_i \omega_i e^{(-u_i/kT)} = \frac{1}{N!h^{Nr}}\int e^{(-u_i/kT)} dPdq \qquad [3-2-60]$$

系统内能：$$U = \sum u_i n_i = \sum u_i \frac{\omega_i}{Z} e^{-\beta u_i} = -\frac{1}{Z}\frac{\partial}{\partial \beta}Z \qquad [3-2-61]$$

广义力：

$$Y = \frac{\partial}{\partial y}\sum u_i n_i = \sum n_i \frac{\partial u_i}{\partial y} = \frac{1}{Z}\sum \omega_i e^{-\beta u_i}\frac{\partial u_i}{\partial y} = -\frac{1}{\beta}\frac{\partial}{\partial y}Z \qquad [3-2-62]$$

得压强公式：$$P = \frac{1}{\beta}\frac{\partial}{\partial V}\ln Z = kT\frac{\partial}{\partial V}\ln Z \qquad [3-2-63]$$

统计力学计算系统的热力学量时一般不需要对讨论系统作模型假设，但计算时各计算参数之间关系过于复杂，则对系统作些简化假设（即模型假设），以便于进行些简化，做近似的计算，这对复杂系统的讨论往往是个有效方法。

显然，不同物质状态下物质中分子间相互作用的模型假设亦应不同，在3-1节中已经介绍。依据目前对分子间相互作用的了解，物质所具有的能量，尽管不同物质状态可能有着不同性质能量的区别，但大致可以认为，是由物质中作动态分子的能量——动能u_K、分子间相互作用能量——势能（或称为位能）u_P和每个分子内部运动的能量u_{int}所组成：

故每个分子所具有的能量为：　$u = u_K + u_P + u_{int}$ 　[3-2-64]

即讨论物质的总能量为：

$$U=\sum_{i}^{N}u=\sum_{i}^{N}u_{K}+\sum_{i<j}u_{P}+\sum_{i}^{N}u_{int}=U_{K}+U_{P}+U_{int} \quad [3-2-65]$$

依据上述认识，讨论不同物态物质可能会具有不同的能量组成，气体物质和液体物质可以依据第二章介绍的模型给予区分。

1. 气体1——完全理想气体模型气体

即气体中分子间的相互作用可以忽略不计，并且不考虑气体分子本身的体积，这样，系统中能量应是：

$$U=U_{K}+U_{int}$$

系统内能：
$$U=-\frac{N}{Z}\frac{\partial}{\partial\beta}Z+U_{int}=U^{id}+U_{int}$$

式中 U^{id} 为完全理想状态下体系分子所具有的能量，有关系：

$$U^{id}=U_{K}$$

即完全理想状态下体系分子所具有的能量与体系分子所具有的动能相同。

系统压力：
$$P=\frac{N}{\beta}\frac{\partial}{\partial V}\ln Z \quad [3-2-66a]$$

注意，分子内部运动能量 U_{int} 与系统体积无关，故在压力项中无分子内部运动能量项。得系统压力：

$$P=P_{id} \quad [3-2-66b]$$

2. 气体2——近似理想气体模型气体

即认为气体中分子间的相互作用可以忽略不计，但需要考虑气体分子本身的体积，这部分的影响以分子间斥作用力形式表现，应具有能量 U_{P1}。这样，系统中能量应是

$$U=U_{K}+U_{P1}+U_{int}$$

系统内能
$$U=-\frac{N}{Z^{f}}\frac{\partial}{\partial\beta}Z^{f}+U_{int}=U^{f}+U_{int}$$

$$U^{f}=U_{K}+U_{P1}$$

式中 U^{f} 为近似理想状态下气体体系所具有的分子动能，包含有体系分子所具有的热运动动能和分子本身体积对热运动动能的影响两种。

同样注意，分子内部运动能量 U_{int} 与系统体积无关，故在压力项中无分子内部运动能量项。同理得系统压力：

$$P=NkT\frac{\partial}{\partial V}\ln Z+P\frac{b^{0}}{V}=P_{id}+P_{P1} \quad [3-2-67]$$

3. 气体3——实际气体

这时气体中分子间的相互作用不能忽略。这样，系统中能量应是：

$$U = U_K + U_P + U_{int}$$

亦就是说，此时讨论系统要考虑分子间相互作用的影响。因此在系统能量表示式中出现位能项 U_P，位能对分子在系统中运动特性的影响应亦有区别，即 U_P 的影响应由三部分组成，

$$U_P = U_P^{KS} + U_P^{SS} + U_P^{int} \qquad [3-2-68]$$

式中 U_P^{KS} 表示系统中不停地移动运动着的分子——动态分子与邻近分子的分子间相互作用对系统位能的贡献；U_P^{SS} 表示系统中在平衡位置处并不进行移动运动的分子——静态分子与邻近分子的分子间相互作用对系统位能的贡献；U_P^{int} 表示系统中分子的内部运动——分子的电子运动、转动、振动、核自旋等——受到邻近分子的分子间相互作用而产生的影响。

讨论系统是气体系统，因而系统内只存在处于不停地移动运动着的分子，即动态分子，不存在静态分子，故此体系的位能为：

$$U_P = U_P^{KS} + U_P^{int} \qquad [3-2-69]$$

实际气体体系能量为：

$$U = U_K + U_P^{KS} + U_P^{int} + U_{int} = U_K^{re} + U_{int}^{re} \qquad [3-2-70]$$

式中 U_K^{re} 表示在实际气体中受到分子间相互作用影响的动态分子所具有的实际动能，其表示式为：

U_K^{re} = 理想状态动态分子动能 + 动态分子受到的周围分子对其相互作用的影响：

$$= U_K + U_P^{KS} \qquad [3-2-71a]$$

U_{int}^{re} 为在实际气体分子内部运动能量受到分子间相互作用的可能影响，其表示式为：

$$U_{int}^{re} = U_{int} + U_P^{int} \qquad [3-2-71b]$$

理想状态动态分子运动状态可以 r 个广义坐标和 r 个广义动量确定，即每个分子的瞬时能量可表示为：

$$u_K = u_K(q_1, q_2, \cdots, q_r; p_1, p_2, \cdots, p_r)$$

如果讨论对象是自由运动的近独立单原子经典粒子，当其质量为 m 时其瞬时能量为：

$$u_K = \frac{1}{2m}(p_x^2 + p_y^2 + p_z^2) \qquad [3-2-72]$$

设此讨论粒子受到了周围邻近粒子的分子间相互作用的影响。表示两个分子间相互作用位能一般采用 Lennard-Jones 公式：

$$u_{ij}=u_{ij}^{P}+u_{ij}^{\mathrm{at}}=4u_{0}\left[\left(\frac{d_{0}}{r}\right)^{12}-\left(\frac{d_{0}}{r}\right)^{6}\right] \qquad [3-4-73]$$

式中 $u_{ij}^{P}=4u_{0}\left(\frac{d_{0}}{r}\right)^{12}$，为分子间相互作用中的斥力势，斥力势的作用使两个相互作用的粒子距离加大，亦就是说，斥力势有可能会使讨论粒子的运动动量加大。$u_{ij}^{\mathrm{at}}=4u_{0}\left(\frac{d_{0}}{r}\right)^{6}$ 为分子间相互作用中的引力势，引力势的作用使两个相互作用的粒子相互吸引，即彼此距离缩短，亦就是说，引力势可能会影响讨论粒子的运动动量。

设斥力势对讨论粒子动量的影响为 $u_{\mathrm{K}}^{(P)}$，此影响应是增加粒子的动能的；引力势对讨论粒子动量的影响为 $u_{\mathrm{K}}^{(\mathrm{at})}$，此影响应是减小粒子的动能的。故受到周围邻近分子间相互作用影响的单原子经典粒子的实际的瞬时能量为：

$$u^{re}=u_{\mathrm{K}}^{re}+u_{\mathrm{int}}^{re}=(u_{\mathrm{K}}+u_{\mathrm{K}}^{(P)}+u_{\mathrm{K}}^{(\mathrm{at})})+(u_{\mathrm{P}}^{\mathrm{int}}+u_{\mathrm{int}}) \qquad [3-2-74]$$

根据量子力学，各部分能量的能级、简并度有各自的独立性。所以受到分子间相互作用影响的气体的实际配分函数为：

$$\begin{aligned}Z&=\sum_{i}\omega_{i}\exp(-\beta u^{re})=\sum\omega_{\mathrm{K}}^{re}\omega_{\mathrm{int}}^{re}\exp(-\beta u_{\mathrm{K}}^{re}-\beta u_{\mathrm{int}}^{re})\\&=\sum\omega_{\mathrm{K}}\exp(-\beta u_{\mathrm{K}})\sum\omega_{\mathrm{K}}^{(P)}\exp(-\beta u_{\mathrm{K}}^{(P)})\sum\omega_{\mathrm{K}}^{(\mathrm{at})}\exp(-\beta u_{\mathrm{K}}^{(\mathrm{at})})\\&\quad\sum\omega_{\mathrm{int}}^{(P)}\exp(-\beta u_{\mathrm{P}}^{\mathrm{int}})\sum\omega_{\mathrm{int}}\exp(-\beta u_{\mathrm{int}})\\&=Z_{\mathrm{K}}\cdot Z_{\mathrm{K}}^{P}\cdot Z_{\mathrm{K}}^{\mathrm{at}}\cdot Z_{\mathrm{P}}^{\mathrm{int}}\cdot Z_{\mathrm{int}}\end{aligned} \qquad [3-2-75]$$

Z_{K}、Z_{K}^{P}、$Z_{\mathrm{K}}^{\mathrm{at}}$、$Z_{\mathrm{P}}^{\mathrm{int}}$、$Z_{\mathrm{int}}$ 的定义式与配分函数 Z 的形式类似，区别的是这里仅应用了系统中部分能量和与其相应的简并度，统计力学中称为部分配分函数，即：

——不考虑分子间相互作用影响时平动配分函数：

$$Z_{\mathrm{K}}=\sum\omega_{\mathrm{K}}\exp(-\beta u_{\mathrm{K}}) \qquad [3-2-76a]$$

——分子间斥力势对平动配分函数的影响：

$$Z_{\mathrm{K}}^{P}=\sum\omega_{\mathrm{K}}^{(P)}\exp(-\beta u_{\mathrm{K}}^{(P)}) \qquad [3-2-76b]$$

——分子间引力势对平动配分函数的影响：

$$Z_{\mathrm{K}}^{\mathrm{at}}=\sum\omega_{\mathrm{K}}^{(\mathrm{at})}\exp(-\beta u_{\mathrm{K}}^{(\mathrm{at})}) \qquad [3-2-76c]$$

——忽略分子相互作用时分子内部配分函数：

$$Z_{\mathrm{int}}=\sum\omega_{\mathrm{int}}\exp(-\beta u_{\mathrm{int}}) \qquad [3-2-76d]$$

——分子相互作用对分子内部配分函数影响：

$$Z_{\mathrm{P}}^{\mathrm{int}}=\sum\omega_{\mathrm{int}}^{(\mathrm{P})}\exp(-\beta u_{\mathrm{P}}^{\mathrm{int}}) \qquad [3-2-76e]$$

因此，系统的热力学量可由各个部分配分函数应用相应的热力学公式按各部分进行计算，例如内能可按下式计算：

$$\begin{aligned}U&=-N\frac{\partial}{\partial\beta}\ln Z=-N\frac{\partial}{\partial\beta}\ln(Z_{\mathrm{K}}\cdot Z_{\mathrm{K}}^{P}\cdot Z_{\mathrm{K}}^{\mathrm{at}}\cdot Z_{\mathrm{P}}^{\mathrm{int}}\cdot Z_{\mathrm{int}})\\&=-N\frac{\partial}{\partial\beta}\ln Z_{\mathrm{K}}-N\frac{\partial}{\partial\beta}\ln Z_{\mathrm{K}}^{P}-N\frac{\partial}{\partial\beta}\ln Z_{\mathrm{K}}^{\mathrm{at}}-N\frac{\partial}{\partial\beta}\ln Z_{\mathrm{P}}^{\mathrm{int}}-N\frac{\partial}{\partial\beta}\ln Z_{\mathrm{int}}\end{aligned} \qquad [3-2-77]$$

上式中各项能量均是讨论系统内能的组成部分，它们分别为：

$-N\frac{\partial}{\partial\beta}\ln Z_{\mathrm{K}}=U_{\mathrm{K}}$ 表示动态分子在做理想的自由运动，即未受到分子间相互作用的影响时所具有的动能。

$-N\frac{\partial}{\partial\beta}\ln Z_{\mathrm{K}}^{P}=U_{\mathrm{K}}^{P}$ 表示动态分子在体系中运动时受到了分子间相互排斥作用的影响，即动态分子的运动不再是理想的自由运动，而受到斥力势的影响，故而系统分子实际动能应为

$$U_{\mathrm{K}}^{re}=U_{\mathrm{K}}+U_{\mathrm{K}}^{P} \qquad [3-2-78]$$

注意斥力势的影响会使体系中动态分子的动能增加。

$-N\frac{\partial}{\partial\beta}\ln Z_{\mathrm{K}}^{\mathrm{at}}=U_{\mathrm{K}}^{\mathrm{at}}$ 表示动态分子在体系中运动时受到了分子间相互吸引作用的影响，即动态分子的运动不再是理想的自由运动，而受到引力势的影响，故而系统分子实际动能应为

$$U_{\mathrm{K}}^{re}=U_{\mathrm{K}}-U_{\mathrm{K}}^{\mathrm{at}} \qquad [3-2-79]$$

注意引力势的影响会使体系中动态分子的动能减少。在斥力势和引力势的共同作用下系统分子实际动能应为

$$U_{\mathrm{K}}^{re}=U_{\mathrm{K}}+U_{\mathrm{K}}^{P}-U_{\mathrm{K}}^{\mathrm{at}} \qquad [3-2-80]$$

$-N\frac{\partial}{\partial\beta}\ln Z_{\mathrm{int}}=U_{\mathrm{int}}$ 表示在未受到周围分子对其施加的分子间相互作用的影响时分子内部运动所具有的能量。

$-N\frac{\partial}{\partial\beta}\ln Z_{\mathrm{P}}^{\mathrm{int}}=U_{\mathrm{P}}^{\mathrm{int}}$ 表示讨论分子内部运动能量受到了分子间相互作用对的影响。故讨论分子实际具有的分子内部运动能量为：

$$U_{int}^{re} = U_{int} + U_{P}^{int} \qquad [3-2-81]$$

受到了分子间相互作用影响的实际气体的内能是由两部分所组成，其一为系统动态分子在分子间相互作用影响下具有的实际动能；另一为在分子间相互作用影响下分子所具有的实际分子内部运动能量。这可表示为：

$$U = U_{K}^{re} + U_{int}^{re} = (U_{K} + U_{K}^{P} - U_{K}^{at}) + (U_{int} + U_{P}^{int}) \qquad [3-2-82]$$

式[3-2-82]表示了分子间相互作用对动态分子动能和分子内部运动能量的影响。由上述讨论已知，分子本身体积不会有上述这样的影响，故而上式中未列入分子本身体积的影响。

分子的总能量是各种运动能量之和，故在压力表示式中可代入式[3-2-75]，注意内部运动配分函数与体系的体积无关，考虑分子本身的体积时分子活动的自由体积为 V^f，故有：

$$\begin{aligned} P &= NkT \frac{\partial}{\partial V^f} \ln Z^f = NkT \frac{\partial}{\partial V^f} \ln(Z_{K} \times Z_{K}^{P} \times Z_{K}^{at} \times Z_{P}^{int} \times Z_{int}) \\ &= NkT \frac{\partial}{\partial V^f} \ln Z_{K} + NkT \frac{\partial}{\partial V^f} \ln Z_{K}^{P} + NkT \frac{\partial}{\partial V^f} \ln Z_{K}^{at} = P_{id}^{f} + P_{P} - P_{at} \end{aligned} \qquad [3-2-83]$$

式中 P_P 表示分子间相互作用中斥力势对体系理想压力数值的影响；同理，P_{at} 表示引力势的影响值；P_{id}^f 表示不考虑分子间相互作用存在，但需考虑分子本身体积时的理想压力数值。已知此近似理想压力 P_{id}^f 与不考虑分子间相互作用存在，也不考虑分子本身体积时的完全理想压力 P_{id} 的关系为：

$$P_{id}^{f} = P_{id} + P_{P1} \qquad [3-2-84]$$

注意，这时分子本身总体积 b^0 因受到分子间相互作用的影响而改变为分子协体积 b，故而有：

$$P_{P1} = P \times b/V \qquad [3-2-85]$$

将上两式代入式[3-1-83]中，并将分子间相互作用中斥力势对压力的影响称为第二分子斥压力，得：

$$P = P_{id}^{f} + P_{P} - P_{at} = P_{id} + P_{P1} + P_{P2} - P_{at} \qquad [3-2-86]$$

上式即为真实气体中压力的微观结构式，下面对液体的讨论证实此微观结构式亦可适用于液体动态分子压力的讨论。对此微观结构式[3-2-86]作说明如下：

(1) 式中 P_{id} 是指不考虑分子间相互作用存在、分子自由运动体积为体系体积 V，即不考虑分子本身体积的影响时的理想状态下的理想压力，其计算式为：

$$P_{id} = \frac{NkT}{V} = \frac{N}{N_A} \frac{RT}{V}$$

无论对气体还是液体，在计算压力时都应采用此概念的理想压力，或称为完全理想压力。

(2) 式中 P_{P1} 是指分子本身体积的存在对体系压力的影响。这里的分子本身总体积是指受到了分子间相互作用影响的分子协体积 b，只有当讨论体系可以不考虑分子间相互作用的影响时分子本身总体积才是每个分子在体系中所占有的体积总和的 b^0 数值。这个概念无论对气体还是液体均适用。

(3) 由于分子本身体积的存在对体系压力的影响与分子间斥力势对体系压力的影响效果相类似，因此均可将其当作斥力影响处理，分别称为第一和第二分子斥压力，将此两项合并，可得体系的总斥力项：

$$P_P = P_{P1} + P_{P2} \quad [3-2-87]$$

以上是对实际气体系统进行的讨论，下面将对液体系统进行讨论。

4. 液体

依据目前文献中对液体微观结构的看法和对液体模型的研究[5, 6]，液体有如下一些特点：

(1) 任何液体中均存在有分子间相互作用，并且液体分子间相互作用要远强于气体分子间相互作用。

(2) 任何气态物质中只存在一种类型分子——无固定位置、处于不断地进行着移动运动的动态分子。而液态情况不同，除同样具有运动着的动态分子外，在液体中还存在有另一种类型分子——在一定时间内有着固定位置并不进行移动运动，在一定范围内各个分子作一定规律性的有序排列，即称为短程有序排列的静态分子。

因此液体与实际气体有相似之处，即系统中能量亦由以下三部分所组成：

$$U^L = U_K^L + U_S^L + U_{int}^L \quad [3-2-88]$$

在此能量组成中液体动能 U_K^L 和液体分子内部运动能量 U_{int}^L 与实际气体中气体动能 U_K^G 和气体分子内部运动能量 U_{int}^G 相似，动能亦是指以分子平动运动为主，且在体系内做移动运动所具有的能量。具有动能的在液体中的分子同样亦可称为动态分子；液体分子内部运动能量亦可指类似的分子内部的电子运动、核自旋、分子转动及振动等分子的内部运动能量。

液体中静态分子间相互作用形成的位能部分亦应由三部分组成，即：

$$U_S^L = U_{KS}^L + U_{SS}^L + U_P^{Lint} \quad [3-2-89]$$

式中，U_{KS}^L 表示液体静态分子与动态分子的相互作用。U_{SS}^L 表示液体中静态分子间相互作用而形成的分子间位能。U_P^{Lint} 表示液体中各个分子的内部运动——分子的电子运动、转动、振动、核自旋等——受到的邻近分子的分子间相互作用，而产生的影响。

与实际气体的区别是：气体系统内只存在有动态分子，而不存在有静态分子，因此气体

的位能则为

$$U^{\mathrm{G}} = U_{\mathrm{K}}^{\mathrm{G}} + U_{\mathrm{int}}^{\mathrm{G}} \tag{3-2-90}$$

亦就是说，气体系统内只存在分子间相互作用对动态分子运动状态和对分子内部运动状态的影响，而不存在两个处在固定位置处的分子间相互作用的位势能。但液体内存在静态分子，故存在两个处在固定位置处的分子间相互作用的位势能，这样，液体位能应考虑由式[3-2-89]表示的三部分组成，即：

$$U^{\mathrm{L}} = U_{\mathrm{K}}^{\mathrm{L}} + U_{\mathrm{S}}^{\mathrm{L}} + U_{\mathrm{int}}^{\mathrm{L}} = U_{\mathrm{K}}^{\mathrm{L}} + (U_{\mathrm{KS}}^{\mathrm{L}} + U_{\mathrm{SS}}^{\mathrm{L}} + U_{\mathrm{P}}^{\mathrm{Lint}}) + U_{\mathrm{int}}^{\mathrm{L}} \tag{3-2-91}$$

式中 $U_{\mathrm{K}}^{\mathrm{L}} = U_{\mathrm{KK}}^{\mathrm{L(at)}} + U_{\mathrm{KK}}^{\mathrm{L}(P)}$，表示在液体中动态分子受到分子间相互作用影响后所具有的实际动能。$U_{\mathrm{int}}^{\mathrm{L}} = U_{\mathrm{int}}^{\mathrm{L}} + U_{\mathrm{P}}^{\mathrm{Lint}}$ 为在液体中分子受到分子间相互作用影响后所具有的实际分子内部运动能量。整理式[3-2-91]：

$$\begin{aligned} U^{\mathrm{L}} &= (U_{\mathrm{KK}}^{\mathrm{L(at)}} + U_{\mathrm{KK}}^{\mathrm{L}(P)}) + U_{\mathrm{S}}^{\mathrm{L}} + (U_{\mathrm{int}}^{\mathrm{L}} + U_{\mathrm{P}}^{\mathrm{Lint}}) \\ &= U_{\mathrm{K}}^{\mathrm{L}} + U_{\mathrm{S}}^{\mathrm{L}} + U_{\mathrm{int}}^{\mathrm{L}} \end{aligned} \tag{3-2-92}$$

对比气体能量表示式：

$$U^{\mathrm{G}} = (U_{\mathrm{KK}}^{\mathrm{L(at)}} + U_{\mathrm{KK}}^{\mathrm{L}(P)}) + (U_{\mathrm{int}}^{\mathrm{G}} + U_{\mathrm{P}}^{\mathrm{Gint}}) = U_{\mathrm{K}}^{\mathrm{G}} + U_{\mathrm{int}}^{\mathrm{G}} \tag{3-2-93}$$

由此可知，液体能量的组成中较气体的多了一项 $U_{\mathrm{S}}^{\mathrm{L}}$，即增加了静态分子间相互作用位能，为此讨论此项位能。

分子间相互作用理论认为，系统位能可表示为分子对的相互作用能之和。设第 i 个分子与第 j 个分子之间的距离为 r_{ij}，两个分子之间的相互作用能以 $u(r_{ij})$ 表示，则液体静态分子间相互作用位能为：

$$U_{\mathrm{S}}^{\mathrm{L}} = \sum_{i<j}^{N} u(r_{ij}) \tag{3-2-94}$$

由分子间相互作用理论可知，静态分子间位能 $u(r_{ij})$应有以下一些特点。

(1) 已知液体的微观结构是短程有序、长程无序。亦就是说，在液体局部不定的范围内，分子还有着一定的规则排列，液体可以认为是由许多这种短程有序小区域无序地集合在一起构成的。因此注意到在短程有序小区域中的分子应该有着固定的位置，即是所谓静态分子。由此可以认为，在讨论的状态条件不变时，短程有序规则排列的两个相邻的静态分子，其平衡的分子间距离应是恒定的，即恒温恒压下：

$$r_{ij} = r_{ij}^{e} = 常数 \big|_{T,\,P}$$

(2) 由于两个静态分子间平衡的分子间距离是恒定的，由 Lennard-Jones 公式知，此两个分子间相互作用的位能 $u(r_{ij})$ 亦应是一定的，由此可知由 $U_{\mathrm{S}}^{\mathrm{L}}$ 数值亦应是一定的。

(3) 由于液体物态属于凝聚性物质，液体中两个静态分子间距离是平衡状态下的距离

r_{ij}^{e}，故知液体中两个静态分子间的相互作用应该是相互吸引作用，此时分子间引力势能应远大于斥力势能，即有：

$$u(r_{ij}) = u^{at}(r_{ij})$$

(4) 注意，从局部看，液体中短程有序小区域内分子规则排列取向是一定的，但从宏观范围看，液体中各个短程有序小区域的分子规则排列取向是混乱的、无序的。因此，从能量的角度看，系统总的静态分子间位能 U_S^L 应该是各个短程有序小区域具有的位能的总和，正如式[3-2-94]所表示的。

从分子间作用力的角度看，由于宏观范围中各个短程有序小区域的分子规则排列取向是混乱的、无序的，因此，从宏观范围看，由各个短程有序小区域的分子规则排列取向所形成的分子间作用力的作用方向亦是混乱的、无序的。这无助于形成定向的分子间作用合力，对于与分子间作用力相关的宏观性质，例如系统压力形成，亦无任何有效贡献。即有：

$$\sum f_S^L = \frac{dU_S^L}{dr} = \sum \frac{du_S^L(r)}{dr} = 0$$

液体中除静态分子外还存在动态分子，动态分子与动态分子之间、动态分子与静态分子之间也可能发生分子间相互作用，以 u_{KS}^L 表示动态分子受到的分子间相互作用影响。下面说明 u_{KS}^L 与 u_{SS}^L 之间的区别：

(1) u_{KS}^L 是指液体中动态分子与静态分子之间的相互作用位能；u_{SS}^L 是指液体中的静态分子与静态分子之间的相互作用位能。前者，由于动态分子是在体系中不断地运动着的分子，因此两个相互作用分子的距离 r 是变化的、不固定的，其变化范围可以从分子硬球半径到无限大，即 $r = \sigma \sim \infty$；而后者，各静态分子在体系中并不运动，处于固定位置，两个相互作用分子的距离 r 是不变的、固定的，即 $r = r^e$，r^e 是平衡状态下两个静态分子间距离。处于短程有序区域边缘的静态分子亦有可能与区域外的动态分子相互作用，但是受到了动态分子作用力的静态分子仍然处于固定位置，故动态分子对静态分子的作用可归纳在静态分子的分子间相互作用位能中。

(2) 由于动态分子与相互作用分子间的距离是变化的、不定的，因此 u_{KS}^L 的数值亦应是变化的、不定的；而静态分子与相互作用分子间距离是相对固定的，u_{SS}^L 的数值应是相对固定的。

(3) 依据 Lennard-Jones 公式，动态分子与静态分子间相互作用，可能是斥力势，也可能是引力势，亦就是说，u_{KS}^L 可以由两部分组成，即：

$$U_{KS}^L = U_{KS}^{L(P)} + U_{KS}^{L(at)}$$

其中动态分子对静态分子的引力势 $U_{KS}^{L(at)}$ 可以归入到静态分子的位势能 U_S^L 中。依据

Lennard-Jones 公式对于处于平衡状态的凝聚态物质的，分子间引力势应远大于斥力势，即：

$$U_S^L = U_{SS}^{L(at)} + U_{KS}^{L(at)} = \sum_{i<j}^{N_S} u_{SS}^{L(at)}(r_{ij}) + \sum_{i<j}^{N_K} u_{KS}^{L(at)}(r_{ij})$$

系统中动态分子数量远低于对静态分子数量 $N_K \ll N_S$，即 $U_{KS}^{L(at)} \ll U_{SS}^{L(at)}$，故有 $U_S^L \cong U_{SS}^{L(at)}$，$U_S^L$ 仍可以正确地反映静态分子间的位势能。

由于在平衡状态下静态分子仍在平衡位置处相对稳定，且动态分子数量远低于对静态分子，故而动态分子对静态分子的斥力势 $U_K^{L(P)}$ 对静态分子影响应很小，但这斥力势反过来对动态分子却有影响，会改变动态分子的运动状态，故可将其放在对动态分子影响上考虑，即，液体系统能量中动能和位能为：

$$U^L = U_K^L + U_S^L = (U_{KK}^{L(at)} + U_{KK}^{L(P)} + U_{KS}^{L(P)}) + (U_{KS}^{L(at)} + U_{SS}^{L(at)})$$

将其合并简化，得：

动态分子的能量为： $U_K^L = U_{KK}^{L(at)} + U_{KK}^{L(P)} + U_{KS}^{L(P)} = U_K^{L(at)} + U_K^{L(P)}$

静态分子的能量为： $U_S^L = U_S^{L(at)}$

即： $$U^L = U_K^L + U_S^L = U_K^{L(at)} + U_K^{L(P)} + U_S^{L(at)} \qquad [3-2-95]$$

讨论式[3-2-95]，假设液体中动态分子的分子运动为分子的平移运动，在不考虑分子间相互作用的影响时，液体分子平移运动能量表示式认为可参考单原子平移运动能量表示式，即：

理想状态分子动能： $$u_K^{id} = \frac{1}{2m}((p_x^0)^2 + (p_y^0)^2 + (p_z^0)^2) \qquad [3-2-96a]$$

理想状态系统动能： $$U_K^{id} = \frac{1}{2m}\sum_i^{3N} p_i^{0^2} \qquad [3-2-96b]$$

每个动态分子受到的影响能量为 $u_K^L = u_K^{L(at)} + u_K^{L(P)}$，这时动态分子动量会发生变化，即：

$$\begin{aligned} u_K^L &= u_K^{id} + u_K^{L(P)} + u_K^{L(at)} \\ &= \frac{1}{2m}\Big[(p_x^{0^2} + p_y^{0^2} + p_z^{0^2}) + (\Delta p_x^{(P)^2} + \Delta_y^{(P)^2} + \Delta p_z^{(P)^2}) \\ &\quad + (\Delta p_x^{(at)^2} + \Delta p_y^{(at)^2} + \Delta p_z^{(at)^2})\Big] \\ &= \frac{1}{2m}\Big[(p_x^{0^2} + \Delta p_x^{(P)^2} + \Delta p_x^{(at)^2}) + (p_y^{0^2} + \Delta_y^{(P)^2} + \Delta p_y^{(at)^2}) \\ &\quad + (p_z^{0^2} + \Delta p_z^{(P)^2} + \Delta p_z^{(at)^2})\Big] \\ &= \frac{1}{2m}(p_x^{L^2} + p_y^{L^2} + p_z^{L^2}) \end{aligned} \qquad [3-2-97]$$

$$(p_x^{\mathrm{L}})^2 = (p_x^0)^2 + (\Delta p_x^{(P)})^2 + (\Delta p_x^{(\mathrm{at})})^2$$
$$(p_y^{\mathrm{L}})^2 = (p_y^0)^2 + (\Delta p_y^{(P)})^2 + (\Delta p_y^{(\mathrm{at})})^2$$
$$(p_z^{\mathrm{L}})^2 = (p_z^0)^2 + (\Delta p_z^{(P)})^2 + (\Delta p_z^{(\mathrm{at})})^2 \qquad [3-2-98]$$

显然，分子动量的变化原因来自周围分子对其作用，亦就是说：

斥力势的影响：
$$u_{\mathrm{K}}^{\mathrm{L(P)}} = \frac{1}{2m}(\Delta p_x^{(P)^2} + \Delta p_y^{(P)^2} + \Delta p_z^{(P)^2}) \qquad [3-2-99a]$$

引力势的影响：
$$u_{\mathrm{K}}^{\mathrm{L(at)}} = \frac{1}{2m}(\Delta p_x^{(\mathrm{at})^2} + \Delta p_y^{(\mathrm{at})^2} + \Delta p_z^{(\mathrm{at})^2}) \qquad [3-2-99b]$$

注意，液体中动态分子是在去除了所有分子本身体积后系统内剩余的自由体积 V^f 内作移动运动，故 p_x^0 表示在不存在分子间相互作用时动态分子在 V^f 内作移动运动的动量。如果按习惯使用系统总体积 V 时，则要考虑分子本身体积对分子动量的影响，故可改写为：

$$\left.\begin{aligned}
\frac{1}{2m}(p_x^{\mathrm{L}})^2 &= \frac{1}{2m}\left[(p_x^{\mathrm{id}})^2 + (\Delta p_x^{(b)})^2 + (\Delta p_x^{(P)})^2 + (\Delta p_x^{(\mathrm{at})})^2\right] \\
\frac{1}{2m}(p_y^{\mathrm{L}})^2 &= \frac{1}{2m}\left[(p_y^{\mathrm{id}})^2 + (\Delta p_y^{(b)})^2 + (\Delta p_y^{(P)})^2 + (\Delta p_y^{(\mathrm{at})})^2\right] \\
\frac{1}{2m}(p_z^{\mathrm{L}})^2 &= \frac{1}{2m}\left[(p_z^{\mathrm{id}})^2 + (\Delta p_z^{(b)})^2 + (\Delta p_z^{(P)})^2 + (\Delta p_z^{(\mathrm{at})})^2\right]
\end{aligned}\right\} \qquad [3-2-100]$$

实际系统动能：

$$U_{\mathrm{K}}^{\mathrm{L}} = \frac{1}{2m}\sum_i^{3N} p_i^{\mathrm{L}^2} = \frac{1}{2m}\sum_i^{3N}\left[(p_i^{\mathrm{id}})^2 + (\Delta p_i^{(b)})^2 + (\Delta p_i^{(P)})^2 + (\Delta p_i^{(\mathrm{at})})^2\right]$$

[3-2-101]

系统总能量为：

$$U^{\mathrm{L}} = U_{\mathrm{K}}^{\mathrm{L}} + U_{\mathrm{S}}^{\mathrm{L}} + U_{\mathrm{int}}^{\mathrm{L}} =$$
$$= \frac{1}{2m}\sum_i^{3N}\left[(p_i^{\mathrm{id}})^2 + (\Delta p_i^{(b)})^2 + (\Delta p_i^{(P)})^2 + (\Delta p_i^{(\mathrm{at})})^2\right] + \sum_{i<j}^{N} u_{\mathrm{S}}^{\mathrm{L(at)}}(r_{ij}^e) + U_{\mathrm{int}}^{\mathrm{L}}$$

[3-2-102]

因此液体能量是由三部分构成：

(1) $U_{\mathrm{K}}^{\mathrm{L}}$ 表示液体动态分子具有的动能，即受到分子间相互作用影响的液体动态分子实际具有的动能。由此可知，液体动能部分巨配分函数为：

$$\Xi_{\mathrm{K}}^{\mathrm{L}} = \sum_i\sum_N \omega_{\mathrm{K}}^{\mathrm{id}}(N)\exp(-\beta u_{\mathrm{K}}^{\mathrm{id}}(N) - \gamma N) \times \sum_i\sum_N \omega_{\mathrm{K}}^{(b)}(N)\exp(-\beta u_{\mathrm{K}}^{(b)}(N) - \gamma N) \times$$
$$\times \sum_i\sum_N \omega_{\mathrm{K}}^{(P)}(N)\exp(-\beta u_{\mathrm{K}}^{(P)}(N) - \gamma N) \times \sum_i\sum_N \omega_{\mathrm{K}}^{(\mathrm{at})}(N)\exp(-\beta u_{\mathrm{K}}^{(\mathrm{at})}(N) - \gamma N)$$
$$= \Xi_{\mathrm{K}}^{\mathrm{id}} \cdot \Xi_{\mathrm{K}}^{b} \cdot \Xi_{\mathrm{K}}^{P} \cdot \Xi_{\mathrm{K}}^{\mathrm{at}}$$

[3-2-103]

因此液体内能中动能部分为：

$$U_{\mathrm{K}}^{\mathrm{L}}=kT^{2}\frac{\partial\ln\Xi_{\mathrm{K}}^{\mathrm{L}}}{\partial T}=kT^{2}\left(\frac{\partial\ln\Xi_{\mathrm{K}}^{\mathrm{id}}}{\partial T}+\frac{\partial\ln\Xi_{\mathrm{K}}^{b}}{\partial T}+\frac{\partial\ln\Xi_{\mathrm{K}}^{P}}{\partial T}+\frac{\partial\ln\Xi_{\mathrm{K}}^{\mathrm{at}}}{\partial T}\right)$$

[3-2-104]

(2) $U_{\mathrm{S}}^{\mathrm{L}}=\sum_{i<j}^{N}u_{\mathrm{S}}^{\mathrm{L(at)}}(r_{ij}^{\mathrm{e}})$ 表示液体处于平衡状态下两个静态分子，彼此相距平衡距离 r_{ij}^{e} 时的分子相互作用位势的总和。由于各分子对的位能在平衡状态下数值相同，故此位能可表示成平均值形式，即：

$$U_{\mathrm{S}}^{\mathrm{L}}=\sum_{i<j}^{N}u_{\mathrm{S}}^{\mathrm{L(at)}}(r_{ij}^{\mathrm{e}})=N\times\overline{u_{\mathrm{S}}^{\mathrm{L(at)}}}(r_{ij}^{\mathrm{e}})\qquad[3-2-105]$$

(3) $U_{\mathrm{int}}^{\mathrm{L}re}=U_{\mathrm{P}}^{\mathrm{Lint}}+U_{\mathrm{int}}^{\mathrm{L}}$ 表示受到分子间相互作用影响后分子内部运动能量。因而，系统内能为：

$$\begin{aligned}U^{\mathrm{L}}&=-N\frac{\partial}{\partial\beta}\ln\Xi^{\mathrm{L}}=-N\frac{\partial}{\partial\beta}\ln(\Xi_{\mathrm{K}}^{\mathrm{L}}\cdot\Xi_{\mathrm{S}}^{\mathrm{L}}\cdot\Xi_{\mathrm{int}}^{\mathrm{L}re})\\&=-N\frac{\partial}{\partial\beta}\ln(\Xi_{\mathrm{K}}^{\mathrm{id}}\cdot\Xi_{\mathrm{K}}^{b}\cdot\Xi_{\mathrm{K}}^{P}\cdot\Xi_{\mathrm{K}}^{\mathrm{at}})+U_{\mathrm{S}}^{\mathrm{L}}-N\frac{\partial}{\partial\beta}\ln\Xi_{\mathrm{int}}^{\mathrm{L}re}\\&=(U_{\mathrm{K}}^{\mathrm{Lid}}+U_{\mathrm{K}}^{\mathrm{L}b}+U_{\mathrm{K}}^{\mathrm{L}P}+U_{\mathrm{K}}^{\mathrm{Lat}})+U_{\mathrm{S}}^{\mathrm{L}}+U_{\mathrm{int}}^{\mathrm{L}re}\end{aligned}\qquad[3-2-106]$$

据此可求得系统压力，这时需注意静态分子位能对系统动态分子形成的压力并无贡献，分子内部能量亦应与系统体积无关，故得：

$$P^{\mathrm{L}}=kT\left(\frac{\partial\ln\Xi^{\mathrm{L}}}{\partial V}\right)_{T,N}=P_{\mathrm{id}}^{\mathrm{L}}+P_{P1}^{\mathrm{L}}+P_{P2}^{\mathrm{L}}-P_{\mathrm{at}}^{\mathrm{L}}\qquad[3-2-107]$$

此式与讨论实际气体时得到的结论完全相同，说明此压力微观结构式无论对实际气体或是液体都是适用的。

3-2-6　静态分子间相互作用

前面讨论中已经对物质中动态分子和静态分子作了一定的介绍，本书讨论的重点是动态分子，以后的章节中会对动态分子作更进一步的讨论。本节将对上述静态分子相关内容做一些归纳与总结，由于静态分子间相互作用与宏观性质中物质表面能量相关，故更适合结合界面科学一起讨论，这方面作者做了一些初步的工作，读者可参考文献[14]。

已知平衡时两个相互作用静态分子间距离是一定的，即其分子间平衡距离为 r_{ij}^{e} 时，这两个分子间相互作用称之为位形分子间相互作用，亦可称之为静态分子间相互作用。

位形分子间相互作用与动态分子间相互作用不同，动态分子间相互作用是指一个运动着的分子——动态分子与另一个分子，运动着的分子亦可，不运动着的分子亦可，它们之间的相互作用，由此可知，在气体中只存在动态分子间相互作用，不存在静态分子间相互作用；而在液体中可以有动态分子间相互作用，也存在静态分子间相互作用；对于固体，应该可以讲只存在静态分子间相互作用，或绝大部分是静态分子间相互作用。

静态分子间相互作用有着下列一些特性。

1．两静态分子间位能取决于分子间距

静态分子间相互作用的两个分子是两个静态分子，这两个分子应规则地排列在体系中，对液体称为短程有序排列，对固体称为长程有序排列，因此这相互作用着的两个分子的距离在讨论条件下是不变化的，由此可知，这两个分子的相互作用位能应是一定的、不变化的，并且这两个分子的相互作用位能应该是引力势。动态分子间相互作用的两个分子中一个必定是运动着的分子——动态分子，而另一个可能是动态分子，或者是静态分子。因此，这两个分子间距离是变动的、不定的。由此可知，这两个分子的相互作用位能应该也是变动的、不定的。并且，取决于分子间距离，这两个分子的相互作用位能可能是引力势，亦可能为斥力势。

2．液体内部分子压力为零

静态分子间相互作用位势表示为：

$$U_{\mathrm{S}}^{\mathrm{L}}=\sum_{i<j}^{N}u_{\mathrm{S}}^{(\mathrm{at})}(r_{ij}^{e}) \qquad [3-2-108]$$

动态分子间相互作用位势反映了任何物质（气体、液体或固体），受到分子间相互作用影响后系统动能的变化，其表示式为：

$$U_{\mathrm{K}}=U_{\mathrm{K}}^{0}+U_{\mathrm{K}}^{\mathrm{P}}=U_{\mathrm{K}}^{0}+U_{\mathrm{K}}^{(P)}+U_{\mathrm{K}}^{(\mathrm{at})} \qquad [3-2-109]$$

此式表示，在未受到周围分子对其相互作用时系统动能是 U_{K}^{0}。周围分子对其相互作用位势反映在 U_{K}^{0} 受到的影响 $U_{\mathrm{K}}^{\mathrm{P}}$，亦就是讨论分子的运动状态受到的影响。无论是斥力势的影响 $U_{\mathrm{K}}^{(P)}$，还是引力势的影响 $U_{\mathrm{K}}^{(\mathrm{at})}$，都只是对动能的影响，可以下式表示。

$$U_{\mathrm{K}}=U_{\mathrm{K}}^{0}\left(1+\frac{U_{\mathrm{K}}^{\mathrm{P}}}{U_{\mathrm{K}}^{0}}\right)=U_{\mathrm{K}}^{0}\left(1+\frac{U_{\mathrm{K}}^{(P)}}{U_{\mathrm{K}}^{0}}+\frac{U_{\mathrm{K}}^{(\mathrm{at})}}{U_{\mathrm{K}}^{0}}\right)=U_{\mathrm{K}}^{0}\times Z^{E} \qquad [3-2-110\mathrm{a}]$$

式中 Z^{E} 表示分子间相互作用对系统在理想状态下动能 U_{K}^{0} 的影响因子。这个影响因子亦可应用于对理想状态下压力 P_{id} 的影响。由式[3－2－107]可知：

$$P=P_{\mathrm{id}}+P_{P1}+P_{P2}-P_{\mathrm{at}}=P_{\mathrm{id}}\left(1+\frac{P_{P1}}{P_{\mathrm{id}}}+\frac{P_{P2}}{P_{\mathrm{id}}}-\frac{P_{\mathrm{at}}}{P_{\mathrm{id}}}\right) \qquad [3-2-110\mathrm{b}]$$
$$=P_{\mathrm{id}}\times Z=P_{\mathrm{id}}(1+Z_{P1}+Z_{P2}-Z_{\mathrm{at}})$$

式中 Z 为压缩因子，故 Z_{P1}、Z_{P2}、Z_{at} 分别为第一分子斥压力的压缩因子、第二分子斥压力的压缩因子、分子吸引压力的压缩因子。这些不同类型压缩因子反映着不同的分子行为所产生的影响。静态分子间相互作用位势也会使相互作用的两个静态分子产生分子间相互作用力。但这两个分子并未产生分子位置移动运动，因而从理论上可以认为位形分子间相互作用位势并未对系统动能有所贡献。这说明，这些分子间作用力是种静态作用力，并且是处于平衡状态下的作用力。这是因为，无论是短程有序还是长程有序，一个静态分子四周围均匀分布着相邻的分子，因此讨论分子上所受到周围分子对其分子间相互作用力应是在数值上相等的、作用方向相反的。这也是静态分子受到了分子间相互作用力而不发生分子位置移动的原因，故有：

分子间作用力：
$$\sum_{i}^{N} f_{S}^{L} = \sum_{i<j}^{N} \frac{\partial u_{S}^{(at)}(r_{ij}^{e})}{\partial r} = 0 \qquad [3-2-111a]$$

系统压力：
$$P_{S}^{L} = P_{S}^{(at)} = \sum_{i<j}^{N} \frac{\partial u_{S}^{(at)}(r_{ij}^{e})}{\partial V} = 0 \qquad [3-2-111b]$$

因此位形分子间相互作用对系统内分子运动形成的压力无任何影响。称由静态分子间吸引作用力形成的压力 $P_{S}^{(at)}$ 为分子内压力 $P_{in} = P_{S}^{(at)}$，液体内部分子内压力为零说明在液体内所形成的分子内压力方向是混乱的、随机的，故不同取向的分子内压力相互抵消为零。

如果讨论分子处在两相间界面区处，如图3-2-1所示，由于气相外分子密度很低，故仅与液相一边分子发生相互作用，这时液相内部分子对讨论分子的作用力得不到平衡便产生将讨论分子拉向液相内部的倾向，由此产生一系列界面现象：

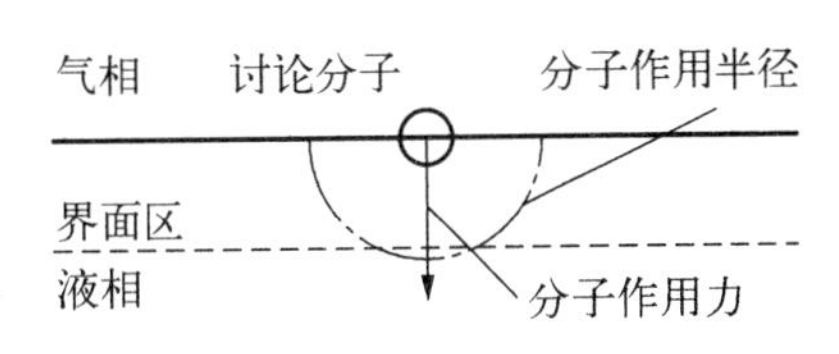

图 3-2-1　两相交界部分示意图

① 由于讨论分子存在被拉向液相内部的倾向，这使宏观上产生物质具有表面张力。

② 在界面处分子间相互作用位势所产生的分子间作用力和压力将不再符合上式所表示的，即，界面处分子间作用力

$$\sum_{i}^{N} f_{S}^{L}\big|_{界面区} = \sum_{i<j}^{N} \frac{\partial u_{S}^{(at)}(r_{ij}^{e})}{\partial r}\bigg|_{界面区} \neq 0 \qquad [3-2-112a]$$

系统压力：
$$P_{S}^{L}\big|_{界面区} = P_{S}^{(at)}\big|_{界面区} = \sum_{i<j}^{N} \frac{\partial u_{S}^{(at)}(r_{ij}^{e})}{\partial V}\bigg|_{界面区} \neq 0 \qquad [3-2-112b]$$

式中 $P_{S}^{L}\big|_{界面区}$ 为界面区处静态分子间相互作用位势所产生的压力，不同于由于分子运动产生的压力。其作用方向是由界面指向液相内部。

液体界面区的内能为：　$U^{LI} = U_{K}^{LI} + U_{S}^{LI} + U_{int}^{LI}$

故得界面区压力为：

$$P^{S} = \frac{\partial U^{LI}}{\partial V} = \frac{\partial U_{K}^{LI}}{\partial V} + \frac{\partial U_{S}^{LI}}{\partial V} + \frac{\partial U_{int}^{LI}}{\partial V} = P_{0}^{S} + P_{K}^{S} + P_{in} = P + P_{in} \qquad [3-2-113]$$

式中 P^{S} 为界面层承受的实际压力；P 为系统平衡时外压力；P_{in} 热力学中称为内压力，或称分子内压力。由上述讨论可知 $P_{in}=P_{S}^{(at)}|_{界面区}$，即是界面区中静态分子间吸引位势所产生的压力。因此界面区内存在静态分子间相互作用位势所构成的分子内压力，并使界面区内存在位势——阻碍液相分子向汽相逸出的阻力位，这会对相平衡产生影响。对位形分子间相互作用在界面区内行为感兴趣的读者可参阅文献[14]。

由上讨论可知，静态分子间相互作用位势应是分子间相互吸引作用，亦就是分子内压力 P_{in} 可反映分子间相互吸引作用。又知动态分子间相互作用位势中 $U_{K}^{(at)}$ 也反映分子间相互吸引作用，亦就是分子吸引压力 P_{at} 也可反映分子间相互吸引作用。表 3-2-1 比较了这两种分子间相互吸引作用的数据。

表 3-2-1　一些物质的动态分子中分子吸引压力 P_{atr} 和静态分子的分子内压力 P_{inr}

名　称	状　态　参　数			P_{atr}	P_{inr}
	P_r	T_r	V_r		
甲烷	1.0	1.0	1.0	4.154 2	1.398 6
	0.982 8	0.996 9	0.786 1	6.443 5	2.609 6
	6.05E−01	0.918 2	0.548 5	12.592 9	7.505 7
	2.26E−01	0.787 0	0.447 9	18.743 5	14.957 1
	5.86E−02	0.655 8	0.399 0	24.007 1	22.141 0
	7.50E−03	0.524 7	0.365 5	29.546 7	29.084 8
	2.54E−03	0.475 9	0.355 4	31.760 7	31.551 0
苯	1.0	1.0	1.0	4.639 5	1.629 3
	0.973 8	0.996 1	0.763 5	7.597 3	3.258 4
	0.860 5	0.978 3	0.686 3	9.278 9	4.515 7
	0.442 0	0.889 4	0.498 5	17.146 4	11.875 1
	1.98E−01	0.800 4	0.438 9	22.377 8	18.497 3
	7.19E−02	0.711 5	0.400 6	27.482 4	25.290 3
	1.87E−02	0.622 6	0.372 0	32.880 8	31.956 1
	2.82E−03	0.533 6	0.348 6	38.941 7	38.707 4
	1.76E−03	0.515 8	0.344 4	40.263 5	40.101 8

表中数据说明，当系统温度较低时，P_{at} 和 P_{in} 的数值十分接近；而当系统温度提高时，P_{at} 和 P_{in} 的数值偏差逐渐增大；当温度到达临界温度时两者偏差达最大。

温度提高，压力增加，P_{at} 和 P_{in} 的数值偏差增大的原因是清楚的。由于讨论的状态条件是相同的，故微观上一对分子对的吸引位能数值，无论形成 P_{at} 还是 P_{in}，应是相同的，区别

的是 P_{at} 是分子对的吸引位能可完全地转化为对动态分子的影响上;而处在表面区中的静态分子对的吸引位能,只是部分被转化为静态分子间的相互作用力,从而形成表面功;其中另一部分位能,由于表面区静态分子间作用力在完成表面功时会使体系温度变化,而被用于保持体系温度不变[9, 10, 14]。这个原因导致表中数据 P_{at} 稍高于 P_{in}。温度升高,意味着用于保持体系温度不变所需的分子间位势部分增大,P_{at} 与 P_{in} 之偏差增大:温度降低,则反之,P_{at} 与 P_{in} 之偏差减小。

综合上述,动态分子动能可表示:

$$U_K^L = \frac{1}{2m}\sum_i^{3N} p_i^2 = \frac{1}{2m}\sum_i^{3N}\left[(p_i^{id})^2 + (\Delta p_i^{(P)})^2 + (\Delta p_i^{(at)})^2\right] \quad [3-2-114a]$$

也可用分子间相互作用能形式表示

$$U_K^L = \frac{1}{2m}\sum_i^{3N}(p_i^{id})^2 + \sum_{i<j} u_K^{L(P)}(r_{ij}) - \sum_{i<j} u_K^{L(at)}(r_{ij}) = \frac{1}{2m}\sum_i^{3N}(p_i^{id})^2 + \sum_{i<j} u_K^L(r_{ij}) \quad [3-2-114b]$$

体系平动配分函数为:

$$\begin{aligned} Z_K^L &= \left(\frac{1}{N!h^{3N}}\right)\left[\int\cdots\int e^{-(\beta/2m)\sum(p_i^{id})^2}\,dp_x dp_y dp_z\right]^N \times \int\cdots\int e^{-u_K^L(r_{ij})/kT}\prod_{i=1}^N d\,r_i \\ &= \left(\frac{2\pi m}{\beta h^2}\right)^{3N/2} \times Q_K \end{aligned} \quad [3-2-115]$$

式中 Q_K 在统计力学中称为构型势能配分函数,或称为构型配分函数。

$$Q_K = \frac{1}{N!}\int\cdots\int e^{-u_K^L(r_{ij})/kT}\prod_{i=1}^N d\,r_i \quad [3-2-116]$$

引入 Mayer 函数: $$f_{ij} = \exp\left[-u_K^L(r_{ij})/kT\right] - 1 \quad [3-2-117]$$

计算得[8]: $$Q_K = \frac{V^N}{N!}\sum_{n=0}^{N/2}\frac{N!}{(N-2n)!\,n!\,N^n}\left(\frac{N}{2V^2}\iint_V f_{ij}\,d\,r_i d\,r_j\right)^n \quad [3-2-118]$$

令: $$I_K = \iint_V f_{ij}\,d\,r_i d\,r_j = V\int_V (e^{-u_K^L(r_{ij})/kT} - 1)\,d\,r_{ij} = V\beta_K \quad [3-2-119a]$$

$$\beta_K = \int_V (e^{-u_K^L(r_{ij})/kT} - 1)\,d\,r_{ij} = -4\pi\int_0^\infty (1 - e^{-u_K^L(r_{ij})/kT})r^2\,dr \quad [3-2-119b]$$

得: $$Q_K = \frac{V^N}{N!}\sum_{n=0}^{N/2}\frac{N!}{(N-2n)!\,n!\,N^n}\left(\frac{N}{2V}\beta_K\right)^n = \frac{V^N}{N!}\left(1 + \frac{N}{2V}\beta_K\right)^n \quad [3-2-120]$$

按经典力学方法计算,气体系统的正则配分函数为:

$$Z = Z^{G} = Z_{K}^{G} Z_{int}^{G} \qquad [3-2-121a]$$

液体系统的正则配分函数为：$Z = Z^{L} = Z_{K}^{L} Z_{int}^{L} Z_{S}^{L}$ [3-2-121b]

Z_{int} 为分子内部运动配分函数：

$$Z_{int} = \sum \exp(-u_{int}/kT)^{N} = q_{int}^{N} \qquad [3-2-122a]$$

Z_{S}^{L} 为静态分子位势配分函数：

$$Z_{S}^{L} = \sum \exp\left(-u_{S}^{L(at)}(r_{ij}^{e})/kT\right)^{N} \qquad [3-2-122b]$$

故体系的正则系综配分函数为：

$$Z = \left[\left(\frac{2\pi m}{\beta h^{2}}\right)^{3/2} q_{int}\right]^{N} \times Q_{K} \times Z_{S}^{L} \qquad [3-2-123]$$

注意，上式中 q_{int} 与讨论体积无关；Z_{S}^{L} 与静态分子对的相互作用 $u_{P}^{L(at)}(r_{ij}^{e})$ 相关，在恒温下静态分子间作用距离一定，故亦与体积大小无关。故有

$$\begin{aligned} P &= kT\left(\frac{\partial \ln Z}{\partial V}\right)_{T} \\ &= kT\frac{\partial}{\partial V}\ln\left\{\left[\left(\frac{2\pi m}{\beta h^{2}}\right)^{3/2} q_{int}\right]^{N} \times Q_{K}\right\} = kT\left(\frac{\partial \ln Q_{K}}{\partial V}\right)_{T} \end{aligned} \qquad [3-2-124]$$

代入式[3-2-120]得

$$\begin{aligned} P &= kT\frac{d}{dV}\left[N\left(\ln\frac{V}{N}+1\right)+\frac{N^{2}}{2V}\beta_{K}\right] \\ &= \frac{NkT}{V} - \frac{N^{2}kT}{2V^{2}}\beta_{K} = \frac{NkT}{V}\left(1-\frac{N}{2V}\beta_{K}\right) \end{aligned} \qquad [3-2-125]$$

设 $A_{V} = -N\beta_{K}/2$，A_{V} 称为 Virial 总系数，其定义可详见第 6-3 节讨论。

故知：

$$\begin{aligned} A_{V} &= -\frac{N}{2}\beta_{K} = -\frac{N}{2}\int_{V}\left(e^{-u_{K}^{L}(r_{ij})/kT}-1\right)dr \\ &= 2N\pi\int_{0}^{\infty}\left(1-e^{-u_{K}^{L}(r_{ij})/kT}\right)r^{2}dr \end{aligned} \qquad [3-2-126]$$

代入式[3-2-125]得：

$$\begin{aligned} P &= \frac{NkT}{V} - \frac{N^{2}kT}{2V^{2}}\beta_{K} = \frac{NkT}{V} + \frac{NkT}{V^{2}}A_{V} \\ &= \frac{NkT}{V} - \frac{2N^{2}\pi kT}{V^{2}}\int_{0}^{\infty}\left(e^{-u_{K}^{L}(r_{ij})/kT}-1\right)r^{2}dr \end{aligned} \qquad [3-2-127]$$

令

$$a = 2N^{2}\pi kT\int_{0}^{\infty}\left(e^{-u_{K}^{L}(r_{ij})/kT}-1\right)r^{2}dr \qquad [3-2-128]$$

故可通过 β_K 积分讨论 a 系数。在此引入 Sutherland 位势函数：

$$u_K^L \begin{cases} -u_0\left(\dfrac{\sigma}{r}\right)^6 & r > \sigma \\ \infty & r \leqslant \sigma \end{cases} \qquad [3-2-129]$$

Sutherland 位势将分子看做直径为 σ 的有吸引力的硬球，吸引力与 r^6 成反比。

代入 a 系数中

$$a = 2N^2\pi kT\int_0^\infty\left[\exp\left(\frac{u_0}{kT}\left(\frac{\sigma}{r}\right)^6\right)-1\right]r^2 dr \qquad [3-2-130]$$

得

$$P = \frac{NkT}{V} - \frac{2N^2\pi kT}{V^2}\int_0^\infty\left[\exp\left(\frac{u_0}{kT}\left(\frac{\sigma}{r}\right)^6\right)-1\right]r^2 dr = \frac{NkT}{V} - \frac{a}{V^2} \qquad [3-2-131]$$

上式中 a/V^2 反映的是某种压力，由于 a 系数是依据 Sutherland 位势函数计算的，因此 a 系数是反映分子间相互作用中的引力势，因此可设：

$$P_{at} = \frac{a}{V^2} \qquad [3-2-132]$$

称 P_{at} 为分子吸引压力。故[3-2-131]可改写为：

$$P = \frac{NkT}{V} - \frac{a}{V^2} = \frac{NkT}{V} - P_{at} \qquad [3-2-133]$$

但式[3-2-133]并未考虑分子本身存在的体积的影响。对于分子本身体积的影响可分两步考虑：

第一步是分子本身体积的存在将会对分子可以自由运动的范围产生影响，故式[3-2-133]应改为：

$$P = \frac{NkT}{V^f} - \frac{a}{V^2} = \frac{NkT}{V-b} - P_{at} \qquad [3-2-134]$$

式中 V^f 为分子可以自由运动实际体积的范围，$V^f = V - b$，故有：

$$P = \frac{NkT}{V} + P\frac{b}{V} + P_{at}\frac{b}{V} - P_{at} \qquad [3-2-135]$$

已知，$P_{id} = \dfrac{NkT}{V}$、$P_{P1} = P\dfrac{b}{V}$、$P_{P2} = P_{at}\dfrac{b}{V}$。故有：

$$P = P_{id} + P_{P1} + P_{P2} - P_{at} \qquad [3-2-136]$$

即证明压力微观结构式成立。

第二步是理论上认为分子本身体积的存在是否也会对分子吸引压力 P_{at} 产生影响，这在实际中各研究者已列示了他们的处理方法，例如：

van der Waals 方程：　$P_{at} = a/V^2$

RK 方程：　$P_{at} = a/[T^{0.5}V(V+b)]$

Soave 方程：　$P_{at} = a\alpha(T)/[V(V+b)]$

PR 方程：　$P_{at} = a\alpha(T)/[V(V+b)+b(V-b)]$

童景山方程：　$P_{at} = a\alpha(T)/(V+mb)^2$

Goebel 方程[21]：　$P_{at} = a/(V-\alpha)^2$

上列各方程，除 van der Waals 方程外，均对 P_{at} 中体积 V 项作了修改，结果表明，这些方程均比 van der Waals 方程的计算精度有所提高。

3-3　分子间相互作用与宏观性质

体系的性质一般可分成两大类：一类是平衡性质，或称热力学性质，即平衡时温度、压力、体积、组成以及各种热力学函数如内能、焓、热容、熵、自由能、自由焓等；另一类是迁移性质，如扩散、黏滞性、热传导等。

选择作为讨论对象的宏观性质，对其最基本的要求是此性质应与分子间相互作用有关。这是由于讨论宏观分子间相互作用的目的是希望将分子间相互作用理论性，尽可能与实际性能情况相结合，以分子理论指导、分析讨论体系内分子间相互作用的情况，或者按 Fowkes[22] 的说法，是所讨论的宏观性质可以“量度”讨论体系内分子间相互作用。这样才能使所得出的统计规律性可更方便地、更可靠地反映宏观性质的变化。

除上述最基本的要求外，选择作为讨论对象的宏观性质还应该满足下列一些要求：

(1) 所选择的宏观性质应该是可以通过实验方法实际测试的数据。

(2) 所选择的宏观性质应该是体系的性质，这是因为体系的一切性质皆由其微观状态所决定[3]。由于所选择的宏观性质是体系性质，这个性质必定是体系内所有粒子的贡献所形成，这个性质亦必定是由体系内每个粒子的贡献所形成。只有这样的宏观性质，才有可能将其宏观性质与其微观结构相联系起来。

(3) 所选择的宏观性质应被认为是由其微观状态所决定的，并在理论上可以讨论宏观性质与分子间相互作用的关系。

3-3-1　分子间相互作用与物质性质

已知物质体系性质是由分子内和分子间的相互作用所决定的。分子内的相互作用是指分子内部运动形态，例如转动、振动、电子运动等。这些分子内部运动形态决定理想气体的一些性质，例如理想气体的定压热容、理想气体熵值等。分子内的相互作用不是本书讨论的目标。就目前所了解的，大约有以下一些物性与分子间的相互作用有关。

（1）与理想性质的偏离，例如实际气体与理想气体的热容差、焓差、熵差、逸度、活度等。

（2）混合过程中热力学性质的变化，例如 ΔV^M、ΔH^M、ΔS^M、ΔG^M 和其超额性质 V^M、H^M、S^M、G^M。

（3）相变过程中热力学性质的变化和一些传递性质。徐光宪[23]指出：沸点、熔点、汽化热、熔化热、溶解度、表面张力、黏度等物质性质与分子间相互作用有关。

（4）PVT 数据。

上述四种类型中第一种、第二种确均与分子间相互作用情况相关，但是目前对此认识还远非完全，而且这些偏离或变化涉及的热力学性质很多，分子间相互作用对这些性质的影响十分复杂，无法从中选择一些热力学参数用于反映或量度物质中分子间相互作用情况。所以选择传递性质中表面张力和 PVT 数据中压力 P 进行讨论，理由是：

（1）表面张力和压力均可以实验方法正确地测定。

（2）表面张力和压力均是体系性质。这两个性质必定是由体系内所有粒子的贡献所形成，亦必定是由体系内每个粒子的贡献所形成。

（3）已知表面张力可表示成为不同类型分子间相互作用，色散力(D)、诱导力(I)、氢键力(h)、金属键力(M)、π 电子作用(π)、离子力(i)等所作贡献的总和[24~25]：

$$\sigma = \sigma^D + \sigma^I + \sigma^h + \sigma^M + \sigma^\pi + \sigma^i + \cdots$$

压力也可表示成为不同类型分子间相互作用贡献的总和。状态方程理论指出[21]，实际气体压力是由分子间吸引力项和斥力项所组成，例如，van der Waals 方程可以改写为：

$$P = \frac{RT}{V-b} - \frac{a}{V^2} = P_{斥力} - P_{引力}$$

3-3-2　表面张力

表面张力又可称为表面自由能。因此表面张力可以从力的角度反映分子间相互作用力；也可以从能量角度反映分子间相互作用能。以往文献中一些研究者曾提出一些表面张力的计算式，例如，Hiemenz[26]曾讨论 van der Waals 力与表面张力的关系，得到：

$$\sigma_L = 1.2\left(\frac{\rho N_A}{M}\right)_L^2 \frac{\beta_L \pi}{4} d_L^{-2} \qquad [3-3-1a]$$

式中 $\rho N_A/M$ 为每立方厘米中物质分子数量。σ_L 为液体表面张力。β_L 为液体的相互作用参数。d_L 分子间距离。又如 Davis 和 Scriven[27]提出：$\sigma_L = \frac{1}{8n_C^{1/3}}\left(\frac{\partial U}{\partial V}\right)_{T,N}$ 　　[3-3-1b]

式中 n_C 为液体密度。

Rosseinsky[28]的计算式为：

$$\sigma_L = \frac{1}{3.22\alpha n^{1/3}}\left(\frac{\partial U}{\partial V}\right)_{T,N} \qquad [3-3-1c]$$

式中 $\frac{1}{\alpha} = T\left(\frac{\partial S}{\partial A}\right)\left(\frac{\partial A}{\partial U}\right)_{T,N}$，其数值由实验数值求出。

由此可见，物质的表面张力应该与该物质的分子相互作用有关，或与其内能有关，即：

$$\sigma_L = F(\beta_L) \quad 或 \quad \sigma_L = F(\Delta U) \qquad [3-3-2]$$

亦就是说，表面张力可以表示成为液体的分子相互作用或物质内能的函数关系，本节中将讨论物质表面张力与物质的内能，即分子间相互作用的关系。

在实际中有许多情况可以反映物质表面张力可能与物质内能，即物质中分子间相互作用强弱有关。例如，物质不同，物质内部分子间相互作用类型可能不同，物质内部分子间相互作用的强弱亦有所不同，从而各种物质的表面张力数值会有所不同。

分子间相互作用力在本质上有化学性的，亦有物理性的。各种原子—分子间作用力大致可分为化学键力和范德华力二类，前者属化学性质力，后者属物理性质力。化学键力一般包括离子键、共价键和金属键。van der Waals 力一般有氢键力、偶极力、诱导偶极力和色散力，这些不同分子间作用力的能量见表 3-3-1。

表 3-3-1　各种原子—分子间作用力的能量

类　型	作用力种类	能量/kJ · mol^{-1}
化学键	离子键	586～1 047
	共价键	62.8～712
	金属键	113～347
van der Waals 力	氢　键	<50
	偶极力	<21
	诱导偶极力	<2.1
	色散力	<41.9

由表 3-3-1 数据可知，这些作用力中以金属键和化学键的相互作用强度较大，因此具有金属键和化学键的物质，一般都具有较高的表面张力数值，其数值可达几百到一千多 mN/m 范围。并且这些物质因为分子间相互作用强大，常使分子在物质内移动受到影响，也就是说持这类键能的物质很多因此而失去流动性而在常温下成为固体，故化学键和金属键对固态物质的表面能有所贡献。在表 3-3-2 中列示了一些这类物质的表面张力作为参考。

表 3-3-2　金属和一些化合物的表面张力

金　属	温度/℃	表面张力 /mN·m^{-1}	化合物	温度/℃	表面张力 /mN·m^{-1}
汞	20	486.5	NaCl	1 073	115
钠	130	198	$KClO_3$	368	81
钾	64	110.3	KNCS	175	101.5
锡	332	543.8	N_2O	182.5	24.26
银	1 100	878.5	NOCl	−10	13.71
铜	110	1 315～1 320	$NaNO_3$	308	116.6
钛	1 680	1 588	$K_2Cr_2O_7$	397	129
铂	熔点	1 800	$Ba(NO_3)_2$	595	134.8
铁	1 550	1 790～1 852	$BaCl_2$	1 050	172
镍	1 600	1 720	$LiSO_4$	1 050	215
锌	550	778			
金	1 200	1 120			
铅	400	433			

注：本表所列数据取自文献[29～31]。

对于一些常见的液体，其分子相互作用主要是 van der Waals 力，由表 3-3-1 所列数据可见，其作用力较弱，亦就是说，这些物质的表面张力数值均不大，多数在十几个或几十 mN/m 的数值。这些物质中部分液体由于其内部存在有较强相互作用力——氢键力，如水、乙醇等液体，与此相应，这些液体的表面张力数值较一般物质要高些。表 3-3-3 中列示了一部分液体的表面张力情况以供参考。

表 3-3-3　普通物质的表面张力

液　体	温度/℃	σ/mN·m^{-1}	液　体	温度/℃	σ/mN·m^{-1}
氢	−188	13.2	C_6H_6	20	28.89
溴	20	41.5	C_6H_6Br	20	36.5
氯	−60	31.2	$CHBr_3$	20	41.53
氦	−271.5	0.353	SO_2	20	32.33
氢	−255	2.31	CO_2	−25	9.13
氖	−248	5.50	CCl_4	20	26.95
氮	−203	10.53	$CHCl_3$	20	27.14
氧	−183	13.2	C_2H_5OH	20	22.75
氯	34.1	18.1	H_2O	18	73.05

注：本表所列数据取自文献[32]。

上列数据表明，当物质中分子间相互作用很强时，该物质的表面张力数值应该亦很大；当物质中分子间相互作用很弱时，该物质的表面张力数值应该亦较低，这表示物质表面张力与物质中分子间相互作用可能存在着一定的关联性。

比较温度对物质表面张力的影响和温度对物质内能的影响，从它们受到影响所表现的变化规律情况，亦可反映表面张力与物质分子间相互作用可能存在着一定的关联性。温度对物质内能有影响，当温度升高时物质的蒸发热数值降低，亦就是物质内能的数值降低。温度对物质表面张力亦有影响，当温度升高时物质的表面张力数值降低。两者受温度的影响是一致的。

已知表面张力在一定温度范围内与温度呈线性关系。上述讨论中亦已介绍，在一定温度范围内蒸发热与温度亦呈线性关系[33, 34]，两者受温度影响的趋势相似。由于在一定温度范围内表面张力与温度呈线性关系，蒸发热与温度亦呈线性关系，因而可以预测在一定温度范围内表面张力与蒸发热应呈线性关系，见图 3－3－1。由此图可见，在一定温度范围内表面张力与蒸发热可认为是呈线性关系。

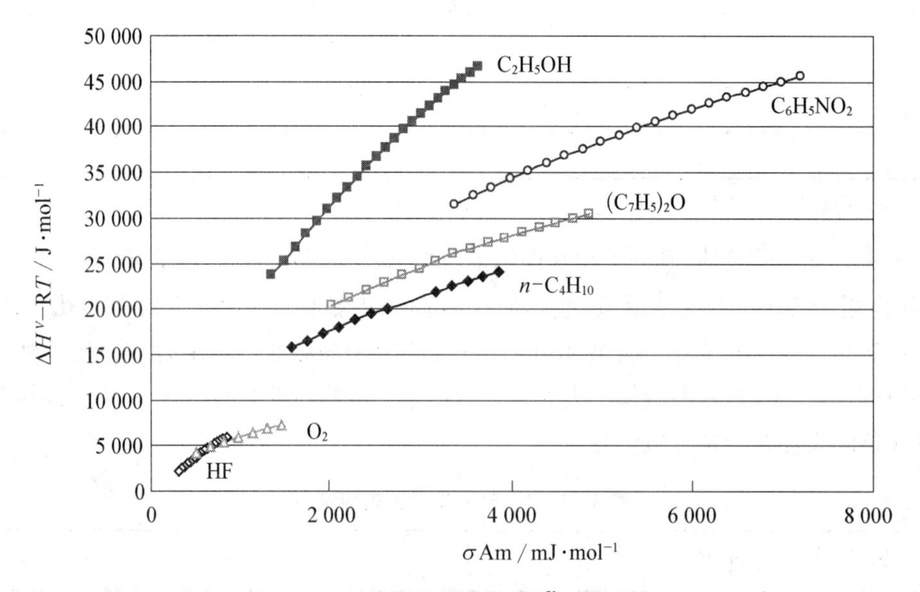

图 3－3－1　摩尔表面能与 ΔH^V—RT 的关系

当讨论温度范围扩大至临界温度时表面张力与温度的关系偏离线性关系，而这时蒸发热与温度的关系也偏离线性关系。

因此物质表面自由能应该与物质蒸发热有一定关系。物质具有的内能，即物质中分子间相互作用，可以物质内聚能或物质蒸发热反映，故物质中分子间相互作用亦可以物质表面自由能反映。最早讨论物质表面自由能与蒸发热的关系是 Stefan 公式。

Stefan 法则认为分子从液体内部转移到表面时的转移功等于分子由液体内部转移到足够稀释的饱和蒸气中的转移功的 1/2。其数学表达式为[35]：

$$\sigma A_m = \frac{1}{2}\Delta H^V \qquad [3-3-3]$$

式中 σ 为表面张力，A_m 为克分子表面积，ΔH^V 为讨论物质的蒸发热。但式[3-3-3]的计算结果与实验数据的偏差较大。

很多研究者曾对 Stefan 公式进行了讨论。Skapski[36]得到的 Stefan 修正式为：

$$\sigma_m - T\frac{d\sigma_m}{dT} = \frac{Z_1 - Z_\omega}{Z_1}L_0 \qquad [3-3-4]$$

式中 σ_m 为克分子表面能，Z_1、Z_ω 为体积内部和表面层分子的最邻近数，L_0 为绝对零度下的蒸发热。对密积液体 $Z_1 = 12$，$Z_\omega = 9$，得：

$$\sigma_m - T\frac{d\sigma_m}{dT} = \frac{12-9}{12}L_0 = \frac{1}{4}L_0 \qquad [3-3-5]$$

Oriani[37]列举了 10 种金属的数据，认为分子从体相内部转移到界面所需的能量约为将分子转移到蒸气中时所需能量的 1/6。

Overbury[38]等对 22 种液态金属进行了研究，得到的经验公式如下：

$$\sigma_{m(T)} = 0.15\Delta H^V = \frac{1}{6.67}\Delta H^V \qquad [3-3-6]$$

该式中并未引入绝对零度的概念，认为在任意温度(T)下均存在着这一关系。

张福田[35]以径向分布理论讨论了 Stefan 公式：

得：

$$\sigma_m = \sigma A_m = (\Delta H^V - RT)\left[1 - \frac{13}{16}\right] = (\Delta H^V - RT)\frac{3}{16} \qquad [3-3-7]$$

该式中亦未引入绝对零度的概念，故可认为在任意温度(T)下均存在着这一关系。改变上式：

$$5.3333\sigma_m = 5.3333\sigma A_m = (\Delta H^V - RT) \qquad [3-3-8]$$

称系数 5.333 为 Stefan 系数，符号为 S。故，

$$S\sigma_m = S\sigma A_m = (\Delta H^V - RT) \qquad [3-3-9]$$

这样，Stefan 得出 $S=2$；Skapski 修正式中 $S=4$；Oriani 得到 $S=6$；Overbury 经验式中 $S=6.67$。张福田的理论推导认为，对球状分子 $S=5.3333$。

归纳上面所列的各种不同形式的 Stefan 公式，均说明：

(1) 表面自由能与体系能量相关。

(2) 体系能量的统计规律性是系统的统计平均能量。因此 Stefan 公式可改写为：

$$S\sigma_m = S\sigma A_m = (\Delta H^V - RT) = \sum_{i=1}^{N} u_i^t \qquad [3-3-10]$$

式[3-3-10]将表面张力与微观系统能量联系起来。

3-3-3 压力

由力学概念知,作用到某个表面积元 dA 上的力为:

$$F=-\frac{\partial U(p,\ q,\ \mathrm{r})}{\partial \mathrm{r}} \qquad [3-3-11]$$

式中$U(p,\ q,\ \mathrm{r})$是物体的能量,这个能量应与物体中各个粒子的坐标和动量相关,也是表面积元矢径的函数,得:

$$F=-\frac{\partial U(p,\ q,\ \mathrm{r})}{\partial \mathrm{r}}=-\left(\frac{\partial U}{\partial r}\right)_A=-\left(\frac{\partial U}{\partial V}\right)_A\frac{\partial V}{\partial \mathrm{r}} \qquad [3-3-12]$$

式中V为体积。在讨论面积A为恒定情况下体积的改变为$A\times \mathrm{d}r$,所以$\partial V/\partial \mathrm{r}=A$,因而:

$$F=-\left(\frac{\partial U}{\partial V}\right)_A\times A$$

这是作用到讨论表面积A上的力,即压力的定义式为:

$$P=\frac{F}{A}=-\left(\frac{\partial U}{\partial V}\right)_A=-\frac{N}{A}\left(\frac{\partial u_i}{\partial \mathrm{r}}\right)=-\frac{Nf_i}{A} \qquad [3-3-13]$$

式中 f_i 为体系中每个分子上所经受的分子间相互作用力。u_i 为体系中每个分子上所具有的能量。

因而,可以从分子间相互作用能量,也可以从分子动能和分子间势能的角度,亦可以从分子间相互作用力的角度来讨论压力。

亦就是说,压力适合于反映和量度在讨论条件下体系内分子间相互作用力;压力也适合于反映和量度在讨论条件下体系内分子所具有的能量——动能和分子间势能的数值。

3-3-3-1 压力和动态分子间相互作用

由上面讨论知,构成液体系统能量为:

$$U^{\mathrm{L}}=U_{\mathrm{K}}^{\mathrm{L}}+U_{\mathrm{S}}^{\mathrm{L}}+U_{\mathrm{int}}^{\mathrm{L}} \qquad [3-3-14]$$

将其代入到式[3-3-13],得:

$$P=-\left(\frac{\partial U^{\mathrm{L}}}{\partial V}\right)_A=-\left(\frac{\partial U_{\mathrm{K}}^{\mathrm{L}}}{\partial V}\right)_A-\left(\frac{\partial U_{\mathrm{S}}^{\mathrm{L}}}{\partial V}\right)_A-\left(\frac{\partial U_{\mathrm{int}}^{\mathrm{L}}}{\partial V}\right)_A \qquad [3-3-15]$$

已知$U_{\mathrm{int}}^{\mathrm{L}}$与体积变化无关,由上面讨论可知,因体积变化而引起的静态分子位能变化对动态分子压力无影响。因此,气体、液体处于平衡时的系统压力有着下列一些特点:

(1) 气体、液体处于平衡时的系统压力只与讨论系统内的动态分子的动能有关,而与讨论系统内的静态分子(液体中)的位能无关,亦与讨论系统内分子内部运动能无关。即:

$$P=-\left(\frac{\partial U_{\mathrm{K}}^{\mathrm{L}}}{\partial V}\right)_{S} \quad [3-3-16]$$

（2）已知动态分子的动能可以由各种不同类型能量构成，并具有加和关系：

$$U_{\mathrm{K}}^{\mathrm{L}}=U_{\mathrm{K}}^{\mathrm{id}}+U_{\mathrm{K}}^{P}+U_{\mathrm{K}}^{\mathrm{at}}$$

即系统动能可由理想状态时系统动能 $U_{\mathrm{K}}^{\mathrm{id}}$、受到分子间斥作用时系统动能所受的影响 U_{K}^{P}、受到分子间吸引作用时系统动能所受的影响 $U_{\mathrm{K}}^{\mathrm{at}}$ 三部分组成。故理论上可以认为体系压力也可以由各种不同类型压力构成，并具有加和关系：

$$P_{\mathrm{id}}=-\left(\frac{\partial U_{\mathrm{K}}^{\mathrm{id}}}{\partial V}\right)_{A};\quad P_{P}=-\left(\frac{\partial U_{\mathrm{K}}^{P}}{\partial V}\right)_{A};\quad P_{\mathrm{at}}=-\left(\frac{\partial U_{\mathrm{K}}^{\mathrm{at}}}{\partial V}\right)_{A}; \quad [3-3-17]$$

系统压力：$P=P_{\mathrm{id}}+P_{P}-P_{\mathrm{at}}$　[3-3-18]

考虑到分子本身体积的影响：$P=P_{\mathrm{id}}+P_{P1}+P_{P2}-P_{\mathrm{at}}$　[3-3-19]

这是压力所具有的另一个特性，宏观性质压力的微观基础应是压力微观结构式[3-3-16]。

（3）由式[3-3-18]和式[3-3-19]可知，如果讨论体系可以忽略分子间相互作用的影响，则体系压力就是体系在理想状态下的压力，即：

不考虑分子本身体积时：$P=P_{\mathrm{id}}=RT/V$　[3-3-20]

考虑分子本身体积时：$P=P_{\mathrm{id}}^{f}=P_{\mathrm{id}}+P_{P1}$　[3-3-21]

亦就是说体系中忽略分子间相互作用、不考虑分子本身体积的分子理想压力 P_{id}，应该是在一定状态条件下由分子运动产生的系统基础压力。压力微观结构式中的 P_{P1}、P_{P2}、P_{at} 这些分子压力只是各种分子间相互作用对基础压力的影响值，因而离开了基础压力 P_{id}，分子压力 P_{P1}、P_{P2}、P_{at} 将不能单独地表示为系统的压力，即：

不能表示为　$P=P_{P1}$，　$P=P_{P1}+P_{P2}$，　$P=P_{P1}+P_{P2}-P_{\mathrm{at}}$

这是由动态分子运动产生的系统压力的另一个特性。

（4）对系统基础压力的影响中有分子间排斥作用的影响 P_{P2}，也有分子间吸引作用的影响 P_{at}。这是与讨论分子是运动着的分子，即动态分子有关。因为讨论的分子是处在混乱无序地作平移运动的分子的动态分子，那么这个分子与另一个分子间距离将不再是个确定的距离，它们间产生的相互作用，有可能是相互吸引作用，也有可能是相互排斥作用。对宏观系统压力的影响有分子间排斥作用的影响 P_{P2}，也有分子间吸引作用的影响 P_{at}。系统压力所受到的影响：

不考虑分子本身体积时　$\Delta P=P-P_{\mathrm{id}}=P_{P2}-P_{\mathrm{at}}$　[3-3-22]

考虑分子本身体积时　$\Delta P=P-P_{\mathrm{id}}=P_{P1}+P_{P2}-P_{\mathrm{at}}$　[3-3-23]

由上面的讨论可知，在考虑对体系压力的微观影响因素时，应该而且需要考虑分子本身体积所起的影响。

3-3-3-2　能量和压力

热力学中讨论压力和能量之间的关系为 Clausius-Clapeyron 方程，这是个严格的表示式：

$$\frac{\mathrm{d}P}{\mathrm{d}T}=\frac{\Delta H^V}{T(V^G-V^L)} \quad [3-3-24]$$

依据一些文献介绍的方法对此引入近似假设：首先认为 $V^L \ll V^G$，并认为蒸气可以作为理想气体处理，即：

$$\mathrm{dln}P \cong -\frac{\Delta H^V}{\mathrm{R}T^2}\mathrm{d}T \quad [3-3-25]$$

再近似认为汽化热与温度无关，积分上式可得[39]：

$$\ln P^S-\ln P_C=-\Delta H^V\left(\frac{1}{\mathrm{R}T}-\frac{1}{\mathrm{R}T_C}\right) \quad [3-3-26]$$

文献中已有用此式(或用由此式导得的各类修正式)计算温度 T 下的汽化热数值。由此看来，压力，这个宏观性质确与体系能量相关，即与体系内分子间相互作用相关，这是本节中主要想说明的。

当然，现有文献中对上式亦有一些不同的意见，例如基列耶夫[41]指出，式[3-3-26]是并不十分严格的，这是由于在推导过程中假设汽化热与温度无关，而实际情况是与温度有关系，即使在讨论温度变化范围不大的情况下，汽化热与温度应有最简单的线性关系[33,34]：

$$\Delta H^V=d-e\times T \quad [3-3-27]$$

在 ΔH^V 与温度的关系式中最常使用的是 Watson 关系式[34]：

$$\Delta H_1^V=-\Delta H_2^V\left(\frac{1-T_{r2}}{1-T_{r1}}\right)^n \quad [3-3-28]$$

式中 n 为常数，对不同物质，选取的 n 值不同，其最低值为 0.237，最高值为 0.589，平均值为 0.378。但不影响以式[3-3-26]反映宏观性质压力与体系内分子间相互作用是有关的观点。

式[3-3-26]中没有列入分子内压力对汽化热的贡献，显然，讨论物质在液态时存在表面张力，即存在分子内压力的影响。当物质转变为气态时，汽化热中一部分应该被用来克服液体中分子内压力的影响的。因此，ΔH^V 计算中未考虑分子内压力，应该讲对判别宏观性质压力与体系内分子间相互作用的关系可能会产生一定的影响。但是基列耶夫亦指出，式[3-3-26]还是适用于许多物质，这是由于推导此式时所采用的那些假设引起的不准确性互相抵消了的缘故。因而实际应用此式时尚需仔细推敲。

3-3-3-3　分子作用力和压力

从分子间作用力的角度讨论压力。这时压力表示式为：

$$P=\frac{F}{A}=-\left(\frac{\partial U}{\partial V}\right)_A=-\frac{N}{A}\left(\frac{\partial u_i}{\partial \mathrm{r}}\right)=-\frac{Nf_i}{A} \qquad [3-3-29]$$

式中 f_i 为体系中每个分子对所经受的相互作用力，即体系中每个分子经受周围其他分子对其的作用力，即：

$$f_i=\frac{\partial u_i}{\partial \mathrm{r}} \qquad [3-3-30]$$

讨论系统不同，系统内部能量构成不同，则分子作用力有所不同，气体的系统内部能量组成：

$$u^{\mathrm{G}}=u_{\mathrm{K}}^{\mathrm{G}}+u_{\mathrm{int}}^{\mathrm{G}}=u_{\mathrm{K}}^{\mathrm{G0}}+u_{\mathrm{K}}^{\mathrm{G}(P)}-u_{\mathrm{K}}^{\mathrm{G(at)}}+u_{\mathrm{int}}^{\mathrm{G}}, \qquad [3-3-31]$$

气体分子作用力： $$f_i^{\mathrm{G}}=\frac{\partial u_i^{\mathrm{G}}}{\partial \mathrm{r}}=\frac{\partial u_{\mathrm{K}}^{\mathrm{G0}}}{\partial \mathrm{r}}+\frac{\partial u_{\mathrm{K}}^{\mathrm{G}(P)}}{\partial \mathrm{r}}-\frac{\partial u_{\mathrm{K}}^{\mathrm{G(at)}}}{\partial \mathrm{r}}$$

$$=f_{\mathrm{K}}^{\mathrm{G0}}+f_{\mathrm{K}}^{\mathrm{G}(P)}-f_{\mathrm{K}}^{\mathrm{G(at)}} \qquad [3-3-32]$$

分子内部运动不会与其他分子形成作用力。因此，每个气体分子都有三种分子作用力：

(1) $f_{\mathrm{K}}^{\mathrm{G0}}$ 表示体系中热量，即体系温度对分子的热驱动力，在此热驱动力影响下，分子在体系中作无序的随机热运动。即，$f_{\mathrm{K}}^{\mathrm{G0}}$ 是在体系中不存在分子间相互作用时完全是由热量驱动分子运动的作用力。

(2) $f_{\mathrm{KP}}^{\mathrm{G}(P)}$ 表示体系中运动着的讨论分子与另一个分子相遇，它们间距离允许产生斥作用力势，此斥作用力势对热驱动作用力 $f_{\mathrm{K}}^{\mathrm{G0}}$ 的影响。

(3) $f_{\mathrm{KP}}^{\mathrm{G(at)}}$ 表示体系中运动着的讨论分子与另一个分子相遇，它们间距离允许产生吸引作用力势，此吸引作用力势对热驱动力 $f_{\mathrm{K}}^{\mathrm{G0}}$ 的影响。

因此，此三种分子作用力的合力，即 f_i^{G} 是在周围分子对讨论分子的分子间相互作用影响下，讨论分子所具有的热驱动力。这个热驱动力将使讨论分子在存在分子间相互作用的体系中完成无序的随机热运动。

液体的系统内部能量组成：

$$u^{\mathrm{L}}=u_{\mathrm{K}}^{\mathrm{L}}+u_{\mathrm{S}}^{\mathrm{L}}+u_{\mathrm{int}}^{\mathrm{L}}=u_{\mathrm{K}}^{\mathrm{L0}}+u_{\mathrm{K}}^{\mathrm{L}(P)}-u_{\mathrm{K}}^{\mathrm{L(at)}}+u_{\mathrm{S}}^{\mathrm{L(at)}}+u_{\mathrm{int}}^{\mathrm{L}}+u_{\mathrm{P}}^{\mathrm{int}} \qquad [3-3-33]$$

静态分子间距离在一定状态条件下是一定的，分子内部运动能量与分子间距离变化亦无关，故液体分子作用力

$$f_i^{\mathrm{L}}=\frac{\partial u_i^{\mathrm{L}}}{\partial \mathrm{r}}=\frac{\partial u_{\mathrm{K}}^{\mathrm{L0}}}{\partial \mathrm{r}}+\frac{\partial u_{\mathrm{K}}^{\mathrm{L}(P)}}{\partial \mathrm{r}}-\frac{\partial u_{\mathrm{K}}^{\mathrm{L(at)}}}{\partial \mathrm{r}}=f_{\mathrm{K}}^{\mathrm{L0}}+f_{\mathrm{K}}^{\mathrm{L}(P)}-f_{\mathrm{K}}^{\mathrm{L(at)}} \qquad [3-3-34]$$

液体三种分子作用力 $f_{\mathrm{K}}^{\mathrm{L0}}$、$f_{\mathrm{K}}^{\mathrm{L}(P)}$、$f_{\mathrm{K}}^{\mathrm{L(at)}}$ 与上述气体的分子作用力 $f_{\mathrm{K}}^{\mathrm{G0}}$、$f_{\mathrm{K}}^{\mathrm{G}(P)}$、$f_{\mathrm{K}}^{\mathrm{G(at)}}$ 在物理意义上是相同的。因此 $f_{\mathrm{K}}^{\mathrm{L0}}$、$f_{\mathrm{K}}^{\mathrm{L}(P)}$、$f_{\mathrm{K}}^{\mathrm{L(at)}}$ 这三种分子作用力的解释可参考上述气体的三种分子作用力的说明。

因此,气体的情况可包含在液体情况中,这三种分子作用力,对气体、液体可改写为:

$$f_i^{\mathrm{L}}=\frac{\partial u_i}{\partial \mathrm{r}}=\frac{\partial u_{\mathrm{K}}^0}{\partial \mathrm{r}}+\frac{\partial u_{\mathrm{K}}^{(P)}}{\partial \mathrm{r}}-\frac{\partial u_{\mathrm{K}}^{(\mathrm{at})}}{\partial \mathrm{r}}=f_{\mathrm{K}}^0+f_{\mathrm{K}}^{(P)}-f_{\mathrm{K}}^{(\mathrm{at})} \qquad [3-3-35]$$

式中 $f_i^{\mathrm{L}}=\frac{\partial u_i}{\partial \mathrm{r}}$ 表示在体系中,无论气体还是液体,动态分子 i 上的分子间作用力,显然,这个分子间作用力包含有热驱动力、斥作用力和吸引作用力对热驱动力的影响。

在体系中无论气体还是液体,每个动态分子上都存在着分子间作用力,由于动态分子不断地运动着,无法平衡这个作用力。单位面积上这样分子作用力的总和为系统所具有的压力,这个系统压力应与环境压力相平衡,亦就是说,动态分子上具有的作用力,以压力形式与环境压力相互平衡。

分子动压力行为:

$$P_{相内部}=-\frac{\sum_{i=1}^{N} f_{\mathrm{K}}^{\mathrm{L}}}{A}=P_{环境} \qquad [3-3-36a]$$

静态分子在液体中呈短程有序排列,分子间距离一定,相邻分子间作用力的方向相反、数值相等,故相互抵消,不会使分子位置发生移动,亦不会对系统压力有所贡献。故在液体内部只存在分子动态运动所形成的压力,即分子动压力。与此相应,如果系统内众多静态分子间作用力不相互抵消的话,则在单位面积上静态分子间作用合力称为分子静压力。故而在液体内部:

分子静压力行为:

$$P_{相内部}=-\frac{\sum_{i=1}^{N} f_{\mathrm{S}}^{\mathrm{L}}}{A}=0 \qquad [3-3-36b]$$

如果在讨论系统内出现平衡二相,如平衡的气、液两相,亦就是说,讨论系统内出现气、液两相间物理界面。此时在液相界面层处液体分子,与在液相内部液体分子不同,由于界面另一边为气相,缺少与讨论的液体分子相作用的分子,破坏了讨论的液体分子的平衡的完整的分子作用力球,改变了分子压力在液体内部时的行为。亦就是说,在液体界面层处

分子动压力行为:

$$P_{界面区}=-\frac{\sum_{i=1}^{N} f_{\mathrm{K}}^{\mathrm{L}}}{A}=P_{环境} \qquad [3-3-37a]$$

分子静压力行为:

$$P_{界面区}=P_{\mathrm{in}}=-\frac{\sum_{i=1}^{N} f_{\mathrm{S}}^{\mathrm{L}}}{A}\neq 0 \qquad [3-3-37b]$$

即在液体界面层处分子动压力行为与分子处在液体内部时相同,而分子静压力行为与分子处在液体内部时不同,在液体界面层处出现由于静态分子相互作用而产生的压力,由于这个

压力并不是由分子运动而产生的压力，而是由于静态分子间相互作用所构成的压力，并出现在液体中界面层处，故称之为分子静压力，或称为分子内压力。

分子内压力有以下特性：

(1) 分子内压力只存在在液体界面层处，在液体内部不存在有分子内压力。

(2) 分子内压力由静态分子间作用力构成，动态分子不会构成分子内压力。静态分子间距离是在讨论条件下两分子间平衡距离，由 Sutherland 势函数知 f_S^L 应是分子间相互吸引力，故分子内压力 P_{in} 所反映的分子间相互作用力必定是分子间相互吸引力，与分子间排斥力无关。分子间相互吸引力中长程力是主要分子间作用力，故分子内压力 P_{in} 可直接以各种长程力的综合作用表示，例如色散力(D)、诱导力(I)、氢键力(h)、金属键力(M)、π 电子作用(π)、离子力(i)等所作贡献的总和[24~25]，

$$P_{in}=P_{in}^D+P_{in}^I+P_{in}^H+P_{in}^M+P_{in}^{\pi}+P_{in}^i+\cdots \qquad [3-3-38]$$

已知表面张力与分子内压力相关，故亦应有：

$$\sigma=\sigma^D+\sigma^I+\sigma^h+\sigma^M+\sigma^{\pi}+\sigma^i+\cdots \qquad [3-3-39]$$

式[3-3-39]是表面现象研究文献中常见的表面张力与各种分子间相互作用的表示式，作者曾对表面张力与色散力、诱导力和静电力的关系进行了一些讨论，其中对诱导力的讨论有着自己的观点，感兴趣的读者可参阅文献[14]。

(3) 与通常的热力学压力相比较，分子内压力的数值一般很大(见表 3-2-1)，这反映了前者只是运动着的分子动能所转变成的压力，而后者是分子间吸引力所构成的压力，显然后者在数值上应远大于前者。在巨大的分子内压力作用下，讨论系统，更准确地说是讨论系统中液体界面层部分应该会受到影响，这种影响会有以下特点：

① 这种影响只体现在讨论系统中液体界面层部分，因为液体界面层部分中存在分子内压力，而在液体内部不同作用方向的分子内压力合力为零。

② 由于在界面层处分子内压力作用方向为垂直于物理界面，因此在分子内压力的作用下液体界面层在厚度方向上会发生压缩变形，即界面层厚度会发生变化。换句话说，分子内压力以压缩界面层厚度形式完成对液体界面层做膨胀功。

③ 分子内压力对界面层状态的影响有微观和宏观两方面：

微观状态表现为在界面层处出现位势壁垒，阻止液体内部分子逸出界面离开液体，使液体保持凝聚体形态。即这个位势壁垒会对物质相变、相平衡产生影响。

宏观状态表现为产生宏观性质表面张力，使液体物理界面具有自动收缩到最小的功能。

因此，讨论静态分子间相互作用与其所形成的微观分子压力——分子内压力的关系，完全可以以讨论静态分子间相互作用与宏观性质——表面张力的关系来替代，作者在这方面作了一些工作[14]，因此关于静态分子间相互作用与宏观性质——表面张力的讨论在本书不展开，只是在适当章节中对此作必要的介绍。本书着重讨论的是分子动压力的行

为特性。

3-4 径向分布函数与无序、有序结构

为简化讨论，在液体能量中忽略分子内部运动的能量，近似认为液体能量可以表示为：

$$U = U_K + U_S = (U^0 + U_K^P) + U_S \qquad [3-4-1]$$

式中 U^0 为讨论体系中不存在分子间相互作用时的随机热运动的能量。U_K^P 为动态移动分子与其他分子的相互作用对 U_K^0 的影响，U_S 为定居分子间的相互作用位能，即 $U_S = U_S^P$。因此可以将体系能量分成动态分子具有的能量和静态分子具有的能量两部分。

系统中动态分子所具有的能量部分：无论气体或是液体，动态分子的运动应是无序的、随机的，故而动能，包括对动能起影响的分子间相互作用均应归属于体系中无序结构部分的能量，将式中能量等下标“ns”表示是体系中无序结构部分性质，则

$$U_{ns} = U_K = (U^0 + U_K^P) \qquad [3-4-2]$$

静态分子间相互作用位能应是归属于体系中有序结构部分，即短程有序结构或长程有序结构部分(以下标“os”表示)的能量：

$$U_{os} = U_S = U_S^P \qquad [3-4-3]$$

据此，统计力学理论可对系统中无序排列分子能量和有序排列分子能量进行分别讨论，即对液体系统中有无序结构部分能量和短程有序结构部分能量进行分别分析。统计力学理论中研究液体行为的有力的工具是径向分布函数，故研究无序排列和有序排列分子行为的有力的工具应该也是径向分布函数。

3-4-1 无序结构与有序结构的能量

已知径向分布函数的定义为： $g(r) = \rho_r/\rho_0$ [3-4-4]

式中 ρ_0 为系统中分子呈随机无序分布时的平均粒子密度。即这时的系统应是随机分布的无序排列结构。

式[3-4-4]表示径向分布函数是在指定分子间距离 r 处，液体分子的局部数密度 ρ_r 与平均数密度 ρ_0 ($\rho_0 = N/V$)之比。显然，当 $\rho_r = \rho_0$ 时，径向分布函数 $g(r) = g^0(r) = 1$，即物质处于无序状态，物质分子结构是平均结构，这是气态物质的特征。因此，径向分布函数的定义式[3-4-4]可改变为：

$$g(r)=\frac{\rho_r}{\rho_0}=\frac{\rho_0+\Delta\rho(r)}{\rho_0}=\frac{\rho_0}{\rho_0}+\frac{\Delta\rho(r)}{\rho_0}=g^0(r)+\Delta g(r) \qquad [3-4-5]$$

即液体的径向分布函数可以看成为由无序部分和有序部分两部分所组成，物质如果是纯无序结构，则其径向分布函数 $g^0(r)=1$，这是气态物质的特征；物质如果是部分有序、部分无序结构，则其径向分布函数如式[3-4-5]所示，这是液态物质的特征。

设 $u_P(r_{ij})$ 为二体相互作用位能。已知在 r_1 处微观体积元 $\mathrm{d}r_1$ 中出现分子 1 和在 r_2 处微观体积元 $\mathrm{d}r_2$ 中出现分子 2 的概率为 $P^{(2)}(r_1, r_2)\mathrm{d}r_1\mathrm{d}r_2$，又知：

$$P^{(2)}(r)=\frac{1}{V^2}g(r) \qquad [3-4-6]$$

故而在系统中每一个分子对的平均位能为：

$$\bar{u}_p=\int_0^V\int u_p(r_{12})P^{(2)}(r_1, r_2)\mathrm{d}r_1\mathrm{d}r_2 \qquad [3-4-7]$$

将式[3-4-5]代入上式：

$$\begin{aligned}\bar{u}_P&=\frac{1}{V^2}\iint\limits_{(V)}u_p(r_{12})g(r_{12})\mathrm{d}r_1\mathrm{d}r_2\\&=\frac{1}{V^2}\int_{(V)}\mathrm{d}r_1\int u_p(r)g(r)4\pi r^2\mathrm{d}r=\frac{1}{V}\int_0^\infty u_p(r)g(r)4\pi r^2\mathrm{d}r\end{aligned} \qquad [3-4-8]$$

式中将 $\mathrm{d}r_2$ 变换成为 $4\pi r^2\mathrm{d}r$。已知系统中分子对总数为 $N^2/2$ 个，因此，系统位能为：

$$U_p=\frac{N^2}{2}\bar{u}_p=\frac{N^2}{2V}\int_0^\infty u_p(r)g(r)4\pi r^2\mathrm{d}r=2\pi N\rho_0\int_0^\infty u_p(r)g(r)r^2\mathrm{d}r \qquad [3-4-9]$$

系统的内能为：

$$U=Nu=\frac{3}{2}N\mathrm{k}T+\frac{1}{2}\sum_{i,j}^{N}u_p(r_{ij})=\frac{3}{2}N\mathrm{k}T+2\pi\frac{N^2}{V}\int_0^\infty u_p(r)g(r)r^2\mathrm{d}r \qquad [3-4-10]$$

改变上式为：

$$\begin{aligned}U&=\frac{3}{2}N\mathrm{k}T+2\pi\frac{N^2}{V}\int_0^\infty u_p(r)g^0(r)r^2\mathrm{d}r+2\pi\frac{N^2}{V}\int_0^\infty u_p(r)(g(r)-g^0(r))r^2\mathrm{d}r\\&=\frac{3}{2}N\mathrm{k}T+2\pi\frac{N^2}{V}\int_0^\infty u_p(r)g^0(r)r^2\mathrm{d}r+2\pi\frac{N^2}{V}\int_0^\infty u_p(r)\Delta g(r)r^2\mathrm{d}r\end{aligned} \qquad [3-4-11]$$

故知，对随机无序结构部分能量为：

$$U_{ns} = \frac{3}{2}NkT + 2\pi\frac{N^2}{V}\int_0^{\infty}u_p(r)g^0(r)r^2\mathrm{d}r$$
$$= \frac{3}{2}NkT + 2\pi\frac{N^2}{V}\int_0^{\infty}u_p(r)r^2\mathrm{d}r \qquad [3-4-12]$$

对短程有序结构部分位能为:

$$U_{os} = 2\pi\frac{N^2}{V}\int_0^{\infty}u_p(r)(g(r)-g^0(r))r^2\mathrm{d}r$$
$$= 2\pi\frac{N^2}{V}\int_0^{\infty}u_p(r)\Delta g(r)r^2\mathrm{d}r \qquad [3-4-13]$$

式中: $$\Delta g(r) = g(r) - g^0(r) \qquad [3-4-14]$$

故而 $\Delta g(r)$ 可以理解为体系中分子间相互作用对体系中分子呈无序随机排列的影响,使之成为短程有序排列。

因而静态分子间相互作用位能 U_{os} 并不是系统中无序排列结构部分的能量,而应该是系统中有序排列结构部分的能量,对液体,则是系统中短程有序排列结构部分的能量。

上述讨论是依据现有的径向分布函数理论概念进行的讨论,其中存在着一个理论缺陷,即讨论中认为无论对于无序部分的动态分子,或是对于短程有序部分的静态分子,这些分子的二体相互作用位能 $u_P(r_{ij})$ 均是相同的,即认为 $u_{KP}(r_{ij}) = u_{SP}(r_{ij})$。实际情况表明,对于动态分子,由于其具有运动状态的特性,其受到的其他分子对其相互作用的影响中有斥力势的影响,也有引力势的影响,因此动态分子上的位能特征为:

$$U_K^P = U_K^{(P)} + U_K^{(at)} \qquad [3-4-15]$$

对于静态分子,由于不具有运动状态的特性,故其受到的其他分子对其相互作用的影响中仅有引力势的影响,因此静态分子上的位能特征为:

$$U_S^P = U_S^{(at)} \qquad [3-4-16]$$

因此两者位能特征应有区别,故两者的二体相互作用位能也应有区别。因此在径向分布函数的讨论中亦应给予区别考虑。但这给讨论增加了复杂性,下面进行这样的讨论,以与读者共同研究。

由第二章讨论中知道,在液体系统中动态分子与静态分子均有着相当大的数量,但它们的数量是不同的,设动态分子数量为 N_K,动态分子占有的系统部分体积为 V_K,其二体相互作用位能为 $u_{KP}(r_{ij})$;静态分子数量为 N_S,静态分子占有的系统部分体积为 V_S,其二体相互作用位能为 $u_{SP}(r_{ij})$。故应有下列关系:

系统分子的总数量 $$N = N_K + N_S \qquad [3-4-17]$$

系统分子的总体积 $$V = V_K + V_S \qquad [3-4-18]$$

又因系统的随机无序结构部分与短程有序结构部分均属同一物质,故而可以认为这两

部分处的分子密度值应该相同，即可认为有关系

$$\frac{N}{V}=\frac{N_{\mathrm{K}}}{V_{\mathrm{K}}}=\frac{N_{\mathrm{S}}}{V_{\mathrm{S}}} \tag{3-4-19}$$

即
$$\rho_0=\rho_{\mathrm{K}}=\rho_{\mathrm{S}} \tag{3-4-20}$$

动态分子上的位能
$$U_{\mathrm{K}}=\frac{1}{2}\sum_{i,j}^{N}u_{\mathrm{KP}}(r_{ij}) \tag{3-4-21}$$

静态分子上的位能
$$U_{\mathrm{S}}=\frac{1}{2}\sum_{i,j}^{N}u_{\mathrm{SP}}(r_{ij}) \tag{3-4-22}$$

已知讨论系统的内能为：

$$\begin{aligned}U=Nu&=\frac{3}{2}N\mathrm{k}T+\frac{1}{2}\sum_{i,j}^{N}u_{\mathrm{P}}(r_{ij})\\&=\frac{3}{2}N\mathrm{k}T+2\pi\frac{N^2}{V}\int_0^{\infty}u_{\mathrm{p}}(r)g(r)r^2\mathrm{d}r\end{aligned} \tag{3-4-23}$$

现将系统内能分成随机无序结构部分与短程有序结构部分两部分来处理，即：

$$U=U_{\mathrm{ns}}+U_{\mathrm{os}} \tag{3-4-24}$$

由此知系统中动态分子所具有的能量，即无序结构部分内能：

$$\begin{aligned}U_{\mathrm{ns}}=U_K=N_{\mathrm{K}}u_{\mathrm{ns}}&=N_{\mathrm{K}}u_{\mathrm{K}}^0+\frac{1}{2}\sum_{i,j}^{N_{\mathrm{K}}}u_{\mathrm{KP}}(r_{ij})\\&=\frac{3}{2}N_{\mathrm{K}}\mathrm{k}T+\frac{1}{2}\sum_{i,j}^{N_{\mathrm{K}}}u_{\mathrm{KP}}(r_{ij})\\&=\frac{3}{2}N_{\mathrm{K}}\mathrm{k}T+2\pi\frac{N_{\mathrm{K}}^2}{V_{\mathrm{K}}}\int_0^{\infty}u_{\mathrm{KP}}(r)g(r)r^2\mathrm{d}r\end{aligned} \tag{3-4-25}$$

系统中静态分子所具有的能量，即短程有序结构部分内能：

$$\begin{aligned}U_{\mathrm{os}}=U_S=N_{\mathrm{S}}u_{\mathrm{os}}&=N_{\mathrm{S}}u_{\mathrm{S}}^0+\frac{1}{2}\sum_{i,j}^{N_{\mathrm{S}}}u_{\mathrm{SP}}(r_{ij})\\&=\frac{3}{2}N_{\mathrm{S}}\mathrm{k}T+\frac{1}{2}\sum_{i,j}^{N_{\mathrm{S}}}u_{\mathrm{SP}}(r_{ij})\\&=\frac{3}{2}N_{\mathrm{S}}\mathrm{k}T+2\pi\frac{N_{\mathrm{S}}^2}{V_{\mathrm{S}}}\int_0^{\infty}u_{\mathrm{SP}}(r)g(r)r^2\mathrm{d}r\end{aligned} \tag{3-4-26}$$

无序结构部分的径向分布函数为：

$$g(r)=g^0(r) \tag{3-4-27}$$

因此,无序结构部分的内能表示式可改写为:

$$U_{ns} = U_K = N_K u_{ns} = N_K u_K^0 + \frac{1}{2}\sum_{i,j}^{N_K} u_{KP}(r_{ij})$$
$$= \frac{3}{2}N_K kT + \frac{1}{2}\sum_{i,j}^{N_K} u_{KP}(r_{ij}) \qquad [3-4-28]$$
$$= \frac{3}{2}N_K kT + 2\pi\frac{N_K^2}{V_K}\int_0^\infty u_{KP}(r)g^0(r)r^2 dr$$

由此知系统具有的能量为:

$$U = U_{ns} + U_{os} = U_K + U_S = N_K u_{ns} + N_S u_{os}$$
$$= \frac{3}{2}N_K kT + 2\pi\frac{N_K^2}{V_K}\int_0^\infty u_{KP}(r)g(r)r^2 dr + \frac{3}{2}N_S kT + 2\pi\frac{N_S^2}{V_S}\int_0^\infty u_{SP}(r)g(r)r^2 dr$$
$$= \frac{3}{2}N_K kT + 2\pi\frac{N_K^2}{V_K}\int_0^\infty u_{KP}(r)g^0(r)r^2 dr + \frac{3}{2}N_S kT$$
$$+ 2\pi\frac{N_S^2}{V_S}\int_0^\infty u_{SP}(r)[g^0(r) + \Delta g(r)]r^2 dr \qquad [3-4-29]$$

下面讨论式[3-4-29]:

① 不考虑分子间相互作用时体系的随机热运动的能量:

由式[3-4-17]知

$$U^0 = \frac{3}{2}N_K kT + \frac{3}{2}N_S kT = \frac{3}{2}NkT \qquad [3-4-30]$$

② 动态分子所受到的分子间相互作用的影响:

$$U_K = 2\pi\frac{N_K^2}{V_K}\int_0^\infty u_{KP}(r)g^0(r)r^2 dr \qquad [3-4-31]$$

③ 静态分子所具有的分子间相互作用能量:

$$U_S = 2\pi\frac{N_S^2}{V_S}\int_0^\infty u_{SP}(r)g(r)r^2 dr$$
$$= 2\pi\frac{N_S^2}{V_S}\int_0^\infty u_{SP}(r)[g^0(r) + \Delta g(r)]r^2 dr \qquad [3-4-32]$$

将这些部分的能量加和起来即为系统的能量:

$$U = U_K + U_S$$
$$= \frac{3}{2}NkT + 2\pi\frac{N_K^2}{V_K}\int_0^\infty u_{KP}(r)g^0(r)r^2 dr + 2\pi\frac{N_S^2}{V_S}\int_0^\infty u_{SP}(r)g(r)r^2 dr$$

[3-4-33a]

引入式[3-4-19]关系，上式可改写为：

$$U = U_K + U_S = \frac{3}{2}NkT + 2\pi\frac{NN_K}{V}\int_0^\infty u_{KP}(r)g^0(r)r^2\mathrm{d}r + 2\pi\frac{NN_S}{V}\int_0^\infty u_{SP}(r)g(r)r^2\mathrm{d}r$$

[3-4-33b]

整理式[3-4-33b]：

$$U = U_K + U_S = \frac{3}{2}NkT + 2\pi\frac{N}{V}\int_0^\infty [N_K u_{KP}(r) + N_S u_{SP}(r)]g^0(r)r^2\mathrm{d}r + 2\pi\frac{NN_S}{V}\int_0^\infty u_{SP}(r)\Delta g(r)r^2\mathrm{d}r$$

[3-4-34]

设在系统中二体相互作用位能的平均值为：

$$\overline{u_P}(r_{ij}) = \frac{N_K}{N}u_{KP}(r) + \frac{N_S}{N}u_{SP}(r) = x_K u_{KP}(r) + x_S u_{SP}(r) \qquad [3-4-35]$$

式中 $x_K = \frac{N_K}{N}$，$x_S = \frac{N_S}{N}$。将上式代入式[3-4-34]，并考虑由于静态分子占有体系分子数量中绝大多数(见表 2-4-1)，当体系温度较低时更可近似认为 $N \approx N_S$，得

$$U = U_K + U_S \cong \frac{3}{2}NkT + 2\pi\frac{N^2}{V}\int_0^\infty \overline{u_P}(r_{ij})g^0(r)r^2\mathrm{d}r + 2\pi\frac{N^2}{V}\int_0^\infty u_{SP}(r)\Delta g(r)r^2\mathrm{d}r$$

[3-4-36]

此式与依据现有的径向分布函数理论概念得到的讨论体系的能量表示式[3-4-11]相比较，可知，两式是相似的。

两式间差别是式中的随机无序结构部分的二体相互作用位能应该是个平均值，在短程有序结构部分的二体相互作用位能应该是静态分子的二体相互作用位能。

3-4-2 无序结构与有序结构的压力

以径向分布函数方法对压力进行讨论可得到类似的意见。依据现有的径向分布函数方法得到的压力表示式为：

$$P = \frac{NkT}{V} - \frac{2\pi\rho_0^2}{3}\int_0^\infty \frac{\mathrm{d}u_p(r)}{\mathrm{d}r}g(r)r^3\mathrm{d}r \qquad [3-4-37]$$

改变此式：

$$P=\left[\frac{NkT}{V}-\frac{2\pi\rho_0^2}{3}\int_0^{\infty}\frac{\mathrm{d}u_{\mathrm{p}}(r)}{\mathrm{d}r}g^0(r)r^3\mathrm{d}r\right]-\frac{2\pi\rho_0^2}{3}\int_0^{\infty}\frac{\mathrm{d}u_{\mathrm{p}}(r)}{\mathrm{d}r}[g(r)-g^0(r)]r^3\mathrm{d}r$$

[3-4-38]

故而对于无序排列结构部分的压力表示式为

$$P_{\mathrm{ns}}=\frac{NkT}{V}-\frac{2\pi\rho_0^2}{3}\int_0^{\infty}\frac{\mathrm{d}u_{\mathrm{KP}}(r)}{\mathrm{d}r}g^0(r)r^3\mathrm{d}r \qquad [3-4-39]$$

对于有序排列结构部分的压力表示式为

$$P_{\mathrm{os}}=-\frac{2\pi\rho_0^2}{3}\int_0^{\infty}\frac{\mathrm{d}u_{\mathrm{SP}}(r)}{\mathrm{d}r}[g(r)-g^0(r)]r^3\mathrm{d}r \qquad [3-4-40]$$

下面对此两式进行分析讨论。

3-4-2-1 液体压力的微观结构

改变式[3-4-39]，得：

$$\begin{aligned}P_{\mathrm{ns}}&=\frac{NkT}{V}-\frac{2\pi\rho_0^2}{3}\int_0^{\infty}\frac{\mathrm{d}u_{\mathrm{p}}(r)}{\mathrm{d}r}g^0(r)\times r^3\mathrm{d}r=\frac{NkT}{V}-\frac{2\pi\rho_0^2}{3}\int_0^{\infty}\frac{\mathrm{d}u_{\mathrm{p}}(r)}{\mathrm{d}r}r^3\mathrm{d}r\\&=\frac{NkT}{V}-\frac{2\pi\rho_0^2}{3}\int_0^{\infty}\frac{\mathrm{d}u_{\mathrm{P}}^{(P)}(r)}{\mathrm{d}r}r^3\mathrm{d}r-\frac{2\pi\rho_0^2}{3}\int_0^{\infty}\frac{\mathrm{d}u_{\mathrm{P}}^{(\mathrm{at})}(r)}{\mathrm{d}r}r^3\mathrm{d}r\\&=P_{\mathrm{id}}^{\mathrm{ns}}+P_P^{\mathrm{ns}}-P_{\mathrm{at}}^{\mathrm{ns}}\end{aligned}$$

[3-4-41]

式[3-4-41]为液体压力的微观结构式。因压力微观结构式仅适用于系统中动态分子运动所形成的压力情况，亦就是说，压力微观结构式仅适用于讨论系统中无序随机排列结构部分中动态分子运动所形成的各种分子压力之间的关系。上式中未考虑分子本身体积的影响，如果考虑这部分的影响，则上式改写为

$$P_{\mathrm{ns}}=P_{\mathrm{K}}=P_{\mathrm{id}}^{\mathrm{ns}}+P_{P1}^{\mathrm{ns}}+P_{P2}^{\mathrm{ns}}-P_{\mathrm{at}}^{\mathrm{ns}} \qquad [3-4-42]$$

由此可知，当讨论体系为随机分布无序结构时，系统内与分子运动和分子间相互作用相关的分子压力有四种：

第一种分子压力为假设讨论体系处于理想情况，即认为体系内部不存在有分子间相互作用和不考虑所有分子本身具有一定的体积时，体系热运动可能形成的分子理想压力$P_{\mathrm{id}}^{(\mathrm{ns})}$；

第二种分子压力是由于分子本身具有一定的体积而产生的第一分子斥压力 $P_{P1}^{(\mathrm{ns})}$；

第三种分子压力是由于分子间存在有斥力而构成的液体第二分子斥压力 $P_{P2}^{(\mathrm{ns})}$；

第四种分子压力是由于分子间存在有吸引力而致的分子吸引压力 $P_{\mathrm{at}}^{(\mathrm{ns})}$。

在液体内部，这些分子压力的综合结果应是与环境压力 P_{out} 相平衡，故得：

$$P_{out}+P_{ns}=0 \qquad [3-4-43]$$

$$P_{out}+(P_{id}^{(ns)}+P_{P1}^{(ns)}+P_{P2}^{(ns)}-P_{at}^{(ns)})=0 \qquad [3-4-44]$$

即环境压力 P_{out} 与动态分子形成的压力 P_{ns} 数值相等、作用方向相反。

3-4-2-2 有序位势分子压力

在式[3-4-40]中压力 P_{os} 代表体系中分子排列结构为近程有序结构时静态分子相互作用所产生的分子压力，可称为有序位势分子压力，即为分子静态压力或简称分子静压力，下面分析分子静压力的一些特点。

1. 相内部分的有序位势压力

由于有序位势压力只是在分子近程有序或远程有序排列时才形成，前面讨论中已指出，组合成为近程有序排列结构的分子应是液体中的定居分子，因此由近程有序形成的所谓压力与由于分子热运动产生的压力不同，是一种静态压力。静态压力并不参与分子热运动形成的动态压力的平衡。因此计算与环境压力相平衡的液体压力时可不考虑此压力，仍使用由随机分布分子结构的压力计算式进行计算。亦就是说，在讨论液体内部有：

$$P_{os}=0 \qquad [3-4-45]$$

式[3-4-45]成立的原因在前面讨论中已有说明。为此，液体的压力可以以无序排列下的动态分子形成的压力来表示，即有：

$$P^{L}=P_{ns}+P_{os}=P_{ns} \qquad [3-4-46]$$

这也正是以气体状态方程可以讨论液体压力的微观原因。

2. 界面部分的有序位势压力

当讨论分子处于液体界面层部分时，由于物理界面的存在使界面层中分子处于某种特殊的状态，处于界面上的分子受到周围分子对其作用力，在垂直于物理界面的两个法线方向上变得不再均匀相等。在物理界面的一边是讨论液体内分子对其作用力，产生 P_{os} 有序位势压力；在物理界面的另一边，讨论分子受到另一相分子对其作用，显然这一作用力与本相分子对其作用力在数值上不会相等。这就导致讨论分子与其周围本相分子相互作用而形成的有序位势压力得不到平衡，从而在界面层中形成垂直于物理界面的压力。由于这一压力是由物质内部分子间相互作用产生的分子内部压力，因此在界面层中得不到平衡的有序位势压力亦可称为分子内压力，即：

$$P_{in}=P_{os} \qquad [3-4-47]$$

存在于界面层中的分子内压力 P_{in} 具有以下特点：

(1) P_{in} 具有方向性，其作用方向取决于物理界面两边相交两相分子对讨论相界面层分子相互作用情况，但其作用方向必定垂直于物理界面。如果与讨论相相交的为气相，亦就是另一相对讨论相分子的作用力可以忽视时，P_{in} 的作用方向应与物理界面垂直并指向讨论相内部。亦就是说，当讨论相与气相相交界时，讨论相界面层内分子内压力 P_{in} 的方向与气相对讨论相的压力方向，即讨论相的环境压力 P_{out} 方向相同。讨论相的环境压力 P_{out} 与液相内部压力 P_B 相平衡，因而 P_{in} 作用方向应与液相内部压力 P_B 相反。

(2) 由于分子内压力在界面层处得不到平衡，由此而形成的分子内压力 P_{in} 必定会对界面层作用，这样界面层中存在的压力应有两种，其一为界面层分子呈随机分布时的压力 P_S，这一压力是界面层抵抗环境压力 P_{out}，其作用方向与 P_{out} 相反，即 $P_S=-P_{out}$；另一个由于近程有序结构位势均衡性在界面层被物理界面所破坏而产生的分子内压力 P_{in}，即界面层部分的压力应为：

$$P_{界}=P_S-P_{in}=-P_{out}-P_{in} \qquad [3-4-48]$$

因而分子内压力 P_{in} 可视作液体中，近程有序结构产生的分子位势对液体界面层中由随机平均结构所形成的对抗环境压力的 P_S 的压力修正项。由于讨论相必定通过其界面层与环境或另一相发生关系，因而经分子内压力修正的界面层压力 $P_{界}$ 应是讨论相与环境或另一相发生关系的有效压力。由上面讨论可知 P_S 即为环境压力 P_{out}，又液体内部的压力 P_B 亦与 P_{out} 相同，因此有下列关系：

$$\begin{aligned} P_{界} &= P_S-P_{in}=-P_{out}-P_{in}=P_B-P_{in} \\ &= P_{id}^{(n)}+P_P^{(n)}-P_{at}^{(n)}-P_{in}=P_{id}^{(n)}+P_{P1}^{(n)}+P_{P2}^{(n)}-P_{at}^{(n)}-P_{in} \end{aligned} \qquad [3-4-49]$$

由上式可知分子内压力 P_{in} 所起作用应与分子吸引压力 P_{at} 相似，这是因为这两个压力项均由分子间引力场所引起。因而对于任何液体而言，液体相内区压力和液体界面区压力不同，相内区压力是由液体内移动分子作无序热运动产生的动态压力和随机运动分子受到周围分子相互作用的影响这两个因素所组成的压力；而界面区内压力除上述受到了分子间相互作用影响的动态压力外，还存在有因物理界面存在而致使由近程有序结构产生的分子内压力，液体内这两部分压力表示式再列示如下：

液体相内区压力： $$P^{LB}=P_{id}^L+P_{P1}^L+P_{P2}^L-P_{at}^L \qquad [3-4-50]$$

液体界面区压力：

动态分子压力： $$P_{ns}=P_{id}^L+P_{P1}^L+P_{P2}^L-P_{at}^L \qquad [3-4-51a]$$

静态分子压力： $$P_{os}=P_{in}^L \qquad [3-4-51b]$$

界面区总压力： $$\begin{aligned} P^{LS} &= P_{ns}+P_{os} \\ &= P_{id}^L+P_{P1}^L+P_{P2}^L-P_{at}^L-P_{in}^L \end{aligned} \qquad [3-4-51c]$$

3. 以有序位势压力表示的分子内压力

分子内压力可以通过有序位势压力的表示式表示：

$$P_{in} = P_{os} = -\frac{2\pi\rho_0^2}{3}\int_0^\infty \frac{du_{SP}(r)}{dr} r^3 [g(r) - g^0(r)] dr \qquad [3-4-52]$$

为讨论方便，对分子内压力的作用方向作了一个人为的规定：即当界面区内分子内压力 P_{in} 的作用方向是指向讨论相内部时，分子内压力为正向压力；而当讨论相界面区内分子内压力 P_{in} 的作用方向是指向讨论相外部时，分子内压力为负向压力。产生负向分子内压力的微观原因是：

① 分子间相互作用中斥力势占优势，对于凝聚态物质，一般情况下静态分子间相互作用都是吸引作用力。只有当讨论物质经受高压作用时，分子间相互作用中斥力势可能会占了优势。

② 相邻相分子对讨论相界面区分子的作用强于讨论相分子自身的作用。这里需注意的是：

——分子内压力数值的正负应该由分子间相互作用位势所决定，由于分子间吸引位势为负值，斥力位势为正值，因而当分子内压力是由分子间吸引位势形成时分子内压力的数值应为负值；相反，当分子内压力是由分子间斥力位势所形成时分子内压力的数值应为正值。

——热力学讨论中所谓压力均是指外压力，即环境压力，其所作之膨胀功均以 $dW = -P_{out}dV$ 计算。由于正向分子内压力的指向与环境压力的指向相同，均是指向讨论相内部，因而在热力学讨论时分子内压力所作的膨胀功亦应以 $-P_{in}dV$ 形式参加，与环境压力一样，以负号表示了压力指向。

4. 液体界面区分子内压力

由于分子内压力只存在于液体界面区中，故可以将分子内压力概念与物质界面性质变化联系在一起讨论，这如图 3-4-1 所示。

图 3-4-1 清楚地显示，只有液体和固体才存在有序结构所产生的分子内压力，也只有存在分子内压力的物态才具有表面张力，因而图 3-4-1 告诉我们，可以认为：分子内压力是物质形成表面张力的原因，而表面张力所作的表面功应是用于平衡分子内压力对界面层所作的膨胀功，即有：

物态：	理想气体（非凝聚态） →	真实气体（非凝聚态） →	液体（凝聚态） →	固体（凝聚态）
分子排列结构：	随机分布 → 无序结构	随机分布 → 无序结构	随机分布 → 近程有序结构	有序排列结构
压力结构：	P_{id}	$P_{id} + P_{ns}$	$P_{id} + P_{ns} + P_{in}$	P_{in}
表面张力：	不存在	不存在	存在	存在

图 3-4-1　不同物态下物质内能量转变规律

$$P_{in} \times \Delta V^S = \sigma \times \Delta A \qquad [3-4-53]$$

因界面层厚度为 $j = V^S/A$，故得：　$P_{in} \times \Delta j = \sigma$　　[3-4-54]

考虑到有序位势压力在相内区和界面区内不同的平衡方式，液体压力微观结构组成改为：
液体相内区压力：

$$P^{LB} = P^{L}_{id} + P^{L}_{P1} + P^{L}_{P2} - P^{L}_{at} + \sum P_{os}(r) \qquad [3-4-55]$$

$$\sum P_{os}(r) = \sum_{i<j}^{N} [P_{os}(r_{ij}) + P_{os}(r_{ji})] = 0 \qquad [3-4-56]$$

液体界面区压力：

$$P^{LS} = P^{LS}_{id} + P^{LS}_{P1} + P^{LS}_{P2} - P^{LS}_{at} - \left(P_{in} - \sigma \frac{\Delta A}{\Delta V^S}\right) \qquad [3-4-57]$$

$$P_{in} \times \Delta V^S - \sigma \times \Delta A = 0 \qquad [3-4-58]$$

3-4-3 Ornstein-Zernike 方程

Ornstein-Zernike 方程的基本思想是：对于一个粒子数为 N、体积为 V 的系统，如果这个体系分子排列结构为随机分布平均结构时，则在微观体积元 $\mathrm{d}r_k$ 中出现一个粒子数的概率为 $N_k = N\mathrm{d}r_k/V$。而在微观体积元 $\mathrm{d}r_k$ 中存在的粒子平均数应为 $\overline{N}_k = \rho_0 \mathrm{d}r_k$。故这种随机排列的平均结构中在微观体积元 $\mathrm{d}r_k$ 处粒子出现的概率与其平均数之差应为零：

$$\Delta N_k = N_k - \overline{N}_k = \frac{N}{V}\mathrm{d}r_k - \rho_0 \mathrm{d}r_k = 0 \qquad [3-4-59]$$

但是液体微观上并非是随机分布平均结构，而是近程有序结构，存在着分子间相互作用，故在讨论分子周围一定范围中，局部分子密度与随机分布平均结构下计算的分子平均数不同，即：$N_k = \rho_r \mathrm{d}r_k = \rho_0 g(r) \mathrm{d}r_k$，故而实际的 ΔN_k 不应等于零。

由于液体形成分子近程结构的原因是分子间存在有相互作用。周围分子对 ΔN_k 有影响，并且此影响应与其平均粒子数 $\rho_0 \mathrm{d}r_k$ 成正比，设此比例系数为 $h(r_{jk})$，此比例系数表示在微观体积元 $\mathrm{d}r_k$ 中的粒子数在周围粒子作用下与其平均值产生的偏差程度。故有：

$$\Delta N_k |_j = N_k |_j - \overline{N}_k = \rho_0 g(r) \mathrm{d}r_k - \rho_0 \mathrm{d}r_k = \rho_0 h(r_{jk}) \mathrm{d}r_k$$

故得到：

$$h(r) = g(r) - 1 \qquad [3-4-60]$$

称 $h(r)$ 为总相关函数。由于随机分布时 $g(r) = 1$，故总相关函数 $h(r)$ 度量了对随机分布的偏差，即 $h(r)$ 度量了近程有序结构对液体假设为随机分布结构的偏差。

假定随机分布时的径向分布函数为 $g^0(r)$，故而

$$h(r) = g(r) - g^0(r) \qquad [3-4-61]$$

式中 $g^0(r)$ 为随机分布时的径向分布函数，理论上 $g^0(r) = 1$，$h(r)$ 为总相关函数。

得系统总位能为：

$$U_{\mathrm{p}} = 2\pi N\rho_0\int_0^{\infty} \overline{u_{\mathrm{P}}}(r)g^0(r)r^2\mathrm{d}r + 2\pi N\rho_0\int_0^{\infty} u_{\mathrm{SP}}(r)h(r)r^2\mathrm{d}r = U_{\mathrm{ns}} + U_{\mathrm{os}} \quad [3-4-62]$$

其中：

$$U_{\mathrm{ns}} = 2\pi N\rho_0\int_0^{\infty} \overline{u_{\mathrm{P}}}(r)g^0(r)r^2\mathrm{d}r \quad [3-4-63]$$

U_{ns} 为假设液体的分子排列结构是完全呈随机分布的无序排列平均结构时中分子间相互作用位能值，简称无序位能均值。

已知 $g^0(r)=1$，故而式[3-4-63]可改写为：

$$U_{\mathrm{ns}} = 2\pi N\rho_0\int_0^{\infty} \overline{u_{\mathrm{P}}}(r)r^2\mathrm{d}r \quad [3-4-64]$$

又知：

$$U_{\mathrm{os}} = 2\pi N\rho_0\int_0^{\infty} u_{\mathrm{SP}}(r)h(r)r^2\mathrm{d}r \quad [3-4-65]$$

U_{os} 为系统（液体）近程有序排列结构中分子间相互作用所形成的位能值，称之为系统的近程有序结构位能平均值，简称有序位能均值。

在有序位能数值中并不含无序位能部分。这可证明如下：

因为

$$h(r) = g(r) - g^0(r) = \frac{\rho_r}{\rho_0} - \frac{\rho_0}{\rho_0} = \frac{\rho_r - \rho_0}{\rho_0} \quad [3-4-66]$$

式[3-4-74]表明：总相关函数并不包含系统的平均粒子密度 $\rho_0 = N/V$。而 ρ_0 又代表着系统在随机分布时的平均粒子密度。去除这部分粒子，意味着总相关函数仅反映分子排列结构中近程有序的影响。

这是实际情况下分子间还存在相互作用，这与真实气体内分子状态和分子间相互作用情况相似。

故系统位能为无序部分能量和有序部分能量之和，故：

$$\begin{aligned} U &= U_{\mathrm{ns}} + U_{\mathrm{os}} = U_{\mathrm{K}} + U_{\mathrm{S}} = (U^0 + U_{\mathrm{K}}^{\mathrm{P}}) + U_{\mathrm{S}} \\ &= \frac{3}{2}NkT + 2\pi N\rho_0\int_0^{\infty} \overline{u_{\mathrm{P}}}(r)g^0(r)r^2\mathrm{d}r + 2\pi N\rho_0\int_0^{\infty} u_{\mathrm{SP}}(r)h(r)r^2\mathrm{d}r \end{aligned} \quad [3-4-67]$$

式[3-4-67]揭示了不同物态下物质内能量转变规律。由此，我们认为，当物态从理想气体转变为固态物质时，其内能变化如图 3-4-2 所示：

物态：	理想气体（非凝聚态）	→	真实气体（非凝聚态）	→	液体（凝聚态）	→	固体（凝聚态）
分子排列结构：	随机分布无序结构	→	随机分布无序结构	→	随机分布+近程有序结构	→	有序排列结构
内能：	$U_{\mathrm{ns}} = U^0$		$U_{\mathrm{ns}} = U^0 + U_{\mathrm{K}}^{\mathrm{P}}$		$U_{\mathrm{ns}} + U_{\mathrm{os}}$		$U_{\mathrm{os}} = U_{\mathrm{S}}$

图 3-4-2　不同物态下物质内能量转变规律

由上列情况可见，只要温度不是绝对零度，在气态和液态物质中均存着分子热运动所形成的能量U^0。由于气态和液态同属于流体，即气体分子和液体分子均可认为是处在运动状态的移动着的分子。气态的分子排列结构为随机分布平均结构，液态在宏观上亦可认为是呈随机分布平均结构。这两种随机分布平均结构的不同在于气体可能存在不考虑分子间相互作用的理想情况，而液体不可能存在不考虑分子间相互作用的理想情况。液体中U^0是假设不考虑分子间相互作用影响时理想情况的分子能量，这部分能量有可能被实际存在的分子间相互作用影响所制约，使分子不能被其驱动而作移动运动而成为定居分子；亦有可能在能量涨落的影响下脱离分子间相互作用的束缚而成为运动着的动态分子。固体在物态上与气态和液体不同，固体中分子间相互作用能量很强，相对而言热驱动能量U^0很低，其涨落变化已不能驱动分子脱离分子间相互作用的束缚，故固体中很少有或不存在运动着的动态分子，固体分子只是在一定位置作分子本身的运动，如分子振动、转动等运动，即固体分子可以认为绝大多数均是静态分子，对固体可以不考虑或忽略其分子动能。

由此可知，各种物态的位能转变情况比较明确：理想气体内不考虑分子间位能。真实气体内开始出现分子间相互作用，因此真实气体内部存在分子间位能。但这种位能是指分子呈随机分布无序排列时的分子间位能，亦就是说，动态分子所受到的其他分子位能，只是反映在它的运动状态受到了影响，这个位能数值很低，只是体现在分子动能的变化上，而不能影响到使气体分子成为脱离运动状态的分子。

从气体转变成液体时由于分子间平均距离变小，因此从理论上可以预期液态中分子间位能会得到加强。这使部分液体分子成为脱离运动状态的分子，亦就是说，由于分子间相互作用位能的增强导致液态中出现一种新的分子排列结构——近程有序结构。液体的近程有序结构会受到温度的影响，当液体温度升高时加剧了液体分子的运动，从而破坏了液体的近程有序结构，液体内随机分布无序结构增多，液体性质逐步向气态转变。反之，温度降低，有利于液体中增加近程有序结构和减少随机分布无序结构，从而使液态内分子间相互作用力逐步增大。这在宏观上表现为液体凝聚状态逐步增强，微观表象是液体内部随机分布无序排列结构的动态分子数逐渐减少，而出现呈有序排列结构的静态分子数量逐渐增多。

液态转变成为固态的微观结构分界处为在液态中存在的随机分布结构在固态中将完全消失，即固体中移动分子消失。受到强大的分子间相互作用，固态分子不再“乱动”，仅限于在固体内一定的节点上作一定范围内的振动、转动等分子内部运动。所有固体分子均呈有规律的排列。也就是说，液体内存在的局部的、近程的“有序结构”，在固体内已扩展为整体的、远程的“有序结构”。因此，固体内分子间位能应完全是由“有序结构”所决定的位能。

上述内容定性地描述了不同物性——气体、液体和固体内分子间相互作用能量强弱的变化及其对物性转变的影响。在前面讨论中已经介绍分子压力可以反映并量度气体、液体和固体内这些分子间相互作用能量强弱的变化，亦就是说，可以用不同属性的分子压力定量地表示这些分子间相互作用能量强弱的变化，从而对物质的“物性”能有更多的了解。

参 考 文 献

[1] 胡英. 流体的分子热力学[M]. 北京：高等教育出版社，1983.
[2] 祁祥麟. 统计物理基础[M]. 北京：中国铁道出版社，1992：55.
[3] 傅鹰. 化学热力学导论[M]. 北京：科学出版社，1963：22.
[4] 陈钟秀，顾飞燕，胡望明. 化工热力学[M]. 北京：化学工业出版社，2001.
[5] 范宏昌. 热学[M]. 北京：科学出版社，2003.
[6] Eyring H. J of Chem. Phys，1936，4：283.
[7] 张福田，谈慕华. 应用 Eyring 理论探讨液相界面微观结构[G]//2000 年第八届全国胶体与界面科学研讨会会议的摘要文集，扬州.
[8] 刘光恒，戴树珊. 化学应用统计力学[M] 北京：科学出版社，2001.
[9] 童景山. 分子聚集理论及其应用[M]. 北京：科学出版社，1999.
[10] 童景山. 聚集力学原理及其应用[M]. 北京：高等教育出版社，2007.
[11] Hildebrand J H，Scott R L. Regular Solutions[M]. New Jersey：PRENTICE • Hall，INC，1962.
[12] Hildebrand J H，Scott R L. The Solubility of Non-Electrolytes [M]. 3rd ed，New Youk，：Reinhold，1949.
[13] D W 范克雷维伦. 聚合物的性质 性质的估算及其与化学结构的关系[M]. 北京：科学出版社，1987.
[14] 张福田. 分子界面化学基础[M]. 上海：上海科技文献出版社，2006.
[15] Maier V，Svoboda V. Enthalpies of Vaporization of Organic Compounds[M]. A Critical Review and Data Compilation，Blackwell：Oxford，1985.
[16] Yaw C L，Yang H C，Cawley W A. Hydrocarbon Process. 1990，69(b)：87.
[17] 翁甲强. 热力学与统计物理学基础[M]. 桂林：广西师范大学出版社，2008.
[18] 周上章. 统计物理学[M]. 重庆：重庆大学出版社，1991.
[19] 胡 英，刘国杰，徐英年，等. 应用统计力学[M]. 北京：化学工业出版社，1990.
[20] 钱平凯. 热力学与统计物理[M]. 下册，北京：电子工业出版社，1991.
[21] S M Walas. Phase equilibria in Chemical Engineering. New York：Butterworth，1985.
[22] Fowkes F M. Additivity of Intermolecular Forces at Interface[J]. Jour. of Phys. Chem.，1963，67：，2538.
[23] 徐光宪. 物质结构[M]. 上、下册，第 7 版，北京：人民教育出版社，1978.
[24] 程传煊. 表面物理化学[M]. 北京：科学技术文献出版社，1995.
[25] 张开. 高分子界面科学[M]. 北京：中国石化出版社，1997.
[26] Hiemenz P C. Principles of Colloid and Surface Chemistry[M]. MARKEL DEKKER INC，1977.
[27] Davis H T，Scriven L E A. simple theory of surface tension at low vapor pressure[J]. J Phys Chem，1976，80 (25)：2805.
[28] Rosseinsky D R. Surface Tension and Internal Pressure，A Simple Model[J]. Jour of Phys Chem，1977，81 (16)：1578.
[29] Adamson A W. Physical Chemistry of surface[M]. Third Edition. John-Wiley，1976.
[30] Bikerman J J. Physical Surface[M]. Academic Press，Inc，1970.
[31] Семенченко В К. поверхностный Явления в металлах и Сплавлх[M]. Москва：ГИТТЛ，1957.
[32] Weast R C. CRC Handbook of Chemistry and Physics[M]. 69th Ed. Florida：CRC Press Inc.，1988 - 1989.
[33] 刘文玉，马沛生. 蒸发潜热与温度关系的关联式[J]. 石油化工，1984 13：(4)，264.
[34] Dreisbach R R. Physical Properties of Chemical Compounds[M]，Vol. Ⅰ，1955；Vol. Ⅱ，1959；Vol. Ⅲ，1961.
[35] 张福田. Stefan 公式[J]. 化学学报，1986，44：105 - 116.
[36] Skapski A S. J Chem. Phys.，1948，16：389.
[37] Oriani R A. J of Chem Phys，1950，18(5)：547.
[38] Overbury S H，Bertrand P A，Somorzal G A. Chem Rev，1975，75：547.

[39] 吴哲. 热力学与统计物理[M]. 上册，北京：电子工业出版社，1991.
[40] 卢焕章.石油化工基础数据手册[M].北京：化学工业出版社，1984.
[41] 基列耶夫 B A. 物理化学[M]，上卷，北京，高等教育出版社，1953.
[42] 马沛生.化工数据[M].北京：中国石化出版社，2003.
[43] Zhang Fu Tian（张福田）. Phase Equilibrium Theory on the Interface Layer Model of Physical Interface[J]. Jour of Colloid and Interface Science，2001，244：282 - 302.

第四章

分子压力

已知压力可用物质能量表示，也可用单位面积上某种力的形式表示，

以能量形式表示：
$$P=-\left(\frac{\partial U}{\partial V}\right)_A=-\left(N\frac{\partial u_{(r)}}{\partial V}\right)_A \tag{4-1}$$

以力的形式表示：
$$P=\frac{F}{A}=-\frac{N}{A}\left(\frac{\partial u_{(r)}}{\partial \mathrm{r}}\right)=-N\frac{f_{(r)}}{A} \tag{4-2}$$

式中 $f_{(r)}$ 为讨论体系中每个分子与另一个分子间相互作用力；$u_{(r)}$ 为讨论体系中每个分子上所具有的分子间势能。

众所周知，分子间相互作用可以作用“力”的形式表现出来，也可以相互作用“能量”的形式表现出来，而宏观性质“压力”是可以反映“力”或“能量” 的宏观热力学参数中一个。故可以认为产生压力的根源有两个：

其一为分子间的相互作用力 f_i。因而压力适合于反映和量度在讨论条件下体系内分子间相互作用力。

其二为分子间的相互作用能 u_i。因而压力也可以反映和量度在讨论条件下体系内分子间具有的动能和势能的情况。

从式[4－2]可见，压力与分子间相互作用力之间应该存在着关系，即压力应与分子作用力的综合作用相关，亦就是说：

$$P=F\left(\sum f_{(r)}\right) \tag{4-3}$$

$\sum f_{(r)}$ 表示存在各种类型的分子作用力，如斥力势中分子斥作用力、引力势中分子吸引作用力等，设讨论的综合分子作用力共有 k 种类型分子作用力所组成，故综合分子作用力可改写为：

$$\sum f_{(r)}=\sum f_{(r)}^1+\sum f_{(r)}^2+\cdots+\sum f_{(r)}^k \tag{4-4}$$

在单位面积上每种类型分子作用力的合力亦是压力，这里称之为分子压力。

分子压力定义：
$$P_k^{分子}=\sum f_{(r)}^k/A \tag{4-5}$$

因此有关系：
$$P=\frac{\sum f_{(r)}^1}{A}+\frac{\sum f_{(r)}^2}{A}+\cdots+\frac{\sum f_{(r)}^k}{A}$$
$$=P_1^{分子}+P_2^{分子}+\cdots+P_k^{分子} \tag{4-6}$$

亦就是说，宏观压力可以认为是由若干个不同类型分子作用力所组成的。需要了解的是宏观压力是由多少种不同类型分子作用力所组成，并由哪些不同类型分子作用力所组成

的，这样的关系式称之为压力的微观结构，每种压力微观结构对压力的贡献称之为这种微观结构的“分子压力”。本章将讨论组成宏观压力的微观结构。

4-1　分子压力的基本概念

位能函数是表达分子间作用力的特性函数。已知有多种讨论分子对相互作用的位能函数，例如：硬球位能函数（The Hard Spheres Potential）；方阱位能函数（The Square-Well Potential）；Sutherland 位能函数；Lennard-Jones 位能函数等等[1, 2]。而位能函数中 Sutherland 硬球势能函数是一种简单而方便计算的位能函数，其示意图可见图 1-1-4。Lennard-Jones 方程是著名的位能函数方程，表示其位能和分子间距离关系的示意图可见图 1-1-5。

Lennard-Jones 方程为：$u_{(r)\mathrm{P}}=4u_0\left[\left(\frac{d_0}{r}\right)^{12}-\left(\frac{d_0}{r}\right)^{6}\right]$　　[4-1-1]

分析这些位能函数，有着下列一些共同点：

(1) 所有分子间均应存在引力和斥力[3]，这在位能函数中均有体现。例如方阱位能函数认为，当分子间距离 $r<d_0$ 时，分子间存在巨大的斥力，因此 d_0 被称作为斥力半径（repulsive diameter）[1]。式[4-1-1]右边第一项代表分子间的斥力，第二项代表引力，即：

$$u_{(r)\mathrm{P}}=u_{(r)}^{P}-u_{(r)}^{\mathrm{at}}\qquad[4-1-2]$$

(2) 这些位能函数均规定了分子间引力和斥力存在的条件：

① 当分子间距离小于一定数值时，分子间呈现有巨大斥力，即有：

$$r<d_0,\qquad u_{(r)\mathrm{P}}=u_{(r)}^{P}=\infty\qquad[4-1-3a]$$

② 在一定的分子间距离内，存在有分子间引力。引力大小与分子间距离有关，从图 1-1-5可见，当分子间距离 r 未达到某一距离 λ 时，均应存有分子间吸引力，即此时分子间吸引力应大于或远大于分子间斥力，当分子间距离 r 大于 d_0 一定数值时，由 Lennard-Jones 方程（图 1-1-5）可见，这时分子间斥力数值降为很小，可以给予忽略，故有关系：

$$d_0<r<\lambda,\qquad u_{(r)\mathrm{P}}=-u_{(r)}^{\mathrm{at}}\qquad[4-1-3b]$$

③ 分子间距离大于一定数值 λ 时，分子间的引力降低为零，即有：

$$r\geqslant\lambda,\qquad u_{(r)\mathrm{P}}=0\qquad[4-1-3c]$$

从式[4-1-1]来看，由于分子间作用力与分子间距离的 6～12 呈反比，所以分子作用力随着分子间距离的增加而急剧地减少，这样可以认为具有一定的有效作用距离 λ，超过这个有效作用距离，分子间作用力，无论是分子间吸引力还是分子间的斥力，实际上均可认为已不存在。这点亦说明，当气体处于理想状态时，一般理想气体均十分稀薄，其摩尔体积较大，即分子间距离较大，因此，可以认为，理想状态下气体分子间不存在相互作用。

对于物质每个分子具有的能量应为该分子具有的动能和位能之和，即

$$u_{(r)} = u_{(r)\mathrm{K}} + u_{(r)\mathrm{P}} = u^{0}_{(r)\mathrm{K}} + u^{P}_{(r)\mathrm{P}} - u^{\mathrm{at}}_{(r)\mathrm{P}} \qquad [4-1-4a]$$

实际物质中存在千千万万个分子，众多分子间的相互作用应该与孤立分子对的相互作用有所区别，但是有其共性：

1. 能量的统计平均值

式中 $u^{0}_{(r)\mathrm{K}}$ 为讨论分子本身随机热运动所具有的动能，即有

$$u_{(r)\mathrm{K}} = u^{0}_{(r)\mathrm{K}}$$

式中 $u_{(r)\mathrm{K}}$ 为讨论系统中不存在分子间相互作用，不认为讨论分子本身具有体积，亦就是认为分子本身只是个具有一定能量的质点，在这种条件下讨论分子在系统热量驱动下进行着随机热运动时所具有的动能。因此 $u_{(r)\mathrm{K}}$ 应是讨论分子进行随机热运动所具有的，除系统热量外未受到任何其他影响的最基本的瞬时动能，其数值随时在变化，故对于存在千千万万个分子的系统，应该讲是无法进行精确讨论的。为此可采用 $u_{(r)\mathrm{K}}$ 的统计平均值表示，即：

$$\overline{u_{(r)\mathrm{K}}} = \frac{\sum u_{(r)\mathrm{K}}}{N} = \overline{u^{0}_{(r)\mathrm{K}}}$$

亦就是说，当讨论对象中存在千千万万个分子的系统时，讨论的出发点仍然是每个分子所具有的，仅只是受到系统热量的影响，未受到任何其他影响的最基本的能量，但这个能量并不是孤立分子具有的瞬时能量，而是这个能量的统计平均值。

理论上同样认为，对于分子间相互作用位能亦应作类似动能那样的处理，即对于存在千千万万个分子的系统，讨论的位能亦应是众多孤立分子对相互作用位能的统计平均值。故式[4-1-4]应改为

$$\overline{u_{(r)}} = \overline{u_{(r)\mathrm{K}}} + \overline{u_{(r)\mathrm{P}}} = \overline{u^{0}_{(r)\mathrm{K}}} + \overline{u^{P}_{(r)\mathrm{P}}} - \overline{u^{\mathrm{at}}_{(r)\mathrm{P}}} \qquad [4-1-4b]$$

式中下标“P”表示位能参数，上标“P”表示分子相互排斥作用参数，“at”表示分子相互吸引作用参数。下面讨论中应用统计平均值概念，故仍使用省略的式[4-1-4a]形式，但需注意除注明是瞬时性质外，一般都是统计平均数据。

2. 分子间的吸引力和斥力

分子间存在两种相互作用，一种是分子间的吸引力，另一种为分子间斥力，显然，无论是孤立分子对的相互作用还是众多分子间的相互作用，均应具有这样的两种相互作用。但亦有它们之间不同之处：

① 孤立分子对的相互作用中的分子间斥力是分子间电子相互作用所引起的斥力，与分

子间距离密切有关，仅只是在分子间距离小于一定距离时才存在，并随着分子间距离之增大而迅速减小，是典型的“短程”斥力。在气态物质中，除高压状态外，这种斥作用力一般不存在或其数值很小。

② 还应该存在另一种分子影响项，这是由于每个分子本身应具有一定的体积，虽然分子体积的数值很小，但是在存在千千万万个分子体系中，分子本身总体积的影响变得不可忽略，即由于分子本身存在一定体积而造成对体系压力有影响，这种影响在所呈现的结果与电子相互作用斥力相类似，都会使系统压力增加，故而将其亦归结于斥力影响项中。这样的话体系应存在有两种类型斥力项，即有：

$$u_{(r)}=u^{0}_{(r)\mathrm{K}}+u^{P}_{(r)\mathrm{P}}-u^{\mathrm{at}}_{(r)\mathrm{P}}=u^{0}_{(r)\mathrm{K}}+u^{P1}_{(r)\mathrm{P}}+u^{P2}_{(r)\mathrm{P}}-u^{\mathrm{at}}_{(r)\mathrm{P}} \qquad [4-1-5a]$$

式中 $u^{P1}_{(r)\mathrm{P}}$ 为分子本身存在一定的容积而起到使体系压力增加，类似分子间斥力的作用，我们称之为第一类分子间斥力项。$u^{P2}_{(r)\mathrm{P}}$ 表示分子间电子作用所引起的斥力项，这里称之为第二类斥力项。$u^{\mathrm{at}}_{(r)\mathrm{P}}$ 表示分子间相互作用的引力项，称之为吸引力项。以分子间作用力的形式表示为

$$f(r)=f^{0}_{(r)\mathrm{K}}+f^{P}_{(r)}-f^{\mathrm{at}}_{(r)}=f^{0}_{(r)\mathrm{K}}+f^{P1}_{(r)\mathrm{P}}+f^{P2}_{(r)\mathrm{P}}-f^{\mathrm{at}}_{(r)\mathrm{P}} \qquad [4-1-5b]$$

式中各符号说明与式[4-1-5a]相同。

3. 作用力的统计平均值

孤立分子对的相互作用只是两个分子间的相互作用，而当体系中存在千千万万个分子时，宏观状态所表现的分子间相互作用应该是千千万万个分子相互作用的统计平均值，因此，研究方法中考虑的应是各种类型分子间相互作用，式[4-1-4]改写为与统计平均值相对应，即：

$$\overline{u_{(r)}}=\overline{u_{(r)\mathrm{K}}}+\overline{u^{P}_{(r)}}-\overline{u^{\mathrm{at}}_{(r)}}=\overline{u^{0}_{(r)\mathrm{K}}}+\overline{u^{P1}_{(r)\mathrm{P}}}+\overline{u^{P2}_{(r)\mathrm{P}}}-\overline{u^{\mathrm{at}}_{(r)\mathrm{P}}} \qquad [4-1-6a]$$

同样，分子间相互作用力的统计平均值可表示为：

$$\overline{f_{(r)}}=\overline{f_{(r)\mathrm{K}}}+\overline{f^{P}_{(r)\mathrm{P}}}-\overline{f^{\mathrm{at}}_{(r)\mathrm{P}}}=\overline{f^{0}_{(r)\mathrm{K}}}+\overline{f^{P1}_{(r)\mathrm{P}}}+\overline{f^{P2}_{(r)\mathrm{P}}}-\overline{f^{\mathrm{at}}_{(r)\mathrm{P}}} \qquad [4-1-6b]$$

4. 作用力与距离有关

上述讨论表明无论是分子间的吸引力还是分子间的斥力，均与分子间距离有关，分子间相距减少，分子间的斥力和吸引力均会增大，分子间距离逐渐加大，则分子间斥力和吸引力均随之减小。达到一定距离后，分子间力应达到零。因此，任何讨论微观状态与宏观性质互相关联的研究方法，所得到的分子间吸引力的统计平均值或者分子间斥力的统计平均值，有可能与上述讨论中孤立分子对相互作用的规律不一定完全一样，但是分子间各种力的宏观显示值应该能够反映两个分子组成的分子对所反映的一些规律：例如当分子间距离达到一定数值后分子间作用力趋近于零，随着分子间距离的减小分子间吸引力和分子间斥力都会逐渐变化等。由此可用于验证我们讨论的研究方法的正确性和可靠性。

从 Lennard-Jones 位能函数看，由于斥力项处的分子间距离的乘幂数高于引力项的，因此，有理由认为，分子间相互作用的斥力只是在二个分子靠得很近时才起作用，因此，所讨论

的方法是否反映这一规律亦是我们观察讨论方法是否正确的内容之一。

当前，研究物质内分子间相互作用状况的理论很多。但是这些研究中很多是纯理论性，或者带有一定讨论前提的，或有一定的局限性的，限定于一定假设范围内的。本书所进行的讨论是以宏观状态参数来讨论微观分子相互作用的情况。统计论的条件是讨论系统必须具有大量粒子、其分布呈随机性和无序性，并符合统计规律性。不符合讨论条件的系统不适用此法的讨论结果，需作一定修正。

正因为讨论宏观状态的分子间相互作用需应用微观分子间相互作用的统计平均值，因此压力的定义式亦应与此相对应，故而式[4-1]和式[4-2]应改写为：

以能量形式表示：
$$P=-\left(\frac{\partial U}{\partial V}\right)_A=-\left(N\frac{\partial \bar{u}_{(r)}}{\partial V}\right)_A \qquad [4-1-7]$$

以力的形式表示：
$$P=\frac{\partial F}{A}=-\frac{N}{A}\left(\frac{\partial \bar{u}_i}{\partial \mathrm{r}}\right)=-N\frac{\overline{f}_i}{A} \qquad [4-1-8]$$

式中 $\overline{f}_i$ 为讨论体系中讨论分子与另一个分子间相互作用力的统计平均值。$\bar{u}_{(r)}$ 为讨论体系中讨论分子与另一个分子间相互作用势能的统计平均值。

将式[4-1-5]代入式[4-1-6]中，以能量形式表示压力：

$$P=-N\left(\frac{\partial \bar{u}_{(r)}}{\partial V}\right)_A=-N\left[\left(\frac{\partial \overline{u^{0}_{(r)\mathrm{K}}}}{\partial V}\right)_A+\left(\frac{\partial \overline{u^{P1}_{(r)\mathrm{P}}}}{\partial V}\right)_A+\left(\frac{\partial \overline{u^{P2}_{(r)\mathrm{P}}}}{\partial V}\right)_A-\left(\frac{\partial \overline{u^{\mathrm{at}}_{(r)\mathrm{P}}}}{\partial V}\right)_A\right] \qquad [4-1-9]$$

以力的形式表示压力：

$$P=-N\frac{\overline{f_{(r)}}}{A}=-N\left[\frac{\overline{f^{0}_{(r)\mathrm{K}}}}{A}+\frac{\overline{f^{P1}_{(r)\mathrm{P}}}}{A}+\frac{\overline{f^{P2}_{(r)\mathrm{P}}}}{A}-\frac{\overline{f^{\mathrm{at}}_{(r)\mathrm{P}}}}{A}\right] \qquad [4-1-10]$$

因此得到压力的微观结构表示式

$$P=P_{\mathrm{id}}+P_{P1}+P_{P2}-P_{\mathrm{at}} \qquad [4-1-11]$$

此式作者在第二章和第三章中以统计理论和液体径向分布理论已作了推导和讨论，由于此式在宏观分子间相互作用理论上的重要性，这里从压力定义式出发对此式再作讨论，以此来进一步说明各分子压力的特征。

式[4-1-11]左边项：体系压力 P，平衡状态时体系压力即为环境的压力 P。

式[4-1-11]右边项：

第一项 P_{id}，称为分子理想压力，由式[4-1-11]可知 P_{id} 为当讨论体系中分子吸引力和各种分子间斥力均可忽略，并将讨论分子作为不具有体积的质点时，仅由分子在体系中移动动能所形成的压力。由于此时忽略了分子间相互作用，因而体系所形成的压力称为理想压力，在忽略体系中分子间相互作用等影响时体系压力可表示为：

$$P = P_{\text{id}} \qquad [4-1-12]$$

理想体系的压力与其他宏观热力学参数的关系，即理想气体状态方程为：

$$P = P_{\text{id}} = \frac{RT}{V_m} \qquad [4-1-13]$$

注意，P_{id} 是压力微观结构式中各项分子压力中唯一可以与体系压力 P 直接相关联的压力项，其他各项分子压力，如 P_{P1}、P_{P2}、P_{at} 均不能直接与体系压力 P 相关联，即不存在有 $P = P_{P1}$、$P = P_{P2}$、$P = P_{\text{at}}$ 的关系。其原因已在第二章对宏观分子间相互作用、动压力特征的讨论内容中予以说明，像分子压力 P_{P1}、P_{P2}、P_{at} 不会使体系形成或产生压力，但对由于分子移动运动所形成的理想压力会产生影响，使理想压力数值或增高或降低。分子压力 P_{P1}、P_{P2}、P_{at} 及分子理想压力 P_{id}，在讨论中统称为分子动态压力，简称为分子动压力。

P_{id} 定义式为：

$$P_{\text{id}} = N\frac{\overline{f^{0}_{(r)\text{K}}}}{A} \qquad [4-1-14]$$

第二项 P_{P1}，称为第一分子斥压力，P_{P1} 为当讨论体系中存在大量分子时致使分子本身体积的存在会对讨论体系压力产生一定影响，P_{P1} 数值高低表示这一斥力影响大小，亦就是当分子间吸引力和分子间斥力均可忽略时，分子本身存在的体积对体系中移动动能所形成的压力的影响，在受到 P_{P1} 影响时体系压力可表示为：

$$P = P_{\text{id}} + P_{P1} = \frac{\text{R}T}{V_m} + P_{P1} \qquad [4-1-15]$$

注意，在体系压力表示式中分子理想压力 P_{id} 项应是必定存在的，这表明讨论体系压力是由纯分子热运动所形成的理想压力，而其他因素只是对分子理想压力数值增加或减小进行的修正。一般斥力项会使讨论体系压力数值增大，故第一斥压力的存在会使讨论体系压力数值增高。

式中 P_{P1} 定义式为：

$$P_{P1} = N\frac{\overline{f^{P1}_{(r)\text{P}}}}{A} \qquad [4-1-16]$$

式[4-1-15]还说明，由于影响理想压力数值的唯一微观因素是体系中千千万万个分子都具有自己的体积而使体系内分子自由活动的体积范围减少，现设分子自由活动的实际体积为 V_m^f，故体系实际压力应为 $P = \text{R}T/V_m^f$，得：

$$\text{R}T(V_m - V_m^f) = P_{P1}V_mV_m^f \qquad [4-1-17]$$

设 b^0 为理想状态下系统中千千万万个分子体积的总和，则有

$$b^0 = (V_m - V_m^f) \qquad [4-1-18]$$

代入上式得：

$$P_{P1} = P\frac{b^0}{V_m} \qquad [4-1-19]$$

式[4-1-19]表示第一分子斥压力的计算式。

第三项 P_{P2}，称为第二分子斥压力，P_{P2} 为分子间由于电子相互作用所引起的斥力对体系压力大小产生的影响，P_{P2} 数值高低表示这一斥力影响大小，与第一斥压力的讨论相似，在分子吸引力和第一分子斥压力均可忽略时，在受到 P_{P2} 影响时体系压力可表示为：

$$P = P_{id} + P_{P2} = \frac{RT}{V_m} + P_{P2} \qquad [4-1-20]$$

上式表明，第二斥压力也只是对分子理想压力数值的修正。一般斥力项会使讨论体系压力数值增大，故第二斥压力的存在会使讨论体系压力数值增高。

P_{P2} 定义式为

$$P_{P2} = N \frac{\overline{f_{(r)P}^{P2}}}{A} \qquad [4-1-21]$$

第四项 P_{at}，称为分子吸引压力，P_{at} 为分子间存在的相互吸引力对体系压力产生的影响，与斥压力的讨论相似，在各项分子斥压力均可忽略时，P_{at} 对体系压力影响可表示为

$$P = P_{id} - P_{at} = \frac{RT}{V_m} - P_{at} \qquad [4-1-22]$$

上式表明，分子吸引压力也只是对分子理想压力所形成的讨论体系压力数值的修正。一般分子吸引力会使分子间距离相互靠近，这使讨论体系压力数值减小。

P_{at} 定义式为

$$P_{at} = N \frac{\overline{f_{(r)P}^{at}}}{A} \qquad [4-1-23]$$

上述这些以压力形式表示的各个分子作用力项，即 P_{id}、P_{P1}、P_{P2} 和 P_{at} 这种以压力形式表示的微观分子间相互作用力具有下列一些属性：

(1) 上述各个分子压力的数值，均不是孤立两个分子之间的作用力的数值，而是在一个存在许多分子的讨论体系中每个分子上的作用力的统计平均值。由式[4-1-10]可知，每个分子对体系压力的平均贡献为：

$$P_m = \frac{P}{N} = -\frac{\overline{f_{(r)}}}{A} \qquad [4-1-24a]$$

其中每个分子的各种分子间相互作用行为对体系压力的贡献平均为：

分子动能贡献

$$P_{mK} = \frac{P_{id}}{N} = -\frac{\overline{f_{(r)K}}}{A} \qquad [4-1-24b]$$

分子斥力贡献

$$P_{mP} = \frac{P_P}{N} = \frac{P_{P1}}{N} + \frac{P_{P2}}{N} = -\frac{\overline{f_{(r)P}^{P1}}}{A} - \frac{\overline{f_{(r)P}^{P2}}}{A} \qquad [4-1-24c]$$

分子吸引力贡献

$$P_{mat} = \frac{P_{at}}{N} = -\frac{\overline{f_{(r)P}^{at}}}{A} \qquad [4-1-24d]$$

(2) 分子压力具有方向性，讨论体系压力 P 可以作为分子压力的作用方向参考，热力学中以 P 表示环境压力，故，表示分子间斥力的分子压力的作用方向与 P 的作用方向相反；而表示

分子吸引力的分子压力的作用方向与 P 的作用方向相同，为此可将压力的微观结构式改写为：

$$P+P_{at}=P_{id}+P_{P1}+P_{P2} \tag{4-1-25}$$

式[4-1-25]又被称为压力平衡式，此式表示，物质中分子吸引压力总是低于物质中由分子热运动所引起压力和另外二项斥压力之和。无论对气态物质还是液态物质均是如此，即：

$$P_{at}<P_{id}+P_{P1}+P_{P2} \tag{4-1-26}$$

说明物质为了达到状态平衡，必须存在外压力。如果物质失去外压力，例如，将物质置于真空环境下，则物质失去平衡，液体由于物质内斥力的作用而逸出液相，成为气相。气体由于内部分子间这些斥力的作用，无限地膨胀自己的体积。

(3) 分子压力具有加和性。不同作用类型的分子压力，在明确其作用方向后，在数值上可以相互附加，也可以相互削减。各种微观分子间相互作用力所形成的各种分子压力相互附加的最后结果，必定是一个与体系压力数值相等而作用方向相反的分子压力，式[4-1-25]明确地表示了这一结果，体系为达到平衡状态亦必须要求是这样的结果。

(4) 上述讨论的各种分子压力均是属于动压力范畴，分子静压力亦应是分子压力，上述分子压力定义方式亦可以对分子静压力给予类似定义。分子静压力不参与分子动压力的平衡，但分子静压力会对分子压力的有效性产生影响，这在第三章中已讨论，在第7章中还将进一步讨论。

综合上述，物质内存在的分子压力可按以下方法进行分类研究讨论：

- 分子压力
  - 分子动压力
    - 分子理想压力
    - 第一分子斥压力
    - 第二分子斥压力
    - 分子吸引压力
  - 分子静压力——分子内压力

4-2　分子压力计算

已知讨论压力的有效方法为物质状态方程。又知气体状态方程式必定与微观的分子间相互用情况有关，这由下式关系可以看出：

$$2\pi\int(1-\exp(-u(r)/\mathrm{k}T))r^2\mathrm{d}r=\left(b'-\frac{a}{\mathrm{k}T}\right) \tag{4-2-1}$$

也就是说，状态方程中一些宏观参数有可能反映微观的分子相互作用情况。已知气体状态方程式应该与逸度系数相关，下式反映了这一关系：

逸度系数，

$$\varphi=\left[1+\left(\frac{N}{V}\right)\left(b'-\frac{a}{\mathrm{k}T}\right)\right] \tag{4-2-2}$$

也就是说,气体状态方程中一些宏观参数亦有可能反映逸度系数的情况,即有可能反映与此相关的分子间微观作用情况。因此可将气体状态方程作为工具,并应用这一工具能阐明一些宏观参数的微观本质,这是本章讨论并要达到的理论目标之一。

应用状态方程这一工具有着下列理论与实践基础:

(1) 当前状态方程被广泛应用于工程设计、化工生产和科学研究中,经过广泛的应用至今已积累了大量实际数据。这为状态方程所得出的结果的普遍性和正确性奠定了基础。

(2) 状态方程讨论的主要参数为压力,统计力学已说明,压力参数应是大量粒子系统在随机分布结构下的某种平均值,因此通过分析压力参数,状态方程应适合成为将宏观参数与微观状态联系起来的工具。

(3) 目前状态方程有下列三类:

第一类是立方型状态方程;

第二类是多常数状态方程;

第三类是理论型状态方程。

在第三章讨论中已经说明:类似于 van der Waals 气体状态方程的立方型状态方程可反映分子间的相互作用。目前文献认为,立方型状态方程是由斥力项和引力项组成,例如 van der Waals 状态方程中 a 是代表分子间相互作用中吸引力参数,而 b 为斥力参数,又可称为有效分子体积。由此认为分子相互作用位能可由三个方面所组成,即:

$$u_{ij} = u_{ij}^{P} - u_{ij}^{at} = u_{ij}^{P1} + u_{ij}^{P2} - u_{ij}^{at} \qquad [4-2-3]$$

式中 u_{ij}^{P1} 为分子本身存在一定的容积而起到增加分子间斥力的作用;u_{ij}^{P2} 为分子间电子相互作用引起的斥力;u_{ij}^{at} 为分子间吸引力。故立方型状态方程可以反映式[4-2-3]中的分子斥力和引力作用情况。

(4) 状态方程从 19 世纪的理想气体方程开始一直在发展和完善之中,至今已提出的状态方程已有一百多个,而且还不断地有新的方程发表。在一个课题的研究上这是罕见的。这一情况为选择合适的状态方程作为研究模型提供了基础。

4-2-1 立方型状态方程讨论

物质内部分子间相互作用情况,必然会反映在该物质的实际状态上。众所周知,反映物质实际状态的状态参数通常是物质的压力、温度和体积。物质的这些宏观参数:压力、温度和体积,应该,亦必定是千千万万个分子集体相互作用的结果。因而这三个宏观参数有可能反映在宏观状态下物质内部的分子间相互作用状况。

讨论物质的压力、温度和体积间关系的表示式是物质的状态方程,因此可以应用物质的状态方程来讨论,了解物质内部分子间相互作用的状况。但是,应用物质状态方程来讨论物质内分子间相互作用状况必须有二个讨论前提:

其一是准确性，即所应用的物质状态方程必须能正确地计算反映讨论物质状态参数的相互关系。只有这样，才能保证其计算结果所反映的物质内微观状态情况是真实的。

其二必须了解讨论的状态方程与物质分子间相互作用的相互关系，以确保反映的情况的可靠性。

目前广泛应用和讨论的立方型状态方程普遍存在着计算精度不高的缺点。表 4-2-1 列示了一些立方型状态方程对氩气等物质的计算结果。显然应用这些结果来讨论物质内部的分子间相互作用情况是不能令人满意的。

表 4-2-1　五种状态方程计算结果

物质	对比参数			对比压力计算结果和计算误差									
	V_r	T_r	P_r	方程 1		方程 2		方程 3		方程 4		方程 5	
				$P_{r,c}$	误差/%	$P_{r,c}$	误差/%	$P_{r,c}$	误差/%	$P_{r,c}$	误差/%	$P_{r,c}$	误差/%
Ar	108.998	0.662 7	0.020 4	0.020 6	0.684 2	0.020 4	0.063 9	0.020 4	0.151 9	0.020 4	0.055 7	0.020 5	0.191 7
	31.494		0.066 3	0.068 3	3.005 7	0.066 8	0.772 6	0.067 0	1.095	0.066 8	0.788 4	0.067 1	1.232 2
	0.409			−138.3	−20 883	−0.943	−152 2	−0.201	−403.2	−3.52	−5 398	1.056 9	1 494.28
	0.397		2.041 7	−102.4	−5 117	0.396 9	−80.56	1.171 6	−42.62	−3.112	−252.4	2.750 7	34.728 1
	0.389		4.083 3	−88.59	−2 270	1.812 6	−55.61	2.615 2	−35.95	−2.673	−165.5	4.535 3	11.069 7
	0.375		8.166 6	−77.32	−1 047	4.821 2	−40.97	5.668 7	−30.59	−1.728	−121.2	8.337 4	2.091 6
	0.365		12.250	−72.75	−693.9	8.125 4	−33.67	9.009 3	−26.45	−0.702	−105.7	12.555	2.490 8
	0.322		16.333	−69.24	−523.9	63.318	287.66	64.391	294.24	11.597	−29.00	96.276	489.452
	0.318		20.417	−69.69	−441.4	81.293	298.17	82.387	303.53	14.170	−30.59	130.97	541.470
n-C_4H_{10}	110.034	0.823 1	0.026 7	0.027 0	0.996	0.026 9	0.667	0.026 8	0.583 8	0.026 8	0.462	0.026 9	0.639
	20.635 6		0.131 7	0.013 6	3.006	0.133 3	1.225	0.132 7	0.752	0.131 9	0.163	0.133 1	1.049
	9.693 5		0.249 1	0.265 4	6.534	0.249 3	1.000 8	0.246 1	0.987 9	0.243 6	0.977 9	0.247 8	0.994 8
	0.449 0			−446.9	−179 406	4.352 6	1 647.33	3.567 6	1 332.20	−0.050	−120.072	4.959 0	1 890.77
	0.449 0		0.263 4	−475.2	−180 480	4.304 8	1 534.11	3.521 1	1 226.60	−0.064	−124.310	4.903 2	1 761.26
	0.445 0		0.526 9	−295.3	−56 146	4.803 8	811.752	4.007 3	660.59	0.120 9	−77.044	5.485 9	941.22
	0.442 7		0.790 3	−250.8	−31 833	5.071 9	541.758	4.268 9	440.16	0.220 8	−72.066	5.799 4	633.82
	0.440 4		1.053 7	−219.2	−20 898	5.353 4	408.035	4.543 9	331.21	0.325 8	−66.079	6.129 1	481.66
CO_2	0.395 5	0.712 0	0.070 2	−78.75	−112 335	8.791 7	12 430.7	6.977 9	9 845.47	−1.703	−2 527.8	10.623	31 092.4
	0.406 1	0.739 6	0.099 7	−87.91	−88 325	7.467 8	7 394.18	5.876 8	5 797.62	−1.253	−1 357.2	8.817	20 333.3
	0.420 1	0.772 5	0.145 6	−109.9	−75 590	6.195 0	4 154.66	4.863 2	3 240.03	−0.752	−616.67	7.136	12 707.7
	0.445 4	0.821 8	0.241 9	−306.1	−126 651	4.699 2	1 842.56	3.737 1	1 444.85	−0.094	−138.90	5.248	6 590.02
	0.492 3	0.887 6	0.433 8	66.538	15 237.3	3.210 5	640.02	2.688 2	519.635	0.594 2	36.96	3.481	2 879.70
	0.526 8	0.920 5	0.563 5	27.333	4 750.90	2.587 2	359.16	2.255 1	300.22	0.840 4	49.14	2.776	1 885.39
	0.685 3	0.986 2	0.908 8	3.744 9	312.05	1.397 4	53.75	1.360 0	49.64	1.064 5	17.13	1.457	625.72
	1.000 0	1.000 0	1.000 0	1.092 1	9.21	1.011 3	1.13	1.011 3	1.13	1.001 9	0.19	1.015	238.49

注：计算数据取自文献[4]。计算误差 $=(P_{r,c}-P_r)\times100/P_r$；$P_{r,c}$ 为各方程计算的对比压力，P_r 为实测的对比压力。

表 4-2-1 中方程 1 为 van der Waals 方程，方程 2 为 Redlich-Kwong 方程，方程 3 为 Soave 方程，方程 4 为 Peng-Robinson 方程，方程 5 为我国清华大学童景山教授提出的方程[5~7]。

这些方程均是国内外著名的立方型状态方程。但是从表 4-2-1 的数据来看，这些方程用于计算气态的数据正确性较高些，而液态数据（表中对比体积 $V_r<1$ 的数据））的计算结果很不理想。

可以采用多参数类型以提高其计算正确性[8]。但是很难找出兼顾气态和液态计算正确性的状态方程。多参数型状态方程一般是在立方型状态方程的基础上增加参数以获得计算的正确性，但是 Waals[9] 指出："这些方程的改进大部分是经验的或任意的，其引入的可调参数可通过对某些实验数据，如蒸气压、密度或焓拟合而得。"换句话说，多参数往往物理意义不明，缺少理论依据。相比之下，立方型状态方程物理意义比较明确，van der Waals 方程中的每一项均可赋予一定的物理解释[9]。

基于上述原因，在本章讨论中采用立方型状态方程。需要做的工作是提高立方型状态方程的计算精度，显然，表 4-2-1 所示的计算误差是不能满足我们的理论讨论的。

4-2-2 立方型状态方程改进

为了方便讨论，首先先简单地列示一下讨论中所采取的五个立方型状态方程。

van der Waals 方程：
$$P=\frac{RT}{V-b}-\frac{a}{V^2} \qquad [4-2-4a]$$

其对比方程为：
$$P_r=\frac{T_r}{(Z_CV_r-\Omega_b)}-\frac{\Omega_a}{(Z_CV_r)^2} \qquad [4-2-4b]$$

式[4-2-4]中 Z_C 为讨论物质在临界状态时的压缩因子，$a=27R^2T_C^2/64P_C$；$b=RT_C/8P_C$，是考虑到分子存在一定的体积和分子间存在相互作用而对方程的校正。在 van der Waals 对比方程中 $\Omega_b=bZ_C/V_C=1/8$。R，T_C、P_C、V_C分别为气体常数、临界温度、临界压力和临界体积。

Redlich-Kwong 方程：
$$P=\frac{RT}{V-b}-\frac{a}{T^{0.5}V(V+b)} \qquad [4-2-5a]$$

其对比方程为：
$$P_r=\frac{T_r}{(Z_CV_r-\Omega_b)}-\frac{\Omega_a}{T_r^{0.5}Z_CV_r(Z_CV_r+\Omega_b)} \qquad [4-2-5b]$$

式[4-2-5]中 $a=\Omega_aR^2T_C^{2.5}/P_C$；$b=\Omega_bRT_C/P_C$，在对比方程中 $\Omega_a=0.427\,48$，$\Omega_b=0.086\,64$。

Soave 方程：
$$P=\frac{RT}{V-b}-\frac{a\alpha(T)}{V(V+b)} \qquad [4-2-6a]$$

其对比方程为：　$P_r = \dfrac{T_r}{(Z_C V_r - \Omega_b)} - \dfrac{\Omega_a \alpha(T)}{Z_C V_r (Z_C V_r + \Omega_b)}$　[4-2-6b]

式中 $a = \Omega_a R^2 T_C^2 / P_C \times \alpha(T)$；$b = \Omega_b R T_C / P_C$，对比方程中 $\Omega_a = 0.427\ 48$，$\Omega_b = 0.086\ 64$。$\alpha(T) = [1 + (0.485\ 08 + 1.551\ 71\omega - 0.156\ 13\omega^2)(1 - T_r^{1/2})]^2$。式中 ω 为讨论物质的偏心因子。

Peng-Robinson 方程：$P = \dfrac{RT}{V-b} - \dfrac{a\alpha(T)}{V(V+b)+b(V-b)}$　[4-2-7a]

其对比方程为：

$$P_r = \frac{T_r}{(Z_C V_r - \Omega_b)} - \frac{\Omega_a \alpha(T)}{Z_C V_r (Z_C V_r + \Omega_b) + \Omega_b (Z_C V_r - \Omega_b)} \quad [4-2-7b]$$

式[4-2-7]中 $a = \Omega_a R^2 T_C^2 / P_C \times \alpha(T)$；$b = \Omega_b R T_C / P_C$，在 Peng-Robinson 对比方程中 $\Omega_a = 0.457\ 24$，$\Omega_b = 0.077\ 80$。$\alpha(T) = [1 + (0.374\ 6 + 1.542\ 26\omega - 0.269\ 92\omega^2)(1 - T_r^{1/2})]^2$。

童景山方程：　$P = \dfrac{RT}{V-b} - \dfrac{a\alpha(T)}{(V+mb)^2}$　[4-2-8a]

其对比方程为：　$P_r = \dfrac{T_r}{(Z_C V_r - \Omega_b)} - \dfrac{\Omega_a \alpha(T)}{(Z_C V_r + m\Omega_b)^2}$　[4-2-8b]

式[4-2-8]中 $a = \Omega_a R^2 T_C^2 / P_C$；$b = \Omega_b R T_C / P_C$，在对比方程中 $\Omega_a = 27/64$，$\Omega_b = 0.088\ 388\ 3$，$\alpha(T) = [1 + (0.480\ 450 + 1.251\ 736\omega - 0.356\ 95\omega^2)(1 - T_r^{1/2})]^2$，$m = \sqrt{2} - 1$。

分析表 4-2-1 中数据可知，各状态方程的计算结果表明，仅在低温低压气态时有较满意的结果，但液态和高压下计算误差均相当大。为了正确地了解物质内分子间相互作用，作者希望状态方程计算的结果应是正确的，与实际结果的误差应是最小的。为此在讨论中采用两种方法：

(1) 本章讨论中除特别指出外，每个讨论参数均采用以上五个方程计算值的平均值，以此减少可能偏差。

(2) Martin[10~12]提出，可以采用"平移法"来提高立方型状态函数的计算精度。

以 van der Waals 对比状态方程为例，平移法将原方程 $P_r = \dfrac{T_r}{(Z_C V_r - \Omega_b)} - \dfrac{\Omega_a}{(Z_C V_r)^2}$ 改变成为：

$$P_r = \frac{T_r}{\left(Z_C V_r - \Omega_b + Z_C \dfrac{C}{V_C}\right)} - \frac{\Omega_a}{\left(Z_C\left(V_r + \dfrac{C}{V_C}\right)\right)^2} \quad [4-2-9]$$

式[4-2-9]表明在体积项处增加或减少一定的量，则可以预期状态函数曲线可能也会作一定量的平移，从而达到提高计算值与实验值拟合的正确度。Sugie 和 Lu[13]亦提出过类似的方法。

我国胡英教授[10]亦赞同这一方法，认为："这是一种有效的方法。"但亦指出："这纯粹是一种经验的方法，并且对高密度的液相区，由于立方型方程的本身特性，要做到完全拟合是有困难的。"

1999 年童景山教授提出与平移法相类似的分子聚集的"体积平移"理论[6,7]。Marttin 和 Sugie 纯粹从经验出发，对其状态方程直接引入一常数，经此处理后虽然比原方程计算精确度有一定改善，但对某些较复杂物质，其计算误差仍然很大，甚至根本不适用。童景山教授从其提出的分子聚集理论出发来作出体积平移的改进，所引入的分子聚集度系数 c 不仅与物质结构性质有关而且还与温度有关，这对 Marttin 和 Sugie 的平移法中所引入的常数性质无疑作了一定的说明，童景山提出的以分子聚集的"体积平移"理论处理的状态方程如下面所列：

van der Waals 型改进方程：

$$P=\frac{RT}{V+c-b}-\frac{a}{(V+c)^2} \qquad [4-2-10a]$$

Redlich-Kwong 改进方程：

$$P=\frac{RT}{V+c-b}-\frac{a}{T^{0.5}(V+c)(V+c+b)} \qquad [4-2-10b]$$

童景山以这两个改进方程对 30 种化合物的饱和汽相体积进行计算，得到的结果表明计算精度确有提高。

上述状态方程改进方法——平移法给了作者一个启发。此法的要点是对讨论系统的体积 V 作适当的变动，例如 Mattin 法中将对比体积 $V_r \to V_r+\frac{C}{V_C}$，而童景山教授亦为将讨论系统的体积 $V \to c+V$。

但是作者认为：变动讨论系统体积的思路并不合适，从上面介绍的各计算式来看，讨论系统体积应是计算压力的计算参数，一般这一参数多数取自实验测量结果，改动式中的 V 或 V_r 数值，在某种意义上意味着是改动实验所得数据，似乎并不十分合适。

作者认为较合适的做法是变动各状态方程中 b 或 Ω_b 的参数值。用变动 b 或 Ω_b 参数的数值的方法应该亦可以达到提高计算值与实验值拟合精度的目的。

实际上状态方程理论并未规定 b 或 Ω_b 参数必须是恒定的。首先上述五个状态函数的 b 或 Ω_b 参数值都是不一样的。由上讨论可知：

van der Waals 方程的 $b=\frac{RT_C}{8P_C}$，Ω_b 参数值为 $\frac{1}{8}$；

Redlich-Kwong 方程和 Soave 方程 $b=\Omega_b\dfrac{RT_C}{P_C}$，$\Omega_b$ 为 0.086 64；

Peng-Robinson 方程 $b=\Omega_b\dfrac{RT_C}{P_C}$，$\Omega_b=0.077\ 80$；

童景山方程 $b=\Omega_b\dfrac{RT_C}{P_C}$，$\Omega_b$ 为 0.088 388 3。

这些数据彼此并不相同。说明这一参数值是允许变动的。

此外，Ω_b 参数的物理意义为

$$\Omega_b=\frac{P_C b}{RT_C}=\frac{P_C V_C}{RT_C}\frac{b}{V_C}=Z_C\frac{b}{V_C} \qquad [4-2-11]$$

式中 b 为有效分子体积。说明 b 或 Ω_b 均是受到有效分子体积和临界压缩因子之影响。而有效分子体积和临界压缩因子均应与物质本性有关，对 b 或 Ω_b 的修正系数亦应与物质所处状态情况有关，物质状态参数变化这一修正系数亦可能不同。

已知无论是液相还是固相，其摩尔体积均会受到体系的温度和压力，特别是温度的影响。因此，有理由假设分子有效体积亦应受到温度、压力这些状态参数变化的影响，并非固定不变。童景山教授亦认为分子聚集度 c 应该与温度有关，这支持了作者上面的想法。但估计这一影响并非很大，大致在状态方程设定的 Ω_b 参数数值范围内，即 Ω_b 参数值的变化范围大致在 0.07～0.13。

可是眼下还不知道 Ω_b 参数的变化规律，为此作者采用先以计算机以实际的状态参数计算出不同讨论条件下相应的 Ω_b 参数值，然后再从计算所得的 Ω_b 参数数值计算在不同状态下其他各项参数，这样保证了各个状态函数计算的正确性。实际计算结果列于表 4-2-2，用于与表 4-2-1 的数据相比较。

表 4-2-2　五种状态方程使用 Ω_b 平移法修正后计算结果

物质	对比参数			对比压力计算结果和计算误差									
				方程 1		方程 2		方程 3		方程 4		方程 5	
	V_r	T_r	P_r	$P_{r,c}$	Ω_b	$P_{r,c}$	Ω_b	$P_{r,c}$	Ω_b	$P_{r,c}$	Ω_b	$P_{r,c}$	Ω_b
Ar	108.998	0.662 7	0.020 4	0.020 6	0.125	0.020 4	0.086 64	0.020 5	0.086 64	0.204	0.077 8	0.020 5	0.088 39
	31.494		0.066 3	0.068 1	0.070 66	0.066 8	0.086 64	0.067 0	0.086 64	0.066 9	0.077 8	0.067 1	0.088 39
	0.409			0.065 9	0.096 74	0.066 1	0.087 95	0.066 2	0.087 00	0.066 1	0.084 62	0.662 9	0.087 14
	0.397		2.041 7	2.041 9	0.095 92	2.041 4	0.088 38	2.042 1	0.087 59	2.041 3	0.085 84	2.041 2	0.087 67
	0.389		4.083 3	4.083 4	0.095 21	4.082 9	0.088 63	4.082 8	0.087 96	4.083 6	0.086 65	4.083 5	0.088 01
	0.375		8.166 6	8.167 5	0.093 98	8.166 6	0.088 78	8.166 6	0.088 28	8.166 6	0.087 47	8.166 3	0.088 29
	0.365		12.250	12.252	0.092 92	12.250	0.088 66	12.249	0.088 26	12.250	0.087 73	12.249	0.088 25
	0.322		16.333	16.332	0.083 37	16.335	0.080 03	16.334	0.079 72	16.334	0.079 39	16.335	0.079 70
	0.318		20.417	20.414	0.080 00	20.418	0.080 08	20.417	0.079 82	20.414	0.079 57	20.418	0.079 79

续 表

物质	对比参数			对比压力计算结果和计算误差									
	V_r	T_r	P_r	方程1		方程2		方程3		方程4		方程5	
				$P_{r,c}$	Ω_b	$P_{r,c}$	Ω_b	$P_{r,c}$	Ω_b	$P_{r,c}$	Ω_b	$P_{r,c}$	Ω_b
$n\text{-}C_4H_{10}$	110.034	0.823 1	0.026 7	0.027 0	0.125 0	0.026 9	0.086 64	0.026 8	0.086 64	0.026 8	0.077 80	0.026 9	0.088 39
	20.635 6		0.131 7	0.135 0	0.100 0	0.133 3	0.086 64	0.132 7	0.086 64	0.131 9	0.077 80	0.133 1	0.088 39
	9.693 5		0.249 1	0.261 5	0.069 0	0.254 7	0.086 64	0.252 1	0.086 64	0.250 3	0.077 80	0.253 5	0.088 39
	0.449 0			0.248 9	0.093 76	0.248 9	0.079 97	0.249 3	0.081 43	0.249 3	0.078 44	0.249 3	0.081 36
	0.449 0		0.263 4	0.263 3	0.093 78	0.263 4	0.080 00	0.263 6	0.081 45	0.263 4	0.078 47	0.263 7	0.081 39
	04 450		0.526 9	0.527 3	0.093 44	0.527 0	0.080 05	0.527 0	0.081 46	0.526 9	0.078 64	0.526 9	0.081 39
	0.442 7		0.790 3	0.790 2	0.093 36	0.790 6	0.080 27	0.790 4	0.081 64	0.790 3	0.078 94	0.790 1	0.081 56
	0.440 4		1.053 7	1.053 8	0.093 26	1.053 5	0.080 45	1.053 4	0.081 79	1.053 8	0.079 21	1.053 9	0.081 70
CO_2	0.395 5	0.712 0	0.070 2	0.070 9	0.088 59	0.070 3	0.079 79	0.070 7	0.081 55	0.070 1	0.079 83	0.069 7	0.081 14
	0.406 1	0.739 6	0.099 7	0.100 1	0.089 62	0.099 9	0.079 77	0.099 5	0.081 56	0.099 9	0.079 59	0.099 6	0.081 19
	0.420 1	0.772 5	0.145 6	0.145 0	0.090 95	0.145 6	0.079 72	0.145 6	0.081 52	0.145 8	0.079 22	0.145 9	0.081 23
	0.445 4	0.821 8	0.241 9	0.241 9	0.093 27	0.242 2	0.079 67	0.242 1	0.081 40	0.241 8	0.078 50	0.242 0	0.081 25
	0.492 3	0.887 6	0.433 8	0.433 6	0.097 31	0.433 7	0.079 78	0.433 9	0.081 21	0.434 0	0.077 31	0.434 0	0.081 37
	0.526 8	0.920 5	0.563 5	0.563 5	0.100 12	0.563 4	0.080 06	0.563 3	0.081 24	0.563 5	0.076 71	0.563 4	0.081 61
	0.685 3	0.986 2	0.908 8	0.908 8	0.111 17	0.908 8	0.082 69	0.908 9	0.083 00	0.908 8	0.084 08	0.908 8	0.084 08
	1.000 0	1.000 0	1.000 0	1.003 2	0.123 0	1.007 0	0.086 53	1.007 0	0.086 53	1.001 9	0.077 80	1.007 0	0.088 19

注：计算数据取自文献[4]。$P_{r,c}$为各方程计算的对比压力，P_r为实测对比压力。

表4-2-2中未列出各项的计算误差。这是因为比较计算数据和实际数据已可知，二者确已十分接近。表4-2-2中最高计算误差4.94%($n-C_4H_{10}$，$P_r=0.249\,1$，计算值为0.261 5)，最低计算误差-0.96×10^{-4}，大部分计算误差均低于3.00%，计算值与实际值吻合得很好。因此，不在表中列示了。而代之以在表4-2-2中列示计算中所用的Ω_b参数值，以供参考。

比较起来，van der Waals方程的计算误差最大，其余四个方程的计算误差彼此相近，且明显低于van der Waals方程的计算误差。

从表4-2-2所列的计算得到的各个状态方程的Ω_b数值来看，Ω_b应该与讨论的压力和温度有关，并且在温度恒定时压力增加Ω_b数值会随之下降。表明分子本身所占有的体积亦有可能受到压力的压缩。

从表4-2-2所列的Ω_b数值来看，Ω_b亦应该与讨论的温度有关，在压力恒定时温度升高会增加Ω_b数值，反之会随之下降。表明分子本身所占有的体积亦有可能在温度变化时会发生相应的变化。

表4-2-2所列数据还表明，这一方法对气体、液体情况均适用。用这一方法作者计算了约50种物质的数据用于本章讨论。计算误差的情况是：计算机控制为<0.6%；人工控

制为<3.5 %；亦有个别数据可能因状态参数本身数值的测量正确性的影响，计算机计算时其计算误差可能达10%左右。

4-3　分子压力与立方型状态方程

已知状态方程可以反映讨论物质中分子间相互作用的信息，实际上，许多文献[6, 14]中将状态方程写成下列通式：

$$P = P_{rep} - P_{at} \qquad [4-3-1]$$

多数文献中称 P_{at} 为引力项，一般是负值（式[4-3-1]中表示为负号），较一致认为此项是由于物质中存在的分子间相互作用中吸引力所引起。对 P_{rep} 的说明，文献中一般亦有两种：一种称为斥力项，这是多数文献中的提法[14]；另一种说法是热压力[15]或动压力[16]。即式[4-3-1]可以改写为下列形式：

$$P = P_{th} - P_{at} \qquad [4-3-2]$$

前一种提法认为这一斥力项是由分子间相互作用的分子斥力所引起。而后一种说法认为实际气体的压力 P 为热压力 P_{th} 与吸引压力 P_{at} 之差。所谓热压力是指在实际气体中，由于分子运动而产生的压力，因而与温度有关。其值应为理想气体分子运动产生的压力 ρRT 加上由于实际气体中存在的不能忽略的分子间作用力而需要进行的修正。即为：

$$P_{th} = \rho RT(1 + B\rho) \qquad [4-3-3]$$

式中 ρ 为物质的密度。B 在一般情况下为常数，在高密度时亦为密度的函数。

亦就是说，对这一斥力项有两种解释：一种认为这一项是由于分子间存在的斥力所引起；另一种认为是由于分子运动引起，与讨论温度有关。

下面以 van der Waals 对比状态方程为例来讨论状态方程可能带给我们物质内部分子间相互作用的信息。已知 van der Waals 对比状态方程：

$$P_r = \frac{T_r}{(Z_C V_r - \Omega_b)} - \frac{\Omega_a}{(Z_C V_r)^2} \qquad [4-3-4]$$

式[4-3-4]右边第一项 $\frac{T_r}{(Z_C V_r - \Omega_b)}$ 为斥力项（或动压力、或热压力）；而右边第二项 $\frac{\Omega_a}{(Z_C V_r)^2}$ 为引力项。从动压力或热压力的角度来看，$\frac{T_r \times P_C}{(Z_C V_r - \Omega_b)} = \frac{RT}{V-b}$ 项为理想气体的压强 $\frac{RT}{V}$ 的 $\frac{V}{V-b}$ 倍。

当气体无限稀薄时，亦就是当讨论气体体积→∞时，式[4-3-4]可转化为：

$$P_r = P_{idr} = \frac{T_r}{Z_C V_r} \qquad [4-3-5a]$$

即：

$$P = P_{id} = \frac{RT}{V} \qquad [4-3-5b]$$

式[4－3－5]即为理想气体的状态方程和理想气体的对比状态方程。式中 P_{id}、P_{idr} 为理想气体压力和理想气体对比压力。

现在将式[4－3－4]整理成下列形式：

$$P_r = \frac{T_r}{Z_C V_r} + \frac{\Omega_b}{Z_C V_r}\left(P_r + \frac{\Omega_a}{Z_C^2 V_C^2}\right) - \frac{\Omega_a}{Z_C^2 V_r^2} \qquad [4-3-6]$$

式[4－3－6]中有各项说明如下：

—— P_r，讨论的实际气体的对比压力；

—— $\frac{T_r}{Z_C V_r}$，是讨论的实际气体处于理想状态时的对比压力，其符号为 P_{idr}，即：$P_{idr} = \frac{T_r}{Z_C V_r}$。

从文献中已知 $P_{atr} = \frac{\Omega_a}{Z_C^2 V_r^2}$，为该实际气体的对比分子吸引压力项，代表分子间吸引力对讨论系统压力的影响，其表观形式是某种对比压力。则式[4－3－6]可改写为：

$$P_r = P_{idr} + \frac{\Omega_b}{Z_C V_r} P_r + \frac{\Omega_b}{Z_C V_r} \frac{\Omega_a}{Z_C^2 V_C^2} - P_{atr} \qquad [4-3-7]$$

下面讨论式[4－3－7]中其余二项的物理意义：

(1) 式[4－3－7]右边第二项：$\frac{\Omega_b}{Z_C V_r} P_r$，由上面的讨论可知：$\Omega_b = Z_C \frac{b}{V_C}$，代入该项并已知：$V_r = \frac{V}{V_C}$ (V 为克分子体积)，得：

$$\frac{\Omega_b}{Z_C V_r} P_r = \frac{b}{V} P_r \qquad [4-3-8]$$

式中 b/V 表示讨论气体中分子本身所具有的有效体积对讨论气体体积所占的比例。因此 $(b/V)P_r$ 项代表分子本身有效体积 b 对体系的压力影响。或者说：此项是分子本身存在体积对讨论系统理想状态时压力项的校正。设想，当体系处在假设的完全理想状态下分子体积是被忽略的，即 $\frac{b}{V} \approx 0$。因而 $\frac{b}{V} P_r = 0$，即在完全理想状态下分子本身体积对系统压力无影响。而实际分子是具有体积的，故在实际情况下要考虑这些分子体积进入到体系中时，必然挤压体系，对体系压力产生影响，并使体系压力偏离理想状态时的压力，这个影响的数值应如式[4－3－8]所表示。分析这一分子作用力应有以下特征：

① 产生该项的原因是由于分子本身存在的体积对系统分子运动产生的影响，故将其归属于气体内分子间相互作用项之一，其表观形式是压力，并且其数值一定是正值，因此此项属于斥力项之一。

② 当外压力→0时，即当气体呈理想状态时由于 $V \to \infty$，此项亦应→0，即：

$$\lim_{P \to 0} \frac{b}{V} P_r = 0 \qquad [4-3-9a]$$

此项只是在实际存在压力的气体状态中才存在。亦就是说，无论对于理想气体，还是实际气体，只要系统中有一定的压力数值，此项必有一定的数值，并与系统压力的高低成正比。

③ 由于此项影响的形式与压力有关，而压力所做的功为膨胀功，因而此项对体系能量的影响亦应是膨胀功形式。改写上式，

$$P_{P1} V = P \times b \qquad [4-3-9b]$$

由此可见，此项影响的物理本质是分子本身体积对体系分子运动产生的影响，单个分子体积或许很小，但千千万万个分子组成的分子本身的总体积应该有了一定的数值，这个有一定数值分子本身的总体积必定会对讨论体系体积有所影响，使分子在系统内有效自由活动的体积减小，这部分分子占有的体积使系统完成的膨胀功变化了 $P \times b$ 数值，相对应的由于系统压力变化而使系统膨胀功变化值为 $P_{P1}V$。因而，这相当于使系统发生了某种宏观斥力效应，但应该不是由于分子电子云间的相互斥力所引起的。

④ 由于此斥力项是对气体分子运动有所影响而引起的，完成对体系能量的贡献属膨胀功之类的机械功范畴。因而，对此斥压力项有影响的应是状态参数中压力和温度。而压力和温度的影响将综合体现在气体的摩尔体积，即分子间距离上。式[4－3－8]表明：在假设分子本身有效体积不变化或变化不大的前提下，这一影响将随体系的体积增大而减小，随外压力的增大而增大。由于此斥力项是分子本身有效体积的存在对气体分子运动有所影响而引起的，压力和温度对此斥力项数值会有影响，与分子间的斥力作用无关。换句话说，即便讨论体系中分子间距离大于分子间存在有吸引力的分子间最大距离时，这一斥力项也可能存在。因此，从这一点来看，这一斥力项属"长程力"范畴，称作物质中与分子行为有关的斥力修正项，简称第一分子斥力项，并给以压力符号 P_{P1}。即：

$$P_{P1} = (b/V)P \qquad [4-3-10a]$$

相应的第一类对比分子斥压力为： $P_{P1r} = (b/V)P_r$ [4－3－10b]

式[4－3－10]与第4－1节中以分子压力方法讨论的式[4－1－19]完全一致，也与以统计力学方法讨论的结果相一致。说明以宏观状态方程计算得到的 P_{P1} 数值完全可以表示微观的第一分子斥压力数值。

(2) 式[4-3-6]右边第三项：$\frac{\Omega_b}{Z_C V_r}\frac{\Omega_a}{Z_C^2 V_r^2}$。已知此项中系数 Ω_a 应与分子间相互作用相关，由上面讨论已知气体的对比吸引压力为：$P_{atr}=\frac{\Omega_a}{Z_C^2 V_r^2}$，因而，此项应为：

$$\frac{\Omega_{\mathrm{b}}}{Z_C V_r}\frac{\Omega_a}{Z_C^2 V_r^2}=\frac{b}{V}P_{atr} \qquad [4-3-11]$$

从式[4-3-11]来看，此项分子压力表示分子间相互作用中斥作用力对体系压力的影响。显然，在气体中，即使在实际气体中，当分子间彼此相距很远，超过了分子间有效作用距离时，应该彼此间不会存在分子间相互作用。只是在某一瞬间，在体系若干个空间位置中两个分子，或可能有更多些分子，彼此间相距得很近，其彼此间距离不但已经小于分子间有效作用距离，使分子间能够产生相互作用，而且从此项数值为正值来看，这些分子应该接近到分子间已可能会出现有斥力程度的空间距离了。换句话说，在气体中只有某一些分子对才会产生此项斥力项。而分子间相互吸引力越强，则分子越接近，使可能产生斥力作用的分子对数量增多。此外，系统内每单位体积内出现分子数量越多，亦就是系统单位体积内被分子本身体积所占据的比例越大，形成可能产生分子间斥作用力的分子对数量应越多，即形成的分子间斥作用力强弱还应与 b/V 相关。分析这一分子作用力应有以下特征：

① 该项分子压力应属于气体内分子间相互作用项之一，其表观形式是压力，其压力的数值一定是正值，因此此项亦属于斥力项之一。

② 与第一斥力项相类似，当分子吸引作用力→0 时，即当气体呈理想状态时，由于 $V\to\infty$，故此项亦应→0。

$$\lim_{P_{at}\to 0}\frac{b}{V}P_{atr}=0 \qquad [4-3-12]$$

换句话讲，此斥力项在理想状态 ($P_{atr}\to 0$) 不会存在。只是在实际气体状态 ($P_{atr}\neq 0$) 中才存在，是实际气体对理想状态修正项之一。

③ 在统计力学理论讨论中已知：

$$\left(\frac{2\pi}{\mathrm{k}T}\right)\int_{2r_0}^{\infty}u(r)r^2\,\mathrm{d}r=-\frac{a}{\mathrm{k}T} \qquad [4-3-13]$$

又从状态方程知，$a=\Omega_a \mathrm{R}^2 T_C^2/P_C$，代入上式，得：

$$\Omega_a=-2\pi\frac{P_C}{(\mathrm{R}T)^2}\int_{2r_0}^{\infty}u(r)r^2\,\mathrm{d}r \qquad [4-3-14]$$

由于可知此项应与分子间相互作用有关。此项的物理本质应是分子间相互作用中的分子间斥力对宏观压力产生的影响。而分子间相互作用的情况应与分子间距离有关，因此，影响此项的状态参数主要是分子间距离，即物质的摩尔体积。式[4-3-11]表示：当分子的有效体积与分子摩尔体积相当时，即 $V \to b$ 时，此分子间相互作用的斥力项在数值上可能与分子间吸引力的数值相接近，即有：

$$\lim_{V \to b} \frac{b}{V} P_{atr} = P_{atr} \qquad [4-3-15]$$

计算结果表明，已知液体，特别是处于接近熔点温度的低温下的液体，液体内部分子相互作用的斥力很大，确与分子间相互作用的吸引力接近，这时微观分子间相互作用的宏观结果是液体在低温下平衡的饱和蒸气压很低。如果对讨论体系施加一定的压力，综合上述讨论，理论上可以认为，当压力增加，体系体积逐渐减小，这时讨论体系内部分子间斥力项数值可能会逐渐增大。理论上极限情况是压力增大到使体系失去了分子自由活动的体积，即有 $V = b$ 时，这时体系内部分子间斥力项数值将与体系内部分子间吸引项数值相同，一般情况下，无论是液态还是气态，分子间吸引力总是大于分子间斥力的。这与位能函数所描述的情况是一致的。上述 $V = b$ 理论上极限情况的实现是有较大困难的。当然，即使压力再增大，想使讨论体系达到 $V < b$ 的要求是不可能的，从 $V > b$ 压缩到 $V < b$，则需要跨越压力$\to\infty$的障碍。这些讨论结果的实际数据将在下面列出。理论上式[4-3-11]已表示了这一结果，将分子吸引压力与此斥力项相比较，注意通常情况下 $V > b$，得

$$P_{atr} - \frac{b}{V} P_{atr} = P_{atr}\left(1 - \frac{b}{V}\right) > 0 \qquad [4-3-16]$$

在通常情况下，无论是液态或气态下，分子间吸引力总是大于分子间斥力的。

④ 由于此项的物理本质是分子间相互作用的斥力，且与分子间距离有关。因此，此项不能在任意的分子间距离均可存在，亦就是说，应该有一个可能存在分子间相互作用的最大分子间距离，当分子间距离超过这一最大距离，分子间相互作用不再存在，分子间斥力不存在，分子间引力亦不存在。从 Lennard-Jones 方程来看，由于式中斥力项中分子间距离 r 的幂数高于吸力项的幂数，因此可以预期：斥力项的最大允许分子间距离应该小于引力项的最大允许分子间距离，对此说明如下。

已知 Lennard-Jones 方程： $u(r) = 4u_0\left[\left(\frac{d_0}{r}\right)^{12} - \left(\frac{d_0}{r}\right)^{6}\right]$

式中 u_0 为最低吸引力位能数值；d_0 为分子硬球直径。假设斥力项在分子距离为 r_P 处为零：

$$u(r)_P = 4u_0\left(\frac{d_0}{r_P}\right)^{12} \approx 0$$

而引力项在 r_A 处为零： $u(r)_{at} = 4u_0\left(\frac{d_0}{r_A}\right)^{6} \approx 0$

得到：
$$4u_0\left(\frac{d_0}{r_P}\right)^{12} \approx 4u_0\left(\frac{d_0}{r_A}\right)^{6}$$

$$r_A = (r_A/d_0)^{1/2} r_P \qquad [4-3-17]$$

由于 $r_A > d_0$，故而 $r_A > r_P$。这说明与引力项相比，斥力项的最大分子间距离应较小，亦就是说，此斥力项只是在分子间距离很小时发生作用。为与上述第一斥力项相区别，对此斥力项称作分子间第二类斥力修正项，简称第二分子斥力项，对应的分子压力称为第二分子斥压力，并给以符号 P_{P2}。

即：
$$P_{P2} = (b/V)P_{\text{at}} \qquad [4-3-18a]$$

相应的第二对比分子斥压力为：

$$P_{P2r} = P_{P2}/P_C = (b/V)P_{\text{atr}} \qquad [4-3-18b]$$

因此，对比状态方程可以写成以下形式通式：

$$P_r = P_{\text{idr}} + P_{P1r} + P_{P2r} - P_{\text{atr}} \qquad [4-3-19]$$

将式[4-3-19]改写成以下形式：

$$P_r + P_{\text{atr}} = P_{\text{idr}} + P_{P1r} + P_{P2r} \qquad [4-3-20]$$

式[4-3-20]为表示气体内部分子间各种相互作用的平衡式。从式[4-3-20]来看，显然，该式的左边两项均应属于引力项。因为外压力 P_r 和吸引压力 P_{atr} 的作用均是使体系中分子间相互距离减少。式[4-3-20]右边三项均应是斥力项：右边第一项表示为理想气体的对比压力，即表示当讨论体系假设呈完全理想状态，由于温度、压力等体系热力学参数所形成的体系理想状态下的分子压力；第二项是第一分子斥力压力，表示分子本身存在有体积而对系统压力的影响；第三项是第二分子斥力压力，表示由于分子间相互作用中分子斥力对系统压力的影响。这样体系中使分子间距离减小的力项与使分子间距离扩大的力项以式[4-3-20]形式彼此相等，致使体系处于平衡状态。故而称式[4-3-20]为分子压力平衡式。本章将 P_{atr}、P_{P1r}、P_{P2r} 统称为对比分子压力，亦可分别称为对比分子吸引压力、对比第一分子斥压力和对比第二分子斥压力。

依据上述讨论，表 4-2-1 中所列的其余四个状态方程亦可写成与式[4-3-20]相类似的形式：

Redlich-Kwong 方程：

$$P_r + \frac{\Omega_b}{T_r^{0.5} Z_C V_r (Z_C V_r + \Omega_b)} = \frac{T_r}{Z_C V_r} + \frac{\Omega_b}{Z_C V_r} P_r + \frac{\Omega_b}{Z_C V_r} \frac{\Omega_a}{T_r^{0.5} Z_C V_r (Z_C V_r + \Omega_b)} \qquad [4-3-21]$$

Soave 方程：

$$P_r+\frac{\Omega_a\alpha(T)}{Z_CV_r(Z_CV_r+\Omega_b)}=\frac{T_r}{Z_CV_r}+\frac{\Omega_b}{Z_CV_r}P_r+\frac{\Omega_b}{Z_CV_r}\frac{\Omega_a\alpha(T)}{Z_CV_r(Z_CV_r+\Omega_b)} \tag{4-3-22}$$

Peng-Robinson 方程：

$$P_r+\frac{\Omega_a\alpha(T)}{Z_CV_r(Z_CV_r+\Omega_b)+\Omega_b(Z_CV_r-\Omega_b)}=\frac{T_r}{Z_CV_r}+\frac{\Omega_b}{Z_CV_r}\left(P_r+\frac{\Omega_a\alpha(T)}{Z_CV_r(Z_CV_r+\Omega_b)+\Omega_b(Z_CV_r-\Omega_b)}\right) \tag{4-3-23}$$

童景山方程：

$$P_r+\frac{\Omega_a\alpha(T)}{(Z_CV_r+m\Omega_b)^2}=\frac{T_r}{Z_CV_r}+\frac{\Omega_b}{Z_CV_r}P_r+\frac{\Omega_b}{Z_CV_r}\frac{\Omega_a\alpha(T)}{(Z_CV_r+m\Omega_b)^2} \tag{4-3-24}$$

这些状态方程的统一形式为式[4－3－20]，即：

系统压力＋分子吸引压力 ＝ 理想气体压力 ＋ 第一分子斥压力 ＋ 第二分子斥压力

综合上述讨论，可以认为作为一个平衡的相依子讨论体系，应存在有以下一些作用力：

首先是体系所经受的外压力和体系内部分子间相互作用所产生的引力而产生的修正压力。这两项作用力的共同作用会使体系中分子间距离减小，使体系的压力增加。而与此两项作用力相平衡的各作用力的作用方向则应与其相反，应将会使体系体积增大，分子间距离加大，体系压力值减小。这包括有分子热运动而产生的理想状态的压力；分子本身存在有体积而产生的修正压力和分子间因距离靠近而形成的分子间斥力而产生的修正压力。平衡时这两类作用力彼此相等。此即讨论体系压力的微观组成结构。作为例子计算了氩和正丁烷在饱和气态的作用力数据，列于表4－3－1和表4－3－2中以供参考。

表4－3－1　氩气在饱和气态下分子作用力数据[1]

序号	计算方程[2]	实际状态参数			计算结果				
		V_r	T_r	P_r	P_r	P_{atr}	P_{idr}	P_{P1r}	P_{P2r}
1	方程1	114.89	0.563 3	0.016 13	0.016 53	0.377 4E−3	0.168 5E−1	0.618 2E−4	0.141 1E−5
	方程2				0.016 38	0.508 2E−3	0.168 5E−1	0.424 6E−4	0.132 7E−5
	方程3				0.016 41	0.478 0E−3	0.168 5E−1	0.425 4E−4	0.123 9E−5
	方程4				0.016 40	0.485 5E−3	0.168 5E−1	0.381 7E−4	0.113 0E−5
	方程5				0.016 42	0.471 2E−3	0.168 5E−1	0.434 1E−4	0.124 6E−5

续 表

序号	计算方程[2]	实际状态参数			计 算 结 果				
		V_r	T_r	P_r	P_r	P_{atr}	P_{idr}	P_{P1r}	P_{P2r}
2	方程 1	71.08	0.596 4	0.027 32	0.028 02	0.986 2E−2	0.028 84	0.162 6E−3	0.572 1E−5
	方程 2				0.027 67	0.128 9E−2	0.028 84	0.115 9E−3	0.539 7E−5
	方程 3				0.027 73	0.122 4E−2	0.028 84	0.116 2E−3	0.512 7E−5
	方程 4				0.027 70	0.124 6E−2	0.028 84	0.104 2E−3	0.468 8E−5
	方程 5				0.027 75	0.120 7E−2	0.028 84	0.118 6E−3	0.515 8E−5
3	方程 1	31.49	0.662 7	0.066 19	0.067 85	0.502 3E−2	0.072 31	0.523 1E−3	0.387 2E−4
	方程 2				0.066 80	0.619 3E−2	0.072 31	0.631 5E−3	0.585 5E−4
	方程 3				0.067 02	0.598 0E−2	0.072 31	0.633 6E−3	0.563 5E−4
	方程 4				0.066 82	0.611 2E−2	0.072 31	0.567 2E−3	0.518 8E−4
	方程 5				0.067 11	0.590 3E−2	0.072 31	0.647 2E−3	0.569 3E−4
4	方程 1	16.02	0.729 0	0.136 1	0.139 5	0.019 42	0.156 4	0.218 1E−2	0.303 7E−3
	方程 2				0.136 7	0.022 63	0.156 4	0.254 2E−2	0.420 7E−3
	方程 3				0.137 3	0.022 12	0.156 4	0.255 2E−2	0.411 3E−3
	方程 4				0.136 4	0.022 63	0.156 4	0.227 8E−2	0.377 8E−3
	方程 5				0.137 6	0.021 87	0.156 4	0.260 9E−2	0.414 9E−3
5	方程 1	8.891 3	0.795 2	0.247 7	0.256 7	0.063 02	0.307 4	0.992 1E−2	0.243 6E−2
	方程 2				0.248 7	0.069 29	0.307 4	0.832 8E−2	0.232 0E−2
	方程 3				0.249 6	0.068 36	0.307 4	0.835 9E−2	0.228 9E−2
	方程 4				0.247 2	0.069 73	0.307 4	0.743 2E−2	0.209 7E−2
	方程 5				0.250 5	0.067 74	0.307 4	0.855 7E−2	0.231 4E−2
6	方程 1	5.141 9	0.861 5	0.413 0	0.422 0	0.188 4	0.575 8	0.023 97	0.010 70
	方程 2				0.416 7	0.194 4	0.575 8	0.024 13	0.011 26
	方程 3				0.418 0	0.193 1	0.575 8	0.024 20	0.011 18
	方程 4				0.411 9	0.195 4	0.575 8	0.021 42	0.010 16
	方程 5				0.419 9	0.192 0	0.575 8	0.024 80	0.011 34
7	方程 1	2.999 5	0.927 8	0.646 8	0.639 0	0.553 7	1.062 9	0.069 55	0.060 27
	方程 2				0.650 1	0.529 9	1.062 9	0.064 53	0.052 60
	方程 3				0.651 5	0.528 6	1.062 9	0.064 67	0.052 47
	方程 4				0.640 1	0.526 8	1.062 9	0.057 06	0.046 96
	方程 5				0.654 6	0.528 1	1.062 9	0.066 29	0.053 47
8	方程 1	1.392 6	0.994 0	0.967 5	0.978 1	2.568 9	2.452 9	0.301 7	0.792 4
	方程 2				0.969 0	2.150 9	2.452 9	0.207 2	0.459 9
	方程 3				0.969 3	2.150 6	2.452 9	0.207 2	0.459 8
	方程 4				0.964 4	2.071 3	2.452 9	0.185 1	0.397 7
	方程 5				0.970 2	2.166 9	2.452 9	0.211 6	0.472 6

续 表

序号	计算方程[(2)]	实际状态参数			计算结果				
		V_r	T_r	P_r	P_r	P_{atr}	P_{idr}	P_{P1r}	P_{P2r}
9	方程 1	1.000 0	1.000 0	1.000 0	0.993 0	4.981 9	3.436 4	0.421 9	2.116 6
	方程 2				1.003 4	3.890 0	3.436 4	0.298 7	1.158 2
	方程 3				1.003 4	3.890 0	3.436 4	0.298 7	1.158 2
	方程 4				1.000 3	3.690 1	3.436 4	0.267 4	0.986 6
	方程 5				1.004 9	3.930 7	3.436 4	0.305 2	1.193 9

注：(1) 本表计算所用数据取自文献[4]。0.141 1E−5= $0.141\,1\times10^{-5}$。
(2) 方程 1，van der Waals 方程；方程 2，RK 方程；方程 3，Soave 方程；方程 4，PR 方程；方程 5，童景山方程。

表 4-3-2 正丁烷在饱和气态下分子作用力数据[(1)]

序号	计算方程[(2)]	实际状态参数			计算结果				
		V_r	T_r	P_r	P_r	P_{atr}	P_{idr}	P_{P1r}	P_{P2r}
1	方程 1	6 499 432	0.317 3	0.176 5E−6	0.178 2E−6	0.133 0E−12	0.178 2E−6	0.125 0E−13	0.933 7E−20
	方程 2				0.178 2E−6	0.239 3E−12	0.178 2E−6	0.866 7E−14	0.116 4E−19
	方程 3				0.178 2E−6	0.242 0E−12	0.178 2E−6	0.866 7E−14	0.117 7E−19
	方程 4				0.178 2E−6	0.239 6E−12	0.178 2E−6	0.778 3E−14	0.104 7E−19
	方程 5				0.178 2E−6	0.228 1E−12	0.178 2E−6	0.884 2E−14	0.113 2E−19
2	方程 1	560 726	0.352 8	0.229 2E−5	0.229 6E−5	0.178 7E−10	0.229 6E−5	0.186 8E−11	0.145 4E−16
	方程 2				0.229 6E−5	0.304 9E−10	0.229 6E−5	0.129 5E−11	0.171 9E−16
	方程 3				0.229 6E−5	0.313 7E−10	0.229 6E−5	0.129 5E−11	0.176 9E−16
	方程 4				0.229 6E−5	0.311 8E−10	0.229 6E−5	0.116 3E−11	0.157 9E−16
	方程 5				0.229 6E−5	0.296 4E−10	0.229 6E−5	0.132 1E−11	0.170 5E−16
3	方程 1	3 337.12	0.470 4	0.511E−3	0.514 0E−3	0.504 6E−6	0.514 4E−3	0.702 6E−7	0.689 8E−10
	方程 2				0.513 7E−3	0.745 4E−6	0.514 4E−3	0.486 8E−7	0.706 3E−10
	方程 3				0.513 7E−3	0.791 9E−6	0.514 4E−3	0.486 7E−7	0.750 3E−10
	方程 4				0.513 7E−3	0.797 9E−6	0.514 4E−3	0.437 1E−7	0.678 9E−10
	方程 5				0.513 7E−3	0.754 2E−6	0.514 4E−3	0.496 6E−7	0.729 0E−10
4	方程 1	202.72	0.588 0	0.010 31	0.010 47	0.136 7E−3	0.010 58	0.235 7E−4	0.307 7E−6
	方程 2				0.010 42	0.180 4E−3	0.010 58	0.162 5E−4	0.281 4E−6
	方程 3				0.010 41	0.193 1E−3	0.010 58	0.162 3E−4	0.301 2E−6
	方程 4				0.010 40	0.196 9E−3	0.010 58	0.145 7E−4	0.275 8E−6
	方程 5				0.010 42	0.185 4E−3	0.010 58	0.165 8E−4	0.295 0E−6
5	方程 1	34.80	0.705 6	0.068 00	0.069 91	0.464 0E−2	0.073 99	0.520 5E−3	0.345 5E−4
	方程 2				0.069 12	0.554 7E−2	0.073 99	0.628 1E−3	0.504 0E−4
	方程 3				0.068 78	0.589 2E−2	0.073 99	0.624 9E−3	0.535 4E−4
	方程 4				0.068 55	0.605 2E−2	0.073 99	0.559 3E−3	0.493 8E−4
	方程 5				0.065 98	0.570 8E−2	0.073 99	0.639 4E−3	0.529 1E−4

续 表

序号	计算[2]方程	实际状态参数			计 算 结 果				
		V_r	T_r	P_r	P_r	P_{atr}	P_{idr}	P_{P1r}	P_{P2r}
6	方程 1	9.694	0.823 1	0.249 1	0.258 4	0.059 80	0.309 9	0.671 2E−2	0.155 4E−2
	方程 2				0.255 7	0.064 68	0.309 9	0.834 0E−2	0.211 0E−2
	方程 3				0.252 9	0.067 46	0.309 9	0.825 0E−2	0.220 1E−2
	方程 4				0.250 2	0.069 03	0.309 9	0.733 0E−2	0.202 2E−2
	方程 5				0.254 5	0.066 08	0.309 9	0.846 9E−2	0.219 9E−2
7	方程 1	3.133	0.940 7	0.656 5	0.661 1	0.572 6	1.095 9	0.073 79	0.063 91
	方程 2				0.675 6	0.543 3	1.095 9	0.068 20	0.054 84
	方程 3				0.667 0	0.551 9	1.095 9	0.067 32	0.055 71
	方程 4				0.654 6	0.550 3	1.095 9	0.059 36	0.049 87
	方程 5				0.672 4	0.549 4	1.095 9	0.069 23	0.056 57
8	方程 1	1.703	0.987 8	0.918 3	0.937 8	1.938 4	2.117 3	0.247 4	0.511 4
	方程 2				0.933 5	1.666 8	2.117 3	0.173 4	0.309 5
	方程 3				0.927 8	1.672 4	2.117 3	0.172 3	0.310 6
	方程 4				0.919 0	1.622 1	2.117 3	0.153 3	0.270 5
	方程 5				0.931 2	1.681 1	2.117 3	0.176 4	0.318 5
9	方程 1	1.000	1.000	1.000	1.007 0	5.619 3	3.649 6	0.452 4	2.524 3
	方程 2				1.011 3	4.326 1	3.649 6	0.319 8	1.367 9
	方程 3				1.011 3	4.326 1	3.649 6	0.319 8	1.367 9
	方程 4				1.001 9	4.095 0	3.649 6	0.284 5	1.162 7
	方程 5				1.014 9	4.372 7	3.649 6	0.327 4	1.410 6

注：(1) 本表计算所用数据取自文献[4]。0.176 5E−6= $0.176\,5\times10^{-6}$。
(2) 方程 1，van der Waals 方程；方程 2，RK 方程；方程 3，Soave 方程；方程 4，PR 方程；方程 5，童景山方程。

表 4-3-1 和表 4-3-2 中列示了五种不同状态方程对氩和正丁烷在不同状态的计算结果。

正是由于物质中存在着种种不同的分子间相互作用，这些相互作用之间在不同条件下会达到不同的平衡状态，这又会使讨论体系呈现出种种不同的特性，从而形成了物质性质随相关状态参数变化而表现出来的种种规律。以后几章将依据本节所介绍的讨论气体的宏观气体压力平衡式的研究方法对分子间相互作用变化的规律作进一步讨论。

参 考 文 献

[1] L L Lee. Molecular Thermodynamics of Nonideal fluids[M]. Boston: Butterworth, 1988.
[2] 胡英，刘国杰，徐英年，等. 应用统计力学[M]. 北京：化学工业出版社，1990.
[3] Walas S M. Phase equilibria in Chemical Engineering[M]. New York: Butterworth, 1985.
[4] Perry R H. Perry's Chemical Engineer's Handbook [M]. Sixth Edition, New York: McGraw-

Hill, 1984.
Perry R H, Green D W. Perry's Chemical Engineer's Handbook[M]. Seventh Edition, New York: McGraw-Hill, 1999.
[5] 童景山. 化工热力学[M]. 北京：清华大学出版社，2001.
[6] 童景山. 分子聚集理论及其应用[M]. 北京：科学出版社，1999.
[7] 童景山. 聚集力学原理及其应用[M]. 北京：高等教育出版社，2007.
[8] 陈钟秀，顾飞燕，胡望明. 化工热力学[M]. 北京：化学工业出版社，2001.
[9] Walas S M. Phase equilibria in Chemical Engineering[M]. New York: Butterworth, 1985.
[10] 胡英. 流体的分子热力学[M]. 北京：高等教育出版社，1983：208.
[11] Martin J J. Ind Eng Chem, 1967, 58 (12): 34.
[12] Martin J J. Ind Eng Chem, Fundam., 1979, 18(2): 81.
[13] Sugie H, Lu B C-Y A. Generalized Equation of State for Gases[J]. Chem Eng Sci, 1972, 27 (6): 1197.
[14] 陈新志 蔡振云 胡望明. 化工热力学[M]. 北京：化学工业出版社，2001.
[15] Beattie J A, Bridgeman O C. Proc Am Acad, Arts Sci, 1928, 63: 229.
[16] 余守宪. 真实气体与气液相变[M]. 北京：人民教育出版社，1977.

第五章

纯物质气相分子压力

任何物质都是由众多分子所组成的，这些分子在物质内部以不同的运动形式不断地运动着，并且以各种相互作用方式在分子间相互作用着，在一定因素影响下这些分子运动和分子间相互作用会有着不同的剧烈程度，这会使物质呈现有三种不同的聚集状态，即气态物质、液态物质和固态物质，简称为气体、液体和固体。

当物质分子在分子间相互作用的影响下，只是在其平衡位置附近做微小的振动时，这样的分子运动程度和分子间相互作用情况，会使物质呈固体状态。一种理想的固体分子排列形态是固体分子在其平衡位处排列成有规则的晶格，而每个分子在它的平衡位置附近作微小振动运动，这样的排列方式称为分子远程有序排列，简称为有序排列。

当物质温度升高时，物质内部分子运动加剧，当这些分子运动加剧到一定程度时，分子间相互作用已不能维持这些分子在它的平衡位置附近作微小振动运动了，出现一些分子离开其平衡位置在物质内作移动运动，亦就是说固态分子排列结构被破坏，物质分子分布状态发生变化，即由固态转变为液态，物质由固态转变为液体。

亦就是说，液体内的分子会呈现有两种状态：一种为移动分子，另一种为定居分子。

移动分子和定居分子在液体内的分子行为决定了液体的种种特性。关于移动分子和定居分子将在讨论液体分子压力的第六章中详细讨论。

温度继续升高时，分子运动更加加剧，当分子热运动能量足以克服维持分子在其平衡位置附近做振动的分子间相互作用时，物质内所有分子均离开了其固定的平衡位置，即所有分子均没有固定的平衡位置，分子间亦不能维持有一定的距离，相互分散远离，分子运动近似呈自由运动，这时意味着物质已转变成为气态物质。

可以认为，气态物质的分子全部是“移动分子”。如果这些移动分子间的距离达到相当远的程度，分子间相互作用理论认为可以完全忽略分子间的相互作用，则这时的气态物质被称为是理想气体。

由于气体分子运动是种自由运动，这样气体就不可能保持固定的形状和大小，不管容器的容积大小，装入气体后都能完全充满。同样，由于气态物质的这个特性，不同种类的气体放在一起都可以很好地均匀混合在一起。

因此，同一种物质，由于温度的影响造成分子运动的情况不同，致使呈现为不同的聚集状态。这表示，在同一物质内，分子运动的能量克服不同程度的分子间相互作用能垒后会使物质呈现为不同的聚集状态。因此讨论时需注意：

——宏观上物质分子间相互作用强弱会对物质状态产生影响。

——微观上物质分子间相互作用会对讨论物质中“移动分子”和“定居分子”的行为产生影响：

在气态物质中物质分子间相互作用较弱，故气体分子均是移动分子；

在液态物质中物质分子间相互作用增强，故液体分子部分是移动分子，部分是定居分子；

在固态物质中物质分子间相互作用很强，故固体分子绝大多数或均是定居分子。

液体物质中移动分子和定居分子的行为和数量计算方法可参考 Eyring 液体理论，在第二章和第七章中均有一定的介绍。

5-1 压缩因子与分子压力

压缩因子用于反映讨论物质的真实状态与理想状态的差异，亦是讨论气体分子压力行为的基础，故而在讨论气体分子压力前先对压缩因子进行讨论，压缩因子的定义式为

$$Z = \frac{PV_m}{\mathrm{R}T} \tag{5-1-1}$$

当物质处于理想状态时其压缩因子为 1。对于真实气体，压缩因子可能大于 1，也可能小于 1。

在现有文献中，讨论压缩因子与分子间相互作用的关系时较多应用 Virial 方程并采用多项式的表示式：

$$Z = \frac{PV_m}{\mathrm{R}T} = 1 + \frac{B}{V_m} + \frac{C}{V_m^2} + \frac{D}{V_m^3} + \cdots \tag{5-1-2}$$

$$Z = \frac{PV_m}{\mathrm{R}T} = 1 + B'P + C'P^2 + D'P^3 + \cdots \tag{5-1-3}$$

Virial 方程的理论基础在于方程系数 B、C、D 等均应与分子间相互作用情况相关，例如，理论上已证得第二维里系数 B、第三维里系数 C 与微观分子间相互作用的关系分别为[2]：

$$\begin{aligned} B &= 2\pi N_A \int_0^\infty [\exp(-u_{\mathrm{P12}}/\mathrm{k}T) - 1] \times r^2 \mathrm{d}r \\ &= 2\pi N_A \int_0^\infty f_{12} r^2 \mathrm{d}r \end{aligned} \tag{5-1-4a}$$

$$\begin{aligned} C &= -\frac{(N_A)^2}{3} \int_0^\infty [\exp(-u_{\mathrm{P12}}/\mathrm{k}T) - 1][\exp(-u_{\mathrm{P13}}/\mathrm{k}T) - 1] \\ &\quad \times [\exp(-u_{\mathrm{P23}}/\mathrm{k}T) - 1] \mathrm{d}r_2 \mathrm{d}r_3 \\ &= -\frac{8\pi (N_A)^2}{3} \int_0^\infty \int \int_{|r_{12}-r_{13}|}^{r_{12}+r_{13}} f_{12} f_{13} f_{23} r_{12} r_{13} r_{23} \mathrm{d}r_{12} \mathrm{d}r_{13} \mathrm{d}r_{23} \end{aligned} \tag{5-1-4b}$$

式中 u_{Pij} 表示分子 i 与 j 之间的相互作用位能。由此一些文献[3]认为第二维里系数 B 取决于两个分子间相互作用的势能。第三维里系数 C 涉及同时有三个分子间相互作用的势能。

由式[5-1-2]和式[5-1-3]知，温度恒定时，压缩因子的讨论将涉及两种变量，一种是体积 V_m，另一种是压力 P。下面将依据这两种变量对压缩因子以分子压力概念进行讨论。

将压缩因子的定义式改写为：

$$PV_m = (P_{id} + P_{P1} + P_{P2} - P_{at})V_m = ZRT \qquad [5-1-5a]$$

理想气体状态方程为：

$$P_{id}V_m = RT \qquad [5-1-5b]$$

式中 P_{id} 表示在假设物质处于理想状态时所具有的压力，称为理想压力。

在完全理想状态下可以忽略分子本身体积的影响，也可以忽略分子间吸引力和分子间斥力的影响，因而上式中 P_{P1r}、P_{P2r}、P_{atr} 均可认为是零值，故证得：

$$P = P_{id} = \frac{RT}{V_m} \qquad [5-1-6]$$

得到上述结论的关键点是讨论中假设"在理想状态下可以忽略分子本身体积的影响，也可以忽略分子间吸引力和分子间斥力的影响"。目前所有的相关文献或是研究报告中均认同这一假设。但到目前为止，还没有实际数据说明在理想状态下有还是没有分子间吸引力和分子间斥力，如果有，这些分子间相互作用的数值是多少，是否可被忽略不计。为此计算了一些物质在热力学理想状态(压缩因子 $Z=1$)下的各项分子压力数值，将其列于表 5-1-1 中。

表 5-1-1　一些理想气体(饱和蒸气，压缩因子 Z=1)的对比分子压力

参数	$n-C_4H_{10}$	苯	联苯	CF_4	C_9H_{20}	氧气	C_3H_8
T_r(mf)	0.317 0	0.495 7	0.427 9	0.379 6	0.369 5	0.351 2	0.231 2
T_r	0.317 3	0.515 8	0.550 0	0.439 6	0.504 5	0.351 2	0.231 2
P_r	1.782E−07	1.748E−03	1.955E−03	2.350E−04	2.767E−04	3.196E−05	6.996E−11
P_{idr}	1.782E−07	1.755E−03	1.963E−03	2.352E−04	2.768E−04	3.197E−05	6.996E−11
Z	1.000 0	0.996 0	0.995 9	0.999 1	0.999 6	0.999 7	1.000 0
P_{atr}	2.164E−13	6.770E−06	7.678E−06	1.761E−07	1.948E−07	4.981E−09	6.684E−20
P_{P1r}	9.293E−15	5.525E−07	5.923E−07	1.168E−08	1.410E−08	2.664E−10	1.967E−21
P_{P2r}	1.091E−20	2.086E−09	2.296E−09	8.507E−12	9.611E−12	4.044E−14	0.000E+00
P_{idr}/P_r	100.00%	100.40%	100.41%	100.09%	100.04%	100.03%	100.00%
P_{atr}/P_r	0.000 1%	0.39%	0.39%	0.07%	0.07%	0.02%	0.00%
P_{P1r}/P_r	0.000 0%	0.031 6%	0.030 3%	0.005 0%	0.005 1%	0.000 8%	0.00%
P_{P2r}/P_r	0.000 0%	0.000 1%	0.000 1%	0.000 0%	0.000 0%	0.000 0%	0.000 0%

续　表

参数	乙烷	庚烷	甲烷	汞	水	氯仿	二氧化硫
T_r(mf)	0.294 3	0.337 9	0.475 8	0.133 9	0.422 0	0.390 7	0.458 9
T_r	0.655 1	0.740 6	0.655 8	0.613 2	0.618 0	0.745 4	0.705 7
P_r	2.316E−07	2.415E−03	2.575E−03	1.587E−10	2.831E−05	2.100E−03	2.653E−04
P_{idr}	2.316E−07	2.426E−03	2.590E−03	1.587E−10	2.832E−05	2.109E−03	2.655E−04
Z	1.000	0.995 5	0.994 2	1.000	0.999 6	0.995 7	0.999 3
P_{atr}	4.023E−13	1.139E−05	1.625E−05	6.408E−19	2.728E−09	9.529E−06	1.964E−07
P_{P1r}	1.682E−14	9.799E−07	1.302E−06	1.498E−20	1.765E−10	7.885E−07	1.391E−08
P_{P2r}	2.833E−20	4.497E−09	8.054E−09	0.000E+00	1.650E−14	3.488E−09	1.001E−11
P_{idr}/P_r	100.00%	100.46%	100.58%	100.00%	100.04%	100.43%	100.08%
P_{atr}/P_r	0.00%	0.47%	0.63%	0.00%	0.01%	0.45%	0.07%
P_{P1r}/P_r	0.00%	0.04%	0.05%	0.00%	0.00%	0.04%	0.01%
P_{P2r}/P_r	0.000 0%	0.000 2%	0.000 3%	0.000 0%	0.000 0%	0.000 2%	0.000 0%

注：本表数据取自文献[4]。并由 5 个状态方程计算，取其平均值。T_r(mf)表示在熔点处的对比温度。

表 5-1-1 中所列数据表明，理想气体中只有 P_{idr} 的数值最高，其数量级为 10^{-3}～10^{-9}，其余分子压力，如 P_{atr}、P_{P1r} 和 P_{P2r} 的数值均低于 P_{idr} 几个数量级，确实均很小。因此在计算中可认为 P_{P1r}、P_{P2r} 和 P_{atr} 可以忽视或视作体系中不存在分子间的相互作用。

宏观状态下的理想气体状态(压缩因子 $Z=1$)应符合体系中分子间相互作用可以不考虑的要求，这就是宏观状态下的理想气体的压力就是微观分子理想压力的实际数据基础。

这样可得到

$$PV_m = ZRT = ZP_{id}V_m$$

或

$$Z = \frac{PV_m}{P_{id}V_m} \tag{5-1-7}$$

已知 PV_m 为讨论物质在压力 P 下所做的膨胀功，而 $P_{id}V_m$ 为理想压力在理想状态下所做的膨胀功。故上式的意义是：压缩因子的真正含义为气体在真实状态下所做的膨胀功与在假设理想状态下气体所做的膨胀功的比较。

这两部分膨胀功数值上的差异应该就是真实气体中出现的分子间相互作用能量对理想状态下所做的膨胀功的影响。

为明确定义理想状态，很多文献在讨论理想气体时均提出在压力很低时任何气体皆是理想气体。即

$$P \to 0, \quad Z = \frac{PV_m}{RT} \to 1 \tag{5-1-8a}$$

这样处理，在理论上是正确的，但实际应用时却有一定困难，因为实际计算时，$P \to 0$ 是个不确定的数值，压力 P 可以在某个数值时已可认为是理想状态，亦可认为在另一个数值时也是理想状态。

为确定压力 P 在某个数值时已可认为是理想状态，目前文献中采用下列方式规定讨论对象在讨论温度 T 时应是理想状态，即：

$$PV_m = P_{id}V_m = RT \quad [5-1-8b]$$

这是计算理想状态参数的正确计算式。

上述讨论中已经说明，压缩因子的讨论所涉及的变量选择有两种，一种是体积 V_m，另一种是压力 P。因此讨论式[5-1-8b]的方法亦有两种：一种是变量选择为体积 V_m，另一种选择的是压力 P。

1. 压力 P 与压缩因子

变量选择是压力 P，即比较讨论物质的压力与理想状态物质的压力的变化。

故有

$$P_{id} = \frac{RT}{V_m} \quad [5-1-9]$$

这是目前文献中计算理想状态压力的常用方法。由此可知，

$$Z = \frac{P}{P_{id}} = \frac{P_r}{P_{idr}} \quad [5-1-10]$$

在表 5-1-2 中将此式计算的 Z 数据与以 P、V、T 数据用压缩因子定义式[5-1-1]计算的结果相比较，可见两者是吻合的。表中压缩因子实际值是指以压缩因子定义式计算的数据；而表中分子压力计算值是指以式[5-1-10]计算的数据。

表 5-1-2 以分子压力计算的压缩因子与实际压缩因子的比较[1]

气态物质	分子压力数据(计算值)[2]			实际值 $Z^{(2)}$	气态物质	分子压力数据(计算值)[2]			实际值 $Z^{(2)}$
	P_r	P_{idr}	Z			P_r	P_{idr}	Z	
氩气	1.643E−02	1.685E−02	0.975 1	0.975 2	苯	1.748E−03	1.755E−03	0.996 0	0.996 3
	2.777E−02	2.884E−02	0.962 9	0.963 1		2.812E−03	2.826E−03	0.995 0	0.994 9
	6.712E−02	7.231E−02	0.928 2	0.928 2		1.873E−03	1.919E−02	0.0976	0.0976
	0.137 5	0.156 4	0.879 2	0.879 0		7.243E−02	7.768E−02	0.932 4	0.932 4
	0.250 5	0.307 4	0.814 9	0.815 1		0.199 9	0.235 2	0.849 9	0.849 8
	0.413 0	0.575 8	0.717 3	0.717 3		0.447 3	0.622 0	0.719 1	0.719 2
	0.647 1	1.062 9	0.608 8	0.608 8		0.864 1	1.795 2	0.481 3	0.481 3
	0.970 2	2.452 9	0.395 5	0.395 5		0.978 6	2.575 1	0.380 0	0.380 0
	1.001 0	3.436 4	0.291 3	0.291 3		1.010 8	3.690 0	0.273 9	0.273 9

续　表

气态物质	分子压力数据(计算值)(2)			实际值 $Z^{(2)}$	气态物质	分子压力数据(计算值)(2)			实际值 $Z^{(2)}$
	P_r	P_{idr}	Z			P_r	P_{idr}	Z	
四氟化碳	2.350E−04	2.352E−04	0.999 1	0.999 2	正辛烷	6.014E−05	6.015E−05	0.999 8	0.999 9
	2.463E−03	2.475E−03	0.995 2	0.995 1		8.094E−04	8.108E−04	0.998 3	0.998 4
	1.865E−02	1.911E−02	0.975 9	0.975 7		1.214E−02	1.233E−02	0.984 6	0.984 3
	7.093E−02	7.617E−02	0.931 2	0.931 2		4.387E−02	4.590E−02	0.955 8	0.955 8
	0.194 3	0.227 9	0.852 6	0.852 4		0.175 4	0.201 5	0.870 5	0.870 3
	0.424 7	0.582 2	0.729 5	0.729 5		0.359 9	0.466 4	0.771 7	0.771 7
	0.787 7	1.547 7	0.508 9	0.509 0		0.883 9	2.024 2	0.436 7	0.436 7
	1.007 9	3.610 1	0.279 2	0.279 2		1.006 9	3.861 0	0.260 8	0.260 8

注：(1) 本表数据取自文献[4]，并由 5 个状态方程计算，取其平均值。
(2) 压缩因子的计算值为按式[5-1-10]计算的数值。压缩因子的实际值为 PV/RT。

表 5-1-2 所列的数据表明式[5-1-10]是正确的。由此式可知，所谓压缩因子可理解为将初始的理想气体的压力，在气体内各种分子间相互作用，即各种分子压力综合作用下，变化达到实际气体压力时，实际气体压力对理想压力的比值。由此说明压缩因子亦可以各种分子压力来进行定义和计算。

已知体系压力的微观结构式为：$P = P_{id} + P_{P1} + P_{P2} - P_{at}$

将此代入式[5-1-10]可得：

$$Z = \frac{P}{P_{id}} = \frac{P_{id} + P_{P1} + P_{P2} - P_{at}}{P_{id}}$$
$$= 1 + \frac{P_{P1}}{P_{id}} + \frac{P_{P2}}{P_{id}} - \frac{P_{at}}{P_{id}} = Z_{id} + Z_{P1} + Z_{P2} - Z_{at} \qquad [5-1-11a]$$

以对比压力形式表示为：

$$Z = \frac{P_{idr} + P_{P1r} + P_{P2r} - P_{atr}}{P_{idr}}$$
$$= 1 + \frac{P_{P1r}}{P_{idr}} + \frac{P_{P2r}}{P_{idr}} - \frac{P_{atr}}{P_{idr}} = Z_{id} + Z_{P1} + Z_{P2} - Z_{at} \qquad [5-1-11b]$$

式[5-1-11]是压缩因子的微观组成结构的表示式。

已知压缩因子数值 Z 对 1 的偏差显示了讨论物质与理想状态的偏差。故式[5-1-11]中

$$Z_{id} = 1 \qquad [5-1-12a]$$

表示讨论物质中如果除分子理想压力外，不存在或可以忽略其他的分子压力的影响时，

由分子理想压力所形成的压缩因子,称之为分子理想压力压缩因子。

即,分子理想压力压缩因子恒定为1,

$$\lim_{\substack{P_{P1}\to 0\\ P_{P2}\to 0\\ P_{at}\to 0}} Z = Z_{id} = 1 \qquad [5-1-12b]$$

又
$$Z_{P1} = \frac{P_{P1}}{P_{id}} = \frac{P_{P1r}}{P_{idr}} \qquad [5-1-13a]$$

表示讨论物质中由于分子本身具有的体积造成讨论体系与理想状态的偏差,称之为第一分子斥力压缩因子。在讨论体系处于完全理想状态时,由于可以忽略分子本身体积的影响,故有:

$$\lim_{P\to 0} Z_{P1} = 0 \qquad [5-1-13b]$$

$$Z_{P2} = \frac{P_{P2}}{P_{id}} = \frac{P_{P2r}}{P_{idr}} \qquad [5-1-13c]$$

表示讨论物质中由于分子间电子相互作用所形成的斥力造成讨论体系与理想状态的偏差,称之为第二分子斥力压缩因子。在讨论体系处于理想状态时,由于可以忽略分子间斥力的影响,故

$$\lim_{P\to 0} Z_{P2} = 0 \qquad [5-1-13d]$$

对分子间吸引力:
$$Z_{at1} = \frac{P_{at}}{P_{id}} = \frac{P_{atr}}{P_{idr}} \qquad [5-1-13e]$$

表示讨论物质中由于分子间吸引力造成讨论体系与理想状态的偏差,称之为分子吸引力压缩因子。在讨论体系处于理想状态时,由于可以忽略分子间吸引力的影响,故

$$\lim_{P\to 0} Z_{at} = 0 \qquad [5-1-13f]$$

因此,当讨论体系处于理想状态时有:

$$\lim_{P\to 0} Z = \lim_{P\to 0}(1 + Z_{P1} + Z_{P2} - Z_{at}) = 1 \qquad [5-1-14]$$

即,理想体系的压缩因子为1。现将一些物质的各种压缩因子数值列于表5-1-3中以供参考。

表5-1-3　一些气体的各种压缩因子数值

气体	温度 T_r	压缩因子 Z	第一分子斥力压缩因子		第二分子斥力压缩因子		分子吸引力压缩因子	
			P_{P1r}	Z_{P1}	P_{P2r}	Z_{P2}	P_{atr}	Z_{at}
氩	0.563 3	0.953	4.57E−05	2.70E−03	1.27E−06	7.51E−05	4.64E−04	2.75E−02
氮	0.554 5	0.950	2.22E−05	1.85E−03	1.58E−07	1.32E−05	2.47E−04	2.06E−02
氢	0.512 4	0.909	1.00E−04	3.80E−03	4.99E−06	1.90E−04	1.26E−03	4.79E−02

续 表

气体	温度 T_r	压缩因子 Z	第一分子斥力压缩因子		第二分子斥力压缩因子		分子吸引力压缩因子	
			P_{P1r}	Z_{P1}	P_{P2r}	Z_{P2}	P_{atr}	Z_{at}
氙	0.557 1	0.966	3.44E−05	2.37E−03	8.45E−07	5.83E−05	8.45E−07	5.83E−05
氦	0.577 5	0.853	2.52E−03	2.03E−02	4.83E−04	2.03E−02	2.01E−02	1.62E−01
氖	0.675 7	0.940	1.02E−03	1.14E−02	1.05E−04	1.17E−03	8.60E−03	9.58E−02
氧	0.516 9	0.908	7.50E−06	1.15E−03	9.75E−08	1.50E−05	8.51E−05	1.31E−02
氟	0.554 4	0.972	1.94E−05	1.78E−03	3.65E−07	3.35E−05	2.04E−04	1.87E−02
氯	0.692 1	0.996	7.40E−04	9.62E−03	6.21E−05	8.08E−04	6.10E−03	7.93E−02
溴	0.513 5	0.932	1.77E−06	5.50E−04	1.22E−08	3.79E−06	2.23E−05	6.93E−03
甲烷	0.524 7	0.977	1.03E−05	1.34E−03	1.52E−07	1.98E−05	1.14E−04	1.48E−02
乙烷	0.655 1	0.951	2.98E−04	6.35E−03	1.71E−05	3.65E−04	2.61E−03	5.57E−02
丙烷	0.540 8	0.998	3.77E−06	8.00E−04	3.35E−08	7.11E−06	4.23E−05	8.98E−03
苯	0.533 6	0.996	1.38E−06	4.88E−04	7.78E−09	2.75E−06	1.62E−05	5.72E−03
氩	0.563 3	0.953	4.57E−05	2.70E−03	1.27E−06	7.51E−05	4.64E−04	2.75E−02
氮	0.554 5	0.950	2.22E−05	1.85E−03	1.58E−07	1.32E−05	2.47E−04	2.06E−02
氢	0.512 4	0.909	1.00E−04	3.80E−03	4.99E−06	1.90E−04	1.26E−03	4.79E−02
氙	0.557 1	0.966	3.44E−05	2.37E−03	8.45E−07	5.83E−05	8.45E−07	5.83E−05
氦	0.577 5	0.853	2.52E−03	2.03E−02	4.83E−04	2.03E−02	2.01E−02	1.62E−01
氖	0.675 7	0.940	1.02E−03	1.14E−02	1.05E−04	1.17E−03	8.60E−03	9.58E−02
氧	0.516 9	0.908	7.50E−06	1.15E−03	9.75E−08	1.50E−05	8.51E−05	1.31E−02
氟	0.554 4	0.972	1.94E−05	1.78E−03	3.65E−07	3.35E−05	2.04E−04	1.87E−02
氯	0.692 1	0.996	7.40E−04	9.62E−03	6.21E−05	8.08E−04	6.10E−03	7.93E−02
溴	0.513 5	0.932	1.77E−06	5.50E−04	1.22E−08	3.79E−06	2.23E−05	6.93E−03

注：本表数据取自文献[4]，并由 5 个状态方程计算，取其平均值。

将压力的微观结构式和压缩因子的微观结构式代入式[5－1－10]中

$$
\begin{aligned}
P &= P_{idr} + P_{P1r} + P_{P2r} - P_{atr} \\
&= (Z_{id} + Z_{P1} + Z_{P2} - Z_{at})P_{id} = ZP_{id}
\end{aligned}
\qquad [5-1-15]
$$

可得到下列关系：

$$
P_{id} = Z_{id}P_{id} = \frac{RT}{V_m} \qquad [5-1-16a]
$$

即为理想状态下的状态方程。分子理想压力压缩因子 $Z_{id}=1$。

$$P_{P1} = Z_{P1} P_{id} = Z_{P1} \frac{RT}{V_m} \qquad [5-1-16b]$$

$$P_{P2} = Z_{P2} P_{id} = Z_{P2} \frac{RT}{V_m} \qquad [5-1-16c]$$

$$P_{at} = Z_{at} P_{id} = Z_{at} \frac{RT}{V_m} \qquad [5-1-16d]$$

众所周知，压缩因子反映了讨论对象中分子间相互作用的情况。压缩因子结合分子压力还可以进一步反映讨论对象中分子间排斥作用和分子间吸引作用之间的关系。

由式[5-1-15]知：

$$Z-1 = Z_{P1} + Z_{P2} - Z_{at} = Z_P - Z_{at} \qquad [5-1-17]$$

由上式可知，式中 $Z_P - Z_{at}$ 表示讨论对象中分子间排斥作用与分子间吸引作用之比较，当，

$Z_P - Z_{at} > 0$，说明讨论对象中分子间排斥作用强于分子间吸引作用；

$Z_P - Z_{at} = 0$，说明讨论对象中分子间排斥作用与分子间吸引作用相当；

$Z_P - Z_{at} < 0$，说明讨论对象中分子间排斥作用弱于分子间吸引作用。

说明讨论对象中分子间排斥作用与分子间吸引作用的比较也可以压缩因子形式来呈现，即

$Z-1 > 0$，说明讨论对象中分子间排斥作用强于分子间吸引作用；

$Z-1 = 0$，说明讨论对象中分子间排斥作用与分子间吸引作用相当；

$Z-1 < 0$，说明讨论对象中分子间排斥作用弱于分子间吸引作用。

2. 体积 V 与压缩因子

变量选择是体积 V，即比较讨论物质的摩尔体积与理想状态的摩尔体积的变化。

这时应有

$$V_{mid} = \frac{RT}{P} \qquad [5-1-18]$$

式中 V_{mid} 表示理想状态下体系摩尔体积。由此可知，

$$Z = \frac{PV_m/RT}{PV_{mid}/RT} = \frac{V_m}{V_{mid}} = \frac{V_{mr}}{V_{midr}} \qquad [5-1-19]$$

对于同一物质，在同一状态下，上式计算的 Z 数值应该与式[5-1-10]计算结果相同。表 5-1-4 列示了它们比较的结果。

表 5-1-4　式[5-1-19]和式[5-1-10]计算结果比较

物质	P_r	T_r	V_{mr}	$Z=V_{mr}/V_{midr}$		$Z=P_r/P_{idr}$	
				V_{midr}	Z	P_{idr}	Z
氩	0.016 10	0.563 3	114.89	120.23	0.955 6	1.684 9E—02	0.955 6
氮	0.011 40	0.554 5	159.81	167.73	0.952 8	1.196 5E—02	0.952 8
氢	0.023 90	0.512 4	63.86	70.29	0.908 5	2.630 8E—02	0.908 5
氙	0.014 00	0.557 1	134.09	134.09	1.000 0	1.400 0E—02	1.000 0
氦	0.105 70	0.577 5	15.48	18.15	0.852 8	1.239 4E—01	0.852 8
氖	0.084 40	0.675 7	24.20	25.74	0.940 1	8.978 0E—02	0.940 1
氟	0.010 60	0.554 4	177.28	181.60	0.976 2	1.085 9E—02	0.976 2
氯	0.076 60	0.692 1	30.41	30.52	0.996 4	7.688 1E—02	0.996 4
甲烷	0.007 50	0.524 7	237.29	242.92	0.976 8	7.678 0E—03	0.976 8
乙烷	0.044 60	0.655 1	48.97	51.54	0.950 2	4.693 9E—02	0.950 2
丙烷	0.004 70	0.540 8	409.00	409.48	0.998 8	4.705 5E—03	0.998 8
苯	0.002 82	0.533 6	696.66	698.23	0.997 8	2.826 3E—03	0.997 8

由式[5-1-19]可知

$$V_m = ZV_{mid} \qquad [5-1-20]$$

对上式引入压缩因子微观结构式，得：

$$V_m = (Z_{id} + Z_{P1} + Z_{P2} - Z_{at})V_{mid} \qquad [5-1-21]$$

体系中各种分子压力对体积应有影响，依据上式即可认为：

摩尔体积：$$V_m = V_{mid} + V_{mP1} + V_{mP2} - V_{mat} \qquad [5-1-22]$$

对比摩尔体积：$$V_{mr} = V_{midr} + V_{mP1r} + V_{mP2r} - V_{matr} \qquad [5-1-23]$$

讨论上面各式：

(1) 在忽略各种分子压力影响的理想状态时，由式[5-1-21]知：

$$V_m = Z_{id}V_{mid} \qquad [5-1-24a]$$

即

$$V_{m,r} = V_{midr}\big|_{P_{id}\neq 0} + \lim_{P_{P1}\to 0} V_{mP1r} + \lim_{P_{P2}\to 0} V_{mP2r} - \lim_{P_{at}\to 0} V_{matr} = V_{midr} \qquad [5-1-25a]$$

(2) 第一分子斥压力对讨论体积的影响

$$V_{mP1r} = V_{midr} \times Z_{P1} \qquad [5-1-24b]$$

当第一分子斥压力可以忽略时：$$\lim_{P_{P1}\to 0} V_{mP1r} = 0 \qquad [5-1-25b]$$

(3) 第二分子斥压力对讨论体积的影响：

$$V_{mP2r} = V_{midr} \times Z_{P2} \qquad [5-1-24c]$$

当第二分子斥压力可以忽略时： $\lim\limits_{P_{P2}\to 0} V_{mP2r} = 0$ [5-1-25c]

(4) 分子吸引压力对讨论体积的影响：

$$V_{matr} = V_{midr} \times Z_{atr} \qquad [5-1-24d]$$

当分子吸引压力可以忽略时：

$$\lim_{P_{at}\to 0} V_{matr} = 0 \qquad [5-1-25d]$$

式[5-1-22]反映了各种分子压力对讨论体系体积的影响，故式[5-1-22]亦可称为是讨论体系体积的微观结构组成式。注意对液体的应用时，上述各式还需考虑理想压缩因子的影响。

表 5-1-5 列示了一些物质体积的微观结构组成情况以供参考。

表 5-1-5　一些物质体积的微观结构组成

物质	计算参数			体积的微观结构组成							
	P_r	T_r	V_r	V_{idr}	Z_{P1}	V_{P1r}	Z_{P2}	V_{P2r}	Z_{at}	V_{atr}	$V_{r,合计}$
乙烷	0.205 3	0.327 5	0.319 0	5.597 3	0.052 6	0.294 2	11.481 4	64.264 5	12.476 8	69.836 1	0.319 8
	0.205 3	0.491 3	0.349 6	8.396 8	0.035 6	0.298 9	5.968 9	50.119 3	6.962 9	58.465 7	0.349 3
	0.205 3	0.655 1	0.388 5	11.196 3	0.026 8	0.300 3	3.452 8	38.658 9	4.444 9	49.766 8	0.388 7
	0.205 3	0.818 9	12.063 0	13.995 8	0.021 8	0.305 5	0.004 2	0.058 8	0.162 9	2.279 7	12.080 3
	0.205 3	1.146 4	18.871 4	19.593 1	0.016 4	0.321 6	0.000 9	0.018 4	0.064 7	1.268 2	18.664 9
	0.205 3	1.637 7	27.908 4	27.989 8	0.011 7	0.326 3	0.000 5	0.013 6	0.025 7	0.720 5	27.609 2
	0.205 3	2.292 8	39.521 6	39.186 1	0.008 3	0.327 2	0.000 0	0.000 0	0.010 3	0.404 2	39.109 1
正丁烷	0.263 4	0.470 4	0.336 0	6.266 2	0.045 2	0.283 3	7.246 1	45.405 9	8.239 9	51.632 8	0.322 5
	0.263 4	0.588 0	0.363 2	7.832 8	0.036 8	0.288 6	4.772 5	37.381 9	5.764 7	45.153 7	0.349 6
	0.263 4	0.705 6	0.397 3	9.399 4	0.030 9	0.290 3	3.219 7	30.262 6	4.209 9	39.570 5	0.381 8
	0.263 4	0.823 1	0.449 0	10.964 6	0.026 6	0.291 4	2.120 9	23.255 2	3.108 1	34.079 3	0.431 8
	0.263 4	0.940 7	11.396 1	12.531 1	0.024 8	0.311 0	0.004 1	0.052 0	0.147 7	1.850 8	11.043 3
	0.263 4	1.058 3	13.462 0	14.097 7	0.023 2	0.327 3	0.002 6	0.037 3	0.104 8	1.478 1	12.984 2

注：本表数据取自文献[4]，并由 5 个状态方程计算，取其平均值。

3. 式[5-1-24]意义

式[5-1-24]可改写为，在忽略各种分子压力的影响的理想状态时：

$$Z_{id} = \frac{V_{mid}}{V_{mid}} = 1 \qquad [5-1-26a]$$

第一分子斥压力对讨论体积的影响：

$$Z_{P1} = \frac{V_{mP1r}}{V_{midr}} \qquad [5-1-26b]$$

第二分子斥压力对讨论体积的影响：

$$Z_{P2} = \frac{V_{mP2r}}{V_{midr}} \qquad [5-1-26c]$$

分子吸引压力对讨论体积的影响：

$$Z_{at} = \frac{V_{matr}}{V_{midr}} \qquad [5-1-26d]$$

亦就是说，各分子压力压缩因子亦可以体积为变量来表示。

将以体积为变量的各分子压力压缩因子和以压力为变量的各分子压力压缩因子列于同一式中得

$$\frac{V_{mP1r}}{V_{midr}} = \frac{P_{P1r}}{P_{idr}} \qquad [5-1-27a]$$

$$\frac{V_{mP2r}}{V_{midr}} = \frac{P_{P2r}}{P_{idr}} \qquad [5-1-27b]$$

$$\frac{V_{matr}}{V_{midr}} = \frac{P_{atr}}{P_{idr}} \qquad [5-1-27c]$$

改变式[5-1-27]

$$P_{idr}V_{mP1r} = P_{P1r}V_{midr} \qquad [5-1-28a]$$

$$P_{idr}V_{mP2r} = P_{P2r}V_{midr} \qquad [5-1-28b]$$

$$P_{idr}V_{matr} = P_{atr}V_{midr} \qquad [5-1-28c]$$

式[5-1-28]表明，微观分子压力在系统中遵循能量恒定的原则：某种分子压力对体系体积所做的功必定等于体系的假设理想压力对该分子压力可能影响到的体积所做的功。表5-1-6列示了这两种膨胀功的数值以做比较。

表5-1-6　分子压力所做膨胀功

名称	T_r	第一分子斥压力		第二分子斥压力		分子吸引压力	
		$P_{idr}V_{mP1r}$	$P_{P1r}V_{midr}$	$P_{idr}V_{mP2r}$	$P_{P2r}V_{midr}$	$P_{idr}V_{matr}$	$P_{atr}V_{midr}$
氩	0.563 3	0.005 244	0.005 365	0.000 145	0.000 149	0.053 247	0.054 476
氮	0.554 5	0.003 537	0.003 635	0.000 025	0.000 026	0.039 357	0.040 439
氢	0.512 4	0.006 388	0.006 700	0.000 319	0.000 334	0.080 487	0.084 419

续 表

名称	T_r	第一分子斥压力		第二分子斥压力		分子吸引压力	
		$P_{idr}V_{mP1r}$	$P_{P1r}V_{midr}$	$P_{idr}V_{mP2r}$	$P_{P2r}V_{midr}$	$P_{idr}V_{matr}$	$P_{atr}V_{midr}$
氙	0.557 1	0.004 454	0.004 613	0.000 109	0.000 113	0.000 109	0.000 113
氨	0.577 5	0.039 022	0.042 242	0.039 022	0.008 096	0.311 251	0.336 928
氖	0.675 7	0.024 678	0.025 459	0.002 540	0.002 621	0.208 073	0.214 650
氟	0.554 4	0.003 426	0.003 481	0.000 064	0.000 065	0.036 028	0.036 603
氯	0.692 1	0.022 500	0.022 547	0.001 888	0.001 892	0.185 473	0.185 859
甲烷	0.524 7	0.002 443	0.002 473	0.000 036	0.000 036	0.027 043	0.027 370
乙烷	0.655 1	0.014 605	0.014 971	0.000 838	0.000 859	0.127 918	0.131 120
丙烷	0.540 8	0.001 540	0.001 543	0.000 014	0.000 014	0.017 284	0.017 311
苯	0.533 6	0.000 960	0.000 962	0.000 005	0.000 005	0.011 271	0.011 299

注：本表数据取自文献[4]，并由5个状态方程计算，取其平均值。

5-2 纯物质气体分子压力

上述讨论指出，气态物质分子均应是移动分子，因而讨论气态物质分子规律的重点应是分子运动的规律和影响分子运动规律的因素，即为分子动态压力的变化规律。其宏观表现应与 PTV 这些参数变化相关。目前文献中已有下列纯物质气体 PTV 关系经典公式：

恒温过程：Boyle-Mariotte 定律　$PV=$ 常量　[5-2-1a]

由此导得的理想气体状态方程　$PV_m=\mathrm{R}T$　[5-2-1b]

由此导得的实际气体状态方程　$PV_m=Z\mathrm{R}T$　[5-2-1c]

恒压过程：Gay-Lussac 定律　$V/T=$ 常量　[5-2-2]

恒体积过程：Charles 定律　$P/T=$ 常量　[5-2-3]

下面将依据这些经典公式对纯物质气体分子的运动规律进行讨论。

5-2-1 恒温过程

首先讨论理想气体。已知 Boyle-Mariotte 定律，在恒温条件下有

$$PV_m=\mathrm{R}T=\text{常量}$$

对真实气体，在恒温条件下有　$PV_m=Z\mathrm{R}T$

因而恒温下有 $$\frac{P_1V_{m1}}{Z_1}=\frac{P_2V_{m2}}{Z_2}=\frac{P_3V_{m3}}{Z_3}=\cdots=\mathrm{R}T \qquad [5-2-4]$$

式[5－2－4]是真实气体的 Boyle-Mariotte 定律。

由式[5－2－4]可知，在恒温过程中

$$Z=C_TPV_m=C_{Tr}P_rV_{mr} \qquad [5-2-5]$$

式中 C_T 或 C_{Tr} 称为恒温过程常数，上式表示恒温过程中体系的压缩因子与 PV_m（或 P_rV_{mr}）呈线性比例关系，这样理论上认为，当已知二点的 PV_m（或 P_rV_{mr}）数据便可外推到其他（实验测试条件难以进行的）压力和体积情况下的压缩因子的数据。

对上式引入压力微观结构式和压缩因子的微观结构式，得

$$Z=1+Z_{P1}+Z_{P2}-Z_{\mathrm{at}}=C_{Tr}(P_{\mathrm{id}r}+P_{P1r}+P_{P2r}-P_{\mathrm{at}r})V_{mr} \qquad [5-2-6]$$

因而对恒温过程有下列关系

（1）　$$1=C_{Tr}P_{\mathrm{id}r}V_{mr}$$

所以 $$C_T=\frac{1}{P_{\mathrm{id}}V_m}=\frac{1}{\mathrm{R}T};\qquad C_{Tr}=\frac{1}{P_{\mathrm{id}r}V_{mr}}=\frac{Z_C}{T_r} \qquad [5-2-7a]$$

即，如果知道理想状态下的相关数据，就可以求得常数 C_T 或 C_{Tr} 的数值。

（2）　$$Z_{P1}=C_{Tr}P_{P1r}V_{mr} \qquad [5-2-7b]$$

因而在恒温过程中第一分子斥压力对压缩因子的影响与第一分子斥压力对体系所做的膨胀功 $P_{P1r}V_r$ 呈线性比例关系。

（3）　$$Z_{P2}=C_{Tr}P_{P2r}V_{mr} \qquad [5-2-7c]$$

因而在恒温过程中第二分子斥压力对压缩因子的影响与第二分子斥压力对体系所做的膨胀功 $P_{P2r}V_r$ 呈线性比例关系。

（4）　$$Z_{\mathrm{at}}=C_{Tr}P_{\mathrm{at}}V_{mr} \qquad [5-2-7d]$$

因而在恒温过程中分子吸引压力对压缩因子的影响与分子吸引压力对体系所做的膨胀功 $P_{\mathrm{at}}V_r$ 呈线性比例关系。

图 5－2－1 列示了 Z_{P1} 与 $P_{P1r}V_{mr}$ 的关系。

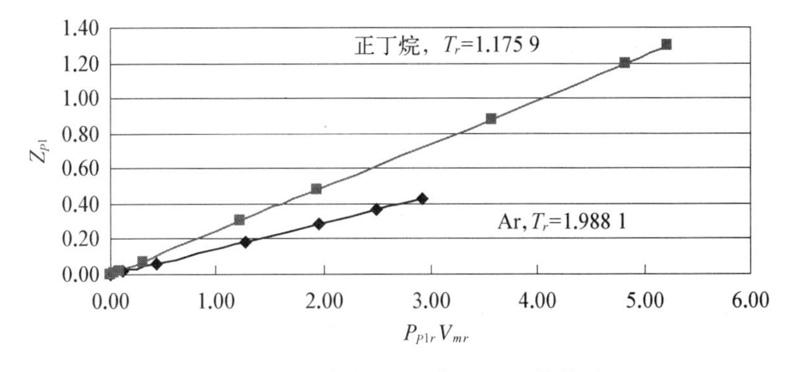

图 5－2－1　恒温下 Z_{P1} 与 $P_{P1r}V_{mr}$ 的关系

图 5-2-2 列示了 Z_{P2} 与 $P_{P2r}V_{mr}$ 的关系。

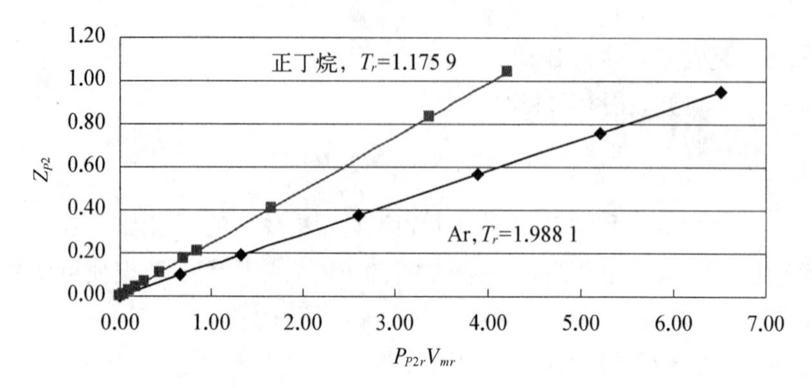

图 5-2-2　恒温下 Z_{P2} 与 $P_{P2r}V_{mr}$ 的关系

图 5-2-3 列示了 Z_{at} 与 $P_{atr}V_{mr}$ 的关系。

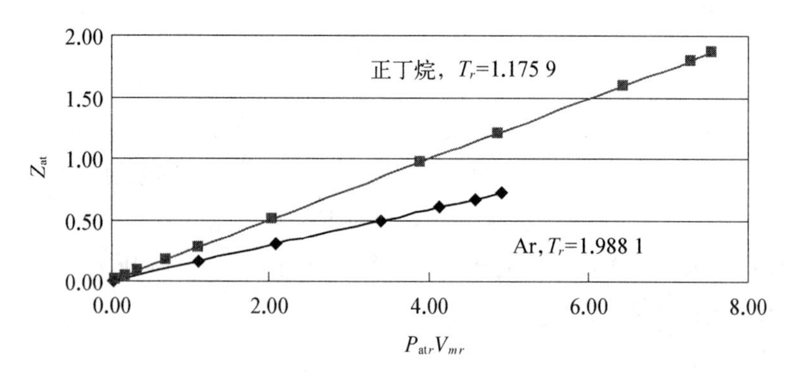

图 5-2-3　恒温下 Z_{at} 与 $P_{atr}V_{mr}$ 的关系

5-2-2　恒压过程

在恒压条件下有 Gay-Lussac 定律，

$$V/T = \text{常量}$$

由式[5-2-4]可导得 Gay-Lussac 定律的另一表示形式为

$$\frac{V_1}{T_1} = \frac{V_2}{T_2} = \frac{V_3}{T_3} =, \cdots, = C_{GL} \qquad [5-2-8a]$$

或
$$\frac{T_1}{V_1} = \frac{T_2}{V_2} = \frac{T_3}{V_3} = \cdots = \frac{1}{C_{GL}} \qquad [5-2-8b]$$

对理想气体有：
$$\frac{P_{id}}{R} = \frac{T}{V_m} \qquad [5-2-9]$$

代入式[5-2-15]，得

$$\frac{P_{id}}{R}=\frac{T_1}{V_{m1}}=\frac{T_2}{V_{m2}}=\frac{T_3}{V_{m3}}=\cdots=\frac{1}{C_{GL}} \qquad [5-2-10a]$$

即

$$P_{id}=\frac{T_1}{V_{m1}}R=\frac{T_2}{V_{m2}}R=\frac{T_3}{V_{m3}}R=\cdots=\frac{R}{C_{GL}} \qquad [5-2-10b]$$

在理想气体情况下，由于 Gay-Lussac 定律要求恒压条件，其系统压力必定是讨论物质在理想条件下的理想压力。故而这时 Gay-Lussac 定律实质就是理想气体状态方程。

对真实气体有

$$\frac{P}{R}=Z\frac{T}{V_m} \qquad [5-2-11]$$

代入式[5-2-8]，则上式可改写为

$$\frac{P}{R}=Z_1\frac{T_1}{V_{m1}}=Z_2\frac{T_2}{V_{m2}}=Z_3\frac{T_3}{V_{m3}}=\cdots=\frac{1}{C_{GL}} \qquad [5-2-12]$$

因而式[5-2-12]应是真实气体的 Gay-Lussac 定律表示式，对式[5-2-12]可改写为如下简单形式：

$$Z_1\frac{T_1}{V_{m1}}=Z_2\frac{T_2}{V_{m2}}=Z_3\frac{T_3}{V_{m3}}=\cdots \qquad [5-2-13a]$$

或

$$\frac{V_{m1}}{Z_1T_1}=\frac{V_{m2}}{Z_2T_2}=\frac{V_{m3}}{Z_3T_3}=\cdots \qquad [5-2-13b]$$

式[5-2-13]即为在恒压过程中真实气体的 Gay-Lussac 定律表示式。引入压力微观结构式

$$P_{id}+P_{P1}+P_{P2}-P_{at}=(1+Z_{P1}+Z_{P2}-Z_{at})R\frac{T}{V_m} \qquad [5-2-14]$$

故得在恒压过程中：

物质中分子理想压力：

$$P_{id}=R\frac{T}{V_m} \qquad [5-2-15a]$$

物质中第一分子斥压力：

$$P_{P1}=Z_{P1}R\frac{T}{V_m} \quad 即 \quad Z_{P1}=\frac{P_{P1}}{P_{id}} \qquad [5-2-15b]$$

物质中第二分子斥压力：

$$P_{P2}=Z_{P2}R\frac{T}{V_m} \quad 即 \quad Z_{P2}=\frac{P_{P2}}{P_{id}} \qquad [5-2-15c]$$

物质中分子吸引压力：

$$P_{at} = Z_{at}R\frac{T}{V_m} \quad 即 \quad Z_{at} = \frac{P_{at}}{P_{id}} \qquad [5-2-15d]$$

因此，真实气体在恒压过程中，随着讨论物质的体积和温度的变化，虽然物质的总压力没有变化，但物质内部各种分子压力，如分子理想压力、第一分子斥压力、第二分子斥压力和分子吸引压力均发生了变化。这一规律无论对液体或真实气体都是适用的。以乙烷为例，表 5-2-1 列示了在恒定压力为 $P_r=0.2053$ 时各个温度和体积下的各分子压力的数值，实际数据证实上述讨论的意见。

表 5-2-1　乙烷在恒定压力下不同温度和不同体积时各项分子压力

P_r	T_r	V_{mr}	物态	Z	P_{idr}	P_{P1r}	P_{P2r}	P_{atr}	$\frac{V_{mr}}{ZT_r}$
0.205 3	0.327 5	0.319 0	液态	0.057 0	3.603 3	0.189 4	41.370 8	44.957 6	17.090 9
0.205 3	0.491 3	0.349 6	液态	0.041 6	4.930 8	0.175 5	29.431 3	34.332 5	17.090 9
0.205 3	0.655 1	0.388 5	液态	0.034 7	5.917 0	0.158 7	20.430 4	26.300 7	17.090 9
0.205 3	0.818 9	12.063 0	气态	0.861 9	0.238 2	0.005 2	0.001 0	0.038 8	17.090 9
0.205 3	1.146 4	18.871 4	气态	0.963 2	0.213 2	0.003 5	0.000 2	0.013 8	17.090 9
0.205 3	1.637 7	27.908 4	气态	0.997 1	0.205 9	0.002 4	0.000 1	0.005 3	17.090 9
0.205 3	2.292 8	39.521 6	气态	1.008 6	0.203 6	0.001 7	0.000 0	0.002 1	17.090 9

注：本表数据取自文献，并由 5 个状态方程计算，取其平均值。

表中数据表明，在同样压力下，液相中分子吸引力和分子斥力数值要远大于气相中的数值，无论液相还是气相，当温度升高、体积变大时分子吸引力和分子斥力数值会迅速减小，这些都符合分子间相互作用理论的规律。

表中还列示了 $\frac{V_{mr}}{ZT_r}$ 的数值，在同样压力下，无论液相还是气相，其数值恒定，这些实际数据说明上述讨论的真实气体的 Gay-Lussac 定律应是正确的。

由式[5-2-13]可知，在恒压过程中：

$$Z = C_P\frac{V_m}{T} = C_{Pr}\frac{V_{mr}}{T_r} \qquad [5-2-16]$$

上式表示恒压过程中体系的压缩因子与 $\frac{V_m}{T}$ $\left(或\ \frac{V_{mr}}{T_r}\right)$ 呈线性比例关系，这样当已知二点的 $\frac{V_m}{T}$ $\left(或\ \frac{V_{mr}}{T_r}\right)$ 数据便可外推到其他(实验测试条件难以进行的)温度和体积情况下的压缩因子的数据。

对上式引入压缩因子的微观结构式，得

$$Z = 1 + Z_{P1} + Z_{P2} - Z_{at} = \frac{C_{Pr}}{Z_C P_{idr}} \qquad [5-2-17]$$

所以
$$ZP_{idr} = (1 + Z_{P1} + Z_{P2} - Z_{at})P_{idr} = \frac{C_{Pr}}{Z_C} \qquad [5-2-18]$$

因而对恒压过程有下列关系：

(1) 由此可知

$$ZP_{idr} = C_{Pr}/Z_C = 常数 \qquad [5-2-19]$$

已知 $Z = P_r/P_{idr}$，故知式[5-2-19]中常数的数值即是体系对比压力的数值，表 5-2-2 列示的数据可证实这一点，因而，如果知道某一状态下理想压力和压缩因子数据，就可以求得此常数的数值。由此可依据恒压过程中任何 V 和 T 数据计算其压缩因子的数值。表 5-2-2 中列示了恒压过程中 ZP_{idr} 的数值。

表 5-2-2 恒压过程中 ZP_{idr} 的数值

物 质	P_r	T_r	V_{mr}	Z	P_{idr}	ZP_{idr}
乙烷	0.205 3	0.327 5	0.319 0	0.057 0	3.603 3	0.205 359
	0.205 3	0.491 3	0.349 6	0.041 6	4.930 8	0.205 294
	0.205 3	0.655 1	0.388 5	0.034 7	5.917 0	0.205 314
	0.205 3	0.818 9	12.063 0	0.861 9	0.238 2	0.205 305
	0.205 3	1.146 4	18.871 4	0.963 2	0.213 2	0.205 347
	0.205 3	1.637 7	27.908 4	0.997 1	0.205 9	0.205 301
	0.205 3	2.292 8	39.521 6	1.008 6	0.203 6	0.205 343
氩气(饱和状态)	0.066 3	0.662 7	31.494 4	0.916 8	0.072 3	0.066 3
	0.066 3	0.662 7	0.408 6	0.011 9	5.573 5	0.066 3
正丁烷	2.669 0E−02	0.352 8	0.315 6	6.563 4E−03	4.066 5	2.669 0E−02
	2.669 0E−02	0.470 7	0.336 0	5.237 4E−03	5.096 0	2.669 0E−02
	2.669 0E−02	0.588 0	0.363 2	4.532 0E−03	5.889 2	2.669 0E−02
	2.669 0E−02	0.705 6	93.212 3	9.692 5E−01	0.027 5	2.669 0E−02
	2.669 0E−02	0.940 7	126.560 7	9.871 2E−01	0.027 0	2.669 0E−02

注：本表数据取自文献，并由 5 个状态方程计算，取其平均值。

表 5-2-2 表示，恒压过程中，不同物质，在不同体积和温度下，ZP_{idr} 确实是常数，并且在恒压下这个常数数值即为体系压力值，这说明上述讨论是正确的。表中还列示了氩在饱和状态下气态与液态数据的比较，亦符合这个规律。因而可以应用这一规律，核对实验中所测定的饱和温度、饱和体积的正确性。表中还列示了部分液体数据，亦符合这个规律。因而

这个规律可应用于气态物质和液态物质。

(2) 在恒压下,由式[5-2-11]知:

$$V_m=\frac{R}{P}ZT=C_{GL}ZT \quad [5-2-20]$$

对上式引入压缩因子的微观结构式和体积微观结构式,得

$$\begin{aligned}V_m&=V_{m,\,\mathrm{id}}+V_{m,\,P1}+V_{m,\,P2}-V_{m,\,\mathrm{at}}\\&=C_{GL}(1+Z_{P1}+Z_{P2}-Z_{\mathrm{at}})T\end{aligned} \quad [5-2-21a]$$

或

$$\begin{aligned}V_{mr}&=V_{m,\,\mathrm{id}r}+V_{m,\,P1r}+V_{m,\,P2r}-V_{m,\,\mathrm{at}r}\\&=C_{GL,\,r}(1+Z_{P1}+Z_{P2}-Z_{\mathrm{at}})T_r\end{aligned} \quad [5-2-21b]$$

由此可知:

① 在恒压下

$$V_{m,\,\mathrm{id}r}=C_{GLr}T_r \quad [5-2-22a]$$

即恒压下理想状态的体积与温度成正比,图 5-2-4 列示了这一关系。

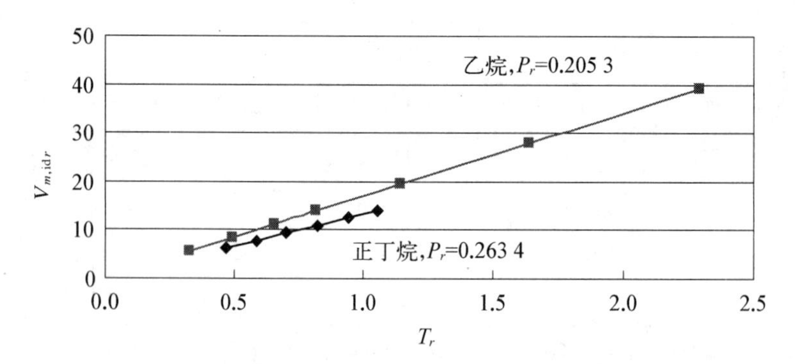

图 5-2-4 恒压下 $V_{m,\,\mathrm{id}r}$ 与 T_r 关系

② 在恒压下

$$V_{m,\,P1r}=C_{GLr}Z_{P1}T_r \quad [5-2-22b]$$

即第一分子斥压力对讨论体系体积的影响 $V_{m,\,P1r}$ 与 $Z_{P1}T_r$ 呈线性比例关系。这一关系列示于图 5-2-5 中。

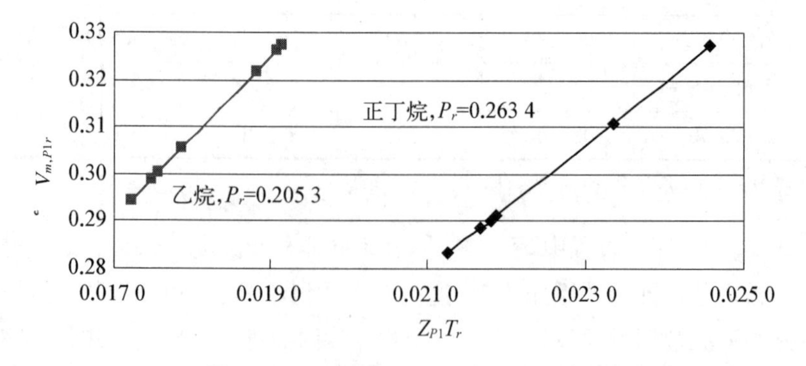

图 5-2-5 恒压下 $V_{m,\,P1r}$ 与 $Z_{P1}T_r$ 关系

③ 在恒压下 $$V_{m,\,P2r} = C_{GLr} Z_{P2} T_r \qquad [5-2-22c]$$

即第二分子斥压力对讨论体系体积的影响 $V_{m,\,P2r}$ 与 $Z_{P2} T_r$ 呈线性比例关系。这一关系列示于图 5-2-6 中。

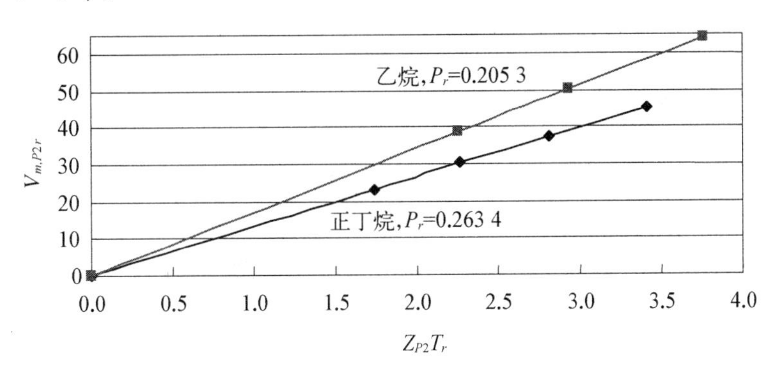

图 5-2-6 恒压下 $V_{m,\,P2r}$ 与 $Z_{P2}T_r$ 关系

④ 在恒压下 $$V_{m,\,atr} = C_{GLr} Z_{at} T_r \qquad [5-2-22d]$$

即第二分子斥压力对讨论体系体积的影响 $V_{m,\,atr}$ 与 $Z_{at} T_r$ 呈线性比例关系。这一关系列示于图 5-2-7 中。

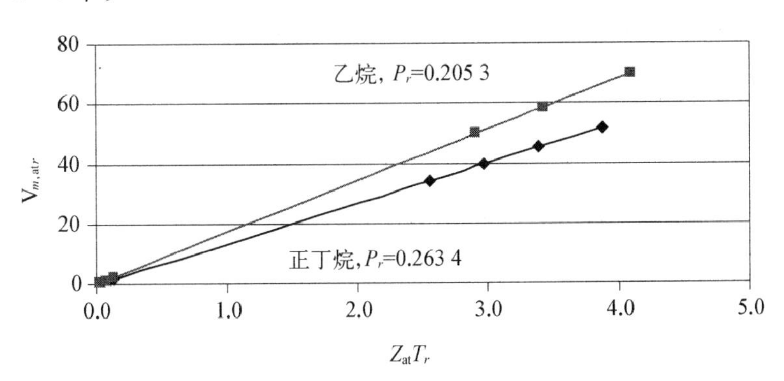

图 5-2-7 恒压下 $V_{m,\,atr}$ 与 $Z_{at}T_r$ 关系

5-2-3 恒容过程

在恒容条件下有 Charles 定律：

$$P/T = \text{常量}$$

由上式可导得 Charles 定律的另一表示形式为：

$$\frac{P_1}{T_1} = \frac{P_2}{T_2} = \frac{P_3}{T_3} = \cdots = C_{Ch} \qquad [5-2-23]$$

对理想气体有： $$\frac{V_m}{R} = \frac{T}{P_{id}} \qquad [5-2-24]$$

代入式[5-2-25],得

$$\frac{V_m}{R}=\frac{T_1}{P_{id,1}}=\frac{T_2}{P_{id,2}}=\frac{T_3}{P_{id,3}}=\cdots=\frac{1}{C_{Ch}} \quad [5-2-25]$$

即

$$P_{id}=C_{Ch}T \quad [5-2-26]$$

在理想气体情况下,Charles 定律表示分子理想压力应与温度呈线性比例关系[5]。

对真实气体有

$$\frac{V_m}{R}=Z\frac{T}{P} \quad [5-2-27]$$

所以

$$\frac{V_m}{R}=Z_1\frac{T_1}{P_1}=Z_2\frac{T_2}{P_2}=Z_3\frac{T_3}{P_3}=\cdots=\frac{1}{C_{Ch}} \quad [5-2-28]$$

因而,

$$Z_1\frac{T_1}{P_1}=Z_2\frac{T_2}{P_2}=Z_3\frac{T_3}{P_3}=\cdots \quad [5-2-29a]$$

$$\frac{P_1}{Z_1T_1}=\frac{P_2}{Z_2T_2}=\frac{P_3}{Z_3T_3}=\cdots \quad [5-2-29b]$$

式[5-2-23]即为在恒容过程中真实气体的 Charles 定律表示式。下面讨论此式:

对式[5-2-29]引入压力和压缩因子的微观结构式:

$$P=P_{id}+P_{P1}+P_{P2}-P_{at}=\frac{R}{V_m}ZT=C_{Ch}(1+Z_{P1}+Z_{P2}-Z_{at})T \quad [5-2-30a]$$

或

$$P_r=P_{idr}+P_{P1r}+P_{P2r}-P_{atr}=\frac{R}{V_{mr}}ZT_r=C_{Chr}(1+Z_{P1}+Z_{P2}-Z_{at})T_r \quad [5-2-30b]$$

由此可知,

(1) 在恒容下

$$P_{idr}=C_{Chr}T_r \quad [5-2-31a]$$

即恒容下理想状态压力与温度成正比,图 5-2-8 列示了这一关系。图中显示 P_{idr} 与 T_r 线

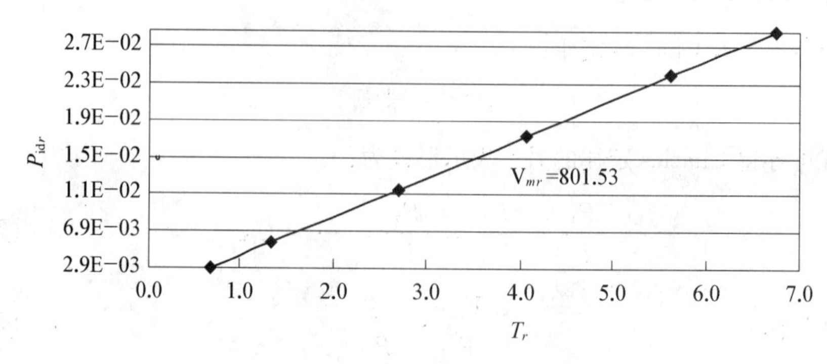

图 5-2-8 CO 恒容下 P_{idr} 与 T_r 的关系

性比例关系十分明显。

（2）在恒容下
$$P_{P1r}=C_{Chr}Z_{P1}T_r \qquad [5-2-31b]$$
即第一分子斥压力对讨论体系压力的影响 P_{P1r} 与 $Z_{P1}T_r$ 呈线性比例关系。这一关系列示于图 5-2-9。

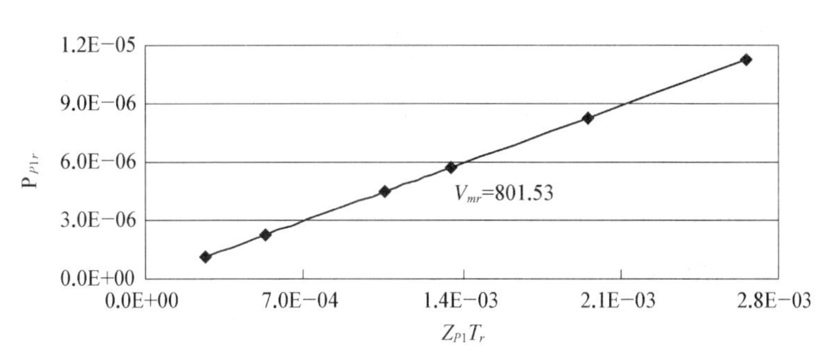

图 5-2-9　CO 恒容下 P_{P1r} 与 $Z_{P1}T_r$ 的关系

（3）在恒容下
$$P_{P2r}=C_{Chr}Z_{P2}T_r \qquad [5-2-31c]$$
即第二分子斥压力对讨论体系压力的影响 P_{P2r} 与 $Z_{P2}T_r$ 呈线性比例关系。这一关系列示于图 5-2-10 中。

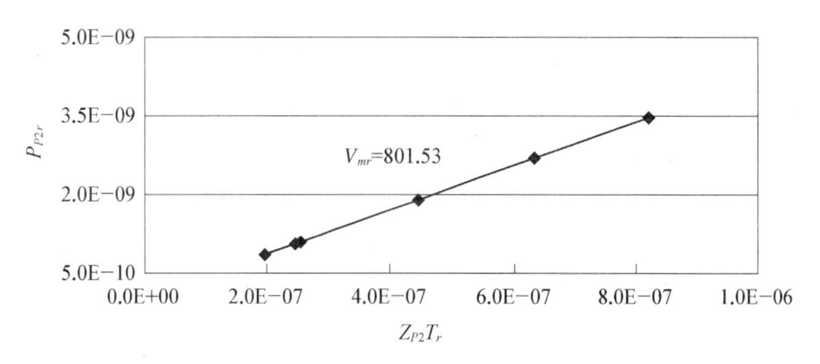

图 5-2-10　CO 恒容下 P_{P2r} 与 $Z_{P2}T_r$ 的关系

（4）在恒容下
$$P_{atr}=C_{Chr}Z_{at}T_r \qquad [5-2-31d]$$
即分子吸引压力对讨论体系压力的影响 P_{atr} 与 $Z_{at}T_r$ 呈线性比例关系。这一关系列示于图 5-2-11 中。

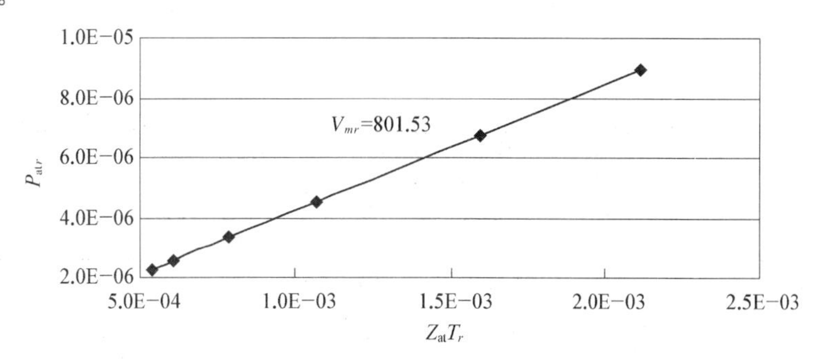

图 5-2-11　CO 恒容下 P_{atr} 与 $Z_{at}T_r$ 的关系

5-3 气相分子压力的影响因素

众所周知,可能影响分子间相互作用的因素很多,但由于不清楚物质内分子间相互作用的具体情况,以往对分子间相互作用情况的讨论多为定性分析。在了解了物质分子压力的概念后使我们有可能得到物质内分子间相互吸引力的信息,亦有可能了解到可能影响物质内分子间相互斥作用力的因素。从而能更清晰地定量分析物质内分子间相互作用的情况。

5-3-1 各种物质分子压力

物质不同,物质内部分子间相互作用类型可能不同,相互作用的强弱亦有所不同,即各种分子压力的数值有所不同,从而使各种物质具有不同的宏观性质。

各种原子—分子间作用力大致可分为化学键力和 van der Waals 力两类,前者属化学性质力,后者属物理性质力。化学键力一般包括离子键、共价键和金属键。van der Waals 力一般有氢键力、偶极力、诱导偶极力和色散力,这些不同分子间作用力的能量见表 3-3-1。

由表 3-3-1 数据可知,这些作用力中以金属键和化学键的相互作用强度较大,其数值可达几百到一千多 mN/m 范围。并且这些物质因为分子间相互作用强大,常使分子在物质内移动受到影响,也就是说持这类键能的物质很多,因此而失去流动性在常温下成为固体。

对于一些常见的液体,这些物质中分子相互作用主要是 van der Waals 作用力,由表 3-3-1 所列数据可见,其作用力较弱。这些液体物质中,当其内部存在较强相互作用力如氢键力,如水、乙醇等液体,与此相应,液体的分子间相互作用强度要较一般物质高些,其分子压力数值亦会反映这些情况。

本节讨论对象是气体,气态物质的分子间相互作用有其特点,现依据气态物质分子压力的数据对其讨论如下:

(1) 与凝聚态物质相比较,气相中无论是分子间斥力还是分子间吸引力均非常微弱,这可比较同一物质在同一温度下气态的和液态的各种分子压力数值便可知道。这些数据可见表 5-3-1。

表 5-3-1 气态物质与液态物质在同一温度下分子斥压力和分子吸引压力数值比较

物质	物质状态				P_{P1r}	P_{P2r}	P_{atr}
	P_r	T_r	V_r	状态			
甲烷	7.502E−03	0.524 7	237.29	气态	1.030E−05	1.523E−07	1.141E−04
	7.502E−03	0.524 7	0.365 5	液态	6.203E−03	2.456E+01	2.955E+01

续　表

物　质	物质状态				P_{P1r}	P_{P2r}	P_{atr}
	P_r	T_r	V_r	状态			
异丁烷	1.010E−03	0.490 2	1 730.06	气态	1.895E−07	4.533E−10	2.451E−06
	1.010E−03	0.490 2	0.340 5	液态	8.726E−04	3.277E+01	3.786E+01
癸烷	9.394E−05	0.485 8	20 939.12	气态	1.687E−09	4.348E−13	2.506E−08
	9.394E−05	0.485 8	0.325 9	液态	8.454E−05	5.418E+01	6.021E+01
水	6.110E−04	0.502 1	3 488.96	气态	7.300E−08	1.010E−10	8.920E−07
	6.110E−04	0.502 1	0.319 6	液态	5.390E−04	5.644E+01	6.330E+01
甲醇	2.100E−04	0.507 2	10 741.28	气态	8.067E−09	4.315E−12	1.164E−07
	2.100E−04	0.507 2	0.330 75	液态	1.905E−04	6.448E+01	7.133E+01

注：本表计算所用数据取自文献[4]。1.030E−5 = 1.030×10^{-5}。文中分子压力数据是下列 5 个状态方程的平均值：方程 1，van der Waals 方程；方程 2，RK 方程；方程 3，Soave 方程；方程 4，PR 方程；方程 5，童景山方程。

表 5-3-1 所列数据表明，同温度下，液态物质内分子间相互作用要远远地强于气态物质，例如甲烷分子，在液态时的分子间吸引相互作用要大于气态时的 258 983.3 倍；由于分子间电子相互作用所引起的斥作用力，液态甲烷中的分子间相互作用要大于气态时的 161 300 065.7倍；由于分子本身存在的体积所引起的以斥作用力形式表现的影响，液态甲烷中的分子间相互作用要大于气态时的 602.2 倍。因此气态物质中分子间相互作用数值确实很小，但却是对气体热力学行为有影响的确定的微观因素。

(2) 由上讨论可知，理想气体是讨论真实气体的基础，因此可以以理想气体压力为基础，讨论各种分子压力对其影响，并可比较各类物质的分子间相互作用对其理想压力的影响，由此判别各类物质内分子间相互作用的强弱。为此，选择了金属、极性物质、非极性物质及一些元素在接近的对比温度情况下的分子压力数据，列于表 5-3-2 中以作比较。

表 5-3-2　在接近的对比温度下各类气态物质(饱和状态)的分子压力对分子理想压力的影响

分类	名称	状态参数			各种分子压力对分子理想压力的比例				
		P_r	T_r	V_r	P_r/P_{idr}	P_{idr}/P_{idr}	P_{P1r}/P_{idr}	P_{P2r}/P_{idr}	P_{atr}/P_{idr}
金属	汞	1.364E−02	0.498 9	70.00	97.58%	100.00%	0.255%	0.007 13%	2.76%
	锂	6.372E−04	0.465 4	4 013.67	99.81%	100.00%	0.014%	0.000 03%	0.19%
	钠	1.512E−02	0.512 3	125.61	96.95%	100.00%	0.312%	0.010 74%	3.39%
	钾	2.466E−02	0.533 3	109.26	95.77%	100.00%	0.445%	0.021 58%	4.69%
	铷	9.169E−03	0.476 2	211.75	97.62%	100.00%	0.179%	0.004 64%	2.56%
	铯	1.801E−02	0.516 0	130.55	96.68%	100.00%	0.342%	0.012 94%	3.70%
极性物质	水	6.110E−04	0.502 1	3 488.96	99.87%	100.00%	0.012%	0.000 02%	0.14%
	甲醇	2.100E−04	0.507 2	10 741.28	99.95%	100.00%	0.004%	0.000 00%	0.06%
	乙醇	6.482E−05	0.496 2	31 868.60	99.98%	100.00%	0.001%	0.000 00%	0.02%

续 表

分类	名称	状态参数			各种分子压力对分子理想压力的比例				
		P_r	T_r	V_r	P_r/P_{idr}	P_{idr}/P_{idr}	P_{P1r}/P_{idr}	P_{P2r}/P_{idr}	P_{atr} / P_{idr}
极性物质	氨	4.571E−04	0.482 2	3 677.56	99.85%	100.00%	0.009%	0.000 01%	0.14%
	氯甲烷	9.464E−04	0.480 8	1 874.82	99.78%	100.00%	0.018%	0.000 04%	0.24%
非极性物质	甲烷	7.502E−03	0.524 7	237.29	98.66%	100.00%	0.134%	0.001 98%	1.49%
	乙烷	1.986E−03	0.491 3	871.60	99.54%	100.00%	0.037%	0.000 17%	0.46%
	异丁烷	1.010E−03	0.490 2	1 730.06	99.79%	100.00%	0.019%	0.000 05%	0.24%
	壬烷	2.795E−04	0.504 2	7 174.94	99.96%	100.00%	0.005%	0.000 00%	0.07%
	癸烷	9.394E−05	0.485 8	20 939.12	99.97%	100.00%	0.002%	0.000 00%	0.03%
	四氯化碳	1.404E−03	0.503 2	1 347.10	99.71%	100.00%	0.027%	0.000 08%	0.32%
	苯	1.756E−03	0.515 8	1 084.80	99.60%	100.00%	0.031%	0.000 12%	0.39%
	甲苯	1.019E−03	0.506 9	1 882.28	99.80%	100.00%	0.019%	0.000 04%	0.24%
元素	氮	3.690E−03	0.500 2	449.07	99.22%	100.00%	0.071%	0.000 59%	0.84%
	溴	2.998E−03	0.513 5	590.21	99.35%	100.00%	0.055%	0.000 38%	0.69%
	氧	5.903E−03	0.516 9	276.26	98.80%	100.00%	0.115%	0.001 50%	1.31%

注：本表计算所用数据取自文献[4]，其中乙醇数据取文献[6]。$1.364E-2=1.364\times10^{-2}$。文中分子压力数据是下列5个状态方程的平均值：方程1，van der Waals方程；方程2，RK方程；方程3，Soave方程；方程4，PR方程；方程5，童景山方程。

下面讨论表5－3－2中所列数据。

(1) 比较各类物质的 P_r / P_{idr} 数值：

	金属元素	极性物质	非极性物质	非金属元素
平均值	97.40%	99.89%	99.63%	99.12%

由上列数据可知，金属元素中分子间相互作用对分子理想压力的影响最大，说明金属元素内分子间相互作用的强度最大，极性物质、非极性物质和非金属元素内分子间相互作用对分子理想压力的影响相互接近，这可能与这些物质内均以 van der Waals 力相互作用有关。

(2) 比较每个物质内的各种分子压力的数值可知，分子理想压力在气态物质中为最主要的分子压力，其数值最大，这说明气体内最需考虑的是分子运动的能量，分子理想压力是组成体系压力的基础压力。

(3) 比较每种物质内的各种分子压力的数值可知，除分子理想压力外，分子吸引压力的数值是较大的，例如气态钾中分子吸引压力的数值是分子理想压力的4.69%，这说明分子吸引压力对分子理想压力的影响已经不能忽略，其他气态物质亦有类似的情况。

(4) 在气态物质的各种分子压力中以电子相互作用所引起的第二分子斥压力为最低，

在表列物质中乙醇和癸烷的 P_{P2r}/P_{idr} 分别为 0.000 000 22%和 0.000 000 46%，是表列数据中最低的；金属钾的第二分子斥压力稍高些，即便如此，其 P_{P2r} 也仅为 P_{idr} 的 0.021 58%，已是表列物质中最高数值者，因此在考虑对气态物质分子理想压力的影响因素时，对气态物质第二分子斥压力的影响完全可以给予忽略。

(5) 由表列数据可知，各气态物质中第一分子斥压力的数值要远大于第二分子斥压力。表中第一分子斥压力最低数值者是乙醇，$P_{P1r}/P_{idr}=0.001\ 2\%$，是第二分子斥压力的约 5 400倍；金属钾的第一分子斥压力值在表中是较高的，$P_{P1r}/P_{idr}=0.445\%$，是第二分子斥压力的约 20 倍。因而在讨论各种分子压力对分子理想压力的影响时，由其绝对值而言，也可以忽略。但因其影响远远超过第二分子斥压力，故从提高计算精确度而言，亦可考虑第一分子斥压力的影响。

需加指出的是本节讨论的依据是表 5-3-2 所列的数据，而这些数据均是饱和气体时的数据，因而，本节所得到的上述结论只适用于饱和气体情况，如果讨论情况是非饱和气体，如过热气体，则其分子压力可能会与饱和气体情况不同，这在下面还要讨论。

5-3-2　温度的影响

温度是影响讨论物质的重要因素。一般来讲，如果讨论体系温度增加，会引起分子运动加剧，这对分子动压力的增加应该有利。下面以饱和氩气为例，图 5-3-1 列示了不同温度下饱和氩气中各种分子压力的变化规律。

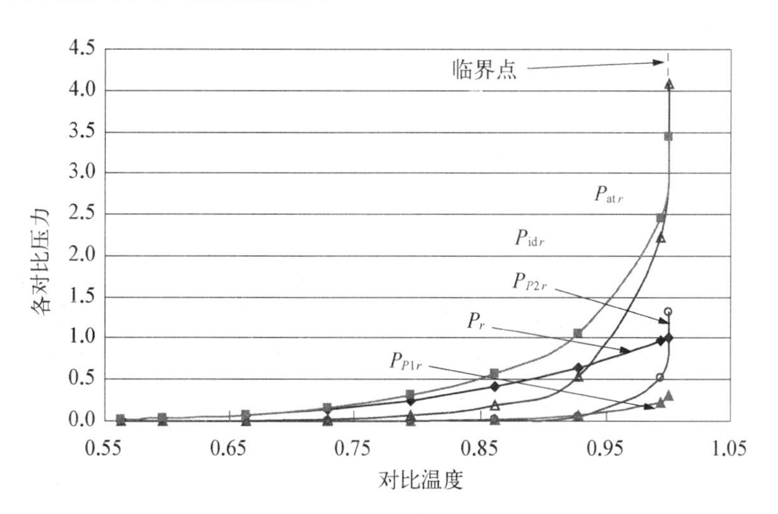

图 5-3-1　饱和氩气各种分子压力与温度的关系

由图 5-3-1 可见，在饱和状态下，随着温度的升高，讨论气体内，无论是讨论物质的饱和压力 P_r，还是其各种分子压力，其数值确随之而增加。

通过调节讨论体系的状态参数，会使部分分子压力随温度改变的规律有所变化。例如下面以恒压下(1.013 bar)气相正丁烷为例，讨论各种分子压力随温度变化的规律。图

5－3－2表示气相正丁烷中各个分子压力 P_{atr}、P_{P1r}、P_{P2r} 的数值均随温度的上升而下降。从图 5－3－2 来看，它们随温度而下降的曲线规律彼此相似。显然，这是因为温度升高，致使分子间距离增加，即使摩尔体积增加，从而使这些对比分子压力降低，这符合变化规律。

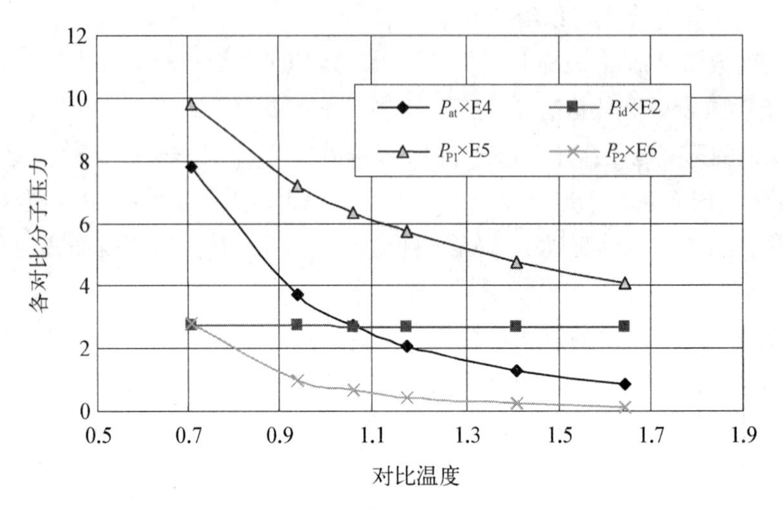

图 5－3－2　正丁烷分子间力在恒压下(1.013 bar)随温度的变化

以 van der Waals 状态方程为例，并考虑压缩因子 Z 与温度、压力和体积的关系可得：

对比第一分子斥压力为：

$$P_{P1r} = (b/V)P_r = (bP/(ZRT))P_r \qquad [5-3-1]$$

对比第二分子斥压力为：

$$P_{P2r} = (b/V)P_{atr} = (bP/(ZRT))P_{atr} \qquad [5-3-2]$$

实际气体的对比分子吸引压力：

$$P_{atr} = \frac{a_r}{Z_C^2 V_r^2} = \frac{a_r V_C^2 P^2}{(Z_C ZRT)^2} \qquad [5-3-3]$$

由以上各式可见，在讨论体系压力为恒定的条件下，第一和第二分子斥压力均应与温度呈反比关系，而分子吸引压力应与温度平方呈反比。图 5－3－2 反映了以上关系。

图 5－3－2 还表明 P_{idr} 随温度升高的变化很小（见表 5－3－4）。这是因为讨论条件为压力恒定，由真实体系的压缩因子定义式[5－1－10]知，

$$P_{idr} = P_r/Z \qquad [5-3-4]$$

式中 P_r 为恒定，故 P_{idr} 仅与压缩因子 Z 成反比，但在讨论对象为气体时 Z 值随温度变化不大(见表 5－3－3)，理想压力 P_{idr} 的数值亦变化不大。因此，在恒压讨论条件下气体压力平衡式中气体对比分子理想压力在一定温度范围内可认为随温度的变化很小，在满足一定计算精度的前提下，可以假设理想状态的气体对比压力不随温度而变化。

表 5-3-3 正丁烷恒压下分子理想压力随温度而变化

T_r	0.705 6	0.940 7	1.058 3	1.175 9	1.411 1	1.646 3
Z	0.965 98	0.983 78	0.987 79	0.989 99	0.992 93	0.994 41
P_{idr}	0.027 63	0.027 13	0.027 02	0.026 96	0.026 88	0.026 84

注：本表计算所用数据取自文献[4]。文中分子压力数据是下列 5 个状态方程的平均值：方程 1，van der Waals 方程；方程 2，RK 方程；方程 3，Soave 方程；方程 4，PR 方程；方程 5，童景山方程。

在上一节讨论中已指出，恒压过程中应有关系式[5-2-22a]～[5-2-22d]。这些关系可以用来计算各种分子压力对讨论体系体积的影响。

如果在恒容情况下变化温度，则与恒压下变化温度情况相反，温度增加会使讨论气体内部压力增加，各种分子压力数值亦会随之变化。图 5-3-3a 列示了恒容情况下气体的 P_{idr} 与温度的关系。

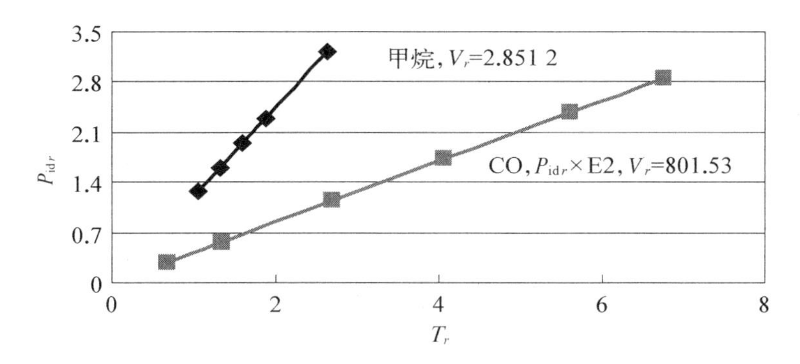

图 5-3-3a 恒容下甲烷和 CO 的 P_{idr} 与 T_r 的关系

图列数据表明，恒容下甲烷和 CO 的 P_{idr} 与温度呈线性关系，随着温度的提高，P_{idr} 值会随之增加。这是因为在恒容下有关系

$$P_{idr} = \frac{1}{Z_C V_r} T_r = k_V T_r \qquad [5-3-5a]$$

此式表明，P_{idr} 与温度 T_r 呈线性关系。

图 5-3-3b 列示了恒容下气体的 P_{P1r} 与温度的关系。

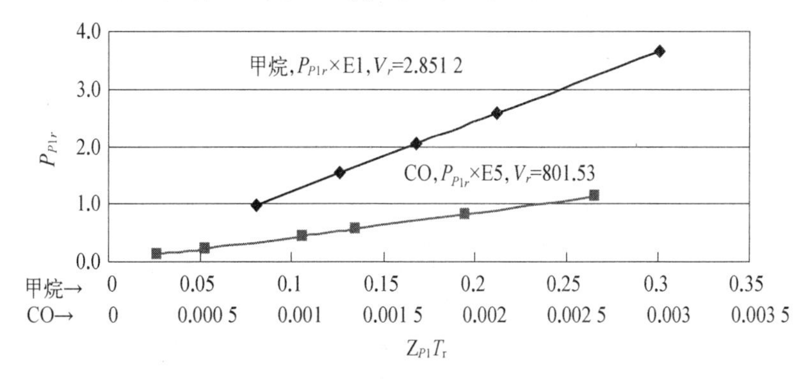

图 5-3-3b 恒容下甲烷和 CO 的 P_{P1r} 与 $Z_{P1}T_r$ 的关系

已知 P_{P1r} 与温度的关系为 $$P_{P1r} = k_V Z_{P1} T_r \qquad [5-3-5b]$$

因此，当温度升高时，P_{P1r} 的数值亦会随之增加，但因 Z_{P1} 的数值与温度有关，所以，P_{P1r} 与 T_r 并不呈线性关系。

同理可得 P_{P2r} 与温度的关系为

$$P_{P2r} = k_V Z_{P2} T_r \qquad [5-3-5c]$$

故得 P_{P2r} 应与 $Z_{P2} T_r$ 呈线性比例关系，这如图 5-3-3c 所示。

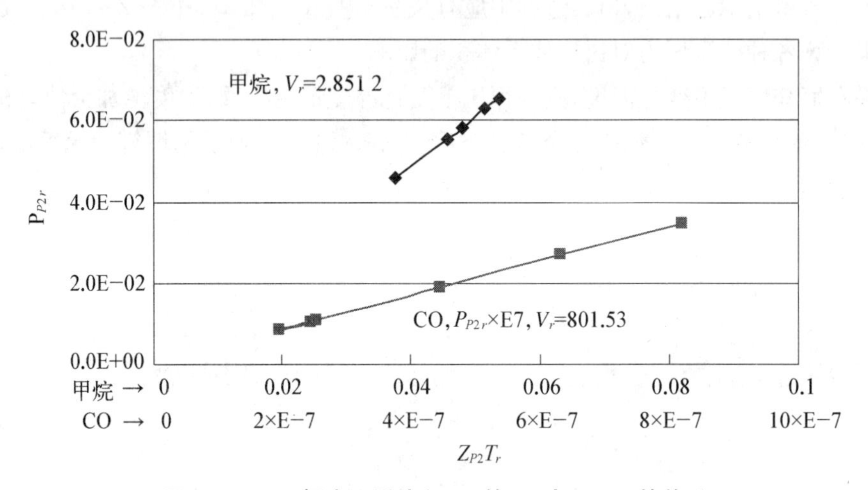

图 5-3-3c 恒容下甲烷和 CO 的 P_{P2r} 与 $Z_{P2} T_r$ 的关系

图 5-3-3c 表明，恒容条件下降低温度会使气体中 P_{P2r} 数值降低。因 Z_{P2} 的数值与温度有关，因此，P_{P2r} 与 T_r 并不呈线性关系。

同理可得 P_{atr} 与温度的关系为

$$P_{atr} = k_V Z_{at} T_r \qquad [5-3-5d]$$

故得 P_{atr} 应与 $Z_{at} T_r$ 呈线性比例关系，这如图 5-3-3d 所示。

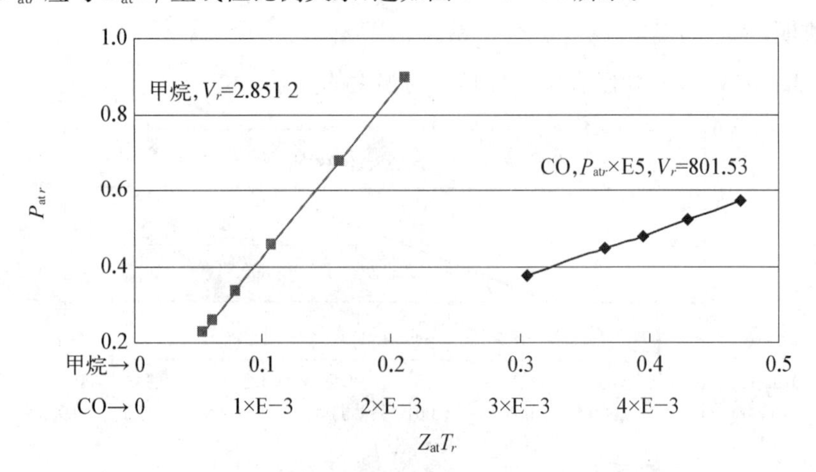

图 5-3-3d 恒容下甲烷和 CO 的 P_{atr} 与 $Z_{at} T_r$ 的关系

图 5-3-3d 表明，恒容条件下降低温度会使气体中 P_{atr} 数值降低。因 Z_{at} 的数值与温度有关，因此，P_{atr} 与 T_r 并不呈线性关系，这如图 5-3-3e 所示。

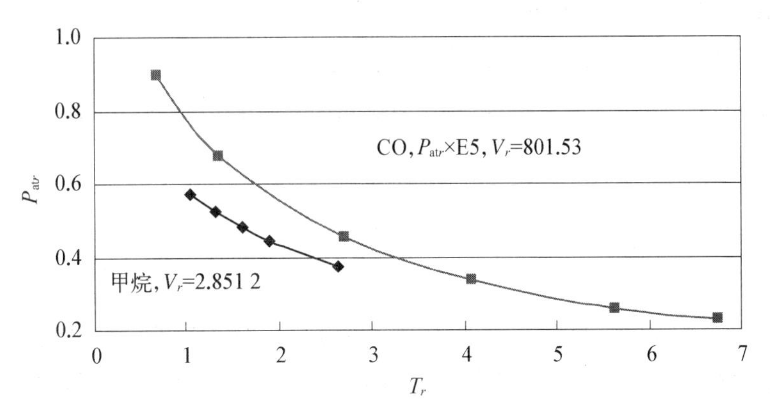

图 5-3-3e　恒容下甲烷和 CO 的 P_{atr} 与 T_r 的关系

图 5-3-3e 表明，恒容条件下温度上升会使气体中 P_{atr} 数值降低。这是因为，在状态方程中 $P_{atr}=\dfrac{\Omega_a}{(Z_C V_r)^2}$，因而在恒容条件下 P_{atr} 随温度的变化规律应取决于 Ω_a 与温度的关系，讨论中所采用的大部分状态方程都采用温度修正系数 $\alpha(T)$ 的方法，

如 RK 方程：$P_{atr}=\dfrac{\Omega_a}{Z_C V(Z_C V_r+\Omega_b)}\times\alpha(T)$，　$\alpha(T)=\dfrac{1}{T^{0.5}}$

如 Soave 方程：

$$P_{atr}=\frac{\Omega_a}{Z_C V(Z_C V_r+\Omega_b)}\times\alpha(T),\ \alpha(T)=[1+f(\omega)(1-T_r^{0.5})]^2$$

如 PR 方程：

$$P_{atr}=\frac{\Omega_a}{Z_C V(Z_C V_r+\Omega_b)+\Omega_b(Z_C V_r-\Omega_b)}\times\alpha(T),\ \alpha(T)=[1+f(\omega)(1-T_r^{0.5})]^2$$

如童景山方程：

$$P_{atr}=\frac{\Omega_a}{(Z_C V_r+m\Omega_b)^2}\times\alpha(T),\quad \alpha(T)=[1+f(\omega)(1-T_r^{0.5})]^2$$

这些方程选用的温度修正系数 $\alpha(T)$ 表示温度的影响，当温度上升时，$\alpha(T)$ 数值下降，这意味着温度上升，P_{atr} 数值应该下降。

在所采用的五个状态方程中仅 van der Waals 方程未采用温度修正系数 $\alpha(T)$，其 $\alpha(T)=1$。但是，理论上认为，温度升高会使分子运动加剧，这必然会影响分子间相互作用的情况，亦就是说，温度的变化应该对 P_{atr} 有影响，在 P_{atr} 的计算式中应该考虑对温度的修正，而 van der Waals 方程未采用温度修正系数 $\alpha(T)$，故此方程的计算精度相对要差一些。

由于第二分子斥压力 $P_{P2r}=\dfrac{b_r}{V_r}P_{atr}$，故恒容条件下当 P_{atr} 随温度而下降时，P_{P2r} 亦会随温度而下降。图 5-3-3c 表明了这一点。

因而，即便是同一气体物质，通过不同的热力学参数的控制、组合，可以使物质中各类分子间相互作用具有不同的变化规律，这对于认识自然、应用自然和改造自然应是有一定的用途的。

5-3-3 压力的影响

压力也应该是影响物质状态的重要热力学参数。一般认为，压力增加会使分子间相互作用加强，这是因为压力变化会使物质内分子间距离改变，从而使分子间相互作用的情况发生变化。

同样，以饱和氩气为例，图 5-3-1 上已列示了其各种分子压力与体系温度之间的关系，现在图 5-3-4 上列示其各种分子压力与体系压力之间的关系。

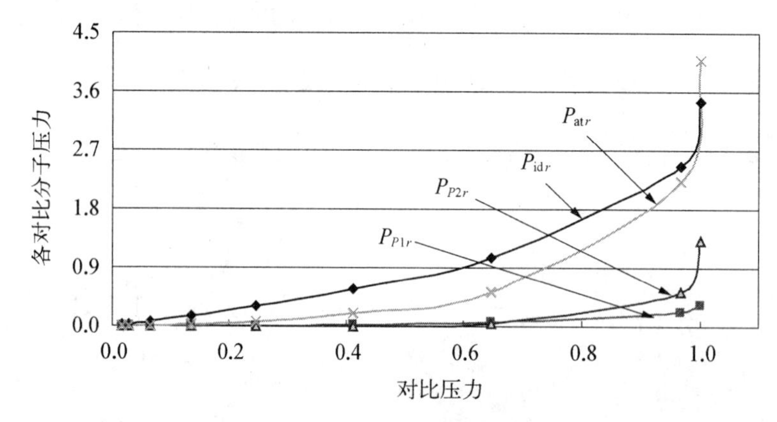

图 5-3-4 饱和氩气分子压力与压力关系

对比图 5-3-1 可知，在饱和状态下压力和温度的增加，都会使各分子压力的数值增加，两图显示的曲线形式十分相似。但一般概念是温度增加，会使分子间距离增加，这会使分子间相互作用减弱，似乎实际数据与上述概念不符。

注意讨论对象是饱和状态气体，饱和状态下当饱和温度增加时会同时增加饱和压力，因此，此时对分子压力影响的因素为压力和温度两个因素，当压力增加的影响强于温度增加的影响时，即使温度增加，体系内各分子压力值均会在压力影响下有所增加。

配合控制其他的热力学参数，应该亦可以改变体系内分子压力的变化规律。图 5-3-5 表示在 500 K 温度下气相正丁烷内各种分子压力随外压力变化的关系。

从图 5-3-5 可见，它们具有以下特点：

(1) 在恒温条件下，随着外压力的增加，物质内各类分子压力均会随之增加。从图

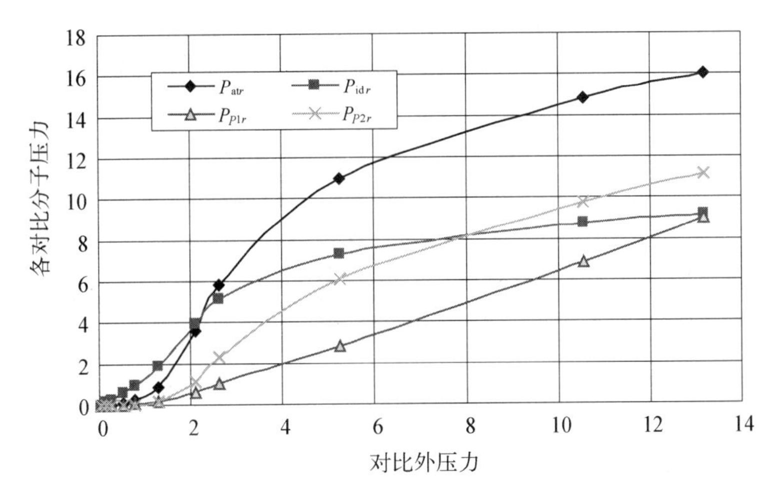

图 5-3-5 正丁烷气相内各类分子间与外压力的关系(500 K)

5-3-5内各个曲线斜率来看,分子压力中吸引压力 P_{atr}增加得最快。这是由于恒温条件下增加外压力,会使摩尔体积因压缩而减小,即使气相中各分子间平均距离减小,也必然导致各分子压力的增加。这符合分子间相互作用的规律。从式[5-3-1~5-3-3]来看,在温度恒定的条件下,第一分子斥压力和第二分子斥压力与压力 P 呈一次方比例关系(注意不一定是线性比例关系,因为式中有压缩因子 Z);而分子吸引压力与压力呈二次方比例关系。这样随着压力的增加,分子吸引压力增加的速率应该比斥压力的增加的速率来得快。

(2) 图 5-3-6 列示了气态正丁烷在压力低于临界压力时各分子压力与压力的关系。由于图 5-3-5 在对比外压力低于 1.5 范围处显得不够清晰,故将这部分放大成图 5-3-6。由图 5-3-6 可清楚地看到,各种分子压力随着外压力的增加而均增加的情况。但在压力

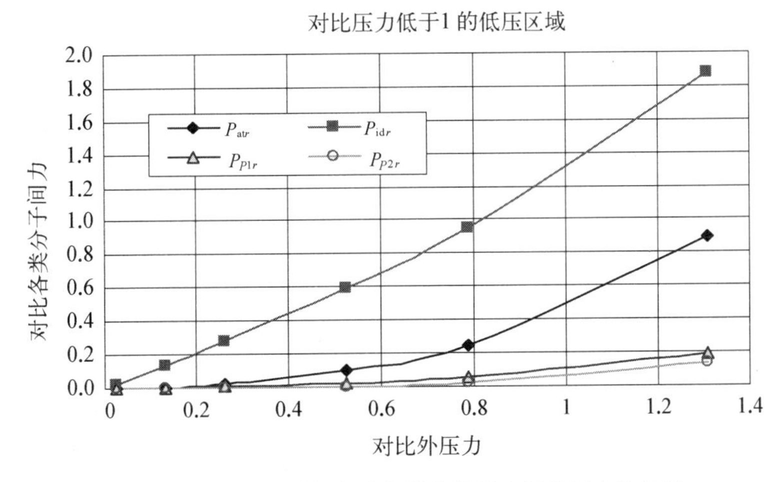

图 5-3-6 正丁烷气相内各类分子压力与外压力的关系

较低时分子吸引压力低于分子理想压力，而当压力升高时，从图 5-3-5 来看，分子吸引压力转为高于气相的理想压力。这说明，外压力的提高使分子间距离减小，这有助于分子间吸引力的增强。

从图 5-3-5 来看，在对比外压力高于一定范围（对比外压力大于 5～6）时各种分子压力与外压力大致可能是线性关系。这一规律将有助于对物质处于高压区时行为的研究。

除温度外，配合压力进行讨论的热力学参数还可以使体系的体积恒定或使之有所变化。显然，在恒定体积或减小体积情况下增加压力数值会使体系内各分子压力数值增加；如果使体系体积增大，一般来说会减小压力的影响，但当压力影响很大，而体积增大不足以抵消压力的影响时，体系内各分子压力数值还是会增加。这方面的例子就不在这里列举了。

5-3-4 气相分子压力讨论

由上面讨论可知，气相内存在各种分子压力，它们之间的相互关系应该会影响讨论气相的性质，对此下面进行一些讨论。

5-3-4-1 分子压力间的平衡

已知，各个分子压力间平衡式为：

$$P_r + P_{atr} = P_{idr} + P_{P1r} + P_{P2r} \qquad [5-3-6]$$

式[5-3-6]表示，物质中分子吸引压力总是低于物质中由于分子热运动所引起压力和另外二项斥压力之和。无论对气态物质或是液态物质均是如此，即：

$$P_{atr} < P_{idr} + P_{P1r} + P_{P2r} \qquad [5-3-7]$$

这说明，物质为了达到状态平衡，必须存在外压力。如果物质失去外压力，例如，将物质置于真空环境下，则物质失去平衡，液体将由于物质内斥力的作用而逸出液相，成为气相。而气体将由于内部分子间这些斥力的作用，无限地膨胀自己的体积。外压力与讨论物质内部各种分子压力的平衡式为：

$$P_r = P_{idr} + P_{P1r} + P_{P2r} - P_{atr} \qquad [5-3-8]$$

5-3-4-2 理想气体中分子压力

已知，一对微观分子对之间出现相互作用必定是此对分子对之间距离要小于一定的距离，分子间超过这一距离可以明确地认为这一对分子间不存在相互作用。故可以断言这样的情况下存在分子间相互作用，那样的情况下不存在分子间相互作用。

因此在物理化理论中认为[8]，所谓理想状态是指讨论体系中每个分子与其他分子之间不存在任何分子间的相互作用，不存在分子间的排存作用，亦不存在分子间的吸引作用。这样设定的理论目的之一是认为分子间相互作用对于理论状态气体的热力学行为不会有任何的影响。

为此，我们设计了完全理想气体微观模型(见第二章讨论)，这种模型按照现有物理化学理论规定，认为完全理想气体中完全不存在气体分子间的相互作用。

应该讲这个模型假设是纯理论性的，亦就是说，这个理想气体微观模型适用于纯理论性的研究工作，而对于自然界宏观状态下具有大量分子的讨论体系，完全符合这个理想模型要求的完全理想气体是不存在的。即使讨论的是压缩因子 $Z=1$ 的所谓理想状态的气体体系，其中亦有可能极少量地存在部分分子间的相互作用。表 5-1-1 中所列数据表明，压缩因子 $Z=1$ 的理想气体中 P_{idr} 的数值最高，其余分子压力，无论是表示分子间排斥作用的 P_{P2r}，还是表示分子间吸引作用的 P_{atr}，确有存在，但其值很低，均低于 P_{idr} 几个数量级，属少量，实际计算中可以忽略。

因此，对于有着大量分子的宏观状态下的实际气体体系，可以选择一些处于低压、高温条件下的气体，当其压缩因子 $Z=1$ 符合理想气体状态要求时，应该会在此种气体体系中发现有极少量的各种分子间的相互作用。当然，这些分子间相互作用数值是很低的，可以忽略其对讨论体系热力学行为的影响，这样的气体体系，应该也是个理想气体系统，只是与前面所述的完全理想气体相比较，只是一种非常接近于完全理想气体的气体状态，称它为近似理想气体。

对于此种气体体系，设计了另一种近似理想气体微观模型(见第二章讨论)，这种模型亦认为可以不考虑气体分子间相互作用，亦就是说，近似理想气体微观模型认为符合这种模型的气体体系中分子间或者不存在相互作用，或者气体体系中虽然存在极少量的分子相互作用，但这些分子间相互作用的数量低到可以忽略的程度，这些分子间相互作用对体系的一些热力学参数的影响亦低到可以忽略的程度。符合这种模型要求的气体称为近似理想气体。这样可以使近似理想气体微观模型更适用于讨论宏观条件下具有大量分子的气体系统。

因此对于理想气体中的分子压力行为有：

对于符合完全理想气体微观模型的理想气体其分子压力是体系分子热运动所形成的分子理想压力，即有

$$P = P_{id}$$

其他分子压力均不存在，即有

$$P_{P1r} = P_{P2r} = P_{atr} = 0$$

对于符合近似理想气体微观模型的理想气体其分子压力亦是由体系分子热运动分子理想压力所组成，并可以忽略不计体系中分子间相互作用对分子理想压力的影响，

即有　$$P \cong P_{id}$$

其他分子压力存在，即有　$P_{P1r} \neq P_{P2r} \neq P_{atr} \neq 0$

但它们的数值极小，允许忽略不计，

$$P_{P1r} \to 0;\ P_{P2r} \to 0;\ P_{atr} \to 0$$

且在压缩因子 $Z=1$ 时分子斥力与吸引力应相互抵消，即

$$P_{P1r} + P_{P2r} = P_{atr}$$

完全理想气体与近似理想气体均应是理想气体的一种，理由是这两种气体中分子间的相互作用或者不存在，或者相互作用的强度很低，可以忽略不计。其实际数据可见表 5-1-1 中所列。

我们讨论的是宏观条件下的物质，即由千万个分子组成的物质，这种情况与一对分子情况有所区别。对气相来讲，虽然以摩尔体积计算的分子间平均距离很大，已超过了一对分子计算的分子间有效作用距离，但实际情况是不但实际气体内有分子间吸引力和斥力，即使在理想气体中亦存在极少量的分子间的引力和斥力，只是它们的数量级很低，可以忽略而已。这可见表 5-1-1 中所列数据。

理想气体中为什么会存在一定的分子间相互作用力呢？其原因是这里讨论的所谓各种分子压力 P_{atr}、P_{P2r} 等并非是微观意义上的两个分子之间的作用力，而是由千千万万个分子组合而成的讨论系统所具有的宏观性质的某种统计平均值。显然，由统计力学理论知，这些统计平均值与体系中气体分子间的距离有关，即与气体体系中分子之间能否相互靠近的概率有关。图 5-3-7 中示意地列示了某个气体体系，在每一讨论瞬间，气相中大部分分子彼此间相距较远，分子间不存分子间相互作用，这些分子为无相互作用的分子；但体系中亦有一部分分子，由于随机的热运动的驱动，致使部分分子会相互靠近，从而有可能产生一定的分子间相互作用，图中称这部分分子为可以相互作用的分子。

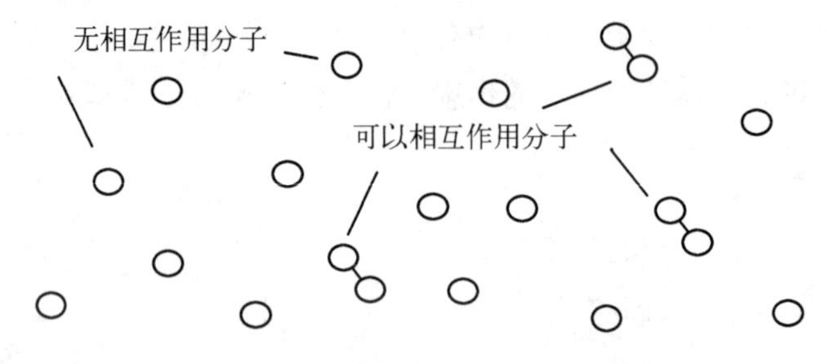

图 5-3-7　气体体系分子分布示意图

假设讨论的气体体系具有的分子总数为 N，体系具有的总能量为 U。其中无相互作用的分子数为 N_n，每个分子具有的平均能量为 $\bar{u}_n$；可以相互作用的分子数为 N_m，每个分子具有的平均能量为 $\bar{u}_m$。故有

对完全理想气体有　$N = N_n,\ N_m = 0$

$$U = N_n \times \bar{u}_n,\ \bar{u}_m = 0$$

对近似理想气体有　$N = N_n + N_m \cong N_n,\ N_m \to 0$

$$U = N_n \times \bar{u}_n + N_m \times \bar{u}_m \cong N_n \times \bar{u}_n,\ N_m \times \bar{u}_m \to 0$$

对实际气体有

$$N = N_n + N_m,\ N_m > 0$$

$$U = N_n \times \bar{u}_n + N_m \times \bar{u}_m,\ N_m \times \bar{u}_m > 0$$

当温度增加时减少了分子相互靠近的概率，而压力的影响则反之，会增加气相中分子相互靠近的概率。因而，在由千万个分子所组成的气相物质中存在有彼此可能相互接近的一群分子应是气相物质在分子间平均距离大于分子有效作用距离时亦会产生各种分子间各种相互作用的原因。这就是在第三章节讨论中应用统计力学理论同样亦可导得分子压力平衡式，式[5-3-6]的原因。

因而，气相，无论是近似理想气体还是实际气体，均可能具有各种分子压力，只是近似理想气体中一般其数值都是很小的，可以忽略不计。但当其数值逐渐增大而不能忽略不计时，就会导致讨论气体的行为偏离理想状态。

5-3-4-3　饱和蒸气中分子压力

从状态方程的基本概念可知，气态物质应有可能存在以下两种状态情况：第一种是物质处于过热状态；第二种是物质处于饱和状态。

描述饱和蒸气状态的对比状态参数范围为：

$$P_r \leqslant 1;\quad T_r \leqslant 1;\quad V_r \geqslant 1$$

饱和蒸气的状态特点是温度较低（低于临界温度），压力亦较低（低于临界压力），分子间距离较大（大于临界点时的分子间平均距离）。因而，这样的物质状态决定了物质内分子间相互作用的一些特点。

图5-3-8中采用对比分子间距离 d_r 来描述饱和蒸气中分子压力的变化规律。d_r 的定义为：

$$d_r = \frac{(V/N_A)^{\frac{1}{3}}}{(V_C/N_A)^{\frac{1}{3}}} = (V_r)^{\frac{1}{3}} \qquad [5-3-9]$$

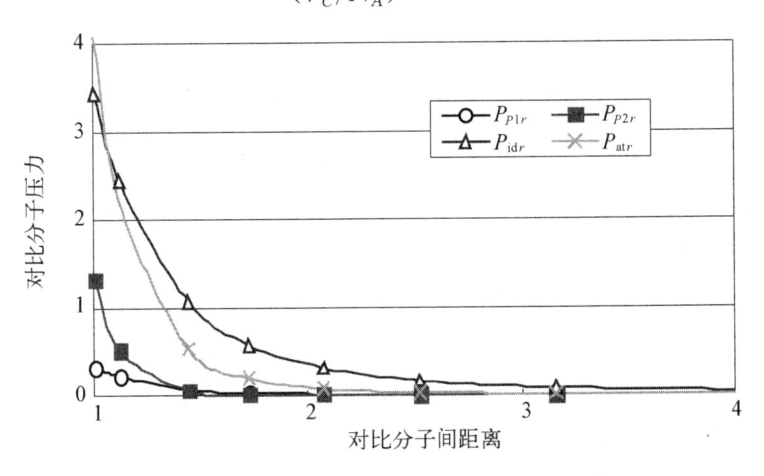

图5-3-8　氩气在饱和气态下各种分子压力

图 5-3-8 表明：在全部饱和气态范围内，分子吸引压力和分子理想压力是主要作用力。而第一类分子斥力和第二类分子斥力在分子间距离较大的范围内数值很小，可以忽略。但当对比分子间距离接近 1 时，斥力项数值明显增加，已不可忽略斥力项的影响。

图 5-3-8 中 P_{atr} 的数值在很大范围内均低于 P_{idr} 数值，说明此时体系中分子运动的能量要大于分子间相互作用对其影响，这是气态物质的一个特性。但是当接近临界点时，P_{atr} 数值很快地超过 P_{idr} 数值，说明分子间相互作用的影响开始超过分子运动的能量，这使体系内分子运动受到了明显的限制，亦就是说，物质状态开始由气态向液态转变。

图 5-3-9 中列示了正丁烷饱和蒸汽相中各种分子压力随温度的变化情况。由图 5-3-8可见所讨论的各种分子压力，P_r、P_{idr}、P_{P1r}、P_{P2r}、P_{atr} 均随着温度升高而升高。但由图 5-3-2 可知，温度升高似乎应使各分子压力数值下降。这是因为图 5-3-2 的讨论条件为恒压下升温，而图 5-3-9 的讨论前提是平衡的饱和状态。饱和状态下提高讨论系统的温度，其平衡的饱和蒸气压亦应提高，图中所示的对比饱和蒸气压力 P_r 曲线表明了这一点。

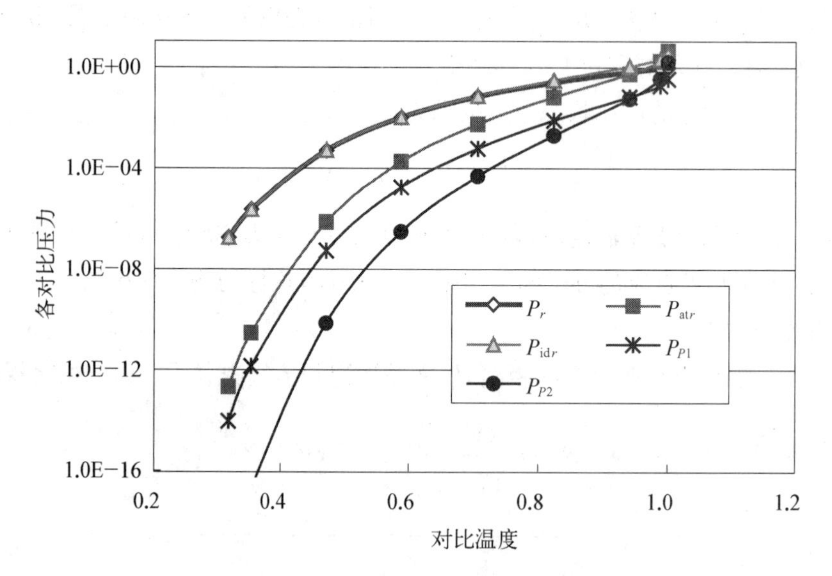

图 5-3-9 正丁烷饱和蒸气内各种压力与温度的关系

讨论体系中温度的提高，会导致组成饱和蒸气压的各个分子压力随之而增加。说明虽然温度升高应使分子距离加大，分子压力似乎会降低，但是温度的升高，饱和蒸气压力提高，综合影响的结果是使讨论气体的各类分子压力均有升高。

比较图 5-3-8 和图 5-3-9 中第一分子斥压力 P_{P1r} 和第二分子斥压力 P_{P2r} 两条曲线，可知 P_{P1r} 要较 P_{P2r} 的数值高出若干个数量级，这说明，相比较而言，气相中第二分子斥压力 P_{P2r} 可以忽略，气相分子间中主要斥力源为第一分子斥压力 P_{P1r}。

又比较图中第一分子斥压力 P_{P1r} 和分子吸引力压力 P_{atr} 两条曲线，可知 $P_{P1r} < P_{atr}$，并且 P_{P1r} 和 P_{atr} 两条曲线形状有些类似并相互较接近，这说明，当气相中需要考虑 P_{atr} 的影响时

一般亦需要考虑气相中第一分子斥压力 P_{P1r} 的影响。

比较图中讨论系统的压力 P_r 和假设讨论系统是理想状态时的理想压力 P_{idr} 两条曲线，可以看到这两条曲线从低温处到接近临界温度处彼此重合得很好，这就说明饱和正丁烷蒸气在一段温度范围内可以认为是理想气体。从图上曲线看在临界温度处 P_{idr} 将超过 P_r，为了更清楚地看出 P_r 和 P_{idr} 两条曲线的变化趋势，现将其单独取出并给予适当放大列于图 5-3-10 中。

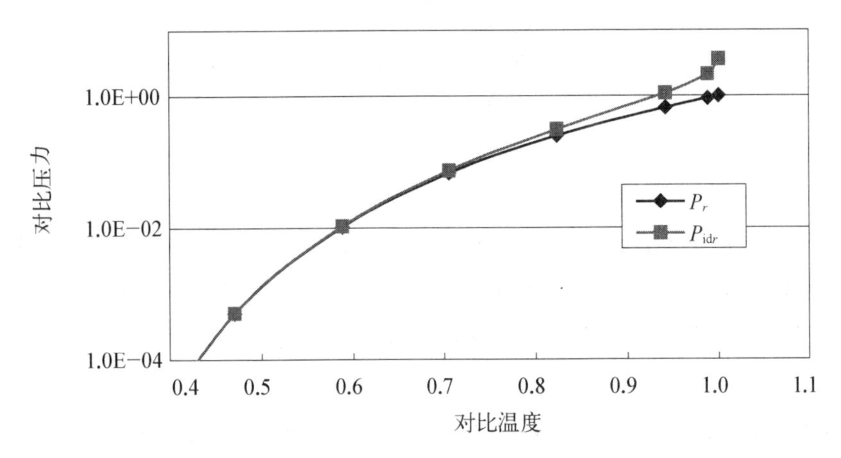

图 5-3-10　正丁烷饱和蒸气压、理想压力与温度关系

由图 5-3-10 可知，两条曲线在对比温度约为 0.7 时开始出现偏离，在临界温度时偏差最大，这些偏差将由气体中分子吸引压力和斥压力给予平衡，这由图 5-3-4 可以看出。

因而，对于正丁烷饱和蒸气，在 $T_r \leqslant 0.7$ 时有关系 $P_r \cong P_{idr}$，故知这时应有关系：

$$P_{atr} \cong P_{P1r} + P_{P2r} \tag{5-3-10}$$

说明当饱和蒸气处于理想状态时，气相中分子间吸引力对体系压力的影响与体系中斥力对体系压力的影响十分接近。亦就是说，气体在理想状态时，除通常认为体系中分子间相互作用很弱外，当体系中分子间吸引力与分子间斥作用力接近相等时，亦会使 $P_r \cong P_{idr}$，即，使体系呈现"理想"状态下压缩因子 $Z=1$ 的特征。

5-3-4-4　过热气体中分子压力

气体过热状态是指当讨论气体的对比温度 $T_r > 1$ 时，在不同的压力范围下，其对比体积 V_r 可能 >1，亦可能 <1 的状态。

亦就是说，过热状态下气体是处于高温（高于临界温度），并有可能还处于高压（高于临界压力）的情况之下的气体。在过热状态下，气体分子间距离有可能像液态那样，相距很近。这一状态下物质虽然还是气态，但应与一般饱和气体状态有较大区别。由此可以推测，在这两种状态下，气体内部的分子压力情况应有较大的不同。

氩气在对比温度 $T_r = 1.988\,1$，对比压力 $P_r = 2.041\,6 \sim 20.416\,5$ 过热状态下，分子压力与对比分子间距离 d_r 的关系如图 5-3-11 所示。

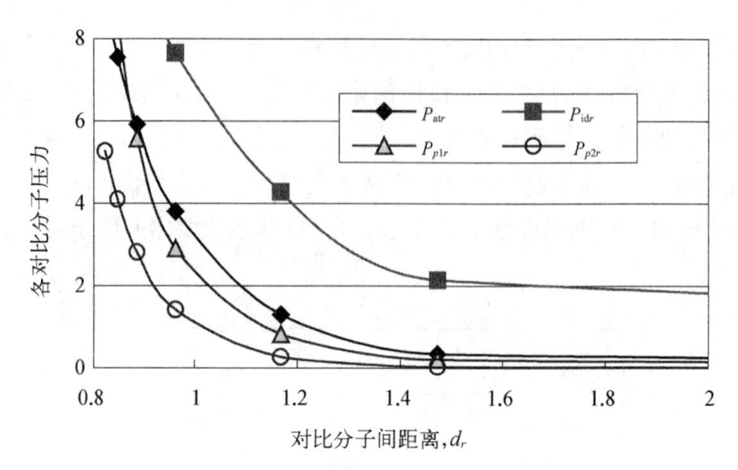

图 5-3-11 过热状态下氩气内分子压力

与图 5-3-8 相比，饱和气体状态与过热状态，这两种气体状态下分子压力随对比分子间距离 d_r 的变化趋势有些相似，但是两种气体状态还是有一定区别，现讨论如下：

——两种气体状态下分子压力的变化规律均是分子距离减小，分子压力数值均随之增加，但是：

饱和状态下在 $d_r>1$ 时分子吸引力压力 P_{atr} 已超越理想气体对比压力 P_{idr}，为进入 $d_r<1$，即转变成为液相做好准备。

而过热状态下即使在 $d_r<1$ 的情况下分子吸引力压力 P_{atr} 亦未超越理想气体对比压力 P_{idr}，亦就是说，在过热状态下，即使在 $d_r<1$ 的情况下分子理想压力在讨论气体压力中仍占主要部分，亦就是说，在 $d_r<1$ 的情况下仍保持了气态的特征。

图 5-3-8 表明，饱和蒸气状态下 d_r 减小，斥压力增加很慢。这是气态状态下的特征。而图 5-3-11 表明，在 $d_r<1$ 的情况下斥压力随 d_r 减小而迅速增加，甚至超过 P_{atr} 的数值。说明过热气体在高压作用下具有接近液态物质中分子间相互作用特点。

过热状态是依靠高压使气体分子间的平均距离降低到液态物质的水平。但是超过临界温度的高温使气体不能成为液体。为了维持高压气体状态，气体内分子间斥力应随压力的增加而迅速地增加起来。表 5-3-4 的数据反映了这一情况。

表 5-3-4 过热气体中分子斥力的影响

物质	T_r	P_r	V_r	P_{atr}	P_{P1r}	P_{P2r}	P_{P2r}/P_{atr}	P_{P1r}/P_{atr}
Ar	1.988 1	0.020 42	334.279 6	3.39E—05	1.95E—05	3.32E—08	0.10%	57.56%
		2.041 1	3.192 3	0.344 8	0.208 8	3.70E—02	10.74%	60.56%
		4.083 3	1.594	1.299 7	0.821 0	0.275 9	21.23%	63.17%
		8.170 1	0.892 3	3.808 4	2.900 0	1.422 4	37.35%	76.15%
		12.249 9	0.698 4	5.915 8	5.574 0	2.810 1	47.50%	94.22%
		16.333 3	0.608 5	7.555 6	8.555 9	4.105 1	54.33%	113.24%
		20.416 5	0.555 4	8.874 4	11.729 7	5.261 3	59.29%	132.17%

续　表

物质	T_r	P_r	V_r	P_{atr}	P_{P1r}	P_{P2r}	P_{P2r}/P_{atr}	P_{P1r}/P_{atr}
n-C_4H_{10}	1.175 9	2.68E−02	159.205 4	2.07E−04	5.71E−05	4.42E−07	0.21%	27.63%
		0.132	31.623 2	5.20E−03	1.43E−03	5.61E−05	1.08%	27.40%
		0.263 7	15.368 9	2.18E−02	5.82E−03	4.84E−04	2.22%	26.68%
		0.527	7.219 1	9.69E−02	2.48E−02	4.59E−03	4.74%	25.55%
		0.788 5	4.494 9	0.244 4	5.95E−02	1.87E−02	7.63%	24.33%
		1.306 9	2.292 8	0.891 8	0.192 8	0.134 2	15.05%	21.62%
		2.104 7	1.094 2	3.568 4	0.636 6	1.114 4	31.23%	17.84%
		2.634 4	0.835 4	5.846 8	1.015 1	2.328 9	39.83%	17.36%
		5.268 7	0.585 7	10.996 5	2.840 7	6.097 0	55.44%	25.83%
		10.537 3	0.492 6	14.797 0	6.831 9	9.790 5	66.17%	46.17%
		13.171 8	0.469 9	16.043 8	8.965 7	11.117 2	69.29%	55.88%
CO_2	2.626 8	1.35E−02	704.662	5.64E−06	6.55E−06	2.95E−09	0.05%	116.19%
		0.135 4	70.636 1	5.61E−04	6.54E−04	2.94E−06	0.52%	116.55%
		0.270 9	35.291 4	2.24E−03	2.47E−03	2.28E−05	1.02%	110.60%
		0.406 3	23.543 1	5.01E−03	5.43E−03	7.57E−05	1.51%	108.34%
		0.541 8	17.669	8.87E−03	9.87E−03	1.84E−04	2.07%	111.27%
		0.677 2	14.172 5	1.38E−02	1.52E−02	3.53E−04	2.57%	110.33%
		0.812 7	11.841 5	1.97E−02	2.17E−02	6.03E−04	3.07%	110.64%
		2.031 7	4.801 9	0.116 5	1.44E−01	9.69E−03	8.32%	123.95%
		2.708 9	3.636 4	0.200 8	2.48E−01	2.19E−02	10.92%	123.56%
		6.772 3	1.585 1	0.994 8	1.438 4	0.252 5	25.38%	144.59%

注：本表数据取自文献[18]。

从表 5-3-4 所列数据来看，对氩气，在对比压力 P_r=0.020 42 时第二分子斥压力仅为分子吸引压力的 0.10%，与饱和气体情况大致相当，而第一分子斥压力项在此时已为分子吸引压力的 57.56%，已远大于饱和气体时的比例（10.64%）。过热状态下的高温和高压是促使气体中每个分子自身运动加剧，分子协体积增大，即使分子本身所占有的体积增大。这是形成第一斥压力数值增大的原因。

此外，表 5-3-4 所示数据表示，在过热状态下，随着外压力的增加，物质分子间距离减小，分子压力中第二斥压力所起影响越来越大，对氩气，在对比压力 P_r=16.33 时第二分子斥压力为分子吸引压力的 54.33%；对正丁烷，在对比压力 P_r=13.17 时第二分子斥压力为分子吸引压力的 69.29%。而第一分子斥压力的数值则更高些，甚至超过了分子吸引压力的数值。在高压作用下分子斥压力数值大增。因而二项斥力项在计算中均不应忽略。

综合本节上述讨论，气体具有以下微观分子间相互作用特征：

(1) 无论是理想气体还是实际气体,其吸引压力,或者是斥压力,一般情况下它们的数值均较低,理想气体情况下可忽视其影响,实际气体中不能忽视影响。但这不适用过热气体,过热气体讨论中必须考虑分子吸引压力、分子斥压力的影响。

(2) 当讨论气体中引力项与斥力项的数值均可忽略或引力项值与斥力项总值十分接近或相等时,

$$P = P_{\mathrm{id}}, \quad 或 P_r = P_{\mathrm{id}r}$$

即,此时气体为实际的理想气体或是系统压力与理想压力相同的某种假想的理想状态。但是应该指出,由于物质是由大量分子所组成的,因此无论实际气体或是理想气体,任何瞬间时均应有一定的分子间相互作用,只是分子间相互作用强弱不同而已。

(3) 当讨论物质所受到的外压力 P_r 逐渐增加时,讨论物质的摩尔体积减小,这意味着分子间平均距离减少。在一定的分子间距离的范围内,分子间吸引力会随之增加,而与此同时,分子间的斥力亦会随之增加。由分子本身存在有一定的体积而形成的分子协体积产生的第一项斥力亦会随之增加。

(4) 温度对分子间作用力影响则与压力的影响相反。

上述讨论表明分子间的吸引力将会使分子凝聚在一起,在某种宏观条件下气体将因分子间引力增强到一定程度而转变成液体凝聚态。而分子热运动,即温度的影响将使分子间引力减弱,这可能破坏分子的凝聚。

5-4 逸度与分子压力

众所周知,逸度概念的提出是基于理想气体概念所导得的一系列热力学关系,在实际气体情况中使用时出现偏差,为了保持热力学公式的简洁性,Lewis 提出了逸度的概念,以替代热力学关系式中压力。故而在一些物理化学著作[7]中又称逸度为有效压力。

依据文献意见:在理想气体情况下逸度 f 就是物质的压力 P,即这时逸度系数 φ 等于1。在非理想情况下逸度亦是某种压力,是在物理化学过程中起实际作用的压力,但逸度所表示的压力在数值上不等于对讨论物质的测试的实际压力 P,即这时逸度系数 φ 不等于1。即有:

理想气体情况: $f = P$; $\varphi = 1$

实际气体情况: $f \neq P$; $\varphi \neq 1$

这个区别在于对于理想气体可以不考虑气体分子间相互作用,而实际气体不能忽略气体分子间相互作用。

由此可知,实际气体的逸度必定与气相分子间相互作用有关,亦就是说,有可能以表示分子间相互作用的分子压力来分析、讨论及计算实际气体的逸度。

5-4-1　逸度及逸度系数

在热力学中知 Gibbs 自由能与温度和压力的关系为：

$$dG = -SdT + VdP \qquad [5-4-1]$$

在恒温条件下，由上式可得：

$$\Delta G = \int_{P1}^{P2} VdP \qquad [5-4-2]$$

式[5-4-2]是一个严格关系的计算式。如果讨论气体为 1 mol，引入理想气体定律后可得到：

$$dG_m = RT\mathrm{dln}\, P \qquad [5-4-3]$$

式[5-4-3]仅对理想气体适用，亦就是说，只是在压力不大时才与实际数据相符合。在实际气体情况下，此积分不能使用，必须使用实际气体状态方程。但是，到目前为止，还没有一个既简便又正确的状态方程[8]。

为此，Lewis[9, 10]提出了将式[5-4-3]的形式应用于实际气体，但讨论压力需用新的函数 f—逸度来代替，式[5-4-3] 被修改成如下形式：

$$dG_m = RT\mathrm{dln}\, f \qquad [5-4-4a]$$

同理，在恒温条件下可得：

$$\Delta G = \int_{f_1}^{f_2} RT\mathrm{dln}\, f \qquad [5-4-4b]$$

比较式[5-4-2]和式[5-4-4b]知：

式[5-4-2]积分项中起始压力 P_1 是处在理想状态的压力 $P_{id,1}$；终压力 P_2 亦是处在理想状态的压力 $P_{id,2}$。

亦就是式[5-4-2]积分式中起始状态是某种理想状态，亦就是说，这时起始状态气体并未受到分子间相互作用的影响；终状态亦是某种理想状态，终状态气体亦未受到分子间相互作用的影响。因而此积分项是在同一状态比较压力从 P_1 变化到 P_2 时对此讨论体系自由能的影响，应该讲是严格正确的。

式[5-4-4b]中起始逸度 f_1 和终逸度 f_2 均是讨论气体的逸度，即真正起作用的压力，亦就是所谓实际气体的有效压力。即为了讨论和使用逸度，物理化学理论对式[5-4-4]的起始逸度附加条件如下[11, 12]：

$$P \to 0,\ \frac{f}{P} \to 1 \quad 或 \quad P \to 0,\ \frac{fV}{RT} \to 1 \qquad [5-4-5]$$

这一附加条件反馈了两点信息：

其一是由于压力很低时，任何气体皆是理想气体，其逸度等于其压力。故逸度的定义必须与此相对应。这一条件是对逸度计算的限定。

其二是式中 P 应符合理想气体规律，并且其温度为讨论气体的温度。这一条件是对理想压力的限定，即式[5-4-4]的起始状态的起始压力设想为理想压力

$$\lim_{P\to 0} f_1 = P = P_{id} \quad [5-4-6]$$

故对实际气体的逸度系数定义为

$$\varphi = \frac{f}{P} \quad [5-4-7]$$

由于逸度与压力具有同样单位，故从式[5-4-7]来看，可知逸度系数 φ 是无因次的。

式[5-4-7]是目前计算逸度系数的理论方法。其源公式为式[5-4-4]。

为此，至今物理化学理论依据着上述定义计算得到了许多物质的逸度系数数据，我们依据上述物理化学理论中的定义，先简单介绍逸度系数的具体计算方法。此后，本书将介绍另一种依据分子压力的计算方法，将两种计算方法得到的数据进行比较，以了解两种方法的异同所在。

5-4-2 气体逸度

当前，文献中计算气体的逸度系数有两种方法[9]：

1. 依据实验数据计算逸度系数

(1) 从 PVT 数据计算逸度系数，其计算式为：

$$\ln \varphi = \int_0^P (Z-1)\frac{dP}{P} \quad [5-4-8]$$

或[12]：

$$RT\ln \varphi = \int_0^P (V_m - (RT/P))dP \quad [5-4-9]$$

(2) 从熵值和焓值计算逸度系数[9]：

$$\ln \varphi = \ln \frac{f}{P^*} = \frac{1}{R}\left[\frac{H-H^*}{T} - (S-S^*)\right] \quad [5-4-10]$$

(3) 用对比态法计算：

将式[5-4-8]改为对比压力形式：

$$\ln \varphi|_{等温} = \int_0^P (Z-1)\frac{dP_r}{P_r} \quad [5-4-11]$$

上式表明，逸度系数是对比压力和压缩因子的函数，而压缩因子的计算有两参数法和三参数法，详细可参阅有关著作[8,9,13]。

2. 用状态方程计算

用状态方程方法计算逸度系数是我们采用的主要方法。我们用前面讨论中五个方程，计算了一些气体物质的逸度系数用于下面讨论，以作为与下面讨论比较的实际数据。计算所采用的公式如下所列：

van der Waals 方程：

$$\ln\varphi = Z - 1 - \frac{a}{\mathrm{R}TV} - \ln\left[Z\left(1-\frac{b}{V}\right)\right] \qquad [5-4-12]$$

式中 $a = 27\mathrm{R}^2T_C^2/64P_C$；$b = \Omega_b\mathrm{R}T_C/P_C$。

Redlich-Kwong 方程：

$$\ln\varphi = Z - 1 - \ln\left[Z\left(1-\frac{b}{V}\right)\right] - \frac{a}{b\mathrm{R}T^{1.5}}\ln\left(1+\frac{b}{V}\right) \qquad [5-4-13]$$

式中 $a = 0.427\,48\mathrm{R}^2T_C^{2.5}/P_C$；$b = \Omega_b\mathrm{R}T_C/P_C$。

Soave 方程：

$$\ln\varphi = Z - 1 - \ln[Z-B] - \frac{A}{B}\ln\left[Z\left(1-\frac{B}{Z}\right)\right] \qquad [5-4-14]$$

式中 $A = 0.427\,48\alpha_{(T)}P_r/T_r^2$；$B = \Omega_bP_r/T_r$；$\alpha_{(T)}$ 为温度修正系数。

Peng-Robinson 方程：

$$\ln\varphi = Z - 1 - \ln\left[Z\left(1-\frac{b}{V}\right)\right] - \frac{A}{2\sqrt{2}B}\ln\left[\frac{Z+2.414B}{Z-0.414B}\right] \qquad [5-4-15]$$

式中 $A = 0.457\,74\alpha_{(T)}P_r/T_r^2$；$B = \Omega_bP_r/T_r$；$b = \Omega_b\mathrm{R}T_C/P_C$；$\alpha_{(T)}$ 为温度修正系数。

童景山方程：

$$\ln\varphi = Z - 1 - \ln\left[Z\left(1-\frac{b}{V}\right)\right] - \frac{A}{\mathrm{R}T(V+mb)} \qquad [5-4-16]$$

式中 $A = 27\alpha_{(T)}\mathrm{R}^2T^2/64P_C$；$b = \Omega_b\mathrm{R}T_C/P_C$；$\alpha_{(T)}$ 为温度修正系数，$m = \sqrt{2}-1$。

下面讨论中每一个逸度、逸度系数数据均从式[5-4-12]到式[5-4-16]五个状态方程计算，以比较不同方程计算结果的差别。并且以五个状态方程计算的逸度、逸度系数的平均值为讨论物质的实际逸度、逸度系数数值(作为比较值)，以使与分子压力方法计算的数值(作为计算值)比较，验证分子压力方法的正确性。

5-4-3　饱和气体逸度与分子压力

众所周知，逸度的存在是由于讨论气体中出现了分子间相互作用力。而分子压力是表示各种分子间相互作用力，因此，气体的逸度和逸度系数必定与分子压力有关。

已知对比分子压力的平衡式为：

$$P_r + P_{atr} = P_{idr} + P_{P1r} + P_{P2r}$$

上式左边 P_r 是外压力，P_{atr} 为分子间吸引力。分子间吸引力的作用是对气体产生压力[14]，而分子间斥力则是对抗分子间引力的。因此需分析分子压力平衡式中是哪些对比分子压力参与了对气体逸度的贡献，哪些对比分子压力对逸度而言可以忽略。显然，不同的气体状态可能会有不同的情况，为此依据不同的气体状态情况来讨论这一问题。首先讨论饱和蒸气的情况。

饱和气体的状态参数范围为气体的对比状态参数 $P_r \leqslant 1$；$T_r \leqslant 1$ 和 $V_r \geqslant 1$。因而，饱和气体的特点是温度较低（低于临界温度），压力亦较低（低于临界压力），分子间距离较大（大于临界点时的分子间平均距离）。

由上面讨论可知，如果讨论的是理想气体，其中分子间相互作用可以忽略的话，则气体的压力 P 应符合理想气体状态方程的要求，即，$PV = RT$，应有式[5-4-3]关系；如果讨论的是真实气体，其分子间相互作用不能忽略的话，则采用逸度理论，积分式[5-4-4]，得

$$\int_{G(T,\ P_1)}^{G(T,\ P_2)} \mathrm{d}G_m = \int_{f_1}^{f_2} \mathrm{R}T\mathrm{d}\ln f \qquad [5-4-17]$$

如上讨论，式[5-4-17]中积分项中起始逸度 f_1，可理解为是在起始状态下的气体中真正起作用的压力，即实际气体在起始状态下的有效压力。同理，终逸度 f_2 亦可理解为是讨论的实际气体真正起作用的压力，即实际气体在终止状态下的有效压力。

按目前文献中对逸度的理解，可以认为：

终逸度 $f_2 = \varphi \times P_2$，或称为终状态的有效压力是系统压力受到了某种因素的影响，文献中公认为是由于实际气体中存在分子间相互作用的影响，因此亦可以用分子压力的形式表示，即

$$f_2 = \varphi_2 \times P_2 = P_2 + \sum \text{分子压力影响}\,\Big|_{\text{终状态}}$$

表示成数学式为

$$f_2 = \varphi_2 \times P_2 = P_2 + \Delta P_2 \qquad [5-4-18a]$$

同理，对始逸度 f_1 亦可以上式形式表示，即

$$f_1 = \varphi_1 \times P_1 = P_1 + \sum \text{分子压力影响}\,\Big|_{\text{起始状态}}$$

表示成数学式为

$$f_1 = \varphi_1 \times P_1 = P_1 + \Delta P_1 \qquad [5-4-18b]$$

由于积分式[5-4-17]要求讨论是在同样条件状态下压力从真正起作用的压力 f_1 变化到真正起作用的压力 f_2 时体系自由能的变化，故应有关系：

$$\Delta P_1 = \Delta P_2 = \Delta P \qquad [5-4-18c]$$

亦就是说，对于起始状态和终止状态而言，由于讨论的是同一个物质，又由于讨论的状

态设定为从起始状态到终止状态的温度不变，这些讨论条件对起始状态和终止状态是同样的。因此可以认为，终止状态下物质所承受的分子间相互作用的影响 ΔP，在起始状态下物质同样也承受着这个分子间相互作用的影响 ΔP。这样积分式[5-4-17]可以反映在受到分子间相互作用的影响下，讨论物质从起始状态的压力 P_1 变化到终止状态的压力 P_2 时体系自由能的变化。

而从分子压力的角度来看，需要搞清楚的是上式中"ΔP"这一项对系统压力会产生影响的分子压力应该是哪些？为此，在表 5-4-1 中列示了一些实际气体，在一定温度下这些气体内具有的各种对比分子压力的情况。

表 5-4-1　一些实际气体(饱和蒸汽)的对比分子压力

参数	n-C_4H_{10}	苯	联苯	CF_4	C_9H_{20}	氧气	C_3H_8
T_r	0.7056	0.7115	0.7500	0.7033	0.7736	0.7753	0.6760
P_r	6.907E−02	7.243E−02	1.070E−01	7.093E−02	1.123E−01	2.168E−01	5.149E−02
P_{idr}	7.399E−02	7.768E−02	1.180E−01	7.617E−02	1.239E−01	2.610E−01	5.438E−02
P_{atr}	5.568E−03	6.037E−03	1.257E−02	5.942E−03	1.299E−02	5.224E−02	3.301E−03
P_{P1r}	5.944E−04	7.274E−04	1.413E−03	6.444E−04	1.270E−03	6.537E−03	3.852E−04
P_{P2r}	4.815E−05	5.972E−05	1.660E−04	5.404E−05	1.464E−04	1.555E−03	2.428E−05
P_{idr}/P_r	107.12%	107.25%	110.28%	107.39%	110.33%	120.39%	105.61%
P_{atr}/P_r	8.06%	8.33%	11.75%	8.38%	11.57%	24.10%	6.41%
P_{P1r}/P_r	0.86%	1.00%	1.32%	0.91%	1.13%	3.02%	0.75%
P_{P2r}/P_r	0.07%	0.08%	0.16%	0.08%	0.13%	0.72%	0.05%
物质	乙烷	n-C_7H_{16}	甲烷	Hg	水	氯仿	二氧化硫
T_r	0.6551	0.7406	0.6558	0.6132	0.6180	0.7454	0.7057
P_r	4.461E−02	8.105E−02	5.942E−02	6.223E−02	1.153E−02	1.088E−01	5.501E−02
P_{idr}	4.694E−02	8.724E−02	6.365E−02	6.712E−02	1.170E−02	1.197E−01	5.804E−02
P_{atr}	2.612E−03	7.096E−03	4.658E−03	5.585E−03	1.882E−04	1.275E−02	3.489E−03
P_{P1r}	2.975E−04	8.389E−04	3.992E−04	6.334E−04	2.030E−05	1.627E−03	4.208E−04
P_{P2r}	1.712E−05	7.287E−05	3.235E−05	5.633E−05	3.245E−07	1.876E−04	2.614E−05
P_{idr}/P_r	105.22%	107.64%	107.12%	107.86%	101.47%	110.02%	105.51%
P_{atr}/P_r	5.86%	8.76%	7.84%	8.97%	1.63%	11.72%	6.34%
P_{P1r}/P_r	0.67%	1.04%	0.67%	1.02%	0.18%	1.50%	0.76%
P_{P2r}/P_r	0.04%	0.09%	0.05%	0.09%	0.0028%	0.17%	0.05%

注：本表数据取自文献[4]，并由 5 种状态方程计算，取其平均值。

下面依据表 5-4-1 所列数据分析在逸度，这种有效压力的计算中应考虑哪些分子压力。

1. 分子理想压力 P_{id}

在表列的温度下实际气体(饱和蒸气)中分子压力结构中最大压力项是气体分子热运动

所引起的动压力，即理想状态下的分子理想压力 P_{id}，表列数据表明，这一压力超过了气体压力，约是气体压力的 1.01～1.20 倍，有着较大的数值。

分析分子理想压力在计算的终状态和始状态中所起的作用：

(1) 在终状态中，系统的实际压力应是 P_2。P_2 应该在终状态的有效压力中起到一定的作用，而分子理想压力应该不是终状态逸度计算所考虑的。

(2) 对于起始状态，文献中通常认为起始状态应符合式[5-4-6]的要求，即要求起始状态的计算压力 $P_1 \to 0$，计算中认为这起始状态的压力就是分子理想压力，即设定 $P_1 = P_{id}$，亦就是说，分子理想压力 P_{id} 应该在起始逸度计算中考虑，而不是在终逸度计算中考虑。

2. 分子吸引压力 P_{atr}

表 5-4-1 所列数据表明，P_{atr} 的数值仅低于 P_{idr}，在表中所列各物质中 P_{atr} 占体系压力 P_r 的 1.63%～24.1%，有着相当比例，是不能忽视的，应该会对系统压力所起的有效作用起到影响。并且从上述压力平衡来看，分子吸引压力 P_{atr} 与体系压力 P_r 对体系起着同样的作用，即起着对体系进行压缩的作用。故而在气体的终状态，必定有分子吸引压力 P_{atr} 的影响。

对于气体的起始状态，由于起始状态计算值是起始逸度 f_1，亦应是一个考虑了存在分子间相互作用影响的气体状态。虽然计算的要求是始状态的计算压力与分子理想压力相关，但讨论对象还是实际气体，并非认为这个实际气体在始状态下就可以忽略其实际存在着的分子间相互作用，实际气体计算中使用始逸度 f_1 这个概念而不用 P_1 这个概念，正是要求起始状态气体应是个假设其压力为分子理想压力，但亦有着分子间相互作用影响的实际气体。这个影响与假设的系统压力(分子理想压力)两者共同组成在始状态下系统所起的有效作用的压力，即始逸度 f_1。

因此，始逸度 f_1 中也需考虑分子间相互作用影响，这个影响中首要考虑的亦应是分子吸引压力 P_{atr}。

3. 分子斥压力

气体中第一分子斥压力与第二分子斥压力的数值不大，P_{P1} 约是系统压力 P_r 的 0.18%～3.02%，P_{P2} 更少些，约是系统压力的 0.002 8%～0.72%。故而如果需要考虑得更全面些，则可注意 P_{P1}，而 P_{P2} 的影响应可忽略。

以上分析与气体的实际情况相符合。从分子理论来看，第一分子斥力项 P_{P1} 反映的是分子本身体积对气体造成的斥压力，是种长程斥作用力。第二分子斥力项反映的是两个分子靠近时引发的分子相互间斥力，是种短程斥作用力，气态物质中分子间距离很远，一般情况下可以不考虑这一项斥力影响。

下面分别讨论起始逸度 f_1 和终逸度 f_2：终逸度 f_2 应是讨论气体在终状态、讨论温度下真正起作用的有效压力。这个有效压力中应该包含有讨论气体的实际压力 P_2 和实际压力 P_2 所受到的一些分子压力的影响，由表5-4-1 数据和压力平衡式来看，应该是外压力 P 和对比分子吸引压力的共同作用。

即真实气体在终状态下实际起作用的有效压力应该是外压力和分子吸引压力之和，亦就是说，真实气体的有效压力应为：

$$P_2^{eff} = f_2 = P_2 + \Delta P_2 \quad [5-4-19a]$$
$$= P + P_{at} = (P_r + P_{atr})P_C$$

式中 P 是讨论气体的实际压力，$P = P_2$。分子间相互作用对讨论气体压力的影响为分子吸引压力，故有 $\sum$ 分子压力影响 $|_{终状态} = \Delta P_2 = P_{at}$。

由上式亦可知，这个有效压力也可以用体系内部的热驱动力和斥势力的分子压力来表示，故上式亦可改写为：

$$P_2^{eff} = f_2 = P_{id} + P_{P1} + P_{P2} = (P_{idr} + P_{P1r} + P_{P2r})P_C \quad [5-4-19b]$$

同理可讨论始逸度 f_1 或始态的有效压力 P_1^{ef}：

由上述讨论可知，所谓的起始状态是讨论实际气体的热力学性质计算时设定的某种虚拟的状态，即认为起始状态下的讨论气体压力是假想的理想压力，并保留实际气体中分子间相互作用的影响。从而使热力学可以从起始状态——分子理想压力＋实际分子间相互作用影响，转变到终状态——实际气体压力＋实际分子间相互作用影响时讨论系统压力变化而导致的热力学函数变化。故而始逸度 f_1 或始态有效压力 P_1^{ef} 可表示为

$$P_1^{eff} = f_1 = P_1 + \Delta P_1 \quad [5-4-20]$$
$$= P_{id} + P_{at} = (P_{idr} + P_{atr})P_C$$

由于热力学计算中要求起始状态的条件是 $P_1 \to 0$，故式中 $P_1 = P_{id}$，由于起始状态的讨论气体与终状态的讨论气体是同一个实际气体，因此起始状态与终状态的分子间相互作用影响应是相同的。

上述讨论表明依据定义式[5-4-4]讨论真实气体(存在分子间相互作用的影响)从压力为假想的理想压力数值变化到真实气体的实际压力数值时讨论气体体系的自由能的变化。

依据上述所述，进行下面积分过程：讨论体系积分初始状态是认为体系处于某种假想状态，体系压力为 P_{id}，体系真正起作用的有效压力为 $P_{id} + P_{at}$；

讨论体系积分最终状态是认为体系处于实际气体状态，体系压力为 P，体系真正起作用的有效压力为 $P + P_{at}$；

因而，依据式[5-4-17]可得，

$$\int_{G(T,\,P_{id})}^{G(T,\,P)} dG = RT\int_{f_1}^{f_2} d\ln f = RT\int_{P_{id}+P_{at}}^{P+P_{at}} d\ln P^{eff} \quad [5-4-21]$$

所以
$$\ln\frac{P_2^{eff}}{P_1^{eff}}=\ln\frac{f_2}{f_1}=\ln\frac{P+P_{at}}{P_{id}+P_{at}}=\ln\frac{(P_r+P_{atr})P_C}{(P_{idr}+P_{atr})P_C}$$
$$=\frac{G(T,\ P+P_{at})-G(T,\ P_{id}+P_{at})}{RT} \qquad [5-4-22]$$

定义上式中

$$Z_Y^G=\frac{f_2}{f_1}=\frac{P_2^{eff}}{P_1^{eff}}=\frac{P+P_{at}}{P_{id}+P_{at}}=\frac{P_r+P_{atr}}{P_{idr}+P_{atr}} \qquad [5-4-23]$$

式中 Z_Y^G 表示是在终状态和起始状态的气体(G)的逸度(Y)数值的比值,即为受到分子间相互作用影响的实际气体的有效压力与同样受到分子间相互作用影响的假设理想气体的有效压力数值的比值。参考气体的压缩因子是气体的实际压力与理想压力的比值。故称 Z_Y^G 为逸度压缩因子。

目前在热力学中讨论的压缩因子 Z 只是表示了讨论气体实际压力与理想压力的关系,以反映实际气体与理想气体的偏差程度。逸度压缩因子表示的是真实气体逸度与某种假想的理想气体逸度的关系,亦就是说,逸度压缩因子所表示的是真实气体的有效压力与理想气体受到分子间相互作用影响时的有效压力的关系。

对压力表示的压缩因子与以逸度表示的压缩因子同样可以进行极限情况讨论。如果当外压力 $P\to 0$ 时,

$$\left.\begin{array}{ll}\text{对于压力表示的压缩因子有} & \lim\limits_{P\to 0}Z=1\\ \text{对于逸度表示的压缩因子同样有} & \lim\limits_{P\to 0}Z_Y^G=1\end{array}\right\} \qquad [5-4-24]$$

当外压力 $P\to 0$ 时,由于分子吸引压力会较系统压力更迅速地趋向于零,二者相比可相差几个数量级(见表 5-1-1 中所列数据),故这时可忽略对比分子吸引压力 P_{atr}。这样,有

$$Z=Z_Y^G=1\,|_{P\to 0}$$

这时压力表示的压缩因子与逸度表示的压缩因子应该是完全相同了。

这里讨论的是饱和状态气体的逸度情况,故有

$$Z_{Y(S)}^G=Z_Y^G=\frac{f_2}{f_1}=\frac{P_2^{eff}}{P_1^{eff}}=\frac{P+P_{at}}{P_{id}+P_{at}}=\frac{P_r+P_{atr}}{P_{idr}+P_{atr}} \qquad [5-4-25]$$

式中 $Z_{Y(S)}^G$ 表示是饱和状态(s)气体的逸度压缩因子。此式适用于气体对比体积大于 1 的各种饱和状态气体。气体的对比体积小于 1 的情况将在过热气体的情况中讨论。

已将氩气、正丁烷和二氧化碳的饱和气体的逸度压缩因子以式[5-4-25]计算的数据列于表5-4-2 中,并与经典物理化学计算的逸度系数同列于表中相互比较。

为说明表列中这些压缩因子数据均是以式[5-4-25] 计算的状态气体数据,在表5-4-2 中将逸度压缩因子 Z_Y^G 符号改为 $Z_{Y(S1)}^G$,下标中"S1"表示是饱和状态气体以式[5-4-25]计算的数据。

表 5-4-2-(1) 氩气的逸度系数和逸度压缩因子[1]

方程[2]	状态参数	计算参数					逸度压缩因子		φ
		P_r	P_{atr}	P_{idr}	P_{P1r}	P_{P2r}	$Z^G_{Y(S1)}$	$Z^G_{Y(S2)}$	
1	V_r=114.890 2 T_r=0.563 3 P_r=0.016 13 Z=0.957 7	0.016 53	3.774E−04	0.016 85	6.182E−05	1.411E−06	0.981 4	0.981 4	0.982 4
2		0.016 38	5.082E−04	0.016 85	4.246E−05	1.317E−06	0.972 9	0.972 9	0.973 7
3		0.016 41	4.780E−04	0.016 85	4.254E−05	1.239E−06	0.974 6	0.974 5	0.975 4
4		0.016 40	4.855E−04	0.016 85	3.817E−05	1.130E−06	0.974 0	0.974 0	0.974 7
5		0.016 42	4.712E−04	0.016 85	4.341E−05	1.246E−06	0.975 2	0.975 1	0.975 9
1	V_r=71.076 6 T_r=0.596 4 P_r=0.027 32 Z=0.947 8	0.028 02	9.862E−04	0.028 84	1.629E−04	5.721E−06	0.972 5	0.972 4	0.973 4
2		0.027 67	1.289E−03	0.028 84	1.159E−04	5.397E−06	0.961 2	0.961 0	0.961 6
3		0.027 73	1.224E−03	0.028 84	1.162E−04	5.127E−06	0.963 1	0.962 9	0.963 8
4		0.027 70	1.246E−03	0.028 84	1.042E−04	4.688E−06	0.962 1	0.962 0	0.962 5
5		0.027 75	1.207E−03	0.028 84	1.186E−04	5.158E−06	0.963 7	0.963 6	0.964 4
1	V_r=31.494 4 T_r=0.662 7 P_r=0.066 29 Z=0.917 1	0.067 85	5.023E−03	0.072 31	5.231E−04	3.872E−05	0.942 3	0.941 9	0.943 6
2		0.066 80	6.193E−03	0.072 31	6.315E−04	5.855E−05	0.929 8	0.929 2	0.929 7
3		0.067 02	5.980E−03	0.072 31	6.336E−04	5.653E−05	0.932 4	0.931 9	0.932 5
4		0.066 82	6.112E−03	0.072 31	5.672E−04	5.188E−05	0.930 0	0.929 5	0.929 6
5		0.067 11	5.903E−03	0.072 31	6.472E−04	5.693E−05	0.933 5	0.933 0	0.933 7
1	V_r=16.015 0 T_r=0.729 0 P_r=0.136 1 Z=0.870 3	0.139 5	1.942E−02	0.156 4	2.181E−03	3.037E−04	0.903 9	0.902 7	0.905 6
2		0.136 7	2.263E−02	0.156 4	2.542E−03	4.207E−04	0.890 0	0.888 4	0.888 7
3		0.137 3	2.212E−02	0.156 4	2.552E−03	4.113E−04	0.893 0	0.891 5	0.891 6
4		0.136 4	2.263E−02	0.156 4	2.278E−03	3.778E−04	0.888 3	0.886 8	0.886 1
5		0.137 6	2.187E−02	0.156 4	2.609E−03	4.149E−04	0.894 5	0.893 0	0.893 6
1	V_r=8.891 3 T_r=0.795 2 P_r=0.247 7 Z=0.806 1	0.256 7	6.302E−02	0.307 4	9.921E−03	2.436E−03	0.863 1	0.859 4	0.866 0
2		0.248 7	6.929E−02	0.307 4	8.328E−03	2.320E−03	0.844 2	0.840 6	0.840 8
3		0.249 6	6.836E−02	0.307 4	8.359E−03	2.289E−03	0.846 2	0.842 7	0.843 4
4		0.247 2	6.973E−02	0.307 4	7.432E−03	2.097E−03	0.840 4	0.837 2	0.834 3
5		0.250 5	6.774E−02	0.307 4	8.557E−03	2.314E−03	0.848 3	0.844 8	0.846 2
1	V_r=5.141 9 T_r=0.861 5 P_r=0.413 0 Z=0.717 6	0.422 0	1.884E−01	0.575 8	2.397E−02	1.070E−02	0.798 7	0.792 2	0.803 1
2		0.416 7	1.944E−01	0.575 8	2.413E−02	1.126E−02	0.793 4	0.786 7	0.788 1
3		0.418 0	1.931E−01	0.575 8	2.420E−02	1.118E−02	0.794 8	0.788 1	0.790 0
4		0.411 9	1.954E−01	0.575 8	2.142E−02	1.016E−02	0.787 5	0.781 4	0.776 5
5		0.419 9	1.920E−01	0.575 8	2.480E−02	1.134E−02	0.797 0	0.790 2	0.793 6
1	V_r=2.999 5 T_r=0.927 8 P_r=0.646 8 Z=0.608 7	0.639 0	5.537E−01	1.062 9	6.955E−02	6.027E−02	0.737 8	0.726 0	0.740 5
2		0.650 1	5.299E−01	1.062 9	6.453E−02	5.260E−02	0.740 8	0.729 9	0.731 4
3		0.651 5	5.286E−01	1.062 9	6.467E−02	5.247E−02	0.741 5	0.730 6	0.732 4
4		0.640 1	5.268E−01	1.062 9	5.706E−02	4.696E−02	0.734 0	0.724 1	0.714 4
5		0.654 6	5.281E−01	1.062 9	6.629E−02	5.347E−02	0.743 4	0.732 2	0.736 7
1	V_r=1.392 6 T_r=0.994 0 P_r=0.967 5 Z=0.394 6	0.978 1	2.569	2.452 9	3.017E−01	7.924E−01	0.706 3	0.687 5	0.702 1
2		0.969 0	2.151	2.452 9	2.072E−01	4.599E−01	0.677 7	0.662 5	0.670 8
3		0.969 3	2.151	2.452 9	2.072E−01	4.598E−01	0.677 7	0.662 5	0.670 9
4		0.964 4	2.071	2.452 9	1.851E−01	3.977E−01	0.671 0	0.657 0	0.648 2
5		0.970 2	2.167	2.452 9	2.116E−01	4.726E−01	0.679 1	0.663 6	0.675 4

续 表

方程[2]	状态参数	计算参数					逸度压缩因子		φ
		P_r	P_{atr}	P_{idr}	P_{P1r}	P_{P2r}	$Z^G_{Y(S1)}$	$Z^G_{Y(S2)}$	
1	$V_r=1.0000$ $T_r=1.0000$ $P_r=1.0000$ $Z=0.2911$	0.993 0	4.982	3.436 4	4.219E−01	2.117	0.709 8	0.694 4	0.689 9
2		1.003 4	3.890	3.436 4	2.987E−01	1.158	0.667 9	0.653 8	0.665 6
3		1.003 4	3.890	3.436 4	2.987E−01	1.158	0.667 9	0.653 8	0.665 7
4		1.000 3	3.690	3.436 4	2.674E−01	9.866E−01	0.658 2	0.644 8	0.642 7
5		1.004 9	3.931	3.436 4	3.052E−01	1.194	0.670 0	0.655 7	0.670 1

注：(1) 本表数据取自文献[4]。0.377 4E−3＝0.377 4×10^{-3}。Z 为真实气体压缩因子，$Z=PV/RT$，用于计算逸度系数。

(2) 计算方程：1，van der Waals；2，Redlich-Kwong；3，Soave；4，Peng-Robinson；5，童景山。

表 5-4-2-(2) 正丁烷气体的逸度系数和逸度压缩因子[1]

方程[2]	状态参数	计算参数					逸度压缩因子		φ
		P_r	P_{atr}	P_{idr}	P_{P1r}	P_{P2r}	$Z^G_{Y(S1)}$	$Z^G_{Y(S2)}$	
1	$V_r=6\,499\,432$ $T_r=0.3173$ $P_r=0.1765\text{E}-6$ $Z=0.9941$	1.782 0E−07	1.330 0E−13	1.782 0E−07	1.250 0E−14	9.337 0E−21	1.000 0	1.000 0	1.000 0
2		1.782 0E−07	2.393 0E−13	1.782 0E−07	8.667 0E−15	1.164 0E−20	1.000 0	1.000 0	1.000 0
3		1.782 0E−07	2.420 0E−13	1.782 0E−07	8.667 0E−15	1.177 0E−20	1.000 0	1.000 0	1.000 0
4		1.782 0E−07	2.396 0E−13	1.782 0E−07	7.783 0E−15	1.047 0E−20	1.000 0	1.000 0	1.000 0
5		1.782 0E−07	2.281 0E−13	1.782 0E−07	8.842 0E−15	1.132 0E−20	1.000 0	1.000 0	1.000 0
1	$V_r=560\,726$ $T_r=0.3528$ $P_r=0.2292\text{E}-5$ $Z=1.0015$	2.296 0E−06	1.787 0E−11	2.296 0E−06	1.868 0E−12	1.454 0E−17	1.000 0	1.000 0	1.000 0
2		2.296 0E−06	3.049 0E−11	2.296 0E−06	1.295 0E−12	1.719 0E−17	1.000 0	1.000 0	1.000 0
3		2.296 0E−06	3.137 0E−11	2.296 0E−06	1.295 0E−12	1.769 0E−17	1.000 0	1.000 0	1.000 0
4		2.296 0E−06	3.118 0E−11	2.296 0E−06	1.163 0E−12	1.579 0E−17	1.000 0	1.000 0	1.000 0
5		2.296 0E−06	2.964 0E−11	2.296 0E−06	1.321 0E−12	1.705 0E−17	1.000 0	1.000 0	1.000 0
1	$V_r=3\,337.117$ $T_r=0.4704$ $P_r=0.5111\text{E}-3$ $Z=0.9968$	5.140 0E−04	5.046 0E−07	5.144 0E−04	7.026 0E−08	6.898 0E−11	0.999 2	0.999 2	0.999 2
2		5.137 0E−04	7.454 0E−07	5.144 0E−04	4.868 0E−08	7.063 0E−11	0.998 6	0.998 6	0.998 7
3		5.137 0E−04	7.919 0E−07	5.144 0E−04	4.867 0E−08	7.503 0E−11	0.998 6	0.998 6	0.998 6
4		5.137 0E−04	7.979 0E−07	5.144 0E−04	4.371 0E−08	6.789 0E−11	0.998 6	0.998 6	0.998 5
5		5.137 0E−04	7.542 0E−07	5.144 0E−04	4.966 0E−08	7.290 0E−11	0.998 6	0.998 6	0.998 6
1	$V_r=202.7242$ $T_r=0.5880$ $P_r=0.01031$ $Z=0.9776$	0.010 47	1.367 0E−04	1.058 0E−02	2.357 0E−05	3.077 0E−07	0.989 7	0.989 7	0.989 7
2		0.010 42	1.804 0E−04	1.058 0E−02	1.625 0E−05	2.814 0E−07	0.985 1	0.985 1	0.984 9
3		0.010 41	1.934 0E−04	1.058 0E−02	1.623 0E−05	3.012 0E−07	0.984 2	0.984 2	0.983 7
4		0.010 4	1.969 0E−04	1.058 0E−02	1.457 0E−05	2.758 0E−07	0.983 3	0.983 3	0.983 2
5		0.010 42	1.854 0E−04	1.058 0E−02	1.658 0E−05	2.950 0E−07	0.985 1	0.985 1	0.984 5
1	$V_r=34.8014$ $T_r=0.7056$ $P_r=0.06800$ $Z=0.9220$	0.069 91	4.640 0E−03	7.399 0E−02	5.205 0E−04	3.455 0E−05	0.948 1	0.947 8	0.949 5
2		0.069 12	5.547 0E−03	7.399 0E−02	6.281 0E−04	5.040 0E−05	0.938 8	0.938 3	0.939 2
3		0.068 78	5.892 0E−03	7.399 0E−02	6.249 0E−04	5.354 0E−05	0.934 8	0.934 3	0.934 8
4		0.068 55	6.052 0E−03	7.399 0E−02	5.593 0E−04	4.938 0E−05	0.932 0	0.931 6	0.931 6
5		0.068 98	5.708 0E−03	7.399 0E−02	6.394 0E−04	5.291 0E−05	0.937 1	0.936 6	0.937 4

续 表

方程[(2)]	状态参数	计算参数					逸度压缩因子		φ
		P_r	P_{atr}	P_{idr}	P_{P1r}	P_{P2r}	$Z^G_{Y(S1)}$	$Z^G_{Y(S2)}$	
1		0.258 4	5.980 0E−02	3.099 0E−01	6.712 0E−03	1.554 0E−03	0.860 7	0.858 1	0.865 4
2	V_r=9.693 5	0.255 7	6.468 0E−02	3.099 0E−01	8.340 0E−03	2.110 0E−03	0.855 3	0.852 0	0.854 9
3	T_r=0.823 1	0.252 9	6.746 0E−02	3.099 0E−01	8.250 0E−03	2.201 0E−03	0.849 0	0.845 6	0.847 2
4	P_r=0.249 1	0.250 2	6.903 0E−02	3.099 0E−01	7.330 0E−03	2.022 0E−03	0.842 5	0.839 3	0.837 7
5	Z=0.806 6	0.254 5	6.608 0E−02	3.099 0E−01	8.469 0E−03	2.199 0E−03	0.852 7	0.849 3	0.852 0
1		0.661 1	0.572 6	1.095 9	7.379 0E−02	6.391 0E−02	0.739 4	0.727 3	0.746 3
2	V_r=3.132 8	0.675 6	0.543 3	1.095 9	6.820 0E−02	5.484 0E−02	0.743 6	0.732 5	0.739 2
3	T_r=0.940 7	0.667	0.551 9	1.095 9	6.732 0E−02	5.571 0E−02	0.739 7	0.728 6	0.733 2
4	P_r=0.656 5	0.654 9	0.550 3	1.095 9	5.936 0E−02	4.987 0E−02	0.732 1	0.722 1	0.714 6
5	Z=0.601 0	0.672 4	0.549 4	1.095 9	6.923 0E−02	5.657 0E−02	0.742 6	0.731 3	0.738 9
1		0.937 8	1.938 4	2.117 3	2.474 0E−01	5.114 0E−01	0.709 2	0.690 3	0.711 7
2	V_r=1.702 6	0.933 5	1.666 8	2.117 3	1.734 0E−01	3.095 0E−01	0.687 2	0.672 1	0.682 7
3	T_r−0.987 8	0.927 8	1.672 4	2.117 3	1.723 0E−01	3.106 0E−01	0.686 1	0.671 2	0.680 8
4	P_r=0.918 3	0.919	1.622 1	2.117 3	1.533 0E−01	2.705 0E−01	0.679 5	0.665 8	0.658 5
5	Z=0.435 2	0.931 2	1.681 1	2.117 3	1.764 0E−01	3.185 0E−01	0.687 7	0.674 6	0.685 8
1		1.007	5.619 3	3.649 6	4.524 0E−01	2.524 3	0.714 9	0.709 4	0.687 5
2	V_r=1.000 0	1.011 3	4.326 1	3.649 6	3.198 0E−01	1.367 9	0.669 2	0.649 3	0.665 7
3	T_r=1.000 0	1.011 3	4.326 1	3.649 6	3.198 0E−01	1.367 9	0.669 2	0.655 4	0.665 7
4	P_r=1.000 0	1.001 9	4.095	3.649 6	2.845 0E−01	1.162 7	0.658 1	0.643 4	0.642 7
5	Z=0.274 9	1.014 9	4.372 7	3.649 6	3.274 0E−01	1.410 6	0.671 6	0.659 5	0.670 2

注：(1) 本表数据取自文献[4]。Z 为真实气体压缩因子，$Z = PV/RT$，用于计算逸度系数。
(2) 计算方程：1，van der Waals；2，Redlich-Kwong；3，Soave；4，Peng-Robinson；5，童景山。

表 5-4-2-(3) 二氧化碳气体的逸度系数和逸度压缩因子[(1)]

方程[(2)]	状态参数	计算参数					逸度压缩因子		φ
		P_r	P_{atr}	P_{idr}	P_{P1r}	P_{P2r}	$Z^G_{Y(S1)}$	$Z^G_{Y(S2)}$	
1		0.073 8	5.100E−03	0.078 3	5.68E−04	3.93E−05	0.946 2	0.945 8	0.949 4
2	V_r=33.193 5	0.073 0	6.067E−03	0.078 3	6.85E−04	5.78E−05	0.936 9	0.936 4	0.939 2
3	T_r=0.712 0	0.072 5	6.526E−03	0.078 3	6.91E−04	6.22E−05	0.932 0	0.931 4	0.933 8
4	P_r=0.070 16	0.072 3	6.703E−03	0.078 3	6.18E−04	5.73E−05	0.929 1	0.928 5	0.930 4
5	Z=0.901 3	0.072 8	6.303E−03	0.078 3	7.07E−04	6.13E−05	0.934 5	0.934 0	0.936 6
1		0.103 9	9.748E−03	0.112 4	1.11E−03	1.04E−04	0.930 4	0.929 8	0.933 1
2	V_r=24.009 3	0.102 6	1.134E−02	0.112 4	1.35E−03	1.49E−04	0.920 8	0.919 9	0.921 9
3	T_r=0.739 6	0.101 8	1.213E−02	0.112 4	1.34E−03	1.60E−04	0.914 9	0.914 0	0.915 3
4	P_r=0.099 65	0.101 3	1.247E−02	0.112 4	1.20E−03	1.48E−04	0.911 1	0.910 2	0.910 9
5	Z=0.891 3	0.102 2	1.175E−02	0.112 4	1.37E−03	1.58E−04	0.917 8	0.916 9	0.918 8

续 表

方程*	状态参数	计算参数					逸度压缩因子		φ
		P_r	P_{atr}	P_{idr}	P_{P1r}	P_{P2r}	$Z^G_{Y(S1)}$	$Z^G_{Y(S2)}$	
1	V_r=16.643 4 T_r=0.772 5 P_r=0.145 6 Z=0.864 4	0.151 8	2.029E−02	0.169 4	2.33E−03	3.11E−04	0.907 2	0.906 1	0.910 7
2		0.149 7	2.295E−02	0.169 4	2.85E−03	4.36E−04	0.897 6	0.896 0	0.898 7
3		0.148 3	2.441E−02	0.169 4	2.82E−03	4.64E−04	0.891 1	0.889 5	0.891 0
4		0.147 3	2.507E−02	0.169 4	2.51E−03	4.28E−04	0.886 4	0.884 9	0.884 8
5		0.149 0	2.372E−02	0.169 4	2.89E−03	4.60E−04	0.894 4	0.892 8	0.895 1
1	V_r=9.976 7 T_r=0.821 8 P_r=0.241 9 Z=0.809 2	0.252 1	5.646E−02	0.300 6	6.46E−03	1.45E−03	0.864 2	0.861 7	0.869 3
2		0.249 3	6.116E−02	0.300 6	7.90E−03	1.94E−03	0.858 2	0.855 0	0.858 5
3		0.246 1	6.434E−02	0.300 6	7.80E−03	2.04E−03	0.850 7	0.847 4	0.849 4
4		0.243 6	6.586E−02	0.300 6	6.93E−03	1.87E−03	0.844 5	0.841 5	0.840 1
5		0.247 8	6.288E−02	0.300 6	8.01E−03	2.03E−03	0.854 7	0.851 5	0.854 5
1	V_r=5.268 1 T_r=0.887 6 P_r=0.433 8 Z=0.709 6	0.443 8	0.202 5	0.614 9	2.15E−02	9.82E−03	0.790 7	0.785 0	0.798 3
2		0.445 9	0.206 1	0.614 9	2.53E−02	1.17E−02	0.794 2	0.787 6	0.793 1
3		0.441 7	0.212 5	0.614 9	2.65E−02	1.28E−02	0.790 7	0.783 7	0.786 9
4		0.434 7	0.215 2	0.614 9	2.34E−02	1.16E−02	0.782 9	0.776 6	0.772 7
5		0.445 5	0.209 5	0.614 9	2.73E−02	1.28E−02	0.794 5	0.787 5	0.793 0
1	V_r=3.822 8 T_r=0.920 4 P_r=0.563 5 Z=0.644 9	0.566 9	0.384 5	0.878 7	4.33E−02	2.94E−02	0.753 2	0.744 4	0.761 5
2		0.567 5	0.379 0	0.878 7	0.040 6	0.027 14	0.752 6	0.744 3	0.750 9
3		0.566 1	0.386 3	0.878 7	0.043 8	0.029 87	0.752 9	0.744 0	0.748 2
4		0.563 4	0.385 9	0.878 7	0.041 9	0.028 66	0.750 7	0.742 1	0.736 5
5		0.561 6	0.384 9	0.878 7	0.040 2	0.027 56	0.749 1	0.740 8	0.747 4
1	V_r=1.724 9 T_r=0.986 2 P_r=0.908 8 Z=0.438 0	0.915 2	1.888 6	2.086 6	0.234 1	0.483 1	0.705 3	0.686 9	0.709 6
2		0.915 2	1.631 9	2.086 6	0.165 5	0.295 1	0.685 0	0.670 3	0.681 9
3		0.915 2	1.637 0	2.086 6	0.167 0	0.298 6	0.685 4	0.670 6	0.681 1
4		0.910 3	1.587 4	2.086 6	0.149 8	0.261 3	0.679 8	0.666 2	0.659 9
5		0.915 2	1.645 8	2.086 6	0.169 5	0.304 9	0.686 2	0.671 2	0.685 4
1	V_r=1.000 0 T_r=1.000 0 P_r=1.000 0 Z=0.275 6	1.003 2	5.619 3	3.649 6	0.450 3	0.792 4	0.714 5	0.699 9	0.687 1
2		1.007 0	4.327 3	3.649 6	0.318 0	0.459 9	0.668 7	0.655 0	0.665 2
3		1.007 0	4.327 3	3.649 6	0.318 0	0.459 8	0.668 7	0.655 0	0.665 2
4		1.001 9	4.095 0	3.649 6	0.284 5	0.397 7	0.658 1	0.645 1	0.642 7
5		1.007 0	4.375 0	3.649 6	0.324 1	0.472 6	0.670 7	0.656 8	0.669 3

注：(1) 本表数据取自文献[4]。Z 为真实气体压缩因子，$Z=PV/RT$，用于计算逸度系数。
(2) 计算方程：1，Van der Waals；2，Redlich-Kwong；3，Soave；4，Peng-Robinson；5，童景山。

比较表 5-4-2 所列的逸度压缩因子 $Z^G_{Y(S1)}$ 和状态方程计算的逸度系数 φ 的数值，以式[5-4-25]计算的数值应与经典理论中逸度系数数值十分接近，并且确如预期那样，分子间距离大时二者吻合得很好，但当分子间距离接近临界状态的分子间距离时，二者间误差稍有增加，可以认为它们近似相等。

即：
$$Z_Y^G = Z_{Y(S)}^G \cong \varphi|_{V_r>1} \qquad [5-4-26]$$

又从表 5-4-1 中数据知，实际气体中第一分子斥压力的数值占气体压力的 0.18%～3.02%，虽然数值较小，但亦有一定数量。在上面讨论中已给予忽略。但如果在计算的初始状态和最终状态中给予考虑的话，则或许对提高计算的精确度有所帮助。

计算的物质起始有效压力如果考虑第一分子斥压力项时为：

$$P_1^{eff} = f_1 = P_{id} + P_{at} - P_{P1} = (P_{idr} + P_{atr} - P_{P1r})P_C \qquad [5-4-27]$$

其次，计算的最终有效压力也应该考虑第一分子斥压力项，即：

$$P_2^{eff} = f_2 = P + P_{at} - P_{P1} = (P_r + P_{atr} - P_{P1r})P_C \qquad [5-4-28]$$

这样，得，
$$\int_{G(T,\ P_{id}+P_{at}-P_{P1})}^{G(T,\ P+P_{at}-P_{P1})} dG = RT\int_{f_1}^{f_2} d\ln f = RT\int_{P_{id}+P_{at}-P_{P1}}^{P_r+P_{at}-P_{P1}} d\ln f \qquad [5-4-29]$$

所以
$$\ln\frac{f_2}{f_1} = \ln\frac{(P_r + P_{atr} - P_{P1r})P_C}{(P_{idr} + P_{atr} - P_{P1r})P_C} = \ln\frac{P_r + P_{atr} - P_{P1r}}{P_{idr} + P_{atr} - P_{P1r}}$$
$$= [G_{(T,\ P_r+P_{atr}-P_{P1r})} - G_{(T,\ P_{idr}+P_{atr}-P_{P1r})}]/RT \qquad [5-4-30]$$

也就是说，在考虑了第一分子斥压力项后，逸度压缩因子

$$Z_y^G = \frac{f_2}{f_1} = \frac{P_r + P_{atr} - P_{P1r}}{P_{idr} + P_{atr} - P_{P1r}} \qquad [5-4-31]$$

当外压力 $P \to 0$ 时，逸度压缩因子

$$Z_Y^G = Z = 1$$

为与不考虑第一斥压力的逸度压缩因子相区别，对式[5-4-31]表示的逸度压缩因子标志以符号 $Z_{Y(S2)}^G$，意思是饱和蒸气以式[5-4-31]计算的第二种逸度压缩因子计算方法，而 $Z_{Y(S1)}^G$ 是饱和蒸气以式[5-4-25]计算的第一种逸度压缩因子计算方法。

即
$$Z_Y^G = Z_{Y(S2)}^G = \frac{P_r + P_{atr} - P_{P1r}}{P_{idr} + P_{atr} - P_{P1r}} \qquad [5-4-32]$$

表 5-4-2 同样列有的逸度压缩因子 $Z_{Y(S2)}^G$ 的数值，以式[5-4-23]计算的数值亦与经典理论中逸度系数数值十分接近，因此也可以认为它们近似相等。即有

$$Z_{Y(S2)}^G \cong \varphi|_{V_r>1} \qquad [5-4-33]$$

即两法均可为计算实际气体逸度的近似式，并只适用于饱和蒸气的对比体积大于 1 的计算。在表 5-4-2 中同时列示了以式[5-4-25]和式[5-4-32]计算的数据，并与以状态方程计算的逸度系数均近似相等。两种计算方法对逸度系数实际值的计算误差介绍如下：

计算物质	计算点数/个	对逸度系数的平均计算误差:	式[5-4-25]	式[5-4-32]
Ar	45		0.59 %	0.55 %
$n\text{-}C_4H_{10}$	45		0.45 %	0.58 %
CO	40		0.59 %	0.79%

比较起来：$Z^G_{Y(S1)}$ 的计算方法简便一些，对饱和蒸气而言，以状态方程方法计算的逸度系数数据，温度可到临界状态，计算数据的正确性均可以满足要求（见表 5-4-2 中数据）；而 $Z^G_{Y(S2)}$ 的计算方式稍复杂一些，但与实际情况更贴近些。经数十种气态物质的数据验证，$Z^G_{Y(S2)}$ 计算的数据与经典逸度系数数据吻合得也较好。故在本文两者均给予介绍。

应该指出：气体处于饱和状态和处于过热状态是处于物质的不同状态，故同一种气体物质在两种状态下气体内部分子间相互作用的情况亦不同，因而适用于计算饱和状态的计算式有可能在过热状态下并不适用。

5-4-4 过热气体逸度与分子压力

气体过热状态是指当讨论气体的对比温度 $T_r>1$ 时，在不同的压力范围下，其对比体积 V_r 可能 >1，亦可能 <1 的状态。

一些过热气体分子压力的数据已列在上一节表 5-3-4 中。

从表 5-3-4 所列数据来看，在过热状态下当讨论压力偏低一些时，第一分子斥压力和第二分子斥压力对分子吸引压力的比例为：

Ar，	$P_r=0.020\,42$，	$T_r=1.988\,1$ 时，	$P_{P1r}/P_{atr}=57.56\%$；	$P_{P2r}/P_{atr}=0.10\%$
$n\text{-}C_4H_{10}$，	$P_r=0.026\,80$，	$T_r=1.175\,9$ 时，	$P_{P1r}/P_{atr}=27.63\%$；	$P_{P2r}/P_{atr}=0.21\%$
CO_2，	$P_r=0.013\,50$，	$T_r=2.629\,8$ 时，	$P_{P1r}/P_{atr}=116.19\%$；	$P_{P2r}/P_{atr}=0.05\%$

第二分子斥压力 P_{P2r} 所占比例与饱和气体情况大致相当；因而可以像饱和气体那样在计算中给以忽略；而第一分子斥压力 P_{P1r}，已达分子引力项的 27%～116%，远大于饱和气体时的比例（在饱和状态 Ar 中 $P_{P1r}/P_{atr}=10.64\ \%$）。因而在过热状态下计算的起始状态参数必须考虑第一分子斥压力 P_{P1r} 的影响。

过热状态下的高温应促使气体中每个分子自身运动加剧，这应是使分子本身体积的影响加大的主要原因。故计算的起始状态有效压力应为：

$$P_1^{eff}=f_1=P_{id}+P_{at}-P_{P1}=(P_{idr}+P_{atr}-P_{P1r})P_C \qquad [5-4-34a]$$

此外，表 5-3-4 所示数据表示，在过热状态下，随着外压力的增加，物质分子间距离减小，分子压力中第二斥压力项所起影响越来越大，这时候第一分子斥压力和第二分子斥压力对分子吸引压力的比例为：

氩气，	$P_r = 16.3333$，	$T_r = 1.9881$ 时，	$P_{P1r}/P_{atr} = 113.24\%$；	$P_{P2r}/P_{atr} = 54.33\%$
正丁烷，	$P_r = 13.1718$，	$T_r = 1.1759$ 时，	$P_{P1r}/P_{atr} = 55.88\%$；	$P_{P2r}/P_{atr} = 69.29\%$
二氧化碳，	$P_r = 6.7723$，	$T_r = 2.6298$ 时，	$P_{P1r}/P_{atr} = 144.59\%$；	$P_{P2r}/P_{atr} = 25.38\%$

对比前面所列数据，可知当压力升高时，过热气体中第二分子斥压力数值急剧上升，在一定压力下第二分子斥压力 P_{P2r} 数值甚至可能超过第一分子斥压力 P_{P1r} 的数值（见正丁烷数据）。因而在最终状态下，即，在外部分子影响下讨论气体可能达到的有效压力值的计算中，此二项斥力项均不应忽略。

即，真实气体终状态可能的有效压力应为：

$$P_2^{eff} = f_2 = P + P_{at} - P_{P1} - P_{P2} = (P_r + P_{atr} - P_{P1r} - P_{P2r})P_C \qquad [5-4-34b]$$

因而，可得：

$$\int_{G(T,\ P_{id}+P_{at}-P_{P1})}^{G(T,\ P+P_{at}-P_{P1}-P_{P2})} dG = RT\int_{P_{id}+P_{at}-P_{P1}}^{P+P_{at}-P_{P1}-P_{P2}} d\ln f \qquad [5-4-35]$$

$$\text{所以}\ \ln\frac{f_2}{f_1} = \ln\frac{(P_r + P_{atr} - P_{P1r} - P_{P2r})P_C}{(P_{idr} + P_{atr} - P_{P1r})P_C} = \ln\frac{P_r + P_{atr} - P_{P1r} - P_{P2r}}{P_{idr} + P_{atr} - P_{P1r}}$$
$$= \frac{G(T,\ P + P_{at} - P_{P1} - P_{P2}) - G(T,\ P_{id} + P_{at} - P_{P1})}{RT} \qquad [5-4-36]$$

也就是说，过热状态下逸度压缩因子的计算式应是：

$$Z_Y^G = Z_{Y(h)}^G = \frac{P_r + P_{atr} - P_{P1r} - P_{P2r}}{P_{idr} + P_{atr} - P_{P1r}} \qquad [5-4-37]$$

在上式中逸度压缩因子符号 $Z_{Y(h)}^G$ 中"h"代表过热状态。

下面将过热状态分成两部分分别进行讨论：第一部分是指 $T_r > 1$，$P_r < 1$ 的低压过热气体；第二部分是指 $T_r > 1$，$P_r > 1$ 的高压过热气体。

对这两种过热气体分别以 $Z_{Y(h)}^G$、$Z_{Y(S1)}^G$ 和 $Z_{Y(S2)}^G$ 计算，并与逸度系数 φ 数值比较。表 5-4-3 中列示了低压过热气体的计算数值。

表 5-4-3　低压过热气态物质逸度压缩因子计算

参　数	对比压力 P_r	对比体积 V_r	逸度系数 φ	式[5-4-37]计算		以饱和气体逸度压缩因子计算式计算			
				$Z_{Y(h)}^G$	误差/%	$Z_{Y(S1)}^G$	误差/%	$Z_{Y(S2)}^G$	误差/%
$n-C_4H_{10}$ $T_r = 1.1759$	0.0268	159.21	0.9945	0.9945	0.00	0.9945	0.00	0.9945	0.00
	0.1320	31.62	0.9731	0.9729	−0.02	0.9737	0.07	0.9735	0.04
	0.2637	15.37	0.9466	0.9458	−0.08	0.9485	0.20	0.9475	0.09
	0.5270	7.22	0.8950	0.8918	−0.35	0.9024	0.82	0.8987	0.42
	0.7885	4.49	0.8450	0.8377	−0.86	0.8613	1.93	0.8541	1.08
平均误差/%					−0.26		0.60		0.32

续 表

参 数	对比压力 P_r	对比体积 V_r	逸度系数 φ	式[5-4-37]计算		以饱和气体逸度压缩因子计算式计算			
				$Z^G_{Y(h)}$	误差/%	$Z^G_{Y(S1)}$	误差/%	$Z^G_{Y(S2)}$	误差/%
CO_2 $T_r=2.6298$	0.0136	704.66	1.0001	1.0001	0.00	1.0000	−0.01	1.0000	−0.01
	0.1362	70.54	1.0007	1.0007	0.00	1.0007	0.00	1.0007	0.00
	0.2722	35.29	1.0009	1.0009	0.00	1.0007	−0.02	1.0007	−0.02
	0.4082	23.54	1.0011	1.0010	−0.01	1.0012	0.01	1.0012	0.01
	0.5444	17.67	1.0019	1.0018	−0.01	1.0022	0.03	1.0022	0.03
	0.6790	14.17	1.0022	1.0021	−0.01	1.0026	0.04	1.0027	0.05
	0.8132	11.84	1.0028	1.0026	−0.02	1.0033	0.05	1.0033	0.05
平均误差/%					−0.01		0.01		0.02
CO_2 $T_r=1.3149$	0.1361	34.59	0.9811	0.9809	−0.02	0.9818	0.07	0.9816	0.05
	0.2719	16.97	0.9626	0.9619	−0.07	0.9636	0.10	0.9629	0.03
	0.4076	11.10	0.9443	0.9431	−0.13	0.9471	0.30	0.9457	0.15
	0.8091	5.27	0.8934	0.8896	−0.43	0.9053	1.34	0.9004	0.78
	1.0793	3.78	0.8589	0.8518	−0.83	0.8795	2.40	0.8716	1.48
平均误差/%					−0.29		0.84		0.50

注：本表数据取自文献[4]。表中每一点的数据均是五个方程计算结果的平均值。

表5-4-3中所列数据表明，对低压过热气体，$Z^G_{Y(h)}$、$Z^G_{Y(S1)}$ 和 $Z^G_{Y(S2)}$ 三种逸度压缩因子计算方法都可适用，这是因为在高温低压的情况下，过热状态与饱和状态的内部分子压力作用情况比较类似的原因，相比之下，以式[5-4-37]计算的相对误差更要低些，说明此式的计算原理是符合低压过热气体的情况的。表中数据还表示，随着压力的增加，计算的偏差亦逐步上升，说明过热状态的计算确有一定难度。

表5-4-4中列示了高压过热气体的计算数值。

表5-4-4　高压过热气态物质逸度压缩因子计算

参 数	对比压力 P_r	对比体积 V_r	逸度系数 φ	式[5-4-37]计算		以饱和气体逸度压缩因子计算式计算			
				$Z^G_{P(h)}$	误差/%	$Z^G_{P(S1)}$	误差/%	$Z^G_{P(S2)}$	误差/%
CO_2 $T_r=1.3149$	2.0251	1.77	0.7583	0.7387	−2.59	0.8317	9.67	0.8135	7.28
	4.0634	0.84	0.6002	0.5985	−0.29	0.8512	41.82	0.8268	37.75
	5.4179	0.84	0.6827	0.6802	−0.37	0.9116	33.53	0.8926	30.75
平均误差/%					−1.08		28.34		25.26
CO_2 $T_r=2.6298$	2.0364	4.80	1.0149	1.0142	−0.07	1.0178	0.28	1.0191	0.41
	2.7087	3.64	1.0195	1.0182	−0.12	1.0244	0.48	1.0267	0.71
	6.7514	1.59	1.0793	1.0791	−0.02	1.0988	1.80	1.1241	4.15
平均误差/%					−0.07		0.86		1.76

续 表

参 数	对比压力 P_r	对比体积 V_r	逸度系数 φ	式[5-4-37]计算		以饱和气体逸度压缩因子计算式计算			
				$Z^G_{P(h)}$	误差/%	$Z^G_{P(S1)}$	误差/%	$Z^G_{P(S2)}$	误差/%
Ar $T_r=1.3254$	16.0063	0.47	0.6666	0.7631	14.48	1.2750	91.26	1.5103	126.57
	20.0081	0.44	0.8022	0.9219	14.92	1.3949	73.88	1.9050	137.47
	10.0040	0.52	0.5389	0.6167	14.43	1.0753	99.53	1.1075	105.51
	18.3749	0.45	0.7116	0.8185	15.02	1.3323	87.22	1.6767	135.63
平均误差/%					14.71		87.97		126.29
Ar $T_r=1.9881$	2.0411	3.19	0.9440	0.9402	−0.40	0.9602	1.71	0.9565	1.32
	4.0833	1.59	0.9082	0.8995	−0.95	0.9637	6.11	0.9575	5.42
	8.1701	0.89	0.8996	0.8939	−0.63	1.0448	16.14	1.0600	17.83
	12.2499	0.70	0.9590	0.9662	0.75	1.1572	20.67	1.2438	29.70
	16.3333	0.61	1.0639	1.0978	3.18	1.2718	19.54	1.4991	40.91
	18.3748	0.58	1.1307	1.1890	5.16	1.3280	17.45	1.6626	47.04
	20.4165	0.56	1.2067	1.3023	7.92	1.3833	14.64	1.8594	54.09
平均误差/%					2.15		13.75		28.05
Ar $P_r=18.3749$	T_r								
	1.3254	0.45	0.7116	0.8185	15.02	1.3323	87.22	1.6767	135.63
	1.9881	0.58	1.1307	1.1890	5.16	1.3280	17.45	1.6626	47.04
	2.6508	0.72	1.2895	1.3704	6.27	1.3269	2.90	1.6196	25.60
	3.3135	0.86	1.3302	1.4157	6.43	1.3153	−1.12	1.5507	16.58
	3.9761	1.00	1.3287	1.4061	5.82	1.2983	−2.29	1.4838	11.67
	4.6388	1.14	1.3149	1.3817	5.08	1.2809	−2.59	1.4294	8.70
平均误差/%					7.30		16.93		40.87
$n-C_4H_{10}$ $P_r=1.1759$	T_r								
	1.3069	2.29	0.7501	0.7281	−2.93	0.7956	6.06	0.7803	4.02
	2.1047	1.09	0.6191	0.5722	−7.57	0.7574	22.33	0.7348	18.69
	2.6344	0.84	0.5461	0.5153	−5.64	0.7721	41.39	0.7489	37.14
	5.2687	0.59	0.4049	0.4732	16.88	0.8876	119.23	0.8670	114.14
	10.5373	0.49	0.3982	0.5224	31.19	1.0776	170.63	1.1095	178.62
	13.1718	0.47	0.4306	0.5634	30.83	1.1604	169.49	1.2492	190.10
平均误差/%					14.45		101.79		108.84
氮 $T_r=2.1653$	1.4904	4.93	0.9796	0.9782	−0.15	0.9856	0.61	0.9846	0.51
	2.9886	2.47	0.9672	0.9629	−0.44	0.9888	2.24	0.9874	2.09
	5.9785	1.30	0.9640	0.9570	−0.73	1.0296	6.81	1.0371	7.58
	11.9403	0.79	1.0478	1.0551	0.70	1.1751	12.15	1.2713	21.33
	23.8806	0.56	1.4790	1.7604	19.03	1.4957	1.13	2.4047	62.59
	29.8507	0.52	1.8098	2.8216	55.90	1.6460	−9.05	4.0090	121.52
平均误差/%					12.39		2.32		35.94

注：本表数据取自文献[4]。表中每一点的数据均是五个方程计算结果的平均值。

表 5-4-4 的数据表明，对高压过热气体，$Z^G_{Y(h)}$、$Z^G_{Y(S1)}$ 和 $Z^G_{Y(S2)}$ 三种逸度压缩因子计算方法出现明显差距，但 $Z^G_{Y(h)}$ 计算的精度要明显高于适用于饱和状态的 $Z^G_{Y(S1)}$ 和 $Z^G_{Y(S2)}$ 计算精度。这是因为在高温高压的情况，过热状态与饱和状态内部分子压力作用情况明显不同，而式[5-4-38]考虑了这一点。

在表 5-4-4 中有几处以式[5-4-37]计算的数据出现较大一些相对误差，现将这些数据单独列示如下：

$n-C_4H_{10}$	$T_r=1.1739$，	$P_r=10.5373$，	$\varphi=0.3982$，	$Z^G_{P(h)}=0.5224$，	相对误差=31.19%
$n-C_4H_{10}$	$T_r=1.1739$，	$P_r=13.1720$，	$\varphi=0.4306$，	$Z^G_{P(h)}=0.5634$，	相对误差=30.83%
Ar	$T_r=1.3254$，	$P_r=18.3749$，	$\varphi=0.7116$，	$Z^G_{P(h)}=0.8185$，	相对误差=15.02%
N_2	$T_r=2.1653$，	$P_r=28.8507$，	$\varphi=0.3982$，	$Z^G_{P(h)}=1.8098$，	相对误差=55.90%

这四个偏差大的数据中有三个绝对值偏差不大，如 0.398 2～0.522 4；0.430 6～0.563 4；0.711 6～0.818 5，可以认为这些数据基本吻合。而氮气的数据确实偏差太大，估计与计算所依据的原始数据精确性有关。

综合以上讨论，可以认为以式[5-4-37]计算结果与逸度系数数据比较是接近的，应有下列关系

$$Z^G_{Y(h)} \cong \varphi\,|_{T_r>1} \qquad [5-4-38]$$

下面举例说明以上计算：

已知二氧化碳气体的状态参数为 $P_r=6.7514$、$V_r=1.59$、$T_r=2.6298$。以五个状态方程计算的平均逸度系数为 1.079 3，试分别计算 $Z^G_{Y(h)}$、$Z^G_{Y(S1)}$ 和 $Z^G_{Y(S2)}$ 三种逸度压缩因子数值，并与逸度系数相比较。

计算：依据前面讨论，应用五个状态方程计算得到在特定状态条件下二氧化碳气体内各分子压力平均值为：

P_{atr}	P_{idr}	P_{P1r}	P_{P2r}
0.994 8	6.055 2	1.438 4	0.252 5

由此计算：

压缩因子 $Z=\dfrac{P_r}{P_{idr}}=6.7514/6.0552=1.1150$；以传统方法 $Z=\dfrac{PV}{RT}=1.1248$

逸度系数 $\varphi=1.0793$。

饱和状态逸度压缩因子计算：

$$Z^G_{P(S1)}=\frac{P_r+P_{atr}}{P_{idr}+P_{atr}}=\frac{6.7514+0.9948}{6.0552+0.9948}=1.0988$$

$$偏差=\frac{1.0988-1.0793}{1.0793}=1.80\%$$

$$Z_{P(S2)}^{G}=\frac{P_r+P_{atr}-P_{P1r}}{P_{idr}+P_{atr}-P_{P1r}}=\frac{6.7514+0.9948-1.4384}{6.0552+0.9948-1.4384}=1.1241$$

$$偏差=\frac{1.1241-1.0793}{1.0793}=4.15\%$$

$$Z_{P(h)}^{G}=\frac{P_r+P_{atr}-P_{P1r}-P_{P2r}}{P_{idr}+P_{atr}-P_{P1r}}=\frac{6.7514+0.9948-1.4384-0.2525}{6.0552+0.9948-1.4384}=1.0791$$

$$偏差=\frac{1.0791-1.0793}{1.0793}=-0.02\%$$

在此需再次说明的是过热状态计算式与饱和气体状态计算式并不能通用。原因是二者所处状态不同,气体内部分子间相互作用情况亦不相同。为了说明过热状态计算式不能应用于饱和状态,现将 $Z_{P(h)}^{G}$ 的计算式用于计算饱和状态气体,计算结果列于表 5-4-5 中。

对比在表 5-4-5 中亦列示了 $Z_{Y(S1)}^{G}$ 和 $Z_{Y(S2)}^{G}$ 的计算数据。需说明的是表 5-4-5 选择了氩、正丁烷和二氧化碳的数据,为的是可与表 5-4-2 数据对照。在表 5-4-2 中是五个状态方程单独计算的数据,而表 5-4-5 是以这五个状态方程计算数据取其平均值,因此如需了解计算表 5-4-2 的原始分子压力数据,参考表 5-4-2 所列数据并取其平均值即可。

表 5-4-5 饱和状态气体的 $Z_{Y(h)}^{G}$、$Z_{Y(S1)}^{G}$ 和 $Z_{Y(S2)}^{G}$ 三种逸度压缩因子数据计算

参数	P_r	V_r	T_r	φ	$Z_{Y(h)}^{G}$	误差/%	$Z_{Y(S1)}^{G}$	误差/%	$Z_{Y(S2)}^{G}$	误差/%
氩	0.0143	130.37	0.5553	0.9788	0.9782	−0.07	0.9780	−0.08	0.9780	−0.09
	0.0164	114.89	0.5633	0.9764	0.9758	−0.06	0.9757	−0.07	0.9757	−0.07
	0.0278	71.08	0.5964	0.9652	0.9643	−0.09	0.9644	−0.09	0.9642	−0.10
	0.0671	31.49	0.6627	0.9338	0.9324	−0.15	0.9336	−0.02	0.9331	−0.08
	0.1375	16.02	0.7290	0.8931	0.8901	−0.33	0.8939	0.09	0.8924	−0.07
	0.2505	8.89	0.7952	0.8461	0.8387	−0.87	0.8483	0.26	0.8448	−0.16
	0.4177	5.14	0.8615	0.7903	0.7731	−2.18	0.7943	0.50	0.7877	−0.33
	0.6471	3.00	0.9278	0.7311	0.6938	−5.10	0.7396	1.16	0.7287	−0.33
	0.9702	1.39	0.9940	0.6735	0.5510	−18.19	0.6828	1.38	0.6670	−0.97
	1.0000	1.00	1.0000	0.6668	0.4776	−28.37	0.6757	1.34	0.6614	−0.82
平均误差/%						−5.54		0.45		−0.30
正丁烷	0.0000	6.50E+06	0.3173	1.0000	1.0000	0.00	1.0000	0.00	1.0000	0.00
	0.0005	3337.12	0.4704	0.9987	0.9987	0.00	0.9986	−0.01	0.9986	−0.01
	0.0691	34.80	0.7056	0.9385	0.9370	−0.16	0.9382	−0.04	0.9377	−0.09
	0.2543	9.69	0.8231	0.8514	0.8433	−0.95	0.8519	0.05	0.8487	−0.32
	0.6662	3.13	0.9407	0.7344	0.6928	−5.66	0.7395	0.69	0.7284	−0.82
	0.9299	1.70	0.9878	0.6839	0.5803	−15.15	0.6902	0.93	0.6746	−1.36
	1.0000	1.00	1.0000	0.6664	0.4645	−30.29	0.6768	1.56	0.6628	−0.55
平均误差/%						−7.46		0.46		−0.45

续 表

参数	P_r	V_r	T_r	φ	$Z^G_{Y(h)}$	误差/%	$Z^G_{Y(S1)}$	误差/%	$Z^G_{Y(S2)}$	误差/%
二氧化碳	0.072 9	33.19	0.712	0.937 9	0.934 5	−0.36	0.935 7	−0.24	0.935 2	−0.29
	0.149 2	16.64	0.772 5	0.896 1	0.891 5	−0.51	0.895 2	−0.10	0.893 7	−0.27
	0.247 8	9.98	0.821 8	0.854 4	0.846 0	−0.98	0.854 4	0.00	0.851 4	−0.35
	0.442 3	5.27	0.887 6	0.788 8	0.769 3	−2.47	0.790 6	0.22	0.784 1	−0.60
	0.561 6	3.82	0.920 4	0.748 9	0.718 3	−4.09	0.749 1	0.02	0.740 8	−1.08
	0.914 2	1.72	0.986 2	0.683 6	0.579 5	−15.22	0.691 9	1.21	0.676 6	−1.03
	1.000 0	1.00	1.000 0	0.665 9	0.464 4	−30.27	0.676 8	1.64	0.662 9	−0.45
平均误差/%						−7.70		0.39		−0.58

表 5-4-5 中所列数据表明，饱和蒸气显然不适用以 $Z^G_{Y(h)}$ 进行计算，亦就是说，不适用以式[5-4-37]进行计算，其平均计算误差要明显高于以 $Z^G_{Y(S1)}$ 和 $Z^G_{Y(S2)}$ 计算的数据。一般在低压、低温状态，$Z^G_{Y(h)}$ 对逸度系数 φ 的误差还不很大，与 $Z^G_{Y(S1)}$ 和 $Z^G_{Y(S2)}$ 的数据接近。但随着温度与压力的上升，$Z^G_{P(h)}$ 对逸度系数 φ 的误差越来越大，而 $Z^G_{Y(S1)}$ 和 $Z^G_{Y(S2)}$ 的误差仍然很低。非常明显地说明在饱和状态下希望采用 $Z^G_{Y(S1)}$ 和 $Z^G_{Y(S2)}$ 的数据。

综合上述讨论，过热状态下逸度压缩因子应具有以下特点：

(1) 当讨论气体压力趋近于零时：$P_r \to 0$，$Z^G_Y \to Z \to 1$；$Z^G_{Y(S1)} = Z^G_{Y(S2)} = Z^G_{Y(h)} \to 1$

(2) $T_r > 1$ 的过热状态气体下，逸度系数 $\varphi = Z^G_{Y(h)}$

(3) 逸度压缩因子说明了逸度系数的分子本质，逸度系数确与实际气体内部的分子间相互作用情况有关，实际气体内部分子间相互作用变化，逸度数值会随之而变化，计算逸度系数的方法亦随之而变化。以分子压力表示分子间相互作用的变化时，实际气体的逸度系数与对比分子压力有以下关系：

饱和状态气体：

$$\varphi \cong Z^G_{Y(S1)} = \frac{P_r + P_{atr}}{P_{idr} + P_{atr}} \cong \frac{P_{idr} + P_{P1r} + P_{P2r}}{P_{idr} + P_{atr}} \qquad [5-4-39]$$

或：
$$\varphi \cong Z^G_{Y(S2)} = \frac{P_r + P_{atr} - P_{P1r}}{P_{idr} + P_{atr} - P_{P1r}} = \frac{P_{idr} + P_{P2r}}{P_{idr} + P_{atr} - P_{P1r}} \qquad [5-4-40]$$

过热状态气体：

$$\varphi \cong Z^G_{Y(h)} = \frac{P_r + P_{atr} - P_{P1r} - P_{P2r}}{P_{idr} + P_{atr} - P_{P1r}} = \frac{P_{idr}}{P_{idr} + P_{atr} - P_{P1r}} \qquad [5-4-41]$$

(4) $T_r > 1$ 的过热状态气体下，实际气体中各对比分子压力之间关系如下：

① 对比分子理想状态压力：

$$P_{idr} = P_r + P_{atr} - P_{P1r} - P_{P2r} = P_r / Z \qquad [5-4-42]$$

② 对比分子吸引压力：

$$P_{atr} = \frac{1 - Z_{Y(h)}^{G}}{Z_{Y(h)}^{G}} P_{idr} + P_{P1r} \cong \frac{1-\varphi}{\varphi} P_{idr} + P_{P1r} \quad [5-4-43]$$

③ 对比分子第二斥力：

$$P_{P2r} = (Z + \frac{1}{Z_{Y(h)}^{G}} - 2) \frac{T_r}{Z_C V_r} \cong (Z + \frac{1}{\varphi} - 2) \frac{T_r}{Z_C V_r} \quad [5-4-44]$$

④ 对比分子引力和分子第一斥力：

$$P_{P1r} - P_{atr} = \left(1 - \frac{1}{Z_{Y(h)}^{G}}\right) \frac{T_r}{Z_C V_r} \cong \left(1 - \frac{1}{\varphi}\right) \frac{T_r}{Z_C V_r} \quad [5-4-45]$$

⑤ 对比压力：　$$P_r = P_{idr} + P_{P1r} + P_{P2r} - P_{atr} = Z \frac{T_r}{Z_C V_r} \quad [5-4-46]$$

式[5-4-46]应是经典状态方程中对比压力的一种表示式。

参考文献

[1] 范宏昌. 热学[M]. 北京：科学出版社，2003.
[2] 胡英. 流体的分子热力学[M]. 北京：高等教育出版社，1983.
[3] Adamson A W. A Textbook of Physical Chemistry[M], Academic Press, INC, 1973.
[4] Perry R H. Perry's Chemical Engineer's Handbook[M]. Sixth Edition, New York: McGraw-Hill, 1984.
Perry R H, Green D W. Perry's Chemical Engineer's Handbook[M]. Seventh Edition, New York: McGraw-Hill, 1999.
[5] 基列耶夫 B A. 物理化学[M]. 上卷，北京：高等教育出版社，1953.
[6] Smith B D, Srivastava R. Thermodynamic data for pure compounds[M], Amsterdam, ELSEVIR, 1986.
[7] [美] E H 卢开森一闺德斯. 表面活性剂作用的物理化学[M]，北京：轻工业出版社，1988.
[8] 童景山. 化工热力学[M]. 北京：清华大学出版社，1994.
[9] 陈钟秀，顾飞燕，胡望明. 化工热力学[M]. 北京：化学工业出版社，2001.
[10] Lewis N G, Randall M. Thermodynamics and Free Energy of Chemical Substances[M]. New York: Butteworth, 1922.
[11] 傅鹰. 化学热力学导论[M]. 北京：科学出版社，1963.
[12] Prausnitz J M, Lichtenthaler R N, E G de Azevedo. Molecular Thermodynamics of Fluid-Phase Equilibria[M]. Second Edition, Englewood Cliffs, NJ: Prentice-Hall Inc, 1986, Third Edition, 1999.
[13] 陈新志，蔡振云，胡望明. 化工热力学[M]. 北京：化学工业出版社，2001.
[14] 张福田. 第二次全国胶体与界面化学学术讨论会论文摘要汇编[G]. 中国化学会，济南，1985，A33，163.
[15] 郑丹星. 流体与过程热力学[M]. 北京：化学工业出版社，2005.
[16] Zhang Fu Tian(张福田). Phase Equilibrium Theory on the Interface Layer Model of Physical Interface[J]. Jour of Colloid and Interface Science, 2001, 244: 282-302.
[17] 蔡炳新. 基础物理化学[M]，北京：科学出版社，2006.
[18] 郭天民. 多元气液平衡和精馏[M]. 北京：石油工业出版社，2002.
[19] 魏寿昆. 活度在冶金物理化学中应用[M]. 北京：中国工业出版社，1964：20.

第六章

气体混合物的分子压力

本章讨论气体混合物中各种分子压力的情况。

混合物是由多种纯物质所组成的，组成混合物的每种纯物质称为组元。

气体混合物是混合物中最简单的一种。气体之间可以按任意比例充分混合。

像讨论纯物质气体一样，各种纯物质气体相互混合后同样存在需要考虑混合物中各种分子间相互作用，或者可以忽略混合物中各种分子间相互作用的区别。因此，在气体混合物中同样有理想混合物和非理想混合物（实际混合物）的区别。理想混合物是讨论实际混合物的基础。

6-1　气体混合物分子压力

6-1-1　理想气体混合物分子压力

理想气体混合物即为可以忽略混合物中各种分子间相互作用影响的混合物，由此可见，由分子间可忽略发生相互作用的理想气体所组成的混合物，其特性与纯物质理想气体的情况一样[20]，亦就是说，可以借鉴纯物质理想气体的一些规律来讨论理想气体混合物。

本书将理想气体分成两种模型情况进行讨论。

1. 完全理想气体微观模型

符合这个微观模型的理想气体混合物称为完全理想气体混合物。此气体中完全不存在任何分子间相互作用，讨论气体中不存在与分子间相互作用相关的各种分子压力，只存在分子热运动驱动的分子理想压力。对完全理想气体混合物而言，体积为 V、温度为 T、摩尔量为 n 的完全理想气体混合物应满足理想气体的状态方程，

$$PV = n\mathrm{R}T \qquad [6-1-1]$$

现讨论理想气体混合物中有 i 种组元，在温度 T、体积 V 下，混合物中组元 i 的分压力 P_i 与温度、体积的关系

$$P_iV = n_i\mathrm{R}T \qquad [6-1-2]$$

n_i 为组元 i 的摩尔数。由上式可知

$$\sum_i P_iV = \sum_i n_i\mathrm{R}T = n\mathrm{R}T \qquad [6-1-3]$$

对混合物参数在其上标中加“m”，故上式中的分子理想压力 $P_{\mathrm{id}}^{\mathrm{m}} = \mathrm{R}T/V_m^{\mathrm{m}}$，其中 V_m^{m} 为讨论理想气体混合物的摩尔体积。对比式[6-1-1]可知，混合物总压力应为所有组元的分压力之和，即

$$P^{m} = \sum_{i} P_{i}^{m} \qquad [6-1-4]$$

这个关系式即为 Dalton 定律，是讨论完全理想气体混合物的基础关系式。

因为完全理想气体可忽略分子间的吸引力或排斥力，所以在恒温下对理想气体混合物中加入另一种理想气体时，任何组元的分子动能均可保持不变，每个组元都像只有它自己单独充满在体积 V 中而其他组元均不存在一样，因此理想气体的分压力就等于形成总压力的每个组元所具有的实际压力。

这意味着完全理想气体中，与分子间相互作用相关的各种分子压力亦不存在，即

$$P_{P1}^{m} = 0、P_{P2}^{m} = 0 \quad 和 \quad P_{at}^{m} = 0$$

式中 P_{P1}^{m}、P_{P2}^{m} 和 P_{at}^{m} 分别为混合物的第一分子斥压力、第二分子斥压力和分子吸引压力。故对于完全理想气体而言，其所具有的压力可以认为就是讨论气体在一定的讨论条件下的分子理想压力，即

$$P^{m} = P_{id}^{m} \qquad [6-1-5]$$

对完全理想气体混合物而言，Dalton 定律还可以表示为以下形式

$$P_{i}^{m} = y_{i} P^{m} \qquad [6-1-6]$$

即在完全理想气体混合物中，一种理想气体的摩尔分量 y_i 等于该理想气体的分压力除以总压力所得的商，即

$$y_{i} = \frac{n_{i}}{n} = \frac{P_{i}^{m}}{P^{m}} \qquad [6-1-7]$$

又从式[6-1-2]知，

$$P_{i}^{m} = n_{i} \frac{RT}{V} = y_{i} \frac{nRT}{V} = y_{i} P_{id}^{m} \qquad [6-1-8]$$

故知完全理想气体混合物中任意组元的分压力是其摩尔分数与气体分子理想压力的乘积。

同理，由于完全理想气体不存在有分子间的吸引力或排斥力，即有

$$P_{P1,i}^{m} = y_{i} P_{P1}^{m} = 0、P_{P2,i}^{m} = y_{i} P_{P2}^{m} = 0 \ 和 \ P_{at,i}^{m} = y_{i} P_{at}^{m} = 0$$

式中 $P_{P1,i}^{m}$、$P_{P2,i}^{m}$ 和 $P_{at,i}^{m}$ 分别为混合物的第一分子斥分压力、第二分子斥分压力和分子吸引分压力。

完全理想气体混合物中任意组元对形成分子理想压力的贡献为

$$P_{id,i}^{m} = y_{i} P_{id}^{m} \qquad [6-1-9]$$

式中 P_{id}^{m} 为混合物的分子理想压力，$P_{id,i}^{m}$ 为混合物中组元 i 的分子理想分压力。

故有

$$P_{id}^{m} = \sum_{i} P_{id,i}^{m} = \sum_{i} y_{i} P_{id}^{m} \qquad [6-1-10]$$

又知

$$n = n_{1} + n_{2} + \cdots + n_{i} \qquad [6-1-11]$$

故而理想气体状态方程为

$$V=\frac{(n_1+n_2+\cdots+n_i)RT}{P} \quad [6-1-12]$$

组元 i 的偏摩尔体积是

$$\overline{V}_i=\left(\frac{\partial V}{\partial n_i}\right)_{T,P,n_j}=\frac{RT}{P} \quad [6-1-13]$$

故理想气体混合物服从 Amagat 定律,即在恒定的温度和压力下,完全理想气体混合物的体积是组成混合物中各物质量的线性函数

$$V^{m}=\sum_i n_i V^0_{m,i} \quad [6-1-14]$$

式中 $V^0_{m,i}$ 为纯物质 i 在相同温度和压力下的摩尔体积。

Amagat 定律的另一种表示方式是在恒定的温度和压力下,理想气体的混合是恒容的。由于混合时体积不变化,则每一组分的偏摩尔体积应与它在纯态时的摩尔体积相同,则

$$\overline{V}_i=\left(\frac{\partial V}{\partial n_i}\right)_{T,P,n_j}=V^0_{m,i} \quad [6-1-15]$$

2. 近似理想气体微观模型

这种理想气体适用于讨论宏观条件下具有大量分子数量的理想气体系统,即是物理化学理论中压缩因子 $Z=1$ 的理想气体。这种气体存在着极少量的分子间相互作用,只是这些极少量的分子间相互作用对讨论系统的热力学行为影响可以忽略不计。由于这种理想气体中存在极少量的分子间相互作用,因此这种理想气体还存在与此相对应的各种分子压力,这些分子压力应服从压力微观结构式的要求,因此可以定义:

分子理想分压力 $$P^{m}_{id,i}=y_i P^{m}_{id} \quad [6-1-16a]$$

第一分子斥分压力 $$P^{m}_{P1,i}=y_i P^{m}_{P1} \quad [6-1-16b]$$

第二分子斥分压力 $$P^{m}_{P2,i}=y_i P^{m}_{P2} \quad [6-1-16c]$$

分子吸引分压力 $$P^{m}_{at,i}=y_i P^{m}_{at} \quad [6-1-16d]$$

这样近似理想气体的压力为

$$\begin{aligned}P^{m}&=\sum_i P^{m}_i=\sum_i P^{m}_{id,i}+\sum_i P^{m}_{P1,i}+\sum_i P^{m}_{P2,i}-\sum_i P^{m}_{at,i}\\&=\sum_i y_i P^{m}_{id}+\sum_i y_i P^{m}_{P1}+\sum_i y_i P^{m}_{P2}-\sum_i y_i P^{m}_{at}\end{aligned} \quad [6-1-17]$$

但对近似理想气体而言,其 $P^{m}_{P1,i}$、$P^{m}_{P2,i}$ 和 $P^{m}_{at,i}$ 数量很小,可以忽略不计,即式[6-1-17]可改写为

$$P^{m}=\sum_i P^{m}_i\cong\sum_i P^{m}_{id,i} \quad [6-1-18]$$

因此上述完全理想气体的各关系式同样可用于近似理想气体的讨论。

由于在近似理想气体中还存在 $P^{m}_{P1,i}$、$P^{m}_{P2,i}$ 和 $P^{m}_{at,i}$ 这些分子压力,虽然其数量很小,可

以忽略不计，但是在理论上还是有必要研究这些分子压力之间关系。式[6-1-17]适合于讨论近似理想气体的分子压力。

作为一例，现讨论空气在 300 K、低压（$P_r=2.6385\times10^{-2}$）、压缩因子 $Z=0.9994$ 下的各组元的各分子压力。由上述数据可知此空气应是近似理想气体的混合物。下面讨论中除特别注明外，所列的理想气体或理想气体混合物应都是近似理想气体或近似理想气体混合物。

表 6-1-1 中列示了此空气的一些分子压力和分子分压力的数据以供参考。

表 6-1-1　空气在 300 K 下的分子对比压力和分子对比分压力

混合物分子对比压力计算							
方程	状　态	P_r	P_{idr}	P_{P1r}	P_{P2r}	P_{atr}	Z
方程 1	$P_r=2.6385E-02$ $T_r=2.2633$ $V_r=269.06$ $Z=0.9994$	2.638 2E−02	2.640 1E−02	3.846 9E−05	8.370 4E−08	5.740 5E−05	0.999 3
方程 2		2.638 9E−02	2.640 1E−02	2.667 1E−05	3.903 7E−08	3.862 6E−05	0.999 6
方程 3		2.639 5E−02	2.640 1E−02	2.667 6E−05	3.350 4E−08	3.315 1E−05	0.999 8
方程 4		2.638 4E−02	2.640 1E−02	2.394 5E−05	3.707 2E−08	4.084 9E−05	0.999 4
方程 5		2.639 6E−02	2.640 1E−02	2.721 5E−05	3.394 6E−08	3.292 4E−05	0.999 8
平均值		2.638 9E−02	2.640 1E−02	2.859 5E−05	4.545 3E−08	4.059 1E−05	0.999 6
混合物中各组元的分子对比分压力计算（以五个方程平均值计算）							
空气中组元名称	摩尔分数 y_i	分压力 $P_{r,i}$	(1) $P_{idr,i}$	(2) $P_{P1r,i}$	(3) $P_{P2r,i}$	(4) $P_{atr,i}$	1+2+3−4
氮	7.808 2E−01	2.060 5E−02	2.061 4E−02	2.232 8E−05	3.549 1E−08	3.169 4E−05	2.060 5E−02
氧	2.094 8E−01	5.528 0E−03	5.530 5E−03	5.990 1E−06	9.521 6E−09	8.503 1E−06	5.528 0E−03
氩	9.342 4E−03	2.465 4E−04	2.466 5E−04	2.671 5E−07	4.246 4E−10	3.792 2E−07	2.465 4E−04
二氧化碳	3.291 3E−04	8.685 5E−06	8.689 4E−06	9.411 6E−09	1.496 0E−11	1.336 0E−08	8.685 5E−06
氖	1.722 7E−05	4.546 1E−07	4.548 1E−07	4.926 1E−10	7.830 2E−13	6.992 7E−10	4.546 1E−07
氦	5.069 8E−06	1.337 9E−07	1.338 5E−07	1.449 7E−10	2.304 4E−13	2.057 9E−10	1.337 9E−07
氪	1.038 4E−06	2.740 1E−08	2.741 4E−08	2.969 2E−11	4.719 7E−14	4.214 8E−11	2.740 1E−08
氙	8.825 7E−09	2.329 0E−10	2.330 1E−10	2.523 7E−13	4.011 5E−16	3.582 4E−13	2.329 0E−10
氢	5.173 3E−07	1.365 2E−08	1.365 8E−08	1.479 3E−11	2.351 4E−14	2.099 9E−11	1.365 2E−08
臭氧	1.207 1E−07	3.185 4E−09	3.186 9E−09	3.451 7E−12	5.486 6E−15	4.899 7E−12	3.185 4E−09
	总和	2.638 9E−02	2.640 1E−02	2.859 5E−05	4.545 3E−08	4.059 1E−05	

注：本表计算所用数据取自文献[2～4]。2.638 2E−2 = 2.6382×10^{-2}。表中分子压力数据是由下列 5 个状态方程计算：方程 1，van der Waals 方程；2，RK 方程；3，Soave 方程；4，PR 方程；5，童景山方程。

表 6-1-1 所列数据表明，理想气体混合物中分子间相互作用行为与纯物质理想气体情况相似。即理想气体的压力 P_r 与对比分子理想压力 P_{idr} 数值上十分接近或相等，而对比其他分子压力，如 P_{atr}、P_{P1r} 和 P_{P2r} 确实均很小，可以忽略。

理想气体混合物中组元分压力与组元数量相关，组元在混合物中数量多的，则其分压力亦高些，例如空气中氮的摩尔分数约有 0.781，占空气的大半数量，因此在空气中氮的分压力亦为最高的。

6-1-2 真实气体混合物分子压力

由上述讨论可知，由于理想状态中 P_{atr}、P_{P1r} 和 P_{P2r} 均很小，可以忽略，故表示理想气体混合物压力的式[6-1-17]可写成为

$$P^{m} \simeq P_{id}^{m} = \sum_{i} P_{id,\,i}^{m} \tag{6-1-19}$$

即理想气体混合物的压力就是分子理想压力。但是真实气体混合物不能忽略 P_{atr}、P_{P1r} 和 P_{P2r} 这些分子间相互作用的影响，故真实气体混合物的压力表示式为

$$P_{真实}^{m} = \sum_{i} P_{i}^{m} = \sum_{i} P_{id,\,i}^{m} + \sum_{i} P_{P1,\,i}^{m} + \sum_{i} P_{P2,\,i}^{m} - \sum_{i} P_{at,\,i}^{m} \tag{6-1-20}$$

同样以空气为例，表 6-1-2 列示了 120 K、10 bar 下空气中各分子压力的数据，以作比较。

表 6-1-2　空气在 120 K、10 bar 下的分子对比压力和分子对比分压力

混合物分子对比压力计算

方程	状态	P_r	P_{idr}	P_{P1r}	P_{P2r}	P_{atr}	Z
方程 1	$P_r = 2.6532E-01$ $T_r = 0.9053$ $V_r = 9.3335$ $Z=0.8656$	2.6669E−01	3.0651E−01	7.2233E−03	1.3098E−03	4.8359E−02	0.8701
方程 2		2.6574E−01	3.0651E−01	7.7952E−03	1.4676E−03	5.0033E−02	0.8670
方程 3		2.6590E−01	3.0651E−01	7.7999E−03	1.4629E−03	4.9872E−02	0.8675
方程 4		2.6315E−01	3.0651E−01	6.9317E−03	1.3605E−03	5.1650E−02	0.8585
方程 5		2.6656E−01	3.0651E−01	7.9770E−03	1.4785E−03	4.9707E−02	0.8697
平均值		2.6561E−01	3.0651E−01	7.5454E−03	1.4159E−03	4.9864E−02	0.8666

混合物中各组元的分子对比分压力计算（以五个方程平均值计算）

空气中组元名称	摩尔分数 y_i	分压力 $P_{r,\,i}$	(1) $P_{idr,\,i}$	(2) $P_{P1r,\,i}$	(3) $P_{P2r,\,i}$	(4) $P_{atr,\,i}$	1+2+3−4
氮	7.8082E−01	2.0740E−01	2.3933E−01	5.8916E−03	1.1056E−03	3.8935E−02	2.0739E−01
氧	2.0948E−01	5.5642E−02	6.4208E−02	1.5806E−03	2.9660E−04	1.0446E−02	5.5639E−02
氩	9.3424E−03	2.4815E−03	2.8635E−03	7.0492E−05	1.3228E−05	4.6585E−04	2.4814E−03
二氧化碳	3.2913E−04	8.7423E−05	1.0088E−04	2.4834E−06	4.6602E−07	1.6412E−05	8.7419E−05
氖	1.7227E−05	4.5758E−06	5.2802E−06	1.2998E−07	2.4392E−08	8.5901E−07	4.5756E−06
氦	5.0698E−06	1.3466E−06	1.5539E−06	3.8254E−08	7.1783E−09	2.5280E−07	1.3466E−06
氪	1.0384E−06	2.7582E−07	3.1828E−07	7.8351E−09	1.4703E−09	5.1779E−08	2.7581E−07
氙	8.8257E−09	2.3443E−09	2.7052E−09	6.6593E−11	1.2496E−11	4.4008E−10	2.3442E−09
氢	5.1733E−07	1.3741E−07	1.5857E−07	3.9035E−09	7.3249E−10	2.5796E−08	1.3741E−07
臭氧	1.2071E−07	3.2063E−08	3.6999E−08	9.1081E−10	1.7091E−10	6.0191E−09	3.2061E−08
	总和	2.6562E−01	3.0651E−01	7.5454E−03	1.4159E−03	4.9864E−02	

注：本表计算所用数据取自文献[2～4]。2.6561E−2 = 2.6561×10^{-2}。表中分子压力数据是由下列 5 个状态方程计算：方程 1，van der Waals 方程；2，RK 方程；3，Soave 方程；4，PR 方程；5，童景山方程。

对比表 6-1-1 和表 6-1-2 所列数据可知，在真实气体混合物中分子间相互作用确有加强，无论是分子间吸引作用，还是分子间斥作用，无论在绝对值上，还是在与其分压力相比较的相对值上，均可看到分子间相互作用加强的迹象，因此，表 6-1-2 是以实际数据说明在真实气体混合物中不能再忽视分子间相互作用的影响。

压力的微观结构式反映了真实气体混合物中分子间相互作用的影响，改写为：

$$P^{\mathrm{m}}_{\text{真实}} = P^{\mathrm{m}}_{\mathrm{id}} + P^{\mathrm{m}}_{P1} + P^{\mathrm{m}}_{P2} - P^{\mathrm{m}}_{\mathrm{at}} = P^{\mathrm{m}}_{\mathrm{id}}\left(\frac{P^{\mathrm{m}}_{\mathrm{id}} + P^{\mathrm{m}}_{P1} + P^{\mathrm{m}}_{P2} - P^{\mathrm{m}}_{\mathrm{at}}}{P^{\mathrm{m}}_{\mathrm{id}}}\right) = Z^{\mathrm{m}} P^{\mathrm{m}}_{\mathrm{id}} \qquad [6-1-21]$$

式中

$$Z^{\mathrm{m}} = \left(\frac{P^{\mathrm{m}}_{\mathrm{id}} + P^{\mathrm{m}}_{P1} + P^{\mathrm{m}}_{P2} - P^{\mathrm{m}}_{\mathrm{at}}}{P^{\mathrm{m}}_{\mathrm{id}}}\right) = \frac{P^{\mathrm{m}}}{P^{\mathrm{m}}_{\mathrm{id}}} \qquad [6-1-22]$$

称为混合物的压缩因子，用于修正混合物对理想状态的偏差。混合物同纯物质气体一样，可以利用压缩因子来修正它对理想状态的偏差。因此对混合物可以应用真实气体状态方程进行讨论，即

$$P^{\mathrm{m}} = Z^{\mathrm{m}} \frac{RT^{\mathrm{m}}}{V^{\mathrm{m}}_{m}} \qquad [6-1-23]$$

6-2　气体混合物的混合规则

理想气体混合物 Dalton 定律表示了理想气体混合物中每种组元对混合物总压力的贡献和与混合物中的数量呈线性比例关系。因此，理想气体混合物中每个组元的分压力可在已知混合物总压力的前提下，由其在混合物中所占有的数量求出。但是，如果不知混合物的讨论参数，那么能否依据每个组元在纯物质下的基本性质，求得这个组元对混合物相应参数的贡献。这是讨论混合规则的目的之一。

在混合前后的温度和压力保持不变时，讨论混合过程性质变化的方法为：

设 M_i^0 为混合物中组元 i 在纯物质状态下某种热力学性质，而 M 为混合后混合物所具有的该种热力学性质。则有关系：

$$M = \sum_i n_i M_i^0 + \Delta M \qquad [6-2-1]$$

式中 ΔM 表示混合后的性质 M 与以纯物质计算的性质 $\sum_i n_i M_i^0$ 之间的区别。

已知，理想气体具有下列性质：

混合后体积不变化　$\Delta V^{\mathrm{id}} = 0$　[6-2-2a]

混合后焓不变化　$\Delta H^{\mathrm{id}} = 0$　[6-2-2b]

混合后熵的变化　$\dfrac{\Delta S^{\mathrm{id}}}{R} = -\sum y_i \ln y_i$　[6-2-2c]

已知，

$$n = \sum_i n_i \qquad [6-2-3]$$

讨论过程为恒温过程，则 $$nRT = \sum_i n_i RT \qquad [6-2-4]$$

引入理想气体状态方程 $$nPV = n_1 P_1^0 V_1^0 + n_2 P_2^0 V_2^0 + \cdots + n_i P_i^0 V_i^0 \qquad [6-2-5]$$

式中 P_i^0 为温度 T 时组元 i 在纯物质状态下的理想压力。V_i^0 为温度 T 时组元 i 在纯物质状态下的体积。参数之右上角“0”符号代表纯物质参数。

当讨论温度为气体温标温度（$T = 273.16$ K），并且讨论压力较低（$P \to 0$），为气体标准压力，$1.013\,25 \times 10^5$ Pa 时，标准状况下所有气体的摩尔体积相等[5]，均为 $22.414\,10 \times 10^{-3}$ m^3/mol。亦就是说，这时有 $$V = V_1^0 = V_2^0 = \cdots = V_i^0 \qquad [6-2-6]$$

即 $$P = P_1 + P_2 + \cdots + P_i = y_1 P_1^0 + y_2 P_2^0 + \cdots + y_i P_i^0 \qquad [6-2-7]$$

亦就是说，在讨论压力较低（$P \to 0$），或气体标准压力为 $1.013\,25 \times 10^5$ Pa，温度为气体温标温度（$T = 273.16$ K）时，即讨论对象是理想气体时，理想气体混合物的总压力，可以用各组元在讨论温度下各自的纯物质气体理想压力表示。这时各组元的分压力为：

$$P_i = y_i P_i^0 \qquad [6-2-8]$$

即理想气体混合物的总压力或其组元的分压力均可由各组元的纯物质参数直接计算得到。但是否由此可导得下列关系：

分子理想分压力 $$P_{id,i} = y_i P_{id}^0 \qquad [6-2-9a]$$

第一分子斥分压力 $$P_{P1,i} = y_i P_{P1}^0 \qquad [6-2-9b]$$

第二分子斥分压力 $$P_{P2,i} = y_i P_{P2}^0 \qquad [6-2-9c]$$

分子吸引分压力 $$P_{at,i} = y_i P_{at}^0 \qquad [6-2-9d]$$

组元 i 的分压力 $$P_i = P_{id,i} + P_{P1,i} + P_{P2,i} - P_{at,i} \qquad [6-2-10]$$

作为例子，在表 6-2-1 中列示了 300 K、1 bar 下空气的三个主要组成——氮、氧、氩的数据，并以混合物的数据进行计算的结果与以式[6-2-8]，即以各组元在纯物质时的数据计算结果进行比较。表 6-2-1 分成两部分列示，表 6-2-1(a)中以压力绝对值计算，以验证式[6-2-9]的正确性。

表 6-2-1(a) 空气(300 K，1 bar)中组元氮、氧、氩和二氧化碳的分子压力数据(1)

纯物质分子压力数值，压力单位为 bar					
名 称	计算结果(5 种方程平均值)				
	P^0	P_{id}^0	P_{P1}^0	P_{P2}^0	P_{at}^0
氮 纯物质/bar	状态参数：$P = 1$ bar，$V = 24.938 \times 10^{-3}$ $m^3 \cdot mol^{-1}$，$T = 300$ K，$Z = 0.999\,8$				
	1.000 0	1.000 5	1.151 8E−3	1.763 0E−6	1.452 1E−3
氧 纯物质/bar	状态参数：$P = 1$ bar，$V = 24.927 \times 10^{-3}$ $m^3 \cdot mol^{-1}$，$T = 300$ K，$Z = 0.999\,4$				
	1.000 0	1.000 6	9.496 0E−04	1.635 4E−06	1.678 3E−03
氩 纯物质/bar	状态参数：$P = 1$ bar，$V = 24.926 \times 10^{-3}$ $m^3 \cdot mol^{-1}$，$T = 300$ K，$Z = 0.999\,4$				
	0.992 2	0.992 9	9.471 2E−04	1.609 8E−06	1.645 2E−03

续　表

空气中组元的分子分压力，以压力计算，单位为 bar，1 为以混合物参数计算，2 为以纯物质参数计算						
名　称		P_i^m	$P_{id,i}^m$	$P_{P1,i}^m$	$P_{P2,i}^m$	$P_{at,i}^m$
氮 $y_i=$ 0.780 8	1(2)	7.809 3E−01	7.812 9E−01	8.462 2E−04	1.345 1E−06	1.201 2E−03
	2(2)	7.807 1E−01	7.809 4E−01	8.988 4E−04	1.360 3E−06	1.133 2E−03
	误差	−0.03%	−0.04%	6.22%	1.13%	−5.66%
氧 $y_i=$ 0.209 5	1(2)	2.095 1E−01	2.096 1E−01	2.270 3E−04	3.608 7E−07	3.222 7E−04
	2(2)	2.094 6E−01	2.096 0E−01	1.989 2E−04	3.425 9E−07	3.515 8E−04
	误差	−0.03%	0.00%	−12.38%	−5.07%	9.09%
氩 $y_i=$ 0.009 34	1(2)	9.343 8E−03	9.348 0E−03	1.012 5E−05	1.609 4E−08	1.437 2E−05
	2(2)	9.341 8E−03	9.348 6E−03	8.917 6E−06	1.515 7E−08	1.549 0E−05
	误差	−0.02%	0.01%	−11.92%	−5.82%	7.78%

注：(1) 本表计算所用数据取自文献[2～4]。2.638 2E−2 = 2.638 2×10⁻²。参数右上角“0”代表纯物质参数。表中分子压力数据是由下列 5 个状态方程计算的平均值：方程 1，van der Waals 方程；方程 2，RK 方程；方程 3，Soave 方程；方程 4，PR 方程；方程 5，童景山方程。

(2) “1”为按 5 个状态方程计算的平均值，“2”为按式[6-2-8, 9]计算值。

表 6-2-1(a)中讨论气体的状态参数是温度为 300 K、压力为 1 bar，与标准气体的压力和温度（$T=273.16$ K，$1.013\,25\times10^5$ Pa）十分接近，所以讨论的混合物应是简单的理想气体混合物。因此，各组元在纯气体状态下的摩尔体积亦可认为彼此相等，表中列出氮气的摩尔体积为 24.938×10^{-3} m^3/mol，氧气为 24.927×10^{-3} m^3/mol，氩气为 24.926×10^{-3} m^3/mol。

表 6-2-1(a)数据表示，式[6-2-8]适用于以纯物质数据计算的混合物各组元的分子分压力数据与空气这个混合物当作一个虚拟的理想物质处理得到相关数据，结果十分吻合，这证实了式[6-2-8]的可用性。

当然，讨论的混合物不是处于理想状态时，式[6-2-8]应该怎样修正，这些将在 6-2-2 节中讨论。

表 6-2-1(a)数据亦表示，其中 P_i^m 和 $P_{id,i}^m$ 的结果是满意的，混合物的数据与以纯物质参数计算的数据十分吻合，但 $P_{P1,i}^m$、$P_{P2,i}^m$ 和 $P_{at,i}^m$ 的计算有一些误差，虽然最低误差为 1.13%，但高的为 12.38%，这说明以简单的线性比例方法计算 $P_{P1,i}^m$、$P_{P2,i}^m$ 和 $P_{at,i}^m$ 这些分子压力还有一些需要推敲的地方，这在下面进行讨论。但对于理想状态的气态物质混合物，在要求计算精度不高的情况时，式[6-2-9]可以作为近似性的计算应用。

需要注意的是以对比压力为基本计算参数计算时不能按照式[6-2-8]的方法直接应用纯物质的对比压力进行计算，即不能将式[6-2-8]改写为对比压力形式，亦就是说

$$P_{r,i}^m \neq y_i P_{r,i}^0 \qquad [6-2-11]$$

式[6-2-8]与式[6-2-11]的区别在于后者引入了临界状态参数，因而在混合物的混

合规则讨论时应考虑混合物的虚拟临界状态参数与各组元在纯物质状态下临界状态参数之间的关系。由于上述原因，即使处理最简单的理想气体混合物，式[6-2-11]与式[6-2-8]得到的结果完全不同。式[6-2-8]计算结果基本令人满意，而式[6-2-11]计算结果误差很大。作为例子，表6-2-1(b)中列示了与表6-2-1(a)同一状态的空气，以对比压力形式式[6-2-11]的计算结果。

表6-2-1(b) 空气(300 K, 1 bar)中组元氮、氧、氩和二氧化碳的对比分子压力数据(1)

纯物质对比分子压力计算						
名称		计算结果(5种方程平均值)				
		P_r^0	P_{idr}^0	P_{P1r}^0	P_{P2r}^0	P_{atr}^0
氮纯物质，对比态参数		状态参数：$P_r = 2.944\,6\text{E}-2$，$V_r = 278.74$，$T_r = 2.376\,2$，$Z = 0.999\,8$				
		2.944 2E−2	2.945 1E−2	3.389 7E−5	5.129 9E−8	4.273 7E−5
氧纯物质，对比态参数		状态参数：$P_r = 1.982\,9\text{E}-2$，$V_r = 339.76$，$T_r = 1.940\,7$，$Z = 0.999\,4$				
		1.982 7E−02	1.984 1E−02	1.883 0E−05	3.242 9E−08	3.328 0E−05
氩纯物质，对比态参数		状态参数：$P_r = 1.982\,9\text{E}-2$，$V_r = 339.76$，$T_r = 1.940\,73$，$Z = 0.999\,4$				
		2.041 5E−02	2.043 0E−02	1.948 8E−05	3.312 4E−08	3.385 2E−05
空气中组元的分子分压力，以对比参数计算，1为以混合物参数计算，2为以纯物质参数计算						
名称		$P_{r,i}^m$	$P_{idr,i}^m$	$P_{P1r,i}^m$	$P_{P2r,i}^m$	$P_{atr,i}^m$
氮 $y_i = 0.780\,8$	1(2)	2.060 5E−02	2.061 4E−02	2.232 8E−05	3.549 1E−08	3.169 4E−05
	2(2)	2.298 9E−02	2.299 6E−02	2.646 8E−05	4.005 5E−08	3.337 0E−05
	误差	11.57%	11.55%	18.54%	12.86%	5.29%
氧 $y_i = 0.209\,5$	1(2)	5.528 0E−03	5.530 5E−03	5.990 1E−06	9.521 6E−09	8.503 1E−06
	2(2)	1.548 1E−02	1.549 2E−02	1.470 3E−05	2.532 1E−08	2.598 6E−05
	误差	180.05%	180.12%	145.45%	165.94%	205.60%
氩 $y_i = 0.009\,34$	1(2)	2.465 4E−04	2.466 5E−04	2.671 5E−07	4.246 4E−10	3.792 2E−07
	2(2)	1.594 0E−02	1.595 2E−02	1.521 7E−05	2.586 4E−08	2.643 2E−05
	误差	6 365.74%	6 367.55%	5 595.99%	5 990.77%	6 870.22%

注：(1) 本表计算所用数据取自文献[2～4]。$2.638\,2\text{E}-2 = 2.638\,2\times10^{-2}$。参数右上角"0"代表纯物质参数。表中分子压力数据是由下列5个状态方程计算的平均值：方程1，van der Waals方程；方程2，RK方程；方程3，Soave方程；方程4，PR方程；方程5，童景山方程。

(2) "1"为按5个状态方程计算的平均值，"2"为按式[6-2-8, 9]计算值。

6-2-1 理想气体混合规则

由上述讨论知，理想气体混合物压力与形成混合物的各组分纯物质时的压力关系为

$$P^{m} = (1 - y_2)P_1^0 + y_2 P_2^0 = y_1 P_1^0 + y_2 P_2^0 \qquad [6-2-12]$$

满足上式的基本条件为：

(1) 恒温——要求混合物与形成混合物的各组分纯物质均处在同样的温度；

(2) 理想状态——混合物是理想气体混合物，而形成混合物的各组分纯物质也应是理想气体。如果其中一个组分纯物质气体不是理想气体，则上式不能成立。

讨论压力不太高时，很多气体混合物可以达到这一要求。但当压力上升时，形成混合物的各组分纯物质中有些不再是理想气体，图6-2-1中列示了一些纯物质气体的压缩因子在恒温下随压力的变化，在一定压力时纯物质气体会由理想气体转为非理想气体。

由图6-2-1可见，恒温(400 K)下，各气体随压力的增加使气体的非理想性增加。但是在一定范围内，例如氮气和一氧化碳约在7 MPa以下，乙烷约在0.8 MPa以下，甲烷约在1 MPa以下，可以认为是理想气体。

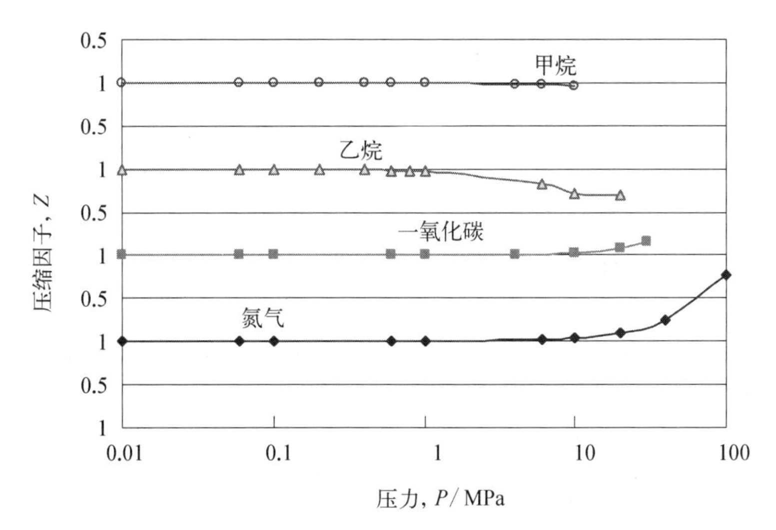

图6-2-1　400 K下压缩因子 Z 与压力 P 的关系

因而可以这样认为，一定温度下，在一定的压力范围内，各种物质气体均有可能是理想气体。即在上述的压力和温度下，各种气体混合时可应用式[6-2-12]计算气体混合物的压力。

理想气体混合物的压力和分子压力的混合规则综合如下：

(1) 理想气体混合物的压力与组元在同样温度下理想纯物质气体压力的关系为

$$P = \sum_i y_i P_i^0 \qquad [6-2-13]$$

(2) 理想气体混合物各组元的分压力与组元在同温度下理想纯物质气体压力呈线性关系

$$P_i = y_i P_i^0 \qquad [6-2-14]$$

(3) 理想气体混合物的各分子压力与组元在同温度下理想纯物质气体分子压力的关系为

$$\begin{aligned} P &= P_{id} + P_{P1} + P_{P2} - P_{at} \\ &= \sum_i y_i P^0_{id,i} + \sum_i y_i P^0_{P1,i} + \sum_i y_i P^0_{P2,i} - \sum_i y_i P^0_{at,i} \end{aligned} \qquad [6-2-15]$$

如果以对比参数形式表示压力或分子压力,则涉及混合物与纯物质气体临界性质的混合规则。混合物的实际临界温度和压力的计算难度较高,Kay[6]对混合物提出所谓的"虚拟临界点",虚拟临界性质的数值与真正临界性质的数值不同,但将其应用于对比状态计算时,有时会得到较好的计算结果,因而在目前的混合物计算中得到了应用。Kay 提出混合物虚拟临界性质是纯组分的临界性质与其摩尔分数乘积:

混合物虚拟临界温度 $$T^m_C = \sum_i y_i T^0_{C,i} \qquad [6-2-16a]$$

混合物虚拟临界压力 $$P^m_C = \sum_i y_i P^0_{C,i} \qquad [6-2-16b]$$

由上式得到的 T^m_C 数值与其他方法得到的数值相比较,两者差别一般小于 2%[7],此法对状态参数的要求是: $0.5 < \dfrac{P^0_{C,i}}{P^0_{C,j}} < 2$ 和 $0.5 < \dfrac{T^0_{C,i}}{T^0_{C,j}} < 2$

希望混合物中各组元纯物质临界性质彼此尽量接近,故文献[8]认为:Kay 规则只是在近似理想的混合时才是有效的。

由于讨论涉及混合物和各组元物质的临界性质,故将表示理想气体混合物与各组元分压力的式[6-2-12]改写为

$$\frac{P^m}{P^m_C}P^m_C = y_1\frac{P^0_1}{P^0_{C,1}}P^0_{C,1} + y_2\frac{P^0_2}{P^0_{C,2}}P^0_{C,2} + \cdots + y_i\frac{P^0_i}{P^0_{C,i}}P^0_{C,i} \qquad [6-2-17]$$

所以 $$P^m_r P^m_C = y_1 P^0_{r,1}P^0_{C,1} + y_2 P^0_{r,2}P^0_{C,2} + \cdots + y_i P^0_{r,i}P^0_{C,i} \qquad [6-2-18]$$

式中 P^m_r 为讨论温度为 T 时理想气体混合物的对比压力,P^m_C 为混合物处于临界状态下的临界压力,$P^0_{r,i}$ 为纯物质 i 组元气体在同一温度下的对比压力,$P^0_{C,i}$ 为其临界压力。

如果依据混合物的压力数据计算,则各组元的对比分压力应是

$$P^m_r = P^m_{r,1} + P^m_{r,2} + \cdots + P^m_{r,i} = y_1 P^m_r + y_2 P^m_r + \cdots + y_i P^m_r \qquad [6-2-19a]$$

式中 $P^m_{r,i}$ 为讨论温度为 T 时理想气体混合物中组元 i 的对比分压力。

即 $$\begin{aligned} P^m_r P^m_C &= P^m_{r,1}P^m_C + P^m_{r,2}P^m_C + \cdots + P^m_{r,i}P^m_C \\ &= y_1 P^m_r P^m_C + y_2 P^m_r P^m_C + \cdots + y_i P^m_r P^m_C \end{aligned} \qquad [6-2-19b]$$

对比式[6-2-18]可知 $$P^m_{r,i} = y_i P^0_{r,i}\frac{P^0_{C,i}}{P^m_C} = y_i P^0_{r,i}/\Lambda^{P_C}_i \qquad [6-2-20a]$$

$$P_r^m = P_{r,i}^0 \frac{P_{C,i}^0}{P_C^m} = P_{r,i}^0 / \Lambda_i^{P_C} \qquad [6-2-20b]$$

式中 $\Lambda_i^{P_C} = P_C^m / P_{C,i}^0$，为混合物与组元 i 临界压力的修正系数。故得

$$\begin{aligned} P_r^m &= y_1 P_r^m + y_2 P_r^m + \cdots + y_i P_r^m \\ &= y_1 P_{r,1}^0 / \Lambda_1^{P_C} + y_2 P_{r,2}^0 / \Lambda_2^{P_C} + \cdots + y_i P_{r,i}^0 / \Lambda_i^{P_C} \end{aligned} \qquad [6-2-21]$$

当知道混合物的临界压力，还知道各组元在纯物质时的临界压力，则由式[6-2-21]可以计算混合物的对比压力和各组元的对比分压力。但是在很多情况下混合物的临界压力数值是不清楚的。因此需要设定一些条件用于混合物临界压力的计算。假设当讨论压力达到临界压力时讨论体系仍是理想气体，可应用式[6-2-8]计算，故知：

$$P_C^m = y_1 P_{C,1}^0 + y_2 P_{C,2}^0 + \cdots + y_i P_{C,i}^0 \qquad [6-2-22]$$

此即为上述 Kay 规则。注意这是在假设讨论压力达到临界压力时讨论体系仍是理想气体的前提下得到的，不是正确的理论式，只是某种经验式。临界状态时讨论体系应该不是理想气体，物质在临界状态时的压缩因子 $Z_C \neq 1$。

应用这个 Kay 近似规则，将[6-2-22]式代入到临界压力变换系数中去可得

$$\Lambda_i^{P_C} = \frac{P_C^m}{P_{C,i}^0} = \frac{y_1 P_{C,1}^0 + y_2 P_{C,2}^0 + \cdots + y_i P_{C,i}^0}{P_{C,i}^0} \qquad [6-2-23]$$

在缺少混合物的数据时，可利用纯物质的数据进行近似计算。

与此同理，对比温度有 $$T_r^m = T_{r,i}^0 \frac{T_{C,i}^0}{T_C^m} = T_{r,i}^0 / \Lambda_i^{T_C} \qquad [6-2-24]$$

式中 $\Lambda_i^{T_C} = T_C^m / T_{C,i}^0$ 称为混合物与组元 i 的临界温度的修正系数。故得

$$T_C^m = y_1 T_{C,1}^0 + y_2 T_{C,2}^0 + \cdots + y_i T_{C,i}^0 \qquad [6-2-25]$$

式[6-2-25]亦是 Kay 规则中一部分，此式和式[6-2-22]组合形成 Kay 规则。
将[6-2-25]式代入到临界压力变换系数中去可得

$$\Lambda_i^{T_C} = \frac{T_C^m}{T_{C,i}^0} = \frac{y_1 T_{C,1}^0 + y_2 T_{C,2}^0 + \cdots + y_i T_{C,i}^0}{T_{C,i}^0} \qquad [6-2-26]$$

应该指出，Kay 规则的基础是假设当讨论压力、讨论体积和讨论温度达到临界压力、临界体积和临界温度时讨论体系仍是理想气体。但这仅仅是假设，实际情况并非如此。实验数据证实，一般，讨论物质处于临界状态时应处于非理想状态。因此，依据 Kay 规则所计算的结果必定有一定的误差。这在前面内容中已有介绍。由此可知，依据 Kay 规则所得到的临界参数应是一种虚拟的临界参数。

文献中介绍计算虚拟的临界参数另一种方法为 Joffe 方法，这可参考文献[7, 8]。Kay

规则和 Joffe 方法都是用于估算虚拟临界参数的方法，一般用于讨论对比压力、对比体积和对比温度之间的关系。Kay 规则的基础是碳氢化合物的 PVT 关系数据，亦有些研究者认为这一方法亦适用于其他混合物。而 Joffe 方法是基于 van der Waals 状态方程得到的。一般认为 Joffe 方法计算精度稍高些。

文献中有很多的临界参数混合规律介绍，可供读者选择应用。本节后面亦有涉及临界状态下分子压力来讨论混合物临界参数混合规律的介绍。为了方便讨论，本节较多应用了 Kay 规则，这是因为 Kay 规则简单、明确，对讨论混合物中分子压力情况有利。为了了解 Kay 规则对计算混合物中各分子压力可能形成的误差，现以空气为例，计算空气中主要组元氧、氮、氩和二氧化碳的分子压力的数据列于表 6-2-2 中。分子压力的计算依据压力微观结构式：

混合物 $$P_r^m = P_{idr}^m + P_{P1r}^m + P_{P2r}^m - P_{atr}^m \quad [6-2-27a]$$

各组元 $$P_{r,i}^m = P_{idr,i}^m + P_{P1r,i}^m + P_{P2r,i}^m - P_{atr,i}^m \quad [6-2-27b]$$

纯物质 $$P_{r,i}^0 = P_{idr,i}^0 + P_{P1r,i}^0 + P_{P2r,i}^0 - P_{atr,i}^0 \quad [6-2-28]$$

因此混合物中各组元的分子压力与纯组元的分子压力有下列关系：

$$P_{idr,i}^m = y_i P_{idr,i}^0 / \Lambda_i^{P_C} \quad [6-2-29a]$$

$$P_{P1r,i}^m = y_i P_{P1r,i}^0 / \Lambda_i^{P_C} \quad [6-2-29b]$$

$$P_{P2r,i}^m = y_i P_{P2r,i}^0 / \Lambda_i^{P_C} \quad [6-2\quad 29c]$$

$$P_{atr,i}^m = y_i P_{atr,i}^0 / \Lambda_i^{P_C} \quad [6-2-29d]$$

依据 Kay 近似规则，计算了 300 K 下空气中主要组元氮、氧、氩和二氧化碳的各分子压力数据。

表 6-2-2　空气(300 K)中主要组元氮、氧、氩和二氧化碳的分子压力计算值(Kay 法)

项 目	组 元	y_i	$P_{C,i}^0$ 或 $T_{C,i}^0$		P_C^m, T_C^m, V_C^m 文献值	误 差
			纯物质	计算值		
临界压力计算 P_C /bar	氮	7.808 2E−01	33.96	26.516 7		
	氧	2.094 8E−01	50.43	10.564 2		
	氩	9.342 4E−03	48.98	0.457 6		
	二氧化碳	3.291 3E−04	73.83	0.024 3		
	总和	9.999 8E−01		37.562 8	37.90	−0.89%
临界温度计算 T_C /K	氮	7.808 2E−01	126.20	98.54		
	氧	2.094 8E−01	154.59	32.38		
	氩	9.342 4E−03	150.86	1.41		
	二氧化碳	3.291 3E−04	304.21	0.10		
	总和	9.999 8E−01		132.43	132.45～132.55	−0.02～−0.09%
临界体积计算：$V_C=Z_CRT_C/P_C$，单位：$cm^3 \cdot mol^{-1}$				93.21	92.00	1.32%

续　表

组元对比分压力和分子对比压力计算：混合物对比分压力 $P_r^m = 2.6389E-02$。依据式[6-2-20a]，由纯物质数据计算的对比分压力为 $P_{r,i}^m(1)$。依据式[6-2-19]，由混合物数据计算的对比分压力为 $P_{r,i}^m(2)$							
项　目	组　元	y_i	纯物质 $P_{r,i}^0$ 和各分子压力	$\frac{1}{\Lambda_i^{PC}}$	$P_{r,i}^m(1)$	$P_{r,i}^m(2)$	误差
组元对比分压力计算 $P_{r,i}$	氮	7.808 2E−01	2.944 2E−02	0.904 1	2.078 4E−02	2.060 5E−02	0.87%
	氧	2.094 8E−01	1.982 7E−02	1.342 6	5.576 2E−03	5.528 0E−03	0.87%
	氩	9.342 4E−03	2.041 5E−02	1.303 9	2.487 0E−04	2.465 4E−04	0.88%
	二氧化碳	3.291 3E−04	1.354 7E−02	1.965 5	8.763 7E−06	8.685 5E−06	0.90%
	总和	9.999 8E−01			2.661 8E−02	2.638 9E−02	0.87%
对比分子理想分压力计算 $P_{idr,i}$	氮	7.808 2E−01	2.945 1E−02	0.904 1	2.079 0E−02	2.061 4E−02	0.85%
	氧	2.094 8E−01	1.984 1E−02	1.342 6	5.580 1E−03	5.530 5E−03	0.90%
	氩	9.342 4E−03	2.043 0E−02	1.303 9	2.488 8E−04	2.466 5E−04	0.90%
	二氧化碳	3.291 3E−04	1.361 3E−02	1.965 5	8.806 4E−06	8.689 4E−06	1.35%
	总和	9.999 8E−01			2.662 8E−02	2.640 1E−02	0.86%
对比第一分子分斥压力计算 $P_{P1r,i}$	氮	7.808 2E−01	3.389 7E−05	0.904 1	2.392 9E−05	2.232 8E−05	7.17%
	氧	2.094 8E−01	1.883 0E−05	1.342 6	5.295 8E−06	5.990 1E−06	−11.59%
	氩	9.342 4E−03	1.948 8E−05	1.303 9	2.374 0E−07	2.671 5E−07	−11.13%
	二氧化碳	3.291 3E−04	1.737 2E−05	1.965 5	1.123 8E−08	9.411 6E−09	19.41%
	总和	9.999 8E−01			2.947 3E−05	2.859 5E−05	3.07%
对比第二分子分斥压力计算 $P_{P2r,i}$	氮	7.808 2E−01	5.129 9E−08	0.904 1	3.621 4E−08	3.549 1E−08	2.04%
	氧	2.094 8E−01	3.242 9E−08	1.342 6	9.120 4E−09	9.521 6E−09	−4.21%
	氩	9.342 4E−03	3.312 4E−08	1.303 9	4.035 2E−10	4.246 4E−10	−4.97%
	二氧化碳	3.291 3E−04	1.056 6E−07	1.965 5	6.835 3E−11	1.496 0E−11	356.90%
	总和	9.999 8E−01			4.580 6E−08	4.545 3E−08	0.78%
对比分子分吸引压力计算 $P_{atr,i}$	氮	7.808 2E−01	4.273 7E−05	0.904 1	3.016 9E−05	3.169 4E−05	−4.81%
	氧	2.094 8E−01	3.328 0E−05	1.342 6	9.359 7E−06	8.503 1E−06	10.07%
	氩	9.342 4E−03	3.385 2E−05	1.303 9	4.123 9E−07	3.792 2E−07	8.75%
	二氧化碳	3.291 3E−04	8.270 0E−05	1.965 5	5.350 0E−08	1.336 0E−08	300.45%
	总和	9.999 8E−01			3.999 5E−05	4.059 1E−05	−1.47%

注：本表所用数据取自文献[2～4，9]。2.638 2E−2 = 2.6382×10^{-2}。表中分子压力数据是由下列5个状态方程计算：方程1，van der Waals 方程；方程2，RK 方程；方程3，Soave 方程；方程4，PR 方程；方程5，童景山方程。

表6-2-2中数据说明，以 Kay 规则计算理想混合物中各种分子压力是可行的，空气中氮、氧、氩和二氧化碳这些主要组元的分压力计算误差<0.9%，而理想气体中最主要的分子压力，即分子理想压力和分子理想分压力的计算误差氮、氧和氩均<0.9%，二氧化碳则为1.35%。这些数据说明计算结果基本上是理想的。计算得到的二氧化碳的对比第一分子斥压力、对比第二分子斥压力和对比分子吸引压力的误差较大，这是因为计算中应用了 Kay 规

则，而二氧化碳对氮的临界压力比值 $P_{C,CO_2}/P_{C,N_2}=73.83/33.96=2.174$，已超过Kay规则所要求<2的数值；此外，二氧化碳在空气中浓度很低，$y_i=0.000\,329$，亦易导致测试数据的误差增大。

在气体混合物中，两种或多种理想气体的混合并非是偶然情况，因此这里介绍的Kay规则对讨论理想气体混合物的分子压力应是有用的。

6-2-2 真实气体混合规则

真实气体内不能忽略分子间相互作用的影响，即真实气体内代表着分子间相互作用影响的第一分子斥压力、第二分子斥压力和分子吸引压力的数值已经增强到不能忽略的程度，必须考虑这些分子间相互作用的影响。

表6-2-3列示了不同状态下饱和正丁烷和空气中分子理想压力、第一分子斥压力、第二分子斥压力和分子吸引压力对讨论体系压力的影响数值以供参考。

表6-2-3 不同状态下饱和纯正丁烷和混合物—空气中各种分子压力对体系压力的比值

Z	$\frac{P_{idr}}{P_r}$	$\frac{P_{P1r}}{P_r}$	$\frac{P_{P2r}}{P_r}$	$\frac{P_{atr}}{P_r}$
纯正丁烷(饱和状态)				
1.000 0	1.000 0	0.000 0	0.000 0	0.000 0
1.000 0	1.000 0	0.000 0	0.000 0	0.000 0
0.998 7	1.001 3	0.000 1	0.000 0	0.001 4
0.984 8	1.015 4	0.001 7	0.000 0	0.017 1
0.933 4	1.071 3	0.008 6	0.000 7	0.080 6
0.820 6	1.218 6	0.030 7	0.008 0	0.257 2
0.607 9	1.645 1	0.101 4	0.084 3	0.830 9
0.275 1(临界态)	3.635 3	0.338 3	1.560 7	4.534 3
混合物—空气(饱和状态)				
0.990 5	1.013 0	0.001 0	0.000 0	0.010 6
0.971 6	1.029 3	0.003 1	0.000 1	0.032 4
0.935 6	1.068 8	0.008 0	0.000 6	0.077 4
0.877 9	1.139 1	0.017 5	0.002 8	0.159 4
0.481 7	2.076 1	0.170 6	0.259 1	1.505 3
0.316 5(临界态)	3.160 1	0.293 4	1.044 7	3.498 0

注：本表所用数据取自文献[2～4，9]。2.638 2E−2 = $2.638\,2\times10^{-2}$。表中分子压力数据是由下列5个状态方程计算：方程1，van der Waals方程；方程2，RK方程；方程3，Soave方程；方程4，PR方程；方程5，童景山方程。

表 6-2-3 所列数据表明，随着压缩因子 Z 的数值与 1 的偏差变大，说明讨论物质，无论是饱和状态混合物空气，还是纯物质丁烷，气体中分子间相互作用的影响越来越大。

气体中各分子压力的行为亦与此类似。

(1) 分子理想压力对气体压力比值从低温、低压的理想状态时的 1∶1 变化到临界状态的 3∶1。说明随着温度的增加，分子运动动能得到了加强。

(2) 第一分子斥压力对气体压力比值从低温、低压的理想状态时的接近 0 值变化到临界状态的 0.33∶1。说明随着温度的增加，分子本身存在的体积影响得到了加强。

(3) 第二分子斥压力对气体压力比值从低温、低压的理想状态时的 0 值变化到临界状态的>1∶1。说明随着压力的增加，分子间距离减小，分子间电子相互作用得到了加强。

(4) 分子吸引压力对气体压力比值从低温、低压的理想状态时的接近 0 值变化到临界状态的>3.5∶1。这一分子压力增加速度在接近临界态时超过了分子理想压力的增加速度，即超过了分子动能增加的速度。说明随着压力的增加，分子间吸引力大大加强，为从气态转变成凝聚态做好了准备。

这些现象说明，当体系的温度、压力发生变化时，体系内部分子间相互作用情况会发生变化，即气体内分子压力会发生变化，体系会从理想状态变化到非理想状态，这些变化是不能忽视的。下面讨论这个问题。

已知理想气体混合物的各分压力是组成混合物中各物质在纯物质状态下压力的线性函数，其关系式如式[6-2-7]所示。对于真实气体这一关系不存在。

两种或多种气体组元混合成一种非理想的气体混合物时，需要讨论的是这些组元在纯物质时的状态参数 PVT 与混合物的状态参数 PVT 的关系。亦就是说，如果已知混合物的状态参数 PVT 的数据，亦知其各组成在纯物质时的状态参数 PVT 的数据，求两者状态参数之间的关系，进而求两者分子压力的关系。为此讨论如下：

真实气体应服从真实气体状态方程

$$P = \frac{ZRT}{V} \qquad [6-2-30]$$

设 P^{m} 为真实气体混合物的压力，P_i^{m} 为组元 i 在混合物中的分压力。知

$$\begin{aligned} P^{\mathrm{m}} &= P_1^{\mathrm{m}} + P_2^{\mathrm{m}} + \cdots + P_i^{\mathrm{m}} = y_1 P^{\mathrm{m}} + y_2 P^{\mathrm{m}} + \cdots + y_i P^{\mathrm{m}} \\ &= y_1 \frac{Z^{\mathrm{m}} RT^{\mathrm{m}}}{V_m^{\mathrm{m}}} + y_2 \frac{Z^{\mathrm{m}} RT^{\mathrm{m}}}{V_m^{\mathrm{m}}} + \cdots + y_i \frac{Z^{\mathrm{m}} RT^{\mathrm{m}}}{V_m^{\mathrm{m}}} = \sum_i y_i \frac{Z^{\mathrm{m}} RT^{\mathrm{m}}}{V_m^{\mathrm{m}}} \end{aligned} \qquad [6-2-31]$$

式中 Z^{m}、V_m^{m} 和 T^{m} 分别是真实气体混合物的压缩因子、体积和温度。

因此有关系

$$P_i^{\mathrm{m}} = y_i \frac{Z^{\mathrm{m}} RT^{\mathrm{m}}}{V_m^{\mathrm{m}}} \qquad [6-2-32]$$

设纯组元 i 气体亦是真实气体，其压力 P_i^0、摩尔体积 $V_{m,i}^0$、温度为 T^0、压缩因子为 Z_i^0

即
$$P_i^0 = \frac{Z_i^0 RT^0}{V_{m,i}^0} \qquad [6-2-33]$$

结合式[6-2-32]
$$P_i^m = y_i \frac{Z^m}{Z_i^0} \times \frac{V_{m,i}^0}{V_m^m} \times \frac{T^m}{T^0} \times P_i^0 = y_i \Lambda_i^Z \Lambda_i^V \Lambda_i^T P_i^0 \qquad [6-2-34]$$

式中 $\Lambda_i^Z = Z^m/Z_i^0$ 表示组元的非理想性对混合物的非理想性的影响，称之为压缩因子修正系数，当 $Z^m = Z_i^0$ 时，$\Lambda_i^Z = 1$；$\Lambda_i^V = V_{m,i}^0/V_m^m$，表示组元分子体积大小对混合后分子平均体积大小的影响，称之为体积修正系数，当 $V_m^m = V_{m,i}^0$ 时，$\Lambda_i^V = 1$；$\Lambda_i^T = T_i^m/T_i^0$，表示组元的温度在混合后温度改变的影响，当讨论混合物与其组分的状态是处于同温度时，$T^m = T_i^0$ 时，$\Lambda_i^T = 1$。Λ_i^T 称之为组元 i 的温度修正系数。

Λ_i^Z、Λ_i^V、Λ_i^T 均可从已知手册数据或通过实验测试求得。

如果知道混合物和其组元在纯物质状态下的压缩因子、摩尔体积和温度，则应可以从这些数据计算其各组元的分压力。

这样应有关系：
$$P_1^m = y_1 \Lambda_1^Z \Lambda_1^V \Lambda_i^T P_1^0 \qquad [6-2-35a]$$
$$P_2^m = y_2 \Lambda_2^Z \Lambda_2^V \Lambda_i^T P_2^0 \qquad [6-2-35b]$$
……
$$P_i^m = y_i \Lambda_i^Z \Lambda_i^V \Lambda_i^T P_i^0 \qquad [6-2-35c]$$

例如，已知空气在压力 10 bar、温度 140 K 下压缩因子为 0.919 7，是个真实气体混合物，这个状态下空气与其组元氮、氧、氩的关系如表 6-2-4 所列。

表 6-2-4　空气与组元氮、氧、氩的关系[1]

混合物和纯组元的状态参数							
名　称	压力 /bar	温度 /K	摩尔体积 /$cm^3 \cdot mol^{-1}$	压缩因子 Z	Λ_i^Z	Λ_i^V	Λ_i^T
空气	10	140	1 070.90	0.919 7			
纯氮气	4	120	2 371.04	0.951 9	0.966 2	2.214 1	1.166 7
纯氧气	4	120	2 345.85	0.943 5	0.974 8	2.190 5	1.166 7
纯氩气	4	120	2 356.30	0.917 2	1.002 7	2.200 3	1.166 7
计算结果							
组　元	浓度 mol%	项目[2]	P_i^m	$P_{id,i}^m$	$P_{P1,i}^m$	$P_{P2,i}^m$	$P_{at,i}^m$
氮	78.08	混合物	7.817 0	8.486 8	0.201 11	0.023 37	0.905 77
		纯	7.809 5	8.204 1	0.089 50	0.005 60	0.489 89
		误差	−0.10%	−3.33%	−55.50%	−76.03%	−45.91%

续　表

组　元	浓度 mol%	项目[(2)]	P_i^m	$P_{id,i}^m$	$P_{P1,i}^m$	$P_{P2,i}^m$	$P_{at,i}^m$
氧	20.95%	混合物	2.097 2	2.276 8	0.053 95	0.006 27	0.243 00
		纯	2.094 1	2.219 5	0.018 86	0.001 31	0.145 64
		误差	−0.15%	−2.52%	−65.05%	−79.05%	−40.07%
氩	0.93	混合物	0.093 5	0.101 5	0.002 41	0.000 28	0.010 84
		纯	0.096 3	0.101 8	0.000 86	0.000 06	0.006 44
		误差	2.97%	0.28%	−64.11%	−79.31%	−40.59%
空气	99.96	混合物	10.007 8	10.865 2	0.257 47	0.029 92	1.159 61
		纯	9.999 8	10.525 5	0.109 22	0.006 97	0.641 97
		误差	−0.08%	−3.13%	−57.58%	−76.69%	−44.64%

注：(1)本表所用数据取自文献[2～4，9]。表中分子压力数据是由下列5个状态方程计算：方程1，van der Waals方程；方程2，RK方程；方程3，Soave方程；方程4，PR方程；方程5，童景山方程。

(2) 误差＝(纯－混合物)×100/混合物。

表6-2-4数据表示，依据式[6-2-35]计算各组元的分压力和混合物的压力可得到较满意的结果，例如氮分压力的误差为−0.10%，氧为−0.15%，氩为2.97%，混合物的压力误差为−0.08%。上述结果说明式[6-2-35]可表示真实气体混合物与其组成的状态参数的关系。

但对式[6-2-35]引入压力微观结构式，得到真实气体混合物各组元的分子压力表示式为

$$\begin{aligned} P_i^m &= P_{id,i}^m + P_{P1,i}^m + P_{P2,i}^m - P_{at,i}^m \\ &= y_i \Lambda_i^Z \Lambda_i^V \Lambda_i^T P_i^0 = y_i \Lambda_i^Z \Lambda_i^V \Lambda_i^T (P_{id,i}^0 + P_{P1,i}^0 + P_{P2,i}^0 - P_{at,i}^0) \end{aligned} \qquad [6-2-36]$$

由此似乎可导得混合物与纯组元各分子压力的关系为

分子理想压力　　$P_{id,i}^m = y_i \Lambda_i^Z \Lambda_i^V \Lambda_i^T P_{id,i}^0$　　[6-2-37a]

第一分子斥压力　　$P_{P1,i}^m = y_i \Lambda_i^Z \Lambda_i^V \Lambda_i^T P_{P1,i}^0$　　[6-2-37b]

第二分子斥压力　　$P_{P2,i}^m = y_i \Lambda_i^Z \Lambda_i^V \Lambda_i^T P_{P2,i}^0$　　[6-2-37c]

分子吸引压力　　$P_{at,i}^m = y_i \Lambda_i^Z \Lambda_i^V \Lambda_i^T P_{at,i}^0$　　[6-2-37d]

以式[6-2-37]计算各组元的分子压力数据亦列于表6-2-4中以与用混合物计算的各分子压力数据相比较。

从表6-2-4所列数据来看，式[6-2-37]计算结果并不理想，例如组元氩的 $P_{P2,i}^m$ 计算误差为−79.31%，说明式[6-2-37]不适用于混合物中组元分压力的计算。

为此对混合物与纯组元各分子压力的关系再作讨论如下：

已知，

$$P_i^{m} = P_{id,i}^{m} + P_{P1,i}^{m} + P_{P2,i}^{m} - P_{at,i}^{m} \quad [6-2-38]$$

$$= (Z_{id}^{m} + Z_{P1}^{m} + Z_{P2}^{m} - Z_{at}^{m}) y_i P_{id}^{m}$$

即

$$P_{id,i}^{m} = y_i Z_{id}^{m} P_{id}^{m} = y_i \frac{RT^{m}}{V_m^{m}} \quad [6-2-39a]$$

$$P_{P1,i}^{m} = y_i Z_{P1}^{m} P_{id}^{m} = y_i Z_{P1}^{m} \frac{RT^{m}}{V_m^{m}} \quad [6-2-39b]$$

$$P_{P2,i}^{m} = y_i Z_{P2}^{m} P_{id}^{m} = y_i Z_{P2}^{m} \frac{RT^{m}}{V_m^{m}} \quad [6-2-39c]$$

$$P_{at,i}^{m} = y_i Z_{at}^{m} P_{id}^{m} = y_i Z_{at}^{m} \frac{RT^{m}}{V_m^{m}} \quad [6-2-39d]$$

纯物质

$$P_{id,i}^{0} = Z_{id}^{0} P_{id,i}^{0} = Z_{id}^{0} \frac{RT_i^{0}}{V_{m,i}^{0}} \quad [6-2-40a]$$

$$P_{P1,i}^{0} = Z_{P1}^{0} P_{id,i}^{0} = Z_{P1}^{0} \frac{RT_i^{0}}{V_{m,i}^{0}} \quad [6-2-40b]$$

$$P_{P2,i}^{0} = Z_{P2}^{0} P_{id,i}^{0} = Z_{P2}^{0} \frac{RT_i^{0}}{V_{m,i}^{0}} \quad [6-2-40c]$$

$$P_{at,i}^{0} = Z_{at}^{0} P_{id,i}^{0} = Z_{at}^{0} \frac{RT_i^{0}}{V_{m,i}^{0}} \quad [6-2-40d]$$

将式[6-2-39]除以式[6-2-40]，得

$$P_{id,i}^{m} = y_i \frac{Z_{id}^{m}}{Z_{id}^{0}} \frac{T^{m}}{T_i^{0}} \frac{V_{m,i}^{0}}{V_m^{m}} P_{P1,i}^{0} = y_i \Lambda_i^{Z_{id}} \Lambda_i^{V} \Lambda_i^{T} P_{id,i}^{0} \quad [6-2-41a]$$

$$= y_i \Lambda_i^{V} \Lambda_i^{T} P_{id,i}^{0}$$

$$P_{P1,i}^{m} = y_i \frac{Z_{P1}^{m}}{Z_{P1}^{0}} \frac{T^{m}}{T_i^{0}} \frac{V_{m,i}^{0}}{V_m^{m}} P_{P1,i}^{0} = y_i \Lambda_i^{Z_{P1}} \Lambda_i^{V} \Lambda_i^{T} P_{P1,i}^{0} \quad [6-2-41b]$$

$$P_{P2,i}^{m} = y_i \frac{Z_{P2}^{m}}{Z_{P2}^{0}} \frac{T^{m}}{T_i^{0}} \frac{V_{m,i}^{0}}{V_m^{m}} P_{P2,i}^{0} = y_i \Lambda_i^{Z_{P2}} \Lambda_i^{V} \Lambda_i^{T} P_{P2,i}^{0} \quad [6-2-41c]$$

$$P_{at,i}^{m} = y_i \frac{Z_{at}^{m}}{Z_{at}^{0}} \frac{T^{m}}{T_i^{0}} \frac{V_{m,i}^{0}}{V_m^{m}} P_{at,i}^{0} = y_i \Lambda_i^{Z_{at}} \Lambda_i^{V} \Lambda_i^{T} P_{at,i}^{0} \quad [6-2-41d]$$

式中 $\Lambda_i^{Z_{id}} = Z_{id}^{m}/Z_{id,i}^{0}$ 表示混合物和纯物质理想状态下压缩因子的修正系数，在理想状态下无论混合物或纯物质有 $Z_{id}^{m} = Z_{id,i}^{0} = 1$。

$\Lambda_i^{Z_{P1}} = Z_{P1}^{m}/Z_{P1,i}^{0}$ 为组成混合物时组元 i 第一分子斥压力的变化所引起的修正系数。

$\Lambda_i^{Z_{P2}} = Z_{P2}^{m}/Z_{P2,i}^{0}$ 为组成混合物时组元 i 第二分子斥压力的变化所引起的修正系数。

$\Lambda_i^{Z_{at}} = Z_{at}^{m}/Z_{at,i}^{0}$ 为组成混合物时组元 i 分子吸引压力的变化所引起的修正系数。

表 6-2-5 中列示了以式[6-2-41]对空气的主要组元分子压力的计算结果。

表 6-2-5　空气与组元氮、氧、氩分子压力计算[1]

混合物和纯组元的状态参数							
名　称	压力 /bar	温度 /K	摩尔体积 /$cm^3 \cdot mol^{-1}$	压缩因子 Z	Λ_i^V	Λ_i^T	
空气	10	140	1 070.90	0.919 7			
纯氮气	4	120	2 371.04	0.951 9	2.214 1	1.166 7	
纯氧气	4	120	2 345.85	0.943 5	2.190 5	1.166 7	
纯氩气	4	120	2 356.30	0.917 2	2.200 3	1.166 7	
计算结果，以式[6-2-41]计算							
组　元	浓度 /mol%	项目[2]	P_i^m	$P_{id,i}^m$	$P_{P1,i}^m$	$P_{P2,i}^m$	$P_{at,i}^m$
氮	78.08	混合物	7.817 0	8.486 8	0.201 11	0.023 37	0.905 77
		$\Lambda_{氮}^{Z_{mp}}$		1.000 0	2.172 4	4.033 2	1.787 4
		纯组元	7.809 3	8.491 0	0.201 2	0.023 4	0.906 3
		误差	−0.10%	0.05%	0.06%	0.05%	0.06%
氧	20.95%	混合物	2.097 2	2.276 8	0.053 95	0.006 27	0.243 00
		$\Lambda_{氧}^{Z_{mp}}$		1.000 0	2.789 4	4.652 1	1.626 5
		纯组元	1.965 4	2.148 1	0.054 0	0.006 3	0.243 0
		误差	−6.29%	−5.65%	0.00%	−0.00%	0.00%
氩	0.93	混合物	0.093 5	0.101 5	0.002 41	0.000 28	0.010 84
		$\Lambda_{氩}^{Z_{mp}}$		1.000 0	2.793 6	4.846 6	1.687 9
		纯组元	0.087 9	0.096 0	0.002 41	0.000 28	0.010 84
		误差	−6.03%	−5.42%	0.00%	0.00%	0.00%
空气	99.96	混合物	10.007 8	10.865 2	0.257 47	0.029 92	1.159 61
		纯组元	9.999 8	10.735 2	0.257 59	0.029 93	1.160 12
		误差	−1.34%	−1.23%	0.01%	0.01%	0.01%

注：(1) 本表所用数据取自文献[2～4，9]。表中分子压力数据是由下列 5 个状态方程计算：方程 1，van der Waals 方程；方程 2，RK 方程；方程 3，Soave 方程；方程 4，PR 方程；方程 5，童景山方程。

(2) 混合物、纯组元和误差的说明见表 6-2-4 附注；$\Lambda_{氮}^{Z_{mp}}$ 表示组元氮的各项分子压力压缩因子修正系数，如 $\Lambda_{氮}^{Z_{id}}$、$\Lambda_{氮}^{Z_{P1}}$、$\Lambda_{氮}^{Z_{P2}}$、$\Lambda_{氮}^{Z_{at}}$，余类推。

表 6-2-5 所列数据表明，以式[6-2-41]计算的分子压力数据与混合物计算的数据吻合，说明式[6-2-41]可以用来讨论混合物中各组元的分子压力与纯物质分子压力的相互关系。

6-2-3 真实气体分子压力混合规则

如果混合物的状态参数 $P\ VT$ 数据未知，而组元在纯物质时的状态参数 PVT 数据是已知的，亦就是说，希望从已知的纯物质数据求得未知混合物的数据。由于未知混合物的状态参数，因此首先需讨论组成此混合物的混合规则，按照一定的混合规则才能计算混合物的各种参数。已有许多研究者讨论了真实气体的混合规则，如 Prausnitz 等人所著的《The properties of Gas and Liquids》[10, 12] 和《Molecular Thermodynamics of Fluid - Phase Equilibria》[11]，我国郭天民[13]、马沛生[14~16]等，不能在本书中一一介绍。本书将结合讨论的分子压力内容进行讨论。

真实气体的状态参数在本质上属宏观热力学参数，而真实气体的各项分子压力是表示气体分子间相互作用的影响，因而在真实气体混合的时候，应有着不同的混合规则，亦就是说，不同的分子压力可能会有不同的混合规律。下面给以分别讨论：

混合物的各种分子压力与组成此混合物的各组元在纯物质状态时的各种分子压力的关系，因此混合物中各组元的性质应与混合物同温同压[17]。即讨论的条件是恒温恒压状态。

混合物的 van der Waals 状态方程

$$P^{\mathrm{m}}=\frac{RT^{\mathrm{m}}}{V_m^{\mathrm{m}}-b^{\mathrm{m}}}-\frac{a^{\mathrm{m}}}{(V_m^{\mathrm{m}})^2} \qquad [6-2-42]$$

纯物质 i 的 van der Waals 状态方程

$$P_i^0=\frac{RT_i^0}{V_{m,i}^0-b_i^0}-\frac{a_i^0}{(V_{m,i}^0)^2} \qquad [6-2-43]$$

改变上两式：

混合物
$$P^{\mathrm{m}}=\frac{RT^{\mathrm{m}}}{V_m^{\mathrm{m}}}+P^{\mathrm{m}}\frac{b^{\mathrm{m}}}{V_m^{\mathrm{m}}}+\frac{b^{\mathrm{m}}}{V_m^{\mathrm{m}}}\frac{a^{\mathrm{m}}}{(V_m^{\mathrm{m}})^2}-\frac{a^{\mathrm{m}}}{(V_m^{\mathrm{m}})^2} \qquad [6-2-44]$$

纯物质 i
$$P_i^0=\frac{RT_i^0}{V_{m,i}^0}+P_i^0\frac{b_i^0}{V_{m,i}^0}+\frac{b_i^0}{V_{m,i}^0}\frac{a_i^0}{(V_{m,i}^0)^2}-\frac{a_i^0}{(V_{m,i}^0)^2} \qquad [6-2-45]$$

对上式引入压力微观结构式

混合物
$$P^{\mathrm{m}}=P_{\mathrm{id}}^{\mathrm{m}}+P_{P1}^{\mathrm{m}}+P_{P2}^{\mathrm{m}}-P_{\mathrm{at}}^{\mathrm{m}} \qquad [6-2-46]$$

纯物质
$$P_i^0=P_{\mathrm{id},i}^0+P_{\mathrm{P1},i}^0+P_{\mathrm{P2},i}^0-P_{\mathrm{at},i}^0 \qquad [6-2-47]$$

其他状态方程(如 RK、SRK、PB 和童景山方程等)与此相似，均可得到与式[6-2-46]和式[6-2-47]形式类似的表示式[18]。由此讨论混合物的各分子压力与纯组分各分子压力的关系。

1. 分子理想压力的混合规则

混合物的分子理想压力为
$$P_{\mathrm{id}}^{\mathrm{m}}=\frac{RT^{\mathrm{m}}}{V_m^{\mathrm{m}}} \qquad [6-2-48a]$$

混合物中组元 i 的分子理想分压力

$$P^{m}_{id,i}=y_iP^{m}_{id}=y_i\frac{RT^{m}}{V^{m}_{m}} \qquad [6-2-48b]$$

纯组元 i 的分子理想分压力　　$P^{0}_{id,i}=\dfrac{RT^{0}_{i}}{V^{0}_{m,i}}$ 　　[6-2-49]

在恒温恒压下混合物分子理想压力的混合规则表示式有：

$$P^{m}_{id}=\frac{V^{0}_{m,i}}{V^{m}_{m}}P^{0}_{id,i}=\Lambda^{V}_{i}P^{0}_{id,i} \qquad [6-2-50a]$$

$$P^{m}_{id,i}=y_i\frac{V^{0}_{m,i}}{V^{m}_{m}}P^{0}_{id,i}=y_i\Lambda^{V}_{i}P^{0}_{id,i} \qquad [6-2-50b]$$

式中 $\Lambda^{V}_{i}=\dfrac{V^{0}_{m,i}}{V^{m}_{m}}$ 表示纯组元 i 摩尔体积大小对混合后摩尔体积大小的影响，当 $V^{m}_{m}=V^{0}_{m,i}$ 时 $\Lambda^{V}_{i}=1$，称之为体积修正系数：

$$\begin{aligned}P^{m}_{id}&=P^{m}_{id,1}+P^{m}_{id,2}+\cdots+P^{m}_{id,i}\\&=y_1P^{m}_{id}+y_2P^{m}_{id}+\cdots+y_iP^{m}_{id}\\&=y_1\Lambda^{V}_{1}P^{0}_{id,1}+y_2\Lambda^{V}_{2}P^{0}_{id,2}+\cdots+y_i\Lambda^{V}_{i}P^{0}_{id,i}\end{aligned} \qquad [6-2-50c]$$

式[6-2-50]表示了混合物中分子理想压力的混合规则。表 6-2-6 中列示了压力为 10 bar，温度为 120 K 的混合物—空气及其组元氮、氧和氩的分子理想压力及其在混合物中分子理想分压力的计算数据，以供参考。

表 6-2-6　空气及其组元氮、氧和氩(压力 10 bar、温度 120 K)的分子理想压力

组元	y_2	P_{id} /bar	Λ^{V}_{i} /cm^3 · mol^{-1}	P_{id}，计算 /bar	误差	$P^{m}_{id,i}$ /bar	$y_i\Lambda^{V}_{i}P^{0}_{id,i}$ /bar	误差
氮	0.780 82	11.43	1.011 0	11.55	0.002%	9.020 3	9.020 5	0.002%
氧	0.209 48	11.92	0.968 8	11.55	0.002%	2.420 0	2.420 0	0.002%
氩	0.009 34	11.89	0.979 0	11.64	0.785%	0.107 9	0.108 8	0.785%
空气		11.55				11.548 2	11.549 3	0.009%

注：本表所用数据取自文献[2～4，9]。表中分子压力数据是由下列 5 个状态方程计算：方程 1，van der Waals 方程；方程 2，RK 方程；方程 3，Soave 方程；方程 4，PR 方程；方程 5，童景山方程。

此外，混合物分子理想压力可改写为

$$\begin{aligned}P^{m}_{id}V^{m}_{m}&=P^{m}_{id,1}V^{m}_{m}+P^{m}_{id,2}V^{m}_{m}+\cdots+P^{m}_{id,i}V^{m}_{m}\\&=y_1P^{0}_{id,1}V^{0}_{m,1}+y_2P^{0}_{id,2}V^{0}_{m,2}+\cdots y_iP^{0}_{id,i}V^{0}_{m,i}\end{aligned} \qquad [6-2-51]$$

亦就是说，式[6-2-51]表示，在恒定的压力和温度下，组元对混合物中分子理想压力所作的膨胀功的贡献与该组元的量呈线性函数关系。

或有关系 $$P_{id}^{m}V_{m}^{m}=P_{id,1}^{0}V_{m,1}^{0}=P_{id,2}^{0}V_{m,2}^{0}=\cdots=P_{id,i}^{0}V_{m,i}^{0} \quad [6-2-52]$$

即在恒定的压力和温度下，任何物质，无论是纯物质还是混合物中分子理想压力所作的膨胀功均相同。

因此式[6-2-51]和式[6-2-52]亦可认为是混合物中分子理想压力的混合规则。

2. 第一分子斥压力的混合规则

第一分子斥压力的定义式(以 van der Waals 方程为例)：

$$P_{P1}=P\frac{b}{V_{m}} \quad [6-2-53]$$

混合物的第一分子斥压力为

$$P_{P1}^{m}=P^{m}\frac{b^{m}}{V_{m}^{m}} \quad [6-2-54]$$

组元 i 的第一分子斥分压力为

$$P_{P1,i}^{m}=y_{i}P_{P1}^{m}=y_{i}P^{m}\frac{b^{m}}{V_{m}^{m}} \quad [6-2-55]$$

式中 b^{m} 可用 $b^{m}=\sum_{i}y_{i}b_{i}^{0}$ 混合规则表示，亦可应用其他形式的混合规则表示。

纯组元 i 的第一分子斥压力 $$P_{P1,i}^{0}=P_{i}^{0}\frac{b_{i}^{0}}{V_{m,i}^{0}} \quad [6-2-56]$$

因而混合物第一分子斥压力的混合规则表示式有：

$$P_{P1}^{m}=P^{m}\frac{\sum_{i}y_{i}b_{i}^{0}}{V_{m}^{m}} \quad [6-2-57a]$$

$$\begin{aligned}P_{P1}^{m}&=P_{P1,1}^{m}+P_{P1,2}^{m}+\cdots+P_{P1,i}^{m}\\&=\left(y_{1}\frac{P^{m}}{V_{m}^{m}}\sum_{i}y_{i}b_{i}^{0}+y_{2}\frac{P^{m}}{V_{m}^{m}}\sum_{i}y_{i}b_{i}^{0}+\cdots+y_{i}\frac{P^{m}}{V_{m}^{m}}\sum_{i}y_{i}b_{i}^{0}\right)\end{aligned} \quad [6-2-57b]$$

$$P_{P1}^{m}=\frac{\Lambda_{1}^{V}}{\Lambda_{1}^{b}}P_{P1,1}^{0}=\frac{\Lambda_{2}^{V}}{\Lambda_{2}^{b}}P_{P1,2}^{0}=\cdots=\frac{\Lambda_{i}^{V}}{\Lambda_{i}^{b}}P_{P1,i}^{0} \quad [6-2-57c]$$

式中 $\Lambda_{i}^{b}=\frac{b_{i}^{0}}{b^{m}}=\frac{b_{i}^{0}}{\sum_{i}y_{i}b_{i}^{0}}$ 表示组元 i 分子本身体积大小对混合后平均分子本身体积的影响，称为分子本身体积修正系数。

$$
\begin{aligned}
P_{P1}^{m} &= P_{P1,1}^{m} + P_{P1,2}^{m} + \cdots + P_{P1,i}^{m} \\
&= \left(y_1 P_{P1,1}^{0} \frac{\Lambda_1^V}{\Lambda_1^b} + y_2 P_{P1,2}^{0} \frac{\Lambda_2^V}{\Lambda_2^b} + \cdots + y_i P_{P1,i}^{0} \frac{\Lambda_i^V}{\Lambda_i^b} \right)
\end{aligned} \qquad [6-2-57d]
$$

表 6-2-7 中以混合物空气为例说明上述第一分子斥压力的各混合规则。

表 6-2-7　空气中第一分子斥压力计算

组元	y_i	P_{P1} /bar	Λ_i^V	Λ_i^b	$y_i P_{P1,i}^0 V_i^0/\Lambda_i^b$ /bar	$P_{P1,i}^m$	误差
氮	0.780 82	0.319 1	1.011 0	1.040 1	0.242 2	0.222 1	9.09%
氧	0.209 48	0.257 5	0.968 8	0.858 4	0.060 9	0.059 6	2.19%
氩	0.009 34	0.250 6	0.979 0	0.861 4	0.002 7	0.002 7	0.13%
空气		0.284 4			0.305 8	0.284 3	7.56%

注：本表所用数据取自文献[2～4，9]。表中分子压力数据是由下列 5 个状态方程计算：方程 1，van der Waals 方程；方程 2，RK 方程；方程 3，Soave 方程；方程 4，PR 方程；方程 5，童景山方程。

应用式[6-2-57]又可知

$$
P_{P1}^{m} V_{m}^{m} = \frac{P_{P1,1}^{0} V_{m,1}^{0}}{\Lambda_1^b} = \frac{P_{P1,2}^{0} V_{m,2}^{0}}{\Lambda_2^b} = \cdots = \frac{P_{P1,i}^{0} V_{m,i}^{0}}{\Lambda_i^b} \qquad [6-2-58]
$$

亦就是说，在恒温恒压条件下，混合物中第一分子斥压力所贡献的膨胀功与其任一组元在纯物质状态下第一分子斥压力所做的膨胀功除以分子本身体积修正系数所得数值相等，这是混合物第一分子斥压力的另一个混合规律。表 6-2-8 中列示了混合物空气的相应数据作为例子来说明式[6-2-58]。

表 6-2-8　混合物(空气)中第一分子斥压力的膨胀功

物　质	P_{P1} /bar	V_m /cm³·mol⁻¹	$P_{P1}V_m$ /bar×cm³·mol⁻¹	Λ_i^b	$P_{P1}V_m/\Lambda_i^b$ /bar×cm³·mol⁻¹	误差
混合物，空气	0.284 4	863.61	245.60			
纯物质，氮气	0.319 1	873.14	278.66	1.040 1	267.92	9.09%
纯物质，氧气	0.257 5	836.66	215.45	0.858 4	250.98	2.19%
纯物质，氩气	0.250 6	845.50	211.84	0.861 4	245.92	0.13%

注：本表所用数据取自文献[2～4，9]。表中分子压力数据是由下列 5 个状态方程计算：方程 1，van der Waals 方程；方程 2，RK 方程；方程 3，Soave 方程；方程 4，PR 方程；方程 5，童景山方程。

由表 6-2-7 和表 6-2-8 所列数据来看，氧气和氩气的数据与空气数据吻合较好，而氮气数据误差稍大些，估计是氮气计算时所依据的基本数据稍有偏差所致。

3. 分子吸引压力的混合规则

由于第二分子斥压力的讨论涉及分子吸引压力，故而这里先讨论分子吸引压力的混合规则。

分子吸引压力的定义式(以 van der Waals 方程为例):

$$P_{at} = \frac{a}{(V_m^m)^2} \qquad [6-2-59]$$

混合物的分子吸引压力为

$$\begin{aligned} P_{at}^m &= y_1 P_{at}^m + y_2 P_{at}^m + \cdots + y_i P_{at}^m \\ &= y_1 \frac{a^m}{(V_m^m)^2} + y_2 \frac{a^m}{(V_m^m)^2} + \cdots + y_i \frac{a^m}{(V_m^m)^2} \end{aligned} \qquad [6-2-60]$$

组元 i 的分子吸引分压力为

$$P_{at,\,i}^m = y_1 P_{at}^m = y_1 \frac{a^m}{(V_m^m)^2} \qquad [6-2-61]$$

式中 a^m 可用 $a^m = \sum y_i y_j a_{ii}^0$;或 $a^m = [\sum y_i\ (a_i^0)^{1/2}]^2$ 混合规则表示,亦可应用其他形式的混合规则表示。

纯组元 i 的分子吸引压力 $P_{at,\,i}^0 = \frac{a_i^0}{(V_{m,\,i}^0)^2}$ [6-2-62]

因而混合物分子吸引压力的混合规则表示式有:

$$P_{at}^m = \frac{\sum y_i y_j a_{ii}^0}{(V_m^m)^2} \quad 或 \quad P_{at}^m = \frac{\left[\sum y_i\ (a_i^0)^{1/2}\right]^2}{(V_m^m)^2} \qquad [6-2-63a]$$

$$P_{at,\,i}^m = y_i \frac{\sum y_i y_j a_{ii}^0}{(V_m^m)^2} \quad 或 \quad P_{at,\,i}^m = y_1 \frac{\left[\sum y_i\ (a_i^0)^{1/2}\right]^2}{(V_m^m)^2} \qquad [6-2-63b]$$

$$P_{at}^m = \frac{(V_{m,\,i}^0)^2}{(V_m^m)^2} \frac{a^m}{a_i^0} P_{at,\,i}^0 = \frac{(\Lambda_i^V)^2}{\Lambda_i^a} P_{at,\,i}^0 \qquad [6-2-63c]$$

式中 $\Lambda_i^a = \frac{a_i^0}{a^m}$ 表示组元的 a 系数的变化对混合后 a^m 系数的影响,称之为 a 系数的修正系数。当 $a^m = a_i^0$ 时,$\Lambda_i^b = 1$,其混合规则为 $a^m = \sum y_i y_j a_{ii}^0$;或 $a^m = \left[\sum y_i\ (a_i^0)^{1/2}\right]^2$ 等。

$$\begin{aligned} P_{at}^m &= P_{at,\,1}^m + P_{at,\,2}^m + \cdots + P_{at,\,i}^m \\ &= y_1 P_{at}^m + y_2 P_{at}^m + \cdots + y_i P_{at}^m \\ &= y_1 (\Lambda_1^V)^2 P_{at,\,1}^0 / \Lambda_1^a + y_2 (\Lambda_2^V)^2 P_{at,\,2}^0 / \Lambda_2^a + \cdots + y_i (\Lambda_i^V)^2 P_{at,\,i}^0 / \Lambda_i^a \end{aligned}$$

[6-2-63d]

表 6-2-9 中以混合物空气为例说明上述分子吸引压力的各混合规则。此外，由式[6-2-63c]可知

$$P_{at}^{m}V_{m}^{m}=\Lambda_{1}^{V}P_{at,1}^{0}V_{m,1}^{0}/\Lambda_{1}^{a}=\Lambda_{2}^{V}P_{at,2}^{0}V_{m,2}^{0}/\Lambda_{2}^{a}=\cdots=\Lambda_{i}^{V}P_{at,i}^{0}V_{m,i}^{0}/\Lambda_{i}^{a} \quad [6-2-64]$$

表 6-2-9　空气中分子吸引压力和其分压力计算

组元	y_2	P_{at} /bar	$P_{at,i}^{m}$ /bar	V_m /cm³·mol⁻¹	Λ_i^V	$\Lambda_i^{a(3)}$	$P_{at,i}^{m}$，计算[2] /bar	误差
氮	0.780 82	1.814 4	1.467 5	873.14	1.011 0	0.998 5	1.450 3	−1.17%
氧	0.209 48	2.159 6	0.393 7	836.66	0.968 8	1.009 5	0.420 6	6.83%
氩	0.009 34	2.074 0	0.017 6	845.50	0.979 0	0.987 4	0.018 8	7.13%
空气		1.879 4		863.61			1.889 7	0.59%
按式[6-2-63a]计算		1.827 0						
误　差		−2.79%						

注：(1) 本表所用数据取自文献[2～4，9]。表中分子压力数据是由下列 5 个状态方程计算：方程 1，van der Waals 方程；方程 2，RK 方程；方程 3，Soave 方程；方程 4，PR 方程；方程 5，童景山方程。

(2) 按式[6-2-63d]计算的混合物各组元和混合物的分子吸引分压力。

(3) 本处 a 系数采用 van der Waals 方程计算，混合规则采用 $a^{m}=\sum y_i y_j a_{ii}^{0}$。

亦就是说，在恒温恒压条件下，混合物中分子吸引压力所贡献的膨胀功与其任一组元在纯物质状态下分子吸引压力所做的膨胀功经以体积修正系数和 a 系数的修正系数修正后的数值相等，这是混合物分子吸引压力的另一个混合规律。表 6-2-10 中列示了混合物空气的相应数据作为例子来说明式[6-2-64]。

表 6-2-10　混合物(空气)中分子吸引压力的膨胀功

物　质	P_{at} bar	V_m /cm³·mol⁻¹	$P_{at}V_m$ /bar×cm³·mol⁻¹	Λ_i^V	Λ_i^a	$\Lambda_i^V P_{at}V_m/\Lambda_i^a$ /bar×cm³·mol⁻¹	误差
空　气	1.879 4	863.61	1 623.04				
纯物质，氮气	1.814 4	873.14	1 584.25	1.011 0	0.998 5	1 599.37	−1.46%
纯物质，氧气	2.159 6	836.66	1 806.83	0.968 8	1.009 5	1 767.14	8.88%
纯物质，氩气	2.074 0	845.50	1 753.58	0.979 0	0.987 4	1 695.13	4.44%

注：本表所用数据取自文献[2～4，9]。表中分子压力数据是由下列 5 个状态方程计算：方程 1，van der Waals 方程；方程 2，RK 方程；方程 3，Soave 方程；方程 4，PR 方程；方程 5，童景山方程。

4. 第二分子斥压力的混合规则

第二分子斥压力的定义式(以 van der Waals 方程为例)：

$$P_{P2} = P_{at}\frac{b}{V_m} = \frac{ab}{(V_m)^3} \qquad [6-2-65]$$

混合物的第二分子斥压力为

$$\begin{aligned} P_{P2}^{m} &= y_1 P_{P2}^{m} + y_2 P_{P2}^{m} + \cdots + y_i P_{P2}^{m} \\ &= y_1 \frac{b^m}{V_m^m}P_{at}^{m} + y_2 \frac{b^m}{V_m^m}P_{at}^{m} + \cdots + y_i \frac{b^m}{V_m^m}P_{at}^{m} \\ &= y_1 \frac{a^m b^m}{(V_m^m)^3} + y_2 \frac{a^m b^m}{(V_m^m)^3} + \cdots + y_i \frac{a^m b^m}{(V_m^m)^3} = \frac{a^m b^m}{(V_m^m)^3} \end{aligned} \qquad [6-2-66]$$

组元 i 的第二分子斥分压力为

$$P_{P2,i}^{m} = y_i P_{P2}^{m} = y_i \frac{b^m}{V_m^m}P_{at}^{m} = y_i \frac{a^m b^m}{(V_m^m)^3} \qquad [6-2-67]$$

纯组元 i 的第二分子斥分压力

$$P_{P2,i}^{0} = \frac{b_i^0}{V_{m,i}^0}P_{at,i}^{0} = \frac{a_i^0 b_i^0}{(V_{m,i}^0)^3} \qquad [6-2-68]$$

因而混合物第二分子斥分压力的混合规则表示式有：

$$P_{P2}^{m} = \frac{1}{(V_m^m)^3}a^m b^m = \frac{1}{(V_m^m)^3}\sum y_i y_j a_{ii}^0 \sum y_i b_i^0 \qquad [6-2-69a]$$

$$P_{P2,i}^{m} = y_i P_{P2}^{m} = y_i \frac{a^m b^m}{(V_m^m)^3} = y_i \frac{\sum y_i y_j a_{ii}^0}{(V_m^m)^3}\sum y_i b_i^0 \qquad [6-2-69b]$$

$$P_{P2}^{m} = \frac{b^m}{b_i^0}\frac{(V_{m,i}^0)^3}{(V_m^m)^3}\frac{a_i^m}{a^0}P_{P2,i}^{0} = \frac{(\Lambda_i^V)^3}{\Lambda_i^a \Lambda_i^b}P_{P2,i}^{0} \qquad [6-2-69c]$$

$$\begin{aligned} P_{P2}^{m} &= P_{P2,2}^{m} + P_{P2,2}^{m} + \cdots + P_{P2,i}^{m} \\ &= y_1 P_{P2}^{m} + y_2 P_{P2}^{m} + \cdots + y_i P_{P2}^{m} \\ &= y_1 \frac{(\Lambda_1^V)^3}{\Lambda_1^a \Lambda_1^b}P_{P2,1}^{0} + y_2 \frac{(\Lambda_2^V)^3}{\Lambda_2^a \Lambda_2^b}P_{P2,2}^{0} + \cdots + y_i \frac{(\Lambda_i^V)^3}{\Lambda_i^a \Lambda_i^b}P_{P2,i}^{0} \end{aligned} \qquad [6-2-69d]$$

如果讨论中混合物参数 Ω_b 与纯组元的不同，则需引入相应的修正系数 $\Lambda_i^{\Omega_b} = \frac{\Omega_{b,i}^0}{\Omega_b^m}$，即[6-2-69d]式改为

$$P_{P2}^{m} = \frac{y_1(\Lambda_1^V)^3}{\Lambda_1^a \Lambda_1^{\Omega_b} \Lambda_1^b}P_{P2,1}^{0} + \frac{y_2(\Lambda_2^V)^3}{\Lambda_2^a \Lambda_2^{\Omega_b} \Lambda_2^b}P_{P2,2}^{0} + \cdots + \frac{y_i(\Lambda_i^V)^3}{\Lambda_i^a \Lambda_i^{\Omega_b} \Lambda_i^b}P_{P2,i}^{0} \qquad [6-2-69e]$$

表 6-2-11 中以混合物空气为例说明上列第二分子斥压力的各混合规则。

表 6-2-11 空气中第二分子斥压力和其分压力计算

组元	y_2	P_{P2} /bar	V_m /$cm^3 \cdot mol^{-1}$	Λ_i^V	Λ_i^a (3)	Λ_i^b	Ω_b	$\Lambda_i^{\Omega_b}$	$y_i P_{P2,i}^m$ /bar(2)				
									实测	计算式 6-2-69d	误差	计算式 6-2-69e	误差
5 个方程平均值：方程 1—van der Waals 方程；方程 2—RK 方程；方程 3—Soave 方程；方程 4—PR 方程；方程 5—童景山方程													
氮	0.780 8	0.057 9	873.14	1.011 0	0.998 5	1.040 1	0.090 3	1.076 8	0.041 7	0.044 0	5.71%	0.040 9	−1.83%
氧	0.209 5	0.055 2	836.66	0.968 8	1.009 5	0.858 4	0.083 9	1.000 0	0.011 2	0.011 9	6.20%	0.011 9	6.20%
氩	0.009 3	0.051 4	845.50	0.979 0	0.987 4	0.861 4	0.081 2	0.968 1	0.000 5	0.000 5	3.88%	0.000 5	7.31%
空气		0.053 4	863.61				0.083 9		0.053 3	0.056 4	5.79%	0.053 3	−0.06%
以 van der Waals 方程计算													
氮	0.780 8	0.057 9	873.14	1.011 0	0.998 5	1.040 1	0.100 0	1.250 0	0.038 5	0.048 2	25.01%	0.038 5	0.01%
氧	0.209 5	0.055 2	836.66	0.968 8	1.009 5	0.858 4	0.080 0	1.000 0	0.010 3	0.010 3	0.01%	0.010 3	0.01%
氩	0.009 3	0.051 4	845.50	0.979 0	0.987 4	0.861 4	0.080 0	1.000 0	0.000 5	0.000 5	2.37%	0.000 5	2.37%
空气		0.053 4	863.61				0.080 0		0.049 3	0.059 0	19.56%	0.049 4	0.03%

注：(1) 本表所用数据取自文献[2～4，9]。
(2) 按式[6-2-69]计算的混合物各组元和混合物的第二分子斥分压力。
(3) 本处 a 系数采用 van der Waals 方程计算，混合规则采用 $a^m = \sum y_i y_j a_{ii}^0$。

由于本书中计算参数b时并不认为Ω_b是个恒定数值，故由表6-2-11数据来看，考虑了修正系数$\Lambda_i^{\Omega_b}$的式[6-2-69e]的偏差更小些。

综上所述，现将混合物中各种分子压力的混合规则归纳如下。

(1) 分子压力的混合规则

分子理想压力 $$\frac{P_{id}^m}{P_{id,1}^0}=\Lambda_1^V;\ \frac{P_{id}^m}{P_{id,2}^0}=\Lambda_2^V;\ \frac{P_{id}^m}{P_{id,i}^0}=\Lambda_i^V \qquad [6-2-70]$$

第一分子斥压力

$$\frac{P_{P1}^m}{P_{P1,1}^0}=\frac{\Lambda_1^V}{\Lambda_1^b};\ \frac{P_{P1}^m}{P_{P1,2}^0}=\frac{\Lambda_2^V}{\Lambda_2^b};\ \cdots;\frac{P_{P1}^m}{P_{P1,i}^0}=\frac{\Lambda_i^V}{\Lambda_i^b} \qquad [6-2-71]$$

分子吸引压力

$$\frac{P_{at}^m}{P_{at,1}^0}=\frac{(\Lambda_1^V)^2}{\Lambda_1^a};\ \frac{P_{at}^m}{P_{at,2}^0}=\frac{(\Lambda_2^V)^2}{\Lambda_2^a};\ \cdots;\ \frac{P_{at}^m}{P_{at,i}^0}=\frac{(\Lambda_i^V)^2}{\Lambda_i^a} \qquad [6-2-72]$$

第二分子斥压力

$$\frac{P_{P2}^m}{P_{P2,1}^0}=\frac{(\Lambda_1^V)^3}{\Lambda_1^a\Lambda_1^b};\ \frac{P_{P2}^m}{P_{P2,2}^0}=\frac{(\Lambda_2^V)^3}{\Lambda_2^a\Lambda_2^b};\ \cdots;\frac{P_{P2}^m}{P_{P2,i}^0}=\frac{(\Lambda_i^V)^3}{\Lambda_i^a\Lambda_i^b} \qquad [6-2-73]$$

(2) 分子分压力的混合规则

分子理想分压力 $$\frac{P_{id,1}^m}{P_{id,1}^0}=y_1\Lambda_1^V;\ \frac{P_{id,2}^m}{P_{id,2}^0}=y_2\Lambda_2^V;\ \frac{P_{id,i}^m}{P_{id,i}^0}=y_i\Lambda_i^V \qquad [6-2-74]$$

第一分子斥分压力

$$\frac{P_{P1,1}^m}{P_{P1,1}^0}=y_1\frac{\Lambda_1^V}{\Lambda_1^b};\ \frac{P_{P1,2}^m}{P_{P1,2}^0}=y_2\frac{\Lambda_2^V}{\Lambda_2^b};\ \cdots;\frac{P_{P1,i}^m}{P_{P1,i}^0}=y_i\frac{\Lambda_i^V}{\Lambda_i^b} \qquad [6-2-75]$$

分子吸引分压力

$$\frac{P_{at,1}^m}{P_{at,1}^0}=y_1\frac{(\Lambda_1^V)^2}{\Lambda_1^a};\ \frac{P_{at,2}^m}{P_{at,2}^0}=y_2\frac{(\Lambda_2^V)^2}{\Lambda_2^a};\ \cdots;\frac{P_{at,i}^m}{P_{at,i}^0}=y_i\frac{(\Lambda_i^V)^2}{\Lambda_i^a} \qquad [6-2-76]$$

第二分子斥分压力

$$\frac{P_{P2,1}^m}{P_{P2,1}^0}=y_1\frac{(\Lambda_1^V)^3}{\Lambda_1^a\Lambda_1^b};\ \frac{P_{P2,2}^m}{P_{P2,2}^0}=y_2\frac{(\Lambda_2^V)^3}{\Lambda_2^a\Lambda_2^b};\ \cdots;\frac{P_{P2,i}^m}{P_{P2,i}^0}=y_i\frac{(\Lambda_i^V)^3}{\Lambda_i^a\Lambda_i^b} \qquad [6-2-77]$$

故而气体混合物的压力可表示为

$$\begin{aligned}P^m&=P_{id}^m+P_{P1}^m+P_{P2}^m-P_{at}^m\\&=\Lambda_i^VP_{id,i}^0+\frac{\Lambda_i^V}{\Lambda_i^b}P_{P1,i}^0+\frac{(\Lambda_i^V)^3}{\Lambda_i^a\Lambda_i^b}P_{P2,i}^0-\frac{(\Lambda_i^V)^2}{\Lambda_i^a}P_{at,i}^0\end{aligned} \qquad [6-2-78]$$

6-2-4　临界参数混合规则

物质的临界性质有临界温度、临界压力、临界体积和临界压缩因子等。通称为临界状态参数，简称为临界参数。

临界性质是物质非常重要的性质。临界性质在 *PVT* 关系的研究及物质的其他各种物性的计算中有重要意义。由于其测定难度较高，而且许多物质在测试时的高温下会发生聚合或分解，至今已有临界参数值的物质约千余种。一些物质的临界性质数值可参考一些相关手册，例如，Lide 和 Kekiaian 所编写的《CRC Handbook of Thermophysical and Thermochemical Data》[4]。

在混合物的讨论中无论是应用状态方程，还是应用对应状态原理，都会涉及临界性质，而目前现有的临界性质数据，大多是各种纯物质的数据。混合物的临界性质数据报道较少，例如，在 Cammon 等所编写的《Transport Properties and Related Thermodynamic Data of Binary Mixtures, Part2》[19]中仅列示了 23 个二元系混合物的临界性质数据。当然，混合物的临界性质数据可由 *PVT* 关系通过实验求得，先不考虑这些实验的困难性，仅由于混合物性质强烈依赖于混合物的组成的缘故，完全由实验求得将是一个浩繁的任务。故希望能应用已知的混合物的组元的临界性质，来推算它们所形成的混合物的临界性质，这个工作即是临界参数混合规则。临界参数混合规则不是本书讨论的主要内容，但为讨论临界参数中分子压力的情况，需要在讨论之前，先简单地介绍一下文献中前人们所作的临界参数混合规则的工作。

6-2-4-1　前人的部分工作

本节简单介绍文献中前人们所作的临界参数混合规则的工作，更详细的内容，感兴趣的读者可参阅相关资料内容[20~29]。已有许多研究者在临界参数混合规则上做过工作，提出了许多计算方法，对真实气体混合物来讲，应用文献中介绍的一些方法可以得到一定精度的计算结果。

1. 虚拟临界参数法

讨论真实气体混合物的临界参数时，通常应用组元的临界参数计算得到混合物的一些“临界参数”，但得到的这些“临界参数”并不是混合物的实际的临界参数值，而是人为计算的虚拟结果，故称之为“虚拟临界参数”。

经验表明，虚拟临界参数在某种程度上也可反映气体混合物的临界性质的变化趋向，可以直接用于真实气体状态方程的计算或普遍化热力学图表的方法，并计算真实气体混合物热力学性质，亦具有一定的计算精度，因此虚拟临界参数得到了一定的应用。一般虚拟临界参数的计算方法有以下一些[20]。

(1) 线性组合法。此法即为上节中已介绍的 Kay 规律，对混合物的临界压力：

$$P_C^m = y_1 P_{C,1}^0 + y_2 P_{C,2}^0 + \cdots + y_i P_{C,i}^0 = \sum_i y_i P_{C,i}^0 \qquad [6-2-79]$$

对混合物的临界温度：

$$T_C^m = y_1 T_{C,1}^0 + y_2 T_{C,2}^0 + \cdots + y_i T_{C,i}^0 = \sum_i y_i T_{C,i}^0 \qquad [6-2-80]$$

对混合物的偏心因子：

$$\omega^m = y_1 \omega_1^0 + y_2 \omega_2^0 + \cdots + y_i \omega_i^0 = \sum_i y_i \omega_i^0 \qquad [6-2-81]$$

式中 $P_{C,i}^0$、$T_{C,i}^0$ 和 ω_i^0 为组元 i 在纯组元状态下的临界压力、临界温度和偏心因子。

(2) 线性平方根组合法。

临界压力：

$$\sqrt{P_C^m} = y_1\sqrt{P_{C,1}^0} + y_2\sqrt{P_{C,2}^0} + \cdots + y_i\sqrt{P_{C,i}^0} = \sum_i y_i\sqrt{P_{C,i}^0} \qquad [6-2-82]$$

临界温度：

$$\sqrt{T_C^m} = y_1\sqrt{T_{C,1}^0} + y_2\sqrt{T_{C,2}^0} + \cdots + y_i\sqrt{T_{C,i}^0} = \sum_i y_i\sqrt{T_{C,i}^0} \qquad [6-2-83]$$

混合物的偏心因子计算式与式[6-2-81]相同。

(3) 修正线性组合法。这一方法是由 Prausnitz-Gunn[23]提出的。对线性组合法 Kay 规则中临界压力计算法作了改进，提高了计算结果的精度。

临界压力

$$P_C^m = \frac{R T_C^m}{\sum_i y_i V_{C,i}^0} \sum_i y_i Z_{C,i}^0 \qquad [6-2-84]$$

混合物的临界温度和偏心因子计算式与式[6-2-80]、式[6-2-81]相同。

上述各式中均没有包含相互作用参数。因此，这些混合规则不能真实地反映混合物的性质。对于混合物中组元，如果一个或多个组元是极性的或具有缔合倾向时，计算结果往往不会令人满意。因此，一些研究者在上述混合规则表示式中引入修正系数—相互作用系数，并将线性形式改为二次形式，即

$$T_C^m = \sum_i y_i y_j T_{C,ij}^0 \qquad [6-2-85]$$

其中

$$T_{C,ii}^0 = T_{C,i}^0\,; \quad T_{C,ij}^0 = k_{ij}^* \frac{T_{C,i}^0 + T_{C,j}^0}{2} \qquad [6-2-86]$$

亦有一些研究者采用

$$T_{C,ij}^0 = (1 - k_{ij})(T_{C,i}^0 T_{C,j}^0)^{1/2} \qquad [6-2-87]$$

式中 k_{ij}^* 或 k_{ij} 称作二元相互作用系数，反映着不同分子间相互作用对混合物性质的影响，若组元分子为极性分子时影响更大些。但相互作用系数至今还未有较好的通用关联式，一般由实验数据拟合得到。烃类混合物和烃类与少量其他化合物的混合物的 k_{ij}^* 或 k_{ij} 的数值可参考相关资料[12, 17, 24]。而 k_{ij} 的数值与组成混合物的物质有关，一般在 0～0.2 之间。

Tsonopoulos 曾建议用下式计算 k_{ij} 值

$$k_{ij}=1-\frac{8\,(V_{C,i}^{0}V_{C,j}^{0})^{1/2}}{[(V_{C,i}^{0})^{1/3}+(V_{C,j}^{0})^{1/3}]^{3}} \qquad [6-2-88]$$

只是一般估算时可不考虑 k_{ij}^{*} 或 k_{ij}，但在混合物中存在极性分子或缔合作用时计算需要考虑这两个相互作用系数。

2. 状态方程法

一些研究者建立了计算临界参数自己的计算方程，这些方程都有自己特色，现选择一些介绍如下：

(1) Prausnitz[11]法。文献[12]中对 Prausnitz 提出的方法的评论是"下列混合规则是简单而有用的"：

$$T_C^{m}=(T_{C,i}^{0}T_{C,j}^{0})^{1/2}(1-k_{ij}) \qquad [6-2-89a]$$

$$V_C^{m}=\frac{(V_{C,i}^{0\ 1/3}+V_{C,j}^{0\ 1/3})^{3}}{8} \qquad [6-2-89b]$$

$$Z_C^{m}=\frac{Z_{C,i}^{0}+Z_{C,j}^{0}}{2} \qquad [6-2-89c]$$

$$\omega^{m}=\frac{\omega_i^{0}+\omega_j^{0}}{2} \qquad [6-2-89d]$$

$$P_C^{m}=\frac{Z_C^{m}RT_C^{m}}{V_C^{m}} \qquad [6-2-89e]$$

(2) Lee-Keseler 方程法。

$$T_C^{m}=\frac{1}{V_C^{m1/4}}\sum_i\sum_j y_iy_jV_C^{m1/4}T_{C,ij}^{0}\text{；}\ T_{C,ij}^{0}=(T_{C,i}^{0}T_{C,j}^{0})^{1/2}k'_{ij} \qquad [6-2-90a]$$

$$V_C^{m}=\sum_i\sum_j y_iy_jV_{C,ij}^{0}\text{；}\ V_{C,ij}^{0}=\frac{(V_{C,i}^{0\ 1/3}+V_{C,j}^{0\ 1/3})^{3}}{8} \qquad [6-2-90b]$$

$$\omega^{m}=\sum_i y_i\omega_i^{0} \qquad [6-2-90c]$$

$$P_C^{m}=(0.290\,5-0.085\omega^{m})\frac{RT_C^{m}}{V_C^{m}} \qquad [6-2-90d]$$

(3) 修正的 Rackett 方程法。Spencer[24]提出由纯物质的参数计算混合物的摩尔体积：

$$\frac{T_C^{m}}{P_C}=\sum_i y_i\frac{T_{C,i}^{0}}{P_{C,i}^{0}} \qquad [6-2-91a]$$

$$Z_{R,A}^{m}=\sum_i y_iZ_{R,A,i}^{0} \qquad [6-2-91b]$$

式中 $Z_{R,A}$ 为 Rackett 常数，一般需要由实验数据拟合，由于与 Z_C 值相差不大，故在无 $Z_{R,A}$ 数据时，可用 Z_C 替代。$Z_{R,A}$ 计算可参见文献[17]。

$$T_C^m = \frac{\sum_i y_i V_{C,i}^0 T_{C,i}^0}{\sum_j y_i V_{C,i}^0} \qquad [6-2-91c]$$

(4) 童景山方程法。童景山直接应用下列混合规则[21, 25]进行讨论

$$b^m = \sum_i y_i b_i^0 = \sum_i y_i \Omega_b \frac{RT_{C,i}^0}{P_{C,i}^0} \qquad [6-2-92]$$

$$a^m = \left(\sum_i y_i (a_i^0)^{1/2}\right)^2 = \left[\sum_i y_i \left(\Omega_a \frac{(RT_{C,i}^0)^2}{P_{C,i}^0}\right)^{1/2}\right]^2 \qquad [6-2-93]$$

又知

$$b^m = \Omega_b \frac{RT_C^m}{P_C^m} \qquad [6-2-94]$$

$$a^m = \Omega_a \frac{(RT_C^m)^2}{P_C^m} \qquad [6-2-95]$$

由上述讨论可知

$$\frac{RT_C^m}{P_C^m} = \sum_i y_i \frac{RT_{C,i}^0}{P_{C,i}^0} \qquad [6-2-96a]$$

$$\frac{RT_C^m}{(P_C^m)^{1/2}} = \sum_i y_i \frac{RT_{C,i}^0}{(P_{C,i}^0)^{1/2}} \qquad [6-2-96b]$$

由式[6-2-96a]、式[6-2-96b]可计算得到混合物的各临界参数。

(5) Chueh 和 Prausnitz 法[22]。Chueh 和 Prausnitz 提出这一计算方法是为讨论高压下的汽—液平衡问题。由于讨论对象处于高压下，因而必须考虑组元间的分子间相互作用问题，其计算混合物临界参数的方法如下：$V_C^m = \sum_i y_i V_{C,i}^0$ [6-2-97a]

$$T_C^m = \sum_i \sum_j \Phi_i \Phi_j T_{C,ij}^0 \qquad [6-2-97b]$$

其中

$$T_{C,ii}^0 = T_{C,i}^0\text{；}T_{C,ij}^0 = (1-k_{ij})(T_{C,i}^0 T_{C,j}^0)^{1/2} \qquad [6-2-97c]$$

系数 k_{ij} 可查资料或按下式计算

$$k_{ij} = 1 - \left[\frac{\sqrt{(V_{C,i}^0)^{1/3}(V_{C,j}^0)^{1/3}}}{((V_{C,i}^0)^{1/3} + (V_{C,j}^0)^{1/3})/2}\right]^3$$

体积分数

$$\Phi_i = \frac{y_i V_{C,i}^0}{\sum_i y_i V_{C,i}^0} \qquad [6-2-97d]$$

混合物的偏心因子　　$\omega^{m}=\sum_{i} y_i \omega_i$　　[6-2-97e]

上述方法之要点是采用体积分数浓度。

6-2-4-2　部分方法计算结果

依据6-2-4-1介绍的部分计算式对混合物的临界温度、临界压力和临界体积作简单的计算比较。

1. 临界温度计算结果

以Kay混合规则、修正Rackett法和Chueh-Prausnitz式计算的临界温度数据列于表6-2-12中以供比较。

表6-2-12　不同类型混合物临界温度的计算

y_1	T_C^m /K	Kay规则 式[6-2-80]		修正Rackett法 式[6-2-91c]		Chueh和Prausnitz 式[6-2-97]	
		结　果	误　差	结　果	误　差	结　果	误　差
混合物：组元1，氩气，组元2，甲烷，非极性物质混合物							
1.00	190.5						
0.80	184.3	182.58	−0.93%	184.19	−0.06%	183.74	−0.30%
0.60	177.2	174.66	−1.43%	177.21	0.01%	176.46	−0.42%
0.40	169.2	166.74	−1.45%	169.42	0.14%	168.59	−0.36%
0.20	160.4	158.82	−0.99%	160.73	0.20%	160.09	−0.19%
0.00	150.9						
混合物：组元1，二甲胺，组元2，丙烷，极性物质与非极性物质混合物							
1.00	437.2						
0.80	421.8	423.72	0.46%	422.82	0.24%	422.31	0.12%
0.60	406.3	410.24	0.97%	408.91	0.64%	408.12	0.46%
0.40	391.9	396.76	1.24%	395.45	0.91%	394.73	0.72%
0.20	379.4	383.28	1.02%	382.42	0.80%	381.96	0.67%
0.00	369.8						
混合物：组元1，甲醇，组元2，乙腈，极性物质与极性物质混合物							
1.00	545.5						
0.80	534.0	538.92	0.92%	540.71	1.26%	539.84	1.09%
0.60	526.6	532.34	1.09%	535.22	1.64%	534.42	1.48%

续 表

y_1	T_C^m /K	Kay 规则 式[6-2-80]		修正 Rackett 法 式[6-2-91c]		Chueh 和 Prausnitz 式[6-2-97]	
		结 果	误 差	结 果	误 差	结 果	误 差
混合物：组元 1,甲醇,组元 2,乙腈,极性物质与极性物质混合物							
0.40	520.7	525.76	0.97%	528.86	1.57%	527.94	1.39%
0.20	515.6	519.18	0.69%	521.42	1.13%	520.70	0.99%
0.00	512.6						
混合物：组元 1,二乙胺,组元 2,乙腈,极性物质与极性物质混合物							
1.00	500.0						
0.80	497.9	502.52	0.93%	501.12	0.65%	498.18	0.06%
0.60	498.2	505.04	1.37%	502.61	0.89%	496.65	−0.31%
0.40	501.4	507.56	1.23%	504.67	0.65%	496.21	−1.03%
0.20	506.9	510.08	0.63%	507.69	0.16%	499.07	−1.54%
0.00	512.6						
混合物：组元 1,水,组元 2,氨,强极性物质混合物							
1.00	647.1						
0.80	609.7	598.78	−1.79%	588.33	−3.50%	582.66	−4.43%
0.60	570.2	550.46	−3.46%	535.59	−6.07%	527.94	−7.41%
0.40	525.3	502.14	−4.41%	488.00	−7.10%	481.07	−8.42%
0.20	471.5	453.82	−3.75%	444.83	−5.66%	440.63	−6.55%
0.00	405.5						

注：本表数据取自文献[4]。

由表 6-2-12 所列数据可知,无论是 Kay 规则、修正的 Rackett 方程法还是 Chueh 和 Prausnitz 法讨论计算混合物的方法,在非极性物质混合物、极性物质与非极性物质混合物及极性物质与极性物质混合物的临界温度计算中,均能得到较满意的结果,这些方程的计算精度亦彼此接近。但是对强极性物质混合物,这里所举的例子是水和氨的混合物,这些方法都显示计算误差有所增加,最大误差达−8.42%。因此在强极性物质混合物临界温度计算时所选用的方法还需慎重。

2. 临界压力计算结果

表 6-2-13 中列示了以 Kay 混合规则和以 Prausnitz 式对一些混合物的计算结果。目的是说明在选择混合物临界参数计算方法时要慎重,以避免得到较大误差的结果。

表 6-2-13　一些混合物临界压力计算(1)　　bar

混合物 $A(P^0_{C,A})\sim B(P^0_{C,B})$	混合物组成，y_A							
	0.8		0.6		0.4		0.2	
	数值	误差	数值	误差	数值	误差	数值	误差
甲烷(46.04)～二氧化碳(73.75) 手册(4)数值，bar	69.54		79.89		85.38		86.06	
Kay 规则	51.58	−25.82%	57.12	−28.50%	62.67	−26.60%	68.21	−20.74%
Prausnitz 计算式(2)	51.05	−26.58%	56.33	−29.49%	61.87	−27.53%	67.68	−21.36%
水(220.6)～氨(113.5) 手册(4)数值，bar	215.97		207.49		193.35		166.28	
Kay 规则	199.18	−7.77%	177.76	−14.33%	156.34	−19.14%	134.92	−18.86%
Prausnitz 计算式(2)	193.78	−10.28%	170.05	−18.05%	148.98	−22.95%	130.23	−21.68%
二乙胺(37.58)～甲醇(80.92) 手册(4)数值	45.33		53.89		63.38		72.97	
Kay 规则	46.25	2.03%	54.92	1.90%	63.58	0.32%	72.25	−0.98%
Prausnitz 计算式(2)	41.48	−8.50%	46.61	−13.51%	53.69	−15.29%	64.09	−12.16%
硫化氢(89.4)～丙烷(42.5) 手册(4)数值	72.82		62.65		55.51		49.16	
Kay 规则	80.02	9.89%	70.64	12.75%	61.26	10.36%	51.88	5.53%
Prausnitz 计算式(2)	73.50	0.94%	62.31	−0.54%	54.00	−2.71%	47.60	−3.18%

注：(1) 本表数据取自文献[4]。

(2) Prausnitz 计算式即式[6-2-84]，式中 $T^m_C=\sum y_i y_j T^0_{C,ij}$，并设相互作用系数 $k_{ij}=0$。

由表列数据可知，Kay 规则、Prausnitz 计算式等通常用于气体临界参数计算的结果均不理想，Kay 规则可能对一些混合物适用(如二乙胺—甲醇)，但对另一些不适用，Prausnitz 计算式亦是如此，表中对硫化氢—丙烷的计算结果是满意的，但对其他混合物则不尽如人意。

究其原因是这些计算式均是经验式，缺少理论的支持，在一些场合讨论中，这些经验式可能会得到较好的应用，而在其他场合讨论中，一些简单方法较难满足计算精度的要求。当前文献中有一些修正的方法。

1. 引入交叉相互作用系数

对于交叉相互作用系数，Prausnitz 等采用下列经验式

$$V_{C,ij}=\frac{1}{2}(V_{C,i}+V_{C,j})-\Delta V_{C,ij} \qquad [6-2-98]$$

或

$$T_{C,ij}=(T_{C,i}T_{C,j})^{1/2}-\Delta T_{C,ij} \qquad [6-2-99]$$

Barner 和 Quinlan 采用下列形式[26]

$$T_{C,ij} = \frac{1}{2}(T_{C,i} + T_{C,j}) \times k_{ij}^{*} \qquad [6-2-100]$$

并列示了一些碳氢化合物之间及碳氢化合物与元素的一些混合物的 k_{ij}^{*} 的数值。

依据一些研究者的意见，采用交叉相互作用系数的计算方法有以下注意点：

① 目前这种交叉相互作用系数数值还较少，并分散在各研究者的研究报告中，这给广泛应用交叉相互作用系数带来一定的困难。

② 从已有的数据来看，k_{ij}^{*} 的最佳值是通过尝试法回算得到。文献[27]在介绍这一方法时都强调式[6-2-98]和式[6-2-99]中"$\Delta V_{C,ij}$、$\Delta T_{C,ij}$ 最好是由实验数据拟合求得"，又如，马沛生[14]认为 k_{ij}^{*} 缺乏规律性，原则上要从实验值反求或只能从实验值反求。

③ Read[12]认为，这个方法没有理论依据，只是经验参数，无严密性而言。对此 Read 列举了许多理由，其中一条作者认为比较重要，即对于一个给定的二元混合物，虽然有一个 k_{ij}^{*} 值，但仅有此单一的数值，并且此值又不是组分、温度或压力的函数，无疑这对广泛应用此法是不利的。

2. 多参数法

传统的混合规则已提出了许多改进，液体混合规则改进的方法大致有：反应模型法、局部组成模型法和经验扩展型法(详细可参阅文献[12])，这些改进的方法有一个共同的特点，即对于二元系的讨论，所有的方法所要求的调节参数均不止一个。而气体混合规则的改进亦朝着多元参数表示式发展。但是这样会增加讨论的复杂性，在某种程度上对推广使用这些方法会有影响。例如，在 van der Waals 方程中 a 参数的计算中增加了新参数[28]：

$$a^{m} = \sum\sum y_i y_j \,(a_i^0 a_j^0)^{1/2}[1 - k_{ij} - l_{ij}(y_i - y_j)] \qquad [6-2-101]$$

又如 Bishnoi 等系统地研究了 BWR 方程八个参数的混合规则[29]。

由上述讨论可知，目前这些计算临界参数的方法相对而言还是不够成熟的，还有待改进，这也说明临界参数混合规则研究的复杂和困难。一般认为，较可靠的计算方法还是依据实验数据以求得所设定的表示式中的各项调整参数。

6-2-5 临界分子压力混合规则

混合物的临界状态与其组元在纯物质下的临界状态不同，因此混合物在临界状态下的各分子压力与其组元在纯物质的临界状态时的分子压力，它们所处的讨论状态是不同的，这使讨论的困难增大。

由压力微观结构知：

系统压力=分子理想压力+第一分子斥压力+第二分子斥压力−分子吸引压力

混合物临界压力的混合规则已经在第 6-2-4 节中进行了讨论，下面对各个临界分子压力的混合规则分别进行讨论，规定的讨论条件如下：

方案 1：混合物的 P_C^m、T_C^m、V_C^m 均已知。

方案 2：混合物的 T_C^m 已知，其余未知。

方案 3：混合物的均未知。

现以水—氨气体混合物为例说明各种分子压力混合规则的计算方法，水—氨气体混合物计算参数如表 6-2-14(a)所列。

水(1)，$P_{C,1}^0 = 220.6\ \text{bar}$，$T_{C,1}^0 = 647.1\ \text{K}$，$V_{C,1}^0 = 56\ \text{cm}^3 \cdot \text{mol}^{-1}$

氨(2)，$P_{C,2}^0 = 113.5\ \text{bar}$，$T_{C,2}^0 = 405.5\ \text{K}$，$V_{C,2}^0 = 72\ \text{cm}^3 \cdot \text{mol}^{-1}$

表 6-2-14(a)　水—氨气体混合物计算参数

计算参数	$y_1 = 0.8$			$y_1 = 0.6$			$y_1 = 0.4$			$y_1 = 0.2$		
	方案 1	方案 2	方案 3	方案 1	方案 2	方案 3	方案 1	方案 2	方案 3	方案 1	方案 2	方案 3
$\Lambda_1^{T_C}$	0.942	0.942	0.925	0.881	0.881	0.851	0.812	0.812	0.776	0.729	0.729	0.701
$\Lambda_2^{T_C}$	1.504	1.504	1.477	1.406	1.406	1.357	1.295	1.295	1.238	1.163	1.163	1.119
$\Lambda_1^{Z_C}$	1.011	1.011	1.011	1.189	1.022	1.022	1.265	1.033	1.033	1.271	1.045	1.045
$\Lambda_2^{Z_C}$	0.958	0.958	0.958	1.127	0.968	0.968	1.198	0.979	0.979	1.204	0.989	0.989
$\Lambda_1^{V_C}$	1.028	0.946	0.946	1.044	0.897	0.897	1.045	0.854	0.854	0.990	0.814	0.814
$\Lambda_2^{V_C}$	1.321	1.216	1.216	1.343	1.154	1.154	1.343	1.098	1.098	1.273	1.047	1.047
Λ_1^b	1.037	0.958	0.976	1.064	0.914	0.947	1.074	0.873	0.913	1.028	0.839	0.872
Λ_2^b	1.273	1.167	1.188	1.306	1.114	1.154	1.319	1.063	1.112	1.262	1.022	1.062
T_C^m	609.70 K			570.20 K			525.30 K			471.50 K		
P_C^m	215.97 bar			207.49 bar			193.35 bar			166.28 bar		
V_C^m	54.49 $\text{cm}^3 \cdot \text{mol}^{-1}$			53.63 $\text{cm}^3 \cdot \text{mol}^{-1}$			53.60 $\text{cm}^3 \cdot \text{mol}^{-1}$			56.54 $\text{cm}^3 \cdot \text{mol}^{-1}$		

注：此表数据取自文献[4，32]。

6-2-5-1　临界分子理想压力混合规则

分子理想压力的定义式为

混合物
$$P_{C,\text{id}}^m = \frac{RT_C^m}{V_C^m} \qquad [6-2-102a]$$

纯组元 i
$$P_{C,\text{id},i}^0 = \frac{RT_{C,i}^0}{V_{C,i}^0} \qquad [6-2-102b]$$

将式[6-2-102]改写为

$$P_{C,\text{id}}^m = \frac{T_C^m V_{C,i}^0}{T_{C,i}^0 V_C^m} P_{C,\text{id},i}^0 = \Lambda_i^{T_C} \Lambda_i^{V_C} P_{C,\text{id},i}^0 \qquad [6-2-103]$$

或
$$P_{C,\text{id}}^m = y_1 \Lambda_1^{T_C} \Lambda_1^{V_C} P_{C,\text{id},1}^0 + y_2 \Lambda_2^{T_C} \Lambda_2^{V_C} P_{C,\text{id},2}^0 + \cdots + y_i \Lambda_i^{T_C} \Lambda_i^{V_C} P_{C,\text{id},i}^0$$
[6-2-104]

又知分子协体积的定义式 $b=\Omega_b \mathrm{R}\, T_C/P_C$，代入上式得

$$P_{C,\mathrm{id}}^{\mathrm{m}}=\frac{Z_{C,i}^{0}T_{C}^{\mathrm{m}}b_i^0}{Z_C^{\mathrm{m}}T_{C,i}^{0}b^{\mathrm{m}}}P_{C,\mathrm{id},i}^{0}=\frac{\Lambda_i^{T_C}\Lambda_i^b}{\Lambda_i^{Z_C}}P_{C,\mathrm{id},i}^{0} \qquad [6-2-105]$$

或 $$P_{C,\mathrm{id}}^{\mathrm{m}}=y_1\frac{\Lambda_1^{T_C}\Lambda_1^b}{\Lambda_1^{Z_C}}P_{C,\mathrm{id},1}^{0}+y_2\frac{\Lambda_2^{T_C}\Lambda_2^b}{\Lambda_2^{Z_C}}P_{C,\mathrm{id},2}^{0}+\cdots+y_i\frac{\Lambda_i^{T_C}\Lambda_i^b}{\Lambda_i^{Z_C}}P_{C,\mathrm{id},i}^{0} \qquad [6-2-106]$$

1. 方案 1

按式[6-2-106]进行计算,各计算系数值均已知:

式中 $\Lambda_i^b=\dfrac{b_i^0}{b^{\mathrm{m}}}=\dfrac{T_{C,i}^0/P_{C,i}^0}{T_C^{\mathrm{m}}/P_C^{\mathrm{m}}}$，这里认为在应用同样状态方程讨论时 $\Omega_b^{\mathrm{m}}=\Omega_b^0$。但混合物和纯物质,在各自的临界状态下 Ω_b^{m} 有可能与 Ω_b^0 数值相等,但亦可能不相等。故采用 $\Omega_b^{\mathrm{m}}=\Omega_b^0$ 方案可能会使计算误差产生。

式中 $\Lambda_i^{T_C}=\dfrac{T_C^{\mathrm{m}}}{T_{C,i}^0}$，$\Lambda_i^{Z_C}=\dfrac{Z_C^{\mathrm{m}}}{Z_{C,i}^0}$，$Z_C^{\mathrm{m}}$ 可按已知数据计算,也可按下式计算,

例如文献[30]采用

$$Z_C^{\mathrm{m}}=\sum y_i Z_{C,i}^0 \qquad [6\quad 2\quad 107a]$$

又如文献[14, 31]采用

$$Z_C^{\mathrm{m}}=0.271-0.08\sum y_i\omega_i \qquad [6-2-107b]$$

2. 方案 2

按式[6-2-106]进行计算,计算系数 $\Lambda_i^{T_C}$ 已知:

式中 $\Lambda_i^{Z_C}$ 可按式[6-2-107]计算。

Λ_i^b 计算式:

$$\Lambda_i^b=\frac{T_{C,i}^0/P_{C,i}^0}{T_C^{\mathrm{m}}/\sum y_i P_{C,i}^0} \qquad [6-2-108]$$

又可按式[6-2-104]进行计算,计算系数 $\Lambda_i^{T_C}$ 已知:

式中 $\Lambda_i^{V_C}$ 则按最简单的 Kay 混合规则处理,其计算式:

$$\Lambda_i^{V_C}=\frac{V_{C,i}^0}{V_C^{\mathrm{m}}}=\frac{V_{C,i}^0}{\sum y_i V_{C,i}^0} \qquad [6-2-109]$$

3. 方案 3

按式[6-2-104]或式[6-2-106]均可进行计算,但计算系数 $\Lambda_i^{T_C}$ 未知,故可应用一些混合规则,如 Kay 混合规则,得

$$\Lambda_i^{T_C}=\frac{T_C^{\mathrm{m}}}{T_{C,i}^0}=\frac{\sum y_i T_{C,i}^0}{T_{C,i}^0} \qquad [6-2-110]$$

式[6-2-104]和式[6-2-106]是理论公式，可用于讨论混合物的临界分子理想压力与其组成的临界分子理想压力的关系。而式[6-2-107～110]是实际应用公式，用于缺乏混合物的一些临界参数时，则可由其纯组元的临界分子理想压力和一些临界参数来估算混合物的临界分子理想压力的数值。

上述介绍各式均为混合物临界分子理想压力的混合规则。混合规则所确定的 $P_{C,\mathrm{id}}^{\mathrm{m}}$ 与 $P_{C,\mathrm{id},i}^{0}$ 的关系是有理论依据的，如果所需计算参数数值均为已知，则可由这些关系式讨论混合物的临界分子理想压力与其组成的临界分子理想压力的关系，如果缺少一些计算所需参数数值，可应用目前已知的近似估算方法，如 Kay 规则等，代入上述各式中估算混合物的临界分子理想压力的数值，但计算精度会有影响，这取决于所选用估算方法的正确性。

上述讨论方法的计算例子列于表 6-2-14(b)中以供参考。

表 6-2-14(b)　水—氨气体混合物临界分子理想压力计算

临界分子理想压力　bar	$y_1=1.0$	$y_1=0.8$	$y_1=0.6$	$y_1=0.4$	$y_1=0.2$	$y_1=0$
$P_{C,\mathrm{id}}^{\mathrm{m}}$　文献值	960.71	930.20	883.95	814.84	693.29	469.01
式[6-2-104]计算值，　方案 1		930.50	884.52	815.64	694.20	
误差/%		0.03	0.07	0.10	0.13	
式[6-2-104]计算值，　方案 2		856.54	760.22	666.41	570.52	
误差/%		−7.92	−14.00	−18.22	−17.71	
式[6-2-106]计算值，　方案 2		858.16	757.79	659.51	563.27	
误差/%		−7.74	−14.27	−19.06	−18.75	
式[6-2-104]计算值，　方案 3		841.20	733.90	637.03	549.13	
误差/%		−9.57	−16.97	−21.82	−20.79	
式[6-2-106]计算值，　方案 3		881.13	763.03	656.84	559.72	
误差/%		−5.28	−13.68	−19.39	−19.27	

注：本表数据取自文献[4，32]。

表列数据表明，如果知道混合物与各组元纯物质的混合关系，则可正确地以各组元纯物质的临界分子理想压力数据计算混合物的临界分子理想压力数值。当然，混合物与各组元纯物质的未知混合关系越多，则计算偏差就可能随之增大。

6-2-5-2　临界第一分子斥压力混合规则

第一分子斥压力的定义式为

混合物
$$P_{C,P1}^{\mathrm{m}}=P_{C}^{\mathrm{m}}\frac{b^{\mathrm{m}}}{V_{C}^{\mathrm{m}}}\qquad[6-2-111a]$$

纯组元 i
$$P_{C,P1,i}^{0}=P_{C,i}^{0}\frac{b_i^{0}}{V_{C,i}^{0}}\qquad[6-2-111b]$$

故有 $$P_{C,P1}^{m}=\frac{b^{m}V_{C,i}^{0}P_{C}^{m}}{b_{i}^{0}V_{C}^{m}P_{C,i}^{0}}P_{C,P1,i}^{0}=\frac{T_{C}^{m}V_{C,i}^{0}}{T_{C,i}^{0}V_{C}^{m}}P_{C,P1,i}^{0}=\Lambda_{i}^{T_C}\Lambda_{i}^{V_C}P_{C,P1,i}^{0} \qquad [6-2-112]$$

或 $$P_{C,P1}^{m}=y_1\Lambda_{1}^{T_C}\Lambda_{1}^{V_C}P_{C,P1,1}^{0}+y_2\Lambda_{2}^{T_C}\Lambda_{2}^{V_C}P_{C,P1,2}^{0}+\cdots+y_i\Lambda_{i}^{T_C}\Lambda_{i}^{V_C}P_{C,P1,i}^{0} \qquad [6-2-113]$$

又知 $$\Lambda_{i}^{b}=\frac{b_{i}^{0}}{b^{m}}=\frac{T_{C,i}^{0}/P_{C,i}^{0}}{T_{C}^{m}/P_{C}^{m}} \qquad [6-2-114]$$

$$P_{C,P1}^{m}=\frac{Z_{C,i}^{0}T_{C}^{m}b_{i}^{0}}{Z_{C}^{m}T_{C,i}^{0}b^{m}}P_{C,P1,i}^{0}=\frac{\Lambda_{i}^{T_C}\Lambda_{i}^{b}}{\Lambda_{i}^{Z_C}}P_{C,P1,i}^{0} \qquad [6-2-115]$$

或 $$P_{C,P1}^{m}=y_1\frac{\Lambda_{1}^{T_C}\Lambda_{1}^{b}}{\Lambda_{1}^{Z_C}}P_{C,P1,1}^{0}+y_2\frac{\Lambda_{2}^{T_C}\Lambda_{2}^{b}}{\Lambda_{2}^{Z_C}}P_{C,P1,2}^{0}+\cdots+y_i\frac{\Lambda_{i}^{T_C}\Lambda_{i}^{b}}{\Lambda_{i}^{Z_C}}P_{C,P1,i}^{0} \qquad [6-2-116]$$

1. 方案 1

按式[6-2-113]进行计算,各计算系数值均已知,式中

$$\Lambda_{i}^{T_C}=\frac{T_{C}^{m}}{T_{C,i}^{0}} \qquad \Lambda_{i}^{V_C}=\frac{V_{C,i}^{0}}{V_{C}^{m}}$$

2. 方案 2

按式[6-2-113]、式[6-2-116]进行计算,计算系数 $\Lambda_{i}^{T_C}$ 已知,式中 $\Lambda_{i}^{V_C}$ 则按最简单的Kay 混合规则处理,其计算式: $$\Lambda_{i}^{V_C}=\frac{V_{C,i}^{0}}{V_{C}^{m}}=\frac{V_{C,i}^{0}}{\sum y_iV_{C,i}^{0}} \qquad [6-2-117]$$

3. 方案 3

按式[6-2-113]、式[6-2-116]进行计算,但计算系数 $\Lambda_{i}^{T_C}$ 未知,故可应用一些混合规则,如 Kay 混合规则,得 $$\Lambda_{i}^{T_C}=\frac{T_{C}^{m}}{T_{C,i}^{0}}=\frac{\sum y_iT_{C,i}^{0}}{T_{C,i}^{0}} \qquad [6-2-118]$$

式[6-2-113～116]均为混合物临界第一分子斥压力的混合规则,这个混合规则中修正系数与临界分子理想压力的混合规则中的一样。同样,混合规则所确定的 $P_{C,P1}^{m}$ 与 $P_{C,P1,i}^{0}$ 的关系是有理论依据的,如果所需计算参数数值均为已知,则由这些关系式可讨论混合物的临界第一分子斥压力与其组成的临界第一分子斥压力的关系。如果缺少一些计算所需参数数值,可应用目前已知的近似估算方法,如 Kay 混合规则等,代入上述各式中估算混合物的临界第一分子斥压力的数值,但计算误差可能会有所增加。

这些表示式的计算例子列于下面的表 6-2-14(c)以供参考。

表 6-2-14(c) 水—氨气体混合物临界第一分子斥压力计算

临界第一分子斥压力/bar		$y_1=1.0$	$y_1=0.8$	$y_1=0.6$	$y_1=0.4$	$y_1=0.2$	$y_1=1.0$
$P_{C,P1}^{m}$	文献值	86.93	84.44	80.28	74.14	63.14	42.80
式[6-2-113]计算值,	方案 1		84.34	80.31	74.18	63.24	

续 表

临界第一分子斥压力/bar	$y_1=1.0$	$y_1=0.8$	$y_1=0.6$	$y_1=0.4$	$y_1=0.2$	$y_1=1.0$
误差/%		−0.12	0.04	0.06	0.16	
式[6-2-113]计算值， 方案 2		77.64	69.02	60.61	51.98	
误差/%		−8.06	−14.02	−18.25	−17.68	
式[6-2-116]计算值， 方案 2		77.78	68.80	59.98	51.32	
误差/%		−7.89	−14.29	−19.09	−18.73	
式[6-2-113]计算值， 方案 3		76.25	66.63	57.94	50.03	
误差/%		−9.71	−16.99	−21.85	−20.77	
式[6-2-116]计算值， 方案 3		77.78	68.80	59.98	51.32	
误差/%		−7.89	−14.29	−19.09	−18.73	

表列数据表明，如果知道混合物与各组元纯物质的混合关系，则可正确地以各组元纯物质的临界第一分子斥压力数据计算混合物的临界第一分子斥压力数值。当然，混合物与各组元纯物质的未知混合关系越多，则计算偏差就可能随之增大。

6-2-5-3 临界第二分子斥压力混合规则

第二分子斥压力的定义式(以 van der Waals 方程为例)：

$$P_{P2}=P_{at}\frac{b}{V_m}=\frac{ab}{(V_m)^3} \qquad [6-2-119]$$

混合物的临界第二分子斥压力为

$$P_{C,P2}^{m}=P_{C,at}^{m}\frac{b^{m}}{V_C^{m}}=\frac{a^{m}b^{m}}{(V_C^{m})^3} \qquad [6-2-120]$$

纯组元 i 的临界第二分子斥压力为

$$P_{C,P2,i}^{0}=\frac{b_i^0}{V_{C,i}^0}P_{C,at,i}^{0}=\frac{a_i^0b_i^0}{(V_{C,i}^0)^3} \qquad [6-2-121]$$

因而混合物第二分子斥压力的混合规则表示式有：

$$P_{C,P2}^{m}=\frac{(V_{C,i}^0)^3}{(V_C^m)^3}\frac{a^mb^m}{a_i^0b_i^0}P_{C,P2,i}^{0}=\frac{(\Lambda_i^{V_C})^3}{\Lambda_i^a\Lambda_i^b}P_{C,P2,i}^{0} \qquad [6-2-122]$$

式中

$$\Lambda_i^a=\frac{a_i^0}{a^m}=\frac{T_{C,i}^0}{T_C^m}\frac{T_{C,i}^0}{T_C^m}\frac{P_C^m}{P_{C,i}^0}$$

$$\Lambda_i^b=\frac{b_i^0}{b^m}=\frac{T_{C,i}^0}{T_C^m}\frac{P_C^m}{P_{C,i}^0}$$

故而 $$\Lambda_i^a \Lambda_i^b = \frac{T_{C,i}^0}{T_C^m}\frac{T_{C,i}^0}{T_C^m}\frac{P_C^m}{P_{C,i}^0}\times\frac{b_i^0}{b^m} = \frac{(\Lambda_i^b)^2}{\Lambda_i^{T_C}} \qquad [6-2-123]$$

代入式[6-2-122]中，得

$$P_{C,P2}^m = \Lambda_i^{T_C}\frac{(\Lambda_i^{V_C})^3}{(\Lambda_i^b)^2}P_{C,P2,i}^0 = \frac{\Lambda_i^{T_C}\Lambda_i^{V_C}}{(\Lambda_i^{Z_C})^2}P_{C,P2,i}^0 = \frac{\Lambda_i^{T_C}\Lambda_i^b}{(\Lambda_i^{Z_C})^3}P_{C,P2,i}^0 \qquad [6-2-124]$$

$$P_{C,P2}^m = y_1\Lambda_1^{T_C}\frac{(\Lambda_1^{V_C})^3}{(\Lambda_1^b)^2}P_{C,P2,1}^0 + y_2\Lambda_2^{T_C}\frac{(\Lambda_2^{V_C})^3}{(\Lambda_2^b)^2}P_{C,P2,2}^0 + \cdots + y_i\Lambda_i^{T_C}\frac{(\Lambda_i^{V_C})^3}{(\Lambda_i^b)^2}P_{C,P2,i}^0 \qquad [6-2-125a]$$

$$P_{C,P2}^m = y_1\frac{\Lambda_1^{T_C}\Lambda_1^{V_C}}{(\Lambda_1^{Z_C})^2}P_{C,P2,1}^0 + y_2\frac{\Lambda_2^{T_C}\Lambda_2^{V_C}}{(\Lambda_2^{Z_C})^2}P_{C,P2,2}^0 + \cdots + y_i\frac{\Lambda_i^{T_C}\Lambda_i^{V_C}}{(\Lambda_i^{Z_C})^2}P_{C,P2,i}^0 \qquad [6-2-125b]$$

$$P_{C,P2}^m = y_1\frac{\Lambda_1^{T_C}\Lambda_1^b}{(\Lambda_1^{Z_C})^3}P_{C,P2,1}^0 + y_2\frac{\Lambda_2^{T_C}\Lambda_2^b}{(\Lambda_2^{Z_C})^3}P_{C,P2,2}^0 + \cdots + y_i\frac{\Lambda_i^{T_C}\Lambda_i^b}{(\Lambda_i^{Z_C})^3}P_{C,P2,i}^0 \qquad [6-2-125c]$$

式[6-2-125]中三个计算式是依据同一理论基础导得的，使用时可依据已掌握的计算参数加以选择。如果缺少某个计算参数，可选择现有的计算方法如 Kay 规则等计算得到。式[6-2-125]中三个计算式应是临界第二分子斥压力的混合规则。

同样可依据方案 1～3 进行计算，计算例子列于下面的表 6-2-14(d)以供参考。

表 6-2-14(d) 水—氨气体混合物临界第二分子斥压力计算

临界第二分子斥压力/bar	$y_1=1.0$	$y_1=0.8$	$y_1=0.6$	$y_1=0.4$	$y_1=0.2$	$y_1=1.0$
$P_{C,P2}^m$ 文献值	557.58	530.06	494.49	447.61	374.00	249.20
式[6-2-125a]计算值， 方案 1		530.80	495.46	448.90	375.34	
误差/%		0.14	0.20	0.29	0.36	
式[6-2-125a]计算值， 方案 2		486.36	428.36	374.28	316.40	
误差/%		−8.25	−13.37	−16.38	−15.40	
式[6-2-125b]计算值， 方案 2		488.21	425.63	366.58	308.41	
误差/%		−7.90	−13.93	−18.10	−17.54	
式[6-2-125c]计算值， 方案 2		493.21	429.75	367.63	307.29	
误差/%		−6.95	−13.09	−17.87	−17.84	
式[6-2-125a]计算值， 方案 3		460.69	385.40	326.93	282.12	
误差/%		−13.09	−22.06	−26.96	−24.57	

续　表

临界第二分子斥压力/bar	$y_1=1.0$	$y_1=0.8$	$y_1=0.6$	$y_1=0.4$	$y_1=0.2$	$y_1=1.0$
式[6-2-125b]计算值，　方案3		479.46	410.89	350.42	296.84	
误差/%		−9.55	−16.91	−21.71	−20.63	
式[6-2-125c]计算值，　方案3		493.21	429.75	367.63	307.29	
误差/%		−6.95	−13.09	−17.87	−17.84	

表列数据表明，如果知道混合物与各组元纯物质的混合关系，则可正确地以各组元纯物质的临界第二分子斥压力数据计算混合物的临界第二分子斥压力数值。当然，混合物与各组元纯物质的未知混合关系越多，则计算偏差就可能随之增大。

6-2-5-4　临界分子吸引压力混合规则

依据分子吸引压力的定义式(以 van der Waals 方程为例)：

混合物的临界分子吸引压力为

$$P_{C,\mathrm{at}}^{\mathrm{m}}=\frac{a^{\mathrm{m}}}{(V_C^{\mathrm{m}})^2}\qquad[6-2-126]$$

纯组元 i 的临界分子吸引分压力为

$$P_{C,\mathrm{at},i}^{0}=\frac{a_i^0}{(V_{C,i}^0)^2}\qquad[6-2-127]$$

因而混合物分子吸引压力的混合规则表示式有：

$$P_{C,\mathrm{at}}^{\mathrm{m}}=\frac{(V_{C,i}^0)^2}{(V_C^{\mathrm{m}})^2}\frac{a^{\mathrm{m}}}{a_i^0}P_{C,\mathrm{at},i}^{0}=\frac{(\Lambda_i^V)^2}{\Lambda_i^a}P_{C,\mathrm{at},i}^{0}\qquad[6-2-128]$$

式中 $\Lambda_i^a=\dfrac{a_i^0}{a^{\mathrm{m}}}$ 表示组元的 a 系数的变化对混合后 a^{m} 系数的影响，称之为 a 系数的修正系数。按 a 系数的定义知：$\Lambda_i^a=\dfrac{\Lambda_i^b}{\Lambda_i^{T_C}}=\dfrac{\Lambda_i^{V_C}}{\Lambda_i^{Z_C}\Lambda_i^{T_C}}$，代入上式

$$P_{C,\mathrm{at}}^{\mathrm{m}}=\Lambda_i^{T_C}\frac{(\Lambda_i^V)^2}{\Lambda_i^b}P_{C,\mathrm{at},i}^{0}=\Lambda_i^{Z_C}\Lambda_i^{T_C}\Lambda_i^{V_C}P_{C,\mathrm{at},i}^{0}=(\Lambda_i^{Z_C})^2\Lambda_i^{T_C}\Lambda_i^{b}P_{C,\mathrm{at},i}^{0}\qquad[6-2-129]$$

$$P_{C,\mathrm{at}}^{\mathrm{m}}=y_1\Lambda_1^{T_C}\frac{(\Lambda_1^V)^2}{\Lambda_1^b}P_{C,\mathrm{at},i}^{0}+y_2\Lambda_2^{T_C}\frac{(\Lambda_2^V)^2}{\Lambda_2^b}P_{C,\mathrm{at},2}^{0}+\cdots+y_i\Lambda_i^{T_C}\frac{(\Lambda_i^V)^2}{\Lambda_i^b}P_{C,\mathrm{at},i}^{0}\qquad[6-2-130a]$$

$$P_{C,\text{ at}}^{\text{m}}=y_1\Lambda_1^{Z_C}\Lambda_1^{T_C}\Lambda_1^{V_C}P_{C,\text{ at},1}^0+y_2\Lambda_2^{Z_C}\Lambda_2^{T_C}\Lambda_2^{V_C}P_{C,\text{ at},2}^0+\cdots+y_i\Lambda_i^{Z_C}\Lambda_i^{T_C}\Lambda_i^{V_C}P_{C,\text{ at},i}^0$$

[6-2-130b]

$$P_{C,\text{ at}}^{\text{m}}=y_1\left(\Lambda_i^{Z_C}\right)^2\Lambda_i^{T_C}\Lambda_i^{b}P_{C,\text{ at},i}^0+y_2\left(\Lambda_i^{Z_C}\right)^2\Lambda_i^{T_C}\Lambda_i^{b}P_{C,\text{ at},i}^0+\cdots+y_i\left(\Lambda_i^{Z_C}\right)^2\Lambda_i^{T_C}\Lambda_i^{b}P_{C,\text{ at},i}^0$$

[6-2-130c]

式[6-2-130]中三个计算式是依据同一理论基础导得的，使用时可依据已掌握的计算参数加以选择。如果缺少某个计算参数，可选择现有的计算方法如 Kay 规则等计算得到。式[6-2-130]中三个计算式应是临界分子吸引压力的混合规则。

同样可依据方案 1～3 进行计算，计算例子列于下面的表 6-2-14(e)以供参考。

表 6-2-14(e)　水—氨气体混合物临界分子吸引压力计算

临界分子吸引压力/bar	$y_1=1.0$	$y_1=0.8$	$y_1=0.6$	$y_1=0.4$	$y_1=0.2$	$y_1=1.0$
$P_{C,\text{ at}}^{\text{m}}$　文献值	1 384.57	1 328.36	1 251.13	1 143.12	964.11	647.35
式[6-2-130a]计算值，方案 1		1 329.76	1 252.82	1 145.34	966.38	
误差/%		0.11	0.13	0.19	0.24	
式[6-2-130a]计算值，方案 2		1 221.23	1 079.94	945.32	804.34	
误差/%		−8.06	−13.68	−17.30	−16.57	
式[6-2-130b]计算值，方案 2		1 224.99	1 078.40	937.21	795.08	
误差/%		−7.78	−13.81	−18.01	−17.53	
式[6-2-130c]计算值，方案 2		1 230.94	1 079.84	931.83	787.48	
误差/%		−7.33	−13.69	−18.48	−18.32	
式[6-2-130a]计算值，方案 3		1 177.87	1 006.46	863.80	745.15	
误差/%		−11.33	−19.56	−24.43	−22.71	
式[6-2-130b]计算值，方案 3		1 203.05	1 041.07	895.89	765.26	
误差/%		−9.43	−16.79	−21.63	−20.62	
式[6-2-130c]计算值，方案 3		1 230.94	1 079.84	931.83	787.48	
误差/%		−7.33	−13.69	−18.48	−18.32	

表列数据表明，如果知道混合物与各组元纯物质的混合关系，则可正确地以各组元纯物质的临界分子吸引压力数据计算混合物的临界分子吸引压力数值。当然，混合物与各组元纯物质的未知混合关系越多，则计算偏差就可能随之增大。

表 6-2-14 所列数据表明：

(1) 方案 1 的计算结果表明，上述导得的各临界分子压力的混合规律是正确的，这些混合规律均具有一定的理论基础，并非是一些经验式，只要引入合适、正确的计算参数，表 6-2-14 所列数据表明，所计算的各临界分子压力数据可以达到一定的计算精度。

(2) 方案 2 和方案 3 的计算结果表明，在缺少某些计算参数时，目前还只能对这些参数引入一些现有文献中常用的混合规则经验公式，如 Kay 规则等，这会使计算结果误差增大。但如果选择到合适的经验公式，使它们产生的误差有可能部分地相互抵消，并且挑选合适的计算参数，亦有可能得到一定的误差的满意计算结果。

(3) 上述讨论中均按经典理论设 Ω_b^{m} 与 Ω_b^0 相等，但实际上两者不一定是相等的，这也可能带来一定的误差。

6-2-6　对比态参数混合规则

已知，讨论气体的对比态参数为

$$P_r = \frac{P}{P_C} \qquad T_r = \frac{T}{T_C} \qquad V_r = \frac{V}{V_C}$$

故而混合物的对比态参数为

$$P_r^{\mathrm{m}} = \frac{P^{\mathrm{m}}}{P_C^{\mathrm{m}}};\ T_r^{\mathrm{m}} = \frac{T^{\mathrm{m}}}{T_C^{\mathrm{m}}};\ V_r^{\mathrm{m}} = \frac{V^{\mathrm{m}}}{V_C^{\mathrm{m}}} \qquad [6-2-131]$$

纯 i 组元的对比态参数为

$$P_{r,i}^0 = \frac{P_i^0}{P_{C,i}^0};\ T_{r,i}^0 = \frac{T_i^0}{T_{C,i}^0};\ V_{r,i}^0 = \frac{V_i^0}{V_{C,i}^0} \qquad [6-2-132]$$

在第 6-2-1 节中已指出，恒温恒压条件下理想状态的混合物与其组成间有关系为

对比压力 $$P_r^{\mathrm{m}} = y_1 P_r^{\mathrm{m}} + y_2 P_r^{\mathrm{m}} + \cdots + y_i P_r^{\mathrm{m}} = P_{r,1}^{\mathrm{m}} + P_{r,2}^{\mathrm{m}} + \cdots + P_{r,i}^{\mathrm{m}} \qquad [6-2-133a]$$
$$= y_1 P_{r,1}^0/\Lambda_1^{P_C} + y_2 P_{r,2}^0/\Lambda_2^{P_C} + \cdots + y_i P_{r,i}^0/\Lambda_i^{P_C}$$

对比温度 $$T_r^{\mathrm{m}} = y_1 T_r^{\mathrm{m}} + y_2 T_r^{\mathrm{m}} + \cdots + y_i T_r^{\mathrm{m}} = T_{r,1}^{\mathrm{m}} + T_{r,2}^{\mathrm{m}} + \cdots + T_{r,i}^{\mathrm{m}} \qquad [6-2-133b]$$
$$= y_1 T_{r,1}^0/\Lambda_1^{T_C} + y_2 T_{r,2}^0/\Lambda_2^{T_C} + \cdots + y_i T_{r,i}^0/\Lambda_i^{T_C}$$

对比理想体积

$$V_{\mathrm{id}r}^{\mathrm{m}} = y_1 V_{\mathrm{id}r}^{\mathrm{m}} + y_2 V_{\mathrm{id}r}^{\mathrm{m}} + \cdots + y_i V_{\mathrm{id}r}^{\mathrm{m}} = V_{\mathrm{id}r,1}^{\mathrm{m}} + V_{\mathrm{id}r,2}^{\mathrm{m}} + \cdots + V_{\mathrm{id}r,i}^{\mathrm{m}} \qquad [6-2-133c]$$
$$= y_1 V_{\mathrm{id}r,1}^0 \Lambda_1^{V_C} + y_2 V_{\mathrm{id}r,2}^0 \Lambda_2^{V_C} + \cdots + y_i V_{\mathrm{id}r,i}^0 \Lambda_i^{V_C}$$

对比体积

$$V_r^{\mathrm{m}} = Z^{\mathrm{m}} V_{\mathrm{id}r}^{\mathrm{m}} = y_1 \Lambda_1^Z V_{r,1}^0 \Lambda_1^{V_C} + y_2 \Lambda_2^Z V_{r,2}^0 \Lambda_2^{V_C} + \cdots + y_i \Lambda_i^Z V_{r,i}^0 \Lambda_i^{V_C} \qquad [6-2-133d]$$

式中 $\Lambda_i^{P_C} = P_{C,i}^{\mathrm{m}}/P_C^0$，$\Lambda_1^{T_C} = T_C^{\mathrm{m}}/T_{C,i}^0$，$\Lambda_i^{V_C} = V_{C,i}^0/V_C^{\mathrm{m}}$，$\Lambda_i^Z = Z^{\mathrm{m}}/Z_i^0$ 分别为混合物与组元 i 的临界压力、临界温度、临界体积和在讨论温度 T 和压力 P 下压缩因子的修正系数。因而

可得到混合物中组元 i 的对比分压力为：

$$P^{m}_{r,i} = y_i P^{m}_{r} = y_i P^{0}_{r,i} / \Lambda_i^{P_C} \qquad [6-2-134]$$

在 6-2-1 节中已论及[6-2-134]式，此式可适用于气体混合物的压力和组元分压力的计算。有时亦可用于混合物的分子理想压力的近似计算（在组元体积大小接近时），但是不适用于混合物中第一分子斥压力、第二分子斥压力和分子吸引压力的计算，也不适用于上述相应的分子斥压力计算，得到的结果有着一定的误差，有时还会有较大的误差，这对理想气体情况是如此，对真实气体情况更是如此。

形成误差的原因是混合规则以组元纯物质状态下的一些参数数值来表示混合物相对应的参数数值，但是纯物质的计算状态与混合物所处的状态不同，故纯物质和混合物在其状态下各种分子压力对总压力的贡献彼此是不同的，即使纯物质和混合物的系统宏观压力是同样数值，但组成纯物质和混合物压力的各种分子压力数值彼此也是不同的，因而以线性函数方式表示的纯物质和混合物压力的关系，扩展应用于纯物质和混合物各种分子压力的关系时会出现误差，不存在有式[6-2-134]所延伸的混合物与纯物质分子压力间的关系，即，

$$P^{m}_{idr,i} \neq y_i P^{0}_{idr,i} / \Lambda_i^{P_C} \qquad [6-2-135a]$$

$$P^{m}_{P1r,i} \neq y_i P^{0}_{P1r,i} / \Lambda_i^{P_C} \qquad [6-2-135b]$$

$$P^{m}_{P2r,i} \neq y_i P^{0}_{P2r,i} / \Lambda_i^{P_C} \qquad [6-2-135c]$$

$$P^{m}_{atr,i} \neq y_i P^{0}_{atr,i} / \Lambda_i^{P_C} \qquad [6-2-135d]$$

在第 6-2-3 节真实气体讨论中得到纯物质和混合物各分子压力的关系式为

$$\begin{aligned} P^{m} &= P^{m}_{id} + P^{m}_{P1} + P^{m}_{P2} - P^{m}_{at} \\ &= \Lambda_i^V P^{0}_{id,i} + \frac{\Lambda_i^V}{\Lambda_i^b} P^{0}_{P1,i} + \frac{(\Lambda_i^V)^3}{\Lambda_i^a \Lambda_i^b} P^{0}_{P2,i} - \frac{(\Lambda_i^V)^2}{\Lambda_i^a} P^{0}_{at,i} \end{aligned} \qquad [6-2-136]$$

得混合物的分子理想压力为

$$P^{m}_{id} = \Lambda_i^V P^{0}_{id,i} \qquad [6-2-137]$$

故分子理想对比压力为

$$P^{m}_{idr} = \frac{\Lambda_i^V}{\Lambda_i^{P_C}} P^{0}_{idr,i} = \frac{1}{\Lambda_i^{P_C} \Lambda_i^Z} P^{0}_{idr,i} \qquad [6-2-138a]$$

或

$$P^{m}_{idr} = y_1 \frac{\Lambda_i^V}{\Lambda_i^{P_C}} P^{0}_{idr,i} + y_2 \frac{\Lambda_i^V}{\Lambda_i^{P_C}} P^{0}_{idr,i} + \cdots + y_i \frac{\Lambda_i^V}{\Lambda_i^{P_C}} P^{0}_{idr,i} \qquad [6-2-138b]$$

$$P^{m}_{idr} = y_1 \frac{1}{\Lambda_i^{P_C} \Lambda_i^Z} P^{0}_{idr,i} + y_2 \frac{1}{\Lambda_i^{P_C} \Lambda_i^Z} P^{0}_{idr,i} + \cdots + y_i \frac{1}{\Lambda_i^{P_C} \Lambda_i^Z} P^{0}_{idr,i} \qquad [6-2-138c]$$

在此说明两点。

1. 修正系数 Λ_i^V

Λ_i^V 的定义式为 $\Lambda_i^V = V_i^0 / V_m^m$，或以分子理想压力数值计算，即，$\Lambda_i^V = P^{m}_{id} / P^{0}_{id,i}$。定义式中混合物体积 V^m 数值有时不知，可以式[6-2-133d]计算。

2. 修正系数 Λ_i^Z

其定义式为 $\Lambda_i^Z = Z^m / Z_i^0$，在未知 Z^m 数值时可采用以下方法：

已知混合物的压缩因子为
$$Z^m = \frac{Z_C^m P_r^m V_r^m}{T_r^m} = \frac{1}{\Lambda_i^V} Z_i^0 \qquad [6-2-139a]$$

即 Z^m 数值由下式得到

$$Z^m = y_1 \frac{1}{\Lambda_1^V} Z_1^0 + y_2 \frac{1}{\Lambda_2^V} Z_2^0 + \cdots + y_i \frac{1}{\Lambda_i^V} Z_i^0 \qquad [6-2-139b]$$

从分子压力原理亦可证明上式;混合物的压缩因子为 $Z^m = P^m / P_{id}^m = P^m V_m^m / RT^m$，纯组元的压缩因子为 $Z_i^0 = P_i^0 / P_{id,i}^0 = P_i^0 V_{m,i}^0 / RT_i^0$，在恒温、恒压下可知 $T^m = T_i^0$，$P^m = P_i^0$，故知 $Z^m = Z_i^0 / \Lambda_i^V$，进而得式[6-2-139b]。

为证明式[6-2-139b]的正确性，表6-2-15列示了应用氮、氧和氩的压缩因子数值计算空气压缩因子的数值作为例子。计算结果证实上式是正确的。表中列示了两个计算方案：

方案1：计算中所需数据均已知道。

方案2：计算中混合物体积数据未知，按Kay规则计算得到，即 $V^m = \sum y_i V_i^0$。

表6-2-15　空气和其组元氮、氧和氩的压缩因子数值计算(温度120，压力10 bar)

名称	y_i	方案	体积 /cm³·mol⁻¹	修正系数，Λ_i^V		压缩因子	误差
				方案1	方案2		
氮	7.808 2E−01	纯物质	873.14	1.011 0	1.009 5	0.874 2	
氧	2.094 8E−01	纯物质	836.66	0.968 8	0.967 3	0.845 1	
氩	9.342 4E−03	纯物质	845.50	0.979 0	0.977 5	0.851 0	
空气		混合物				0.866 7	
		方案1	863.61			0.866 0	−0.07%
		方案2	864.93			0.867 3	0.08%

式中纯组元的压缩因子可用状态方程计算，或用现有文献方法计算，例如Pitzer的三参数对应态原理[33]：
$$Z = Z^0 + \omega Z^1 \qquad [6-2-140]$$
相关文献中还有一些计算压缩因子的方法可参考。得到了在讨论温度和压力下的纯组元的压缩因子后，即可依据式[6-2-139]计算得到混合物的压缩因子数值。

下面讨论各对比分子压力的混合规则：

混合物的第一分子斥压力为
$$P_{P1}^m = \frac{\Lambda_i^V}{\Lambda_i^b} P_{P1,i}^0 \qquad [6-2-141]$$

故而对比第一分子斥压力为

$$P_{P1r}^{m}=\frac{\Lambda_i^V}{\Lambda_i^{P_C}\Lambda_i^b}P_{P1r,i}^0=\frac{\Lambda_i^V\Lambda_i^{T_C}}{(\Lambda_i^{P_C})^2}P_{P1r,i}^0=\frac{\Lambda_i^{T_C}}{\Lambda_i^Z(\Lambda_i^{P_C})^2}P_{P1r,i}^0 \quad [6-2-142]$$

或

$$P_{P1r}^{m}=y_1\frac{\Lambda_1^V}{\Lambda_1^{P_C}\Lambda_1^b}P_{P1r,1}^0+y_2\frac{\Lambda_2^V}{\Lambda_2^{P_C}\Lambda_2^b}P_{P1r,2}^0+\cdots+y_i\frac{\Lambda_i^V}{\Lambda_i^{P_C}\Lambda_i^b}P_{P1r,i}^0 \quad [6-2-143a]$$

$$P_{P1r}^{m}=y_1\frac{\Lambda_1^V\Lambda_1^{T_C}}{(\Lambda_1^{P_C})^2}P_{P1r,1}^0+y_2\frac{\Lambda_2^V\Lambda_2^{T_C}}{(\Lambda_2^{P_C})^2}P_{P1r,2}^0+\cdots+y_i\frac{\Lambda_i^V\Lambda_i^{T_C}}{(\Lambda_i^{P_C})^2}P_{P1r,i}^0 \quad [6-2-143b]$$

$$P_{P1r}^{m}=y_1\frac{\Lambda_1^{T_C}}{\Lambda_1^Z(\Lambda_1^{P_C})^2}P_{P1r,1}^0+y_2\frac{\Lambda_2^{T_C}}{\Lambda_2^Z(\Lambda_2^{P_C})^2}P_{P1r,2}^0+\cdots+y_i\frac{\Lambda_i^{T_C}}{\Lambda_i^Z(\Lambda_i^{P_C})^2}P_{P1r,i}^0 \quad [6-2-143c]$$

混合物的第二分子斥压力为 $P_{P2}^{m}=\frac{(\Lambda_i^V)^3}{\Lambda_i^a\Lambda_i^b}P_{P2,i}^0$ [6-2-144]

对比第二分子斥压力为

$$P_{P2r}^{m}=\frac{(\Lambda_i^V)^3}{\Lambda_i^{P_C}\Lambda_i^a\Lambda_i^b}P_{P2r,i}^0=\frac{(\Lambda_i^V)^3}{(\Lambda_i^{P_C}/\Lambda_i^{T_C})^3}P_{P2r,i}^0=\left(\frac{\Lambda_i^{T_C}}{\Lambda_i^Z\Lambda_i^{P_C}}\right)^3P_{P2r,i}^0 \quad [6-2-145a]$$

或

$$P_{P2r}^{m}=\frac{y_1(\Lambda_1^V)^3}{\Lambda_1^{P_C}\Lambda_1^a\Lambda_1^b}P_{P2r,1}^0+\frac{y_2(\Lambda_2^V)^3}{\Lambda_2^{P_C}\Lambda_2^a\Lambda_2^b}P_{P2r,2}^0+\cdots+\frac{y_i(\Lambda_i^V)^3}{\Lambda_i^{P_C}\Lambda_i^a\Lambda_i^b}P_{P2r,i}^0 \quad [6-2-145b]$$

$$P_{P2r}^{m}=\frac{y_1(\Lambda_1^V)^3}{(\Lambda_1^{P_C}/\Lambda_1^{T_C})^3}P_{P2r,1}^0+\frac{y_2(\Lambda_2^V)^3}{(\Lambda_2^{P_C}/\Lambda_2^{T_C})^3}P_{P2r,2}^0+\cdots+\frac{y_i(\Lambda_i^V)^3}{(\Lambda_i^{P_C}/\Lambda_i^{T_C})^3}P_{P2r,i}^0 \quad [6-2-145c]$$

$$P_{P2r}^{m}=y_1\left(\frac{\Lambda_1^{T_C}}{\Lambda_1^Z\Lambda_1^{P_C}}\right)^3P_{P2r,1}^0+y_2\left(\frac{\Lambda_2^{T_C}}{\Lambda_2^Z\Lambda_2^{P_C}}\right)^3P_{P2r,2}^0+\cdots+y_i\left(\frac{\Lambda_i^{T_C}}{\Lambda_i^Z\Lambda_i^{P_C}}\right)^3P_{P2r,i}^0 \quad [6-2-145d]$$

混合物的分子吸引压力为 $P_{at}^{m}=\frac{(\Lambda_i^V)^2}{\Lambda_i^a}P_{at,i}^0$ [6-2-146]

故而对比分子吸引压力为

$$P_{atr}^{m}=\frac{(\Lambda_i^V)^2}{\Lambda_i^{P_C}\Lambda_i^a}P_{atr,i}^0=\frac{(\Lambda_i^V\Lambda_i^{T_C})^2}{(\Lambda_i^{P_C})^2}P_{atr,i}^0=\frac{(\Lambda_i^{T_C})^2}{(\Lambda_i^Z\Lambda_i^{P_C})^2}P_{atr,i}^0 \quad [6-2-147a]$$

或
$$P_{atr}^{m}=y_1\frac{(\Lambda_1^V)^2}{\Lambda_1^{P_C}\Lambda_1^a}P_{atr,i}^0+y_2\frac{(\Lambda_2^V)^2}{\Lambda_2^{P_C}\Lambda_2^a}P_{atr,i}^0+\cdots+y_i\frac{(\Lambda_i^V)^2}{\Lambda_i^{P_C}\Lambda_i^a}P_{atr,i}^0$$
[6-2-147b]

$$P_{atr}^{m}=y_1\frac{(\Lambda_1^V\Lambda_1^{T_C})^2}{(\Lambda_1^{P_C})^2}P_{atr,i}^0+y_2\frac{(\Lambda_2^V\Lambda_2^{T_C})^2}{(\Lambda_2^{P_C})^2}P_{atr,i}^0+\cdots+y_i\frac{(\Lambda_i^V\Lambda_i^{T_C})^2}{(\Lambda_i^{P_C})^2}P_{atr,i}^0$$
[6-2-147c]

$$P_{atr}^{m}=y_1\frac{(\Lambda_1^{T_C})^2}{(\Lambda_1^Z\Lambda_1^{P_C})^2}P_{atr,i}^0+y_2\frac{(\Lambda_2^{T_C})^2}{(\Lambda_2^Z\Lambda_2^{P_C})^2}P_{atr,i}^0+\cdots+y_i\frac{(\Lambda_i^{T_C})^2}{(\Lambda_i^Z\Lambda_i^{P_C})^2}P_{atr,i}^0$$
[6-2-147d]

依据上述的各种分子对比压力混合规则，以在 120 K、10 bar 下空气为例，计算了空气中主要组元氮、氧和氩的各种分子对比压力数据，计算结果列于表 6-2-16 中，这些数据可与表 6-2-2 数据相互比较。

表 6-2-16　空气(300 K、10 bar)及其主要组元氮、氧和氩分子压力间关系

各修正系数									
名称	y_i	Λ_i^V	Λ_i^Z	$\Lambda_i^{Z_C}$	$\Lambda_i^{T_C}$	$\Lambda_i^{V_C}$	Λ_i^b	$\Lambda_i^{P_C}$	Λ_i^a
氮	7.808 2E−01	1.011 0	0.991 4	1.027 7	1.050 4	1.027 5	1.056 0	1.109 2	1.005 4
氧	2.094 8E−01	0.968 8	1.025 5	0.989 7	0.857 5	0.771 0	0.871 6	0.747 4	1.016 4
氩	9.342 4E−03	0.979 0	1.018 4	1.031 7	0.879 8	0.594 5	0.874 6	0.769 5	0.994 1
分子对比压力数据									
项　目		P_{idr}		P_{P1r}		P_{P2r}		P_{atr}	
		数值	误差	数值	误差	数值	误差	数值	误差
氮	纯物质	0.336 3		9.392 8E−03		1.705 5E−03		0.053 4	
氧	纯物质	0.236 5		5.106 3E−03		1.094 9E−03		0.042 8	
氩	纯物质	0.242 8		5.115 4E−03		1.048 7E−03		0.042 3	
空气	混合物	0.306 5		7.545 4E−03		1.415 9E−03		0.049 9	
以式[6-2-138b]计算		0.306 4	−0.03%						
以式[6-2-138c]计算		0.306 3	−0.07%						
以式[6-2-143a]计算				7.990 5E−03	5.90%				
以式[6-2-143b]计算				7.990 5E−03	5.90%				
以式[6-2-143c]计算				7.986 6E−03	5.85%				
以式[6-2-145b]计算						1.497 4E−03	5.75%		
以式[6-2-145c]计算						1.497 4E−03	5.75%		

续 表

分子对比压力数据								
项　目	P_{idr}		P_{P1r}		P_{P2r}		P_{atr}	
	数值	误差	数值	误差	数值	误差	数值	误差
以式[6-2-145d]计算					1.490 7E−03	5.28%		
以式[6-2-147b]计算							0.049 8	−0.13%
以式[6-2-147c]计算							0.049 8	−0.13%
以式[6-2-147d]计算							0.049 8	−0.19%

注：本表所用数据取自文献[2～4，9]。2.638 2E−2＝2.638 2×10^{-2}。表中分子压力数据是由下列5个状态方程计算：方程1，van der Waals方程；方程2，RK方程；方程3，Soave方程；方程4，PR方程；方程5，童景山方程。

表6-2-16中P_{P1r}、P_{P2r}的数据还存在有一些误差。产生这些误差的原因是对系数Ω_b的看法不同：作者的研究方法中系数Ω_b不是恒定的，即计算中van der Waals方程的$\Omega_b\neq 0.125$，对RK方程的$\Omega_b\neq 0.086\,64\cdots$；而传统观点认为$\Omega_b$数值均是固定值，表6-2-16中$\Lambda_i^b$值是按传统方法计算的，这是因为以传统恒定$\Omega_b$值计算一般情况下误差并不太大。如表6-2-16所列，对P_{P1r}、P_{P2r}的计算误差<6%，可以满足一般要求。但是有些情况下，P_{P1r}、P_{P2r}的计算误差可能会>10%(见表6-2-17)。考虑这一点，还是需要修正，即有：

对对比第一分子斥压力的式[6-2-142]的修正

$$P_{P1r}^{m}=\frac{\Lambda_i^V}{\Lambda_i^{P_C}\Lambda_i^{\Omega_b}\Lambda_i^b}P_{P1r,\,i}^0=\frac{\Lambda_i^V\Lambda_i^{T_C}}{\Lambda_i^{\Omega_b}(\Lambda_i^{P_C})^2}P_{P1r,\,i}^0=\frac{\Lambda_i^{T_C}}{\Lambda_i^Z\Lambda_i^{\Omega_b}(\Lambda_i^{P_C})^2}P_{P1r,\,i}^0 \tag{6-2-148a}$$

$$P_{P1r}^{m}=\frac{y_1\Lambda_1^V}{\Lambda_1^{P_C}\Lambda_1^{\Omega_b}\Lambda_1^b}P_{P1r,\,1}^0+\frac{y_2\Lambda_2^V}{\Lambda_2^{P_C}\Lambda_2^{\Omega_b}\Lambda_2^b}P_{P1r,\,2}^0+\cdots+\frac{y_i\Lambda_i^V}{\Lambda_i^{P_C}\Lambda_i^{\Omega_b}\Lambda_i^b}P_{P1r,\,i}^0 \tag{6-2-148b}$$

$$P_{P1r}^{m}=\frac{y_1\Lambda_1^V\Lambda_1^{T_C}}{\Lambda_1^{\Omega_b}(\Lambda_1^{P_C})^2}P_{P1r,\,1}^0+\frac{y_2\Lambda_2^V\Lambda_2^{T_C}}{\Lambda_2^{\Omega_b}(\Lambda_2^{P_C})^2}P_{P1r,\,2}^0+\cdots+\frac{y_i\Lambda_i^V\Lambda_i^{T_C}}{\Lambda_i^{\Omega_b}(\Lambda_i^{P_C})^2}P_{P1r,\,i}^0 \tag{6-2-148c}$$

$$P_{P1r}^{m}=\frac{y_1\Lambda_1^{T_C}}{\Lambda_1^Z\Lambda_1^{\Omega_b}(\Lambda_1^{P_C})^2}P_{P1r,\,1}^0+\frac{y_2\Lambda_2^{T_C}}{\Lambda_2^Z\Lambda_2^{\Omega_b}(\Lambda_2^{P_C})^2}P_{P1r,\,2}^0+\cdots+\frac{y_i\Lambda_i^{T_C}}{\Lambda_i^Z\Lambda_i^{\Omega_b}(\Lambda_i^{P_C})^2}P_{P1r,\,i}^0 \tag{6-2-148d}$$

式中Λ_i^b仍按式[6-2-143]的规定计算，但增加了修正系数。$\Lambda_i^{\Omega_b}=\dfrac{\Omega_{b,\,i}^0}{\Omega_b^m}$，$\Omega_{b,\,i}^0$为纯组元$i$，在与混合物相同的温度和压力下，计算状态方程所具有的Ω_b系数；Ω_b^m为计算混合物的状态方程具有的Ω_b系数。因此，$\Lambda_i^{\Omega_b}$应是由于混合物和纯组元计算时Ω_b系数不同而需要的修正系数。

对比第二分子斥压力的式[6-2-145]的修正

$$P_{P2r}^{m}=\frac{(\Lambda_i^V)^3}{\Lambda_i^{P_C}\Lambda_i^a\Lambda_i^{\Omega_b}\Lambda_i^b}P_{P2r,i}^0=\frac{(\Lambda_i^V)^3}{\Lambda_i^{\Omega_b}(\Lambda_i^{P_C}/\Lambda_i^{T_C})^3}P_{P2r,i}^0=\frac{1}{\Lambda_i^{\Omega_b}}\left(\frac{\Lambda_i^{T_C}}{\Lambda_i^Z\Lambda_i^{P_C}}\right)^3P_{P2r,i}^0 \quad [6-2-149a]$$

$$P_{P2r}^{m}=\frac{y_1(\Lambda_1^V)^3}{\Lambda_1^{P_C}\Lambda_1^a\Lambda_1^{\Omega_b}\Lambda_1^b}P_{P2r,1}^0+\frac{y_2(\Lambda_2^V)^3}{\Lambda_2^{P_C}\Lambda_2^a\Lambda_2^{\Omega_b}\Lambda_2^b}P_{P2r,2}^0+\cdots+\frac{y_i(\Lambda_i^V)^3}{\Lambda_i^{P_C}\Lambda_i^a\Lambda_i^{\Omega_b}\Lambda_i^b}P_{P2r,i}^0 \quad [6-2-149b]$$

$$P_{P2r}^{m}=\frac{y_1(\Lambda_1^V)^3}{\Lambda_1^{\Omega_b}(\Lambda_1^{P_C}/\Lambda_1^{T_C})^3}P_{P2r,1}^0+\frac{y_2(\Lambda_2^V)^3}{\Lambda_2^{\Omega_b}(\Lambda_2^{P_C}/\Lambda_2^{T_C})^3}P_{P2r,2}^0+\cdots+\frac{y_i(\Lambda_i^V)^3}{\Lambda_i^{\Omega_b}(\Lambda_i^{P_C}/\Lambda_i^{T_C})^3}P_{P2r,i}^0 \quad [6-2-149c]$$

$$P_{P2r}^{m}=\frac{y_1}{\Lambda_1^{\Omega_b}}\left(\frac{\Lambda_1^{T_C}}{\Lambda_1^Z\Lambda_1^{P_C}}\right)^3P_{P2r,1}^0+\frac{y_2}{\Lambda_2^{\Omega_b}}\left(\frac{\Lambda_2^{T_C}}{\Lambda_2^Z\Lambda_2^{P_C}}\right)^3P_{P2r,2}^0+\cdots+\frac{y_i}{\Lambda_i^{\Omega_b}}\left(\frac{\Lambda_i^{T_C}}{\Lambda_i^Z\Lambda_i^{P_C}}\right)^3P_{P2r,i}^0 \quad [6-2-149d]$$

现以氮气和甲烷混合物为例，将未考虑Ω_b修正的式[6-2-143]和式[6-2-145]计算结果和经修正的式[6-2-148]和式[6-2-149]计算结果并列进行比较，表6-2-17列示了这些计算结果。

表6-2-17　氮气和甲烷及其混合物的分子压力间关系(210 bar，350 K)

各修正系数										
名称	y_i	Λ_i^V	Λ_i^Z	$\Lambda_i^{Z_C}$	$\Lambda_i^{T_C}$	$\Lambda_i^{\Omega_b}$	$\Lambda_i^{V_C}$	Λ_i^b	$\Lambda_i^{P_C}$	Λ_i^a
氮气	0.30	1.036 2	0.965 1	0.984 5	1.357 8	0.849 2	0.927 9	0.913 5	1.240 3	0.672 8
甲烷	0.70	0.909 9	1.099 1	1.006 8	0.898 5	0.903 4	1.020 7	1.027 6	0.923 3	1.143 7

分子对比压力数据									
项目		P_{idr}		P_{P1r}		P_{P2r}		P_{atr}	
		数值	误差	数值	误差	数值	误差	数值	误差
氮气	纯物质	6.188 1		5.845 1		1.135 1		0.203 7	
甲烷	纯物质	4.605 4		4.955 3		1.151 7		0.537 0	
空气	混合物	4.883 0		1.222 7		0.391 2		1.507 8	
以式[6-2-138b]计算		4.883 1	0.00%						
以式[6-2-138c]计算		4.883 1	0.00%						
以式[6-2-143a]计算				1.084 5	−11.30%				

续 表

分子对比压力数据								
项　目	P_{idr}		P_{P1r}		P_{P2r}		P_{atr}	
	数值	误差	数值	误差	数值	误差	数值	误差
以式[6-2-143b]计算			1.084 5	−11.30%				
以式[6-2-143c]计算			1.084 5	−11.30%				
以式[6-2-148b]计算			1.222 5	−0.01%				
以式[6-2-148c]计算			1.222 5	−0.01%				
以式[6-2-148d]计算			1.222 5	−0.01%				
以式[6-2-145b]计算					0.350 1	−10.49%		
以式[6-2-145c]计算					0.350 1	−10.49%		
以式[6-2-145d]计算					0.350 1	−10.49%		
以式[6-2-149b]计算					0.393 9	0.69%		
以式[6-2-149c]计算					0.393 9	0.69%		
以式[6-2-149d]计算					0.393 9	0.69%		
以式[6-2-147b]计算							1.503 2	−0.31%
以式[6-2-147c]计算							1.503 2	−0.31%
以式[6-2-147d]计算							1.503 2	−0.31%

注：本表所用混合物数据取自文献[17]，压缩因子以式[6-2-150]计算。表中分子压力数据是由下列5个状态方程计算：方程1，van der Waals方程；2，RK方程；3，Soave方程；4，PR方程；5，童景山方程。

表中组元与混合物的压缩因子是依据文献[15]介绍的压缩因子计算式计算

$$Z = 1 + \beta - q\beta \frac{Z - \beta}{Z(Z + \beta)} \qquad [6-2-150]$$

式中

$$\beta = \frac{bP}{RT} \qquad [6-2-151a]$$

$$q = \frac{a}{bRT} \qquad [6-2-151b]$$

混合规则

$$a^{m} = y_1^2 a_1^0 + y_2^2 a_2^0 + y_1 y_2 \sqrt{a_1^0 a_2^0} \qquad [6-2-151c]$$

$$b^{m} = y_1 b_1^0 + y_2 b_2^0 \qquad [6-2-151d]$$

表6-2-17数据表明，使用Ω_b修正后可得到满意的结果，因此，本书以前的讨论，若需提高计算精度，特别是P_{P1r}、P_{P2r}的计算精度，应在计算中引入Ω_b修正系数Λ^{Ω_b}。

表6-2-17中所用5个状态方程的Ω_b数值列于表6-2-18。

表 6-2-18　计算氮气和甲烷及其混合物的 5 个状态方程 Ω_b 数值和其平均值

名称 (210 bar, 350 K)	方程 1	方程 2	方程 3	方程 4	方程 5	5 方程平均
氮气 Ω_b 数值	0.131 50	0.086 64	0.080 70	0.082 60	0.082 00	0.092 69
甲烷 Ω_b 数值	0.130 00	0.086 64	0.070 00	0.077 00	0.072 00	0.087 13
混合物 Ω_b 数值	0.142 20	0.097 80	0.089 50	0.092 70	0.090 80	0.102 60

注：方程 1～5 的说明见表 6-2-17 附注。表中数据以 5 方程 Ω_b 的平均值计算。

在引入修正系数 Λ^{Ω_b} 时一个问题是混合物的 Ω_b^m 应如何计算，理论上认为 b 系数应为：

混合物
$$b^m=\Omega_b^m\frac{RT_C^m}{P_C^m}=\frac{P_{P1}^m V_m^m}{P^m}=\frac{P_{P1r}^m V_r^m}{P_r^m}V_C^m \qquad [6-2-152a]$$

纯物质 i
$$b_i^0=\Omega_{b,i}^0\frac{RT_{C,i}^0}{P_{C,i}^0}=\frac{P_{P1,i}^0 V_{m,i}^0}{P_i^0}=\frac{P_{P1r,i}^0 V_{r,i}^0}{P_{r,i}^0}V_{C,i}^0 \qquad [6-2-152b]$$

混合物
$$\Omega_b^m=\frac{P_{P1}^m V_m^m}{P^m}\frac{P_C^m}{RT_C^m}=\frac{P_{P1r}^m V_r^m}{P_r^m}\frac{P_C^m V_C^m}{RT_C^m}=\frac{P_{P1r}^m V_r^m}{P_r^m}Z_C^m \qquad [6-2-153a]$$

纯物质 i

$$\Omega_{b,i}^0=\frac{P_{P1,i}^0 V_{m,i}^0}{P_i^0}\frac{P_{C,i}^0}{RT_{C,i}^0}=\frac{P_{P1r,i}^0 V_{r,i}^0}{P_{r,i}^0}\frac{P_{C,i}^0 V_{C,i}^0}{RT_{C,i}^0}=\frac{P_{P1r,i}^0 V_{r,i}^0}{P_{r,i}^0}Z_{C,i}^0$$
[6-2-153b]

故有
$$\Omega_b^m=\frac{\Lambda_i^{P_{P1}}\Lambda_i^{P_C}}{\Lambda_i^V\Lambda_i^{T_C}}\Omega_i^0=\frac{\Lambda_i^{P_{P1r}}\Lambda_i^{Z_C}}{\Lambda_i^{P_r}\Lambda_i^{V_r}}\Omega_i^0 \qquad [6-2-154a]$$

或
$$\Omega_b^m=y_1\frac{\Lambda_1^{P_{P1}}\Lambda_1^{P_C}}{\Lambda_1^V\Lambda_1^{T_C}}\Omega_1^0+y_2\frac{\Lambda_2^{P_{P1}}\Lambda_2^{P_C}}{\Lambda_2^V\Lambda_2^{T_C}}\Omega_2^0+\cdots+y_i\frac{\Lambda_i^{P_{P1}}\Lambda_i^{P_C}}{\Lambda_i^V\Lambda_i^{T_C}}\Omega_i^0 \qquad [6-2-154b]$$

$$\Omega_b^m=y_1\frac{\Lambda_1^{P_{P1r}}\Lambda_1^{Z_C}}{\Lambda_1^{P_r}\Lambda_1^{V_r}}\Omega_1^0+y_2\frac{\Lambda_2^{P_{P1r}}\Lambda_2^{Z_C}}{\Lambda_2^{P_r}\Lambda_2^{V_r}}\Omega_2^0+\cdots+y_i\frac{\Lambda_i^{P_{P1r}}\Lambda_i^{Z_C}}{\Lambda_i^{P_r}\Lambda_i^{V_r}}\Omega_i^0 \qquad [6-2-154c]$$

式中 $\Lambda_i^{P_{P1r}}=P_{P1r}^m/P_{P1r,i}^0$，$\Lambda_i^{V_r}=V_{r,i}^0/V_r^m$。亦可依据式[6-2-148a]和已掌握的数据情况，改变式[6-2-154]中修正系数的选择，在此就不一一列示了。

表 6-2-19 是依据式[6-2-154]中 Ω_b^m 的混合规则的计算实例。

表 6-2-19　Ω_b^m 的混合规则的计算实例(混合物为氮气和甲烷，210 bar，350 K)

项　目	方程 1	方程 2	方程 3	方程 4	方程 5	5 方程平均
氮气 $P_{P1r,i}^0$ 数值	1.691 2	1.128 9	0.912 3	1.003 8	0.939 6	1.135 1
甲烷 $P_{P1r,i}^0$ 数值	1.635 2	1.076 6	1.002 1	1.025 7	1.019 0	1.151 7

续 表

项 目	方程 1	方程 2	方程 3	方程 4	方程 5	5 方程平均
混合物 $P^0_{P1r,i}$ 数值	1.694 2	1.165 4	1.066 6	1.105 1	1.082 2	1.222 7
氮气 $\Lambda_i^{P_{P1r}}$ 数值	1.001 8	1.032 4	1.169 2	1.101 0	1.151 8	1.077 1
甲烷 $\Lambda_i^{P_{P1r}}$ 数值	1.036 1	1.082 5	1.064 4	1.077 4	1.062 1	1.061 6
氮气对 Ω_b^m 的贡献值	0.034 8	0.023 7	0.025 0	0.024 1	0.025 0	0.026 4
甲烷对 Ω_b^m 的贡献值	0.106 5	0.074 1	0.058 9	0.065 6	0.060 5	0.073 1
混合物 Ω_b^m 计算数值(1)	0.141 3	0.097 8	0.083 9	0.089 6	0.085 4	0.099 5
混合物 Ω_b^m 实际数值	0.142 2	0.097 8	0.089 5	0.092 7	0.090 8	0.102 6
误 差	−0.62%	0.00%	−6.31%	−3.30%	−5.91%	−2.99%

注：混合物 Ω_b^m 计算采用式[6-2-154b]。

认为目前文献中常用的 b 系数混合规则有：

如果 b 系数与分子大小成正比，并假设分子呈球形，则有关系

$$(b^m)^{1/3} = \sum y_i (b_i^0)^{1/3} \tag{6-2-155}$$

如果选择平均分子体积，可得到更简单的关系

$$b^m = \sum y_i b_i^0 \tag{6-2-156}$$

Prausnitz[11]指出：在任何意义上式[6-2-155]和式[6-2-156]都不是“正确的”混合规则。因为两者都基于任意的假设。式[6-2-156]在目前文献中得到了较多一些采用，这是因为这个表示式在数学上比较简单。

6-3 Virial 方程与分子压力

Virial 方程在 1885 年由 Thiesen 在纯经验基础上提出的，后从统计力学、分子间相互作用理论角度论证了这个方程，使其迅速发展，并使 Virial 方程的应用范围超出了 PVT 关系，方程中的系数可以用来描述气体的一些性质，例如黏度、音速和热容等。Virial 方程理论的一个有价值的结果是混合物的系数与纯组分的系数和组成之间有着严格的关系，并在理论上可以给予证明[11, 34]。

Virial 方程的形式简单，可得到大量的 Virial 方程系数，特别是第二 Virial 系数。与很多复杂的状态方程相比，以 Virial 方程处理混合物，仍可保持 Virial 方程的有用性。当 $\rho_r \leqslant 0.75$ 时，计算汽相逸度可采用截断到第二 Virial 系数的形式。亦有文献[35]认为 $\rho_r \geqslant 0.5$ 时，即使舍项到第三 Virial 系数的形式也不能使用，需要更高阶的 Virial 系数。传统理论认

为，Virial 方程不能应用于高度压缩的气体或液体。

由于 Virial 方程可由统计力学、分子间相互作用理论得以论证，因此理论上可以预测 Virial 方程必定与分子压力有关，为此本节内容将讨论 Virial 方程与分子压力的关系。本节将讨论气体的 Virial 方程，在第七章中将进一步讨论液体的 Virial 方程。

6-3-1　Virial 方程

实际气体状态方程可以幂级数形式表现，即：

$$PV_{\mathrm{m}} = \mathrm{R}T\left(1 + \frac{B}{V} + \frac{C}{V^2} + \frac{D}{V^3} + \cdots\right) \qquad [6-3-1]$$

式中 B, C, D…… 分别称作第二、第三、第四……级 Virial，这些系数都是温度的函数，并且与气体的性质有关。Virial 方程受到普遍关注的原因是这些 Virial 系数可以与表征分子间位能函数相关联。目前文献认为第二 Virial 系数反映了两个分子间的相互作用，第三 Virial 系数反映了三分子间的相互作用等等。由上式知压缩因子可表示为：

$$Z = 1 + B/V + C/V^2 + D/V^3 + \cdots \qquad [6-3-2]$$

此式称作 Leiden 型 Virial 方程。除此外压缩因子也可表示成以压力为变数的幂级数，即：

$$Z = 1 + B'P + C'P^2 + D'P^3 + \cdots \qquad [6-3-3]$$

两式的系数有下列关系：

$$B' = \frac{B}{\mathrm{R}T};\quad C' = \frac{C - B^2}{(\mathrm{R}T)^2};\quad D' = \frac{D - 3BC + 2B^2}{(\mathrm{R}T)^3};\cdots \qquad [6-3-4]$$

在实际应用中为了简化与方便，常用前两项来表示压缩因子，即在系数 B 或 C 处截断，更多的是在 B 处截断，这样形式称作第二 virial 系数舍项方程，即

$$Z = 1 + B/V \qquad [6-3-5a]$$

或

$$Z = 1 + B'P = 1 + BP/\mathrm{R}T \qquad [6-3-5b]$$

为此许多研究者讨论了[6-3-5a]和[6-3-5b]两式中系数 B、B' 的计算方法，这可见于一些讨论状态方程专著[21, 34, 36]的内容。

依据文献[15]意见，式[6-3-5]在压力低于 1 MPa，或在系统的密度 $\rho \leqslant 0.5\rho_C$ 的范围内有相当精度。即使在 $0.5\rho_C \leqslant \rho \leqslant \rho_C$ 范围内，预测结果和实验数据也较为接近。

文献[33]意见，式[6-3-5]可精确地表示低于临界温度、压力为 1.5 MPa 左右的蒸气的 PVT 性质，当压力在 5 MPa 以上时需使用 Virial 方程的舍项三项式。

文献[34]意见，在应用 Virial 方程时必须记住，压力有一个上限，高于此上限，二项的 Virial 方程或是很差或是完全失败。对大多数体系，文献意见认为，当 $T_r < 1$ 时，此压力极

限为 $P_r<(T_r-0.65)$；当 $T_r>1$ 时，压力极限 $P_r<(1.05\times T_r-0.35)$。这里的 $P_r=P\Big/\sum y_iP_{C.i}^0$、$T_r=T\Big/\sum y_iT_{C.i}^0$，即应用 Kay 规则计算。上述的压力极限是通过大量预测的压缩因子的偏差作图而建立的。分离出的误差范围为对纯组分小于 2%，对非极性或中等极性的混合物是小于 3%，而对强极性的混合物是小于 5%。

Tarakad[37]等比较了 8 种不同的状态方程，将 Virial 方程可能适用的范围列示于表 6-3-1 中。

表 6-3-1　Virial 方程适用范围

体　　系	低于并远离临界温度	临界范围	超过并远离临界温度
纯物质：			
非极性、中等极性	适用	适用	适用
强极性			适用
混合物：			
非极性、中等极性	适用		适用
存在一个强极性组分	适用		适用
存在多个强极性组分	适用		适用
与水的气体混合物			
水—烃类	适用		适用
水—二氧化碳	适用		适用

综合上述，Virial 方程的适用范围为低压(低于 1～1.5 MPa)或低密度 ($\rho\leqslant\rho_C$) 下气(或汽)体使用。但要求温度无论在低于临界温度时，还是高于临界温度时，均需远离临界温度。

从表 6-3-1 所列来看，适用 Virial 方程的讨论体系很广泛，无论对非极性体系，还是中等极性体系和强极性体系，Virial 方程均有可能适用，但其前提是低于并远离临界温度，或者是超过并远离临界温度。这一情况暗示讨论体系中分子间相互作用的强弱确实会影响到 Virial 方程的适用性。

对于 Virial 方程在超过上述适用范围时误差增大的原因，目前文献中的看法是在低密度、低压下主要是由两个分子组成的分子对的分子间相互作用，Virial 系数 B 表示了两个分子组成的分子对的分子间相互作用；而在超过上述适用范围时，即在高压情况下不能忽视三个分子以上的相互作用，因此需要截断到 Virial 系数 C 的舍项三项式。

低密度、低压下气体大多数情况下应该是理想气体或接近理想气体，亦就是说这时气体中分子间相互作用可以忽视，或者其作用强度不强。而不适用 Virial 方程的是高压、高密度的情况，显然，这时讨论对象中分子间相互作用应该很强。因此，从 Virial 方程的适用情况来看，Virial 方程亦应该与讨论对象中分子间相互作用强弱有关。下面讨论它们间的关系。

6-3-2　Virial 方程与分子压力

已知：

$$
\begin{aligned}
Z &= Z_{id} + Z_{P1} + Z_{P2} - Z_{at} \\
&= 1 + \frac{P_{P1} + P_{P2} - P_{at}}{P_{id}} = 1 + \frac{P_P - P_{at}}{P_{id}}
\end{aligned}
\tag{6-3-6}
$$

式中 $P_P = P_{P1} + P_{P2}$，为体系中总分子斥压力。对比 Virial 方程式[6-3-2]

$$
\begin{aligned}
Z &= 1 + B/V + C/V^2 + D/V^3 + \cdots \\
&= 1 + \frac{B + C/V + D/V^2 + \cdots}{V} = 1 + \frac{A_V}{V}
\end{aligned}
\tag{6-3-7}
$$

式中 $A_V = B + C/V + D/V^2 + \cdots$ 称为 Virial 总系数。在此总系数中包含有第二、第三 Virial 系数，B、C……在 Virial 方程适用范围内，一般第二 Virial 系数的绝对值较大些，第三 Virial 系数等绝对值相对偏小。例如，Hirschfelder[38] 等计算了 273.15 K、不同压力下氮的压缩因子中各项 Virial 系数的数值如下：

1	大气压	$Z=1$	$-$	0.0005	$+$	0.000 003	$+\cdots$
10	大气压	$Z=1$	$-$	0.005	$+$	0.000 3	$+\cdots$
100	大气压	$Z=1$	$-$	0.05	$+$	0.03	$+\cdots$

由此可见，在目前 Virial 系数计算方法所允许的压力范围内第三 Virial 系数要比第二 Virial 系数小 1 个数量级以上，应该可以忽略其影响。当然，压力增高时第三 Virial 系数的影响便不能忽略了。

又如，文献[15]列示 SO_2 在 431 K、1 MPa 时第二 Virial 系数和第三 Virial 系数分别为：

$$|B| = 0.159\ \mathrm{m^3 \cdot kmol^{-1}};\quad |C| = 9.0 \times 10^{-3}\ \mathrm{m^6 \cdot kmol^{-2}}$$

SO_2 在 431 K、1 MPa 时的摩尔体积为 3.39 $\mathrm{m^3 \cdot kmol^{-1}}$。

$C/V = 9.0 \times 10^{-3}\ \mathrm{m^6 \cdot kmol^{-2}} / 3.39\ \mathrm{m^3 \cdot kmol^{-1}} = 2.654\,9 \times 10^{-3}\ \mathrm{m^3 \cdot kmol^{-1}}$，与第二 Virial 系数 B 比较是个很小的数值，故一般可以在 Virial 总系数 A_V 中忽略 C/V 项的影响，即，式[6-3-7]直接可写成为式[6-3-5a]或式[6-3-5b]形式。

又由式[6-3-7]知

$$A_V = B + C/V + D/V^2 + \cdots = V(Z-1) = Z(V - V_{id}) \tag{6-3-8}$$

比较式[6-3-8]和式[6-3-7]知

$$A_V = \frac{(P_P - P_{at})V}{P_{id}} = Z_{m,t} \times V \tag{6-3-9}$$

式中 $$Z_{m,t} = \frac{(P_P - P_{at})}{P_{id}} = \frac{P_{m,t}}{P_{id}} \qquad [6-3-10a]$$

$Z_{m,t}$ 表示由系统内所有的分子间作用力所形成的分子综合压力 $P_{m,t}$ 对分子理想压力的比值。分子综合压力

$$P_{m,t} = P_P - P_{at} = P_{P1} + P_{P2} - P_{at}$$

$P_{m,t}$ 代表由分子间斥作用力和吸引作用力的综合作用所形成压力，称为分子综合压力，而 P_{id} 代表理想状态下由分子热运动所形成的动压力，因此 $Z_{m,t}$ 亦表示讨论系统内分子综合压力对分子动压力的比值。此比值的分母为分子理想压力 P_{id}，因而在形式上与压缩因子相似，故称 $Z_{m,t}$ 为分子间相互作用综合压缩因子。由此可知，如果知道讨论的分子压力数值，就可计算 Virial 总系数的数值，反之亦然。对比式[6-3-10a]可知

$$Z_{m,t} = Z - 1 = Z - Z_{id} \qquad [6-3-10b]$$

式[6-3-10b]表示在体系的非理想性偏差 Z 中去除体系的理想性部分 ($Z_{id} = 1$)，即为体系中分子间相互作用对体系非理想性偏差的贡献，其中包含着分子间吸引和排斥相互作用的综合贡献。

在前面讨论中已经说明，真实气体中一般分子吸引压力的数值大于分子斥压力的数值，故 Virial 总系数一般情况下应是负值，但当压力过大，或外部条件迫使分子间距离过近，这意味着讨论体系密度增加时，由于分子间斥作用力可能会大于分子间吸引力，Virial 总系数亦可能是正值。

Virial 总系数还可以细分为分子间斥作用力部分和分子间吸引作用力部分：

$$A_V = A_P - A_{at} = \frac{(P_P - P_{at})V}{P_{id}} = Z_P \times V - Z_{at} \times V \qquad [6-3-11a]$$

式中 $$A_P = P_P V / P_{id} = Z_P \times V \qquad [6-3-11b]$$

$$A_{at} = P_{at} V / P_{id} = Z_{at} \times V \qquad [6-3-11c]$$

A_P 为 Virial 总系数中分子间斥作用力部分；A_{at} 为 Virial 总系数中分子间吸引作用力部分。因此有如下规律：

当 $$\left.\begin{array}{ll} A_{at} > A_P \text{ 时} & A_V < 0 \\ A_{at} = A_P \text{ 时} & A_V = 0 \\ A_{at} < A_P \text{ 时} & A_V > 0 \end{array}\right\} \qquad [6-3-11d]$$

式[6-3-11d]所示的 Virial 总系数的规律性目前已由许多文献列示的第二 Virial 系数 B 数值所证实，Virial 系数 B 确实有正、负和为零值的变化[39]。

Virial 总系数中分子间斥作用力部分还可分成两部分，Virial 总系数中第一分子间斥作用力部分和 Virial 总系数中第二分子间斥作用力部分：

即 $$A_P = A_{P1} + A_{P2} = \frac{(P_P + P_{at})V}{P_{id}} = Z_{P1} \times V - Z_{P2} \times V \qquad [6-3-12a]$$

式中
$$A_{P1}=\frac{P_{P1}}{P_{id}}V=Z_{P1}\times V \quad [6-3-12b]$$

$$A_{P2}=\frac{P_{P2}}{P_{id}}V=Z_{P2}\times V \quad [6-3-12c]$$

A_{P1} 为 Virial 总系数中第一分子间斥作用力部分，A_{P2} 为 Virial 总系数中第二分子间斥作用力部分。因此有如下规律：

当
$$\left.\begin{aligned} &A_{at}>A_P=A_{P1}+A_{P2}\text{ 时} \quad A_V<0\\ &A_{at}=A_P=A_{P1}+A_{P2}\text{ 时} \quad A_V=0\\ &A_{at}<A_P=A_{P1}+A_{P2}\text{ 时} \quad A_V>0\end{aligned}\right\} \quad [6-3-12d]$$

已知气体中第二分子斥压力的数值很小，可以忽视，气体中斥作用力主要是第一分子斥作用力。而液体（见第七章）中第二分子间斥作用力的数值很大，不能忽视。因而在理论上认为 Virial 方程应该可以用于液体的计算，这在第七章中讨论。

将第一和第二分子斥作用力综合考虑在一起，得

$$\begin{aligned} A_V&=A_P-A_{at}=A_{P1}+A_{P2}-A_{at}\\ &=(P_P-P_{at})V/P_{id}=(P_{P1}+P_{P2}-P_{at})V/P_{in}\\ &=V(Z_{P1}+Z_{P2}-Z_{at})=V(Z-1)\end{aligned} \quad [6-3-13]$$

作为例子，表 6-3-2 中列示了甲烷的 Z_{P1}、Z_{P2}、Z_P、Z_{at} 和 $Z_{m,t}$；A_{P1}、A_{P2}、A_P、A_{at} 和 A_V 值，并与文献数值进行比较，以供参考。

对表 6-3-2 中所列的第二 Virial 系数 B 的计算式作说明如下：

McGlashan 和 Potter 公式[40]：

$$B=V_C\left(0.430-0.886\left(\frac{T}{T_C}\right)^{-1}-0.694\left(\frac{T}{T_C}\right)^{-2}\right) \quad [6-3-14]$$

此式是依据甲烷、氩、氪和氙四种气体的实验数据关联而成的经验公式[13]。

童景山公式[41]：$B=0.440V_C\left(4.1818-3.1818\exp\left(\frac{0.75}{T_r}\right)\right)$ [6-3-15]

式中 V_C 为临界体积，单位为 cm^3/mol。

舍项 B 近似式，又名舍项 Virial 方程，这在很多化工热力学教科书上均有介绍：

$$Z=\frac{PV}{RT}=1+\frac{B}{V} \quad [6-3-16]$$

改写为：
$$B=V(Z-1)=V\left(\frac{PV}{RT}-1\right) \quad [6-3-17]$$

其计算数据如表 6-3-2 所列。

表 6-3-2 甲烷的 Virial 系数计算

项 目	1	2	3	4	5	6	7	8	9
基本数据									
P_r	0.007 5	0.021 0	0.048 3	0.096 3	0.180 6	0.295 5	0.452 9	0.667 9	0.984 9
V_r	239.456 1	93.611 1	43.600 9	22.937 7	12.525 3	7.600 8	4.729 1	2.904 4	1.299 0
T_r	0.524 8	0.582 5	0.640 2	0.698 0	0.760 9	0.818 7	0.876 4	0.934 1	0.997 1
P	0.35	0.97	2.22	4.42	8.30	13.58	20.81	30.69	45.25
T	100.00	111.00	122.00	133.00	145.00	156.00	167.00	178.00	190.00
Z	0.986 4	0.970 1	0.944 4	0.907 6	0.852 8	0.787 1	0.701 2	0.595 8	0.368 1
Z_{P1}	0.001 2	0.003 0	0.006 3	0.011 4	0.019 0	0.028 7	0.040 6	0.061 8	0.091 8
Z_{P2}	1.79E−05	1.02E−04	4.15E−04	1.33E−03	3.80E−03	9.15E−03	2.09E−02	5.40E−02	2.45E−01
Z_{at}	0.014 8	0.033 0	0.062 4	0.105 2	0.170 1	0.250 7	0.360 3	0.520 0	0.968 8
$Z_{m,t}$	−0.013 6	−0.029 9	−0.055 7	−0.092 4	−0.147 2	−0.212 9	−0.298 8	−0.404 2	−0.631 9
Virial 总系数和各种分子压力对其所贡献部分									
A_{P1}	28.173 3	27.574 5	26.983 0	25.932 4	23.580 6	21.571 9	19.001 6	17.746 8	11.790 1
A_{P2}	0.425 0	0.942 9	1.788 7	3.013 7	4.710 8	6.877 5	9.766 3	15.516 8	31.501 8
A_P	28.598 3	28.517 4	28.771 7	28.946 1	28.291 4	28.449 5	28.767 8	33.263 6	43.291 9
A_{at}	350.638 7	305.580 3	269.036 3	238.630 8	210.704 3	188.501 6	168.548 2	149.387 5	124.487 0
A_V	−322.04	−277.06	−240.26	−209.68	−182.41	−160.05	−139.78	−116.12	−81.20
第二 Virial 系数 B 的文献值和一些公式的计算值									
文献[38]	−416.40	−329.40	−271.40	−229.60	−195.30	−170.70	−150.60	−133.80	−118.40
McGlashan 式	−373.75	−310.24	−261.83	−223.96	−191.20	−166.95	−146.85	−129.97	−114.42
童景山式	−396.20	−319.84	−264.83	−223.58	−189.06	−164.15	−143.88	−127.09	−111.81
舍项 B 近似式	−322.63	−277.35	−240.48	−209.77	−182.48	−160.02	−139.79	−116.13	−81.20

注：本表所用数据取自文献[3]。表中分子压力压缩因子数据是由下列 5 个状态方程计算的平均值：方程 1，van der Waals 方程；方程 2，RK 方程；方程 3，Soave 方程；方程 4，PR 方程；方程 5，童景山方程。

6-3-3　Virial 方程讨论

6-3-3-1　Virial 系数的属性

可以将 Virial 总系数表示式[6-3-13]分别改写为三个表示式来说明 Virial 系数的属性。首先有

$$A_V = V(Z-1) \qquad [6-3-18]$$

已知,压缩因子 Z 表示讨论体系与理想体系的偏差情况,当讨论体系就是理想体系时应有 $Z=1$,故Virial 总系数的性质是这个系数的数值直接反映讨论体系对理想体系的偏差值。亦可以说,当讨论体系就是理想体系时 $A_V=0$。这从表 6-3-3 的数据可以证实。

表 6-3-3　甲烷在理想情况下的 Virial 总系数数值

基　本　参　数				分子斥压力 P_P	分子吸引压力 P_{at}	A_V /cm³·mol⁻¹
P/bar	V/cm³·mol⁻¹	T/K	Z			
0.10	91 132.7	110	0.996 950	7.678E−07	7.431E−06	−277.95
0.10	174 511.3	210	0.999 440	3.997E−07	1.621E−06	−97.73
0.10	257 714.7	310	0.999 840	2.705E−07	6.275E−07	−41.23
0.10	340 883.5	410	0.999 950	2.045E−07	3.107E−07	−17.04
0.10	423 803.6	510	0.999 999	1.646E−07	1.770E−07	−0.42
0.10	506 996.8	610	1.000 010	1.375E−07	1.102E−07	5.07
20.00	2 119.8	510	0.999 610	6.829E−03	6.997E−03	−0.83
40.00	401.075	510	1.000 000	2.762E−02	2.762E−02	0.00

注：本表所用数据取自文献[3]。表中分子压力压缩因子数据是由下列 5 个状态方程计算的平均值：方程 1,van der Waals 方程;方程 2,RK 方程;方程 3,Soave 方程;方程 4,PR 方程;方程 5,童景山方程。

式[6-3-13]中 Virial 总系数的另一个表示式表示 Virial 总系数可以敏感地反映分子间吸引作用与分子间斥作用之差值的影响,这应是 Virial 系数的属性之一。

$$A_V = A_P - A_{at} = \frac{(P_P - P_{at})V}{P_{id}} = \frac{(P_{P1} + P_{P2} - P_{at})V}{P_{id}} \qquad [6-3-19]$$

这样,式[6-3-12d]所表示的关系可改写为

$$\left.\begin{array}{ll} P_{at} > P_{P1} + P_{P2}\text{,分子吸引作用} > \text{分子斥作用时} & A_V < 0 \\ P_{at} = P_{P1} + P_{P2}\text{,分子吸引作用} = \text{分子斥作用时} & A_V = 0 \\ P_{at} < P_{P1} + P_{P2}\text{,分子吸引作用} < \text{分子斥作用时} & A_V > 0 \end{array}\right\} \qquad [6-3-20]$$

Virial 总系数应由两个 Virial 系数所组成,即分子斥作用 Virial 系数 A_P 和分子吸引作用 Virial 系数 A_{at},Virial 总系数是其两者之差值。在分子压力理论中,分子斥作用是以分子

斥压力 P_P 表示，而分子吸引作用则是以分子吸引压力 P_{at} 表示。这些分子压力在 Virial 系数中分别以分子斥作用 Virial 系数 A_P 和分子吸引作用 Virial 系数 A_{at} 来反映，如果将分子斥作用再细分成为第一分子斥作用和第二分子斥作用，则分子斥作用 Virial 系数可以认为是由第一分子斥作用 Virial 系数 A_{P1} 和第二分子斥作用 Virial 系数 A_{P2} 所组成。亦就是说，Virial 系数亦可以间接地量度物质中分子间相互作用的变化情况。Virial 系数的第三个表示方式的意义即为此，即：

$$A_V = A_P - A_{at} = A_{P1} + A_{P2} - A_{at} \tag{6-3-21}$$

表 6-3-4 中列示了甲烷在不同状态下组成 Virial 总系数的三种不同分子相互作用情况的 Virial 系数。

表 6-3-4　甲烷在不同状态下的分子 Virial 系数

基本参数			Virial 系数				
P/bar	V/cm^3·mol^{-1}	T/K	A_V	A_{P1}	A_{P2}	A_P	A_{at}
0.6	14 908.47	110	−222.01	28.014 5	59.553 4	87.567 9	309.574 4
0.6	29 006.13	210	−97.73	31.921 2	0.143 3	32.064 6	129.799 5
0.6	42 919.82	310	−42.21	31.996 3	0.056 3	32.052 6	74.264 2
0.6	56 803.46	410	−16.61	32.018 4	0.028 3	32.046 7	48.656 7
0.6	70 634.18	510	−2.40	32.026 9	0.016 4	32.043 3	34.447 6
0.6	84 507.12	610	6.37	32.029 9	0.010 3	32.040 2	25.667 3

注：本表所用数据取自文献[3]。表中分子压力压缩因子数据是由下列 5 个状态方程计算的平均值：方程 1，van der Waals 方程；方程 2，RK 方程；方程 3，Soave 方程；方程 4，PR 方程；方程 5，童景山方程。

6-3-3-2　Virial 系数计算

文献中已有许多 Virial 系数的计算方法，这里不再一一列举，有兴趣的读者可以查看有关教科书或专著。这里仅就与分子压力相关的计算 Virial 系数方法介绍如下：

由式[6-3-21]知，各分子压力 Virial 系数应为

第一分子斥压力 Virial 系数　$A_{P1} = \dfrac{P_{P1}}{P_{id}} V = Z_{P1} V$　[6-3-22a]

第二分子斥压力 Virial 系数　$A_{P2} = \dfrac{P_{P2}}{P_{id}} V = Z_{P2} V$　[6-3-22b]

分子吸引压力 Virial 系数　$A_{at} = \dfrac{P_{at}}{P_{id}} V = Z_{at} V$　[6-3-22c]

将分子压力 P_{P1}、P_{P2} 和 P_{at} 的定义式代入式[6-3-22]中，得

$$A_{P1} = P_{P1} V / P_{id} = Pb / P_{id} \tag{6-3-23a}$$

$$A_{P2} = P_{P2} V / P_{id} = P_{at} b / P_{id} \tag{6-3-23b}$$

$$A_{at} = P_{at}V/P_{id} \quad [6-3-23c]$$

现分别讨论这三个分子压力 Virial 系数。

1. 第一分子斥压力 Virial 系数

改写式[6-3-23a],得 $A_{P1} = \dfrac{P_{P1}}{P_{id}}V = Zb = \dfrac{Z}{Z_C}\Omega_b V_C$ [6-3-24]

注意,在本书讨论中 Ω_b 系数并不是常数,这在前面讨论中已作说明。此外讨论的数据均是 5 个方程(van der Waals 方程、RK 方程、Soave 方程、PR 方程和童景山方程)的平均值,因此本书中所列 Ω_b 系数数据,除特别提示外亦应是上述 5 个方程的平均值。

表 6-3-5 中列出了一些以式[6-3-24]计算的第一分子斥压力 Virial 系数的计算数据。由于式[6-3-24]所用计算参数 Z、Z_C、Ω_b 和 V_C 均为状态方程中常用参数,因此 A_{P1} 可容易地获得。

表 6-3-5 甲烷 Virial 系数 A_{P1} 的计算

状态参数			计算参数				A_{P1}/cm^3 · mol^{-1}	
P /bar	V /cm^3 · mol^{-1}	T /K	Z	Z_C	Ω_b	V_C /cm^3 · mol^{-1}	以分子压力计算值	式[6-3-24]计算值
0.35	23 687.00	100.00	0.986 4	0.286 91	0.082 84	98.92	28.17	28.17
0.97	9 260.01	111.00	0.970 1	0.286 91	0.082 46	98.92	27.57	27.58
2.22	4 313.00	122.00	0.944 4	0.286 91	0.082 89	98.92	26.98	26.99
4.42	2 269.00	133.00	0.907 6	0.286 91	0.082 89	98.92	25.93	25.94
8.30	1 239.00	145.00	0.852 8	0.286 91	0.080 22	98.92	23.58	23.59
13.58	751.87	156.00	0.787 1	0.286 91	0.079 49	98.92	21.57	21.57
20.81	467.80	167.00	0.701 2	0.286 91	0.078 60	98.92	19.00	19.00
30.69	287.30	178.00	0.595 8	0.286 91	0.086 40	98.92	17.75	17.75
45.25	128.50	190.00	0.368 1	0.286 91	0.092 87	98.92	11.79	11.79

注:本表所用数据取自文献[3]。表中分子压力压缩因子数据是由下列 5 个状态方程计算的平均值:方程 1,van der Waals 方程;方程 2,RK 方程;方程 3,Soave 方程;方程 4,PR 方程;方程 5,童景山方程。

表列数据说明以分子压力计算的 A_{P1} 数值与以式[6-3-24]计算数值完全相吻合,说明式[6-3-24]应该是正确的。

2. 第二分子斥压力 Virial 系数

改写式[6-3-23b],得

$$A_{P2} = \frac{P_{P2}}{P_{id}}V == \frac{P_{at}}{P_{id}}b = \frac{P_{at}}{P_{id}Z_C}\Omega_b V_C \quad [6-3-25]$$

如果讨论只应用 van der Waals 状态方程，则有 $P_{at}=a/V^2$，代入上式，得

$$A_{P2}=\frac{P_{P2}}{P_{id}}V==\frac{P_{at}}{P_{id}}b=\frac{\Omega_a\Omega_b}{VT_r}\left(\frac{V_C}{Z_C}\right)^2 \quad [6-3-26]$$

注意，式中 Ω_a 系数应是 van der Waals 方程的 Ω_a 系数，其他状态方程应按其规定形式计算 Ω_a 系数，当然，这时要考虑温度系数。同理，上式中 Ω_b 系数亦应是 van der Waals 方程所用的计算数值，这时不应用 5 个方程的平均值。

表 6-3-6 中列出了一些以式[6-3-26]计算的第二分子斥压力 Virial 系数的计算数据。由于式[6-3-26]所用计算参数 Z_C、Ω_a、Ω_b 和 V_C 均为状态方程中常用参数，因此 A_{P2} 可容易地获得。

表 6-3-6　甲烷 Virial 系数 A_{P2} 的计算

状态参数			计算参数				$A_{P2}/cm^3\cdot mol^{-1}$	
P /bar	V $/cm^3\cdot mol^{-1}$	T /K	Z_C	Ω_a	Ω_b	V_C $/cm^3\cdot mol^{-1}$	以分子压力计算值	式[6-3-26]计算值
0.35	23 687.00	100.00	0.286 91	0.421 9	0.074 8	98.92	0.301 6	0.301 6
0.97	9 260.01	111.00	0.286 91	0.421 9	0.072 8	98.92	0.677 0	0.677 0
2.22	4 313.00	122.00	0.286 91	0.421 9	0.075 0	98.92	1.362 1	1.362 1
4.42	2 269.00	133.00	0.286 91	0.421 9	0.075 0	98.92	2.374 9	2.375 0
8.30	1 239.00	145.00	0.286 91	0.421 9	0.075 0	98.92	3.989 4	3.989 3
13.58	751.87	156.00	0.286 91	0.421 9	0.075 0	98.92	6.111 7	6.110 5
20.81	467.80	167.00	0.286 91	0.421 9	0.075 0	98.92	9.174 6	9.174 1
30.69	287.30	178.00	0.286 91	0.421 9	0.100 0	98.92	18.686 9	18.686 4
45.25	128.50	190.00	0.286 91	0.421 9	0.124 9	98.92	48.887 6	48.886 1

注：本表数据均以 van der Waals 方程计算。

3. 分子吸引压力 Virial 系数

改写式[6-3-23c]，得

$$A_{at}=\frac{P_{at}}{P_{id}}V=\frac{\Omega_a}{Z_CT_r}V_C \quad [6-3-27]$$

同样，上述讨论仅指应用 van der Waals 状态方程，将 $P_{at}=a/V^2$，代入上式，得上式结果。注意，式中 Ω_a 系数应是 van der Waals 方程的 Ω_a 系数。

表 6-3-7 中列出了一些以式[6-3-27]计算的分子吸引压力 Virial 系数的计算数据。由于式[6-3-27]所用计算参数 Z_C、Ω_a、T_r 和 V_C 均为状态方程中常用参数，因此 A_{at} 可容易地获得。

表 6-3-7　甲烷 Virial 系数 A_{at} 的计算

状态参数				分子对比压力[1]		$A_{at}/cm^3 \cdot mol^{-1}$	
P /bar	V $/cm^3 \cdot mol^{-1}$	T /K	T_r	P_{atr}	P_{idr}	以分子压力计算值	式[6-3-27]计算值
0.35	23 687.00	100.00	0.524 8	8.938 3E−05	7.638 6E−03	277.17	277.17
0.97	9 260.01	111.00	0.582 5	5.848 6E−04	2.168 9E−02	249.70	249.70
2.22	4 313.00	122.00	0.640 2	2.696 0E−03	5.118 1E−02	227.19	227.18
4.42	2 269.00	133.00	0.698 0	9.741 0E−03	1.060 6E−01	208.39	208.40
8.30	1 239.00	145.00	0.760 9	3.266 9E−02	2.117 5E−01	191.15	191.15
13.58	751.87	156.00	0.818 7	8.873 0E−02	3.754 5E−01	177.69	177.67
20.81	467.80	167.00	0.876 4	2.291 7E−01	6.459 2E−01	165.97	165.97
30.69	287.30	178.00	0.934 1	6.075 8E−01	1.121 0E+00	155.71	155.71
45.25	128.50	190.00	0.997 1	3.037 2E+00	2.675 3E+00	145.88	145.88

注：本表数据均以 van der Waals 方程计算。甲烷的 $Z_C = 0.286\ 91$；$\Omega_a = 0.421\ 9$；$V_C = 98.92\ cm^3/mol$。

如果将分子吸引压力表示式统一为 $P_{at} = a/V^2$ 形式，则本书中所用 5 个方程的 a 系数和 Ω_a 系数表示如下：

van der Waals 方程

$$P_{at} = a_{vdW}/V^2;\ a_{vdW} = \Omega_{a,\ vdW}\frac{(RT_C)^2}{P_C};\ \Omega_{a,\ vdW} = 27/64 = 0.421\ 9$$

RK 方程

$$P_{at} = a_{RK}/V^2;\ a_{RK} = \Omega_{a,\ RK}\frac{R^2T_C^2}{P_C};\ \Omega_{a,\ RK} = \frac{(2^{1/3}-1)V}{9T_r^{0.5}(V+b)}$$

Soave 方程

$$P_{at} = a_{SRK}/V^2;\ a_{SRK} = \Omega_{a,\ SRK}\frac{R^2T_C^2}{P_C};\ \Omega_{a,\ SRK} = \frac{0.427\ 48V}{(V+b)}\alpha_T$$

PR 方程

$$P_{at} = a_{PR}/V^2;\ a_{PR} = \Omega_{a,\ PR}\frac{R^2T_C^2}{P_C};\ \Omega_{a,\ PR} = \frac{0.457\ 24V^2}{(V^2+2bV+b^2)}\alpha_T$$

童景山方程

$$P_{at} = a_{TJS}/V^2;\ a_{TJS} = \Omega_{a,\ TJS}\frac{R^2T_C^2}{P_C};\ \Omega_{a,\ TJS} = \frac{27}{64}\frac{V^2}{(V+mb)}\alpha_T$$

对比各方程的 Ω_a 系数计算，显然以 van der Waals 方程的为简便些。

4. Virial 总系数计算

已知 Virial 总系数为 $A_V = V(Z-1)$

将上述讨论的三个分子压力 Virial 系数加和，亦可得到 Virial 总系数数值

$$A_V = A_{P1} + A_{P2} - A_{at} = \frac{Z}{Z_C}\Omega_b V_C + \frac{\Omega_a \Omega_b}{VT_r}\left(\frac{V_C}{Z_C}\right)^2 - \frac{\Omega_a}{Z_C T_r}V_C \quad [6-3-28]$$

表 6-3-8 中列示了以式[6-3-18]和式[6-3-28]计算的 A_V 数据，以供比较。表 6-3-8 中所列数据是以 van der Waals 方程计算的数据。

表 6-3-8 甲烷 Virial 系数 A_V 的计算

状态参数			计算参数				$A_V/cm^3 \cdot mol^{-1}$	
P /bar	V /cm^3/mol	T /K	T_r	Ω_a	Ω_b	Z	式[6-3-18]计算值	式[6-3-28]计算值
0.35	23 687.00	100.0	0.524 8	0.421 9	0.074 8	0.989 4	−251.32	−251.37
0.97	9 260.01	111.0	0.582 5	0.421 9	0.072 8	0.975 8	−224.56	−224.53
2.22	4 313.00	122.0	0.640 2	0.421 9	0.075 0	0.953 4	−201.16	−201.17
4.42	2 269.00	133.0	0.698 0	0.421 9	0.075 0	0.919 7	−182.25	−182.24
8.30	1 239.00	145.0	0.760 9	0.421 9	0.075 0	0.867 0	−164.74	−164.74
13.58	751.87	156.0	0.818 7	0.421 9	0.075 0	0.799 3	−150.91	−150.89
20.81	467.80	167.0	0.876 4	0.421 9	0.075 0	0.703 7	−138.60	−138.60
30.69	287.30	178.0	0.934 1	0.421 9	0.100 0	0.594 4	−116.53	−116.53
45.25	128.50	190.0	0.997 1	0.421 9	0.124 9	0.368 8	−81.11	−81.11

注：本表数据均以 van der Waals 方程计算。

6-3-3-3 影响 Virial 系数的因素

由表示 Virial 总系数的式[6-3-18]知，Virial 总系数还可表示为：

$$A_V = V\left(\frac{PV}{RT} - 1\right) \quad [6-3-29]$$

知

$$A_V = f(P, V, T) \quad [6-3-30]$$

即，影响 Virial 总系数的因素有压力、体积和温度。这是由于 Virial 系数与分子间吸引作用和分子间斥作用有关，而这些分子间相互作用应该与体系的压力、体积和温度有关。但是，至今为止，文献上一致认为 Virial 仅与体系的温度有关，是温度的函数，而与体系的压力变化无关。因此，目前在列示 Virial 系数的一些手册中往往只列示温度－Virial 系数，而不列示讨论压力的数值(见文献[3])。

为此在下面以实际数据来分别讨论压力和温度的影响。

1. 压力的影响

以甲烷为例，计算了不同温度、压力下的 Virial 总系数数据，列于表 6－3－9 中。

表 6－3－9　不同温度、压力下甲烷的 Virial 系数

Virial 总系数 A_V/cm³·mol⁻¹								
温度＼压力	文献[3] B 系数值	0.1 bar	0.6 bar	6.0 bar	10.0 bar	20.0 bar	40.0 bar	80.0 bar
210 K	−95	−97.73	−97.75	−94.92	−93.44	−90.47	−83.14	−52.41
310 K	−39	−42.27	−42.21	−40.69	−40.55	−37.54	−35.13	−30.38
410 K	−13	−17.04	−16.47	−16.27	−15.96	−14.50	−12.06	−9.28
510 K	0	−2.43	−2.40	−2.16	−1.98	−0.82	0.00	2.93
610 K	10	6.36	6.37	6.55	6.68	7.72	8.67	10.76
分子斥力 Virial 系数 A_P/cm³·mol⁻¹								
温度＼压力	0.1 bar	0.6 bar	1.0 bar	6.0 bar	10.0 bar	20.0 bar	40.0 bar	80.0 bar
210 K	32.03	32.06	32.09	33.62	34.13	34.59	36.45	49.73
310 K	32.03	32.05	32.07	33.13	32.96	35.11	35.94	37.82
410 K	32.03	32.05	32.06	32.22	32.34	33.47	35.15	36.62
510 K	32.03	32.04	32.05	32.18	32.28	33.26	33.70	35.88
610 K	32.03	32.04		32.15	32.24	33.16	33.89	35.54
分子吸引力 Virial 系数 A_{at}/cm³·mol⁻¹								
210 K	129.90	129.80	129.72	128.54	127.56	125.05	119.59	102.14
310 K	74.30	74.26	74.24	73.82	73.51	72.64	71.08	68.20
410 K	48.67	48.66	48.64	48.46	48.32	47.96	47.21	45.90
510 K	34.46	34.45	34.44	34.34	34.26	34.07	33.70	32.95
610 K	25.67	25.67		25.61	25.56	25.45	25.22	24.78

注：本表所用数据取自文献[3]。表中数据是由下列 5 个状态方程计算的平均值：方程 1，van der Waals 方程；方程 2，RK 方程；方程 3，Soave 方程；方程 4，PR 方程；方程 5，童景山方程。

图 6－3－1 表示甲烷在不同温度下变化压力对 Virial 总系数的影响。由图可知，在温度恒定时在一定的压力范围内 A_V 的数值变化不大，亦就是说，在一定的压力范围内，A_V 的数值可认为只与温度相关，而对压力变化不敏感。但是当压力大于一定范围时，增加压力的影响变得明显。而且温度越低，这个压力范围越小，超过这个压力范围时压力所显现的影响越大。温度在 610 K 高温时，图上表示，在 1～10 bar 压力范围内，A_V 几乎无变化，压力＞10 bar 时对 A_V 的影响亦为有限。相比之下，低温时压力的影响要明显得多（见图中 210 K 曲线）。

超过 A_V 数值恒定的压力范围时，压力增加，A_V 数值亦随之增加，说明压力增加使体系

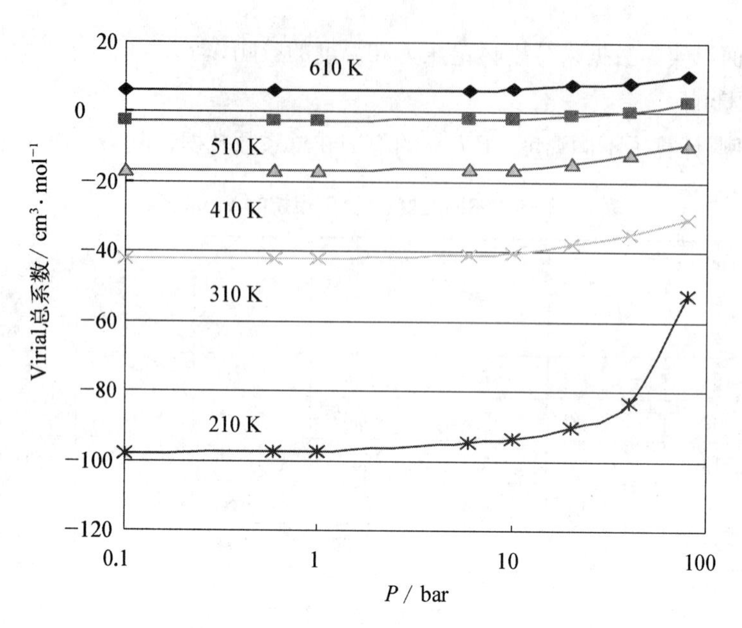

图 6-3-1　不同温度下压力对 Virial 系数的影响

中分子间斥作用力增加，而分子间吸引作用力的变化值应低于前者，从而使 A_V 数值增加。

在一定压力范围内 A_V 数值保持恒定的原因亦可从分子间相互作用来解释。图 6-3-2 中表示了在一定温度下分子斥作用 Virial 系数 A_P 随压力的变化规律。

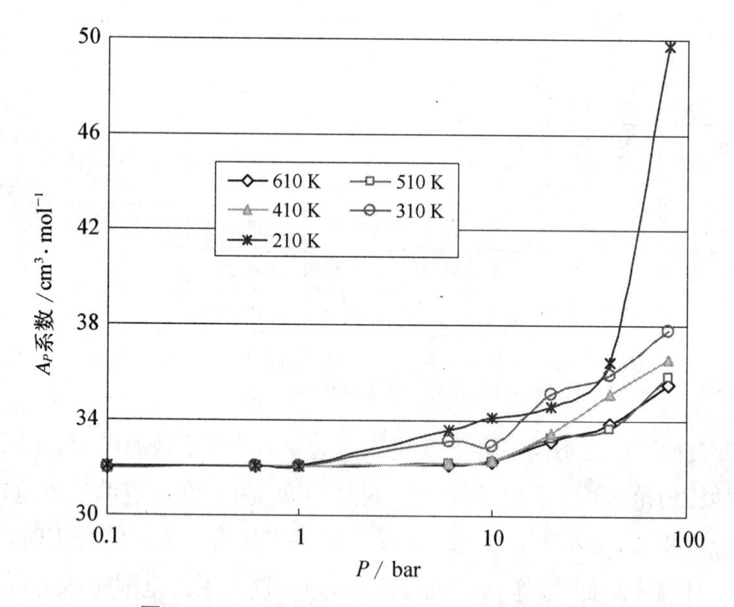

图 6-3-2　不同温度、压力下甲烷的 A_P 系数

由图 6-3-2 可知，在恒温、一定范围的低压情况下，在各个不同恒定温度下分子斥压力 Virial 系数随压力的变化有以下特点：

(1) 在压力很低时，各个温度下的 A_P 的数值是相接近的，亦就是说，当压力很低时，不论温度低或温度高，体系均具有相接近的 A_P 数值。我们将表 6-3-9 中在 0.1 bar 时甲烷的 A_P 数值整理如下：

温度/K：	110 K	210 K	310 K	410 K	510 K	610 K
压力/bar：	0.1	0.1	0.1	0.1	0.1	0.1
A_P 值/cm^3/mol：	32.040	32.034	32.033	32.031	32.030	32.030

所列数据表明，当压力很低时，即讨论气体应该是理想气体或是接近理想气体时，不同温度下讨论气体的分子斥压力 Virial 系数数值可以认为彼此是很接近的。

(2) 分子斥压力是由第一分子斥压力和第二分子斥压力所组成，故而将这两个分子压力的 Virial 系数作比较如下：

温度/K：	110 K	210 K	310 K	410 K	510 K	610 K
压力/bar：	0.1	0.1	0.1	0.1	0.1	0.1
A_{P1} 值/cm^3/mol：	31.932 9	32.010 6	32.023 6	32.026 3	32.027 7	32.028 5
A_{P2} 值/cm^3/mol：	0.107 2	0.023 8	0.009 4	0.004 7	0.002 7	0.001 7

上列数据表明，在低压情况下，在温度变化时，第一分子斥压力 Virial 系数 A_{P1} 数值变化很小，且其数值占分子斥压力 Virial 系数 A_P 数值绝大部分，因此使 A_P 数值在压力变化时亦变化很小，彼此接近，并且气体中对 A_P 数值的主要影响是第一分子斥压力 Virial 系数。

第二分子斥压力 Virial 系数 A_{P2} 的数值很小，说明在气体情况下分子斥压力主要来自分子本身具有一定体积而对体系形成的斥压力，分子间电子作用形成的斥压力作用很小。上列数据还反映，温度升高，A_{P2} 的数值明显地随温度的变化而变化，A_{P2} 的数值会变小，图 6-3-3 所示 A_{P2} 与温度的关系曲线说明了此点。

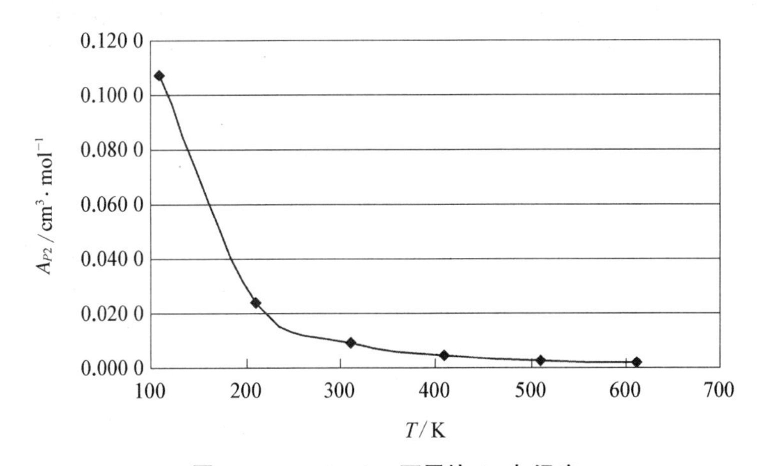

图 6-3-3　0.1 bar 下甲烷 A_{P2} 与温度

在低压情况下，温度变化时，第一分子斥压力 Virial 系数 A_{P1} 数值变化很小。理论上可以解释这一现象。已知第一分子斥压力 Virial 系数可表示为

$$A_{P1} = Z_{P1}V = \frac{PV}{P_{id}V}b = Zb \qquad [6-3-31]$$

故有

$$\lim_{P\to 0} A_{P1} = b^0 \qquad [6-3-32]$$

式中 b^0 可认为是个常数，当体系压力很低时 $Z\to 1$，因此低压时的第一分子斥压力 Virial 系数 A_{P1} 数值应该就是该讨论气体中分子本身所占的体积大小。实际计算中得到 0.1 bar，各温度下 5 个方程平均的系数 $\Omega_b = 0.092\,893\,66$，由此计算得

$$b^0 = \Omega_b \frac{RT}{P_C} = 0.092\,893\,66 \times \frac{83.143 \times 190.55}{45.95} = 32.029\,2$$

与上面表列的 A_{P1} 数值吻合，说明上述理论解释成立。但分子体积还会受到温度变化的影响，虽然在低压气体情况下此影响很小。上表所列 A_{P1} 数值确随温度稍有所增加，A_{P1} 与 A_{P2} 的互补作用，亦是使 A_P 数值相对稳定的原因。

(3) 应该说明的是在低压下各温度中保持相对稳定的是第一分子斥压力 Virial 系数 A_{P1} 数值，而不是第一分子斥压力的 P_{P1} 数值，为此将 P_{P1} 数值列示如下：

温度/K：	110 K	210 K	310 K	410 K	510 K	610 K
压力/bar：	0.1	0.1	0.1	0.1	0.1	0.1
P_{P1r} 值：	7.652 5E−7	3.993 8E−7	2.704 4E−7	2.044 6E−7	1.645 5E−7	1.375 2E−7

P_{P1r} 数值应有一定幅度的变化。此外，还需说明的是这里讨论的各项 Virial 系数规律均是气体的 Virial 系数规律，液体亦应有自己的 Virial 系数变化规律，这将在第七章中讨论。

(4) 式[6-3-32]所定义的 A_{P1} 系数或 b 系数应该与讨论物质和所选用的讨论方程有关，这里列示的是甲烷的 A_{P1} 系数或 b 系数数值，其他物质应与其不同，现将一些物质在 $P\to 0$ 时的 A_{P1} 系数或 b 系数列于表 6-3-10 中以供参考。

表 6-3-10　各种物质在 $P\to 0$ 时的 A_{P1} 系数(或 b 系数)数值/$cm^3 \cdot mol^{-1}$

物　质	vdW 方程	RK 方程	Soave 方程	PR 方程	童景山方程	5 方程平均
甲烷	43.063	29.848	29.848	26.801	30.450	32.002
乙烷	65.130	45.143	45.143	40.535	46.054	48.402
丙烷	90.480	62.714	62.714	56.312	63.979	67.240
丁烷	116.391	80.673	80.673	72.438	82.301	86.496
戊烷	144.853	100.400	100.400	90.152	102.426	107.647
己烷	174.394	120.876	120.876	108.537	123.315	129.601
庚烷	204.899	142.020	142.020	127.523	144.885	152.271
辛烷	237.367	164.524	164.524	147.729	167.843	176.399
壬烷	269.852	187.040	187.040	167.947	190.814	200.540
癸烷	304.250	210.882	210.882	189.356	215.137	226.103
十一烷	335.406	232.477	232.477	208.746	237.168	249.257
乙烯	58.209	40.346	40.346	36.228	41.160	43.258

续　表

物　质	vdW 方程	RK 方程	Soave 方程	PR 方程	童景山方程	5 方程平均
丙烯	82.443	57.143	57.143	51.310	58.296	61.267
1-丁烯	108.453	75.171	75.171	67.498	76.688	80.597
1-戊烯	135.691	94.050	94.050	84.450	95.948	100.839
1-己烯	163.178	113.102	113.102	101.557	115.384	121.266
1-庚烯	191.236	132.550	132.550	119.019	135.224	142.117
1-辛烯	219.879	152.403	152.403	136.846	155.478	163.403
1-癸烯	288.847	200.206	200.206	179.769	204.246	214.656
乙炔	52.201	36.182	36.182	32.488	36.912	38.793
丙炔	74.282	51.487	51.487	46.231	52.525	55.203
环丙烷	74.664	51.751	51.751	46.468	52.795	55.486
环戊烷	117.916	81.730	81.730	73.387	83.380	87.630
环己烷	141.068	97.777	97.777	87.796	99.750	104.835
环庚烷	164.382	113.936	113.936	102.306	116.235	122.160
苯	119.332	82.712	82.712	74.269	84.381	88.682
甲苯	149.707	103.765	103.765	93.173	105.859	111.255
乙苯	177.721	123.182	123.182	110.608	125.668	132.073
丙苯	207.322	143.699	143.699	129.030	146.598	154.071
甲醇	65.888	45.668	45.668	41.006	46.589	48.964
乙醇	87.045	60.332	60.332	54.174	61.550	64.687
1-丙醇	107.930	74.808	74.808	67.172	76.318	80.208
1-丁醇	132.560	91.880	91.880	82.501	93.734	98.512
1-戊醇	156.840	108.709	108.709	97.612	110.902	116.555

图 6-3-4 中列示了在不同温度下分子吸引作用 Virial 系数 A_{at} 数值随压力增加时变化的情况。

由图 6-3-4 可见，在一定的压力范围内分子吸引作用 Virial 系数 A_{at} 对压力的变化不敏感。例如在 610 K 下低于 10 bar 压力时压力变化对 A_{at} 无影响。在超过此压力范围时，压力增加 A_{at} 的数值(绝对值)会减小，这意味着体系中分子间吸引相互作用此时受到了影响。

图 6-3-4 表明，当温度降低时，压力增加的影响变得越来越明显，对 A_{at} 的数值影响很小的压力范围亦越来越缩小，例如，在 610 K 下低于 10 bar 压力时压力变化对 A_{at} 无影响；而在 510 K 时 6 bar 左右的压力开始对 A_{at} 的数值产生影响；310 K～410 K 时在 1～6 bar 压力

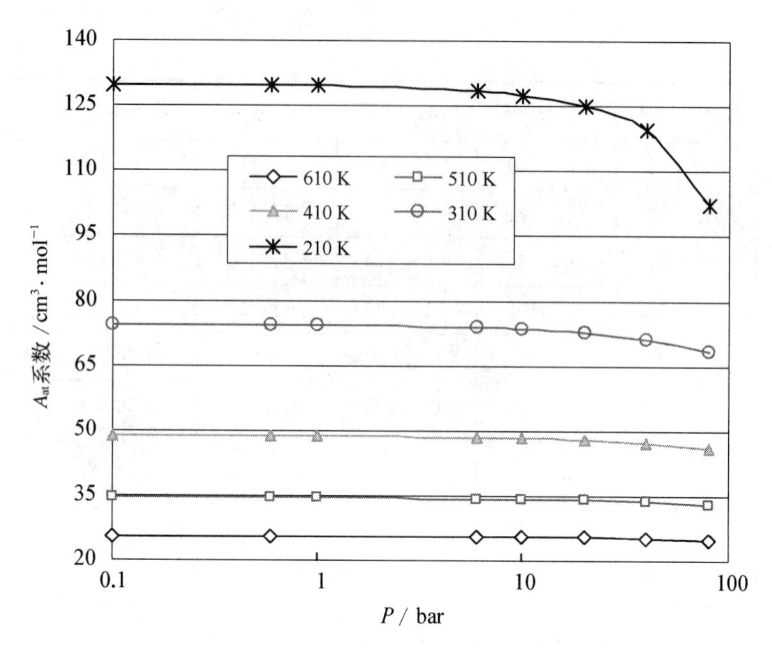

图 6-3-4 不同温度、压力下甲烷的 A_{at} 系数

时就感到了它的影响;在更低的温度下,低于 1 bar 的压力就有可能影响到 A_{at} 的数值。

压力的这一影响从分子理论角度应该可以得到合理的解释。温度升高,分子动能加强,压力的影响逐渐减弱,这从图 6-3-4 中显示的结果来看是十分明显的。

2. 温度的影响

温度对甲烷的 Virial 总系数 A_V 的影响可见于图 6-3-5。

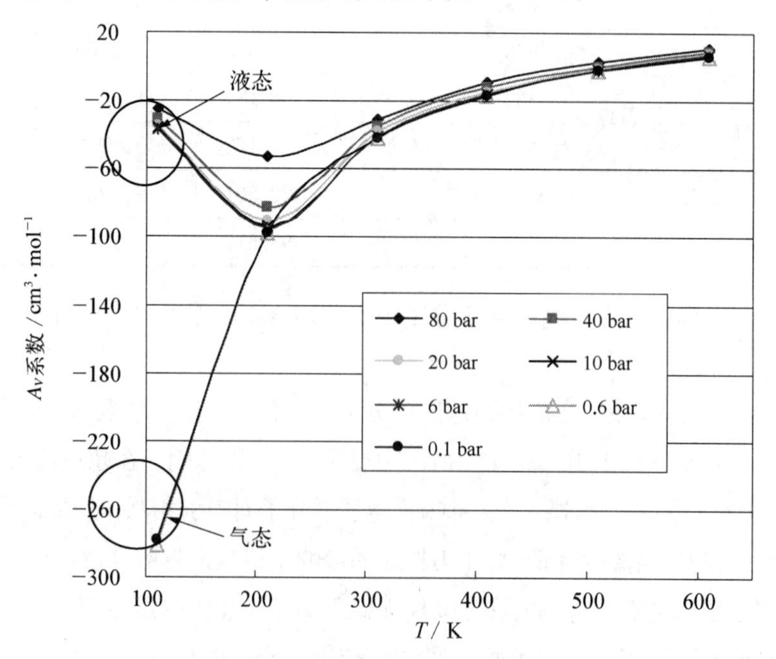

图 6-3-5 温度对甲烷 A_V 的影响

由图 6-3-5 来看，在同一压力下温度降低 A_V 数值减小，这意味着体系中分子间吸引作用加强。

图中列示了部分体系处在液态时的 Virial 总系数 A_V 数值，很明显，液体的 A_V 数值要大于气体的 A_V 数值（在同一压力下），这说明液态中分子间斥作用力要远强于气体情况。

A_V 数值是由 A_P 和 A_{at} 所组成，这两个 Virial 系数受温度的影响如图 6-3-6 和图 6-3-7 所示。

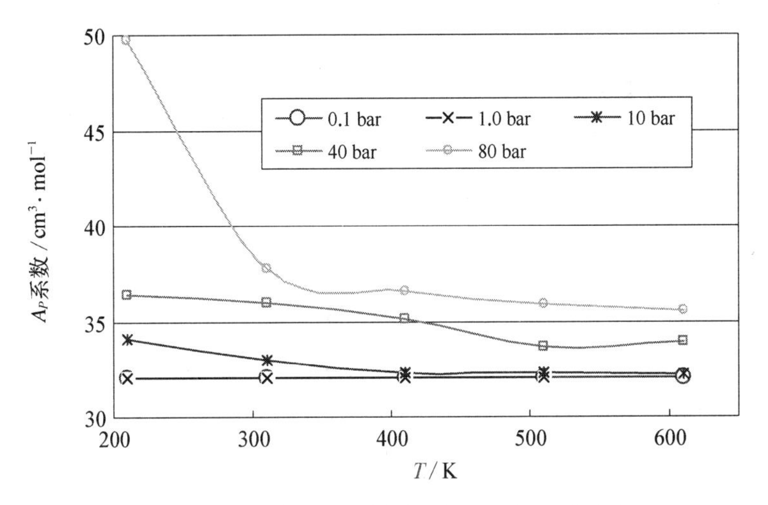

图 6-3-6　在一定压力下温度对甲烷 A_P 的影响

由图 6-3-6 可见，在压力很低的情况下，A_P 系数随温度的变化很小，而当压力增加时 A_P 系数会随着温度的升高而变小，这表明温度升高会使体系内分子斥作用力减少。

温度对 A_{at} 系数的影响见图 6-3-7。

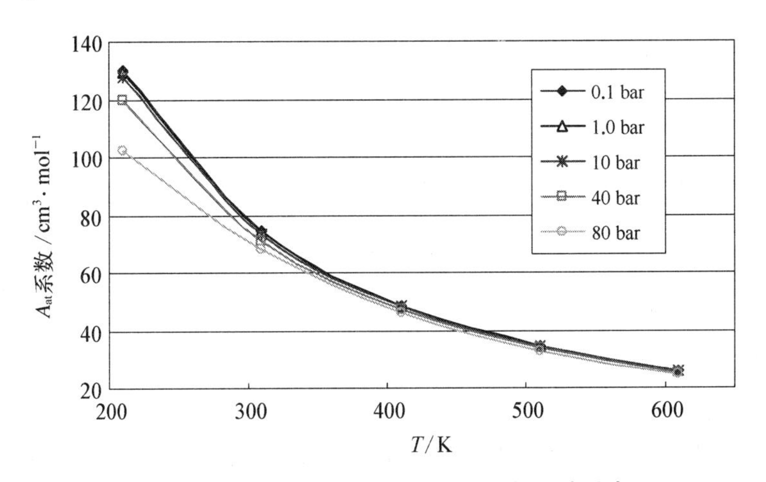

图 6-3-7　在一定压力下温度对甲烷 A_{at} 的影响

由图 6-3-7 可见，在图列的温度、压力范围内，温度升高将使分子吸引作用 Virial 系数 A_{at} 数值降低，这意味着温度升高会使分子间相互吸引作用减弱。

6-3-3-4　Virial 系数的混合规则

对于混合物,文献[27, 42, 43]列示的第二 Virial 系数混合规则为

$$B=\sum_i\sum_j y_i y_j B_{ij} \tag{6-3-33}$$

在此 $B_{ij}=B_{ji}$。文献中对 B_{ij} 采用下式计算[34]:

$$B_{ij}=\frac{RT_{C,i,j}}{P_{C,i,j}}(B_{ij}^0+\omega_{ij}B_{ij}^1) \tag{6-3-34}$$

式中所用各交叉作用参数的计算式为:

$$\omega_{i,j}=0.5\times(\omega_i+\omega_j) \tag{6-3-35}$$

$$Z_{C,i,j}=0.5\times(Z_{C,i}+Z_{C,j}) \tag{6-3-36}$$

$$V_{C,i,j}^{1/3}=0.5\times(V_{C,i}^{1/3}+V_{C,j}^{1/3}) \tag{6-3-37}$$

$$P_{C,i,j}=Z_{C,i,j}\frac{RT_{C,ij}}{V_{C,ij}} \tag{6-3-38}$$

$$T_{C,ij}=(1-k_{i,j})(T_{C,i}T_{C,j})^{0.5} \tag{6-3-39}$$

目前最敏感的混合规则是 $T_{C,ij}$。许多研究者在二元相互作用参数 k_{ij} 的关联方法上工作,但目前还没有得到可通用的方法。对烷烃类二元系,已有报道一些计算式,但对极性—非极性二元系还没有成功的关联式。

作者从分子压力概念来讨论 Virial 系数的混合规则。已知,Virial 总系数为

$$A_V=A_P-A_{at}=\frac{(P_P-P_{at})V}{P_{id}}=(Z_P-Z_{at})V=(Z-1)V \tag{6-3-40}$$

因而 Virial 总系数可分成两部分讨论,即

斥作用力部分:
$$A_P=A_{P1}+A_{P2}=(Z_{P1}+Z_{P2})V \tag{6-3-41}$$

吸引作用力部分:
$$A_{at}=Z_{at}V \tag{6-3-42}$$

混合物的第一分子斥压力的 Virial 系数为

$$A_{P1}^m=Z_{P1}^m V^m \tag{6-3-43}$$

又知混合物的压缩因子为

$$\begin{aligned}Z^m&=Z_{id}^m+Z_{P1}^m+Z_{P2}^m-Z_{at}^m\\&=\Lambda_i^V\frac{P_{id,i}^0}{P_{id}^m}+\frac{\Lambda_i^V}{\Lambda_i^b}\frac{P_{id,i}^0}{P_{id}^m}\frac{P_{P1,i}^0}{P_{id,i}^0}+\frac{(\Lambda_i^V)^3}{\Lambda_i^a\Lambda_i^b}\frac{P_{id,i}^0}{P_{id}^m}\frac{P_{P2,i}^0}{P_{id,i}^0}-\frac{(\Lambda_i^V)^2}{\Lambda_i^a}\frac{P_{id,i}^0}{P_{id}^m}\frac{P_{at,i}^0}{P_{id,i}^0}\\&=1+\frac{1}{\Lambda_i^b}Z_{P1}^0+\frac{(\Lambda_i^V)^2}{\Lambda_i^a\Lambda_i^b}Z_{P2}^0-\frac{\Lambda_i^V}{\Lambda_i^a}Z_{at}^0\end{aligned} \tag{6-3-44}$$

故有：
$$Z_{P1}^{m}=\frac{y_1}{\Lambda_1^b}Z_{P1,1}^{0}+\frac{y_2}{\Lambda_2^b}Z_{P1,2}^{0}+\cdots+\frac{y_i}{\Lambda_i^b}Z_{P1,i}^{0} \quad [6-3-45a]$$

$$Z_{P2}^{m}=y_1\frac{(\Lambda_1^V)^2}{\Lambda_1^a\Lambda_1^b}Z_{P2,1}^{0}+y_2\frac{(\Lambda_2^V)^2}{\Lambda_2^a\Lambda_2^b}Z_{P2,2}^{0}+\cdots+y_i\frac{(\Lambda_i^V)^2}{\Lambda_i^a\Lambda_i^b}Z_{P2,i}^{0} \quad [6-3-45b]$$

$$Z_{at}^{m}=y_1\frac{\Lambda_1^V}{\Lambda_1^a}Z_{at,1}^{0}+y_2\frac{\Lambda_2^V}{\Lambda_2^a}Z_{at,2}^{0}+\cdots+y_i\frac{\Lambda_i^V}{\Lambda_i^a}Z_{at,i}^{0} \quad [6-3-45c]$$

代入式[6-3-43]

$$A_{P1}^{m}=Z_{P1}^{m}V^{m}=\frac{y_1}{\Lambda_1^b\Lambda_1^V}Z_{P1,1}^{0}V_1^0+\frac{y_2}{\Lambda_2^b\Lambda_2^V}Z_{P1,2}^{0}V_2^0+\cdots+\frac{y_i}{\Lambda_i^b\Lambda_i^V}Z_{P1,i}^{0}V_i^0$$
$$=\frac{y_1}{\Lambda_1^b\Lambda_1^V}A_{P1,1}^{0}+\frac{y_2}{\Lambda_2^b\Lambda_2^V}A_{P1,2}^{0}+\cdots+\frac{y_i}{\Lambda_i^b\Lambda_i^V}A_{P1,i}^{0} \quad [6-3-46]$$

式[6-3-46]即为混合物的第一分子斥压力 Virial 系数的混合规则。

混合物的第二分子斥压力的 Virial 系数为

$$A_{P2}^{m}=Z_{P2}^{m}V^{m} \quad [6-3-47]$$

由式[6-3-44]知

$$A_{P2}^{m}=Z_{P2}^{m}V^{m}=y_1\frac{\Lambda_1^V}{\Lambda_1^a\Lambda_1^b}Z_{P2,1}^{0}V^0+y_2\frac{\Lambda_2^V}{\Lambda_2^a\Lambda_2^b}Z_{P2,2}^{0}V^0+\cdots+y_i\frac{\Lambda_i^V}{\Lambda_i^a\Lambda_i^b}Z_{P2,i}^{0}V^0$$
$$=y_1\frac{\Lambda_1^V}{\Lambda_1^a\Lambda_1^b}A_{P2,1}^{0}+y_2\frac{\Lambda_2^V}{\Lambda_2^a\Lambda_2^b}A_{P2,2}^{0}+\cdots+y_i\frac{\Lambda_i^V}{\Lambda_i^a\Lambda_i^b}A_{P2,i}^{0} \quad [6-3-48]$$

式[6-3-48]即为混合物的第二分子斥压力 Virial 系数的混合规则。

混合物的分子吸引压力的 Virial 系数为

$$A_{at}^{m}=Z_{at}^{m}V^{m} \quad [6-3-49]$$

由式[6-3-44]知

$$A_{at}^{m}=Z_{at}^{m}V^{m}=y_1\frac{Z_{at,1}^{0}V_1^0}{\Lambda_1^a}+y_2\frac{Z_{at,2}^{0}V_2^0}{\Lambda_2^a}+\cdots+y_i\frac{Z_{at,i}^{0}V_i^0}{\Lambda_i^a}$$
$$=y_1\frac{A_{at,1}^{0}}{\Lambda_1^a}+y_2\frac{A_{at,2}^{0}}{\Lambda_2^a}+\cdots+y_i\frac{A_{at,i}^{0}}{\Lambda_i^a} \quad [6-3-50]$$

式[6-3-50]即为混合物的分子吸引压力 Virial 系数的混合规则。由此可知混合物的 Virial 总系数的混合规则为

$$A_{V}^{m}=A_{P1}^{m}+A_{P2}^{m}-A_{at}^{m}=\sum_i\frac{y_i}{\Lambda_i^b}\left(\frac{A_{P1,i}^{0}}{\Lambda_i^V}+\frac{\Lambda_i^V}{\Lambda_i^a}A_{P2,i}^{0}-\frac{\Lambda_i^bA_{at,i}^{0}}{\Lambda_i^a}\right) \quad [6-3-51]$$

表6-3-11中列示了按上述混合规则计算的乙苯—壬烷混合物的各种 Virial 系数数值。

表 6-3-11　乙苯—壬烷混合物的各种 Virial 系数计算

项　目	乙苯—壬烷混合物/%										
	0～100 纯壬烷	20.5～79.5	35.8～64.2	47.7～52.3	57.3～42.7	65.4～34.6	72.6～27.4	79.3～20.7	85.8～14.2	92.5～7.5	100～0 纯乙苯
已知计算参数											
P/kPa	0.040 1	0.045 5	0.050 4	0.054 8	0.058 7	0.062 2	0.065 2	0.067 9	0.070 3	0.072 3	0.074 0
T/K	333.15	333.15	333.15	333.15	333.15	333.15	333.15	333.15	333.15	333.15	333.15
计算基本参数(1)											
T_C /K	594.90	599.47	602.88	605.54	607.68	609.48	611.09	612.58	614.03	615.53	617.20
Z_C	0.251 4	0.253 6	0.255 3	0.256 6	0.257 7	0.258 6	0.259 4	0.260 1	0.260 8	0.261 6	0.262 4
V_C $cm^3 \cdot mol^{-1}$	543.47	505.25	477.93	457.37	441.23	427.90	416.29	405.67	395.54	385.28	374.00
P_C /bar	22.88	25.02	26.78	28.25	29.51	30.62	31.66	32.66	33.66	34.74	36.00
计算修正系数、以分子压力计算的纯物质和在混合物的温度与压力下虚拟纯物质 Virial 系数/$cm^3 \cdot mol^{-1}$(2)											
Λ_1^V	1.001 5	1.001 3	1.001 1	1.001 0	1.000 8	1.000 7	1.000 6	1.000 4	1.000 3	1.000 2	1.000 0
Λ_2^V	1.000 0	0.999 6	0.999 3	0.999 0	0.998 8	0.998 6	0.998 4	0.998 2	0.998 0	0.997 8	0.997 6
Λ_1^a	0.709 7	0.758 6	0.798 1	0.830 9	0.858 8	0.883 3	0.906 0	0.927 8	0.949 7	0.973 0	1.000 0
Λ_2^a	1.000 0	1.068 8	1.124 5	1.170 7	1.210 0	1.244 6	1.276 5	1.307 2	1.338 0	1.370 9	1.409 0
Λ_1^b	0.659 4	0.715 6	0.761 5	0.799 8	0.832 5	0.861 4	0.888 1	0.914 0	0.939 9	0.967 7	1.000 0
Λ_2^b	1.000 0	1.085 3	1.154 9	1.213 0	1.262 5	1.306 3	1.346 9	1.386 1	1.425 5	1.467 6	1.516 6
$A_{P1,1}^{(0)}$	132.14	132.11	132.07	132.04	132.02	131.99	131.97	131.95	131.94	131.93	131.91
$A_{P2,1}^{(0)}$	0.294 2	0.310 0	0.370 1	0.402 5	0.431 3	0.457 1	0.479 3	0.499 2	0.516 9	0.531 6	0.544 2
$A_{at,1}^{(0)}$	1 570.0	1 570.0	1 570.0	1 570.0	1 569.9	1 569.9	1 569.9	1 569.9	1 569.8	1 569.8	1 569.8
$A_{V,1}^{(0)}$	−1 437.7	−1 436.2	−1 438.3	−1 438.0	−1 436.0	−1 438.9	−1 435.8	−1 439.3	−1 436.9	−1 438.9	−1 435.5
$A_{P1,2}^{(0)}$	200.19	200.12	200.04	199.97	199.91	199.86	199.81	199.77	199.73	199.70	199.67
$A_{P2,2}^{(0)}$	0.673 6	0.764 7	0.847 5	0.921 8	0.987 8	1.047 0	1.097 9	1.143 6	1.184 2	1.218 1	1.246 8

续　表

项　目	乙苯—壬烷混合物/%										
	0～100 纯壬烷	20.5～79.5	35.8～64.2	47.7～52.3	57.3～42.7	65.4～34.6	72.6～27.4	79.3～20.7	85.8～14.2	92.5～7.5	100～0 纯乙苯
计算修正系数、以分子压力计算的纯物质和在混合物的温度与压力下虚拟纯物质 Virial 系数/$cm^3 \cdot mol^{-1}$(2)											
$A_{at,2}^{(0)}$	2 372.6	2 372.5	2 372.4	2 372.3	2 372.3	2 372.2	2 372.1	2 372.1	2 372.1	2 372.0	2 372.0
$A_{V,2}^{(0)}$	−2 170.5	−2 172.0	−2 172.7	−2 173.0	−2 173.0	−2 169.3	−2 170.0	−2 172.2	−2 171.8	−2 172.2	−2 170.5
计算结果 1;混合物的 A_{P1}^{m}, $cm^3 \cdot mol^{-1}$;方法 1—以分子压力计算,方法 2—以式[6-3-46]计算											
方法 1	200.20	184.45	173.31	164.99	158.50	153.17	148.55	144.34	140.35	136.32	131.92
方法 2	200.19	184.44	173.29	164.97	158.49	153.16	148.54	144.33	140.34	136.31	131.91
误差	−0.002%	−0.004%	−0.009%	−0.010%	−0.011%	−0.012%	−0.011%	−0.009%	−0.009%	−0.005%	−0.001%
计算结果 2;混合物的 A_{P2}^{m}/ $cm^3 \cdot mol^{-1}$;方法 1—以分子压力计算,方法 2—以式[6-3-48]计算											
方法 1	0.674 0	0.650 9	0.637 7	0.629 2	0.622 6	0.616 5	0.608 2	0.598 2	0.585 7	0.568 3	0.544 7
方法 2	0.673 6	0.641 4	0.637 2	0.628 7	0.622 1	0.616 0	0.607 6	0.597 7	0.585 2	0.567 8	0.544 2
误差	−0.060%	−1.472%	−0.085%	−0.088%	−0.087%	−0.088%	−0.089%	−0.092%	−0.082%	−0.084%	−0.084%
计算结果 3;混合物的 A_{at}^{m}, $cm^3 \cdot mol^{-1}$;方法 1—以分子压力计算,方法 2—以式[6-3-50]计算											
方法 1	2 372.52	2 189.71	2 059.53	1 961.94	1 885.56	1 822.61	1 767.91	1 717.97	1 670.47	1 622.47	1 569.82
方法 2	2 372.56	2 189.03	2 058.64	1 961.02	1 884.64	1 821.81	1 767.20	1 717.43	1 670.07	1 622.21	1 569.80
误差	0.002%	−0.031%	−0.043%	−0.047%	−0.049%	−0.044%	−0.040%	−0.032%	−0.024%	−0.016%	−0.001%
计算结果 4;混合物的 A_{V}^{m}, $cm^3 \cdot mol^{-1}$;方法 1—以分子压力计算,方法 2—以式[6-3-51]计算											
方法 1	−2 169.2	−2 001.9	−1 883.2	−1 796.8	−1 728.7	−1 670.9	−1 619.2	−1 575.0	−1 529.1	−1 486.9	−1 438.0
方法 2	−2 171.7	−2 003.9	−1 884.7	−1 795.4	−1 725.5	−1 668.0	−1 618.1	−1 572.5	−1 529.2	−1 485.3	−1 437.3
误差	0.115%	0.104%	0.082%	−0.078%	−0.181%	−0.174%	−0.072%	−0.159%	0.006%	−0.103%	−0.045%

注:(1) 混合物的临界温度和临界压缩因子按 Kay 规则计算;$(V_C^m)^{1/3} = \sum y_i (V_C^0)^{1/3}$;$P_C^m = Z_C^m RT_C^m / V_C^m$。

(2) 由于比较混合物与纯物质的参数要求它们处于同样压力和温度下,故应用不同成分混合物的压力和温度数据,在所讨论的纯物质的各项临界参数计算得到的各 Virial 系数值称为虚拟纯物质的 Virial 系数值,如表中 $A_{P1,1}^{(0)}$、$A_{P1,2}^{(0)}$、$A_{P2,1}^{(0)}$、$A_{P2,2}^{(0)}$…,这些数据用于式[6-3-46]、式[6-3-48]、式[6-3-50]和式[6-3-51]的计算。

6-3-4 Virial 方程统计理论讨论

已知,Virial 方程的理论基础是统计力学。已有许多著作[44~46]以统计力学方法讨论 Virial 方程,内容较为广泛的是我国金家骏、陈民生和俞闻枫编著的《分子热力学》[45]和胡英、刘国杰等的著作《应用统计力学》[47],这些著作中讨论了第二和高阶 Virial 系数的计算,并引入了简单硬球模型、方阱模型、Sutherland 硬球模型、LJ 模型、Kihara 模型和 Stockmayer 模型用于讨论 Virial 系数的计算。从文献报道的内容来看,统计理论分析 Virial 系数的微观本质是:

(1) 第二 Virial 系数在理论上表示一对分子间的相互作用,其统计力学表示式[45, 46]为

$$B = -\frac{N}{2V}\iint f_{12}\,\mathrm{d}r_1\mathrm{d}r_2 = -2\pi N\int_0^{\infty}(\mathrm{e}^{-U(r)/kT}-1)r^2\mathrm{d}r \qquad [6-3-52a]$$

(2) 第三 Virial 系数在理论上表示三个分子的相互作用,其统计力学表示式为

$$C = -\frac{N^2}{3V}\iiint f_{12}f_{13}f_{23}\,\mathrm{d}r_1\mathrm{d}r_2\mathrm{d}r_3$$
$$= -8\pi^2N^2\iiint(\mathrm{e}^{-U_{12}/kT}-1)(\mathrm{e}^{-U_{13}/kT}-1)(\mathrm{e}^{-U_{23}/kT}-1)r_{12}r_{13}r_{23}\,\mathrm{d}r_{12}\mathrm{d}r_{13}\mathrm{d}r_{23} \qquad [6-3-52b]$$

(3) 第四 Virial 系数在理论上表示四个分子的相互作用,其统计力学表示式为

$$D = \frac{-N^3}{8V}\iiint[3f_{12}f_{23}f_{34}f_{14}+6f_{12}f_{13}f_{14}f_{23}f_{34}+f_{12}f_{13}f_{14}f_{23}f_{24}f_{34}]\mathrm{d}r_1\mathrm{d}r_2\mathrm{d}r_3 \qquad [6-3-52c]$$

由于 Virial 方程为

$$Z = \frac{PV_{\mathrm{m}}}{\mathrm{R}T} = 1 + \frac{B}{V_m} + \frac{C}{(V_m)^2} + \frac{D}{(V_m)^3} + \cdots \qquad [6-3-53]$$

故而可知,目前统计理论对 Virial 方程的研究方向是搞清楚 Virial 方程展开式中各个展开系数,如 B、C、D……所表示的微观图像。因而,这些工作在某种程度上应归属于微观分子间相互作用理论研究范围。

实际的或宏观的分子间相互作用显示不出讨论体系的宏观性质究竟是与体系中两个分子间相互作用相关,还是与体系中三个或是更多个分子间相互作用相关。应该讲,体系任何显现的宏观性质,只要这个性质是与分子间相互作用相关的,那么这个体系性质必定是体系中所有分子综合作用的结果。而所谓体系中所有分子综合作用,就目前的认识而言,可归纳为体系中所有分子所起的相互吸引作用和体系中所有分子所发生的相互排斥作用,这两种

作用结果，致使体系中分子或者处于相互吸引状态，或者处于相互排斥状态，分子的状态决定了体系中与此相关性质的宏观状态或宏观表现。下面将依此思路来讨论 Virial 方程的统计理论。

此外，金家骏[45]指出："把实际气体看作是理想气体，在实际应用时往往会产生较大的偏差。这是由于实际气体分子间相互作用力及分子所占空间不能忽略所致，在用统计理论进一步处理实际气体时必须考虑这两个因素，并在配分函数中体现出来"。下面将按此要求，在讨论中体现出实际气体分子间相互作用力及分子所占空间这两个因素。

如果按各项 Virial 系数 B、C、D……是由一对分子、三个分子和四个分子的相互作用的微观图像所构成，则按此可讨论如下。由式[6-3-53]知压力可表示为

$$P = \frac{RT}{V_m}\left(1+\frac{B}{V_m}+\frac{C}{V_m^2}+\frac{D}{V_m^3}+\cdots\right) = P_{id}\left(1+\frac{B}{V_m}+\frac{C}{V_m^2}+\frac{D}{V_m^3}+\cdots\right) = P_{id}\left(1+\frac{A_V}{V_m}\right) \quad [6-3-54]$$

式中 A_V 为 Virial 总系数，其定义式为

$$A_V = B+\frac{C}{V_m}+\frac{D}{V_m^2}+\cdots \quad [6-3-55]$$

代入式[6-3-52]，得

$$A_V = B+\frac{C}{V_m}+\frac{D}{V_m^2} = -\frac{N}{2V}\iint f_{12}\mathrm{d}r_1\mathrm{d}r_2 - \frac{N^2}{3V^2}\iiint f_{12}f_{13}f_{23}\mathrm{d}r_1\mathrm{d}r_2\mathrm{d}r_3 - -\frac{N^3}{8V^3}\iiint[3f_{12}f_{23}f_{34}f_{14}+6f_{12}f_{13}f_{14}f_{23}f_{34}+f_{12}f_{13}f_{14}f_{23}f_{24}f_{34}]\mathrm{d}r_1\mathrm{d}r_2\mathrm{d}r_3-\cdots \quad [6-3-56]$$

式[6-3-56]表明 Virial 总系数应是讨论体系中所有分子对相互作用的总和，应注意这里的所有分子对相互作用的总和中应包含所有分子对相互吸引作用的总和与所有分子对相互排斥作用的总和。

从另一个角度进行讨论已知 van der Waals 状态方程为

$$\left(P+\frac{a}{V^2}\right)(V-b) = RT$$

改写为 $$P = \frac{RT}{V}+\frac{b}{V}\left(P+\frac{a}{V^2}\right)-\frac{a}{V^2} = P_{id}\left[1+\frac{b}{RT}\left(P+\frac{a}{V^2}\right)-\frac{a}{RTV}\right] \quad [6-3-57]$$

对比式[6-3-54]可知 Virial 总系数为

$$A_V = \frac{V_m b}{RT}\left(P + \frac{a}{(V_m)^2}\right) - \frac{a}{RT} = \frac{1}{P_{id}}\left(Pb + b\frac{a}{(V_m)^2} - \frac{a}{V_m}\right) \qquad [6-3-58a]$$

对上式作进一步简化，得

$$A_V = \frac{V_m b}{RT}\left(P + \frac{a}{(V_m)^2}\right) - \frac{a}{RT} = \frac{V_m b}{V_m - b} - \frac{a}{RT} \cong b - \frac{a}{RT} \qquad [6-3-58b]$$

由于气体的摩尔体积 $V_m \gg b$，故可在上式中引入假设 $V_m - b \cong V_m$。
而统计力学导得的压力表示式为

$$\begin{aligned} P &= kT\frac{d}{dV}\left[N\left(\ln\frac{V}{N}+1\right) + \frac{N^2}{2V}\beta\right] = \frac{NkT}{V} - \frac{N^2 kT}{2V^2}\beta \\ &= \frac{NkT}{V}\left(1 - \frac{N}{2V}\beta\right) = P_{id}\left(1 - \frac{N}{2V}\beta\right) \end{aligned} \qquad [6-3-59]$$

因此从统计力学知

$$A_V = -\frac{N_A}{2}\beta \qquad [6-3-60a]$$

故知

$$A_V = -\frac{N_A}{2}\beta = b - \frac{a}{RT} \qquad [6-3-60b]$$

下面讨论式[6-3-60]的正确性。已知

$$\beta = \int_V (e^{-u(r)/kT} - 1)dr = \int_0^\infty 4\pi r^2 (e^{-u(r)/kT} - 1)dr \qquad [6-3-61]$$

对上式进行分部积分，得

$$\beta = -4\pi\int_0^\sigma r^2 dr + 4\pi\int_\sigma^\infty (e^{-u(r)/kT} - 1) r^2 dr \qquad [6-3-62]$$

此式右边第一项的积分：

$$4\pi\int_0^\sigma r^2 dr = \frac{4}{3}\pi\sigma^3 = \frac{8V_0}{N_A} \qquad [6-3-63]$$

式中 N_A 为 Avogadro 常数。当分子间距离在另一个积分区间 $[\sigma, \infty]$ 时，$u(r)$ 的数值将不会大于 u_0，存在有下列关系：$u(r)/kT < u_0/kT \ll 1$，故右边第二项的积分可以简化为：

$$e^{-u(r)/kT} - 1 \approx -\frac{u(r)}{kT} \qquad [6-3-64]$$

故有

$$\beta = -\frac{4}{3}\pi\sigma^3 - \frac{4\pi}{kT}\int_\sigma^\infty u(r) r^2 dr = -8\frac{V_0}{N_A} - \frac{4\pi}{kT}\int_\sigma^\infty u(r) r^2 dr \qquad [6-3-65]$$

又知

$$b = 4\pi\int_0^\sigma r^2 dr = \frac{2}{3}N_A\pi\sigma^3 = 4\times\frac{4}{3}N_A\pi\left(\frac{\sigma}{2}\right)^3 = 4V_0 \qquad [6-3-66]$$

故 $$A_V = -\frac{N_A}{2}\beta = b + \frac{2\pi N_A}{kT}\int_\sigma^\infty u(r)r^2 dr \qquad [6-3-67]$$

如假设 $$a = -2\pi (N_A)^2 \int_\sigma^\infty u(r)r^2 dr \qquad [6-3-68]$$

则 $$-\frac{N_A}{2}\beta = b + \frac{2\pi N_A}{kT}\int_\sigma^\infty u(r)r^2 dr = b - \frac{a}{RT} \qquad [6-3-69]$$

即统计力学证明式[6-3-60]成立。式[6-3-69]左边项为由微观分子间相互作用反映的 Virial 总系数的数值，而式[6-3-69]右边项为由宏观状态方程一些状态参数所表示的 Virial 总系数的数值，两者通过统计力学方法联系起来，因此通过此式可以说明一些宏观参数的微观本质。

又知 van der Waals 方程

$$\left(P + \frac{a}{V_m^2}\right)(V_m - b) = RT \qquad [6-3-70]$$

引入式[6-3-57]得 $$(V_m - b) \cong V_m = \frac{RT}{\left(P + \frac{a}{V_m^2}\right)} \qquad [6-3-71]$$

故知

$$\begin{aligned}\frac{A_V}{V_m} &= \frac{b}{V_m} - \frac{a}{RTV_m} = \frac{b}{RT}\left(P + \frac{a}{V_m^2}\right) - \frac{a}{RTV_m} \\ &= \frac{1}{P_{id}}\frac{Pb}{V_m} + \frac{1}{P_{id}}\frac{b}{V_m}\frac{a}{(V_m)^2} - \frac{1}{P_{id}}\frac{a}{(V_m)^2}\end{aligned} \qquad [6-3-72]$$

已知：

第一分子斥压力 $$P_{P1} = P\frac{b}{V_m} \qquad [6-3-73a]$$

第二分子斥压力

$$P_{P2} = P_{at}\frac{b}{V_m} = \frac{a}{(V_m)^2}\frac{b}{V_m} = -\frac{2\pi b}{(V_m)^3}(N_A)^2\int_\sigma^\infty u(r)r^2 dr \qquad [6-3-73b]$$

分子吸引压力

$$P_{at} = \frac{a}{(V_m)^2} = -\frac{2\pi}{(V_m)^2}(N_A)^2\int_\sigma^\infty u(r)r^2 dr \qquad [6-3-73c]$$

将式[6-3-73]各式代入式[6-3-72]中得

$$\begin{aligned}\frac{A_V}{V_m} &= \frac{1}{P_{id}}P_{P1} + \frac{1}{P_{id}}P_{P2} - \frac{1}{P_{id}}P_{at} \\ &= Z_{P1} + Z_{P2} - Z_{at} = Z - 1\end{aligned} \qquad [6-3-74]$$

此式说明了 Virial 总系数的分子本质。即 Virial 总系数反映了讨论体系对理想状态的总偏差。而这个非理想性总偏差由第一分子斥作用所形成的偏差、第二分子斥作用所形成的偏差和分子间吸引作用所形成的偏差共同组成。

此外由式[6-3-73b]和式[6-3-73c]可知

$$\frac{P_{P2}}{P_{at}}=\frac{-\dfrac{2\pi b}{(V_m)^3}(N_A)^2\displaystyle\int_\sigma^\infty u(r)r^2\mathrm{d}r}{-\dfrac{2\pi}{(V_m)^2}(N_A)^2\displaystyle\int_\sigma^\infty u(r)r^2\mathrm{d}r}=\frac{b}{V_m} \qquad [6-3-75]$$

这是从分子压力角度反映分子间斥相互作用对分子间吸引相互作用的比值，说明对于气体状态物质，因为 $b\ll V_m$，故分子间斥相互作用应远低于分子间吸引相互作用，上述讨论中已以实际数据证实了此点。

因此通过统计力学的讨论，对 Virial 总系数有以下一些看法：

(1) 统计力学证实 Virial 总系数可以反映微观分子间相互作用的这个影响。

(2) Virial 总系数反映的是讨论体系中所有分子的相互作用对讨论体系由理想状态向非理想状态转变的综合影响。

(3) Virial 总系数所反映的所有分子的相互作用影响包含分子间斥相互作用的影响和分子间吸引相互作用的影响。这些影响以分子压力参数形式显示，具体有第一分子斥压力、第二分子斥压力和分子吸引压力，这三个分子压力对讨论体系非理想性的影响。

6-4 气体混合物有效压力

众所周知，逸度又可认为是物质的“校正”压力，或“有效”压力[16]，虽然在本书中不讨论物质的逸度、活度，但是所谓的“校正”压力、“有效”压力，可以认为是对参与讨论的物质的实际压力进行必要的“校正”，使其符合讨论的要求；或增减实际压力数值，使其成为符合讨论要求的有效压力。因此，所谓的“校正”压力、“有效”压力应与讨论物质的实际压力有关，对此应该也是本书的讨论对象。

在第五章的讨论中已经讨论了纯物质气体的有效压力表示式。混合物亦应有其有效压力。混合物的有效压力一般将讨论的混合气体设定为某种虚拟的纯物质，具有自己的压力、温度和体积等这些状态参数，亦具有自己的各种临界参数，应用这些参数，可以像纯物质气体那样进行计算。

同样，可将混合气体有效压力的各项参数建立起与混合气体中各组元的在纯物质时相应参数的关系式，即建立计算混合气体有效压力的混合规则，这是本节讨论的主要内容。

由上述讨论可知，不同气体状态，由于体系中分子压力的情况不同，有效压力与分子间相互作用的关系亦不同。因此,将按不同的混合气体状态,分别讨论其有效压力与分子间相互作用的关系。

6-4-1 饱和状态混合气体有效压力的混合规则

已知饱和状态气体逸度压缩因子计算式为

$$\varphi^{S}=Z_{Y(S1)}^{G}=\frac{P+P_{at}}{P_{id}+P_{at}} \tag{6-4-1a}$$

或
$$\varphi^{S}=Z_{Y(S2)}^{G}=\frac{P+P_{at}-P_{P1}}{P_{id}+P_{at}-P_{P1}} \tag{6-4-1b}$$

式中上标"S"表示是饱和状态。因此,对混合物有

$$\varphi^{Sm}=Z_{Y(S1)}^{Gm}=\frac{P^{m}+P_{at}^{m}}{P_{id}^{m}+P_{at}^{m}} \tag{6-4-2a}$$

或
$$\varphi^{Sm}=Z_{Y(S2)}^{Gm}=\frac{P^{m}+P_{at}^{m}-P_{P1}^{m}}{P_{id}^{m}+P_{at}^{m}-P_{P1}^{m}} \tag{6-4-2b}$$

对纯物质 i 有
$$\varphi_{i}^{S0}=Z_{Y(S1)}^{G0}=\frac{P_{i}^{0}+P_{at,i}^{0}}{P_{id,i}^{0}+P_{at,i}^{0}} \tag{6-4-2c}$$

或
$$\varphi_{i}^{S0}=Z_{Y(S2)}^{G0}=\frac{P_{i}^{0}+P_{at,i}^{0}-P_{P1,i}^{0}}{P_{id,i}^{0}+P_{at,i}^{0}-P_{P1,i}^{0}} \tag{6-4-2d}$$

$Z_{Y(S)}^{G}$ 为以分子压力计算饱和气体逸度的计算方法,本书中称为饱和气体的逸度压缩因子。$Z_{Y(S1)}^{G}$ 为第一种逸度压缩因子,是一种简化的计算式,$Z_{Y(S2)}^{G}$ 是第二种逸度压缩因子。详见第五章讨论。

混合物的各分子压力的混合规则为

分子理想压力,其混合规则为 $$P_{id}^{m}=\sum y_{i}\Lambda_{i}^{V}P_{id,i}^{0} \tag{6-4-3a}$$

第一分子斥压力,其混合规则为 $$P_{P1}^{m}=\sum y_{i}\Lambda_{i}^{V}P_{P1,i}^{0}/\Lambda_{i}^{b} \tag{6-4-3b}$$

分子吸引压力,其混合规则为 $$P_{at}^{m}=\sum y_{i}(\Lambda_{i}^{V})^{2}P_{at,i}^{0}/\Lambda_{i}^{a} \tag{6-4-3c}$$

将这些分子压力混合公式代入式[6-4-2]中,并注意混合物中纯组元压力和温度应与混合物压力相同,得

$$\varphi^{Sm}=Z_{Y(S1)}^{Gm}=\frac{\sum y_{i}P_{i}^{0}+\sum y_{i}\dfrac{(\Lambda_{i}^{V})^{2}}{\Lambda_{i}^{a}}P_{at,i}^{0}}{\sum y_{i}\Lambda_{i}^{V}P_{id,i}^{0}+\sum y_{i}\dfrac{(\Lambda_{i}^{V})^{2}}{\Lambda_{i}^{a}}P_{at,i}^{0}} \tag{6-4-4a}$$

或
$$\varphi^{\mathrm{Sm}}=Z_{\mathrm{Y(S2)}}^{\mathrm{Gm}}=\frac{\sum y_i P_i^0+\sum y_i \frac{(\Lambda_i^V)^2}{\Lambda_i^a}P_{\mathrm{at},\,i}^0-\sum y_i \frac{\Lambda_i^V}{\Lambda_i^b}P_{\mathrm{P1},\,i}^0}{\sum y_i\Lambda_i^V P_{\mathrm{id},\,i}^0+\sum y_i \frac{(\Lambda_i^V)^2}{\Lambda_i^a}P_{\mathrm{at},\,i}^0-\sum y_i \frac{\Lambda_i^V}{\Lambda_i^b}P_{\mathrm{P1},\,i}^0} \qquad [6-4-4\mathrm{b}]$$

或者以单独某一组元的数据来计算，则上面两计算式修改为

$$\varphi^{\mathrm{Sm}}=Z_{\mathrm{Y(S1)}}^{\mathrm{Gm}}=\frac{P_i^0+\frac{(\Lambda_i^V)^2}{\Lambda_i^a}P_{\mathrm{at},\,i}^0}{\Lambda_i^V P_{\mathrm{id},\,i}^0+\frac{(\Lambda_i^V)^2}{\Lambda_i^a}P_{\mathrm{at},\,i}^0} \qquad [6-4-4\mathrm{c}]$$

$$\varphi^{\mathrm{Sm}}=Z_{\mathrm{Y(S2)}}^{\mathrm{Gm}}=\frac{P_i^0+\frac{(\Lambda_i^V)^2}{\Lambda_i^a}P_{\mathrm{at},\,i}^0-\frac{\Lambda_i^V}{\Lambda_i^b}P_{\mathrm{P1},\,i}^0}{\Lambda_i^V P_{\mathrm{id},\,i}^0+\frac{(\Lambda_i^V)^2}{\Lambda_i^a}P_{\mathrm{at},\,i}^0-\frac{\Lambda_i^V}{\Lambda_i^b}P_{\mathrm{P1},\,i}^0} \qquad [6-4-4\mathrm{d}]$$

式[6-4-4d]中存在有修正系数 Λ_i^b，如果混合物的状态参数 Ω_b 与纯组元的不同，则需引入 Ω_b 的修正系数，即

$$\varphi^{\mathrm{Sm}}=Z_{\mathrm{Y(S2)}}^{\mathrm{Gm}}=\frac{P_i^0+\frac{(\Lambda_i^V)^2}{\Lambda_i^a}P_{\mathrm{at},\,i}^0-\frac{\Lambda_i^V}{\Lambda_i^{\Omega_b}\Lambda_i^b}P_{\mathrm{P1},\,i}^0}{\Lambda_i^V P_{\mathrm{id},\,i}^0+\frac{(\Lambda_i^V)^2}{\Lambda_i^a}P_{\mathrm{at},\,i}^0-\frac{\Lambda_i^V}{\Lambda_i^{\Omega_b}\Lambda_i^b}P_{\mathrm{P1},\,i}^0} \qquad [6-4-4\mathrm{e}]$$

如以多组元的数据计算，其优点是各组元数据的误差有时可相互抵消，可提高计算精度。但多组元计算所需数据较多，另外组成混合物的组元，在所讨论的压力和温度下其纯物质状态有时不是气态，缺少必需的计算数据，这时可选择具有计算数据的合适组元以式[6-4-4c～e]计算。

表6-4-1列示了以式[6-4-4c～e]混合规则计算的结果。

表6-4-1　饱和空气逸度计算结果(以组元 N_2 的纯物质数据计算)[1]

状态参数 P/bar, T/K		$P=0.205$ $T=70$	$P=0.825$ $T=80$	$P=5.599$ $T=100$	$P=11.22$ $T=110$	$P=20.14$ $T=120$	$P=33.32$ $T=130$	$P=37.69$ $T=132.55$
5个方程平均值：方程1,van der Waals方程；方程2,RK方程；方程3,Soave方程；方程4,PR方程；方程5,童景山方程								
计算参数	混合物 Ω_b	0.0929	0.0899	0.0852	0.0782	0.0824	0.0913	0.0881
	纯氮气 Ω_b	0.0929	0.0847	0.0845	0.0942	0.0899	0.1373	0.1400
	纯氮气 $\Lambda_i^{\Omega_b}$	1.0000	0.9418	0.9915	1.2052	1.0914	1.5038	1.5892
	纯氮气 Λ_i^V	1.0017	0.9992	1.0048	1.0327	1.0513	1.5661	2.4038
	纯氮气 Λ_i^b	1.0560	1.0560	1.0560	1.0560	1.0560	1.0560	1.0560
	纯氮气 Λ_i^a	1.0054	1.0054	1.0054	1.0054	1.0054	1.0054	1.0054

续　表

状态参数 P/bar，T/K		$P=0.205$ $T=70$	$P=0.825$ $T=80$	$P=5.599$ $T=100$	$P=11.22$ $T=110$	$P=20.14$ $T=120$	$P=33.32$ $T=130$	$P=37.69$ $T=132.55$
5 个方程平均值：方程 1，van der Waals 方程；方程 2，RK 方程；方程 3，Soave 方程；方程 4，PR 方程；方程 5，童景山方程								
计算结果	逸度系数[2]	0.990 6	0.972 7	0.893 5	0.830 4	0.759 8	0.688 4	0.684 3
	$Z_{Y(S1)}^{Gm}$ [2]	0.990 6	0.972 7	0.894 5	0.833 4	0.766 8	0.699 8	0.668 7
	误差 1[3]	0.00%	0.00%	0.11%	0.37%	0.91%	1.65%	−2.28%
	式[6-4-4c]	0.988 9	0.973 3	0.892 6	0.828 6	0.764 9	0.697 0	0.682 0
	误差 2[3]	−0.17%	0.07%	−0.21%	−0.59%	−0.24%	−0.40%	1.99%
	$Z_{Y(S2)}^{Gm}$ [2]	0.990 6	0.972 6	0.892 9	0.829 6	0.758 4	0.684 7	0.654 4
	误差 1[3]	0.00%	0.00%	−0.07%	−0.10%	−0.19%	−0.54%	−4.36%
	式[6-4-4d]	0.988 9	0.973 3	0.891 0	0.823 8	0.755 6	0.673 3	0.659 9
	误差 3[3]	−0.17%	0.06%	−0.39%	−1.16%	−1.45%	−3.78%	−1.32%
	式[6-4-4e]	0.988 9	0.973 2	0.891 0	0.824 6	0.756 5	0.681 6	0.668 4
	误差 4[3]	−0.17%	0.06%	−0.39%	−1.06%	−1.35%	−2.59%	−0.04%
以 van der Waals 方程计算								
计算参数	混合物 Ω_b	0.125 0	0.110 0	0.100 0	0.080 0	0.085 0	0.119 0	0.120 3
	纯氮气 Ω_b	0.125 0	0.083 8	0.083 0	0.080 0	0.100 0	0.169 0	0.175 0
	纯氮气 $\Lambda_i^{\Omega_b}$	1.000 0	0.762 1	0.830 0	1.000 0	1.176 5	1.420 2	1.455 0
	纯氮气 Λ_i^V	1.001 7	0.999 2	1.004 8	1.032 7	1.051 3	1.566 1	2.403 8
	纯氮气 Λ_i^b	1.056 0	1.056 0	1.056 0	1.056 0	1.056 0	1.056 0	1.056 0
	纯氮气 Λ_i^a	1.005 4	1.005 4	1.005 4	1.005 4	1.005 4	1.005 4	1.005 4
计算结果	逸度系数[2]	0.993 1	0.978 7	0.909 9	0.845 3	0.769 4	0.711 1	0.709 6
	$Z_{Y(S1)}^{Gm}$ [2]	0.993 0	0.978 5	0.908 4	0.842 8	0.766 8	0.712 8	0.700 2
	误差 1[3]	0.00%	−0.01%	−0.16%	−0.29%	−0.33%	0.24%	−1.32%
	式[6-4-4c]	0.991 4	0.978 3	0.900 4	0.823 5	0.756 3	0.686 3	0.683 5
	误差 2[3]	−0.17%	−0.02%	−0.88%	−2.29%	−1.37%	−3.72%	−2.38%
	$Z_{Y(S2)}^{Gm}$ [2]	0.993 0	0.978 5	0.906 7	0.839 0	0.758 2	0.694 7	0.684 0
	误差 1[3]	−0.01%	−0.02%	−0.35%	−0.74%	−1.44%	−2.32%	−3.60%
	式[6-4-4d]	0.991 4	0.978 3	0.900 4	0.823 5	0.756 3	0.686 3	0.683 5
	误差 3[3]	−0.17%	−0.02%	−0.88%	−2.29%	−1.37%	−3.72%	−2.38%
	式[6-4-4e]	0.991 4	0.978 3	0.900 0	0.823 5	0.757 9	0.694 6	0.691 4
	误差 4[3]	−0.17%	−0.03%	−0.92%	−2.29%	−1.16%	−2.55%	−1.26%

注：(1) 本表计算数据取自文献[2，3]。

(2) 逸度系数是指以状态方程法求得的逸度系数数值。$Z_{Y(S1)}^{Gm}$ 为饱和气体的第一种逸度压缩因子。$Z_{Y(S2)}^{Gm}$ 为饱和气体的第二种逸度压缩因子。

(3) 误差 1 = ($Z_{Y(S)}^{G}$ − 逸度系数)/ 逸度系数；误差 2 = (式[6-4-4c] 计算结果 − $Z_{Y(S1)}^{Gm}$)/$Z_{Y(S1)}^{Gm}$；

误差 3 = (式[6-4-4d] 计算结果 − $Z_{Y(S2)}^{Gm}$)/$Z_{Y(S2)}^{Gm}$；误差 4 = (式[6-4-4e] 计算结果 − $Z_{Y(S2)}^{Gm}$)/$Z_{Y(S2)}^{Gm}$。

6-4-2 过热状态混合气体有效压力混合规则

已知过热状态气体逸度压缩因子计算式为

或
$$\varphi^{h}=Z_{Y(h)}^{G}=\frac{P+P_{at}-P_{P1}-P_{P2}}{P_{id}+P_{at}-P_{P1}} \qquad [6-4-5]$$

$Z_{Y(h)}^{G}$ 为过热气体的逸度压缩因子，是以分子压力计算过热气体逸度的计算方法，式中标识“h”表示过热状态。因此，对混合物有

$$\varphi^{hm}=Z_{Y(h)}^{Gm}=\frac{P^{m}+P_{at}^{m}-P_{P1}^{m}-P_{P2}^{m}}{P_{id}^{m}+P_{at}^{m}-P_{P1}^{m}} \qquad [6-4-6]$$

对纯物质 i 有

$$\varphi_{i}^{h0}=Z_{Y(h)}^{G0}=\frac{P_{i}^{0}+P_{at,i}^{0}-P_{P1,i}^{0}-P_{P2,i}^{0}}{P_{id,i}^{0}+P_{at,i}^{0}-P_{P1,i}^{0}} \qquad [6-4-7]$$

与计算式[6-4-5]相关的各分子压力有分子理想压力、第一分子斥压力、分子吸引压力和第二分子斥压力，前三种分子压力的混合规则可见上面讨论。第二分子斥压力的混合规则为

$$\begin{aligned}P_{P2}^{m}&=P_{P2,1}^{m}+P_{P2,2}^{m}+\cdots+P_{P2,i}^{m}=y_{1}P_{P1}^{m}+y_{2}P_{P2}^{m}+\cdots+y_{i}P_{P2}^{m}\\&=y_{1}\frac{(\Lambda_{1}^{V})^{3}}{\Lambda_{1}^{a}\Lambda_{1}^{b}}P_{P2,1}^{0}+y_{2}\frac{(\Lambda_{2}^{V})^{3}}{\Lambda_{2}^{a}\Lambda_{2}^{b}}P_{P2,2}^{0}+\cdots+y_{i}\frac{(\Lambda_{i}^{V})^{3}}{\Lambda_{i}^{a}\Lambda_{i}^{b}}P_{P2,i}^{0}\end{aligned} \qquad [6-4-8]$$

如果计算中混合物的状态参数 Ω_{b} 与纯物质不同，则还需加入修正系数 $\Lambda_{i}^{\Omega_{b}}$。

$$P_{P2r}^{m}=\frac{y_{1}(\Lambda_{1}^{V})^{3}}{\Lambda_{1}^{P_{C}}\Lambda_{1}^{a}\Lambda_{1}^{\Omega_{b}}\Lambda_{1}^{b}}P_{P2r,1}^{0}+\frac{y_{2}(\Lambda_{2}^{V})^{3}}{\Lambda_{2}^{P_{C}}\Lambda_{2}^{a}\Lambda_{2}^{\Omega_{b}}\Lambda_{2}^{b}}P_{P2r,2}^{0}+\cdots+\frac{y_{i}(\Lambda_{i}^{V})^{3}}{\Lambda_{i}^{P_{C}}\Lambda_{i}^{a}\Lambda_{i}^{\Omega_{b}}\Lambda_{i}^{b}}P_{P2r,i}^{0} \qquad [6-4-9]$$

将这些分子压力混合公式代入式[6-4-6]中，并注意混合物中纯组元压力和温度应与混合物的相同，得

$$\varphi^{hm}=Z_{P(h)}^{Gm}=\frac{\sum y_{i}P_{i}^{0}+\sum y_{i}\frac{(\Lambda_{i}^{V})^{2}}{\Lambda_{i}^{a}}P_{at,i}^{0}-\sum y_{i}\frac{\Lambda_{i}^{V}}{\Lambda_{i}^{b}}P_{P1,i}^{0}-\sum y_{i}\frac{(\Lambda_{i}^{V})^{3}}{\Lambda_{i}^{a}\Lambda_{i}^{b}}P_{P2,i}^{0}}{\sum y_{i}\Lambda_{i}^{V}P_{id,i}^{0}+\sum y_{i}\frac{(\Lambda_{i}^{V})^{2}}{\Lambda_{i}^{a}}P_{at,i}^{0}-\sum y_{i}\frac{\Lambda_{i}^{V}}{\Lambda_{i}^{b}}P_{P1,i}^{0}} \qquad [6-4-10]$$

在数据不充分时亦可以采用单独某一组元的数据来计算，则上面计算式修改为

$$\varphi^{hm}=Z_{P(h)}^{Gm}=\frac{P_i^0+\dfrac{(\Lambda_i^V)^2}{\Lambda_i^a}P_{at,i}^0-\dfrac{\Lambda_i^V}{\Lambda_i^b}P_{P1,i}^0-y_i\dfrac{(\Lambda_i^V)^3}{\Lambda_i^a\Lambda_i^b}P_{P2,i}^0}{\Lambda_i^V P_{id,i}^0+\dfrac{(\Lambda_i^V)^2}{\Lambda_i^a}P_{at,i}^0-\dfrac{\Lambda_i^V}{\Lambda_i^b}P_{P1,i}^0} \qquad [6-4-11a]$$

或

$$\varphi^{hm}=Z_{P(h)}^{Gm}=\frac{P_i^0+\dfrac{(\Lambda_i^V)^2}{\Lambda_i^a}P_{at,i}^0-\dfrac{\Lambda_i^V}{\Lambda_i^{\Omega_b}\Lambda_i^b}P_{P1,i}^0-y_i\dfrac{(\Lambda_i^V)^3}{\Lambda_i^a\Lambda_i^{\Omega_b}\Lambda_i^b}P_{P2,i}^0}{\Lambda_i^V P_{id,i}^0+\dfrac{(\Lambda_i^V)^2}{\Lambda_i^a}P_{at,i}^0-\dfrac{\Lambda_i^V}{\Lambda_i^{\Omega_b}\Lambda_i^b}P_{P1,i}^0} \qquad [6-4-11b]$$

多组元数据计算的优点是各组元数据的误差有时可相互抵消，可提高计算精度。但多组元计算所需数据较多，另外组成混合物的组元，在所讨论的压力和温度下其纯物质状态有时不是气态，缺少必需的计算数据，这时可选择具有计算数据的合适组元以式[6-4-11]计算。

表 6-4-2 列示了以式[6-4-11]混合规则计算的结果。

表 6-4-2 过热空气逸度计算结果(以组元 N_2 的纯物质数据计算结果)，$T=160$ K[1]

状态参数		计算 1	计算 2	计算 3	计算 4
		P/10 bar	P/20 bar	P/40 bar	P/60 bar
5 个方程平均值：方程 1，van der Waals 方程；方程 2，RK 方程；方程 3，Soave 方程；方程 4，PR 方程；方程 5，童景山方程					
计算参数	混合物 Ω_b	0.099 3	0.099 3	0.098 5	0.094 9
	纯氮气 Ω_b	0.215 2	0.143 5	0.109 7	0.099 3
	纯氮气 $\Lambda_i^{\Omega_b}$	2.166 4	1.444 6	1.114 2	1.046 2
	纯氮气 Λ_i^V	1.037 1	1.041 0	1.057 0	1.100 1
	纯氮气 Λ_i^b	1.056 0	1.056 0	1.056 0	1.056 0
	纯氮气 Λ_i^a	1.005 4	1.005 4	1.005 4	1.005 4
计算结果	逸度系数[2]	0.949 8	0.901 6	0.809 4	0.708 8
	$Z_{Y(h)}^{Gm}$ [2]	0.949 2	0.899 0	0.797 0	0.688 7
	误差 1[3]	−0.06%	−0.28%	−1.53%	−2.84%
	[6-4-11a]	0.946 7	0.894 8	0.790 9	0.682 1
	误差 2[3]	−0.27%	−0.46%	−0.76%	−0.95%
	[6-4-11b]	0.949 8	0.899 6	0.796 0	0.686 9
	误差 3[3]	0.06%	0.07%	−0.13%	−0.26%

续 表

状态参数		计算 1	计算 2	计算 3	计算 4
		P/10 bar	P/20 bar	P/40 bar	P/60 bar
以 van der Waals 方程计算					
计算参数	混合物 Ω_b	0.125 0	0.125 0	0.133 0	0.132 0
	纯氮气 Ω_b	0.250 0	0.180 0	0.149 0	0.139 0
	纯氮气 $\Lambda_i^{\Omega_b}$	2.000 0	1.440 0	1.120 3	1.053 0
	纯氮气 Λ_i^V	1.037 1	1.041 0	1.057 0	1.100 1
	纯氮气 Λ_i^b	1.056 0	1.056 0	1.056 0	1.056 0
	纯氮气 Λ_i^a	1.005 4	1.005 4	1.005 4	1.005 4
计算结果	逸度系数(2)	0.951 0	0.902 7	0.816 2	0.728 6
	$Z_{Y(h)}^{Gm}$ (2)	0.949 2	0.895 6	0.784 1	0.655 8
	误差 1(3)	−0.19%	−0.79%	−3.93%	−9.99%
	[6-4-11a]	0.945 7	0.891 1	0.775 9	0.647 0
	误差 2(3)	−0.37%	−0.51%	−1.05%	−1.35%
	[6-4-11b]	0.949 3	0.897 6	0.783 9	0.655 5
	误差 3(3)	0.01%	0.22%	−0.03%	−0.04%

注：(1) 本表计算数据取自文献[2，3]。

(2) 逸度系数是指以状态方程法求得的逸度系数数值。$Z_{Y(h)}^{Gm}$ 为过热气体的逸度压缩因子。

(3) 误差 1 = ($Z_{Y(h)}^{Gm}$ − 逸度系数)/ 逸度系数；误差 2 = (式[6-4-11a] 计算结果 − $Z_{Y(h)}^{Gm}$)/$Z_{Y(h)}^{Gm}$；

误差 3 = (式[6-4-11b] 计算结果 − $Z_{Y(h)}^{Gm}$)/$Z_{Y(h)}^{Gm}$。

参 考 文 献

[1] Schmidt E, Etephan K, Mayingter F. Technische Thermodynamik: Grundagen und Anwendungen [M]. V. 1, V. 2. Berlin: Springer-Verlag, 1975 - 1977.

[2] Perry R H. Perry's Chemical Engineer's Handbook [M]. Sixth Edition. New York: McGraw-Hill, 1984.

Perry R H, Green D W. Perry's Chemical Engineer's Handbook[M]. Seventh Edition, New York: McGraw-Hill, 1999.

[3] 陈国邦,黄永华,包锐. 低温流体热物理性质[M]. 北京：国防工业出版社,2006.

[4] Lide D R, Kehiaian H V. CRC Handbook of Thermophysical and Thermochemical Data [M]. London: CRC Press, 1994.

[5] 范宏昌. 热学[M]. 北京：科学出版社,2003.

[6] Kay W. B. Ind. Eng. Chem., 1936, 28: 1014.

[7] Joffe J. Ind. Eng. Chem., 1947, 39: 857.

[8] Reid B. C, Sherwood T. K. The Properties of Gases and Liquids, Their Estimation and Correlation [M]. New York: McGraw-Hill Book Company, Inc., 1958.

[9] Lange N A. Handbook of Chemistry[M]. 3rd ed. New York: John-Wiley, 1976, 38: 149.
[10] Poling B E, Prausnitz J M, O'Connell J. P. The Properties of Gases and Liquid[M]. Fifth Edition. McGraw-Hill Companies, Inc. 2001.
[11] Prausnitz J M, Lichtenthaler R N, E G de Azevedo. Molecular Thermodynamics of Fluid-Phase Equilibria[M]. Second Edition. Englewood Cliffs, NJ: Prentice-Hall Inc, 1986, Third Edition, 1999.
[12] Reid R C. Prausnitz J M, Poling B E. The Properties of Gases and Liquid[M], Fourth Edition. McGraw-Hill, 1987.
[13] 郭天民. 多元气-液平衡和精馏[M]. 北京：石油工业出版社，2002.
[14] 马沛生. 化工数据[M]. 北京：中国石化出版社，2003.
[15] 郑丹星. 流体与过程热力学[M]. 北京：化学工业出版社，2005.
[16] 童景山，高光华，刘裕品. 化工热力学[M]. 北京：清华大学出版社，2001.
[17] 陈新志，蔡振云，胡望明. 化工热力学[M]. 北京：化学工业出版社，2001.
[18] 张福田. 分子界面化学基础[M]. 上海：上海科学技术文献出版社，2006.
[19] Cammon B E, Marsh K N, Dewan A K R. Transport Properties and Related Thermodynamic Data of Binary Mixtures[M]. Part 2, New York: DIPPR, 1994.
[20] 尹维英，任君合，张长桥，等. 化工热力学[M]，北京：地震出版社，2002.
[21] 童景山. 聚集力学原理及其应用[M]. 北京：高等教育出版社，2007.
[22] Chueh P L, Prausnitz J M. AIChE J., 1967, 13(6): 1099.
[23] Gunn R D, Prausnitz J M. AIChE J., 1967, 13(6): 1107.
[24] Spencer C F, Danner R P. J. Chem. Eng. Data, 1973, 18: 230.
[25] 童景山. 流体热物性学——基本理论与计算[M]. 北京：中国石化出版社，2008.
[26] Barner H E, Quinlan C W. Ind. Eng. Chem., Process Design Develop, 1969, 9: 407.
[27] 胡英. 流体的分子热力学[M]. 北京：高等教育出版社，1983.
[28] Orbey H. Supercritical Fluids, Fundamentals for Application[G]. Edited by E. Kiran, Kluwer Academic Publishers, London, 1994: 177.
[29] Bishnoi P R, Robinson D B. J. Chem. Eng., 1972, 50: 101, 506.
[30] Laland T. W, Mueller W. H. IEC., 1959, 51(4): 597.
[31] 童景山，刘裕品. 工程热物理学报，1982，3(3)：209.
[32] Sadus R J. High Pressure Phase Behaviour of Multicomponent Fluid Mixtures[M]. New York: Elsevier, 1992.
[33] 陈钟秀，顾飞燕，胡望明. 化工热力学[M]. 北京：化学工业出版社，2001.
[34] [美] Stanley M. 瓦拉斯. 化工相平衡[M]. 韩世钧等译. 北京：中国石化出版社，1991.
[35] 项红卫. 流体的热物理化学性质—对应态原理与应用[M]. 北京：科学出版社，2003.
[36] Dymond J H, Smith E B. The Virial Coefficients of Pure Gases and Mixtures: a critical compilation [M], Clarendon Press, Oxford University Press, 1980.
[37] Tarakad, Spencer, Alder. Ind. & Eng. Chem. Process Design and Development, 1978, 18: 726 - 729.
[38] Hirschfelder J O, Curtiss C F, Bird R B. Molecular Theory of Gases and Liquids[M]. University of Wisconsin, 1954.
[39] Smith B. D, Srivastava R. Thermodynamic Data for Pure Compounds[M]. New York: ELSEVIER, 1986.
[40] McGlashan M L, Potter D J. Proc R Soc (London), 1962, A267: 478.
[41] 童景山. 流体的热物理性质. 北京：中国石化出版社，1996.
[42] Prausnitz J M, Anderson T F, Grens E A, Eckert C A, Hsieh R, O'connell J P. Computer Calculations for Multicomponent Vapor-Liquid and Liquid-Liquid Equilibria[M]. New Jersey: Prentice-Hall, Inc. Englewood Cliffs, 1980.
[43] Orbey H, Sandler S I. Modeling Vapor-Liquid Equilibria[M]. Cambridge University Press, New York: 1998.
[44] Lee L L. Molecular Thermodynamics of Nonideal fluids[M]. Boston: Butterworth, 1988.

[45] 金家骏,陈民生,俞闻枫.分子热力学[M]. 北京:科学出版社,1990.
[46] 刘光恒,戴树珊.化学应用统计力学[M].北京:科学出版社,2001.
[47] 胡英,刘国杰,徐英年,等.应用统计力学[M].北京:化学工业出版社,1990.
[48] Glasstone S. Theoretical Chemistry[M]. New York: D. Van Nostrand Company,Inc. 1944.

第七章

液体分子压力

宏观状态下任何物质都是由众多分子所组成，这些分子在物质内部以不同运动形式不间断地运动着，并且分子间以各种方式相互作用着，这些分子运动和分子间相互作用在一定因素影响下有着不同的运动状态和相互作用情况，致使物质呈现出三种不同的聚集状态，即气态物质、液态物质和固态物质，简称为气体、液体和固体。

一些研究者认为，液体内分子有两种状态：

1. 移动分子

受到温度变化影响，物质中有一部分分子获得能量使其脱离分子平衡位置而移动到物质中另一位置，这部分分子被称为“移动分子”。

理论认为[1]，每个移动分子在每一平衡位置附近振动的时间长短不一，但在一定的温度和压强下，一种液体分子两次迁移之间的平均时间是一定的，这个平均时间称为定居时间，水的定居时间 τ 为 10^{-11} 秒量级，液态金属的定居时间为 10^{-10} 秒量级。而分子的振动周期 τ_0 较定居时间约小两个数量级。亦就是说，分子要在平衡位置上振动上百次才迁移一次。通常的时间概念要比上述时间量级长得多，因此，液体分子有可能在物质内到处迁移，液体分子的这个特性使液体具有流动性，亦使液体不具有固定的形状。

2. 定居分子

受到温度变化影响，特别在温度较低时，物质中只是一部分分子脱离平衡位置而成为移动分子。因而物质中还有一部分分子，在一定的时间范围内并未发生移动，仍然在其平衡位置附近做微小的振动，这些分子理论上称为“定居分子”。

虽然温度的影响使液体分子像固体分子在整体上的有规则周期排列不再存在，但由于这些定居分子仍在分子平衡位置处“定居”做着振动，因此在一个个局部区域中，一段时间隔内，会存在着由几个、几十个或更多些定居分子组成的呈一定规则分子排列的区域，这种液态物质所特有的分子排列方式被称为“近程有序排列”或“短程有序排列”。液体分子近程有序排列的存在已由近代 X 线实验证实。

短程有序的一个小区域可看成一个单元，液体可看作是由许多这样的单元完全无序地集合在一起所构成的。故而液体在宏观上表现为各向同性的性质。但是在温度的影响下，定居分子会不断地转变为移动分子，移动分子亦会在移动后在新的平衡位置作“定居时间”的振动。因而这种单元的边界和大小随时都在改变，有时一些单元会解体，新的单元亦会不断地形成。

移动分子和定居分子在液体内的分子行为决定了液体的种种特性。

如果讨论温度进一步升高时，分子运动更加加剧，当分子热运动能量足以克服维持分子在其平衡位置附近作振动的分子间相互作用时，物质内所有分子均离开了其固定的平衡位置，即所有分子均没有固定的平衡位置，分子间亦不能维持一定的距离，相互分散远离，分子运动近似呈自由运动，这时意味着物质已转变成为气态物质。

可以认为，气态物质的分子全部是“移动分子”。如果这些移动分子间的距离达到相当远的程度，分子间相互作用理论认为，这时可以完全忽略分子间的相互作用，则这时的气态物质被称为是理想气体。

因此，同一种物质，由于温度的影响造成分子运动的情况不同，致使呈现为不同的聚集状态。这表示，在同一物质内，分子运动的能量克服不同程度的分子间相互作用能垒后会使物质呈现为不同的聚集状态。

因此讨论物质聚集状态时需注意：

——物质分子间相互作用会受温度的影响。

——不同讨论物质中“移动分子”和“定居分子”存在情况不同，可以认为：

在气态物质中分子均是移动分子；

在液态物质中分子部分是移动分子，部分是定居分子；

在固态物质中分子均是定居分子。

下面作者依据对液态分子的上述认识，讨论液体中移动分子和定居分子的行为。

7－1　液体的分子压力

由上讨论可知，液体中存在着两种不同运动状态的分子，即移动分子和定居分子。因此这两种分子对讨论体系压力会有两种不同的影响。移动分子，即运动着的动态分子对压力的种种影响，我们将其归纳于“分子动压力”范畴；而定居分子，即相对呈固定状态的静态分子对压力的种种影响被列入到“分子静压力”范畴。分子动压力我们已在第五章讨论中涉及，讨论了动态分子所产生的体系压力和各种分子间相互作用的种种影响。而静态分子产生的分子静压力是液体中特有的定居分子对体系的影响，将在本章中讨论。

7－1－1　分子动压力和分子静压力

依据上述对液体的描述，参考第二章中设立的气态物质的不同微观模型，液态物质亦可以采用两种微观模型进行讨论。

1．完全理想液体的微观模型

（1）液体中分子间距离不大，分子本身体积应该有一定影响，但是作为理论模型，认为可以不考虑分子本身的大小。亦就是认为体系中分子是个不考虑体积的质点。

（2）液体中必定存在有各种分子间相互作用，但是作为理论模型，像完全理想气体那样，认为可以不考虑液体分子间存在各种相互作用。这意味着讨论分子的热运动不会受到液体内分子间相互作用的影响，亦就是说，分子热运动会遵循自身应有的规律。

(3) 液体分子运动亦遵从牛顿运动定律，分子在两次碰撞间做匀速直线运动。

这个微观模型与第一种气体微观模型，即完全理想气体微观模型（见第二章）相似。理论上认为，符合这个液体微观模型的讨论液体，被称为完全理想液体。

与完全理想气体一样，完全理想液体在自然界中也是不存在的，只是一种理论模型，作为进一步讨论实际液体的基础模型。

从完全理想液体模型的三点要求来看，与完全理想气体的模型要求相同。因此，理论上的完全理想液体与理论上的完全理想气体一样是虚拟物质，完全理想气体中的一些理论规律，应该亦适用于对完全理想液体的讨论。只是这里讨论的是液体情况，故称之为完全理想液体。

由于液体与气体情况不同，气体中存在极少量的可以忽略不计的分子间相互作用的近似理想气体。但液体中无法认为存在这样的近似理想液体。作为理论讨论，只能或者认为液体中完全不存在分子间相互作用，或者认为液体中存在分子间相互作用，但无法认为液体中会存在极少量的、可以忽略不计的分子间相互作用。因此，在下面的讨论中，所谓的"理想液体"就是完全理想液体，除必要外，不再说明这是完全理想液体。

讨论液体微观模型的统计力学工具为径向分布函数理论，故对液体压力有关系：

$$\frac{PV}{NkT}=1-\frac{2\pi\rho}{3kT}\int_0^\infty\frac{du(r)}{dr}g(r)r^3dr \qquad [7-1-1]$$

完全液体理想微观模型认为可以忽略所有的分子间相互作用时应有 $u(r)=0$，故有

$$P=\frac{N}{V}kT \qquad [7-1-2]$$

已知分子平均动能 $\bar{u}_t$ 与温度的关系式为 $\bar{u}_t=\frac{3}{2}kT$。则得讨论液体压力为：

$$P=\frac{1}{3}nm\overline{v^2}=\frac{2}{3}n\bar{u}_t \qquad [7-1-3]$$

亦就是说，依据这个液体微观模型，理论上可以认为，这个理想液体内由于分子热运动所形成的体系压力与分子运动速度 v 和分子平均动能 $\bar{u}_t$ 的关系式，与气体情况一样，故而称为"液体理想压力"，即

$$P_{id}=\frac{1}{3}nm\overline{v^2}=\frac{2}{3}n\bar{u}_t \qquad [7-1-4]$$

由式[7-1-4]知理想液体的理想压力只与分子运动速度和分子平均动能相关，因此与气体情况一样，亦可以称为是与分子运动速度和分子平均动能相关的分子动压力。

2. 实际液体的微观模型

与理想液体的微观模型不同之处为：

(1) 必须要考虑讨论液体分子本身体积大小的影响。

(2) 讨论液体内分子间相互作用不能忽略。这意味着讨论分子的热运动会受到液体内分子间相互作用的影响。亦就是说，分子热运动不能完全遵循自身应有的规律，会受到一些

微观因素的影响。这些微观因素有分子本身体积大小和分子间出现的相互作用。在第五章的讨论中知，气体中以压缩因子表示影响气体分子动压力的微观因素，故液体的压缩因子亦应该可以表示影响液体分子动压力的微观因素。

(3) 液体分子运动还应遵从牛顿运动定律，液体中运动着的分子只是液体的移动分子，并且液体移动分子的运动速度 v 和分子平均动能 $\bar{u}_t$ 会受到上述微观因素的影响。

(4) 液体的特点是液体中除存在像气体分子那样的移动分子，还存在像固体分子那样的处在固定位置上的定居分子。定居分子由于相对地固定在一定的位置上，故定居分子不具有移动分子的运动速度和分子平均动能，亦就是说，分子动压力中不会有定居分子的贡献。但定居分子与移动分子间亦存在分子间相互作用，因此定居分子会对液体分子动压力的有效性产生影响。此外液体定居分子间亦存在分子间相互作用，定居分子间相互作用在特定条件下(例如在界面处)会以压力形式显示其相互作用的结果，这个压力不是由于分子运动而产生，只是由千千万万液体定居分子将彼此相互作用的作用力集聚在单位界面面积上而形成的对体系的压力，目前文献中称之为内压力。由于这个压力不是由运动着的分子所形成，故称其为分子静压力。

理论上认为，符合这个液体微观模型的讨论液体，应是实际液体。

设由于这些微观因素对分子运动速度 v 和分子平均动能 $\bar{u}_t$ 的影响，使 v 和 $\bar{u}_t$ 变化的影响系数为 Z^{L}，则讨论体系的实际压力为

$$P_{\mathrm{real}}=\frac{1}{3}Z^{\mathrm{L}}nm\overline{v^2}=\frac{2}{3}Z^{\mathrm{L}}n\bar{u}_t \qquad [7-1-5]$$

对比式[7-1-4]，得这个影响系数为 $Z^{\mathrm{L}}=\dfrac{P_{\mathrm{real}}}{P_{\mathrm{id}}}$，　[7-1-6]

即代表实际液体对理想液体偏差程度的这个影响系数的理论含义为液体的实际压力对液体的理想压力的比值，由分子压力理论可知 Z^{L} 即为讨论液体的压缩因子。由此可知，无论是气体，或者液体，压缩因子均反映着实际的分子动压力对理想的分子动压力的偏差。由径向分布函数理论对压力的表示式[7-1-1]知

$$P=\frac{NkT}{V}-\frac{2\pi N^2}{3V^2}\int_0^{\infty}\frac{\mathrm{d}u(r)}{\mathrm{d}r}g(r)r^3\mathrm{d}r=P_{\mathrm{id}}-\frac{2\pi N^2}{3V^2}\int_0^{\infty}\frac{\mathrm{d}u(r)}{\mathrm{d}r}g(r)r^3\mathrm{d}r \qquad [7-1-7]$$

径向分布函数定义式为

$$g(r)=\frac{\rho_r}{\rho}=\frac{\Delta\rho(r)+\rho}{\rho}=\frac{\Delta\rho(r)}{\rho}+1=\Delta g(r)+g_0(r) \qquad [7-1-8]$$

即液体的径向分布函数可以看成为由无序部分和有序部分两部分组成，物质如果是纯无序结构，则其径向分布函数 $g(r)=g_0(r)=1$，这是气态物质的特征；物质如果是部分有序、部

分是无序结构，则其径向分布函数如式[7－1－8]所示，这是液态物质的特征。

上式中 $\Delta g(r)$ 在文献中称为总相关函数[1,2]，反映着径向分布函数中有序分布部分。这样，式[7－1－7]可改写为

$$P = P_{id} - \frac{2\pi N^2}{3V^2}\int_0^\infty \frac{du(r)}{dr} g_0(r) r^3 dr - \frac{2\pi N^2}{3V^2}\int_0^\infty \frac{du(r)}{dr} \Delta g(r) r^3 dr \qquad [7-1-9]$$

由此可知，液体压力由三部分组成：

1. 理想压力

P_{id}，代表在没有任何分子间相互作用影响下液体动压力。亦就是说，这一压力代表着液体内移动分子在没有任何分子间相互作用影响下可能达到的压力的数值，即液体的理想压力。显然，这一理想压力的修正系数应该为

$$Z_{id}^{L} = \frac{P}{P_{id}} = 1 \qquad [7-1-10]$$

2. 压缩因子

式[7－1－9]右边第二项 $\frac{2\pi N^2}{3V^2}\int_0^\infty \frac{du(r)}{dr} g_0(r) r^3 dr$。此项中 $g_0(r)$ 代表着液体内无序分布部分的径向分布函数，理论上认为 $g_0(r) = 1$，因而此项可改写为

$$\frac{2\pi N^2}{3V^2}\int_0^\infty \frac{du(r)}{dr} g_0(r) r^3 dr = \frac{2\pi N^2}{3V^2}\int_0^\infty \frac{du(r)}{dr} r^3 dr \qquad [7-1-11]$$

此项即为统计力学中分子间相互作用对实际液体压力的影响项，亦就是液体中无序分布的移动分子所受到的分子间相互作用对液体理想分子动压力的影响值。这就是说，液体中分子间相互作用对液体压力的影响，可以用实际气体中分子间相互作用对气体压力影响的计算方法来计算。因为此项与液体中无序运动着的移动分子相关，与实际气体中无序运动着的分子情况相似。实际气体中此项可与状态方程相关联，故液体中此项亦可与状态方程相关联，换句话讲，液体亦可用状态方程方法计算此项。

在实际气体讨论中知，影响分子动压力的分子间相互作用有三种，即分子本身体积、分子间由于电子作用而形成的斥作用力与分子间吸引作用，将其体现在式[7－1－11]中为

$$\begin{aligned} &\frac{2\pi N^2}{3V^2}\int_0^\infty \frac{du(r)}{dr} r^3 dr \\ &= \frac{2\pi N^2}{3V^2}\left[\int_0^\infty \frac{du(P1)}{dr} r^3 dr + \int_0^\infty \frac{du(P2)}{dr} r^3 dr - \int_0^\infty \frac{du(at)}{dr} r^3 dr\right] \end{aligned} \qquad [7-1-12]$$

式中 $u(P1)$ 表示液体分子本身体积的影响部分；$u(P2)$ 表示液体分子间斥作用的影响部分；$u(at)$ 表示液体分子间吸引作用的影响部分。以压力形式表示这些影响：

$$P_{P1}^{L} = -\frac{2\pi N^2}{3V^2}\int_0^\infty \frac{du(P1)}{dr} r^3 dr \qquad [7-1-13a]$$

$$P_{P2}^{L}=-\frac{2\pi N^{2}}{3V^{2}}\int_{0}^{\infty}\frac{du(P2)}{dr}r^{3}dr \qquad [7-1-13b]$$

$$P_{at}^{L}=-\frac{2\pi N^{2}}{3V^{2}}\int_{0}^{\infty}\frac{du(at)}{dr}r^{3}dr \qquad [7-1-13c]$$

在此为了与应用于气相的分子压力的平衡式相区别，在平衡式中每一项分子压力符号的上标处均标以字母“L”，而涉及气相时此上标则为字母“G”。

以压缩因子形式表示这些微观因素对分子动压力的影响系数。

$$Z_{P1}^{L}=\frac{P_{P1}^{L}}{P_{id}}=-\frac{2\pi N}{3VkT}\int_{0}^{\infty}\frac{du(P1)}{dr}r^{3}dr \qquad [7-1-14a]$$

$$Z_{P2}^{L}=\frac{P_{P2}^{L}}{P_{id}}=-\frac{2\pi N}{3VkT}\int_{0}^{\infty}\frac{du(P2)}{dr}r^{3}dr \qquad [7-1-14b]$$

$$Z_{at}^{L}=\frac{P_{at}^{L}}{P_{id}}=-\frac{2\pi N}{3VkT}\int_{0}^{\infty}\frac{du(at)}{dr}r^{3}dr \qquad [7-1-14c]$$

因而表示液相无序分布部分中移动分子形成的分子动压力与各分子压力的关系式为

$$P^{L}=P_{id}^{L}+P_{P1}^{L}+P_{P2}^{L}-P_{at}^{L} \qquad [7-1-15]$$

由此可知，液体的分子动压力同样也包含液体的分子理想压力 P_{id}^{L}、第一分子斥压力 P_{P1}^{L}、第二分子斥压力 P_{P2}^{L} 和分子吸引压力 P_{at}^{L}，这些分子压力共同组成表示液体状态的体系压力 P^{L}，故液体的宏观状态参数——压力从分子角度来讲应该也是一种分子动压力。这与实际气体的分子动压力组成情况一样。

这里需说明的是，与气体一样，液体分子动压力中只有分子理想压力 P_{id}^{L} 是由分子热运动直接形成的体系压力。而其他各项分子压力—— P_{P1}^{L}、P_{P2}^{L} 和 P_{at}^{L} 并不是由分子热运动所形成的压力，而只是以压力的形式反映各种微观分子因素对分子热运动形成的体系压力的修正。在气体分子压力讨论时已说明了此点，液体内分子动压力亦是如此。

由式[7-1-15]知，液体分子动压力的压力微观结构与气体压力的微观结构相同。液相无序分布部分中移动分子间相互作用对分子动压力的影响系数——液体压缩因子为：

$$Z^{L}=Z_{id}^{L}+Z_{P1}^{L}+Z_{P2}^{L}-Z_{at}^{L}=1+Z_{P1}^{L}+Z_{P2}^{L}-Z_{at}^{L} \qquad [7-1-16]$$

这与气体压缩因子表示式亦相同，因此液相无序分布部分所表现的分子行为可参照实际气体的分子压力情况。

由此可知，对液体分子间相互作用的讨论，其实质是讨论上述两种不同的液体微观模型之间的差异。压缩因子可反映实际液体与理想液体在分子动压力上的差别。为此，本章将从液体压缩因子开始，对实际液体与理想液体在分子动压力上的差别进行讨论。

3. 分子内压力

式[7-1-9]右边第三项 $\frac{2\pi N^{2}}{3V^{2}}\int_{0}^{\infty}\frac{du(r)}{dr}\Delta g(r)r^{3}dr$。此项表示液体中有序分布部分的

定居分子对讨论体系压力的影响。因此亦可以压力形式表示此项，此压力项即为文献中的内压力。由于这个压力是由静态分子所形成，故这里称之为分子内压力。

$$P_{\mathrm{in}} = -\frac{2\pi N^2}{3V^2}\int_0^{\infty}\frac{\mathrm{d}u(r)}{\mathrm{d}r}\Delta g(r) r^3 \mathrm{d}r \qquad [7-1-17]$$

对分子内压力 P_{in} 在本章中还要详细讨论，这里先说明讨论分子内压力的一些注意点：

(1) 分子内压力 P_{in} 由液体内定居分子的相互作用力形成，故而与分子运动无关，不属于分子动压力范畴，是分子静压力。

(2) 由于分子内压力 P_{in} 不属于分子动压力范畴，因此描述分子动压力的状态方程不适用讨论分子内压力。

(3) 因为分子内压力 P_{in} 与讨论体系压力 P 是不同类型的压力，因而分子内压力并不参与分子动压力的平衡，亦就是说，液体分子动压力的压力微观平衡式[7－1－15]中不包括分子内压力，分子内压力的平衡另有途径。

7－1－2　分子动压力的热力学行为

液相同气相一样，亦可以利用状态方程来讨论液相中各种分子压力，这里指的是分子动压力。其基本公式与气相相同。在以往文献中以状态方程计算液体数据，一般不易得到精确度高的结果。在下面讨论中将均以平移改变分子本身体积的方法进行讨论，讨论所依据的数据的精确度可以满意，因此讨论所得结果亦应是可信的。

同样，下面讨论所列示的状态方程计算数据，除特别说明的，如同气相讨论中那样，是五个立方型状态方程的平均值。

此外本章讨论纯物质液体，液体混合物的分子动压力将在第八章中讨论。

气态物质分子均应是移动分子，因而讨论气态物质分子动压力规律的重点应是移动分子运动的规律和影响动态分子运动规律的因素，其宏观表现在 PTV 这些参数的相互关系上。而讨论液态物质分子动压力规律的重点亦应是移动分子运动的规律和影响分子运动规律的因素。其宏观表现亦是在液体的 PTV 这些状态参数的相互关系上。对气体而言，涉及纯物质气体 PTV 关系的经典公式有：

恒温过程的 Boyle-Mariotte 定律(式[5－2－1])、恒压过程的 Gay-Lussac 定律(式[5－2－4])和恒体积过程的 Charles 定律(式[5－2－5])。由这些经典公式导得了理想气体状态方程和实际气体的状态方程。

由于状态方程同样亦适用于液体分子动压力的讨论，因此上述这三个讨论气体的经典方程同样亦适用于对液体分子动压力的讨论。

恒温过程的 Boyle-Mariotte 定律：$P^{\mathrm{L}}V^{\mathrm{L}} = 常量$ [7－1－18]

由此导得的理想液体状态方程：$P^{L}V_{m}^{L}=RT$ [7-1-19]

由此导得的实际气体状态方程：$P^{L}V_{m}^{L}=ZRT$ [7-1-20]

恒压过程的 Gay-Lussac 定律：　$V^{L}/T^{L}=$ 常量 [7-1-21]

恒体积过程的 Charles 定律：　$P^{L}/T^{L}=$ 常量 [7-1-22]

下面将依据这些经典公式对纯物质液体分子动压力的规律进行讨论。

7-1-2-1　恒温过程

对理想液体，依据 Boyle-Mariotte 定律，在恒温条件下 PVT 这些状态参数的关系如式[7-1-18]所示；对实际液体，在恒温条件下如式[7-1-20]所示。

因而恒温下有
$$\frac{P_{1}^{L}V_{m1}^{L}}{Z_{1}^{L}}=\frac{P_{2}^{L}V_{m2}^{L}}{Z_{2}^{L}}=\frac{P_{3}^{L}V_{m3}^{L}}{Z_{3}^{L}}=\cdots \qquad [7-1-23]$$

由式[7-1-23]可知，在恒温过程中
$$Z^{L}=C_{T}^{L}P^{L}V_{\mathrm{m}}^{L}=C_{Tr}^{L}P_{r}^{L}V_{m,r}^{L} \qquad [7-1-24]$$

式中 C_{T}^{L} 或 C_{Tr}^{L} 称为液体恒温过程常数，上式表示恒温过程中体系的压缩因子与 PV_{m}（或 $P_{r}V_{m,r}$）呈线性比例关系，这样理论上认为，当已知两点的 PV_{m}（或 $P_{r}V_{m,r}$）数据便可外推到其他压力和体积情况下（但实验测试条件难以进行）的压缩因子的数据。

对式[7-1-24]引入压力微观结构式和压缩因子的微观结构式，得
$$Z^{L}=1+Z_{P1}^{L}+Z_{P2}^{L}-Z_{\mathrm{at}}^{L}=C_{Tr}^{L}(P_{\mathrm{idr}}^{L}+P_{P1r}^{L}+P_{P2r}^{L}-P_{\mathrm{atr}}^{L})V_{m,r} \qquad [7-1-25]$$

因而液体在恒温过程时有下列关系，这些关系与气态物质在恒温下具有的关系完全相同，这些关系列示如下（下面省略各式中表示液体的右上角"L"标注）：

(1)
$$1=C_{Tr}P_{\mathrm{idr}}V_{m,r}$$

所以
$$C_{Tr}=\frac{1}{P_{\mathrm{idr}}V_{m,r}} \qquad [7-1-26a]$$

如果知道理想状态下的压力数据和讨论状态下的体积数据，就可以求得常数 $C_{T}(C_{Tr})$ 的数值。

(2)
$$Z_{P1}=C_{T}P_{P1}V_{m} \qquad [7-1-26b]$$

因而在恒温过程中，第一分子斥压力对压缩因子的影响与第一分子斥压力对体系所做的膨胀功 $P_{P1r}V_{r}$ 呈线性比例关系。

(3)
$$Z_{P2}=C_{T}P_{P2}V_{m} \qquad [7-1-26c]$$

因而在恒温过程中，第二分子斥压力对压缩因子的影响与第二分子斥压力对体系所做的膨胀功 $P_{P2r}V_{r}$ 呈线性比例关系。

(4)
$$Z_{\mathrm{at}}=C_{T}P_{\mathrm{at}}V_{m} \qquad [7-1-26d]$$

因而在恒温过程中分子吸引压力对压缩因子的影响与分子吸引压力对体系所做的膨胀功

$P_{at}V_r$ 呈线性比例关系。

气体在第五章中均以实际数据证实了①～④所示关系式。对液体这些关系同样是正确的，但这里不再列示液体分子压力实际数据以证实其正确性了。

在恒温条件下气液两相会达到平衡，因此可以应用恒温条件讨论平衡各相的各项热力学参数的关系，即讨论同一物质在恒温条件下气态物质与液态物质间的关系。这有着较大的实用意义。

1. 理想状态下气态物质与液态物质

由式[7-1-26a]知

$$\text{气体：} C_T^G = \frac{1}{P_{id}^G V_m^G}; \qquad \text{液体：} C_T^L = \frac{1}{P_{id}^L V_m^L}$$

因为 $$P_{id}^G V_m^G = RT^G \qquad P_{id}^L V_m^L = RT^L$$

讨论条件为恒温过程，即有 $T^G = T^L$，故知：

(1) 在恒温过程中——例如平衡的饱和气体和饱和液体——恒温常数相等，即有

$$C_T = C_T^G = C_T^L = \frac{1}{RT} \qquad [7-1-27]$$

(2) 由分子理论知：

$$RT = N_A kT = \frac{2}{3} N_A \bar{u}_t = P_{id}^G V_m^G = P_{id}^L V_m^L \qquad [7-1-28]$$

由式[7-1-28]可知在同一温度下，均处于理想状态时，无论气体分子还是液体分子，均具有相同的分子不规则热运动平均平动动能数量。

此外，由式[7-1-28]还可知，在同一温度下，无论气体还是液体，其理想压力所做的膨胀功彼此相等，并且即为讨论分子在该温度下的分子运动总动能的数值。故液体的理想压力可由下式计算

$$P_{id}^L = P_{id}^G \times \frac{V_m^G}{V_m^L} \qquad [7-1-29]$$

即在同样温度下，液体理想压力对气体理想压力的比值即为气体摩尔体积对液体摩尔体积的比值。作为例子，表7-1-1中列示了液体理想压力、气体理想压力、气体摩尔体积和液体摩尔体积的数值，以说明上式的正确性。

表7-1-1　不同温度下正丁烷的液、气理想压力和摩尔体积的比值

讨论温度 /K		P_{id} /bar	V_m /cm^3·mol^{-1}	P_{id}^L/P_{id}^G	V_m^G/V_m^L	误差
425.2	气体	138.54	256.04	1.00	1.00	0.000%
	液体	138.54	256.04			

续　表

讨论温度 /K		P_{id} /bar	V_m /$cm^3 \cdot mol^{-1}$	P_{id}^L/P_{id}^G	V_m^G/V_m^L	误差
420	气体	80.37	177.15	2.46	2.46	−0.003%
	液体	197.77	435.93			
400	气体	41.60	142.23	5.64	5.64	0.004%
	液体	234.62	802.10			
350	气体	11.76	114.96	21.59	21.59	−0.002%
	液体	253.96	2 481.89			
300	气体	2.81	101.83	87.50	87.51	−0.006%
	液体	245.76	8 910.42			
250	气体	0.40	93.07	558.04	557.70	0.061%
	液体	224.12	51 904.73			
200	气体	1.95E−02	86.26	9 905.91	9 905.36	0.006%
	液体	193.43	854 422.76			
150	气体	8.72E−05	80.63	1 780 923.34	1 780 647.82	0.015%
	液体	155.22	143 566 154.28			
135	气体	6.76E−06	79.04	21 046 015.71	21 054 201.49	−0.039%
	液体	142.37	1 664 089 871.44			

注：本表数据取自文献[3]。

2. 气态物质分子协体积与液态物质分子协体积

由上述讨论可知，式[7-1-26b]可改写为

$$Z_{P1}=\frac{P_{P1}V_{\mathrm{m}}}{RT}=\frac{P_{P1}V_m}{P_{\mathrm{id}}V_m}=\frac{P_{P1}}{P_{\mathrm{id}}} \qquad [7-1-30]$$

由上式可知第一分子斥压力所做的膨胀功对分子理想压力所做的膨胀功的比值，或者说，第一分子斥压力所做的膨胀功对讨论温度下理想状态分子平均动能的比值，就是分子本身的体积存在对分子运动产生的影响。

第一分子斥压力的定义为 $P_{P1}=Pb/V_{\mathrm{m}}$，代入上式得

$$Z_{P1}=\frac{Pb}{P_{\mathrm{id}}V_m} \qquad [7-1-31]$$

即第一分子斥压力所做的膨胀功亦可以用 Pb 形式表示，即

$$Pb=P_{P1}V_m \qquad [7-1-32]$$

此式关系对液体和气体均适用。故有

$$b=\frac{P_{P1}V_m}{P} \tag{7-1-33}$$

由此可知，表示分子本身体积的状态方程参数 b 应与 P_{P1}、V_m 和 P 有关，因而在讨论中不应认为是个恒定的数值，这在本书第四章讨论中已有了说明。

现讨论同一温度下液体与气体的分子本身体积的变化，注意同一温度下饱和液体与饱和气体的压力相同。即有

$$\frac{b^{L}}{b^{G}}=\frac{P_{P1}^{L}V_m^{L}P^{G}}{P_{P1}^{G}V_m^{G}P^{L}}=\frac{P_{P1}^{L}/P_{id}^{L}}{P_{P1}^{G}/P_{id}^{G}}=\frac{Z_{P1}^{L}}{Z_{P1}^{G}} \tag{7-1-34}$$

状态方程参数 b 的定义式为 $b=\Omega_b\times RT_C/P_C$，故有

$$\frac{\Omega_b^{L}}{\Omega_b^{G}}=\frac{Z_{P1}^{L}}{Z_{P1}^{G}} \tag{7-1-35}$$

表 7-1-2 中列示的数据证明上式是正确的。

表 7-1-2　不同温度下液态和气态饱和苯的 Z_{P1} 和 Ω_b 数值

讨论温度/K		Z_{P1}	Ω_b	Z_{P1}^{L}/Z_{P1}^{G}	$\Omega_b^{L}/\Omega_b^{G}$	误差
290.0	气体	3.148 1E−04	0.092 894	0.865 4	0.868 9	−0.41%
	液体	2.735 6E−04	0.080 392			
300.0	气体	4.897 4E−04	0.092 894	0.868 0	0.871 3	−0.38%
	液体	4.267 0E−04	0.080 633			
350.0	气体	2.797 3E−03	0.092 894	0.878 5	0.874 8	0.43%
	液体	2.447 0E−03	0.081 611			
400.0	气体	9.364 1E−03	0.091 868	0.895 2	0.890 4	0.54%
	液体	8.337 4E−03	0.082 239			
450.0	气体	1.954 5E−02	0.078 267	1.056 3	1.046 9	0.90%
	液体	2.046 2E−02	0.082 675			
500.0	气体	4.120 6E−02	0.081 894	1.017 1	1.004 5	1.26%
	液体	4.139 1E−02	0.083 296			
550.0	气体	7.976 8E−02	0.090 352	0.971 4	0.967 9	0.37%
	液体	7.720 7E−02	0.087 772			
560.0	气体	9.133 6E−02	0.092 894	0.957 3	0.951 8	0.57%
	液体	8.693 4E−02	0.088 924			

续　表

讨论温度/K		Z_{P1}	Ω_b	Z_{P1}^L/Z_{P1}^G	Ω_b^L/Ω_b^G	误差
562.2	气体	9.346 9E−02	0.092 470	1.000 0	1.000 0	0.00%
	液体	9.346 9E−02	0.092 470			

注：本表数据取自文献[3]。

3. 气态物质第二分子斥压力与液态物质第二分子斥压力

由以上讨论可知，式[7-1-26c]可改写为

$$Z_{P2}=\frac{P_{P2}V_m}{RT}=\frac{P_{P2}V_m}{P_{id}V_m}=\frac{P_{P2}}{P_{id}} \qquad [7-1-36]$$

由上式可知第二分子斥压力所做的膨胀功对分子理想压力所做的膨胀功的比值，或者说，第二分子斥压力所做的膨胀功对讨论温度下理想状态分子平均动能的比值，就是表示分子间由于电子相互作用所引起的斥作用力对分子运动产生的影响。

第二分子斥压力的定义为 $P_{P2}=P_{at}b/V_m$，代入上式得

$$Z_{P2}=\frac{P_{at}b}{P_{id}V_m} \qquad [7-1-37]$$

即第二分子斥压力所做的膨胀功亦可以用 $P_{at}b$ 形式表示，即

$$P_{at}b=P_{P2}V_m \qquad [7-1-38]$$

此式关系对液体和气体均适用。故有

$$b=\frac{P_{P2}V_m}{P_{at}} \qquad [7-1-39]$$

将此式与式[7-1-33]相比较　$P_{P2}=\dfrac{P_{P1}P_{at}}{P}$　[7-1-40]

式[7-1-40]表示液体中与分子间相互作用相关的分子压力之间的关系，这对气体、液体均是适用的。在 van der Waals 方程中 $P_{at}=a/V_m^2$，应用这一关系，并由上式知，还可应用气体 P_{P2} 数据计算液体 P_{P2}，或反之。故有

$$P_{P2}^L=\frac{P_{P1}^L P_{at}^L P^G}{P_{P1}^G P_{at}^G P^L}P_{P2}^G=\frac{b^L}{b^G}\frac{(V_m^G)^3}{(V_m^L)^3}P_{P2}^G=\frac{\Omega_b^L}{\Omega^G}\frac{(V_m^G)^3}{(V_m^L)^3}P_{P2}^G \qquad [7-1-41a]$$

$$P_{P2}^G=\frac{P_{P1}^G P_{at}^G P^L}{P_{P1}^L P_{at}^L P^G}P_{P2}^L=\frac{b^G}{b^L}\frac{(V_m^L)^3}{(V_m^G)^3}P_{P2}^L=\frac{\Omega_b^G}{\Omega_b^L}\frac{(V_m^L)^3}{(V_m^G)^3}P_{P2}^L \qquad [7-1-41b]$$

作为例子，表 7-1-3 列示了饱和状态苯的数据，以说明式[7-1-41]的正确性。

表 7-1-3　不同温度下饱和苯的分子压力数据

温度/K	P_r	P_{P1r}	P_{P2r}	P_{atr}	Ω_b	P_{P2r} 计算结果			
						[7-1-40]	误差	[7-1-41]	误差
饱和液态苯(van der Waals 方程计算)									
290.0	0.001 75	0.001 6	42.910 0	48.437 0	0.082 677	42.914 0	0.01%	42.910 6	0.001%
300.0	0.002 83	0.002 5	41.614 1	47.261 8	0.083 189	41.613 1	0.00%	41.627 6	0.032%
350.0	0.018 67	0.015 9	35.330 5	41.502 5	0.085 828	35.344 9	0.04%	35.339 4	0.025%
400.0	0.071 93	0.058 8	29.253 2	35.793 7	0.088 727	29.250 0	−0.01%	29.257 0	0.013%
450.0	0.197 70	0.153 4	23.134 5	29.819 7	0.092 278	23.137 8	0.01%	23.134 0	−0.002%
500.0	0.441 90	0.318 4	16.657 9	23.117 9	0.097 339	16.657 0	−0.01%	16.656 3	−0.010%
550.0	0.860 40	0.513 8	7.282 0	12.195 2	0.111 060	7.282 5	0.01%	7.282 5	0.007%
560.0	0.973 80	0.540 8	5.472 6	9.853 7	0.114 919	5.472 3	−0.01%	5.473 4	0.015%
562.2	1.007 00	0.456 6	2.604 8	5.744 4	0.122 883	2.604 7	−0.01%	2.604 8	0.000%
饱和气态苯(van der Waals 方程计算)									
290.0	0.001 75	7.443E−07	2.076E−09	4.881E−06	0.125 000	2.075E−09	−0.06%	2.076E−09	−0.001%
300.0	0.002 82	1.865E−06	7.837E−09	1.184E−05	0.125 000	7.841E−09	0.06%	7.834E−09	−0.032%
350.0	0.018 87	7.272E−05	1.545E−06	4.009E−04	0.125 000	1.545E−06	0.00%	1.545E−06	−0.025%
400.0	0.073 68	9.642E−04	6.581E−05	5.028E−03	0.119 870	6.580E−05	−0.02%	6.580E−05	−0.013%
450.0	0.203 70	4.191E−03	7.495E−04	3.644E−02	0.070 000	7.497E−04	0.03%	7.495E−04	0.002%
500.0	0.447 60	2.191E−02	1.010E−02	2.063E−01	0.070 000	1.010E−02	−0.02%	1.010E−02	0.010%
550.0	0.854 40	1.802E−01	2.996E−01	1.421E+00	0.114 934	2.996E−01	0.00%	2.996E−01	−0.007%
560.0	0.985 00	3.183E−01	9.111E−01	2.820E+00	0.125 000	9.111E−01	0.01%	9.110E−01	−0.015%
562.2	1.007 00	4.566E−01	2.605E+00	5.744E+00	0.122 883	2.605E+00	−0.01%	2.605E+00	0.000%

注：本表数据取自文献[3]。

4. 气态物质分子吸引压力与液态物质分子吸引压力

由上述讨论可知，式[7-1-26d]可改写为

$$Z_{at}=\frac{P_{at}V_m}{RT}=\frac{P_{at}V_m}{P_{id}V_m}=\frac{P_{at}}{P_{id}} \qquad [7-1-42]$$

由上式可知分子吸引压力所做的膨胀功对分子理想压力所做的膨胀功的比值，或者说，分子吸引压力所做的膨胀功对讨论温度下理想状态分子平均动能的比值，就是表示由于分子间吸引相互作用对分子运动产生的影响。

如果应用 van der Waals 方程进行讨论，则分子吸引压力的定义为 $P_{at}=a/(V_m)^2$，代入上式得

$$Z_{at}=\frac{P_{at}}{P_{id}}=\frac{a}{P_{id}(V_m)^2} \qquad [7-1-43]$$

已知各个状态方程中 P_{at} 的定义式不同，亦可用各自的定义式代入到式[7-1-42]中进行类似讨论。

由式[7-1-43]知同一温度下液体与气体的分子吸引压力压缩因子的关系式为

$$Z_{at}^{L}=\frac{P_{id}^{G}(V_m^{G})^2}{P_{id}^{L}(V_m^{L})^2}Z_{at}^{G}=\frac{V_m^{G}}{V_m^{L}}Z_{at}^{G} \qquad [7-1-44]$$

或

$$P_{at}^{L}=\left(\frac{V_m^{G}}{V_m^{L}}\right)^2 P_{at}^{G} \qquad [7-1-45]$$

注意式[7-1-44]和式[7-1-45]只适用于以 van der Waals 方程进行讨论的情况，其他状态方程可参考上述讨论，导得各自的相关关系式。作为例子，表 7-1-4 列示了饱和状态苯的数据，以说明上式的正确性。

表 7-1-4　不同状态下饱和 CO_2 的 P_{atr} 和 Z_{at} 计算

状态参数				液体 P_{atr} 计算			液体 Z_{at} 计算		
温度/K	P_r	V_r	状态	实际值	[7-1-45]	误差	实际值	[7-1-44]	误差
216.6	0.070 2	0.395 5	液体	35.920 0	35.923 9	0.011%	5.467 1	5.467 3	0.003%
		33.193 5	气体	0.005 1			0.065 1		
230.0	0.121 0	0.412 9	液体	32.965 7	32.951 2	−0.044%	4.932 3	4.930 3	−0.040%
		19.953 4	气体	0.014 1			0.102 0		
250.0	0.241 9	0.445 4	液体	28.324 8	28.327 9	0.011%	4.206 2	4.207 2	0.022%
		9.976 7	气体	0.056 5			0.187 8		
270.0	0.438 8	0.492 3	液体	23.185 1	23.188 5	0.015%	3.523 6	3.524 1	0.013%
		5.268 1	气体	0.202 5			0.329 3		
290.0	0.719 9	0.578 6	液体	16.787 8	16.786 4	−0.008%	2.791 6	2.791 6	0.000%
		2.704 0	气体	0.768 6			0.597 3		

续 表

状 态 参 数				液体 P_{atr} 计算			液体 Z_{at} 计算		
温度/K	P_r	V_r	状态	实际值	[7-1-45]	误差	实际值	[7-1-44]	误差
300.0	0.908 8	0.685 3	液体	11.964 7	11.964 8	0.001%	2.278 1	2.278 2	0.002%
		1.724 9	气体	1.888 6			0.905 1		
304.2	1.000 0	1.000 0	液体	5.619 3	5.619 3	0.000%	1.539 7	1.539 7	0.000%
		1.000 0	气体	5.619 3			1.539 7		

注：本表数据取自文献[3]。

7-1-2-2 恒压过程

在恒压条件下有 Gay-Lussac 定律，这对液体亦是适用的，依据这个定律

对理想液体有
$$\frac{P_{id}^L}{R}=\frac{T_1^L}{V_{m1}^L}=\frac{T_2^L}{V_{m2}^L}=\frac{T_3^L}{V_{m3}^L}=\cdots\cdots=\frac{1}{C_{GL}^L} \quad [7-1-46]$$

对实际液体有
$$\frac{P^L}{R}=Z_1^L\frac{T_1^L}{V_{m1}^L}=Z_2^L\frac{T_2^L}{V_{m2}^L}=Z_3^L\frac{T_3^L}{V_{m3}^L}=\cdots\cdots=\frac{1}{C_{GL}^L} \quad [7-1-47]$$

式[7-1-47]应是实际气体的 Gay-Lussac 定律表示式。对此式引入压力微观结构式和临界因子微观结构式，得

$$P_{id}^L+P_{P1}^L+P_{P2}^L-P_{at}^L=(1+Z_{P1}^L+Z_{P2}^L-Z_{at}^L)R\frac{T^L}{V_m^L} \quad [7-1-48]$$

省略右上角“L”标注，在恒压过程中有

物质中分子理想压力
$$P_{id}=R\frac{T}{V_m} \quad [7-1-49a]$$

物质中第一分子斥压力
$$P_{P1}=Z_{P1}R\frac{T}{V_m}$$

即
$$Z_{P1}=\frac{P_{P1}}{P_{id}} \quad [7-1-49b]$$

物质中第二分子斥压力
$$P_{P2}=Z_{P2}R\frac{T}{V_m}$$

即
$$Z_{P2}=\frac{P_{P2}}{P_{id}} \quad [7-1-49c]$$

物质中分子吸引压力
$$P_{at}=Z_{at}R\frac{T}{V_m}$$

即
$$Z_{at}=\frac{P_{at}}{P_{id}} \quad [7-1-49d]$$

因此，在恒压过程中，随着讨论物质的体积和温度的变化，虽然物质的总压力没有变化，

但物质内部各种分子压力、分子理想压力、第一分子斥压力、第二分子斥压力和分子吸引压力均发生了变化。这对液体或实际气体都是适用的。第五章中表 5-2-4 的数据说明了这点。在同样压力下,液相中分子吸引力和分子斥力数值要远大于气相中的数值,无论液相还是气相,当温度升高、体积变大时分子吸引力和分子斥力数值会迅速减小,这些都符合分子间相互作用理论的规律。

在第五章讨论中涉及真实气体在恒压过程中体积与压缩因子和温度的关系对液体亦可适用,在此不再重复。

7-1-2-3 恒容过程

在恒容条件下有 Charles 定律,对理想液体有

$$\frac{V_m}{R}=\frac{T_1}{P_{id,1}}=\frac{T_2}{P_{id,2}}=\frac{T_3}{P_{id,3}}=\cdots\cdots=\frac{1}{C_{Ch}} \qquad [7-1-50]$$

即

$$P_{id}=C_{Ch}T \qquad [7-1-51]$$

在理想气体情况下,Charles 定律表示分子理想压力应与温度呈线性比例关系[5]。实际液体亦存在有式[7-1-51]关系,这如图 7-1-1 所示。其证明如下。

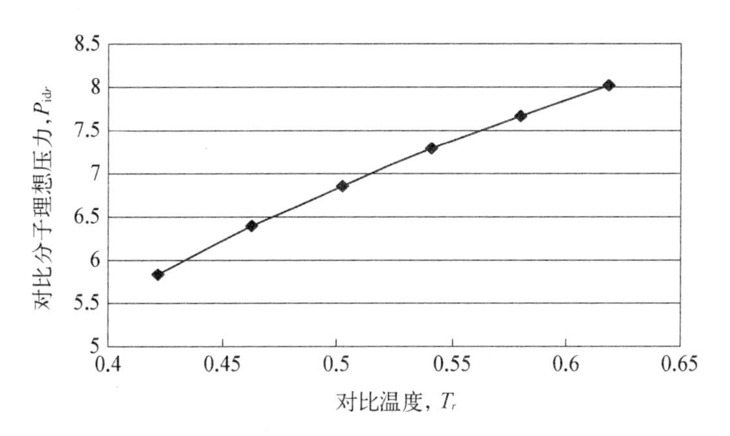

图 7-1-1 水中分子对比理想压力与温度的关系

图中水的温度范围为:	273 K	300 K	325 K	350 K	375 K	400 K
水的摩尔体积为:	38.88	38.91	39.04	39.22	39.45	39.73

因此上例中各温度点的水的摩尔体积数值并不完全相等,只是十分接近。由于液体的特性是在一定温度范围内其体积变化很小,故上例说明,在一定温度范围内可将液体变化过程近似作为恒容过程处理。实际液体恒容过程有下列关系:

对实际液体有

$$\frac{V_m}{R}=Z_1\frac{T_1}{P_1}=Z_2\frac{T_2}{P_2}=Z_3\frac{T_3}{P_3}=\cdots\cdots=\frac{1}{C_{Ch}} \qquad [7-1-52]$$

所以

$$\frac{V_m}{R}=Z_1\frac{T_1}{P_1}=Z_2\frac{T_2}{P_2}=Z_3\frac{T_3}{P_3}=\cdots\cdots=\frac{1}{C_{Ch}} \qquad [7-1-53]$$

因而，
$$Z_1 \frac{T_1}{P_1} = Z_2 \frac{T_2}{P_2} = Z_3 \frac{T_3}{P_3} = \cdots \qquad [7-1-54]$$

所以 $Z^L = P^L / P_{id}^L$，故对实际液体有

$$P_{id}^L \cong C_{Ch}^L T^L \qquad [7-1-55]$$

此式与理想液体相关表示式[7-1-51]相同，只是式[7-1-55]是个近似关系，其原因是讨论中认为在一定温度范围中液体的体积近似恒定。故说明只是在一定温度范围内液体分子理想压力与温度可认为是呈线性关系。

第五章中恒容过程实际气体由 Charles 定律所导得的各相关表示式对液体亦适用。例如

在恒容下 $P_{P1r} = C_{Chr} Z_{P1} T_r$

即第一分子斥压力 P_{P1r} 与 $Z_{P1} T_r$ 呈线性比例关系。这一关系列示于图 7-1-2(a)中。

在恒容下 $P_{P2r} = C_{Chr} Z_{P2} T_r$

即第二分子斥压力 P_{P2r} 与 $Z_{P2} T_r$ 呈线性比例关系。这一关系列示于图 7-1-2(b)中。

在恒容下 $P_{atr} = C_{Chr} Z_{at} T_r$

即分子吸引压力 P_{atr} 与 $Z_{at} T_r$ 呈线性比例关系。这一关系列示于图 7-1-2(b)中。

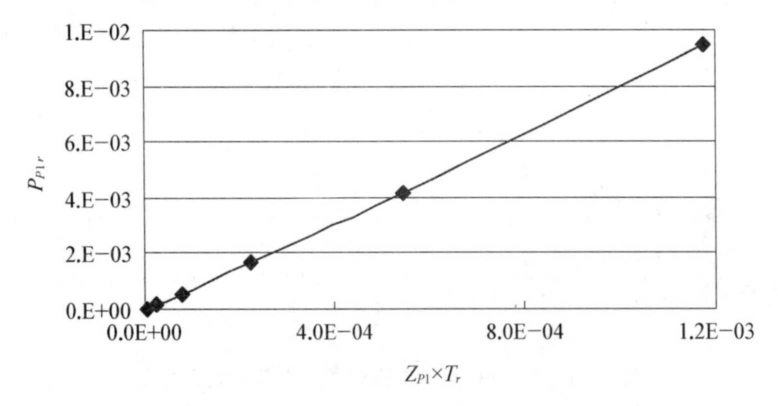

图 7-1-2(a) 水中第一分子斥压力与 $Z_{P1} \times T_r$ 的关系

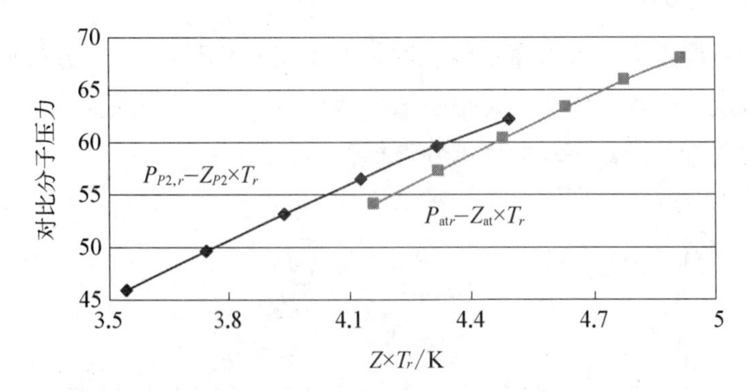

图 7-1-2(b) 水中 P_{P2r}—$Z_{P2} \times T_r$ 和 P_{atr}—$Z_{at} \times T_r$ 的关系

图 7-1-2 中水的温度范围和水的摩尔体积数值见图 7-1-1 下的说明。

7-2 液体分子动压力及其影响因素

液相依据其所处状态的不同亦有两种状态，其一为饱和液态；另一个为压缩液态。这两种液态中均存在移动分子——动态分子活动，但由于这两种液体所处的状态不同，不同的状态参数会对移动分子——动态分子的活动规律产生不同的影响。现分别讨论影响这两种液体中动态分子运动规律的因素。

7-2-1 饱和液体

饱和液态所处状态参数范围为 $T_r < 1$，$P_r < 1$，$V_r < 1$。

饱和状态下与饱和液态相平衡的外压力应与饱和蒸气相中气相压力相等，即

$$P^{SL} = P^{SG}; \ P_r^{SL} = P_r^{SG} \qquad [7-2-1]$$

此外饱和液态的温度应与其相平衡的饱和气体温度相同，即

$$T^{SL} = T^{SG}; \ T_r^{SL} = T_r^{SG} \qquad [7-2-2]$$

饱和液态的状态特点是温度较低（低于临界温度）、压力较低（低于临界压力）和摩尔体积小（小于临界体积），因而，选择下面一些参数讨论对饱和液体分子动压力的影响。

7-2-1-1 分子间距离的影响

液体的摩尔体积要比气体摩尔体积小得多，因而液体中分子间距离很近。这时分子间相互作用很强，因此液体体积稍有变化，往往会对分子行为影响很大。已知液体分子间距离与液体体积的关系为

$$d = \left(\frac{V_m}{N_A}\right)^{1/3} \qquad [7-2-3]$$

液体分子间距离与液体摩尔体积直接相关，故可应用分子间距离来反映液体体积对分子行为的影响。在临界状态时分子间距离可表示为

$$d_C = \left(\frac{V_C}{N_A}\right)^{1/3} \qquad [7-2-4]$$

故分子间距离的对比参数为

$$d_r = \frac{d}{d_C} = \left(\frac{V_m}{V_C}\right)^{1/3} \qquad [7-2-5]$$

在液态时，讨论物质的密度增加，物质中分子间距离变小，分子间相互作用增大，物质中分子间距离的变化会明显地影响液态分子间相互作用。以液态氩气为例，计算得液氩中分

子压力的变化情况，如图 7－2－1 所示。

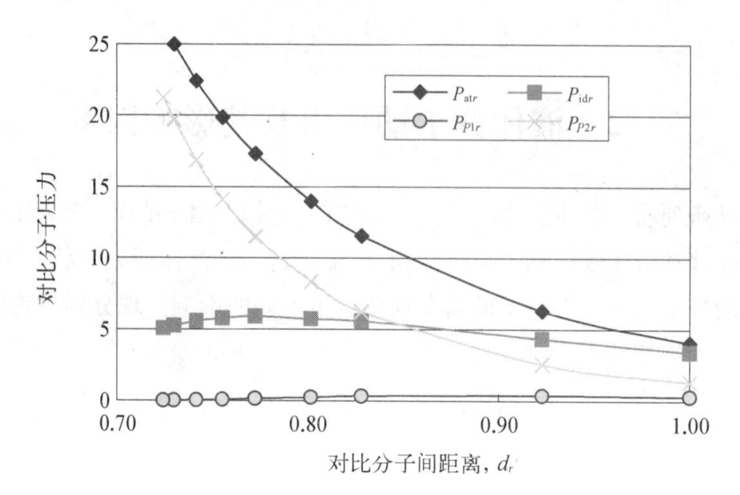

图 7－2－1　饱和液态 Ar 内分子压力

从图 7－2－1 可见，饱和液体中各种分子压力的情况为：

(1) 与饱和气体的情况(见图 5－3－1)相比较，饱和气体的各分子压力中分子理想压力的数值最大，但在分子对比距离接近 1 时分子吸引压力接近并开始超过分子理想压力。而对于饱和液体，图 7－2－1 表明，分子吸引压力是各种分子压力中最活跃的，而分子理想压力在液体中变化不大显然与液体时体积变化不大有关。

(2) 第二分子斥压力在饱和气体的大部分状态范围内并不活跃，其影响可忽视，只是在对比分子间距离接近 1 时开始迅速增长。而图 7－2－1 表示，在饱和液体中，随着分子间距离的接近，第二分子斥压力增长速度很快，有可能会超过分子吸引压力的增长速度。因此，讨论液体时决不能不考虑第二分子斥压力的影响。这也表明，第二分子斥压力对分子间距离的变化是十分敏感的。

(3) 在前面讨论中已经说明，饱和气体中第一分子斥压力的影响要高于第二分子斥压力。但是在液体中，第一分子斥压力项的影响很小。

7－2－1－2　压力的影响

压力对饱和液体内分子间相互作用应该会有影响，随着饱和状态压力的提高，液体摩尔体积减小，但与此同时，饱和液相的平衡温度亦随之提高，起着与压力作用相反及使液体摩尔体积增大的作用。现将饱和液体氩内各分子压力随压力改变而发生的变化列示在图 7－2－2 中以供参考。

图 7－2－2 表示，随着体系压力的增加，液氩中分子吸引压力和第二分子斥压力随之下降，饱和压力增加，随之饱和温度也增加，说明温度对体系的影响要强于压力的影响。而分子理想压力与第一分子斥压力受压力变化影响很小，保持着一定的数值。

为较清楚地表示第一分子斥压力与压力的关系，现将其放大列于图 7－2－3 中。由图 7－2－3 可知，液氩、液体正丁烷和苯，这些物质的对比第一分子斥压力与体系对比压力的关

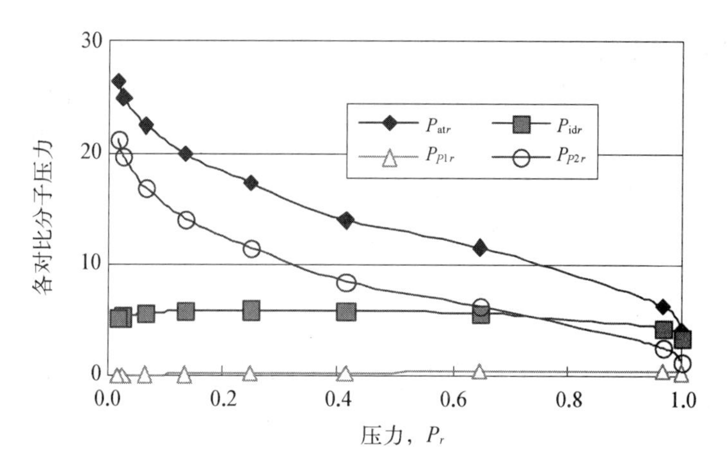

图 7-2-2　饱和液氩中压力对各分子压力影响

系基本相似，它们的对比第一分子斥压力的数值均很小，均随体系对比压力的提高而增加，并且在一定压力范围内均呈线性比例关系，当压力大于一定数值时，线性比例破坏，在临界温度附近这三种物质的 P_{P1r} 均有一定的降低。

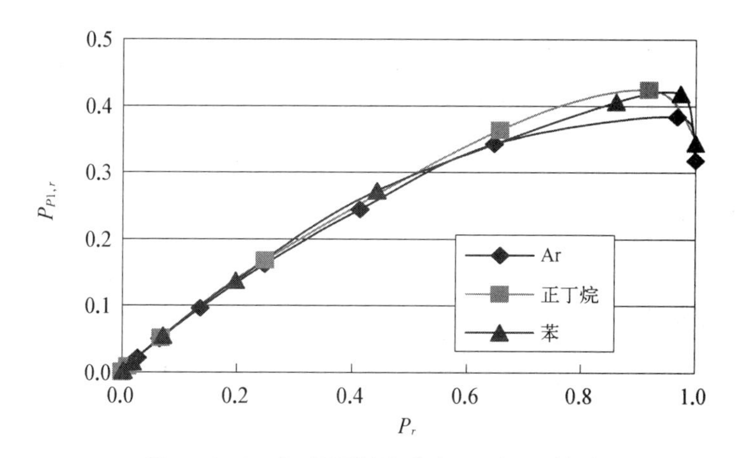

图 7-2-3　氩、正丁烷和苯中 P_{P1r} 与 P_r 关系

液氩、液体正丁烷和苯的 P_{P1r} 与 P_r 呈线性关系的范围大致在 $0<P_r<0.6$ 左右。对这一压力范围内的 P_{P1r} 与 P_r 作最小二乘法处理，得结果为：

液氩：	$P_{P1r}=0.5634P_r$，	相关系数 $r=0.9821$，	$0<P_r<0.6468$
正丁烷：	$P_{P1r}=0.5715P_r$，	相关系数 $r=0.9916$，	$0<P_r<0.6565$
液态苯：	$P_{P1r}=0.6326P_r$，	相关系数 $r=0.9948$，	$0<P_r<0.442$

由此可见，在线性比例关系的压力范围内，这些液态物质的 P_{P1r} 与 P_r 的线性关系在斜率上比较接近，且其线性关系的相关度很高。已知 P_{P1r} 与 P_r 的关系为：

$$P_{P1r}=\frac{b_r}{Z_C V_r}P_r=\frac{b}{V}P_r \qquad [7-2-6]$$

式中 V 为摩尔体积。由此可知，在饱和状态下，一定压力范围内，b/V 接近为常数，亦就是说，在一定压力范围内，液体分子本身占有的体积是液体分子表观体积的一定比例，由上面三种物质所得数据表明，b 约为 V 的 0.6 倍。压力继续增加，分子本身体积可能被压缩的余地越来越小，而讨论体系因接近临界状态，故其性质在温度影响下由液态性质逐步向气态转变，其宏观表现为摩尔体积加速增大，从而导致 b/V 偏离常数，使 P_{P1r} 与 P_r 的关系偏离线性比例关系。

7-2-1-3　温度的影响

温度对饱和液态内分子间相互作用应该会有影响，图 7-2-4 表示了温度对液态氩中各个分子压力的影响。

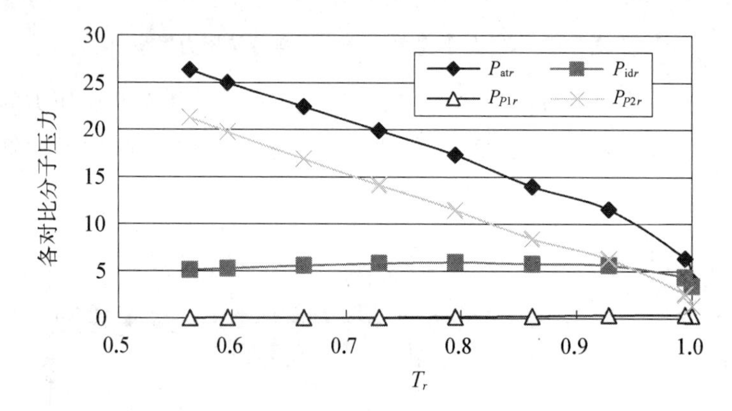

图 7-2-4　饱和液态氩中温度的影响

由此图可见，随着温度的提高，与分子间相互作用有关的分子吸引对比压力和第二分子斥对比压力均随之而下降，而分子理想对比压力和第一分子斥对比压力则影响不大。

温度的影响显然与温度增加会引起分子间距离的增加有关。图 7-2-5 表示了温度对液态氩中对比分子间距离的影响。

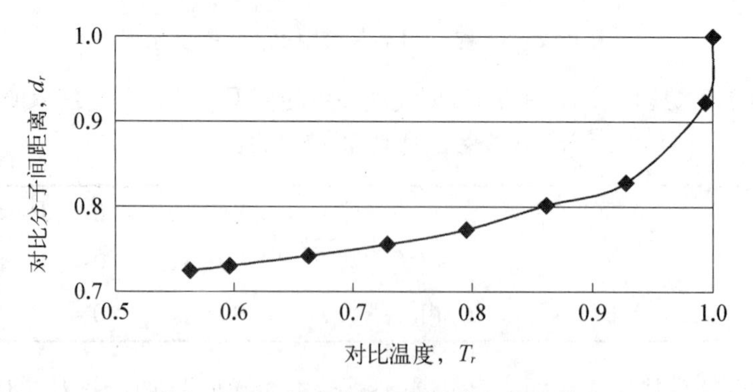

图 7-2-5　液氩中分子间距离与温度关系

图 7-2-5 表示，随着温度的提高，液相内分子间距离缓慢地逐渐地加大，当温度超过一定范围，一般是接近临界状态。图 7-2-5 表示当 $T_r > 0.9$ 时，温度影响加剧，分子间距

离增加，速度亦随之加快。

温度对 d_r 的影响与温度对 P_{atr} 和 P_{P2r} 的影响可以相互对应，P_{atr} 和 P_{P2r} 的数值亦在 $T_r > 0.9$ 时急剧下降了。

7-2-2　压缩液体

压缩液体所处状态参数范围为 $T_r < 1$，$V_r < 1$，$P_r > P_r^{SL}$。

压缩液体的状态特点是温度较低(低于临界温度)、压力较高(高于饱和蒸气压力)和摩尔体积小(小于临界体积)。从而可知在压缩液体中分子间距离很近。压缩液体的状态特点决定了压缩液体内物质分子间相互作用的特点。

7-2-2-1　分子间距离的影响

对于压缩液体，分子间距离对其影响可分两个方面讨论，其一是恒温条件下分子间距离的变化对液体分子动压力的影响；其二是恒压条件下分子间距离的变化对液体分子动压力的影响。

恒温条件下分子距离变化对压缩液体内各分子压力的影响列于图 7-2-6。此图之状态条件是恒温(T_r=0.588)，压力变动范围为 P_r = 0.01 ～ 13.1，对比体积变化范围 V_r =0.363 6 ～ 0.342 8，对比分子间距离的变动范围是 d_r = 0.699 9 ～ 0.713 7。因此是一种在较大的压力范围内液体体积受到了一定的压缩，分子间距离亦随之有一定的变化的情况。

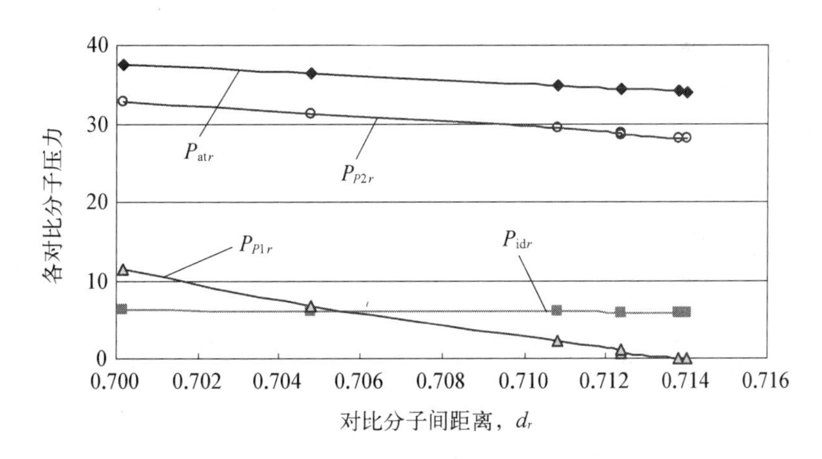

图 7-2-6　恒温下正丁烷分子间距离变化影响(T_r=0.588)

在这样小的分子间距离变动范围内，分子吸引压力 P_{atr}^{L} 变化范围为 34.03～37.54，并且与对比分子间距离 d_r呈线性比例关系；第二分子斥压力 P_{P2r}^{L} 变化范围为 28.13～32.92，并且均与对比分子间距离 d_r呈线性比例关系；分子理想压力 P_{idr}^{L} 变化范围为 5.90～6.26，变化不大，呈一条近水平直线状；而影响相对较明显的是第一分子斥压力，当对比压力从 0.01 增加到13左右时，随着分子间距离的减小，分子本身体积所占有的空间虽亦被压缩减小，但其减少的速率应低于液体体积减小的速率，故而第一分子斥压力随着d_r的减少呈线性比例地增加。

为了证实图7－2－6所反映的规律，整理了两种不同情况下的数据以作比较。其一是提高正丁烷的温度，图7－2－7表示液态正丁烷的状态参数为恒温（$T_r=0.8231$）、压力变动范围为$P_r=0.025\sim2.63$、对比体积变化范围$V_r=0.43\sim0.45$，对比分子间距离的变动范围是$d_r=0.7629\sim0.7657$。图7－2－7表示的各分子压力随d_r的变化与图7－2－6具有同样的规律。其二是改变讨论物质。图7－2－8表示了液氩中各分子压力随d_r的变化情况，得到的变化规律与正丁烷情况类似。

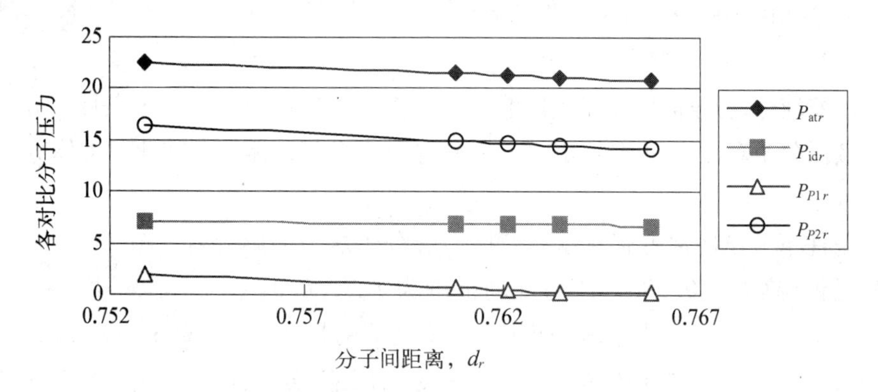

图7－2－7　正丁烷恒温(T_r＝0.8231)分子间距离变化影响

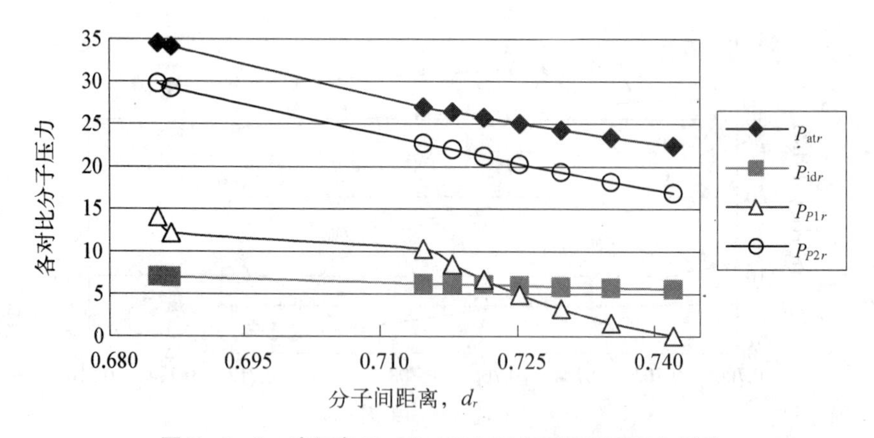

图7－2－8　液氩在T_r＝0.6627下分子间距离变化影响

但纯氩的对比第一分子斥压力在对比分子间距离约0.715处明显有一折点。无法解释这个折点出现的原因，估计是计算所依据的原始数据的误差所致。

7－2－2－2　压力的影响

在恒温情况下讨论压力对压缩液体中分子压力的影响可见图7－2－9。图7－2－9表示，压力升高，压缩液体中各种对比分子压力随之会升高。原因是在恒温条件下，压力升高，

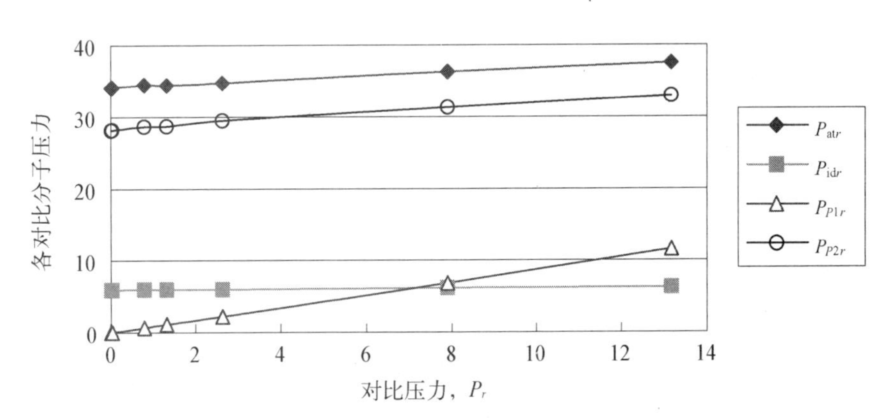

图 7-2-9　正丁烷在 $T_r=0.588$ 下压力的影响

会使压缩液中分子间距离减小，这会导致各项分子压力的升高。

图 7-2-10 中列示了在不同温度下压力对液态水的分子间距离的影响。由图 7-2-10 可见，水分子间距离随着压力的增加而逐渐减小。并且在 $T_r<0.7724$ 时，即在温度较低的一段温度范围内，在一定的压力范围内，水分子间距离随压力的增加近似呈线性比例地减小。物质分子间距离与压力变化呈线性比例关系在很多物质，如液氩、正丁烷、液态二氧化碳等中均存在。

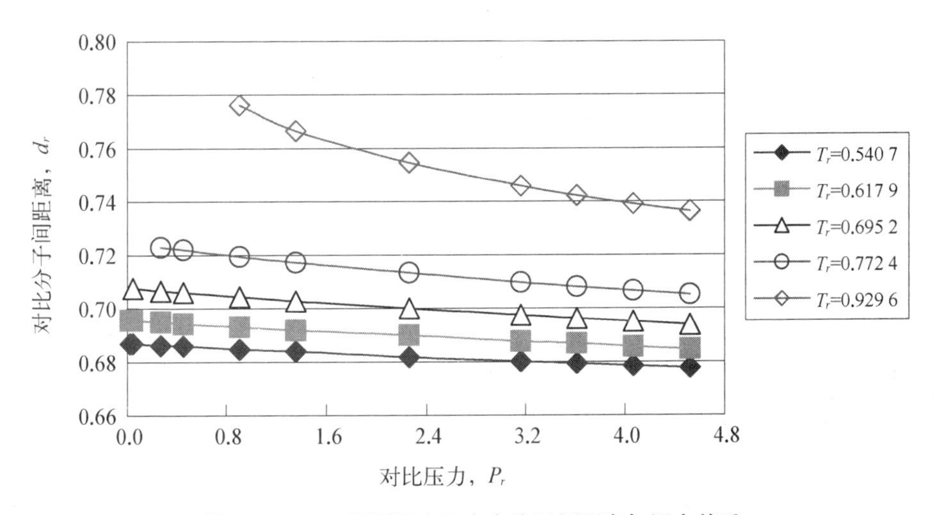

图 7-2-10　不同温度下水中分子间距离与压力关系

7-2-2-3　温度的影响

在恒压情况下讨论温度对压缩液体中分子压力的影响可见图 7-2-11。

对比图 7-2-4 可知，温度对压缩液体的影响与温度对饱和液体的影响有些类似，均是温度增高，分子吸引压力和第二分子斥压力会随之降低，而分子理想压力与第一分子斥压力有些变化，但变化不大。

将分子理想压力与第一分子斥压力两条曲线放大，列于图 7-2-12 中。由图 7-2-12

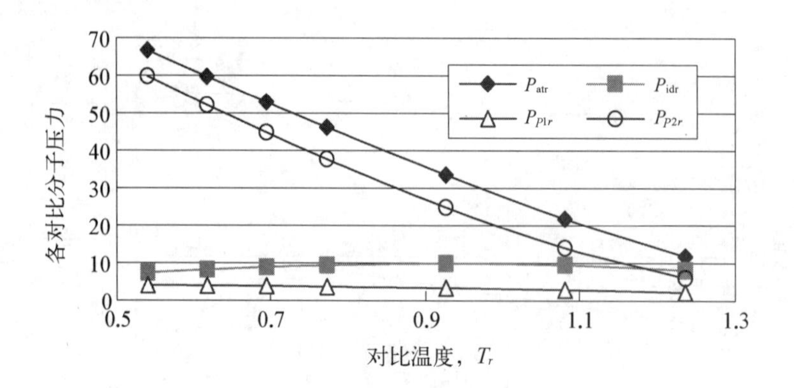

图 7-2-11　恒压(1 000 bar)下温度对水中分子压力影响

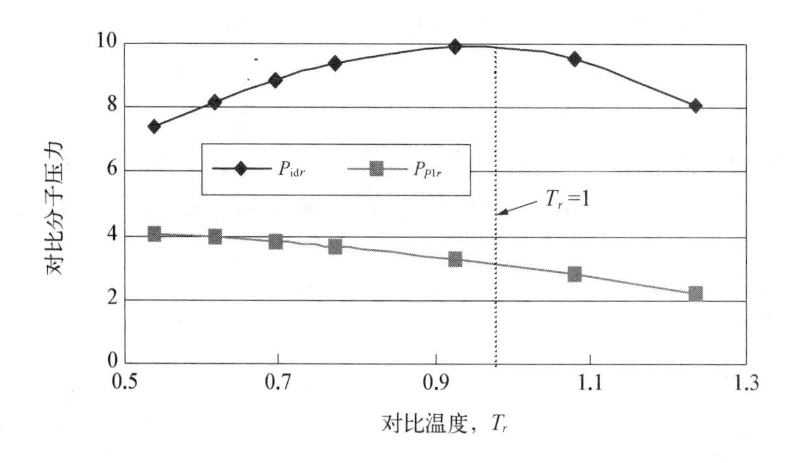

图 7-2-12　在 1 000 bar 下温度对水中 P_{P1r} 和 P_{idr} 的影响

可知，温度升高，第一分子斥压力随之下降，这显然是温度升高，讨论物质体积随之增大的缘故，这从其定义式 $P_{P1r}=bP_r/V$ 可以看出。

由图 7-2-12 中还可看到，在压力恒定时，温度升高，分子理想压力开始随之升高，这是因为 $P_{idr}=T_r/Z_CV_r$。当温度低于临界温度时，讨论物质还是液态，液态体积随温度升高亦有增大倾向，但变化不大，由于在低于临界温度（图中以细垂线表示）时以温度影响为主，P_{idr} 随温度升高而压力值上升。当温度超过临界温度时，讨论物质转变为过热气态，温度对气态体积的影响加强，正因如此，P_{idr} 转变为随温度升高而逐步降低其数值。

7-2-3　液体压缩因子与分子压力

下面来讨论液体压缩因子与分子压力的关系。

已知气体的压缩因子被定义为：

$$Z^{G}=\frac{P^{G}V_{m}^{G}}{RT^{G}}=\frac{P^{G}}{P_{id}^{G}}=\frac{P_{r}^{G}}{P_{idr}^{G}} \qquad [7-2-7]$$

对于液体可作类似的定义，液体压缩因子：

$$Z^{L}=\frac{P^{L}V_{m}^{L}}{RT^{L}}=\frac{P^{L}}{P_{id}^{L}}=\frac{P_{r}^{L}}{P_{idr}^{L}} \qquad [7-2-8]$$

表 7－2－1 所列数据说明式[7－2－8]是正确的。即压缩因子的分子本质是体系压力与讨论状态下理想压力之比。

表 7－2－1　不同饱和液态物质以分子压力计算的压缩因子与实际压缩因子的比较[1]

气态物质	分子压力数据(计算值)[2]			实际值 $Z^{(3)}$	气态物质	分子压力数据(计算值)[2]			实际值 $Z^{(3)}$
	P_r	P_{idr}	Z^L			P_r	P_{idr}	Z^L	
液氩	1.601 0E−02	5.085 0	3.148 5E−03	3.148 7E−03	CF_4	2.373 0E−04	4.716 3	5.031 5E−05	5.031 6E−05
	2.733 0E−02	5.264 2	5.191 7E−03	5.191 3E−03		2.472 0E−03	5.362 0	4.610 2E−04	4.609 5E−04
	6.620 0E−02	5.573 8	1.187 7E−02	1.187 8E−02		1.843 0E−02	5.891 8	3.128 1E−03	3.128 3E−03
	0.136 2	5.799 7	2.348 4E−02	2.348 1E−02		6.842 0E−02	6.272 8	1.090 7E−02	1.090 8E−02
	0.247 7	5.920 2	4.184 0E−02	4.184 2E−02		0.189 7	6.461 7	2.935 8E−02	2.935 5E−02
	0.413 0	5.745 5	7.188 2E−02	7.188 7E−02		0.414 7	6.365 8	6.514 5E−02	6.515 2E−02
	0.646 8	5.610 2	0.115 3	0.115 3		0.781 5	5.610 5	0.139 3	0.139 3
	0.967 5	4.344 4	0.222 7	0.222 7		1.000 0	3.610 1	0.277 0	0.277 0
	1.000 0	3.436 4	0.291 0	0.291 0	正辛烷	5.574 0E−05	5.495 9	1.014 2E−05	1.014 1E−05
苯	1.756 0E−03	5.527 2	3.177 0E−04	3.177 4E−04		8.291 0E−04	6.109 2	1.357 1E−04	1.357 1E−04
	2.824 0E−03	5.648 0	5.000 0E−04	4.999 7E−04		1.202 0E−02	6.777 4	1.773 5E−03	1.773 8E−03
	1.866 0E−02	6.174 8	3.022 0E−03	3.021 4E−03		4.211 0E−02	7.087 5	5.941 4E−03	5.941 8E−03
	7.213 0E−02	6.553 6	1.100 6E−02	1.100 6E−02		1.701 0E−01	7.316 7	2.324 8E−02	2.325 1E−02
	0.198 0	6.729 5	2.942 3E−02	2.942 3E−02		3.519 0E−01	7.182 5	4.899 4E−02	4.899 3E−02
	0.442 0	6.583 6	6.713 7E−02	6.713 7E−02		8.803 0E−01	5.762 8	1.527 6E−01	1.527 5E−01
	0.860 5	5.299 0	0.162 4	0.163 6		1.000 0E+00	3.861 0	2.590 0E−01	0.259 0
	0.973 8	4.814 0	0.202 3	0.202 3					
	1	3.690 0	0.271 0	0.271 0					

注：(1) 本表数据取自文献[3]。
(2) 压缩因子的计算值为 P_r/P_{idr}。
(3) 压缩因子的实际值为 PV/RT。

对于饱和液体，由于处于平衡状态下同一物质的饱和蒸气和饱和液态具有的饱和蒸气压相同，故从式[7－2－8]还可推导得到下列关系：

$$\frac{Z^{SG}}{Z^{SL}}=\frac{V_{m}^{SG}}{V_{m}^{SL}}=\frac{P_{id}^{SL}}{P_{id}^{SG}}=\frac{P_{idr}^{SL}}{P_{idr}^{SG}} \qquad [7-2-9]$$

此式表明，饱和状态下汽相和液相的压缩因子比值应与分子理想压力相关。表 7－2－2 中列示了式[7－2－9]中这些比值，实际数据证明以分子间相互作用理论来说明气体和液体压缩因子本质是正确的。

表 7－2－2　式[7－2－9]关系的实际数据证明

物　质	Z^{SG}/Z^{SL}	V_m^{SG}/V_m^{SL}	$P_{idr}^{SL}/P_{idr}^{SG}$	物　质	Z^{SG}/Z^{SL}	V_m^{SG}/V_m^{SL}	$P_{idr}^{SL}/P_{idr}^{SG}$
氩气	304.048 7	301.786 7	301.780 4	CF_4	20 087.651 8	20 053.848 4	20 052.295 9
	182.508 6	182.575 4	182.531 2		2 162.397 4	2 166.780 1	2 166.464 6
	77.183 6	77.078 8	77.082 0		308.215 6	308.215 6	308.309 8
	37.053 1	37.080 3	37.082 5		83.488 5	82.345 1	82.352 6
	19.261 9	19.261 9	19.258 9		28.201 9	28.351 4	28.353 2
	9.978 5	9.978 5	9.978 3		10.932 8	10.932 8	10.934 0
	5.278 0	5.278 0	5.278 2		3.625 2	3.625 2	3.625 1
	1.771 1	1.771 1	1.771 1		1.000 0	1.000 0	1.000 0
	1.000 0	1.000 0	1.000 0	正辛烷	91 922.887 0	91 381.874 8	91 369.908 6
苯	3 149.831 6	3 149.831 6	3 149.401 7		7 535.055 7	7 535.964 6	7 534.780 5
	1 997.025 6	1 998.440 9	1 998.584 6		548.966 4	549.423 5	549.667 5
	322.625 6	321.763 4	321.771 8		154.301 1	154.411 1	154.411 8
	84.126 3	84.371 9	84.366 6		36.279 0	36.300 4	36.311 2
	28.637 2	28.608 3	28.611 8		15.396 7	15.401 1	15.399 9
	10.585 0	10.585 0	10.584 6		2.847 0	2.847 0	2.847 0
	2.930 1	2.930 1	2.951 8		1.000 0	1.000 0	1.000 0
	1.869 5	1.869 5	1.869 4				
	1.000 0	1.000 0	1.000 0				

注：本表数据取自文献[3]。

依据上述讨论可知，如果知道饱和气体的压缩因子，又知饱和气体和饱和液体的密度或摩尔体积，则可求得饱和液体压缩因子的数值，这有一定实用价值。

压缩液体的压缩因子与饱和液体相同，亦服从压缩因子的分子压力定义式：

$$Z^L = PV_m^L/RT = P_r^L/P_{idr}^L \qquad [7-2-10]$$

表 7－2－3 中列有一些物质在压缩液体状态下的压缩因子数据，证实式[7－2－10]对压缩液体适用。表 7－2－3 说明以分子压力表示的压缩因子与实测的压缩因子十分吻合。至此可以认为以分子压力定义的压缩因子应对各类气体、各类液体普遍适用。亦可依据式[7－2－9]，利用气体数据计算压缩液体的压缩因子数值，条件是所用气体与讨论的压缩液体是

同一物质，并处于相同的压力下。

表 7-2-3　不同压缩液态物质以分子压力计算的压缩因子与实际压缩因子的比较[1]

气态物质	分子压力数据(计算值)[2]			实际值 $Z^{(3)}$	气态物质	分子压力数据(计算值)[2]			实际值 $Z^{(3)}$
	P_r	P_{idr}	Z^L			P_r	P_{idr}	Z^L	
水	4.520 8	7.402 2	0.610 8	0.610 7	液氩	2.041 6	5.726 5	0.356 6	0.356 5
	4.520 8	8.197 9	0.551 4	0.551 3		4.083 3	5.856 8	0.697 2	0.697 2
	4.520 8	8.865 6	0.509 9	0.509 9		6.124 9	5.967 8	1.026 3	1.026 5
	4.520 8	9.381 1	0.482 0	0.481 9		8.166 6	6.064 9	1.346 5	1.346 7
	4.520 8	9.895 8	0.456 8	0.456 9		10.208 2	6.151 9	1.659 4	1.659 7
	4.520 8	9.508 2	0.475 5	0.475 4		12.249 9	6.151 9	1.965 9	1.965 8
	4.520 8	8.055 5	0.561 2	0.561 1		14.291 5	7.023 3	2.034 8	2.034 7
						16.333 2	7.071 2	2.309 8	2.310 3

注：(1) 本表数据取自文献[3]。
(2) 压缩因子的计算值为 P_r/P_{idr}。
(3) 压缩因子的实际值为 PV/RT。

下面将压缩因子的定义再列示如下：

对各类气体：

$$Z^G = \frac{P_r^G}{P_{idr}^G} \qquad [7-2-11]$$

对各类液体：

$$Z^L = \frac{P_r^L}{P_{idr}^L} \qquad [7-2-12]$$

7-3　分子静压力的基本概念

依据 Eyring 液体理论[4~7]，液体内部有两类分子，即定居分子和移动分子。移动分子是在液体中从一个位置移动到另一个位置作平移运动着的分子；定居分子是在液体中一定时间内与周围一定范围的分子呈有序排列(近程有序排列)，并在一定平衡位置附近振动的分子，定居分子运动的最大可能范围只是在其所在的自由体积内。

统计力学理论[8]认为平移运动着的分子会形成体系的压力，因此从这个意义上讲，气体分子全部都是移动分子；而呈有序排列着的在一定平衡位置附近振动着的分子符合固体分子的特征，这样可以认为：

气体分子——全部都是移动分子。

液体分子——部分是移动分子，部分是被称为定居分子的固定分子。从液体的平衡蒸气压远低于气体压力来看，液体中移动分子数量应不多，应大部分是定居分子。

固体分子——全部或绝大部分都是定居分子。固体分子会扩散，但扩散速度不大；亦会蒸发，但一般其蒸发速度亦很低；亦有可能有一定平衡蒸气压，但其数值极低。故而固体中如果有移动分子，其数量亦应是很少很少的。

移动分子对体系产生的压力是分子运动所产生的压力，称为分子动压力。

定居分子对体系产生的压力是由于周围分子对讨论分子的分子间相互作用所产生的作用力，称为分子静压力。定居分子不会对体系产生分子动压力。

为此在讨论分子静压力之前需要了解移动分子与定居分子。

7－3－1　移动分子与定居分子

依据 Eyring 液体理论，设定居分子的数量是每立方米为 n_L 个分子。

液体内移动分子每立方米体积内有 n_m 个分子。故而，

$$n = n_m + n_L \qquad [7-3-1]$$

$n = d \times N_A/M$，为单位体积内总分子数。式中 d、N_A、M 分别为密度、阿氏常数和克分子量，计算得到其数量级为 10^{28} 个/m^3左右。

Eyring 液体理论模型认为：液体中一个分子要进入其附近的液体空洞，这个分子必须能通过瓶颈或者说能跳过势垒。这如图 7－3－1 所示。势垒会减少分子跃迁的概率，减少的分数 Eyring 用波尔兹曼因子 $\exp(-\varepsilon^*/kT)$ 表示。此处 ε^* 是分子跃迁时势垒的高度。由此 Eyring 导得液体的黏度：

$$\eta = \left(\frac{\delta}{\lambda}\right)^2 n_L h\exp\left(\frac{\varepsilon^*}{RT}\right) \approx n_L h\exp\left(\frac{\varepsilon^*}{RT}\right) \qquad [7-3-2]$$

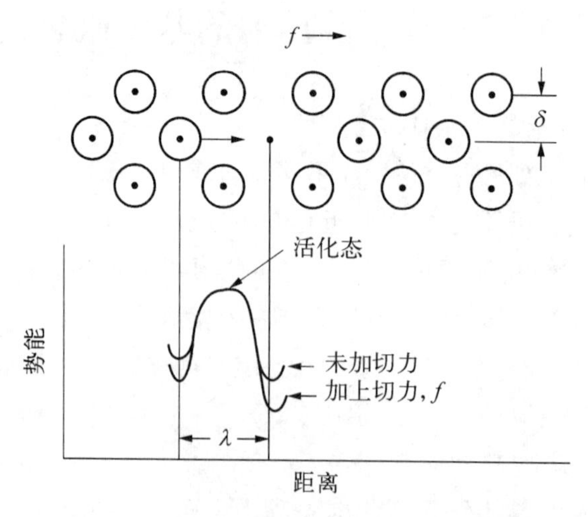

图 7－3－1　黏滞理论中 Eyring 液体理论模型

式中 h 为普朗克常数。δ、λ 分别为分子层之间距离和分子跳动的距离，$\delta \approx \lambda$。

由此，可由液体的黏度近似地估算物质分子的活化能 ε^*。表 7-3-1 中列示了依据液体黏度计算的在熔点下物质分子的活化能的数据。

表 7-3-1　某些物质在熔点下分子跳动的活化能(1)

物　质	熔　点 /K	密度×10^3 /kg·m^{-3}	摩尔体积 10^{-3} /×m^3·mol^{-1}	黏　度 /10^3×Ns·mol^{-2}	活化能 /J·mol^{-1}
氧	54.35	1.296 8	24.675	0.660	1 676.05
氮	63.25	0.870 5	32.182	0.245	1 568.95
甲　醇(2)	174.45	0.915 5	34.998	9.646	11 281.62
乙　醇(2)	159.05	0.931 5	49.457	92.812	13 407.54
丙　酮	178.15	0.905 6	64.132	2.079	8 608.08
苯	278.68	0.892 0	87.570	0.788	11 939.65
甲　苯	178.24	0.973 1	94.688	2.918	9 692.19
乙　苯	178.18	0.969 0	109.57	3.379	10 122.45
甲　烷	90.67	0.454 1	35.330	0.195	2 147.36
乙　烷	89.88	0.655 0	45.908	1.212	3 689.85
丙　烷	85.46	0.724 0	60.907	8.070	5 056.42
正丁烷	134.80	0.736 7	78.897	1.833	6 604.42
正己烷	177.80	0.758 0	113.691	1.877	9 286.44
正辛烷	216.35	0.766 8	148.98	2.057	12 005.99

注：(1) 本表所列的计算数据取自文献[9～11]。
(2) 甲醇、乙醇的缔合度分别取 2.7 和 2.2。

液体内移动分子应具有一定的移动平均速度 $\bar{u}$，按 Eyring 液体理论，由定居分子成为移动分子必须跃过能量势垒 ε^*，故有理由假设，移动分子所具有的速度条件为 $\bar{u}\sim\infty$，相对应的能量条件为 $\varepsilon^*\sim\infty$。据此按 Tabor[7] 提出的下式可计算液体中移动分子的数量：

$$n_{\mathrm{m}} = n\exp\left(\frac{-\varepsilon^*}{RT}\right) \qquad [7-3-3]$$

计算结果已列于第二章表 2-4-1 中，由表 2-4-1 来看，液体中移动分子的数量级为 $10^{23\sim26}$，占总分子数目的比例约为百分之几。

故而移动分子的数量级约为 10^{25} 数量级，按此计算的定居分子约占全部分子 94%以上。移动分子和定居分子的近似数量及所占总分子数的比例均列于表 2-4-1。为方便读者讨论，将表 2-4-1 中部分数据整理成下表列示。

表 7-3-2　熔点温度下液体内移动分子和定居分子的近似数量[1]

物　质	计算温度(熔点)/K	(n_L/n)/ %	(n_m/n)/ %
氧	54.35	97.55	2.45
氮	63.25	94.94	5.06
甲醇[2]	174.45	99.96	0.04
乙醇[2]	159.05	99.996	0.004
丙酮	178.15	99.70	0.30
苯	278.68	99.42	0.58
甲苯	178.24	99.86	0.14
乙苯	178.18	99.89	0.11
甲烷	90.67	94.21	5.79
乙烷	89.88	99.28	0.72
丙烷	85.46	99.92	0.08
丁烷	134.80	99.72	0.28
己烷	177.80	99.81	0.19
辛烷	217.35	99.48	0.52

注：(1) 本表数据取自文献[9]。
(2) 甲醇、乙醇的缔合度值同表 7-3-1。

如果温度变化，液体中定居分子数量、移动分子数量应均有影响。选择苯、乙烷和庚烷代表非极性类物质，甲醇代表极性物质和液氧、液氮代表元素。图 7-3-2(a)中列示了这些物质中定居分子数量随温度(以对比温度表示)变化的曲线。

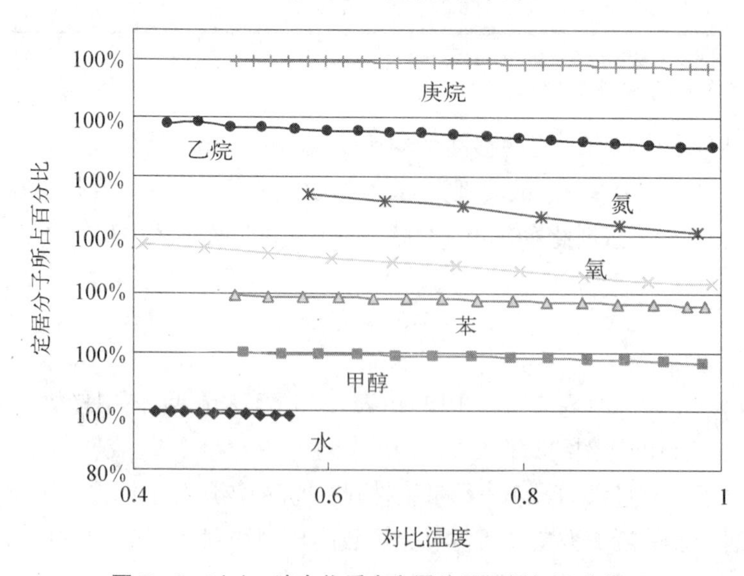

图 7-3-2(a)　液态物质中定居分子比例与温度关系

图 7-3-2(a)表示，随着温度的升高，液体中定居分子随之减小，这表明温度增加，移动分子的数量会有增加，图 7-3-2(b)表示液体中移动分子的数量随着温度的提高而变化。

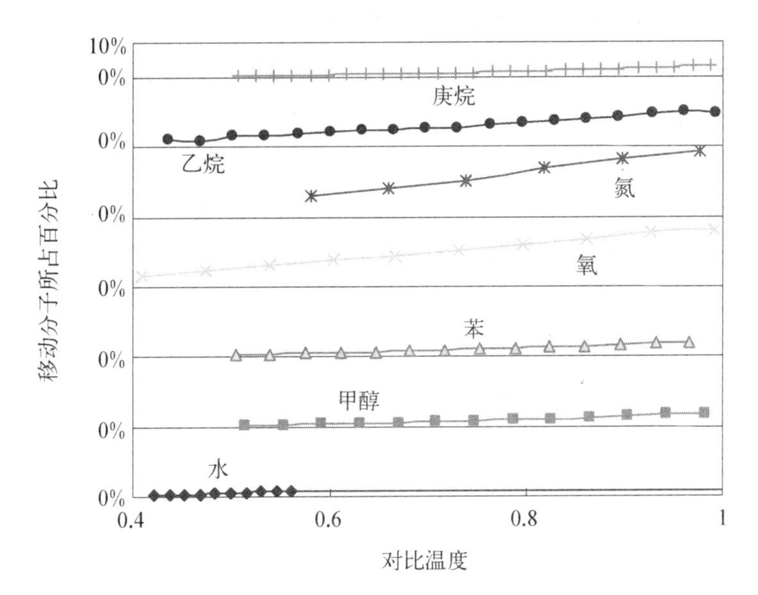

图 7-3-2(b)　液态物质中移动分子比例与温度关系

液体中移动分子的数量随着温度的提高而增多。

综合上述讨论可知：

(1) 液体中移动分子的数量不多，约占总分子量的百分之几。即便在接近临界状态时，像液氧、液氮这些元素，移动分子量也只占 16%～18%。

(2) 故而液态物质中大部分分子应是定居分子。

(3) 温度升高，液体中移动分子数量增加，定居分子数量逐步减少。与之相应，体系压力随之增加。

7-3-2　气态与液态

讨论两个对象，一个为气态(例如过热气体)，另一个为液态，它们的摩尔体积值相近似，且它们的对比体积都小于 1，这两个讨论对象之间又有什么不同之处呢？

比较气体和液体性质：气相和液相的最大区别在于液相是凝聚相，而气相不是凝聚相。凝聚相存在有界面、界(表)面张力；而气相，非凝聚相不存在界面、界(表)面张力，这是二者之间一个明显的区别。且这一差别与温度有关，当温度上升时，这一差别逐渐减少，一直到临界温度，一般此时认为液相表面张力为零，这意味着这一差别消失，气液分界面逐渐模糊以至完全消失。换句话讲，非凝聚相—气体和凝聚相—液体之间差别完全消失。因此，由此可知，表面张力应是凝聚相—液体的标志，换句话说，讨论体系中出现表面张力这个宏观性能参数，则讨论体系是液体，这个宏观性能消失则讨论体系是非凝聚相、气体。

为此，气体中不存在有表面张力，即使是在高压下的过热气体，可能其对比体积 $V_r<1$，但因为其物质状态为气态，仍可认为其表面张力并不存在。下面对此进行讨论。

近代许多文献认为表面张力与液相内分子相互作用有关[12~14]，即与讨论体系的分子压力有关。上面讨论中得到的气相或液相中分子动压力的平衡方程为：

气相分子压力平衡方程： $P_r^G + P_{atr}^G = P_{idr}^G + P_{P1r}^G + P_{P2r}^G$

液相分子压力平衡方程： $P_r^L + P_{atr}^L = P_{idr}^L + P_{P1r}^L + P_{P2r}^L$

上述计算式表明，无论对气相还是对液相，外压力、分子吸引压力和各分子斥压力均已彼此平衡。已无法说明是何种分子压力的作用会使液体表面张力得以形成，并使液体与过热气体不同。在同样对比体积低于 1 的条件下，为什么液体可成为凝聚相，具有表面张力；而过热气体仍是气体并且不具有表面张力，不能成为凝聚相。

Adamson[15]指出，通过热力学第二定律，可导得内压力的微分方程式：

$$\left(\frac{\partial U}{\partial V}\right)_T = T\left(\frac{\partial P}{\partial T}\right)_V - P \qquad [7-3-4]$$

又知 van der Waals 状态方程： $P = \dfrac{RT}{V-b} - \dfrac{a}{V^2}$

由此可知，热力学导得的内压力

$$P_{内} = \left(\frac{\partial U}{\partial V}\right)_T = \frac{a}{V^2} \qquad [7-3-5]$$

亦就是说，立方型状态方程（多数采用 Van der Waals 方程）中引力项可用于估算分子内压力的数值[15, 16]。

而众多研究者认为，分子内压力应与表面张力相关[12, 17, 18]，为此在表 7-3-3 中列出一些物质在过热状态和饱和液态下的对比分子吸引压力以作比较。

表 7-3-3　过热状态和饱和液态下的对比分子吸引压力比较

物质	过热状态					饱和液态				
	P_r	V_r	T_r	P_{atr}	表面张力 /mJ·m^{-2}	P_r	V_r	T_r	P_{atr}	表面张力 /mJ·m^{-2}
氩	20.416 5	0.555 4	1.988 1	8.874 4	0	0.646 8	0.568 3	0.927 8	11.553 9	0.903 0
	10.004 0	0.523 7	1.325 4	11.209 7	0	0.413 0	0.515 3	0.861 5	13.968 2	2.990
	16.006 4	0.465 1	1.325 4	13.734 9	0	0.247 7	0.461 6	0.795 2	17.321 2	4.950
	20.008 0	0.441 9	1.325 4	15.004 1	0	0.136 1	0.431 9	0.729 0	19.867 0	7.100
正丁烷	10.537 4	0.676 5	1.646 3	6.929 5	0	0.918 3	0.691 9	0.987 8	8.933 6	0.189 0
	13.171 8	0.544 8	1.411 1	11.101 0	0	0.656 5	0.555 5	0.940 7	13.538 0	1.733 8
	13.171 8	0.438 1	1.058 3	18.993 9	0	0.249 1	0.449 0	0.823 1	20.796 2	6.339 0

表 7-3-3 数据表明：在过热状态下物质内对比分子吸引压力 P_{atr} 值亦可达到相当高数值，但是过热状态仍不是凝聚状态，物质表面张力为零。而同一物质如处于饱和液态，则

在相应的 P_{atr} 数值时,物质已有一定数值的表面张力,说明物质已是凝聚状态。因此作者认为 P_{atr} 并不是使物质成为凝聚状态的分子内压力,而能使物质成为凝聚状态的分子内压力是只存在液态物质内的另一种分子压力。

先从热力学来讨论能使物质成为凝聚状态的"分子内压力"。

热力学第二定律以下列形式表示液体内能的变化

$$dU = TdS - PdV + \sigma dA \qquad [7-3-6]$$

式中 σ 表示表面张力, A 为表面面积。由界面化学[20, 21]知讨论相体积可分成两部分讨论,即体相内部体积 V^B 和界面部分体积 V^S, 分别有下列关系:

相内部体积 $V = V^B + V^S$; 界面部分体积 $V^S = \delta \times A$ [7-3-7]

式中 δ 为界面层之厚度,与分子间有效作用距离相关,故在一定压力和温度下,可认为界面层厚度近似恒定。故有 $dV^S = \delta dA$ [7-3-8]

代入式[7-3-6],得

$$\begin{aligned} dU &= TdS - PdV^B - PdV^S + \frac{\sigma}{\delta}dV^S \\ &= TdS - PdV^B - \left(P - \frac{\sigma}{\delta}\right)dV^S \end{aligned} \qquad [7-3-9]$$

将体系的 U 和 S 均分成体相内部和界面部分讨论,这样式[7-3-9]可改写为

体相部分 $dU^B = TdS^B - PdV^B$ [7-3-10a]

界面部分 $dU^S = TdS^S - \left(P - \frac{\sigma}{\delta}\right)dV^S$ [7-3-10b]

由此可知在讨论体系的界面部分中存在有两种压力,其一是通常讨论的体系压力 P。这个压力不但在界面部分中存在,亦应在讨论体系的体相内部存在,在界面部分中的压力与在体相内部中的压力数值上相同,热力学规定这个压力为体系的环境压力。讨论体系内的压力是分子运动所形成的压力,即是分子动压力。因此无论在体相内部或是界面部分,体系环境压力应与分子动压力处于平衡状态,故状态方程计算和反映的应是分子动压力情况。

在界面部分还存在另一个压力,称为分子内压力 P_{in}, 分子内压力可定义为

$$P_{in} = \sigma/\delta \qquad [7-3-11]$$

与式[7-3-11]类似的一些表示式已被很多研究者[17, 18, 22]应用。因此,在体系界面部分的压力,即界面压力为 $P^S = P + P_{in}$ [7-3-12]

界面压力在作者另一著作[21]中有详细讨论,在此不再进行讨论。下面将着重分析分子内压力 P_{in} 的一些特性:

(1) 式[7-3-10b]表明分子内压力仅存在于体系的界面部分。

(2) 由式[7-3-11]可知,分子内压力与表面张力密切相关。

(3) 已知表面张力形成的原因与分子运动状况无关,因而分子内压力亦应与体系内分子运动状况无关,亦就是说分子内压力不属于分子动压力。

众多研究者已经阐明,表面张力的形成需要两个必需条件:

其一,必须存在界面,亦就是说,不存在界面的非凝聚相—气体不会有分子内压力,即不会有表面张力。界面的存在使界面处分子受到了界面两边不均衡的分子间相互作用力的作用,使其在界面分子上形成了指向一定方向的作用力,单位面积上的作用力即是界面上的分子内压力。

其二,讨论体系内分子间应存在相互作用,在体系内运动着的分子间亦存在分子间相互作用,但由于运动着的分子运动方向是无序的、混乱的,因而运动着的分子的作用力亦是无序的、混乱的,或者说它们的作用力是彼此相互抵消的。只有在液体中呈有序排列的定居分子,它们彼此相互作用所形成的合力才可能是具有一定方向的有效作用力。

亦就是说,只有存在于界面部分的定居分子间的相互作用才能形成确定方向的有效作用力,即所谓的分子内压力。由此可知,分子内压力的本质与分子动压力不同,是种静态的压力,属于分子静压力范畴。

经典状态方程计算所使用的状态参数如压力、温度和摩尔体积,均是实际测量得到的数据,这些数据代表着物质在某种状态下的宏观平均值。Adamson[15]在讨论液体问题时指出:“一些测定的性质是由物质(液体、气体等)的平均结构而不是瞬时结构所决定的”。换句话讲,经典的状态方程采用了由物质平均结构所决定的一些测定的性质,故而其得到的结果亦应是反映物质的平均结构的性能。

所谓平均结构就是分子无序排列结构。众所周知,气态物质内部是一种平均结构,所以经典状态方程可以很好地反映气态物质内部的分子压力组成结构。而液态物质,其内部的分子结构并不完全是平均结构,范宏昌[19]指出:已经证实液体的微观结构是一种近程有序加远程无序平均结构。因此经典状态方程不能完全反映液体这种近程有序、远程无序的结构。这从经典状态方程计算气体数据时误差较小,而计算液体数据时具有很大误差的情况得以反映,详见第四章中表4-2-1。

为此,气态物质与液态物质的区别在于:

从物质形态来看,气态物质非凝聚相,无表面;液态物质是凝聚相,存在相表面。

从物质性质来看,气态物质无表面张力,无分子内压力,Adamson[15]计算气态二氧化碳在STP(标准温度压力)下内压力仅为0.007 1大气压,很小,可以忽略。液态物质存在表面张力,亦存在内压力。Adamson[15]计算25℃液态水的内压力高达16 000大气压,而液态烃的内压力约为3 000大气压,液态物质中内压力均很大,不能忽略。

从物质的微观结构来看,气态物质是种完全无序平均结构,而液态物质是种近程有序、远程无序的结构。

因而气态物质与液态物质在形态、性质和微观结构上的差别,显示在液态中出现的新形态、新性质和新的微观结构之间应该彼此有关,互有联系。

7-3-3 液体近程有序结构

反映液体近程有序结构的方法是液体的径向分布函数。径向分布函数具有以下特征：

——当分子间距离 r 小于讨论物质的分子碰撞直径时径向分布函数 $g(r)$ 迅速变为零；当 r 趋近于∞时 $g(r)$ 趋近于 1；

——在较小的 r 范围时会存在若干个随着分子间距离增大而迅速衰减的极值,其最大的一个极值是处于分子间相互作用势能的最低值处的分子间距离。这反映了液态物质近程有序的特征。这些极值分别代表着液态分子的第一、第二和第三配位圈。随分子间距离的增大,这些高于平均值的极值随之迅速地减少,这表明液体分子的近程有序排列在分子间距离增大时很快消失。

统计力学中定义液体时径向分布函数[2]为：

$$g(r)=\frac{\rho_r}{\rho} \qquad [7-3-13]$$

径向分布函数的物理意义为：在一指定分子间距离 r 处,液体分子的局部数密度 ρ_r 与平均数密度 ρ 之比。显然,当 $\rho_r=\rho$ 时,径向分布函数 $g(r)=1$,即物质处于无序状态,物质分子结构是平均结构,这是气态物质的特征。

图 7-3-3 为液态氩在温度 84.4 K 下的径向分布函数[15]。由图可见,径向函数可以分成两部分,一部分是径向分布函数 $g(r)=1$,代表着物质内部平均结构部分;另一部分是增加的峰值,正是物质内部存在着第一、第二……配位圈处出现的极值,在图 7-3-3 中以斜线阴影部分表示,代表着液体内部的近程有序结构。因此,径向分布函数的定义式[7-3-13]可改变为：

$$g(r)=\frac{\rho_r}{\rho}=\frac{\Delta\rho(r)+\rho}{\rho}=\frac{\Delta\rho(r)}{\rho}+1=\Delta g(r)+1 \qquad [7-3-14]$$

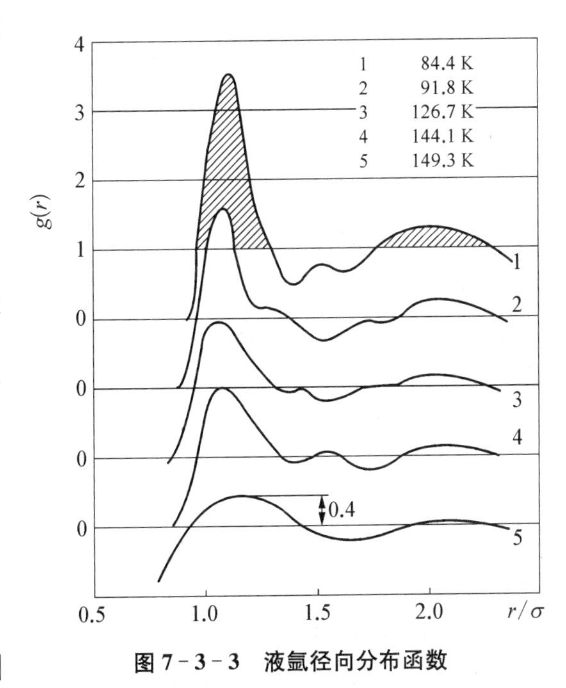

图 7-3-3 液氩径向分布函数

即液体的径向分布函数可以看成为由无序部分和有序部分两部分所组成,物质如果是纯无序结构,则其径向分布函数 $g(r)=1$,这是气态物质的特征;物质如果是部分有序、部分无序结构,则其径向分布函数如式[7-3-14]所示,这是液态物质的特征。

上式中 $\Delta g(r)$在文献中称为总相关函数[23],总相关函数具有下列特点:

(1) 总相关函数度量了对无序随机分布的偏离,也就是在物质内部某一讨论处分子密度对物质平均密度的偏离。换句话讲,当物质是气体时,总相关函数应为零,一般认为,气态物质的摩尔体积要大于临界体积,气体物质呈饱和气态时的摩尔体积亦大于临界体积 V_C,因此,可认为:

$$\Delta g(r) \underset{V \geqslant V_C}{=} 0 \qquad [7-3-15]$$

(2) 由图 7-3-3 可见,温度对径向分布函数 $g(r)$有影响。当温度升高时,$g(r)$的峰高会越来越小,曲线的精细结构亦随之逐渐消失,曲线渐趋平坦,说明近程有序随着温度升高而逐渐遭到破坏。$g(r)$的这些特征亦可反映在总相关函数上。在温度 149.3 K 时(氩气临界温度为 150.8 K) 液氩的第一峰的 $\Delta g(r)$值约为 0.4 左右(在 $r/\sigma \approx 1.2$ 处)。由此可预测当温度再提高,使氩处于气态时,此值应更低些。当气态物质处于过热状态时,由于状态温度很高,一般大于临界温度,因而只有在高压下才能使分子体积低于临界体积,即使这样,过热气体状态还是随机无序分布。尽管表 7-3-3 数据表明,在过热状态下以经典状态方程计算的分子吸引压力亦可达到相当数值,但过热状态下气态仍是气态,不能成为凝聚态—液态。这是因为经典状态方程计算的只是无序状态下的状态参数,并不反映液态的近程有序结构。

(3) 从图 7-3-3 可见,总相关系数应在分子间距离接近分子碰撞直径 σ 时达到最大峰值,即第一配位圈的位置应在此处。温度越低,此峰峰值越高,即总相关系函数值越大,从图 7-3-3 看可高出平均数密度数倍。也就是说,在第一配位圈内的数密度可能高出平均数密度很多。按照分子间力具有加和性的特性知,如果在分子间相互作用力的计算中考虑了总相关函数这一影响,那么其计算所得的最终结果应该而且必定要大于以平均数密度方法的计算结果,亦就是说,可能会比以状态方程方法的计算结果大许多。如果在讨论分子与其周围分子间相互作用中,分子间引力占着优势,那么总相关函数将使分子引力(相对于统计平均值)再增加许多。在高压作用下,讨论分子位置已非常接近分子碰撞直径 σ,这时斥力已为主项。许多文献[24, 25]报道过有效分子体积的分子直径的数据,依据硬球位能函数估算,分子硬球的直径与溶点下物质的摩尔体积呈下列关系:

$$\sigma = 1.146 \times 10^{-8} V_{mf}^{1/3}(\text{cm}) \qquad [7-3-16]$$

式中 V_{mf} 为讨论物质熔点时摩尔体积。因而液体在熔点处或接近熔点温度时讨论物质分子间平均距离应十分接近分子硬球直径,故而液体与高压过热气体一样,分子间斥力即第二分子斥压力应具有相当数值。

为此,如果需要比较同一物质处在过热气体状态和处在液态下各种分子压力,则需对比体积较接近的。在表 7-3-4 中列示了水和氩分别处于高压过热气体状态和低压饱和液体状态下各分子压力的数据，所列数据均以五个状态方程计算，每个数据均是五个状态方程计算值的平均值。

表 7-3-4　水和氩的过热气态和饱和液态内分子压力

讨论物质	状态参数				对比分子压力			
	状　态	P_r	T_r	V_r	P_{atr}	P_{idr}	P_{P1r}	P_{P2r}
水	过热气态	4.520 8	1.081 4	0.484 5	21.792 1	9.508 2	2.831 6	13.973 2
	饱和液态	0.558 3	0.926 9	0.467 5	25.171 0	8.446 8	0.369 5	16.912 9
	过热气态	4.520 7	1.235 9	0.653 6	11.737 0	8.055 5	2.213 0	5.989 3
	饱和液态	0.916 4	0.988 7	0.654 6	13.147 8	6.435 1	0.487 1	7.142 0
	过热气态	4.520 8	1.390 4	0.917 0	5.858 8	6.459 3	1.646 2	2.274 0
	饱和液态	1.000 0	1.000 0	1.000 0	6.029 4	4.260 3	0.388 5	2.384 5
正丁烷	过热气态	5.268 7	1.175 9	0.585 7	10.996 5	7.327 4	2.840 7	6.097 0
	过热气态	13.171 8	1.411 1	0.544 8	11.101 0	9.420 4	7.951 0	6.901 3
	饱和液态	0.656 5	0.940 7	0.555 5	13.538 0	6.180 6	0.364 1	7.649 9
氩	过热气态	20.008 0	1.325 4	0.441 9	15.004 1	10.096 8	14.148 9	10.766 6
	饱和液态	0.136 2	0.729 0	0.431 8	19.867 0	5.799 7	0.095 7	14.107 8
	过热气态	10.004 0	1.325 4	0.523 7	11.209 7	8.518 9	5.914 2	6.780 5
	饱和液态	0.413 0	0.861 5	0.515 3	13.968 2	5.745 5	0.244 1	8.391 6
	过热气态	20.416 5	1.988 1	0.555 4	8.874 4	12.300 0	11.729 7	5.261 3
	饱和液态	0.646 8	0.927 8	0.568 3	11.553 9	5.610 2	0.342 9	6.247 6

注：本表所列数据均为 5 个状态方程的平均值。状态参数数据取自文献[18]。

由表 7-3-4 中所列数据可见，当同一物质处于两种不同状态——高温过热气态和低温饱和液态时，且两种状态下讨论物质的对比体积接近时，这同一物质在两种状态下分子压力有下列不同：

——两种状态下对比分子吸引压力和对比第二分子斥压力均具有相当大的数值，并且对于同一物质，两种状态下分子吸引压力和第二分子斥压力数值大致上接近，液态物质要稍高一些。亦就是说，当物质对比体积，即当物质内分子间距离接近时，两种状态下，无论是气态或是液态，物质内分子间相互作用对体系压力的贡献大致接近，液态情况下分子间相互作用可能稍强一些。

——比较两种状态下的分子理想压力，过热气体的数值大于饱和液态的数值；并且过热状态与饱和液态温度差越大，二者分子理想压力差亦越大。分子理想压力的高低，反映讨论物质中分子受温度影响而具有分子运动能力的高低。显然，高温致使物质内分子具有很强的活动能力，这应该是过热物质虽然在 $V_r<1$ 的情况下，不能凝聚成为液相，还仍是气态的原因之一。

——比较两种状态下第一分子斥压力的数值可知，过热状态下物质的第一分子斥压力数值明显高于液态的数值。已知第一分子斥压力是代表讨论物质分子本身所占有的体积对体系压力的影响，而讨论物质分子本身所占有的体积对体系压力的影响的增强，是讨论体系处在过热状态下承受着高温、高压的结果。

综合上述讨论，温度升高应是液相转变成气相的原因；反之，温度降低是气相转变为液相的原因。过热状态气体虽然分子间距离已与液相的分子间距离相似，但高温使分子热运动加剧，分子本身存在的体积的影响亦由此加剧。而液体中分子热运动特征是分子在本身的平衡位置附近振动着，分子平衡位置并不固定，而是在液体内缓慢地移动着[26]。液体分子热运动的这些特征与过热状态下物质的分子热运动加剧的特征不相符合。

此外，液体所具有的近程有序结构与此亦有关系，试想，当讨论体系内所有分子均在作剧烈无序的运动，产生像过热状态气体所具有高动能的分子(这反映在过热气体的分子理想压力和第一分子斥压力很高)，无疑这会减少分子周围形成近似有序结构的机会，使物质状态不能成为液相。

Ornstein 和 Ernike[23, 27]提出，总相关函数可分成直接相关函数 $C(r_{12})$ 和间接相关函数 $C(r_{123})$ 两部分。

即： $$h(r) = \Delta g(r) = g(r) - 1 = C(r_{12}) + C(r_{123}) \qquad [7-3-17]$$

直接部分 $C(r_{12})$ 表示在对比分子距离 dr_1 处的分子对在 dr_2 处分子密度的直接影响。而间接部分 $C(r_{123})$ 则反映分子 1 先直接影响在 dr_3 处内第三个分子 3(用 $C(r_{13})$ 表示)，然后分子 3 又“间接”影响到 dr_2 处的分子(即 $\rho h(r_{23})$)，这个间接影响应对分子 3 的所有可能的位置平均，这就得到：

$$h(r_{12}) = \Delta g(r_{12}) = C(r_{12}) + C(r_{123}) = C(r_{12}) + \rho\int C(r_{13})h(r_{23})\,dr_3 \qquad [7-3-18]$$

此式即为 Ornstein-Zernike 方程。这个方程也是非封闭的。

为求得 $\Delta g(r)$ 并进而求得 $g(r)$，必须引入另外独立的 $\Delta g(r)$ 和 $C(r)$ 的关系式，目前在统计力学理论中介绍引入此关系的有两种近似方法，即，Percus-Yevick(P－Y)方程[28]和超网链积方程(HNC) [23, 29]。这些近似方法计算繁复，不在此介绍了，有兴趣读者可查阅有关著作。在此对其一些计算结果简单介绍如下[2]：

——Percus-Yevick(P－Y)方程：

$$\rho g(r_{12})\exp\left(\frac{u(r)}{kT}\right) = \rho[1 + h(r_{12}) - C(r_{12})]$$

故 $$g(r)\exp\left(\frac{u(r)}{kT}\right) = g(r) - C(r)$$

——超网链积分程：

$$\ln g(r_{12})+\frac{u(r_{12})}{kT}=\rho\int\left[g(r_{13})-1-\ln(r_{13})-\frac{u(r_{13})}{kT}\right][g(r_{23})-1]dr_3$$

(P－Y)方程和超网链积分程中均存在着微观分子间相互作用项 $u(r)$，如果代入上式会使此式显得更为复杂，何况(P－Y)方程和超网链积分程的计算方法均是近似方法。

作者对 Ornstein-Zernike 方程进行下列近似计算工作：已知液体的密度与温度的关系为 $\rho_t=\rho_0(1-k_\rho t)$，如果设定参考温度为熔点，则有

$$\rho_t=\rho_{mf}(1-k_\rho(t-t_{mf})) \qquad [7-3-19]$$

将式[7－3－19]代入式[7－3－18]，得

$$\Delta g(r_{12})=C(r_{12})+\rho_{mf}\int C(r_{13})h(r_{23})dr_3-(\rho_{mf}\int C(r_{13})h(r_{23})dr_3)\times k_\rho(t-t_{mf}) \qquad [7-3-20]$$

由此，对式[7－3－20]亦进行近似讨论：

改变式[7－3－20]，得

$$\Delta g(r_{12})=a-b(t-t_{mf})$$

式中

$$a=C(r_{12})+\rho_{mf}\int C(r_{13})h(r_{23})dr_3 \qquad [7-3-21a]$$

式[7－3－20]表示的是温度对 $\Delta g(r_{12})$ 的影响，而式中 $C(r_{12})$、$C(r_{13})$ 等均与温度相关，故 a 应是个变数。现讨论当温度在熔点时的系数 a_{mf} 的数值：

$$a_{mf}=C(r_{12})_{mf}+\rho_{mf}\int[C(r_{13}h(r_{23}))]_{mf}dr_3$$

此式中 $C(r_{12})_{mf}$、$[C(r_{13}h(r_{23}))]_{mf}$ 和 ρ_{mf} 都是熔点时的数值。因此，对于每个讨论对象而言，在状态参数确定后，这些数据都是恒定数值。现设定

$$c_{mf}=C(r_{12})_{mf};\qquad d_{mf}=\rho_{mf}\int[C(r_{13})h(r_{23})]_{mf}dr$$

故有

$$a_{mf}=c_{mf}+d_{mf}$$

将上式与式[7－3－21a]比较，故得讨论温度下有

$$a_t=a_{mf}+(c_t-c_{mf})+(d_t-d_{mf})=a_{mf}+\Delta c+\Delta d$$

因 $d_t=\rho_{mf}\int C(r_{13})h(r_{23})dr_3$，故

$$d_t=d_{mf}+\Delta d$$

讨论温度下有

故

$$\begin{aligned}\Delta g(r)&=a_t-d_t\times k_\rho(t-t_{mf})\\&=a_{mf}+\Delta c+\Delta d-d_{mf}\times k_\rho(t-t_{mf})-\Delta d\times k_\rho(t-t_{mf})\end{aligned}$$

这里作者近似认为式中 $\Delta c+\Delta d-\Delta d\times k_\rho(t-t_{mf})\cong 0$

故得 $\Delta g(r)\cong a_{mf}-d_{mf}\times k_\rho(t-t_{mf})$

即证得 $\Delta g(r)$ 与讨论温度呈线性关系。依据式中各项的定义，现设 $\Delta g\,(r)_{mf}$ 为液体在熔点温度时的总相关函数，故有

$$a_{mf}=\Delta g\,(r)_{mf}=C\,(r_{12})_{mf}+\rho_{mf}\int[C(r_{13})h(r_{23})]_{mf}\mathrm{d}r_3$$

对于每个讨论对象，$\Delta g\,(r)_{mf}$ 应该是恒定的数值。

又设 $Ch\,(r_{123})_{mf}$ 为液体在变化单位温度时对熔点温度总相关函数的影响值，有

$$Ch\,(r_{123})_{mf}=d_{mf}\times k_\rho=\rho_{mf}\int[C(r_{13})h(r_{23})]_{mf}\mathrm{d}r_3\times k_\rho$$

上式中 k_ρ 在一定温度范围内亦是个常数，因此对每个讨论液体而言，$C\,(r_{123})_{mf}$ 应亦是恒定的数值。故而有

$$\begin{aligned}\Delta g(r)&\cong\Delta g(r)_{mf}-Ch\,(r_{123})_{mf}\times(t-t_{mf})\\&=A_{(\text{同物质})}-B_{(\text{同物质})}\times(t-t_{mf})\end{aligned}\qquad[7-3-21\text{b}]$$

式[7-3-21]中 $\Delta g\,(r)_{mf}$ 为液体在熔点温度时的总相关函数，$Ch\,(r_{123})_{mf}$ 为液体在熔点温度时的间接相关函数。故而对于每一种液体，这两个相关函数值均为恒定值，由式[7-3-21]可知，总相关函数与温度应呈线性关系。

由于总相关函数代表着液体中近程有序的影响，故可依据上述径向分布函数理论中总相关函数特性，对液体的分子内压力作统计理论讨论。

式[7-3-21]在下面章节中应用于对分子内压力的讨论。并且，亦证得分子内压力随温度变化规律与这个近似方程表示的规律是相符合的。

7-3-4 分子内压力

由热力学理论可知，体系所受到的压力

$$P=-\left(\frac{\partial F}{\partial V}\right)_T$$

F 为 Helmholtz 自由能函数。统计力学求得压力的表示式：

$$P=\frac{NkT}{V}-\frac{1}{6}\left(\frac{N}{V}\right)^2\int_0^\infty\frac{\mathrm{d}u(r)}{\mathrm{d}r}g(r)\times 4\pi r^3\mathrm{d}r\qquad[7-3-22]$$

注意到气态和液态微观结构上的区别，对气态和液态情况作分别讨论。

1. 气体情况

气体的径向分布函数为 $g(r)=g_0(r)\approx 1$，其总相关系数等于零。故：

$$P = \frac{NkT}{V} - \frac{1}{6}\left(\frac{N}{V}\right)^2 \int_0^\infty \frac{du(r)}{dr} 4\pi r^3 dr \qquad [7-3-23]$$

分子间相互作用可分为斥力部分 $u_P(r)$ 和引力部分 $u_{at}(r)$，$u(r) = u_P(r) + u_{at}(r)$，得：

$$P = P_{id} - \frac{1}{6}\left(\frac{N_A}{V_m}\right)^2 \int_0^\infty \frac{du_P(r)}{dr} 4\pi r^3 dr - \frac{1}{6}\left(\frac{N_A}{V_m}\right)^2 \int_0^\infty \frac{du_{at}(r)}{dr} 4\pi r^3 dr \qquad [7-3-24]$$

设：$P_P = -\frac{1}{6}\left(\frac{N_A}{V_m}\right)^2 \int_0^\infty \frac{du_P(r)}{dr} 4\pi r^3 dr$；$P_{at} = -\frac{1}{6}\left(\frac{N_A}{V_m}\right)^2 \int_0^\infty \frac{du_{at}(r)}{dr} 4\pi r^3 dr$

在斥力项中引入由于分子本身存在体积而引起的斥力，分子间引力为负值，故式[7-3-24]可写成为：

$$P = P_{id} + P_P - P_{at} = P_{id} + P_{P1} + P_{P2} - P_{at} \qquad [7-3-25]$$

式[7-3-25]即为在第五章中已讨论的气体内部分子动压力的平衡公式。

2. 液体情况

液体情况比气体复杂。在前面的讨论中已经指出，液体与气体的最大区别是，液体是凝聚相，液体存在界面，即存在表面张力，液态表面张力的存在与液态中存在分子内压力有关。因此首先讨论液态的分子内压力。

由于气相是随机分布的无序平均结构，不存在表征凝聚相特征的表面张力。亦就是说，无序平均结构的物态，不存在分子内压力。分子内压力 P_{in} 只存在于凝聚态物质中。由于分子内压力的形成是由于分子间存在着相互作用，故而分子内压力的作用是压缩分子使其彼此接近，物质体积收缩。即，这一分子内压力会约束液态分子彼此分离，使其凝聚在一起形成凝聚态。

显然，由于分子内压力是反映分子间相互作用的一种分子压力，故而，在下面讨论中将会对分子内压力的作用逐步进行分析。

物质内部存在的分子内压力或者其表观性质表面张力均不会影响液体内部密度的分布规律，因此统计力学一样可以证得：

$$P_t^L = P^L + P_{in}^L = \left(\frac{\partial F}{\partial V}\right)_{T,N} = kT\left(\frac{\partial \ln Q_C}{\partial V}\right)_{T,N} \qquad [7-3-26]$$

上式中 P_t^L 为液态物质所承受的总压力；P^L 为液态物质的外压力；P_{in}^L 为液态物质承受的分子内压力。

即，

$$P^L + P_{in}^L = \frac{NkT}{V} - \frac{1}{6}\left(\frac{N}{V}\right)^2 \int_0^\infty \frac{du(r)}{dr} g(r) 4\pi r^3 dr \qquad [7-3-27]$$

将式[7-3-14]代入上式得：

$$P^L + P_{in}^L = \frac{NkT}{V} - \frac{1}{6}\left(\frac{N}{V}\right)^2 \int_0^\infty \frac{du(r)}{dr} (\Delta g(r) + g_0(r)) 4\pi r^3 dr \qquad [7-3-28]$$

所以 $P^{L}+P_{in}^{L}=-\frac{1}{6}\left(\frac{N}{V}\right)^{2}\int_{0}^{\infty}\frac{du(r)}{dr}\Delta g(r)4\pi r^{3}dr+\frac{NkT}{V}-\frac{1}{6}\left(\frac{N}{V}\right)^{2}\int_{0}^{\infty}\frac{du(r)}{dr}g_{0}(r)4\pi r^{3}dr$

因为 $g_0(r)$ 代表当讨论物质内部呈无序随机分布时的径向分布函数，而这正是以状态方程计算外压力所具有的特点，故对液体可合理假设：

$$P^{L}=\frac{NkT}{V}-\frac{1}{6}\left(\frac{N}{V}\right)^{2}\int_{0}^{\infty}\frac{du(r)}{dr}g_{0}(r)4\pi r^{3}dr \tag{7-3-29}$$

故而，

$$P_{in}^{L}=-\frac{1}{6}\left(\frac{N}{V}\right)^{2}\int_{0}^{\infty}\frac{du(r)}{dr}\Delta g(r)4\pi r^{3}dr \tag{7-3-30}$$

式[7-3-30]为分子内压力的计算式，此式表明，分子内压力产生的原因是由于液体中存在着总相关函数，这部分分子压力高于平均结构计算的分子压力，亦是由于凝聚态液态物质中存在的近程有序结构而产生的额外的分子压力，代表着液态物质内部分子结构对物质内分子压力的影响。

由式[7-3-29]可知：

$$P^{L}=P_{id}^{L}+P_{P}^{L}-P_{at}^{L}=P_{id}^{L}+P_{P1}^{L}+P_{P2}^{L}-P_{at}^{L} \tag{7-3-31}$$

式[7-3-29]和式[7-3-31]表明：当讨论液体物质的微观结构完全是随机分布的无序平均结构时，其物质内部的分子压力的平衡式应是式[7-3-29]。但是液态物质内部并不是完全随机分布的无序平均结构，因此以式[7-3-29]讨论液态物质必然得到不完整的结果。

式[7-3-30]是液态物质中分子内压力的定义式，对此式作以下说明：

(1) 式[7-3-30]中积分项中存在着 $du(r)/dr$，此项表示分子间相互作用是产生分子内压力的根源。首先，这是体系内各静态分子间的相互作用。其次，各静态分子间作用距离是在体系状态参数下的分子间平衡作用距离，因此这项分子间相互作用应该只是分子间吸引作用。

(2) 式[7-3-30]积分项中存在着 $\Delta g(r)$。这表示，液态物质中分子内压力的存在，即液态物质凝聚状态的存在应与该物质的总相关函数有关。换句话讲，在液态物质中存在的近程有序分子结构是使液态具有分子内压力，并可能成为凝聚状态的根本原因。

由于液态物质存在的近程有序分子结构所形成的液体分子内压力是气态这种随机分布平均结构型分子结构物质所不具有的，因此，表示随机分布平均结构型物质内部分子压力的平衡式不能反映液体分子内压力的平衡情况。为此下面讨论液体分子内压力的平衡情况。

7-3-5 液体分子内压力平衡

众所周知，液体是由两部分所组成，即液体的体相内部部分(称为相内区)和液体的表面区部分。由于这两部分均是液体，应该均存在液体的无序结构分子和近程有序结构分子，因此理论上认为，在液体的这两部分中分子内压力均存在，但在这两部分中分子内压力的平衡情况不同。

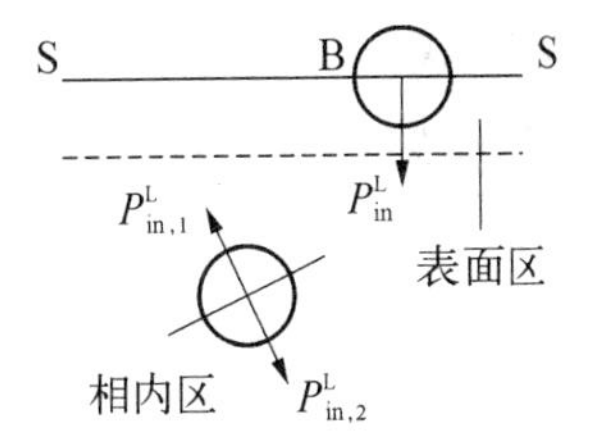

图 7-3-4　表面区和相内区的分子内压力

对液体的相内区而言，假设存在某一分子(见图 7-3-4)。在该分子处某一方向由于近程有序而形成分子内压力 $P^{L}_{in,1}$，但是在其反方向同样由于近程有序对讨论分子形成另一个分子内压力 $P^{L}_{in,2}$。显然，可认为对讨论分子而言，这两个分子内压力应是方向相反、数值相等，彼此抵消。因而在液体相内区的分子内压力平衡式为：

$$P^{L}_{in,1} + P^{L}_{in,2} = 0 \qquad [7-3-32]$$

所以，在液体内部，每个分子在各个方向上均受到其周围分子对其作用的分子内压力，但在每个分子上所受到的所有分子内压力的合力，平均地讲，等于零。

经典热力学之所以可以只考虑体系外压力的作用，其原因在于讨论体系的相内区内的每个分子的分子内压力的合力均为零，因而分子内压力对讨论相无任何贡献。

对于处在表面区(或界面区)内的分子则有不同的情况。表面区处分子的分子作用球仅有一半是在液体内部，另一半在液体表面外部。而液体外部为平衡蒸气相。处在液相内的半个分子作用球，由于液相存在的近程有序分子结构，对讨论分子会产生分子内压力，而处于汽相的半个分子作用球，由于汽相分子浓度很小，对液相表面分子的作用力一般可以忽略不计，不能对讨论分子形成分子内压力。这样造成讨论分子两边的分子内压力数值不能相互抵消，在讨论分子上就会产生一定数值合力，此合力指向液体内部。由此可见，处在液体表面层内的一些分子，只要这些分子到液面距离小于分子作用半径，则这些分子均会受到一个垂直于液面并指向体相内部的分子间力的作用。这导致整个液体表面层会对讨论液体产生压力，这一压力即为分子内压力。

表面层内分子内压力得不到平衡，从而对整个液体表面层施加压力，完成对液体表面压缩的膨胀功。由于这是使体系获得功，因此是正功。众所周知，与此同时，表面层内形成表面张力，完成表面功。因此可以认为，分子内压力对体系所作的膨胀功已转化为体系的表面功。

但是从图 7-3-4 可见，当分子 B 在表面区液面处向液体内部作垂直于液面方向移动时，分子 B 所受到的分子内压力应该是逐渐变化的。在液面处的分子内压力最大，而到达界面区与体相内部交界处与体相内部一样，由于各方向分子内压力相互抵消，因此此处分子内压力为零。从这个意义上来讲，下面讨论的分子内压力亦应是表面层内所有的分子压力的统计平均值。由界面化学理论[21, 30]知，界面层中分子内压力的平均值可由下式计算：

$$\overline{P^{L}_{in}} = \int_{o}^{\delta} P^{L}_{in} \mathrm{d}\delta \Big/ \delta \qquad [7-3-33]$$

将式[7-3-33]两边各乘以讨论相界面面积的增量 ΔA，由于界面面积与界面层厚度 δ 无关，因此式[7-3-33]可改写为：

$$\begin{aligned}\overline{P_{in}^{L}}\Delta A\delta &= \overline{P_{in}^{L}}\Delta V^{S} = \Delta A \times \int_{o}^{\delta} P_{in}^{L} d\delta \\ &= \int_{o}^{\delta} P_{in}^{L} \Delta A d\delta = \int_{o}^{\Delta V^{LS}} P_{in}^{L} dV^{S}\end{aligned} \quad [7-3-34]$$

式[7-3-34]中 ΔV^{S} 为讨论液体界面层体积增量。右边最后一项代表界面层中分子内压力所作的全部膨胀功。而该式左边项为计算的平均分子内压力所作的膨胀功。式[7-3-34]表明允许以平均分子内压力来讨论分子内压力所作的膨胀功。故在以下讨论中将全部采用平均分子内压力。

这样，在讨论体系的液相表面区内应考虑有两个压力在起作用，即表面区所承受的压力：

$$P^{S} = P_{外}^{S} + \overline{P}_{in}^{S} = P + P_{in} \quad [7-3-35]$$

式中 $P_{外}^{S}$ 为液相表面层经受的外压力，即为液体的外压力 $P_{外}^{S} = P$，$\overline{P}_{in}^{S}$ 为表面层中平均分子内压力，简化写成 P_{in}。范宏昌[19]从卡诺定理推导得到下式：

$$\left(\frac{\partial U}{\partial A}\right)_{T} = \sigma - T\frac{d\sigma}{dT} \quad [7-3-36]$$

此式左边一项代表单位表面面积内能，可改为 $(\delta - \delta^{I}) \times (\partial U/\partial V)_{T}$，$\delta$ 为实际表面层厚度。$\delta^{I} = V^{1/3}/(N_{A})^{1/3}$ 为讨论表面区的名义厚度，其中 N_{A} 为 Avogadro 常数，设 $K^{S} = (\delta/\delta^{I} - 1)$，$K^{S}$ 为与讨论物质性质、分子形状，分子微观结构相关的结构因子，在恒温下应是常数。故单位表面面积内能为 $K^{S}\left(\frac{V}{N_{A}}\right)^{1/3}\left(\frac{\partial U}{\partial V}\right)_{T}$，在上面讨论中已经介绍，此项中 $(\partial U/\partial V)_{T} = P_{in}$，因而式[7-3-36]可改写为：

$$P_{in} \times \delta^{I} \times K^{S} = \sigma - T(d\sigma/dT) \quad [7-3-37]$$

此式在文献中已有实际数据验证。童景山[31]认为：内压力不仅与表面张力直接有关，而且还与表面张力随温度的变化有关。亦就是说，需要考虑表面增大时的热效应，由此计算必须全面考虑各项影响，童景山依据其意见导得表面张力与内压力的关系式为：

$$\sigma = D + KV^{1/3}(\partial U/\partial V)_{T} = D + KV^{1/3}P_{in} \quad [7-3-38]$$

对比式[7-3-37]，可知二式在形式上一致。表7-3-5列示了童景山以式[7-3-38]计算的数据供参考。

表 7-3-5 童景山以公式[7-3-38]计算数据

物 质	内压方程式[7-3-38]	相关系数
正己烷	$\sigma=-6.326\,919+0.008\,325\,06V^{1/3}(\partial u/\partial v)_T$	0.999 8
正庚烷	$\sigma=-6.713\,492+0.008\,581\,086V^{1/3}(\partial u/\partial v)_T$	0.999 9
正辛烷	$\sigma=-6.587\,444\,4+0.008\,513\,20V^{1/3}(\partial u/\partial v)_T$	0.999 9
苯	$\sigma=-10.815\,275+0.010\,064\,97V^{1/3}(\partial u/\partial v)_T$	0.999 9
氯苯	$\sigma=-10.788\,284+0.002\,082\,37V^{1/3}(\partial u/\partial v)_T$	0.999 9
液氨	$\sigma=-7.596\,016\,5+0.008\,445\,78V^{1/3}(\partial u/\partial v)_T$	0.999 7
四氯化碳	$\sigma=-9.021\,046+0.011\,788\,40V^{1/3}(\partial u/\partial v)_T$	0.999 8
乙醚	$\sigma=-6.909\,510\,4+0.008\,411\,82V^{1/3}(\partial u/\partial v)_T$	0.999 7
乙酸乙酯	$\sigma=-8.776\,231+0.008\,243\,82V^{1/3}(\partial u/\partial v)_T$	0.999 8
甲醇	$\sigma=-8.007\,006+0.005\,996\,0V^{1/3}(\partial u/\partial v)_T$	0.999 7
乙酸	$\sigma=-15.611\,910+0.008\,503\,30V^{1/3}(\partial u/\partial v)_T$	0.999 0
水	$\sigma=-20.715\,777+0.002\,291\,60V^{1/3}(\partial u/\partial v)_T$	0.998 0

注：表内数据取自文献[31]。

由式[7-3-10b]知液体表面部分内能可表示为

$$\mathrm{d}U^S=T\mathrm{d}S^S-P^S\mathrm{d}V^S=T\mathrm{d}S^S-\left(P-\frac{\sigma}{\delta}\right)\mathrm{d}V^S \qquad [7-3-39]$$

由于液体中存在无序结构部分和近程有序结构部分，故界面部分能量和熵亦可分成两部分，即

$$U^S=U^{NS}+U^{OS};\qquad S^S=S^{NS}+S^{OS} \qquad [7-3-40]$$

式中标记"NS"表示液体中无序结构部分的参数；"OS"表示液体中近程有序结构部分的参数。这样式[7-3-39]可改写为

无序结构部分：

$$\mathrm{d}U^{NS}=T\mathrm{d}S^{NS}-P\mathrm{d}V^S \qquad [7-3-41]$$

对等温过程可导得热力学的基本公式

$$\left(\frac{\partial U^{NS}}{\partial V^S}\right)_T=T\left(\frac{\partial S^{NS}}{\partial V^S}\right)_T-P=T\left(\frac{\partial P}{\partial T}\right)_V-P \qquad [7-3-42]$$

近程有序结构部分：

$$\mathrm{d}U^{OS}=T\mathrm{d}S^{OS}+\frac{\sigma}{\delta}\mathrm{d}V^S \qquad [7-3-43]$$

已知[32]，

$$\left(\frac{\partial S}{\partial A}\right)_{T,P}=-\left(\frac{\partial\sigma}{\partial T}\right)_{A,P}\quad 或\quad \left(\frac{\partial S}{\partial A}\right)_{T,V}=-\left(\frac{\partial\sigma}{\partial T}\right)_{A,V} \qquad [7-3-44]$$

又 $\partial V^S=\delta\times\partial A$，故式[7-3-43]可改写为

$$\left(\frac{\partial U^{OS}}{\partial A}\right)=T\left(\frac{\partial S^{OS}}{\partial A}\right)+\sigma=-T\left(\frac{\partial\sigma}{\partial T}\right)+\sigma \qquad [7-3-45]$$

设定：$q = -T(\mathrm{d}\sigma/\mathrm{d}T)$ 为每增加单位表面所吸收的热，对比式[7-3-37]可知，

$$P_{\mathrm{in}}\delta^{\mathrm{I}}K^{\mathrm{S}} = (\partial U^{OS}/\partial A)_{T,V} = \bar{u}_A^{OS} \qquad [7-3-46]$$

式中 $\bar{u}_A^{OS}$ 表示单位面积表面层中近程有序结构部分的内能。这样式[7-3-37]的物理意义十分清晰，即：

$$\bar{u}_A^{OS} = \sigma + q \qquad [7-3-47]$$

式[7-3-47]表明表面张力确与液体内有序结构相关，亦就是说分子内压力确与液体的有序结构相关。

式[7-3-37]可表示为下列各种形式：

$$P_{\mathrm{in}} \times (V/N_A)^{1/3} \times K^{\mathrm{S}} = \sigma + q \qquad [7-3-48a]$$

改写为对比参数形式：

$$P_{\mathrm{in}r}(V_r)^{1/3} \times P_C(V_C/N_A)^{1/3}K^{\mathrm{S}} = \sigma + q \qquad [7-3-48b]$$

设：$K_r^{\mathrm{S}} = P_C(V_C/N_A)^{1/3}K^{\mathrm{S}}$，则：

$$P_{\mathrm{in}r}(V_r)^{1/3} \times K_r^{\mathrm{S}} = \sigma + q \qquad [7-3-49]$$

式[7-3-48]或式[7-3-49]即为在液态表面区内分子内压力与表面张力间的平衡公式。

由于液体微观结构是近程有序、远程无序结构，因此每种液体中均存在两种不同的平衡公式：

当讨论液体是处于某种分子随机分布，分子排列呈无序的平均结构状态时：

对液体体相内部分子压力平衡式：$P^{\mathrm{LB}} = P_{\mathrm{id}}^{\mathrm{LB}} + P_P^{\mathrm{LB}} - P_{\mathrm{at}}^{\mathrm{LB}} = P_{\mathrm{id}}^{\mathrm{LB}} + P_{P1}^{\mathrm{LB}} + P_{P2}^{\mathrm{LB}} - P_{\mathrm{at}}^{\mathrm{LB}}$

其对比压力形式为：$P_r^{\mathrm{LB}} = P_{\mathrm{id}r}^{\mathrm{LB}} + P_{Pr}^{\mathrm{LB}} - P_{\mathrm{at}r}^{\mathrm{LB}} = P_{\mathrm{id}r}^{\mathrm{LB}} + P_{P1r}^{\mathrm{LB}} + P_{P2r}^{\mathrm{LB}} - P_{\mathrm{at}r}^{\mathrm{LB}}$

[7-3-50]

对液体表面区内分子压力平衡式：$P^{\mathrm{LS}} = P_{\mathrm{id}}^{\mathrm{LS}} + P_P^{\mathrm{LS}} - P_{\mathrm{at}}^{\mathrm{LS}} = P_{\mathrm{id}}^{\mathrm{LS}} + P_{P1}^{\mathrm{LS}} + P_{P2}^{\mathrm{LS}} - P_{\mathrm{at}}^{\mathrm{LS}}$

其对比压力形式为：$P_r^{\mathrm{LS}} = P_{\mathrm{id}r}^{\mathrm{LS}} + P_{Pr}^{\mathrm{LS}} - P_{\mathrm{at}r}^{\mathrm{LS}} = P_{\mathrm{id}r}^{\mathrm{LS}} + P_{P1r}^{\mathrm{LS}} + P_{P2r}^{\mathrm{LS}} - P_{\mathrm{at}r}^{\mathrm{LS}}$

[7-3-51]

由于表面区与体相内部是同一相内两个部分，因此在这两部分中各种压力应彼此相等，即，

$$\left.\begin{array}{l} P^{\mathrm{LS}} = P^{\mathrm{LB}} = P^{\mathrm{L}};\ P_{\mathrm{id}}^{\mathrm{LS}} = P_{\mathrm{id}}^{\mathrm{LB}} = P_{\mathrm{id}}^{\mathrm{L}};\ P_P^{\mathrm{LS}} = P_P^{\mathrm{LB}} = P_P^{\mathrm{L}};\ P_{P1}^{\mathrm{LS}} = P_{P1}^{\mathrm{LB}} = P_{P1}^{\mathrm{L}}; \\ \quad P_{\mathrm{at}}^{\mathrm{LS}} = P_{\mathrm{at}}^{\mathrm{LB}} = P_{\mathrm{at}}^{\mathrm{L}} \\ P_r^{\mathrm{LS}} = P_r^{\mathrm{LB}} = P_r^{\mathrm{L}};\ P_{\mathrm{id}r}^{\mathrm{LS}} = P_{\mathrm{id}r}^{\mathrm{LB}} = P_{\mathrm{id}r}^{\mathrm{L}};\ P_{Pr}^{\mathrm{LS}} = P_{Pr}^{\mathrm{LB}} = P_{Pr}^{\mathrm{L}};\ P_{P1r}^{\mathrm{LS}} = P_{P1r}^{\mathrm{LB}} = P_{P1r}^{\mathrm{L}}; \\ \quad P_{\mathrm{at}r}^{\mathrm{LS}} = P_{\mathrm{at}r}^{\mathrm{LB}} = P_{\mathrm{at}r}^{\mathrm{L}} \end{array}\right\}$$

[7-3-52]

因而，对于液体远程无序状态部分，无论表面区或相内区，其压力平衡式为：

$$\left.\begin{array}{ll}\text{压力形式：} & P^{L}=P_{id}^{L}+P_{P}^{L}-P_{at}^{L}=P_{id}^{L}+P_{P1}^{L}+P_{P2}^{L}-P_{at}^{L}\\ \text{对比压力形式：} & P_{r}^{L}=P_{idr}^{L}+P_{Pr}^{L}-P_{atr}^{L}=P_{idr}^{L}+P_{P1r}^{L}+P_{P2r}^{L}-P_{atr}^{L}\end{array}\right\}$$

[7-3-53]

液体中除了存在远程无序平均结构外还应存在近程有序结构，对近程有序结构部分所形成的液体内分子内压力：

$$\left.\begin{array}{ll}\text{在液体相内区分子内压力平衡式：} & \sum_{B}P_{in}^{L}=0\\ \text{其对比压力形式为：} & \sum_{B}P_{inr}^{L}=0\end{array}\right\}$$

[7-3-54a]

即相内区各处均存在着数值相同、作用方向相反的分子内压力：

$$\left.\begin{array}{l}P_{in}^{L}\mid_{\text{正向}}+P_{in}^{L}\mid_{\text{反向}}=0\\ P_{inr}^{L}\mid_{\text{正向}}+P_{inr}^{L}\mid_{\text{反向}}=0\end{array}\right\}$$

[7-3-54b]

液体界面区中以形成表面功和在分子内压力作功时为维持讨论体系温度不变化而产生的热量给予平衡，即

液体表面区内分子内压力平衡式：

$$P_{in}\times(V/N_{A})^{1/3}\times K^{S}=\sigma+q \quad [7-3-55]$$

其对比压力形式为：

$$P_{inr}(V_{r})^{1/3}\times K_{r}^{S}=\sigma+q \quad [7-3-56]$$

7-4 液体有效压力与分子内压力

热力学中将液体逸度称为液体的"有效"压力。第五章、第六章中已讨论了气体的"有效"压力与分子压力的关系，本节将讨论液相"有效"压力与分子压力、分子内压力的关系。

在讨论之前，先简单介绍一下热力学[33, 34]中对液体逸度的讨论。

已知逸度系数的计算式：

$$\ln\varphi\mid_{\text{等温}}=\frac{1}{RT}\int_{0}^{P}V^{E}\mathrm{d}P \quad [7-4-1]$$

式中 V^{E} 为过剩体积：

$$V^{E}=V-V^{\text{理想}}=\frac{ZRT}{P}-\frac{RT}{P}=(Z-1)\frac{RT}{P} \quad [7-4-2]$$

将式[7-4-1]用于计算在指定温度 T 和压力 P 时的逸度，这可将式[7-4-1]作如下处理：

$$RT\ln\varphi^{L}=\int_{0}^{P^{Sa}}\left(V-\frac{RT}{P}\right)\mathrm{d}P+\int_{P^{Sa}}^{P}\left(V^{L}-\frac{RT}{P}\right)\mathrm{d}P \quad [7-4-3]$$

式[7-4-3]的右边共有二项[33]，第一个积分项是指在温度为 T、讨论物质的饱和蒸气压为 P^{Sa} 下饱和蒸气的逸度 f^{Sa}。热力学指出，当讨论物质处于饱和平衡状态时，应有关系：

$$f^{G}=f^{L}=f^{Sa} \quad [7-4-4]$$

亦就是饱和蒸气的逸度与饱和液体的逸度彼此应该相等。

第二项积分项是指将液相压力由 P^{Sa} 改变到 P 时逸度的数值，因而液体的逸度可以认为是液体逸度＝液体处于饱和状态下逸度×液体压力由 P^{Sa} 改变到 P 时的逸度修正值。

对式[7-4-3]进行整理，得：

$$\mathrm{R}T\ln\frac{f^{L}}{P}=\mathrm{R}T\ln\frac{f^{Sa}}{P^{Sa}}+\int_{P^{Sa}}^{P}V^{L}\mathrm{d}P-\mathrm{R}T\ln\frac{P}{P^{Sa}} \quad [7-4-5]$$

得：

$$f^{L}=f^{Sa}\exp\int_{P^{Sa}}^{P}\frac{V^{L}}{\mathrm{R}T}\mathrm{d}P \quad [7-4-6]$$

如果假设 $f^{L}_{修}=\exp\int_{P^{Sa}}^{P}\frac{V^{L}}{\mathrm{R}T}\mathrm{d}P$ 为计算液体逸度的修正系数，则有：

$$f^{L}=f^{Sa}\times f^{L}_{修} \quad [7-4-7]$$

亦就是说，热力学理论认为讨论液体逸度的思路是先求得讨论液体在讨论温度下饱和状态的逸度，然后考虑在恒定讨论温度下将压力从 P^{Sa} 改变到 P 时饱和状态逸度变化为实际液体逸度的一个修正系数。

热力学理论这一思路正是以下文所述分子压力方法讨论液体有效压力的。

在热力学理论中对这一修正系数作如下讨论：

由于液体的摩尔体积 V^{L} 应该是温度与压力的函数，但在远离临界点时可近似假设液体不因压力而变化，故而式[7-4-6]可简化成：

$$f^{L}=f^{Sa}\exp\left[\frac{V^{L}(P-P^{Sa})}{RT}\right] \quad [7-4-8]$$

热力学理论中称指数项修正系数 $f^{L}_{修}=\exp\left[\frac{V^{L}(P-P^{Sa})}{RT}\right]$ 为 Poynting 校正因子。

在下面的计算中将以式[7-4-8]计算的非饱和状态液体的逸度系数数据作为实际数值，而以分子压力理论计算的逸度系数数值作为计算值与上述实际数值对比，以确定讨论方法的正确性，例如讨论压缩状态液体逸度系数时应使用 Poynting 校正因子。

7-4-1 饱和液体的逸度

已知：

$$f^{L}=f^{Sa}\times f^{L}_{修}$$

讨论饱和液体时 Poynting 校正因子 $f^{L}_{修}=1$，故对饱和液体有：

$$f^{Sa,G} = f^{Sa,L} \qquad [7-4-9]$$

即，平衡状态时饱和液体的逸度应与饱和气体的逸度相等，即饱和液体时有关系：

$$P^{Sa,G} = P^{Sa,L} \qquad [7-4-10]$$

又知[33]：饱和蒸气的逸度系数为

$$\varphi^{Sa,G} = f^{Sa,G}/P^{Sa,G}$$

饱和液体的逸度系数为　　$\varphi^{Sa,L} = f^{Sa,L}/P^{Sa,L}$

在平衡状态下饱和蒸气的逸度系数与饱和液体的逸度系数相等，即：

$$\varphi^{Sa,G} = \varphi^{Sa,L} \qquad [7-4-11]$$

因而，可以利用相平衡的饱和气体的状态参数来求得饱和液体的逸度，这是求饱和液体逸度方法之一。

需要知道的是如何以饱和液体本身的分子压力来计算饱和液体的逸度、逸度系数。

在上面气体分子压力的讨论中知道，当气体处于过热状态时在高压外压力的作用下，气体的对比体积会变得小于1，这使得过热气体与液态在这一点上是相似的，那么是否可以用过热气体计算逸度系数方法来计算液体的逸度系数呢？为此列示以分子压力形式计算过热气体逸度系数的表示式[5-4-57]：

$$\varphi = \frac{f}{f_0} = \frac{P_r + P_{atr} - P_{P1r} - P_{P2r}}{P_{idr} + P_{atr} - P_{P1r}}$$

过热气体计算式中有第二分子斥压力项，液体计算时也必须要考虑第二斥压力项。为此作者试着对式[5-4-57]代入液体各分子压力数值用来试计算液体的逸度，计算结果如表7-4-1所示。

表7-4-1　以式[5-4-57]试计算饱和液态氩的逸度

P_r^S	1.000 0	0.967 5	0.646 8	0.413 0	2.48E−01	1.36E−01	6.63E−02	2.73E−02	1.61E−02
逸度系数(1)	0.666 8	0.673 5	0.731 1	0.790 3	0.846 1	0.893 1	0.933 8	0.965 2	0.976 4
式[5-4-57]计算结果	0.477 6	0.422 4	0.333 5	0.295 1	0.256 5	0.226 8	0.199 6	0.174 2	0.161 9
误差	−28.37%	−37.28%	−54.38%	−62.66%	−69.68%	−74.60%	−78.62%	−81.95%	−83.42%

注：取自饱和蒸气的计算数据。

从表7-4-1中数据来看，式[5-4-57]并不能用于液相逸度的计算。这是什么原因造成的，作者将进行下面的分析。

7-4-2　分子内压力对液体逸度的影响

由7-3-5节讨论知，液体处于远程无序状态时，无论表面区或相内区，其压力平衡式为：

$$P^{\mathrm{L}} = P_{\mathrm{id}}^{\mathrm{L}} + P_{P}^{\mathrm{L}} - P_{\mathrm{at}}^{\mathrm{L}} = P_{\mathrm{id}}^{\mathrm{L}} + P_{P1}^{\mathrm{L}} + P_{P2}^{\mathrm{L}} - P_{\mathrm{at}}^{\mathrm{L}} \qquad [7-4-12]$$

式[7-4-12]表示的是液体中移动分子所形成的分子动压力的压力平衡式。

液体中除了存在远程无序平均结构外还应存在近程有序结构，近程有序结构中定居分子所形成的分子静压力，上面讨论中已经介绍，液体内分子内压力的压力平衡式为：

相内区：
$$\sum_{\mathrm{B}} P_{\mathrm{in}}^{\mathrm{L}} = 0 \qquad [7-4-13a]$$

界面区：
$$P_{\mathrm{in}}^{\mathrm{L}} \times (V/N_A)^{1/3} \times K^{\mathrm{S}} \cong P_{\mathrm{in}}^{\mathrm{L}} \delta K^{\mathrm{S}} = \sigma + q \qquad [7-4-13b]$$

对比式[5-4-57]可知，如果以过热气体逸度计算式计算液体逸度的话，在分子动压力方面两者情况相似，但过热气体不存在分子静压力，液体存在分子静压力。过热气体逸度计算式并未考虑分子静压力，这应该是过热气体逸度计算式不适用于液体逸度计算的原因。

由分子内压力的平衡式[7-4-13]可知，无论在液体相内区或界面区，分子内压力均处于平衡状态，因此分子内压力对移动分子的运动状态并无影响。这在上面讨论中所列举的各种物质分子动压力均可以其压力平衡式[7-4-12]进行计算的实例得以证实。但是分子的逸度是表示分子“逃逸”(来自拉丁语 fuga)出液体的能力，是表征体系分子逃逸趋势的，这也就是逸度的物理意义[33, 35]。

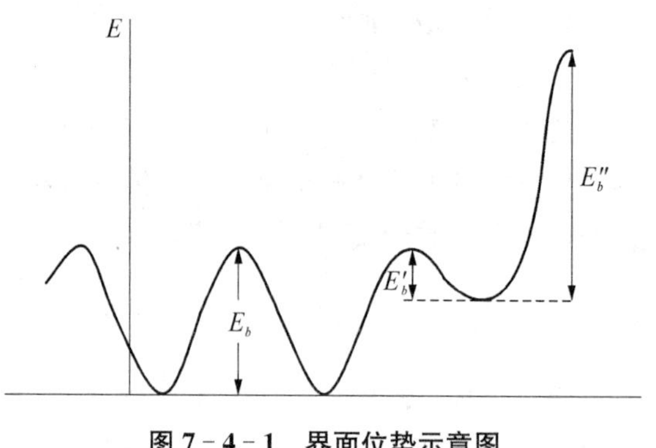

图 7-4-1　界面位势示意图

这些“逃逸”的分子，无论从相内区中逃逸或者从界面区中逃逸(应该是从界面区中逃逸)，必定会受到液体内所有分子对其“逃逸”行为产生的影响，分子静压力对逃逸分子必定也会有影响。已经证实，界面区内存在着界面位势。Spracking[36]列示了一个分子从液相体相内部移动到表面区时这个分子的位势能量变化(见图 7-4-1)。

由图 7-4-1 可见，表面区内分子向相外(例如蒸气相)转移亦应该做功，亦就是说，当分子由表面区向蒸气相转移，即物质的蒸发过程应该存在能量壁垒。在这里作者粗略地分析蒸发过程。

第一步，表面上分子离开表面到汽相，这时需要做功克服分子在表面区时所具有的表面自由能。

第二步，由于蒸发过程中蒸发表面面积不变，故体相分子从体相内部补充到表面区内，体相内部分子不具有表面能，而表面区内分子具有表面能。因而这一过程亦需要做功。

众所周知，使蒸发过程进行的能量来源是加热，即蒸发过程需要提供蒸发热，这个蒸发热就是蒸发过程进行所需要的功。依据上面分析可知：

蒸发热≈2×表面功

这即为著名的 Stefen 公式[37]。因此,图 7-4-1 表示分子从表面区脱离本相到另一相将有更高的能量壁垒,$E''_b > E_b$。这亦是凝聚相存在所必需的。这亦意味着分子逃离的能力会受到液体表面张力的影响,亦就是说会受到分子静压力即分子内压力的影响。

在了解液体内分子内压力会对液体逸度,即液体分子"逃逸"行为的能力,亦可以叫做液体分子的有效压力有影响后,先对饱和液体讨论这个影响:

已知在饱和状态下饱和气体的逸度系数与饱和液体的逸度系数彼此相等(见式 7-4-11),而饱和气体的逸度系数可由饱和气体的逸度压缩因子表示:

$$\varphi^{G} = Z^{G}_{Y(S)} = (P^{G}_{r} + P^{G}_{atr} - P^{G}_{P1r})/(P^{G}_{idr} + P^{G}_{atr} - P^{G}_{P1r}) \qquad [7-4-14]$$

在第五章中已对气体的逸度压缩因子的性质、计算方法等作了详细的说明,作为逸度压缩因子,其最需注意的是气体是一种随机分布的平均结构,式中各分子压力项均是无序平均结构中的平均压力。

气体逸度压缩因子的这个特性同样适用于液体的逸度压缩因子的讨论,亦就是说,液体逸度压缩因子应该也只适合于液体中无序结构部分,其计算式中各分子压力项也均是无序平均结构中的平均压力。

故而,远程无序状态下液体逸度压缩因子的计算与对比体积 V_r 小于 1 时过热气体的逸度压缩因子的计算有些类似。过热气体的逸度压缩因子计算式为:

$$Z^{G}_{Y} = Z^{G}_{Y(h)} = \frac{P^{G}_{r} + P^{G}_{atr} - P^{G}_{P1r} - P^{G}_{P2r}}{P^{G}_{idr} + P^{G}_{atr} - P^{G}_{P1r}} \qquad [7-4-15]$$

式[7-4-15]表示,液体的起始有效压力也由三部分组成:即液体的理想情况压力、分子吸引压力和分子本身体积引起的第一分子斥压力。而最终有效压力则是对液体起作用的所有有效的分子压力,即,像过热气体状那样包含体系外压力、分子吸引压力、第一分子和第二分子斥压力。

因此,气体与液体的远程无序结构中组成的分子动压力情况彼此类似。它们之间的区别在于液体中多了近程有序结构产生的分子内压力。而上述分析已经说明,液体的逸度反映的是分子逸出液体的能力,而分子逸出液相必须经过液体相界面,而在相界面层中存在由液体近程有序结构产生的分子内压力,即意味着分子逃离液相需克服一定的能量壁垒。因而这个分子内压力必定会对分子逸出液相产生影响。故而液体的逸度压缩因子应为:

$$Z^{L}_{Y} = Z^{SL}_{Y} = \frac{P^{L}_{r} + P^{L}_{atr} - P^{L}_{P1r} - P^{L}_{P2r} + P^{L}_{inr}}{P^{L}_{idr} + P^{L}_{atr} - P^{L}_{P1r}} \qquad [7-4-16]$$

式中 Z^{SL}_{Y} 为当考虑了分子内压力影响时饱和液体的逸度压缩因子。式[7-4-16]的意义不在于通过该式来求得 Z^{SL}_{Y} 的数值。因为已经知道了 $\varphi^{SG} = \varphi^{SL} = Z^{SL}_{Y}$,$Z^{SL}_{Y}$ 的数值可以通过平衡的饱和蒸气状态参数,以状态方程方法求得。式[7-4-16]的意义在于可以通过该式来求得分子内压力 P^{L}_{in} 的数值。整理该式:

$$P_{\text{in}r}^{\text{L}}=Z_Y^{\text{SL}}(P_{\text{id}r}^{\text{L}}+P_{\text{at}r}^{\text{L}}-P_{P1r}^{\text{L}})-(P_r^{\text{L}}+P_{\text{at}r}^{\text{L}}-P_{P1r}^{\text{L}}-P_{P2r}^{\text{L}})$$
$$=Z_Y^{\text{SL}}(P_{\text{id}r}^{\text{L}}+P_{\text{at}r}^{\text{L}}-P_{P1r}^{\text{L}})-P_{\text{id}r}^{\text{L}} \qquad [7-4-17]$$

对于饱和状态有关系 $\varphi^{\text{SG}}=\varphi^{\text{SL}}=Z_Y^{\text{SL}}$，故饱和液体的分子内压力可由下式求得：

$$P_{\text{in}r}^{\text{L}}=\varphi^{\text{SL}}(P_{\text{id}r}^{\text{L}}+P_{\text{at}r}^{\text{L}}-P_{P1r}^{\text{L}})-P_{\text{id}r}^{\text{L}} \qquad [7-4-18]$$

依据式[7-4-18]计算各种饱和液态物质分子内压力的结果如表7-4-2所列。

表7-4-2　各类饱和液态物质中分子内压力数值

物质	状态参数			平均分子压力				φ^{SG}	$P_{\text{in}r}^{\text{L}}$
	P_r^{SL}	T_r^{SL}	V_r^{SL}	$P_{\text{at}r}^{\text{SL}}$	$P_{\text{id}r}^{\text{SL}}$	P_{P1r}^{SL}	P_{P2r}^{SL}		
液氩	1.000 0	1.000 0	1.000 0	4.076 5	3.436 4	0.318 4	1.322 7	0.666 8	1.360 9
	0.967 5	0.994 0	0.786 3	6.324 2	4.344 4	0.383 8	2.563 6	0.673 5	2.582 5
	0.646 8	0.927 8	0.568 3	11.553 9	5.610 2	0.342 9	6.247 9	0.731 1	6.687 8
	0.413 0	0.861 5	0.515 3	13.968 2	5.745 5	0.244 1	8.391 6	0.790 3	9.641 2
	2.48E−01	0.795 2	0.461 6	17.321 2	5.920 2	0.162 1	11.486 6	0.846 1	13.607 2
	1.36E−01	0.729 0	0.431 9	19.867 0	5.799 7	0.095 7	14.107 8	0.893 1	17.037 8
	6.63E−02	0.662 7	0.408 6	22.395 8	5.573 8	0.049 4	16.838 8	0.933 8	20.498 1
	2.73E−02	0.596 4	0.389 3	24.978 1	5.264 2	0.021 5	19.719 8	0.965 2	23.905 0
	1.61E−02	0.563 3	0.380 7	26.335 0	5.085 0	0.012 9	21.253 5	0.976 4	25.581 3
正丁烷	1.000 0	1.000 0	1.000 0	4.547 8	3.649 6	0.340 8	1.566 7	0.666 4	1.585 9
	0.918 3	0.987 8	0.691 9	8.933 6	5.210 0	0.424 1	4.217 8	0.683 9	4.172 9
	0.656 5	0.940 7	0.555 5	13.538 0	6.180 6	0.364 1	7.649 9	0.734 4	8.033 4
	0.249 1	0.823 1	0.449 0	20.796 2	6.690 3	0.168 0	14.187 0	0.851 4	16.568 7
	6.80E−02	0.705 6	0.397 7	27.245 1	6.474 2	0.051 6	20.787 3	0.938 5	25.123 0
	1.03E−02	0.588 0	0.363 5	34.031 5	5.904 1	0.008 5	28.129 3	0.985 2	33.432 2
	5.11E−04	0.470 4	0.336 9	41.889 8	5.095 6	0.000 4	36.794 3	0.998 7	41.828 3
	2.29E−06	0.352 8	0.314 9	51.565 0	4.089 0	0.000 0	47.476 0	1.000 0	51.565 0
	1.77E−07	0.317 3	0.308 7	55.058 1	3.750 4	0.000 0	51.307 7	1.000 0	55.058 1
液苯	1.000 0	1.000 0	1.000 0	4.639 5	3.690 0	0.344 9	1.615 4	0.666 2	1.629 3
	0.973 8	0.996 1	0.763 5	7.597 3	4.814 0	0.418 5	3.338 6	0.673 1	3.258 4
	0.860 5	0.978 3	0.686 3	9.278 9	5.259 9	0.406 1	4.473 5	0.691 7	4.515 7
	0.442 0	0.889 4	0.498 5	17.146 4	6.583 6	0.272 5	10.732 3	0.786 9	11.875 1
	1.98E−01	0.800 4	0.438 9	22.377 8	6.729 5	1.38E−01	15.708 7	0.870 8	18.497 3
	7.19E−02	0.711 5	0.400 6	27.482 4	6.553 6	5.46E−02	20.946 3	0.937 1	25.290 3
	1.87E−02	0.622 6	0.372 0	32.880 8	6.174 8	1.51E−02	26.709 6	0.976 7	31.956 1
	2.82E−03	0.533 6	0.348 6	38.941 7	5.648 0	2.41E−03	33.294 1	0.994 8	38.707 4
	1.76E−03	0.515 8	0.344 4	40.263 5	5.527 2	1.51E−03	34.736 6	0.996 5	40.101 8

续　表

物质	状态参数			平均分子压力				φ^{SG}	P^{L}_{inr}
	P^{SL}_{r}	T^{SL}_{r}	V^{SL}_{r}	P^{SL}_{atr}	P^{SL}_{idr}	P^{SL}_{P1r}	P^{SL}_{P2r}		
液态二氧化碳	1.000 0	1.000 0	1.000 0	4.547 8	3.649 6	0.340 8	1.566 7	0.666 4	1.585 9
	0.908 8	0.986 2	0.685 3	9.098 3	5.252 0	0.423 3	4.331 8	0.684 3	4.278 2
	0.719 9	0.953 3	0.578 6	12.529 5	6.013 7	0.385 9	6.849 7	0.716 6	6.997 7
	0.438 8	0.887 6	0.492 3	17.216 8	6.579 9	0.268 2	10.802 5	0.788 8	11.974 4
	2.42E−01	0.821 8	0.445 4	21.199 9	6.734 0	1.64E−01	14.543 6	0.854 4	16.992 4
	1.21E−01	0.756 1	0.412 9	25.039 9	6.683 6	8.82E−02	18.389 2	0.908 6	22.060 2
	7.02E−02	0.712 0	0.395 5	27.636 5	6.570 2	5.33E−02	21.083 3	0.936 9	25.428 2
水	1.12E−02	0.618 0	0.336 6	53.988 1	8.017 0	9.44E−03	45.972 8	0.986 5	53.141 7
	4.88E−03	0.579 3	0.329 7	57.253 7	7.674 2	4.20E−03	49.580 2	0.993 0	56.795 1
	1.89E−03	0.540 7	0.324 0	60.379 5	7.288 1	1.65E−03	53.091 6	0.996 8	60.161 3
	6.08E−04	0.502 1	0.319 6	63.302 3	6.861 1	5.39E−04	56.441 3	0.998 7	63.210 6
	1.61E−04	0.463 5	0.316 4	65.963 0	6.396 4	1.45E−04	59.566 6	0.999 6	65.934 0
	2.76E−05	0.422 0	0.315 5	68.028 6	5.841 4	2.51E−05	62.187 2	0.999 9	68.021 2
液氮	1.000 0	1.000 0	1.000 0	4.102 2	3.448 3	0.320 6	1.336 5	0.667 0	1.373 9
	0.740 6	0.950 5	0.575 3	11.350 4	5.697 6	0.384 2	6.009 2	0.711 8	6.163 7
	0.431 9	0.871 3	0.485 6	15.732 7	6.187 6	0.262 5	9.714 6	0.785 1	10.815 9
	0.228 9	0.792 1	0.440 0	19.207 6	6.208 2	0.154 0	13.074 4	0.854 9	15.388 1
	1.06E−01	0.712 9	0.407 4	22.611 7	6.033 5	0.077 2	16.607 0	0.921 5	20.291 9
	4.04E−02	0.633 7	0.382 5	26.060 9	5.712 7	0.031 3	20.357 2	0.954 9	24.598 0
	1.13E−02	0.554 5	0.362 7	29.610 2	5.271 0	0.009 2	24.341 3	0.982 2	28.980 3
	3.69E−03	0.500 2	0.351 2	32.172 6	4.911 6	0.003 1	27.261 5	0.992 6	31.895 1
液氪	1.000 0	1.000 0	1.000 0	4.154 2	3.472 2	0.323 3	1.363 1	0.667 0	1.398 9
	0.768 4	0.955 2	0.604 8	10.464 5	5.483 4	0.385 7	5.363 8	0.707 8	5.531 5
	0.407 8	0.859 6	0.493 9	15.411 8	6.043 5	0.248 0	9.528 0	0.793 3	10.780 3
	0.188 7	0.764 1	0.440 0	19.441 2	6.030 3	0.129 2	13.470 3	0.868 3	15.974 4
	7.06E−02	0.668 6	0.404 4	23.277 9	5.741 2	0.052 9	17.554 6	0.931 6	21.243 9
	1.88E−02	0.573 1	0.377 6	27.229 4	5.269 9	0.015 1	21.963 2	0.973 5	26.353 4
	1.33E−02	0.552 8	0.372 5	28.127 0	5.153 3	0.010 8	22.976 1	0.979 5	27.434 2

注：本表计算所用数据选自文献[3]。

由于液体微观结构为远程无序、近程有序，这样，表示液体逸度压缩因子的式[7-4-16]可改写为：

$$Z^{L}_{Y}=\frac{P^{L}_{r}+P^{L}_{atr}-P^{L}_{P1r}-P^{L}_{P2r}+P^{L}_{inr}}{P^{L}_{idr}+P^{L}_{atr}-P^{L}_{P1r}}$$

$$= \frac{P_r^L + P_{atr}^L - P_{P1r}^L - P_{P2r}^L}{P_{idr}^L + P_{atr}^L - P_{P1r}^L} \times \frac{P_r^L + P_{atr}^L - P_{P1r}^L - P_{P2r}^L + P_{inr}^L}{P_r^L + P_{atr}^L - P_{P1r}^L - P_{P2r}^L} = Z_{Y(NO)}^L \times Z_{Y(O)}^L$$

[7-4-19]

式[7-4-19]的物理意义十分明确，表示液体的逸度压缩因子由两部分组成：

其一为液体为完全无序结构时无序逸度压缩因子 $Z_{Y(NO)}^L$，其表示式形式与过热气体逸度压缩因子 $Z_{Y(h)}^G$ 的形式一样，前面讨论中已经介绍，这是由于在完全无序结构下过热气体内部分子压力情况与液体内部分子压力情况十分相似。

其二为液体中存在的近程有序结构的影响 $Z_{Y(O)}^L$，这是液体所特有的逸度压缩因子。因而这一逸度压缩因子的起始有效压力为液体处在无序结构下的有效压力，而其最终有效压力应在无序结构下的有效压力之上再考虑一个近程有序对液体有效压力的影响，即为分子内压力对液体有效压力的影响。

这样，对饱和状态应有：

$$Z_{Y(S)}^G = Z_Y^{SL} = Z_{Y(NO)}^{SL} \times Z_{Y(O)}^{SL} \qquad [7-4-20]$$

对液态逸度系数可考虑为：

$$\varphi^{SG} = \varphi^{SL} = \varphi_{NO}^{SL} \times \varphi_O^{SL} \qquad [7-4-21]$$

依据式[7-4-19]计算了一些饱和状态物质的 $Z_{Y(NO)}^{SL}$ 和 $Z_{Y(O)}^{SL}$ 列于表7-4-3中以供参考：

表7-4-3　一些饱和状态物质的 $Z_{Y(NO)}^{SL}$ 和 $Z_{Y(O)}^{SL}$ 的数值

物质	状态参数			$Z_{Y(NO)}^{SL}$	$Z_{Y(O)}^{SL}$	物质	状态参数			$Z_{Y(NO)}^{SL}$	$Z_{Y(O)}^{SL}$
	P_r^{SL}	T_r^{SL}	V_r^{SL}				P_r^{SL}	T_r^{SL}	V_r^{SL}		
液氩	1.000 0	1.000 0	1.000 0	0.477 6	1.396 0	液苯	1.000 0	1.000 0	1.000 0	0.462 1	1.441 6
	0.967 5	0.994 0	0.786 3	0.422 4	1.594 5		0.973 8	0.996 1	0.763 5	0.401 4	1.676 8
	0.646 8	0.927 8	0.568 3	0.333 5	2.192 1		0.860 5	0.978 3	0.686 3	0.372 2	1.858 5
	0.413 0	0.861 5	0.515 3	0.295 1	2.678 0		0.442 0	0.889 4	0.498 5	0.280 7	2.803 7
	2.48E-01	0.795 2	0.461 6	0.256 5	3.298 4		1.98E-01	0.800 4	0.438 9	0.232 3	3.748 7
	1.36E-01	0.729 0	0.431 9	0.226 8	3.937 7		7.19E-02	0.711 5	0.400 6	0.192 9	4.859 0
	6.63E-02	0.662 7	0.408 6	0.199 6	4.677 6		1.87E-02	0.622 6	0.372 0	0.158 2	6.175 3
	2.73E-02	0.596 4	0.389 3	0.174 2	5.541 1		2.82E-03	0.533 6	0.348 6	0.126 7	7.853 3
	1.61E-02	0.563 3	0.380 7	0.161 9	6.031 1		1.76E-03	0.515 8	0.344 4	0.120 7	8.255 4
正丁烷	1.000 0	1.000 0	1.000 0	0.464 5	1.434 5	液态二氧化碳	1.000 0	1.000 0	1.000 0	0.464 5	1.434 5
	0.918 3	0.987 8	0.691 9	0.379 7	1.800 9		0.908 8	0.986 2	0.685 3	0.377 1	1.814 6
	0.656 5	0.940 7	0.555 5	0.319 3	2.299 8		0.719 9	0.953 3	0.578 6	0.331 2	2.163 6
	0.249 1	0.823 1	0.449 0	0.244 9	3.476 5		0.438 8	0.887 6	0.492 3	0.279 9	2.818 5
	6.80E-02	0.705 6	0.397 7	0.192 3	4.880 5		2.42E-01	0.821 8	0.445 4	0.242 5	3.523 4
	1.03E-02	0.588 0	0.363 5	0.147 9	6.662 6		1.21E-01	0.756 1	0.412 9	0.211 3	4.300 6
	5.11E-04	0.470 4	0.336 9	0.108 5	9.208 7		7.02E-02	0.712 0	0.395 5	0.192 4	4.870 3
	2.29E-06	0.352 8	0.314 9	0.073 5	13.610 7						
	1.77E-07	0.317 3	0.308 7	0.063 8	15.680 6						

续 表

物质	状态参数			$Z_{Y(NO)}^{SL}$	$Z_{Y(O)}^{SL}$
	P_r^{SL}	T_r^{SL}	V_r^{SL}		
水	1.12E−02	0.618 0	0.336 6	0.129 3	7.628 6
	4.88E−03	0.579 3	0.329 7	0.118 2	8.400 8
	1.89E−03	0.540 7	0.324 0	0.107 7	9.254 8
	6.08E−04	0.502 1	0.319 6	0.097 8	10.213 0
	1.61E−04	0.463 5	0.316 4	0.088 4	11.308 0
	2.76E−05	0.422 0	0.315 5	0.079 1	12.644 6
液氮	1.000 0	1.000 0	1.000 0	0.477 0	1.398 4
	0.740 6	0.950 5	0.575 3	0.341 9	2.081 8
	0.431 9	0.871 3	0.485 6	0.285 7	2.748 0
	0.228 9	0.792 1	0.440 0	0.245 8	3.478 7
	1.06E−01	0.712 9	0.407 4	0.211 2	4.363 1
	4.04E−02	0.633 7	0.382 5	0.180 0	5.305 9
	1.13E−02	0.554 5	0.362 7	0.151 2	6.498 1
	3.69E−03	0.500 2	0.351 2	0.132 5	7.493 8
液氖	1.000 0	1.000 0	1.000 0	0.475 5	1.402 9
	0.768 4	0.955 2	0.604 8	0.352 4	2.008 8
	0.407 8	0.859 6	0.493 9	0.285 0	2.783 8
	0.188 7	0.764 1	0.440 0	0.238 0	3.649 0
	7.06E−02	0.668 6	0.404 4	0.198 2	4.700 3
	1.88E−02	0.573 1	0.377 6	0.162 2	6.000 7
	1.33E−02	0.552 8	0.372 5	0.154 9	6.323 6
液氧	1.000 0	1.000 0	1.000 0	0.475 5	1.402 9
	0.830 2	0.969 2	0.603 5	0.356 2	1.954 5
	0.546 9	0.904 6	0.502 0	0.300 6	2.481 0
	0.200 7	0.775 3	0.418 4	0.232 3	3.730 3
	5.90E−03	0.516 9	0.342 9	0.134 5	7.357 4
	1.44E−04	0.387 7	0.320 6	0.093 6	10.674 7
	2.95E−05	0.351 2	0.314 9	0.082 7	12.084 9
液氟	1.000 0	1.000 0	1.000 0	0.475 4	1.402 9
	0.833 6	0.970 2	0.642 0	0.369 0	1.887 0
	0.313 1	0.831 6	0.475 2	0.268 8	3.063 6
	8.21E−02	0.693 0	0.412 7	0.206 2	4.491 7
	1.06E−02	0.554 4	0.373 4	0.153 5	6.407 3
	2.97E−04	0.415 8	0.344 5	0.106 3	9.401 6

注：本表计算所用数据取自文献[3]。

表 7-4-3 中所列数据表明，无序逸度压缩因子 $Z_{Y(NO)}^{SL}$ 应有以下特点：

（1）当温度逐渐升高时，$Z_{Y(NO)}^{SL}$ 的数值亦逐渐增大。这是由于液体体积随温度变化不大，故液体理想压力的数值亦变化不大，但低温度（接近熔点温度）时平衡饱和蒸气压很低，故而 $Z_{Y(NO)}^{SL}$ 的数值相应要低一些；而到接近临界温度的高温时，平衡饱和蒸气压值很高，故 $Z_{Y(NO)}^{SL}$ 的数值随之增加。

（2）讨论物质在临界温度时 $Z_{Y(NO)}^{SL}$ 的数值非常接近，现将临界状态下的数据整理如下：

物质：	液氩	液氮	苯	液氖	液态 CO_2	液氧	液氟	液氯
$Z_{Y(NO)}^{SL}$：	0.474 6	0.477 0	0.461 0	0.475 5	0.462 5	0.475 5	0.475 4	0.436 2
物质：	液溴	液氢	液钠	甲烷	乙烷	丙烷	丁烷	总平均
$Z_{Y(NO)}^{SL}$：	0.461 1	0.491 7	0.426 5	0.475 4	0.473 1	0.475 4	0.464 5	0.467 0

由此 15 个物质数值来看，当其在临界状态下无序逸度压缩因子超过 0.467 0 平均值时，说明液体分子在液态中逸出能力已超过液体所允许的范围，这时液体分子会全部逸出液相界面成为气相分子。由于统计的数据还不多，故还不能认为其他物质亦有此规律，但估计与此平

均值亦相差不远，这有待进一步证实。

表 7-4-3 中所列数据表明，近程有序逸度压缩因子 $Z_{Y(O)}^{SL}$ 应有以下特点：

(1) 当温度逐渐升高时，$Z_{Y(O)}^{SL}$ 的数值逐渐降低。这是由于当液体温度升高，液体内近程结构被逐渐破坏，因而近程有序结构的影响亦随之降低，故 $Z_{Y(O)}^{SL}$ 的数值随之降低。

(2) 讨论物质在临界温度时 $Z_{Y(O)}^{SL}$ 的数值亦比较接近，现将临界状态下数据整理如下：

物质：	液氩	液氮	苯	液氪	液态 CO_2	液氧	液氟	液氯
$Z_{Y(O)}^{SL}$：	1.396 0	1.398 4	1.441 6	1.402 6	1.434 5	1.402 9	1.402 9	1.535 2
物质：	液溴	液氢	液钠	甲烷	乙烷	丙烷	丁烷	总平均
$Z_{Y(O)}^{SL}$：	1.443 4	1.362 8	1.537 9	1.402 8	1.409 5	1.402 4	1.434 5	1.427 2

由此 15 个物质数值来看，当其在临界状态下近程有序逸度压缩因子接近 1.427 2 平均值时，说明液体分子在液态中形成的近程有序结构已达最低水平，其径向分配函数中第一配位圈高度已降低到接近统计平均值水平，由此形成的分子内压力已无能力阻止液体分子向液相外的逸出。这时液体分子将会全部逸出液相界面成气相分子。由于统计的数据还不多，故还不能认为其他物质在临界状态下 $Z_{Y(O)}^{SL}$ 亦是此值，但估计与此平均值亦相差不远，这亦有待进一步计算更多数据证实。

又知：
$$g(r)=\frac{\rho_r}{\rho}=\frac{\Delta\rho(r)+\rho}{\rho}=\frac{\Delta\rho(r)}{\rho}+1=\Delta g(r)+1 \qquad [7-4-22]$$

由于总相关函数代表了近程有序的影响，这一影响可表示为：

$$\Delta g(r)=\frac{\Delta\rho(r)}{\rho} \qquad [7-4-23]$$

即这一影响可看成为近程有序处分子数密度的增量对无序分布结构平均分子数密度的比值。这一比值从 X 光散射曲线可以估算。

例如，从图 7-3-3 来看，在温度 149.3 K 时(氩气临界温度为 150.8 K) 时液氩的第一峰的 $\Delta g(r)$ 值约为 0.4 左右。亦就是说，在接近临界状态时 $g(r)$ 为 1.4 左右，这与代表近程有序影响的临界状态 $Z_{Y(O)}^{SL}$ 亦为 1.4 左右是否是巧合，还是由于 $Z_{Y(O)}^{SL}$ 和 $\Delta g(r)$ 均反映着近程有序结构而彼此间可能存在某种关系，由于缺乏更多相关数据，还很难说明。

7-4-3 分子内压力与分子吸引压力

在前面讨论中已指出，经典热力学导得内压力的表示式：

$$P_{内}=\left(\frac{\partial U}{\partial V}\right)_T=\frac{a}{V^2}$$

注意式中用的符号为 $P_{内}$ 表示经典热力学导得的内压力，以此与分子静压力产生的分子内压力 P_{in} 相区别。上式表示，经典热力学认为立方型状态方程中的引力项可用于估算分子内压力的数值[15, 16]。

在本章第 7－3 节表 7－3－4 中列有水、氢和正丁烷三种物质，在过热气体状态和饱和液体状态下，其过热气体与饱和液体的摩尔体积相互接近的情况时三种物质的各种分子压力的数据。数据表示，过热气体内部的分子吸引压力数值与饱和状态液体内部分子吸引压力具有相接近的数值，但过热气体内部不存在有表面张力，而饱和状态液体具有表面张力，亦就是说，前者内部不存在有分子内压力，而后者存在有分子内压力。

从前面讨论中已清楚，分子内压力亦是一种分子间相互吸引力。为此需要了解分子内压力 P_{in} 与分子吸引压力 P_{at} 二者的异同之处。由式[7－3－5]知，经典热力学导得的内压力 $P_{内}$ 即为分子压力中的 P_{at}，因此，讨论 P_{in} 与 $P_{内}$ 之区别，即为 P_{in} 与 P_{at} 之区别，亦即为静态分子所形成的分子吸引力与动态分子所形成的分子吸引力之区别。

首先是形成这两种分子吸引力的原因不同。P_{at} 是液体中分子处在无序排列结构时分子间相互吸引力所形成的，这是体系中动态分子与其周围分子间的相互吸引力；而 P_{in} 是液体中存在着近程有序结构而出现的液体分子间吸引力所形成的，这是体系中静态分子与其周围分子间的相互吸引力。二者形成原因不同，但均是液体分子间吸引力。

其次，由于 P_{in} 和 P_{at} 虽然形成原因不同，这可能会对它们的数值有所影响，但毕竟是同样的液体分子间的相互吸引力，二者数值应该是接近的，对比表 7－4－2 中二者数值可说明这一点。

这说明热力学理论认为状态方程中吸引力项是分子内压力的看法，应正确地说是状态方程中吸引力项在数值上可近似认为与分子内压力相等。这是因为毕竟是同一物质内两个相同分子间的相互吸引力。

但形成 P_{in} 和 P_{at} 的不同微观结构应对它们有所影响，在图 7－4－2 中列示不同温度下的 P_{inr} 和 P_{atr} 数值，可观察二者的区别。

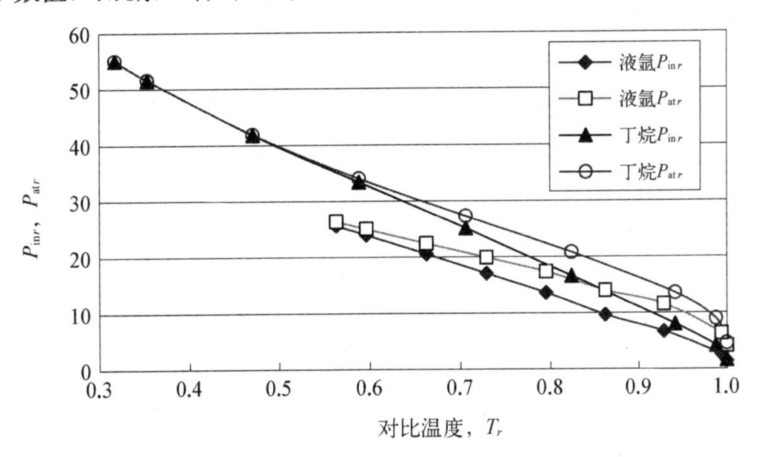

图 7－4－2　液氩和正丁烷的 P_{inr}、P_{atr} 与 T_r 关系

现将组成图 7-4-2 的数据单独取出列于表 7-4-4 中以供讨论。

表 7-4-4 液氩和正丁烷的 P_{inr}、P_{atr} 与 T_r 的关系

物质	T_r	P_{inr}	P_{atr}	物质	T_r	P_{inr}	P_{atr}
液氩	1.000 0	1.360 9	4.076 5	正丁烷	1.000 0	1.585 9	4.547 8
	0.994 0	2.582 5	6.324 2		0.987 8	4.172 9	8.933 6
	0.927 8	6.687 8	11.553 9		0.940 7	8.033 4	13.538 0
	0.861 5	9.641 2	13.968 2		0.823 1	16.568 7	20.796 2
	0.795 2	13.607 2	17.321 2		0.705 6	25.123 0	27.245 1
	0.729 0	17.037 8	19.867 0		0.588 0	33.432 2	34.031 5
	0.662 7	20.498 1	22.395 8		0.470 4	41.828 3	41.889 8
	0.596 4	23.905 0	24.978 1		0.352 8	51.565 0	51.565 0
	0.563 3	25.581 3	26.335 0		0.317 3	55.058 1	55.058 1

已知，液体无序结构中动态分子受到周围分子的相互作用方向是无序的、不定的，对分子内压力的形成不能有所贡献；而对分子内压力有所贡献的只是近程有序部分的静态分子间的相互作用。表面区内有动态分子，也有静态分子，低温时液体中微观结构以近程有序结构为主，表面区内静态分子占多数，故 P_{inr} 数值增大，可接近到分子间吸引作用平均值 P_{atr}。随着温度升高，表面区内动态分子数量增大，即对分子内压力无作用的分子数增大，相对而言静态分子数量减少，这会使分子内压力数值降低，P_{inr} 和 P_{atr} 二者差距随温度升高而逐渐扩大。由图 7-4-2、表 7-4-4 数据可看出这点，在近临界点和临界点时 P_{inr} 值明显低于 P_{atr}，如果认为临界温度下表面张力为零是与此时的 P_{atr} 数值相对应的话，那么 P_{inr} 随温度变化曲线表示应该在不到临界温度处液体表面张力就为零了，这符合实际情况[39]。

7-4-4 有效分子内压力

由 7-3-5 节讨论知，表示表面张力与分子内压力之关系应为：

$$P_{in} \times (V_m^B/N_A)^{1/3} \times K^S = \sigma + q \tag{7-4-24}$$

当讨论物质的表面张力为零时有关系：

$$q = P_{in,0} \times (V_m^B/N_A)^{1/3} \times K^S \tag{7-4-25}$$

式中 $P_{in,0}$ 为当 $\sigma = 0$ 时界面层内所存在的分子内压力。故得：

$$\sigma = P_{in} \times (V_m^B/N_A)^{1/3} \times K^S - P_{in,0} \times (V_m^B/N_A)^{1/3} \times K^S \tag{7-4-26}$$

已知，

$$K^S = (\delta - \delta^I)/\delta^I = \Delta\delta/\delta^I \tag{7-4-27}$$

$$\delta^{\mathrm{I}}=(V_m^{\mathrm{B}}/N_A)^{1/3} \qquad [7-4-28]$$

式中 δ^{I} 为讨论物质在未形成界面、界面层时该物质中将成为界面层部位处原始厚度；δ 为讨论物质在形成界面、界面层后实际界面层的厚度。

代入到式[7-4-26]中得：

$$\sigma=P_{\mathrm{in}}\times\Delta\delta-P_{\mathrm{in},0}\times\Delta\delta \qquad [7-4-29]$$

式[7-4-29]亦是在恒温条件下液态表面区内分子内压力与表面张力间的平衡公式。

这样，从式[7-4-29]可知，分子内压力对界面层作的总功为 $P_{\mathrm{in}}\times\Delta\delta$，由于式中 $P_{\mathrm{in},0}$ 为表面张力 $\sigma=0$ 时的分子内压力。因此，式[7-4-29]中 $P_{\mathrm{in},0}\times\Delta\delta$ 代表着在分子内压力所作的功中有一部分功，这部分功不会转变为表面张力，由式[7-4-25]知，这部分功用于转化为热量，使分子内压力压缩界面层体积时，保持体系温度的恒定。

其中用于维持体系温度恒定所需要的功为 $P_{\mathrm{in},0}\times\Delta\delta$，这样用于转换成表面功的为：

$$\sigma\cong P_{\mathrm{in}}\times\Delta\delta-P_{\mathrm{in},0}\times\Delta\delta=(P_{\mathrm{in}}-P_{\mathrm{in},0})\times\Delta\delta=\Delta P_{\mathrm{in}}\times\Delta\delta=P_{\mathrm{in}}^{eff}\times\Delta\delta \qquad [7-4-30]$$

式中 P_{in}^{eff} 称为有效分子内压力，即为可有效转变为表面功的部分分子内压力。其定义为界面层中总的分子内压力去除用于维护体系温度恒定的部分分子内压力，即，

$$P_{\mathrm{in}}^{eff}=P_{\mathrm{in}}-P_{\mathrm{in},0}=\Delta P_{\mathrm{in}} \qquad [7-4-31]$$

这样，由上面讨论可得到以下两个概念：

(1) 在每个讨论温度下，讨论物质界面层中分子内压力起着两个作用，一部分分子内压力对界面层做功转化成表面功，使讨论物质具有宏观性质——表面张力，这部分分子内压力为有效分子内压力；另一部分分子内压力所做的功转变为热，使讨论体系保持恒定的温度。

(2) 将式[7-4-26]改写为：

$$\begin{aligned}\sigma&=P_{\mathrm{in}}\times(V_m^{\mathrm{B}}/N_A)^{1/3}\times K^{\mathrm{S}}-P_{\mathrm{in},0}\times(V_m^{\mathrm{B}}/N_A)^{1/3}\times K^{\mathrm{S}}\\&=P_{\mathrm{in}}^{eff}\times(V_m^{\mathrm{B}}/N_A)^{1/3}\times K^{\mathrm{S}}=P_{\mathrm{in}}^{eff}\times\delta^{\mathrm{I}}\times K^{\mathrm{S}}\end{aligned} \qquad [7-4-32]$$

注意式[7-4-32]中 $P_{\mathrm{in}}^{eff}\times\delta^{\mathrm{I}}$ 应该也是一种分子内压力在单位面积上所做的功，是形成表面功所需的分子内压力所做的功。

由于在恒温条件下 K^S 为常数，故而式[7-4-32]表示，如果能在温度一定的条件下可以改变界面层中分子内压力数值，则：

——表面张力 σ 与 $P_{\mathrm{in}}^{eff}\times\delta^{\mathrm{I}}$，应呈线性正比关系。

——表面张力 σ 与 $P_{\mathrm{in}}^{eff}\times\delta^{\mathrm{I}}$ 这条直线必定通过 $\sigma=0$ 和 $P_{\mathrm{in}}^{eff}\times\delta^{\mathrm{I}}=0$ 处。

——表面张力 σ 与 $P_{\mathrm{in}}^{eff}\times\delta^{\mathrm{I}}$ 这条直线的斜率为：

$$K^{\mathrm{S}}=\frac{P_{\mathrm{in}}^{eff}\times\delta^{\mathrm{I}}}{\sigma}=\frac{P_{\mathrm{in}}^{eff}}{\sigma}\times\left(\frac{V_m^{\mathrm{B}}}{N_A}\right)^{1/3} \qquad [7-4-33]$$

由所得的 K^S 可求得分子内压力对界面层厚度的压缩率：

$$\delta/\delta^{\mathrm{I}} = 1 + K^S \qquad [7-4-34]$$

由式[7-4-34]可计算 $\delta/\delta^{\mathrm{I}}$ 的数值。

改变讨论物质的分子内压力数值只能通过改变讨论物质的温度或压力来实现，压力对讨论物质分子内压力的影响将在本章第 7-5 节中讨论；在此想通过分析一些物质在不同温度下的 P_{inr}、P_{inr}^{eff} 和 $P_{inr,0}$ 的数值变化以及这些物质在不同物质下的表面张力数值变化，寻找分子内压力与表面张力的关系。

作为例子，表 7-4-5 中列示了一些物质在不同温度下总分子内压力及用于生成表面张力的有效分子内压力的数值（以对比压力形式）供参考。

表 7-4-5　一些物质在不同温度下的 P_{inr}、P_{inr}^{eff} 和 $P_{inr,0}$ 值

物质	T_r	P_{inr}	P_{inr}^{eff}	$P_{inr,0}$	物质	T_r	P_{inr}	P_{inr}^{eff}	$P_{inr,0}$
甲烷	1.000 0	1.398 6		3.607 4	液氩	1.000 0	1.360 9		4.154 6
	0.996 9	2.609 6		3.607 4		0.994 0	2.582 5		4.154 6
	0.918 2	7.505 7	3.898 4	3.607 4		0.927 8	6.687 8	2.533 2	4.154 6
	0.787 0	14.957 1	11.349 7	3.607 4		0.861 5	9.641 2	5.486 6	4.154 6
	0.655 8	22.141 0	18.533 6	3.607 4		0.795 2	13.607 2	9.452 6	4.154 6
	0.524 7	29.084 8	25.477 4	3.607 4		0.729 0	17.037 8	12.883 2	4.154 6
	0.475 9	31.551 0	27.943 6	3.607 4		0.662 7	20.498 1	16.343 5	4.154 6
乙烷	1.000 0	1.436 9		3.856 4		0.596 4	23.905 0	19.750 4	4.154 6
	0.982 6	4.107 6	0.251 2	3.856 4		0.563 3	25.581 3	21.426 7	4.154 6
	0.818 9	14.485 2	10.628 8	3.856 4	苯	1.000 0	1.629 3		4.287 5
	0.655 1	24.576 4	20.719 9	3.856 4		0.996 1	3.258 4		4.287 5
	0.491 3	34.251 3	30.394 8	3.856 4		0.978 3	4.515 7	0.228 2	4.287 5
	0.327 5	45.771 7	41.915 3	3.856 4		0.889 4	11.875 1	7.587 6	4.287 5
	0.296 1	47.512 7	43.656 3	3.856 4		0.800 4	18.497 3	14.209 8	4.287 5
丙烷	1.000 0	1.397 1		4.084 2		0.711 5	25.290 3	21.002 8	4.287 5
	0.973 9	4.999 7	0.915 6	4.084 2		0.622 6	31.956 1	27.668 6	4.287 5
	0.946 5	6.967 9	2.883 7	4.084 2		0.533 6	38.707 4	34.419 9	4.287 5
	0.811 2	15.964 8	11.880 6	4.084 2		0.515 8	40.101 8	35.814 3	4.287 5
	0.676 0	24.963 3	20.879 1	4.084 2	二氧化碳	1.000 0	1.585 9		3.799 6
	0.540 8	33.665 6	29.581 4	4.084 2		0.986 2	4.278 2	0.478 6	3.799 6
	0.405 6	42.805 6	38.721 5	4.084 2		0.953 3	6.997 7	3.198 1	3.799 6
	0.231 2	58.667 7	54.583 5	4.084 2		0.887 6	11.974 4	8.174 8	3.799 6
丁烷	1.000 0	1.585 9		5.564 4		0.821 8	16.992 4	13.192 8	3.799 6
	0.987 8	4.172 9		5.564 4		0.756 1	22.060 2	18.260 6	3.799 6
	0.940 7	8.033 4	2.469 0	5.564 4		0.712 0	25.428 2	21.628 6	3.799 6
	0.823 1	16.568 7	11.004 3	5.564 4	水	0.618 0	53.141 7	36.043 0	17.098 7
	0.705 6	25.123 0	19.558 6	5.564 4		0.579 3	56.795 1	39.696 3	17.098 7
	0.588 0	33.432 2	27.867 8	5.564 4		0.540 7	60.161 3	43.062 6	17.098 7
	0.470 4	41.828 3	36.263 9	5.564 4		0.502 1	63.210 6	46.111 9	17.098 7
	0.352 8	51.565 0	46.000 6	5.564 4		0.463 5	65.934 0	48.835 2	17.098 7
	0.317 3	55.058 1	49.493 7	5.564 4		0.422 0	68.021 2	50.922 4	17.098 7

为了与表面张力相对应和方便讨论，人为地规定指向相内部方向的分子内压力均是正

向的，因而此表内的各分子内压力数据均以正值列示，说明均是指向相内部的压力，但分子内压力的形成是由于分子间存在吸引力，在分子理论中分子间吸引力以负值表示，故统计力学计算的分子内压力数据也是负值，表 7-4-5 所列的各分子内压力的实际数值应是负值。

现将一些物质的 σ 与 $P_{in}^{eff}\times\delta^{I}$ 的关系分别列于图 7-4-3～图 7-4-5 中。

图 7-4-3 表示一些烷烃的 σ 与 $P_{in}^{eff}\times\delta^{I}$ 的线性关系。

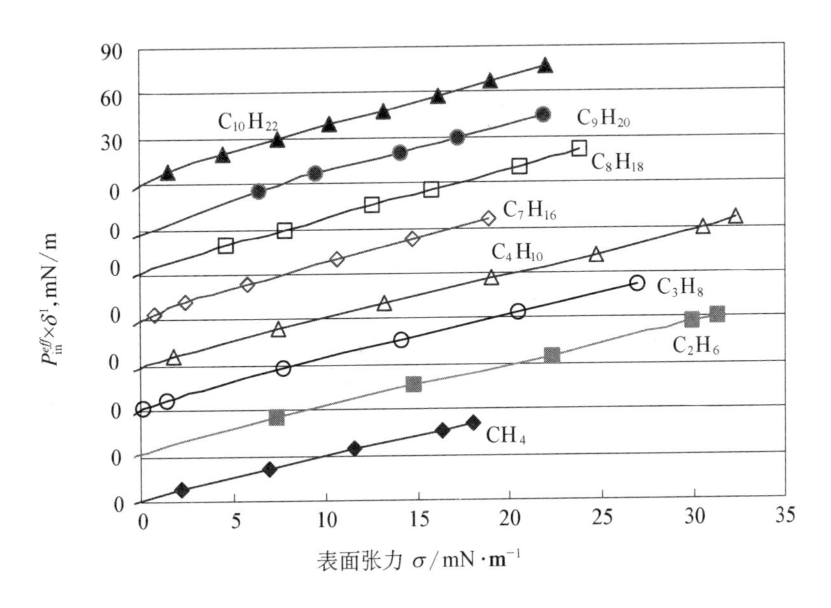

图 7-4-3　烷烃分子内压力与表面张力

图 7-4-4 表示一些液态元素的 σ 与 $P_{in}^{eff}\times\delta^{I}$ 的线性关系。

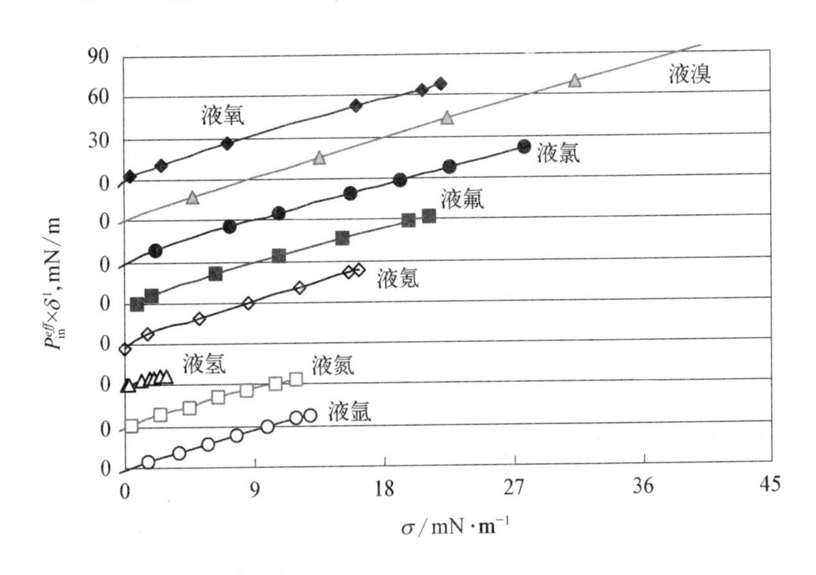

图 7-4-4　一些液态元素分子内压力作的功与表面张力

图 7-4-5 表示一些液态金属元素的 σ 与 $P_{in}^{eff}\times\delta^{I}$ 的线性关系。

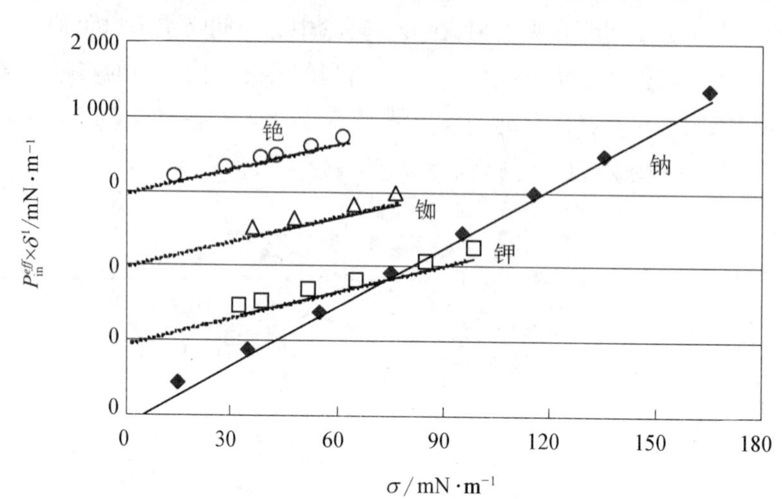

图 7-4-5　部分金属元素分子内压力与表面张力

图 7-4-3 到图 7-4-5 中所列数据表明，在不同温度下的 σ 与 $P_{in}^{eff}\times\delta^{I}$ 确呈线性关系，并且图中所示各物质的 σ 与 $P_{in}^{eff}\times\delta^{I}$ 的直线均通过坐标的零点，说明式[7-4-32]所示 σ 与 $P_{in}^{eff}\times\delta^{I}$ 关系适用于表示同一物质中不同温度下表面张力与分子内压力的关系。

讨论式[7-4-32]时需说明的是系数 K^{S}：

图 7-4-3 到图 7-4-5 中所列的 σ 与 $P_{in}^{eff}\times\delta^{I}$ 线性关系表明，系数 K^{S} 在不同温度下仍可视为常数，其可能原因如下：

(1) 系数 K^{S} 定义式：$K^{S}=(\delta-\delta^{I})/\delta^{I}=(\delta/\delta^{I}-1)$，由此知：

因为 $\delta=\left(\dfrac{V_{m}^{S}}{N_{A}}\right)^{1/3}$，当温度下降，$P_{in}$ 数值上升，界面层体积被压缩变小，故此时 δ 数值应变小；

而 $\delta^{I}=\left(\dfrac{V_{m}^{B}}{N_{A}}\right)^{1/3}$，当温度下降，讨论物质摩尔体积变小，意味着分子间距离变小，故此时 δ^{I} 数值也应变小。

亦就是说，δ 与 δ^{I} 随温度高低变化，或随分子内压力大小变化的趋势是一致的，故而有可能使在不同温度下的 δ/δ^{I} 数值保持着较小波动范围，从而使系数 K^{S} 近似为常数值。

(2) 由表 7-4-5 所列数据表明，即使接近临界温度、表面张力为零值的情况下，由于此时讨论物质仍为液态凝聚相，故而仍具有相当高的分子内压力数值，其值可相当于临界压力的 3～6 倍，亦有在表面张力为零时分子内压力高达 17 倍于临界压力的物质。因而即使在表面张力为零值时物质界面层亦经受着很高的分子内压力的压缩，这也是为使讨论物质仍还保持着凝聚相状态所必须的。温度降低，分子内压力数值会不断升高，继续增加的压力值虽然会继续压缩液体体积，但液体体积已变化不大。这可从相关手册中列有的液体压缩系数在低压下数值较大，而在高压范围内数值明显减小[40,41]得到佐证，因此形成高温度下 δ 数据高些，低温度下 δ 数值小些，加上上面所讲(1)中的原因，故可认为 δ/δ^{I} 数值在不同温度下会保持着相对不变。

(3) 已知分子内压力与温度呈线性关系，而表面张力，除接近临界温度处外，也可认为与温度也呈线性正比关系，因而有理由推测 σ 与分子内压力所作的功的关系可能也是呈线性关系。

图 7-4-3 到图 7-4-5 表明，系数 K^{S} 在不同温度下可视为常数，这证明上述各点推论成立。

现将一些物质 σ 与 $P_{in}^{eff}\times\delta^{I}$ 的线性关系、相关系数及其斜率值列于表 7-4-6 中以供参考。

表 7-4-6　一些物质的 σ 与 $P_{in}^{eff}\times\delta^{I}$ 的线性关系

液　体	σ 与 $P_{in}^{eff}\times\delta^{I}$ 的线性关系	相关系数，r	斜率，K^{S}	δ/δ^{I}
甲烷	$0.3485\times P_{in}^{eff}\times\delta^{I}$	0.991 7	−0.348 5	0.651 5
乙烷	$0.3404\times P_{in}^{eff}\times\delta^{I}$	0.996 6	−0.340 4	0.659 6
丙烷	$0.3178\times P_{in}^{eff}\times\delta^{I}$	0.996 1	−0.317 8	0.682 2
丁烷	$0.3379\times P_{in}^{eff}\times\delta^{I}$	0.998 2	−0.328 9	0.662 1
庚烷	$0.2760\times P_{in}^{eff}\times\delta^{I}$	0.989 9	−0.276 0	0.724 0
辛烷	$0.2872\times P_{in}^{eff}\times\delta^{I}$	0.992 6	−0.287 2	0.712 8
壬烷	$0.2853\times P_{in}^{eff}\times\delta^{I}$	0.991 1	−0.285 3	0.714 3
癸烷	$0.2780\times P_{in}^{eff}\times\delta^{I}$	0.992 5	−0.278 0	0.722 0
苯	$0.3004\times P_{in}^{eff}\times\delta^{I}$	0.996 4	−0.300 4	0.699 4
液态二氧化碳	$0.2441\times P_{in}^{eff}\times\delta^{I}$	0.991 7	−0.244 1	0.755 9
水	$0.2127\times P_{in}^{eff}\times\delta^{I}$	0.996 6	−0.212 7	0.787 3
液氩	$0.3342\times P_{in}^{eff}\times\delta^{I}$	0.998 3	−0.334 2	0.665 8
液氮	$0.3324\times P_{in}^{eff}\times\delta^{I}$	0.994 2	−0.332 4	0.667 6
液氢	$0.3717\times P_{in}^{eff}\times\delta^{I}$	0.991 1	−0.371 7	0.628 3
液氧	$0.3151\times P_{in}^{eff}\times\delta^{I}$	0.991 8	−0.315 1	0.684 9
液氟	$0.3292\times P_{in}^{eff}\times\delta^{I}$	0.991 5	−0.329 2	0.670 8
液氯	$0.3280\times P_{in}^{eff}\times\delta^{I}$	0.991 9	−0.328 0	0.672 0
液溴	$0.3140\times P_{in}^{eff}\times\delta^{I}$	0.996 7	−0.314 0	0.686 0
液氪	$0.2999\times P_{in}^{eff}\times\delta^{I}$	0.990 7	−0.299 9	0.700 1
液态纳	$0.0384\times P_{in}^{eff}\times\delta^{I}$	0.998 5	−0.038 4	0.961 6
液态钾	$0.0854\times P_{in}^{eff}\times\delta^{I}$	0.997 5	−0.085 4	0.914 6
液态铷	$0.0765\times P_{in}^{eff}\times\delta^{I}$	0.997 0	−0.076 5	0.923 5
液态铯	$0.0846\times P_{in}^{eff}\times\delta^{I}$	0.991 0	−0.084 6	0.915 4

表 7-4-6 数据表示，σ 与 $P_{in}^{eff} \times \delta^{I}$ 确呈线性关系，且其相关系数较高，讨论各物质均在 0.99 以上。因而表列数据支持式[7-4-32]所示关系。

表 7-4-6 的数据还表示，分子内压力确实对界面层进行了压缩做功。从表列数据来看，烷烃的界面层厚度的压缩率 δ/δ^{I} 约为 0.65～0.72，且分子越小这一数值越小，意味着被压缩越大些。金属的 δ/δ^{I} 的数值很高，均大于 0.9，说明金属界面层在其内压力压缩下变形不大。金属抗变形能力较强。

7-4-5 压缩液体逸度与分子压力

压缩液体是指讨论液体所处压力 P 不是饱和蒸气压力，一般这时体系所承受的压力 P 均高于该液体在同一温度下饱和蒸气压 P^{Sa}，故压缩液体状态参数范围为：

$$P > P^{Sa}; \quad T < T_C; \quad V < V_C$$

已知，当讨论液体不是处于饱和蒸气压力下时计算该液体的逸度 f^{nS} 为下式：

$$f^{nS} = f^{Sa} \exp \int_{P^{Sa}}^{P} \frac{V^{L} dp}{RT} = P^{Sa} \varphi^{Sa} \exp \int_{P^{Sa}}^{P} \frac{V^{L} dp}{RT} \qquad [7-4-35]$$

压缩液体的逸度系数[33]为：

$$\varphi^{nS} = \frac{f^{nS}}{P} = \frac{P^{Sa}}{P} \varphi^{Sa} \exp \int_{P^{Sa}}^{P} \frac{V^{L} dp}{RT} \qquad [7-4-36]$$

式中 f^{Sa} 为饱和蒸气的逸度。由式[7-4-35]可知：纯液体在 T 和 P 下的逸度不同于处在饱和状态时的逸度，压缩液体的逸度为该温度下的饱和蒸气压乘以两项校正系数。

其一为饱和蒸气的逸度系数，　$\varphi^{S} = f^{Sa}/P^{Sa}$。

另一项为指数校正项，常称为 Poynting 校正因子，表示将液体由 P^{Sa} 压缩至讨论压力 P 时对压力变动的纠正。虽然液体的摩尔体积为温度与压力的函数，但在远离临界温度时可近似认为液体的摩尔体积不变化，故 Poynting 校正因子为

$$P_{oy} = \exp\left[\frac{V^{L}(P - P^{Sa})}{RT}\right] \qquad [7-4-37]$$

式[7-4-35]为常用的压缩液体逸度计算式。下面对式[7-4-37]进行讨论。对 Poynting 校正因子可作下面讨论。

已知，$Z^{L} = P^{L}V^{L}/RT$；$Z^{Sa} = P^{Sa}V^{Sa}/RT$，故得 Poynting 校正因子

$$P_{oy} = \exp\left[\frac{V^{L}(P - P^{Sa})}{RT}\right] = \exp\left[\frac{V^{L}P}{RT} - \frac{V^{L}P^{Sa}}{RT}\right] = \exp\left[Z^{L} - \frac{V^{L}}{V^{Sa}} Z^{Sa}\right] \qquad [7-4-38]$$

现将式[7-4-37]计算的 Poynting 校正因子数值作为实际值列于表 7-4-7 以供比较。表 7-4-7 中还列有以式[7-4-38]计算的 Poynting 校正因子的计算值与其比较，二者吻合得很好。

表 7-4-7 Poynting 校正因子数值计算

物质	液体数据					饱和液体数据		Poynting 校正因子 [7-4-38]
	对比压力	对比温度	对比体积	压缩因子	Poynting 校正因子	对比体积	压缩因子	
正丁烷	0.103 2E−1	0.588 0	0.363 5	0.174 8E−2	1.000 0	0.363 5	0.174 8E−2	1.000 0
	0.265 1E−1		0.363 5	0.448 7E−2	1.002 8			1.002 7
	0.790 0		0.361 0	0.132 9	1.140 7			1.140 1
	1.317 3		0.361 0	0.221 6	1.246 8			1.245 9
	7.903 5		0.349 6	1.287 6	3.633 5			3.618 2
	13.170 9		0.342 8	2.104 0	8.244 6			8.185 5
	0.249 1	0.823 1	0.449 0	0.372 4E−1	1.000 0	0.449 0	0.372 4	1.000 0
	0.263 4		0.449 0	0.393 8E−1	1.002 1			1.002 1
	0.526 9		0.444 9	0.780 6E−1	1.042 1			1.042 1
	0.790 3		0.442 7	0.116 5	1.083 3			1.082 4
	1.053 7		0.440 4	0.154 5	1.125 6			1.124 4
	2.634 5		0.426 8	0.374 3	1.404 9			1.400 8

7-4-6 压缩液体的分子内压力

在饱和液体逸度压缩因子讨论中提出的饱和液体分子内压力计算方法同样适用于压缩液体分子内压力的计算。其理由为压缩状态液体仍是液体，虽受到外压力增加的影响，但分子结构应还是远程无序、近程有序结构[19]。故而其内部还存在有分子内压力。分子内压力的计算方法应该与饱和液体计算分子内压力方法相类似。

首先必须先知道讨论液体的逸度系数数值，饱和液体是依据饱和蒸气与饱和液体逸度系数相等的相平衡原理而得到饱和液体的逸度系数；而压缩液体则应先求得同一温度下饱和液体的逸度系数，然后依据上述讨论求得 Poynting 校正因子，再依据式[7-4-36]计算得到其逸度系数。

由上述讨论知：液体逸度压缩因子为：

$$Z_Y^L = Z_{Y(NO)}^L \times Z_{Y(O)}^L \qquad [7-4-39]$$

表示液体的逸度压缩因子是由两部分组成：

其一为液体为完全无序结构时无序逸度压缩因子 $Z_{Y(NO)}^L$，其表示式形式与过热气体逸

度压缩因子 $Z^{G}_{Y(h)}$ 的形式一样，为：

$$Z^{L}_{Y(NO)} = \frac{P^{L}_{r} + P^{L}_{atr} - P^{L}_{P1r} - P^{L}_{P2r}}{P^{L}_{idr} + P^{L}_{atr} - P^{L}_{P1r}} \qquad [7-4-40]$$

其二为液体中存在的近程有序结构的影响 $Z^{L}_{Y(O)}$，这是液体所特有的逸度压缩因子。这个逸度压缩因子的起始有效压力是液体处在无序结构下的有效压力，而最终有效压力是在无序结构下的有效压力之上再考虑一个近程有序对液体有效压力，即增加分子内压力

$$Z^{L}_{P(O)} = \frac{P^{L}_{r} + P^{L}_{atr} - P^{L}_{P1r} - P^{L}_{P2r} + P^{L}_{inr}}{P^{L}_{r} + P^{L}_{atr} - P^{L}_{P1r} - P^{L}_{P2r}} \qquad [7-4-41]$$

这样，液体逸度压缩因子式[7-4-39]可改写为：

$$\begin{aligned} Z^{L}_{Y} &= Z^{L}_{Y(NO)} \times Z^{L}_{Y(O)} \\ &= \frac{P^{L}_{r} + P^{L}_{atr} - P^{L}_{P1r} - P^{L}_{P2r}}{P^{L}_{idr} + P^{L}_{atr} - P^{L}_{P1r}} \times \frac{P^{L}_{r} + P^{L}_{atr} - P^{L}_{P1r} - P^{L}_{P2r} + P^{L}_{inr}}{P^{L}_{r} + P^{L}_{atr} - P^{L}_{P1r} - P^{L}_{P2r}} \end{aligned} \qquad [7-4-42]$$

已知逸度压缩因子即是讨论物质的逸度系数，对压缩液体也是一样，故而压缩液体应有关系：

$$\varphi^{L} = Z^{CL}_{Y} = Z^{CL}_{Y(NO)} \times Z^{CL}_{Y(O)} \qquad [7-4-43]$$

由此可知：经整理，压缩液体的分子内压力计算式为：

$$\begin{aligned} P^{L}_{inr} &= Z^{CL}_{Y}(P^{L}_{idr} + P^{L}_{atr} - P^{L}_{P1r}) - (P^{L}_{r} + P^{L}_{atr} - P^{L}_{P1r} - P^{L}_{P2r}) \\ &= Z^{CL}_{Y}(P^{L}_{idr} + P^{L}_{atr} - P^{L}_{P1r}) - P^{L}_{idr} \end{aligned} \qquad [7-4-44]$$

由于 $\varphi^{L} = Z^{CL}_{Y}$，故压缩液体的分子内压力亦可由下式求得：

$$P^{L}_{inr} = \varphi^{L}(P^{L}_{idr} + P^{L}_{atr} - P^{L}_{P1r}) - P^{L}_{idr} \qquad [7-4-45]$$

依据上式计算的压缩液体的分子内压力数值如表 7-4-8 所示。

表 7-4-8　压缩液体的分子内压力

物　质	状态参数			计算结果			
	P_r	T_r	V_r	$Z^{CL}_{Y(NO)}$	$Z^{CL}_{Y(O)}$	φ^{L}	P^{L}_{inr}
正丁烷	0.010 3	饱和点	0.363 5	0.147 9	6.662 6	0.985 2	33.432 2
	0.026 5	0.588 0	0.363 2	0.147 9	2.581 1	0.381 6	9.340 6
	0.790 0		0.361 0	0.149 6	0.097 9	0.014 7	−5.362 6
	1.317 3		0.361 0	0.151 4	0.063 4	0.009 6	−5.567 7
	2.634 7		0.358 7	0.155 2	0.038 5	0.006 0	−5.752 1
	7.903 5		0.349 6	0.172 2	0.027 0	0.004 7	−5.972 2
	13.170 9		0.342 8	0.194 0	0.032 5	0.006 3	−6.056 2

续 表

物 质	状态参数			计算结果			
	P_r	T_r	V_r	$Z^{CL}_{Y(NO)}$	$Z^{CL}_{Y(O)}$	φ^L	P^L_{inr}
液氢	6.87E−02	饱和点	0.442 2	0.212 5	4.337 3	0.921 7	14.916 2
	7.62E−02		0.442 2	0.206 3	4.026 2	0.830 6	13.510 9
	0.761 8	0.602 8	0.433 7	0.208 8	0.462 5	0.096 5	−2.446 8
	3.046 7		0.418 0	0.221 6	0.175 7	0.038 9	−3.893 2
	6.093		0.399 1	0.240 2	0.145 9	0.035 0	−4.224 7
	15.232 1		0.367 7	0.333 0	0.209 8	0.069 9	−4.242 6
水	1.88E−03	饱和点	0.324 0	0.103 2	9.659 1	0.996 5	61.568 8
	2.27E−03		0.324 0	0.102 2	8.091 3	0.827 1	50.421 0
	4.53E−03		0.324 0	0.103 2	4.021 8	0.414 9	21.485 7
	2.26E−02	0.540 7	0.324 0	0.103 2	0.806 6	0.083 2	−1.375 0
	4.57E−02		0.324 0	0.103 2	0.400 3	0.041 3	−4.264 2
	2.71E−01		0.323 0	0.103 3	0.069 7	0.007 2	−6.634 3
	4.51E−01		0.322 7	0.103 4	0.042 9	0.004 4	−6.832 1
甲烷	7.497E−03	饱和点	0.365 8	0.145 4	6.792 7	0.987 5	28.629 3
	2.172E−02		0.365 8	0.145 4	2.350 4	0.341 8	6.674 1
	1.087E−01	0.524 7	0.365 8	0.145 8	0.476 9	0.069 5	−2.585 3
	2.171E−01		0.364 2	0.145 7	0.244 2	0.035 6	−3.751 8
	1.740E+00		0.361 0	0.150 5	0.040 0	0.006 0	−4.806 2
	3.261E+00		0.357 8	0.155 7	0.027 8	0.004 3	−4.912 8

注：本表数据取自文献[3]。

表列数据表明，当液体经受外压力压缩时液体的分子内压力数值会迅速减小，进一步加压，分子内压力数值会改变成负值。这意味着加压会使液体的分子间相互作用情况变化，即使液体内静态分子间相互作用由分子间吸引作用转变为分子间排斥作用。无疑这是由于加压而使分子间距离变化所致，这也证实微观分子间相互作用理论认为分子间斥作用对分子间距离变化十分敏感的意见，在 Lennard-Jones 位能方程中对此已有理论上描述。

此外，再进一步加压，在较大的压力范围内——如液氢的压力讨论范围为 P_r 从 0.76～15——液体的分子内压力数值虽也有一定的变化，但其变化逐渐变慢，且减小的值不大（见图 7-4-6）。为此亦说明理论上将分子作为某种刚性硬球处理，两分子间接近到一定距离后再进一步接近将会十分困难的观点是正确的。

压力对液体的这些影响将在下面的章节中作进一步的讨论。

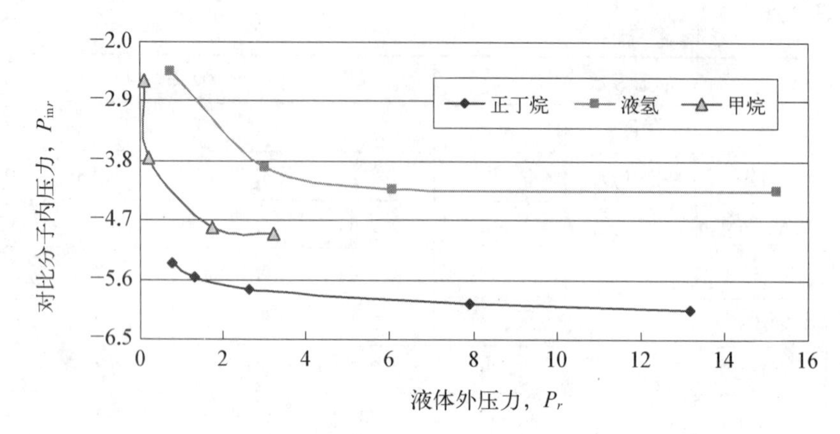

图 7-4-6　液体外压力与分子内压力关系

7-5　分子内压力的影响因素

温度、压力和体系体积的变化都会影响分子内压力。为此下面分别讨论这些影响因素。

7-5-1　分子内压力与温度

分子内压力与温度的变化有下列关系：

(1) 随着温度的升高，液体分子内压力的数值逐渐降低，图 7-5-1～图 7-5-3 列示了各种不同物质的液体对比分子内压力和对比温度的关系，可说明此点。

(2) 在一定的温度范围内，液体分子内压力与温度呈线性比例关系。一般，这个线性关系可一直保持到临界温度附近的温度。

(3) 在临界温度附近，液体分子内压力与温度不呈线性比例关系，此时随着温度升高，分子内压力数值急剧下降。图 7-5-4 将临界温度附近分子内压力的变化单独列示，以供分析参考。

(4) 在临界温度附近，液体分子内压力的数值很低，但还不等于零值。这从图 7-5-1～图7-5-3 各图可以看出，为清楚地显示分子内压力在临界点附近的变化，选择了一些物质数据列于图 7-5-1～4 中：

图 7-5-1 为各种烷烃的液体对比内压力和对比压力的关系；

图 7-5-2 为各种液态元素对比内压力和对比压力的关系；

图 7-5-3 为各种液态金属元素对比内压力和对比压力的关系；

图 7-5-4 为一些液体在临界温度附近分子内压力与温度的关系。

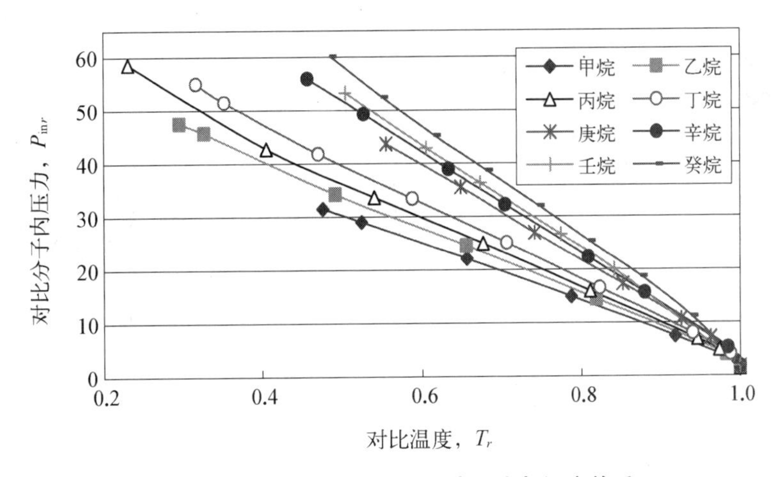

图 7-5-1　烷烃的对比分子内压力与温度关系

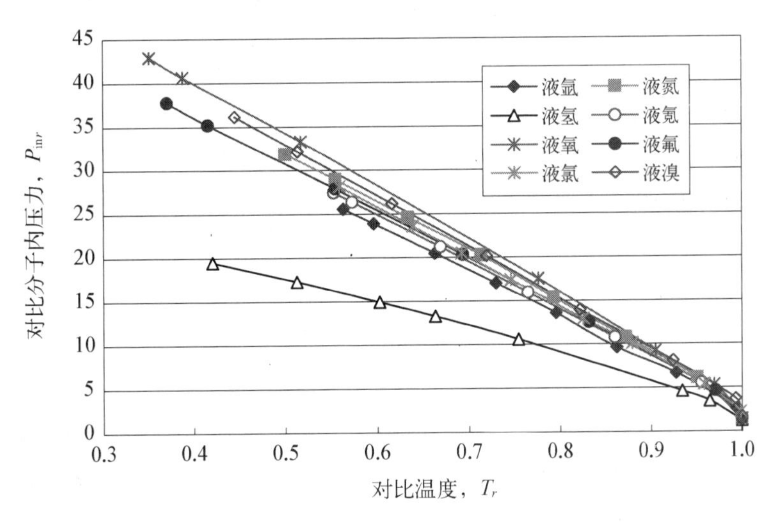

图 7-5-2　各元素的对比分子内压力与温度关系

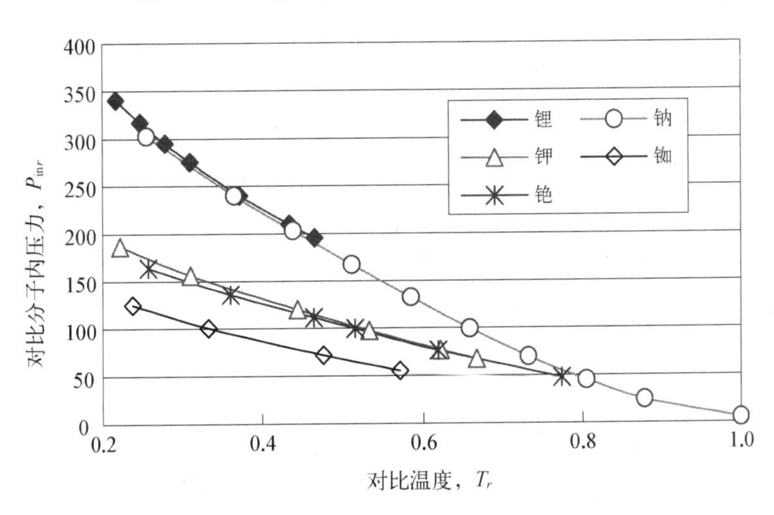

图 7-5-3　金属元素的 P_{inr} 和 T_r

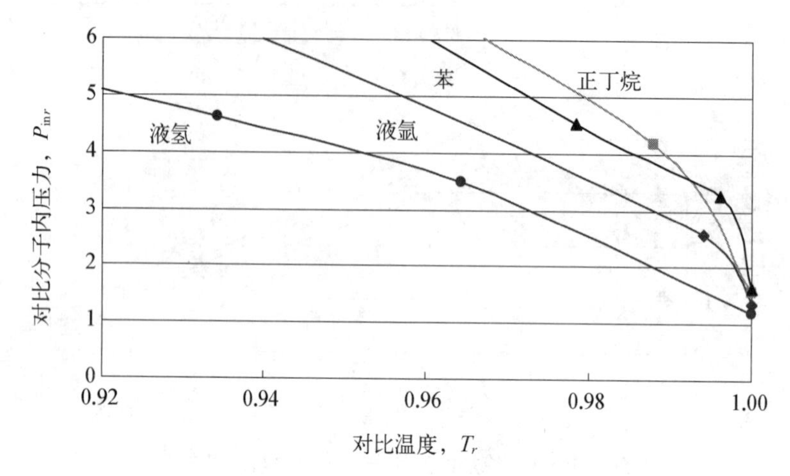

图 7－5－4　临界点附近分子内压力与温度关系

由图 7－5－4 可见，液体的分子内压力在临界点附近与温度的关系有：

(1) 分子内压力在近临界点时偏离了与温度的线性关系，就所整理的数据来看，很多液态物质均有这样的规律，应该是液体物质的一个普遍规律。

(2) 分子内压力在近临界点时其数值已经很小，但仍保留一定的数值，且大于零值。

(3) 液态分子内压力在接近临界点，偏离线性规律后会急速减小其数值。物质不同，其分子内压力降低的速率不同。

下面对图 7－5－1 到图 7－5－4 所表示的分子内压力与温度的关系进行讨论。

1. 总相关函度

总相关函数度量了液体微观结构对无序随机分布的偏离，也就是在物质内部某一讨论处的分子密度对物质平均密度的偏离。当物质是气体时，因为气体微观结构是无序随机分布结构，故其总相关函数应为零值。

一般，气态物质的摩尔体积要大于临界体积，物质呈饱和汽态时的摩尔体积亦大于临界体积 V_C，因此，可认为：当讨论物质的摩尔体积大于等于临界体积时，该物质的总相关函数为零，亦就是说，当液相进入到临界状态，即其摩尔体积与 V_C 接近或相等时，液相总相关函数趋近于零值，此时该物质的分子内压力数值亦应很小(见表 7－4－2 数据)。反之，当液相偏离临界状态越远，即离固态越近时总相关函数数值越大。

已知：
$$P_{\text{in}}=-\frac{1}{6}\left(\frac{N}{V}\right)^2\int_0^\infty \frac{\mathrm{d}u(r)}{\mathrm{d}r}\Delta g(r)\cdot 4\pi r^3\mathrm{d}r$$

即分子内压力应与总相关函数有关。而总相关函数存在下列关系：

$$\Delta g(r)^{\text{L}}\cong\Delta g\,(r)_{mf}-Ch\,(r_{123})_{mf}\times(t-t_{mf})\qquad[7-3-21\text{b}]$$

将式[7－3－21b]代入上式中，注意式[7－3－21b]中 $\Delta g\,(r)_{mf}$ 是指在熔点温度下的总相关函数，故应是一恒定的数值。又 $Ch\,(r_{123})_{mf}$ 是指在熔点温度下的间接相关函数，亦应是一恒定的数值。这样，

$$P_{in}=-\frac{1}{6}\left(\frac{N}{V}\right)^2\int_0^{\infty}\frac{du(r)}{dr}[\Delta g(r)_{mf}-Ch(r_{123})_{mf}(t-t_{mf})]\times 4\pi r^3 dr$$

整理上式，得：

$$P_{in}=-\frac{1}{6}\left(\frac{N}{V}\right)^2\int_0^{\infty}\frac{du(r)}{dr}\Delta g(r)_{mf}\times 4\pi r^3 dr-+\frac{1}{6}\left(\frac{N}{V}\right)^2(t-t_{mf})\int_0^{\infty}\frac{du(r)}{dr}Ch(r_{123})_{mf}\times 4\pi r^3 dr \qquad [7-5-1]$$

得到：

$$P_{in}=P_{in,mf}-K_P(t-t_{mf}) \qquad [7-5-2]$$

式中 $P_{in,mf}$ 为在熔点下的分子内压力。K_P 为一恒定常数。分子内压力应与温度呈线性关系。上述图 7-5-1～图 7-5-4 说明在一定温度范围内分子内压力与温度确呈线性正比关系，由此亦证实作者推导得到的一定温度范围内总相关函数与温度呈线性正比关系是正确的。这些关系应该有着较大的实用价值。

任何液体当其温度在熔点温度时，其总相关函数应有最大值。其他状态时总相关函数数值都低于这一数值。与之相应，分子内压力亦应在熔点处达到最大值，并且随着温度的升高而下降。图 7-5-1～图 7-5-3 中所示的分子内压力与温度的关系和表 7-4-2 中分子内压力的数据都反映分子内压力的这一特性。

2. 临界温度

理论上认为，当液体处于临界温度点时，液体表面张力数值为零，但表 7-4-2 的数据表明，临界温度下分子内压力 P_{inr} 数值虽很小，但还不是零值。说明当液相进入临界状态时，这时实际气体中还可能存在极少量分子内压力，即极少量的近程有序结构，温度继续提高，近程有序结构才在气相中完全消失。现将一些物质的分子内压力 P_{inr} 为零的温度列于表 7-5-1 中以供参考。

表 7-5-1　一些液态物质中 P_{inr} 为零时温度数值　　K

物质	甲烷	乙烷	丙烷	正丁烷	氧	氢	氮	氟	氯
T_C	190.60	305.30	369.80	425.20	154.77	33.18	126.25	144.30	417.16
$T\|_{P_{in}=0}$	201.75	323.53	392.12	450.79	165.84	36.24	134.26	153.88	443.37
$T_r\|_{P_{in}=0}$	1.059 1	1.059 7	1.060 3	1.060 2	1.063 6	1.092 1	1.063 4	1.066 3	1.064 5

表 7-5-1 的数据表明，在临界温度处 P_{inr} 还不会是零，只有再升高些温度，P_{inr} 才有可能近到零值。并且从表 7-5-1 所列数据，除氢稍有偏差外，其余物质均在 $T_r=1.06$ 左右温度处，P_{inr} 才会达到零值。

3. 表面张力

大多数纯液体表面张力的计算公式或经验方程，均会得到临界温度下纯液体表面张力的数值为零值的结果。例如有：

经典的 Eötvös 方程：　　$\sigma V^{2/3}=k(T_c-T)$　　[7-5-3a]

Yaws[42]的指数型关联式：

$$\sigma=\sigma_1\left[(T_C-T)/(T_C-T_1)\right]^{11/9} \quad [7-5-3b]$$

Harkim 法[43]：　$\sigma=4.6416P_C^{2/3}T_C^{1/3}Q_P\left[(1-T_r)/0.4\right]^m$　　[7-5-3c]

还有很多计算式不一一列举，这些计算式的共同特点是认为在讨论温度为临界温度时，液体表面张力为零。但实验观察到，液汽界面在较临界温度稍低些时就变得模糊，因而一些研究者认为，表面张力为零的温度并不是临界温度，而是再低于临界温度一些的温度。为此就有一些修正式，如将 Eötvös 方程改为[39]：

$$\sigma V^{2/3}=k(T_c-6-T) \quad [7-5-4]$$

为此作者依据 Yaws[42]介绍的方法求得表面张力与温度的关系，然后由此求出表面温度为零值时温度点，再依据此温度点求得液体在表面张力为零时的分子内压力数值，现将这些数据列于表 7-5-2。

表 7-5-2　液态物质在表面张力为零时的分子内压力

物　质	临界状态		当物质表面张力为零时		
	临界温度/K	P_{atr}	P_{inr}	温度/K	对比温度 T_r/K
甲烷	190.60	4.154 2	3.971 0	186.37	0.978 3
乙烷	305.30	4.234 0	3.856 4	298.12	0.976 5
丙烷	369.80	4.154 2	4.084 2	362.65	0.980 7
正丁烷	425.20	4.547 8	4.542 0	415.28	0.976 7
氧	154.77	4.154 2	4.221 3	151.48	0.978 7
氢	33.18	3.685 2	2.627 1	32.65	0.983 9
氮	126.25	4.102 2	4.102 5	121.80	0.964 7
氯	417.16	5.706 1	3.006 5	415.37	0.997 3
溴	584.20	4.672 4	3.889 5	576.39	0.986 6
二氧化碳	304.20	4.547 8	3.504 4	303.23	0.992 7
氩	150.90	4.076 5	3.399 2	147.56	0.977 9
氪	209.39	4.154 2	2.390 7	209.39	1.000 0
苯	562.20	4.639 5	3.998 2	552.99	0.983 6

表 7-5-2 数据表明，表面张力和分子内压力表现出下列一些特点：

(1) 对于大多数液态物质，其表面张力数值确实在低于临界温度时就已经为零值。

(2) 当液体表面张力等于零时液体的分子内压力虽然数值变小但还有一定数值。这部分分子内压力所作之功只能维持体系温度保持恒定而已，而无余力使体系完成表面功。

(3) 比较表面张力为零值时的对比分子内压力 P_{inr} 和液相处于临界温度下的对比分子吸引压力 P_{atr}，可知，当讨论液相的 P_{inr} 数值受到温度升高影响而逐渐减少，并且其数值减小到 $P_{inr} \leqslant P_{atr}$(临界) 时，意味着液相表面张力可能为零值或已接近为零值了。

强有力的分子间吸引作用是液体中静态分子存在的保证。而在表面张力为零值时 $P_{inr} \leqslant P_{atr}$(临界)，说明液体中静态分子的分子间吸引作用已经开始低于气液临界态时的分子间吸引作用水平，亦就是说，此时液体中静态分子所具有的分子间吸引作用水平，已经开始失去能保持分子在液体中呈“静态”的能力，只需在温度稍有变化的影响下，静态分子将转变为动态分子，亦就是液体失去了表面张力这个宏观性能。

4. 压力

上面曾讨论了饱和状态下液体的分子内压力与温度的关系。但讨论中每个饱和状态点的温度和压力均不相同。因此上面所讨论的关系中有温度的影响，也有压力的影响。为此下面讨论在恒定压力下，仅变化温度对液体中分子内压力的影响。

以液氢为例，选择温度为 31.363 K、饱和压力为 10 bar 作为讨论起点，然后恒定其讨论压力为 10 bar，讨论温度改变对液氢分子内压力的影响，讨论结果列示于图 7-5-5 中。图中列有 4 条温度关系曲线：

(1) 液氢在 10 bar 压力下改变不同温度时液体分子内压力随温度变化的曲线。表示液氢在压缩状态下液体分子内压力随温度的变化。

(2) 作为对比，图中列出了各温度点下饱和液氢的液体分子内压力随温度的变化曲线。

(3) 图中还列示了各温度点下饱和液氢和压缩液氢的分子吸引压力随温度变化的曲线，以此反映分子动压力所受到的影响。

由图 7-5-5 可知：

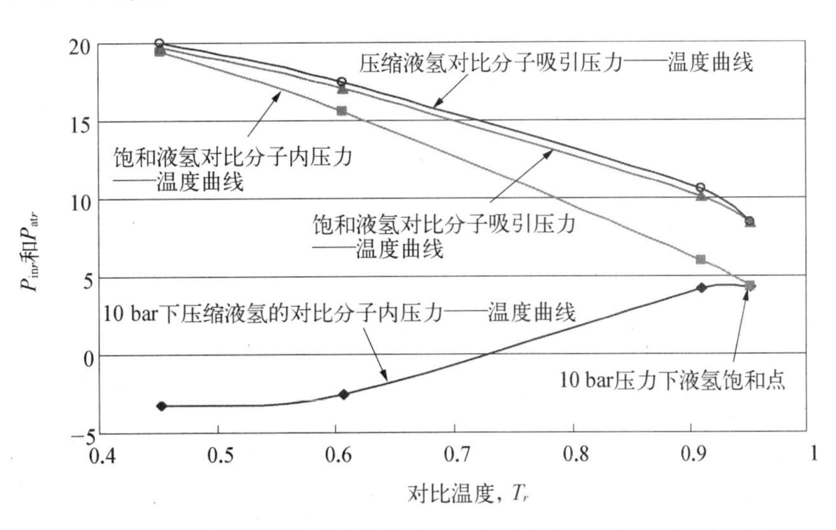

图 7-5-5　恒压下温度对液氢的分子内压力和分子吸引压力的影响

(1) 图中以压力为 10 bar、温度为 31.363 K 的饱和液氢为起始点，起始点处液氢的对比分子内压力值为 4.275 1。

(2) 随着温度的降低，同样温度下饱和状态和压缩状态的分子内压力数值变化情况不同：

——饱和状态：随着温度降低饱和液态的分子内压力数值增大，例如当温度从 31.363 K降到 30 K 时饱和液氢(饱和压力为 8.084 bar)的对比分子内压力值为 6.012 6，大于起始点处的数值，即饱和液体随着温度降低，其分子内压力会增大，这在宏观中的表现是温度降低时液体的表面张力数值增加。

——压缩状态：反之，随着温度降低压缩液态的分子内压力数值会减小，例如当温度从饱和点 31.363 K 降到 30 K 的压缩液氢(压力为 10 bar)的对比分子内压力值为 4.222 3，小于起始点处的数值。

将图 7-5-5 所列不同温度下饱和状态和压缩状态液氢在 10 bar 下的分子内压力数据列于表 7-5-3 中以供参考。表列数据表明，恒压下随着温度的下降，液氢中无序压缩因子数值随之降低，说明温度降低对液氢中动态分子行为会有影响。温度降低对静态分子行为亦会有影响，液氢中有序压缩因子数值随之降低说明对液氢中静态分子行为会有影响。

表 7-5-3　液氢在恒压(10 bar)不同温度下饱和蒸气和饱和液体

状　态	对比温度	对比分子内压力	无序逸度压缩因子	有序逸度压缩因子
饱和状态	0.951 3	4.275 1	0.380 1	1.880 8
压缩状态	0.909 9	4.222 3	0.345 6	1.798 3
压缩状态	0.606 6	−2.523 3	0.219 6	0.452 7
压缩状态	0.452 2	−3.229 9	0.163 9	0.097 8

(3) 图中所列对比分子吸引压力的数据表明，无论是饱和液氢还是压缩液氢，随着温度的降低，它们的变化趋势相似，并且在同一温度点处，它们的数值亦十分接近。现将不同温度下饱和液氢和 10 bar 压力下压缩液氢的动态分子的各个分子压力数据列于表 7-5-4 中以供参考。由表列数据可知，同一温度下饱和液氢与压缩液氢的分子理想压力、第二分子斥压力和分子吸引压力的数值相互很接近，说明对于同一物质，虽然会受到不同压力的影响，只要处在同样温度下，与物质中动态分子相关的分子行为受到的影响很小。此外，表列数据表明，同一温度下饱和液氢与压缩液氢的第一分子斥压力会受到压力变化的影响，饱和液氢第一分子斥压力数值明显低于压缩液氢。由第一分子斥压力定义可知，存在这个差异主要是由于饱和液氢的压力要低于压缩液氢的。

表 7-5-4　不同温度下饱和液氢气和压缩液氢(10 bar 压力)分子动压力数据

对比温度	状　态	对比压力	对比分子理想压力	对比第一分子斥压力	对比第二分子斥压力	对比分子吸引压力
0.909 9	饱和状态	0.625 2	5.144 1	0.318 9	5.264 8	10.102 6
	压缩状态	0.773 4	5.289 1	0.405 8	5.680 9	10.602 4
0.606 6	饱和状态	0.069 8	4.536 0	0.050 6	12.505 6	17.022 4
	压缩状态	0.773 2	4.610 4	0.571 1	13.077 9	17.486 2
0.452 2	饱和状态	0.009 9	3.618 9	0.008 0	16.078 3	19.695 2
	压缩状态	0.773 5	3.657 0	0.631 9	16.531 2	20.046 6

(4) 分子内压力的形成是由于液体中近程有序分子——静态分子间的相互作用。有序排列结构应该与固体分子排列情况相似，其分子间距离应该是在讨论温度下处于平衡状态下的分子间距离，在外界条件作用下，这分子间平衡距离如稍有变化，均会引起这些有序排列分子间相互作用情况变化。恒定压力，降低温度会使分子间平衡距离减小，这会使分子间斥作用力很快增加，从而使分子内压力数值变化。为说明此点，下面以正丁烷为例，计算了恒压条件下分子内压力数值随温度的变化，现列于图 7-5-6 中以供参考。

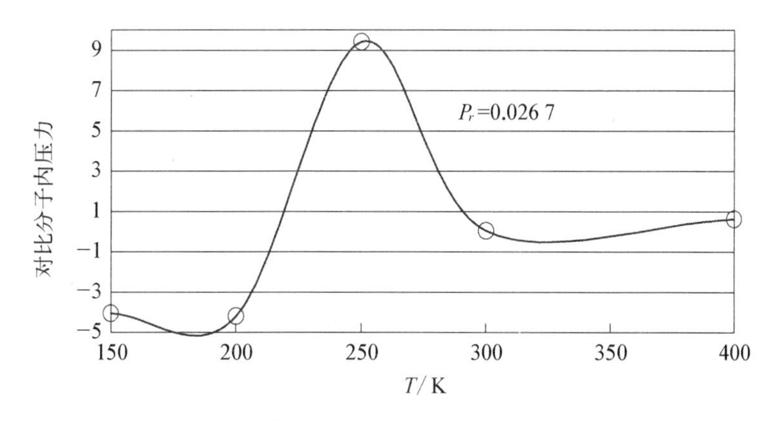

图 7-5-6　恒压下温度对丁烷分子内压力的影响

由图可见，在 250 K、1.013 bar 状态下正丁烷还保留部分分子内压力，低于 250 K 则有可能发生分子间斥力，分子内压力随温度下降而变小，甚至出现负值。正丁烷在 250 K 时饱和蒸气压为 0.381 5 bar，饱和状态时对比分子内压力的数值为：$P_{inr} = 33.432\ 2$。而当压力升高到 1.013 bar 时，对比分子内压力降低到 $P_{inr}(1.013\ \text{bar}) = 9.424\ 1$，这也说明此时液体中近程有序排列的分子间斥力已有相当数值，而静态分子间吸引力已明显减小。

图 7-5-6 中正丁烷随温度变化曲线的具体数据列于表 7-5-5 以供分析参考。

表 7-5-5　在 1.013 bar 压力下不同温度时正丁烷分子内压力数值

物　质	状态参数			计算结果			
	P_r	T_r	V_r	$Z^{L}_{Y(NO)}$	$Z^{L}_{Y(O)}$	φ^{L}	P_{inr}
饱和点	0.010 3	0.588 0	0.363 5	0.147 9	6.662 6	0.985 2	33.432 2
压缩液体	2.67E−02	0.352 8	0.315 6	0.073 9	0.001 2	0.000 1	−4.061 5
	2.67E−02	0.470 7	0.336 0	0.108 6	0.177 3	0.019 2	−4.189 5
	2.64E−02	0.588 0	0.363 2	0.148 3	2.600 6	0.385 6	9.424 1
	2.70E−02	0.705 6	93.212 3	0.975 9	2.524 3	2.463 4	0.042 1
	2.68E−02	0.940 7	126.560 7	0.989 0	24.473 2	24.204 6	0.636 7

7-5-2　分子内压力与压力

一些物质在不同压力下的分子内压力、无序逸度压缩因子和有序逸度压缩因子数据已列于表 7-4-8 中。表中所列数据表明，随着讨论压力的增大，讨论液体会出现下面一些情况：

1. 无序逸度压缩因子与压力关系

讨论液体的无序逸度压缩因子 $Z^{L}_{Y(NO)}$ 随着压力增加而逐渐增大，这从逸度压缩因子定义可知，压力增加会使讨论体系最终有效压力增大，这增加了 $Z^{L}_{Y(NO)}$ 的数值。

在表 7-4-8 所示的温度范围内，恒温下压力对压缩液体无序逸度压缩因子 $Z^{L}_{P(NO)}$ 的影响列示于图 7-5-7 中以供参考。

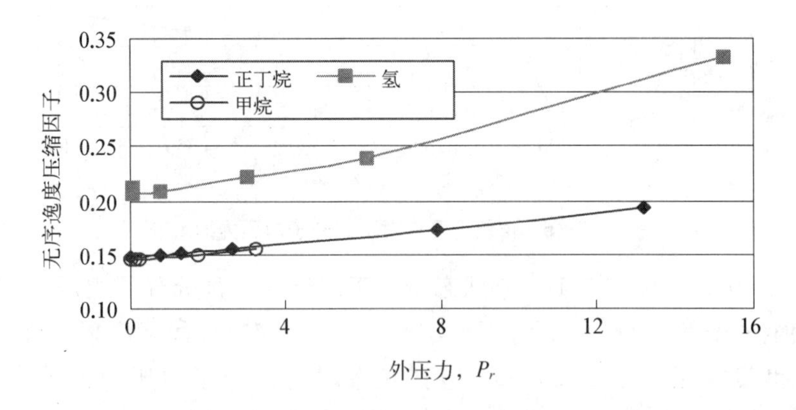

图 7-5-7　压力与无序逸度压缩因子

2. 有序逸度压缩因子与压力关系

讨论液体的有序逸度压缩因子 $Z^{L}_{Y(O)}$ 随着压力增加而逐渐减小，并在压力超过饱和压力后很快接近为零值。这是因为有序逸度压缩因子表示式为：

$$Z_{Y(O)}^{L}=\frac{P_r^L+P_{atr}^L-P_{P1r}^L-P_{P2r}^L+P_{inr}^L}{P_r^L+P_{atr}^L-P_{P1r}^L-P_{P2r}^L}=1+\frac{P_{inr}^L}{P_{idr}^L} \quad [7-5-5]$$

压力增加会使讨论液体内分子间平衡距离减小，这将使液体中分子间吸引力减小，而分子间斥力则快速增加，即式中 P_{inr}^L 的数值会减小，故而使 $Z_{Y(O)}^L$ 的数值减小。

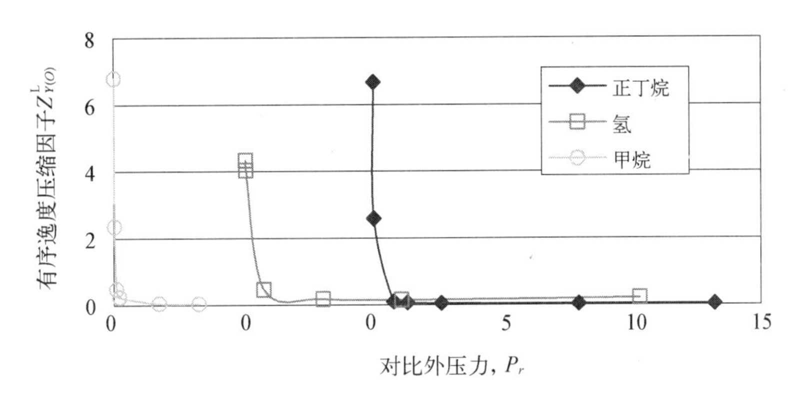

图 7-5-8　压力对有序逸度压缩因子的影响

现在图 7-5-8 中列示压力对近程有序逸度压缩因子的影响。

由图 7-5-8 可知，外压力 P_r 从饱和压力开始，稍有一些增加，有序逸度压缩因子 $Z_{Y(O)}^L$ 数值会急剧降低，说明外压力增加，使分子间距离减小，从而导致分子间斥力快速增加，致使 $Z_{Y(O)}^L$ 数值急剧降低。此外，从图 7-5-8 可知，$Z_{Y(O)}^L$ 数值最低可能降低到接近零值。

依据式[7-5-9]，这意味着：

$$Z_{Y(O)}^L=1+(P_{inr}^L/P_{idr}^L)\approx 0 \quad [7-5-6]$$

所以分子内压力 $P_{inr}^L\approx -P_{idr}^L$，亦就是说，在表 7-4-8 所示的压力变化范围内，液体近程有序结构由于分子间距离减小而可能引发分子间"最大"的斥力应该是将讨论物质当作是分子失去近程有序排列而呈完全理想状态下的"理想"压力。这一情况作者还无法解释，此外，表 7-4-8 所涉及的压力范围亦不够大，不知道在更高高压下还会发生什么情况，故而在此列出这一意见有待抛砖引玉，供有兴趣的读者讨论修改。

3. 逸度系数与压力关系

表 7-4-8 所列数据表示，随着压力增加，逸度系数数值明显降低。其变化规律与 $Z_{Y(O)}^L$ 的变化规律十分相似，当体系压力稍高于饱和蒸气压时液体逸度系数也会迅速降低到接近零值。

4. 分子内压力与压力关系

表 7-4-8 所列数据表示，随着压力增加，讨论液体的分子内压力数值迅速降低，并转变成负值，即转变为分子间斥力占据优势。前面讨论已经说明，这是分子间平衡距离在压力作用下变小的原因。为此在图 7-5-9～图 7-5-12 中列出四种不同物质的分子内压力与分子间距离的关系曲线。由于这四种物质分别代表非极性物质甲烷和正丁烷、极性物质水、

元素氢，而它们所表示的规律完全一致，故而认为这四种物质所显示的分子内压力与分子间距离的关系应该是种普遍规律。

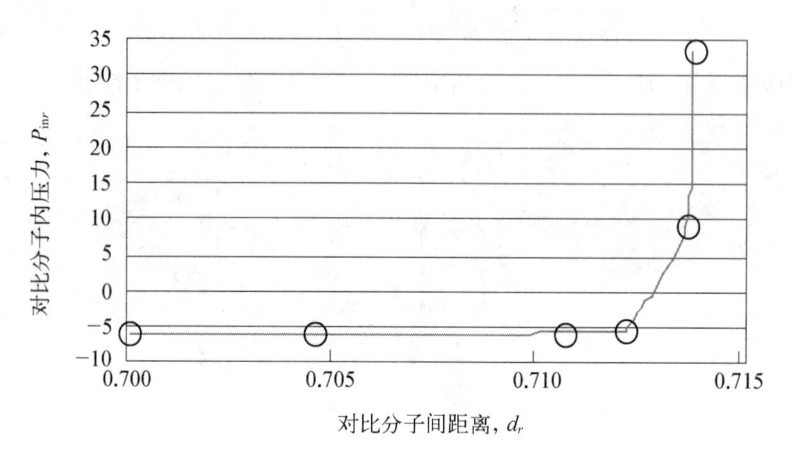

图 7-5-9　正丁烷分子内压力与分子间距离

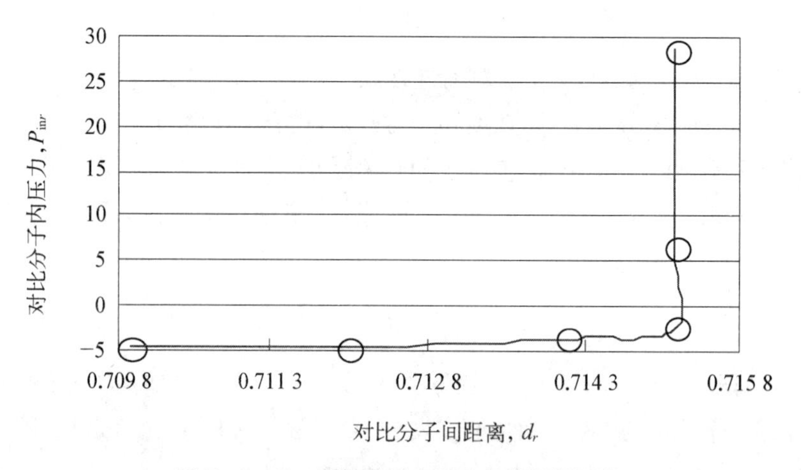

图 7-5-10　甲烷分子内压力与分子间距离

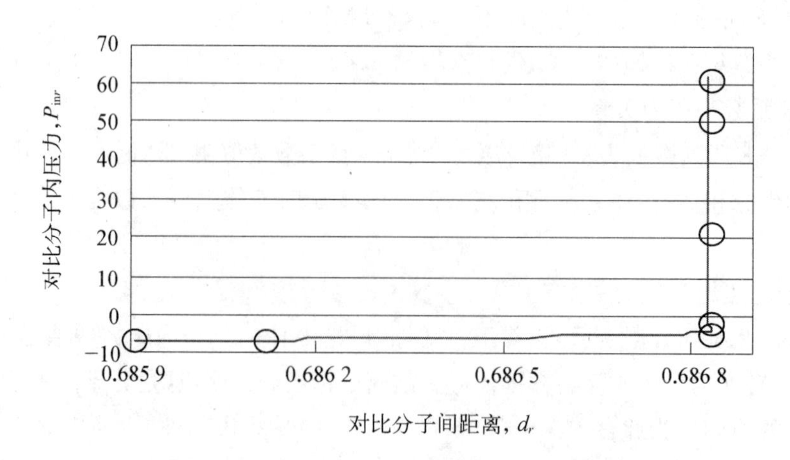

图 7-5-11　液态水分子内压力与分子间距离

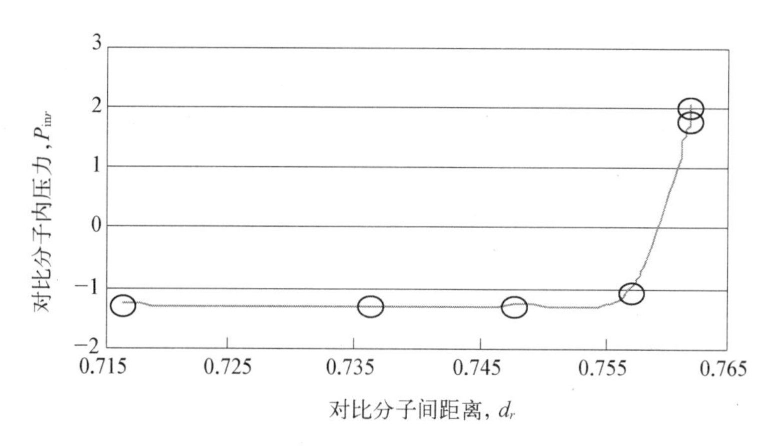

图 7-5-12　液氢分子内压力与分子间距离

7-6　Virial 方程对液体的应用

已在 6-3 节中讨论了 Virial 方程对气体的应用和 Virial 系数与气体的各分子压力的关系。目前的文献[44, 45]中比较一致的意见是：Virial 方程的适用范围为低压（低于 1～1.5 MPa）或低密度（$\rho \leqslant \rho_C$）下气体使用。并要求温度无论在低于临界温度时，或高于临界温度时，均需远离临界温度。亦就是说，Virial 方程的适用范围为低压气体，更明确的说是分子间相互作用较弱的气体，及低密度且分子间相互作用较弱的气体。

Virial 方程在超过上述适用范围时误差增大的原因，目前文献中的看法是在低密度、低压下主要是由两个分子组成的分子对的分子间相互作用，Virial 系数 B 表示两个分子组成的分子对的分子间相互作用；而在超出上述适用范围时，即在高压情况下不能忽视三个分子以上的相互作用，需要截断到 Virial 系数 C 的舍项三项式，例如文献[46]认为 $\rho_r \geqslant 0.5$ 时，即使舍项到第三 Virial 系数的形式亦不能使用，需要更高阶的 Virial 系数。

因此，目前文献认为：Virial 方程不能应用于高度压缩的气体或液体。理由是高阶的 Virial 系数，或更高阶的 Virial 系数的研究还不成熟。例如金家骏等[47]指出："高阶 Virial 系数的计算仍然遇到很多困难。"

本节将应用分子压力法来讨论液体应用 Virial 方程的适用性。

7-6-1　液体 Virial 方程

液体是存在强烈的分子间相互作用的讨论体系，在现有文献中较一致的意见是不能应用 Virial 方程进行讨论。其原因是计算有强烈的分子间相互作用的讨论体系时需要高阶的 Virial 系数，而目前文献意见认为，高阶 Virial 系数的计算存在有困难。

亦就是说，如果高阶 Virial 系数的计算可以解决，则 Virial 方程应该能够应用于液体计算。为此首先需要了解进行高阶 Virial 系数计算的理论目的。

统计力学已经证明第二 Virial 系数表示与一对分子间的相互作用有关，其统计力学表示式[49, 50]为

$$B=-\frac{N}{2V}\iint f_{12}\,dr_1\,dr_2=-2\pi N\int_0^{\infty}(e^{-U(r)/kT}-1)r^2dr \qquad [7-6-1a]$$

第三 Virial 系数在理论上表示与三个分子的相互作用有关，其统计力学表示式为

$$\begin{aligned}C&=-\frac{N^2}{3V}\iiint f_{12}f_{13}f_{23}dr_1dr_2dr_3\\&=-8\pi^2N^2\iiint(e^{-U_{12}/kT}-1)(e^{-U_{13}/kT}-1)(e^{-U_{23}/kT}-1)r_{12}r_{13}r_{23}dr_{12}dr_{13}dr_{23}\end{aligned} \qquad [7-6-1b]$$

第四 Virial 系数在理论上表示与四个分子的相互作用有关，其统计力学表示式为

$$D=\frac{-N^3}{8V}\iiint[3f_{12}f_{23}f_{34}f_{14}+6f_{12}f_{13}f_{14}f_{23}f_{34}+f_{12}f_{13}f_{14}f_{23}f_{24}f_{34}]dr_1dr_2dr_3 \qquad [7-6-1c]$$

以上是目前 Virial 方程统计理论对 Virial 系数的微观本性的看法。由此可知，目前统计理论对 Virial 方程的研究方向是想搞清楚 Virial 方程展开式中各个展开系数，如 B、C、D…… 所表示的微观图像。因而，这些工作在某种程度上应归属于微观分子间相互作用理论研究范围。

宏观分子间相互作用理论表示不出也分辨不清所讨论体系的宏观性质究竟是与体系中两个分子间相互作用相关，还是与体系中三个或是更多个分子间相互作用相关。应该讲，体系所具有的任何宏观性质，只要这个性质是与分子间相互作用相关的，那么这个体系性质必定是体系中所有分子综合作用的结果。由于 Virial 方程为

$$Z=\frac{PV_m}{RT}=1+\frac{B}{V_m}+\frac{C}{(V_m)^2}+\frac{D}{(V_m)^3}+\cdots \qquad [7-6-2]$$

将式[7-6-1]代入上式，得

$$\begin{aligned}Z=1+\frac{1}{V_m}\Big(&-\frac{N_A}{2V_m}\iint f_{12}\,dr_1\,dr_2-\frac{N_A^2}{3V_m^2}\iiint f_{12}f_{13}f_{23}dr_1dr_2dr_3-\\&-\frac{N_A^3}{8V_m^3}\iiint[3f_{12}f_{23}f_{34}f_{14}+6f_{12}f_{13}f_{14}f_{23}f_{34}+f_{12}f_{13}f_{14}f_{23}f_{24}f_{34}]dr_1dr_2dr+\cdots\Big)\end{aligned} \qquad [7-6-3]$$

设 $A_V = -\dfrac{N_A}{2V_m}\iint f_{12}\mathrm{d}r_1\mathrm{d}r_2 - \dfrac{N_A^2}{3V_m^2}\iiint f_{12}f_{13}f_{23}\mathrm{d}r_1\mathrm{d}r_2\mathrm{d}r_3 -$

$$-\frac{N_A^3}{8V_m^3}\iiint[3f_{12}f_{23}f_{34}f_{14}+6f_{12}f_{13}f_{14}f_{23}f_{34}+f_{12}f_{13}f_{14}f_{23}f_{24}f_{34}]\mathrm{d}r_1\mathrm{d}r_2\mathrm{d}r+\cdots \qquad [7-6-4]$$

式[7-6-4]表明，系数 A_V 反映了讨论体系中双体分子相互作用的影响、三体分子相互作用的影响和多体分子相互作用的影响，即反映了讨论体系中所有分子间相互作用的影响，又从各 Virial 系数基本定义式知

$$A_V = B + \frac{C}{V_m} + \frac{D}{V_m^2} + \cdots \qquad [7-6-5]$$

式中 A_V 为上述各阶 Virial 系数的总和，故称其为 Virial 总系数。

由于文献的意见是当 Virial 方程应用于具有强烈分子间相互作用的对象，如高压下的气体、液体等，必须应用高阶 Virial 系数，亦就是必须考虑使体系的更多些分子间相互作用影响反映到计算结果中来。这实际上是个计算数量非常大、计算难度亦非常大的分子间相互作用问题，已很难通过以微观分子对相互作用为基础的理论来解决。

Virial 总系数 A_V 是个通过宏观状态参数计算得到的参数，宏观状态参数是体系中全部分子间相互作用的宏观体现，故而 A_V 亦应是体系中全部分子间相互作用的宏观体现。正因为如此，通过 A_V 可以将 Virial 方程应用于高压下的气体、液体等这些有着强烈分子间相互作用的讨论对象。

通过式[7-6-2]可方便地计算 A_V 的数值

$$A_V = (Z-1)V_m \qquad [7-6-6]$$

图 7-6-1 中列示了一些液体的 Virial 总系数数值。

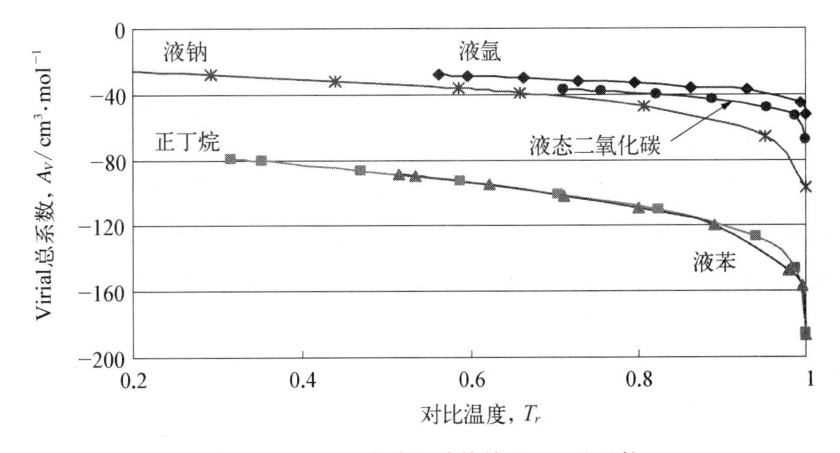

图 7-6-1　一些饱和液体的 Virial 总系数

图 7－6－1 表示了一些饱和液体的 Virial 总系数随饱和温度的变化规律。由图可见：

（1）各液体随温度的变化规律十分相似，无论是有机物（如液苯，正丁烷）还是液态元素（如氩），或是液态金属（如金属钠）等，Virial 总系数 A_V 在低温端一段温度范围内与温度呈线性反比关系，随着温度升高 A_V 数值呈比例地逐渐减少。但到接近临界温度时，这种线性关系被破坏，A_V 数值呈快速地下降趋势。

（2）各液体的 A_V 数值均为负值。说明液体中分子间吸引力为主要作用力。

（3）当平衡饱和蒸气压力很低（一般在温度很低，接近液体熔点）时，液体的 Virial 总系数 A_V 的绝对值趋近等于该液体的摩尔体积值，即，改变式［7－6－6］得

$$A_V = (P^L V_m^L / RT - 1) V_m^L$$

即
$$\lim_{P^L \to 0} |A_V| = V_m^L \qquad [7-6-7]$$

液体总系数的这些特性通过分子压力概念均可得以解释（见第 7－6－2 节讨论）。

图 7－6－2 中列示了一些饱和液体的 Virial 总系数 A_V 随饱和压力变化的规律。由图可见：

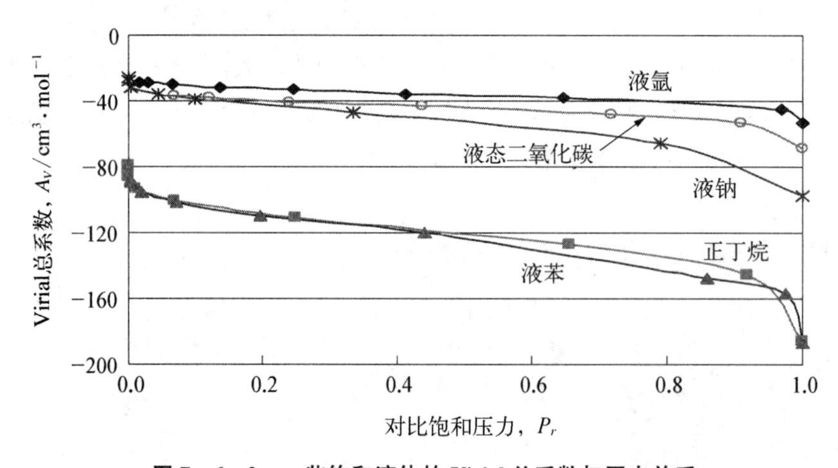

图 7－6－2　一些饱和液体的 Virial 总系数与压力关系

（1）各液体随压力的变化规律十分相似，Virial 总系数 A_V 在低压端的一段温度范围内与压力呈现线性反比关系，随着温度，压力升高，A_V 数值呈比例地逐渐减少。但也有一些物质例外，如图中正丁烷与苯，在压力很低时稍增压力即会使 A_V 快速下降，然后一段压力范围内呈线性规律变化。但到接近临界温度时，所有物质的这种线性关系被破坏，A_V 数值呈快速下降趋势。

（2）各液体的 A_V 数值均为负值。

（3）式［7－6－7］的规律仍然遵守。

下面以分子压力概念来说明液体 Virial 总系数所呈现的规律。

7-6-2 液体 Virial 系数与分子压力

已知液体内各分子压力的关系式

$$P^{\mathrm{L}} = P_{\mathrm{id}}^{\mathrm{L}} + P_{P1}^{\mathrm{L}} + P_{P2}^{\mathrm{L}} - P_{\mathrm{at}}^{\mathrm{L}} \tag{7-6-8}$$

由此导得液体压缩因子为

$$Z^{\mathrm{L}} = 1 + Z_{P1}^{\mathrm{L}} + Z_{P2}^{\mathrm{L}} - Z_{\mathrm{at}}^{\mathrm{L}} = 1 + Z_{P}^{\mathrm{L}} - Z_{\mathrm{at}}^{\mathrm{L}} \tag{7-6-9}$$

右上角之标志“L”表示液体，各分子压力和各压缩因子的定义和说明可参阅本书第五、第六章的讨论。将上式代入式[7-6-6]得

$$A_{V}^{\mathrm{L}} = Z_{P}^{\mathrm{L}} \times V_{m}^{\mathrm{L}} - Z_{\mathrm{at}}^{\mathrm{L}} \times V_{m}^{\mathrm{L}} = A_{P}^{\mathrm{L}} - A_{\mathrm{at}}^{\mathrm{L}} = \frac{(P_{P}^{\mathrm{L}} - P_{\mathrm{at}}^{\mathrm{L}})V_{m}^{\mathrm{L}}}{P_{\mathrm{id}}^{\mathrm{L}}} \tag{7-6-10}$$

亦就是，液体与气体情况一样，亦可将 Virial 总系数细分为分子间斥作用力部分和分子间吸引作用力部分：

$$A_{P}^{\mathrm{L}} = \frac{P_{P}^{\mathrm{L}}}{P_{\mathrm{id}}^{\mathrm{L}}} V = Z_{P}^{\mathrm{L}} \times V_{m}^{\mathrm{L}} \tag{7-6-11a}$$

$$A_{\mathrm{at}}^{\mathrm{L}} = \frac{P_{\mathrm{at}}^{\mathrm{L}}}{P_{\mathrm{id}}^{\mathrm{L}}} V = Z_{\mathrm{at}}^{\mathrm{L}} \times V_{m}^{\mathrm{L}} \tag{7-6-11b}$$

式中 A_{P}^{L} 为液体 Virial 总系数中分子间斥作用力部分；$A_{\mathrm{at}}^{\mathrm{L}}$ 为 Virial 总系数中分子间吸引作用力部分。因此有如下规律：

$$\left.\begin{array}{ll} A_{\mathrm{at}}^{\mathrm{L}} > A_{P}^{\mathrm{L}} \text{ 时} & A_{V}^{\mathrm{L}} < 0 \\ A_{\mathrm{at}}^{\mathrm{L}} = A_{P}^{\mathrm{L}} \text{ 时} & A_{V}^{\mathrm{L}} = 0 \\ A_{\mathrm{at}}^{\mathrm{L}} < A_{P}^{\mathrm{L}} \text{ 时} & A_{V}^{\mathrm{L}} > 0 \end{array}\right\} \tag{7-6-12}$$

上面讨论已经指出，液体 Virial 总系数 A_{V}^{L} 反映了讨论体系中所有分子的综合相互作用，而所谓体系中所有分子综合作用，就目前的认识而言，可归纳为体系中所有分子综合所起的相互吸引作用和体系中所有分子综合所发生的相互排斥作用。这两种作用结果，致使体系中分子或者处于相互吸引状态，或者处于相互排斥状态，分子的状态决定了体系中与此相关性质的宏观状态或宏观表现。

在讨论分子压力时已经指出，对分子间斥作用力需要考虑分子本身所占空间和分子在近距离时所存在的电子间斥作用力。即

$$A_{P}^{\mathrm{L}} = A_{P1}^{\mathrm{L}} + A_{P2}^{\mathrm{L}} = \frac{(P_{P}^{\mathrm{L}} + P_{\mathrm{at}}^{\mathrm{L}})V_{m}^{\mathrm{L}}}{P_{\mathrm{id}}^{\mathrm{L}}} = Z_{P1}^{\mathrm{L}} \times V_{m}^{\mathrm{L}} - Z_{P2}^{\mathrm{L}} \times V_{m}^{\mathrm{L}} \tag{7-6-13}$$

式中
$$A_{P1}^{L}=\frac{P_{P1}^{L}}{P_{id}^{L}}V_{m}^{L}=Z_{P1}^{L}\times V_{m}^{L} \qquad [7-6-14a]$$

$$A_{P2}^{L}=\frac{P_{P2}^{L}}{P_{id}^{L}}V_{m}^{L}=Z_{P1}^{L}\times V_{m}^{L} \qquad [7-6-14b]$$

A_{P1}^{L} 为 Virial 总系数中第一分子间斥作用力部分；A_{P2}^{L} 为 Virial 总系数中第二分子间斥作用力部分。因此有如下规律：

当
$$\left.\begin{array}{ll}A_{at}^{L}>A_{P}^{L}=A_{P1}^{L}+A_{P2}^{L} \text{ 时} & A_{V}^{L}<0\\ A_{at}^{L}=A_{P}^{L}=A_{P1}^{L}+A_{P2}^{L} \text{ 时} & A_{V}^{L}=0\\ A_{at}^{L}<A_{P}^{L}=A_{P1}^{L}+A_{P2}^{L} \text{ 时} & A_{V}^{L}>0\end{array}\right\} \qquad [7-6-15]$$

在 6－3 节气体 Virial 讨论中由于气体中第二分子斥压力的数值很小，可以忽略，气体中分子间斥作用力主要是第一分子斥作用力。但对液体的讨论中第二分子间斥作用力的数值很大，不能忽略。

将第一分子斥作用力、第二分子斥作用力和分子吸引作用力综合在一起考虑，得

$$A_{V}^{L}=A_{P}^{L}-A_{at}^{L}=A_{P1}^{L}+A_{P2}^{L}-A_{at}^{L}=\frac{(P_{P1}^{L}+P_{P2}^{L}-P_{at}^{L})V_{m}^{L}}{P_{id}^{L}} \qquad [7-6-16]$$
$$=V_{m}^{L}(Z_{P1}^{L}+Z_{P2}^{L}-Z_{at}^{L})=V_{m}^{L}(Z^{L}-1)$$

作为例子，表 7－6－1 中列示了饱和液苯的 Z_{P1}、Z_{P2}、Z_{P}、Z_{at} 和 Z_{mol}；A_{P1}、A_{P2}、A_{P}、A_{at} 和 A_{V} 值，以供参考。

表 7－6－1 液态苯的 Virial 总系数计算

项目	1	2	3	4	5	6	7	8	9
基本数据									
P_r	1.000 0	0.973 8	0.860 5	0.442 0	0.198 2	0.071 9	0.018 7	0.002 8	0.001 8
V_r	1.000 0	0.763 5	0.686 3	0.498 5	0.438 9	0.400 6	0.372 0	0.348 6	0.344 4
T_r	1.000 0	0.996 1	0.978 3	0.889 4	0.800 4	0.711 5	0.622 6	0.533 6	0.515 8
Z	0.273 93	0.202 29	0.163 60	0.067 14	0.029 42	0.011 01	0.003 02	0.000 50	0.000 32
Z_{P1}	0.093 47	0.086 93	0.077 21	0.041 39	0.020 46	0.008 34	0.002 45	0.000 43	0.000 27
Z_{P2}	0.437 8	0.693 5	0.850 5	1.630 2	2.334 3	3.196 2	4.325 6	5.894 8	6.284 7
Z_{at}	1.257 3	1.578 2	1.764 1	2.604 4	3.325 3	4.193 5	5.325 0	6.894 8	7.284 6
Virial 总系数和各种分子压力对其所贡献部分									
A_{P1}	24.021 3	17.058 0	13.617 6	5.302 7	2.308 1	0.858 4	0.233 9	0.038 2	0.024 2
A_{P2}	112.508 2	136.081 1	150.008 0	208.845 4	263.301 6	329.055 2	413.540 3	528.117 3	556.257 3
A_P	136.529 5	153.139 1	163.622 2	214.148 1	265.609 6	329.912 9	413.774 1	528.155 4	556.281 3
A_{at}	323.128 5	309.665 4	311.145 4	333.660 7	375.085 8	431.733 8	509.088 0	617.700 6	644.762 7
A_V	−186.598 9	−156.526 3	−147.523 2	−119.512 6	−109.477 8	−101.820 4	−95.314 5	−89.544 8	−88.482 1

注：本表所用数据取自文献[3]。表中分子压力压缩因子数据是由下列 5 个状态方程计算的平均值：方程 1，van der Waals 方程；方程 2，RK 方程；方程 3，Soave 方程；方程 4，PR 方程；方程 5，童景山方程。

本书附录 3 中列有一些物质的液态下的 Virial 总系数数值以供参考。

下面以这些液体分子压力概念来说明 7-6-1 节中列示的液体 Virial 总系数的一些特点：

1. 形成各液体的 A_V 数值为负值的原因

由式[7-6-12]知，当 $A_V^L<0$ 时，必有 $A_{at}^L>A_P^L$，或有 $A_{at}^L>A_{P1}^L+A_{P2}^L$。亦就是说，液体内部分子吸引力应该大于分子间斥作用力，或者液体内部分子吸引力应该大于第一分子间斥作用力和第二分子间斥作用力的总和，表 7-6-1 中列示了液苯这方面的数据可说明液体中分子间相互吸引作用确实是其主要分子间相互作用力。现将一些饱和液体的分子吸引压力和分子斥压力列于表 7-6-2 中以供参考。

表 7-6-2　一些饱和液体的分子吸引压力和分子斥压力

名称	项目	1	2	3	4	5	6	7	8
液氩	T_r	1.000 0	0.994 0	0.927 8	0.861 5	0.795 2	0.729 0	0.662 7	0.596 4
	P_{P1r}	0.318 4	0.383 8	0.342 9	0.244 1	0.162 1	0.095 7	0.049 4	0.021 5
	P_{P2r}	1.322 7	2.563 6	6.247 9	8.391 6	11.486 6	14.107 8	16.838 8	19.719 8
	P_{atr}	4.076 5	6.324 2	11.553 9	13.968 2	17.321 2	19.867 0	22.395 8	24.978 1
正丁烷	T_r	1.000 0	0.987 8	0.940 7	0.823 1	0.705 6	0.588 0	0.470 4	0.352 8
	P_{P1r}	0.340 8	0.424 1	0.364 1	0.168 0	0.051 6	8.48E−03	4.48E−04	2.11E−06
	P_{P2r}	1.566 7	4.217 8	7.649 9	14.187 0	20.787 3	28.129 3	36.794 3	47.476 0
	P_{atr}	4.547 8	8.933 6	13.538 0	20.796 2	27.245 1	34.031 5	41.889 8	51.565 0
液钠	T_r	1.000 0	0.951 3	0.805 0	0.658 6	0.585 4	0.439 1	0.292 7	0.182 9
	P_{P1r}	0.393 8	0.461 8	0.250 1	8.18E−02	3.75E−02	3.34E−03	2.04E−05	1.78E−09
	P_{P2r}	2.497 1	9.881 2	28.084 2	48.187 0	59.270 6	86.166 3	122.285 0	159.862 0
	P_{atr}	6.222 8	16.575 5	37.041 6	57.338 7	68.094 4	93.797 0	128.049 0	163.778 0
液苯	T_r	1.000 0	0.996 1	0.978 3	0.889 4	0.800 4	0.711 5	0.622 6	0.533 6
	P_{P1r}	0.344 9	0.418 5	0.406 1	0.272 5	0.137 7	0.054 6	0.015 1	0.002 4
	P_{P2r}	1.615 4	3.338 6	4.473 5	10.732 3	15.708 7	20.946 3	26.709 6	33.294 1
	P_{atr}	4.639 5	7.597 3	9.278 9	17.146 4	22.377 8	27.482 4	32.880 8	38.941 7
液态二氧化碳	T_r	1.000 0	0.986 2	0.953 3	0.887 6	0.821 8	0.756 1	0.712 0	
	P_{P1r}	0.340 8	0.423 3	0.385 9	0.268 2	0.164 2	0.088 2	0.053 3	
	P_{P2r}	1.566 7	4.331 8	6.849 7	10.802 5	14.543 6	18.389 2	21.083 3	
	P_{atr}	4.547 8	9.098 3	12.529 5	17.216 8	21.199 9	25.039 9	27.636 5	
水	T_r	0.618 0	0.579 3	0.540 7	0.502 1	0.463 3	0.422 0		
	P_{P1r}	9.44E−03	4.20E−03	1.65E−03	5.39E−04	1.45E−04	2.51E−05		
	P_{P2r}	45.972 8	49.580 2	53.091 6	56.441 3	59.566 6	62.187 2		
	P_{atr}	53.988 1	57.253 7	60.379 5	63.302 3	65.963 0	68.028 6		

注：表中数据是由下列 5 个状态方程计算的平均值：方程 1，van der Waals 方程；方程 2，RK 方程；方程 3，Soave 方程；方程 4，PR 方程；方程 5，童景山方程。

由表列数据可知：液体中第一分子斥压力的数值很低，因而在 Virial 总系数中起主要作用的是液体中第二分子斥压力和分子吸引压力。此外，表列数据表明，各液体中分子吸引压力数值总是大于第二分子斥压力数值，或分子吸引压力数值总是大于第一分子斥压力和第二分子斥压力之和，因此对表中所列液体而言，其 Virial 总系数数值总是为负值。

液体的 Virial 总系数有否可能为零值或为正值。理论上认为只要 $A_{at}^{L} \leqslant A_{P1}^{L} + A_{P2}^{L}$，就有可能使 $A_{V}^{L} \geqslant 0$。但是，如果从 Virial 总系数定义式[7-6-16]知：

$A_{V}^{L} \geqslant 0$，或者 $A_{at}^{L} \leqslant A_{P1}^{L} + A_{P2}^{L}$，则应有关系 $Z_{P1}^{L} + Z_{P2}^{L} \geqslant Z_{at}^{L}$，这时必定有

$$Z^{L} \geqslant 1 \qquad [7-6-17]$$

亦就是说液体的压缩因子数值会大于 1。但是液体的压缩因子一般均小于 1，甚至是较远离 1 的较低数值，故而对于液体而言，其 A_{V}^{L} 数值一般均为负值。

与一般气体相比，在一定压力下的过热气体可能会具有较强的分子间相互作用，亦有可能使其压缩因子 $Z^{hG} \geqslant 1$，从而使 $P_{at}^{hG} \leqslant P_{P1}^{hG} + P_{P2}^{hG}$，$A_{V}^{hG} \geqslant 0$。这里选甲烷过热气体作为例子，其分子压力和 Virial 总系数数据列于表 7-6-3 中以供参考。

表 7-6-3　甲烷过热气体的分子压力和 Virial 总系数

状态参数			对比分子压力				Z	A_V
P_r	T_r	V_r	P_{P1r}	P_{P2r}	P_{Pr}	P_{atr}		cm^3/mol
0.131	3.201	85.510	4.944E−04	1.592E−06	4.960E−04	3.950E−04	1.000 8	6.483
0.218	3.201	51.344	1.372E−03	7.342E−06	1.379E−03	1.094E−03	1.001 3	6.778
0.841	3.201	12.913	2.244E−02	4.853E−04	2.293E−02	1.706E−02	1.006 8	8.663
1.741	3.201	6.517	9.056E−02	3.825E−03	9.439E−02	6.582E−02	1.016 7	10.754

注：表中数据是由下列 5 个状态方程计算的平均值：方程 1，van der Waals 方程；方程 2，RK 方程；方程 3，Soave 方程；方程 4，PR 方程；方程 5，童景山方程。

2. 在一定的温度范围内 Virial 总系数与温度呈线性关系的原因

由于在一定的温度范围内 Virial 总系数与温度呈线性关系，因而有下列关系：

$$A_{V}^{L} = (Z_{P}^{L} - Z_{at}^{L}) \times V_{m}^{L} = (Z_{P1}^{L} + Z_{P2}^{L} - Z_{at}^{L}) \times V_{m}^{L} = A \times T + B \qquad [7-6-18]$$

已知摩尔体积在一定温度范围内与温度呈线性比例，因而如果 A_{V}^{L} 亦与温度呈线性比例关系的话，从数学关系来看，$(Z_{P}^{L} - Z_{at}^{L})$ 或 $(Z_{P1}^{L} + Z_{P2}^{L} - Z_{at}^{L})$ 应对温度而言是个不变化的数值。为此，以液苯为例将各温度下的 Z_{P1}^{L}、Z_{P2}^{L} 和 Z_{at}^{L} 数据列于图 7-6-3 中。

图 7-6-3 表明，液体 Z_{P1}^{L} 的数值很小，可以忽略，在 Virial 总系数中应该是 Z_{P2}^{L} 和 Z_{at}^{L} 起主要作用。由图可知 Z_{P2}^{L} 和 Z_{at}^{L} 随温度的变化十分相似，在一定温度范围内 Z_{P2}^{L} 和 Z_{at}^{L} 随温度的变化趋势几乎相互平行，故图中表示 $Z_{P2}^{L} - Z_{at}^{L}$ 的数值在一定温度范围内呈恒定值，其与温度的关系曲线呈水平线，图中显示当 T_r 超过 0.8 时才开始与水平线偏离。亦就是说，在一定的温度范围内 Virial 总系数与温度呈线性关系的原因是在一定温度范围内 Z_{P2}^{L} 和 Z_{at}^{L} 随温

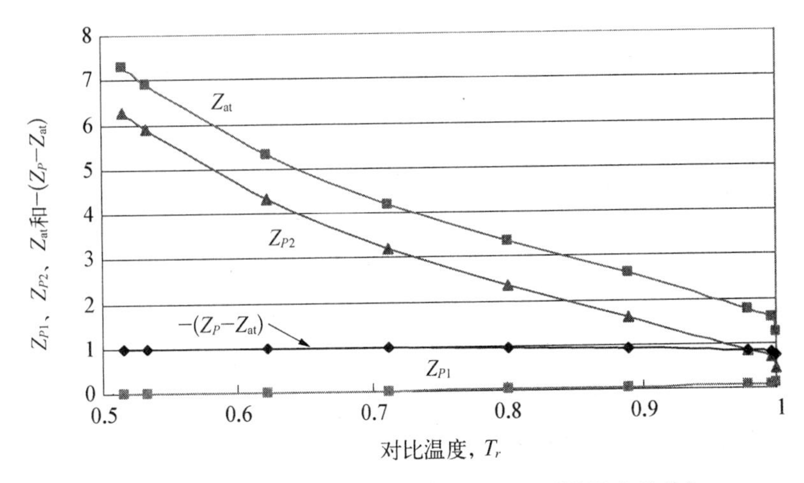

图 7-6-3 液苯 Z_{P1}、Z_{P2}，Z_{at} 和 $-(Z_P-Z_{at})$ 随温度的变化

度的变化规律十分相似，致使在一定温度范围内各温度上 $Z_{P2}^L - Z_{at}^L$ 均有着一定的差值的缘故。

3. 式[7-6-7]讨论

已知，液体压缩因子定义式为 $$Z^L = \frac{P^L}{P_{id}^L} \quad [7-6-19]$$

将其代入到式[7-6-16]中得

$$A_V^L = V_m^L(Z^L - 1) = V_m^L\left(\frac{P^L}{P_{id}^L} - 1\right) \quad [7-6-20]$$

式[7-6-7]成立的条件之一为体系压力趋于极低值，即 $P \to 0$，将此引入到式[7-6-20]中，这样与压力相关项 $$Z^L\mid_{P^L \to 0} = \left.\frac{P^L}{P_{id}^L}\right|_{P^L \to 0} = 0 \quad [7-6-21a]$$

故在 $P \to 0$ 的条件下有 $$A_V^L\mid_{P \to 0} \cong -V_m \quad [7-6-21b]$$

此外，式[7-6-7]成立的另一条件为讨论温度接近为熔点温度，即 $T \to T_{mf}$。熔点应是液态存在的最低允许温度，这时平衡的饱和蒸气压亦应该很低，即符合 $P \to 0$ 条件。

这一温度条件还意味着如果存在固体的 Virial 总系数的话，则固体 Virial 总系数数值应该与该固体在讨论温度下的摩尔体积数值近似相等。

7-6-3 气体与液体 Virial 总系数的比较

由于以往文献意见认为：Virial 系数只是应用于气体讨论。这里提出 Virial 系数对液体的应用是个新的概念，为此将它们简单比较如下，以供参考。

1. 压缩液体与饱和液体

首先，气体的压缩因子数值取决于讨论体系所处状态参数情况，可能有

$$Z^G < 1;\quad Z^G = 1;\quad Z^G > 1 \qquad [7-6-22]$$

这可见于表 6-3-3 和表 7-6-3 所列数据，与此相对应，Virial 总系数应有

$$A_V^G < 0;\quad A_V^G = 0;\quad A_V^G > 0 \qquad [7-6-23]$$

但饱和液体的压缩因子数值，一般是 $Z^L < 1$，故饱和液体的 Virial 总系数数值只是

$$A_V^L < 0 \qquad [7-6-24]$$

压缩液体与饱和液体不同，可能 $A_V^L < 0$，也有可能 $A_V^L > 0$。

2. 气体和液体

气体和液体，Virial 总系数的计算式均为式[7-6-20]。这一计算式中有讨论体系的摩尔体积参数 V_m。对于气体来讲，其摩尔体积参数 V_m 数值有时很大，因而气体 Virial 总系数，特别在低压情况下，其数值(绝对值)会较大，而摩尔体积是以乘数方式参与 Virial 系数计算，故使参与计算的参数所附带的一些小的允许误差将会被大倍率地放大。受此影响，亦使得到的气体 Virial 总系数计算数值在相当大的范围内波动。

相比较下，液体摩尔体积数值不太大，故而液体 Virial 系数计算值波动一般不会太大。

作为例子，表 7-6-4 中列示了苯在气态和液态的 Virial 总系数数值以作比较。

表 7-6-4　苯在气态和液态的 Virial 总系数数值

项　目	1	2	3	4	5	6	7	8	9
P/bar	0.086	0.138	0.916	3.523	9.709	21.651	42.144	47.696	48.979
T_r/K	290.0	300.0	350.0	400.0	450.0	500.0	550.0	560.0	562.2
$V^G/cm^3 \cdot mol^{-1}$	278 792.4	179 039.6	30 761.7	8 686.4	3 226.9	1 356.1	516.8	366.8	257.0
$V^L/cm^3 \cdot mol^{-1}$	88.5	89.6	95.6	103.0	112.8	128.1	176.4	196.2	257.0
$A_V^G/cm^3 \cdot mol^{-1}$	−1 564.7	−1 402.9	−970.7	−694.0	−524.7	−398.4	−270.7	−229.0	−187.8
$A_V^L/cm^3 \cdot mol^{-1}$	−88.5	−89.5	−95.3	−101.8	−109.5	−119.6	−147.7	−156.8	−187.8

注：表中所列状态参数数据取自文献[3]，A_V^G 和 A_V^L 依据状态参数数值计算得到。

由表列数据可知，气体的 Virial 总系数绝对值确比液体的大许多。特别在压力很低时气态物质的摩尔体积数值很大，稍有数值上的偏差，会使 Virial 系数的计算值有较大的波动，造成偏差。还是以苯的数据为例。

(1) 表 7-6-4 所列的均是文献[3]中的数据，以此为讨论的基础，即在 $P = 0.086\ 00$ bar，$T = 290$ K 时，$A_V^G = -1\ 564.7\ cm^3/mol$(见表 7-6-4)。

(2) 计算机计算得到压力结果 $P = 0.085\ 61$ bar(五个状态方程平均值)，与上述文献值的误差为 -0.46%。这样的误差在计算中应该可以接受，据此压力计算的压缩因子数值为 $Z_{计算} = 0.989\ 939\ 26$；而依据文献所列的压力值计算的压缩因子数值为 $Z_{文献} =$

0.994 387 51，两者的误差为 −0.45%，也在允许误差范围内。

然而，以 $Z_{计算}$ 值计算得 $A_V^G = -2\,804.9\ cm^3/mol$，与 $Z_{文献}$ 的 $-1\,564.7\ cm^3/mol$ 的误差高达 79.26%，其原因很清楚，是低压下数值很大的气体摩尔体积在与 $(Z-1)$ 相乘时将压缩因子带入的允许误差高倍率地放大了。

任何计算过程都会存在一定的误差。为此在讨论气体 Virial 系数时，特别是讨论低压气体，其摩尔体积数值很大的情况时，建议压缩因子数值计算直接以 PTV 的实验值或手册值计算。

由于本书以分子压力概念讨论 Virial 系数，这时需说明以分子压力计算的气体压缩因子与 PTV 的实验值或手册值计算的偏差情况。

例如，本例在 $P = 0.086\,00$ bar，$T = 290$ K 时，计算得到这时气体各分子压力数值：

气体压力 $P = 0.085\,61$ bar，与文献值的误差为 −0.46%。

各分子压力数值（对比压力形式）：

P_{idr}	P_{P1r}	P_{P2r}	P_{Pr}	P_{atr}
0.001 755	5.525 0E−07	2.086 0E−09	5.546 0E−07	6.770 0E−06

据此计算的压缩因子数值为 $Z = 0.996\,011\,4$，与文献 PTV 值计算的误差为 0.16%。

以此压缩因数值计算的 $A_V^G = -1\,112.0\ cm^3/mol$，与文献 PTV 值计算的误差为 −28.93%。

对此作者建议：

(1) 一般情况下建议以 PTV 的实验值或手册值计算压缩因子和气体 Virial 总系数数值。

(2) 在需要进行各分子压力及其相关参数计算时建议以分子压力法计算压缩因子和气体 Virial 总系数数值，这有利于所计算的各项参数彼此的参比性和协调性。但进行计算时应将计算精度尽量提高，作者设置为<0.6%。

(3) 以上讨论只是对低压气体情况，因为此时气体的摩尔体积数值很大。当压力有所提高时气体的摩尔体积数值会较快地减小，这时摩尔体积数值对计算结果的影响会很快减小。

3. 气体 Virial 和液体 Virial

下面讨论两种极端情况下气体 Virial 系数和液体 Virial 系数的区别。

当气态物质的压缩因子 $Z=1$ 时，$A_V^G = 0$。此时意味着有两种情况：

其一，讨论物质处于理想状态，亦就是这时讨论物质的 A_P^G、A_{at}^G 的数值极低，分子斥作用力和分子吸引作用力均极弱，可以忽略。

其二，如果讨论气体不是处于理想状态，物质内存在一定的分子间相互作用。但是 $Z=1$，这意味着讨论物质的 A_P^G、A_{at}^G 的数值彼此正好相同，亦就是说，此时分子斥作用力和分子吸引作用力彼此相互抵消。

一般液态物质不会有 $Z=1$,因为液体中必定存在一定的分子间相互作用。但是当讨论液体的平衡压力很低时会有 $Z\approx 0$(见式[7-6-21]),这时液体 Virial 总系数 $A_V^L \cong -V_m^L$。

由于分子压力平衡式为 $P^L = P_{id}^L + P_{P1}^L + P_{P2}^L - P_{at}^L$

当 $P^L \to 0$ 时 $P_{id}^L + P_{P1}^L + P_{P2}^L = P_{id}^L + P_P^L \cong P_{at}^L$ [7-6-25]

亦就是说,此时液态物质中分子理想压力和所有可能的分子斥作用力之和与分子吸引作用力数值接近相等,即这时的分子间相互吸引作用应能够"吸引住"运动着的分子,并刚好能够抵消掉物质内各种斥作用力所形成的分子离散作用,保持着物质的凝聚态状态。

随着体系压力的提高,式[7-6-25]改变为下面形式:

当 $P^L \neq 0$ 时 $P_{id}^L + P_{P1}^L + P_{P2}^L = P_{id}^L + P_P^L = P_{at}^L + P^L$ [7-6-26]

亦就是说,这时液体中分子热运动和分子间斥作用力增大,分子间吸引力不足以克服这些使分子离散的作用力,需要体系外的压力帮助,才能使讨论物质保持着凝聚状态——液态。这也是液体在真空下会蒸发成为气体的原因。

4. 气体斥作用力与液体斥作用力

由 Virial 总系数定义式知:

$$A_V = A_P - A_{at} = A_{P1} + A_{P2} - A_{at} \quad [7-6-27]$$

亦就是说,Virial 总系数在微观分子间相互作用概念上可以认为是分子间斥作用力与分子间吸引作用力的相互作用结果,而分子间斥作用力又包含有第一分子间斥作用力和第二分子间斥作用力。无论是气体或是液体都是这样。

但是在分子间斥作用力组成方面气体与液体情况有所不同。

由前面 6-3-3 节讨论可知:气体的分子斥压力 Virial 系数主要是由第一分子斥压力 Virial 系数所组成,第二分子斥压力 Virial 系数很小,亦就是说气体情况下分子斥压力主要来自分子本身具有一定体积而对体系形成的斥压力,分子间电子作用形成的斥压力数值很小。并且在低压情况下变化温度,第一分子斥压力 Virial 系数 A_{P1} 的数值变化很小。由于其数值占分子斥压力 Virial 系数 A_P 数值绝大部分,因而使气体的 A_P^G 数值在一定压力范围内温度变化时亦变化很小,彼此接近。

液体分子间斥作用力组成情况有所不同。表 7-6-2 所列数据表明,液体 A_P^L 中起着主要作用的是 A_{P2}^L,并且随着温度的降低,A_{P2}^L 数值越来越大,会占 A_P^L 数值的绝大部分。而 A_{P1}^L 的数值会越来越小,在接近熔点低温处 A_{P1}^L 的数值小到可以忽略的程度。

现将苯在各个温度下气态和液态的各 Virial 系数列示于表 7-6-5 中以供对比参考。需说明的是为各分子压力 Virial 系数可以彼此比较,故表中 Virial 系数数值均以计算得到的分子压力数值计算,因此与以 PTV 实验值或手册值计算的 Virial 系数数值会有些偏差,详细可见本节前面的讨论。

表 7-6-5　苯在气态和液态的 Virial 系数数值

状态参数		状　态	Virial 系数			
T_r	P_r		A_{P1}	A_{P2}	A_{at}	A_V
1.000 0	1.000 0	饱和气体	24.02	112.51	323.13	−186.60
		饱和液体	24.02	112.51	323.13	−186.60
0.996 1	0.973 8	饱和气体	33.51	84.08	345.03	−227.45
		饱和液体	17.06	136.08	309.67	−156.53
0.978 3	0.860 5	饱和气体	41.22	62.01	371.25	−268.04
		饱和液体	13.62	150.01	311.15	−147.52
0.889 4	0.442 0	饱和气体	55.88	26.53	463.07	−380.66
		饱和液体	5.30	208.85	333.66	−119.51
0.800 4	0.198 2	饱和气体	63.07	12.94	560.05	−484.05
		饱和液体	2.31	263.30	375.09	−109.48
0.711 5	0.071 9	饱和气体	81.34	6.68	675.07	−587.05
		饱和液体	0.86	329.06	431.73	−101.82
0.622 6	0.018 7	饱和气体	86.05	2.31	823.78	−735.41
		饱和液体	0.23	413.54	509.09	−95.31
0.533 6	0.002 8	饱和气体	87.68	0.49	1 026.34	−938.22
		饱和液体	0.04	528.12	617.70	−89.54
0.515 8	0.001 8	饱和气体	87.77	0.33	1 075.46	−987.35
		饱和液体	0.02	556.26	644.76	−88.48

注：表中数据是由下列 5 个状态方程计算的平均值：方程 1，van der Waals 方程；方程 2，RK 方程；方程 3，Soave 方程；方程 4，PR 方程；方程 5，童景山方程。

7-7　分子协体积讨论

b 系数在状态方程理论中称为协体积(Covolume)，是状态方程中一个计算参数，表示讨论物质总体积 V_m 中还存在分子本身的体积，所以在状态方程中要考虑 b 系数数值的影响。各状态方程均有规定的 b 系数数值，如：

van der Waals 方程：$b=\dfrac{1}{8}\dfrac{RT_C}{P_C}$，$\Omega_b=\dfrac{1}{8}$；

RK 方程：$b=0.086\ 64\dfrac{RT_C}{P_C}$，$\Omega_b=0.086\ 64$；

Soave 方程：$b = 0.086\,64\,\dfrac{RT_C}{P_C}$，$\Omega_b = 0.086\,64$；

PR 方程：$b = 0.077\,8\,\dfrac{RT_C}{P_C}$，$\Omega_b = 0.077\,8$；

童景山方程：$b = \dfrac{1}{8\sqrt{2}}\,\dfrac{RT_C}{P_C}$，$\Omega_b = \dfrac{1}{8\sqrt{2}} = 0.088\,388\,3$。

因此，同一物质，不同状态方程所取的 Ω_b 数值不同，这意味着 b 系数数值是个允许变化的数值。故本书讨论中认为状态方程的 b 系数数值会受到状态参数变化的影响而变化，并不认为对不同物质，在不同压力、温度下均采用同一个 Ω_b 系数数值[21]。

传统概念认为，尽管不同状态方程所取的 Ω_b 数值不同，但对不同物质，在不同压力、温度下，只要以同一状态方程计算，则均应采用同一个 Ω_b 系数数值进行计算。

为此应对分子协体积的构成、计算方法和影响因素等进行讨论，以确定分子协体积的正确应用。

7-7-1　分子协体积的基本概念

b 系数的物理意义是一摩尔分子所占据的有效体积。图 7-7-1(a)说明了此点。

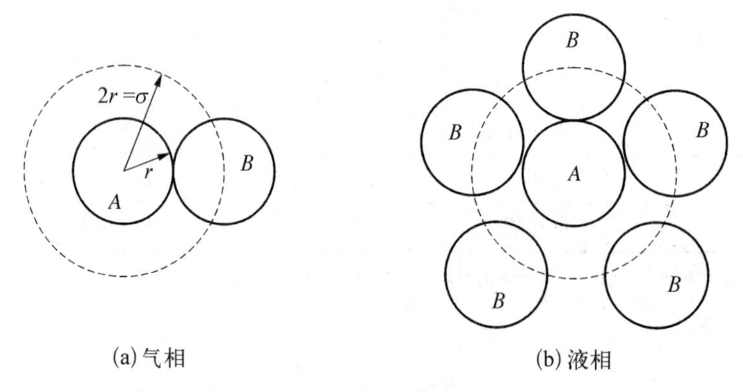

图 7-7-1　分子占据的有效体积

图 7-7-1(a)中虚线之间的区域称之为 A 和 B 分子的分子协体积，亦可认为是由 A 和 B 两分子共同占有的体系体积。现有分子理论已阐明分子协体积的计算方法，由图可知，假设讨论分子为球形分子，当 B 分子向 A 分子靠近，A 分子中心和 B 分子中心的距离不能小于 $2r$(r 是分子球半径)。因而 A 分子所占可能体积是$(4\pi/3)(2r)^3$。但是这个作用是相互的，理论上认为[47]，对每一个分子，已占容积应是其本身体积的 4 倍而不是 8 倍。即 b 系数与分子硬球直径 σ 的关系为

$$b = \frac{2}{3}\pi N_A\sigma^3 = 8\times\frac{2}{3}\pi N_A\left(\frac{\sigma}{2}\right)^3 = 4\times\frac{4}{3}\pi N_A\left(\frac{\sigma}{2}\right)^3 = 4\times V_\sigma \quad [7-7-1]$$

即理论上认为 b 系数是分子硬球体积 V_σ 的 4 倍。但是理论上这个意见对气相状态和液

相状态可能不同。对气相状态，由于气体自由体积 V_m 与 V_σ 相比，$V_m >> V_\sigma$，故而 B 分子与 A 分子相碰撞的概率很低，多个 B 分子同时与 A 分子相碰撞的概率更低，因此分子所占有效体积可能与理论值 $4V_\sigma$ 相同，或稍低于理论值，这个观点是目前讨论气体 b 系数理论的文献观点，文献中解释这个观点的示意图如图 7-7-3(a)所示[6, 48]。

赵广绪[48]分析指出：图 7-7-1(a)中分子 A 周围直径为 2σ 的虚线球形体积称为分子的不可接近体积(exclusion volume)。不可接近体积除分子 A 外还有另外的分子(分子 B)中心所不能接近的体积。理论计算表明，N 个分子的集群共体积等于全部分子的不可接近体积的一半。如果每次仅有两个接近，上述这个结论是严格正确的。亦就是说，在这样过程中，考虑的仅是一对分子的不可接近体积。可是两个、两个以上分子接近和碰撞也会发生，尤其是在高密度体系下，例如液体中，在多个分子相遇时，可能有多个分子 B 接近分子 A，致使这些分子在不可接近体积区域相互交叉、重叠，这如图 7-7-1(b)所示，这时用上述简单理论方法以半数分子计算不可接近体积是需推敲的。

故对于液体，不同于密度很低的气体，多个分子接近和碰撞的频率会很大，并且液相中分子间相互作用更强，分子间接近和碰撞的概率更会提高，这意味着与气体的分子协体积计算有较大不同，并且依据上述论述，液体的分子协体积值应低于气体的，并且与理论值 $4V_\sigma$ 的偏离亦会加大。反过来说，如果体系分子密度很低，并且可以忽视分子间相互作用，且认为分子在体系中可以自由移动，分子间碰撞概率很低时的理想情况时 b 系数的最大可能数值为 $4V_\sigma$，即，分子协体积 b 系数的最大可能数值可能存在于理想状态的气体中。

7-7-2　温度与分子协体积

图 7-7-2 列示了一些物质在不同饱和气体时分子协体积与温度的关系。

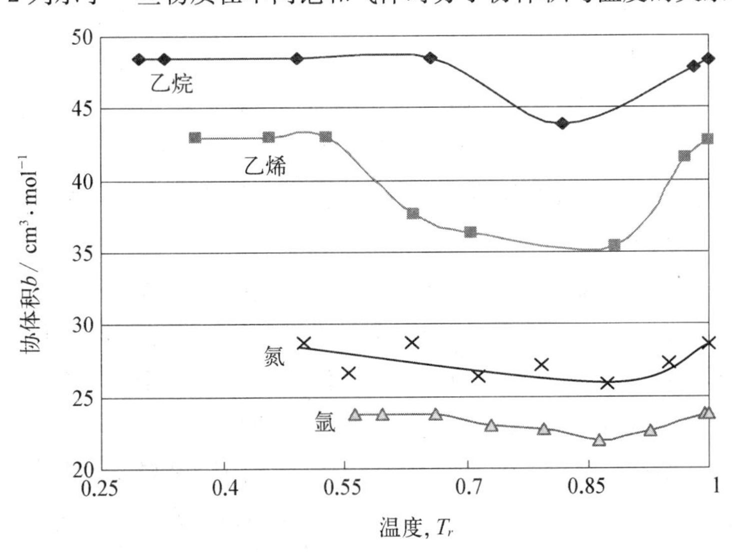

图 7-7-2　饱和气体协体积 b 与温度关系

图 7-7-2 表示，当讨论物质是气体，处于低温时，一般此时平衡的饱和压力不太高，压力与温度的影响相互抵消，故在一定温度范围内 b 系数数值变化不大，呈水平线；当温度升高到某一温度时，饱和状态下压力迅速上升，此时压力增加而使 b 系数数值变小超过了温度升高使 b 系数数值增大的数值，使 b 系数数值逐步降低；当温度进一步提高并接近临界点时，温度的影响超过了压力的影响，这时 b 系数数值又得到增大。亦就是说，影响 b 系数数值的因素应该是体系的状态参数和分子间相互作用的情况，因此如果只是将分子协体积当作体积参数那样的一般性分析，还不能清晰地说明饱和气体 b 系数数值变化规律的原因。

图 7-7-2 数据表明，气体 b 系数的变化规律有下列一些注意点：

(1) 饱和气体，在低温、低压状态下，当其处在理想状态(压缩因子 $Z=1$)或接近理想状态(压缩因子范围视讨论物质而异，一般为 $1.02>Z>0.98$) 时分子协体积数值变化不大。

$$b^{G,\,id}=4\times V_{\sigma} \qquad [7-7-2a]$$

(2) 处在理想状态或接近理想状态的饱和气体分子协体积数值高于处在临界温度以下的饱和气体的分子协体积数值，

$$b^{G,\,id}>b^{G}_{T<T_C} \qquad [7-7-2b]$$

即，实际气体分子协体积数值低于理想气体的

$$b^{G,\,Pr}<b^{G,\,id} \qquad [7-7-2c]$$

就我们所接触到的数据而言，过热气体有符合式[7-7-2c]所示规律的，亦有些不符合的，这还有待进一步工作。

(3) 在临界点时饱和气体的分子协体积数值与其在低温、低压理想状态下的分子协体积数值相同或接近相同，即

$$b^{G}_{T_C}\cong b^{G}_{理想} \qquad [7-7-3]$$

作者统计了 29 个不同性质物质，所得数据表明，$b^{G}_{T_C}$ 与 $b^{G}_{理想}$ 的偏差最大的为氢，其偏差为 3.2%，其余物质数据偏差如下所列：

物质：	氢	钠	氟	丙酮	水	乙醇	其余物质
偏差：	3.2%	2.6%	2.4%	2.4%	2.2%	2.1%	<1%

由此可见，式[7-7-3]表示的规律应是有可能的。但理论上还不能很好地说明为什么存在有 $b^{G}_{T_C}\cong b^{G}_{理想}$ 关系。

推测在临界点处，由于高温度，使体系分子具有足够高的动能，这样高的动能完全破坏了液态近程有序结构中分子间的相互联系，亦就是完全将每个分子协体积范围内的分子驱除出了分子协体积范围，成为自由运动的气体分子。即在临界点处，分子所具有高的动能有能力使分子协体积内 B 分子基本出空，这与气体在理想状态下分子协体积内分子情况十分相似。不同的是理想状态时分子动能很低(低温、低压)，低的分子动能使分子 B 进入到分子 A 的协体积范围内的概率很低，故而低温、低压下分子协体积数值与理论值符合；而在临界点下高温的驱动亦使分子 B 进入到分子 A 的协体积范围内的概率很低，故而临界点处的分

子协体积数值亦与理论计算值接近符合，这样出现了式[7-7-3]所示的关系。

当偏离临界点时，体系温度降低，分子动能急剧降低，不能使分子协体积内 B 分子出空，这使分子 B 进入到分子 A 的协体积范围内的概率增强，无论此时是饱和气体或是饱和液体，进入分子协体积内 B 分子数量的增多将会使讨论体系分子协体积数值低于临界点时分子协体积的数值。图 7-7-2 显示了饱和气体分子协体积的变化与上述预期相符合，下面列示液体的分子协体积的变化亦与上述预期相符合。

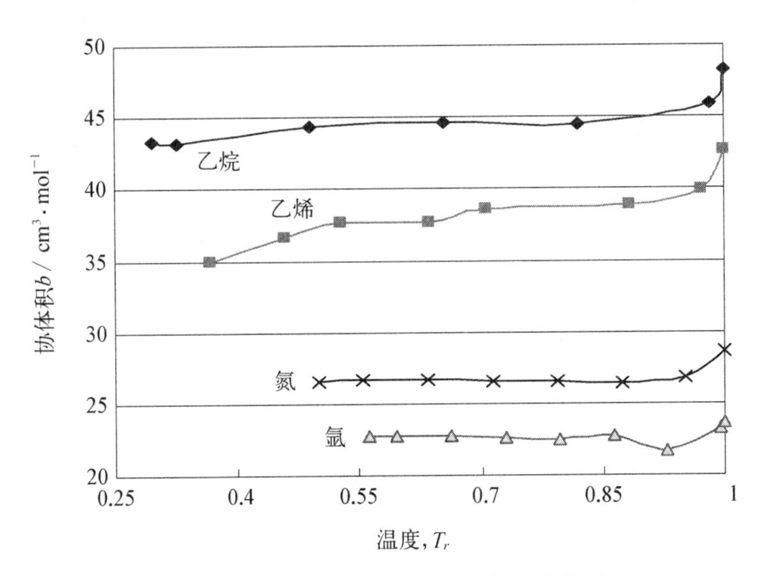

图 7-7-3　饱和液体协体积 b 与温度关系

图 7-7-3 表示，饱和液体在脱离临界点后随着温度降低，液体分子协体积快速下降。但是液体分子协体积随温度变化的规律与气体情况不同。不存在分子协体积随温度下降又上升的变化，在低温处，相当于饱和气体呈理想状态的温度区域处，液体分子协体积数值应是最低的，随着温度逐步提高分子协体积数值则相应逐步增大。因此液体分子协体积的变化有其自己的规律。

为比较气体和液体分子协体积的规律，将不同温度下壬烷的气体和液体分子协体积的变化同列于图 7-7-4 中以作比较。

图 7-7-4 表示，对处于平衡状态下的饱和气体和液体，其分子协体积间有下列关系：

在低温范围，　$b^{L} < b^{G} = b^{G}_{id}$　[7-7-4a]

较高温、高温区　$b^{L} > b^{G}$　[7-7-4b]

在临界温度处　$b^{L}_{T_C} = b^{G}_{T_C}$　[7-7-4c]

所以　$b^{G}_{T_C} \cong b^{G,\,id} \quad \therefore \quad b^{L}_{T_C} \cong b^{G,\,id}$　[7-7-4d]

7-7-3　分子协体积计算方法

Isralaechvili[49]曾介绍以 van der Waals 堆积半径方法计算分子体积与液体密度和摩尔

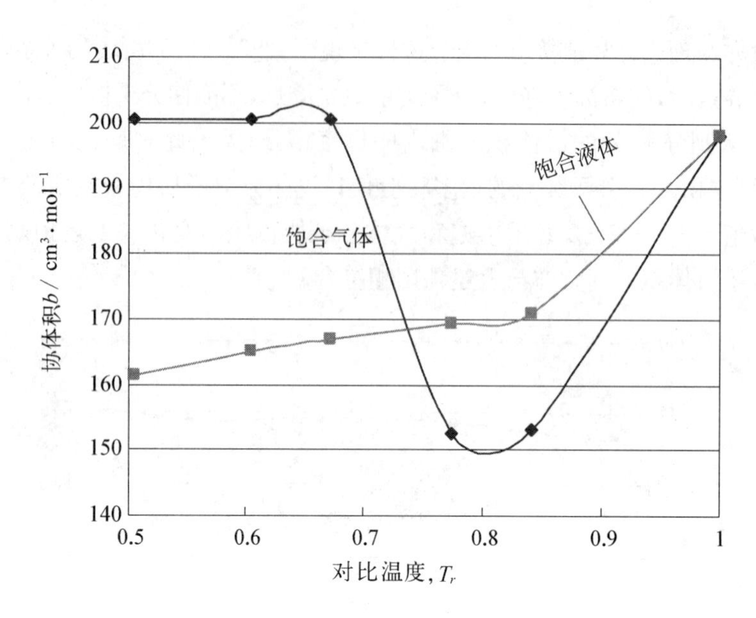

图 7-7-4　壬烷饱和汽,液协体积 b 与温度关系

体积的关系为

$$\frac{4}{3}\pi N_A\left(\frac{\sigma}{2}\right)^3=0.740\,5\left(\frac{M}{\rho^{\mathrm{L}}}\right)=0.740\,5V_m^{\mathrm{L}} \qquad [7-7-5]$$

即

$$b=\frac{2}{3}\pi N_A\sigma^3=2.962\times V_m^{\mathrm{L}} \qquad [7-7-6]$$

先不管上式中比例常数值(2.962，估计可能是印刷之误)是否合适，Isralaechvili 所列此式认为,液体分子协体积与液体摩尔体积呈线性比例关系,这给作者的启示是液体分子协体积变化规律应与液体摩尔体积变化规律相应。

又知物质的摩尔体积表示体系内分子可以自由活动的体积范围,故而 V_m^{L}/b 数值表示体系内分子自由活动的体积范围对分子协体积的比例,亦反映了分子协体积占体系体积的比例。将上式改写为

$$\frac{V_m^{\mathrm{L}}}{b}=k_0 \qquad [7-7-7]$$

亦就是 Israelachvili 认为不同温度下 V_m^{L}/b 数值是恒定的。

为此在表 7-7-1 中列示了一些物质的 V_m^{L}/b 数值用于分析体系中分子协体积所占部分随温度变化的规律。

表 7-7-1　一些物质的 V_m^{L}/b 与温度的关系

壬烷	T_r	0.504 5	0.605 4	0.672 7	0.773 6	0.840 6	1.000 0			
	V_m^{L}/b	1.115 4	1.172 5	1.222 3	1.324 7	1.423 6	2.737 0			

续 表

乙烯	T_r	0.367 4	0.459 2	0.529 8	0.635 8	0.706 5	0.883 1	0.971 4	1.000 0	
	V_m^L/b	1.139 1	1.187 6	1.234 5	1.348 9	1.397 5	1.709 9	2.103 9	3.111 2	
氩	T_r	0.563 3	0.596 4	0.662 7	0.729 0	0.795 2	0.861 5	0.927 8	0.994 0	1.000 0
	V_m^L/b	1.245 5	1.274 2	1.340 7	1.423 0	1.528 1	1.692 5	1.953 3	2.521 8	3.142 2
氮	T_r	0.500 2	0.554 5	0.633 7	0.712 9	0.792 1	0.871 3	0.950 5	1.000 0	
	V_m^L/b	1.216 6	1.255 2	1.323 8	1.411 7	1.528 5	1.691 6	1.981 6	3.216 6	
乙烷	T_r	0.296 1	0.327 5	0.491 3	0.655 1	0.818 9	0.982 6	1.000 0		
	V_m^L/b	1.068 4	1.079 9	1.162 3	1.290 1	1.511 7	2.163 9	3.056 6		

注：文中 b 系数数据是下列 5 个状态方程的平均值：方程 1，van der Waals 方程；方程 2，RK 方程；方程 3，Soave 方程；方程 4，PR 方程；方程 5，童景山方程。本表计算所用数据取自文献[3]。

表列数据表明：比例 V_m^L/b 随着温度的增加而变化，到临界点处分子协体积所占体系体积的比例约为体系摩尔体积的 1/3。因此，在饱和液体存在的整个温度范围内，V_m^L/b 并不是一个恒定的比值，故而 Israelachvili 介绍的公式并不正确。

我们依据 Israelachvili 讨论的思路，整理了一些物质的数据，对 Israelachvili 关系式修正如下：

$$\frac{V_m^L}{b} = k_0 + k_b V_m^L \qquad [7-7-8]$$

亦就是说，作者认为不同温度下 V_m^L/b 数值不是恒定的，而应与讨论温度下的体系摩尔体积呈线性关系。依据此意见整理了一些物质数据列于图 7-7-5 中以供参考。

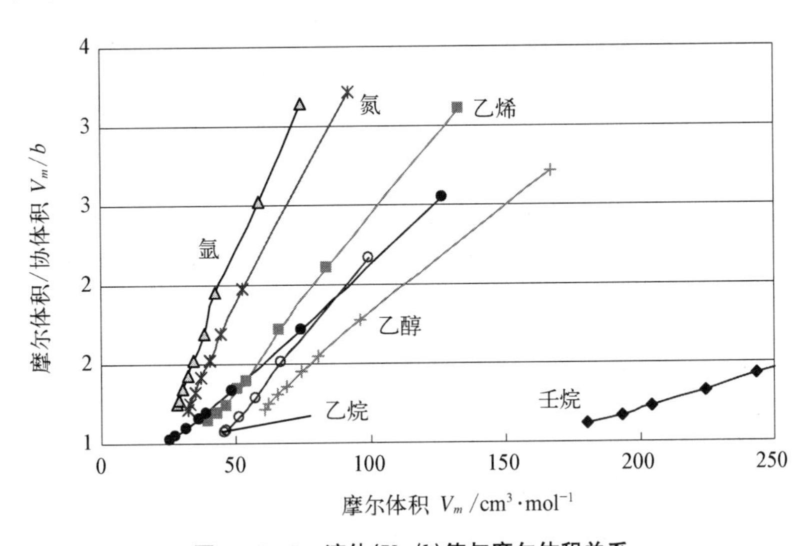

图 7-7-5 液体(V_m/b)值与摩尔体积关系

图 7-7-7 表示，图中各物质的 V_m^L/b 数值确与 V_m^L 呈线性关系。对这些数据进行了回归分析，得结果如下：

$$\left.\begin{array}{ll}
\text{乙烷：} & V_m^L/b = 0.160\,33 + 0.019\,78 \times V_m^L\text{；相关系数} = 0.999\,17 \\
\text{壬烷：} & V_m^L/b = 0.318\,08 + 0.004\,46 \times V_m^L\text{；相关系数} = 0.999\,67 \\
\text{乙烯：} & V_m^L/b = 0.254\,97 + 0.021\,61 \times V_m^L\text{；相关系数} = 0.998\,88 \\
\text{氩：} & V_m^L/b = 0.106\,01 + 0.041\,16 \times V_m^L\text{；相关系数} = 0.995\,91 \\
\text{氮：} & V_m^L/b = 0.162\,29 + 0.033\,41 \times V_m^L\text{；相关系数} = 0.998\,11 \\
\text{钠：} & V_m^L/b = 0.610\,64 + 0.015\,13 \times V_m^L\text{；相关系数} = 0.998\,76
\end{array}\right\} \quad [7-7-9]$$

上述数据表明，式[7－7－8]表示的线性关系应该成立，而且其相关系数相当高，因此有较大的实用价值。式[7－7－8]中系数 k_0 数值应与物质相关，不同物质的 k_0 数值不同。系数 k_b 表示每变化单位摩尔体积时气体或液体内 V_m/b 比值的变化值，此值亦应与物质有关，不同物质的 k_b 数值应不同。

在上面讨论中作者使用的数据是5个状态方程（见表7－7－1附注）b 系数数值的平均值，式[7－7－8]对每个不同状态方程应都可适用，当然在以不同状态方程计算时式[7－7－8]中系数 k_0 和 k_b 数值应是不同的。

式[7－7－8]规律是依据 Israelachvili 关系式由液体数据得到的实验式，液体中 V_m^L/b 与 V_m^L 的关系是否对气体亦可适用，为此对一些物质气体状态下数据进行了统计分析，得：

$$\left.\begin{array}{ll}
\text{乙烷：} & V_m^G/b = 0.480\,58 + 0.020\,66 \times V_m^G\text{；相关系数} = 1.000\,00 \\
\text{壬烷：} & V_m^G/b = 6.164\,38 + 0.004\,98 \times V_m^G\text{；相关系数} = 1.000\,00 \\
\text{乙烯：} & V_m^G/b = 6.092\,83 + 0.023\,31 \times V_m^G\text{；相关系数} = 1.000\,00 \\
\text{氩：} & V_m^G/b = 0.738\,53 + 0.041\,93 \times V_m^G\text{；相关系数} = 0.999\,97 \\
\text{氮：} & V_m^G/b = 4.959\,41 + 0.034\,97 \times V_m^G\text{；相关系数} = 0.999\,25 \\
\text{钠：} & V_m^G/b = 21.717\,55 + 0.019\,59 \times V_m^G\text{；相关系数} = 1.000\,00
\end{array}\right\} \quad [7-7-10]$$

上述数据表明，饱和气体同样服从式[7－7－8]规律。经过计算核证，可以认为过热气体、压缩液体都可能与式[7－7－8]所示关系相关。

将式[7－7－10]中相关的气体物质数据列示于图7－7－6和图7－7－7中。

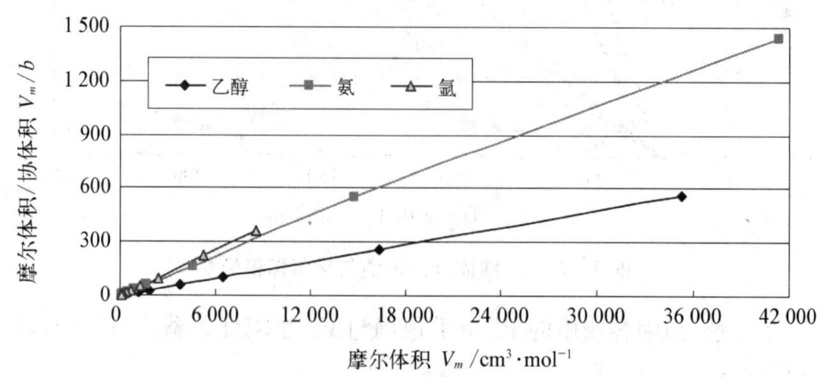

图7－7－6　氩、氨和乙醇气体的 V_m/b 与摩尔体积关系

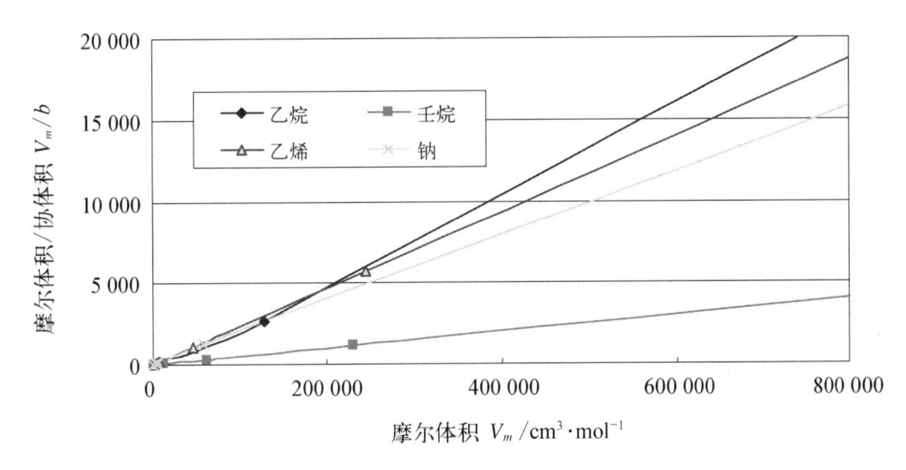

图 7-7-7 乙烷、壬烷、乙烷和钠蒸气的 V_m/b 与摩尔体积关系

7-7-4 分子协体积计算

比较式[7-7-9]或式[7-7-10]中所列气体、液体的数据，即式[7-7-9]和式[7-7-10]中气体和液体的两个系数 k_0 和 k_b 数值可知，液体的 k_0 数值要远低于气体 k_0 数值。这说明液体的分子协体积数值会低于气体的(见图 7-7-3)。而气体的 k_b 数值与液体的 k_b 数值比较接近，但液体的 k_b 数值比气体的 k_b 数值亦要稍低一些，k_b 表示每变化单位摩尔体积所引起的 V_m^G/b 数值的变化。这说明虽然气体、液体分子协体积行为不同，但每变化单位摩尔体积所引起的 V_m^G/b 数值的变化，二者是接近的。将式 7-7-8 改写为

$$\left(\frac{V_m}{b}\right)_{T2}=k_0+k_bV_{m,\ T2}=\left(\frac{V_m}{b}\right)_{T1}+k_b(V_{m,\ T2}-V_{m,\ T1}) \qquad [7-7-11]$$

因此如果知道参考温度点 $T1$ 处的 V_m/b 值，则可计算得到另一温度 $T2$ 下的 V_m/b 值。故理论上亦认为，知道不同温度两点下的 V_m/b 和 V_m 数值，即可计算得到该物质的 k_0 和 k_b 数值。但考虑计算精度，希望参与的计算点多些为好。作者计算了一些物质的 k_0 和 k_b 数值于表 7-7-2 中以供参考。需加说明的是这些数据确还有待精化，计算结果也只是初步的。表 7-7-2 中液体数据精度尚可，所依据的每个数据计算偏差均低于 0.6%，而气体数据则偏差大些，部分数据偏差可达几个百分比。

表 7-7-2 同一物质气态和液态时计算式[7-7-8]中的系数

物质	乙烷	壬烷	乙烯	氩	氮	钠	乙醇
气态，k_0^G	0.480 58	6.164 38	6.092 83	0.738 53	4.959 41	21.717 55	−0.691 06
液态，k_0^L	0.160 33	0.318 08	0.254 97	0.106 01	0.162 29	0.610 64	0.390 10

续 表

物质	乙烷	壬烷	乙烯	氩	氮	钠	乙醇
气态，k_b^G	0.020 66	0.004 98	0.023 31	0.041 93	0.034 97	0.019 59	0.015 90
液态，k_b^L	0.019 78	0.004 46	0.021 61	0.041 16	0.033 41	0.015 13	0.014 02

表列数据表明，以气态数据计算的系数 k_0^G 与以液态数据计算的系数 k_0^L 两者相差很大；系数 k_b^G 与 k_b^L 两者虽然数值十分接近，但 k_b^G 数值要稍高于 k_b^L。因此，在计算临界状态下的数据时，同样的临界参数，以气态常数 k_0^G、k_b^G 计算与以液态 k_0^L、k_b^L 计算，所得到结果就会有差别，不能达到统一的结果。表 7－7－3 列示了这两种不同的计算结果。

表 7－7－3　临界点处的 $(V_m^L/b)_{T_C}$ 的计算值

物　　质	乙烷	壬烷	乙烯	氩	氮	钠	乙醇
$(V_m/b)_{T_C}$，实际值	3.057	2.737	3.111	3.142	3.217	2.542	2.715
$(V_m/b)_{T_C}$，k_0^G 计算	3.529	8.869	9.190	3.865	8.182	24.196	1.964
误差，%	15.45	224.03	195.38	23.01	154.36	851.9	−27.67
$(V_m/b)_{T_C}$，k_0^L 计算	3.079	2.740	3.126	3.175	3.241	2.524	2.731
误差，%	0.72	0.13	0.47	1.04	0.74	−0.71	0.60
$(V_m/b)_{T_C}$，近似修正	3.048	2.704	3.097	3.127	3.222	2.478	2.655
误差，%	−0.27	−1.19	−0.45	−0.50	0.18	−2.51	−2.22

表列数据表明以液体数据计算得到的临界点处 $(V_m^L/b)_{T_C}$ 数值与实际值吻合得很好；而以气体数据计算得到的临界点处 $(V_m^L/b)_{T_C}$ 数值与实际值吻合得不好，有些物质的偏差还非常大。究其原因可能是计算时所依据的实验数据精度问题。一般，实验测试的液体的摩尔体积数值正确性较高，数值偏差亦很小。而实验技术测试的气体的摩尔体积数值虽然也有一定的测试精度，但气体摩尔体积有时数值巨大，虽然测试的相对偏差可能不大，但其绝对值仍可能会有较大的出入。上节讨论气体与液体 Virial 系数区别时对此亦有说明，此原因往往会使各家所得的气体 Virial 系数数值相差较大。我们在计算气体分子协体积数据时亦会遇到一些不正常情况，如表 7－7－2 数据表明，乙醇蒸气数据经线性回归统计计算，得到了 $k_0^G=-0.691\ 06<0$，且 k_0^G 低于 k_0^L。估计亦与此有关。

因此，我们认为计算应以液体数据计算结果为基础，据此对气体计算的临界状态数据进行一定的修正。即对气体计算引入修正系数 Δk_{T_C}，即

$$\left(\frac{V_m}{b}\right)_{T_C}=k_0^G+k_b^G(V_m)_{T_C}+\Delta k_{T_C} \tag{7-7-12}$$

$$=k_0^G+k_b^G(V_m)_{T_C}+[(k_0^L-k_0^G)+(k_b^L-k_b^G)(V_m)_{T_C}]$$

因此，表示临界态处对物态转变的计算修正系数为

$$\Delta k_{T_C} = (k_0^L - k_0^G) + (k_b^L - k_b^G)(V_m)_{T_C} \qquad [7-7-13]$$

由于 k_b^G 与 k_b^L 数值接近且 $k_b^L < k_b^G$，而 k_0^L 数值又不大，故而这个修正系数可近似认为

$$\Delta k_{T_C} \cong - k_0^G \qquad [7-7-14]$$

按此近似修正式计算结果如表 7-7-3 所示。

需加说明的是此修正系数 Δk_{T_C} 仅可应用于临界状态下的计算。非临界点下的计算不必应用此修正关系。

综合以上讨论内容，对分子协体积可得到下列一些初步的概念：

1. 状态方程中的分子协体积 b 系数和 Ω_b 参数数值会受到状态参数变化的影响，对不同物质，在不同压力、温度下应不是同一个数值。

2. Ω_b 数值与每个分子的协体积内出现的分子数有关。

3. 物质状态参数变化对 b 系数和 Ω_b 数值的影响规律，气体与液体不同。

4. 状态方程中的分子协体积 b 系数和 Ω_b 参数数值随温度的变化规律可由实验式[7-7-8]计算。

文献中对分子协体积的讨论很少，这是因为大家已习惯认为状态方程中的分子协体积 b 系数和 Ω_b 参数是个恒定数值常数，因此给分子协体积的理论讨论带来很大的困难。这里的讨论内容应该是初步的，探索性的。其中理论上的问题肯定很多，这里仅将其作为抛砖引玉列示以供大家参考，使状态方程理论发展得更完善些。

参 考 文 献

[1] Lee L L. Molecular Thermodynamics of Nonideal fluids[M]. Boston: Butterworth, 1988.
[2] 刘光恒，戴树珊. 化学应用统计力学[M]. 北京：科学出版社，2001.
[3] Perry R H. Perry's Chemical Engineer's Handbook[M]. Sixth Edition. New York: McGraw-Hill, 1984.
Perry R H. Green D W. Perry's Chemical Engineer's Handbook[M]. Seventh Edition. New York: McGraw-Hill, 1999.
[4] Eyring H. J. Chem. Phys., 1936, 4: 283.
[5] Hirschfelder J. O, Curtiss C. F, Bird R. B. Molecular Theory of Gases and Liquids[M]. New York: Wiley, 1964.
[6] Adamson A W. A Textbook of Physical Chemistry[M]. third ed. New York: Academic Press College Division, 1986.
[7] Tabor D. Gas, Liquid and Solids and Other States of Matter[M]. 3rd edition. New York: Cambridge University Press, 1991: 304.
[8] 祁祥麟. 统计物理基础[M]. 北京：中国铁道出版社，1992: 55.
[9] 陈学俊，陈立勋，周芳德. 气液两相流与传热基础[M]. 北京：科学出版社，1995.
[10] 卢焕章. 石油化工基础数据手册[M]. 北京：化学工业出版社，1984.
[11] 张福田，谈慕华. 应用 Eyring 理论探讨液相界面微观结构[G]. 2000 年第八届全国胶体与界面科学研讨会会议的摘要文集，扬州.
[12] 童景山. 分子聚集理论及其应用. 北京：科学出版社，1999.

[13] 张开. 高分子界面科学[M]. 北京：中国石化出版社，1997：69.
[14] Ivan Vavruch. Journal of Colloid and Interface Science，1989，127(2)：592.
[15] Adamson A W. A Textbook of Physical Chemistry[M]. New York：Academic Press，INC，1973.
[16] [德] K 史蒂芬，F 玛因谔. 工程热力学 基础和应用[M]. 第一卷，同济大学、哈尔滨船舶工程学院、清华大学 译，北京：高等教育出版社，1992.
[17] Davis H T，Scriven L E A. simple theory of surface tension at low vapor pressure[J]. J Phys Chem，1976，80(25)：2805.
[18] Vavruch I. Surface tension and internal pressure of liquid[J]. Journal of Coll and Interface Science，1989，127(2)：592.
[19] 范宏昌. 热学[M]. 北京：科学出版社，2003.
[20] Zhang Fu Tian(张福田). Interface Layer Model of Physical Interface[J]. Jour of Colloid and Interface Science，2001，244：271 - 281.
[21] 张福田. 分子界面化学基础[M]. 上海：上海科技文献出版社，2006.
[22] Rosseinsky D R. Surface Tension and Internal Pressure，A Simple Model[J]. Jour of Phys Chem，1977，81(16)：1578.
[23] 胡英，刘国杰，徐英年，等. 应用统计力学[M]. 北京：化学工业出版社，1990.
[24] 卢焕章. 石油化工基础数据手册[M]. 北京：化学工业出版社，1984.
[25] Turkdogan E T. Physical Chemistry of high Temperature Technology[M]. New York：Academic Press，1980.
[26] 程守洙，江之永. 普通物理学[M]. 北京：人民教育出版社，1978.
[27] Ornstein L S，Zernike F. Proc Acad Sci，Amsterdam，1914，17：793.
[28] Petcus，J K，Yercus，G L. Phys Rev，1958，110：1.
[29] Boublik T，Nezbeda I，Hlavaty K. Statistical Themodynamics of Simple Liquids and Their Mixtures [M]. Amsterdam：Elsevier Scientific Publishing Co，1980.
[30] Zhang Fu Tian(张福田). Interface Layer Model of Physical Interface[J]. Jour of Colloid and Interface Science，2001，244：271 - 281.
[31] 童景山. 分子聚集理论及其应用[M]. 北京：科学出版社，1999.
[32] 傅鹰. 化学热力学导论[M]. 北京：科学出版社，1963.
[33] 陈钟秀，顾飞燕，胡望明. 化工热力学[M]. 北京：化学工业出版社，2001.
[34] Raff L M. Principles of Physical Chemistry[M]. Upper Saddle River：Prentice Hall，2001.
[35] Prausnitz J M，Lichtenthaler R N，E G de Azevedo. Molecular Thermodynamics of Fluid-Phase Equilibria[M]. Second Edition，Englewood Cliffs，NJ：Prentice-Hall Inc，1986 Third Edition，1999.
[36] Spracking M T. Liquids and Solids[M]. London：Riutledge & Kegan Panel，1985：169.
[37] Stefan J. Ann. D. Phys.，1886，29：655.
[38] 陈新志，蔡振云，胡望明. 化工热力学[M]. 北京：化学工业出版社，2001.
[39] Adamson A W. Physical Chemistry of surface[M]. Third Edition. New York：John-Wiley，1976. Adamson A W，Gast AP. Physical Chemistry of surface [M]. 6th ed. New York：John-Wiley，1997.
[40] Lide D R. CRC Handbook of Chemistry and Physics [M]. 73 rd ed. New York：CRC Press，1992 - 1993.
[41] Weast RC Ed. CRC Handbook of Chemistry and Physics. 69 th ed，Boca Raton Fl，CRC Press，1988 - 1989.
[42] Yaws C L. Thermodynamic and Physical Property Data [M]. London：Gulf Publishing Company，1992.
[43] 马沛生. 化工数据[M]. 北京：中国石化出版社，2003.
[44] Tarakad，Spencer，Alder. Ind. & Eng. Chem. Process Design and Development，1978，18：726 - 729.
[45] [美] 斯坦利 M 瓦拉斯. 化工相平衡[M]. 韩世钧等译. 北京：中国石化出版社，1991.
[46] 项红卫. 流体的热物理化学性质—对应态原理与应用[M]. 北京：科学出版社，2003.

[47] 郭天民. 多元气-液平衡和精馏[M]. 北京：石油工业出版社，2002.
[48] 赵广绪，格林肯 R A. 流体热力学-平衡理论的导论[M]. 北京：化学工业出版社，1984.
[49] Israelachvili J N. Intermolecular and Surface Forces [M]. Second Ed. New York: Academic Press, 1991.

第八章

溶液分子压力

在第六章中讨论了气体混合物中各种分子压力的情况,本章讨论溶液,即液体混合物中各种分子压力的情况。

溶液是由多种纯物质所组成的,这些组成物质称为组元。溶液在热力学中归属于多组分体系,本章讨论的是多组分物质均匀掺和并彼此呈分子状态分布的液体溶液。讨论中认为液体混合物即是液体溶液。

8－1　溶液分子间相互作用

胡英[1]指出,"研究溶液的理论目的在于:用分子间力以及由之决定的溶液结构来表达溶液的性质"。亦就是说,溶液理论的讨论必须建立在分子间相互作用和溶液结构,即液体结构的基础上。

讨论的溶液是液态物质,因此前面讨论中涉及的纯物质液体内的分子间相互作用和纯物质液体的结构应与溶液的分子间相互作用和溶液结构有关系,为此先对溶液的分子间相互作用和溶液结构进行讨论。

8－1－1　多分子间相互作用

溶液与其余物质一样,亦是由千千万万个分子所组成。因此能够影响和表达溶液的性质的"分子间力"应该是由千千万万个分子间相互作用力所形成的一种综合的分子间力,而不只是一对分子间的互相作用;故能够影响和反映溶液性质的"液体结构"亦应该是由千千万万个分子所形成的一种液体分子的集聚排列结构,而不只是一对分子间的相互作用。

本书在第二章中介绍了宏观分子间相互作用,指出千千万万个分子间相互作用的综合作用,亦就是千千万万个分子对之间的相互作用的综合结果有两种情况。

1. 第一类分子相互作用加和性

千千万万个分子对间的相互作用综合结果是每个分子与周围分子组成的分子对相互作用的数量上的加和结果,称之为第一类分子间相互作用加和性。

例如,体系的总势能可表示为:

$$U=\frac{1}{2!}\sum\sum_{i\neq j}u_{ij}+\frac{1}{3!}\sum\sum_{i\neq j\neq k}\sum u_{ijk}+\cdots+\frac{1}{n!}\sum\sum\cdots\sum_{i\neq j\neq\cdots\neq n}\sum u_{ij\cdots n}$$

$$= \frac{1}{2}\sum\sum_{i\neq j}\left[u_{ij} + \frac{2}{3!}\sum_{k}u_{ijk} + \cdots + \frac{2}{n!}\sum_{k}\cdots\sum_{n}u_{ij\cdots n}\right] \quad [8-1-1]$$

式中 u_{ij} 是两体相互作用，通常称为粒子 i、j 的对势。与此相应，u_{ijk} 是三体相互作用，$u_{ij\cdots n}$ 是 n 体相互作用。在非极限的情况下，三体以上的相互作用与两体相互作用相比总是很微弱的，因此上式可写为：

$$U = \frac{1}{2}\sum\sum_{i\neq j}u_{ij} = N_{ii}u_{ii} + N_{ij}u_{ij} + N_{jj}u_{jj} \quad [8-1-2]$$

式中 N_{ii}、N_{ij}、N_{jj} 为 i—i、i—j、j—j 分子对的数目。

第一类分子间相互作用加和性概念可以讨论分析与分子间相互作用相关的一些性质规律，如体系的压力、各种分子压力、分子内压力等等，而分子内压力又直接与液体表(界)面张力相关，因此，溶液所具有的各种分子动压力和分子静压力也都是千千万万个分子的相互作用综合结果而形成的。

2. 溶液中存在不同性质的分子间相互作用

在纯物质液体中虽然存在有千千万万个分子，但这些分子都是同一种分子，两个分子间的相互作用都是相同的。从纯物质液体中拿走一部分分子，或者加入一部分分子，都不会影响讨论的纯物质液体的性质，因此对纯物质液体而言，应有

$$u_{ii} = u_{ij} = u_{jj} = u \quad [8-1-3a]$$

$$U = N_{ii}u_{ii} + N_{ij}u_{ij} + N_{jj}u_{jj} = (N_{ii} + N_{ij} + N_{jj})u = Nu \quad [8-1-3b]$$

式中 N 为讨论纯物质液体中分子总数目。

溶液与纯物质液体不同，溶液中含有多种组元物质。以二元溶液为例，溶液中含有组元 A 物质和组元 B 物质，这样溶液中有着三种不同的分子间相互作用，即 A—A、B—B 和 A—B 间分子相互作用。则溶液中有下列关系：

$$u_{A-A} \neq u_{B-B} \neq u_{A-B} \quad [8-1-4a]$$

$$U^{S} = N_{A-A}u_{A-A} + N_{A-B}u_{A-B} + N_{B-B}u_{B-B} \quad [8-1-4b]$$

因而，溶液中分子间相互作用并不是单纯的一种分子间相互作用，而存在着多种不同的分子间相互作用。如果从溶液中拿走一部分组元分子，或者加入一部分组元分子，都会影响讨论溶液的性质。

溶液中存在不同性质的分子间相互作用，这是溶液与纯物质液体在微观性质上不同之处。纯物质液体中每对分子的相互作用情况都一样，故有时分子间存在的相互作用会被忽视。但对溶液，决不能忽视这些不同性质的分子相互作用对溶体性质的影响。

3. 第二类分子间相互作用加和性

溶液中分子与周围分子间存在着不同作用类型、不同作用性质相互作用。千千万万个分子的不同作用类型、不同作用性质相互作用的加和结果，称之为第二类分子间相互作用加

和性。

这些不同作用类型、不同作用性质的相互作用，均包含分子间相互吸引作用和分子间相互排斥作用，而物质的宏观性质是千千万万个分子间相互吸引作用和分子间相互排斥作用的综合结果。分子间相互吸引作用中又可包含有静电相互作用、诱导相互作用和色散相互作用。

第二类分子间相互作用加和性也可用于讨论体系的压力、各种分子压力、分子内压力等等，并可进一步讨论溶液表面力中静电、诱导和色散相互作用的贡献；组元 i 对溶液表面力的静电、诱导和色散相互作用的贡献；溶液其他组元 j 对表面 i 分力静电、诱导和色散相互作用的贡献，即组元 i 的二级表面分力——静电 ij 表面分力、诱导 ij 表面分力和色散 ij 表面分力。由此可绘制一级和二级表面力图，反映溶液中不同组元间相互作用情况和反映溶液的非理想性。

在作者另一本著作《分子界面化学基础》[2] 已详尽地介绍了不同物质间静电、诱导和色散相互作用的计算，亦讨论了组元 i 对溶液的主表面力的静电、诱导和色散相互作用的贡献，即组元 i 的二级表面分力——静电 ij 表面分力、诱导 ij 表面分力和色散 ij 表面分力。由此绘了一级和二级表面力图。为此关于第二类分子间相互作用加和性的讨论不再在本书中展开。

8-1-2 液体结构

纯物质液体中存在无序结构和近程有序结构。这两种液体结构使液体具有两种不同类型分子，即移动分子和定居分子。移动分子又称为动态分子，与分子动压力相关；而定居分子又称为静态分子，与分子静压力相关。

溶液中亦存在无序结构和近程有序结构，这两种溶液结构同样使溶液具有两种不同类型分子，即移动分子和定居分子。

纯物质液体中动态分子和静态分子均是同一种物质的分子。这种动态分子所产生的分子动压力只是同一种物质分子处在运动状态下产生的压力；而这种静态分子所产生的分子静压力亦是同一种物质分子处在“定居”状态下所产生的静态压力。

以统计力学中径向分布函数方法来讨论纯物质液体的动压力和静压力。统计力学中压力与径向分布函数的关系如下式所示[3]：

$$P=\frac{NkT}{V}-\frac{1}{6}\left(\frac{N}{V}\right)^2\int_0^{\infty}\frac{du(r)}{dr}g(r)4\pi r^3 dr$$
$$=\frac{NkT}{V}-\frac{1}{6}\left(\frac{N}{V}\right)^2\int_0^{\infty}\frac{du(r)}{dr}g^0(r)4\pi r^3 dr-\frac{1}{6}\left(\frac{N}{V}\right)^2\int_0^{\infty}\frac{du(r)}{dr}h(r)4\pi r^3 dr$$

已经说明，式中 $$g(r)=g^0(r)+h(r)$$

$g^0(r)$ 为假定液体中为分子呈随机分布，即无序分布时的径向分布函数，即

$$g(r)=g^0(r)=1$$

$h(r)$ 为总相关函数[4,5]，反映近程序排列分布。径向分布函数的定义式可写为：

$$g(r)=\frac{\rho_r}{\rho}=\frac{\Delta\rho(r)+\rho}{\rho}=\frac{\Delta\rho(r)}{\rho}+1=h(r)+g^0(r)$$

液体混合物在液体结构上亦应同时存在无序结构和近程有序结构的特征。故其径向分布函数表示式为

$$\begin{aligned}P^{\mathrm{m}}&=\frac{N\mathrm{k}T}{V}-\frac{1}{6}\left(\frac{N}{V}\right)^2\int_0^{\infty}\frac{\mathrm{d}u^{\mathrm{m}}(r)}{\mathrm{d}r}g^{\mathrm{m}}(r)4\pi r^3\mathrm{d}r\\&=\frac{N\mathrm{k}T}{V}-\frac{1}{6}\left(\frac{N}{V}\right)^2\int_0^{\infty}\frac{\mathrm{d}u^{\mathrm{m}}(r)}{\mathrm{d}r}g^0(r)4\pi r^3\mathrm{d}r-\frac{1}{6}\left(\frac{N}{V}\right)^2\int_0^{\infty}\frac{\mathrm{d}u^{\mathrm{m}}(r)}{\mathrm{d}r}h^{\mathrm{m}}(r)4\pi r^3\mathrm{d}r\end{aligned}\qquad[8-1-5]$$

设

$$\begin{aligned}P^{\mathrm{m}}_{NO}&=\frac{N\mathrm{k}T}{V}-\frac{1}{6}\left(\frac{N}{V}\right)^2\int_0^{\infty}\frac{\mathrm{d}u^{\mathrm{m}}(r)}{\mathrm{d}r}g^0(r)4\pi r^3\mathrm{d}r\\&=\frac{N\mathrm{k}T}{V}-\frac{1}{6}\left(\frac{N}{V}\right)^2\int_0^{\infty}\frac{\mathrm{d}u^{\mathrm{m}}(r)}{\mathrm{d}r}4\pi r^3\mathrm{d}r\end{aligned}\qquad[8-1-6]$$

又设

$$P^{\mathrm{m}}_{O}-\frac{1}{6}\left(\frac{N}{V}\right)^2\int_0^{\infty}\frac{\mathrm{d}u^{\mathrm{m}}(r)}{\mathrm{d}r}h^{\mathrm{m}}(r)4\pi r^3\mathrm{d}r\qquad[8-1-7]$$

故径向分布函数计算表明，液体混合物的压力亦由两部分组成，即

$$P^{\mathrm{m}}=P^{\mathrm{m}}_{NO}+P^{\mathrm{m}}_{O}\qquad[8-1-8]$$

上式中 P^{m}_{O} 表示近程有序结构分子所形成的分子压力。近程有序结构分子均是静态分子，故此压力是由于静态分子间相互吸引力而产生的压力，称之为分子静压力。显然，分子静压力不会参与分子动压力的压力平衡关系，但分子静压力会影响分子动压力的热力学行为，如相平衡行为。

P^{m}_{NO} 表示无序结构分子所形成的分子动压力。无序结构液体中分子均是动态分子，故此压力是分子动压力。分子动压力将与体系外压力平衡，即与热力学中环境压力相平衡。为此，与纯物质液体相同，得到混合物的分子动压力的压力平衡式

$$P^{\mathrm{m}}=P^{\mathrm{m}}_{NO}=P^{\mathrm{m}}_{\mathrm{id}r}+P^{\mathrm{m}}_{P1}+P^{\mathrm{m}}_{P2}-P^{\mathrm{m}}_{\mathrm{at}}\qquad[8-1-9]$$

对比压力

$$P^{\mathrm{m}}_{r}=P^{\mathrm{m}}_{r,NO}=P^{\mathrm{m}}_{\mathrm{id}r}+P^{\mathrm{m}}_{P1r}+P^{\mathrm{m}}_{P2r}-P^{\mathrm{m}}_{\mathrm{at}r}\qquad[8-1-10]$$

前面讨论中已阐述了纯物质液体分子静压力的平衡关系，混合物中分子静压力的平衡关系与纯物质液体的相似。即对溶液的相内区而言，每个分子在各个方向上均受到其周围分子作用的分子内压力，但在每个分子上所受到的所有分子内压力的合力等于零。因而分

子静压力对讨论相的压力无任何贡献。

又知，对于处在表面区(或界面区)内的分子则有不同的情况。液体表面层内的一些分子，只要这些分子到液面距离小于分子作用半径，则这些分子均会受到一个垂直于液面并指向体相内部的分子间力的作用。导致整个液体表面层对讨论液体产生压力，亦就是说，在表面区中会形成分子内压力，即

$$P_O = P_{\text{in}} \qquad [8-1-11]$$

表面层内分子内压力得不到平衡，从而对整个液体表面层施加压力，完成对液体表面层压缩做膨胀功。由于这是使体系获得功，所以是正功。众所周知，与此同时，表面层内形成表面张力，完成表面功。因此可以认为，分子内压力对体系所作的膨胀功已转化为体系的表面功。

综合上面讨论，由于溶液微观结构是近程有序、远程无序结构，因此溶液中也存在两种不同的平衡公式：

当讨论液体处于某种分子随机分布、分子排列无序的平均结构状态时：

溶液体相内部分子压力平衡式：

$$P^{\text{mB}} = P_{\text{id}}^{\text{mB}} + P_P^{\text{mB}} - P_{\text{at}}^{\text{mB}} = P_{\text{id}}^{\text{mB}} + P_{P1}^{\text{mB}} + P_{P2}^{\text{mB}} - P_{\text{at}}^{\text{mB}} \qquad [8-1-12]$$

其对比压力形式为：

$$P_r^{\text{mB}} = P_{\text{id}r}^{\text{mB}} + P_{Pr}^{\text{mB}} - P_{\text{at}r}^{\text{mB}} = P_{\text{id}r}^{\text{mB}} + P_{P1r}^{\text{mB}} + P_{P2r}^{\text{mB}} - P_{\text{at}r}^{\text{mB}} \qquad [8-1-13]$$

溶液表面区内分子压力平衡式：

$$P^{\text{mS}} = P_{\text{id}}^{\text{mS}} + P_P^{\text{mS}} - P_{\text{at}}^{\text{mS}} = P_{\text{id}}^{\text{mS}} + P_{P1}^{\text{mS}} + P_{P2}^{\text{mS}} - P_{\text{at}}^{\text{mS}} \qquad [8-1-14]$$

其对比压力形式为：

$$P_r^{\text{mS}} = P_{\text{id}r}^{\text{mS}} + P_{Pr}^{\text{mS}} - P_{\text{at}r}^{\text{mS}} = P_{\text{id}r}^{\text{mS}} + P_{P1r}^{\text{mS}} + P_{P2r}^{\text{mS}} - P_{\text{at}r}^{\text{mS}} \qquad [8-1-15]$$

由于表面区与体相内部是同一相内两个部分，这两部分中各种压力应彼此相等，即

$$\left.\begin{aligned} &P^{\text{mS}} = P^{\text{mB}} = P^{\text{m}};\ P_{\text{id}}^{\text{mS}} = P_{\text{id}}^{\text{mB}} = P_{\text{id}}^{\text{m}};\ P_P^{\text{mS}} = P_P^{\text{mB}} = P_P^{\text{m}} \\ &P_{P1}^{\text{mS}} = P_{P1}^{\text{mB}} = P_{P1}^{\text{m}};\ P_{P2}^{\text{mS}} = P_{P2}^{\text{mB}} = P_{P2}^{\text{m}};\ P_{\text{at}}^{\text{mS}} = P_{\text{at}}^{\text{mB}} = P_{\text{at}}^{\text{m}} \end{aligned}\right\} \qquad [8-1-16]$$

$$\left.\begin{aligned} &P_r^{\text{mS}} = P_r^{\text{mB}} = P_r^{\text{m}};\ P_{\text{id}r}^{\text{mS}} = P_{\text{id}r}^{\text{mB}} = P_{\text{id}r}^{\text{m}};\ P_{Pr}^{\text{mS}} = P_{Pr}^{\text{mB}} = P_{Pr}^{\text{m}} \\ &P_{P1r}^{\text{mS}} = P_{P1r}^{\text{mB}} = P_{P1r}^{\text{m}};\ P_{P2r}^{\text{mS}} = P_{P2r}^{\text{mB}} = P_{P2r}^{\text{m}};\ P_{\text{at}r}^{\text{mS}} = P_{\text{at}r}^{\text{mB}} = P_{\text{at}r}^{\text{m}} \end{aligned}\right\} \qquad [8-1-17]$$

因而，溶液处于远程无序状态时，无论表面区或相内区，其压力平衡式为：

$$\left.\begin{aligned} &\text{压力形式} \quad P^{\text{m}} = P_{\text{id}}^{\text{m}} + P_P^{\text{m}} - P_{\text{at}}^{\text{m}} = P_{\text{id}}^{\text{m}} + P_{P1}^{\text{m}} + P_{P2}^{\text{m}} - P_{\text{at}}^{\text{m}} \\ &\text{对比压力形式} \quad P_r^{\text{m}} = P_{\text{id}r}^{\text{m}} + P_{Pr}^{\text{m}} - P_{\text{at}r}^{\text{m}} = P_{\text{id}r}^{\text{m}} + P_{P1r}^{\text{m}} + P_{P2r}^{\text{m}} - P_{\text{at}r}^{\text{m}} \end{aligned}\right\} \qquad [8-1-18]$$

溶液中除了存在远程无序平均结构外还应存在近程有序结构，对近程有序结构下产生

的液体内分子内压力，溶液以形成表面功和在分子内压力做功时为维持讨论体系温度不变化而产生的热量给予平衡：

这样，在溶液相内区分子内压力平衡式　$P_{in}^{mB} = P_{in}^{mB}$

其对比压力形式为　$P_{inr}^{mB} = P_{inr}^{mB}$　[8-1-19]

或写成通式　$\sum_{所有方向} P_{in}^{mB} = 0$；$\sum_{所有方向} P_{inr}^{mB} = 0$　[8-1-20]

对溶液表面区内分子内压力平衡式

$$P_{in}^{m} \times (V^{m}/N_A)^{1/3} \times K^{S} = \sigma^{m} + q^{m} \quad [8-1-21a]$$

其对比压力形式为　$P_{inr}^{m} \times (V_r^{m})^{1/3} \times K_r^{S} = \sigma^{m} + q^{m}$　[8-1-21b]

因而，考虑到溶液结构有无序结构和近程有序结构两部分，故在讨论混合物分子压力和纯物质分子压力关系时要考虑两种不同溶液结构的影响。即需将分子动压力与分子静压力分别讨论。

8-2　溶液理论基础

溶液按其状态之不同可分为气态溶液、液态溶液和固态溶液。气态溶液，即气体混合物已在第六章中讨论了，这里仅讨论液态溶液，即液态混合物。

当前溶液理论讨论有许多论述，归纳起来，这些讨论大致所依据的理论基础有：

(1) 经典热力学理论。

(2) 经典 Gibbs 相平衡理论。

(3) 溶液表面现象理论。

(4) 统计力学理论。

(5) 相间平衡、相内平衡。

在溶液讨论之前，对这些溶液理论基础作简单介绍。

8-2-1　经典热力学理论

一般，所讨论溶液性质与其各组分性质的加和并不相等。二者的差额为混合性质差或混合性质变化，其定义为：

$$\Delta M = M - \sum x_i M_i^0 \quad [8-2-1]$$

式中 M_i^0 是纯组分 i 在规定的标准态的摩尔性质。对上式超额函数引入各组分的偏摩尔性质：

$$\Delta M = M - \sum x_i M_i^0 = \sum x_i \overline{M}_i - \sum x_i M_i^0 = \sum x_i (\overline{M}_i - M_i^0) \quad [8-2-2]$$

再设 $\Delta\overline{M}_i = \overline{M}_i - M_i^0$，则 $\Delta M = \sum x_i \Delta\overline{M}_i$ [8-2-3]

故有 $M = \Delta M + \sum x_i M_i^0 = \sum x_i \Delta\overline{M}_i + \sum x_i M_i^0$ [8-2-4]

将各种热力学性质代入上式，并以二元系为例，应用摩尔量表示时有下列关系：

Gibbs 函数 $G^m = x_1 G_1^0 + x_1 \Delta\overline{G}_1 + x_2 G_2^0 + x_2 \Delta\overline{G}_2$ [8-2-5]

焓 $H^m = x_1 H_1^0 + x_1 \Delta\overline{H}_1 + x_2 H_2^0 + x_2 \Delta\overline{H}_2$ [8-2-6]

内能 $U^m = x_1 U_1^0 + x_1 \Delta\overline{U}_1 + x_2 U_2^0 + x_2 \Delta\overline{U}_2$ [8-2-7]

熵 $S^m = x_1 S_1^0 + x_1 \Delta\overline{S}_1 + x_2 S_2^0 + x_2 \Delta\overline{S}_2$ [8-2-8]

体积 $V^m = x_1 V_1^0 + x_1 \Delta\overline{V}_1 + x_2 V_2^0 + x_2 \Delta\overline{V}_2$ [8-2-9]

热力学理论将上述各式分成两部分进行处理。

(1) 上述各式中组分的纯物质相关部分

Gibbs 函数 $G^m = x_1 G_1^0 + x_2 G_2^0 + x_1 \mathrm{R}T \ln x_1 - x_2 \mathrm{R}T \ln x_2$ [8-2-10]

焓 $H^m = x_1 H_1^0 + x_2 H_2^0$ [8-2-11]

内能 $U^m = x_1 U_1^0 + x_2 U_2^0$ [8-2-12]

熵 $S^m = x_1 S_1^0 + x_2 S_2^0 - x_1 \mathrm{R} \ln x_1 - x_2 \mathrm{R} \ln x_2$ [8-2-13]

体积 $V^m = x_1 V_1^0 + x_2 V_2^0$ [8-2-14]

热力学理论认为，符合式[8-2-10]～[8-2-14]要求的溶液为理想溶液。由此可见，理想溶液具有下列特性[7~9]：

① 理想溶液中，各组分处于纯态时的摩尔体积与其偏摩尔体积相等。亦就是说，理想溶液形成前后体积无变化，即：

$$V_i^0 = \overline{V}_i \quad [8-2-15]$$

② 理想溶液中，各组分处于纯态时的摩尔焓与其偏摩尔焓相等。亦就是说，理想溶液形成前后焓无变化，即：

$$H_i^0 = \overline{H}_i \quad [8-2-16]$$

③ 理想溶液中，各组分处于纯态时的摩尔熵与形成溶液后的偏摩尔熵不相等。亦就是说，形成 1 摩尔溶液前后的熵变(称为混合熵)为：

$$\Delta S^m = x_1 \Delta\overline{S}_1 + x_2 \Delta\overline{S}_2 = - x_1 \mathrm{R} \ln x_1 - x_2 \mathrm{R} \ln x_2 \quad [8-2-17]$$

此式说明，形成 1 摩尔理想溶液的混合熵与形成 1 摩尔理想气体的混合熵相等。此式还表示，$\Delta S^m > 0$，说明溶液的形成为自动过程。已知，熵的微观意义是系统的无序量度，是系统混乱度的量度[6]。形成 1 摩尔理想溶液的混合熵与形成 1 摩尔理想气体的混合熵相等，这一概念表示，由于理想气体应是个完全无序的系统，因此可以认为理想溶液，在所讨论的热力学理论范围中应亦可认为是个无序体系。

④ 理想溶液中，形成1摩尔溶液前后的 Gibbs 函数变化应由温度和组成所确定，即：

$$\Delta G^{m} = x_1 \Delta \overline{G}_1 + x_2 \Delta \overline{G}_2 = x_1 RT\ln x_1 + x_2 RT\ln x_2 \qquad [8-2-18]$$

由此可知，$\Delta G^{m} < 0$，亦说明溶液的形成为自动过程。

⑤ 理想溶液中，各组分处于纯态时的摩尔内能与其偏摩尔内能相等。亦就是说，理想溶液形成前后内能无变化，即

$$U_i^0 = \overline{U}_i \qquad [8-2-19]$$

但是，满足式[8-2-19]有两种可能，其一是

$$U^{m} = U_1^0 = U_2^0 \qquad [8-2-20]$$

这时，形成溶液摩尔内能与各组分处于纯态时的摩尔内能可满足式[8-2-19]的要求。另一种是 $U^{m} \neq U_1^0 \neq U_2^0$，但它们间可以满足式[8-2-12]的要求。

(2) 实际溶液的修正

满足形成理想溶液的热力学条件如上述各点所列。由此可知不形成理想溶液，即形成实际溶液时可以理解为在形成理想溶液条件上加上一些修正项。当前热力学理论采用的修正项系依据活度理论，其修正系数采用各组元的活度系数来表示，设 γ_1 为组元 i 的活度系数，一些热力学性质的修正项如下所示：

Gibbs 函数：

$$\begin{aligned} G^{m} - (x_1 G_1^0 + x_2 G_2^0) &= x_1 \Delta \overline{G}_1 + x_2 \Delta \overline{G}_2 \\ &= x_1 RT\ln x_1 + x_2 RT\ln x_2 + x_1 RT\ln \gamma_1 + x_2 RT\ln \gamma_2 \end{aligned} \qquad [8-2-21]$$

焓：

$$\begin{aligned} H^{m} - (x_1 H_1^0 + x_2 G_2^0) &= x_1 \Delta \overline{H}_1 + x_2 \Delta \overline{H}_2 \\ &= - x_1 RT^2 \frac{\partial \ln \gamma_1}{\partial T} - x_2 RT^2 \frac{\partial \ln \gamma_2}{\partial T} \end{aligned} \qquad [8-2-22]$$

熵：

$$\begin{aligned} S^{m} - (x_1 S_1^0 + x_2 S_2^0) &= x_1 \Delta \overline{S}_1 + x_2 \Delta \overline{S}_2 \\ &= - x_1 R\ln \gamma_1 x_1 - x_2 R\ln \gamma_2 x_2 - x_1 RT\ln \frac{\partial \ln \gamma_1}{\partial T} - x_2 RT\ln \frac{\partial \ln \gamma_2}{\partial T} \end{aligned} \qquad [8-2-23]$$

体积：

$$V^{m}-(x_1V_1^0+x_2V_2^0)=x_1\Delta\overline{V}_1+x_2\Delta\overline{V}_2$$
$$=-x_1RT\ln\frac{\partial\ln\gamma_1}{\partial P}-x_2RT\ln\frac{\partial\ln\gamma_2}{\partial P} \quad [8-2-24]$$

8-2-2 经典 Gibbs 相平衡理论

传统的 Gibbs 相平衡理论长久以来已成为研究溶液的理论基础，与讨论溶液平衡的蒸气相的蒸气压和溶液相组元的浓度均是讨论相平衡的重要参数。

现研究由组元 1 和 2 组成的某种理想溶液，其摩尔分数为 x_1、x_2，溶液的蒸气分压为 P_1、P_2，蒸气中组元的摩尔分数为 y_1、y_2。依据经典热力学中液、气平衡原理：

$$\mu_i^{G}=\mu_i^{L} \quad [8-2-25]$$

气相
$$\mu_i^{G}=\mu_i^{0G}+RT\ln P_i \quad [8-2-26]$$

液相
$$\mu_i^{L}=\mu_i^{0L}+RT\ln x_i \quad [8-2-27]$$

故有
$$P_i=\exp\left[\frac{\mu_i^{0L}-\mu_i^{0G}}{RT}\right]x_i=P_i^0x_i \quad [8-2-28]$$

由于 μ_i^{0L} 和 μ_i^{0G} 均是常数，又当 $x_i\to 1$ 时，$P_i\to P_i^0$。式[8-2-28]即为 Raoult 定律。依据 Dalton 定理，分压力 P_i 与气相组成的关系为

$$P_i=P^{m}y_i \quad [8-2-29]$$

P^{m} 为溶液总蒸气压力。故有

$$P^{m}y_i=P_i^0x_i \quad [8-2-30]$$

因此，依据 Raoult 定律，理想溶液的各种压力性质的关系为：

当 $P^{m}=P_1^0=P_2^0$ 时，$P_1=P_1^0x_1$、$P_2=P_2^0x_2$，$P_1=P_2$，$P^{m}=P_1^0x_1+P_2^0x_2$。这些压力间的关系可如图 8-2-1 表示：

由此图可知，理想溶液的蒸气总压力和各组元的蒸气分压，与液相组成均呈简单的线性关系，各纯组元的蒸气压相等，这说明各组元分子间相互作用情况十分相似，作者称图 8-2-1 所表示的理想溶液为完全理想溶液。

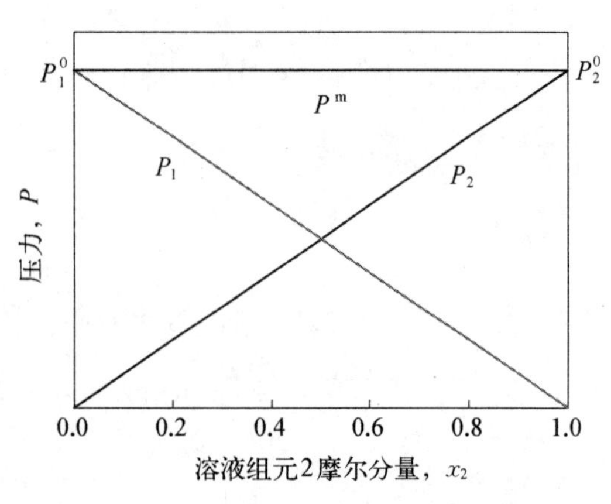

图 8-2-1 理想溶液的蒸气压与组成关系

当 $P^{m}\neq P_1^0\neq P_2^0$ 时，如果 $P_1=P_1^0x_1$、$P_2=P_2^0x_2$，但 $P_1\neq P_2$，又有 $P^{m}=P_1^0x_1+$

$P_2^0 x_2$。

这些压力间关系可如图 8-2-2 表示，满足上述压力间关系的溶液，溶液热力学理论[9,10]中仍认为是理想溶液。但这种理想溶液与上一种理想溶液有不同之处，故可称上一种理想溶液为完全理想溶液，而这种理想溶液称为近似理想溶液。

图 8-2-2 显示的理想溶液中两组元的蒸气压不相等，这意味着与完全理想溶液不同，即此溶液内分子间相互作用能不存在 $u^m = u_1^0 = u_2^0$ 关系，而应是 $u^m \neq u_1^0 \neq u_2^0$，但这时也应满足下面的要求，即

$$u^m = x_1 u_1^0 + x_2 u_2^0 = u_1^0 + (u_2^0 - u_1^0) x_2 \qquad [8-2-31]$$

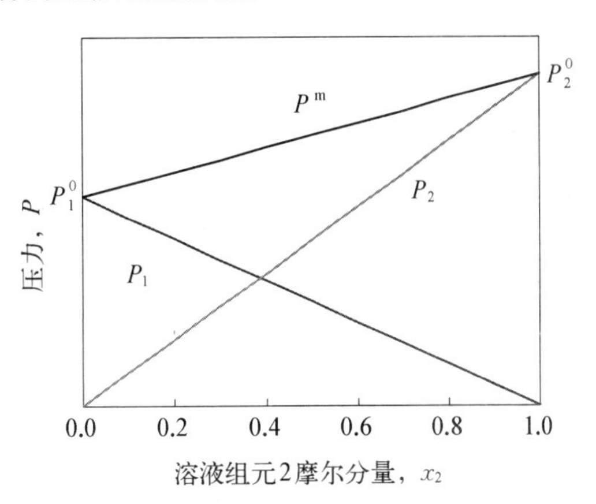

图 8-2-2　近似理想溶液的蒸气压与组元关系

亦就是说，图 8-2-2 显示的理想溶液中溶液的摩尔内能，即溶液分子间相互作用能应与溶液组元呈线性比例关系，溶液压力随组成浓度的变化也呈线性比例关系。在这种理想溶液中溶液各组元纯物质的蒸气压不同，反映了溶液各组元的分子间相互作用亦是不同的。

由于这种溶液中组元的分子间相互作用是不同的，这与完全理想溶液情况不同，故称图 8-2-2 显示的理想溶液为近似理想溶液。

因此，理想溶液的压力变化特点是溶液总压力、组元的分压力均与组元摩尔分数呈线性关系。而实际溶液的压力变化特点是溶液总压力、组元的分压力与组元摩尔分数均不呈线性关系。为此热力学理论对实际溶液的非线性关系进行修正，即对 Raoult 定律引入修正，修正系数即为活度系数，Raoult 定律对实际溶液的修正式为：[11, 12]

$$P_i = P_i^0 x_i \gamma_i \qquad [8-2-32]$$

定义组元 i 的活度为 $a_i = x_i \gamma_i$，故 Raoult 定律修正式为

$$P_i = P_i^0 a_i \qquad [8-2-33]$$

这是经典热力学中讨论实际溶液理论的最基础理论式，为目前研究溶液理论的研究者所广泛采用。

当然，讨论实际溶液时对 Raoult 定律引入修正的方式不仅仅限于活度理论、引入活度系数，还有其他的方法，例如，早期曾提出处理非理想溶液的方法有 Margules[13,14]方程，著名的 Adamson 教授评论为："这个简单的处理方法至今仍是很有用的。"由于溶液中不同分子间的相互作用均可以认为是一个能量项，它以 Boltzmann 因子的形式表示，并引入到 P_1 理论值进行校正。这个能量差值应该大约正比于 x_2^2，它们的关系为：

$$P_1 = P_1^0 x_1 \exp(\alpha x_2^2) \qquad [8-2-34a]$$

式中 α 是与温度有关的特性常数。由于不同分子间的相互作用中两个分子是相互作用的，$\alpha_1 = \alpha_2 = \alpha$，故组元 2 的关系式

$$P_2 = P_2^0 x_2 \exp(\alpha x_1^2) \qquad [8-2-34b]$$

由此两个关系式可知，如果 $\alpha = 0$，则对所有组元来说就简化为 Raoult 定律。所以，Raoult 定律应是式[8-2-34]的某种极限情况。

Margules 方程表示：对 Raoult 定律亦可采用不同于活度系数的修正方法。实际测试的结果[14]表明：测试二硫化碳和丙酮系统的分压力数据与采用 $\alpha = 1.46$ 计算数据十分吻合。

8-2-3 溶液表面现象理论

在上述讨论中已知液体分子内压力与液体表面张力直接相关，而分子内压力又直接与分子间相互作用相关，故而理论上认为，表面张力可以反映或量度物质内分子间相互作用。亦就是说，溶液表面张力的变化可以反映溶液中分子间相互作用情况。

在物理化学理论中如果考虑了不同分子间的相互作用，溶液内能可以下式表示[9]：

$$U^m = U_1 + U_2 = n_1 u_1^0 + n_2 u_2^0 + \alpha n_{12}\left[W_{12} - \frac{W_{11} + W_{22}}{2}\right] \qquad [8-2-35]$$

式中 α 为配位数，W_{11}、W_{22} 和 W_{12} 分别表示 1-1、2-2 和 1-2 分子间的作用能，u_1^0、u_2^0 为纯组元物质的摩尔内能。理想溶液中应存在有下列关系：

$$W_{12} - \frac{W_{11} + W_{22}}{2} = 0 \quad 或 \quad W_{12} = \frac{W_{11} + W_{22}}{2} \qquad [8-2-36]$$

依据溶液理论中“准晶格模型”[10]得到下列关系：

$$\begin{aligned} u^m &= u_1 x_1 + u_2 x_2 - \alpha x_{12}(W_{11} + W_{22} - 2W_{12}) \\ &= u_1 x_1 + u_2 x_2 - x_{12}(u_1 + u_2 - 2u_{12}) \end{aligned} \qquad [8-2-37]$$

式中 $u_1^0 = \alpha n_1 W_{11}/2$，$u_2^0 = \alpha n_2 W_{22}/2$，$u_{21} = \alpha n_{12} W_{12}/2$。

从摩尔能量的角度讨论，溶液是否是理想溶液的条件为：

$$u_1 + u_2 - 2u_{12} = 0; \qquad u_1 + u_2 = 2u_{12} \qquad [8-2-38]$$

引入 Stefan 公式[2]。已知物质的内能可以下式表示：

$$-u \cong \Delta H_V - RT = S\sigma A_m \qquad [8-2-39]$$

式中 ΔH_V 为摩尔蒸发热，S 为 Stefan 系数，A_m 为摩尔面积。

因此，对溶液：　$u^{m} = -S_S\sigma_S A_{mS}$

对物质 1：　$u_1 = -S_1\sigma_1 A_{m1}$

对物质 2：　$u_2 = -S_2\sigma_2 A_{m2}$　　[8-2-40]

同样，对上述假设的虚拟物质 12，亦可认为有下列关系：

$$u_{12} = -S_{12}\sigma^0_{(12)}A_{m12} \qquad [8-2-41]$$

式中 $\sigma^0_{(12)}$ 表示这个虚拟物质 12 所具有的表面张力，亦就是这个虚拟物质 12 的表面内力[2]。现将这些关系代入式[8-2-37]，得：

$$S_S\sigma_S A_{mS} = S_1\sigma_1 A_{m1}x_1 + S_2\sigma_2 A_{m2}x_2 - x_{12}(S_1\sigma_1 A_{m1} + S_2\sigma_2 A_{m2} - 2S_{12}\sigma^0_{(12)}A_{m12})$$

已知，不同有机化合物的 Stefan 系数，如果讨论温度是同一温度，则可以近似认为：

$$S_S \cong S_1 \cong S_2 \cong S_{12} \qquad [8-2-42]$$

如果讨论溶液是理想溶液，由于理想溶液相同组元分子间相互作用和不同组元分子间相互作用接近，并且分子形状、大小接近，故式[8-2-42]可适用于理想溶液情况。这样可得到：

$$\sigma_S A_{mS} = \sigma_1 A_{m1}x_1 + \sigma_2 A_{m2}x_2 - x_{12}(\sigma_1 A_{m1} + \sigma_2 A_{m2} - 2\sigma^0_{(12)}A_{m12}) \qquad [8-2-43]$$

如果讨论的是理想溶液，那么溶液中各组元分子的形状和大小接近，亦有理由假设：

$$A_{mS} \cong A_{m1} \cong A_{m2} \cong A_{m12} \qquad [8-2-44]$$

这样，式[8-2-43]可改写为：

$$\sigma_S = \sigma_1 x_1 + \sigma_2 x_2 - x_{12}(\sigma_1 + \sigma_2 - 2\sigma^0_{(12)}) \qquad [8-2-45]$$

由此可见，与物理化学得到的理想溶液能量条件式[8-2-38]相对应，表面现象理论认为，判断溶液是否是理想溶液的能量条件为：

$$\sigma_1 + \sigma_2 - 2\sigma^0_{(12)} = 0 \quad 或 \quad \sigma^0_{(12)} = (\sigma_1 + \sigma_2)/2 \qquad [8-2-46]$$

对应的溶液内各组元分子间相互作用的条件为：

$$u_1 + u_2 - 2u_{12} = 0 \quad 或 \quad u_{12} = (u_1 + u_2)/2 \qquad [8-2-47]$$

与此相应的物理化学理论中理想溶液内各组元能量条件为：

$$W_{12} - (W_1 + W_2)/2 = 0 \quad 或 \quad W_{12} = (W_1 + W_2)/2 \qquad [8-2-48]$$

综合上述讨论，从溶液内各种组元分子间相互作用关系来看，在表面现象理论中判断讨论溶液是否是理想溶液的依据如下：

由式[8-2-45]知，为使溶液能量关系符合理想溶液要求，必须满足的条件是：

$$\sigma_S - (\sigma_1 x_1 + \sigma_2 x_2) = - x_{12}(\sigma_1 + \sigma_2 - 2\sigma^0_{(12)}) = 0 \qquad [8-2-49]$$

亦就是理想溶液的溶液表面张力与各纯组元表面张力的关系为

$$\sigma_S^{id} = x_1\sigma_1 + x_2\sigma_2 \qquad [8-2-50]$$

这些表示式在文献中均有报道。Eberhart[15]曾假设二元溶液的表面张力与物质的表面成分呈线性关系：

$$\gamma = N_1^S\gamma_1 + N_2^S\gamma_2 \qquad [8-2-51]$$

Mclure 等[16]和 Bikerman[17]则都曾提出过理想溶液表面张力与体相内部的摩尔分数浓度呈线性正比关系，其表示式为：

$$\gamma(\text{ideal}) = x_1^B\gamma_1 + x_2^B\gamma_2 \qquad [8-2-52]$$

Defay 等[18]以热力学理论论证了理想溶液与组元摩尔分数的关系

$$\sigma = \sigma_1 x_1^l + \sigma_2 x_2^l \qquad [8-2-53]$$

Defay 等以理想溶液表面张力实际数据证明上式的正确性。

8-2-4 溶液统计力学理论

综合上述讨论，从经典热力学理论和一些热力学性质在混合时的变化，得到下列一些用于讨论溶液的基础理论信息：

(1) 理想溶液中不同分子间与相同分子间的相互作用相同，这在热力学性质上表现为溶液的摩尔内能与各组元纯物质摩尔内能的关系为：

$$u^m = u_1^0 = u_2^0 \qquad \text{或} \qquad n^m u^m = n_1 u_1^0 + n_2 u_2^0 \qquad [8-2-54]$$

(2) 理想溶液中各个分子形状相似、大小相同，这在热力学性质上表现为溶液的摩尔体积与各组元纯物质摩尔体积的关系为：

$$V_m^m = V_{m,1}^0 = V_{m,2}^0 \quad \text{或} \quad n^m V_m^m = n_1 V_{m,1}^0 + n_2 V_{m,2}^0 \qquad [8-2-55]$$

(3) 理想溶液的总压力与组元的摩尔分数呈线性关系：

$$P^m = P_1^0 x_1 + P_2^0 x_2 \quad \text{或} \quad P_i = P_i^0 x_i \qquad [8-2-56]$$

(4) 理想溶液的表面张力与组元的摩尔分数呈线性关系：

$$\sigma_S = \sigma_1^0 x_1 + \sigma_2^0 x_2 \quad \text{或} \quad \sigma_{S(i)} = \sigma_i^0 x_i \qquad [8-2-57]$$

式中 $\sigma_{S(i)}$ 为讨论溶液中组元 i 对溶液表面张力的贡献，称之为“表面张力的 i 分力”，简称为“表面 i 分力”[2]。

上述理想溶液的性质在讨论溶液的分子间相互作用理论上亦有所反映，下面将以统计力学理论讨论溶液的性质。

8-2-4-1　分子动压力与分子静压力

统计力学理论认为径向分布函数理论适用于对液体、溶液的讨论[19~21]。已知，径向分布函数理论表示的纯物质的内能和压力性质为

内能　$$U=\frac{3}{2}NkT-\frac{2\pi N^2}{V}\int_0^\infty u(r)g(r)r^2\mathrm{d}r \tag{8-2-58}$$

压力　$$P=\frac{NkT}{V}-\frac{1}{6}\left(\frac{N}{V}\right)^2\int_0^\infty \frac{\mathrm{d}u(r)}{\mathrm{d}r}g(r)4\pi r^3\mathrm{d}r \tag{8-2-59}$$

由上面讨论可知，径向分布函数可认为是由两部分组成，其一为液体内无序分布分子部分，其径向分布函数 $g^0(r)=1$；另一为液体内近程有序分布分子部分，其径向分布函数以 Ornstein-Zernike 方程的总相关函数 $h(r)$ 表示，其定义为[4, 5]：

$$h(r)=g(r)-1=g(r)-g^0(r)=\frac{\rho(r)-\rho}{\rho}=\frac{\Delta\rho(r)}{\rho} \tag{8-2-60}$$

故而液体的内能、压力可分成两部分讨论：

内能

$$\begin{aligned}U&=U_{ns}+U_{os}\\&=\left[\frac{3}{2}NkT-\frac{2\pi N^2}{V}\int_0^\infty u(r)r^2\mathrm{d}r\right]_{ns}+\left[-\frac{2\pi N^2}{V}\int_0^\infty u(r)h(r)r^2\mathrm{d}r\right]_{os}\end{aligned} \tag{8-2-61}$$

式中右下角标“ns”表示液体中无序分布结构的内能，“os”表示液体中近程有序分布结构的内能。

无序分布部分能量　$$U_{ns}=\left[\frac{3}{2}NkT-\frac{2\pi N^2}{V}\int_0^\infty u(r)r^2\mathrm{d}r\right]_{ns} \tag{8-2-62}$$

如果讨论物质中分子间相互作用可以忽略，即是无序分布理想气体，则

$$U_{ns1}=\frac{3}{2}NkT \tag{8-2-63}$$

式[8-2-63]即为统计力学理论中理想气体的平均能量[22]表示式。又知

$$U_{ns2}=-\frac{2\pi N^2}{V}\int_0^\infty u(r)r^2\mathrm{d}r \tag{8-2-64}$$

显然，当讨论对象为真实气体或是液体时，体系中分子间相互作用不能忽略，即 U_{ns2} 有一定数值，亦就是体系偏离了理想状态。

近程有序分布部分能量　$$U_{os}=-\frac{2\pi N^2}{V}\int_0^\infty h(r)r^2\mathrm{d}r \tag{8-2-65}$$

当讨论对象是气体时，由于气体中总相关函数 $h(r)=0$，故而气体的 $U_{os}=0$。但是，当讨论对象是液体时，其总相关函数 $h(r)\neq 0$，故液体的 $U_{os}\neq 0$，亦就是液体的实际内能包含近程有序分布结构的能量。

同样方法亦可讨论体系的压力，即对于液体压力亦分成由体系无序结构部分中动态分子所形成的压力——称为分子动压力，而由体系近程有序结构部分中静态分子间相互作用所形成的压力——称为分子静压力。即体系压力为

$$P=P_{动}+P_{静}=\frac{NkT}{V}-\frac{1}{6}\left(\frac{N}{V}\right)^2\int_0^\infty \frac{du(r)}{dr}g(r)4\pi r^3 dr \qquad [8-2-66]$$

分子动压力 $$P_{动}=\frac{NkT}{V}-\frac{1}{6}\left(\frac{N}{V}\right)^2\int_0^\infty \frac{du(r)}{dr}4\pi r^3 dr \qquad [8-2-67]$$

式[8-2-67]表明，分子动压力由两部分组成：第一部分为假设讨论物质中分子间相互作用可以忽略，即是无序分布理想气体情况时，则分子动压力即为讨论体系处于理想状态下的压力，即理想压力 $$P_{id}=P_{动1}=\frac{NkT}{V} \qquad [8-2-68]$$

分子动压力的另一部分反映了讨论体系中分子间相互作用对体系的理想压力的影响。应该讲体系中呈无序分布，运动着的分子与体系中其他分子，不管是运动着的分子还是未运动着的分子之间的相互作用只是影响运动着分子的状态、速度、方向等，从而影响运动着分子所产生的体系压力的大小；亦就是说，在无序状态下分子间相互作用不会对体系形成新类型的压力，而只会影响体系当前具有的压力的大小。将这些对分子动压力数值有影响的分子间相互作用项归属于分子动压力部分，即

$$P_{动2}=-\frac{1}{6}\left(\frac{N}{V}\right)^2\int_0^\infty \frac{du(r)}{dr}4\pi r^3 dr \qquad [8-2-69]$$

分子间相互作用性质不同，对分子理想压力的影响亦不同，例如分子间的吸引作用使分子理想压力数值减小；分子间的排斥作用可能使分子理想压力数值增加。为此，按分子间相互作用性质，将分子间相互作用影响项分为：分子间的吸引作用项、分子间的排斥作用项和分子本身具有体积影响项，即

$$\begin{aligned}P_{动2}&=-\frac{4\pi}{6}\left(\frac{N}{V}\right)^2\left[\int_0^\infty \frac{du(r)_{自体积}}{dr}r^3 dr+\int_0^\infty \frac{du(r)_{排斥}}{dr}r^3 dr+\int_0^\infty \frac{du(r)_{吸引}}{dr}r^3 dr\right]\\&=P_{P1}+P_{P2}-P_{at}\end{aligned} \qquad [8-2-70]$$

综合 $P_{动1}$ 和 $P_{动2}$ 得分子动压力为

$$P=P_{动}=P_{动1}+P_{动2}=P_{id}+P_{P1}+P_{P2}-P_{at} \qquad [8-2-71]$$

此即微观压力平衡式，简称为分子动压力平衡式。

分子静压力　$$P_{静} = -\frac{1}{6}\left(\frac{N}{V}\right)^2\int_0^\infty \frac{du(r)}{dr}h(r)4\pi r^3 dr \qquad [8-2-72]$$

分子静压力反映了讨论体系中呈近程有序分布，相对静止不运动的分子之间的相互作用对体系产生的压力，这种“静置”着的分子间相互作用所产生的压力是分子静压力，对此我们在前面内容中已有详细的讨论。故有

体系内部能量　$$U^B = U_{ns}^B + U_{os}^B \qquad [8-2-73]$$

由于近程有序分子产生的分子静压力具有一定的方向性，当讨论分子处在讨论相表面区时，会形成分子内压力，对表面区做功压缩，使表面区具有表面功 W^S，即表面区能量为

$$U^S = U_{ns}^S + W^S \qquad [8-2-74]$$

引入化学位概念：

体相内部　$$\left(\frac{\partial U^B}{\partial n_i^B}\right)_{S,V,n_j^B} = \left(\frac{\partial(U_{ns}^B + U_{os}^B)}{\partial n_i^B}\right)_{S,V,n_j^B} = \mu_i^B \qquad [8-2-75]$$

表面区　$$\left(\frac{\partial U^S}{\partial n_i^S}\right)_{S,V,n_j^S} = \left(\frac{\partial U_{ns}^S}{\partial n_i^S}\right)_{S,V,n_j^S} + \left(\frac{\partial W^S}{\partial n_i^S}\right)_{S,V,n_j^S} = \mu_i^S + \varphi_i^S \qquad [8-2-76]$$

式中 μ_i^B 为体相内部组元 i 的化学位；μ_i^S 为表面区中组元 i 的化学位；φ_i^S 为表面区中组元 i 的表面位，表面位定义式为

$$\varphi_i^S = \left(\frac{\partial W^S}{\partial n_i^S}\right)_{S,V,n_j^S} = \left(\frac{\partial \sigma A}{\partial n_i^S}\right)_{S,V,n_j^S} = A\left(\frac{\partial \sigma}{\partial n_i^S}\right)_{S,V,n_j^S} = A_m\left(\frac{\partial \sigma}{\partial x_i^S}\right)_{S,V,n_j^S} \qquad [8-2-77]$$

体相内部与表面区均在同一相内，故有

$$\left(\frac{\partial U^B}{\partial n_i^B}\right)_{S,V,n_j^B} = \left(\frac{\partial U^S}{\partial n_i^S}\right)_{S,V,n_j^S} \qquad [8-2-78]$$

即　$$\mu_i^B = \mu_i^S + \varphi_i^S \qquad [8-2-79]$$

式[8-2-79]即是考虑了表面功的相平衡公式中体相内部与表面区的相内平衡式。

液体结构是由无序结构和近程有序结构所组成的，此观点对液体混合物同样适用，但在统计力学理论中还未得到体现。目前处理混合物的方法是将混合物看作一个虚拟的纯物质，它具有虚拟的特征参数和虚拟的位能函数 $u^m(r)$。将这些虚拟的参数代入相关公式时，得到混合物的相关性质。

8-2-4-2　溶液分子动压力

一般将溶液分为理想溶液和真实溶液进行分别讨论。

所谓理想溶液可参考理想气体的概念，即理想气体中分子间相互作用可以被忽略，因此，理论上亦可认为理想溶液中分子间相互作用可以被忽略。但液体与气体不同，液体中必

定存在分子间相互作用，实际上不能忽略液体分子间相互作用。因此，理想溶液是指溶液中各种分子间相互作用可以认为彼此相等的溶液，例如活度系数 $a = 1$ 的一些溶液。

故而判别溶液理想性的依据，与判别气体理想性类似，亦是依据体系中分子间相互作用的情况而定。而物质的分子压力可反映物质中分子间相互作用的情况。液体混合物作为一个虚拟物质时，可以比较它的虚拟的分子压力与各组元纯物质时相对应的分子压力，从而得到体系理想性的信息。现将液体与气体的情况比较如下。

1. 理想气体

对于理想气体应有关系： $P_{id}^{mG} = P_{id,1}^{0G} = P_{id,2}^{0G} = \cdots = P_{id,i}^{0G}$ [8-2-80a]

此时混合物和组元纯物质时的各项分子压力应具有很低数值，可以忽略，即

$$P_{P1}^{G} \to 0\ ;\quad P_{P2}^{G} \to 0\ ;\quad P_{at}^{G} \to 0 \qquad [8-2-80b]$$

对于理想溶液亦有关系： $P_{id}^{mL} = P_{id,1}^{0L} = P_{id,2}^{0L} = \cdots = P_{id,i}^{0L}$ [8-2-81a]

或

$$P_{id}^{mL} = x_1 P_{id,1}^{0L} + x_2 P_{id,2}^{0L} + \cdots + x_i P_{id,i}^{0L} \qquad [8-2-81b]$$

并且混合物和组元纯物质的与分子间相互作用相关各分子压力彼此相等，即

$$P_{P1}^{mL} = P_{P1,i}^{0L};\quad P_{P2}^{mL} = P_{P2,i}^{0L};\quad P_{at}^{mL} = P_{at,i}^{0L} \qquad [8-2-82a]$$

或有

$$P_{P1}^{mL} = \sum x_i P_{P1,i}^{0L};\ P_{P2}^{mL} = \sum x_i P_{P2,i}^{0L};\ P_{at}^{mL} = \sum x_i P_{at,i}^{0L} \qquad [8-2-82b]$$

由此可得，$P^{mL} = P_{id}^{mL} + P_{P1}^{mL} + P_{P2}^{mL} - P_{at}^{mL} = \cdots = P_{id,i}^{0L} + P_{P1,i}^{0L} + P_{P2,i}^{0L} - P_{at,i}^{0L} = P_i^{0L}$

即

$$P^{mL} = P_1^{0L} = P_2^{0L} = \cdots = P_i^{0L} \qquad [8-2-82c]$$

亦就是说，可以认为：理想溶液压力与其组元纯物质同温度下的平衡压力相等。

另一种情况是认为混合物和组元纯物质的总分子间相互作用相等，

所以

$$P^{mL} = P_{id}^{mL} + P_{P1}^{mL} + P_{P2}^{mL} - P_{at}^{mL} = \sum x_i (P_{id,i}^{0L} + P_{P1,i}^{0L} + P_{P2,i}^{0L} - P_{at,i}^{0L})$$
$$= x_1 P_1^{0L} + x_2 P_2^{0L} + \cdots + x_i P_i^{0L} \qquad [8-2-82d]$$

即，理想溶液的压力可以溶液各组元的摩尔分数浓度与其同温度下纯物质的平衡压力乘积总和值相等。

2. 真实气体

同温度下 $P^{mG} \neq P_1^{0G} \neq P_2^{0G} \neq \cdots \neq P_i^{0G}$ [8-2-83a]

故 $P_{id}^{mG} \neq P_{id,1}^{0G} \neq P_{id,2}^{0G} \neq \cdots \neq P_{id,i}^{0G}$ [8-2-83b]

并且混合物和组元纯物质时的各项分子压力均有一定数值，不可忽视，即

$$P_{P1}^{G} \neq 0\ ;\quad P_{P2}^{G} \neq 0\ ;\quad P_{at}^{G} \neq 0 \qquad [8-2-83c]$$

对于真实溶液有关系：

同温度下 $P^{mL} \neq P_1^{0L} \neq P_2^{0L} \neq \cdots \neq P_i^{0L}$ [8-2-83d]

故　$$P_{id}^{mL} \neq P_{id,1}^{0L} \neq P_{id,2}^{0L} \neq \cdots \neq P_{id,i}^{0L} \qquad [8-2-83e]$$

并且混合物和组元纯物质时的各项分子压力或彼此不相等，即

$$P_{P1}^{mL} \neq P_{P1,i}^{0L}; \quad P_{P2}^{mL} \neq P_{P2,i}^{0L}; \quad P_{at}^{mL} \neq P_{at,i}^{0L} \qquad [8-2-83f]$$

并且　$$P_{P1}^{mL} \neq \sum x_i P_{P1,i}^{0L}; \; P_{P2}^{mL} \neq \sum x_i P_{P2,i}^{0L}; \; P_{at}^{mL} \neq \sum x_i P_{at,i}^{0L} \qquad [8-2-83g]$$

即　$$\begin{aligned} P^{mL} &\neq P_{id}^{mL} + P_{P1}^{mL} + P_{P2}^{mL} - P_{at}^{mL} \neq \sum x_i (P_{id,i}^{0L} + P_{P1,i}^{0L} + P_{P2,i}^{0L} - P_{at,i}^{0L}) \\ &\neq x_1 P_1^{0L} + x_2 P_2^{0L} + \cdots + x_i P_i^{0L} \end{aligned} \qquad [8-2-83h]$$

上述各式表明，理想液体混合物与其组元纯物质压力均相互相等时，这个液体混合物应是理想的液体混合物。这种理想混合物应该很少，实际溶液中有光学异构体的混合物、立体异构体的混合物、同位素化合物混合物及紧邻同系物混合物，这些混合物常在物理化学领域中被认为是理想液体混合物[24]。

因讨论的是理想状态，讨论温度又相同，故讨论的理想溶液的分子理想压力与其组元纯物质的分子理想压力应该相同，即有

在理想状态下　$$P_{id}^{m} = P_{id,1}^{0} = P_{id,2}^{0} = \cdots = P_{id,i}^{0} \qquad [8-2-84]$$

显然要满足式[8-2-84]，则要求讨论溶液还需满足以下要求：

(1) 讨论溶液与其组元纯物质的摩尔体积相同，即

$$V^{m} = V_{m,1}^{0} = V_{m,2}^{0} = \cdots = V_{m,i}^{0} \qquad [8-2-85a]$$

(2) 讨论溶液与其组元纯物质中分子间相互作用情况相同，即需满足式[8-2-82]要求，或以下列形式表示：

$$P_{P1}^{m} + P_{P2}^{m} - P_{at}^{m} = P_{P1,1}^{0} + P_{P2,1}^{0} - P_{at,1}^{0} = \cdots = P_{P1,i}^{0} + P_{P2,i}^{0} - P_{at,i}^{0} \qquad [8-2-85b]$$

因此，讨论溶液与其组元纯物质中分子间相互作用情况相同，这个条件是满足讨论溶液是理想溶液所必须的。但严格地说，混合物与纯组元的各项分子压力数值很少能满足完全相等的，可能的只是要求它们的数值非常接近。

故而在一定的误差范围内可满足上述二点要求的溶液，被称为完全理想溶液。同时满足上述二点要求的完全理想溶液，应该讲在自然界中是非常非常少的。

需要指出的是尽管完全理想溶液压力与其组元纯物质压力相互相等，分子理想压力亦相互相等，但完全理想溶液压力与其分子理想压力不相等，组元纯物质压力与其分子理想压力也并不相等，即对溶液，$P^{m} \neq P_{id}^{m}$；对纯组元 i，$P_i^0 \neq P_{id,i}^0$，当与完全理想溶液平衡的气相为完全理想气体时有关系

对溶液　$$\frac{P^{mL}}{P_{id}^{mL}} = \frac{P_{id}^{mL} + P_{P1}^{mL} + P_{P2}^{mL} - P_{at}^{mL}}{P_{id}^{mL}} = \frac{P_{id}^{mG}}{P_{id}^{mL}} = Z^{mL} = Z^{m,id} \qquad [8-2-86a]$$

对纯组元 i $\dfrac{P_i^{0L}}{P_{id,i}^{0L}} = \dfrac{P_{id,i}^{0L} + P_{P1,i}^{0L} + P_{P2,i}^{0L} - P_{at,i}^{0L}}{P_{id,i}^{0L}} = \dfrac{P_{id}^{0G}}{P_{id,i}^{0L}} = Z_i^{0L} = Z_i^{0,id}$ [8-2-86b]

讨论溶液和纯组元的液体压缩因子与其理想压缩因子相等。即，当讨论溶液和纯组元的平衡蒸气相为完全理想气体或为近似理想气体时，均存在 $Z^L = Z^{Lid}$ 关系

式中 $Z^{m,id}$ 为讨论溶液的理想压缩因子，$Z^{0,id}$ 为纯组元 i 的理想压缩因子。理想压缩因子在第二章中已有初步介绍，按理想压缩因子的定义知

$Z^{m,id} = \dfrac{V_m^{mL}}{V_m^{mG}} = \dfrac{P_{id}^{mG}}{P_{id}^{mL}}$，$P_{id}^{mL}$ 和 P_{id}^{mG} 分别为溶液和溶液饱和蒸气相的分子理想压力。

$Z_i^{0,id} = \dfrac{V_{m,i}^{0L}}{V_{m,i}^{0G}} = \dfrac{P_{id,i}^{0G}}{P_{id,i}^{0L}}$，$P_{id,i}^{0L}$ 和 $P_{id,i}^{0G}$ 分别为纯组元 i 液相的和纯组元 i 饱和蒸气相的分子理想压力。对完全理想溶液则有

$$\begin{aligned} P_{id}^{mG} &= P_{id,1}^{0G} = P_{id,2}^{0G} = \cdots = P_{id,i}^{0G} \\ &= P_{id}^{mL} \times Z^{m,id} = P_{id,1}^{0L} \times Z_1^{0,id} = P_{id,2}^{0L} \times Z_2^{0,id} = \cdots = P_{id,i}^{0L} \times Z_i^{0,id} \end{aligned}$$ [8-2-87a]

故知，

$$Z^{m,id} = Z_1^{0,id} = Z_2^{0,id} = \cdots = Z_i^{0,id}$$ [8-2-87b]

亦就是，完全理想溶液的理想压缩因子与其各组元在纯物质状态下的理想压缩因子相等。这是完全理想溶液的特性之一。

综合上述，下面对在经典溶液理论中讨论的完全理想溶液、近似理想溶液和真实溶液的一些表观压力的特征列示如下：

1. 完全理想溶液

溶液总压力

$$P^m = P_1^0 = P_2^0 = \cdots = P_i^0$$ [8-2-88a]

溶液各组元对总压力的贡献与其在溶液中数量相关，即溶液各组元分压力为

$$P_1 = P_1^0 x_1;\ P_2 = P_2^0 x_2;\ \cdots;\ P_i = P_i^0 x_i$$ [8-2-88b]

溶液总压力与平衡蒸气相中组元的分压力的关系服从 Dalton 定律

$$\begin{aligned} P^m &= P_1^m + P_2^m + \cdots + P_i^m \\ &= P^m y_1 + P^m y_2 + \cdots + P^m y_i \end{aligned}$$ [8-2-88c]

溶液总压力与溶液相中纯组元蒸气压力的关系为

$$P^m = P_1 + P_2 + \cdots + P_i = P_1^0 x_1 + P_2^0 x_2 + \cdots + P_i^0 x_i$$ [8-2-88d]

而溶液相中组元的分压力与蒸气相中组元的分压力彼此相等，即

$$P_1^m = P_1;\ P_2^m = P_2;\ \cdots;\ P_i^m = P_i$$ [8-2-89a]

亦就是说，组元分压力与溶液相组元摩尔分数的关系可以 Dalton 定律形式表示，即

$$\left.\begin{aligned} P_1^m &= P^m y_1 = P^m x_1 = P_1^0 x_1 \\ P_2^m &= P^m y_2 = P^m x_2 = P_2^0 x_2 \\ &\cdots \\ P_i^m &= P^m y_i = P^m x_i = P_i^0 x_i \end{aligned}\right\} \qquad [8-2-89b]$$

即完全理想溶液中组元的溶液相摩尔分数浓度与蒸气相摩尔分数浓度相等。

$$x_1 = y_1;\ x_2 = y_2;\ \cdots;\ x_i = y_i \qquad [8-2-90]$$

以上是完全理想溶液的总压力和组元的分压力的表观特征。客观上完全可以满足上述要求的溶液极少，从这个意义上来讲，所谓完全理想溶液只是一种讨论溶液理论用的模型。

2. 近似理想溶液

上述讨论还表明，溶液中理想状态所要求的各组元分子间相互作用情况，除完全理想溶液可满足之外，另一种溶液也可以满足。即，液体混合物与其组元纯物质的各项分子压力虽不符合式[8-2-88a]关系，但具有下列关系：

$$P_{id}^m + P_{P1}^m + P_{P2}^m - P_{at}^m = \sum (P_{id,i}^0 + P_{P1,i}^0 + P_{P2,i}^0 - P_{at,i}^0) \times x_i \qquad [8-2-91]$$

即

$$P^m = \sum P_i^0 \times x_i \qquad [8-2-92]$$

亦就是说，液体混合物压力与组元纯物质压力和组元摩尔浓度呈式[8-2-92]关系时，液体混合物亦是理想溶液。但这种理想溶液中

溶液总压力

$$P^m \neq P_1^0 \neq P_2^0 \neq \cdots \neq P_i^0 \qquad [8-2-93]$$

溶液组元对总压力的贡献，即溶液的组元分压力为

$$P_1 = P_1^0 x_1;\ P_2 = P_2^0 x_2;\ \cdots;\ P_i = P_i^0 x_i \qquad [8-2-94]$$

溶液总压力与平衡蒸气相中组元的分压力的关系为

$$P^m = P_1^{m,y} + P_2^{m,y} + \cdots + P_i^{m,y} = P^m y_1 + P^m y_2 + \cdots + P^m y_i \qquad [8-2-95]$$

即也服从 Dalton 定律。溶液总压力与溶液相中组元浓度的关系为

$$P^m = P_1^{m,x} + P_2^{m,x} + \cdots + P_i^{m,x} = P_1^0 x_1 + P_2^0 x_2 + \cdots + P_i^0 x_i \qquad [8-2-96]$$

故而，溶液相组元浓度计算的分压力与蒸气中组元浓度计算的分压力并不相等，即

$$P_1^{m,y} \neq P_1^{m,x};\ P_2^{m,y} \neq P_2^{m,x};\ \cdots;\ P_i^{m,y} \neq P_i^{m,x} \qquad [8-2-97]$$

亦就是说，组元分压力与溶液相组元摩尔分数的关系不能以 Dalton 定律形式表示，即

$$\left.\begin{aligned} P_1^{m,y} &= P^m y_1 \neq P^m x_1 \neq P_1^0 x_1 \\ P_2^{m,y} &= P^m y_2 \neq P^m x_2 \neq P_2^0 x_2 \\ &\cdots \\ P_i^{m,y} &= P^m y_i \neq P^m x_i \neq P_i^0 x_i \end{aligned}\right\} \qquad [8-2-98]$$

即近似理想溶液中组元的溶液相摩尔分数浓度与蒸气相摩尔分数浓度并不相等。

$$x_1 \neq y_1;\ x_2 \neq y_2;\ \cdots;\ x_i \neq y_i \qquad [8-2-99]$$

以上说明对这类液体混合物,不存在有完全理想溶液所具有的分子压力规律,即

$$\left.\begin{aligned} &P_{id}^{m} \neq P_{id,1}^{0} \neq P_{id,2}^{0} \neq \cdots \neq P_{id,i}^{0};\ P_{P1}^{m} \neq P_{P1,1}^{0} \neq P_{P1,2}^{0} \neq \cdots \neq P_{P1,i}^{0} \\ &P_{P2}^{m} \neq P_{P2,1}^{0} \neq P_{P2,2}^{0} \neq \cdots \neq P_{P2,i}^{0};\ P_{at}^{m} \neq P_{at,1}^{0} \neq P_{at,2}^{0} \neq \cdots \neq P_{at,i}^{0} \end{aligned}\right\} \qquad [8-2-100]$$

因此,这类理想溶液与完全理想溶液有所不同,应该讲这类液体混合物较完全理想溶液向真实液体混合物更靠近了一步,故称其为近似理想溶液。

3. 真实溶液

真实溶液的分子压力应有式[8-2-100]的关系

亦就是说,溶液总压力 $P^{m} \neq P_1^0 \neq P_2^0 \neq \cdots \neq P_i^0$ [8-2-101]

溶液相组元对总压力的贡献,即溶液相组元的摩尔分数浓度表示的组元分压力不能反映溶液组元的实际分压力,即

$$P_1^m \neq P_1 = P_1^0 x_1;\ P_2^m \neq P_2 = P_2^0 x_2;\ \cdots;\ P_i^m \neq P_i = P_i^0 x_i \qquad [8-2-102]$$

真实溶液总压力可以认为也是溶液相中组元对总压力的贡献总和,但溶液相组元的分压力与溶液中组元的摩尔分数浓度不再具有线性比例关系,即

$$\begin{aligned} P^m &= P_1^m + P_2^m + \cdots + P_i^m \\ &\neq P_1^0 x_1 + P_2^0 x_2 + \cdots + P_i^0 x_i \end{aligned} \qquad [8-2-103]$$

故而经典热力学中引入活度、活度系数对其修正,即

$$\begin{aligned} P^m &= P_1^m + P_2^m + \cdots + P_i^m \\ &= P_1^0 a_1 + P_2^0 a_2 + \cdots + P_i^0 a_i = P_1^0 x_1 \gamma_1 + P_2^0 x_2 \gamma_2 + \cdots + P_i^0 x_i \gamma_i \end{aligned} \qquad [8-2-104]$$

因此,溶液相组元所计算的分压力总和虽然数值上与总压力相符,但溶液相组元对总压力的贡献与蒸气相中组元的分压力并不相等,即

$$P_1^m \neq P_1;\ P_2^m \neq P_2;\ \cdots;\ P_i^m \neq P_i \qquad [8-2-105]$$

这点与近似理想溶液的规律是相同的。亦就是说,组元分压力与溶液相组元摩尔分数的关系也不能以 Dalton 定律形式表示,即

$$\left.\begin{aligned} P_1^m &= P^m y_1 \neq P^m x_1 \neq P_1^0 x_1 \\ P_2^m &= P^m y_2 \neq P^m x_2 \neq P_2^0 x_2 \\ &\cdots \\ P_i^m &= P^m y_i \neq P^m x_i \neq P_i^0 x_i \end{aligned}\right\} \qquad [8-2-106]$$

这说明真实溶液中组元的溶液的摩尔分数浓度与蒸气的摩尔分数浓度彼此不相等。

$$x_1 \neq y_1;\ x_2 \neq y_2;\ \cdots;\ x_i \neq y_i \qquad [8-2-107]$$

以上说明真实液体混合物，不具有完全理想溶液和近似理想溶液的分子压力规律和宏观压力特征。

完全理想溶液、近似理想溶液和真实溶液将在下面章节进行详细讨论。

8-2-4-3　溶液分子静压力

分子静压力同样可以反映溶液的理想性和非理想性，这是由于分子静压力的理论基础同样是分子间相互作用。已知，液体混合物的分子静压力，即分子内压力可表示为

$$P_{in}^{m} = P_{静}^{m} = -\frac{1}{6}\left(\frac{N}{V}\right)^2 \int_0^{\infty} \frac{du^{m}(r)}{dr} h^{m}(r) 4\pi r^3 dr \qquad [8-2-108]$$

此式表明：

1. 分子动压力

对于气体，不论是理想气体还是真实气体，不论是气体混合物还是纯物质气体，由于气体有 $h(r)=0$，故气体的 $P_{in}=P_{静}=0$，气体中只存在分子动压力。

2. 分子内压力

如果讨论的液体混合物分子内压力与组元纯物质分子内压力的关系为

$$P_{in}^{m} = P_{in,1}^{0} = P_{in,2}^{0} = \cdots = P_{in,i}^{0} \qquad [8-2-109]$$

讨论的液体混合物中分子间相互作用和分子分布状态，与组元纯物质的分子间相互作用和分子分布状态相同，这说明所讨论的混合物是处于理想状态的液体混合物。

这类理想液体混合物的组元的分子分内压力应有下列关系：

$$P_{in,1}^{m} = P_{in,1}^{0} x_1;\ P_{in,2}^{m} = P_{in,2}^{0} x_2;\ \cdots;\ P_{in,i}^{m} = P_{in,i}^{0} x_i \qquad [8-2-110]$$

3. 表面张力

如果忽略体系完成表面功时表面区热量变化，并且认为讨论液体混合物的分子体积与组元纯物质的分子体积大小相同，则上式可改写为：

$$\sigma^{m} = \sigma_1^{0} = \sigma_2^{0} = \cdots = \sigma_i^{0} \qquad [8-2-111]$$

亦就是说，这种理想溶液的表面张力与每个组元纯液体时的表面张力数值相等；理想溶液中每个组元对表面张力的贡献（即表面分力）均与该组元的摩尔分数呈线性比例关系，并且溶液的表面张力与任何组元的摩尔分数的关系呈平行于横坐标的水平线。

由式[8-2-57]可知，溶液中每个组元对溶液总的表面自由能的贡献，称之为某个组元的表面 i 分力[2]：

$$\sigma_1^{m} = \sigma_1^{0} x_1;\ \sigma_2^{m} = \sigma_2^{0} x_2;\ \cdots;\ \sigma_i^{m} = \sigma_i^{0} x_i \qquad [8-2-112]$$

溶液总的表面自由能为

$$\sigma^{m}=\sigma_{1}^{m}+\sigma_{2}^{m}+\cdots+\sigma_{i}^{m}=\sigma_{1}^{0}x_{1}+\sigma_{2}^{0}x_{2}+\cdots\sigma_{i}^{0}x_{i} \qquad [8-2-113]$$

二元系这种溶液的表面张力 $\sigma^{m}\sim x_{i}$ 和表面 i 分力 $\sigma_{i}^{m}\sim x_{i}$ 关系示意图如图 8-2-3 所示。

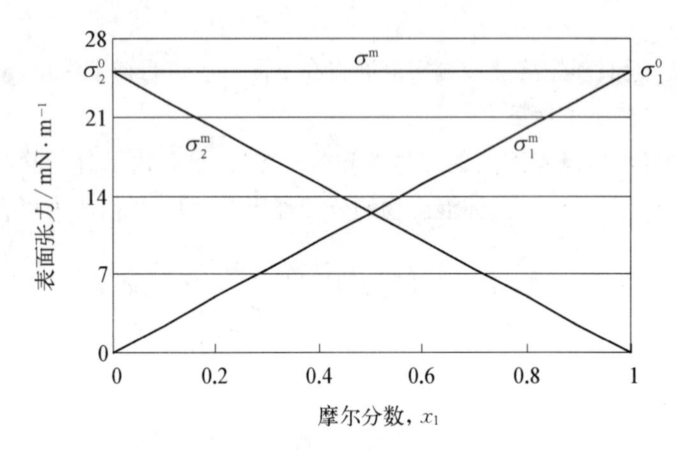

图 8-2-3　完全理想溶液表面张力与摩尔分数

同样，满足式[8-2-109]的溶液极少，故而，如同上述讨论压力的情况那样，称这类溶液为完全理想溶液。

如果讨论的液体混合物分子内压力与组元纯物质时分子内压力不满足式[8-2-109]关系，即

$$P_{in}^{m}\neq P_{in,1}^{0}\neq P_{in,2}^{0}\neq\cdots\neq P_{in,i}^{0} \qquad [8-2-114]$$

同样依据式[8-1-21b]可知：

表面张力　　$\sigma^{m}\neq\sigma_{1}^{0}\neq\sigma_{2}^{0}\neq\cdots\neq\sigma_{i}^{0}$　　[8-2-115]

但是如果满足　$P_{in,1}^{m}=P_{in,1}^{0}x_{1}$；$P_{in,2}^{m}=P_{in,2}^{0}x_{2}$；…；$P_{in,i}^{m}=P_{in,i}^{0}x_{i}$　　[8-2-116]

则有表面 i 分力　$\sigma_{1}^{m}=\sigma_{1}^{0}x_{1}$；$\sigma_{2}^{m}=\sigma_{2}^{0}x_{2}$；…；$\sigma_{i}^{m}=\sigma_{i}^{0}x_{i}$　　[8-2-117]

由上述可知讨论溶液的分子内压力为：

$$P_{in}^{m}=P_{in,1}^{m}+P_{in,2}^{m}+\cdots+P_{in,i}^{m}=P_{in,1}^{0}x_{1}+P_{in,2}^{0}x_{2}+\cdots+P_{in,i}^{0}x_{i} \qquad [8-2-118]$$

溶液的表面张力为

$$\begin{aligned}\sigma^{m}&=\sigma_{1}^{m}+\sigma_{2}^{m}+\cdots+\sigma_{i}^{m}\\&=\sigma_{1}^{0}x_{1}+\sigma_{2}^{0}x_{2}+\cdots+\sigma_{i}^{0}x_{i}\end{aligned} \qquad [8-2-119]$$

亦就是说，这种理想溶液的表面张力与组元纯液体的表面张力虽然不相等，但这种理想溶液中每个组元对溶液分子内压力和表面张力的贡献(即分子分内压力和表面分力)均与该组元的摩尔分数呈线性比例关系，亦就是这种理想溶液的表面张力与组元的摩尔分数的关系应呈线性比例关系，这种理想溶液为近似理想溶液。

二元系近似理想溶液的 $\sigma^{m}\sim x_{i}$ 和表面 i 分力 $\sigma_{i}^{m}\sim x_{i}$ 关系示意图如图 8-2-4 所示。

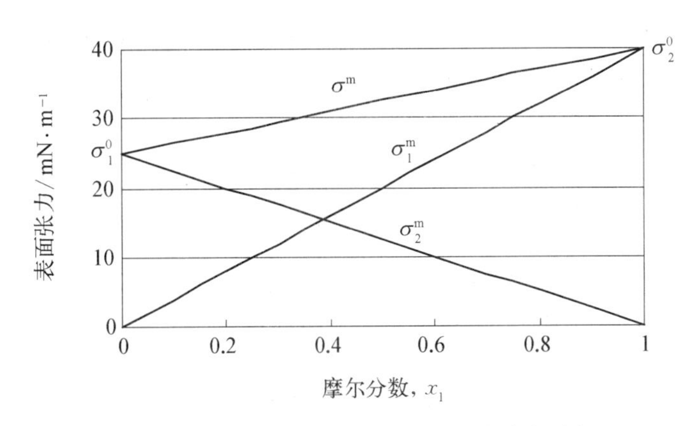

图 8-2-4 近似理想溶液表面张力与摩尔分数

4. 真实溶液

对于真实溶液应有

分子内压力 $$P_{in}^m \neq P_{in,1}^0 \neq P_{in,2}^0 \neq \cdots \neq P_{in,i}^0 \qquad [8-2-120]$$

分子分内压力

$$P_{in,1}^m \neq P_{in,1}^0 x_1 ; P_{in,2}^m \neq P_{in,2}^0 x_2 ; \cdots ; P_{in,i}^m \neq P_{in,i}^0 x_i \qquad [8-2-121]$$

表面张力 $$\sigma^m \neq \sigma_1^0 \neq \sigma_2^0 \neq \cdots \neq \sigma_i^0 \qquad [8-2-122]$$

表面 i 分力 $$\sigma_1^m \neq \sigma_1^0 x_1 ; \sigma_2^m \neq \sigma_2^0 x_2 ; \cdots ; \sigma_i^m \neq \sigma_i^0 x_i \qquad [8-2-123]$$

即
$$P_{in}^m = P_{in,1}^m + P_{in,2}^m + \cdots + P_{in,i}^m \qquad [8-2-124a]$$
$$\neq P_{in,1}^0 x_1 + P_{in,2}^0 x_2 + \cdots + P_{in,i}^0 x_i$$

$$\sigma^m = \sigma_1^m + \sigma_2^m + \cdots + \sigma_i^m \qquad [8-2-124b]$$
$$\neq \sigma_1^0 x_1 + \sigma_2^0 x_2 + \cdots + \sigma_i^0 x_i$$

由上述讨论说明，以表面张力这个性质同样可反映溶液的理想性和非理想性，并可从统计力学理论方面得到解释。

8-2-5 溶液相间平衡、相内平衡

二相相间平衡和同一相内各部分间相内平衡均与相平衡理论相关。经典热力学理论采用的是 Gibbs 相平衡理论，即对多组元系引入了逸度理论、活度理论等一些概念。本节将应用物理界面层[25, 26]概念的相平衡理论[27]对溶液相间平衡、相内平衡进行了讨论，这个相平衡理论可简称为界面相平衡理论。界面相平衡理论是讨论溶液的重要工具，这里将对此作较详尽的介绍。

界面相平衡理论的要点是在相平衡的讨论中必须考虑界面、界面层的参数对相平衡的影响，体系平衡必须考虑组成体系的各相相内部分的相内平衡和各相间的相间平衡。

与经典 Gibbs 相平衡理论相同，界面相平衡理论亦认为相平衡，无论是相内平衡或是相间平衡，存在三种类型平衡，可简要地将其综合为：

1. 热平衡

界面区参数：界面区的温度 T^S 和界面区的熵 S^S。

相内区参数：相内区的温度 T^B 和相内区的熵 S^B。

$$\left.\begin{aligned}&\text{同一相内相内区与界面区热平衡式：}\quad T^S = T^B\\&\text{不同相间各相界面区的热平衡式：}\quad T^{S1} = T^{S2}\end{aligned}\right\}\qquad [8-2-125]$$

2. 力学平衡

界面区参数：界面层的压力 P^S 和体积 V^S。表面张力 σ 和一些几何参数，如面积 A，曲率 C_1、C_2 等。

相内区参数：相内区的压力 P^B 和体积 V^B。

$$\left.\begin{aligned}&\text{相内区与界面区力学平衡式：}P^S = P^B\ \text{（平的物理界面）}\\&\text{相间界面区的力学平衡式：}\quad P^{S1} = P^{S2}\ \text{（平的物理界面）}\end{aligned}\right\}\qquad [8-2-126]$$

3. 化学平衡

界面区参数：界面层的化学位 μ_i^S、表面位 ϕ_i 和界面层组元 i 的摩尔量 n_i^S。

相内区参数：相内区的化学位 μ_i^B 和组元 i 的摩尔量 n_i^B。

$$\left.\begin{aligned}&\text{相内区与界面区化学平衡式：}\mu_i^S + \phi_i = \mu_i^B\\&\text{相间界面区的化学平衡式：}\quad \mu_i^{S1} = \mu_i^{S2};\\&\qquad\qquad\qquad\qquad\qquad\quad \mu_i^{B1} + \phi_i^1 = \mu_i^{B2} + \phi_i^2\end{aligned}\right\}\qquad [8-2-127]$$

因此，界面相平衡理论需要考虑同一相内两个热力学区域的三种类型平衡，这是讨论界面相平衡理论的第一个特点。

界面相平衡理论的第二个特点是在相平衡中讨论体系内如果存在凝聚相，则当讨论体系是做非体积功的均相封闭（或敞开）体系，在忽略电、磁或重力场影响下，需考虑非体积功中表面力所做的表面功。这是因为在相平衡过程中讨论体系内会发生物质转移，即物质数量的变化。这会影响到参与相平衡各相的界（或表）面张力的变化，即表面力的变化，而表面力的变化会使讨论体系的表面功发生变化，这必然会使相平衡情况发生变化。

具有这两点特征的界面相平衡理论的基本热力学表示式为：

对相内区：由于相内区不存在界面、界面层，因此相内区的基本热力学表示式就是经典热力学中得到的不做非体积功的均相体系的热力学基本公式，即

$$dU^B = T^B dS^B - P^B_{外} dV^B + \sum \mu_i^B dn_i^B \qquad [8-2-128a]$$

$$dH^B = T^B dS^B - V^B dP^B_{外} + \sum \mu_i^B dn_i^B \qquad [8-2-128b]$$

$$dF^B = - S^B dT^B - P^B_{外} dV^B + \sum \mu_i^B dn_i^B \qquad [8-2-128c]$$

$$dG^{B} = -S^{B}dT^{B} - V^{B}dP_{外}^{B} + \sum \mu_i^{B}dn_i^{B} \qquad [8-2-128d]$$

对界面区：界面区存在界面、界面层，因此界面区的基本热力学表示式中应包含表面功，在经典热力学中的基本热力学表示式为

$$dU^{S} = T^{S}dS^{S} - P_{外}^{S}dV^{S} + \sum \mu_i^{S}dn_i^{S} + \delta W_{表} \qquad [8-2-129a]$$

$$dH^{S} = T^{S}dS^{S} + V^{S}dP_{外}^{S} + \sum \mu_i^{S}dn_i^{S} + \delta W_{表} \qquad [8-2-129b]$$

$$dF^{S} = -S^{S}dT^{S} - P_{外}^{S}dV^{S} + \sum \mu_i^{S}dn_i^{S} + \delta W_{表} \qquad [8-2-129c]$$

$$dG^{S} = -S^{S}dT^{S} + V^{S}dP_{外}^{S} + \sum \mu_i^{S}dn_i^{S} + \delta W_{表} \qquad [8-2-129d]$$

式中 $\delta W_{表}$ 表示的是表(界)面功，经典热力学中将表(界)面功表示为 $\delta W_{表} = \sigma dA$，而表(界)面功是界面相平衡理论中的重要热力学参数。

相内区的相内平衡和界面区的相间平衡的内容已在作者另一著作[2]中详细讨论，为了方便读者阅读在此仅作简单的说明。

8－2－5－1　相内平衡

由界面化学理论知，任何凝聚相均存在相内区与界面区两部分；相交两相以物理界面分界，物理界面两边存在相交两相各自的界面区。

因此需要分别讨论同一相内两部分之间的平衡问题，即讨论相内的相内区与界面区两部分平衡问题和相交两相，即讨论相界面区与讨论相外与其相交的另一相间的平衡问题。本节讨论相内平衡，下一节将讨论相间平衡。

界面相平衡理论认为，相内区与界面区化学平衡式为[8－2－128]。改变此式，式中组元浓度单位为摩尔数，故有：

$$\mu_i^{0Sn} + RT\ln n_i^{S} + \phi_i^{Sn} = \mu_i^{0Bn} + RT\ln n_i^{B} \qquad [8-2-130]$$

如果我们讨论对象是纯物质 i，由于纯物质 i 的表面浓度 $n_i^{S} = n_{0i}^{S}$，体相浓度 $n_i^{B} = n_{0i}^{B}$，故得

$$\phi_i^{0n} = -(\mu_i^{0Sn} - \mu_i^{0Bn}) - RT\ln \frac{n_{0i}^{S}}{n_{0i}^{B}} = -(\mu_i^{0Sn} - \mu_i^{0Bn}) - RT\ln \beta_{(i)}^{0n} \qquad [8-2-131]$$

式中 $\beta_{(i)}^{0n}$ 为表面浓度系数，其定义为表面浓度对体相浓度的比值；ϕ_i^{0n} 为当浓度单位为摩尔浓度时纯物质 i 的表面能。由上式可见 ϕ_i^{0n} 应是个常数。得

$$\phi_i^{Sn} - \phi_i^{0n} = -RT\ln \frac{n_i^{S}}{n_i^{B}} + RT\ln \frac{n_i^{0S}}{n_i^{0B}} = -RT\ln \frac{\beta_{(i)}^{n}}{\beta_{(i)}^{0n}} \qquad [8-2-132]$$

纯物质中存在物质自吸附现象(自吸附现象在 Семенченко 的著作[18]中已有说明)，故有关系为：$n_i^{0S} \neq n_i^{0B}$，即在纯物质时表面浓度系数 $\beta_{(i)}^{0n} = n_i^{0S}/n_i^{0B} \neq 1$，这个数应该是个常数，理论上有可能估算出此数的数值，但至少在目前还无法通过实验测得的数据来确定这个数据。

因此，上面讨论中虽然得到了式[8-2-132]，但由于此式中含有 $\beta_{(i)}^{0n}$ 这样的常数项，影响了此式的实用性，只能在理论讨论时用作定性分析。为了方便讨论，建议在讨论中采用摩尔分数浓度，摩尔分数浓度由于其应用方便，在热力学理论中较其他类型浓度得到了更多的使用。

对摩尔分数浓度： $\mu_i^{0S}+RT\ln x_i^S+\phi_i^S=\mu_i^{0B}+RT\ln x_i^B$ [8-2-133]

如果讨论对象是纯物质 i，由于纯物质 i 的表面浓度 $x_i^{0S}=1$，体相浓度 $x_i^{0B}=1$，故得

$$\phi_i^0=-(\mu_i^{0S}-\mu_i^{0B})-RT\ln\frac{x_i^{0S}}{x_i^{0B}}=-(\mu_i^{0S}-\mu_i^{0B})-RT\ln\beta_{(i)}^0 \quad [8-2-134]$$

式中 ϕ_i^0 为当浓度单位为摩尔分数时纯物质 i 的表面位。由上式可见 ϕ_i^0 应是个常数。得

$$\phi_i^S-\phi_i^0=-RT\ln\frac{x_i^S}{x_i^B}+RT\ln\frac{x_i^{0S}}{x_i^{0B}}=-RT\ln\frac{\beta_{(i)}^x}{\beta_{(i)}^0} \quad [8-2-135]$$

注意，纯物质中表面浓度 $x_i^{0S}=1$，体相浓度 $x_i^{0B}=1$。故

$$\beta_{(i)}^0=x_i^{0S}/x_i^{0B}=1 \quad [8-2-136]$$

式[8-2-135]可改写为： $\phi_i^S-\phi_i^0=-RT\ln\beta_{(i)}^x$ [8-2-137]

这是浓度单位为摩尔分数时的特殊情况，可给下一步进行理论讨论带来方便。与此类似，对组元 j 有关系： $\phi_j^S-\phi_j^0=-RT\ln\beta_{(j)}^x$ [8-2-138]

将其与式[8-2-137]联合，得

$$\frac{\beta_{(i)}^x}{\beta_{(j)}^x}=\frac{\exp(\phi_i^0-\phi_i^S)/RT}{\exp(\phi_j^0-\phi_j^S)/RT} \quad [8-2-139]$$

式[8-2-139]表示了溶液中不同组元的表面浓度系数之间的关系。

在上面讨论中采用了纯物质状态作为讨论的比较基准。亦可以采用其他状态作为讨论的比较基准，例如极稀溶液状态、理想溶液状态等，较方便的一般采用理想溶液状态作为讨论的比较基准。采用理想溶液状态作为基准的情况如下：

对理想溶液有关系：$\mu_i^{0S}+RT\ln x_i^{S(id)}+\phi_i^{(id)}=\mu_i^{0B}+RT\ln x_i^B$ [8-2-140]

故得

$$\phi_i^{(id)}=-(\mu_i^{0S}-\mu_i^{0B})-RT\ln\frac{x_i^{S(id)}}{x_i^B}=-(\mu_i^{0S}-\mu_i^{0B})-RT\ln\beta_{(i)}^{(id)} \quad [8-2-141]$$

式中 $\phi_i^{(id)}$ 为理想溶液中组元 i 的表面位。$\beta_{(i)}^{(id)}$ 为理想溶液中组元 i 的表面浓度系数，被定义为 $\beta_{(i)}^{(id)}=x_i^{S(id)}/x_i^B$。已知[2]对理想溶液 $\beta_{(i)}^{(id)}=1$，故而理想溶液中组元 i 的表面位应亦是常数。现将式[8-2-141]代入式[8-2-133]中，得：

$$\phi_i^S-\phi_i^{(id)}=-RT\ln x_i^S+RT\ln x_i^B+RT\ln x_i^{S(id)}/x_i^B=-RT\ln\beta_{(i)}^x/\beta_{(i)}^{(id)}$$

[8-2-142]

得
$$\phi_i^{S} = \phi_i^{(id)} - RT\ln \beta_{(i)}^{x} / \beta_{(i)}^{(id)} \qquad [8-2-143]$$

即
$$RT\ln \frac{\beta_{(i)}^{x}}{\beta_{(i)}^{(id)}} = \phi_i^{(id)} - \phi_i^{S} \qquad [8-2-144]$$

故有
$$\left.\begin{aligned} &\phi_i^{S} > \phi_i^{(id)},\text{则 } \beta_{(i)}^{x} < \beta_{(i)}^{(id)} \\ &\phi_i^{S} = \phi_i^{(id)},\text{则 } \beta_{(i)}^{x} = \beta_{(i)}^{(id)} \\ &\phi_i^{S} < \phi_i^{(id)},\text{则 } \beta_{(i)}^{x} > \beta_{(i)}^{(id)} \end{aligned}\right\} \qquad [8-2-145]$$

说明表面浓度与相内浓度的关系取决于讨论组元表面位势的高低，表面位势低于理想溶液时组元的表面位势时，讨论组元的分子由相内部分进入表面层要较在理想溶液情况时更加容易些，故而此时组元的表面浓度将会超过组元在理想溶液下的表面浓度；反之，则说明讨论组元的分子由相内部分进入表面层要较在理想溶液情况时困难一些，故而此时组元的表面浓度将低于组元在理想溶液下的表面浓度。

8-2-5-2　相间平衡

相间平衡是指溶液与其相交的另一相之间的平衡，要求该相与溶液间存在有物理界面并且该相与溶液均处于平衡状态。这一相可以是气相，亦可以是液相或固相。由于本章着重讨论压力与组元浓度的关系，故而这里讨论的是溶液与其气相间的平衡。

溶液相内区组元成分改变会影响溶液界面区中组元的成分，而界面区组元成分的改变会导致与溶液相平衡的蒸气相成分和压力的变化。理论上认为蒸气相中平衡蒸气压的变化可以反映溶液中组元表面浓度的改变，亦可反映溶液组元相内浓度的改变。

现设讨论溶液为二元系溶液（相 2），在恒定温度和压力下与讨论溶液相平衡的蒸气相（相 1）相平衡。相 1 与相 2 在平衡状态下的情况如图 8-2-5 所示。

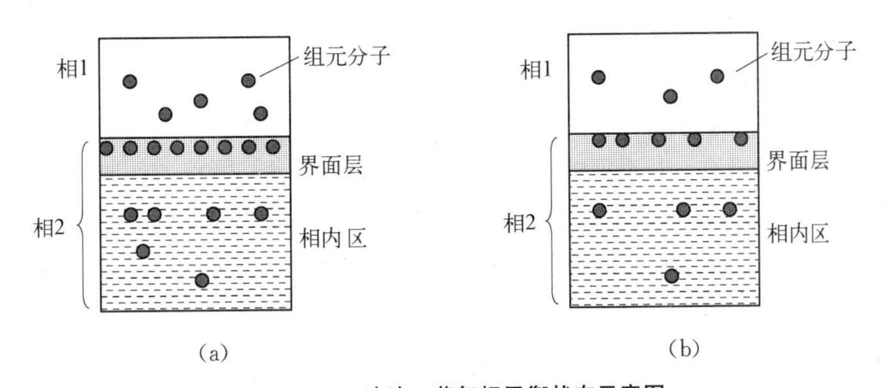

图 8-2-5　溶液—蒸气相平衡状态示意图

物理化学理论认为组元 i 的蒸气压与组元浓度的关系为：

对理想溶液有　　$P_i = P_{oi} x_i$，即 Raoult 定律；

对实际溶液有　　$P_i = P_{oi} a_i$，即活度理论。

上面 x_i 为 i 组元的摩尔分数浓度；a_i 为 i 组元的活度，又称为 i 组元的有效浓度。

亦就是说溶液中 i 组元蒸气分压的高低与 i 组元的浓度有关，即与该组元在单位体积溶液中分子数量的多寡相关，组元的蒸气压具有依数性性质[19]。

图 8-2-5 示意地表示了这一性质，在图(a)中单位体积溶液中组元分子数目多一些，与此相应，蒸气相中组元的分子数目亦多一些；在图(b)中单位体积溶液内组元分子数目少一些，蒸气相中组元的分子数目亦少一些。

图 8-2-5 还表明，蒸气相与溶液的界面层是直接相接触的，因而溶液界面层中讨论分子的多寡会直接影响蒸气相中分子的数量，亦就是说，会影响组元平衡蒸气分压力的高低。在图 8-2-5(a)中溶液界面层中单位体积组元分子数目多一些，与此相应，蒸气相中组元分子数目亦多一些，该组元的平衡蒸气分压力亦高一些；在图 8-2-5(b)中溶液界面层中组元分子数目少一些，蒸气相中组元的分子数目亦少一些，该组元的平衡蒸气分压力亦低一些。

图 8-2-5 还表明，溶液的相内区与蒸气相互不接触，似乎说蒸气相中组元蒸气分压的高低与溶液相内区内单位体积中组元分子数量的多少无关。但气相与界面层平衡，而界面层与液相内部平衡，气相与液相内部亦应达成平衡，尽管这是间接平衡。因此，可以认为蒸气分压与界面层内组元浓度有关，亦可以认为蒸气分压与液相内部组元浓度有关。如果需要讨论气相中组元蒸气分压与液相内部组元浓度间的关系的话，则需确定液相内部组元浓度对溶液界面区内该组元浓度的影响，然后再讨论溶液相内部组元浓度对蒸气相中该组元浓度的影响，因而溶液相内部组元的浓度对蒸气相中平衡蒸气分压的影响应该是间接的影响。

应注意的是由于蒸气相中组元的平衡蒸气分压是与溶液界面层中该组元的“单位体积内分子数量”有关，表示这个“单位体积内分子数量”的浓度单位显然应是一定容积下的摩尔浓度(SI 国际单位规定：表示 i 组元物质数量的浓度单位为 mol/m^3)，因而在讨论蒸气相中组元的平衡蒸气分压与溶液界面层中该组元的分子数量的关系时应采用体积摩尔浓度。

传统热力学中习惯采用摩尔分数浓度作为讨论浓度的表示单位。摩尔分数浓度表示的是在一定数量分子群中讨论分子所占的比例，例如讨论体系的体积中假设有 100 个分子，其中有 10 个是讨论分子，则讨论分子所占比例为 0.1，即摩尔分数为 0.1。但是如果同体积内有 1 000 个分子，其中有 100 个是讨论分子，其比例与上述比例是相同的，即其摩尔分数是相同的，但对蒸气分压的影响可能是不同的。因此，尽管摩尔分数浓度具有一些优点，但在反映蒸气分压与“单位体积内分子数量”关系时应使用体积摩尔浓度，可以在得到以体积摩尔浓度表示的关系式后再转换到以摩尔分数浓度表示的关系式。

现定义溶液中组元 i 物质的量浓度为：组元 i 物质的量除以混合物或溶液体积 V，即

$$c_i = \frac{n_i}{V} \tag{8-2-146}$$

式中 c_i 为体积摩尔浓度，其单位是 mol/L 或 mol/m^3。若溶液的密度为 ρ，总质量为 m_t，则讨论溶液的体积为 $V = \frac{m_t}{\rho} = \frac{\sum n_i M_i}{\rho}$，因此体积摩尔浓度的表示式：

$$c_i = \frac{n_i}{V} = \frac{\rho n_i}{\sum n_i M_i} \qquad [8-2-147]$$

体积摩尔浓度与摩尔分数的关系为

$$x_i = \frac{\sum n_i M_i}{\rho \sum n_i} \times c_i = \frac{n_i}{\sum n_i} = \frac{c_i}{\sum c_i} \qquad [8-2-148]$$

如果讨论的是组元 i 的纯物质，则有

$$c_i^0 = \frac{1}{V_{\mathrm{m},\,i}^0} \qquad [8-2-149]$$

式中 c_i^0 为纯物质 i 的体积摩尔浓度，$V_{m,\,i}^0$ 为纯物质 i 的摩尔体积。

如果讨论的是溶液的总物质量，则有

$$c^{\mathrm{m}} = \frac{\sum n_i}{V^{\mathrm{m}}} = \frac{1}{V_m^{\mathrm{m}}} \qquad [8-2-150]$$

式中 c^{m} 为溶液的总体积摩尔浓度，V_m^{m} 为溶液的摩尔体积。

由于溶液界面区与平衡蒸气相之间存在物质交换，故属化学平衡范围，物理界面界面层模型相间化学平衡条件为：

$$\mu_i^{\mathrm{S1}} = \mu_i^{\mathrm{S2}} \qquad [8-2-151]$$

或

$$\mu_i^{\mathrm{B1}} - \phi_i^{\mathrm{S1}} = \mu_i^{\mathrm{B2}} - \phi_i^{\mathrm{S2}} \qquad [8-2-152]$$

相 1 为平衡蒸气相，故其组元的表面位 $\phi_i^{\mathrm{S1}} = 0$，故有 $\mu_i^{\mathrm{S1}} = \mu_i^{\mathrm{B1}}$，即

$$\mu_i^{\mathrm{S1}} = \mu_i^{\mathrm{B1}} = k_i^{01} + \mathrm{R}T\ln P_i^1 \qquad [8-2-153]$$

相 2 为溶液相，对界面层：$\phi_i^{\mathrm{S2}} \neq 0$；$\mu_i^{\mathrm{S2}} = \mu_i^{0\mathrm{S}n} + \mathrm{R}T\ln c_i^{\mathrm{S}}$　　[8-2-154]

对相内区：　$\mu_i^{\mathrm{B2}} = \mu_i^{0\mathrm{B}n} + \mathrm{R}T\ln c_i^{\mathrm{B}}$　　[8-2-155]

依据上述讨论，这里用的是组元的体积摩尔数浓度 c_i。现讨论下列一些关系：

1. 组元平衡蒸气分压与其表面浓度的关系

将式[8-2-154]代入式[8-2-153]中，略去各符号右上角的相编号，得：

$$k_i^0 + \mathrm{R}T\ln P_i = \mu_i^{0\mathrm{S}n} + \mathrm{R}T\ln c_i^{\mathrm{S}} \qquad [8-2-156]$$

由于讨论的基础是讨论体系为某种理想情况，亦就是对气相可忽略任何分子间相互作用的影响，而对液相认为所有分子间相互作用均是相同的，故而上述平衡式应是某种理想状态下的平衡关系，为此将式[8-2-156]改写为：

$$k_i^0 + \mathrm{R}T\ln P_{\mathrm{id},\,i}^{\mathrm{G}} = \mu_i^{0\mathrm{S}n} + \mathrm{R}T\ln c_i^{\mathrm{S}} \qquad [8-2-157]$$

$P^{G}_{id,i}$ 为不考虑分子间相互作用影响，处于理想状态下气相内组元 i 的理想分压力。

故得
$$P^{G}_{id,i} = c_i^{S} \times \exp\left(\frac{\mu_i^{0Sn} - k_i^0}{RT}\right) = K_i^{Sn} c_i^{S} \qquad [8-2-158]$$

此式表示，当讨论体系处于理想状态时，与溶液相平衡的蒸气相中组元 i 的平衡蒸气分压与溶液界面层内该组元的体积摩尔界面浓度成正比例关系。式中 K_i^{Sn} 应是个常数，可表示为：

$$K_i^{Sn} = \exp\left(\frac{\mu_i^{0Sn} - k_i^0}{RT}\right) = \frac{P^{G}_{id,i}}{c_i^{S}} \qquad [8-2-159]$$

当讨论对象为纯物质 i 时，$P^{G}_{id,i} = P^{0G}_{id,i}$，$c_i^S = c_{0i}^S$，$P^{0G}_{id,i}$ 为纯物质 i 气态下的理想压力、c_{0i}^S 为纯物质 i 在界面区中体积摩尔数浓度，故

$$K_i^{Sn} = P^{0G}_{id,i}/c_{0i}^S \qquad [8-2-160]$$

故而式[8-2-159]可改写为：

$$P^{G}_{id,i} = K_i^{Sn} c_i^S = \frac{P^{0G}_{id,i}}{c_{0i}^S} c_i^S \qquad [8-2-161]$$

将此式转变为以摩尔分数浓度单位表示：

$$P_{i(\text{理想})} = P^{G}_{id,i} = \frac{P^{0G}_{id,i}}{c_{0i}^S} \frac{c_i^S}{\sum c_i^S} \sum c_i^S = P^{0G}_{id,i} \frac{\sum c_i^S}{c_{0i}^S} x_i^S \qquad [8-2-162]$$

上式表明，在理想情况下由于溶液中分子大小、形状相似，有关系 $\sum c_i^S = c_{0i}^S$，故而理想情况下溶液平衡蒸气分压 $P_{i(\text{理想})}$ 与溶液界面层中摩尔分数浓度 x_i^S 呈线性比例关系，其比例系数为 $P^{0G}_{id,i}$。即在理想情况下有

$$P_{i(\text{理想})} = P^{G}_{id,i} = P^{0G}_{id,i} x_i^S \qquad [8-2-163]$$

一般，如果讨论溶液是理想溶液，那么组成溶液的各组元，在同样讨论温度下其纯物质的平衡蒸气亦很有可能是理想状态，即 $P^{0G}_{id,i} = P_i^0$，如果在同样讨论温度下组元纯物质时的平衡蒸气压不是处于理想状态，则上式可改为：

$$P_{i(\text{理想})} = P^{G}_{id,i} = \frac{P_i^0}{Z_i^0} x_i^S \qquad [8-2-164]$$

式中 Z_i^0 为在讨论温度下饱和状态组元 i 纯物质的压缩因子。

显然，上述讨论内容对真实溶液而言是不正确的。在实际体系中无论气相或是溶液相均需考虑分子间相互作用的影响。参照经典热力学讨论中引入分子间相互作用影响的方法，即对上述讨论引入表示分子间相互作用影响的修正系数 γ_i，即

$$k_i^0 + RT\ln P_i^G = k_i^0 + RT\ln P^{G}_{id,i} + RT\ln \gamma_i^G = \mu_i^{0Sn} + RT\ln c_i^S + RT\ln \gamma_i^S \qquad [8-2-165]$$

P_i^G 为考虑了气相中存在有分子间相互作用影响时组元 i 的实际分压力。如果讨论对象为纯组元 i 时有

$$k_i^0 + RT\ln P_i^0 = \mu_i^{0Sn} + RT\ln c_{0i}^S + RT\ln \gamma_{0i}^S \qquad [8-2-166]$$

式中 γ_{0i}^S 为纯组元 i 的分子间相互作用修正系数。综合式[8－2－165]和式[8－2－166]，得

$$P_i^G = P_i^0 \frac{c_i^S}{c_{0i}^S} \frac{\gamma_i^S}{\gamma_{0i}^S} = x_i^S P_i^0 \frac{\sum c_i^S}{c_{0i}^S} \frac{\gamma_i^S}{\gamma_{0i}^S} \qquad [8-2-167]$$

已知理想情况下 P_i^G 与 x_i^S 关系由式[8－2－163]表示，故溶液形成理想溶液的条件是：

(1) $\sum c_i^S = c_{0i}^S$，即 $V_m^S = V_{0i}^S$，溶液界面区的摩尔体积与纯组元 i 的界面区摩尔体积相等，亦就是说，形成理想溶液的条件之一是溶液分子体积与组成溶液组元的分子体积相同。

(2) $\gamma_i^S = \gamma_{0i}^S$，形成理想溶液的另一个条件是组元 i 在溶液中受到周围分子相互作用的影响与其在纯物质内所受到周围分子相互作用的影响相同。

因此判断溶液是否是理想溶液的最基本条件是：组成溶液的各种物质分子大小彼此相同和各种物质分子间相互作用情况彼此相同。

那么表示分子间相互作用的系数 γ_i^S 是否是经典热力学中活度系数，还是有别的含义，为此进行下面讨论：将式[8－2－165]分成两部分讨论，对平衡的蒸气相部分：

$$P_i^G = P_{id,\,i}^G \times \gamma_i^G = y_i P_{id}^G \times \gamma_i^G \qquad [8-2-168]$$

又依据 Dalton 定理和基本状态方程，分压力 P_i^G 与溶液总压力 P^S 和气相组成的关系为

$$P_i^G = P^S y_i = y_i Z^G \frac{RT}{V_m^G} = y_i P_{id}^G Z^G = P_{id,\,i}^G Z^G \qquad [8-2-169]$$

对比式[8－2－168]，知 $\qquad \gamma_i^G = Z^G \qquad [8-2-170]$

即蒸气相分子间相互作用影响的修正系数 γ_i^G 就是蒸气相的压缩因子 Z^G，Z^G 是分子间相互作用影响的修正系数。

平衡的溶液相部分：由式[8－2－165]知

$$P_i^G = c_i^S \times \exp\left(\frac{\mu_i^{0Sn} - k_i^0}{RT}\right)\gamma_i^S = K_i^{Sn} c_i^S \gamma_i^S = \frac{c_i^S}{\sum c_i^S} \frac{K_i^{Sn}}{V_m^S}\gamma_i^S = x_i^S \frac{K_i^{Sn}}{V_m^S}\gamma_i^S$$

$$[8-2-171]$$

已知式[8－2－160]，$K_i^{Sn} = P_{id,\,i}^{0G}/c_{0i}^S = P_{id,\,i}^{0G} V_{m,\,i}^0 = RT$，代入上式，得

$$P_i^G = x_i^S \frac{K_i^{Sn}}{V_m^S}\gamma_i^S = x_i^S \frac{RT}{V_m^S}\gamma_i^S = x_i^S P_{id}^S \gamma_i^S \qquad [8-2-172]$$

又知溶液在气相中的蒸气分压为

$$P_i^{\mathrm{G}} = y_i P^{\mathrm{G}} = y_i \frac{\mathrm{R}T}{V_m^{\mathrm{G}}} Z^{\mathrm{G}} = y_i \frac{\mathrm{R}T}{V_m^{\mathrm{S}}} \frac{V_m^{\mathrm{S}}}{V_m^{\mathrm{G}}} Z^{\mathrm{G}} \quad [8-2-173]$$

对比式[8－2－172]可知

$$\gamma_i^{\mathrm{S}} = \frac{y_i}{x_i^{\mathrm{S}}} \frac{V_m^{\mathrm{S}}}{V_m^{\mathrm{G}}} Z^{\mathrm{G}} \quad [8-2-174]$$

故

$$P_i^{\mathrm{G}} = P_{\mathrm{id},\,i}^{\mathrm{G}} \gamma_i^{\mathrm{S}} = y_i \frac{\mathrm{R}T}{V_m^{\mathrm{G}}} Z^{\mathrm{G}} = x_i^{\mathrm{S}} \frac{\mathrm{R}T}{V_m^{\mathrm{S}}} \frac{y_i}{x_i^{\mathrm{S}}} \frac{V_m^{\mathrm{S}}}{V_m^{\mathrm{G}}} Z^{\mathrm{G}} \quad [8-2-175]$$

即得

$$P_{\mathrm{id}}^{\mathrm{G}} = \frac{\mathrm{R}T}{V_m^{\mathrm{S}}} \frac{V_m^{\mathrm{S}}}{V_m^{\mathrm{G}}} = P_{\mathrm{id}}^{\mathrm{LS}} \frac{V_m^{\mathrm{S}}}{V_m^{\mathrm{G}}} \quad [8-2-176]$$

$P_{\mathrm{id}}^{\mathrm{LS}}$ 为液相界面区的分子理想压力。此式表示蒸气相理想压力与溶液相理想压力的关系，式中 $P_{\mathrm{id}}^{\mathrm{G}}$ 为蒸气相的分子理想压力，$P_{\mathrm{id}}^{\mathrm{LS}}$ 为液相界面区的分子理想压力。式[8－2－176]表示有关系 $\frac{V_m^{\mathrm{S}}}{V_m^{\mathrm{G}}} = \frac{P_{\mathrm{id}}^{\mathrm{G}}}{P_{\mathrm{id}}^{\mathrm{LS}}}$，具有压缩因子性质。说明同一物质，在忽略其所有分子间相互作用的理想气体状态时被改变为体系内存在分子间相互作用时，两种物态的摩尔体积比值，或两种物态的分子理想压力比值，可以反映液态物质中出现的分子间相互作用对气、液态物质状态变化所起的影响。由此定义：

$$Z^{\mathrm{S,\,id}} = \frac{V_m^{\mathrm{S}}}{V_m^{\mathrm{G}}} = \frac{P_{\mathrm{id}}^{\mathrm{G}}}{P_{\mathrm{id}}^{\mathrm{LS}}} \quad [8-2-177]$$

式中 $Z^{\mathrm{S,\,id}}$ 为假设界面区属于理想液态物质时的压缩因子，简称为理想压缩因子。$Z^{\mathrm{S,\,id}}$ 为凝聚液态物质所具有，气态物质不具有理想压缩因子，或者说气态物质的理想压缩因子 $Z^{\mathrm{G,\,id}}=1$。理想压缩因子在第二章已有介绍，这里不再重复。

需加说明的是，理想气体的分子间相互作用情况与理想液体的分子间相互作用情况不同，理想气体中不存在或者可以忽略有分子间相互作用；而理想液体中则存在或不可忽略分子间相互作用，从而不能忽略理想液体中存在着的分子间相互作用的影响，只是理想液体中存在着的所有分子间的相互作用均是相同的。正因为不能忽略理想液体的这种彼此相同的分子间相互作用，这是讨论需要引入理想压缩因子的微观原因。

由此可讨论：设某个理想气体在一定温度下具有一定的压力和摩尔体积，它们的关系为

$$P_{\mathrm{id}}^{\mathrm{G}} = \mathrm{R}T^{\mathrm{G}}/V_m^{\mathrm{G}} \quad [8-2-178]$$

对同一物质，但处于理想液体状态，在同一温度和压力下应有关系：

$$P_{\mathrm{id}}^{\mathrm{L}} = \frac{\mathrm{R}T^{\mathrm{L}}}{V_m^{\mathrm{L}}} Z^{\mathrm{L,\,id}} \quad [8-2-179]$$

设 $P_{\mathrm{id}}^{\mathrm{L}n} = \mathrm{R}T^{\mathrm{L}}/V_m^{\mathrm{L}}$，表示当液体像理想气体那样不考虑分子间相互作用的影响时，在温度为 T^{L}、体积为 V_m^{L} 时 1 mol 分子热运动对体系可形成的压力，这就是物理化学中的理论理想压力。由此可见，式[8－2－179]可改写为

$$P_{id}^{L} = (RT^{L}/V_{m}^{L})Z^{L,id} = P_{id}^{Ln}Z^{L,id} \qquad [8-2-180]$$

这里称 P_{id}^{L} 为液体的表观的理想压力，亦就是液体受到分子间相互作用影响后表现出来的理想压力；P_{id}^{Ln} 是液体处于像理想气体那样理想情况下的理想压力，亦就是假设液体分子间不存在相互作用时液体所具有的，称作为液体的理论理想压力；

当理想气体与理想液体平衡时有 $T^{L} = T^{G}$

即 $$P_{id}^{G}V_{m}^{G} = \frac{P_{id}^{L}V_{m}^{L}}{Z^{L,id}} \quad 或 \quad P_{id}^{G} = P_{id}^{L}\frac{V_{m}^{L}}{V_{m}^{G}}\frac{1}{Z^{L,id}} = P_{id}^{L} \qquad [8-2-181]$$

亦就是说，气液平衡时理想气体的理想压力与理想液体的表观理想压力彼此相等。这时反映液体中分子间相互作用影响的理想压缩因子可定义为

$$Z^{L,id} = \frac{P_{id}^{L}}{P_{id}^{Ln}} = \frac{P_{id}^{G}}{P_{id}^{Ln}} = \frac{V_{m}^{L}}{V_{m}^{G}} \qquad [8-2-182]$$

显然，分子间相互作用理论可以说明上式：液体中由于存在分子间相互作用，分子间相互吸引，使分子间运动范围减小，即液体的摩尔体积明显小于同物质气态时的摩尔体积，故通过液体、气体的摩尔体积比值可以反映物质中存在的分子间相互作用的影响。

热力学定义液体的压缩因子为 $Z^{L} = P^{L}V_{m}^{L}/RT$，$Z^{L}$ 称为实际压缩因子，实际压缩因子与理想压缩因子的关系为：

已知 $V_{m}^{L} = Z^{L}RT/P^{L}$，$V_{m}^{G} = Z^{G}RT/P^{G}$，液气两相处于平衡状态，$P^{L} = P^{G}$，故知

$$Z^{L} = Z^{L,id}Z^{G} \qquad [8-2-183]$$

这关系对纯物质和溶液均适用，对界面区和相内区中液态物质也均适用。

显然，当气相压缩因子 $Z^{G} = 1$ 时，液相压缩因子即为液相理想态时的压缩因子。表 8-2-1 列示了一些溶液实际数据证实式[8-2-183]是正确的。

表 8-2-1 一些溶液的压缩因子与理想压缩因子的关系

溶液中组元 2 的摩尔分数，x_2	0.0	0.2	0.4	0.6	0.8	1.0
溶液：四氯化碳—甲苯，温度，308.15 K						
对比压力，P_r	0.005 15	0.004 42	0.003 74	0.003 04	0.002 30	0.001 52
气相对比体积，V_r^G	396.081	456.843	536.619	655.852	861.777	1 301.27
液相对比体积，V_r^L	0.357	0.353 4	0.350 4	0.347 6	0.344 9	0.342 4
气相压缩因子，$P_r V_r^G Z_C/RT_r$	1.001 1	1.001 5	1.000 4	0.999 4	1.000 5	1.000 1
液相压缩因子，$P_r V_r^L Z_C/RT_r$	9.031 6E-04	7.771 5E-04	6.559 0E-04	5.323 0E-04	4.027 5E-04	2.648 7E-04
计算理想压缩因子 $Z^{L,id} = V_m^L/V_m^G$	9.022 0E-04	7.760 1E-04	6.556 6E-04	5.326 0E-04	4.025 4E-04	2.648 4E-04
计算液相压缩因子 $Z^L = Z^{L,ig}Z^G$	9.031 6E-04	7.771 5E-04	6.559 0E-04	5.323 0E-04	4.027 5E-04	2.648 7E-04
液相压缩因子计算误差，%	0.00	0.00	0.00	0.00	0.00	0.00

续 表

溶液中组元 2 的摩尔分数, x_2	0.0	0.2	0.4	0.6	0.8	1.0
溶液：苯—氯苯，温度，348.15 K						
对比压力，P_r	0.017 62	0.015 04	0.012 39	0.009 63	0.006 72	0.003 61
气相对比体积，V_r^G	129.975	148.586	176.706	223.054	314.122	575.671
液相对比体积，V_r^L	0.369	0.364 1	0.359 8	0.355 9	0.352 2	0.348 7
气相压缩因子，$P_r V_r^G Z_C/RT_r$	0.999 3	1.000 8	1.003 0	1.000 7	0.999 3	1.000 3
液相压缩因子，$P_r V_r^L Z_C/RT_r$	2.841 4E-03	2.452 4E-03	2.042 5E-03	1.596 5E-03	1.120 3E-03	6.058 8E-04
计算理想压缩因子 $Z^{L,id}=V_m^L/V_m^G$	2.843 2E-03	2.450 4E-03	2.036 3E-03	1.595 4E-03	1.121 1E-03	6.057 0E-04
计算液相压缩因子 $Z^L=Z^{L,ig}Z^G$	2.841 4E-03	2.452 4E-03	2.042 5E-03	1.596 5E-03	1.120 3E-03	6.058 8E-04
液相压缩因子计算误差，%	0.00	0.00	0.00	0.00	0.00	0.00

注：由于界面摩尔体积数据缺乏，这里借用相内区的摩尔体积数据，其计算原理相同，详细可见下面相内区部分讨论。

由上述讨论可知

$$P_i^G = x_i^S P_i^{0G} \frac{V_{m,i}^{0G}}{V_m^S} \frac{y_i}{x_i^S} \frac{V_m^S}{V_m^G} \frac{Z^G}{Z_i^{0G}} = x_i^S P_i^{0G} \frac{V_{m,i}^{0L}}{V_m^S} \frac{y_i}{x_i^S} \frac{Z^S}{Z_i^{0L}} \qquad [8-2-184]$$

由上式知，只有在满足以下条件时溶液的组元 i 的蒸气分压才可能符合 Raoult 定律要求，即：

$$P_i^G = x_i^S P_i^{0G}$$

(1) $V_m^S = V_{m,i}^{0L}$，即讨论溶液的摩尔体积与纯组元 i 液体的摩尔体积彼此相同，这意味着溶液内各组元的分子大小彼此相同，即要求

$$V_m^S = V_{m,1}^{0L} = V_{m,2}^{0L} = \cdots = V_{m,i}^{0L} \qquad [8-2-185]$$

(2) $Z^S = Z_i^{0L}$，即讨论溶液的压缩因子与纯组元 i 液体的压缩因子彼此相同，这意味着溶液内分子间相互作用与各组元纯物质时的分子间相互作用相同，即要求

$$u_{ii} = u_{jj} = \cdots = u_{ij} \qquad [8-2-186]$$

式中 u_{ii}、u_{ij} 分别表示同名和异名分子间相互作用能量。以分子压力形式亦可表示，已知压缩因子定义

$$Z = \frac{P_{id} + P_{P1} + P_{P2} - P_{at}}{P_{id}}$$

考虑到讨论条件

$$P_{id}^m = P_{id,1}^0 = P_{id,2}^0 = \cdots = P_{id,i}^0$$

得，

$$P_{P1}^m + P_{P2}^m - P_{at}^m = P_{P1,1}^0 + P_{P2,1}^0 - P_{at,1}^0 = P_{P1,2}^0 + P_{P2,2}^0 - P_{at,2}^0$$
$$= \cdots = P_{P1,i}^0 + P_{P2,i}^0 - P_{at,i}^0$$

亦就是说，要求溶液中各种分子间相互作用，排斥相互作用与吸引相互作用的综合作用影响与纯组元中各种分子间相互作用综合影响是相同的，这与式[8-2-186]表示的是同样的意思。

(3) $y_i = x_i$，即要求组元 i 在气相中的摩尔分数与溶液相中的摩尔分数相等。此要求实际上是①、②两条要求的反映，亦就是说，当讨论溶液中的各分子均是大小相同，分子间相互作用亦彼此相同的话，那么无论在气相中或是在液相中，任意组元在一定数量分子群中出现的概率应是相同的，亦就是说它们的摩尔分数应是相同的。

这些要求将为下面 8-3 节中讨论形成符合 Raoult 定律的理想溶液的溶液条件时提供了理论基础。

如果从另一角度进行分析，由上述讨论可知，如果讨论体系的气相、液相均是理想状态，

则有
$$P^G_{id,i} = y_i^{id} P_{id}^{Ln,id} \frac{V_m^{S,id}}{V_m^{G,id}} = y_i^{id} P_{id}^{Ln,id} Z^{S,id} \qquad [8-2-187]$$

而对于实际溶液
$$P_i^G = y_i^P \frac{RT}{V_m^{SP}} \frac{V_m^{SP}}{V_m^{GP}} Z^{GP} = y_i^P P_{id}^{LnP} Z^{SP} \qquad [8-2-188]$$

故而
$$\frac{P_i^G}{P^G_{id,i}} = \frac{y_i^P}{y_i^{id}} \frac{V_m^{S,id}}{V_m^{SP}} \frac{Z^{SP}}{Z^{S,id}} \qquad [8-2-189]$$

现假设讨论体系中实际气相与理想气体的摩尔分数浓度相同，即 $y_i^P = y_i^{id}$。由此可见，使溶液成为理想溶液，即 $P_i^G = P^G_{id,i}$ 实现的条件为：

(1) $V_m^{SP} = V_m^{S,id}$，即讨论溶液的摩尔体积与理想溶液的摩尔体积相同。由于

$$V_m^{S,id} = x_1^S V_{01}^S + x_i^S V_{02}^S + \cdots + x_i^S V_{0i}^S$$

因此，此条件又可理解为形成理想溶液前后，溶液内每个分子的分子体积不发生变化。

(2) $Z^{SP} = Z^{S,id}$，即讨论溶液的压缩因子与理想溶液的压缩因子相等，这是形成理想溶液时对溶液内分子间相互作用的要求。由此可见，在非理想情况下，由于 $V_m^{SP} \neq V_m^{S,id}$ 和 $Z^S \neq Z^{S,id}$，故而蒸气相中组元 i 的平衡蒸气分压 P_i 不是理想溶液的理想分压力。

2. 组元平衡蒸气分压与其相内浓度的关系

由物理界面界面层模型相平衡理论知：

$$\mu_i^{S1} = \mu_i^{S2}; \qquad \mu_i^{S2} = \mu_i^{B2} - \phi_i^{S2}$$

所以
$$k_i^0 + RT\ln P_i^G = \mu_i^{0Bn} + RT\ln c_i^B - \phi_i^S$$

同样对上式引入分子间相互作用影响，有

$$k_i^0 + RT\ln P_i^G = \mu_i^{0Bn} + RT\ln c_i^B + RT\ln \gamma_i^B - \phi_i^S \qquad [8-2-190]$$

式中 γ_i^B 表示在讨论溶液相内区的分子间相互作用影响的修正系数。因此，对实际溶液中组元 i 的蒸气分压力有

$$P_i^G = c_i^B \times \exp\left(\frac{\mu_i^{0Bn} - k_i^0}{RT}\right) \times \exp\left(\frac{-\phi_i^S}{RT}\right) \times \gamma_i^B \qquad [8-2-191]$$

表示成摩尔分数浓度

$$P_i^{\mathrm{G}} = \frac{x_i^{\mathrm{B}}}{V_m^{\mathrm{B}}} \times \exp\left(\frac{\mu_i^{0\mathrm{B}n} - k_i^0}{RT}\right) \times \exp\left(\frac{-\phi_i^{\mathrm{S}}}{RT}\right) \times \gamma_i^{\mathrm{B}} \qquad [8-2-192]$$

故而，与溶液平衡的蒸气相中组元 i 的平衡蒸气分压与溶液的相内体积摩尔浓度、摩尔分数浓度均不成比例关系。同样，对理想溶液应有：

$$P_{\mathrm{id},\, i}^{\mathrm{G}} = c_i^{\mathrm{B,\, id}} \times \exp\left(\frac{\mu_i^{0\mathrm{B}n} - k_i^0}{RT}\right) \times \exp\left(\frac{-\phi_i^{\mathrm{S,\, id}}}{RT}\right) \times \gamma_i^{\mathrm{B,\, id}} \qquad [8-2-193]$$

当表示摩尔分数浓度时，

$$P_{\mathrm{id},\, i}^{\mathrm{G}} = \frac{x_i^{\mathrm{B,\, id}}}{V_m^{\mathrm{B,\, id}}} \times \exp\left(\frac{\mu_i^{0\mathrm{B}n} - k_i^0}{RT}\right) \times \exp\left(\frac{-\phi_i^{\mathrm{S,\, id}}}{RT}\right) \times \gamma_i^{\mathrm{B,\, id}} \qquad [8-2-194]$$

由上两式可知

$$\frac{P_i^{\mathrm{G}}}{P_{\mathrm{id},\, i}^{\mathrm{G}}} = \frac{c_i^{\mathrm{B}}}{c_i^{\mathrm{B,\, id}}} \exp\left(\frac{\phi_i^{\mathrm{S,\, id}} - \phi_i^{\mathrm{S}}}{RT}\right) \frac{\gamma_i^{\mathrm{B}}}{\gamma_i^{\mathrm{B,\, id}}} = \frac{x_i^{\mathrm{B}}}{x_i^{\mathrm{B,\, id}}} \frac{V_m^{\mathrm{B,\, id}}}{V_m^{\mathrm{B}}} \exp\left(\frac{\phi_i^{\mathrm{S,\, id}} - \phi_i^{\mathrm{S}}}{RT}\right) \frac{\gamma_i^{\mathrm{B}}}{\gamma_i^{\mathrm{B,\, id}}}$$

$$[8-2-195]$$

式中 V_{m}^{B}、$V_{\mathrm{m}}^{B,\,\mathrm{id}}$ 分别为实际溶液与理想溶液相内区的摩尔体积。设讨论溶液中组元的浓度与参比的理想溶液的相同，即有 $c_i^{\mathrm{B}} = c_i^{\mathrm{B,\, id}}$ 和 $x_i^{\mathrm{B}} = x_i^{\mathrm{B,\, id}}$，又知理想溶液中有 $P_{\mathrm{id},\, i}^{\mathrm{G}} = y_i P_{\mathrm{id}}^{\mathrm{G}}$，故实际溶液组元 i 分压力与其相内区的体积摩尔浓度的关系为

$$P_i^{\mathrm{G}} = c_i^{\mathrm{B}} P_{\mathrm{id}}^{\mathrm{G}} \times \left[\frac{y_i}{c_i^{\mathrm{B}}} \times \exp\left(\frac{\phi_i^{\mathrm{S,\, id}} - \phi_i^{\mathrm{S}}}{RT}\right) \frac{\gamma_i^{\mathrm{B}}}{\gamma_i^{\mathrm{B,\, id}}}\right] \qquad [8-2-196a]$$

上式表明，由于式中表示分子间相互作用影响的系数 γ_i^{S} 和表面位 ϕ_i^{S} 均与浓度相关，故组元 i 的分压力与相内区的体积摩尔浓度应不呈线性比例关系。

现将式[8-2-196]改变为以相内区摩尔分数浓度单位表示，则实际溶液中组元 i 蒸气分压力与摩尔分数关系为：

$$P_i^{\mathrm{G}} = x_i^{\mathrm{B}} P_{\mathrm{id}}^{\mathrm{G}} \times \left[\frac{y_i}{x_i^{\mathrm{B}}} \frac{V_m^{\mathrm{B,\, id}}}{V_m^{\mathrm{B}}} \times \exp\left(\frac{\phi_i^{\mathrm{S,\, id}} - \phi_i^{\mathrm{S}}}{RT}\right) \frac{\gamma_i^{\mathrm{B}}}{\gamma_i^{\mathrm{B,\, id}}}\right] \qquad [8-2-196b]$$

此式也表明，实际溶液中组元 i 蒸气分压力与其摩尔分数也不呈线性关系。

由式[8-2-196]亦可讨论溶液是否可形成理想溶液的条件：

(1) $\phi_i^{\mathrm{S,\, id}} = \phi_i^{\mathrm{S}}$，即溶液的表面位与理想溶液的表面位相等时讨论溶液才有可能是理想溶液。由于表面位在某种意义上可反映质点间相互作用的情况，因而这一条件表示：要求讨论溶液中各种组元的分子间相互作用与组元处于理想状态下分子间的相互作用相等。表面位与溶液表面张力有关，表面张力与分子内压力有关。因此，$\phi_i^{\mathrm{S,\, id}} = \phi_i^{\mathrm{S}}$ 的实际要求是讨论

溶液的表面张力行为与理想溶液的表面张力行为相同，亦就是要求讨论溶液中分子静压力行为与理想溶液中分子静压力行为相同。

(2) 由式[8-2-196]知，形成理想溶液的另一个条件是

$$V_m^{B,id} = V_m^B \qquad [8-2-197]$$

即，讨论溶液的分子体积与理想溶液的分子体积相同，讨论溶液才能是理想溶液；换句话说，形成理想溶液时，不管物理因素还是化学原因，溶液形成前后总体积不变[9]。可能存在两种情况满足此要求。

① 如果讨论体系中存在下列关系

$$V_m^B = V_{m,1}^0 = V_{m,2}^0 = \cdots = V_{m,i}^0 \qquad [8-2-198]$$

这时式[8-2-197]要求可以被满足。显然，只有当溶液内各组元分子大小彼此相同，形成溶液前后体系的体积才不会发生变化。而具有这个条件的溶液应该是理想溶液，并且应该是完全理想溶液。

② 物理化学和热力学理论还认为，如果不存在式[8-2-198]关系，即

$$V_m^B \neq V_{m,1}^0 \neq V_{m,2}^0 \neq \cdots \neq V_{m,i}^0 \qquad [8-2-199]$$

但形成溶液前后讨论体系体积不发生变化，亦可能是理想溶液，即有：

$$V_m^B = V_m^{B,id} = x_1^B V_{m,1}^0 + x_2^B V_{m,2}^0 + \cdots + x_i^B V_{m,i}^0 \qquad [8-2-200]$$

这时与满足式[8-2-198]的情况不同，满足式[8-2-198]的溶液称为完全理想溶液，而满足上式的溶液显然与完全理想溶液不同，应该讲这类溶液向实际溶液情况靠近了一些，故称其为近似理想溶液。

(3) 由式[8-2-196]知，形成理想溶液的第三个条件是

$$\gamma_i^B = \gamma_i^{B,id} \qquad [8-2-201]$$

亦就是说，讨论溶液中分子间相互作用的影响，与理想溶液中分子间相互作用的影响完全相同。与式[8-2-192]相比较，得

$$\gamma_i^B = \frac{y_i}{x_i^B}\frac{RT}{\exp\left(\dfrac{\mu_i^{0Bn}-k_i^0}{RT}\right)}\exp\left(\frac{\phi_i^S}{RT}\right)\frac{V_m^B}{V_m^G}Z^G = \frac{y_i}{x_i^B}K_T^0\exp\left(\frac{\phi_i^S}{RT}\right)Z^B \qquad [8-2-202]$$

因此，表示溶液中分子间相互作用影响的系数 γ_i^B 中包含着代表分子静压力影响部分、分子动压力影响部分和分子数量变化部分。

① 分子静压力影响部分： $\exp(\phi_i^S/RT)$ [8-2-203]

分子静压力影响表示液体中静态分子间相互作用对分子在气、液二相间平衡的影响。

② 分子动压力影响部分：

$$Z^{B}=\frac{P}{P_{id}}=\frac{P_{id}+P_{P1}+P_{P2}-P_{at}}{P_{id}} \quad [8-2-204]$$

分子动压力影响表示液体中动态分子受到其他分子的相互作用，对动态分子的移动运动状态所产生的影响。

③ 分子数量变化部分： $\frac{y_i}{x_i^{B}}$ [8-2-205]

这样，对于理想溶液有

$$\gamma_i^{B,id}=\frac{y_i^{id}}{x_i^{B,id}}\frac{RT}{\exp\left(\frac{\mu_i^{0Bn}-k_i^0}{RT}\right)}\exp\left(\frac{\phi_i^{S,id}}{RT}\right)\frac{V_m^{B,id}}{V_m^{G,id}}=\frac{y_i^{id}}{x_i^{B,id}}K_T^0\exp\left(\frac{\phi_i^{S,id}}{RT}\right)Z^{B,id}$$

[8-2-206]

已知组元 i 平衡蒸气分压为 $P_i^{G}=y_i\frac{RT}{V_m^{G}}Z^{G}$ [8-2-207]

由上式可得：

$$\frac{P_i^{G}}{P_{id,i}^{G}}=\frac{y_i}{y_i^{id}}\frac{V_m^{B,id}}{V_m^{B}}\frac{Z^{B}}{Z^{B,id}}=\frac{y_i Z^{B}RT}{V_m^{B}}\Big/\frac{y_i^{id}Z^{B,id}RT}{V_m^{B,id}} \quad [8-2-208]$$

式[8-2-208]表明，状态方程理论可以反映实际溶液与理想溶液之差异，这与经典热力学中状态方程理论反映实际气体与理想气体之差异是同样的道理，改变上式：

$$\begin{aligned}\frac{P_i^{G}}{P_{id,i}^{G}}&=\frac{y_i Z^{B}RT}{V_m^{B}}\Big/\frac{y_i^{id}Z^{B,id}RT}{V_m^{B,id}}=\frac{y_i Z^{B}RT}{V_m^{G}}\frac{V_m^{G}}{V_m^{B}}\Big/\frac{y_i^{id}Z^{B,id}RT}{V_m^{G,id}}\frac{V_m^{G,id}}{V_m^{B,id}}\\&=\frac{y_i Z^{G}RT}{V_m^{G}}\Big/\frac{y_i^{id}RT}{V_m^{G,id}}=y_i P_{id}^{G}Z^{G}\Big/y_i^{id}P_{id}^{G,id}\end{aligned} \quad [8-2-209]$$

将式[8-2-208]改写为 $P_i^{G}=y_i P_{id}^{G}\times\frac{V_m^{B,id}}{V_m^{B}}\times\frac{Z^{B}}{Z^{B,id}}$ [8-2-210]

此式是以溶液相参数 V_m^{B}、$V_m^{B,id}$、Z^{B}、$Z^{B,id}$ 来反映组元 i 的蒸气分压。气相与溶液相处于相平衡状态，理论上认为以平衡的气相属性参数亦可反映组元 i 的蒸气分压。为此，上式可改写为

$$P_i^{G}=y_i P_{id}^{G}\times\frac{V_m^{B,id}}{V_m^{B}}\times\frac{Z^{B}}{Z^{B,id}}=y_i P_{id}^{G}\times Z^{G} \quad [8-2-211]$$

由上讨论可知，理想溶液时 $P_i^{G}=y_i P_{id}^{G}$，从气相角度要求形成理想溶液的条件是要求气相的压缩因子为 $Z^{G}=1$，这是显然的。从溶液相角度要求形成理想溶液的条件可从式[8-2-210]获得，即：

(1) $Z^{B}=Z^{B,id}$，要求讨论溶液中分子间相互作用与理想溶液中分子间相互作用相同，这是溶液是否是理想溶液的能量条件之一。

(2) $V_{\mathrm{m}}^{\mathrm{B}} = V_{\mathrm{m}}^{\mathrm{B,\,id}}$，即理想溶液需满足形成溶液前后讨论体系体积不发生体积变化，故有

$$V_m^{\mathrm{B}} = V_m^{\mathrm{B,\,id}} = x_1^{\mathrm{B}} V_{m,\,1}^0 + x_2^{\mathrm{B}} V_{m,\,2}^0 + \cdots + x_i^{\mathrm{B}} V_{m,\,i}^0 \qquad [8-2-212]$$

由此可知，所讨论溶液在上述能量条件和体积条件均符合的前提下应是理想溶液。理想溶液有完全理想溶液与近似理想溶液的区别。这两种理想溶液在形成理想状态的能量条件要求和体积条件要求上有所不同，对此在下面还将详细讨论。

由此亦可讨论理想压力与纯组元蒸气压的关系，即对理想压力引入 Raoult 定律的条件。依据式[8－2－192]知，纯组元 i 的蒸气压为

$$P_i^0 = \frac{1}{V_{m,\,i}^{0\mathrm{B}}} \times \exp\left(\frac{\mu_i^{0\mathrm{B}n} - k_i^0}{\mathrm{R}T}\right) \times \exp\left(\frac{-\phi_i^{0\mathrm{S}}}{\mathrm{R}T}\right) \times \gamma_i^{0\mathrm{B}} \qquad [8-2-213]$$

代入式[8－2－192]，得　$$P_i^{\mathrm{G}} = x_i^{\mathrm{B}} P_i^0 \frac{V_{m,\,i}^{0\mathrm{B}}}{V_m^{\mathrm{B}}} \times \exp\left(\frac{\phi_i^{0\mathrm{S}} - \phi_i^{\mathrm{S}}}{\mathrm{R}T}\right) \times \frac{\gamma_i^{\mathrm{B}}}{\gamma_i^{0\mathrm{B}}} \qquad [8-2-214]$$

由此式可见，如果讨论溶液符合 Raoult 定律，即 $P_i^{\mathrm{G}} = x_i^{\mathrm{B}} P_i^0$，则需满足 $\phi_i^{\mathrm{S}} = \phi_i^{0\mathrm{S}}$、$V_m^{\mathrm{B}} = V_{m,\,i}^{0\mathrm{B}}$、$\gamma_i^{\mathrm{B}} = \gamma_i^{0\mathrm{B}}$ 的条件。

亦就是说，式[8－2－214]表示，当讨论溶液的表面位与纯组元的表面位相同，其摩尔体积与纯组元的摩尔体积相同，分子间相互作用与纯组元的相同时，讨论溶液组元 i 的蒸气分压符合 Raoult 定律要求。

已知，讨论组元 i 蒸气分压力为

$$P_i^{\mathrm{G}} = y_i \frac{\mathrm{R}T}{V_m^{\mathrm{G}}} Z^{\mathrm{G}} = x_i^{\mathrm{B}} \frac{y_i}{x_i^{\mathrm{B}}} \frac{\mathrm{R}T}{V_m^{\mathrm{B}}} Z^{\mathrm{B}} \qquad [8-2-215]$$

此组元纯物质时蒸气压为　$$P_i^0 = \frac{\mathrm{R}T}{V_{m,\,i}^{0\mathrm{B}}} \times Z_{0i}^{\mathrm{B}} \qquad [8-2-216]$$

故有　$$P_i^{\mathrm{G}} = x_i^{\mathrm{B}} \frac{y_i}{x_i^{\mathrm{B}}} P_i^0 \frac{V_{\mathrm{m},\,i}^{0\mathrm{B}}}{V_m^{\mathrm{B}}} \frac{Z^{\mathrm{B}}}{Z_i^{0\mathrm{B}}} \qquad [8-2-217]$$

由此式可见，如果讨论溶液符合 Raoult 定律，即 $P_i^{\mathrm{G}} = x_i^{\mathrm{B}} P_i^0$，则需满足 $Z^{\mathrm{B}} = Z_i^{0\mathrm{B}}$、$V_m^{\mathrm{B}} = V_{m,\,i}^{0\mathrm{B}}$、$y_i = x_i^{\mathrm{B}}$ 的条件。

已知，$Z^{\mathrm{B}} = V_m^{\mathrm{B}} Z^{\mathrm{G}} \Big/ V_m^{\mathrm{G}}$，$Z_i^{0\mathrm{B}} = Z_{0i}^{\mathrm{B,\,id}} \times Z_i^{0\mathrm{G}} = V_{m,\,i}^{0\mathrm{B}} Z_i^{0\mathrm{G}} \Big/ V_{m,\,i}^{0\mathrm{G}}$，故上式可改写为

$$P_i^{\mathrm{G}} = x_i^{\mathrm{B}} P_i^0 \frac{y_i}{x_i^{\mathrm{B}}} \frac{V_{m,\,i}^{0\mathrm{G}}}{V_m^{\mathrm{G}}} \frac{Z^{\mathrm{G}}}{Z_i^{0\mathrm{G}}} \qquad [8-2-218]$$

因此，实现 Raoult 定律 $P_i^{\mathrm{G}} = x_i^{\mathrm{B}} P_i^0$ 的要求也可以是：$V_m^{\mathrm{G}} = V_{m,\,i}^{0\mathrm{G}}$、$Z^{\mathrm{G}} = Z_i^{0\mathrm{G}}$、$y_i = x_i^{\mathrm{B}}$。

综合上述实现 $P_{\mathrm{id},\,i}^{B} = x_i^B P_i^0$ 的 Raoult 定律的种种要求，只有在溶液满足体积和能量条件时才能实现：

体积条件 $$V_m^G = V_{m,1}^{0G} = V_{m,2}^{0G} = \cdots = V_{m,i}^{0G} \quad [8-2-219]$$

能量条件 $$u_{ii} = u_{jj} = \cdots = u_{ij} \quad [8-2-220]$$

液、气物态变化时组元摩尔分数浓度不变化 $y_i = x_i^B$，即不同物态下组元的理想分压力相同，$P_{id,i}^G = P_{id,i}^B$。能够满足这些条件的溶液，则有

$$\left.\begin{array}{l}\text{溶液中各组元的蒸气分压均满足 Raoult 定律，即 } P_i^G = x_i^B P_i^0 \\ \text{溶液的总压力满足 Raoult 定律，即 } P^G = P_1^G + P_2^G = x_1^B P_1^0 + x_2^B P_2^0\end{array}\right\} \quad [8-2-221]$$

符合式[8-2-221]要求的溶液应该是完整地、全面地实现了 Raoult 定律的溶液。因此这种溶液被称为完全理想溶液。能够完整地、全面地实现 Raoult 定律全部要求的溶液是很少很少的，亦就是说，完全理想溶液是很少很少的，这在物理化学领域中得到了证实。上述讨论将为下一节中完全理想溶液的溶液属性的讨论提供理论基础。

综合上述，完全理想溶液最基本的属性是：溶液总压力与 Raoult 定律符合，溶液内各组元的纯物质蒸气压与总压力相同，$P^G = P_1^0 = P_2^0$，其各组元的蒸气分压力彼此相等，并与 Raoult 定律符合。

对 Raoult 定律还可作进一步的讨论，由此得到另一种理想溶液。改写式[8-2-218]

$$P_i^G = x_i^B P_i^0 \frac{y_i}{x_i^B} \frac{P^G}{P_i^0} \quad [8-2-222]$$

得二元系理想溶液中各组元的蒸气分压力为：

组元 1 $$P_1^G = x_1^B P_1^0 \frac{y_1}{x_1^B} \frac{P^G}{P_1^0} = x_1^B P_1^0 + x_1^B \left(\frac{y_1}{x_1^B} P^G - P_1^0\right) \quad [8-2-223]$$

组元 2 $$P_2^G = x_2^B P_2^0 \frac{y_2}{x_2^B} \frac{P^G}{P_2^0} = x_2^B P_2^0 + x_2^B \left(\frac{y_2}{x_2^B} P^G - P_2^0\right) \quad [8-2-224]$$

上式表示讨论溶液中各组元的蒸气分压以 Raoult 定律表示时可能会出现偏差，即

组元 1 的偏差为： $$\Delta_{\text{Raoult}}^{\text{分压1}} = P_1^G - x_1^B P_1^0 = x_1^B \left(\frac{y_1}{x_1^B} P^G - P_1^0\right) \quad [8-2-225]$$

组元 2 的偏差为： $$\Delta_{\text{Raoult}}^{\text{分压2}} = P_2^G - x_2^B P_2^0 = x_2^B \left(\frac{y_2}{x_2^B} P^G - P_2^0\right) \quad [8-2-226]$$

而溶液的总压力为

$$\begin{aligned} P^G &= P_1^G + P_2^G \\ &= x_2^B P_2^0 + x_1^B P_1^0 + x_1^B \left(\frac{y_1}{x_1^B} P^G - P_1^0\right) + x_2^B \left(\frac{y_2}{x_2^B} P^G - P_2^0\right) \end{aligned} \quad [8-2-227]$$

如果讨论溶液中组元的纯物质压力互不相等，$P_1^0 \neq P_2^0$，不符合完全理想溶液的要求，由此知这类溶液的各组元分压力彼此不同，不符合 Raoult 定律要求。但溶液总压力符合 Raoult 定律计算组，即为 $P^B = x_1^B P_1^0 + x_2^B P_2^0$，Raoult 定律计算的溶液蒸气总压力的误差为

$$\Delta_{\text{Raoult}}^{\text{总压}} = x_1^{\text{B}}\left(\frac{y_1}{x_1^{\text{B}}}P^{\text{G}} - P_1^0\right) + x_2^{\text{B}}\left(\frac{y_2}{x_2^{\text{B}}}P^{\text{G}} - P_2^0\right) \quad [8-2-228\text{a}]$$

$$= P^{\text{G}} - (x_1^{\text{B}}P_1^0 + x_2^{\text{B}}P_2^0) \cong 0$$

即

$$P^{\text{G}} \cong (x_1^{\text{B}}P_1^0 + x_2^{\text{B}}P_2^0) \quad [8-2-228\text{b}]$$

式[8-2-228]表明，溶液的蒸气总压力符合 Raoult 定律要求，也是理想溶液。但这类理想溶液与完全理想溶液不同，是另一种理想溶液，称之为近似理想溶液。

近似理想溶液的特性是其总压与 Raoult 定律符合，亦就是尽管溶液中各组元的纯物质蒸气压彼此不同，$P_1^0 \neq P_2^0$，但其总压与组元摩尔分数呈线性关系，即 $P_{\text{id}}^{\text{G}} = (x_1^{\text{B}}P_1^0 + x_2^{\text{B}}P_2^0)$，故而目前物理化学理论认为此类近似理想溶液组元的分压与组元的摩尔分数亦呈线性关系，即有 $P_i^{\text{G}} = x_i^{\text{B}}P_i^0$，这是误解。故可将此以 Raoult 定律计算的组元的分压力，记作 P_i^{GR} 符号，此分压力亦是目前在讨论近似理想溶液时物理化学理论所采用作为溶液组元的分压，应注意 P_i^{GR} 并不是组元 i 的实际蒸气分压力，实际溶液组元的分压是 P_i^{G}。当以 Raoult 定律形式计算 P_i^{G} 时应采用式[8-2-217]，即对 P_i^{GR} 计算值 $x_i^{\text{B}}P_i^0$ 需加以一定的修正。如果从气相角度计算时应采用 Dalton 方程，即 $P_i^{\text{G}} = y_i P^{\text{G}}$。由此可知

$$P_i^{GR} = x_i^{\text{B}}P_i^0 \neq y_i P^{\text{G}} = P_i^{\text{G}} \quad [8-2-229]$$

下面以二氯甲烷—1，2 二氯乙烷近似理想溶液作为例子，计算得其 P_i^{GR} 和 P_i^{G} 的数据列于表 8-2-2，并在图 8-2-6 中并列 P_i^{GR} 和 P_i^{G} 对二氯甲烷的摩尔分数的关系曲线以作比较。

表 8-2-2　二氯甲烷—1，2 二氯乙烷溶液的 P_i^{GR} 和 P_i^{G} 数值(313.15 K)

溶液性质：$P_1^0 = 1.0063 \neq P_2^0 = 0.2083$ bar、$V_1^0 = 98.51 \neq V_2^0 = 108.75$ cm³/mol，但溶液总压力可以 Raoult 定律计算，故此溶液不是完全理想溶液，应是近似理想溶液。						
溶液组元 1 的摩尔分数，x_1	0	0.2	0.4	0.6	0.8	1.0
实测溶液总压力/bar	0.2083	0.3717	0.5281	0.6939	0.8493	1.0063
Raoult 定律计算总压力/bar		0.3679	0.5275	0.6871	0.8467	
Raoult 定律计算总压力误差/%		−1.03	−0.12	−0.99	−0.30	
对此溶液评论		符合近似理想溶液要求				
计算组元蒸气分压/bar						
气相组元 1 的摩尔分数，y_1	0.000	0.552	0.774	0.894	0.952	1.000
组元 1 实际分压，$P_1^{\text{G}} = y_1P^{\text{G}}$		0.2052	0.4087	0.6204	0.8085	1.0063
Raoult 定律计算分压，$P_1^{GR} = x_1P_1^0$		0.2013	0.4025	0.6038	0.8051	
Raoult 定律分压 1 计算误差/%		−1.91	−1.52	−2.67	−0.43	
按式[8-2-223]计算，$P_{1(\text{计算})}^{\text{G}}$		0.2052	0.4087	0.6204	0.8085	
$P_{1(\text{计算})}^{\text{G}}$ 对 P_1^{GR} 的误差/%		1.95	1.54	2.75	0.43	
$P_{1(\text{计算})}^{\text{G}}$ 对 P_1^{G} 的误差/%		0.00	0.00	0.00	0.00	
组元 2 实际分压，$P_2^{\text{G}} = y_2P^{\text{G}}$	0.2083	0.1665	0.1193	0.0736	0.0408	0.000

续 表

溶液性质：$P_1^0 = 1.0063 \neq P_2^0 = 0.2083$ bar、$V_1^0 = 98.51 \neq V_2^0 = 108.75$ cm^3/mol，但溶液总压力可以 Raoult 定律计算，故此溶液不是完全理想溶液，应是近似理想溶液。						
Raoult 定律计算分压，$P_2^{GR} = x_2 P_2^0$		0.1666	0.1250	0.0833	0.0417	
Raoult 定律分压 2 计算误差/%		0.05	4.69	13.24	2.17	
按式[8-2-224]计算，$P_{2(计算)}^G$		0.1665	0.1193	0.0736	0.0408	
$P_{2(计算)}^G$ 对 P_2^{GR} 的误差/%		−0.05	−4.48	−11.69	−2.13	
$P_{2(计算)}^G$ 对 P_2^G 的误差/%		0.00	0.00	0.00	0.00	

为更清楚地表示溶液总压力、组元的分压力与组元摩尔分数的关系，现将表 8-2-2 的数据以图示形式列示于图 8-2-6 中。由此可更清楚地反映 Raoult 定律计算的近似理想溶液组元分压力与实际的组元分压力的区别。

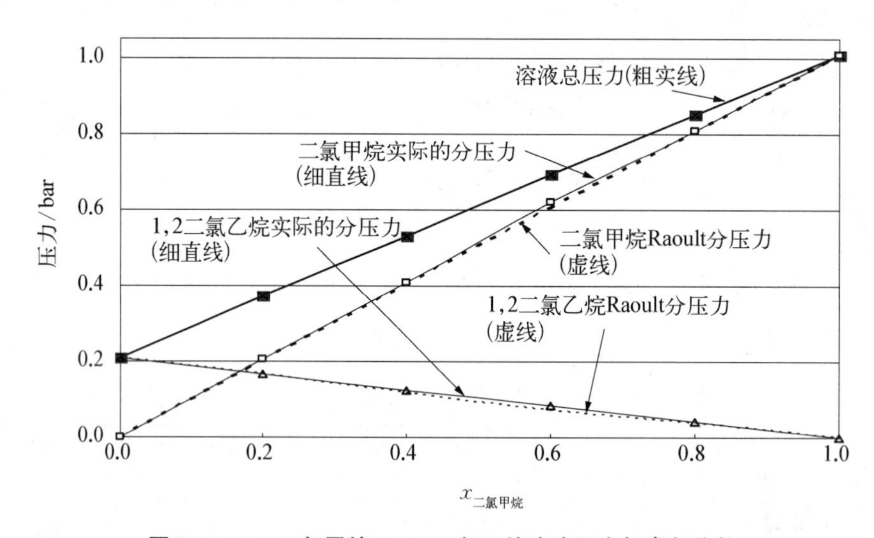

图 8-2-6 二氯甲烷—1,2 二氯乙烷溶液压力与摩尔分数

由上述讨论可知，只有当溶液压力与各组元纯物质时的压力相等，即，只有当讨论溶液是完全理想溶液，具有了溶液条件 $P = P_1^0 = P_2^0 = \cdots = P_i^0$，这时 Raoult 定律计算的组元分压力与实际的组元分压力才有可能相等。

表 8-2-2 和图 8-2-6 所列数据表明，对于近似理想溶液，以 Raoult 定律计算的溶液总压力与实际总压力可较好地吻合，而以 Raoult 定律计算的溶液组元分压力与实际分压力确有一定的偏差。以上例而言，计算中最大的误差可达 13.24%，应给予重视。但是比较图 8-2-6 中所列的以实际的组元蒸气分压曲线和以 Raoult 定律计算的组元蒸气分压曲线，虽有偏差，但还比较接近，在一定允许误差范围内可认为两条分压曲线是可以替代的。这也是长期以来认为 Raoult 定律计算的组元蒸气分压即为近似理想溶液的实际分压力的原因。故正确地描述近似理想溶液特性应是：溶液的总压力与 Raoult 定律计算的数值吻合，而溶液组元的分压力与 Raoult 定律计算的数值只是在一定允许误差范围内近似吻合，实际组元

的分压力与 Raoult 定律计算的数值应并不吻合。

为此对一些溶液总压力与 Raoult 定律计算数值接近的一些溶液进行了类似表 8-2-2 中内容的误差分析，以确定上述意见——以 Raoult 定律计算的组元分压力与实际分压力有一定的偏差，但有可能认为它们是近似吻合——是个普遍存在的规律。计算结果列于表 8-2-3 中。

表 8-2-3　溶液总压力与 Raoult 定律计算数值接近的一些溶液的误差分析

组元 1 的摩尔分数，x_1	0	0.2	0.4	0.6	0.8	1.0
溶液 1：吡啶 (1)—甲醇(2)，温度，313.15 K						
实测溶液总压力/bar	0.354 5	0.291 4	0.227 7	0.168 4	0.114 0	0.060 4
气相中组元 1 的摩尔分数，y_1	0.000	0.039	0.105	0.218	0.427	1.000
组元 1 分压力，$P_1^G = y_1 P^G$ /bar		0.011 4	0.023 9	0.036 7	0.048 7	
Raoult 定律计算分压力 1/bar		0.012 1	0.024 2	0.036 2	0.048 3	
误差/%		6.27	1.04	−1.28	−0.74	
组元 2 分压力，$P_2^G = y_2 P^G$ /bar		0.280 1	0.203 8	0.131 7	0.065 3	
Raoult 定律计算分压力 2/bar		0.283 6	0.212 7	0.141 8	0.070 9	
误差/%		1.26	4.37	7.69	8.55	
Raoult 定律计算总压力/bar		0.295 7	0.236 9	0.178 0	0.119 2	
对实测总压力的误差/%		1.45	4.02	5.73	4.58	
溶液 2：四氯化碳(1)—甲苯(2)，温度，308.15 K						
实测溶液总压力/bar	0.062 4	0.096 7	0.130 4	0.163 7	0.197 7	0.234 6
气相中组元 1 的摩尔分数，y_1	0.000	0.476	0.713	0.845	0.935	1.000
组元 1 分压力，$P_1^G = y_1 P^G$ /bar		0.046 0	0.093 0	0.138 3	0.184 9	
Raoult 定律计算分压力 1/bar		0.046 9	0.093 9	0.140 8	0.187 7	
误差/%		2.00	0.96	1.77	1.54	
组元 2 分压力，$P_2^G = y_2 P^G$ /bar		0.050 6	0.037 4	0.025 4	0.012 9	
Raoult 定律计算分压力 2/bar		0.049 9	0.037 4	0.025 0	0.012 5	
误差/%		−1.45	0.04	−1.65	−2.90	
Raoult 定律计算总压力/bar		0.096 8	0.131 3	0.165 7	0.200 2	
对实测总压力的误差/%		0.19	0.70	1.24	1.25	
溶液 3：苯(1)—1-氯丙烷(2)，温度，308.15 K						
实测溶液总压力/bar	0.673 9	0.577 2	0.481 7	0.380 4	0.282 6	0.198 0
气相中组元 1 的摩尔分数，y_1	0.000	0.068	0.161	0.304	0.556	1.000
组元 1 分压力，$P_1^G = y_1 P^G$ /bar		0.039 2	0.077 6	0.115 6	0.157 2	
Raoult 定律计算分压力 1/bar		0.039 6	0.079 2	0.118 8	0.158 4	
误差/%		0.89	2.12	2.73	0.79	
组元 2 分压力，$P_2^G = y_2 P^G$ /bar		0.537 9	0.404 1	0.264 7	0.125 5	

续 表

组元1的摩尔分数，x_1	0	0.2	0.4	0.6	0.8	1.0
Raoult定律计算分压力2/bar		0.539 2	0.404 4	0.269 6	0.134 8	
误差/%		0.23	0.06	1.83	7.41	
Raoult定律计算总压力/bar		0.578 8	0.483 6	0.388 4	0.293 2	
对实测总压力的误差/%		0.28	0.39	2.10	3.73	
溶液4：异丁醇(1)—异戊醇(2)，温度，343.15 K						
实测溶液总压力/bar	0.076 7	0.100 7	0.129 2	0.157 7	0.182 9	0.209 3
气相中组元1的摩尔分数，y_1	0.000	0.372	0.646	0.806	0.922	1.000
组元1分压力，$P_1^G = y_1 P^G$ /bar		0.037 4	0.083 5	0.127 1	0.168 7	
Raoult定律计算分压力1/bar		0.041 9	0.083 7	0.125 6	0.167 5	
误差/%		11.80	0.32	−1.21	−0.71	
组元2分压力，$P_2^G = y_2 P^G$ /bar		0.063 2	0.045 7	0.030 6	0.014 3	
Raoult定律计算分压力2/bar		0.061 3	0.046 0	0.030 7	0.015 3	
误差/%		−2.98	0.58	0.22	7.46	
Raoult定律计算总压力/bar		0.103 2	0.129 7	0.156 3	0.182 8	
对实测总压力的误差/%		2.52	0.41	−0.93	−0.07	
溶液5：苯(1)—四氯乙烯(2)，温度，343.15 K						
实测溶液总压力/bar	0.190 9	0.320 4	0.445 6	0.577 0	0.703 0	0.826 7
气相中组元1的摩尔分数，y_1	0.000	0.515	0.743	0.862	0.945	1.000
组元1分压力，$P_1^G = y_1 P^G$ /bar		0.165 0	0.331 1	0.497 4	0.664 3	
Raoult定律计算分压力1/bar		0.165 3	0.330 7	0.496 0	0.661 4	
误差/%		0.21	−0.11	−0.27	−0.45	
组元2分压力，$P_2^G = y_2 P^G$ /bar		0.155 4	0.114 5	0.079 6	0.038 7	
Raoult定律计算分压力2/bar		0.152 7	0.114 6	0.076 4	0.038 2	
误差/%		−1.70	0.04	−4.10	−1.25	
Raoult定律计算总压力/bar		0.318 1	0.445 2	0.572 4	0.699 6	
对实测总压力的误差/%		−0.72	−0.07	−0.80	−0.49	
溶液6：乙酸乙酯(1)—乙苯(2)，温度，343.15 K						
实测溶液总压力/bar	0.112 1	0.261 7	0.402 0	0.535 7	0.666 3	0.798 2
气相中组元1的摩尔分数，y_1	0.000	0.655	0.829	0.912	0.963	1.000
组元1分压力，$P_1^G = y_1 P^G$ /bar		0.171 4	0.333 2	0.488 5	0.641 7	
Raoult定律计算分压力1/bar		0.159 6	0.319 3	0.478 9	0.638 6	
误差/%		−6.87	−4.19	−1.97	−0.49	
组元2分压力，$P_2^G = y_2 P^G$ /bar		0.090 3	0.068 7	0.047 1	0.024 7	
Raoult定律计算分压力2/bar		0.089 7	0.067 3	0.044 8	0.022 4	
误差/%		−0.65	−2.13	−4.86	−9.04	
Raoult定律计算总压力/bar		0.249 3	0.386 6	0.523 8	0.661 0	
对实测总压力的误差/%		−4.73	−3.83	−2.22	−0.80	

表 8-2-2 和表 8-2-3 中共有 7 种随机选择的不同类型的溶液，它们共同的特性是溶液总压力与 Raoult 定律计算值较接近。这 7 种溶液含有 35 个不同浓度的溶液，除去纯物质外共有 28 个二元系溶液。对这些二元系溶液统计了总压力和各组元分压力 Raoult 定律计算误差，误差绝对值在<3%、3%～5%和 >5%范围的按溶液数比例的统计值列于图 8-2-7 中供参考。

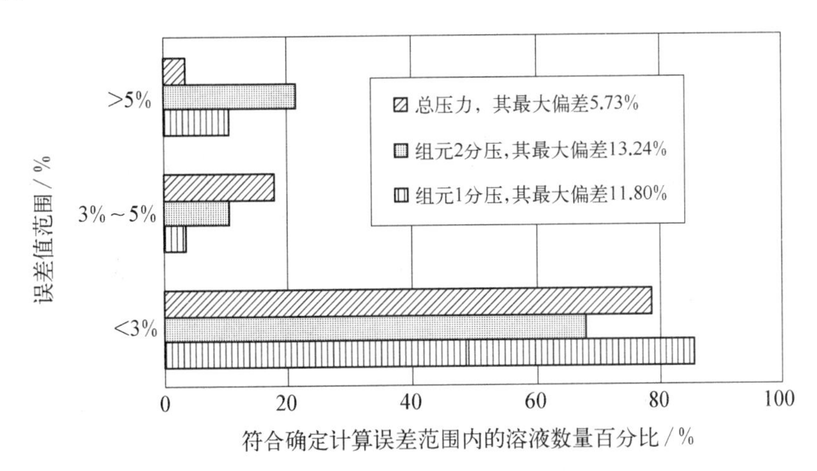

图 8-2-7　Raoult 定律计算组元分压力、溶液总压力的偏差

由图 8-2-7 可知：

(1) Raoult 定律计算的溶液总压力误差绝对值<3%占 78.57%溶液，其中超过 3%误差的为 5.73%～3.73%六例，因此，对于这些溶液，可以认为以 Raoult 定律计算的溶液总压力数值与实际溶液总压力近似吻合。

(2) Raoult 定律计算的溶液各组元分压力的误差绝对值：

组元 1 的蒸气分压力<3%的有 85.71%；组元 2 的蒸气分压力<3%的有 67.86%。

组元 1 的蒸气分压力>3%的有 14.29%；组元 2 的蒸气分压力>3%的有 32.14%。

组元 1 的蒸气分压力计算误差>5%的有 11.8、7.46、6.87%。

组元 2 的蒸气分压力计算误差>5%的有 13.24、9.04、8.55、7.46%等。

由以上数据可以认为以 Raoult 定律计算的溶液各组元分压力在理论上已证明应存在一定的偏差，而实际数据表明对大部分溶液(约占 60%～90%)，其偏差较小(<3%)，故可认为是近似吻合的。需注意的一些溶液，特别是组元浓度较低，二组元性质偏差较大时，可能会引起较大的偏差，误差值可能会超过 10%。

注意到在 Raoult 定律计算的溶液总压力误差<3%的溶液中，组元 1 蒸气分压力或者组元 2 蒸气分压力中，有一个分压力与 Raoult 定律计算数值的偏差>3%的共有 9 个，其中最大偏差达 13.24%，占比例达 32.14%，是个较高的比例数。这说明上面讨论的意见是正确的，即溶液组元的分压力确实与 Raoult 定律计算数值有偏差，但溶液各组元产生的偏差值，在形成总压力时有可能会互补，使 Raoult 定律计算的溶液总压力误差处在低值水平，即

<3%。

综合上述讨论，可从溶液总压力和其分压力对Raoult定律符合的情况来区别溶液的类型。

(1) 完全理想溶液条件为：溶液总压力与Raoult定律计算的数值符合，即 $P^G=\sum x_i^B P_i^0$；各组元的蒸气分压亦与Raoult定律计算的数值符合，即 $P_i^G=x_i^B P_i^0$。完全符合这类理想溶液各项要求的溶液很少。对于溶液总压力，理论上可以要求符合这类理想溶液要求的溶液总压力应该与Raoult定律计算的数值完全吻合，即其偏差为0%。但对实际溶液而言，大概率的情况是实际总压力与计算值一般均会存在一定的偏差，这是因为组成溶液的各组元的分子间相互作用不可能完全相同。依据上述对28个任选溶液的统计结果，Raoult定律计算的数值与溶液总压力误差<3%的溶液占78.57%比例，在余下的21.43%溶液中均是总压力的计算误差>3%，分压力与Raoult定律计算的数值亦均>3%。故而建议当Raoult定律计算的数值与溶液总压力误差<3%时的溶液可以当作是符合理想溶液要求的溶液。应该讲这是一项比较严格的要求了。

(2) 讨论溶液，如果其总压力与Raoult定律计算的数值符合，即 $P^G=\sum x_i^B P_i^0$，如上所述，其偏差<3%。而各组元的蒸气分压与Raoult定律计算的数值有一定的偏差，即 $P_i^G\neq x_i^B P_i^0$，则可以认为各组元的蒸气分压力与Raoult定律计算的数值近似符合，即 $P_i^G\approx x_i^B P_i^0$，则讨论溶液也是理想溶液，但不是完全理想溶液，是近似理想溶液。在经典热力学中讨论的所谓“理想溶液”绝大多数指的是这种近似理想溶液。

(3) 讨论溶液，如果其总压力与Raoult定律计算的数值不符合，即 $P^G\neq\sum x_i^B P_i^0$，亦就是说，Raoult定律计算的数值与溶液总压力误差>3%时，溶液中各组元的蒸气分压亦与Raoult定律计算的数值不符合，即 $P_i^G\neq x_i^B P_i^0$。则讨论溶液不是理想溶液，为实际溶液，或称为真实溶液。亦就是说，上述的21.43%溶液均应该认为是实际溶液。当然，所谓实际溶液应该是数量最多、类型最多的溶液。

由此可知，通过比较溶液的一些合适的性能指标可能用来判别讨论溶液的溶液属性类型。上述讨论将为8-3节中完全理想溶液与近似理想溶液的溶液属性讨论提供理论基础。8-3节将讨论判别讨论溶液的溶液属性的各项溶液性质和以这些溶液性质判别讨论溶液属性的方法。

8-3 溶　　液

在8-2节中介绍了溶液的各种基础理论，本节将依据这些基础理论对各种类型的溶液进行讨论。

在第六章中介绍了气体混合物的分子压力。这里将介绍液体混合物分子压力及其与组元纯物质时分子压力的关系，即，本节将着重讨论液体混合物分子压力的混合规则。

8-3-1　理想溶液条件

溶液是液体混合物，故各种液体物质相互混合后同样需要考虑所形成的混合物后各种分子间相互作用。与气体混合物一样，液体混合物中同样亦有理想的混合物（即理想溶液）和非理想的混合物（即实际溶液）的区别。但液体混合物的“理想”与“非理想”的概念与气体混合物有所不同，简单地归纳上述讨论可知，形成理想气体的条件是各分子的分子间相互作用可以忽略，分子体积可不予考虑；形成理想溶液的条件是溶液内各分子的分子间相互作用相同，分子体积相同。在进行溶液讨论之前需要了解在什么条件下讨论的溶液是理想溶液或不是理想溶液。依据8-2节的理论讨论，判断讨论溶液的理想性有：

(1) 溶液压力是否与溶液理想情况下压力相同，或者是否与溶液各组元的理想分压力之和相同，即溶液总压力是否可按Raoult定律计算：

$$P = P_{\mathrm{id}} = \sum P_{\mathrm{id},\, i} = \sum x_i P_i^0 \qquad [8-3-1a]$$

如果溶液总压力可按Raoult定律计算则讨论溶液是理想溶液。

(2) 溶液每个组元的分压力是否均可以按其纯液体的蒸气压乘以摩尔分数计算，即溶液组元的分压力是否可按Raoult定律计算。

$$P_i^{\mathrm{G}} = x_i P_i^0 \qquad [8-3-1b]$$

如果溶液组元的分压力可按Raoult定律计算则讨论溶液是理想溶液，并且是完全理想溶液。如果溶液组元的分压力按Raoult定律计算有一定的偏差，但在一定的允许误差范围内，且溶液总压力可按Raoult定律计算，则讨论溶液亦是理想溶液，但不是完全理想溶液，而是近似理想溶液。

上述方法的基础是溶液内分子间相互作用的能量条件与溶液内各分子的体积条件。据此进行下面讨论：

1. 能量条件

物理化学理论[11,30]认为：理想溶液是一种溶液中各组元的同种分子间相互作用能、异种分子间相互作用能彼此相同的混合物。设分子间相互作用能为u，则有：

$$u_{11} = u_{22} = u_{12} \qquad [8-3-2]$$

已知压力表示式为

$$P = \frac{N\mathrm{k}T}{V}\left[1 - \frac{1}{6\mathrm{k}T}\frac{N}{V}\int_0^{\infty}\frac{\mathrm{d}u(r)}{\mathrm{d}r}g(r)4\pi r^3\,\mathrm{d}r\right]$$

将式[8-3-2]代入此式，得　$P^{\mathrm{m}} = P_1^0 = P_2^0 = \cdots = P_i^0$　[8-3-3]

式[8-3-3]符合Raoult定律的要求，由此说明，从其能量条件来看，讨论溶液已符合理想溶液的要求,且已符合完全理想溶液的要求。但能达到式[8-3-3]所要求的溶液比较少见,一般认为同位素混合物(如水和重水)、结构异构体混合物(如邻、对二甲苯)等有可能满足这一要求。

物理化学[9]还有另一种看法:如果溶液中异种分子间相互作用能、各同种分子间相互作用能彼此并不相等,但是异种分子间相互作用能是各同种分子间相互作用能的算术平均值时,则可成为形成理想溶液的另一种能量要求。

即 $$u_{12} \neq u_{11} \neq u_{22} \tag{8-3-4a}$$

但 $$u_{12} = (u_{11} + u_{22})/2 \tag{8-3-4b}$$

由此关系可导得 $$u^{\mathrm{m}} = (x_1 u_{11} + x_2 u_{22}) \tag{8-3-5}$$

式中 u^{m} 为溶液内平均分子间相互作用能。将此关系代入上述压力表示式可知

$$\begin{aligned} P^{\mathrm{m}} &= \frac{N\mathrm{k}T}{V}\left[1 - \frac{1}{6\mathrm{k}T}\frac{N}{V}\int_0^{\infty}\frac{\mathrm{d}u^{\mathrm{m}}(r)}{\mathrm{d}r}g(r,\ \rho,\ T)4\pi r^3\mathrm{d}r\right] \\ &= \frac{N\mathrm{k}T}{V}\left[1 - \frac{1}{6\mathrm{k}T}\frac{N}{V}\sum x_i\int_0^{\infty}\frac{\mathrm{d}u_{ii}(r)}{\mathrm{d}r}g(r_{ii},\ \rho_i,\ T)4\pi r^3\mathrm{d}r\right] \end{aligned} \tag{8-3-6}$$

将理想溶液作为是个随机混合物,则在一个分子邻近处找到任一个分子的机会都是一样的[1],这意味着上式中溶液的径向分布函数 $g(r,\ \rho,\ T)$ 与组元 i 的径向分布函数 $g(r_{ii},\ \rho_i,\ T)$ 相同,故可得到 $$P^{\mathrm{m}} = x_1 P_{11} + x_2 P_{22} = x_1 P_1^0 + x_2 P_2^0 \tag{8-3-7a}$$

此式说明溶液总压力可按 Raoult 定律计算,即符合式[8-3-5]要求的溶液可能是一种理想溶液。但是,将能量条件式[8-3-4a]代入压力表示式[8-3-6],得到的是

$$P^{\mathrm{m}} \neq P_1^0 \neq P_2^0 \neq \cdots \neq P_i^0 \tag{8-3-7b}$$

不能导出各组元 Raoult 定律分压力计算式,说明这种溶液中溶液压力与各组元纯物质的压力相互不等,并且组元分压力按 Raoult 定律计算时会出现一定的偏差,即使这个偏差在计算中允许接受的话,上述溶液也与完全理想溶液有所不同,称之为近似理想溶液。

综合上述可知:

(1) 压力可以替代分子间相互作用能量参数来表示讨论溶液的能量条件。

(2) 溶液总压力可按 Raoult 定律计算,则讨论溶液应是一种理想溶液。

(3) 当溶液总压力与各组元在相同温度下纯物质的平衡压力相等时,讨论的理想溶液应是完全理想溶液。

(4) 当溶液总压力与各组元在相同温度下纯物质的平衡压力互不相等时,则

——讨论溶液中组元分压力按 Raoult 定律计算时会出现一定的偏差。

——只是对讨论设置一定的允许误差要求时,此讨论溶液才可认为是理想溶液,但不是完全理想溶液,而是近似理想溶液。

2. 体积条件

从上述的能量条件讨论亦可了解到对溶液体积条的要求。已知压力表示式为

对溶液压力　$P^m = \frac{NkT}{V^m}\left[1 - \frac{1}{6kT}\frac{N}{V^m}\int_0^\infty \frac{du^m(r)}{dr} g(r, \rho, T) 4\pi r^3 dr\right]$

对纯组元压力　$P_i^0 = \frac{NkT}{V_i^0}\left[1 - \frac{1}{6kT}\frac{N}{V_i^0}\int_0^\infty \frac{du_{ii}(r)}{dr} g(r_{ii}, \rho_i, T) 4\pi r^3 dr\right]$

在能量条件讨论中对完全理想溶液有式[8-3-2]和[8-3-3]的要求，对比上列压力表示式，显然有　$V_m^m = V_{m,1}^0 = V_{m,2}^0 = \cdots = V_{m,i}^0$　[8-3-8a]

从 Raoult 定律亦可得到上式意见。对上式引入能量条件式[8-3-3]，得

$$P^m V_m^m = P_1^0 V_{m,1}^0 = P_2^0 V_{m,2}^0 = \cdots = P_3^0 V_{m,i}^0 \quad [8-3-8b]$$

对 Raoult 式[8-3-7a]引入溶液的体积，

$$P^m V_m^m = x_1 P_1^0 V_m^m + x_2 P_2^0 V_m^m + \cdots + x_i P_i^0 V_m^m \quad [8-3-8c]$$

对比式[8-3-8b]可知对于完全理想溶液，式[8-3-8a]应该成立。即，形成完全理想溶液时要求溶液内各组元分子的形状和大小相同或十分接近。

很多物质分子的形状和大小不同，但这些物质亦可能形成理想溶液。即，当 $V_{m,i} \neq V_{m,j}$ 时，如果两种不同分子相混合时不发生由于物理或化学方面原因而引起形成溶液前后讨论体系体积的变化，则亦有可能形成理想溶液。在 8-2 节中已作了理论上说明，其表示式为

$$V_{m,S} = (x_1 V_{m,1} + x_2 V_{m,2}) = (1 - x_2(V_{m,1} - V_{m,2})) \quad [8-3-9]$$

由于符合[8-3-9]的物质分子的形状和大小不同，故这些物质不能形成完全理想溶液，所形成的理想溶液应是近似理想溶液。

下面对上述判断理想溶液的能量和体积条件进行量化处理，使这些能量和体积条件可方便地在实际中用于判断溶液是否是理想溶液：

$$\delta_S = (u^m - u_{id}^m)/u_{id}^m \quad [8-3-10a]$$

式中 u^m、u_{id}^m 分别为实际溶液和理想溶液的分子间相互作用能。因此上式应是能量条件指标。已知，分子间相互作用能量可以分子动压力形式表示，例如溶液的总压力 P^m、蒸气分压 P_i^m 等，也可以以分子静压力形式表示，例如溶液的表面张力 σ_S。这样，式[8-3-10a]能量条件指标可更方便地以下列形式表示：

以溶液的压力表示　$\delta_P = (P^m - P_{id}^m)/P_{id}^m$　[8-3-10b]

式中 P_{id}^m 为讨论溶液是理想溶液时的蒸气压。物理化学理论认为溶液为理想溶液时需服从 Raoult 定律，故 $P_{id}^m = x_1 P_1^0 + x_2 P_2^0$，对比上述能量条件指标，可知式[8-3-10b]实际是判别讨论溶液是否符合 Raoult 定律。

以溶液表面张力表示 $\delta_{S\sigma}=(\sigma_S-\sigma_S^{id})/\sigma_S^{id}$ [8-3-10c]

式中 σ_S^{id} 为讨论溶液为理想溶液时的表面张力。已知表面张力直接与分子内压力相关，即直接与分子静压力相关，亦就是说直接与分子间相互作用能量相关，因此式[8-3-10c]亦是判断形成理想溶液的能量条件。

能量条件指标 δ_S 所反映的是实际溶液具有的能量(以 P^m 或 σ_S 表示)与讨论溶液处于理想溶液状态下的能量(以 P_{id}^m 或 σ_{id} 表示)偏离的程度，称之为溶液理想度。各种溶液由于彼此所具有的溶液条件不同，一些溶液可能较接近些理想溶液，一些溶液可能偏离理想溶液远一点，通过这一能量指标 δ_S 的数值可反映讨论溶液与理想状态偏离的程度。

在上述讨论中已经指出，满足溶液理想度为零的可能条件有两种：

以压力反映能量时为 $P^m=P_i^0=P_j^0$ [8-3-11a]

以表面自由能表示时为 $\sigma_S=\sigma_i=\sigma_j$ [8-3-11b]

显然，当满足上两式时满足 $\delta_S=0$，即是理想溶液。

已知，理想溶液中各组元间分子间相互作用彼此相同，亦就是说，溶液中各组元间分子间相互作用之差异会使讨论溶液对理想溶液出现偏差。为此列示另一项能量条件指标以反映这个偏差：

$$\delta_P=\frac{P_i^0}{P_j^0} \quad [8-3-12a]$$

$$\delta_\sigma=\frac{\sigma_i}{\sigma_j} \quad [8-3-12b]$$

δ_P 和 δ_σ 为以压力或表面张力反映组元 i 与组元 j 的分子间相互作用强弱上的差异。当讨论溶液为理想溶液时各组元间分子间相互作用彼此相同，则 $\delta_P=1$ (或 $\delta_\sigma=1$)，当讨论溶液偏离理想溶液时各组元间分子间相互作用彼此不同，则 $\delta_P\neq1$ (或 $\delta_\sigma\neq1$)。

由 8-2 节理论讨论可知，对于完全理想溶液，其 $\delta_S=0$ 和 $\delta_P=1$ (或 $\delta_\sigma=1$)。但对于近似理想溶液，由于其溶液总压力与 Raoult 定律计算值吻合，故有 $\delta_S=0$，符合能量条件指标要求，但这类溶液中 $\delta_P\neq1$ 或 $\delta_\sigma\neq1$，亦就是第二项能量条件指标不符合要求时溶液亦会呈现理想性。这是因为当溶液微观分子间相互作用方面如果不能满足式[8-3-2]的要求，但可满足另一项理想溶液能量条件——式[8-3-4b]的要求时亦可使溶液为理想溶液。

式[8-3-4b]要求体现在压力和表面张力参数上应有关系为

以压力表示时为 $\delta_{EP}=\left[\left(\dfrac{P_1^0+P_2^0}{2}\right)-P_{(12)}^0\right]\Big/P_{(12)}^0$ [8-3-13a]

式中 $P_{(12)}^0$ 为假设某个虚拟物质，其分子间相互作用能为 u_{12} 时这个虚拟物质的蒸气压。

以表面自由能表示时为 $\delta_{E\sigma}=\left[\left(\dfrac{\sigma_1+\sigma_2}{2}\right)-\sigma_{(12)}^0\right]\Big/\sigma_{(12)}^0$ [8-3-13b]

与上式相似，式中 $\sigma_{(12)}^0$ 为假设某个虚拟物质，其分子间相互作用能为 u_{12} 时这个虚拟物质的表面张力。

因此当 $\delta_S=0$，溶液是某种理想溶液，如果溶液各组元纯物质蒸气压力或表面张力彼此相等，即 $P_1^0 = P_2^0 = P_{(12)}^0 (\delta_P = 1)$ 或 $\sigma_1 = \sigma_2 = \sigma_{(12)} (\delta_\sigma = 1)$，这时应有 $\delta_E = 0$，说明形成理想溶液的原因是溶液各组元分子相互作用能量相等关系。

又当溶液是某种理想溶液，如果溶液各组元纯物质蒸气压力或表面张力彼此并不相等，即 $P_1^0 \neq P_2^0 \neq P_{(12)}^0 (\delta_P \neq 1)$ 或 $\sigma_1 \neq \sigma_2 \neq \sigma_{(12)} (\delta_\sigma \neq 1)$，但这时 $\delta_S = 0$，讨论溶液也是理想溶液，而这时形成理想溶液的原因是溶液中异种分子间相互作用能等于各同种分子间相互作用能的算术平均值所引起，即满足了式[8-3-4b]要求，$\delta_{EP} = 0$ 或 $\delta_{E\sigma} = 0$。

从这个意义上来讲，$\delta_S = 0$ 和 $\delta_E = 0$ 均是形成理想溶液的条件。满足 $P_1^0 = P_2^0 = P_{(12)}^0$（或 $\sigma_1 = \sigma_2 = \sigma_{(12)}$）和 $\delta_S = 0$ 的溶液称为完全理想溶液。完全理想溶液必定同时满足 $\delta_E = 0$ 的能量条件要求；满足 $P_1^0 \neq P_2^0 \neq P_{(12)}^0$（或 $\sigma_1 \neq \sigma_2 \neq \sigma_{(12)}$）同时又满足 $\delta_{EP} = 0$（或 $\delta_{E\sigma} = 0$）的溶液称为近似理想溶液。近似理想溶液在满足 $\delta_E = 0$ 时应同时也会满足 $\delta_S = 0$ 的要求，因此，作为判断溶液是否是理想溶液的能量条件指标，仅采用 $\delta_S = 0$ 的要求就可以了，亦就是说，$\delta_S = 0$ 的能量条件指标应是理想溶液的必需条件，称其为第一能量条件。

$\delta_{EP} = 0$ 或 $\delta_{E\sigma} = 0$ 反映着溶液内组元分子间相互作用的能量关系。但由上讨论可知，这个能量关系并不是溶液成为理想溶液的必需条件，只是溶液成为完全理想溶液或成为近似理想溶液的可能条件，故称其为第二能量条件，这个第二能量条件亦可由 $\delta_S = 0$ 结合 δ_P（或 δ_σ）的数值来反映，故从这个意义上来讲，δ_P（或 δ_σ）亦可称其为第二能量条件，并且在使用时应更为简便些。

δ_E 指标还可用于反映相同分子间与不同分子间相互作用的相互关系。但计算 δ_E 指标的难点在于 $P_{(12)}^0$ 和 $\sigma_{(12)}^0$ 数值的确定，计算 $P_{(12)}^0$ 数值难度更大些，因为目前还不清楚压力参数与一些分子间相互作用（如色散力、诱导力和静电力）的关系，且还较难以实验核准计算结果。而 $\sigma_{(12)}^0$ 的计算则要明确得多，已经有很多研究者讨论分析了表面张力与一些分子间相互作用，如色散力、诱导力和静电力相互间的关系。并且，由于溶液与组成溶液各组元纯物质状态下的表面张力数值均可实验测定，当了解溶液的 δ_E 数值后亦可由计算的二组元相互作用的数值进行核定。

由 δ_E 数值计算 $\sigma_{(12)}^0$ 的计算式为：

$$\sigma_{(12)}^0 = (\sigma_1 + \sigma_2)/2(1 + \delta_E) \qquad [8-3-14]$$

因此，$\sigma_{(12)}^0$ 较 $P_{(12)}^0$ 更便于进行讨论。这样除了 δ_E 和 δ_S 二项溶液能量指标外，$\sigma_{(12)}^0$ 亦应是溶液的一项基本参数，用于判断溶液各组元分子间相互作用强弱的依据。但 $\sigma_{(12)}^0$ 不是用于判断溶液是否是理想溶液的必需条件。$\sigma_{(12)}^0$ 的详细计算方法可参阅文献[2]。

8-2 节理论讨论指出，形成理想溶液的条件除能量条件外，还需注意溶液和组元的体积条件。

形成理想溶液要求：二类不同分子相互混合而形成溶液时不会发生由于物理或化学方面原因而使组成溶液的各类分子的体积，即分子的大小发生变化，反映这个体积变化指标称为体积变化条件指标为：

$$\delta_{V1} = (V^P_{m,S} - V^{id}_{m,S})/V^{id}_{m,S} \qquad [8-3-15a]$$

式中，$V^{id}_{m,S} = x_1 V_{m,1} + x_2 V_{m,2}$ 为理想状态下的溶液摩尔体积，计算时如果浓度数值未知，则一般取摩尔分数浓度为 0.5，即按下式计算：$V^{id}_{m,S} = 0.5(V_{m,1} + V_{m,2})$。

$V^P_{m,S} = M_S/d_S$ 为实际的溶液摩尔体积。M_S、d_S 分别为溶液的摩尔质量和密度。

另一个反映理想溶液中各组元分子的形状和大小接近的体积条件如下式所示，称之为体积相似条件：

$$\delta_{V2} = V_{m,i}/V_{m,j} \qquad [8-3-15b]$$

如果讨论溶液确是理想溶液，并且是完全理想溶液，则其组元分子大小应接近，即 $\delta_{V2} = 1$，并同时符合 $\delta_{V1} = 0$；而形成的溶液是近似理想溶液时，其组元分子大小、形状有时并不接近，即 $\delta_{V2} \neq 1$，但近似理想溶液应该符合 $\delta_{V1} = 0$。由此可见，体积指标 $\delta_{V1} = 0$ 应是形成理想溶液的必需条件，故称为第一体积条件指指标。而体积指标 $\delta_{V2} = 1$ 只是形成完全理想溶液的可能条件，故称为第二体积条件指标。这些体积条件指标反映形成理想溶液时所要求的体积参数的变化条件。

由以上讨论可知：当这些理论指标达到：

$$\delta_S = 0 \qquad \delta_P = 1 \text{ 或 } \delta_\sigma = 1 \qquad \delta_{V1} \cong 0 \qquad \delta_{V2} \cong 1$$

所讨论的溶液应该是完全理想溶液。当这些理论指标部分偏离上列理想数值时溶液会逐渐向实际溶液接近。

这样通过以上四个指标：两个能量指标和两个体积指标，其中以溶液的理想度和体积变化条件指标作为判断溶液是否是完全理想溶液，或者是近似理想溶液、实际溶液的必需条件，就可以讨论各种不同溶液可能具有的规律了。

需加说明的是：下面将着重以压力参数来讨论反映溶液的性质，这是因为本章的讨论目的是讨论分析溶液的分子压力，即压力参数的范畴。此外，已经详细地讨论了以表面张力来反映溶液的性质的方法、计算数值等，有兴趣的读者可参阅文献[2]。

8-3-2 完全理想溶液

由上述讨论可知，当讨论溶液的能量条件指标和体积条件指标符合以下要求：

$$\delta_S = 0 \qquad \delta_P = 1 \text{ 或 } \delta_\sigma = 1 \qquad \delta_{V1} \cong 0 \qquad \delta_{V2} \cong 1$$

这时讨论溶液是完全理想溶液。由此可以设计满足上述要求的完全理想溶液的微观模型。这个微观模型的要求为：

1. 微观模型对微观分子间相互作用的要求

已知压力表示式为

$$P = \frac{NkT}{V}\left[1 - \frac{1}{6kT}\frac{N}{V}\int_0^\infty \frac{du(r)}{dr} g(r) 4\pi r^3 dr\right]$$

物理化学理论[11, 30]认为：理想溶液是一种溶液中各组元的同种分子间相互作用能彼此相同，异种分子间相互作用能也彼此相同的混合物。设分子间相互作用能为 $u(r)$，则有：

$$u(r)^{\mathrm{m}} = u(r)_1^0 = u(r)_2^0 = u(r)_{12}^{\mathrm{m}}$$

由上述压力表示式知：

对溶液
$$P^{\mathrm{m}} = \frac{N\mathrm{k}T}{V_m^{\mathrm{m}}}\left[1 - \frac{1}{6\mathrm{k}T}\frac{N}{V_m^{\mathrm{m}}}\int_0^{\infty}\frac{\mathrm{d}u(r)^{\mathrm{m}}}{\mathrm{d}r}g(r)4\pi r^3\mathrm{d}r\right]$$

对组成溶液各组元在纯物质时

$$P_i^0 = \frac{N\mathrm{k}T}{V_{m,i}^0}\left[1 - \frac{1}{6\mathrm{k}T}\frac{N}{V_{m,i}^0}\int_0^{\infty}\frac{\mathrm{d}u(r)_i^0}{\mathrm{d}r}g(r)4\pi r^3\mathrm{d}r\right]$$

这时得到的压力为

$$P = \frac{N\mathrm{k}T}{V}\left[1 - \frac{1}{6\mathrm{k}T}\frac{N}{V}\int_0^{\infty}\frac{\mathrm{d}u(r)}{\mathrm{d}r}g(r)4\pi r^3\mathrm{d}r\right] = \frac{N\mathrm{k}T}{V}Z^{\mathrm{L,\,id}}$$

式中
$$Z^{\mathrm{L,\,id}} = 1 - \frac{1}{6\mathrm{k}T}\frac{N}{V}\int_0^{\infty}\frac{\mathrm{d}u(r)}{\mathrm{d}r}g(r)4\pi r^3\mathrm{d}r$$

$Z^{\mathrm{L,\,id}}$ 为理想压缩因子，对此已在第二章中进行过说明。$Z^{\mathrm{L,\,id}}$ 为液态物质所具有，气态物质不具有的理想压缩因子，或者说气态物质的理想压缩因子 $Z^{\mathrm{L,\,id}} = 1$，即

对溶液为
$$P_{\mathrm{id}}^{\mathrm{m}} = \frac{N\mathrm{k}T}{V_m^{\mathrm{m}}}Z^{\mathrm{m,\,id}} = P_{\mathrm{id}}^{\mathrm{m}n}Z^{\mathrm{m,\,id}}$$

对纯组元
$$P_{\mathrm{id},\,i}^0 = \frac{N\mathrm{k}T}{V_{m,i}^0}Z_i^{0,\,\mathrm{id}} = P_{\mathrm{id},\,i}^{0n}Z_i^{0,\,\mathrm{id}}$$

式中 $P_{\mathrm{id}}^{\mathrm{m}n} = \dfrac{N\mathrm{k}T}{V_m^{\mathrm{m}}}$，$P_{\mathrm{id},\,i}^{0n} = \dfrac{N\mathrm{k}T}{V_{m,i}^0}$ 均是将液体像理想气体那样不考虑分子间相互作用的影响时，在温度为 T、体积为 V_m^{m} 或 $V_{m,i}^0$ 时 1 mol 分子热运动对体系形成的压力，这就是物理化学中的理论理想压力，或称为液体的理论理想压力。

式中 $P_{\mathrm{id}}^{\mathrm{m}}$ 和 $P_{\mathrm{id},\,i}^0$ 为溶液或纯组元 i 的表观理想压力，亦就是液体受到分子间相互作用影响后表现出来的理想压力，故亦可称为实际理想压力。在平衡状态下溶液的实际理想压力与溶液蒸气的理想压力相等。纯组元 i 的实际理想压力与纯组元 i 蒸气的理想压力相等。

由于完全理想溶液模型假设讨论溶液中各组元的同种分子间相互作用能彼此相同，异种分子间相互作用能也彼此相同，故由理想压缩因子的定义式知：

$$Z^{\mathrm{m,\,id}} = Z_1^{0,\,\mathrm{id}} = Z_2^{0,\,\mathrm{id}} = \cdots = Z_i^{0,\,\mathrm{id}}$$

已设
$$V_m^{\mathrm{m}} = V_{m,1}^0 = V_{m,2}^0 = \cdots = V_{m,i}^0$$

则
$$\frac{N\mathrm{k}T}{V_m^{\mathrm{m}}}Z^{\mathrm{m,\,id}} = \frac{N\mathrm{k}T}{V_{m,1}^0}Z_1^{0,\,\mathrm{id}} = \cdots = \frac{N\mathrm{k}T}{V_{m,i}^0}Z_i^{0,\,\mathrm{id}}$$

得到 $$P^{\mathrm{m}} = P_1^0 = P_2^0 = \cdots = P_i^0$$

因此，由完全理想溶液微观模型的能量假设可以得到：讨论溶液的总压力与分压力必定均符合 Raoult 定律的要求，即讨论溶液必定是完全理想溶液。

能够满足上述要求的自然界物质可能存在但应该是很少的。因此，从此角度来讲，完全理想溶液的模型假设，也只是理论性的，适用于理论研究。

2. 对讨论溶液和纯组元的摩尔体积的要求

如上述讨论可知，为保证讨论溶液符合 Raoult 定律的要求，则需要

$$V_m^{\mathrm{m}} = V_{m,1}^0 = V_{m,2}^0 = \cdots = V_{m,i}^0$$

即微观上要求组成溶液的每个组元分子均应具有一定的分子体积，并且这些分子体积大小均是相同的。

能够同时满足上述二点要求的物质自然界中应该也是很少的。因此，结合上述的能量要求，完全理想溶液的上述模型假设，均是理论上的，仅适用于理论研究。

3. 分子运动

与完全理想液体相同，对体系中分子运动亦认为：分子运动遵守牛顿运动定律。

由此可见，符合上述模型要求的溶液即为完全理想溶液。故此微观模型即为完全理想溶液的微观模型。

以溶液所具有的一些相关性能来表示完全理想溶液微观模型的上述要求，即：

$$\delta_S = 0 \qquad \delta_P = 1 \text{ 或 } \delta_\sigma = 1 \qquad \delta_{V1} \cong 0 \qquad \delta_{V2} \cong 1$$

对这些能量条件和体积条件可作下列说明：

(1) $\delta_S = 0$，表明讨论溶液总压力即是溶液处在理想状态下的蒸气总压力，即有

$$P^{\mathrm{m}} = P_{\mathrm{id}}^{\mathrm{m}}$$

(2) $\delta_P = 1$，表示讨论溶液中各组元在纯物质状态下的蒸气压力数值彼此相等，这意味着这些组元所形成的溶液总压力与各纯组元压力彼此相等，即

$$P^{\mathrm{m}} = P_1^0 = P_2^0 = \cdots = P_i^0$$

从分子压力理论角度来讲，这个要求意味着溶液的分子动压力情况与组元在纯物质状态下的分子动压力情况完全相同。即溶液的分子相互作用与组元在纯物质状态下的分子相互作用相同。

(3) $\delta_\sigma = 1$，也表示讨论溶液中各组元在纯物质状态下的表面张力彼此相等，同样这意味着这些组元所形成的溶液表面张力与各纯组元表面张力亦彼此相等，即

$$\sigma^{\mathrm{m}} = \sigma_1^0 = \sigma_2^0 = \cdots = \sigma_i^0$$

从分子压力理论角度来讲，这个要求意味着溶液的分子静压力情况与组元在纯物质状态下的分子静压力情况完全相同。也就是说，溶液的分子相互作用与组元在纯物质状态下的分

子相互作用相同。

(4) $\delta_{V1}=0$，表示形成理想溶液前后，不管是物理因素变化或者是化学因素变化，体系的体积不变化，即 $V_m^{B}=V_m^{B,\ id}$

(5) $\delta_{V2}=1$，表示讨论溶液中各组元在纯物质状态下的摩尔体积彼此相等，这也意味着这些组元所形成溶液的摩尔体积与各纯组元摩尔体积彼此相等，即

$$V_m^{B}=V_{m,\ 1}^{0}=V_{m,\ 2}^{0}=\cdots=V_{m,\ i}^{0}$$

溶液的这些特性完全符合 8－2 节中理论讨论对完全理想溶液的要求，正因为完全理想溶液必须满足上述这些要求，因此这类溶液具有一些独特的溶液性质：

(1) 全部符合上述特性的溶液很少

许多物理化学著作指出，一般同位素混合物(如水和重水)、结构异构体混合物(邻、对二甲苯)等或可视为是这类理想溶液[18]。

下面选择间二甲苯和对二甲苯作为例子来讨论完全理想溶液的相关数值。间二甲苯和对二甲苯混合物的基本数据列示于表 8－3－1。

表 8－3－1　间二甲苯和对二甲苯混合物的基本数据(1)

<table>
<tr><td colspan="8">间二甲苯(组元 1)—对二甲苯(组元 2)混合物的基本数据</td></tr>
<tr><td>T/K</td><td>σ_1
mN·m^{-1}</td><td>σ_2
mN·m^{-1}</td><td>σ^{m}
mN·m^{-1}</td><td>$\sigma_{(12)}^{0}$
mN·m^{-1}</td><td>V_1
cm^3·mol^{-1}</td><td>V_2
cm^3·mol^{-1}</td><td>V^{m}
cm^3·mol^{-1}</td></tr>
<tr><td>293.150</td><td>28.9</td><td>28.370</td><td>28.500</td><td>28.636</td><td>122.174</td><td>122.852</td><td>121.998</td></tr>
<tr><td colspan="8">$\sigma_{(12)}^{0}$ 含(2)：色散相互作用 28.448 mN/m、静电相互作用 0.102 mN/m、诱导相互作用 0.086 mN/m</td></tr>
<tr><td colspan="8">理想溶液条件指标</td></tr>
<tr><td colspan="2">δ_S，%</td><td colspan="2">δ_σ</td><td colspan="2">δ_{V1}，%</td><td colspan="2">δ_{V2}</td></tr>
<tr><td colspan="2">−0.471</td><td colspan="2">1.019</td><td colspan="2">−0.001</td><td colspan="2">0.994</td></tr>
</table>

注：(1) 本表数据取自文献[18]。
(2) 对二甲苯的静电力比例、色散力比例和诱导系数采用邻二甲苯的数据[2]。

表 8－3－1 所列数据说明间二甲苯和对二甲苯溶液可认为是完全理想溶液。

由于未能找到完全理想溶液蒸气压力与摩尔分数关系的数据，表 8－3－1 中列示的只是以表面张力计算的溶液能量条件作为基本参数的数据。

(2) 理想溶液中的一些特性与各组元纯物质的特性相同

已知，溶液总压力的表示式

$$P^{G}=P_1^{G}+P_2^{G}+\cdots+P_i^{G}=\sum P_i^{G}=\sum\left[x_i P_i^{0}\frac{y_i}{x_i}\frac{V_{m,\ i}^{0}}{V_m^{m}}\frac{Z^{m}}{Z_i^{0}}\right] \qquad [8-3-16]$$

V_m^{m}、Z^{m} 为讨论溶液的摩尔体积和压缩因子。上式用于完全理想溶液讨论时注意有：

(1) 由完全理想溶液的体积条件指标可知 $\delta_{V1}=0$，$\delta_{V2}=1$，由此两个指标定义可知，完全理想溶液应有下列关系：　$V_m^{m}=V_{m,\ i}^{0}=V_{m,\ j}^{0}$

即完全理想溶液中溶液摩尔体积与各组元纯物质的摩尔体积相同。

(2) 由完全理想溶液的能量条件指标可知 $\delta_S=0$，$\delta_P=1$，由此两个指标定义可知，完全理想溶液应有下列关系：

$$P^{G}=P^{m}=P_i^0=P_j^0$$

即完全理想溶液中溶液总压力与各组元纯物质的压力相同。对此引入上述摩尔体积间关系

则有
$$\frac{P^{m}V_m^{m}}{RT}=\frac{P_i^0V_{m,i}^0}{RT}=\frac{P_j^0V_{m,j}^0}{RT}$$

即有
$$Z^{m}=Z_i^0=Z_j^0$$

即完全理想溶液中溶液压缩因子与各组元纯物质压缩因子相同。此压缩因子即为讨论液体情况时的理想压缩因子，这里称作为溶液的理想压缩因子。

(3) 对完全理想溶液，其组元 i 的分压力可由 Raoult 定律计算，即

$$P_i=x_iP_i^0$$

对比式[8-3-16]并引入上述完全理想溶液的溶液与各组元纯物质的摩尔体积关系和压缩因子关系，可知

$$P_i=x_iP_i^0=x_iP_i^0\frac{y_i}{x_i}\frac{V_{m,i}^0}{V_m^{m}}\frac{Z^{m}}{Z_i^0}=x_iP_i^0\frac{y_i}{x_i}$$

故有
$$y_i=x_i^{B} \qquad [8-3-17a]$$

即完全理想溶液气相中组元 i 的摩尔分数浓度与其在相内区中摩尔分数浓度相等。已知，理想溶液中界面区的组元 i 摩尔分数浓度与其在相内区中摩尔分数浓度也相等[2]，故对完全理想溶液，上式可改为

$$y_i=x_i^{B}=x_i^{S} \qquad [8-3-17b]$$

由于找不到完全理想溶液中 y_i 与 x_i 的数据，作为替代例子，下面列示了 3-庚烯与庚烷溶液，一个比较接近完全理想溶液的近似理想溶液，其溶液总压力与 x_i 的线性相关系数 $R=0.9897$。溶液的 $\delta_P=103.2\ \text{kPa}/97.5\ \text{kPa}=1.058$，$\delta_{V2}=150\ \text{cm}^3/\text{mol}/163\ \text{cm}^3/\text{mol}=0.920$。此两数据与完全理想溶液要求的 $\delta_P=1.00$ 和 $\delta_{V2}=1.00$ 数据相距不远，故此溶液是个接近完全理想溶液的近似理想溶液。

文献中列示的相内区摩尔分数 x_i 和气相内摩尔分数 y_i 如表 8-3-2 所列。

表 8-3-2　3-庚烯与庚烷溶液相内区和气相中组元 3-庚烯的摩尔分数

$x^{B}_{3\text{-庚烯}}$	0	0.1	0.2	0.3	0.4	0.5	0.6	0.7	0.8	0.9	1.0
$y_{3\text{-庚烯}}$	0	0.106	0.211	0.313	0.414	0.513	0.612	0.710	0.807	0.903	1.0
误差/%		−5.66	−5.21	−4.15	−3.38	−2.53	−1.96	−1.41	−0.87	−0.33	

注：本表数据取自文献[31]。

表 8-3-2 所列数据说明式[8-3-17]是正确的。此外，由于完全理想溶液中有式[8-

3－17]关系，故知，对完全理想溶液有 Raoult 定律计算的组元分压力与实际的组元分压力相等，即

$$P_i^G = x_i P_i^0 \frac{y_i}{x_i} \frac{V_{m,i}^0}{V_m^m} \frac{Z^m}{Z_i^0} = P_i^{Raoult} = x_i P_i^0 \qquad [8-3-18]$$

式[8－3－18]应是完全理想溶液特有的特性之一。

此外，从表 8－3－1 所列的可认为是完全理想溶液的间二甲苯和对二甲苯溶液来看，表示其溶液特征的实际指标值为

δ_S	δ_σ	δ_{V1}	δ_{V2}
−0.471%	1.019	−0.001%	0.994

完全理想溶液微观模型所要求的为：

$$\delta_S = 0 \qquad \delta_P = 1 \text{ 或 } \delta_\sigma = 1 \qquad \delta_{V1} = 0 \qquad \delta_{V2} = 1$$

二者还不是完全相吻合的。对于上述的比较接近完全理想溶液的 3－庚烯与庚烷溶液亦是如此。由于自然界中很难找到符合完全理想溶液微观模型全部要求的物质，亦就是自然界中很难找到分子间相互作用相同和分子体积大小亦相同的两种物质。可能的是与完全理想溶液属性比较接近的一些物质。为此，对于表示溶液中分子间能量关系的溶液理想度指标 δ_S，其计算的溶液总压力，理论上可以要求符合这类理想溶液要求的溶液总压力应该与 Raoult 定律计算的数值完全吻合，即其偏差为 0%。但对实际溶液而言，如上例所示，大概率的情况是实际总压力与计算值一般均会存在一定的偏差。这是因为组成溶液的各组元的分子间相互作用并不可能是完全相同的，此外，还需考虑实测数据值亦会存在一定的测试误差。在 8－2 节的讨论中，依据对一些溶液误差分析的结果，曾建议当 Raoult 定律计算的数值与溶液总压力误差$<|3|$%时，即溶液理想度 $|\delta_S| \leqslant 3\%$ 的溶液可以当作是符合理想溶液要求的溶液，应该讲是可行的。据此，在实际计算时，当这些指标实际计算数值与上述理论数据偏差小于$|3|$%时即可认为这一溶液有可能是完全理想溶液了，即要求符合完全理想溶液的溶液属性指标的允许范围在实际处理时可控制在：

$$|\delta_S| \leqslant 3\%,\ 0.97 \leqslant \delta_P \leqslant 1.03,\ |\delta_{V1}| \leqslant 3\%,\ 0.97 \leqslant \delta_{V2} \leqslant 1.03$$

8－3－3　近似理想溶液

从 Raoult 定律角度分析，所谓近似理想溶液应该是这样一种溶液：与完全理想溶液相同部分是溶液总压力与 Raoult 定律计算的相吻合；不同部分是溶液中各组元分压力与 Raoult 定律计算的有偏差，但偏差不太大，个别偏差可能大于 10%，故只能认为是在允许误差范围内近似地与 Raoult 定律计算值吻合，这也是称此溶液为近似理想溶液的原因。这也说明，讨论溶液虽然亦将其归属于理想溶液类型，但其开始偏离纯理想状态，尽管其偏差很小。

由于讨论溶液不是完全理想溶液，依据完全理想溶液微观模型，不是完全理想溶液时溶

液中分子间相互作用应为

$$u^{m} \neq u_{12} \neq u_{11} \neq u_{22}$$

由径向分布函数表示的压力式知溶液压力为

$$P^{m} = \frac{NkT}{V_{m}^{m}}\left[1 - \frac{1}{6kT}\frac{N}{V_{m}^{m}}\int_{0}^{\infty}\frac{du(r)^{m}}{dr}g(r)4\pi r^{3}dr\right]$$
$$= P_{id}^{m} - \frac{1}{6}\left(\frac{N}{V_{m}^{m}}\right)^{2}\int_{0}^{\infty}\frac{du(r)^{m}}{dr}g(r)^{m}4\pi r^{3}dr = P_{id}^{m} + \Delta P^{m}$$

式中 ΔP^{m} 表示为溶液中分子间相互作用对溶液压力的影响。同理，对组成溶液各组元在纯物质时

$$P_{i}^{0} = \frac{NkT}{V_{m,i}^{0}}\left[1 - \frac{1}{6kT}\frac{N}{V_{m,i}^{0}}\int_{0}^{\infty}\frac{du(r)_{i}^{0}}{dr}g(r)_{i}^{0}4\pi r^{3}dr\right]$$

将其改写成上式形式，即 $P_{i}^{0} = P_{id,i}^{0} + \Delta P_{i}^{0}$

式中 ΔP_{i}^{0} 表示为溶液中纯组元 i 中分子间相互作用对纯组元 i 液体压力的影响。

现讨论一个二元系溶液，如果这个溶液是理想溶液，则这个溶液的总压力应该服从 Raoult 定律，即有关系：

$$P^{m} = x_{1}P^{0} + x_{2}P_{2}^{0} \quad [8-3-19a]$$

改写为

$$P^{m} = P_{id}^{m} + \Delta P^{m}$$
$$= x_{1}P^{0} + x_{2}P_{2}^{0} = x_{1}(P_{id,1}^{0} + \Delta P_{1}^{0}) + x_{2}(P_{id,2}^{0} + \Delta P_{2}^{0}) \quad [8-3-19b]$$

下面讨论在什么条件下可以满足式[8-3-19]所示关系，对上式中可分两部分进行要求：

——对理想状态各压力应有关系

$$P_{id}^{m} = x_{1}P_{id,1}^{0} + x_{2}P_{id,2}^{0}$$

即

$$\frac{NkT}{V_{m}^{m}} = x_{1}\frac{NkT}{V_{m,1}^{0}} + x_{2}\frac{NkT}{V_{m,2}^{0}}$$

满足理想状态各压力应有的关系，则要求讨论溶液与其纯组元之间应有下列关系：

$$V_{m}^{m} = V_{m,1}^{0} = V_{m,2}^{0}$$

——对溶液与纯组元中分子间相互作用影响的要求：

$$\Delta P^{m} = x_{1}\Delta P_{1}^{0} + x_{2}\Delta P_{2}^{0}$$

已知

$$\Delta P^{m} = -\frac{1}{6}\left(\frac{N}{V_{m}^{m}}\right)^{2}\int_{0}^{\infty}\frac{du(r)^{m}}{dr}g(r)^{m}4\pi r^{3}dr$$

依据溶液理论中“准晶格模型”[10]得到下列关系：

$$u^{m} = u_1x_1 + u_2x_2 - \alpha x_{12}(W_{11} + W_{22} - 2W_{12})$$
$$= u_1x_1 + u_2x_2 - x_{12}(u_1 + u_2 - 2u_{12})$$

故有

$$\Delta P^{m} = -\frac{1}{6}\left(\frac{N}{V_m^{m}}\right)^2\int_0^\infty \frac{d[u_1x_1 + u_2x_2 - x_{12}(u_1 + u_2 - 2u_{12})]}{dr}g(r)^{m}4\pi r^3 dr$$
$$= -\frac{1}{6}\left(\frac{N}{V_m^{m}}\right)^2\left[x_1\int_0^\infty \frac{du_1}{dr}g(r)^{m}4\pi r^3 dr + x_2\int_0^\infty \frac{du_2}{dr}g(r)^{m}4\pi r^3 dr\right.$$
$$\left. - x_{12}\int_0^\infty \frac{d(u_1 + u_2 - 2u_{12})}{dr}g(r)^{m}4\pi r^3 dr\right]$$

由此可知，当讨论溶液满足条件 $(u_1 + u_2 - 2u_{12}) = 0$ 时有

$$\Delta P^{m} = -\frac{1}{6}\left(\frac{N}{V_m^{m}}\right)^2\int_0^\infty \frac{d[u_1x_1 + u_2x_2 - x_{12}(u_1 + u_2 - 2u_{12})]}{dr}g(r)^{m}4\pi r^3 dr$$
$$= -\frac{1}{6}\left(\frac{N}{V_m^{m}}\right)^2\left[x_1\int_0^\infty \frac{du_1}{dr}g(r)^{m}4\pi r^3 dr + x_2\int_0^\infty \frac{du_2}{dr}g(r)^{m}4\pi r^3 dr\right]$$

引入上式已设定的条件 $V_m^{m} = V_{m,1}^0 = V_{m,2}^0$，并设 $g(r)^{m} = g(r)_1^0 + \Delta g_1^0 = g(r)_2^0 + \Delta g_2^0$，得

$$\Delta P^{m} = -x_1\frac{1}{6}\left(\frac{N}{V_m^{m}}\right)^2\int_0^\infty \frac{du_1}{dr}g(r)^{m}4\pi r^3 dr - x_2\left(\frac{N}{V^{m}}\right)^2\int_0^\infty \frac{du_2}{dr}g(r)^{m}4\pi r^3 dr$$
$$= -x_1\frac{1}{6}\left(\frac{N}{V_{m,1}^0}\right)^2\int_0^\infty \frac{du_1}{dr}g(r)_1^0 4\pi r^3 dr - x_1\frac{1}{6}\left(\frac{N}{V_1^0}\right)^2\int_0^\infty \frac{du_1}{dr}\Delta g_1^0 4\pi r^3 dr$$
$$- x_2\left(\frac{N}{V_{m,2}^0}\right)^2\int_0^\infty \frac{du_2}{dr}g(r)_2^0 4\pi r^3 dr - x_2\left(\frac{N}{V_2^0}\right)^2\int_0^\infty \frac{du_2}{dr}\Delta g_2^0 4\pi r^3 dr$$
$$= x_1\Delta P_1^0 + x_1\delta_1^0 + x_2\Delta P_2^0 + x_2\delta_2^0$$

式中 $\delta_1^0 = -\frac{1}{6}\left(\frac{N}{V_{m,1}^0}\right)^2\int_0^\infty \frac{du_1}{dr}\Delta g_1^0 4\pi r^3 dr$； $\delta_2^0 = -\frac{1}{6}\left(\frac{N}{V_{m,2}^0}\right)^2\int_0^\infty \frac{du_2}{dr}\Delta g_2^0 4\pi r^3 dr$

δ_1^0 和 δ_2^0 表示纯组元物质 1 或 2 的径向函数与溶液的径向函数的差值对体系中分子间相互作用所起作用的影响，即表示溶液与纯组元间分子分布情况不同而引起的对体系中分子间相互作用所起作用的影响。由于讨论中已设定溶液与纯组元均在同样温度下，且设有 $V_m^{m} = V_{m,1}^0 = V_{m,2}^0$ 关系，故而 δ_1^0 和 δ_2^0 的数值可能不会很大，将上述讨论结果代入到式[8-3-19b]，

$$P^{m} = P_{id}^{m} + \Delta P^{m}$$
$$= (x_1P_{id,1}^0 + x_2P_{id,2}^0) + (x_1\Delta P_1^0 + x_2\Delta P_2^0) + x_1\delta_1^0 + x_2\delta_2^0 \quad [8-3-20a]$$
$$= x_1P_1^0 + x_2P_2^0 + x_1\delta_1^0 + x_2\delta_2^0$$

式[8－3－20]反映了讨论溶液下列的一些信息：

(1) 对于分子间相互作用关系是 $u^{m} \neq u_{12} \neq u_{11} \neq u_{22}$ 的溶液，即，讨论溶液不是完全理想溶液时，不能证得溶液总压力是符合 Raoult 定律要求的，即这种溶液的总压力

$$P^{m} \neq x_1 P_1^0 + x_2 P_2^0$$

(2) 如果讨论溶液的 δ_1^0 和 δ_2^0 数值很小，或者 $x_1\delta_1^0 + x_2\delta_2^0 \cong 0$，即，在数值上可以有一定互补性，则，这时溶液总压力 $P^{m} \cong x_1 P_1^0 + x_2 P_2^0$

亦就是说，溶液总压力与 Raoult 定律计算值是近似符合的，溶液亦能表示出一定的理想状态特征，但与完全理想溶液相比，只是一种近似的理想状态，因此称这种溶液为近似理想溶液。

(3) 由式[8－3－20a]可知，讨论溶液组元的分压力为

组元 1 $$P_1^{m} = x_1 P_1^0 + x_1 \delta_1^0 = x_1 P_1^0 \left(1 + \frac{\delta_1^0}{P_1^0}\right) \qquad [8-3-20b]$$

组元 2 $$P_2^{m} = x_2 P_2^0 + x_2 \delta_2^0 = x_2 P_2^0 \left(1 + \frac{\delta_2^0}{P_2^0}\right) \qquad [8-3-20c]$$

因此，讨论溶液的组元分压力应该与 Raoult 定律计算值不相符合，其偏差为 $x_i\delta_i^0$。这在上节讨论中已有说明，实际溶液计算数据亦证实此点。又知活度理论

$$P_1^{m} = x_1 P_1^0 \times \gamma_1;\ P_2^{m} = x_2 P_2^0 \times \gamma_2$$

式中 γ_i 为活度系数。可知

$$\gamma_1 = 1 + \frac{\delta_1^0}{P_1^0} = 1 - \frac{1}{6kT}\frac{N}{V_{m,1}^0}\int_0^{\infty}\frac{du_1}{dr}\Delta g_1^0 4\pi r^3 dr \qquad [8-3-20d]$$

$$\gamma_2 = 1 + \frac{\delta_2^0}{P_2^0} = 1 - \frac{1}{6kT}\frac{N}{V_{m,2}^0}\int_0^{\infty}\frac{du_2}{dr}\Delta g_2^0 4\pi r^3 dr \qquad [8-3-20e]$$

如果希望讨论溶液是理想溶液，即，要求溶液的分压力与 Raoult 定律吻合，$\gamma_i \rightarrow 1$，亦就是说，要求偏差 $x_i\delta_i^0$ 数值不大，或 δ_i^0/P_i^0 数值不大，或 $\frac{1}{6kT}\frac{N}{V_{m,1}^0}\int_0^{\infty}\frac{du_1}{dr}\Delta g_1^0 4\pi r^3 dr$ 的数值不大。

从上面讨论内容来看，可能的影响因素有分子间相互作用，分子体积和组元的浓度，这与 8－2 节中分析情况相符合。已知式[8－2－196b]*：

$$P_i^{G} = x_i^{B} P_{id}^{G} \times \left[\frac{y_i}{x_i^{B}}\frac{V_m^{B,id}}{V_m^{B}} \times \exp\left(\frac{\phi_i^{S,id} - \phi_i^{S}}{RT}\right)\frac{\lambda_i^{B}}{\lambda_i^{B,id}}\right]$$

即活度系数 $$\gamma_i = \left[\frac{y_i}{x_i^{B}}\frac{V_m^{B,id}}{V_m^{B}} \times \exp\left(\frac{\phi_i^{S,id} - \phi_i^{S}}{RT}\right)\frac{\lambda_i^{B}}{\lambda_i^{B,id}}\right]$$

---

* 为避免与下面所出现的活度系数 γ_i 相混，将式[8－2－196b]中作用系数符号 γ_i^{B} 改为 λ_i^{B}，其余各式相同。

式中表面 ϕ_i 和作用系数 λ_i 都是反映溶液中分子间相互作用的。溶液的分子间相互作用情况如果与理想情况的分子间相互作用情况相同，则是完全理想溶液，已证得有 $y_i = x_i$；如果溶液的分子间相互作用情况弱于理想情况的分子间相互作用情况，则会有 $y_i > x_i$，反之则 $y_i > x_i$。亦就是气相浓度与溶液浓度的关系与分子间相互作用关系是反向的。因此，如果希望 $\gamma_i \to 1$，则可期望 $\left[\frac{y_i}{x_i^B}\frac{V_m^{B,id}}{V_m^B}\times\exp\left(\frac{\phi_i^{S,id}-\phi_i^S}{RT}\right)\frac{\lambda_i^B}{\lambda_i^{B,id}}\right]\to 1$。由此可知影响 $\gamma_i \to 1$ 的因素亦包含有溶液的摩尔体积与溶液在理想状态下的摩尔体积的关系，即需关注形成溶液时讨论体系体积是否发生了变化，如果形成溶液前后讨论体系体积不发生变化，即有：

$$V_m^B = V_m^{B,id} = x_1^B V_{m,1}^0 + x_2^B V_{m,2}^0 + \cdots + x_i^B V_{m,i}^0$$

则讨论溶液中组元 i 蒸气分压力与其摩尔分数才有可能为线性比例关系，使活度系数有可能 $\gamma_i \to 1$。对于完全理想溶液，因为分子大小相同，故而自然满足形成溶液前后讨论体系体积不发生变化的要求，如果讨论溶液是近似理想溶液。因为组元分子大小如果不同的话，则只有当满足形成溶液前后讨论体系体积不发生变化的要求时，才有可能使 $\gamma_i \to 1$，故而此式应是形成理想溶液的条件之一，以溶液条件中体积条件表示为

$$\delta_{V_1} = 0$$

这也是近似理想溶液所显示的近似理想性的一个表现。

(4) 由式[8-3-20]与上述讨论可知溶液总压力与 Raoult 定律计算值近似符合的原因可以理解为两个组元分压力与 Raoult 定律计算值的偏差或是 $x_i\delta_i^0$ 数值不大，或具有一定的互补性，即有关系

$$x_1\delta_1^0 \cong - x_2\delta_2^0$$

在上面径向分布函数压力式的讨论中理论上已经指出 δ_1^0 和 δ_2^0 与分子间相互作用有关，但从式[8-3-20]来看，亦可以这样理解，不管组成溶液时各组元具有的各性质相互间有怎样的关系，只需要最后得到的结果，或是偏差 $x_i\delta_i^0$ 数值不大，或是 $x_1\delta_1^0 \cong - x_2\delta_2^0$，两个偏差具有一定的互补性，则溶液总压力与 Raoult 定律计算值可以近似符合，亦就是溶液具有一定的理想性，这符合近似理想溶液的近似性概念。因此在处理近似理想溶液的溶液条件时着重注意的应该是溶液总压力、分压力与 Raoult 定律的关系，其他指标要求可以放宽一些。

依据上面统计力学中径向函数压力表示式的讨论可用于建立近似理想溶液微观模型，这个微观模型对讨论溶液的要求为：

1. 近似理想溶液对溶液分子间相互作用

近似理想溶液中异种分子间相互作用能、各同种分子间相互作用能彼此并不相等，即

$$u^m \neq u_{12} \neq u_{11} \neq u_{22}$$

但要求异种分子间相互作用能是各同种分子间相互作用能的算术平均值，即

$$u_{12} = (u_{11} + u_{22})/2$$

上述要求也可以另一种方式表示，即近似理想溶液要求溶液能量与纯组元能量有着下列关系：

$$u^{\mathrm{m}} = (x_1 u_{11} + x_2 u_{22})$$

如果以压力来表示能量指标的话，则应

$$P^{\mathrm{m}} \neq P_1^0 \neq P_2^0$$
$$P^{\mathrm{m}} \cong x_1 P_1^0 + x_2 P_2^0$$

2. 讨论溶液和纯组元的摩尔体积

如上述讨论可知，为保证讨论溶液符合 Raoult 定律的要求，则需要

$$V^{\mathrm{m}} = V_1^0 = V_2^0 = \cdots = V_i^0$$

即微观上要求组成溶液的每个组元分子均应具有一定的分子体积，并且这些分子体积大小均是相同的。

由 8－2－5－2 节理论讨论知：如果组元的摩尔体积不存在上式关系，即

$$V_m^{\mathrm{B}} \neq V_{m,1}^0 \neq V_{m,2}^0 \neq \cdots \neq V_{m,i}^0$$

但形成溶液前后讨论体系体积不发生变化，亦可能是理想溶液，即有：

$$V_m^{\mathrm{B}} = V_m^{B,\,\mathrm{id}} = x_1^B V_{m,1}^0 + x_2^B V_{m,2}^0 + \cdots + x_i^B V_{m,i}^0$$

应该讲这类溶液向实际溶液情况又靠近了一些。

3. 与完全理想液体相同，分子运动遵守牛顿运动定律

依据这个近似理想溶液微观模型，对近似理想溶液的溶液条件设置如下：

(1) 溶液理想性应符合要求，但近似理想溶液不像完全理想溶液，理论认为，溶液的总压力与 Raoult 定律计算值只是近似吻合，因此溶液理想度指标不能设置为 $\delta_S = 0$。但溶液理想度 δ_S 数值过大则说明讨论溶液与理想状态偏差过大，为此，参照完全理想溶液在实际计算中允许在 $|\delta_S| \leqslant 3\%$ 时可以认为是理想溶液，故可设置近似理想溶液要求需满足 $|\delta_S| \leqslant 3\%$。

(2) 能量条件 δ_P(或 δ_σ) 允许溶液中各组元在纯物质下的压力或表面张力彼此互不相同，即，δ_P(或 δ_σ) $\neq 1$。

(3) 组成溶液的各组元的摩尔体积大小应接近，并且各组元摩尔体积大小与溶液摩尔体积大小亦应接近，即要求溶液符合 $\delta_{V2} = 1$ 的要求，亦就是说，近似理想溶液微观模型要求的各组元摩尔体积大小与溶液的摩尔体积大小相同，故

$$V_m^{\mathrm{m}} = V_{m,1}^0 = V_{m,2}^0 = \cdots = V_{m,i}^0$$

这将保证形成溶液前后体积不会变化。如果 δ_{V2} 数值偏差过大，可能会使分压力 P_i^{m} 与 P_i^{Raoult} 偏差加大。

(4) 形成溶液前后体积不会变化。故除 $\delta_{V2}=1$ 的要求外，亦可要求形成溶液的体积变化符合理想状态的规律，即

$$V_m^{\mathrm{m}} = x_1 V_{m,1}^0 + x_2 V_{m,2}^0 + \cdots + x_i V_{m,i}^0$$

即讨论溶液还需要考虑溶液条件中体积条件 $\delta_{V1}=0\%$ 的要求。如果 δ_{V1} 数值偏差值过大，亦可能会使分压力 P_i^{m} 与 P_i^{Raoult} 偏差加大。这点在上面理论讨论和 8－2 节讨论中已得到了论证。但由上面理论讨论知，在处理近似理想溶液的溶液条件时着重注意的应该是溶液总压力、分压力与 Raoult 定律的关系，其他指标要求可以放宽一些。因此，依据作者对 64 类、252 种溶液的溶液条件数据的处理，作者认为：近似理想溶液的两个溶液体积条件 δ_{V1} 和 δ_{V2}，只要其中一个条件符合要求，则可以认为讨论溶液应是理想溶液，即是近似理想溶液。

综合上列，理论上近似理想溶液的能量条件指标和体积条件指标应符合以下要求：

$$|\delta_S| \leqslant 3\%,\qquad \delta_P \geqslant 0,\qquad |\delta_{V1}| = 0\quad \text{或/和}\quad \delta_{V2} = 1$$

实际处理时对体积条件可适当放宽些，参照对溶液理想度 δ_S 的处理，两者体积条件只要其中一个符合，可放宽±3%，即有：

$$|\delta_S| \leqslant 3\%,\qquad \delta_P \geqslant 0,\qquad |\delta_{V1}| \leqslant 3\%\quad \text{或/和}\quad 1.03 \geqslant \delta_{V2} \geqslant 0.97$$

综合上述可知，通过溶液的溶液条件可以判别讨论溶液的溶液属性。当然这里的溶液条件设置和对溶液条件数据处理的考虑都还有待大量溶液数据的鉴定，所讨论的内容应亦是初步的，有待进一步确定或修正。

依据上列近似理想溶液的溶液条件要求，作者处理了 64 类、252 种溶液数据列于本书附件 4 中。溶液的两个溶液体积条件 δ_{V1} 和 δ_{V2} 中一个符合要求，溶液理想度 δ_S 亦符合要求的有 56 种溶液，这些溶液均被认为是近似理想溶液。表 8－3－3 以不同浓度范围的苯—甲苯溶液作为例子，由溶液条件来看，此溶液中 δ_{V1} 条件符合要求，而 δ_{V2} 不符合要求。

表 8－3－3　苯—甲苯溶液(T=353.15 K)参数

x_1	δ_S/%	δ_P	δ_{V1}/%	δ_{V2}	溶液类型
0.2	1.49	2.53	−0.06	0.86	近似理想溶液
0.4	1.58	2.53	−0.25	0.86	近似理想溶液
0.6	2.17	2.53	−0.50	0.86	近似理想溶液
0.8	1.99	2.53	−0.46	0.86	近似理想溶液

注：在附件 4 中编号 3。

在物理化学中苯—甲苯溶液是作为典型的理想溶液介绍的。即使如此，苯与甲苯的分子体积大小还是有一定差异的。一般，组成溶液的各组元物质的摩尔体积均有一定的差异，因此大部分近似理想溶液的 δ_{V2} 条件会不符合要求，而都是因为 δ_{V1} 条件符合要求而使溶液成为近似理想溶液。

一些溶液的总压力与 Raoult 定律计算的相吻合，但两个体积条件 δ_{V1} 和 δ_{V2} 均不符合要求，说明溶液体积条件的偏差过大，这可能会使溶液的分压力与 Raoult 定律计算的不相吻合，即溶液的活度系数 $\gamma_i \neq 1$，因而不能作为近似理想溶液对待。在附件 4 的 252 种溶液中有 6 种溶液出现这种情况，较典型的是苯—四氯化碳溶液，其数据如表 8-3-4 所列：

表 8-3-4　苯—四氯化碳溶液（T=313.15 K）参数

x_1	δ_S/%	δ_P	δ_{V1}/%	δ_{V2}	溶液类型
0.036 8	0.05	0.86	0.36	0.89	近似理想溶液
0.047 1	0.20	0.86	0.46	0.89	近似理想溶液
0.107 4	0.59	0.86	1.01	0.89	近似理想溶液
0.218 8	1.25	0.86	4.28	0.89	实际溶液
0.318 5	1.76	0.86	6.44	0.89	实际溶液
0.393 7	1.91	0.86	7.56	0.89	实际溶液
0.467 6	2.04	0.86	8.47	0.89	实际溶液
0.560 7	1.97	0.86	8.89	0.89	实际溶液
0.659 9	1.99	0.86	8.34	0.89	实际溶液
0.814 2	1.30	0.86	5.65	0.89	实际溶液
0.900 6	0.55	0.86	3.23	0.89	实际溶液

注：在附件 4 中编号 10。

苯和四氯化碳两种物质的偶极矩均很低，一般认为这两种物质均为非极性物质，因此混合后认为成为理想溶液的可能性较大，上表所列数据表示，在低浓度（$x_1 < 0.2$）范围内此溶液确为近似理想溶液。但苯和四氯化碳的分子体积均较大，四氯化碳中还含有强极性的氯原子，上表中数据表明，当苯浓度增加时会使苯受到四氯化碳的影响增加，这使形成溶液时发生体积变化的可能性增加，因此使溶液偏离了理想状态。

实际中符合近似理想溶液要求的溶液数量远比完全理想溶液数量要多，因此对近似理想溶液的讨论应更具有一些实际意义。近似理想溶液的压力特性为

$$P^{G} = P^{m} \neq P_1^0 \neq P_2^0 \neq \cdots \neq P_i^0$$

由此可知，近似理想溶液的总压力与其组分纯物质时的蒸气压力均不相等，亦就是组成近似理想溶液的各组分间分子间相互作用与溶液中各分子间相互作用是不同的、又近似理想溶液中溶液的摩尔体积与组元纯物质的摩尔体积亦有可能会不同、组元 i 的摩尔分数浓度在气相中与在溶液中的亦不同，这些原因造成了近似理想溶液总压力和各组元的蒸气分压力与 Raoult 定律都可能会有偏离，但在此情况下近似理想溶液中蒸气总压力、分压力仍能近似地与 Raoult 定律吻合。这是由于近似理想溶液的溶液条件中存在满足溶液成为理想溶液的要求，这在上述理论分析中已有明确的说明。

因此，近似理想溶液的基本特性是：溶液的总压力与摩尔分数呈线性比例关系；溶液中

各组元的蒸气分压力与摩尔分数的线性比例关系将出现一定误差的偏离，亦就是说，溶液遵守 Raoult 定律受到了一定条件的约束，只是在一定允许误差范围内认为 Raoult 定律成立。因此被称为近似理想溶液，亦就是一种从完全理想溶液向实际溶液过渡的溶液。

表 8-3-5 列示了一些近似理想溶液实际的数据，证实作者对近似理想溶液的讨论是正确的。

表 8-3-5　一些近似理想溶液的总蒸气压力、蒸气分压力

溶　液　项　目	$x_1=0$	$x_1=0.2$	$x_1=0.4$	$x_1=0.6$	$x_1=0.8$	$x_1=1.0$
溶液 1：四氯化碳(1)—甲苯(2)，$T=308.15$ K、$V_1=98.51$ $cm^3\cdot mol^{-1}$、$V_2=108.75$ $cm^3\cdot mol^{-1}$						
气相中组元 1 摩尔分数，y_1	0.000	0.476	0.713	0.845	0.935	1.000
能量条件 1，$\delta_S\leqslant\|3\|$%		−0.193	−0.690	−1.223	−1.239	
能量条件 2，$\delta_P\neq 0.97\sim1.03$		3.761	3.761	3.761	3.761	
体积条件 1，$\delta_{V1}\leqslant\|3\|$%		−1.275	−0.888	−0.203	0.017	
体积条件 2，$\delta_{V2}\neq 0.97\sim1.03$		0.906	0.906	0.906	0.906	
溶液属性		符合近似理想溶液				
实测总压力/bar	0.062 4	0.096 7	0.130 4	0.163 7	0.197 7	0.234 6
Raoult 定律计算总压力/bar	0.062 4	0.096 8	0.131 3	0.165 7	0.200 2	0.234 6
误差/%		0.19	0.70	1.24	1.25	
实际分压力 1/bar	0.000 0	0.046 0	0.093 0	0.138 3	0.184 9	0.234 6
Raoult 定律计算分压力 1/bar	0.000 0	0.046 9	0.093 9	0.140 8	0.187 7	0.234 6
误差/%		2.00	0.96	1.77	1.54	
实际分压力 2/bar	0.062 4	0.050 6	0.037 4	0.025 4	0.012 9	0.000 0
Raoult 定律计算分压力 2/bar	0.062 4	0.049 9	0.037 4	0.025 0	0.012 5	0.000 0
误差/%		−1.45	0.04	−1.65	−2.90	
溶液 2：苯(1)—甲苯(2)，$T=393.15$ K、$V_1=103.27$ $cm^3\cdot mol^{-1}$、$V_2=118.37$ $cm^3\cdot mol^{-1}$						
气相中组元 1 摩尔分数，y_1	0.000	0.369	0.599	0.766	0.895	1.000
能量条件 1，$\delta_S\leqslant\|3\|$%		2.253	2.021	1.297	0.580	
能量条件 2，$\delta_P\neq 0.97\sim1.03$		2.243	2.243	2.243	2.243	
体积条件 1，$\delta_{V1}\leqslant\|3\|$%		1.014	0.173	−0.770	−0.850	
体积条件 2，$\delta_{V2}\neq 0.97\sim1.03$		0.872	0.872	0.872	0.872	
溶液属性		符合近似理想溶液				
实测总压力/bar	1.312 8	1.676 1	2.005 3	2.321 7	2.633 5	2.944 7
Raoult 定律计算总压力/bar	1.312 8	1.639 2	1.965 6	2.291 9	2.618 3	2.944 7
误差/%		−2.20	−1.98	−1.28	−0.58	
实际分压力 1/bar	0.000 0	0.618 5	1.201 2	1.778 4	2.357 0	2.944 7
Raoult 定律计算分压力 1/bar	0.000 0	0.588 9	1.177 9	1.766 8	2.355 8	2.944 7
误差/%		−4.78	−1.94	−0.65	−0.05	

续　表

溶　液　项　目	$x_1=0$	$x_1=0.2$	$x_1=0.4$	$x_1=0.6$	$x_1=0.8$	$x_1=1.0$
实际分压力 2/bar	1.312 8	1.057 6	0.804 1	0.543 3	0.276 5	0.000 0
Raoult 定律计算分压力 2/bar	1.312 8	1.050 3	0.787 7	0.525 1	0.262 6	0.000 0
误差/%		−0.70	−2.04	−3.34	−5.05	
溶液 3：苯(1)—氯苯(2)，T=348.15 K、V_1=95.37 cm^3 · mol^{-1}、V_2=107.527 cm^3 · mol^{-1}						
气相中组元 1 摩尔分数，y_1	0.000	0.576	0.780	0.887	0.953	1.000
能量条件 1，$\delta_S \leqslant \mid 3 \mid \%$		1.892	1.535	0.869	0.313	
能量条件 2，$\delta_P \neq 0.97 \sim 1.03$		5.293	5.293	5.293	5.293	
体积条件 1，$\delta_{V1} \leqslant \mid 3 \mid \%$		0.007	−0.101	−0.003	−0.116	
体积条件 2，$\delta_{V2} \neq 0.97 \sim 1.03$		0.887	0.887	0.887	0.887	
溶液属性		符合近似理想溶液				
实测总压力/bar	0.163 1	0.308 8	0.449 8	0.588 1	0.725 3	0.863 0
Raoult 定律计算总压力/bar	0.163 1	0.303 0	0.443 0	0.583 0	0.723 0	0.863 0
误差/%		−1.857	−1.512	−0.861	−0.312	
实际分压力 1/bar	0.000 0	0.177 9	0.350 9	0.521 6	0.691 2	0.863 0
Raoult 定律计算分压力 1/bar	0.000 0	0.172 6	0.345 2	0.517 8	0.690 4	0.863 0
误差/%		−2.955	−1.616	−0.735	−0.114	
实际分压力 2/bar	0.163 1	0.130 9	0.099 0	0.066 5	0.034 1	0.000 0
Raoult 定律计算分压力 2/bar	0.163 1	0.130 4	0.097 8	0.065 2	0.032 6	0.000 0
误差/%		−0.37	−1.14	−1.85	−4.33	
溶液 4：甲醇(1)—1-丙醇(2)，T=333.15 K、V_1=42.44 cm^3 · mol^{-1}、V_2=78.048 cm^3 · mol^{-1}						
气相中组元 1 摩尔分数，y_1	0.000	0.519	0.738	0.861	0.941	1.000
能量条件 1，$\delta_S \leqslant \mid 3 \mid \%$		2.033	1.794	1.093	0.439	
能量条件 2，$\delta_P \neq 0.97 \sim 1.03$		4.183	4.183	4.183	4.183	
体积条件 1，$\delta_{V1} \leqslant \mid 3 \mid \%$		0.009	−0.035	−0.023	0.030	
体积条件 2，$\delta_{V2} \neq 0.97 \sim 1.03$		0.544	0.544	0.544	0.544	
溶液属性		符合近似理想溶液				
实测总压力/bar	0.202 0	0.337 3	0.467 4	0.594 2	0.719 5	0.845 0
Raoult 定律计算总压力/bar	0.202 0	0.330 6	0.459 2	0.587 8	0.716 4	0.845 0
误差/%		−1.99	−1.76	−1.08	−0.44	
实际分压力 1/bar	0.000 0	0.175 1	0.345 0	0.511 6	0.677 1	0.845 0
Raoult 定律计算分压力 1/bar	0.000 0	0.169 0	0.338 0	0.507 0	0.676 0	0.845 0
误差/%		3.46	2.02	0.90	0.16	
实际分压力 2/bar	0.202 0	0.162 2	0.122 5	0.082 6	0.042 5	0.000 0
Raoult 定律计算分压力 2/bar	0.202 0	0.161 6	0.121 2	0.080 8	0.040 4	0.000 0
误差/%		−0.41	−1.04	−2.18	−4.84	

注：数据取自文献[32～34]。实际分压力由 Dalton 定律计算，$P_{i(实)}^{G}=y_i P^{G}$；Raoult 的分压力为 $P_{i(Ra)}^{G}=x_i P_i^0$。

表 8-3-5 中数据说明：溶液的总压力与 Raoult 定律计算数值的偏差均低于规定的≤|3|%数值，说明溶液总压力与摩尔分数呈线性比例关系。

而溶液中各组元的蒸气分压力与 Raoult 定律计算数值的误差大部分也低于规定的≤|3|%，但是与总压力计算误差相比，其偏差的值普遍要大些，且一些溶液的分压力计算误差出现超过|3|%规定数值。这些数据证实理论意见，组元的蒸气分压力应不与摩尔分数呈线性比例关系，但从表 8-3-5 的数据来看，大部分数据均低于规定的≤|3|%，故可近似认为组元的蒸气分压力近似与摩尔分数呈线性比例关系。

为此下面讨论气相浓度、界面区浓度与相内区浓度之相互关系。

1. 气相浓度与界面区浓度关系

已知，理想溶液组元分压力与界面区组元的摩尔分数的关系为：

$$P_i^{\mathrm{m}} = x_i^{\mathrm{S}} P_i^0 \frac{V_{m,i}^{0\mathrm{G}}}{V_m^{\mathrm{G}}} \frac{y_i}{x_i^{\mathrm{S}}} \frac{Z^{\mathrm{G}}}{Z_i^{0\mathrm{G}}} \qquad [8-3-21a]$$

改写为：

$$P_i^{\mathrm{m}} = x_i^{\mathrm{S}} P_i^0 \frac{V_{m,i}^{0\mathrm{G}}}{V_m^{\mathrm{G}}} \frac{y_i}{x_i^{\mathrm{S}}} \frac{Z^{\mathrm{G}}}{Z_i^{0\mathrm{G}}} = x_i^{\mathrm{S}} P_i^0 \Delta_i^{\mathrm{GS}} \qquad [8-3-21b]$$

式中 $\Delta_i^{\mathrm{GS}} = \dfrac{P_i^{\mathrm{m}}}{x_i^{\mathrm{S}} P_i^0} = \dfrac{V_{\mathrm{m},i}^{0\mathrm{G}}}{V_{\mathrm{m}}^{\mathrm{G}}} \dfrac{y_i}{x_i^{\mathrm{S}}} \dfrac{Z^{\mathrm{G}}}{Z_i^{0\mathrm{G}}}$，是界面区中组元 i 分压力 P_i^{m} 与 $x_i^{\mathrm{S}} P_i^0$ 的偏差系数。

由此可知：

（1）当讨论溶液为完全理想溶液时，因具有 $\delta_{\mathrm{S}} = 0$，$\delta_P = 1$，故可证明 $\Delta_i^{\mathrm{GS}} = 1$、$P^{\mathrm{m}} = P_i^0$，得 $y_i = x_i^{\mathrm{S}}$，即完全理想溶液中组元在气相中摩尔分数与界面区中摩尔分数相等。

（2）当讨论溶液为近似理想溶液时，因具有 $\delta_P \neq 1$，$P^{\mathrm{m}} \neq P_i^0$，故知 $\Delta_i^{\mathrm{GS}} \neq 1$，即 $y_i \neq x_i^{\mathrm{S}}$，但对近似理想溶液可近似认为 $\Delta_i^{\mathrm{GS}} \cong 1$。这样，近似理想溶液中组元在气相中摩尔分数与界面区中摩尔分数的关系为 $y_i P^{\mathrm{m}} \cong x_i^{\mathrm{S}} P_i^0$，　即

$$\frac{y_i}{x_i^{\mathrm{S}}} \cong \frac{P_i^0}{P^{\mathrm{m}}}$$

当然，如果组元分压力计算时出现误差较大时则需考虑这个误差的影响。由式[8-3-21]可知，

$$y_i = x_i^{\mathrm{S}} \frac{P_i^0}{P^{\mathrm{m}}} \Delta_i^{\mathrm{GS}} \qquad [8-3-22]$$

式中偏差系数可由 $\Delta_i^{\mathrm{GS}} = P_i^{\mathrm{m}} / x_i^{\mathrm{S}} P_i^0$ 计算得到。

2. 气相浓度与相内区浓度关系

已知，理想溶液组元分压力与相内区组元的摩尔分数的关系为：

$$P_i^{\mathrm{m}} = x_i^{\mathrm{B}} P_i^0 \frac{y_i}{x_i^{\mathrm{B}}} \frac{V_{m,i}^{0\mathrm{G}}}{V_m^{\mathrm{G}}} \frac{Z^{\mathrm{G}}}{Z_i^{0\mathrm{G}}} \qquad [8-3-23a]$$

同理可改写为：$$P_i^{\mathrm{m}} = x_i^{\mathrm{B}} P_i^0 \Delta_i^{\mathrm{GB}} \qquad [8-3-23b]$$

式中 $\Delta_i^{\mathrm{GB}} = \dfrac{P_i^{\mathrm{m}}}{x_i^{\mathrm{B}} P_i^0} = \dfrac{V_{m,i}^{0\mathrm{G}}}{V_m^{\mathrm{G}}} \dfrac{y_i}{x_i^{\mathrm{B}}} \dfrac{Z^{\mathrm{G}}}{Z_i^{0\mathrm{G}}}$，是相内区中组元 i 分压力 P_i^{m} 与 $x_i^{\mathrm{B}} P_i^0$ 的偏差系数。

由此可知：

(1) 对完全理想溶液，溶液条件为 $\delta_S = 0$，$\delta_P = 1$，故可证明 $\Delta_i^{\mathrm{GB}} = 1$、$P^{\mathrm{m}} = P_i^0$，得 $y_i = x_i^B$，即完全理想溶液中组元在气相中摩尔分数与相内区中摩尔分数相等。

(2) 对近似理想溶液，因具有 $\delta_P \neq 1$，故可证明 $P^{\mathrm{m}} \neq P_i^0$，故知 $\Delta_i^{\mathrm{GB}} \neq 1$，即知 $y_i \neq x_i^{\mathrm{B}}$，但对近似理想溶液可近似认为 $\Delta_i^{\mathrm{GB}} \cong 1$。这样，近似理想溶液中组元在气相中摩尔分数与相内区中摩尔分数的关系为

$$y_i P^{\mathrm{m}} \cong x_i^{\mathrm{B}} P_i^0$$

即
$$\frac{y_i}{x_i^{\mathrm{B}}} \cong \frac{P_i^0}{P^{\mathrm{m}}} \qquad [8-3-24]$$

故知，$y_i \neq x_i^B$。又与式[8-3-21]对比可知，$x_i^{\mathrm{S}} = x_i^{\mathrm{B}}$，这在界面化学理论中已有讨论[2]。而上述关系与完全理想溶液情况有所不同。

式[8-3-24]在传统物理化学[35, 36]中经常使用，常以苯与甲苯或甲醇与乙醇组成的理想溶液为典型实例来说明应用 Raoult 定律计算分压力的方法，现以苯与甲苯溶液为例，引用文献[35]中例题如下：100℃下纯甲苯饱和蒸气压为 $P_1^0 = 0.742$ bar，苯的为 $P_2^0 = 1.800$ bar，溶液压力为 1.013 bar。求溶液和气相中甲苯的摩尔分数，x_1、y_1。

解：
$$x_1 = \frac{P^{\mathrm{m}} - P_2^0}{P_1^0 - P_2^0} = \frac{1.013 - 1.800}{0.742 - 1.800} = 0.744$$

$$y_1 = x_1 P_1^0 / P^{\mathrm{m}} = 0.744 \times 0.742 / 1.013 = 0.545$$

由此题解法可知，甲苯的分压力

$$P_1^{\mathrm{m}} = x_1 P_1^0 = 0.744 \times 0.742 = 0.5520。$$

但理论分析表明，此计算结果只是近似计算结果。由表 8-3-4 中所列苯—甲苯数据来看，文献中所列 y_i 的实际数值，与以 Raoult 定律计算的 y_i^R 数据，误差达 −4.78% 和 −5.05%，虽然其偏差不大，但是如果计算中能引入适当修正系数，降低些偏差值，则应更好些。为此进行下面讨论。

由式[8-3-23]可知，
$$y_i = x_i^{\mathrm{B}} \frac{P_i^0}{P^{\mathrm{m}}} \Delta_i^{\mathrm{GB}} \qquad [8-3-25]$$

式中误差虽可由 $\Delta_i^{\mathrm{GB}} = P_i^{\mathrm{m}} / x_i^{\mathrm{B}} P_i^0$ 得到，但按此计算则需组元的分压力数值，而往往正是此值在计算中是缺少的，故难以进行计算得到 Δ_i^{GB} 数值。

但式[8-3-24]可按 Raoult 定律计算气相中组元的摩尔分数，即 $y_i^R = x_i^{\mathrm{B}} P_i^0 / P^{\mathrm{m}}$，$y_i^R$ 与实际气相中组元的摩尔分数关系为
$$y_i = y_i^R \Delta_i^{\mathrm{GB}} \qquad [8-3-26]$$

由上式可知，如果讨论中 $y_i = y_i^R$，则 $\Delta_i^{GB} = 1$，反之，$\Delta_i^{GB} \neq 1$，但由于溶液总压力符合 Raoult 定律，故 Δ_i^{GB} 数值应不会很大。此外，从 Δ_i^{GB} 定义式可知，Δ_i^{GB} 应与 y_i/x_i^B 相关，但由于 y_i 未知，不能应用，故将 Δ_i^{GB} 与 P_i^0/P^m 关联，计算一些近似理想溶液数据，得经验式如下：

$$\Delta_i^{GB} = 1 + \frac{1}{9}\left[\frac{(P_i^0/P^m) - 1}{(P_i^0/P^m) + 1}\right]^2 \quad [8-3-27]$$

为比较上述两式计算，表 8-3-6 中列示了一些近似理想溶液的式[8-3-24]近似计算结果与考虑误差影响的式[8-3-27]计算结果以作比较。

表 8-3-6　近似理想溶液气相中组元摩尔分数计算

溶　液　项　目	$x_1=0$	$x_1=0.2$	$x_1=0.4$	$x_1=0.6$	$x_1=0.8$	$x_1=1.0$
溶液 1：苯(1)—甲苯(2)，T=393.15 K、V_1=103.27 $cm^3 \cdot mol^{-1}$、V_2=118.37 $cm^3 \cdot mol^{-1}$						
文献气相组元 1 摩尔分数，y_1	0.000	0.369	0.599	0.766	0.895	1.000
按式[8-3-24]计算 y_1	0.000	0.351	0.587	0.761	0.895	1.000
误差/%	0.00	−4.78	−1.94	−0.65	−0.05	0.00
P_1^0/P^m	2.243	1.757	1.468	1.268	1.118	1.000
Δ_1^{GB}	1.016 3	1.008 4	1.004 0	1.001 6	1.000 3	1.000 0
按式[8-3-27]计算 y_1	0.000	0.354	0.590	0.762	0.895	1.000
误差/%	0.00	−3.98	−1.55	−0.50	−0.02	0.00
文献气相组元 2 摩尔分数，y_2	1.000	0.631	0.401	0.234	0.105	0.000
按式[8-3-24]计算 y_2	1.000	0.627	0.393	0.226	0.100	0.000
误差/%	0.00	−0.70	−2.04	−3.34	−5.05	0.00
P_2^0/P^m	1.000 0	0.783 2	0.654 7	0.565 5	0.498 5	0.445 8
Δ_2^{GB}	1.000	1.002	1.005	1.009	1.012	1.016
按式[8-3-27]计算 y_2	1.000	0.628	0.395	0.228	0.101	0.000
误差/%	0.00	−0.53	−1.57	−2.51	−3.86	0.00
溶液 2：苯(1)—氯苯(2)，T=348.15 K、V_1=95.37 $cm^3 \cdot mol^{-1}$、V_2=107.527 $cm^3 \cdot mol^{-1}$						
文献气相组元 1 摩尔分数，y_1	0.000	0.576	0.780	0.887	0.953	1.000
按式[8-3-24]计算 y_1	0.000	0.559	0.767	0.880	0.952	1.000
误差/%	0.00	−2.95	−1.62	−0.73	−0.11	0.00
P_1^0/P^m	5.292 7	2.794 9	1.918 5	1.467 5	1.189 9	1.000 0
Δ_1^{GB}	1.052	1.025	1.011	1.004	1.001	1.000
按式[8-3-27]计算 y_1	0.000	0.573	0.776	0.884	0.953	1.000
误差/%	0.00	−0.54	−0.53	−0.34	−0.03	0.00
文献气相组元 2 摩尔分数，y_2	1.000	0.424	0.220	0.113	0.047	0.000
按式[8-3-24]计算 y_2	1.000	0.422	0.217	0.111	0.045	0.000
误差/%	0.00	−0.36	−1.14	−1.85	−4.33	0.00

续 表

溶 液 项 目	$x_1=0$	$x_1=0.2$	$x_1=0.4$	$x_1=0.6$	$x_1=0.8$	$x_1=1.0$
P_2^0/P^m	1.000 0	0.528 1	0.362 5	0.277 3	0.224 8	0.188 9
Δ_2^{GB}	1.000	1.011	1.024	1.036	1.045	1.052
按式[8-3-27]计算 y_2	1.000	0.427	0.223	0.115	0.047	0.000
误差/%	0.00	0.69	1.26	1.64	−0.08	0.00
溶液3：甲醇(1)—1-丙醇(2)，T=333.15 K，V_1=42.44 $cm^3\cdot mol^{-1}$、V_2=78.048 $cm^3\cdot mol^{-1}$						
文献气相组元1摩尔分数，y_1	0.000	0.519	0.738	0.861	0.941	1.000
按式[8-3-24]计算 y_1	0.000	0.501	0.723	0.853	0.939	1.000
误差/%	0.00	−3.46	−2.02	−0.90	−0.16	0.00
P_1^0/P^m	4.183 5	2.505 1	1.807 8	1.422 0	1.174 4	1.000 0
Δ_1^{GB}	1.042	1.020	1.009	1.003	1.001	1.000
按式[8-3-27]计算 y_1	0.000	0.511	0.730	0.856	0.940	1.000
误差/%	0.00	−1.49	−1.12	−0.57	−0.09	0.00
文献气相组元2摩尔分数，y_2	1.000	0.481	0.262	0.139	0.059	0.000
按式[8-3-24]计算 y_2	1.000	0.479	0.259	0.136	0.056	0.000
误差/%	0.00	−0.41	−1.04	−2.18	−4.84	0.00
P_2^0/P^m	1.000 0	0.598 8	0.432 1	0.339 9	0.280 7	0.239 0
Δ_2^{GB}	1.000	1.007	1.017	1.027	1.035	1.042
按式[8-3-27]计算 y_2	1.000	0.482	0.264	0.140	0.058	0.000
误差/%	0.00	0.29	0.69	0.45	−1.51	0.00
溶液4：四氯化碳(1)—甲苯(2)，T=308.15 K，V_1=98.51 $cm^3\cdot mol^{-1}$、V_2=108.75 $cm^3\cdot mol^{-1}$						
文献气相组元1摩尔分数，y_1	0.000	0.476	0.713	0.845	0.935	1.000
按式[8-3-24]计算 y_1	0.000	0.486	0.720	0.860	0.949	1.000
误差/%	0.00	2.00	0.96	1.77	1.54	0.00
P_1^0/P^m	3.761	2.428	1.800	1.433	1.187	1.000
Δ_1^{GB}	1.037 4	1.019 3	1.009 1	1.003 5	1.000 8	1.000 0
按式[8-3-27]计算 y_1	0.000	0.495	0.726	0.863	0.950	1.000
误差/%	0.00	3.97	1.87	2.13	1.63	0.00
文献气相组元2摩尔分数，y_2	1.000	0.524	0.287	0.155	0.065	0.000
按式[8-3-24]计算 y_2	1.000	0.516	0.287	0.152	0.063	0.000
误差/%	0.00	−1.45	0.04	−1.65	−2.90	0.00
P_2^0/P^m	1.000	0.646	0.479	0.381	0.316	0.266
Δ_2^{GB}	1.000 0	1.005 2	1.013 8	1.022 3	1.030 1	1.037 4
按式[8-3-27]计算 y_2	1.000	0.519	0.291	0.156	0.065	0.000
误差/%	0.00	−0.94	1.42	0.54	0.02	0.00

注：本表数据取自文献[32]。

引入此经验式的目的是：当实际气相组元摩尔分数与以 Raoult 定律计算值的误差≤|3|%时，引入系数 Δ_i^{GB} 仍可使误差保持≤|3|%范围内；而对>|3|%的则使其误差值适当地降低些。计算结果表明，对苯—甲苯溶液，引入上述系数后，其最大误差由−4.78%降低到−3.98%、由−5.05%降低到−3.86%，有利于计算精度的提高。

需加以说明的是经验式[8-3-27]仅适用于近似理想溶液情况，不能应用于实际溶液计算。此外，即使是近似理想溶液，由于此式仅是经验式，如果计算的偏差过大，其纠正能力亦不一定是所期望的，因而此式还有待进一步推敲和改进。关于气相中组元摩尔分数浓度的计算，在真实溶液讨论中还有介绍。

3. 两种不同参数表示的溶液理想度

溶液条件指标中最主要的指标为溶液理想度，对完全理想溶液和近似理想溶液，即对所有的理想溶液均有 $\delta_S = 0$ 的要求。由上述讨论可知，δ_S 有两种不同参数的表示方法：

以压力表示溶液理想度　　$\delta_S = (P^G - P^R)/P^R$

以表面张力表示溶液理想度　　$\delta_S = (\sigma - \sigma^R)/\sigma^R$

又知，

$$\begin{aligned} P^G &= P_1^G + P_2^G + \cdots + P_i^G = \sum P_i^G \\ &= \sum P_i^G = \sum x_i^B P_{id}^G \times \left[\frac{y_i}{x_i^B}\frac{V_m^{B,\,id}}{V_m^B} \times \exp\left(\frac{\phi_i^{S,\,id} - \phi_i^S}{RT}\right)\frac{\gamma_i^B}{\gamma_i^{B,\,id}}\right] \end{aligned} \qquad [8-3-28]$$

对理想溶液，以 Raoult 定律可正确地计算溶液的总压力，即

$$P^R = P_1^G + P_2^G + \cdots + P_i^G = \sum x_i^B P_{id},$$

故知溶液理想度可表示为：

$$\begin{aligned} \delta_S &= \frac{P^G - P^R}{P^R} \\ &= \sum \left[x_i^B P_{id} \frac{y_i}{x_i^B}\frac{V_m^{B,\,id}}{V_m^B} \times \exp\left(\frac{\phi_i^{S,\,id} - \phi_i^S}{RT}\right)\frac{\gamma_i^B}{\gamma_i^{B,\,id}}\right] - \sum x_i^B P_{id} \Big/ P^R \end{aligned} \qquad [8-3-29]$$

亦就是说，当溶液是理想溶液，即其溶液理想性指标 $\delta_S = 0$ 已被满足的话，则必定有：

$$\frac{y_i^{id}}{x_i^{B,\,id}}\frac{V_m^{B,\,id}}{V_m^B} \times \exp\left(\frac{\phi_i^{S,\,id} - \phi_i^S}{RT}\right)\frac{\gamma_i^B}{\gamma_i^{B,\,id}} = 1 \qquad [8-3-30]$$

满足式[8-3-30]的条件之一为表面位 $\phi_i^S = \phi_i^{S,\,id}$，即要求溶液中组元 i 每改变单位浓度时引起溶液表面自由能的变化与理想溶液中改变组元 i 单位浓度时引起表面自由能变化相同，这是对溶液的能量条件要求。

由此可知，对于理想溶液，由于 $\phi_i^S = \phi_i^{S,\,id}$，故而溶液的表面张力与组元的摩尔分数亦必定呈线性关系。这从理论上可以得到证明：

组元 i 的表面位定义为[2]

讨论溶液

$$\phi_i^{\mathrm{S}} = \left[\frac{\partial(\sigma_{\mathrm{S}}A)}{\partial n_i^{\mathrm{S}}}\right]_{T,P,A,\sum n_j^{\mathrm{S}}} = \frac{A}{\sum n_i^{\mathrm{S}}}\left[\frac{\partial(\sigma_{\mathrm{S}})}{\partial x_i^{\mathrm{S}}}\right]_{T,P,A,\sum x_j^{\mathrm{S}}} = A_m\left[\frac{\partial(\sigma_{\mathrm{S}})}{\partial x_i^{\mathrm{S}}}\right]_{T,P,A,\sum x_j^{\mathrm{S}}}$$

理想溶液

$$\phi_i^{\mathrm{R}} = \left[\frac{\partial(\sigma_{\mathrm{R}}A)}{\partial n_i^{\mathrm{R}}}\right]_{T,P,A,\sum n_j^{\mathrm{R}}} = \frac{A}{\sum n_i^{\mathrm{R}}}\left[\frac{\partial(\sigma_{\mathrm{R}})}{\partial x_i^{\mathrm{R}}}\right]_{T,P,A,\sum x_j^{\mathrm{R}}} = A_m^{\mathrm{R}}\left[\frac{\partial(\sigma_{\mathrm{R}})}{\partial x_i^{\mathrm{R}}}\right]_{T,P,A,\sum x_j^{\mathrm{R}}}$$

当 $P^{\mathrm{G}} = P^{\mathrm{R}}$ 时

$$A_m^{\mathrm{S}}\left[\frac{\partial(\sigma_{\mathrm{S}})}{\partial x_i^{\mathrm{S}}}\right]_{T,P,A,\sum x_j^{\mathrm{S}}} = A_m^{\mathrm{R}}\left[\frac{\partial(\sigma_{\mathrm{R}})}{\partial x_i^{\mathrm{R}}}\right]_{T,P,A,\sum x_j^{\mathrm{R}}}$$

由式[8-3-30]知 $V_m^{\mathrm{B}} = V_m^{\mathrm{B,\,id}}$，即溶液和理想溶液的摩尔表面积有关系 $A_m = A_m^{\mathrm{R}}$。此外，理想溶液的表面位应为常数 $A_m^{\mathrm{R}}\sigma_i^0$，式中 σ_i^0 为纯物质 i 在同样 T、P 下的表面张力。

故有

$$\left[\frac{\partial(\sigma_{\mathrm{S}})}{\partial x_i^{\mathrm{S}}}\right]_{T,P,A,\sum x_j^{\mathrm{S}}} = \sigma_i^0$$

证实讨论溶液的表面张力与 x_i^{S} 呈线性比例关系，此时以表面张力为参数表示溶液为理想溶液的特征。由于理想溶液中 $x_i^{\mathrm{S}} = x_i^{\mathrm{B}}$，故可从表面张力与体相内部浓度关系反映表面张力与界面区的浓度关系。

为此将一些理想溶液总压力、表面张力与组元的摩尔分数的关系列于图 8-3-1 和图 8-3-2 中以作比较。

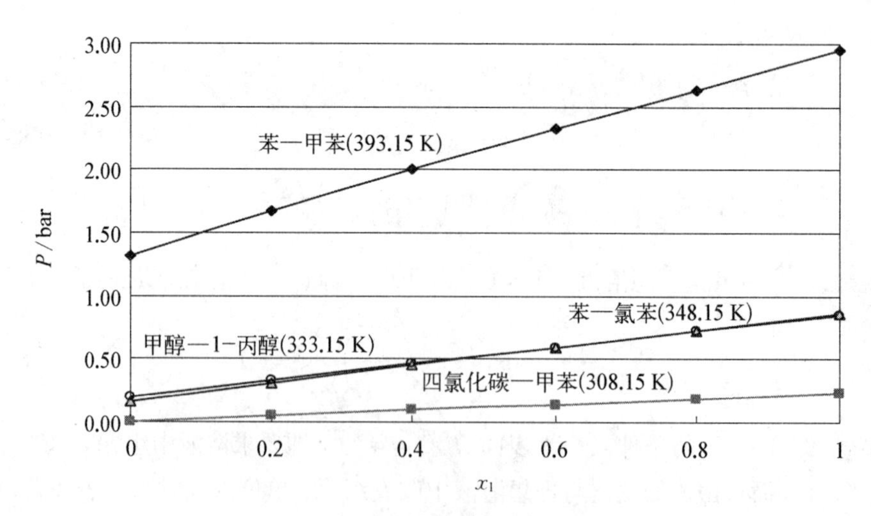

图 8-3-1　近似理想溶液总压力与摩尔分数

图 8-3-1 列示了一些近似理想溶液总压力与组元的摩尔分数的关系；图 8-3-2 列示了一些近似理想溶液表面张力与组元的摩尔分数的关系。两图所示数据表示，这两种关系

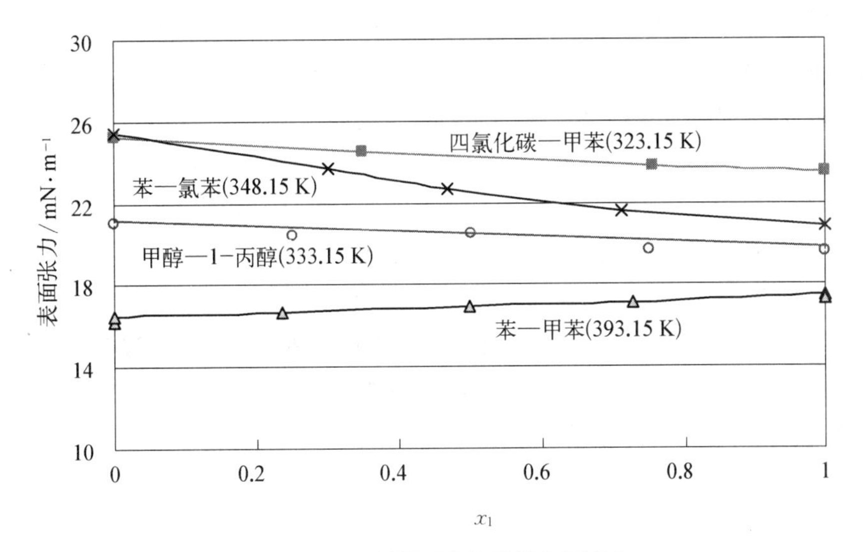

图 8-3-2　近似理想溶液的表面张力

都是线性比例关系，说明以压力反映的理想溶液与以表面张力反映的理想溶液是一致的。

图 8-3-1 和图 8-3-2 的数据取自文献[32～34]。图中四氯化碳与甲苯溶液总压力是在 308.15 K 的数据，但找不到同样温度下四氯化碳与甲苯溶液的表面张力数据，为此图中所列的为相近的 323.15 K 表面张力数据。

图中甲醇与 1-丙醇溶液在 333.15 K 下表面张力数据对线性关系偏差稍大些，其数据相关系数为 0.908 2。各溶液测试的总压力、表面张力与摩尔分数浓度的相关系数数据如表 8-3-7 所示。

表 8-3-7　一些近似理想溶液测试数据的相关系数

近似理想溶液	总压力对 x_1 相关系数	表面张力对 x_1 相关系数
四氯化碳—甲苯溶液	0.999 8	0.996 9
苯—甲苯溶液	0.999 2	0.969 5
苯—氯苯溶液	0.999 9	0.973 2
甲醇—1-丙醇溶液	0.999 8	0.908 2

8-3-4　完全理想溶液分子压力

无论是完全理想溶液还是近似理想溶液，溶液压力均是由溶液中各种分子压力共同组成的，由微观压力平衡式知，溶液中各分子压力间的关系为

$$P^{m} = P^{m}_{id} + P^{m}_{P1} + P^{m}_{P2} - P^{m}_{at} \qquad [8-3-31]$$

作为液态物质，必定存在各种分子间相互作用，因此，与理想气体混合物不同，理想溶液

不是一种可以忽略混合物中各种分子间相互作用影响的混合物。理想溶液中存在的这些分子间相互作用，应该而且必定会对溶液的热力学行为有影响。

溶液系由各个物质所组成，这些组元在纯物质时其分子压力间的关系亦服从微观压力平衡式，即

$$P_i^0 = P_{id}^{0i} + P_{P1}^{0i} + P_{P2}^{0i} - P_{at}^{0i} \quad [8-3-32]$$

因此，混合物分子压力的讨论内容中最主要的是分析了解混合物的各分子压力与混合物的各组元纯物质时所具有的分子压力的关系。这种关系被称为溶液的混合规律。故讨论溶液的分子压力，其重要内容是讨论溶液分子压力的混合规律。

由于理想溶液有一些特殊规律，故本节先讨论理想溶液分子压力的混合规则。

对于完全理想溶液，由于溶液满足第二能量条件 $\delta_P = 1$，故有 $P^m = P_i^0 = P_j^0$ 关系，即有溶液中相同与不同分子间相互作用均相同。引入分子压力，则可得

$$P^m = P_{id}^m + P_{P1}^m + P_{P2}^m - P_{at}^m = P_{id}^{0i} + P_{P1}^{0i} + P_{P2}^{0i} - P_{at}^{0i} = P_i^0 \quad [8-3-33]$$

由此可知，完全理想溶液的分子压力与其组元纯物质时分子压力间的关系为：

$$\left.\begin{array}{ll} \text{分子理想压力} & P_{id}^m = P_{id}^{01} = P_{id}^{02} \cdots = P_{id}^{0i} \\ \text{第一分子斥压力} & P_{P1}^m = P_{P1}^{01} = P_{P1}^{02} \cdots = P_{P1}^{0i} \\ \text{第二分子斥压力} & P_{P2}^m = P_{P2}^{01} = P_{P2}^{02} \cdots = P_{P2}^{0i} \\ \text{分子吸引压力} & P_{at}^m = P_{at}^{01} = P_{at}^{02} \cdots = P_{at}^{0i} \end{array}\right\} \quad [8-3-34]$$

由于完全满足完全理想溶液式[8-3-34]要求的溶液极少。即使我们所举的例子，间二甲苯—对二甲苯溶液，组元二甲苯纯物质平衡压力为 0.003 421 bar，而组元对二甲苯纯物质平衡压力为 0.003 650 bar，两者绝对值虽然相差很小但毕竟也不是同一数值。为此，式[8-3-34]所表示的应该只是种理想的理论关系。由于完全理想溶液的溶液的摩尔体积与纯组元的摩尔体积相同，故有 $P_{id}^m = P_{id}^{01} = P_{id}^{02} \cdots = P_{id}^{0i}$ 关系，由此可得

$$P_{P1}^m + P_{P2}^m - P_{at}^m = P_{P1}^{01} + P_{P2}^{01} - P_{at}^{01} = P_{P1}^{02} + P_{P2}^{02} - P_{at}^{02} = \cdots = P_{P1}^{0i} + P_{P2}^{0i} - P_{at}^{0i} \quad [8-3-35a]$$

即可认为，完全理想溶液中溶液的综合分子间相互作用，即斥相互作用和吸引相互作用的共同作用与各组元的综合分子间相互作用相同。

也可采用平均值方法，故式[8-3-34]可改写为：

$$\left.\begin{array}{ll} \text{分子理想压力} & P_{id}^m = x_1 P_{id}^{01} + x_2 P_{id}^{02} = \cdots + x_i P_{id}^{0i} \\ \text{第一分子斥压力} & P_{P1}^m = x_1 P_{P1}^{01} + x_2 P_{P1}^{02} = \cdots + x_i P_{P1}^{0i} \\ \text{第二分子斥压力} & P_{P2}^m = x_1 P_{P2}^{01} + x_2 P_{P2}^{02} = \cdots + x_i P_{P2}^{0i} \\ \text{分子吸引压力} & P_{at}^m = x_1 P_{at}^{01} + x_2 P_{at}^{02} = \cdots + x_i P_{at}^{0i} \end{array}\right\} \quad [8-3-35b]$$

表 8-3-8 列示了间二甲苯、对二甲苯纯物质时的各分子压力数值，间二甲苯和对二甲

苯混合物的分子压力数值。

表 8-3-8 间二甲苯和对二甲苯混合物的分子压力(20℃)

纯 物 质		P^0 / bar	P^0_{id} / bar	P^0_{P1} / bar	P^0_{P2} / bar	P^0_{at} / bar
间二甲苯分子压力(1)		0.003 421	199.49	0.003 051	1 657.86	1 857.35
对二甲苯分子压力(2)		0.003 650	198.29	0.003 255	1 642.46	1 840.75
(1)/(2)		0.937	1.006	0.937	1.009	1.009
间二甲苯和对二甲苯混合物(按式[8-3-35]计算)						
间二甲苯 x_1	对二甲苯 x_2	P^0 / bar	P^0_{id} / bar	P^0_{P1} / bar	P^0_{P2} / bar	P^0_{at} / bar
0.4	0.6	0.003 564	198.83	0.003 178	1 649.57	1 848.39
按分子压力方法计算值		0.003 564	198.83	0.003 178	1 649.57	1 848.39
按式[8-3-35b]计算值		0.003 563	198.77	0.003 173	1 648.62	1 847.39
偏差/%		−0.033	−0.029	−0.151	−0.057	−0.054
0.8	0.2					
按分子压力方法计算值		0.003 464	199.27	0.003 090	1 655.08	1 854.35
按式[8-3-35b]计算值		0.003 475	199.25	0.003 092	1 654.78	1 854.03
偏差/%		0.315	−0.009	0.068	−0.018	−0.017

注：本表数据取自文献[34]。表中纯物质 20℃蒸气压数据是统计线性回归外推值，相关系数 $r=0.9949$。

由表 8-3-8 所列数据来看，对完全理想溶液，式[8-3-35b]所示各分子压力项的相互关系是可用的。

8-3-5 近似理想溶液分子压力

近似理想溶液的理想条件为：

$$\delta_S=0,\ \delta_P(\text{或}\ \delta_\sigma)\geqslant 0,\ \delta_{V1}=0\ \text{或} / \text{和}\ \delta_{V2}=1$$

在上面讨论中已经说明，由于近似理想溶液的近似性，讨论溶液中组元分子大小可以不同，即实际处理时 $\delta_{V1}=0$ 和 $\delta_{V2}=1$ 条件亦可以放宽些，二者取其之一满足即可，但讨论溶液的能量条件需符合 $|\delta_S|\leqslant 3\%$。溶液中各组元的分子间相互作用情况不同。

故而其溶液特性为：溶液总压力符合 Raoult 定律，而组元分压力与 Raoult 定律存在有一定的偏差。因此，近似理想溶液的分子压力可应用溶液总压力符合 Raoult 定律的规律进行计算。

近似理想溶液的总压力：

气相总压力 $$P^{mG}=P_1^{mG}+P_2^{mG}+\cdots+P_i^{mG}=\sum_i P_i^{mG} \qquad [8-3-36a]$$

液相总压力 $$P^{mL}=P_1^{mL}+P_2^{mL}+\cdots+P_i^{mL}=\sum P_i^{mL} \qquad [8-3-36b]$$

式中气相总压力与液相总压力相等，即

$$P^{m} = P^{mG} = P^{mL}$$

混合物的分子压力与各组元纯物质状态下分子压力间的关系，即近似理想溶液混合物分子压力的混合规律讨论如下：

气相混合物分子压力与气相中各组元纯物质状态下分子压力关系可见第六章讨论。这里将讨论液相总压力与溶液中各组元纯物质状态下分子压力关系。

已知溶液的分子压力和纯组元 i 的分子压力结构式为

$$P^{mL} = P_{id}^{mL} + P_{P1}^{mL} + P_{P2}^{mL} - P_{at}^{mL} \quad [8-3-37a]$$

$$P_i^{0L} = P_{id,i}^{0L} + P_{P1,i}^{0L} + P_{P2,i}^{0L} - P_{at,i}^{0L} \quad [8-3-37b]$$

近似理想溶液的总压力可以 Raoult 定律来表示：

$$\begin{aligned} P^{m} &= x_1 P_1^{0L} + x_2 P_2^{0L} + \cdots + x_i P_i^{0L} = \sum_i x_i P_i^{0L} \\ &= \sum_i x_i P_{id,i}^{0L} + \sum_i x_i P_{P1,i}^{0L} + \sum_i x_i P_{P2,i}^{0L} - \sum_i x_i P_{at,i}^{0L} \end{aligned} \quad [8-3-38]$$

引入式[8-3-37]得：

$$P_{id}^{mL} + P_{P1}^{mL} + P_{P2}^{mL} - P_{at}^{mL} = \sum_i x_i P_{id,i}^{0L} + \sum_i x_i P_{P1,i}^{0L} + \sum_i x_i P_{P2,i}^{0L} - \sum_i x_i P_{at,i}^{0Li}$$

故可得近似理想溶液的分子压力表示式为

$$\left.\begin{aligned} &\text{分子理想压力} && P_{id}^{mL} = \sum_i x_i P_{id,i}^{0L} \\ &\text{第一分子斥压力} && P_{P1}^{mL} = \sum_i x_i P_{P1,i}^{0L} \\ &\text{第二分子斥压力} && P_{P2}^{mL} = \sum_i x_i P_{P2,i}^{0L} \\ &\text{分子吸引压力} && P_{at}^{mL} = \sum_i x_i P_{at,i}^{0L} \end{aligned}\right\} \quad [8-3-39]$$

因此，通过式[8-3-39]可依据纯组元的分子压力数据计算得到讨论的近似理想溶液的各分子压力的数值。表 8-3-9 中列有以式[8-3-39]的计算结果以供参考。

表 8-3-9　近似理想溶液分子压力计算(计算式[8-3-39])

溶液：四氯化碳(1)—甲苯(2)，T=308.15 K						
x_1	0.0	0.2	0.4	0.6	0.8	1.0
实测总压力/bar	0.062 4	0.096 7	0.130 4	0.163 7	0.197 7	0.234 6
式[8-3-39] 计算值/bar	0.062 4	0.096 9	0.131 4	0.165 9	0.200 4	0.234 9
误差/%	0.01	0.25	0.78	1.33	1.36	0.11
P_{id}^{m}，定义式计算值/bar	237.147	241.503	246.022	250.714	255.588	260.654
式[8-3-39] 计算值/bar		241.848	246.550	251.251	255.953	
误差/%		0.14	0.21	0.21	0.14	

续 表

溶液：四氯化碳(1)—甲苯(2)，T=308.15 K						
x_1	0.0	0.2	0.4	0.6	0.8	1.0
P_{P1}^{m}，定义式计算值/bar	0.054 1	0.083 3	0.111 6	0.139 5	0.167 7	0.197 7
式[8-3-39]计算值/bar		0.082 8	0.111 5	0.140 2	0.168 9	
误差/%		−0.64	−0.13	0.51	0.76	
P_{P2}^{m}，定义式计算值/bar	1 551.69	1 518.75	1 487.66	1 458.35	1 430.74	1 403.22
式[8-3-39]计算值/bar		1 522.00	1 492.30	1 462.61	1 432.91	
误差/%		0.21	0.31	0.29	0.15	
P_{at}^{m}，定义式计算值/bar	1 788.83	1 760.24	1 733.66	1 721.25	1 686.30	1 663.83
式[8-3-39]计算值/bar		1 763.83	1 738.83	1 713.83	1 688.83	
误差/%		0.20	0.30	−0.43	0.15	
溶液：苯(1)—氯苯(2)，T=348.15 K						
x_1	0.0	0.2	0.4	0.6	0.8	1.0
实测总压力/bar	0.163 1	0.308 8	0.449 8	0.588 1	0.725 3	0.863 0
式[8-3-39]计算值/bar	0.163 1	0.303 0	0.442 8	0.582 7	0.722 6	0.862 4
误差/%	0.03	−1.88	−1.56	−0.92	−0.37	−0.07
P_{id}^{m}，定义式计算值/bar	263.216	271.017	278.956	287.028	295.223	303.525
式[8-3-39]计算值/bar		271.278	279.340	287.401	295.463	
误差/%		0.10	0.14	0.13	0.08	
P_{P1}^{m}，定义式计算值/bar	0.138 2	0.259 6	0.375 8	0.488 3	0.595 4	0.700 5
式[8-3-39]计算值/bar		0.250 6	0.363 1	0.475 6	0.588 0	
误差/%		−3.437	−3.365	−2.606	−1.243	
P_{P2}^{m}，定义式计算值/bar	1 479.70	1 456.43	1 430.58	1 402.05	1 370.80	1 336.73
式[8-3-39]计算值/bar		1 451.11	1 422.52	1 393.92	1 365.33	
误差/%		−0.37	−0.56	−0.58	−0.40	
P_{at}^{m}，定义式计算值/bar	1 742.89	1 727.40	1 709.46	1 688.98	1 665.89	1 640.10
式[8-3-39]计算值/bar		1 722.33	1 701.78	1 681.22	1 660.66	
误差/%		−0.29	−0.45	−0.46	−0.31	
溶液：苯(1)—甲苯(2)，T=393.15 K						
x_1	0.0	0.2	0.4	0.6	0.8	1.0
实测总压力/bar	1.312 8	1.676 1	2.005 3	2.321 7	2.633 5	2.944 7
式[8-3-39]计算值/bar	1.315 3	1.639 8	1.964 2	2.288 7	2.613 1	2.937 6
误差/%	0.19	−2.17	−2.05	−1.42	−0.77	−0.24
P_{id}^{m}，定义式计算值/bar	268.448	278.534	288.428	298.083	307.466	316.521
式[8-3-39]计算值/bar		278.063	287.677	297.292	306.906	
误差/%		−0.17	−0.26	−0.27	−0.18	

续 表

溶液：苯(1)—甲苯(2)，T=393.15 K						
x_1	0.0	0.2	0.4	0.6	0.8	1.0
P_{P1}^{m}，定义式计算值/bar	1.040 2	1.314 6	1.561 7	1.795 0	2.025 3	2.242 6
式[8-3-39]计算值/bar		1.280 7	1.521 2	1.761 6	2.002 1	
误差/%		−2.58	−2.60	−1.86	−1.15	
P_{P2}^{m}，定义式计算值/bar	1 036.67	1 044.95	1 050.01	1 051.69	1 049.89	1 044.45
式[8-3-39]计算值/bar		1 038.22	1 039.78	1 041.34	1 042.89	
误差/%		−0.64	−0.97	−0.98	−0.67	
P_{at}^{m}，定义式计算值/bar	1 304.84	1 323.12	1 338.00	1 349.25	1 356.75	1 360.28
式[8-3-39]计算值/bar		1 315.93	1 327.01	1 338.10	1 349.19	
误差/%		−0.54	−0.82	−0.83	−0.56	
溶液：二氯甲烷(1)—1，2二氯乙烷(2)，T=313.15 K						
x_1	0.0	0.2	0.4	0.6	0.8	1.0
实测总压力/bar	0.208 3	0.371 7	0.528 1	0.693 9	0.849 3	1.006 3
式[8-3-39]计算值/bar	0.208 4	0.371 7	0.527 7	0.694 1	0.849 2	1.008 0
误差/%	0.08	−0.90	0.03	−0.83	−0.14	0.17
P_{id}^{m}，定义式计算值/bar	294.622	312.022	330.618	350.562	372.003	395.143
式[8-3-39]计算值/bar		314.726	334.830	354.935	375.039	
误差/%		0.87	1.27	1.25	0.82	
P_{P1}^{m}，定义式计算值/bar	0.180 2	0.308 7	0.437 2	0.573 8	0.700 4	0.829 6
式[8-3-39]计算值/bar		0.310 1	0.440 0	0.569 8	0.699 7	
误差/%		0.45	0.63	−0.69	−0.10	
P_{P2}^{m}，定义式计算值/bar	1 484.10	1 551.11	1 622.56	1 699.20	1 781.82	1 871.49
式[8-3-39]计算值/bar		1 561.58	1 639.06	1 716.54	1 794.01	
误差/%		0.68	1.02	1.02	0.68	
P_{at}^{m}，定义式计算值/bar	1 778.69	1 863.07	2 009.62	2 049.64	2 153.68	2 266.46
式[8-3-39]计算值/bar		1 876.24	1 973.80	2 071.35	2 168.90	
误差/%		0.71	−1.78	1.06	0.71	
溶液：甲醇(1)—1-丙醇(2)，T=333.15 K						
x_1	0.0	0.2	0.4	0.6	0.8	1.0
实测总压力/bar	0.202 0	0.337 3	0.467 4	0.594 2	0.719 5	0.845 0
式[8-3-39]计算值/bar	0.202 2	0.330 7	0.459 1	0.587 6	0.716 1	0.844 6
误差/%	0.09	−1.97	−1.77	−1.11	−0.48	−0.05
P_{id}^{m}，定义式计算值/bar	401.392	450.455	500.211	550.589	601.472	652.671
式[8-3-39]计算值/bar		451.648	501.904	552.159	602.415	
误差/%		−2.41	−2.27	−1.51	−0.58	

续 表

溶液：甲醇(1)—1-丙醇(2)，T=333.15 K						
x_1	0.0	0.2	0.4	0.6	0.8	1.0
P_{P1}^{m}，定义式计算值/bar	0.173 9	0.289 4	0.400 2	0.507 4	0.611 9	0.717 0
式[8-3-39]计算值/bar		0.282 5	0.391 1	0.499 7	0.608 4	
误差/%		−2.41	−2.27	−1.51	−0.58	
P_{P2}^{m}，定义式计算值/bar	2 501.93	2 762.30	3 016.40	3 263.18	3 501.02	3 727.46
式[8-3-39]计算值/bar		2 747.04	2 992.14	3 237.25	3 482.36	
误差/%		−0.55	−0.80	−0.80	−0.53	
P_{at}^{m}，定义式计算值/bar	2 903.29	3 212.71	3 516.55	3 813.68	4 102.39	4 380.01
式[8-3-39]计算值/bar		3 198.64	3 493.98	3 789.32	4 084.66	
误差/%		−0.44	−0.64	−0.64	−0.43	

注：本表数据取自文献[32～34]。

表列数据表示式[8-3-39]应该是正确的。

近似理想溶液组元的分压力在一定允许误差范围内可近似认为亦服从 Raoult 定律，故通常亦可用关系式

$$P_i^{mL} = y_i P^{mL} \cong x_i P_i^{0L} \qquad [8-3-40a]$$

由此可知

$$y_i \cong \frac{x_i P_i^{0L}}{P^{mL}} = \frac{x_i P_i^{0L}}{\sum x_i P_i^{0L}} \qquad [8-3-40b]$$

因此近似理想溶液中组元在气相的摩尔分数浓度可由[8-3-40]式计算。完全理想溶液的组元在气相的摩尔分数浓度也可由[8-3-40]式计算，由于完全理想溶液中 $P_1^{0L} = P_2^{0L} = \cdots = P_i^{0L}$，故知有 $y_i = x_i$，这在前面讨论中已证明。表 8-3-10 中列有一些近似理想溶液的数据，以说明式[8-3-40]的应用。

表 8-3-10 近似理想溶液气相摩尔分数计算(计算式[8-3-40])

溶液 1：四氯化碳(1)—甲苯(2)，T=308.15 K						
x_1	0.0	0.2	0.4	0.6	0.8	1.0
实测总压力/bar	0.062 4	0.096 7	0.130 4	0.163 7	0.197 7	0.234 6
实测 y_1	0.000	0.476	0.713	0.845	0.935	1.000
式[8-3-40] y_1 计算值	0.000	0.485	0.715	0.849	0.938	1.000
误差/%	0.00	1.80	0.26	0.52	0.29	0.00
溶液 2：苯(1)—氯苯(2)，T=348.15 K						
x_1	0.0	0.2	0.4	0.6	0.8	1.0
实测总压力/bar	0.163 1	0.308 8	0.449 8	0.588 1	0.725 3	0.863 0
实测 y_1	0.000	0.576	0.780	0.887	0.953	1.000
式[8-3-40] y_1 计算值	0.000	0.570	0.779	0.888	0.955	1.000
误差/%	0.00	−1.12	−0.11	0.13	0.20	0.00

续 表

溶液 3：苯(1)—甲苯(2)，T=393.15 K						
x_1	0.0	0.2	0.4	0.6	0.8	1.0
实测总压力/bar	1.312 8	1.676 1	2.005 3	2.321 7	2.633 5	2.944 7
实测 y_1	0.000	0.369	0.599	0.766	0.895	1.000
式[8-3-40] y_1 计算值	0.000	0.359	0.599	0.771	0.900	1.000
误差/%	0.00	−2.63	0.04	0.64	0.53	0.00
溶液 4：二氯甲烷(1)—1，2 二氯乙烷(2)，T=313.15 K						
x_1	0.0	0.2	0.4	0.6	0.8	1.0
实测总压力/bar	0.208 3	0.371 7	0.528 1	0.693 9	0.849 3	1.006 3
实测 y_1	0.000	0.552	0.774	0.894	0.952	1.000
式[8-3-40] y_1 计算值	0.000	0.547	0.763	0.879	0.951	1.000
误差/%	0.00	−0.88	−1.41	−1.70	−0.13	0.00
溶液 5：甲醇(1)—1-丙醇(2)，T=333.15 K						
x_1	0.0	0.2	0.4	0.6	0.8	1.0
实测总压力/bar	0.202 0	0.337 3	0.467 4	0.594 2	0.719 5	0.845 0
实测 y_1	0.000	0.519	0.738	0.861	0.941	1.000
式[8-3-40] y_1 计算值	0.000	0.511	0.736	0.863	0.944	1.000
误差/%	0.00	−1.50	−0.26	0.18	0.28	0.00

需注意的是从式[8-3-40]和式[8-3-37]不能得到 $y_i P_{id}^{mL} \cong x_i P_{id,i}^{0L}$、$y_i P_{P1}^{mL} \cong x_i P_{P1,i}^{0L}$、$y_i P_{P2}^{mL} \cong x_i P_{P2,i}^{0L}$ 和 $y_i P_{at}^{mL} \cong x_i P_{at,i}^{0L}$。式中 P_{id}^{mL}、P_{P1}^{mL}、P_{P2}^{mL} 和 P_{at}^{mL} 为组元 i 的各分子压力。它们应由式[8-3-39]导得，对近似理想溶液有：

$$P_{id,i}^{m} = y_i P_{id}^{m} \cong y_i \sum x_i P_{id,i}^{0} \qquad [8-3-41a]$$

$$P_{P1,i}^{m} = y_i P_{P1}^{m} \cong y_i \sum x_i P_{P1,i}^{0} \qquad [8-3-41b]$$

$$P_{P2,i}^{m} = y_i P_{P2}^{m} = y_i \sum x_i P_{P2,i}^{0} \qquad [8-3-41c]$$

$$P_{id,i}^{m} = y_i P_{at}^{m} = y_i \sum x_i P_{at,i}^{0} \qquad [8-3-41d]$$

显然，对于完全理想溶液，因有 $y_i = x_i$，故有 $P_{id}^{m} = P_{id,i}^{0}$、$P_{P1}^{m} = P_{P1,i}^{0}$、$P_{P2}^{m} = P_{P2,i}^{0}$、$P_{at}^{m} = P_{at,i}^{0}$，即完全理想溶液中溶液各分子压力与纯物质的各分子压力均相等。而在近似理想溶液中有 $y_i \neq x_i$，故有 $P_{id}^{m} \neq P_{id,i}^{0}$、$P_{P1}^{m} \neq P_{P1,i}^{0}$、$P_{P2}^{m} \neq P_{P2,i}^{0}$、$P_{at}^{m} \neq P_{at,i}^{0}$，即近似理想溶液中溶液各分子压力与纯物质的各分子压力并不相等，说明近似理想溶液与理论上的理想溶液偏离了一些，而向实际溶液接近了一些。

由于式[8-3-39]已由表 8-3-9 数据证实是正确的，故在表 8-3-11 中仅列有四氯化碳—甲苯近似理想溶液的数据，以说明式[8-3-41]的正确性。

表 8-3-11　四氯化碳—甲苯近似理想溶液分压力计算(计算式[8-3-41])

x_1	0	0.2	0.4	0.6	0.8	1.0
组元 1 的分子理想压力的分压力，$P^{m}_{id,1}$						
实测值/bar	0	114.96	175.41	211.85	238.97	260.65
式[8-3-41] 计算值/bar		115.12	175.79	212.31	239.32	
误差/%		0.14	0.21	0.21	0.14	
组元 1 的第一分子斥压力的分压力，$P^{m}_{P1,1}$						
实测值/bar	0	0.039 7	0.079 6	0.117 9	0.156 8	0.197 7
式[8-3-41] 计算值/bar		0.039 4	0.079 5	0.118 5	0.158 0	
误差/%		−0.64	−0.13	0.51	0.76	
组元 1 的第二分子斥压力的分压力，$P^{m}_{P2,1}$						
实测值/bar	0	722.92	1 060.70	1 232.31	1 337.74	1 403.22
式[8-3-41] 计算值/bar		724.47	1 064.01	1 235.90	1 339.77	
误差/%		0.21	0.31	0.29	0.15	
组元 1 的分子吸引压力的分压力，$P^{m}_{at,1}$						
实测值/bar	0	837.87	1 236.10	1 454.45	1 576.69	1 663.83
式[8-3-41] 计算值/bar		839.58	1 239.79	1 448.19	1 579.06	
误差/%		0.20	0.30	−0.43	0.15	

关于近似理想溶液的分子压力与其气相的分子压力的关系将在下节 8-3-6 中与实际溶液的分子压力一起讨论。

8-3-6　实际溶液分子压力

实际溶液微观模型为：

1. 实际溶液对溶液分子间相互作用的要求

实际溶液中异种分子间相互作用能、各同种分子间相互作用能彼此并不相等，即

$$u^{m} \neq u_{12} \neq u_{11} \neq u_{22}$$

异种分子间相互作用能不是各同种分子间相互作用能的算术平均值，即，实际溶液能量与纯组元能量不存在有下列关系：

$$u^{m} \neq (x_1 u_{11} + x_2 u_{22})$$

如果以压力来表示能量指标的话，则应

$$P^{m} \neq P_1^0 \neq P_2^0$$

$$P^{m} \neq x_1 P_1^0 + x_2 P_2^0$$

即实际溶液总压力和组元的分压力均不符合 Raoult 定律的要求。

2. 对讨论溶液和纯组元的摩尔体积的要求

实际溶液的摩尔体积互不相同，即有

$$V_m^m \neq V_{m,1}^0 \neq V_{m,2}^0 \neq \cdots \neq V_{m,i}^0$$

即实际溶液中的每个组元分子均应具有一定的分子体积，并且这些分子体积大小均不相同。

3. 分子运动遵守牛顿运动定律

依据实际溶液微观模型，实际溶液的溶液条件为：

$$\delta_S \neq 0,\ \delta_P \neq 1,\ \delta_{V1} \neq 0,\ \delta_{V2} \neq 1$$

亦就是说实际溶液是这样性质的一些溶液：

(1) $\delta_S \neq 0$，这表明实际溶液的蒸气总压力与以 Raoult 定律表示的理想溶液压力不同，即，实际溶液的蒸气总压力不能以 Raoult 定律表示。这也意味着近似理想溶液的分子压力计算方法不能应用于实际溶液分子压力的计算。

(2) $\delta_P \neq 1$，这意味着实际溶液中各组分的各分子间相互作用互不相同。由上述近似理想溶液的讨论可知，这说明实际溶液各组元的分压力与 Raoult 定律计算的分压力数值不同，因此使用分压力方法亦不能计算实际溶液分子压力。

(3) $\delta_{V1} \neq 0$，$\delta_{V2} \neq 1$，这两个溶液条件说明实际溶液在形成溶液过程中发生了体积变化，并且溶液中各组元分子大小不同。正是这一原因，讨论溶液不能成为近似理想溶液，更不能成为完全理想溶液。

因此，实际溶液与所有理想溶液不同之处是实际溶液在形成溶液过程中发生了体积变化，且 Raoult 定律不能用于计算实际溶液的总压力；而实际溶液与近似理想溶液相同之处是 Raoult 定律均不能用于计算溶液分压力，且溶液中各组元分子间相互作用不同。

下面计算中以任意选取的两个实际溶液为例来说明本文的计算方法：

第一例：硫化氢(1)—戊烷(2)溶液，计算数据取自文献[33]。

此溶液在 T=277.15 K 时的溶液条件为：

x_i	0.061 7	0.142 5	0.226 0	0.323 2	0.437 2	0.610 6	0.821 0
δ_S/%	−29.21	−29.78	−30.95	−27.41	−23.58	−16.02	−6.91
δ_P	38.33	38.33	38.33	38.33	38.33	38.33	38.33
δ_{V1}/%	−0.54	−1.08	−1.38	−1.81	−2.57	−2.89	−2.86
δ_{V2}	0.368	0.368	0.368	0.368	0.368	0.368	0.368

此溶液的溶液条件中仅 δ_{V1} 符合理想条件要求，这是因为讨论对象是液态，在一定的分子间相互作用条件下两个液体混合时体积有可能变化不大。而此溶液的其他溶液条件均不

符合理想条件要求。因此，讨论溶液应是实际溶液。此溶液的压力—— x_i 关系如图 8-3-3 所示。

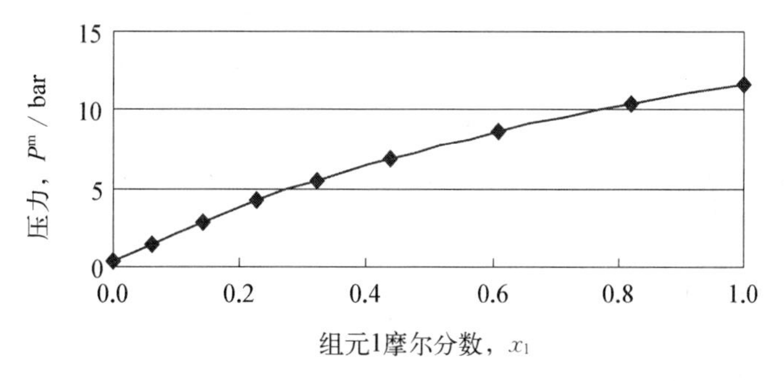

图 8-3-3　硫化氢—戊烷 277.55 K 下压力与 x_1 关系

第二例：1,4-二氧杂环己烷(1)—水(2) 溶液，计算数据取自文献[33]。

此溶液在 $T=298.15$ K 时的溶液条件为：

x_i	0.04	0.11	0.23	0.28	0.55	0.76	0.90	0.95
δ_S，%	−18.54	−32.55	−39.04	−39.84	−35.69	−30.01	−22.66	−16.70
δ_P	1.51	1.51	1.51	1.51	1.51	1.51	1.51	1.51
δ_{V1}，%	0.22	0.13	−0.47	−0.84	−2.46	−3.31	−3.76	−3.90
δ_{V2}	4.55	4.55	4.55	4.55	4.55	4.55	4.55	4.55

此溶液的溶液条件中 δ_{V1} 与理想条件要求接近，其原因与上述相似。而此溶液的其他溶液条件均不符合理想条件要求。因此，讨论溶液也应是实际溶液。此溶液的压力—— x_i 关系如图 8-3-4 所示。

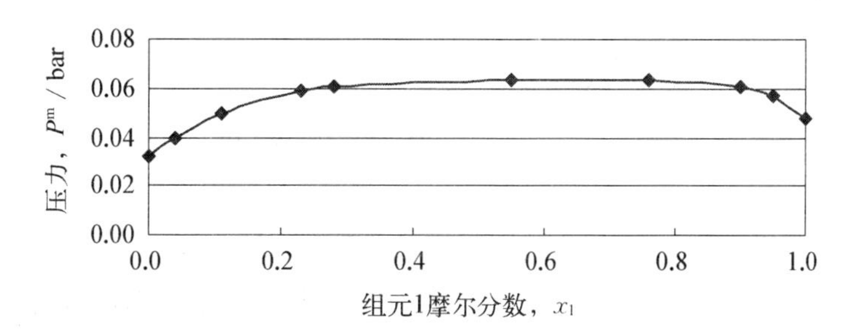

图 8-3-4　1,4-二氧杂环己烷—水 298.15 K 下压力与 x_1 关系

下面讨论实际溶液分子压力的计算方法，即讨论实际溶液分子压力的混合规则。这从两方面进行讨论：

(1) 讨论处在平衡状态下实际溶液的各分子压力与其平衡气相的各分子压力的关系。

(2) 讨论组成溶液的各组元，在纯物质状态下的各分子压力与所组成溶液的组元纯物质时分子压力的关系。

8-3-6-1　气相分子压力与液相的分子压力

当气、液两相在一定的状态参数下处于平衡状态时，其热力学特性为：

$$\left.\begin{array}{ll}\text{平衡时气相的总压力即为液相的平衡压力，即} & P^{G}=P^{L} \\ \text{平衡时气相的温度即为液相的温度，即} & T^{G}=T^{L} \\ \text{平衡时气相摩尔体积与液相摩尔体积不同，即} & V_{m}^{G}\neq V_{m}^{L} \\ \text{实际混合物的气相组成与液相组成不同，即} & y_{i}^{G}\neq x_{i}^{L}\end{array}\right\} \qquad [8-3-42]$$

由于不同物质状态的同一物质平衡体系温度与压力都是相同的，故而体积将是影响其宏观性质的主要状态参数，体积亦将是影响讨论物质在不同物质状态下微观性质——分子压力变化的主要状态参数。

已知实际溶液的总压力为 $P^{B}=\dfrac{RT^{B}}{V_{m}^{B}}Z^{B}$

需说明的是由于界面区各项参数目前还待研究发展，为方便讨论，下面讨论的各参数均是以相内区的各参数进行讨论，故而将右上角标“B”省略。

气相混合物压力为 $$P^{G}=\frac{RT^{G}}{V_{m}^{Gm}}Z^{G} \qquad [8-3-43]$$

液相混合物压力为 $$P^{L}=\frac{RT^{L}}{V_{m}^{mL}}Z^{L} \qquad [8-3-44]$$

已知有式[8-2-183]，液—气平衡时有 $P^{L}=P^{G}$，故

$$\frac{Z^{G}}{Z^{L}}=\frac{1}{Z^{L,\,id}}=\frac{V_{m}^{G}}{V_{m}^{mL}} \qquad [8-3-45]$$

$$Z^{L,\,id}=\frac{V_{m}^{mL}}{V_{m}^{G}}=\frac{P_{id}^{G}}{P_{id}^{L}} \qquad [8-3-46]$$

即理想压缩因子是其气相的分子理想压力与其溶液相的分子理想压力的比值，此式在8-2节中已有讨论。由此对实际溶液进行讨论：

1. 平衡时气相与液相的分子理想压力的关系

式[8-3-46]表示了平衡时气相的分子理想压力与液相的分子理想压力的关系

$$P_{id}^{G}=P_{id}^{L}\frac{Z^{L}}{Z^{G}}=P_{id}^{L}\frac{V_{m}^{Lm}}{V_{m}^{G}} \qquad [8-3-47]$$

由式[8-3-47]可在已知液相分子理想压力时求得气相分子理想压力的数值，反之亦可。式中 Z^{L}/Z^{G} 和 V_{m}^{G}/V_{m}^{Lm} 是液相和气相两个分子理想压力转换计算的转换系数。

定义 $\Lambda_{m}^{Z}=\dfrac{Z^{L}}{Z^{G}}$，为混合物液相部分的压缩因子和气相部分的压缩因子的比值，称为压缩因子修正系数。显然，当 $Z^{L}=Z^{G}$ 时 $\Lambda_{m}^{Z}=1$，但这只有当讨论物质接近临界状态时才有可能。一般，特别是讨论温度远低于临界温度时，$Z^{L}<Z^{G}$，故而通常气相分子理想压力数值要远低于液相分子理想压力的数值，即 $P_{id}^{G}<P_{id}^{L}$。如果与理想溶液相平衡的是理想气体，压缩因子修正系数与理想压缩因子的关系为 $Z^{L,\,id}=\Lambda_{m}^{Z}$。

又定义 $\Lambda_{m}^{V}=\dfrac{V_{m}^{G}}{V_{m}^{Lm}}$，表示气相摩尔体积和液相摩尔体积的比值，反映液相—气相变化时

体积的变化，称之为体积修正系数。显然，当 $V_m^{Lm}=V_m^G$ 时 $\Lambda_m^V=1$。这种情况也只有接近临界状态时才有可能。一般，特别是讨论温度远低于临界温度时，$V_m^{Lm}<V_m^G$，即通常情况下气相摩尔体积应远大于液相摩尔体积。

由体积修正系数定义式可知，体积修正系数与理想压缩因子的关系为 $Z^{L,id}=1/\Lambda_m^V$。

这两个修正系数的关系是

$$\Lambda_m^Z=\frac{Z^L}{Z^G}=\frac{V_m^{Lm}}{V_m^G}=\frac{1}{\Lambda_m^V} \tag{8-3-48}$$

故可改写为

$$P_{id}^G=P_{id}^L\Lambda_m^Z=P_{id}^L\frac{1}{\Lambda_m^V}=P_{id}^LZ^{L,id} \tag{8-3-49}$$

实际压力

$$P^G=P^L=P_{id}^LZ^L=P_{id}^L\frac{1}{\Lambda_m^V}Z^G=P_{id}^LZ^{L,id}Z^G \tag{8-3-50}$$

式[8-3-50]有着实用意义。一般在进行混合物的计算时可能得到的实测数据为混合物的气相 $P^GV^GT^G$ 和液相 $P^LV^LT^L$，由此可方便地计算气、液相的压缩因子 Z^G、Z^L 数值，以此式可用于检验所计算的实验数据的正确性和状态方程计算结果的正确性。

例如，作者对硫化氢和戊烷溶液进行了下列计算。计算数据如表 8-3-12 所列。

表 8-3-12 硫化氢(1)和戊烷(2)溶液以状态方程(1)计算结果(310.95 K)

x_1	实测总压力 bar	五状态方程计算溶液压力平均值/bar				由液相数据按[8-3-50]计算值			
		气相 $P_{计}^G$	误差 %	液相 $P_{计}^L$	误差 %	P_{id}^{L} (2) bar	$Z^{L(3)}$	溶液压力 bar	误差 %
0.000 0	1.084 2	0.888 3	−18.07	1.087 9	0.35	217.62	0.005 0	1.087 9	0.35
0.078 8	3.445 1	3.072 2	−10.82	3.444 9	0.00	227.78	0.015 1	3.445 1	0.00
0.195 1	6.890 1	6.864 6	−0.37	6.888 8	−0.02	244.59	0.028 2	6.890 1	0.00
0.315 1	10.335 2	10.412 8	0.75	10.335 0	0.00	265.43	0.038 9	10.335 2	0.00
0.438 0	13.780 2	13.711 8	−0.50	13.781 2	0.01	291.14	0.047 3	13.780 2	0.00
0.566 2	17.225 3	17.138 3	−0.51	17.224 7	0.00	325.20	0.053 0	17.225 3	0.00
0.708 0	20.670 3	20.616 1	−0.26	20.669 5	0.00	374.69	0.055 2	20.670 3	0.00
0.860 0	24.115 4	24.219 0	0.43	24.115 5	0.00	451.98	0.053 4	24.115 4	0.00
1.000 0	27.155 2	28.390 7	4.55	27.155 6	0.00	566.96	0.047 9	27.155 2	0.00

注：(1) 文中分子压力数据是下列 5 个状态方程的平均值：方程 1，van der Waals 方程；方程 2，RK 方程；方程 3，Soave 方程；方程 4，PR 方程；方程 5，童景山方程。本表计算所用数据取自文献[33]。

(2) P_{id}^L 由实测的温度和液相体积计算得到。

(3) $Z^L=P_{计}^LV/RT$，为由 5 种状态方程得到的平均值，见表中数据。

由表列数据可知：状态方程方法计算结果与实际溶液压力基本吻合，但液相的计算结果优于气相，两个纯物质气相的计算结果均有一定的误差，尤以戊烷气相压力计算偏差较大，达18%左右。为此采用以液相数据计算气相数据，可使计算偏差大幅度降低。

产生偏差的原因是清楚的，表中数据取自文献[33]，即 Timmermans 所编著的 *The Physico-chemical Constants of Binary Systems in Concentrated Solutions V. 4*，戊烷数据为1953年实测310.95 K下数据，罗列如下：

压力，bar	气相摩尔体积，cm^3/mol	液相摩尔体积，cm^3/mol
1.084 2	26 200	118.8

查阅近代手册 *Thermodynamic Data for Pure Compounds*[37] 得戊烷310.95 K下数据为：

压力，bar	气相摩尔体积，cm^3/mol	液相摩尔体积，cm^3/mol
1.080 3	23 082.38	118.63

对比上列两种数据可知：压力和液相摩尔体积数据均吻合，而气相摩尔体积相互偏差较大，从计算结果来看，可知 Timmermans 所选用的气相摩尔体积数据正确性较差。

但是 Timmermans 列示了硫化氢(1)和戊烷(2)溶液在各个浓度下具有较完整的 PVT 数据，这是在其他手册中很少能找到的，并且下面讨论中主要计算数据是液体数据，为此我们还是采用了 Timmermans 的数据。Timmermans 数据的偏差可以用液相数据计算给予纠正。

表8-3-13中列示了以式[8-3-50]计算的一些溶液的分子理想压力数据。

表8-3-13　一些溶液的分子理想压力数据

x_1	五状态方程平均值 P_{id}^G /bar	按实测 PVT 数据计算		由式[8-3-50]计算的 P_{id}^G /bar	误差 %
		P_{id}^L /bar	$Z^{L,id}$		
溶液；硫化氢(1)—戊烷(2)，T=310.95 K					
0.078 8	3.184 5	227.78	0.014 223	3.239 8	1.73
0.195 1	7.314 8	244.59	0.030 200	7.386 7	0.98
0.315 1	11.410 3	265.43	0.043 289	11.490 4	0.70
0.438 0	15.393 7	291.14	0.053 174	15.481 0	0.57
0.566 2	19.793 2	325.20	0.061 154	19.887 2	0.47
0.708 0	24.525 3	374.69	0.065 714	24.622 2	0.40
0.860 0	29.965 9	451.98	0.066 512	30.062 0	0.32
溶液；硫化氢(1)—戊烷(2)，T=277.55 K					
0.061 7	1.388 9	212.69	0.006 608	1.405 4	1.19
0.142 5	2.823 7	223.39	0.012 730	2.843 7	0.71

续　表

x_1	五状态方程平均值 P_{id}^{G}/ bar	按实测 PVT 数据计算		由式[8-3-50]计算的 P_{id}^{G} /bar	误差 %
		P_{id}^{L} /bar	$Z^{L,id}$		
溶液;硫化氢(1)—戊烷(2),T=277.55 K					
0.226 0	4.321 8	236.44	0.018 380	4.345 8	0.56
0.323 2	5.935 8	253.59	0.023 514	5.962 9	0.46
0.437 2	7.536 5	276.69	0.027 344	7.566 0	0.39
0.610 6	9.704 6	325.02	0.029 958	9.736 9	0.33
0.821 0	11.860 9	415.04	0.028 660	11.895 0	0.29
溶液;1,4-二氧杂环己烷(1)—水(2),T=298.15 K					
0.04	0.034 30	1 204.00	0.000 029	0.034 60	0.90
0.11	0.039 07	987.78	0.000 038	0.038 00	−2.72
0.23	0.041 23	751.56	0.000 053	0.040 15	−2.63
0.28	0.041 90	682.10	0.000 060	0.040 73	−2.80
0.55	0.042 97	453.08	0.000 091	0.041 39	−3.67
0.76	0.043 79	358.57	0.000 117	0.041 94	−4.23
0.90	0.045 25	314.63	0.000 137	0.043 15	−4.62
0.95	0.047 20	301.41	0.000 149	0.044 91	−4.85

注：文中分子压力数据是下列5个状态方程的平均值：方程1,van der Waals 方程；方程2,RK 方程；方程3,Soave 方程；方程4,PR 方程；方程5,童景山方程。本表计算所用数据取自文献[33]。

2. 气相分子吸引压力与液相分子吸引压力

在已知液相的分子吸引压力时有两种计算气相分子吸引压力的方法。不同的状态方程计算方法不同,故按不同状态方程进行讨论。第一种计算方法：

(1) van der Waals 方程

气相分子吸引压力为
$$P_{at}^{G}=\frac{a^{G}}{(V_{m}^{G})^{2}} \qquad [8-3-51]$$

液相分子吸引压力为
$$P_{at}^{L}=\frac{a^{L}}{(V_{m}^{L})^{2}} \qquad [8-3-52]$$

其中 a 系数为
$$a^{G}=a^{L}=\frac{27}{64}\frac{R^{2}T_{C}^{2}}{P_{C}} \qquad [8-3-53]$$

故有
$$P_{at}^{G}=P_{at}^{L}\left(\frac{V_{m}^{L}}{V_{m}^{G}}\right)^{2}=P_{at}^{L}\left(\frac{1}{\Lambda_{m}^{V}}\right)^{2} \qquad [8-3-54]$$

将上式改写为
$$P_{at}^{G}(V)=P_{at}^{L}(V)\left(\frac{V_{m}^{L}}{V_{m}^{G}}\right)^{2}=P_{at}^{L}(V)\left(\frac{1}{\Lambda_{m}^{V}}\right)^{2}\eta_{at}^{(1)V} \qquad [8-3-55]$$

式中(V)表示是按 van der Waals 方程计算的表示式。$\eta_{at}^{(1)V}$ 表示采用 van der Waals 方程由已知液相的分子吸引压力计算气相分子吸引压力时的转换系数。本式中 $\eta_{at}^{(1)V}=1$。因此,在得到气相或液相的任一分子吸引压力时就可以利用物质基本状态参数——两相的摩尔体积数值计算平衡的另一相的分子吸引压力。

(2) Redlich-Kwong(RK)状态方程:

$$P_{at}^{G}=P_{at}^{L}\frac{V_m^L(V_m^L+b^L)}{V_m^G(V_m^G+b^G)}=P_{at}^{L}\left(\frac{1}{\Lambda_m^V}\right)^2\times\left(1+\frac{b^L}{V_m^L}\right)\Big/\left(1+\frac{b^G}{V_m^G}\right)$$

对于气体有 $b^G \ll V_m^G$,

$$P_{at}^{G}(RK)\cong P_{at}^{L}(RK)\left(\frac{1}{\Lambda_m^V}\right)^2\times\left(1+\frac{b^L}{V_m^L}\right)=P_{at}^{L}(RK)\left(\frac{1}{\Lambda_m^V}\right)^2\eta_{at}^{(1)RK} \quad [8-3-56]$$

式中
$$\eta_{at}^{(1)RK}=(1+b^L/V_m^L) \quad [8-3-57]$$

因此,在已知由 RK 状态方程计算的 $P_{at}^{L}(RK)$ 和 b^L 数据时即可得到气相的 $P_{at}^{G}(RK)$ 数值。用类似方法可得到其他类型状态方程的 $P_{at}^{G}(RK)$ 计算数值。

(3) Soave(SRK)状态方程

$$P_{at}^{G}(SRK)=P_{at}^{L}(SRK)\frac{V_m^L(V_m^L+b^L)}{V_m^G(V_m^G+b^G)}$$
$$\cong P_{at}^{L}(SRK)\left(\frac{1}{\Lambda_m^V}\right)^2\times\left(1+\frac{b^L}{V_m^L}\right)=P_{at}^{L}(SRK)\left(\frac{1}{\Lambda_m^V}\right)^2\eta_{at}^{(1)SRK} \quad [8-3-58]$$

式中 $\eta_{at}^{(1)SRK}=(1+b^L/V_m^L)$, $\eta_{at}^{(1)SRK}=\eta_{at}^{(1)RK}$

(4) Peng-Robinson(PR)方程:

$$P_{at}^{G}(PR)=P_{at}^{L}(PR)\frac{V_m^{L^2}+2b^LV_m^L-b^{L^2}}{V_m^{G^2}+2b^GV_m^G-b^{G^2}}$$
$$=P_{at}^{L}(PR)\left(\frac{1}{\Lambda_m^V}\right)^2\times\left[1+\frac{2b^L}{V_m^L}-\left(\frac{b^L}{V_m^L}\right)^2\right]=P_{at}^{L}(PR)\left(\frac{1}{\Lambda_m^V}\right)^2\eta_{at}^{(1)PR} \quad [8-3-59]$$

式中 $\eta_{at}^{(1)PR}=[1+(2b^L/V_m^L)-(b^L/V_m^L)^2]$。

(5) 童景山方程

$$P_{at}^{G}(T)=P_{at}^{L}(T)\frac{(V_m^L+mb^L)^2}{(V_m^G+mb^G)^2}$$
$$=P_{at}^{L}(T)\left(\frac{1}{\Lambda_m^V}\right)^2\times\left[1+\frac{mb^L}{V_m^L}\right]^2=P_{at}^{L}(T)\left(\frac{1}{\Lambda_m^V}\right)^2\eta_{at}^{(1)T} \quad [8-3-60]$$

式中 $\eta_{at}^{(1)T}=[1+(mb^{L}/V_{m}^{L})]^{2}$，$m=\sqrt{2}-1$。

式[8－3－55]到[8－3－60]是用于在知道液相的分子吸引压力情况下以一种状态方程计算气相的分子吸引压力，反之亦可。由于我们讨论时，为提高数据的可靠性，大部分数据是采用上述 5 个方程计算的平均值，故有

$$P_{at}^{G}(\text{平均})=(P_{at}^{Gvdw}+P_{at}^{GRK}+P_{at}^{GSRK}+P_{at}^{GPR}+P_{at}^{GTong})/5$$
$$=\frac{(P_{at}^{Lvdw}\eta_{at}^{(1)v}+P_{at}^{LRK}\eta_{at}^{(1)RK}+P_{at}^{LSRK}\eta_{at}^{(1)SRK}+P_{at}^{LPR}\eta_{at}^{(1)PK}+P_{at}^{LTong}\eta_{at}^{(1)T})}{5\times(\Lambda_{m}^{V})^{2}}$$

[8－3－61]

这是第一种计算方法，其计算数据列于表 8－3－14 中。表中这种计算方法的各方程转换系数的标志符号为 $\eta_{at}^{(1)}$。

另一种计算方法是以 vdW 方程计算的液相分子吸引压力数值 P_{at}^{Lvdw}，以此为参考数据，计算其他状态方程的气相分子吸引压力数值：

(1) van der Waals 方程

$$P_{at}^{G}(V)=P_{at}^{L}(V)\left(\frac{1}{\Lambda_{m}^{V}}\right)^{2}=P_{at}^{L}(V)\left(\frac{1}{\Lambda_{m}^{V}}\right)^{2}\times\eta_{at}^{(2)V}\qquad[8-3-62]$$

式中 $\eta_{at}^{(2)V}=1$。

(2) RK 方程

$$P_{at}^{G}(RK)=P_{at}^{L}(V)\left(\frac{1}{\Lambda_{m}^{V}}\right)^{2}\left[1.013\,286\left(\frac{T_{C}}{T}\right)^{1/2}\right]=P_{at}^{L}(V)\left(\frac{1}{\Lambda_{m}^{V}}\right)^{2}\eta_{at}^{(2)RK}$$

[8－3－63]

式中 $\eta_{at}^{(2)RK}=1.013\,286\left(\frac{T_{C}}{T}\right)^{1/2}$。

因此，如果知道由 van der Waals 方程计算得到的液相分子吸引压力 $P_{at}^{L}(V)$ 数值，则由式[8－3－63]可计算得到 RK 方程气相分子吸引压力 $P_{at}^{G}(RK)$ 数值。这对计算强极性物质气相分子压力数据有用。强极性物质，如醇、氨等，以状态方程计算时，往往液相分子压力得到的数据精度可满足要求，而气相分子压力数据常常误差较大，不能满足要求，使用上述计算方法将有助于提高计算数据的正确性。

(3) Soave 方程

$$P_{at}^{G}(SRK)=P_{at}^{L}(V)\left(\frac{1}{\Lambda_{m}^{V}}\right)^{2}[1.013\,285\,8\alpha^{SRK}(T_{r},\omega)]=P_{at}^{L}(V)\left(\frac{1}{\Lambda_{m}^{V}}\right)^{2}\eta_{at}^{(2)SRK}$$

[8－3－64]

式中 $\eta_{at}^{(2)SRK}=1.013\,285\,8\alpha^{SRK}(T_{r},\omega)$

表 8-3-14　一些物质的分子吸引压力计算

状态方程计算					式[8-3-55～61]计算 1			式[8-3-62～67]计算 2		
物态	方程	Ω_b 系数	$\alpha(T, \omega)$	P_{atr}^{G} 或 P_{atr}^{L}	$\eta_{at}^{(1)}$	P_{atr}^{G}	误差%	$\eta_{at}^{(2)}$	P_{atr}^{G}	误差%
四氯化碳：$P_r = 0.005\,15$，$T_r = 0.553\,9$，$V_r^G = 396.081$，$V_r^L = 0.356\,5$，$\omega = 0.194$，$\Lambda_m^V = 1\,111.027$										
气相	vdW	0. 125 000 0	1. 000 0	3. 641 9E-05						
	RK	0. 103 000 0	1. 000 0	4. 953 8E-05						
	Soave	0. 120 000 0	1. 438 9	5. 304 2E-05						
	PR	0. 120 000 0	1. 368 3	5. 389 0E-05						
	Tong	0. 110 000 0	1. 396 1	5. 080 1E-05						
	平均	0. 115 600 0		4. 873 8E-05						
液相	vdW	0. 084 563 6	1. 000 0	44. 943	1. 000	3. 640 9E-05	−0. 028	1. 000	3. 640 9E-05	−0. 028
	RK	0. 080 332 1	1. 000 0	33. 453	1. 829	4. 957 2E-05	0. 068	1. 362	4. 957 2E-05	0. 068
	Soave	0. 081 240 1	1. 438 9	35. 623	1. 839	5. 305 7E-05	0. 028	1. 458	5. 308 6E-05	0. 082
	PR	0. 080 505 8	1. 368 3	33. 808	1. 971	5. 399 5E-05	0. 195	1. 483	5. 399 4E-05	0. 194
	Tong	0. 080 898 8	1. 396 1	34. 639	1. 811	5. 083 0E-05	0. 057	1. 396	5. 082 9E-05	0. 055
	平均	0. 081 528 1		36. 493		4. 877 3E-05	0. 071	1. 340	4. 877 8E-05	0. 082
甲苯：$P_r = 0.001\,52$，$T_r = 0.520\,8$，$V_r^G = 1\,301.27$，$V_r^L = 0.342\,4$，$\omega = 0.256\,6$，$\Lambda_m^V = 3\,800.438$										
气相	vdW	0. 140 000 0	1. 000 0	3. 374 1E-06						
	RK	0. 103 000 0	1. 000 0	4. 736 4E-06						
	Soave	0. 110 000 0	1. 545 0	5. 063 8E-06						
	PR	0. 110 000 0	1. 462 8	5. 129 7E-06						
	Tong	0. 110 000 0	1. 480 1	4. 838 0E-06						
	平均	0. 114 600 0		4. 628 4E-06						

续 表

状态方程计算					式[8-3-55~61]计算 1			式[8-3-62~67]计算 2		
物态	方程	Ω_b 系数	$\alpha(T,\omega)$	P_{atr}^G 或 P_{atr}^L	$\eta_{at}^{(1)}$	P_{atr}^G	误差%	$\eta_{at}^{(2)}$	P_{atr}^G	误差%
甲苯：$P_r=0.001\,52$，$T_r=0.520\,8$，$V_r^G=1\,301.27$，$V_r^L=0.342\,4$，$\omega=0.256\,6$，$\Lambda_m^V=3\,800.438$										
液相	vdW	0.082 347 7	1.000 0	48.745	1.000	3.374 9E-06	0.023	1.000	3.374 9E-06	0.023
	RK	0.078 964 6	1.000 0	37.021	1.875	4.806 5E-06	1.482	1.404	4.738 8E-06	0.052
	Soave	0.079 809 6	1.545 0	39.387	1.885	5.139 3E-06	1.492	1.566	5.283 5E-06	4.339
	PR	0.079 142 2	1.462 8	37.494	1.985	5.152 8E-06	0.450	1.585	5.350 7E-06	4.309
	Tong	0.079 385 9	1.480 1	38.164	1.862	4.919 4E-06	1.681	1.480	4.995 1E-06	3.247
	平均	0.079 930 0		40.162		4.678 6E-06	1.084	1.407	4.748 6E-06	2.597
甲醇：$P_r=0.000\,21$，$T_r=0.507\,24$，$V_r^G=10\,741.28$，$V_r^L=0.330\,8$，$\omega=0.559$，$\Lambda_m^V=32\,475.53$										
气相	vdW	0.120 000 0	1.000 0	7.304 4E-08						
	RK	0.086 640 0	1.000 0	1.039 2E-07						
	Soave	0.086 640 0	1.891 2	1.399 7E-07						
	PR	0.077 800 0	1.773 3	1.403 8E-07						
	Tong	0.088 388 3	1.709 7	1.248 8E-07						
	平均	0.091 893 7		1.164 4E-07						
液相	vdW	0.067 417 8	1.000 0	77.036	1.000	7.304 4E-08	−0.001	1.000	7.304 4E-08	−0.001
	RK	0.065 291 1	1.000 0	58.228	1.882	1.039 2E-07	0.004	1.423	1.039 2E-07	0.002
	Soave	0.067 435 1	1.891 2	77.239	1.911	1.399 8E-07	0.004	1.916	1.399 7E-07	0.002
	PR	0.067 179 5	1.773 3	74.345	1.992	1.403 8E-07	0.003	1.922	1.403 9E-07	0.004
	Tong	0.066 736 3	1.709 7	69.811	1.887	1.248 8E-07	0.003	1.710	1.248 8E-07	0.000
	平均	0.066 812 0		71.332		1.164 4E-07	0.002	1.594	1.164 4E-07	0.001

续 表

状态方程计算					式[8-3-55~61]计算 1			式[8-3-62~67]计算 2		
物态	方程	Ω_b 系数	$\alpha(T,\omega)$	P_{atr}^G 或 P_{atr}^L	$\eta_{at}^{(1)}$	P_{atr}^G	误差%	$\eta_{at}^{(2)}$	P_{atr}^G	误差%
乙醇：$P_r = 6.48E-05$，$T_r = 0.496\ 19$，$V_r^G = 31\ 868.596$，$V_r^L = 0.326\ 0$，$\omega = 0.635$，$\Lambda_m^V = 97\ 759.43$										
气相	vdW	0.125 000 0	1.000 0	7.226 7E-09						
	RK	0.086 640 0	1.000 0	1.039 5E-08						
	Soave	0.086 640 0	2.005 2	1.468 3E-08						
	PR	0.077 800 0	1.871 6	1.465 8E-08						
	Tong	0.088 388 3	1.780 7	1.286 8E-08						
	平均	0.092 893 7		1.196 6E-08						
液相	vdW	0.070 971 2	1.000 0	69.066	1.000	7.226 8E-09	0.002	1.000	7.226 8E-09	0.002
	RK	0.068 766 9	1.000 0	52.850	1.880	1.039 6E-08	0.009	1.438	1.039 6E-08	0.007
	Soave	0.071 389 8	2.005 2	73.339	1.913	1.468 4E-08	0.005	2.032	1.468 3E-08	0.003
	PR	0.071 100 8	1.871 6	70.334	1.992	1.465 9E-08	0.007	2.028	1.465 9E-08	0.008
	Tong	0.070 540 4	1.780 7	65.159	1.888	1.286 9E-08	0.008	1.781	1.286 9E-08	0.006
	平均	0.070 553 8		66.150		1.196 7E-08	0.008	1.656	1.196 7E-08	0.007
水：$P_r = 0.011\ 1$，$T_r = 0.618\ 0$，$V_r^G = 230.60$，$V_r^L = 0.336\ 6$，$\omega = 0.344$，$\Lambda_m^V = 685.08$										
气相	vdW	0.125 000 0	1.000 0	1.513 0E-04						
	RK	0.086 640 0	1.000 0	1.947 0E-04						
	Soave	0.086 640 0	0.998 3	1.525 0E-04						
	PR	0.077 800 0	1.408 4	2.303 0E-04						
	Tong	0.088 388 3	1.406 2	2.124 0E-04						
	平均	0.092 893 7		1.882 0E-04						
液相	vdW	0.068 378 5	1.000 0	71.007	1.000	1.512 9E-04	−0.006	1.000	1.512 9E-04	−0.006
	RK	0.064 667 0	1.000 0	49.772	1.819	1.928 5E-04	−0.952	1.289	1.950 1E-04	0.158
	Soave	0.061 580 5	0.998 3	39.859	1.779	1.511 2E-04	−0.906	1.012	1.530 4E-04	0.351
	PR	0.065 802 1	1.408 4	54.783	1.972	2.301 9E-04	−0.050	1.526	2.309 4E-04	0.277
	Tong	0.065 747 7	1.406 2	54.520	1.808	2.100 5E-04	−1.107	1.406	2.127 4E-04	0.159
	平均	0.065 235 2		53.988		1.871 0E-04	−0.586	1.247	1.886 0E-04	0.214

注：本表计算所用数据取自文献[39,40]。

(4) PR 方程

$$P_{at}^{G}(\mathrm{PR}) = P_{at}^{L}(V)\left(\frac{1}{\Lambda_{m}^{V}}\right)^{2}[1.083\,816\alpha^{\mathrm{PR}}(T_{r}, \omega)] = P_{at}^{L}(V)\left(\frac{1}{\Lambda_{m}^{V}}\right)^{2}\eta_{at}^{(2)\mathrm{PR}} \tag{8-3-65}$$

式中 $\eta_{at}^{(2)\mathrm{PR}} = 1.083\,816\alpha^{\mathrm{PR}}(T_{r}, \omega)$

(5) 童景山方程

$$P_{at}^{G}(T) = P_{at}^{L}(V)\left(\frac{1}{\Lambda_{m}^{V}}\right)^{2} \times \alpha^{\mathrm{T}}(T, \omega) = P_{at}^{L}(V)\left(\frac{1}{\Lambda_{m}^{V}}\right)^{2}\eta_{at}^{(2)\mathrm{T}} \tag{8-3-66}$$

式中 $\eta_{at}^{(2)T} = \alpha^{T}(T, \omega)$。

上述 5 个状态方程的平均值,即

设
$$\eta_{at}^{(2)\text{平均}} = (\eta_{at}^{(2)\mathrm{V}} + \eta_{at}^{(2)\mathrm{RK}} + \eta_{at}^{(2)\mathrm{SRK}} + \eta_{at}^{(2)\mathrm{PR}} + \eta_{at}^{(2)T})\Big/5$$

$$P_{at}^{G}(\text{平均}) = \frac{(P_{at}^{L}(\mathrm{V}) + P_{at}^{L}(\mathrm{RK}) + P_{at}^{L}(\mathrm{SRK}) + P_{at}^{L}(\mathrm{PR}) + P_{at}^{L}(\mathrm{T}))}{5} = P_{at}^{L}(\mathrm{V})\left(\frac{1}{\Lambda_{m}^{V}}\right)^{2}\eta_{at}^{(2)\text{平均}} \tag{8-3-67}$$

以式[8-3-62～67]进行计算比较方便、简捷。表 8-3-14 中亦列示了以两种方法计算的结果,供读者参考比较。

表 8-3-14 数据表明:上述两种计算方法——式[8-3-55～61]计算法和式[8-3-62～67]计算法——均是正确的,且后一种方法更为简便、实用。当讨论中具有讨论对象的 PTV 数据和其一些基本物质参数时,则可先应用 vdW 方程方便地计算得到 P_{at}^{G} 或 P_{at}^{L} 数值。由此即可应用式[8-3-62～67]计算其他状态方程的 P_{at}^{L} 或 P_{at}^{G} 数值。

表 8-3-14 所列的是纯物质数据,而混合物的计算方法应完全相同,无论是纯物质计算,或是混合物计算,均需注意所选取的基本数据的正确性,否则会严重影响计算的结果。

3. 气相分子斥压力与液相的分子斥压力

已知,分子斥压力包含有第一分子斥压力和第二分子斥压力。第一分子斥压力的定义式为

$$P_{P1} = \frac{b}{V_{m}}P \tag{8-3-68}$$

故有

$$P_{P1}^{G} = P_{P1}^{L}\frac{b^{G}}{b^{L}}\frac{V_{m}^{\mathrm{Lm}}}{V_{m}^{G}} \tag{8-3-69}$$

第二分子斥压力的定义式为

$$P_{P2} = \frac{b}{V_{m}}P_{at} \tag{8-3-70}$$

故有

$$P_{P2}^{G} = P_{P2}^{L}\frac{b^{G}}{b^{L}}\frac{V_{m}^{L}}{V_{m}^{G}}\frac{P_{at}^{G}}{P_{at}^{L}} \tag{8-3-71}$$

因此,讨论平衡时气相分子斥压力与液相的分子斥压力的关系时必须要了解气相、液相

的分子协体积的数据。

传统的状态方程中液相与气相的 b 系数均相等 $b^G=b^L$，并是个固定数值，例如，van der Waals 方程的 Ω_b 系数为 0.125，RK 方程 Ω_b 系数为 0.086 64 等。由此可近似认为

$$P_{P1}^G = P_{P1}^L \frac{V_m^{Lm}}{V_m^G} \tag{8-3-72}$$

$$P_{P2}^G \cong P_{P2}^L \frac{V_m^{Lm}}{V_m^G}\frac{P_{at}^G}{P_{at}^L} = P_{P2}^L \frac{1}{\Lambda_m^V}\frac{P_{at}^G}{P_{at}^L} \tag{8-3-73}$$

式[8-3-72, 73]应是个近似式。一般情况下 $b^G\neq b^L$，且在不同的压力和温度下，液相和气相应具有不同的 b 系数数值(见第 7 章讨论)，因此由式[8-3-72, 73]计算的结果可能会有较大的误差，不宜实际应用。

上述讨论中已经介绍了分子理想压力和分子吸引压力的计算方法。依据微观压力结构知：

$$P_P = P_{P1} + P_{P2} = P - P_{id} + P_{at} \tag{8-3-74}$$

因此通过上式可以计算得到总分子斥压力的数值 P_P。又由第一和第二分子斥压力的定义式知：

$$b = \frac{(P_{P1}+P_{P2})V_m}{P+P_{at}} = \frac{P_P V_m}{P+P_{at}} \tag{8-3-75}$$

由此式进而可知分子协体积的数据，再依据第一和第二分子斥压力的定义式分别计算得到 P_{P1} 和 P_{P2} 数值。

表 8-3-15 中列示了由已知的液体 P、P_{id}^L、P_{at}^L 数据计算气相的 P_{P1}^G 和 P_{P2}^G 数据。

表 8-3-15 一些物质气相分子斥压力计算

状态	项 目	计算状态方程					
		vdW	RK	Soave	PR	Tong	平均
计算参数：四氯化碳，$P_r=0.005\ 15$，$T_r=0.553\ 9$，$V_r^G=396.081$，$V_r^L=0.356\ 5$							
气相	P_{idr}^G	5.146 4E-03	5.146 4E-03	5.146 4E-03	5.146 4E-03	5.146 4E-03	5.146 4E-03
	P_{atr}^G	3.641 9E-05	4.953 8E-05	5.304 2E-05	5.389 0E-05	5.080 1E-05	4.873 8E-05
	Ω_b^G	0.125 000 0	0.103 000 0	0.120 000 0	0.120 000 0	0.110 000 0	0.115 600 0
液相	P_{idr}^L	5.717 8	5.717 8	5.717 8	5.717 8	5.717 8	5.717 8
	P_{atr}^L	44.943	33.453	35.623	33.808	34.639	36.493
	Ω_b^L	0.084 563 6	0.080 332 1	0.081 240 1	0.080 505 8	0.080 898 8	0.081 528 1
实际数据：以各分子压力定义式计算的数据，用于检验下面计算结果							
P_r^G，计算值		0.005 12	0.005 10	0.005 10	0.005 10	0.005 10	0.005 10
误差/%		−0.66	−0.94	−0.99	−1.00	−0.95	−0.91
P_{Pr}^G		5.984 1E-06	4.929 9E-06	5.744 4E-06	5.744 4E-06	5.265 2E-06	5.533 6E-06
P_{P1r}^G		5.942 0E-06	4.882 9E-06	5.685 9E-06	5.684 9E-06	5.213 8E-06	5.481 7E-06
P_{P2r}^G		4.202 0E-08	4.696 9E-08	5.856 2E-08	5.948 7E-08	5.143 1E-08	5.187 7E-08

续 表

状态	项 目	计算状态方程					
		vdW	RK	Soave	PR	Tong	平均
计算结果：按[8-3-74]、[8-3-75]计算，计算结果与上述实际数据比较							
	P^G_{P1r}	5.942 0E-06	4.882 9E-06	5.685 9E-06	5.684 9E-06	5.213 8E-06	5.481 7E-06
	误差/%	0.00	0.00	0.00	0.00	0.00	0.00
	P^G_{P2r}	4.202E-08	4.696 9E-08	5.856 2E-08	5.948 7E-08	5.143 1E-08	5.187 7E-08
	误差/%	0.00	0.00	0.00	0.00	0.00	0.00
计算参数：甲苯：$P_r=0.001\ 52$，$T_r=0.520\ 8$，$V^G_r=1\ 301.27$，$V^L_r=0.342\ 4$							
气相	P^G_{idr}	0.001 52	0.001 52	0.001 52	0.001 52	0.001 52	0.001 52
气相	P^G_{atr}	3.374 1E-06	4.736 4E-06	5.063 8E-06	5.129 7E-06	4.838 0E-06	4.628 4E-06
气相	Ω^G_b	0.140 000 0	0.103 000 0	0.110 000 0	0.110 000 0	0.110 000 0	0.114 600 0
液相	P^L_{idr}	5.771 7	5.771 7	5.771 7	5.771 7	5.771 7	5.771 7
液相	P^L_{atr}	48.745	37.021	39.387	37.494	38.164	40.162
液相	Ω^L_b	0.082 347 7	0.078 964 6	0.079 809 6	0.079 142 2	0.079 385 9	0.079 930 0
实际数据：以各分子压力定义式计算的数据，用于检验下面计算结果							
	P^G_r，计算值	1.515 9E-03	1.514 4E-03	1.514 1E-03	1.514 1E-03	1.514 3E-03	1.514 6E-03
	误差/%	−0.27	−0.37	−0.39	−0.39	−0.37	−0.36
	P^G_{Pr}	6.202 7E-07	4.562 9E-07	4.873 1E-07	4.873 1E-07	4.873 1E-07	5.076 9E-07
	P^G_{P1r}	6.188 9E-07	4.548 7E-07	4.856 9E-07	4.856 7E-07	4.857 6E-07	5.061 5E-07
	P^G_{P2r}	1.373 8E-09	1.417 4E-09	1.618 0E-09	1.639 0E-09	1.546 1E-09	1.541 2E-09
计算结果：按[8-3-74]、[8-3-75]计算，计算结果与上述实际数据比较							
	P^G_{P1r}	6.188 9E-07	4.548 7E-07	4.856 9E-07	4.856 7E-07	4.857 6E-07	5.061 5E-07
	误差/%	0.00	0.00	0.00	0.00	0.00	0.00
	P^G_{P2r}	1.373 8E-09	1.417 4E-09	1.618 0E-09	1.639 0E-09	1.546 1E-09	1.541 2E-09
	误差/%	0.00	0.00	0.00	0.00	0.00	0.00
计算参数：甲醇：$P_r=0.000\ 21$，$T_r=0.507\ 2$，$V^G_r=10\ 741.28$，$V^L_r=0.330\ 8$							
气相	P^G_{idr}	2.110 7E-04	2.110 7E-04	2.110 7E-04	2.110 7E-04	2.110 7E-04	2.110 7E-04
气相	P^G_{atr}	7.304 4E-08	1.039 2E-07	1.399 7E-07	1.403 8E-07	1.248 8E-07	1.164 4E-07
气相	Ω^G_b	0.120 000 0	0.086 640 0	0.086 640 0	0.077 800 0	0.088 388 3	0.091 893 7
液相	P^L_{idr}	6.854 7	6.854 7	6.854 7	6.854 7	6.854 7	6.854 7
液相	P^L_{atr}	77.036	58.228	77.239	74.345	69.811	71.332
液相	Ω^L_b	0.067 417 8	0.065 291 1	0.067 435 1	0.067 179 5	0.066 736 3	0.066 812 0
实际数据：以各分子压力定义式计算的数据，用于检验下面计算结果							
	P^G_r，计算值	2.110 1E-04	2.109 8E-04	2.109 4E-04	2.109 4E-04	2.109 5E-04	2.109 6E-04
	误差/%	0.47	0.45	0.43	0.43	0.44	0.44
	P^G_{Pr}	1.054 0E-08	7.610 0E-09	7.610 0E-09	6.833 5E-09	7.763 5E-09	8.071 4E-09

续 表

状态	项 目	计算状态方程					
		vdW	RK	Soave	PR	Tong	平均
实际数据：以各分子压力定义式计算的数据，用于检验下面计算结果							
	P^G_{P1r}	1.053 7E-08	7.606 2E-09	7.604 9E-09	6.828 9E-09	7.758 9E-09	8.066 9E-09
	P^G_{P2r}	3.664 4E-12	3.763 4E-12	5.068 1E-12	4.564 3E-12	4.613 3E-12	4.472 3E-12
计算结果：按[8-3-74]、[8-3-75]计算，计算结果与上述实际数据比较							
	P^G_{P1r}	1.053 7E-08	7.606 2E-09	7.604 9E-09	6.828 9E-09	7.758 9E-09	8.066 9E-09
	误差/%	0.00	0.00	0.00	0.00	0.00	0.00
	P^G_{P2r}	3.664 4E-12	3.763 4E-12	5.068 1E-12	4.564 3E-12	4.613 3E-12	4.472 3E-12
	误差/%	0.00	0.00	0.00	0.00	0.00	0.00
计算参数：乙醇：$P_r=6.48E-05$，$T_r=0.496\ 19$，$V^G_r=31\ 868.596$，$V^L_r=0.326\ 0$							
气相	P^G_{idr}	6.494 4E-05	6.494 4E-05	6.494 4E-05	6.494 4E-05	6.494 4E-05	6.494 4E-05
	P^G_{atr}	7.226 7E-09	1.039 5E-08	1.468 3E-08	1.465 8E-08	1.286 8E-08	1.196 6E-08
	Ω^G_b	0.125 000 0	0.086 640 0	0.086 640 0	0.077 800 0	0.088 388 3	0.092 893 7
液相	P^L_{idr}	6.348 9	6.348 9	6.348 9	6.348 9	6.348 9	6.348 9
	P^L_{atr}	69.066	52.850	73.339	70.334	65.159	66.150
	Ω^L_b	0.070 971 2	0.068 766 9	0.071 389 8	0.071 100 8	0.070 540 4	0.070 553 8
实际数据：以各分子压力定义式计算的数据，用于检验下面计算结果							
	P^G_r，计算值	6.493 8E-05	6.493 5E-05	6.493 0E-05	6.493 0E-05	6.493 2E-05	6.493 3E-05
	误差/%	0.18	0.18	0.17	0.17	0.17	0.17
	P^G_{Pr}	1.062 6E-09	7.364 8E-10	7.364 8E-10	6.613 3E-10	7.513 4E-10	7.896 4E-10
	P^G_{P1r}	1.062 4E-09	7.363 6E-10	7.363 1E-10	6.611 8E-10	7.511 9E-10	7.894 9E-10
	P^G_{P2r}	1.184 5E-13	1.180 9E-13	1.667 9E-13	1.495 2E-13	1.491 3E-13	1.457 4E-13
计算结果：按[8-3-74]、[8-3-75]计算，计算结果与上述实际数据比较							
	P^G_{P1r}	1.062 4E-09	7.363 6E-10	7.363 1E-10	6.611 8E-10	7.511 9E-10	7.894 9E-10
	误差/%	0.00	0.00	0.00	0.00	0.00	0.00
	P^G_{P2r}	1.184 5E-13	1.180 9E-13	1.667 9E-13	1.495 2E-13	1.491 3E-13	1.457 4E-13
	误差/%	0.00	0.00	0.00	0.00	0.00	0.00
计算参数：水：$P_r=0.011\ 1$，$T_r=0.618\ 0$，$V^G_r=230.60$，$V^L_r=0.336\ 6$							
气相	P^G_{idr}	1.141 8E-02	1.141 8E-02	1.141 8E-02	1.141 8E-02	1.141 8E-02	1.141 8E-02
	P^G_{atr}	1.513 0E-04	1.947 0E-04	1.525 0E-04	2.303 0E-04	2.124 0E-04	1.882 0E-04
	Ω^G_b	0.125 000 0	0.086 640 0	0.086 640 0	0.077 800 0	0.088 388 3	0.092 893 7
液相	P^L_{idr}	7.822 2	7.822 2	7.822 2	7.822 2	7.822 2	7.822 2
	P^L_{atr}	71.007	49.772	39.859	54.783	54.520	53.988
	Ω^L_b	0.068 378 5	0.064 667 0	0.061 580 5	0.065 802 1	0.065 747 7	0.065 235 2

续　表

状态	项　目	计算状态方程					
		vdW	RK	Soave	PR	Tong	平均
实际数据：以各分子压力定义式计算的数据，用于检验下面计算结果							
	P_r^G，计算值	1.129 3E-02	1.124 1E-02	1.128 4E-02	1.120 4E-02	1.122 4E-02	1.124 9E-02
	误差/%	1.74	1.27	1.65	0.94	1.12	1.34
	P_{Pr}^G	2.643 0E-05	1.830 6E-05	1.830 6E-05	1.643 5E-05	1.867 6E-05	1.962 9E-05
	P_{P1r}^G	2.607 4E-05	1.806 0E-05	1.806 0E-05	1.621 4E-05	1.842 5E-05	1.936 6E-05
	P_{P2r}^G	3.554 1E-07	3.167 8E-07	2.481 2E-07	3.364 1E-07	3.525 6E-07	3.283 4E-07
计算结果：按[8-3-74]、[8-3-75]计算，计算结果与上述实际数据比较							
	P_{P1r}^G	2.607 4E-05	1.806 0E-05	1.806 0E-05	1.621 4E-05	1.842 5E-05	1.936 6E-05
	误差/%	0.00	0.00	0.00	0.00	0.00	0.00
	P_{P2r}^G	3.554 1E-07	3.167 8E-07	2.481 2E-07	3.364 1E-07	3.525 6E-07	3.283 4E-07
	误差/%	0.00	0.00	0.00	0.00	0.00	0.00

注：本表计算所用数据取自文献[39,40]。

表 8-3-15 数据表明，本处讨论的分子斥压力计算方法应是正确的。

8-3-6-2　混合物分子压力

前面讨论的是气态分子压力与液态分子压力的相互关系。上述讨论对纯物质或混合物均合适。本节将讨论混合物各个分子压力与混合物各组元在纯物质时分子压力之间的关系。

(1) 混合物与纯组元物质的温度应该相同：

$$T^m = T_1^0 = T_2^0 = \cdots = T_i^0 = T \quad [8-3-76]$$

(2) 混合物与纯组元物质的压力有可能不同，

混合物压力为

$$P^m = Z^m \frac{RT^m}{V_m^m} \quad [8-3-77a]$$

纯组元 i 压力为

$$P_i^0 = Z_i^0 \frac{RT_i^0}{V_{m,i}^0} \quad [8-3-77b]$$

(3) 混合物与纯组元物质的摩尔体积亦可能不同，

混合物摩尔体积为

$$V_m^m = Z^m \frac{RT^m}{P^m} \quad [8-3-78a]$$

纯组元 i 摩尔体积为

$$V_{m,i}^0 = Z_i^0 \frac{RT_i^0}{P_i^0} \quad [8-3-78b]$$

下面依据这些基本关系式进行讨论。

1. 混合物与纯组元物质的分子理想压力

由式[8-3-76]知：

$$\frac{P^m}{Z^m} V_m^m = \frac{P_i^0}{Z_i^0} V_{m,i}^0 \quad [8-3-79]$$

即 $$P_{id}^{m}V_{m}^{m}=P_{id,\ i}^{0}V_{m,\ i}^{0}\qquad[8-3-80a]$$

故 $$P_{id}^{m}=P_{id,\ i}^{0}\frac{V_{m,\ i}^{0}}{V_{m}^{m}}\qquad[8-3-80b]$$

已知 $\Lambda_{i}^{V}=\dfrac{V_{m,\ i}^{0}}{V_{m}^{m}}$，表示组元分子体积大小对混合后分子平均体积大小的影响，称之为体积修正系数。对式[8-3-80]引入体积修正系数和混合物组元的摩尔分数(对气相为 y_i，对液相为 x_i)，得 $$P_{id}^{m}=\sum x_{i}P_{id}^{m}=\sum x_{i}P_{id,\ i}^{0}\Lambda_{i}^{V}\qquad[8-3-81]$$

因此，当已知纯组元物质的分子理想压力时可求得混合物的分子理想压力。

作为例子，表 8-3-16 中列示了一些实际溶液的数据，其中溶液的分子理想压力实际数据是指由混合物 PTV 数据得到的数据，而溶液的分子理想压力计算数据是指由式[8-3-81]计算得到的数据。

表 8-3-16　一些实际溶液的分子理想压力数据

溶　液	硫化氢(1)—戊烷(2)，T=277.55 K									
x_1	0.000 0	0.078 8	0.195 1	0.315 1	0.438 0	0.566 2	0.708 0	0.860 0	1.000 0	
Λ_1^V	0.383 8	0.401 8	0.431 4	0.468 2	0.513 5	0.573 6	0.660 9	0.797 2	1.000 0	
Λ_2^V	1.000 0	1.046 7	1.123 9	1.219 7	1.337 8	1.494 3	1.721 7	2.076 9	2.605 3	
P_{id}^{m}，实际值	217.62	227.78	244.59	265.43	291.14	325.20	374.69	451.98	566.96	
P_{id}^{m}，计算值		223.98	242.20	263.59	289.50	322.44	373.21	450.53		
误差，%		−1.67	−0.98	−0.69	−0.56	−0.85	−0.39	−0.32		
溶　液	1,4-二氧杂环己烷(1) —水(2)，T=298.15 K									
x_1	0.00	0.04	0.11	0.23	0.28	0.55	0.76	0.90	0.95	1.00
Λ_m^{V1}	4.743 5	4.162 7	3.415 1	2.598 4	2.358 3	1.566 5	1.239 7	1.087 8	1.042 1	1.000 0
Λ_m^{V2}	1.000 0	0.877 6	0.720 0	0.547 8	0.497 2	0.330 2	0.261 4	0.229 3	0.219 7	0.210 8
P_{id}^{m}，实际值	1 371.99	1 204.00	987.78	751.56	682.10	453.08	358.57	314.63	301.41	289.24
P_{id}^{m}，计算值		1 203.96	987.74	751.54	682.08	453.07	358.57	314.63	301.41	
误差，%		−0.003 5	−0.003 2	−0.002 8	−0.002 6	−0.001 7	−0.000 9	−0.000 4	−0.000 2	

注：P_{id}^{m} 的实际值$=RT/P^{L}$，P_{id}^{m} 的计算值是按式[8-3-81]计算的数值。

2. 混合物分子吸引压力与纯组元物质分子吸引压力

依据状态方程理论，不同的状态方程，有着不同的分子吸引压力的计算方法。

(1) van der Waals 方程

混合物分子吸引压力为 $$P_{at}^{m}=\frac{a^{m}}{(V_{m}^{m})^{2}}\qquad[8-3-82a]$$

纯组元 i 分子吸引压力为
$$P^0_{at,\,i} = \frac{a^0}{(V^0_i)^2} \qquad [8-3-82b]$$

故有
$$P^m_{at} = P^0_{at,\,i}\left(\frac{a^m}{a^0}\right)\left(\frac{V^0_{m,\,i}}{V^m_m}\right)^2 = P^0_{at,\,i}\frac{P^0_{C,\,i}}{P^m_C}\left(\frac{T^m_C}{T^0_{C,\,i}}\right)^2(\Lambda^V_i)^2 \qquad [8-3-83]$$

为提高计算结果的正确性，可应用多组元的纯物质数据，其计算式如下：

$$P^m_{at} = \sum x_i P^0_{at,\,i}\frac{P^0_{C,\,i}}{P^m_C}\left(\frac{T^m_C}{T^0_{C,\,i}}\right)^2(\Lambda^V_i)^2 \qquad [8-3-84]$$

以式[8-3-84]计算结果列于表 8-3-17 中。

表 8-3-17　以 van der Waals 方程方法计算分子吸引压力

溶　液	硫化氢(1)—戊烷(2)，T=277.55 K								
x_1	0.0000	0.0617	0.1425	0.2260	0.3232	0.4372	0.6106	0.8210	1.0000	
P^m, bar	0.3040	1.4186	2.7358	4.1543	5.4716	6.8901	8.6126	10.3352	11.6524	
V^L_m, cm^3/mol	112.30	108.50	103.30	97.60	91.00	83.40	71.00	55.60	41.30	
Λ^V_2	1.0000	1.0350	1.0871	1.1506	1.2341	1.3465	1.5817	2.0198	2.7191	
Λ^V_1	0.3678	0.3806	0.3998	0.4232	0.4538	0.4952	0.5817	0.7428	1.0000	
$T^m_C/T^0_{C,2}$	1.0000	0.8214	0.8065	0.8022	0.7996	0.7979	0.7965	0.7953	0.7946	
$T^m_C/T^0_{C,1}$	1.2585	1.0338	1.0149	1.0096	1.0063	1.0042	1.0024	1.0009	1.0000	
$P^0_{C,1}/P^m_C$	1.0000	0.5115	0.4427	0.4209	0.4066	0.3973	0.3890	0.3822	0.3770	
$P^0_{C,2}/P^m_C$	2.6526	1.3568	1.1743	1.1165	1.0785	1.0539	1.0319	1.0139	1.0000	
P^m_{atr}，实际值	44.928	8.497	6.768	6.782	7.232	8.186	10.789	16.939	29.808	
P^m_{atr}，式[8-3-84]	44.928	8.497	6.768	6.782	7.232	8.186	10.789	16.939	29.808	
误差/%	0.00	0.00	0.00	0.00	0.00	0.00	0.00	0.00	0.00	
溶　液	1,4-二氧杂环己烷(1)—水(2)，T=298.15 K									
x_1	0.00	0.04	0.11	0.23	0.28	0.55	0.76	0.90	0.95	1.00
P^m, bar	0.0319	0.0400	0.0500	0.0585	0.0607	0.0636	0.0633	0.0603	0.0569	0.048
V^L_m, cm^3/mol	18.07	20.59	25.10	32.98	36.34	54.71	69.13	78.79	82.24	82.24
Λ^V_2	1.0000	0.8776	0.7200	0.5478	0.4972	0.3302	0.2614	0.2293	0.2197	0.2197
Λ^V_1	4.5520	3.9946	3.2772	2.4935	2.2631	1.5032	1.1897	1.0439	1.0000	1.0000
$T^m_C/T^0_{C,2}$	1.0000	0.9503	0.9197	0.9085	0.9061	0.9032	0.9016	0.9002	0.9005	0.9071
$T^m_C/T^0_{C,1}$	1.1024	1.0476	1.0139	1.0016	0.9989	0.9957	0.9940	0.9924	0.9928	1.0000
$P^0_{C,1}/P^m_C$	1.0000	1.3329	1.7829	2.1324	2.2505	2.4482	2.6096	2.9081	3.3381	4.2334
$P^0_{C,2}/P^m_C$	0.2362	0.3148	0.4212	0.5037	0.5316	0.5783	0.6164	0.6869	0.7885	1.0000
P^m_{atr}，实际值	77.000	95.133	107.310	86.714	79.141	41.058	29.116	27.752	33.580	54.797
P^m_{atr}，式[8-3-84]	77.000	95.133	107.310	86.714	79.141	41.058	29.116	27.752	33.580	54.797
误差/%	0.00	0.00	0.00	0.00	0.00	0.00	0.00	0.00	0.00	0.00

因此，在已知纯组元的分子吸引压力时就可计算混合物的分子吸引压力。由于van der Waals方程中分子吸引压力计算方法简单，故将以此数据为基础，计算其他方程数据，为此将式[8-3-83]改写为

$$P_{\mathrm{at}}^{\mathrm{m}}(\mathrm{V})=P_{\mathrm{at},\,i}^{0}(\mathrm{V})\left(\frac{T_C^{\mathrm{m}}T_C^{\mathrm{m}}/P_C^{\mathrm{m}}}{T_{C,\,i}^{0}\,T_{C,\,i}^{0}/P_{C,\,i}^{0}}\right)\left(\frac{V_{m,\,i}^{0}}{V_m^{\mathrm{m}}}\right)^2=P_{\mathrm{at},\,i}^{0}(\mathrm{V})\,\frac{P_{C,\,i}^{0}}{P_C^{\mathrm{m}}}\left(\frac{T_C^{\mathrm{m}}}{T_{C,\,i}^{0}}\right)^2(\Lambda_i^V)^2 \quad [8-3-85a]$$

又由压力微观结构式知分子斥压力为

$$P_P^{\mathrm{m}}=P_{P1}^{\mathrm{m}}+P_{P2}^{\mathrm{m}}=P^{\mathrm{m}}-P_{\mathrm{id}}^{\mathrm{m}}+P_{\mathrm{at}}^{\mathrm{m}} \quad [8-3-85b]$$

因此，由表8-3-16和表8-3-17数据可得到van der Waals方程方法计算的实际溶液的分子斥压力数据，进而得到由实际溶液第一分子斥压力和第二分子斥压力组成的分子斥压力数据。这些数据整理在表8-3-18中。

由 P_{P1}^{m}、P_{P2}^{m} 定义式可知，

$$P_P^{\mathrm{m}}=P_{P1}^{\mathrm{m}}+P_{P2}^{\mathrm{m}}=(P^{\mathrm{m}}+P_{\mathrm{at}}^{\mathrm{m}})\,\frac{b_{\mathrm{vdW}}^{\mathrm{m}}}{V_m^{\mathrm{L}}} \quad [8-3-86]$$

改写上式，得状态方程分子协体积

$$b_{\mathrm{vdW}}^{\mathrm{m}}=\frac{P_P^{\mathrm{m}}\,V_{\mathrm{m}}^{\mathrm{L}}}{(P^{\mathrm{m}}+P_{\mathrm{at}}^{\mathrm{m}})} \quad [8-3-87]$$

因此，当由式[8-3-86]得到分子斥压力 P_P^{m} 数值时，便可得到状态方程分子协体积数值，进而得到 P_{P1}^{m}、P_{P2}^{m} 数值，计算结果列于表8-3-18中。

表8-3-18　以van der Waals方程方法计算分子斥压力

溶　液	硫化氢(1)—戊烷(2)，T=277.55 K									
x_1	0.000 0	0.061 7	0.142 5	0.226 0	0.323 2	0.437 2	0.610 6	0.821 0	1.000 0	
P_r^{m}	0.009 0	0.021 5	0.035 9	0.051 9	0.066 0	0.081 3	0.099 4	0.117 3	0.130 4	
$P_{\mathrm{id}r}^{\mathrm{m}}$	6.099 3	3.229 1	2.935 3	2.953 9	3.060 4	3.262 9	3.752 7	4.708 9	6.252 2	
$P_{\mathrm{at}r}^{\mathrm{m}}$	44.927 6	8.497 1	6.767 7	6.781 9	7.231 7	8.186 3	10.789 3	16.939 4	29.807 8	
P_{Pr}^{m} 式[8-3-85]	38.837 4	5.289 5	3.868 3	3.879 9	4.237 4	5.004 7	7.136 1	12.347 8	23.686 0	
$b_{\mathrm{vdW}}^{\mathrm{m}}$/cm^3·mol^{-1} 式[8-3-87]	97.057 5	67.371 6	58.732 7	55.412 8	52.838 4	50.485 3	46.530 7	40.250 2	32.675 1	
$\Omega_{b,\,\mathrm{vdW}}^{\mathrm{m}}$	0.083 7	0.138 4	0.142 0	0.141 6	0.140 2	0.137 4	0.129 6	0.114 2	0.094 1	
V_m^{L}/cm^3·mol^{-1}	112.30	108.50	103.30	97.60	91.00	83.40	71.00	55.60	41.30	
P_{P1r}^{m}	0.007 8	0.013 4	0.020 4	0.029 5	0.038 3	0.049 2	0.065 2	0.084 9	0.103 2	
P_{P2r}^{m}	38.829 6	5.276 2	3.847 9	3.850 5	4.199 0	4.955 5	7.070 9	12.262 9	23.582 8	

续 表

溶 液	1,4-二氧杂环己烷(1)—水(2),T=298.15 K									
x_1	0.00	0.04	0.11	0.23	0.28	0.55	0.76	0.90	0.95	1.00
P_r^m	1.45E-4	2.42E-4	4.04E-4	5.66E-4	6.19E-4	7.06E-4	7.50E-4	7.95E-4	8.62E-4	9.26E-4
P_{idr}^m	6.222 8	7.278 6	7.987 7	7.268 7	6.962 4	5.031 0	4.244 0	4.150 0	4.563 3	5.787 3
P_{atr}^m	77.000 0	95.132 5	107.310 4	86.714 4	79.141 0	41.058 2	29.116 1	27.751 7	33.579 6	54.797 1
P_{Pr}^m 式[8-3-85]	70.777 4	87.854 2	99.323 1	79.446 2	72.179 2	36.027 9	24.872 8	23.602 5	29.017 2	49.010 8
b_{vdW}^m, cm^3·mol^{-1} 式[8-3-87]	16.607 8	19.013 6	23.227 9	30.218 7	33.145 1	48.008 9	59.056 0	67.006 4	71.068 2	73.558 7
$\Omega_{b,\ vdW}^m$	0.068 0	0.061 5	0.058 0	0.063 9	0.066 6	0.088 9	0.102 8	0.104 9	0.096 9	0.078 5
V_m^L, cm^3·mol^{-1}	18.07	20.59	25.10	32.98	36.34	54.71	69.13	78.79	82.24	82.24
P_{P1r}^m	1.33E-4	2.23E-4	3.74E-4	5.19E-4	5.65E-0	6.20E-0	6.40E-4	6.76E-4	7.45E-4	8.28E-4
P_{P2r}^m	70.777 3	87.854 0	99.322 7	79.445 7	72.178 6	36.027 3	24.872 2	23.601 9	29.016 4	49.009 9

表8-3-18所列数据表明,依据上述介绍的计算方法可以计算得到由van der Waals方程方法计算的各种实际溶液的全部分子压力:P_{idr}^m、P_{P1r}^m、P_{P2r}^m 和 P_{atr}^m。

(2) Redlich-Kwong(RK)状态方程:

混合物分子吸引压力为 $$P_{at}^m = \frac{a^m}{(T^m)^{1/2}V_m^m(V_m^m + b)} \quad [8-3-88]$$

纯组元 i 分子吸引压力为 $$P_{at,\ i}^0 = \frac{a^0}{(T_i^0)^{1/2}V_{m,\ i}^0(V_{m,\ i}^0 + b)} \quad [8-3-89]$$

其中 a 系数为 $$a = \frac{R^2 T_C^{2.5}}{9(2^{1/3}-1)P_C} = 0.427\ 48\frac{R^2 T_C^{2.5}}{P_C} \quad [8-3-90]$$

有 $T^m = T_i^0$,联合上两式,

$$\begin{aligned} P_{at}^m(\mathrm{RK}) &= P_{at,\ i}^0(\mathrm{RK})\frac{a^m}{a_i^0}\frac{V_i^0(V_{m,\ i}^0 + b_i^0)}{V_m^m(V_m^m + b^m)} \\ &= P_{at,\ i}^0(\mathrm{RK})\frac{P_{C,\ i}^0}{P_C^m}\left(\frac{T_C^m}{T_{C,\ i}^0}\right)^{2.5} \times (\Lambda_i^V)^2\left(1+\frac{b_{m,\ i}^0}{V_{m,\ i}^0}\right)\Big/\left(1+\frac{b^m}{V_m^m}\right) \end{aligned} \quad [8-3-91]$$

引入van der Waals方程计算 $P_{at}^m(\mathrm{V})$,以多组元平均计算,得:

$$P_{at}^m(\mathrm{RK}) = \sum x_i P_{at}^m(\mathrm{V})\frac{P_{at,\ i}^0(\mathrm{RK})}{P_{at,\ i}^0(\mathrm{V})}\left(\frac{T_C^m}{T_{C,\ i}^0}\right)^{0.5} \times \left(1+\frac{b_i^0}{V_{m,\ i}^o}\right)\Big/\left(1+\frac{b^m}{V_m^m}\right) \quad [8-3-92a]$$

RK状态方程计算分子吸引压力时开始涉及 b 系数,我们应用迭代法,并控制计算的系统压力为0.6%,由此可得到溶液的 b 系数数值并计算得SRK状态方程的 P_{at}^m 值。如果上述

方法有困难，则可应用下列近似方法：

方法 1：传统 RK 状态方程计算时认为 $\Omega_b = 0.086\ 64$，是个恒定的常数，因此可以此常数进行近似计算，其计算式为

$$P_{at}^{m}(RK) = \sum x_i P_{at}^{m}(V) \frac{P_{at,i}^{0}(RK)}{P_{at,i}^{0}(V)} \left(\frac{T_C^m}{T_{C,i}^0}\right)^{0.5} \times \left(1+\frac{b_i^0}{V_{m,i}^o}\right) \Big/ \left(1+\frac{b^m}{V_m^m}\right)\Bigg|_{\Omega_b=0.086\ 64} \qquad [8-3-92b]$$

方法 2：亦可应用目前常用的 $b^{mV} = \sum x_i b_i^0$ 混合规则，即

$$P_{at}^{m}(RK) = \sum x_i P_{at}^{m}(V) \frac{P_{at,i}^{0}(RK)}{P_{at,i}^{0}(V)} \left(\frac{T_C^m}{T_{C,i}^0}\right)^{0.5} \times \left(1+\frac{b_i^0}{V_{m,i}^o}\right) \Big/ \left(1+\frac{b^{mV}}{V_m^m}\right)\Bigg|_{b^{mV}} \qquad [8-3-92c]$$

方法 3：但方法 2 的计算结果表示其误差有可能超过 10%，为降低计算误差建议将上述两种方法进行平均计算，即计算式中

$$\left(1+\frac{b_i^0}{V_{m,i}^o}\right) \Big/ \left(1+\frac{b^{mV}}{V_m^m}\right)\Bigg|_{\text{平均}} = \frac{\left[\left(1+\frac{b_i^0}{V_{m,i}^o}\right) \Big/ \left(1+\frac{b^{mV}}{V_m^m}\right)\Bigg|_{\Omega_b=0.086\ 64} + \left(1+\frac{b_i^0}{V_{m,i}^o}\right) \Big/ \left(1+\frac{b^{mV}}{V_m^m}\right)\Bigg|_{b^{mV}}\right]}{2}$$

故其计算式为

$$P_{at}^{m}(RK) = \sum x_i P_{at}^{m}(V) \frac{P_{at,i}^{0}(RK)}{P_{at,i}^{0}(V)} \left(\frac{T_C^m}{T_{C,i}^0}\right)^{0.5} \times \left(1+\frac{b_i^0}{V_{m,i}^o}\right) \Big/ \left(1+\frac{b^{mV}}{V_m^m}\right)_{\text{平均}} \qquad [8-3-92d]$$

以式[8-3-92]各式计算的结果列于表 8-3-19 中。

表 8-3-19 以 Redlich-Kwong 状态方程方法计算分子吸引压力

溶 液	硫化氢(1)—戊烷(2)，T=277.55 K									
x_1	0.000 0	0.061 7	0.142 5	0.226 0	0.323 2	0.437 2	0.610 6	0.821 0	1.000 0	
P^m /bar	0.304 0	1.418 6	2.735 8	4.154 3	5.471 6	6.890 1	8.612 6	10.335 2	11.652 4	
$\left(1+\frac{b_2^0}{V_{m,2}^0}\right) \Big/ \left(1+\frac{b^m}{V_m^m}\right)$	1.000 0	1.226 0	1.270 7	1.272 2	1.262 4	1.243 1	1.203 7	1.149 6	1.097 3	
$\left(1+\frac{b_1^0}{V_{m,1}^0}\right) \Big/ \left(1+\frac{b^m}{V_m^m}\right)$	0.911 4	1.117 3	1.158 1	1.159 4	1.150 5	1.132 9	1.097 0	1.047 7	1.000 0	

续　表

溶　液	硫化氢(1)—戊烷(2)，T=277.55 K									
$T_C^m/T_{C,2}^0$	1.000 0	0.906 3	0.898 0	0.895 7	0.894 2	0.893 3	0.892 5	0.891 8	0.891 4	
$T_C^m/T_{C,1}^0$	1.121 8	1.016 7	1.007 4	1.004 8	1.003 1	1.002 1	1.001 2	1.000 5	1.000 0	
P_{atr}^m，实际值	31.770	6.677	5.461	5.465	5.773	6.428	8.196	12.281	20.617	
P_{atr}^m，式[8-3-92a]	31.770	6.677	5.461	5.465	5.773	6.428	8.196	12.281	20.617	
误差 a/%(1)	0.00	0.00	0.00	0.00	0.00	0.00	0.00	0.00	0.00	
P_{atr}^m，式[8-3-92b]	31.770	7.428	6.044	6.040	6.377	7.093	8.974	13.075	20.617	
误差 b/%(1)	0.00	11.25	10.68	10.53	10.47	10.34	9.50	6.47	0.00	
P_{atr}^m，式[8-3-92c]	31.770	5.471	4.341	4.360	4.673	5.337	7.129	11.454	20.617	
误差 c/%(1)	0.00	−18.06	−20.50	−20.21	−19.05	−16.97	−13.02	−6.74	0.00	
P_{atr}^m，式[8-3-92d]	31.770	6.449	5.193	5.200	5.525	6.215	8.052	12.265	20.617	
误差 d/%(1)	0.00	−3.41	−4.91	−4.84	−4.29	−3.32	−1.76	−0.13	0.00	
溶　液	1,4-二氧杂环己烷(1)—水(2)，T=298.15 K									
x_1	0.00	0.04	0.11	0.23	0.28	0.55	0.76	0.90	0.95	1.00
P^m/bar	0.031 9	0.040 0	0.050 0	0.058 5	0.060 7	0.063 6	0.063 3	0.060 3	0.056 9	0.048 2
$\left(1+\frac{b_2^0}{V_{m,2}^0}\right)\Big/\left(1+\frac{b^m}{V_m^m}\right)$	1.000 0	0.994 7	0.967 1	0.978 1	0.983 1	1.013 0	1.032 8	1.039 2	1.033 3	1.002 6
$\left(1+\frac{b_1^0}{V_{m,1}^0}\right)\Big/\left(1+\frac{b^m}{V_m^m}\right)$	0.997 4	0.992 2	0.964 5	0.975 5	0.980 5	1.010 4	1.030 2	1.036 5	1.030 7	1.000 0
$T_C^m/T_{C,2}^0$	1.000 0	0.974 8	0.959 0	0.953 2	0.951 9	0.950 4	0.949 5	0.948 8	0.949 0	0.952 4
$T_C^m/T_{C,1}^0$	1.050 0	1.023 5	1.006 9	1.000 8	0.999 5	0.997 9	0.997 0	0.996 2	0.996 4	1.000 0
P_{atr}^m，实际值	60.593	72.594	78.315	63.614	58.278	31.105	22.470	21.532	25.912	41.176
P_{atr}^m，式[8-3-92a]	60.593	72.594	78.315	63.614	58.278	31.105	22.470	21.532	25.912	41.176
误差 a/%(1)	0.00	0.00	0.00	0.00	0.00	0.00	0.00	0.00	0.00	0.00
P_{atr}^m，式[8-3-92b]	60.593	68.611	73.133	61.776	57.493	34.314	25.748	24.464	28.308	41.176
误差 b/%(1)	0.00	−5.49	−6.62	−2.89	−1.35	10.32	14.58	13.62	9.25	0.00
P_{atr}^m，式[8-3-92c]	60.593	72.930	81.010	65.283	59.617	31.136	22.155	21.148	25.612	41.176

续 表

溶 液	1,4-二氧杂环己烷(1) ——水(2),T=298.15 K								
误差 c/%(1)	0.00	0.46	3.44	2.62	2.30	0.10	−1.40	−1.78	−1.16	0.00
P_{atr}^m,式[8-3-92d]	60.593	70.771	77.072	63.529	58.555	32.725	23.951	22.806	26.960	41.176
误差 d/%(1)	0.00	−2.51	−1.59	−0.13	0.48	5.21	6.59	5.92	4.04	0.00

注:(1) 误差 $a=(P_{atr}(a)-P_{atr}$ 实际值$)\times 100/P_{atr}$ 实际值,误差 b、c、d 等类推。

同样,也可以应用上述 RK 状态方程方法计算得到的分子吸引压力数值后进一步计算其各个分子斥压力,计算数据列在表 8-3-20 中。

表 8-3-20 以 Redlich-Kwong 方程方法计算分子斥压力

溶 液	硫化氢(1)—戊烷(2),T=277.55 K									
x_1	0.000 0	0.061 7	0.142 5	0.226 0	0.323 2	0.437 2	0.610 6	0.821 0	1.000 0	
P_r^m	0.009 0	0.021 5	0.035 9	0.051 9	0.066 0	0.081 3	0.099 4	0.117 3	0.130 4	
V_m^L, $cm^3\cdot mol^{-1}$	112.30	108.50	103.30	97.60	91.00	83.40	71.00	55.60	41.30	
P_{idr}^m	6.099	3.229	2.935	2.954	3.060	3.263	3.753	4.709	6.252	
P_{atr}^m 式[8-3-92a]	31.770	6.677	5.461	5.465	5.773	6.428	8.196	12.281	20.617	
P_{Pr}^m (1)	25.680	3.469	2.562	2.563	2.778	3.246	4.543	7.689	14.495	
b_{RK}^m, $cm^3\cdot mol^{-1}$	90.747	56.194	48.141	45.338	43.303	41.594	38.881	34.483	28.854	
$\Omega_{b,RK}^m$	0.078 3	0.115 4	0.116 4	0.115 9	0.114 9	0.113 2	0.108 3	0.097 9	0.083 1	
P_{P1r} (a)(2)	0.007 3	0.011 2	0.016 8	0.024 1	0.031 4	0.040 5	0.054 5	0.072 7	0.091 1	
P_{P2r} (a)(2)	25.673	3.458	2.545	2.538	2.747	3.206	4.488	7.617	14.404	
P_{atr}^m 式[8-3-92b]	31.770	7.428	6.044	6.040	6.377	7.093	8.974	13.075	20.617	
P_{Pr} (b)	25.680	4.220	3.145	3.138	3.383	3.911	5.321	8.484	14.495	
b_{RK}^m, $cm^3\cdot mol^{-1}$	90.747	50.528	43.525	41.055	39.241	37.740	35.545	32.406	28.854	
$\Omega_{b,RK}^m$	0.078 3	0.103 8	0.105 2	0.104 9	0.104 2	0.102 7	0.099 0	0.092 0	0.083 1	
P_{P1r} (b)	0.007 3	0.010 0	0.015 1	0.021 8	0.028 5	0.036 8	0.049 8	0.068 3	0.091 1	
误差 $b1$, %(3)	0.00	−10.08	−9.59	−9.45	−9.38	−9.27	−8.58	−6.02	0.00	
P_{P2r} (b)	25.673	3.459	2.547	2.541	2.750	3.210	4.493	7.621	14.404	
误差 $b2$, %(3)	0.00	0.03	0.06	0.09	0.11	0.12	0.10	0.06	0.00	
P_{atr}^m 式[8-3-92c]	31.770	5.471	4.341	4.360	4.673	5.337	7.129	11.454	20.617	
P_{Pr} (c)	25.680	2.263	1.442	1.458	1.678	2.155	3.476	6.862	14.495	
b_{RK}^m/$cm^3\cdot mol^{-1}$	90.747	44.710	34.030	32.259	32.231	33.176	34.140	32.973	28.854	
$\Omega_{b,RK}^m$	0.078 3	0.091 8	0.082 3	0.082 4	0.085 5	0.090 3	0.095 1	0.093 6	0.083 1	

续　表

溶　液	硫化氢(1)—戊烷(2)，T=277.55 K								
$P_{P1r}(c)$	0.007 3	0.008 9	0.011 8	0.017 2	0.023 4	0.032 3	0.047 8	0.069 5	0.091 1	
误差 $c1$/%	0.00	−20.44	−29.31	−28.85	−25.57	−20.24	−12.19	−4.38	0.00	
$P_{P2r}(c)$	25.673	2.254	1.430	1.441	1.655	2.123	3.428	6.793	14.404	
误差 $c2$/%	0.00	−34.81	−43.81	−43.23	−39.75	−33.78	−23.62	−10.82	0.00	
P_{atr}^{m} 式[8-3-92d]	31.770	6.449	5.193	5.200	5.525	6.215	8.052	12.265	20.617	
P_{Pr} (d)	25.680	3.242	2.293	2.298	2.531	3.033	4.399	7.673	14.495	
b_{RK}^{m}/cm³·mol⁻¹	90.747	54.355	45.310	42.708	41.189	40.179	38.313	34.455	28.854	
$\Omega_{b,RK}^{m}$	0.078 3	0.111 6	0.109 5	0.109 1	0.109 3	0.109 4	0.106 7	0.097 8	0.083 1	
P_{P1r} (d)	0.007 3	0.010 8	0.015 8	0.022 7	0.029 9	0.039 1	0.053 7	0.072 7	0.091 1	
误差 $d1$/%	0.00	−3.27	−5.88	−5.80	−4.88	−3.40	−1.46	−0.08	0.00	
P_{P2r} (d)	25.673	3.231	2.278	2.275	2.501	2.994	4.345	7.600	14.404	
误差 $d2$/%	0.00	−6.57	−10.51	−10.36	−8.96	−6.61	−3.19	−0.21	0.00	
溶　液	1,4-二氧杂环己烷(1)—水(2)，T=298.15 K									
x_1	0.00	0.04	0.11	0.23	0.28	0.55	0.76	0.90	0.95	1.00
P_r^m	1.45E-4	2.42E-4	4.04E-4	5.66E-4	6.19E-4	7.06E-4	7.50E-4	7.95E-4	8.62E-4	9.26E-4
V_m^L, cm³·mol⁻¹	6.223	7.279	7.988	7.269	6.962	5.031	4.244	4.150	4.563	5.787
P_{idr}^{m}	18.07	20.59	25.10	32.98	36.34	54.71	69.13	78.79	82.24	82.24
P_{atr}^{m} 式[8-3-92a]	60.593	72.594	78.315	63.614	58.278	31.105	22.470	21.532	25.912	41.176
P_{Pr}^{m} (1)	54.370	65.315	70.327	56.346	51.316	26.075	18.227	17.382	21.350	35.389
b_{RK}^{m}, cm³·mol⁻¹	16.212	18.525	22.536	29.215	32.001	45.864	56.076	63.603	67.761	70.685
$\Omega_{b,RK}^{m}$	0.066 4	0.059 9	0.056 3	0.061 8	0.064 3	0.085 0	0.097 6	0.099 5	0.092 3	0.075 4
P_{P1r} (a)(2)	0.000 1	0.000 2	0.000 4	0.000 5	0.000 5	0.000 6	0.000 6	0.000 6	0.000 7	0.000 8
P_{P2r} (a)(2)	54.370	65.315	70.327	56.346	51.316	26.074	18.227	17.382	21.349	35.389
P_{atr}^{m} 式[8-3-92b]	60.593	68.611	73.133	61.776	57.493	34.314	25.748	24.464	28.308	41.176
P_{Pr} (b)	54.370	61.333	65.145	54.507	50.532	29.284	21.504	20.315	23.746	35.389
b_{RK}^{m}, cm³·mol⁻¹	16.212	19.600	24.133	30.084	32.437	41.575	48.939	55.978	62.026	70.685
$\Omega_{b,RK}^{m}$	0.066 4	0.063 4	0.060 3	0.063 6	0.065 2	0.077 0	0.085 2	0.087 6	0.084 5	0.075 4
P_{P1r} (b)	0.000 1	0.000 2	0.000 4	0.000 5	0.000 6	0.000 5	0.000 5	0.000 6	0.000 7	0.000 8
误差 $b1$/%(3)	0.00	5.80	7.09	2.98	1.36	−9.35	−12.73	−11.99	−8.46	0.00
P_{P2r} (b)	54.370	65.315	70.327	56.346	51.316	26.074	18.227	17.382	21.349	35.389
误差 $b2$/%(3)	0.00	0.00	0.00	0.00	0.00	0.00	0.00	0.00	0.00	0.00
P_{atr}^{m} 式[8-3-92c]	60.593	70.771	77.072	63.529	58.555	32.725	23.951	22.806	26.960	41.176

续 表

溶 液	1,4-二氧杂环己烷(1)—水(2),T=298.15 K									
$P_{Pr}(c)$	54.370	65.652	73.023	58.015	52.655	26.105	17.912	16.998	21.049	35.389
$b^m_{RK}/cm^3\cdot mol^{-1}$	16.212	18.534	22.621	29.311	32.098	45.872	55.890	63.327	67.591	70.685
$\Omega^m_{b,RK}$	0.066 4	0.059 9	0.056 5	0.062 0	0.064 5	0.085 0	0.097 3	0.099 1	0.092 1	0.075 4
$P_{P1r}(c)$	0.000 1	0.000 2	0.000 4	0.000 5	0.000 5	0.000 6	0.000 6	0.000 6	0.000 7	0.000 8
误差 $c1$/%	0.00	0.05	0.38	0.33	0.30	0.02	−0.33	−0.43	−0.25	0.00
$P_{P2r}(c)$	54.370	65.652	73.023	58.014	52.654	26.105	17.911	16.998	21.049	35.389
误差 $c2$/%	0.00	0.52	3.83	2.96	2.61	0.12	−1.73	−2.21	−1.41	0.00
P^m_{atr} 式[8-3-92d]	60.593	70.771	77.072	63.529	58.555	32.725	23.951	22.806	26.960	41.176
$P_{Pr}(d)$	54.370	63.492	69.084	56.261	51.593	27.694	19.708	18.657	22.397	35.389
$b^m_{RK}/cm^3\cdot mol^{-1}$	16.212	18.471	22.495	29.210	32.021	46.302	56.883	64.452	68.324	70.685
$\Omega^m_{b,RK}$	0.066 4	0.059 7	0.056 2	0.061 8	0.064 3	0.085 8	0.099 0	0.100 9	0.093 1	0.075 4
$P_{P1r}(d)$	0.000 1	0.000 2	0.000 4	0.000 5	0.000 5	0.000 6	0.000 6	0.000 7	0.000 7	0.000 8
误差 $d1$/%	0.00	−0.29	−0.18	−0.02	0.06	0.96	1.44	1.33	0.83	0.00
$P_{P2r}(d)$	54.37	63.49	69.08	56.26	51.59	27.69	19.71	18.66	22.40	35.39
误差 $d2$/%	0.00	−2.79	−1.77	−0.15	0.54	6.21	8.13	7.33	4.91	0.00

注:(1) $P^m_{Pr}=P^m_r+P^m_{atr}-P^m_{idr}$。

(2) $P^m_{P1r}(a)$ 和 $P^m_{P2r}(a)$ 表示按式[8-3-92a]计算的 P^m_{P1r} 和 P^m_{P2r},余 $P^m_{P1r}(b)$ 和 $P^m_{P2r}(b)$ 等类推。

(3) 误差 $b1=(P^m_{P1r}(b)-P^m_{P1r}(a))\times100/P^m_{P1r}(a)$,误差 $c1$ 等类推。误差 $b2=(P^m_{P2r}(b)-P^m_{P2r}(a))\times100/P^m_{P2r}(a)$,误差 $c2$ 等类推。

表 8-3-20 所列数据表明,依据上述介绍的计算方法可以得到 Redlich-Kwong 方程计算的各种实际溶液的全部分子压力:

$$P^m_{idr}、P^m_{P1r}、P^m_{P2r} 和 P^m_{atr}。$$

(3) Soave(SRK)状态方程:

混合物分子吸引压力为
$$P^m_{at}=\frac{a^m}{V^m_m(V^m_m+b^m)} \qquad [8-3-93a]$$

纯组元 i 分子吸引压力为
$$P^0_{at,i}=\frac{a^0_i}{V^0_{m,i}(V^0_{m,i}+b^0_i)} \qquad [8-3-93b]$$

其中 a 系数为
$$a^m=a^m_C\times\alpha^m(T^m_r,\omega^m);\ a^0_i=a^0_{C,i}\times\alpha^0(T^0_{r,i},\omega^0_i) \qquad [8-3-94]$$

$$a^m_C=\frac{R^2T^{m^2}_C}{9(2^{1/3}-1)P^m_C}=0.427\,48\frac{R^2T^{m^2}_C}{P^m_C}$$

$$a^0_{C,i}=\frac{R^2\,T^{0\,2}_{C,i}}{9(2^{1/3}-1)P^0_{C,i}}=0.427\,48\frac{R^2\,T^{0\,2}_{C,i}}{P^0_{C,i}}$$

注意有 $T^m=T^0_i$,联合上两式,

$$P_{at}^{m}(SRK)=P_{at,i}^{0}(SRK)\frac{a^{m}}{a_i^0}\frac{V_{m,i}^{0}(V_{m,i}^{0}+b_i^0)}{V_m^m(V_m^m+b^m)}$$
$$=P_{at,i}^{0}(SRK)\frac{P_{C,i}^{0}}{P_C^m}\left(\frac{\alpha^m(T_r^m,\omega^m)}{\alpha_{C,i}^{0}(T_{r,i}^{0},\omega_i^0)}\right)\times\left(\frac{T_C^m}{T_{C,i}^{0}}\right)^2\left(\frac{P_{C,i}^{0}}{P_C^m}\right)(\Lambda_i^V)^2\left(1+\frac{b_i^0}{V_{m,i}^{0}}\right)\Big/\left(1+\frac{b^m}{V_m^m}\right)$$
[8-3-95]

引入 van der Waals 方程计算式，为提高计算精度亦引入以多组元平均计算，得：

$$P_{at}^{m}(SRK)=\sum x_i P_{at}^{m}(V)\frac{P_{at,i}^{0}(SRK)}{P_{at,i}^{0}(V)}\left(\frac{\alpha^m(T_r^m,\omega^m)}{\alpha_{C,i}^{0}(T_{r,i}^{0},\omega_i^0)}\right)\times\left(1+\frac{b_i^0}{V_{m,i}^{o}}\right)\Big/\left(1+\frac{b^m}{V_m^m}\right)$$
[8-3-96a]

SRK 状态方程计算分子吸引压力计算时涉及温度系数 $\alpha^m(T_r^m,\omega^m)$、$\alpha_{C,i}^{0}(T_{r,i}^{0},\omega_i^0)$ 及 b 系数，通常 SRK 状态方程温度系数计算式为

$$\alpha(T,\omega)=[1+(1-T_r^{0.5})(0.480+1.574\omega-0.176\omega^2)]^2$$

Waals(43)介绍了 Graboski 和 Doubert 的修正式

$$\alpha(T,\omega)=[1+(1-T_r^{0.5})(0.485\,08+1.551\,71\omega-0.156\,13\omega^2)]^2 \quad [8-3-97]$$

下面使用式[8-3-97]进行计算。作者应用迭代法，并控制计算的系统压力为 0.6%，由此可得到溶液的 b 系数数值并计算得 SRK 状态方程的 P_{at}^{m} 值。如果上述方法有困难，则可应用下列近似方法。

与 RK 状态方程计算时采用的近似方法相同：

方法 1：传统 SRK 状态方程计算时认为 $\Omega_b=0.086\,64$，是个恒定的常数，因此可以此常数进行近似计算，其计算式为

$$P_{at}^{m}(SRK)=\sum x_i P_{at}^{m}(V)\frac{P_{at,i}^{0}(SRK)}{P_{at,i}^{0}(V)}\left(\frac{\alpha^m(T_r^m,\omega^m)}{\alpha_{C,i}^{0}(T_{r,i}^{0},\omega_i^0)}\right)\times\left(1+\frac{b_i^0}{V_{m,i}^{o}}\right)\Big/\left.\left(1+\frac{b^m}{V_m^m}\right)\right|_{\Omega_b=0.086\,64}$$
[8-3-96b]

方法 2：亦可应用目前常用的 $b^{mV}=\sum x_i b_i^0$ 混合规则，即

$$P_{at}^{m}(SRK)=\sum x_i P_{at}^{m}(V)\frac{P_{at,i}^{0}(SRK)}{P_{at,i}^{0}(V)}\left(\frac{\alpha^m(T_r^m,\omega^m)}{\alpha_{C,i}^{0}(T_{r,i}^{0},\omega_i^0)}\right)\times\left(1+\frac{b_i^0}{V_{m,i}^{o}}\right)\Big/\left.\left(1+\frac{b^{mV}}{V_m^m}\right)\right|_{b^{mV}}$$
[8-3-96c]

方法 3：为降低计算误差建议将上述两种方法进行平均计算，即计算式中

$$\left(1+\frac{b_i^0}{V_{m,i}^{o}}\right)\Big/\left(1+\frac{b^{mV}}{V_m^m}\right)_{平均}=\frac{\left[\left(1+\frac{b_i^0}{V_{m,i}^{o}}\right)\Big/\left.\left(1+\frac{b^{mV}}{V_m^m}\right)\right|_{\Omega_b=0.086\,64}+\left(1+\frac{b_i^0}{V_{m,i}^{o}}\right)\Big/\left.\left(1+\frac{b^{mV}}{V_m^m}\right)\right|_{b^{mV}}\right]}{2}$$

故而其计算式为

$$P^{m}_{at}(SRK) = \sum x_i P^{m}_{at}(V) \frac{P^{0}_{at,\,i}(SRK)}{P^{0}_{at,\,i}(V)} \left(\frac{\alpha^{m}(T^{m}_{r},\ \omega^{m})}{\alpha^{0}_{C,\,i}(T^{0}_{r,\,i},\ \omega^{0}_{i})}\right) \times \left(1+\frac{b^{0}_{i}}{V^{o}_{m,\,i}}\right) \Big/ \left(1+\frac{b^{mV}}{V^{m}_{m}}\right)\Bigg|_{平均}$$

[8-3-96d]

以式[8-3-96]各式计算的结果列于表 8-3-21 中。

表 8-3-21 以 SRK 状态方程方法计算分子吸引压力

溶 液	硫化氢(1)—戊烷(2), T=277.55 K									
x_1	0.000 0	0.061 7	0.142 5	0.226 0	0.323 2	0.437 2	0.610 6	0.821 0	1.000 0	
P^m /bar	0.304	1.419	2.736	4.154	5.472	6.890	8.613	10.335	11.653	
b/cm^3 • mol^{-1}	97.013	57.270	49.047	46.176	44.072	42.286	39.446	34.891	29.068	
$\alpha(T_r,\ \omega)$	1.439 8	1.219 7	1.199 9	1.194 1	1.190 4	1.188 1	1.186 1	1.184 5	1.183 4	
P^m_{atr}, 实际值	35.168	6.874	5.579	5.570	5.877	6.540	8.336	12.492	20.979	
P^m_{atr}, 式[8-3-96a]	35.168	6.874	5.579	5.570	5.877	6.540	8.336	12.492	20.979	
误差 a/%(1)	0.00	0.00	0.00	0.00	0.00	0.00	0.00	0.00	0.00	
P^m_{atr}, 式[8-3-96b]	35.168	7.683	6.206	6.186	6.521	7.243	9.152	13.318	20.979	
误差 b/%(1)	0.00	11.78	11.23	11.06	10.95	10.75	9.80	6.61	0.00	
P^m_{atr}, 式[8-3-96c]	35.168	5.660	4.459	4.468	4.781	5.454	7.277	11.674	20.979	
误差 c/%(1)	0.00	−17.66	−20.08	−19.79	−18.66	−16.60	−12.71	−6.55	0.00	
P^m_{atr}, 式[8-3-96d]	35.168	6.672	5.332	5.327	5.651	6.349	8.214	12.496	20.979	
误差 d/%(1)	0.00	−2.94	−4.43	−4.37	−3.85	−2.92	−1.46	0.03	0.00	
溶 液	1,4-二氧杂环己烷(1)—水(2), T=298.15 K									
x_1	0.00	0.04	0.11	0.23	0.28	0.55	0.76	0.90	0.95	1.00
P^m /bar	0.031 9	0.040 0	0.050 0	0.058 5	0.060 7	0.063 6	0.063 3	0.060 3	0.056 9	0.048 2
b/cm^3 • mol^{-1}	16.490	18.977	24.473	31.479	34.345	48.833	59.399	66.820	70.428	74.797
$\alpha(T_r,\ \omega)$	1.746	1.685	1.643	1.626	1.621	1.615	1.611	1.606	1.601	1.598
P^m_{atr}, 实际值	77.000	95.133	107.31	86.714	79.141	41.058	29.116	27.752	33.580	54.797
P^L_{atr}, 式[8-3-96a]	77.000	95.133	107.31	86.714	79.141	41.058	29.116	27.752	33.580	54.797
误差 a/%(1)	0.00	0.00	0.00	0.00	0.00	0.00	0.00	0.00	0.00	0.00
P^m_{atr}, 式[8-3-96b]	71.234	79.872	84.398	70.966	65.963	39.311	29.466	27.936	32.227	46.622
误差 b/%(1)	0.00	−5.53	−6.72	−2.90	−1.31	10.71	15.24	14.33	9.81	0.00

续　表

溶　液	1,4-二氧杂环己烷(1)——水(2), T=298.15 K									
P_{atr}^{m}, 式[8-3-96c]	71.234	84.923	93.545	75.060	68.461	35.699	25.369	24.156	29.164	46.622
误差 c/%(1)	0.00	0.45	3.39	2.70	2.42	0.54	−0.78	−1.14	−0.63	0.00
P_{atr}^{m}, 式[8-3-96d]	71.234	82.397	88.972	73.013	67.212	37.505	27.418	26.046	30.695	46.622
误差 d/%(1)	0.00	−2.54	−1.66	−0.10	0.56	5.63	7.23	6.59	4.59	0.00

注：(1) 误差 $a=(P_{atr}(a)-P_{atr}$ 实际值$)\times 100/P_{atr}$ 实际值，误差 b、c、d 等类推。

同样，也可以应用上述 SRK 状态方程方法计算得到的分子吸引压力数值后进一步计算其各个分子斥压力，计算数据列在表 8-3-22 中。

表 8-3-22　以 SRK 方程方法计算分子斥压力

溶　液	硫化氢(1)—戊烷(2), T=277.55 K									
x_1	0.0000	0.0617	0.1425	0.2260	0.3232	0.4372	0.6106	0.8210	1.0000	
P_{r}^{m}	0.0090	0.0215	0.0359	0.0519	0.0660	0.0813	0.0994	0.1173	0.1304	
V_{m}^{L}, cm^3·mol^{-1}	112.30	108.50	103.30	97.60	91.00	83.40	71.00	55.60	41.30	
P_{idr}^{m}	6.099	3.229	2.935	2.954	3.060	3.263	3.753	4.709	6.252	
P_{atr}^{m} 式[8-3-96a]	35.168	6.874	5.579	5.570	5.877	6.540	8.336	12.492	20.979	
P_{Pr}^{m} (1)	29.077	3.666	2.680	2.668	2.883	3.358	4.683	7.900	14.857	
b_{RK}^{m}/cm^3·mol^{-1}	92.828	57.689	49.300	46.322	44.140	42.300	39.414	34.836	29.068	
$\Omega_{b,RK}^{m}$	0.0801	0.1185	0.1192	0.1184	0.1172	0.1151	0.1098	0.0989	0.0837	
P_{P1r}^{m} (a)(2)	0.0075	0.0115	0.0172	0.0246	0.0320	0.0412	0.0552	0.0735	0.0918	
P_{P2r}^{m} (a)(2)	29.070	3.655	2.663	2.644	2.851	3.317	4.627	7.826	14.765	
P_{atr}^{m} 式[8-3-96b]	35.168	7.683	6.206	6.186	6.521	7.243	9.152	13.318	20.979	
P_{Pr}^{m} (b)	29.077	4.476	3.307	3.284	3.526	4.061	5.499	8.726	14.857	
b_{RK}^{m}/cm^3·mol^{-1}	92.828	51.627	44.350	41.748	39.827	38.238	35.935	32.694	29.068	
$\Omega_{b,RK}^{m}$	0.0801	0.1060	0.1072	0.1067	0.1057	0.1041	0.1001	0.0928	0.0837	
P_{P1r}^{m} (b)	0.0075	0.0102	0.0154	0.0222	0.0289	0.0373	0.0503	0.0690	0.0918	
误差 $b1$/%(3)	0.00	−10.51	−10.04	−9.87	−9.77	−9.60	−8.83	−6.15	0.00	
P_{P2r}^{m} (b)	29.070	3.656	2.664	2.646	2.854	3.321	4.632	7.831	14.765	
误差 $b2$/%(3)	0.00	0.03	0.06	0.09	0.11	0.12	0.11	0.06	0.00	
P_{atr}^{m} 式[8-3-96c]	35.168	5.657	4.454	4.460	4.769	5.438	7.252	11.641	20.979	
P_{Pr}^{m} (c)	29.077	2.450	1.554	1.558	1.775	2.256	3.598	7.049	14.857	
b_{RK}^{m}/cm^3·mol^{-1}	92.828	46.803	35.763	33.705	33.405	34.096	34.755	33.333	29.068	

续 表

溶 液	硫化氢(1)—戊烷(2),T=277.55 K									
$\Omega_{b,\mathrm{RK}}^{\mathrm{m}}$	0.080 1	0.096 1	0.086 4	0.086 1	0.088 7	0.092 8	0.096 8	0.094 6	0.083 7	
$P_{P1r}^{\mathrm{m}}(c)$	0.007 5	0.009 3	0.012 4	0.017 9	0.024 2	0.033 2	0.048 7	0.070 3	0.091 8	
误差 $c1$/%	0.00	−18.87	−27.46	−27.24	−24.32	−19.39	−11.82	−4.31	0.00	
$P_{P2r}^{\mathrm{m}}(c)$	29.070	2.440	1.542	1.540	1.751	2.223	3.550	6.979	14.765	
误差 $c2$/%	0.00	−33.23	−42.09	−41.74	−38.58	−32.97	−23.29	−10.83	0.00	
$P_{\mathrm{atr}}^{\mathrm{m}}$ 式[8-3-96d]	35.168	6.670	5.330	5.323	5.645	6.341	8.202	12.479	20.979	
$P_{Pr}^{\mathrm{m}}(d)$	29.077	3.463	2.430	2.421	2.651	3.159	4.549	7.888	14.857	
$b_{\mathrm{RK}}^{\mathrm{m}}$/cm^3·mol^{-1}	92.828	56.144	46.790	43.965	42.235	41.025	38.905	34.815	29.068	
$\Omega_{b,\mathrm{RK}}^{\mathrm{m}}$	0.080 1	0.115 3	0.113 1	0.112 3	0.112 1	0.111 7	0.108 4	0.098 8	0.083 7	
$P_{P1r}^{\mathrm{m}}(d)$	0.007 5	0.011 1	0.016 3	0.023 4	0.030 6	0.040 0	0.054 5	0.073 4	0.091 8	
误差 $d1$/%	0.00	−2.68	−5.09	−5.09	−4.31	−3.01	−1.29	−0.06	0.00	
$P_{P2r}^{\mathrm{m}}(d)$	29.070	3.452	2.414	2.398	2.620	3.119	4.494	7.814	14.765	
误差 $d2$/%	0.00	−5.56	−9.33	−9.30	−8.09	−5.97	−2.88	−0.16	0.00	

溶 液	1,4-二氧杂环己烷(1)—水(2),T=298.15 K									
x_1	0.00	0.04	0.11	0.23	0.28	0.55	0.76	0.90	0.95	1.00
P_r^{m}	1.45E-4	2.42E-4	4.04E-4	5.66E-4	6.19E-4	7.06E-4	7.50E-4	7.95E-4	8.62E-4	9.26E-4
V_m^{L}/cm^3·mol^{-1}	6.222 8	7.278 6	7.987 7	7.268 7	6.962 4	5.031 0	4.244 0	4.150 0	4.563 3	5.787 3
$P_{\mathrm{idr}}^{\mathrm{m}}$	18.07	20.59	25.10	32.98	36.34	54.71	69.13	78.79	82.24	82.24
$P_{\mathrm{atr}}^{\mathrm{m}}$ 式[8-3-96a]	71.234	84.547	90.476	73.084	66.840	35.507	25.569	24.435	29.348	46.622
P_{Pr}^{m} (1)	65.012	77.268	82.489	65.816	59.879	30.477	21.326	20.286	24.785	40.836
$b_{\mathrm{RK}}^{\mathrm{m}}$/cm^3·mol^{-1}	16.490	18.816	22.880	29.703	32.557	46.961	57.658	65.407	69.457	72.036
$\Omega_{b,\mathrm{RK}}^{\mathrm{m}}$	0.067 6	0.060 9	0.057 2	0.062 8	0.065 4	0.087 0	0.100 4	0.102 4	0.094 7	0.076 9
$P_{P1r}^{\mathrm{m}}(a)$ (2)	0.000 1	0.000 2	0.000 4	0.000 5	0.000 6	0.000 6	0.000 6	0.000 7	0.000 7	0.000 8
$P_{P2r}^{\mathrm{m}}(a)$ (2)	65.011	77.268	82.488	65.815	59.878	30.476	21.325	20.286	24.785	40.835
$P_{\mathrm{atr}}^{\mathrm{m}}$ 式[8-3-96b]	71.234	79.872	84.398	70.966	65.963	39.311	29.466	27.936	32.227	46.622
$P_{Pr}^{\mathrm{m}}(b)$	65.012	72.593	76.411	63.698	59.001	34.280	25.223	23.787	27.664	40.836
$b_{\mathrm{RK}}^{\mathrm{m}}$/cm^3·mol^{-1}	16.490	18.713	22.721	29.605	32.506	47.711	59.176	67.084	70.599	72.036
$\Omega_{b,\mathrm{RK}}^{\mathrm{m}}$	0.067 6	0.060 5	0.056 8	0.062 6	0.065 3	0.088 4	0.103 0	0.105 0	0.096 2	0.076 9
$P_{P1r}^{\mathrm{m}}(b)$	0.000 1	0.000 2	0.000 4	0.000 5	0.000 6	0.000 6	0.000 6	0.000 7	0.000 7	0.000 8
误差 $b1$/% (3)	0.00	−0.55	−0.70	−0.33	−0.15	1.60	2.63	2.56	1.64	0.00
$P_{P2r}^{\mathrm{m}}(b)$	65.011	72.593	76.411	63.697	59.000	34.280	25.223	23.786	27.664	40.835
误差 $b2$/% (3)	0.00	−6.05	−7.37	−3.22	−1.47	12.48	18.28	17.26	11.62	0.00

续　表

溶　液	1,4-二氧杂环己烷(1)——水(2),T=298.15 K									
P^m_{atr} 式[8-3-96c]	71.234	84.923	93.545	75.060	68.461	35.699	25.369	24.156	29.164	46.622
$P^m_{Pr}(c)$	65.012	77.645	85.558	67.792	61.499	30.669	21.126	20.007	24.601	40.836
$b^m_{RK}/cm^3\cdot mol^{-1}$	16.490	18.824	22.953	29.789	32.646	47.003	57.568	65.253	69.376	72.036
$\Omega^m_{b,RK}$	0.067 6	0.060 9	0.057 3	0.063 0	0.065 6	0.087 1	0.100 2	0.102 1	0.094 5	0.076 9
$P^m_{P1r}(c)$	0.000 1	0.000 2	0.000 4	0.000 5	0.000 6	0.000 6	0.000 6	0.000 7	0.000 7	0.000 8
误差 $c1$/%(3)	0.00	0.04	0.32	0.29	0.28	0.09	−0.16	−0.24	−0.12	0.00
$P^m_{P2r}(c)$	65.011	77.644	85.558	67.791	61.499	30.668	21.125	20.006	24.601	40.835
误差 $c2$/%(3)	0.00	0.49	3.72	3.00	2.71	0.63	−0.94	−1.38	−0.74	0.00
P^m_{atr} 式[8-3-96d]	71.234	82.397	88.972	73.013	67.212	37.505	27.418	26.046	30.695	46.622
$P^m_{Pr}(d)$	65.012	75.119	80.985	65.745	60.250	32.475	23.175	21.897	26.133	40.836
$b^m_{RK}/cm^3\cdot mol^{-1}$	16.490	18.770	22.843	29.700	32.578	47.374	58.432	66.235	70.018	72.036
$\Omega^m_{b,RK}$	0.067 6	0.060 7	0.057 1	0.062 8	0.065 4	0.087 8	0.101 7	0.103 7	0.095 4	0.076 9
$P^m_{P1r}(d)$	0.000 1	0.000 2	0.000 4	0.000 5	0.000 6	0.000 6	0.000 6	0.000 7	0.000 7	0.000 8
误差 $d1$/%(3)	0.00	−0.25	−0.16	−0.01	0.06	0.88	1.34	1.27	0.81	0.00
$P^m_{P2r}(d)$	65.011	75.119	80.984	65.744	60.250	32.474	23.174	21.896	26.132	40.835
误差 $d2$/%(3)	0.00	−2.78	−1.82	−0.11	0.62	6.56	8.67	7.94	5.44	0.00

注：(1) $P^m_{Pr}=P^m_r+P^m_{atr}-P^m_{idr}$。

(2) $P^m_{P1r}(a)$ 和 $P^m_{P2r}(a)$ 表示按式[8-3-96a]计算的 P^m_{P1r} 和 P^m_{P2r}，余 $P^m_{P1r}(b)$ 和 $P^m_{P2r}(b)$ 等类推。

(3) 误差 $b1=(P^m_{P1r}(b)-P^m_{P1r}(a))\times100/P^m_{P1r}(a)$，误差 $c1$ 等类推。误差 $b2=(P^m_{P2r}(b)-P^m_{P2r}(a))\times100/P^m_{P2r}(a)$，误差 $c2$ 等类推。

表 8-3-22 所列数据表明，依据上述介绍的计算方法可以计算得到 SRK 方程计算的各种实际溶液的全部分子压力：P^m_{idr}、P^m_{P1r}、P^m_{P2r} 和 P^m_{atr}。

(4) Peng-Robinson(PR)方程：

混合物分子吸引压力为

$$P^m_{at}=\frac{a^m}{V^m_m(V^m_m+b^m)+b^m(V^m_m-b^m)}=\frac{a^m}{V^{m^2}_m-2b^mV^m_m-b^{m^2}} \quad [8-3-97]$$

纯组元 i 分子吸引压力为

$$P^0_{at,i}=\frac{a^0_i}{V^0_{m,i}(V^0_{m,i}+b^0_i)+b^0_i(V^0_{m,i}-b^0_i)}=\frac{a^0_i}{V^{02}_{m,i}+2b^0_iV^0_{m,i}-b^{02}_i} \quad [8-3-98]$$

其中 a 系数为 $a^m=a^m_C\times\alpha^m(T^m_r,\omega^m)$；$a^0_i=a^0_{C,i}\times\alpha^0_i(T^0_{r,i},\omega^0_i)$　[8-3-99]

$$a_C=0.457\,235\frac{R^2T_C^2}{P_C} \quad [8-3-100]$$

注意有 $T^{m}=T_{i}^{0}$，联合上两式，

$$P_{at}^{m}(PR)=P_{at,i}^{0}(PR)\frac{a^{m}}{a_{i}^{0}}\frac{V_{m,i}^{0}(V_{m,i}^{0}+b_{i}^{0})}{V_{m}^{m}(V_{m}^{m}+b^{m})}$$

$$=P_{at,i}^{0}(PR)\frac{P_{C,i}^{0}}{P_{C}^{m}}\left(\frac{\alpha^{m}(T_{r}^{m},\omega^{m})}{\alpha_{C,i}^{0}(T_{r,i}^{0},\omega_{i}^{0})}\right)\times\left(\frac{T_{C}^{m}}{T_{C,i}^{0}}\right)^{2}\left(\frac{P_{C,i}^{0}}{P_{C}^{m}}\right)(\Lambda_{i}^{V})^{2}$$

$$\left[1+\frac{2b_{i}^{0}}{V_{m,i}^{0}}-\left(\frac{b_{i}^{0}}{V_{m,i}^{0}}\right)^{2}\right]\Big/\left[1+\frac{2b_{i}^{m}}{V_{m}^{m}}-\left(\frac{b_{i}^{m}}{V_{m}^{m}}\right)^{2}\right]$$

[8-3-101]

引入 van der Waals 方程计算式，为提高计算精度引入以多组元平均计算，得：

$$P_{at}^{m}(PR)=\sum x_{i}P_{at}^{m}(V)\frac{P_{at,i}^{0}(PR)}{P_{at,i}^{0}(V)}\left(\frac{\alpha^{m}(T_{r}^{m},\omega^{m})}{\alpha_{C,i}^{0}(T_{r,i}^{0},\omega_{i}^{0})}\right)$$

$$\left[1+\frac{2b_{i}^{0}}{V_{m,i}^{0}}-\left(\frac{b_{i}^{0}}{V_{m,i}^{0}}\right)^{2}\right]\Big/\left[1+\frac{2b_{i}^{m}}{V_{m}^{m}}-\left(\frac{b_{i}^{m}}{V_{m}^{m}}\right)^{2}\right]$$

[8-3-102a]

PR 状态方程温度系数计算式为

$$\alpha(T,\omega)=[1+(1-T_{r}^{0.5})(0.374\,64+1.542\,26\omega-0.269\,92\omega^{2})]^{2}$$

作应用迭代法，并控制计算的系统压力为 0.6%，由此可得到溶液的 b 系数数值并计算得 PR 状态方程的 P_{at}^{m} 值。如果上述方法有困难，则可应用下列近似方法。

方法 1：传统 PR 状态方程计算时认为 $\Omega_{b}=0.077\,80$，是个恒定的常数，因此可以此常数进行近似计算，其计算式为

$$P_{at}^{m}(PR)=\sum x_{i}P_{at}^{m}(V)\frac{P_{at,i}^{0}(PR)}{P_{at,i}^{0}(V)}\left(\frac{\alpha^{m}(T_{r}^{m},\omega^{m})}{\alpha_{C,i}^{0}(T_{r,i}^{0},\omega_{i}^{0})}\right)\times$$

$$\left.\left[1+\frac{2b_{i}^{0}}{V_{m,i}^{0}}-\left(\frac{b_{i}^{0}}{V_{m,i}^{0}}\right)^{2}\right]\Big/\left[1+\frac{2b_{i}^{m}}{V_{m}^{m}}-\left(\frac{b_{i}^{m}}{V_{m}^{m}}\right)^{2}\right]\right|_{\Omega_{b}=0.077\,8}$$

[8-3-102b]

方法 2：亦可应用目前常用的 $b^{mV}=\sum x_{i}b_{i}^{0}$ 混合规则，即

$$P_{at}^{m}(PR)=\sum x_{i}P_{at}^{m}(V)\frac{P_{at,i}^{0}(PR)}{P_{at,i}^{0}(V)}\left(\frac{\alpha^{m}(T_{r}^{m},\omega^{m})}{\alpha_{C,i}^{0}(T_{r,i}^{0},\omega_{i}^{0})}\right)\times$$

$$\left.\left[1+\frac{2b_{i}^{0}}{V_{m,i}^{0}}-\left(\frac{b_{i}^{0}}{V_{m,i}^{0}}\right)^{2}\right]\Big/\left[1+\frac{2b_{i}^{m}}{V_{m}^{m}}-\left(\frac{b_{i}^{m}}{V_{m}^{m}}\right)^{2}\right]\right|_{b^{mV}}$$

[8-3-102c]

方法 3：为降低计算误差建议将上述两种方法进行平均计算，即计算式中

$$\left.\frac{\left[1+\frac{2b_i^0}{V_{m,i}^0}-\left(\frac{b_i^0}{V_{m,i}^0}\right)^2\right]}{\left[1+\frac{2b_i^m}{V_m^m}-\left(\frac{b_i^m}{V_m^m}\right)^2\right]}\right|_{平均}=\frac{1}{2}\times\left[\left.\frac{\left[1+\frac{2b_i^0}{V_{m,i}^0}-\left(\frac{b_i^0}{V_{m,i}^0}\right)^2\right]}{\left[1+\frac{2b_i^m}{V_m^m}-\left(\frac{b_i^m}{V_m^m}\right)^2\right]}\right|_{\Omega_b=0.0778}+\left.\frac{\left[1+\frac{2b_i^0}{V_{m,i}^0}-\left(\frac{b_i^0}{V_{m,i}^0}\right)^2\right]}{\left[1+\frac{2b_i^m}{V_m^m}-\left(\frac{b_i^m}{V_m^m}\right)^2\right]}\right|_{b^{mV}}\right]$$

故而其计算式为

$$P_{at}^m(PR)=\sum x_i P_{at}^m(V)\frac{P_{at,i}^0(PR)}{P_{at,i}^0(V)}\left(\frac{\alpha^m(T_r^m,\omega^m)}{\alpha_{C,i}^0(T_{r,i}^0,\omega_i^0)}\right)\times \left.\left[1+\frac{2b_i^0}{V_{m,i}^0}-\left(\frac{b_i^0}{V_{m,i}^0}\right)^2\right]\Big/\left[1+\frac{2b_i^m}{V_m^m}-\left(\frac{b_i^m}{V_m^m}\right)^2\right]\right|_{平均} \qquad [8-3-102d]$$

以式[8-3-102]各式计算的结果列于表 8-3-23 中。

表 8-3-23 以 PR 状态方程方法计算分子吸引压力

溶　液	硫化氢(1)—戊烷(2), T=277.55 K									
x_1	0.0000	0.0617	0.1425	0.2260	0.3232	0.4372	0.6106	0.8210	1.0000	
P^m/bar	0.304	1.419	2.736	4.154	5.472	6.890	8.613	10.335	11.653	
b/ $cm^3 \cdot mol^{-1}$	95.791	52.332	44.045	41.479	39.781	38.508	36.561	33.113	28.188	
$\alpha(T_r, \omega)$	1.374	1.182	1.164	1.159	1.156	1.154	1.152	1.151	1.150	
P_{atr}^m,实际值	33.819	6.284	5.112	5.105	5.384	5.987	7.636	11.506	19.562	
P_{atr}^m,式[8-3-102a]	33.819	6.284	5.112	5.105	5.384	5.987	7.636	11.506	19.562	
误差 a/%(1)	0.00	0.00	0.00	0.00	0.00	0.00	0.00	0.00	0.00	
P_{atr}^m,式[8-3-102b]	33.819	6.844	5.547	5.532	5.829	6.470	8.178	12.005	19.562	
误差 b/%(1)	0.00	8.90	8.52	8.37	8.27	8.06	7.10	4.34	0.00	
P_{atr}^m,式[8-3-102c]	33.819	5.509	4.330	4.327	4.612	5.231	6.924	10.981	19.562	
误差 c/%(1)	0.00	−12.34	−15.29	−15.23	−14.33	−12.64	−9.32	−4.56	0.00	
P_{atr}^m,式[8-3-102d]	33.819	6.177	4.939	4.930	5.221	5.851	7.551	11.493	19.562	
误差 d/%(1)	0.00	−1.72	−3.38	−3.43	−3.03	−2.29	−1.11	−0.11	0.00	
溶　液	1,4-二氧杂环己烷(1)—水(2), T=298.15 K									
x_1	0.00	0.04	0.11	0.23	0.28	0.55	0.76	0.90	0.95	1.00
P^m/bar	0.0319	0.0400	0.0500	0.0585	0.0607	0.0636	0.0633	0.0603	0.0569	0.0482
b/ $cm^3 \cdot mol^{-1}$	16.432	18.917	24.388	31.340	34.179	48.372	58.619	65.914	69.655	74.282
$\alpha(T_r, \omega)$	1.640	1.588	1.551	1.535	1.532	1.526	1.523	1.518	1.514	1.510
P_{atr}^m,实际值	64.239	76.768	84.364	67.540	61.519	31.964	22.726	21.631	26.054	42.124

续 表

溶 液	1,4-二氧杂环己烷(1)—水(2),T=298.15 K									
P^{L}_{atr},式[8-3-102a]	64.239	76.768	84.364	67.540	61.519	31.964	22.726	21.631	26.054	42.124
误差 a/%(1)	0.00	0.00	0.00	0.00	0.00	0.00	0.00	0.00	0.00	0.00
P^{m}_{atr},式[8-3-102b]	64.239	79.355	90.158	69.007	62.109	32.018	23.405	22.399	26.533	42.124
误差 b/%(1)	0.00	3.37	6.87	2.17	0.96	0.17	2.99	3.55	1.84	0.00
P^{m}_{atr},式[8-3-102c]	64.239	76.823	84.686	67.785	61.732	31.972	22.644	21.526	25.975	42.124
误差 c/%(1)	0.00	0.07	0.38	0.36	0.35	0.03	−0.36	−0.49	−0.30	0.00
P^{m}_{atr},式[8-3-102d]	64.239	78.089	87.422	68.396	61.920	31.995	23.025	21.963	26.254	42.124
误差 d/%(1)	0.00	1.72	3.63	1.27	0.65	0.10	1.31	1.53	0.77	0.00

注:(1) 误差 $a=(P^{m}_{atr}(a)-P^{m}_{atr}$ 实际值$)\times 100/P^{m}_{atr}$ 实际值,误差 b、c、d 等类推。

同样,也可以应用上述 PR 状态方程方法计算得到的分子吸引压力数值后进一步计算其各个分子斥压力,计算数据列在表 8-3-24 中。

表 8-3-24 以 PR 方程方法计算分子斥压力

溶 液	硫化氢(1)—戊烷(2),T=277.55 K									
x_1	0.0000	0.0617	0.1425	0.2260	0.3232	0.4372	0.6106	0.8210	1.0000	
P^{m}_{r}	0.0090	0.0215	0.0359	0.0519	0.0660	0.0813	0.0994	0.1173	0.1304	
V^{L}_{m},cm^3/mol	112.30	108.50	103.30	97.60	91.00	83.40	71.00	55.60	41.30	
P^{m}_{idr}	6.099	3.229	2.935	2.954	3.060	3.263	3.753	4.709	6.252	
P^{m}_{atr},式[8-3-102a]	33.819	6.284	5.112	5.105	5.384	5.987	7.636	11.506	19.562	
P^{m}_{Pr} (1)	27.728	3.077	2.212	2.203	2.389	2.806	3.983	6.914	13.440	
b^{m}_{RK},$cm^3\cdot mol^{-1}$	92.052	52.941	44.395	41.694	39.899	38.559	36.555	33.074	28.188	
$\Omega^{m}_{b,RK}$	0.0794	0.1087	0.1073	0.1065	0.1059	0.1050	0.1018	0.0939	0.0812	
P^{m}_{P1r} (a)(2)	0.0074	0.0105	0.0154	0.0222	0.0290	0.0376	0.0512	0.0698	0.0890	
P^{m}_{P2r} (a)(2)	27.72	3.07	2.20	2.18	2.36	2.77	3.93	6.84	13.35	
P^{m}_{atr},式[8-3-102b]	33.819	7.320	5.878	5.831	6.110	6.738	8.423	12.162	19.562	
P^{m}_{Pr} (b)	27.728	4.113	2.979	2.929	3.115	3.557	4.769	7.571	13.440	
b^{m}_{RK}/$cm^3\cdot mol^{-1}$	92.052	45.472	38.640	36.550	35.209	34.315	33.180	31.306	28.188	
$\Omega^{m}_{b,RK}$	0.0794	0.0934	0.0934	0.0934	0.0935	0.0934	0.0924	0.0889	0.0812	
P^{m}_{P1r} (b)	0.0074	0.0090	0.0134	0.0194	0.0255	0.0334	0.0465	0.0660	0.0890	
误差 $b1$/%(3)	0.00	−14.11	−12.96	−12.34	−11.75	−11.01	−9.23	−5.35	0.00	

续 表

溶 液	硫化氢(1)—戊烷(2),T=277.55 K									
P^{m}_{P2r} (b)	27.721	3.068	2.199	2.184	2.364	2.772	3.936	6.848	13.351	
误差 $b2$/%[3]	0.00	0.05	0.09	0.13	0.14	0.15	0.12	0.05	0.00	
P^{m}_{atr},式[8-3-102c]	33.819	5.509	4.330	4.327	4.612	5.231	6.924	10.981	19.562	
P^{m}_{Pr} (c)	27.728	2.301	1.431	1.425	1.618	2.049	3.271	6.390	13.440	
b^{m}_{RK},$cm^3 \cdot mol^{-1}$	92.052	45.151	33.854	31.767	31.468	32.173	33.065	32.010	28.188	
$\Omega^{m}_{b,RK}$	0.079 4	0.092 7	0.081 8	0.081 2	0.083 5	0.087 6	0.092 1	0.090 9	0.081 2	
P^{m}_{P1r} (c)	0.007 4	0.009 0	0.011 8	0.016 9	0.022 8	0.031 3	0.046 3	0.067 5	0.089 0	
误差 $c1$/%[3]	0.00	−14.71	−23.74	−23.81	−21.13	−16.56	−9.55	−3.22	0.00	
P^{m}_{P2r} (c)	27.721	2.293	1.419	1.408	1.595	2.018	3.225	6.322	13.351	
误差 $c2$/%[3]	0.00	−25.24	−35.40	−35.41	−32.44	−27.11	−17.98	−7.63	0.00	
P^{m}_{atr},式[8-3-102d]	33.819	6.415	5.104	5.079	5.361	5.984	7.673	11.572	19.562	
P^{m}_{Pr} (d)	27.728	3.207	2.205	2.177	2.367	2.803	4.020	6.980	13.440	
b^{m}_{RK}/$cm^3 \cdot mol^{-1}$	92.052	54.064	44.311	41.412	39.683	38.537	36.722	33.202	28.188	
$\Omega^{m}_{b,RK}$	0.079 4	0.111 0	0.107 1	0.105 8	0.105 3	0.104 9	0.102 3	0.094 2	0.081 2	
P^{m}_{P1r} (d)	0.007 4	0.010 7	0.015 4	0.022 0	0.028 8	0.037 5	0.051 4	0.070 0	0.089 0	
误差 $d1$/%[3]	0.00	2.12	−0.19	−0.68	−0.54	−0.06	0.46	0.38	0.00	
P^{m}_{P2r} (d)	27.721	3.196	2.190	2.155	2.338	2.765	3.969	6.910	13.351	
误差 $d2$/%[3]	0.00	4.24	−0.33	−1.18	−0.97	−0.11	0.95	0.96	0.00	

溶 液	1,4-二氧杂环己烷(1) ——水(2),T=298.15 K									
x_1	0.00	0.04	0.11	0.23	0.28	0.55	0.76	0.90	0.95	1.00
P^{m}_{r}	1.45E-4	2.42E-4	4.04E-4	5.66E-4	6.19E-4	7.06E-4	7.50E-4	7.95E-4	8.62E-4	9.26E-4
V^{L}_{m}/$cm^3 \cdot mol^{-1}$	6.223	7.279	7.988	7.268	6.962	5.031	4.244	4.150	4.563	5.787
P^{m}_{idr}	18.07	20.59	25.10	32.98	36.34	54.71	69.13	78.79	82.24	82.24
P^{m}_{atr},式[8-3-102a]	64.239	76.768	84.364	67.540	61.519	31.964	22.726	21.631	26.054	42.124
P^{m}_{Pr} [1]	58.016	69.490	76.377	60.272	54.557	26.933	18.483	17.482	21.492	36.338
b^{m}_{RK}/$cm^3 \cdot mol^{-1}$	16.318	18.637	22.720	29.434	32.229	46.101	56.223	63.673	67.840	70.946
$\Omega^{m}_{b,RK}$	0.066 8	0.060 3	0.056 8	0.062 2	0.064 7	0.085 4	0.097 9	0.099 6	0.092 5	0.075 7
P^{m}_{P1r} (a)[2]	0.000 1	0.000 2	0.000 4	0.000 5	0.000 5	0.000 6	0.000 6	0.000 6	0.000 7	0.000 8
P^{m}_{P2r} (a)[2]	58.016	69.490	76.376	60.272	54.557	26.933	18.482	17.482	21.491	36.337
P^{m}_{atr},式[8-3-102b]	64.239	79.355	90.158	69.007	62.109	32.018	23.405	22.399	26.533	42.124
P^{m}_{Pr} (b)	58.016	72.077	82.171	61.739	55.147	26.988	19.162	18.250	21.970	36.338
b^{m}_{RK}/$cm^3 \cdot mol^{-1}$	16.318	18.700	22.872	29.509	32.268	46.116	56.597	64.191	68.100	70.946

续 表

溶　液	1,4-二氧杂环己烷(1)——水(2), T=298.15 K									
$\Omega_{b,\ \mathrm{RK}}^{\mathrm{m}}$	0.066 8	0.060 5	0.057 1	0.062 4	0.064 8	0.085 4	0.098 5	0.100 5	0.092 8	0.075 7
P_{P1r}^{m} (b)	0.000 1	0.000 2	0.000 4	0.000 5	0.000 5	0.000 6	0.000 6	0.000 6	0.000 7	0.000 8
误差 $b1$/%(3)	0.00	0.34	0.67	0.26	0.12	0.03	0.67	0.81	0.38	0.00
P_{P2r}^{m} (b)	58.016	72.077	82.171	61.739	55.146	26.987	19.161	18.249	21.970	36.337
误差 $b2$/%(3)	0.00	3.72	7.59	2.43	1.08	0.20	3.67	4.39	2.23	0.00
$P_{\mathrm{atr}}^{\mathrm{m}}$，式[8-3-102c]	64.239	76.823	84.686	67.785	61.732	31.972	22.644	21.526	25.975	42.124
$P_{Pr}^{\mathrm{m}}(c)$	58.016	69.544	76.699	60.517	54.771	26.942	18.401	17.377	21.413	36.338
$b_{\mathrm{RK}}^{\mathrm{m}}/\mathrm{cm}^3\cdot\mathrm{mol}^{-1}$	16.318	18.638	22.729	29.447	32.244	46.104	56.176	63.599	67.796	70.946
$\Omega_{b,\ \mathrm{RK}}^{\mathrm{m}}$	0.066 8	0.060 3	0.056 8	0.062 3	0.064 8	0.085 4	0.097 8	0.099 5	0.092 4	0.075 7
$P_{P1r}^{\mathrm{m}}(c)$	0.000 1	0.000 2	0.000 4	0.000 5	0.000 5	0.000 6	0.000 6	0.000 6	0.000 7	0.000 8
误差 $c1$/%(3)	0.00	0.01	0.04	0.04	0.04	0.00	−0.08	−0.12	−0.06	0.00
$P_{P2r}^{\mathrm{m}}(c)$	58.016	69.544	76.699	60.516	54.770	26.941	18.400	17.376	21.412	36.337
误差 $c2$/%(3)	0.00	0.08	0.42	0.41	0.39	0.03	−0.44	−0.60	−0.37	0.00
$P_{\mathrm{atr}}^{\mathrm{m}}$，式[8-3-102d]	64.239	78.089	87.422	68.396	61.920	31.995	23.025	21.963	26.254	42.124
P_{Pr}^{m} (d)	58.016	70.811	79.435	61.128	54.959	26.965	18.781	17.813	21.692	36.338
$b_{\mathrm{RK}}^{\mathrm{m}}/\mathrm{cm}^3\cdot\mathrm{mol}^{-1}$	16.318	18.670	22.803	29.478	32.256	46.110	56.390	63.901	67.950	70.946
$\Omega_{b,\ \mathrm{RK}}^{\mathrm{m}}$	0.066 8	0.060 4	0.057 0	0.062 3	0.064 8	0.085 4	0.098 2	0.100 0	0.092 6	0.075 7
P_{P1r}^{m} (d)	0.000 1	0.000 2	0.000 4	0.000 5	0.000 5	0.000 6	0.000 6	0.000 6	0.000 7	0.000 8
误差 $d1$/%(3)	0.00	0.18	0.37	0.15	0.08	0.02	0.30	0.36	0.16	0.00
P_{P2r}^{m} (d)	58.016	70.810	79.435	61.127	54.958	26.964	18.781	17.813	21.691	36.337
误差 $d2$/%(3)	0.00	1.90	4.00	1.42	0.74	0.12	1.61	1.89	0.93	0.00

注：(1) $P_{Pr}^{\mathrm{m}}=P_r^{\mathrm{m}}+P_{\mathrm{atr}}^{\mathrm{m}}-P_{\mathrm{idr}}^{\mathrm{m}}$。

(2) $P_{P1r}^{\mathrm{m}}(a)$ 和 $P_{P2r}^{\mathrm{m}}(a)$ 表示按式[8-3-102a]计算的 P_{P1r}^{m} 和 P_{P2r}^{m}，余 $P_{P1r}^{\mathrm{m}}(b)$ 和 $P_{P2r}^{\mathrm{m}}(b)$ 等类推。

(3) 误差 $b1=(P_{P1r}^{\mathrm{m}}(b)-P_{P1r}^{\mathrm{m}}(a))\times100/P_{P1r}^{\mathrm{m}}(a)$，误差 $c1$ 等类推。误差 $b2=(P_{P2r}^{\mathrm{m}}(b)-P_{P2r}^{\mathrm{m}}(a))\times100/P_{P2r}^{\mathrm{m}}(a)$，误差 $c2$ 等类推。

表 8-3-24 所列数据表明，依据上述介绍的计算方法可以计算得到 PR 方程计算的各种实际溶液的全部分子压力：　$P_{\mathrm{idr}}^{\mathrm{m}}$、$P_{P1r}^{\mathrm{m}}$、$P_{P2r}^{\mathrm{m}}$ 和 $P_{\mathrm{atr}}^{\mathrm{m}}$

(5) 童景山方程：

混合物分子吸引压力为

$$P_{\mathrm{at}}^{\mathrm{m}}=\frac{a_C^{\mathrm{m}}\alpha^{\mathrm{m}}(T_r^{\mathrm{m}},\ \omega^{\mathrm{m}})}{(V_m^{\mathrm{m}}+mb^{\mathrm{m}})^2} \qquad [8-3-103]$$

纯组元 i 分子吸引压力为

$$P_{\mathrm{at},\ i}^0=\frac{a_{C,\ i}^0\alpha_i^0(T_{r,\ i}^0,\ \omega_i^0)}{(V_{m,\ i}^0+mb_i^0)^2} \qquad [8-3-104]$$

式中 $m=\sqrt{2}-1$，$a^{m}=a_{C}^{m}\times\alpha^{m}(T_{r}^{m}, \omega^{m})$；$a_{i}^{0}=a_{C,i}^{0}\times\alpha_{i}^{0}(T_{r,i}^{0}, \omega_{i}^{0})$

$$a_{C}=\frac{27}{64}\frac{R^{2}T_{C}^{2}}{P_{C}} \qquad [8-3-105]$$

注意有 $T^{m}=T_{i}^{0}$，联合上两式，

$$P_{at}^{m}(T)=P_{at,i}^{0}(T)\frac{a^{m}}{a_{i}^{0}}\frac{(V_{m,i}^{0}+mb_{i}^{0})^{2}}{(V_{m}^{m}+mb^{m})^{2}}$$
$$=P_{at,i}^{0}(T)\frac{P_{C,i}^{0}}{P_{C}^{m}}\left(\frac{\alpha^{m}(T_{r}^{m}, \omega^{m})}{\alpha_{C,i}^{0}(T_{r,i}^{0}, \omega_{i}^{0})}\right)\times\left(\frac{T_{C}^{m}}{T_{C,i}^{0}}\right)^{2}\left(\frac{P_{C,i}^{0}}{P_{C}^{m}}\right)(\Lambda_{i}^{V})^{2}\left[1+\frac{mb_{i}^{0}}{V_{m,i}^{0}}\right]^{2}\Big/\left[1+\frac{mb_{i}^{m}}{V_{m}^{m}}\right] \qquad [8-3-106]$$

引入 van der Waals 方程计算式，为提高计算精度引入以多组元平均计算，得：

$$P_{at}^{m}(T)=\sum x_{i}P_{at}^{m}(V)\frac{P_{at,i}^{0}(PR)}{P_{at,i}^{0}(V)}\left(\frac{\alpha^{m}(T_{r}^{m}, \omega^{m})}{\alpha_{C,i}^{0}(T_{r,i}^{0}, \omega_{i}^{0})}\right)\left[1+\frac{mb_{i}^{0}}{V_{m,i}^{0}}\right]^{2}\Big/\left[1+\frac{mb_{i}^{m}}{V_{m}^{m}}\right]^{2} \qquad [8-3-107a]$$

童景山状态方程温度系数计算式为

$$\alpha(T, \omega)=[1+(1-T_{r}^{0.5})(0.480\,45+1.251\,736\omega-0.356\,95\omega^{2})]^{2}$$

作者应用迭代法，并控制计算的系统压力为 0.6%，由此可得到溶液的 b 系数数值并计算得童景山状态方程的 P_{at}^{m} 值。如果上述方法有困难，则可应用下列近似方法。

与上述采用的近似方法相同。

方法 1：传统童景山状态方程计算时认为 $\Omega_{b}=0.088\,388\,3$，是个恒定的常数，因此可以此常数进行近似计算，其计算式为

$$P_{at}^{m}(T)=\sum x_{i}P_{at}^{m}(V)\frac{P_{at,i}^{0}(T)}{P_{at,i}^{0}(V)}\left(\frac{\alpha^{m}(T_{r}^{m}, \omega^{m})}{\alpha_{C,i}^{0}(T_{r,i}^{0}, \omega_{i}^{0})}\right)\times\left[1+\frac{mb_{i}^{0}}{V_{m,i}^{0}}\right]^{2}\Big/\left[1+\frac{mb_{i}^{m}}{V_{m}^{m}}\right]^{2}\Bigg|_{\Omega_{b}=0.077\,8} \qquad [8-3-107b]$$

方法 2：亦可应用目前常用的 $b^{mV}=\sum x_{i}b_{i}^{0}$ 混合规则，即

$$P_{at}^{m}(T)=\sum x_{i}P_{at}^{m}(V)\frac{P_{at,i}^{0}(T)}{P_{at,i}^{0}(V)}\left(\frac{\alpha^{m}(T_{r}^{m}, \omega^{m})}{\alpha_{C,i}^{0}(T_{r,i}^{0}, \omega_{i}^{0})}\right)\times\left[1+\frac{mb_{i}^{0}}{V_{m,i}^{0}}\right]^{2}\Big/\left[1+\frac{mb_{i}^{m}}{V_{m}^{m}}\right]^{2}\Bigg|_{b^{mV}} \qquad [8-3-107c]$$

方法 3：为降低计算误差，建议将上述两种方法进行平均计算，即计算式中

$$\left[1+\frac{mb_{i}^{0}}{V_{m,i}^{0}}\right]^{2}\Big/\left[1+\frac{mb_{i}^{m}}{V_{m}^{m}}\right]^{2}\Bigg|_{平均}$$
$$=\frac{\left[\left[1+\frac{mb_{i}^{0}}{V_{m,i}^{0}}\right]^{2}\Big/\left[1+\frac{mb_{i}^{m}}{V_{m}^{m}}\right]^{2}\Bigg|_{\Omega_{b}=0.086\,64}+\left[1+\frac{mb_{i}^{0}}{V_{m,i}^{0}}\right]^{2}\Big/\left[1+\frac{mb_{i}^{m}}{V_{m}^{m}}\right]^{2}\Bigg|_{b^{mV}}\right]}{2}$$

故而其计算式为

$$P^{\mathrm{m}}_{\mathrm{at}}(T) = \sum x_i P^{\mathrm{m}}_{\mathrm{at}}(V) \frac{P^0_{\mathrm{at},\,i}(\mathrm{T})}{P^0_{\mathrm{at},\,i}(\mathrm{V})} \left(\frac{\alpha^{\mathrm{m}}(T^{\mathrm{m}}_r,\ \omega^{\mathrm{m}})}{\alpha^0_{C,\,i}(T^0_{r,\,i},\ \omega^0_i)}\right) \times \left[1+\frac{mb^0_i}{V^0_{m,\,i}}\right]^2 \Big/ \left[1+\frac{mb^{\mathrm{m}}_i}{V^{\mathrm{m}}_m}\right]^2 \Bigg|_{\text{平均}} \qquad [8-3-107d]$$

以式[8-3-107]各式计算的结果列于表 8-3-25 中。

表 8-3-25　以童景山状态方程方法计算分子吸引压力

溶　液	硫化氢(1)—戊烷(2), T=277.55 K									
x_1	0.000 0	0.061 7	0.142 5	0.226 0	0.323 2	0.437 2	0.610 6	0.821 0	1.000 0	
P^{m} /bar	0.304	1.419	2.736	4.154	5.472	6.890	8.613	10.335	11.653	
b/cm³·mol⁻¹	97.011	57.474	49.311	46.431	44.302	42.479	39.570	34.933	29.055	
$\alpha(T_r, \omega)$	1.389	1.204	1.187	1.182	1.179	1.177	1.175	1.173	1.172	
$P^{\mathrm{m}}_{\mathrm{atr}}$, 实际值	33.846	6.879	5.598	5.593	5.902	6.568	8.366	12.515	20.956	
$P^{\mathrm{m}}_{\mathrm{atr}}$, 式[8-3-107a]	33.846	6.879	5.598	5.593	5.902	6.568	8.366	12.515	20.956	
误差 a/%(1)	0.00	0.00	0.00	0.00	0.00	0.00	0.00	0.00	0.00	
$P^{\mathrm{m}}_{\mathrm{atr}}$, 式[8-3-107b]	33.846	7.767	6.286	6.269	6.609	7.341	9.269	13.439	20.956	
误差 b/%(1)	0.00	12.92	12.28	12.09	11.97	11.77	10.78	7.38	0.00	
$P^{\mathrm{m}}_{\mathrm{atr}}$, 式[8-3-107c]	33.846	5.576	4.405	4.420	4.735	5.410	7.232	11.634	20.956	
误差 c/%(1)	0.00	−18.93	−21.31	−20.97	−19.77	−17.63	−13.56	−7.04	0.00	
$P^{\mathrm{m}}_{\mathrm{atr}}$, 式[8-3-107d]	33.846	6.672	5.346	5.344	5.672	6.376	8.250	12.536	20.956	
误差 d/%(1)	0.00	−3.01	−4.51	−4.44	−3.90	−2.93	−1.39	0.17	0.00	
溶　液	1,4-二氧杂环己烷(1)—水(2), T=298.15 K									
x_1	0.00	0.04	0.11	0.23	0.28	0.55	0.76	0.90	0.95	1.00
P^{m}/ bar	0.031 9	0.040 0	0.050 0	0.058 5	0.060 7	0.063 6	0.063 3	0.060 3	0.056 9	0.048 2
b/cm³·mol⁻¹	16.380	18.861	24.336	31.287	34.127	48.431	58.844	66.188	69.815	74.253
$\alpha(T_r, \omega)$	1.636	1.588	1.554	1.540	1.537	1.532	1.529	1.525	1.522	1.521
$P^{\mathrm{m}}_{\mathrm{atr}}$, 实际值	66.592	79.369	84.885	68.831	63.037	33.679	24.337	23.294	27.974	44.143
$P^{\mathrm{m}}_{\mathrm{atr}}$, 式[8-3-107a]	66.592	79.369	84.885	68.831	63.037	33.679	24.337	23.294	27.974	44.143
误差 a/%(1)	0.00	0.00	0.00	0.00	0.00	0.00	0.00	0.00	0.00	0.00
$P^{\mathrm{m}}_{\mathrm{atr}}$, 式[8-3-107b]	66.592	74.023	77.763	66.323	61.962	37.836	28.506	26.993	31.004	44.143
误差 b/%(1)	0.00	−6.74	−8.39	−3.64	−1.71	12.34	17.13	15.88	10.83	0.00

续　表

溶　液	1,4-二氧杂环己烷(1)—水(2),T=298.15 K								
P_{atr}^{m},式[8-3-107c]	66.592	79.755	88.157	70.856	64.664	33.762	24.012	22.886	27.655	44.143
误差 c/%[(1)]	0.00	0.49	3.85	2.94	2.58	0.25	−1.33	−1.75	−1.14	0.00
P_{atr}^{m},式[8-3-107d]	66.592	76.889	82.960	68.590	63.313	35.799	26.259	24.940	29.329	44.143
误差 d/%[(1)]	0.00	−3.12	−2.27	−0.35	0.44	6.30	7.90	7.06	4.84	0.00

注:(1) 误差 $a=(P_{atr}^{m}(a)-P_{atr}^{m}$ 实际值$)\times100/P_{atr}^{m}$ 实际值,误差 b、c、d 等类推。

同样,也可以应用童景山状态方程方法计算得到的分子吸引压力数值后进一步计算其各个分子斥压力,计算数据列在表 8-3-26 中。

表 8-3-26　以童景山方程方法计算分子斥压力

溶　液	硫化氢(1)—戊烷(2),T=277.55 K									
x_1	0.000 0	0.061 7	0.142 5	0.226 0	0.323 2	0.437 2	0.610 6	0.821 0	1.000 0	
P_r^m	0.009 0	0.021 5	0.035 9	0.051 9	0.066 0	0.081 3	0.099 4	0.117 3	0.130 4	
V_m^L, cm^3/mol	112.30	108.50	103.30	97.60	91.00	83.40	71.00	55.60	41.30	
P_{idr}^m	6.099	3.229	2.935	2.954	3.060	3.263	3.753	4.709	6.252	
P_{atr}^{m},式[8-3-107a]	33.846	6.879	5.598	5.593	5.902	6.568	8.366	12.515	20.956	
$P_{P_r}^{m}$ [(1)]	27.756	3.671	2.699	2.691	2.908	3.386	4.713	7.923	14.835	
b_{RK}^m/cm$^3\cdot$mol^{-1}	92.068	57.724	49.481	46.525	44.338	42.473	39.528	34.874	29.055	
$\Omega_{b,RK}^m$	0.079 4	0.118 5	0.119 6	0.118 9	0.117 7	0.115 6	0.110 1	0.099 0	0.083 7	
$P_{P1r}^{m}(a)$[(2)]	0.007 4	0.011 5	0.017 2	0.024 7	0.032 2	0.041 4	0.055 4	0.073 5	0.091 7	
$P_{P2r}^{m}(a)$[(2)]	27.749	3.660	2.682	2.666	2.876	3.345	4.658	7.850	14.743	
P_{atr}^{m},式[8-3-107b]	33.846	7.767	6.286	6.269	6.609	7.341	9.269	13.439	20.956	
$P_{P_r}^{m}(b)$	27.756	4.559	3.386	3.367	3.614	4.159	5.615	8.847	14.835	
b_{RK}^m/cm$^3\cdot$mol^{-1}	92.068	51.139	44.099	41.549	39.646	38.049	35.720	32.497	29.055	
$\Omega_{b,RK}^m$	0.079 4	0.105 0	0.106 6	0.106 2	0.105 2	0.103 6	0.099 5	0.092 2	0.083 7	
$P_{P1r}^{m}(b)$	0.007 4	0.010 2	0.015 3	0.022 1	0.028 8	0.037 1	0.050 0	0.068 5	0.091 7	
误差 $b1$/%[(3)]	0.00	−11.41	−10.88	−10.70	−10.58	−10.42	−9.63	−6.82	0.00	
$P_{P2r}^{m}(b)$	27.749	3.661	2.683	2.669	2.879	3.349	4.663	7.855	14.743	
误差 $b2$/%[(3)]	0.00	0.04	0.07	0.10	0.12	0.13	0.11	0.06	0.00	
P_{atr}^{m},式[8-3-107c]	33.846	5.576	4.405	4.420	4.735	5.410	7.232	11.634	20.956	
$P_{P_r}^{m}(c)$	27.756	2.369	1.506	1.518	1.741	2.229	3.579	7.042	14.835	
b_{RK}^m, cm$^3\cdot$mol^{-1}	92.068	45.911	35.028	33.130	32.995	33.846	34.657	33.320	29.055	

续　表

溶　液	硫化氢(1)—戊烷(2)，$T=277.55$ K									
$\Omega_{b,\mathrm{RK}}^{\mathrm{m}}$	0.079 4	0.094 3	0.084 7	0.084 7	0.087 6	0.092 1	0.096 5	0.094 6	0.083 7	
$P_{P1r}^{\mathrm{m}}(c)$	0.007 4	0.009 1	0.012 2	0.017 6	0.023 9	0.033 0	0.048 5	0.070 3	0.091 7	
误差 $c1$/%(3)	0.00	−20.46	−29.21	−28.79	−25.58	−20.31	−12.32	−4.45	0.00	
$P_{P2r}^{\mathrm{m}}(c)$	27.749	2.360	1.494	1.500	1.717	2.196	3.530	6.972	14.743	
误差 $c2$/%(3)	0.00	−35.52	−44.29	−43.72	−40.30	−34.36	−24.21	−11.18	0.00	
$P_{\mathrm{atr}}^{\mathrm{m}}$，式[8-3-107d]	33.846	6.672	5.346	5.344	5.672	6.376	8.250	12.536	20.956	
$P_{Pr}^{\mathrm{m}}(d)$	27.756	3.464	2.446	2.442	2.678	3.194	4.597	7.945	14.835	
$b_{\mathrm{RK}}^{\mathrm{m}}/\mathrm{cm}^3\cdot\mathrm{mol}^{-1}$	92.068	56.154	46.955	44.174	42.465	41.254	39.090	34.909	29.055	
$\Omega_{b,\mathrm{RK}}^{\mathrm{m}}$	0.079 4	0.115 3	0.113 5	0.112 9	0.112 7	0.112 3	0.108 9	0.099 1	0.083 7	
$P_{P1r}^{\mathrm{m}}(d)$	0.007 4	0.011 1	0.016 3	0.023 5	0.030 8	0.040 2	0.054 7	0.073 6	0.091 7	
误差 $d1$/%(3)	0.00	−2.72	−5.11	−5.05	−4.23	−2.87	−1.11	0.10	0.00	
$P_{P2r}^{\mathrm{m}}(d)$	27.749	3.453	2.430	2.419	2.647	3.154	4.542	7.871	14.743	
误差 $d2$/%(3)	0.00	−5.65	−9.39	−9.27	−7.96	−5.71	−2.48	0.27	0.00	
溶　液	1,4-二氧杂环己烷(1)—水(2)，$T=298.15$ K									
x_1	0.00	0.04	0.11	0.23	0.28	0.55	0.76	0.90	0.95	1.00
P_r^{m}	1.45E-4	2.42E-4	4.04E-4	5.66E-4	6.19E-4	7.06E-4	7.50E-4	7.95E-4	8.62E-4	9.26E-4
V_m^{L}, cm³/mol	6.223	7.279	7.988	7.268	6.962	5.031	4.244	4.150	4.563	5.787
$P_{\mathrm{idr}}^{\mathrm{m}}$	18.07	20.59	25.10	32.98	36.34	54.71	69.13	78.79	82.24	82.24
$P_{\mathrm{atr}}^{\mathrm{m}}$，式[8-3-107a]	66.592	79.369	84.885	68.831	63.037	33.679	24.337	23.294	27.974	44.143
P_{Pr}^{m} (1)	60.369	72.091	76.898	61.563	56.075	28.649	20.093	19.145	23.412	38.357
$b_{\mathrm{RK}}^{\mathrm{m}}/\mathrm{cm}^3\cdot\mathrm{mol}^{-1}$	16.380	18.701	22.734	29.500	32.328	46.540	57.077	64.752	68.829	71.462
$\Omega_{b,\mathrm{RK}}^{\mathrm{m}}$	0.067 1	0.060 5	0.056 8	0.062 4	0.064 9	0.086 2	0.099 4	0.101 3	0.093 8	0.076 2
$P_{P1r}^{\mathrm{m}}(a)$(2)	0.000 1	0.000 2	0.000 4	0.000 5	0.000 6	0.000 6	0.000 6	0.000 7	0.000 7	0.000 8
$P_{P2r}(a)$(2)	60.369	72.090	76.897	61.563	56.074	28.648	20.093	19.145	23.411	38.356
$P_{\mathrm{atr}}^{\mathrm{m}}$，式[8-3-107b]	66.592	74.023	77.763	66.323	61.962	37.836	28.506	26.993	31.004	44.143
$P_{Pr}^{\mathrm{m}}(b)$	60.369	66.745	69.775	59.055	55.000	32.806	24.262	22.844	26.441	38.357
$b_{\mathrm{RK}}^{\mathrm{m}}/\mathrm{cm}^3\cdot\mathrm{mol}^{-1}$	16.380	18.564	22.518	29.369	32.259	47.438	58.840	66.675	70.140	71.462
$\Omega_{b,\mathrm{RK}}^{\mathrm{m}}$	0.067 1	0.060 0	0.056 3	0.062 1	0.064 8	0.087 9	0.102 5	0.104 3	0.095 6	0.076 2
$P_{P1r}^{\mathrm{m}}(b)$	0.000 1	0.000 2	0.000 4	0.000 5	0.000 5	0.000 6	0.000 6	0.000 7	0.000 7	0.000 8
误差 $b1$/%(3)	0.00	−0.73	−0.95	−0.45	−0.22	1.93	3.09	2.97	1.90	0.00
$P_{P2r}^{\mathrm{m}}(b)$	60.369	66.745	69.775	59.054	55.000	32.805	24.262	22.843	26.441	38.356
误差 $b2$/%(3)	0.00	−7.42	−9.26	−4.07	−1.92	14.51	20.75	19.32	12.94	0.00

续 表

溶 液	1,4-二氧杂环己烷(1)——水(2),T=298.15 K									
P^{m}_{atr},式[8-3-107c]	66.592	79.755	88.157	70.856	64.664	33.762	24.012	22.886	27.655	44.143
$P^{m}_{Pr}(c)$	60.369	72.477	80.170	63.588	57.703	28.731	19.769	18.737	23.093	38.357
b^{m}_{RK}/cm^3·mol^{-1}	16.380	18.710	22.822	29.600	32.429	46.560	56.914	64.502	68.674	71.462
$\Omega^{m}_{b,\ RK}$	0.067 1	0.060 5	0.057 0	0.062 6	0.065 2	0.086 3	0.099 1	0.100 9	0.093 6	0.076 2
$P^{m}_{P1r}(c)$	0.000 1	0.000 2	0.000 4	0.000 5	0.000 6	0.000 6	0.000 6	0.000 7	0.000 7	0.000 8
误差 $c1$/%[3]	0.00	0.05	0.39	0.34	0.31	0.04	−0.29	−0.39	−0.22	0.00
$P^{m}_{P2r}(c)$	60.369	72.476	80.169	63.588	57.702	28.731	19.768	18.736	23.092	38.356
误差 $c2$/%[3]	0.00	0.54	4.26	3.29	2.90	0.29	−1.61	−2.13	−1.36	0.00
P^{m}_{atr},式[8-3-107d]	66.592	76.889	82.960	68.590	63.313	35.799	26.259	24.940	29.329	44.143
$P^{m}_{Pr}(d)$	60.369	69.611	74.973	61.322	56.351	30.769	22.016	20.790	24.767	38.357
b^{m}_{RK}/cm^3·mol^{-1}	16.380	18.640	22.680	29.488	32.346	47.024	57.960	65.678	69.449	71.462
$\Omega^{m}_{b,\ RK}$	0.067 1	0.060 3	0.056 7	0.062 4	0.065 0	0.087 1	0.100 9	0.102 8	0.094 6	0.076 2
$P^{m}_{P1r}(d)$	0.000 1	0.000 2	0.000 4	0.000 5	0.000 6	0.000 6	0.000 6	0.000 7	0.000 7	0.000 8
误差 $d1$/%[3]	0.00	−0.33	−0.24	−0.04	0.05	1.04	1.55	1.43	0.90	0.00
$P^{m}_{P2r}(d)$	60.369	69.611	74.972	61.321	56.351	30.768	22.015	20.790	24.766	38.356
误差 $d2$/%[3]	0.00	−3.44	−2.50	−0.39	0.49	7.40	9.57	8.59	5.79	0.00

注:(1) $P^{m}_{Pr}=P^{m}_{r}+P^{m}_{atr}-P^{m}_{idr}$。

(2) $P^{m}_{P1r}(a)$ 和 $P^{m}_{P2r}(a)$ 表示按式[8-3-107a]计算的 P^{m}_{P1r} 和 P^{m}_{P2r},余 $P^{m}_{P1r}(b)$ 和 $P^{m}_{P2r}(b)$ 等类推。

(3) 误差 $b1=[P^{m}_{P1r}(b)-P^{m}_{P1r}(a)]\times100/P^{m}_{P1r}(a)$,误差 $c1$ 等类推。误差 $b2=(P^{m}_{P2r}(b)-P^{m}_{P2r}(a))\times100/P^{m}_{P2r}(a)$,误差 $c2$ 等类推。

表 8-3-26 所列数据表明,依据上述介绍的计算方法可以计算得到童景山状态方程计算的各种实际溶液的全部分子压力:

$$P^{m}_{idr}、P^{m}_{P1r}、P^{m}_{P2r} 和 P^{m}_{atr}$$

8-3-6-3 气相与液相的组元摩尔分数浓度

在 8-3-2 节近似理想溶液讨论中已经讨论了理想溶液中气相组元摩尔分数浓度与液相组元摩尔分数浓度的关系,本处将讨论实际溶液中气相和液相中摩尔分数浓度的关系。

已知,组元 i 的分压力为

$$P^{G}_{i}=x_i P^{0}_{i}\frac{y_i}{x_i}\frac{V^{0G}_{m,\ i}}{V^{G}_{m}}\frac{Z^{G}}{Z^{0G}_{i}} \qquad [8-3-108]$$

改写为

$$P^{G}_{i}=x_i P^{0}_{i}\frac{V^{0G}_{m,\ i}}{V^{G}_{m}}\frac{y_i}{x_i}\frac{Z^{G}}{Z^{0G}_{i}}=x_i P^{0}_{i}\Delta_i \qquad [8-3-109]$$

式中

$$\Delta_i=\frac{P^{G}_{i}}{x_i P^{0}_{i}}=\frac{V^{0G}_{m,\ i}}{V^{G}_{m}}\frac{y_i}{x_i}\frac{Z^{G}}{Z^{0G}_{i}} \qquad [8-3-110]$$

表示是溶液中组元 i 分压力 P_i^G 与 $x_i P_i^0$ 的偏差系数。由此可知：

(1) 当讨论溶液为完全理想溶液时，因具有 $\delta_S=0$，$\delta_P=1$，故可证明 $\Delta_i=1$、$P^m=P_i^0$，得 $y_i=x_i$，即完全理想溶液中组元在气相中摩尔分数与界面区中摩尔分数相等。

(2) 当讨论溶液为近似理想溶液时，因具有 $\delta_P\neq 1$，$P^m\neq P_i^0$，故知 $\Delta_i\neq 1$，即知 $y_i\neq x_i$，但对近似理想溶液可近似认为 $\Delta_i\cong 1$、这样，近似理想溶液中组元在气相中摩尔分数与溶液中摩尔分数的关系为，$y_i P^G\cong x_i P_i^0$，即 $\dfrac{y_i}{x_i}\cong\dfrac{P_i^0}{P^G}$。当然，如果组元分压力计算时出现误差较大时则需考虑这个误差的影响。即

$$y_i = x_i\frac{P_i^0}{P^m}\Delta_i \qquad [8-3-111]$$

式中偏差系数为 $\Delta_i=P_i^m/x_i P_i^0$。在近似理想溶液讨论时已给出计算 Δ_i 的经验式。

(3) 当讨论溶液是实际溶液时，因具有 $\delta_S\neq 1$，$\delta_P\neq 1$，$P^m\neq P_i^0$，故知 $\Delta_i\neq 1$，即知 $y_i\neq x_i$。因此有关系

$$y_i = x_i\frac{P_i^0}{P^m}\Delta_i^{实际} \qquad [8-3-112]$$

因此，讨论 y_i 与 x_i 相互关系则需了解 $\Delta_i^{实际}$ 的数值，计算 $\Delta_i^{实际}$ 的方法有：

经典活度理论方法：

活度理论中计算 y_i 的方法为

$$y_i = x_i\frac{P_i^0}{P^m}\gamma_i \qquad [文献[45]中式 8-8.6]$$

式中 γ_i 为活度系数，对比上面二式，知

$$\Delta_i^{实际}=\gamma_i \qquad [8-3-113]$$

因此，如果 γ_i 数值已知，则可知 $\Delta_i^{实际}$，即可得 y_i。

计算 γ_i 方法有多种多样，读者可以参阅相关资料[45-46]。参与这方面工作的研究人员很多，对应的方法亦有很多，如有 Margules 方程、van Laar 方程、Wilson 方程 UNIQUAC 和 NRTL 方程等，这在有关资料中均有介绍。如果 γ_i 数值未知，则可从中选择合适方法。

下面试举一例说明 γ_i 的计算方法。例子取自文献[44,45]。

例：已知 50℃时二元系甲醇(1)—1,2 二氯乙烷(2)的五组气—液平衡实验数据，计算 50℃下 $\Delta_i^{实际}$。文献中计算方法采用 van Laar 方程，计算结果如表 8-3-27 所列。

表 8-3-27　50℃下二元系甲醇(1)—1,2 二氯乙烷(2)计算结果

实验数据							
$100\,x_1$	0	30.00	40.00	50.00	70.00	90.00	100
$100\,y_1$		59.10	60.20	61.20	65.70	81.40	
P/bar(1)	0.310 8	0.645 0	0.657 5	0.666 5	0.668 5	0.626 2	0.555 8
Van Laar 方程计算结果							
组元 1 活度系数		2.29	1.78	1.47	1.13	1.02	

续 表

Van Laar 方程计算结果							
100 y_1，计算值		59.20	60.19	61.29	65.76	81.48	
误差/%		0.17	−0.02	0.15	0.10	0.10	
$\Delta_i^{实际}$ 与 γ_i 比较							
γ_i		2.2900	1.7800	1.4700	1.1300	1.0200	
$\Delta_i^{实际}$		2.2862	1.7804	1.4678	1.1289	1.0190	
误差/%		−0.17	0.02	−0.15	−0.10	−0.10	

注：(1) 纯组分的压力数据取自手册(34)。

$\Delta_i^{实际}$ 计算

由上述讨论可知：

对理想溶液有 $$P_i^{理想}=x_iP_i^0 \qquad [8-3-114]$$

对实际溶液有 $$P_i^{实际}=y_iP^{实际}=x_iP_i^0\Delta_i^{实际}=P_i^{理想}\Delta_i^{实际} \qquad [8-3-115]$$

已知超额自由焓为

$$\begin{aligned}G^E&=\Delta G=G_{实际}-G_{理想}\\&=RT\sum x_i\ln P_i^{实际}-RT\sum x_i\ln P_i^{理想}=RT\sum x_i\ln\Delta_i^{实际}\end{aligned} \qquad [8-3-116]$$

对二元系溶液有 $$\frac{G^E}{RT}=x_1\ln\Delta_1^{实际}+x_2\ln\Delta_2^{实际} \qquad [8-3-117]$$

按照二次 Margules 方程有[27, 45]

$$\frac{G^E}{RT}=Ax_1x_2 \qquad [8-3-118]$$

$$\ln\Delta_1^{实际}=\frac{A}{RT}x_2^2、\ln\Delta_2^{实际}=\frac{A}{RT}x_1^2 \qquad [8-3-119]$$

由式[8-3-112]知：

$$P^{m}=x_1P_1^0\Delta_1^{实际}+x_2P_2^0\Delta_2^{实际}=x_1P_1^0\exp\left(\frac{A}{RT}x_2^2\right)+x_2P_2^0\exp\left(\frac{A}{RT}x_1^2\right) \qquad [8-3-120]$$

取 $x_1=0.5$ 时压力数据，得

$$0.25\times\frac{A}{RT}=\ln\left[\frac{P^{m}|_{(x_1=0.5)}}{0.5(P_1^0+P_2^0)}\right] \qquad [8-3-121]$$

以式[8-3-121]计算系数 A/RT，再以式[8-3-119]计算得溶液各浓度下的 $\Delta_1^{实际}$ 和

$\Delta_2^{实际}$，这样即可得到组元在气相中的摩尔分数 y_1 和 y_2。其计算结果列于表 8-3-28 中。

表 8-3-28　一些实际溶液气相中组元摩尔分数计算

x_1	0	0.3	0.4	0.5	0.6	0.9	1.0
溶液 1：四氯化碳(1)—吡啶(2)，T=50℃，A/RT=0.557							
y_1，手册[32]值		0.692	0.762	0.815	0.858	0.963	
P/bar	0.093 9	0.227 6	0.262 5	0.294 4	0.328 0	0.392 6	0.418 4
$\Delta_1^{实际}$，实际值		1.255	1.195	1.147	1.121	1.004	
$\Delta_1^{计算}$，式[8-3-119]		1.314	1.222	1.149	1.093	1.006	
误差/%		4.70	2.23	0.22	−2.48	0.14	
y_1，计算值		0.725	0.779	0.817	0.837	0.964	
误差/%		4.70	2.23	0.22	−2.48	0.14	
溶液 2：甲醇(1)—苯(2)，T=20℃，A/RT=1.980							
y_1，手册[32]值		0.502	0.506	0.516	0.534	0.705	
P，　bar	0.100 0	0.188 3	0.189 5	0.190 5	0.190 0	0.168 7	0.132 3
$\Delta_1^{实际}$，实际值		2.381 8	1.812 1	1.486 6	1.278 5	0.998 9	
$\Delta_1^{计算}$，式[8-3-119]		2.638 928 3	2.039 953	1.640 643	1.372 805 5	1.020 001	
误差/%		10.80	12.58	10.36	7.38	2.11	
y_1，计算值		0.556	0.570	0.569	0.573	0.720	
误差/%		10.80	12.58	10.36	7.38	2.11	
溶液 3：甲醇(1)—水(2)，T=65℃，A/RT =1.033							
y_1，手册[32]值		0.684	0.742	0.788	0.832	0.960	
P/bar	0.250 0	0.605 3	0.671 7	0.731 1	0.788 6	0.967 8	1.033 3
$\Delta_1^{实际}$，实际值		1.335 6	1.205 9	1.115 2	1.058 3	0.999 1	
$\Delta_1^{计算}$，式[8-3-119]		1.291 767 5	1.206 942	1.139 532	1.087 189 1	1.005 238	
误差/%		−3.28	0.09	2.18	2.73	0.62	
y_1，计算值		0.662	0.743	0.805	0.855	0.966	
误差/%		−3.28	0.09	2.18	2.73	0.62	
溶液 4：二硫化碳(1)—苯(2)，T=20℃，A/RT =0.436							
y_1，手册[32]值		0.660	0.744	0.797	0.843	0.957	
P/bar	0.100 3	0.216 8	0.250 1	0.277 6	0.303 7	0.372 8	0.397 6
$\Delta_1^{实际}$，实际值		1.199 6	1.170 1	1.112 9	1.073 3	0.997 0	
$\Delta_1^{计算}$，式[8-3-119]		1.238 167 4	1.169 942	1.115 158	1.072 248 1	1.004 369	

续 表

x_1	0	0.3	0.4	0.5	0.6	0.9	1.0
溶液 4：二硫化碳(1)—苯(2)，T=20℃，A/RT=0.436							
误差/%		3.22	−0.02	0.20	−0.10	0.74	
y_1，计算值		0.681	0.744	0.799	0.842	0.964	
误差/%		3.22	−0.02	0.20	−0.10	0.74	
溶液 5：乙烯(1)—二氧化碳(2)，T=50℃，A/RT=0.626							
y_1，手册[32]值		0.434	0.510	0.582	0.651	0.896	
P/bar	6.8000	9.4896	9.8893	10.2120	10.4792	10.6000	10.6661
$\Delta_1^{实际}$，实际值		1.2871	1.1822	1.1144	1.0660	0.9894	
$\Delta_1^{计算}$，式[8-3-119]		1.3588515	1.252681	1.169351	1.1053116	1.006278	
误差/%		5.57	5.97	4.93	3.69	1.71	
y_1，计算值		0.458	0.540	0.611	0.675	0.911	
误差/%		5.57	5.97	4.93	3.69	1.71	
溶液 6：乙醇(1)—水(2)，T=70℃，A/RT=1.096							
y_1，手册[32]值		0.585	0.625	0.665	0.709	0.899	
P/bar	0.3116	0.6295	0.6575	0.6803	0.6994	0.7287	0.7229
$\Delta_1^{实际}$，实际值		1.6982	1.4213	1.2518	1.1433	1.0070	
$\Delta_1^{计算}$，式[8-3-119]		1.7113452	1.483993	1.315376	1.1917684	1.011025	
误差/%		0.77	4.41	5.08	4.24	0.40	
y_1，计算值		0.590	0.653	0.699	0.739	0.903	
误差/%		0.77	4.41	5.08	4.24	0.40	

注：本表所用数据取自手册[32]。

本处介绍的计算方法为二次 Margules 方程方法。一般认为，二次 Margules 方程仅适用于组分的化学性质和分子大小都相似的简单混合物。表 8-3-28 的计算结果亦表明，一些混合物如甲醇-苯混合物，其计算误差会超过 10%。文献中还有一些计算方法，如 van Laar，Wilson，NRTL，UNIQUAC 等较早期的 Margules 方程均有所改进，一般认为，对于严重非理想性二元混合物，例如醇和烃类化合物的溶液，Wilson 方程可能较为适用，在数学处理上亦较简单一些。这些方程在文献中均有详细介绍[29,44~46]，参照这些方程的讨论方法和本处对 Margules 方程的讨论，这些方程应也有可能用于计算本文定义的修正系数 $\Delta_i^{实际}$。

参 考 文 献

[1] 胡英. 流体的分子热力学[M]. 北京：高等教育出版社，1983：208.

[2] 张福田. 分子界面化学基础[M]. 上海：上海科技文献出版社，2006.
[3] 刘光恒，戴树珊. 化学应用统计力学[M]. 北京：科学出版社，2001.
[4] 胡英，刘国杰，徐英年，等. 应用统计力学[M]. 北京：化学工业出版社，1990.
[5] Petcus，J K. Yercus，G L. Phys Rev，1958，110：1.
[6] 范宏昌. 热学[M]. 北京：科学出版社，2003.
[7] Woodbury G. Physical Chemistry[M]. London：Brooks/Cole Publishing Company，1996：265.
[8] Alberty R A，Silbey R J. Physical Chemistry[M]. Second Edition. New York：JOHN WILEY & SONS Inc，1996：186.
[9] 吉林工业大学，吉林工学院. 物理化学[M]. 北京：机械工业出版社，1980.
[10] 黄子卿. 非电解质溶液理论导论[M]，北京：科学出版社，1973.
[11] 傅鹰. 化学热力学导论[M]. 北京：科学出版社，1963.
[12] 魏寿昆. 活度在冶金物理化学中的应用[M]. 北京：中国工业出版社，1964.
[13] Adamson A W. A Textbook of Physical Chemistry[M]. third ed. New York：Academic Press College Division，1986.
[14] 施密特 E，史蒂芬 K，玛因谔 F. 工程热力学基础和应用[M]. 第二卷. 多元物质系统与化学反应，张学学，钱人一，苏仲银，等译. 北京：高等教育出版社，1993.
[15] Eberhart J G. The Surface Tension of Binary Liquid Mixtures[J]. J of Phys Chem，1966，70(4)：1183.
[16] Mclure I A，Edmonds B，Lal M. The Surface Tension of Hexafluorobenzene and Its Binary Mixtures with Benzene，Cyclohexene and Cyclohexane[J]. Jour of Colloid and Interface Science，1983，91(2)：361.
[17] Bikerman J J. Physical Surface[M]. NY：Academic Press，1970.
[18] Defay R，Prigoging I，Bellemans A，Everett D H. Surface Tension and Adsorption[M]. London：Longmans，1966.
[19] Boublik T，Nezbeda I，Hlavaty K. Statistical Themodynamics of Simple Liquids and Their Mixtures [M]. Amsterdam：Elsevier Scientific Publishing Co，1980.
[20] Hildebrand J H，Scott R L. Regular Solutions[M]. New Jersey：PRENTICE Hall，INC，1962.
[21] Фишер И З. Статистичекая Теория Жидкостей[M]. Москва：ГИФ-МЛ.，1961.
[22] 钱平凯. 热力学与统计物理[M]. 下册，北京：电子工业出版社，1991.
[23] Hirschfelder J O，Curtiss C F，Bird R B. Molecular Theory of Gases and Liquids[M]. Wiley，New York：1964.
[24] 何玉萼，袁永明，薛英. 物理化学[M]. 北京：化学工业出版社，2006.
[25] Zhang Fu Tian(张福田). Interface Layer Model of Physical Interface[J]. Jour of Colloid and Interface Science，2001，244：271－281.
[26] Zhang Fu Tian(张福田). Phase Equilibrium Theory on the Interface Layer Model of Physical Interface[J]. Jour of Colloid and Interface Science，2001，244：282－302.
[27] Prausnitz J M，Lichtenthaler R N，E G de Azevedo. Molecular Thermodynamics of Fluid-Phase Equilibria[M]. Second Edition. Englewood Cliffs，NJ：Prentice-Hall Inc，1986，Third Edition，1999.
[28] Prausnitz J M，Anderson T F，Grens E A，Eckert C A，Hsieh R，O'connell J P. Computer Calculations for Multicomponent Vapor-Liquid and Liquid-Liquid Equilibria[M]. New Jersey：Prentice-Hall，INC. Englewood Cliffs，1980.
[29] 陈钟秀，顾飞燕，胡望明. 化工热力学[M]. 北京：化学工业出版社，2001.
[30] [日]斋藤正三郎. 统计热力学在推算平衡物性中的应用[M]. 傅良译. 北京：化学工业出版社，1982.
[31] Lide D R，Kehiaian H V. CRC Handbook of Thermophysical and Thermochemical Data[M]. London：CRC Press，1994.
[32] Shuzo Ohe. Vapor-Liquid Equilibrium Data[M]. New York：Elsevier，1989.
[33] Timmermans J. The Physico-Chemical Constants of Birnary Systems in Concentrated Solutions[M].

Interscience Publi, V. 1－4,1960.
[34] 卢焕章. 石油化工基础数据手册[M]. 北京：化学工业出版社,1984.
[35] Alberty R A, Silbey R J. Physical Chemisty[M]. 3rd ed. New York: John Wiley & Sons, 2001.
[36] 范崇正,杭湖,蒋淮渭. 物理化学(概念辨析,解题方法,应用实例)[M]. 合肥：中国科技大学出版社,2006.
[37] smith B d, srivastava R. Thermodynamic Data for Pure Compounds[M]. par A,B, New York: Elsevier, 1986.
[38] 赵广绪,R A 格林肯. 流体热力学—平衡理论的导论[M]. 北京：化学工业出版社,1984.
[39] Perry R H. Perry's Chemical Engineer's Handbook[M]. Sixth Edition. New York: McGraw-Hill, 1984.
[40] Perry R H, Green D W. Perry's Chemical Engineer's Handbook[M]. Seventh Edition. New York: McGraw-Hill, 1999.
[41] Isralachvili J N. Intermolecular and Surface Forces[M]. Second Edi. New York: Academic Press, 1991.
[42] 郭天民. 多元气-液平衡和精馏[M]. 北京：石油工业出版社,2002.
[43] Walas S M. Phase equilibria in Chemical Engineering[M]. New York: Butterworth, 1985.
[44] Poling B E, Prausnitz J M, O'Connell J P. The Properties of Gases and Liquid[M]. Fifth Edition. McGraw-Hill Companies,Inc. 2001.
[45] 波林 B E,普劳斯尼茨 J M,奥康奈尔 J P. 气液物性估算手册[M]. 赵红玲等译. 北京：化学工业出版社,2006.
[46] 马沛生. 化工热力学[M]. 北京：化学工业出版社,2005.

附　录

附录1 符 号 表

基 本 常 数

N_A	Avogadro 常数	$6.022\,136\,7\times10^{23}\cdot mol^{-1}$
F	Faraday 常数	$96\,485.309\ C\cdot mol^{-1}$
m_P	质子质量	$1.672\,623\,1\times10^{-27}$ kg
m_e	电子质量	$9.109\,389\,7\times10^{-31}$ kg
e	电子电荷	$1.602\,177\,33\times10^{-19}$ C
k	Boltzmann 常数	$1.3\,806\,513\times10^{-23}\ J\cdot K^{-1}$
h	plank 常数	$6.626\,075\,5\times10^{-34}\ J\cdot s$
R	气体常数	$8.314\,471\ J\cdot mol^{-1}\cdot K^{-1}$
ε_0	真空介电常数	$8.854\,187\,817\times10^{-12}\ F\cdot m^{-1}$

主 要 符 号 表

A_m	界面的摩尔面积	$m^2\cdot mol^{-1}$	A_V	Virial 总系数	$m^3\cdot mol^{-1}$
A_P	Virial 分子间斥作用系数	$m^3\cdot mol^{-1}$	A_{P1}	Virial 第一分子间斥作用系数	$m^3\cdot mol^{-1}$
A_{P2}	Virial 第二分子间斥作用系数	$m^3\cdot mol^{-1}$	A_{at}	Virial 分子间吸引作用总系数	$m^3\cdot mol^{-1}$
a	活度		a	状态方程中参数	$Pa\cdot m^6\cdot mol^{-2}$
b	分子协体积	$m^3\cdot mol^{-1}$	c_i	组元 i 体积摩尔浓度	$mol\cdot m^{-3}$
d	距离	m	F	Helmholtz 自由能	J
f	分子间的作用力	N	f	逸度	
G	Gibbs 自由能	J	$g(r)$	径向分布函数	
$g^0(r)$	液体假设随机分布时径向分布函数		H	焓	J
$h(r)$	总相关函数		I	分子电离能	$J\cdot mol^{-1}$
M	相对分子质量	$kg\cdot mol^{-1}$	m	质量	kg
N	粒子数		n	摩尔数	mol
P	压力	Pa	P_{at}	分子吸引压力	Pa
P_C	临界压力	Pa	P_K	分子动压力	Pa
P_S	分子静压力	Pa	P_{id}	分子理想压力	Pa
P_P	分子斥压力	Pa	P_{P1}	第一分子斥压力	Pa
P_{P2}	第二分子斥压力	Pa	P_i	随机事件 i 出现的概率	
P_r	对比压力		P_{atr}	对比分子吸引压力	
P_{idr}	对比分子理想压力		P_{Pr}	对比分子斥压力	
P_{P1r}	对比第一分子斥压力		P_{P2r}	对比第二分子斥压力	
P_{in}	分子内压力		P_{inr}	对比分子内压力	
r	分子作用球半径	m	r_0	分子间作用位能为最低值时分子间距离	m

续 表

符号	意义	单位	符号	意义	单位
r_m	分子间的平衡距离	m			
Q	热量	$J \cdot mol^{-1}$	q	单位面积吸收热量	J/m^2
S	Stefan 系数		S	熵	$J \cdot mol^{-1} \cdot K^{-1}$
T	温度	K	T_C	临界温度	K
T_r	对比温度		U	内能	J
U_P	位能	J	U_K	动能	J
U_S	静态分子位能	J	U_{KS}	静态分子与动态分子相互作用能	J
U_{int}	分子内部运动的能量	J	U_{ns}	无序结构部分能量	J
U_{os}	有序结构部分能量	J	V	体积	m^3
V_C	临界体积	m^3	V_m	摩尔体积	$m^3 \cdot mol^{-1}$
V_r	对比体积		v	速度	$m \cdot s^{-1}$
W^S	表面功	J	x_i	组元 i 摩尔分数	
y_i	气相中组元 i 摩尔分数		Z	压缩因子	
Z	配分函数		Z_C	临界压缩因子	
Z_{id}	分子理想压力压缩因子		Z_{P1}	第一分子斥压力压缩因子	
Z_{P2}	第二分子斥压力压缩因子		Z_{at}	分子吸引压力压缩因子	
Z_Y^G	逸度压缩因子		$Z^{L, id}$	液体的理想压缩因子	
$Z^L_{Y(NO)}$	液体的无序逸度压缩因子		$Z^L_{Y(O)}$	有序逸度压缩因子	
$Z^G_{Y(h)}$	过热气体逸度压缩因子		$Z^G_{Y(S)}$	饱和气体逸度压缩因子	
希腊字母					
$\beta_{(i)}$	i 组元的表面浓度系数		γ	活度系数	
Δ_i	组元 i 实际与理想分压力偏差系数		ΔH^V	讨论物质的蒸发热	$J \cdot mol^{-1}$
δ	溶解度参数	$(J \cdot cm^{-3})^{1/2}$	δ	界面层厚度	m
δ_S	溶液理想度	%	δ_P	溶液压力相似条件	
δ_σ	溶液表面张力相似条件		δ_{V1}	溶液体积变化条件	%
δ_{V2}	溶液体积相似条件		$\Lambda_i^{P_C} = P_C^m / P_{C,i}^0$	混合物临界压力修正系数	
$\Lambda_i^{T_C} = T_C^m / T_{C,i}^0$	混合物临界温度修正系数		$\Lambda_i^Z = Z^m / Z_i^0$	混合物压缩因子修正系数	
$\Lambda_i^V = V_i^0 / V^m$	混合物体积修正系数		$\Lambda_i^T = T_i^m / T_i^0$	混合物温度修正系数	
$\Lambda_i^{Z_{id}} = Z_{id}^m / Z_{id,i}^0$	混合物分子理想压力压缩因子修正系数		$\Lambda_i^{Z_{P1}} = Z_{P1}^m / Z_{P1,i}^0$	混合物第一分子斥压力压缩因子修正系数	
$\Lambda_i^{Z_{at}} = Z_{at}^m / Z_{at,i}^0$	混合物时分子吸引压力压缩因子修正系数		$\Lambda_i^{Z_{P2}} = Z_{P2}^m / Z_{P2,i}^0$	混合物第二分子斥压力压缩因子修正系数	
$\Lambda_i^b = b_i^0 / b^m$	混合物分子本身体积修正系数		$\Lambda_i^a = a_i^0 / a^m$	混合物 a 系数修正系数	
$\Lambda_i^{\Omega_b} = \Omega_{b,i}^0 / \Omega_b^m$	混合物状态参数 Ω_b 系数修正系数		$\Lambda_i^{T_C} = T_C^m / T_{C,i}^0$	混合物临界温度修正系数	
			$\Lambda_i^{Z_C} = Z_C^m / Z_{C,i}^0$	混合物临界压缩因子修正系数	
$\Lambda_i^{P_C} = P_{C,i}^m / P_C^0$	混合物临界压力修正系数		$\Lambda_i^{V_C} = V_{C,i}^0 / V_C^m$	混合物临界体积修正系数	
$\Lambda_m^Z = Z^L / Z^G$	混合物液和汽压缩因子修正系数		$\Lambda_m^V = V_m^G / V_m^{Lm}$	混合物液和汽摩尔体积修正系数	
η_{at}	液,汽的分子吸引压力转换系数		λ	分子间相互作用位能为 0 时分子间距离	
μ	分子电偶极矩	$C \cdot m$	μ	化学位	$J \cdot mol^{-1}$

续 表

希腊字母				
Ξ	巨正则配分函数	ρ	密度	$kg \cdot m^{-3}$
$\rho(i)$	状态 i 的概率密度	σ	表面张力	$N \cdot m^{-1}$
φ	逸度系数	ϕ_i^S	组元 i 的表面位	$J \cdot mol^{-1}$
Ω_a	状态方程参数	Ω_b	状态方程参数	
上标				
B	相内区的参数	id	理想溶液	
L	液相	G	气相	
m	混合物参数	0	纯物质参数	
S	界面区的参数	S	饱和状态下参数	
下标				
i	组元 i 或 i 纯物质	in	分子内压力	
K	动态分子的参数	m	某种热力学参数每 mol 数量	
mf	熔点下某项参数	ns	液体无序排列结构部分参数	
os	液体有序排列结构部分参数	out	相外环境的某参数	
S	静态分子的参数	S	溶液	

附录 2　饱和气、液体的对比分子压力(273.15 K)

表中方程 1：van der Waals 状态方程；　　方程 2：Redlich-Kwong 状态方程；
方程 3：Soave 状态方程；　　方程 4：Peng-Robinson 状态方程；
方程 5：童景山状态方程；　　平均：以上五种状态方程计算值的平均值

化合物	气/液	方程	P_r	P_{idr}	P_{P1r}	P_{P2r}	P_{atr}	P_{inr}
乙烷 $P_r=0.4906$ $V_r^G=4.4370$ $V_r^L=0.5111$	气	1	4.903E-01	7.147E-01	2.899E-02	1.592E-02	2.692E-01	
		2	4.906E-01	7.147E-01	3.057E-02	1.692E-02	2.715E-01	
		3	4.908E-01	7.147E-01	3.215E-02	1.795E-02	2.740E-01	
		4	4.878E-01	7.147E-01	3.079E-02	1.736E-02	2.750E-01	
		5	4.910E-01	7.147E-01	3.138E-02	1.741E-02	2.724E-01	
		平均	4.901E-01	7.147E-01	3.078E-02	1.711E-02	2.724E-01	
	液	1	0.4906	6.2045	0.3441	14.2346	20.2927	11.7391
		2	0.4905	6.2045	0.2785	7.8736	13.8662	7.3834
		3	0.4906	6.2045	0.2805	8.0058	14.0003	7.4770
		4	0.4906	6.2045	0.2650	7.0261	13.0051	6.7262
		5	0.4905	6.2045	0.2821	8.1153	14.1114	7.5601
		平均	0.4906	6.2045	0.2901	9.0511	15.0551	8.1772
丙烷 $P_r=0.1129$ $V_r^G=21.4164$ $V_r^L=0.4215$	气	1	1.168E-01	1.264E-01	2.498E-03	2.645E-04	1.236E-02	
		2	1.132E-01	1.264E-01	1.163E-03	1.482E-04	1.443E-02	
		3	1.131E-01	1.264E-01	1.549E-03	2.051E-04	1.497E-02	
		4	1.128E-01	1.264E-01	1.544E-03	2.102E-04	1.535E-02	
		5	1.134E-01	1.264E-01	1.440E-03	1.857E-04	1.462E-02	
		平均	1.139E-01	1.264E-01	1.639E-03	2.027E-04	1.435E-02	
	液	1	0.1129	6.4201	0.0903	25.5117	31.9092	28.9143
		2	0.1129	6.4201	0.0801	15.6224	22.0098	18.9864
		3	0.1129	6.4201	0.0812	16.3987	22.7871	19.6586
		4	0.1129	6.4201	0.0790	14.9184	21.3046	18.2517
		5	0.1129	6.4201	0.0811	16.2660	22.6543	19.5921
		平均	0.1129	6.4201	0.0823	17.7434	24.1330	21.0806

续 表

化合物	气/液	方程	P_r	P_{idr}	P_{P1r}	P_{P2r}	P_{atr}	P_{inr}
丁烷 $P_r=0.0274$ $V_r^G=82.8241$ $V_r^L=0.3795$	气	1	2.762E-02	2.833E-02	1.035E-04	3.075E-06	8.204E-04	
		2	2.741E-02	2.833E-02	1.047E-04	3.948E-06	1.033E-03	
		3	2.734E-02	2.833E-02	1.044E-04	4.217E-06	1.104E-03	
		4	2.730E-02	2.833E-02	9.365E-05	3.878E-06	1.130E-03	
		5	2.738E-02	2.833E-02	1.067E-04	4.147E-06	1.064E-03	
		平均	2.741E-02	2.833E-02	1.026E-04	3.853E-06	1.030E-03	
	液	1	0.027 4	6.183 1	0.023 1	32.900 4	39.079 2	37.916 3
		2	0.027 4	6.183 1	0.021 3	21.613 6	27.790 6	26.661 3
		3	0.027 4	6.183 1	0.021 6	23.301 4	29.478 8	28.205 2
		4	0.027 4	6.183 1	0.021 3	21.617 0	27.794 1	26.534 8
		5	0.027 4	6.183 1	0.021 5	22.749 7	28.927 0	27.725 1
		平均	0.027 4	6.183 1	0.021 8	24.436 4	30.614 0	29.408 5
戊烷 $P_r=0.0073$ $V_r^G=297.1947$ $V_r^L=0.3672$	气	1	7.393E-03	7.451E-03	1.184E-05	1.108E-07	6.922E-05	
		2	7.367E-03	7.451E-03	8.176E-06	1.019E-07	9.186E-05	
		3	7.357E-03	7.451E-03	8.165E-06	1.129E-07	1.018E-04	
		4	7.354E-03	7.451E-03	7.328E-06	1.033E-07	1.037E-04	
		5	7.362E-03	7.451E-03	8.335E-06	1.096E-07	9.682E-05	
		平均	7.367E-03	7.451E-03	8.768E-06	1.077E-07	9.267E-05	
	液	1	0.007 3	6.029 9	0.006 3	39.308 3	45.337 2	44.936 1
		2	0.007 3	6.029 9	0.006 0	27.103 3	33.131 9	32.686 6
		3	0.007 3	6.029 9	0.006 1	30.350 8	36.379 5	35.841 3
		4	0.007 3	6.029 9	0.006 0	28.518 5	34.547 1	34.017 0
		5	0.007 3	6.029 9	0.006 1	29.152 3	35.180 9	34.686 1
		平均	0.007 3	6.029 9	0.006 1	30.886 7	36.915 3	36.433 4
己烷 $P_r=0.0020$ $V_r^G=1004.2206$ $V_r^L=0.3442$	气	1	2.054E-03	2.060E-03	6.286E-07	1.889E-09	6.174E-06	
		2	2.052E-03	2.060E-03	6.800E-07	2.825E-09	8.523E-06	
		3	2.051E-03	2.060E-03	6.796E-07	3.227E-09	9.735E-06	
		4	2.050E-03	2.060E-03	6.102E-07	2.937E-09	9.870E-06	
		5	2.051E-03	2.060E-03	6.935E-07	3.097E-09	9.159E-06	
		平均	2.052E-03	2.060E-03	6.584E-07	2.795E-09	8.692E-06	
	液	1	0.002 0	6.009 6	0.001 8	46.554 6	52.564 0	52.404 5
		2	0.002 0	6.009 6	0.001 7	33.290 1	39.299 4	39.125 2
		3	0.002 0	6.009 6	0.001 8	38.452 6	44.462 0	44.238 4
		4	0.002 0	6.009 6	0.001 7	36.458 2	42.467 5	42.247 9
		5	0.002 0	6.009 6	0.001 7	36.438 2	42.447 5	42.246 6
		平均	0.002 0	6.009 6	0.001 8	38.238 7	44.248 1	44.052 5

续 表

化合物	气/液	方程	P_r	P_{idr}	P_{P1r}	P_{P2r}	P_{atr}	P_{inr}
庚烷 $P_r=0.0006$ $V_r^G=3444.1094$ $V_r^L=0.3311$	气	1	5.576E-04	5.580E-04	7.691E-08	7.086E-11	5.137E-07	
		2	5.574E-04	5.580E-04	5.329E-08	6.998E-11	7.320E-07	
		3	5.572E-04	5.580E-04	5.328E-08	8.304E-11	8.685E-07	
		4	5.572E-04	5.580E-04	4.784E-08	7.525E-11	8.766E-07	
		5	5.573E-04	5.580E-04	5.436E-08	7.865E-11	8.064E-07	
		平均	5.573E-04	5.580E-04	5.713E-08	7.556E-11	7.594E-07	
	液	1	0.000 6	5.804 4	0.000 5	49.776 8	55.581 2	55.532 7
		2	0.000 6	5.804 4	0.000 5	36.697 0	42.501 4	42.442 2
		3	0.000 6	5.804 4	0.000 5	44.085 4	49.889 8	49.807 9
		4	0.000 6	5.804 4	0.000 5	41.975 9	47.780 3	47.700 2
		5	0.000 6	5.804 4	0.000 5	41.158 3	46.962 7	46.891 1
		平均	0.000 6	5.804 4	0.000 5	42.738 7	48.543 1	48.474 8
辛烷 $P_r=0.0002$ $V_r^G=12302.91$ $V_r^L=0.3229$	气	1	1.507E-04	1.508E-04	5.915E-09	1.632E-12	4.158E-08	
		2	1.507E-04	1.508E-04	4.100E-09	1.654E-12	6.080E-08	
		3	1.507E-04	1.508E-04	4.099E-09	1.967E-12	7.231E-08	
		4	1.507E-04	1.508E-04	3.681E-09	1.777E-12	7.278E-08	
		5	1.507E-04	1.508E-04	4.182E-09	1.857E-12	6.693E-08	
		平均	1.507E-04	1.508E-04	4.395E-09	1.777E-12	6.288E-08	
	液	1	0.000 2	5.745 5	0.000 1	54.635 0	60.380 5	60.364 7
		2	0.000 2	5.745 5	0.000 1	41.270 3	47.015 8	46.995 9
		3	0.000 2	5.745 5	0.000 1	49.628 3	55.373 8	55.346 0
		4	0.000 2	5.745 5	0.000 1	47.408 8	53.154 3	53.127 1
		5	0.000 2	5.745 5	0.000 1	46.163 9	51.909 4	51.885 3
		平均	0.000 2	5.745 5	0.000 1	47.821 3	53.566 8	53.543 8
环丙烷 $P_r=0.0633$ $V_r^G=35.6951$ $V_r^L=0.3831$	气	1	6.493E-02	6.824E-02	8.066E-04	5.176E-05	4.166E-03	
		2	6.378E-02	6.824E-02	5.492E-04	4.349E-05	5.051E-03	
		3	6.328E-02	6.824E-02	5.448E-04	4.779E-05	5.551E-03	
		4	6.308E-02	6.824E-02	4.877E-04	4.397E-05	5.687E-03	
		5	6.352E-02	6.824E-02	5.579E-04	4.679E-05	5.326E-03	
		平均	6.372E-02	6.824E-02	5.892E-04	4.676E-05	5.156E-03	
	液	1	0.063 3	6.357 4	0.052 2	29.817 2	36.163 5	34.052 4
		2	0.063 3	6.357 4	0.047 5	18.940 0	25.281 6	23.169 9
		3	0.063 3	6.357 4	0.048 7	21.126 0	27.468 8	24.965 8
		4	0.063 3	6.357 4	0.047 8	19.498 3	25.840 2	23.363 4
		5	0.063 3	6.357 4	0.048 4	20.528 9	26.871 3	24.527 0
		平均	0.063 3	6.357 4	0.048 9	21.982 1	28.325 1	26.015 7

续 表

化合物	气/液	方程	P_r	P_{idr}	P_{P1r}	P_{P2r}	P_{atr}	P_{inr}
环丁烷 $P_r=0.012\ 6$ $V_r^G=169.092\ 1$ $V_r^L=0.372\ 7$	气	1	1.266E-02	1.282E-02	3.415E-05	5.302E-07	1.965E-04	
		2	1.259E-02	1.282E-02	2.354E-05	4.823E-07	2.579E-04	
		3	1.257E-02	1.282E-02	2.350E-05	5.211E-07	2.786E-04	
		4	1.256E-02	1.282E-02	2.109E-05	4.772E-07	2.842E-04	
		5	1.258E-02	1.282E-02	2.400E-05	5.094E-07	2.670E-04	
		平均	1.259E-02	1.282E-02	2.525E-05	5.040E-07	2.569E-04	
	液	1	0.012 6	5.815 9	0.010 8	34.629 0	40.443 1	39.848 5
		2	0.012 6	5.815 9	0.010 1	23.679 3	29.492 7	28.838 7
		3	0.012 6	5.815 9	0.010 2	25.816 8	31.630 3	30.876 6
		4	0.012 6	5.815 9	0.010 1	24.093 6	29.907 0	29.165 3
		5	0.012 6	5.815 9	0.010 2	25.016 0	30.829 5	30.126 3
		平均	0.012 6	5.815 9	0.010 3	26.646 9	32.460 5	31.771 1
环戊烷 $P_r=0.003\ 2$ $V_r^G=614.577\ 8$ $V_r^L=0.376\ 9$	气	1	3.143E-03	3.156E-03	2.322E-06	1.089E-08	1.474E-05	
		2	3.137E-03	3.156E-03	1.606E-06	1.046E-08	2.042E-05	
		3	3.136E-03	3.156E-03	1.606E-06	1.118E-08	2.183E-05	
		4	3.135E-03	3.156E-03	1.441E-06	1.018E-08	2.214E-05	
		5	3.136E-03	3.156E-03	1.638E-06	1.091E-08	2.088E-05	
		平均	3.137E-03	3.156E-03	1.723E-06	1.072E-08	2.000E-05	
	液	1	0.003 2	5.145 3	0.002 7	34.026 9	39.171 8	38.994 9
		2	0.003 2	5.145 3	0.002 6	24.587 0	29.731 7	29.521 2
		3	0.003 2	5.145 3	0.002 6	26.456 1	31.600 8	31.362 9
		4	0.003 2	5.145 3	0.002 6	24.757 5	29.902 2	29.669 8
		5	0.003 2	5.145 3	0.002 6	25.560 1	30.704 8	30.483 8
		平均	0.003 2	5.145 3	0.002 6	27.077 5	32.222 3	32.006 5
甲基环戊烷 $P_r=0.001\ 5$ $V_r^G=1\ 277.285\ 8$ $V_r^L=0.343\ 3$	气	1	1.471E-03	1.474E-03	5.284E-07	1.252E-09	3.485E-06	
		2	1.469E-03	1.474E-03	3.659E-07	1.228E-09	4.931E-06	
		3	1.469E-03	1.474E-03	3.657E-07	1.353E-09	5.435E-06	
		4	1.469E-03	1.474E-03	3.284E-07	1.230E-09	5.499E-06	
		5	1.469E-03	1.474E-03	3.732E-07	1.308E-09	5.150E-06	
		平均	1.469E-03	1.474E-03	3.923E-07	1.274E-09	4.900E-06	
	液	1	0.001 5	5.483 1	0.001 3	42.762 4	48.245 3	48.136 3
		2	0.001 5	5.483 1	0.001 2	31.394 4	36.877 3	36.744 9
		3	0.001 5	5.483 1	0.001 3	34.885 7	40.368 7	40.209 8
		4	0.001 5	5.483 1	0.001 2	32.987 7	38.470 6	38.315 2
		5	0.001 5	5.483 1	0.001 2	33.315 8	38.798 7	38.654 0
		平均	0.001 5	5.483 1	0.001 3	35.069 2	40.552 1	40.412 0

续 表

化合物	气/液	方程	P_r	P_{idr}	P_{P1r}	P_{P2r}	P_{atr}	P_{inr}
乙烯 $P_r=0.8145$ $V_r^G=2.2212$ $V_r^L=0.6308$	气	1	8.145E-01	1.579E+00	1.511E-01	2.085E-01	1.124E+00	
		2	8.145E-01	1.579E+00	1.125E-01	1.405E-01	1.018E+00	
		3	8.146E-01	1.579E+00	1.135E-01	1.421E-01	1.020E+00	
		4	8.146E-01	1.579E+00	1.049E-01	1.286E-01	9.980E-01	
		5	8.145E-01	1.579E+00	1.146E-01	1.439E-01	1.023E+00	
		平均	8.145E-01	1.579E+00	1.193E-01	1.527E-01	1.037E+00	
	液	1	0.8145	5.5605	0.5075	8.6850	13.9384	4.2355
		2	0.8146	5.5605	0.3857	4.6141	9.7457	2.1360
		3	0.8145	5.5605	0.3867	4.6394	9.7721	2.1494
		4	0.8145	5.5605	0.3581	4.0051	9.1092	1.8220
		5	0.8146	5.5605	0.3912	4.7470	9.8842	2.2044
		平均	0.8145	5.5605	0.4058	5.3381	10.4899	2.5094
丙烯 $P_r=0.1276$ $V_r^G=19.0529$ $V_r^L=0.4259$	气	1	1.300E-01	1.432E-01	1.988E-03	2.358E-04	1.542E-02	
		2	1.277E-01	1.432E-01	2.001E-03	2.786E-04	1.777E-02	
		3	1.272E-01	1.432E-01	2.139E-03	3.103E-04	1.844E-02	
		4	1.270E-01	1.432E-01	2.341E-03	3.467E-04	1.881E-02	
		5	1.275E-01	1.432E-01	2.072E-03	2.929E-04	1.802E-02	
		平均	1.279E-01	1.432E-01	2.108E-03	2.928E-04	1.769E-02	
	液	1	0.1276	6.4044	0.1012	24.4773	30.8554	27.3296
		2	0.1276	6.4044	0.0894	14.8816	21.2478	18.1753
		3	0.1276	6.4044	0.0906	15.5843	21.9517	18.7030
		4	0.1276	6.4044	0.0880	14.1375	20.5023	17.3933
		5	0.1276	6.4044	0.0904	15.4835	21.8507	18.6795
		平均	0.1276	6.4044	0.0919	16.9128	23.2816	20.0562
1-丁烯 $P_r=0.0320$ $V_r^G=70.3176$ $V_r^L=0.3780$	气	1	3.252E-02	3.348E-02	1.421E-04	4.879E-06	1.116E-03	
		2	3.219E-02	3.348E-02	9.934E-05	4.311E-06	1.397E-03	
		3	3.214E-02	3.348E-02	1.390E-04	6.427E-06	1.486E-03	
		4	3.213E-02	3.348E-02	1.593E-04	7.533E-06	1.519E-03	
		5	3.217E-02	3.348E-02	1.160E-04	5.174E-06	1.435E-03	
		平均	3.223E-02	3.348E-02	1.312E-04	5.665E-06	1.391E-03	
	液	1	0.0320	6.2285	0.0268	32.3884	38.6118	37.2883
		2	0.0320	6.2285	0.0247	21.1339	27.3551	26.0341
		3	0.0320	6.2285	0.0251	22.7055	28.9271	27.4958
		4	0.0320	6.2285	0.0247	21.0337	27.2549	25.8788
		5	0.0320	6.2285	0.0250	22.2056	28.4272	27.0434
		平均	0.0320	6.2285	0.0252	23.8934	30.1152	28.7481

续 表

化合物	气/液	方程	P_r	P_{idr}	P_{P1r}	P_{P2r}	P_{atr}	P_{inr}
异丁烯 $P_r=0.0329$ $V_r^G=68.8480$ $V_r^L=0.3801$	气	1	3.351E-02	3.454E-02	1.416E-04	4.979E-06	1.178E-03	
		2	3.316E-02	3.454E-02	9.287E-05	4.122E-06	1.472E-03	
		3	3.312E-02	3.454E-02	1.435E-04	6.788E-06	1.567E-03	
		4	3.307E-02	3.454E-02	1.363E-04	6.615E-06	1.605E-03	
		5	3.312E-02	3.454E-02	9.275E-05	4.240E-06	1.514E-03	
		平均	3.320E-02	3.454E-02	1.214E-04	5.349E-06	1.467E-03	
	液	1	0.0329	6.2562	0.0276	32.3966	38.6474	37.2799
		2	0.0329	6.2562	0.0254	21.0945	27.3431	25.9810
		3	0.0329	6.2562	0.0258	22.6910	28.9400	27.4718
		4	0.0329	6.2562	0.0254	21.0186	27.2672	25.8236
		5	0.0329	6.2562	0.0257	22.1895	28.4384	26.9904
		平均	0.0329	6.2562	0.0260	23.8780	30.1272	28.7093
1-戊烯 $P_r=0.0077$ $V_r^G=68.8480$ $V_r^L=0.3801$	气	1	7.736E-03	7.797E-03	1.282E-05	1.230E-07	7.421E-05	
		2	7.708E-03	7.797E-03	8.857E-06	1.126E-07	9.796E-05	
		3	7.698E-03	7.797E-03	8.846E-06	1.242E-07	1.081E-04	
		4	7.695E-03	7.797E-03	7.940E-06	1.137E-07	1.102E-04	
		5	7.703E-03	7.797E-03	9.030E-06	1.207E-07	1.030E-04	
		平均	7.708E-03	7.797E-03	9.500E-06	1.189E-07	9.870E-05	
	液	1	0.0077	5.2810	0.0065	28.7663	34.0461	33.7306
		2	0.0077	5.2810	0.0061	19.8577	25.1370	24.7838
		3	0.0077	5.2810	0.0063	22.1849	27.4644	27.0419
		4	0.0077	5.2810	0.0062	20.5913	25.8708	25.4565
		5	0.0077	5.2810	0.0062	21.3710	26.6504	26.2600
		平均	0.0077	5.2810	0.0063	22.5542	27.8337	27.4546
1-庚烯 $P_r=0.0007$ $V_r^G=2603.0440$ $V_r^L=0.3063$	气	1	6.884E-04	6.890E-04	1.166E-07	1.312E-10	7.747E-07	
		2	6.880E-04	6.890E-04	8.078E-08	1.292E-10	1.101E-06	
		3	6.878E-04	6.890E-04	8.075E-08	1.540E-10	1.312E-06	
		4	6.878E-04	6.890E-04	7.251E-08	1.396E-10	1.324E-06	
		5	6.879E-04	6.890E-04	8.239E-08	1.458E-10	1.217E-06	
		平均	6.880E-04	6.890E-04	8.661E-08	1.400E-10	1.146E-06	
	液	1	0.0007	5.8559	0.0006	50.1049	55.9607	55.9011
		2	0.0007	5.8559	0.0006	36.8338	42.6896	42.6171
		3	0.0007	5.8559	0.0006	44.4619	50.3177	50.2167
		4	0.0007	5.8559	0.0006	42.3403	48.1961	48.0973
		5	0.0007	5.8559	0.0006	41.4645	47.3203	47.2322
		平均	0.0007	5.8559	0.0006	43.0411	48.8969	48.8129

续 表

化合物	气/液	方程	P_r	P_{idr}	P_{P1r}	P_{P2r}	P_{atr}	P_{inr}
1-辛烯 $P_r=0.000\ 2$ $V_r^G=9\ 713.265$ $V_r^L=0.299\ 0$	气	1	1.739E-04	1.740E-04	7.847E-09	2.479E-12	5.495E-08	
		2	1.739E-04	1.740E-04	5.438E-09	2.507E-12	8.018E-08	
		3	1.739E-04	1.740E-04	5.437E-09	3.052E-12	9.761E-08	
		4	1.739E-04	1.740E-04	4.882E-09	2.757E-12	9.819E-08	
		5	1.739E-04	1.740E-04	5.547E-09	2.863E-12	8.977E-08	
		平均	1.739E-04	1.740E-04	5.830E-09	2.732E-12	8.414E-08	
	液	1	0.000 2	5.651 7	0.000 2	52.320 0	57.971 7	57.954 3
		2	0.000 2	5.651 7	0.000 2	39.473 8	45.125 4	45.103 5
		3	0.000 2	5.651 7	0.000 2	48.671 1	54.322 8	54.290 9
		4	0.000 2	5.651 7	0.000 2	46.454 9	52.106 6	52.075 5
		5	0.000 2	5.651 7	0.000 2	44.962 6	50.614 2	50.586 8
		平均	0.000 2	5.651 7	0.000 2	46.376 5	52.028 1	52.002 2
1,2-丁二烯 $P_r=0.014\ 7$ $V_r^G=153.520\ 1$ $V_r^L=0.365\ 8$	气	1	1.481E-02	1.502E-02	4.515E-05	7.649E-07	2.509E-04	
		2	1.472E-02	1.502E-02	3.111E-05	6.832E-07	3.233E-04	
		3	1.469E-02	1.502E-02	3.104E-05	7.563E-07	3.579E-04	
		4	1.468E-02	1.502E-02	2.785E-05	6.939E-07	3.657E-04	
		5	1.471E-02	1.502E-02	3.170E-05	7.358E-07	3.413E-04	
		平均	1.472E-02	1.502E-02	3.337E-05	7.268E-07	3.279E-04	
	液	1	0.014 7	6.302 2	0.012 6	37.902 1	44.202 2	43.500 2
		2	0.014 7	6.302 2	0.011 8	25.391 2	31.690 4	30.941 1
		3	0.014 7	6.302 2	0.012 1	28.446 1	34.745 6	33.842 2
		4	0.014 7	6.302 2	0.011 9	26.639 9	32.939 2	32.046 4
		5	0.014 7	6.302 2	0.012 0	27.411 1	33.710 5	32.875 6
		平均	0.014 7	6.302 2	0.012 1	29.158 1	35.457 6	34.641 1
丙炔 $P_r=0.045\ 2$ $V_r^G=51.504\ 0$ $V_r^L=0.382\ 1$	气	1	4.598E-02	4.791E-02	1.623E-04	7.417E-06	2.102E-03	
		2	4.551E-02	4.791E-02	1.606E-04	9.090E-06	2.576E-03	
		3	4.538E-02	4.791E-02	2.242E-04	1.369E-05	2.771E-03	
		4	4.534E-02	4.791E-02	2.490E-04	1.560E-05	2.841E-03	
		5	4.546E-02	4.791E-02	2.086E-04	1.226E-05	2.672E-03	
		平均	4.553E-02	4.791E-02	2.009E-04	1.161E-05	2.592E-03	
	液	1	0.045 2	6.458 5	0.037 6	31.736 5	38.187 3	36.351 0
		2	0.045 2	6.458 5	0.034 3	20.258 4	26.706 0	25.008 1
		3	0.045 2	6.458 5	0.035 0	22.077 3	28.525 6	26.642 7
		4	0.045 2	6.458 5	0.034 3	20.415 2	26.862 9	25.038 8
		5	0.045 2	6.458 5	0.034 8	21.564 6	28.012 7	26.216 5
		平均	0.045 2	6.458 5	0.035 2	23.210 4	29.658 9	27.851 4

续 表

化合物	气/液	方程	P_r	P_{idr}	P_{P1r}	P_{P2r}	P_{atr}	P_{inr}
1-丁炔 $P_r=0.0155$ $V_r^G=136.8242$ $V_r^L=0.3653$	气	1	1.576E-02	1.602E-02	5.359E-05	1.061E-06	3.120E-04	
		2	1.565E-02	1.602E-02	3.687E-05	9.682E-07	4.109E-04	
		3	1.566E-02	1.602E-02	3.689E-05	9.501E-07	4.033E-04	
		4	1.564E-02	1.602E-02	3.310E-05	8.697E-07	4.111E-04	
		5	1.567E-02	1.602E-02	3.765E-05	9.490E-07	3.948E-04	
		平均	1.568E-02	1.602E-02	3.962E-05	9.595E-07	3.864E-04	
	液	1	0.0155	6.0006	0.0134	37.7695	43.7680	42.9554
		2	0.0155	6.0006	0.0126	25.8915	31.8892	30.9946
		3	0.0155	6.0006	0.0125	25.3531	31.3507	30.4866
		4	0.0155	6.0006	0.0124	23.5656	29.5631	28.7140
		5	0.0155	6.0006	0.0125	25.1654	31.1630	30.3245
		平均	0.0155	6.0006	0.0127	27.5490	33.5468	32.6950
丙酮 $P_r=0.0020$ $V_r^G=1142.6023$ $V_r^L=0.3424$	气	1	2.019E-03	2.024E-03	9.497E-07	2.812E-09	5.976E-06	
		2	2.016E-03	2.024E-03	6.574E-07	2.692E-09	8.256E-06	
		3	2.015E-03	2.024E-03	6.570E-07	3.101E-09	9.509E-06	
		4	2.015E-03	2.024E-03	5.899E-07	2.822E-09	9.638E-06	
		5	2.015E-03	2.024E-03	6.704E-07	2.969E-09	8.925E-06	
		平均	2.016E-03	2.024E-03	7.049E-07	2.879E-09	8.461E-06	
	液	1	0.0020	6.7534	0.0018	59.8105	66.5637	66.3799
		2	0.0020	6.7534	0.0017	42.6165	49.3696	49.1572
		3	0.0020	6.7534	0.0018	49.5981	56.3512	56.0735
		4	0.0020	6.7534	0.0018	47.3735	54.1266	53.8527
		5	0.0020	6.7534	0.0017	46.8494	53.6026	53.3547
		平均	0.0020	6.7534	0.0018	49.2496	56.0027	55.7636
甲基乙基酮 $P_r=0.00085$ $V_r^G=2393.2519$ $V_r^L=0.3272$	气	1	8.543E-04	8.553E-04	1.791E-07	2.488E-10	1.187E-06	
		2	8.538E-04	8.553E-04	1.241E-07	2.447E-10	1.684E-06	
		3	8.535E-04	8.553E-04	1.240E-07	2.825E-10	1.944E-06	
		4	8.535E-04	8.553E-04	1.114E-07	2.563E-10	1.965E-06	
		5	8.536E-04	8.553E-04	1.266E-07	2.697E-10	1.819E-06	
		平均	8.537E-04	8.553E-04	1.330E-07	2.604E-10	1.720E-06	
	液	1	0.00085	6.2554	0.0008	57.2273	63.4826	63.3997
		2	0.00085	6.2554	0.0007	41.9122	48.1675	48.0675
		3	0.00085	6.2554	0.0008	48.8710	55.1263	54.9949
		4	0.00085	6.2554	0.0008	46.6687	52.9240	52.7951
		5	0.00085	6.2554	0.0007	46.0084	52.2637	52.1471
		平均	0.00085	6.2554	0.0008	48.1375	54.3928	54.2809

续 表

化合物	气/液	方程	P_r	P_{idr}	P_{P1r}	P_{P2r}	P_{atr}	P_{inr}
环戊酮 $P_r=6.613E-05$ $V_r^G=27\ 843.31$ $V_r^L=0.324\ 3$	气	1	6.615E-05	6.616E-05	1.251E-09	1.825E-13	9.653E-09	
		2	6.615E-05	6.616E-05	8.669E-10	1.938E-13	1.479E-08	
		3	6.615E-05	6.616E-05	8.669E-10	2.239E-13	1.708E-08	
		4	6.615E-05	6.616E-05	7.784E-10	2.016E-13	1.713E-08	
		5	6.615E-05	6.616E-05	8.844E-10	2.122E-13	1.587E-08	
		平均	6.615E-05	6.616E-05	9.295E-10	2.028E-13	1.490E-08	
	液	1	6.613E-05	5.680 7	0.000 1	65.480 8	71.161 5	71.151 6
		2	6.613E-05	4.765 8	0.000 1	35.986 6	40.752 4	40.742 8
		3	6.613E-05	4.765 8	0.000 1	41.938 9	46.704 7	46.692 0
		4	6.613E-05	4.765 8	0.000 1	39.925 1	44.690 9	44.678 7
		5	6.613E-05	4.765 8	0.000 1	39.149 8	43.915 6	43.904 5
		平均	6.613E-05	4.948 8	0.000 1	44.496 2	49.445 0	49.433 9
氟甲烷 $P_r=0.349\ 4$ $V_r^G=7.365\ 7$ $V_r^L=0.455\ 8$	气	1	3.534E-01	4.629E-01	9.515E-03	3.292E-03	1.223E-01	
		2	3.494E-01	4.629E-01	1.154E-02	4.273E-03	1.294E-01	
		3	3.494E-01	4.629E-01	1.409E-02	5.363E-03	1.330E-01	
		4	3.494E-01	4.629E-01	1.502E-02	5.774E-03	1.343E-01	
		5	3.494E-01	4.629E-01	1.285E-02	4.825E-03	1.312E-01	
		平均	3.502E-01	4.629E-01	1.260E-02	4.706E-03	1.300E-01	
	液	1	0.349 4	7.481 4	0.268 4	24.540 9	31.941 4	22.412 5
		2	0.349 4	7.481 4	0.227 7	13.772 6	21.132 3	13.941 6
		3	0.349 4	7.481 4	0.231 1	14.387 1	21.750 3	14.406 1
		4	0.349 4	7.481 4	0.223 1	12.991 8	20.347 0	13.353 7
		5	0.349 4	7.481 4	0.231 2	14.396 5	21.759 7	14.414 2
		平均	0.349 4	7.481 4	0.236 3	16.017 8	23.386 1	15.705 6
氯甲烷 $P_r=0.038\ 8$ $V_r^G=59.926\ 8$ $V_r^L=0.378\ 3$	气	1	3.935E-02	4.081E-02	1.713E-04	7.101E-06	1.631E-03	
		2	3.898E-02	4.081E-02	1.939E-04	1.010E-05	2.030E-03	
		3	3.890E-02	4.081E-02	2.096E-04	1.146E-05	2.127E-03	
		4	3.885E-02	4.081E-02	2.053E-04	1.151E-05	2.177E-03	
		5	3.897E-02	4.081E-02	2.142E-04	1.133E-05	2.061E-03	
		平均	3.901E-02	4.081E-02	1.989E-04	1.030E-05	2.006E-03	
	液	1	0.038 8	6.465 1	0.032 7	34.489 2	40.948 1	39.228 4
		2	0.038 8	6.465 1	0.030 2	22.382 0	28.838 4	27.229 4
		3	0.038 8	6.465 1	0.030 5	23.609 7	30.066 4	28.331 1
		4	0.038 8	6.465 1	0.030 0	21.896 0	28.352 2	26.650 8
		5	0.038 8	6.465 1	0.030 4	23.195 3	29.651 9	27.997 9
		平均	0.038 8	6.465 1	0.030 8	25.114 4	31.571 4	29.887 5

续 表

化合物	气/液	方程	P_r	P_{idr}	P_{P1r}	P_{P2r}	P_{atr}	P_{inr}
溴甲烷 $P_r = 0.0104$ $V_r^G = 152.9189$ $V_r^L = 0.3322$	气	1	1.052E-02	1.064E-02	1.332E-05	1.747E-07	1.380E-04	
		2	1.048E-02	1.064E-02	1.516E-05	2.634E-07	1.820E-04	
		3	1.046E-02	1.064E-02	1.640E-05	3.089E-07	1.971E-04	
		4	1.046E-02	1.064E-02	1.608E-05	3.090E-07	2.010E-04	
		5	1.047E-02	1.064E-02	1.674E-05	3.017E-07	1.887E-04	
		平均	1.048E-02	1.064E-02	1.554E-05	2.715E-07	1.814E-04	
	液	1	0.0104	4.9000	0.0087	24.3494	29.2477	28.8396
		2	0.0104	4.9000	0.0081	16.8674	21.7650	21.3397
		3	0.0104	4.9000	0.0082	18.4742	23.3720	22.8847
		4	0.0104	4.9000	0.0081	17.0095	21.9072	21.4344
		5	0.0104	4.9000	0.0082	17.9063	22.8041	22.3491
		平均	0.0104	4.9000	0.0083	18.9214	23.8192	23.3695
碘甲烷 $P_r = 0.0026$ $V_r^G = 636.5496$ $V_r^L = 0.3198$	气	1	2.574E-03	2.583E-03	1.607E-06	6.568E-09	1.052E-05	
		2	2.569E-03	2.583E-03	1.112E-06	6.411E-09	1.482E-05	
		3	2.568E-03	2.583E-03	1.111E-06	6.749E-09	1.560E-05	
		4	2.568E-03	2.583E-03	9.977E-07	6.137E-09	1.580E-05	
		5	2.569E-03	2.583E-03	1.134E-06	6.601E-09	1.495E-05	
		平均	2.570E-03	2.583E-03	1.192E-06	6.493E-09	1.434E-05	
	液	1	0.0026	5.1412	0.0022	36.5488	41.6897	41.5260
		2	0.0026	5.1412	0.0021	26.8000	31.9408	31.7419
		3	0.0026	5.1412	0.0022	28.3485	33.4893	33.2706
		4	0.0026	5.1412	0.0021	26.5981	31.7389	31.5255
		5	0.0026	5.1412	0.0022	27.4402	32.5811	32.3772
		平均	0.0026	5.1412	0.0022	29.1471	34.2880	34.0882
二氯甲烷 $P_r = 0.0032$ $V_r^G = 605.9609$ $V_r^L = 0.3235$	气	1	3.181E-03	3.194E-03	2.372E-06	1.119E-08	1.501E-05	
		2	3.175E-03	3.194E-03	1.641E-06	1.074E-08	2.077E-05	
		3	3.173E-03	3.194E-03	1.640E-06	1.148E-08	2.222E-05	
		4	3.173E-03	3.194E-03	1.472E-06	1.046E-08	2.254E-05	
		5	3.174E-03	3.194E-03	1.673E-06	1.120E-08	2.125E-05	
		平均	3.175E-03	3.194E-03	1.760E-06	1.101E-08	2.036E-05	
	液	1	0.0032	5.9817	0.0028	46.6713	52.6526	52.4180
		2	0.0032	5.9817	0.0027	33.4655	39.4467	39.1720
		3	0.0032	5.9817	0.0027	35.9957	41.9769	41.6654
		4	0.0032	5.9817	0.0027	34.0375	40.0187	39.7127
		5	0.0032	5.9817	0.0027	34.7361	40.7173	40.4285
		平均	0.0032	5.9817	0.0027	36.9812	42.9624	42.6793

续 表

化合物	气/液	方程	P_r	P_{idr}	P_{P1r}	P_{P2r}	P_{atr}	P_{inr}
三氯甲烷 $P_r=0.0015$ $V_r^G=1\,149.272\,8$ $V_r^L=0.327\,0$	气	1	1.506E-03	1.510E-03	5.582E-07	1.374E-09	3.707E-06	
		2	1.505E-03	1.510E-03	3.865E-07	1.351E-09	5.262E-06	
		3	1.504E-03	1.510E-03	3.863E-07	1.466E-09	5.707E-06	
		4	1.504E-03	1.510E-03	3.469E-07	1.331E-09	5.774E-06	
		5	1.505E-03	1.510E-03	3.942E-07	1.422E-09	5.428E-06	
		平均	1.505E-03	1.510E-03	4.144E-07	1.389E-09	5.176E-06	
	液	1	0.001 5	5.305 7	0.001 3	40.484 5	45.790 1	45.682 2
		2	0.001 5	5.305 7	0.001 3	29.855 7	35.161 3	35.029 3
		3	0.001 5	5.305 7	0.001 3	32.605 5	37.911 1	37.757 5
		4	0.001 5	5.305 7	0.001 3	30.761 7	36.067 2	35.917 3
		5	0.001 5	5.305 7	0.001 3	31.270 3	36.575 8	36.434 9
		平均	0.001 5	5.305 7	0.001 3	32.995 6	38.301 1	38.164 2
四氯化碳 $P_r=0.000\,98$ $V_r^G=1\,846.459\,8$ $V_r^L=0.342\,8$	气	1	9.771E-04	9.785E-04	2.434E-07	4.175E-10	1.676E-06	
		2	9.763E-04	9.785E-04	1.686E-07	4.184E-10	2.423E-06	
		3	9.761E-04	9.785E-04	1.686E-07	4.461E-10	2.583E-06	
		4	9.761E-04	9.785E-04	1.513E-07	4.045E-10	2.609E-06	
		5	9.762E-04	9.785E-04	1.720E-07	4.339E-10	2.463E-06	
		平均	9.764E-04	9.785E-04	1.808E-07	4.241E-10	2.351E-06	
	液	1	0.000 98	5.271 5	0.000 9	43.362 6	48.633 9	48.554 1
		2	0.000 98	5.271 5	0.000 8	32.529 7	37.801 0	37.700 9
		3	0.000 98	5.271 5	0.000 9	34.856 6	40.127 9	40.015 1
		4	0.000 98	5.271 5	0.000 8	32.957 8	38.229 1	38.119 1
		5	0.000 98	5.271 5	0.000 8	33.502 7	38.774 1	38.670 1
		平均	0.000 98	5.271 5	0.000 9	35.441 9	40.713 2	40.611 9
氟氯甲烷 $P_r=0.026\,1$ $V_r^G=107.413\,9$ $V_r^L=0.345\,7$	气	1	2.544E-02	2.600E-02	1.287E-04	3.490E-06	6.902E-04	
		2	2.522E-02	2.600E-02	8.840E-05	3.046E-06	8.693E-04	
		3	2.516E-02	2.600E-02	8.818E-05	3.265E-06	9.316E-04	
		4	2.513E-02	2.600E-02	7.908E-05	3.003E-06	9.543E-04	
		5	2.520E-02	2.600E-02	9.009E-05	3.208E-06	8.972E-04	
		平均	2.523E-02	2.600E-02	9.488E-05	3.202E-06	8.685E-04	
	液	1	0.026 1	8.079 0	0.022 9	58.553 9	66.629 8	65.003 9
		2	0.026 1	8.079 0	0.021 5	38.065 8	46.140 2	44.497 5
		3	0.026 1	8.079 0	0.021 8	41.084 4	49.159 1	47.288 6
		4	0.026 1	8.079 0	0.021 6	38.966 9	47.041 4	45.171 7
		5	0.026 1	8.079 0	0.021 7	39.972 3	48.046 9	46.290 7
		平均	0.026 1	8.079 0	0.021 9	43.328 7	51.403 5	49.650 5

续 表

化合物	气/液	方程	P_r	P_{idr}	P_{P1r}	P_{P2r}	P_{atr}	P_{inr}
二氟甲烷 $P_r=0.1399$ $V_r^G=20.3073$ $V_r^L=0.4082$	气	1	1.433E-01	1.585E-01	2.047E-03	2.510E-04	1.757E-02	
		2	1.403E-01	1.585E-01	1.532E-03	2.182E-04	1.998E-02	
		3	1.398E-01	1.585E-01	2.369E-03	3.633E-04	2.145E-02	
		4	1.394E-01	1.585E-01	2.418E-03	3.811E-04	2.197E-02	
		5	1.400E-01	1.585E-01	1.942E-03	2.889E-04	2.082E-02	
		平均	1.406E-01	1.585E-01	2.061E-03	3.005E-04	2.036E-02	
	液	1	0.1399	7.8865	0.1146	35.6146	43.4758	38.4244
		2	0.1399	7.8865	0.1019	21.0661	28.9147	24.5926
		3	0.1399	7.8865	0.1044	23.0592	30.9102	26.2381
		4	0.1399	7.8865	0.1023	21.3223	29.1711	24.6003
		5	0.1399	7.8865	0.1039	22.6236	30.4740	25.8859
		平均	0.1399	7.8865	0.1054	24.7372	32.5892	27.9483
三氟甲烷 $P_r=0.5199$ $V_r^G=4.0462$ $V_r^L=0.5097$	气	1	5.228E-01	8.706E-01	2.006E-02	1.468E-02	3.825E-01	
		2	5.222E-01	8.706E-01	2.287E-02	1.701E-02	3.884E-01	
		3	5.200E-01	8.706E-01	2.694E-02	2.063E-02	3.982E-01	
		4	5.212E-01	8.706E-01	2.878E-02	2.211E-02	4.004E-01	
		5	5.201E-01	8.706E-01	2.476E-02	1.876E-02	3.940E-01	
		平均	5.213E-01	8.706E-01	2.468E-02	1.864E-02	3.927E-01	
	液	1	0.5199	6.9116	0.3740	17.3418	24.1075	11.4917
		2	0.5199	6.9116	0.3040	9.4256	16.1212	6.7198
		3	0.5199	6.9116	0.3093	9.8454	16.5464	6.9154
		4	0.5198	6.9116	0.2944	8.7335	15.4197	6.2801
		5	0.5199	6.9116	0.3100	9.9028	16.6046	6.9518
		平均	0.5199	6.9116	0.3183	11.0498	17.7599	7.6718
氯乙烯 $P_r=0.0293$ $V_r^G=78.9557$ $V_r^L=0.3911$	气	1	2.952E-02	3.039E-02	8.748E-05	2.857E-06	9.640E-04	
		2	2.930E-02	3.039E-02	1.213E-04	5.053E-06	1.220E-03	
		3	2.926E-02	3.039E-02	1.212E-04	5.201E-06	1.256E-03	
		4	2.922E-02	3.039E-02	1.087E-04	4.780E-06	1.285E-03	
		5	2.930E-02	3.039E-02	1.238E-04	5.157E-06	1.221E-03	
		平均	2.932E-02	3.039E-02	1.125E-04	4.610E-06	1.189E-03	
	液	1	0.0293	6.1355	0.0248	33.1615	39.2924	37.9624
		2	0.0293	6.1355	0.0229	21.9026	28.0316	26.7800
		3	0.0293	6.1355	0.0231	22.6347	28.7639	27.4447
		4	0.0293	6.1355	0.0227	20.9531	27.0820	25.7793
		5	0.0293	6.1355	0.0230	22.3118	28.4409	27.1767
		平均	0.0293	6.1355	0.0233	24.1927	30.3222	29.0286

续 表

化合物	气/液	方程	P_r	P_{idr}	P_{P1r}	P_{P2r}	P_{atr}	P_{inr}
2-氯-1,1-二氟乙烯 $P_r=0.0477$ $V_r^G=51.3404$ $V_r^L=0.3197$	气	1	4.819E-02	5.025E-02	2.201E-04	1.046E-05	2.290E-03	
		2	4.778E-02	5.025E-02	3.050E-04	1.783E-05	2.793E-03	
		3	4.757E-02	5.025E-02	3.037E-04	1.914E-05	2.998E-03	
		4	4.748E-02	5.025E-02	2.939E-04	1.903E-05	3.074E-03	
		5	4.768E-02	5.025E-02	3.105E-04	1.884E-05	2.893E-03	
		平均	4.774E-02	5.025E-02	2.866E-04	1.706E-05	2.810E-03	
	液	1	0.0477	8.0696	0.0412	51.0136	59.0766	56.2845
		2	0.0477	8.0696	0.0381	32.2152	40.2752	37.8626
		3	0.0477	8.0696	0.0387	34.8801	42.9407	40.1882
		4	0.0477	8.0696	0.0383	32.8717	40.9318	38.2026
		5	0.0477	8.0696	0.0386	34.0351	42.0955	39.4998
		平均	0.0477	8.0696	0.0390	37.0031	45.0640	42.4075
甲醇 $P_r=0.0005$ $V_r^G=4769.5615$ $V_r^L=0.3296$	气	1	4.990E-04	4.993E-04	5.843E-08	4.337E-11	3.703E-07	
		2	4.988E-04	4.993E-04	4.049E-08	4.172E-11	5.140E-07	
		3	4.986E-04	4.993E-04	4.047E-08	5.567E-11	6.858E-07	
		4	4.986E-04	4.993E-04	3.634E-08	5.028E-11	6.899E-07	
		5	4.987E-04	4.993E-04	4.130E-08	5.091E-11	6.148E-07	
		平均	4.987E-04	4.993E-04	4.341E-08	4.839E-11	5.750E-07	
	液	1	0.0005	7.2244	0.0004	70.3129	77.5373	77.4839
		2	0.0005	7.2244	0.0004	50.2015	57.4259	57.3641
		3	0.0005	7.2244	0.0004	68.1953	75.4196	75.3124
		4	0.0005	7.2244	0.0004	65.3700	72.5944	72.4894
		5	0.0005	7.2244	0.0004	61.3108	68.5351	68.4477
		平均	0.0005	7.2244	0.0004	63.0781	70.3025	70.2195
乙醇 $P_r=0.00025$ $V_r^G=8530.5191$ $V_r^L=0.3329$	气	1	2.498E-04	2.499E-04	1.474E-08	5.550E-12	9.404E-08	
		2	2.497E-04	2.499E-04	1.022E-08	5.358E-12	1.310E-07	
		3	2.497E-04	2.499E-04	1.021E-08	7.462E-12	1.824E-07	
		4	2.497E-04	2.499E-04	9.171E-09	6.715E-12	1.828E-07	
		5	2.497E-04	2.499E-04	1.042E-08	6.718E-12	1.610E-07	
		平均	2.497E-04	2.499E-04	1.095E-08	6.361E-12	1.502E-07	
	液	1	0.00025	6.4028	0.0002	55.3518	61.7545	61.7327
		2	0.00025	6.4028	0.0002	39.8075	46.2102	46.1846
		3	0.00025	6.4028	0.0002	56.6922	63.0949	63.0468
		4	0.00025	6.4028	0.0002	53.9681	60.3708	60.3242
		5	0.00025	6.4028	0.0002	50.1397	56.5425	56.5043
		平均	0.00025	6.4028	0.0002	51.1918	57.5946	57.5585

续 表

化合物	气/液	方程	P_r	P_{idr}	P_{P1r}	P_{P2r}	P_{atr}	P_{inr}
丙醇 $P_r = 0.00031$ $V_r^G = 6520.5842$ $V_r^L = 0.3318$	气	1	3.091E-04	3.093E-04	2.348E-08	1.183E-11	1.558E-07	
		2	3.091E-04	3.093E-04	1.627E-08	1.164E-11	2.212E-07	
		3	3.090E-04	3.093E-04	1.627E-08	1.626E-11	3.089E-07	
		4	3.090E-04	3.093E-04	1.460E-08	1.461E-11	3.090E-07	
		5	3.090E-04	3.093E-04	1.660E-08	1.461E-11	2.721E-07	
		平均	3.090E-04	3.093E-04	1.744E-08	1.379E-11	2.534E-07	
	液	1	0.000 31	6.061 6	0.000 3	53.771 6	59.833 2	59.804 8
		2	0.000 31	6.061 6	0.000 3	39.459 5	45.521 0	45.486 6
		3	0.000 31	6.061 6	0.000 3	56.304 7	62.366 3	62.301 2
		4	0.000 31	6.061 6	0.000 3	53.604 0	59.665 6	59.602 8
		5	0.000 31	6.061 6	0.000 3	49.692 2	55.753 8	55.702 5
		平均	0.000 31	6.061 6	0.000 3	50.566 4	56.628 0	56.579 6
水 $P_r = 2.770E-05$ $V_r^G = 66372.73$ $V_r^L = 0.3216$	气	1	2.771E-05	2.771E-05	2.275E-10	1.494E-14	1.820E-09	
		2	2.771E-05	2.771E-05	1.577E-10	1.615E-14	2.838E-09	
		3	2.771E-05	2.771E-05	1.577E-10	1.913E-14	3.363E-09	
		4	2.771E-05	2.771E-05	1.416E-10	1.718E-14	3.363E-09	
		5	2.771E-05	2.771E-05	1.608E-10	1.797E-14	3.096E-09	
		平均	2.771E-05	2.771E-05	1.690E-10	1.707E-14	2.896E-09	
	液	1	2.770E-05	5.718 9	0.000 0	71.765 3	77.484 2	77.479 4
		2	2.770E-05	5.718 9	0.000 0	57.572 6	63.291 5	63.284 8
		3	2.770E-05	5.718 9	0.000 0	68.742 8	74.461 7	74.452 4
		4	2.770E-05	5.718 9	0.000 0	66.125 0	71.843 9	71.834 8
		5	2.770E-05	5.718 9	0.000 0	63.511 5	69.230 4	69.222 5
		平均	2.770E-05	5.718 9	0.000 0	65.543 5	71.262 3	71.254 8
汞 $P_r = 1.586E-10$ $V_r^G = 1936538600$ $V_r^L = 0.3432$	气	1	1.586E-10	1.586E-10	2.014E-20	5.532E-29	4.356E-19	
		2	1.586E-10	1.586E-10	1.396E-20	9.835E-29	1.117E-18	
		3	1.586E-10	1.586E-10	1.396E-20	5.101E-29	5.794E-19	
		4	1.586E-10	1.586E-10	1.254E-20	4.338E-29	5.488E-19	
		5	1.586E-10	1.586E-10	1.424E-20	5.338E-29	5.944E-19	
		平均	1.586E-10	1.586E-10	1.497E-20	6.029E-29	6.551E-19	
	液	1	1.581E-10	0.894 8	0.000 0	12.969 9	13.864 7	13.864 7
		2	1.591E-10	0.894 8	0.000 0	17.332 5	18.227 3	18.227 3
		3	1.590E-10	0.894 8	0.000 0	8.774 2	9.669 0	9.669 0
		4	1.583E-10	0.894 8	0.000 0	7.885 2	8.780 0	8.780 0
		5	1.584E-10	0.894 8	0.000 0	9.082 4	9.977 2	9.977 2
		平均	1.586E-10	0.894 8	0.000 0	11.208 8	12.103 6	12.103 6

续 表

化合物	气/液	方程	P_r	P_{idr}	P_{P1r}	P_{P2r}	P_{atr}	P_{inr}
二氧化碳 $P_r = 0.4725$ $V_r^G = 4.8251$ $V_r^L = 0.5033$	气	1	4.744E-01	6.785E-01	2.438E-02	1.237E-02	2.408E-01	
		2	4.726E-01	6.785E-01	2.535E-02	1.311E-02	2.444E-01	
		3	4.725E-01	6.785E-01	2.891E-02	1.532E-02	2.503E-01	
		4	4.724E-01	6.785E-01	2.916E-02	1.548E-02	2.507E-01	
		5	4.727E-01	6.785E-01	2.757E-02	1.446E-02	2.478E-01	
		平均	4.729E-01	6.785E-01	2.708E-02	1.415E-02	2.468E-01	
	液	1	0.4725	6.5044	0.3365	15.7625	22.1309	13.2829
		2	0.4725	6.5044	0.2737	8.6791	14.9846	8.2720
		3	0.4725	6.5044	0.2784	9.0483	15.3586	8.5256
		4	0.4725	6.5044	0.2642	7.9896	14.2858	7.7874
		5	0.4725	6.5044	0.2791	9.1085	15.4195	8.5753
		平均	0.4725	6.5044	0.2864	10.1176	16.4359	9.2886
氨 $P_r = 0.0386$ $V_r^G = 68.8489$ $V_r^L = 0.3760$	气	1	3.894E-02	4.030E-02	1.468E-04	5.693E-06	1.510E-03	
		2	3.861E-02	4.030E-02	1.640E-04	7.889E-06	1.857E-03	
		3	3.846E-02	4.030E-02	1.864E-04	9.844E-06	2.031E-03	
		4	3.842E-02	4.030E-02	1.878E-04	1.018E-05	2.082E-03	
		5	3.854E-02	4.030E-02	1.780E-04	9.005E-06	1.949E-03	
		平均	3.859E-02	4.030E-02	1.726E-04	8.522E-06	1.886E-03	
	液	1	0.0386	7.3790	0.0330	43.2653	50.6386	48.6518
		2	0.0386	7.3790	0.0304	27.5762	34.9470	33.1480
		3	0.0386	7.3790	0.0311	30.5277	37.8992	35.8080
		4	0.0386	7.3790	0.0307	28.6283	35.9994	33.9420
		5	0.0386	7.3790	0.0309	29.6259	36.9972	35.0269
		平均	0.0386	7.3790	0.0312	31.9247	39.2963	37.3154
二氧化硫 $P_r = 0.0197$ $V_r^G = 117.2483$ $V_r^L = 0.3656$	气	1	1.979E-02	2.014E-02	7.540E-05	1.621E-06	4.254E-04	
		2	1.965E-02	2.014E-02	5.367E-05	1.474E-06	5.398E-04	
		3	1.960E-02	2.014E-02	5.352E-05	1.624E-06	5.946E-04	
		4	1.959E-02	2.014E-02	6.034E-05	1.872E-06	6.078E-04	
		5	1.962E-02	2.014E-02	5.508E-05	1.595E-06	5.684E-04	
		平均	1.965E-02	2.014E-02	5.960E-05	1.637E-06	5.472E-04	
	液	1	0.0197	6.4577	0.0168	37.2962	43.7509	42.8658
		2	0.0197	6.4577	0.0156	24.6089	31.0625	30.1441
		3	0.0197	6.4577	0.0160	27.4348	33.8887	32.7923
		4	0.0197	6.4577	0.0157	25.6424	32.0961	31.0362
		5	0.0197	6.4577	0.0159	26.5156	32.9695	31.9521
		平均	0.0197	6.4577	0.0160	28.2996	34.7536	33.7581

注：本表数据取自：

[1] smith Bd. srivastava R. Thermodynamic Data for Pure Compounds par A，B[M]. New York：Elsevier，1986.

[2] 卢焕章. 石油化工基础数据手册[M]. 北京：化学工业出版社，1984.

[3] Beato C F. Hewitt G. F. Physical Property data for the design engineer[M]. New York：Hemisphere Publishing Corporation，1989.

[4] Vargaftik N B. Tables on the thermophysical properties of liquid and gases[M]. London：Hemisphere Publishing Corporation，1975.

[5] Perry R H，Green D W. Perry's Chemical Engineer's Handbook. Seventh Edition[M]，New York：McGraw-Hill，1999.

附录 3　纯物质液体和气体的 Virial 系数

编号	名称	状态	状态参数			压缩因子				Virial 系数/$cm^3\cdot mol^{-1}$			
			P_r	T_r	V_r	Z	Z_{P1}	Z_{P2}	Z_{at}	A_V	A_{P1}	A_{P2}	A_{at}
1	氩	气体	0.016 1	0.563 3	114.89	0.975 2	0.002 7	0.000 1	0.027 5	−212.12	23.23	0.65	235.99
			0.413 0	0.861 5	5.141 9	0.725 5	0.041 2	0.019 0	0.334 7	−105.26	15.79	7.28	128.33
			0.967 5	0.994 0	1.392 6	0.395 6	0.090 7	0.210 6	0.905 7	−62.77	9.42	21.87	94.06
		临界点	1.000 0	1.000 0	1.000 0	0.291 3	0.092 7	0.384 9	1.186 3	−52.85	6.91	28.70	88.47
		液体	0.967 5	0.994 0	0.786 3	0.222 7	0.088 3	0.590 1	1.455 7	−45.58	5.18	34.60	85.36
			0.413 0	0.861 5	0.515 3	0.071 9	0.042 5	1.460 6	2.431 2	−35.67	1.63	56.13	93.43
			0.016 1	0.563 3	0.380 7	0.003 2	0.002 5	4.179 6	5.179 0	−28.30	0.07	118.66	147.04
2	氮	气体	0.003 7	0.500 2	449.07	0.992 3	0.000 7	0.000 0	0.008 4	−3 098.11	284.41	2.37	3 384.88
			0.432 0	0.871 3	4.858 6	0.712 6	0.042 4	0.020 9	0.350 7	−1 249.44	184.45	90.75	1 524.63
			0.740 6	0.950 5	2.441 8	0.553 3	0.069 1	0.073 9	0.589 7	−975.79	150.95	161.43	1 288.17
		临界点	1.000 0	1.000 0	1.000 0	0.290 9	0.093 0	0.387 6	1.189 6	−634.39	83.18	346.76	1 064.33
		液体	0.740 6	0.950 5	0.575 3	0.130 0	0.067 4	1.054 7	1.992 1	−447.80	34.71	542.85	1 025.36
			0.432 0	0.871 3	0.485 6	0.069 8	0.042 4	1.570 0	2.542 6	−404.12	18.43	682.09	1 104.64
			0.003 7	0.500 2	0.351 2	0.000 7	0.000 6	5.550 4	6.550 3	−313.98	0.20	1 743.99	2 058.17
3	氢	气体	0.005 5	0.420 4	250.60	0.985 8	0.001 2	0.000 0	0.015 4	−231.04	19.52	0.30	250.86
			0.244 7	0.753 5	7.822 1	0.801 0	0.031 3	0.009 3	0.239 6	−101.20	15.89	4.73	121.83
			0.724 3	0.934 3	2.319 3	0.552 8	0.066 9	0.071 6	0.585 7	−67.42	10.08	10.80	88.30
		临界点	1.000 0	1.000 0	1.000 0	0.305 7	0.090 2	0.339 5	1.124 0	−45.13	5.86	22.07	73.06
		液体	0.724 3	0.934 3	0.621 3	0.146 9	0.069 1	0.859 1	1.781 2	−34.45	2.79	34.69	71.93
			0.244 7	0.753 5	0.487 4	0.048 3	0.030 2	1.729 1	2.711 0	−30.15	0.96	54.78	85.89
			0.005 5	0.420 4	0.407 9	0.001 6	0.001 3	4.878 3	5.878 0	−26.47	0.04	129.34	155.85
4	氙	气体	0.014 0	0.557 1	134.09	0.978 0	0.002 4	0.000 1	0.024 4	−347.95	37.49	0.92	386.36
			0.321 6	0.828 4	6.929 9	0.777 0	0.034 5	0.011 9	0.269 4	−182.32	28.19	9.76	220.28
			0.822 2	0.966 5	2.090 0	0.509 8	0.077 3	0.102 2	0.669 6	−120.88	19.06	25.20	165.15
		临界点	1.000 0	1.000 0	1.000 0	0.287 4	0.093 1	0.397 5	1.203 3	−84.09	10.99	46.91	141.98
		液体	0.822 2	0.966 5	0.625 8	0.152 2	0.074 4	0.919 0	1.841 1	−62.60	5.49	67.86	135.96
			0.321 6	0.828 4	0.469 8	0.052 1	0.033 4	1.813 4	2.794 7	−52.55	1.85	100.53	154.93
			0.014 0	0.557 1	0.370 9	0.002 7	0.002 2	4.473 6	5.473 1	−43.65	0.10	195.79	239.54
5	氦 4	气体	0.002 1	0.288 7	451.95	0.988 8	0.000 7	0.000 0	0.011 9	−291.17	17.48	0.21	308.86
			0.572 7	0.866 2	3.147 6	0.649 0	0.072 1	0.052 7	0.475 8	−63.31	13.00	9.50	85.81
			0.861 5	0.962 5	1.754 9	0.493 6	0.088 3	0.131 3	0.726 0	−50.92	8.88	13.20	73.00
		临界点	1.000 0	1.000 0	1.000 0	0.300 8	0.094 1	0.373 2	1.166 5	−40.07	5.39	21.38	66.84
		液体	0.861 5	0.962 5	0.686 6	0.185 0	0.082 4	0.756 0	1.653 3	−32.06	3.24	29.74	65.05
			0.572 7	0.866 2	0.585 7	0.116 5	0.061 9	1.135 0	2.080 3	−29.65	2.08	38.09	69.82
			0.002 1	0.288 7	0.479 8	0.001 0	0.000 9	6.466 3	7.466 1	−27.46	0.02	177.77	205.26

续 表

编号	名称	状态	状态参数			压缩因子				Virial 系数/cm³·mol⁻¹			
			P_r	T_r	V_r	Z	Z_{P1}	Z_{P2}	Z_{at}	A_V	A_{P1}	A_{P2}	A_{at}
6	氖	气体	0.016 4	0.554 1	109.47	0.975 0	0.002 7	0.000 1	0.027 7	−113.90	12.15	0.34	126.40
			0.291 3	0.810 8	7.198 1	0.796 3	0.033 2	0.010 2	0.247 1	−61.15	9.95	3.06	74.16
			0.730 9	0.945 9	2.415 5	0.578 5	0.070 4	0.068 4	0.560 3	−42.46	7.09	6.89	56.43
		临界点	1.000 0	1.000 0	1.000 0	0.310 9	0.092 7	0.341 2	1.123 0	−28.73	3.87	14.23	46.83
		液体	0.730 9	0.945 9	0.595 2	0.143 0	0.069 4	0.908 3	1.834 6	−21.27	1.72	22.54	45.54
			0.291 3	0.810 8	0.474 4	0.053 0	0.032 9	1.659 5	2.639 3	−18.73	0.65	32.83	52.21
			0.016 4	0.554 1	0.387 1	0.003 5	0.002 8	3.894 3	4.893 6	−16.09	0.05	62.86	78.99
7	氪	气体	0.013 3	0.552 8	139.25	0.978 8	0.002 3	0.000 1	0.023 6	−269.75	28.82	0.68	299.25
			0.407 8	0.859 6	5.373 4	0.735 1	0.041 8	0.018 5	0.325 1	−129.80	20.48	9.04	159.32
			0.768 4	0.955 2	2.367 9	0.548 7	0.072 7	0.080 4	0.604 4	−97.46	15.70	17.36	130.52
		临界点	1.000 0	1.000 0	1.000 0	0.289 3	0.093 1	0.392 6	1.196 4	−64.82	8.49	35.80	109.11
		液体	0.768 4	0.955 2	0.604 8	0.140 1	0.070 3	0.978 2	1.908 4	−47.43	3.88	53.95	105.26
			0.407 8	0.859 6	0.493 9	0.067 5	0.041 0	1.576 6	2.550 1	−42.00	1.85	71.01	114.87
			0.013 3	0.552 8	0.372 5	0.002 6	0.002 1	4.458 5	5.458 1	−33.88	0.07	151.46	185.42
8	氧	气体	2.95E-05	0.351 2	38 141.23	0.999 9	0.000 0	0.000 0	0.000 2	−412.68	23.32	0.00	436.00
			0.546 9	0.904 6	3.495 1	0.620 0	0.045 8	0.034 0	0.459 8	−97.45	11.75	8.72	117.92
			0.830 2	0.969 2	1.909 5	0.478 3	0.078 8	0.119 4	0.719 9	−73.09	11.03	16.73	100.85
		临界点	1.000 0	1.000 0	1.000 0	0.289 3	0.093 1	0.392 6	1.196 4	−52.15	6.83	28.80	87.78
		液体	0.830 2	0.969 2	0.603 5	0.148 9	0.074 1	0.956 3	1.881 5	−37.69	3.28	42.34	83.31
			0.546 9	0.904 6	0.502 0	0.087 4	0.051 1	1.414 1	2.377 8	−33.61	1.88	52.08	87.58
			2.95E-05	0.351 2	0.314 9	0.000 0	0.000 0	10.085 9	11.085 9	−23.10	0.00	233.03	256.13
9	氟	气体	4.79E-05	0.370 8	26 506.02	0.999 8	0.000 0	0.000 0	0.000 2	−352.39	20.79	0.00	373.19
			0.313 1	0.831 6	7.171 5	0.782 5	0.031 8	0.010 6	0.259 8	−103.24	15.09	5.01	123.35
			0.833 6	0.970 2	2.065 4	0.511 0	0.078 0	0.102 9	0.669 9	−66.86	10.66	14.07	91.59
		临界点	1.000 0	1.000 0	1.000 0	0.289 2	0.093 1	0.392 5	1.196 4	−47.06	6.16	25.98	79.20
		液体	0.833 6	0.970 2	0.642 0	0.158 9	0.075 7	0.869 2	1.786 0	−35.75	3.22	36.94	75.91
			0.313 1	0.831 6	0.475 2	0.051 5	0.032 7	1.771 2	2.752 4	−29.84	1.03	55.72	86.59
			4.79E-05	0.370 8	0.336 5	0.000 0	0.000 0	8.874 2	9.874 2	−22.28	0.00	197.68	219.96
10	氯	气体	0.010 1	0.558 9	199.00	0.985 3	0.001 6	0.000 0	0.016 3	−363.36	38.36	0.62	402.34
			0.443 3	0.878 5	5.196 8	0.763 9	0.056 2	0.023 1	0.315 4	−152.11	36.19	14.92	203.22
			0.771 7	0.958 4	2.467 8	0.583 8	0.075 6	0.073 4	0.565 2	−127.37	23.13	22.46	172.96
		液体	0.990 5	0.998 4	0.817 6	0.240 1	0.090 5	0.532 8	1.383 2	−77.04	9.18	54.02	140.23
			0.771 7	0.958 4	0.602 0	0.143 4	0.070 8	0.942 0	1.869 4	−63.94	5.29	70.32	139.55
			0.443 3	0.878 5	0.501 4	0.074 9	0.044 1	1.444 4	2.413 6	−57.52	2.74	89.80	150.06
			0.010 1	0.558 9	0.363 0	0.001 9	0.001 6	4.512 8	5.512 4	−44.93	0.07	203.13	248.13

续 表

编号	名称	状态	状态参数			压缩因子				Virial 系数/cm³ · mol⁻¹			
			P_r	T_r	V_r	Z	Z_{P1}	Z_{P2}	Z_{at}	A_V	A_{P1}	A_{P2}	A_{at}
11	溴	气体	4.06E-04	0.445 1	3 769.92	0.998 8	0.000 1	0.000 0	0.001 3	−623.04	45.90	0.06	669.00
			0.607 4	0.924 3	3.976 4	0.698 7	0.070 3	0.041 5	0.413 1	−161.74	37.74	22.30	221.77
			0.956 5	0.992 8	1.970 5	0.508 9	0.091 7	0.129 7	0.712 6	−130.65	24.41	34.51	189.57
		临界点	1.000 0	1.000 0	1.000 0	0.271 6	0.092 9	0.440 3	1.261 5	−98.33	12.54	59.44	170.31
		液体	0.956 5	0.992 8	0.737 5	0.191 8	0.085 1	0.742 0	1.635 3	−80.47	8.47	73.88	162.82
			0.607 4	0.924 3	0.582 7	0.103 4	0.056 9	1.217 2	2.170 8	−70.53	4.48	95.75	170.76
			4.06E-04	0.445 1	0.366 5	0.000 1	0.000 1	7.046 5	8.046 5	−49.47	0.00	348.64	398.12
12	锂	气体	5.24E-10	0.217 2	2.50E+09	1.000 0	0.000 0	0.000 0	0.000 0	−1 340.77	36.80	0.00	1 377.57
			3.05E-05	0.372 3	7.04E+04	0.999 9	0.000 0	0.000 0	0.000 1	−654.37	37.15	0.01	691.53
			2.68E-04	0.434 4	9.05E+03	0.999 1	0.000 1	0.000 0	0.000 9	−525.81	37.12	0.03	562.97
			6.37E-04	0.465 4	4.01E+03	0.998 2	0.000 1	0.000 0	0.001 9	−475.91	37.09	0.07	513.06
		液体	6.37E-04	0.465 4	0.255 8	0.000 1	0.000 1	16.662 5	17.662 5	−16.88	0.00	281.31	298.19
			2.68E-04	0.434 4	0.249 2	0.000 0	0.000 0	18.801 5	19.801 5	−16.45	0.00	309.23	325.68
			3.05E-05	0.372 3	0.237 9	0.000 1	0.000 0	24.236 1	25.236 0	−15.70	0.00	380.54	396.24
			5.24E-10	0.217 2	0.213 2	0.000 0	0.000 0	54.237 1	55.237 1	−14.07	0.00	763.17	777.25
13	钠	气体	4.10E-06	0.279 6	5.08E+05	1.000 0	0.000 0	0.000 0	0.000 0	−1 929.67	90.79	0.00	2 020.47
			0.311 7	0.798 8	13.79	0.727 9	0.026 1	0.011 1	0.309 4	−474.49	45.53	19.36	539.37
			0.529 3	0.878 7	7.899 3	0.615 7	0.045 6	0.034 4	0.464 2	−383.93	45.52	34.34	463.78
		临界点	1.000 0	1.000 0	1.000 0	0.129 5	0.075 2	1.382 3	2.328 1	−110.10	9.52	174.83	294.44
		液体	0.529 3	0.804 8	0.507 7	0.039 6	0.031 2	3.934 0	4.925 7	−61.67	2.01	252.60	316.28
			0.311 7	0.731 6	0.434 1	0.022 0	0.018 4	5.360 8	6.357 2	−53.70	1.01	294.32	349.02
			4.10E-06	0.256 1	0.256 9	0.000 0	0.000 0	34.958 1	35.958 1	−32.49	0.00	1 135.83	1 168.32
14	钾	气体	1.96E-07	0.222 2	6.34E+06	1.000 0	0.000 0	0.000 0	0.000 0	−2 991.53	107.22	0.00	3 098.74
			6.39E-05	0.311 1	26 623.01	0.999 6	0.000 0	0.000 0	0.000 4	−1 957.68	107.21	0.04	2 064.93
			2.45E-02	0.533 3	109.26	0.957 7	0.004 5	0.000 2	0.046 9	−965.26	101.68	4.93	1 071.87
			1.25E-01	0.666 7	24.70	0.865 2	0.018 0	0.003 2	0.156 1	−695.85	93.05	16.61	805.51
		液体	1.25E-01	0.666 7	0.339 8	0.011 6	0.009 9	6.136 4	7.134 7	−70.19	0.70	435.78	506.67
			2.45E-02	0.533 3	0.300 3	0.002 5	0.002 2	9.357 2	10.357 0	−62.60	0.14	587.26	650.00
			6.39E-05	0.311 1	0.251 8	0.000 1	0.000 0	21.918 4	22.918 3	−52.62	0.00	1 153.42	1 206.04
			1.96E-07	0.222 2	0.236 9	0.000 1	0.000 0	35.055 3	36.055 2	−49.50	0.00	1 735.57	1 785.08
15	铷	气体	1.08E-06	0.238 1	9.77E+05	1.000 0	0.000 0	0.000 0	0.000 0	−3 188.71	99.95	0.00	3 288.66
			1.98E-04	0.333 3	7 262.61	0.998 9	0.000 1	0.000 0	0.001 2	−2 029.91	99.83	0.12	2 129.86
			9.17E-03	0.476 2	211.75	0.976 2	0.001 8	0.000 0	0.025 6	−1 230.12	92.34	2.40	1 324.86
			4.04E-02	0.571 4	55.65	0.931 7	0.006 9	0.000 5	0.075 7	−927.74	93.15	7.40	1 028.29
		液体	4.04E-02	0.571 4	0.329 0	0.005 3	0.004 6	6.759 4	7.758 7	−79.92	0.37	543.12	623.41
			9.17E-03	0.476 2	0.302 8	0.001 3	0.001 2	9.590 8	10.590 6	−73.85	0.09	709.25	783.19
			1.98E-04	0.333 3	0.270 6	0.000 0	0.000 0	17.502 9	18.503 0	−66.09	0.00	1 156.72	1 222.81
			1.08E-06	0.238 1	0.252 7	0.000 0	0.000 0	29.044 1	30.044 1	−61.72	0.00	1 792.47	1 854.19

续 表

编号	名称	状态	状态参数			压缩因子				Virial 系数/$cm^3 \cdot mol^{-1}$			
			P_r	T_r	V_r	Z	Z_{P1}	Z_{P2}	Z_{at}	A_V	A_{P1}	A_{P2}	A_{at}
16	铯	气体	3.31E-06	0.258 0	3.90E+05	1.000 0	0.000 0	0.000 0	0.000 0	−3 639.88	159.23	0.00	3 799.11
			7.04E-03	0.464 4	310.21	0.983 8	0.001 5	0.000 0	0.017 7	−1 712.35	156.66	2.78	1 871.79
			7.22E-02	0.619 2	37.80	0.909 4	0.010 0	0.001 1	0.101 7	−1 167.46	128.94	14.44	1 310.84
			0.293 6	0.774 0	11.30	0.811 8	0.032 8	0.032 1	0.253 1	−725.51	126.58	123.55	975.64
		液体	0.293 6	0.774 0	0.344 5	0.026 0	0.021 1	4.434 6	5.429 6	−114.43	2.47	521.02	637.93
			7.22E-02	0.619 2	0.294 3	0.006 9	0.006 0	7.015 3	8.014 4	−99.68	0.60	704.13	804.41
			7.04E-03	0.464 4	0.260 7	0.000 9	0.000 7	11.617 7	12.617 6	−88.84	0.06	1 032.94	1 121.84
			3.31E-06	0.258 0	0.226 0	0.000 0	0.000 0	27.594 6	28.594 6	−77.08	0.00	2 126.90	2 203.98
17	汞	气体	1.59E-10	0.156 1	1.90E+09	1.000 0	0.000 0	0.000 0	0.000 0	−322.11	7.71	0.00	329.82
			1.36E-02	0.498 9	70.00	0.975 0	0.002 5	0.000 1	0.027 6	−75.20	7.67	0.21	83.09
			3.14E-02	0.556 1	33.15	0.954 5	0.005 3	0.000 3	0.051 0	−64.79	7.51	0.40	72.69
			6.21E-02	0.613 2	17.984 1	0.927 1	0.009 4	0.000 8	0.083 2	−56.39	7.30	0.65	64.33
		液体	6.21E-02	0.613 2	0.402 8	0.020 7	0.012 5	1.571 9	2.563 6	−16.96	0.22	27.22	44.39
			3.14E-02	0.556 1	0.393 4	0.011 3	0.007 3	1.894 8	2.890 8	−16.72	0.12	32.05	48.89
			1.36E-02	0.498 9	0.384 7	0.005 4	0.003 7	2.299 8	3.298 1	−16.45	0.06	38.04	54.55
			1.59E-10	0.156 1	0.343 2	0.000 1	0.000 0	12.269 3	13.269 2	−14.75	0.00	181.03	195.78
18	甲烷	气体	2.54E-03	0.475 9	637.90	0.994 2	0.000 5	0.000 0	0.006 3	−362.81	31.62	0.20	394.62
			2.26E-01	0.787 0	9.786 6	0.823 6	0.023 5	0.005 9	0.205 8	−170.25	22.69	5.69	198.63
			6.05E-01	0.918 2	3.208 7	0.612 9	0.054 6	0.043 2	0.484 9	−122.46	17.27	13.68	153.41
		临界点	1.000 0	1.000 0	1.000 0	0.288 9	0.092 9	0.392 4	1.196 4	−70.11	9.16	38.69	117.97
		液体	6.05E-01	0.918 2	0.548 5	0.104 0	0.057 2	1.213 6	2.166 7	−48.46	3.09	65.63	117.18
			2.26E-01	0.787 0	0.447 9	0.037 1	0.024 9	2.084 7	3.072 5	−42.52	1.10	92.07	135.69
			2.54E-03	0.475 9	0.355 4	0.000 5	0.000 5	5.830 9	6.830 8	−35.02	0.02	204.33	239.37
19	乙烷	气体	2.32E-07	0.296 1	4.49E+06	1.000 0	0.000 0	0.000 0	0.000 0	−1 082.85	47.25	0.00	1 130.10
			0.267 1	0.818 9	8.648 5	0.810 2	0.027 7	0.007 7	0.225 2	−237.95	34.76	9.66	282.36
			0.893 9	0.982 6	1.778 8	0.463 3	0.083 6	0.138 3	0.758 6	−138.43	21.57	35.66	195.66
		临界点	1.000 0	1.000 0	1.000 0	0.286 5	0.093 1	0.400 0	1.206 7	−103.46	13.50	58.00	174.97
		液体	0.893 9	0.982 6	0.673 7	0.174 6	0.080 2	0.800 8	1.706 3	−80.63	7.83	78.23	166.69
			2.67E-01	0.818 9	0.456 1	0.042 4	0.027 9	1.960 3	2.945 8	−63.33	1.84	129.64	194.82
			2.32E-07	0.296 1	0.313 6	0.000 0	0.000 0	13.343 0	14.343 0	−45.47	0.00	606.73	652.21
20	丙烷	气体	7.07E-11	0.231 2	1.10E+10	1.000 0	0.000 0	0.000 0	0.000 0	−2 040.03	61.86	0.00	2 101.89
			2.36E-01	0.811 2	10.10	0.829 6	0.024 5	0.005 9	0.200 8	−344.08	49.55	11.85	405.48
			0.696 8	0.946 5	2.847 1	0.589 3	0.064 5	0.058 5	0.533 6	−233.83	36.73	33.30	303.87
		临界点	1.000 0	1.000 0	1.000 0	0.282 6	0.093 2	0.410 3	1.220 8	−143.47	18.63	82.05	244.16
		液体	0.696 8	0.946 5	0.571 0	0.118 1	0.063 1	1.131 2	2.076 1	−100.71	7.21	129.18	237.10
			2.36E-01	0.811 2	0.447 7	0.036 5	0.024 6	2.098 6	3.086 6	−86.27	2.20	187.90	276.37
			7.07E-11	0.231 2	0.298 7	0.000 0	0.000 0	20.300 4	21.300 4	−59.74	0.00	1 212.75	1 272.49

续　表

编号	名称	状态	状态参数			压缩因子				Virial 系数/cm³ · mol⁻¹			
			P_r	T_r	V_r	Z	Z_{P1}	Z_{P2}	Z_{at}	A_V	A_{P1}	A_{P2}	A_{at}
21	正丁烷	气体	1.77E-07	0.317 3	6 499 432	1.000 0	0.000 0	0.000 0	0.000 0	−1 926.21	86.43	0.00	2 012.64
			0.249 1	0.823 1	9.693 5	0.820 7	0.025 2	0.006 5	0.211 1	−443.26	62.37	16.09	521.73
			0.656 5	0.940 7	3.132 8	0.607 9	0.061 7	0.051 3	0.505 1	−313.26	49.26	40.95	403.48
		临界点	1.000 0	1.000 0	1.000 0	0.276 6	0.093 4	0.429 3	1.246 1	−184.48	23.81	109.47	317.76
		液体	0.656 5	0.940 7	0.555 5	0.106 2	0.058 9	1.237 7	2.190 4	−126.60	8.34	175.33	310.28
			0.249 1	0.823 1	0.449 0	0.037 2	0.025 1	2.120 5	3.108 4	−110.23	2.88	242.79	355.90
			1.77E-07	0.317 3	0.308 7	0.000 0	0.000 0	13.680 6	14.680 6	−78.72	0.00	1 076.92	1 155.63
22	己烷	气体	0.017 8	0.636 3	130.222 4	0.977 3	0.002 4	0.000 1	0.025 1	−1 086.57	114.35	2.94	1 203.87
			0.246 4	0.833 2	10.196 4	0.806 6	0.013 2	0.003 5	0.210 0	−725.57	49.39	13.07	788.03
			0.594 5	0.931 7	3.703 5	0.624 4	0.048 6	0.035 8	0.460 0	−511.86	66.27	48.84	626.97
		临界点	1.000 0	1.000 0	1.000 0	0.264 0	0.092 1	0.457 6	1.285 6	−270.84	33.88	168.40	473.12
		液体	0.594 5	0.931 7	0.537 0	0.090 4	0.052 7	1.403 2	2.365 4	−179.74	10.42	277.29	467.45
			0.246 4	0.833 2	0.450 0	0.035 1	0.024 0	2.202 8	3.191 7	−159.78	3.97	364.79	528.54
			0.017 8	0.636 3	0.371 3	0.002 7	0.002 2	4.426 2	5.425 7	−136.26	0.31	604.79	741.36
23	庚烷	气体	2.44E-03	0.555 5	8.71E+02	0.995 7	0.000 4	0.000 0	0.004 7	−1 598.41	150.52	0.69	1 749.62
			0.281 2	0.851 7	9.046 5	0.806 7	0.026 8	0.007 6	0.227 7	−748.61	103.60	29.35	881.56
			0.747 0	0.962 8	2.627 9	0.540 1	0.066 1	0.073 5	0.599 4	−517.22	74.30	82.68	674.20
		临界点	1.000 0	1.000 0	1.000 0	0.265 5	0.093 1	0.461 2	1.288 7	−314.36	39.84	197.39	551.58
		液体	0.747 0	0.962 8	0.586 0	0.119 6	0.064 8	1.167 5	2.112 7	−220.82	16.25	292.83	529.89
			0.281 2	0.851 7	0.454 4	0.039 5	0.026 6	2.112 2	3.099 3	−186.81	5.17	410.78	602.76
			2.44E-03	0.555 5	0.343 0	0.000 4	0.000 3	6.133 8	7.133 7	−146.75	0.05	900.46	1 047.26
24	辛烷	气体	5.61E-05	0.457 1	2.93E+04	0.999 8	0.000 0	0.000 0	0.000 2	−2 616.49	141.20	0.03	2 757.72
			0.170 0	0.808 7	15.493 0	0.870 4	0.017 0	0.002 9	0.149 5	−988.08	129.41	22.30	1 139.79
			0.880 3	0.984 5	1.877 9	0.436 7	0.080 1	0.146 3	0.789 7	−520.43	74.03	135.15	729.62
		临界点	1.000 0	1.000 0	1.000 0	0.260 8	0.092 6	0.473 4	1.305 3	−363.69	45.58	232.93	642.20
		液体	0.880 3	0.984 5	0.659 6	0.152 7	0.076 1	0.957 7	1.881 1	−274.96	24.70	310.81	610.47
			0.170 0	0.808 7	0.426 8	0.159 9	0.016 7	2.722 9	3.579 7	−176.40	3.50	571.78	751.68
			5.61E-05	0.457 1	0.321 1	0.000 0	0.000 0	9.164 2	10.164 2	−157.98	0.00	1 447.76	1 605.75
25	壬烷	气体	2.80E-04	0.504 5	7.17E+03	0.999 3	0.000 1	0.000 0	0.000 7	−2 599.44	202.85	0.14	2 802.43
			0.104 8	0.773 6	24.586 3	0.906 6	0.010 3	0.001 2	0.104 8	−1 274.63	139.87	16.12	1 430.62
			0.231 8	0.840 9	10.638 3	0.818 7	0.021 5	0.005 5	0.208 3	−1 070.47	126.98	32.35	1 229.80
		临界点	1.000 0	1.000 0	1.000 0	0.255 8	0.092 5	0.489 6	1.326 3	−413.06	51.31	271.75	736.12
		液体	0.231 8	0.840 9	0.448 0	0.031 4	0.021 8	2.330 9	3.321 4	−240.84	5.42	579.57	825.83
			0.104 8	0.773 6	0.413 2	0.014 3	0.010 7	3.016 2	4.012 6	−226.05	2.44	691.69	920.19
			2.80E-04	0.504 5	0.331 9	0.000 0	0.000 0	7.922 2	8.922 2	−184.20	0.01	1 459.30	1 643.50

续 表

编号	名称	状态	状态参数			压缩因子				Virial 系数/$cm^3 \cdot mol^{-1}$			
			P_r	T_r	V_r	Z	Z_{P1}	Z_{P2}	Z_{at}	A_V	A_{P1}	A_{P2}	A_{at}
26	葵烷	气体	9.39E-05	0.485 8	2.09E+04	0.999 8	0.000 0	0.000 0	0.000 3	−2 646.15	234.64	604.76	3 485.55
			0.155 9	0.809 7	17.909 4	0.880 9	0.015 8	0.002 5	0.137 4	−1 331.34	176.85	27.67	1 535.86
			0.579 9	0.939 3	3.633 8	0.580 0	0.043 0	0.037 1	0.500 1	−952.32	97.57	84.18	1 134.07
		临界点	1.000 0	1.000 0	1.000 0	0.247 4	0.091 6	0.513 3	1.357 5	−469.64	57.15	320.28	847.07
		液体	0.579 9	0.939 3	0.532 1	0.081 1	0.049 1	1.546 0	2.514 0	−305.09	16.29	513.33	834.72
			0.155 9	0.809 7	0.424 0	0.020 2	0.014 8	2.796 6	3.791 2	−259.24	3.90	739.92	1 003.07
			9.39E-05	0.485 8	0.325 9	0.000 0	0.000 0	8.975 8	9.975 8	−203.36	0.00	1 825.34	2 028.69
27	乙烯	气体	2.35E-05	0.367 4	55 954.39	0.999 9	0.000 0	0.000 0	0.000 1	−752.95	44.12	0.00	797.08
			0.456 7	0.883 1	4.729 7	0.689 5	0.040 5	0.021 9	0.372 9	−192.51	25.14	13.60	231.25
			0.837 9	0.971 4	2.027 0	0.484 8	0.077 9	0.114 6	0.707 8	−136.92	20.71	30.46	188.08
		临界点	1.000 0	1.000 0	1.000 0	0.277 6	0.093 0	0.423 5	1.238 9	−94.70	12.20	55.52	162.42
		液体	0.837 9	0.971 4	0.632 8	0.150 7	0.074 7	0.947 0	1.871 0	−70.46	6.19	78.56	155.22
			0.456 7	0.883 1	0.456 8	0.071 4	0.043 6	1.582 0	2.554 1	−55.61	2.61	94.74	152.96
			2.35E-05	0.367 4	0.299 2	0.000 0	0.000 0	10.876 1	11.876 1	−39.23	0.00	426.61	465.84
28	丙烯	气体	2.65E-04	0.438 2	5 927.47	0.999 2	0.000 1	0.000 0	0.000 8	−861.68	62.32	0.05	924.05
			0.260 9	0.821 7	8.985 9	0.811 4	0.028 9	0.008 0	0.225 4	−312.77	47.94	13.26	373.97
			0.756 1	0.958 6	2.425 5	0.530 0	0.068 6	0.080 4	0.619 0	−210.43	30.71	36.01	277.15
		临界点	1.000 0	1.000 0	1.000 0	0.276 6	0.093 0	0.426 2	1.242 6	−133.54	17.17	78.68	229.39
		液体	0.756 1	0.958 6	0.606 6	0.131 6	0.067 9	1.042 1	1.978 4	−97.25	7.60	116.69	221.54
			0.260 9	0.821 7	0.459 0	0.038 6	0.026 7	2.043 7	3.031 9	−81.46	2.26	173.17	256.90
			2.65E-04	0.438 2	0.335 6	0.000 0	0.000 0	7.826 5	8.826 5	−61.95	0.00	484.87	546.82
29	乙炔	气体	2.05E-02	0.623 3	106.38	0.973 4	0.003 1	0.000 1	0.029 8	−317.27	37.48	1.12	355.87
			0.405 5	0.879 8	5.530 0	0.717 3	0.034 6	0.016 1	0.333 3	−175.41	21.44	9.97	206.82
			0.810 9	0.971 8	2.142 9	0.487 6	0.072 7	0.103 3	0.688 3	−123.20	17.47	24.83	165.49
		临界点	1.000 0	1.000 0	1.000 0	0.272 6	0.092 9	0.437 4	1.257 7	−81.61	10.43	49.08	141.11
		液体	0.810 9	0.971 8	0.622 1	0.140 7	0.071 3	0.999 3	1.929 9	−59.98	4.98	69.75	134.71
			0.405 5	0.879 8	0.490 8	0.061 3	0.038 3	1.693 5	2.670 5	−51.69	2.11	93.26	147.06
			2.05E-02	0.623 3	0.377 9	0.003 4	0.002 7	4.203 9	5.203 2	−42.26	0.12	178.25	220.62
30	异丁烷	气体	2.24E-05	0.392 2	62 320.79	0.999 9	0.000 0	0.000 0	0.000 1	−1 416.98	86.20	0.01	1 503.19
			0.279 3	0.833 3	8.512 5	0.809 1	0.028 6	0.008 0	0.227 5	−426.99	63.85	17.90	508.73
			0.871 7	0.980 4	1.859 3	0.469 6	0.080 6	0.127 8	0.738 9	−259.08	39.37	62.44	360.90
		临界点	1.000 0	1.000 0	1.000 0	0.284 1	0.092 9	0.404 9	1.213 7	−188.07	24.40	106.36	318.83
		液体	0.871 7	0.980 4	0.654 1	0.164 6	0.077 8	0.852 3	1.765 5	−143.55	13.36	146.46	303.37
			0.279 3	0.833 3	0.455 2	0.043 2	0.028 3	1.949 4	2.934 5	−114.42	3.39	233.11	350.92
			2.24E-05	0.392 2	0.321 5	0.000 0	0.000 0	9.408 3	10.408 3	−84.46	0.00	794.60	879.06

续 表

编号	名称	状态	状态参数			压缩因子				Virial 系数/$cm^3 \cdot mol^{-1}$			
			P_r	T_r	V_r	Z	Z_{P1}	Z_{P2}	Z_{at}	A_V	A_{P1}	A_{P2}	A_{at}
		气体	1.76E-03	0.515 8	1 084.80	0.996 5	0.000 3	0.000 0	0.003 9	−983.52	87.43	0.33	1 071.28
			0.198 2	0.800 4	12.556 2	0.850 0	0.019 5	0.004 0	0.173 6	−482.16	62.83	12.89	557.87
			0.860 5	0.978 3	2.010 9	0.481 4	0.079 8	0.120 0	0.718 4	−266.97	41.06	61.77	369.80
31	苯	临界点	1.000 0	1.000 0	1.000 0	0.273 9	0.093 5	0.437 8	1.257 3	−185.87	23.93	112.07	321.87
		液体	0.860 5	0.978 3	0.686 3	0.163 6	0.077 2	0.850 5	1.764 1	−146.95	13.56	149.43	309.94
			0.198 2	0.800 4	0.438 9	0.029 4	0.020 5	2.334 3	3.325 3	−109.05	2.30	262.28	373.63
			1.76E-03	0.515 8	0.344 4	0.000 3	0.000 3	6.284 7	7.284 6	−88.14	0.02	554.10	642.26
		气体	1.85E-04	0.456 2	10 169.00	0.999 5	0.000 0	0.000 0	0.000 5	−1 530.56	111.27	0.06	1 641.88
			0.285 6	0.844 9	8.828 7	0.805 0	0.029 0	0.008 4	0.232 3	−544.03	80.81	23.33	648.17
			0.866 5	0.980 1	2.211 5	0.515 4	0.081 4	0.107 1	0.673 1	−338.63	56.91	74.85	470.40
32	甲苯	临界点	1.000 0	1.000 0	1.000 0	0.264 9	0.092 4	0.457 6	1.285 1	−232.30	29.19	144.60	406.09
		液体	0.866 5	0.980 1	0.644 8	0.150 6	0.075 4	0.970 6	1.895 4	−173.08	15.37	197.76	386.21
			0.285 6	0.844 9	0.456 6	0.040 9	0.027 5	2.095 7	3.082 3	−138.38	3.97	302.38	444.73
			1.85E-04	0.456 2	0.328 4	0.000 0	0.000 0	8.302 8	9.302 8	−103.77	0.00	861.62	965.40
		气体	2.07E-03	0.550 0	950.00	0.996 4	0.000 3	0.000 0	0.003 9	−1 703.73	142.46	0.55	1 846.75
			0.358 2	0.875 0	5.849 1	0.753 3	0.036 2	0.014 3	0.297 2	−717.14	105.25	41.51	863.90
			0.563 6	0.925 0	3.553 5	0.649 8	0.051 0	0.034 2	0.435 4	−618.51	90.09	60.36	768.96
33	联苯	临界点	1.000 0	1.000 0	1.000 0	0.295 9	0.093 0	0.375 9	1.173 0	−349.94	46.24	186.82	583.01
		液体	0.563 6	0.925 0	0.534 6	0.096 1	0.053 1	1.229 9	2.187 0	−240.17	14.12	326.78	581.07
			0.358 2	0.875 0	0.480 8	0.058 1	0.035 6	1.599 7	2.577 2	−225.08	8.50	382.26	615.85
			2.07E-03	0.550 0	0.343 4	0.000 4	0.000 3	5.501 1	6.501 1	−170.61	0.05	938.87	1 109.53
		气体	6.68E-03	0.590 3	385.56	0.990 5	0.001 0	0.000 0	0.010 5	−761.98	80.67	0.83	843.49
			0.407 9	0.885 5	6.539 5	0.728 4	0.032 9	0.014 4	0.319 0	−371.28	44.93	19.74	435.95
			0.792 5	0.964 2	2.479 6	0.490 7	0.072 1	0.100 8	0.682 2	−263.92	37.39	52.24	353.55
34	丙酮	临界点	1.000 0	1.000 0	1.000 0	0.240 7	0.091 2	0.538 2	1.388 8	−158.70	19.07	112.49	290.27
		液体	0.792 5	0.964 2	0.585 8	0.115 6	0.066 0	1.324 7	2.275 1	−108.27	8.08	162.19	278.55
			0.407 9	0.885 5	0.476 3	0.052 7	0.035 2	2.065 9	3.048 4	−94.30	3.51	205.65	303.46
			6.68E-03	0.590 3	0.343 6	0.000 9	0.000 8	6.073 9	7.073 8	−71.74	0.06	436.18	507.99
		气体	0.015 0	0.677 9	211.20	0.985 5	0.001 8	0.000 0	0.016 3	−511.16	62.15	1.00	574.30
			0.432 9	0.910 3	6.703 4	0.769 2	0.044 9	0.017 0	0.292 7	−258.39	50.29	19.03	327.70
			0.755 6	0.968 4	3.034 5	0.587 3	0.070 7	0.066 4	0.549 8	−209.16	35.84	33.64	278.64
35	乙醇	临界点	1.000 0	1.000 0	1.000 0	0.249 8	0.092 2	0.510 1	1.352 6	−125.29	15.40	85.19	225.88
		液体	0.755 6	0.968 4	0.576 8	0.111 6	0.063 1	1.292 1	2.243 6	−85.57	6.08	124.46	216.11
			0.432 9	0.910 3	0.483 3	0.057 0	0.037 0	1.886 2	2.866 2	−76.11	2.99	152.24	231.34
			0.015 0	0.677 9	0.363 6	0.002 0	0.001 6	4.758 9	5.758 6	−60.60	0.10	288.97	349.67

续 表

编号	名称	状态	状态参数			压缩因子				Virial 系数/cm³ · mol⁻¹			
			P_r	T_r	V_r	Z	Z_{P1}	Z_{P2}	Z_{at}	A_V	A_{P1}	A_{P2}	A_{at}
36	乙醚	气体	0.179 5	0.799 1	14.191 8	0.846 4	0.008 7	0.001 7	0.164 1	−610.43	34.55	6.91	651.89
			0.490 3	0.906 2	4.769 5	0.672 2	0.036 6	0.021 0	0.385 4	−437.82	48.82	28.04	514.68
			0.943 2	0.991 9	1.635 7	0.404 2	0.087 4	0.191 4	0.874 5	−272.87	40.02	87.65	400.53
		临界点	1.000 0	1.000 0	1.000 0	0.260 0	0.092 0	0.470 2	1.302 2	−207.21	25.75	131.67	364.62
		液体	0.943 2	0.991 9	0.723 4	0.178 7	0.082 8	0.814 4	1.718 6	−166.36	16.78	164.96	348.10
			0.490 3	0.906 2	0.511 7	0.071 9	0.044 2	1.616 7	2.589 0	−132.97	6.34	231.63	370.94
			0.179 5	0.799 1	0.434 0	0.025 3	0.018 0	2.532 2	3.524 9	−118.44	2.19	307.72	428.35
37	四氟化碳	气体	2.38E-04	0.439 6	6 748.12	0.999 3	0.000 0	0.000 0	0.000 7	−663.70	47.15	0.03	710.88
			0.414 7	0.879 1	5.451 1	0.729 4	0.040 5	0.018 3	0.329 4	−207.55	31.09	14.03	252.67
			0.781 5	0.967 0	2.255 6	0.508 9	0.069 4	0.089 0	0.649 4	−155.84	22.02	28.24	206.10
		临界点	1.000 0	1.000 0	1.000 0	0.279 2	0.093 3	0.421 0	1.235 1	−101.42	13.13	59.23	173.78
		液体	0.781 5	0.967 0	0.622 2	0.139 3	0.069 9	0.976 3	1.906 9	−75.35	6.12	85.47	166.93
			0.414 7	0.879 1	0.498 6	0.065 1	0.040 0	1.613 7	2.588 6	−65.58	2.81	113.21	181.60
			2.38E-04	0.439 6	0.336 5	0.000 0	0.000 0	7.866 5	8.866 5	−47.34	0.00	372.44	419.79
38	四氯化碳	气体	1.40E-03	0.503 2	1 347.10	0.997 1	0.000 3	0.000 0	0.003 2	−1 083.73	99.24	0.30	1 183.27
			0.477 4	0.898 6	4.787 9	0.692 8	0.040 5	0.021 6	0.369 2	−405.91	53.47	28.49	487.87
			0.815 4	0.970 5	2.232 1	0.510 6	0.074 6	0.097 3	0.661 3	−301.50	45.93	59.95	407.38
		临界点	1.000 0	1.000 0	1.000 0	0.271 9	0.092 3	0.434 9	1.255 3	−200.96	25.48	120.02	346.46
		液体	0.815 4	0.970 5	0.625 6	0.142 8	0.072 2	0.990 6	1.919 9	−148.01	12.46	171.04	331.51
			0.477 4	0.898 6	0.478 8	0.068 7	0.042 6	1.678 9	2.652 8	−123.07	5.63	221.86	350.57
			1.40E-03	0.503 2	0.345 4	0.000 3	0.000 2	6.430 3	7.430 3	−95.31	0.02	613.00	708.33
39	一氯甲烷	气体	1.70E-04	0.420 7	10 182.48	0.999 5	0.000 0	0.000 0	0.000 5	−731.69	46.86	0.02	778.57
			0.757 8	0.961 5	2.737 2	0.575 6	0.070 1	0.068 9	0.563 5	−166.13	27.46	26.96	220.55
			0.891 3	0.985 6	1.897 8	0.287 6	0.108 6	0.179 0	1.000 0	−193.34	29.46	48.59	271.39
		临界点	1.000 0	1.000 0	1.000 0	0.269 7	0.092 9	0.446 0	1.269 2	−104.44	13.28	63.78	181.50
		液体	0.891 3	0.985 6	0.655 8	0.159 0	0.077 5	0.912 4	1.831 0	−78.87	7.27	85.57	171.71
			0.757 8	0.961 5	0.571 5	0.120 7	0.065 5	1.173 5	2.118 3	−71.86	5.36	95.90	173.12
			1.70E-04	0.420 7	0.322 6	0.000 0	0.000 0	8.926 1	9.926 1	−46.13	0.00	411.78	457.91
40	氯仿	气体	2.10E-03	0.521 8	844.50	0.995 9	0.000 4	0.000 0	0.004 5	−839.65	75.78	0.34	915.76
			0.475 1	0.894 5	4.810	0.735 3	0.052 3	0.024 2	0.341 1	−305.54	60.33	27.90	393.77
			0.816 5	0.969 1	2.335	0.576 5	0.082 1	0.084 4	0.590 1	−237.35	46.01	47.32	330.69
		临界点	1.000 0	1.000 0	1.000 0	0.293 8	0.092 9	0.380 4	1.179 6	−169.50	22.31	91.30	283.11
		液体	0.816 5	0.969 1	0.596 5	0.147 3	0.073 2	0.954 0	1.879 9	−122.08	10.48	136.57	269.13
			0.475 1	0.894 5	0.490 0	0.076 3	0.045 4	1.484 7	2.453 9	−108.63	5.34	174.61	288.58
			2.10E-03	0.521 8	0.330 0	0.000 4	0.000 3	5.949 7	6.949 7	−79.17	0.03	471.22	550.41

续 表

编号	名称	状态	状态参数			压缩因子				Virial 系数/$cm^3 \cdot mol^{-1}$			
			P_r	T_r	V_r	Z	Z_{P1}	Z_{P2}	Z_{at}	A_V	A_{P1}	A_{P2}	A_{at}
41	二氧化碳	气体	7.02E-02	0.712 0	33.193 5	0.929 5	0.007 4	0.000 6	0.078 5	−219.90	23.09	1.96	244.94
			0.438 8	0.887 6	5.268 1	0.719 2	0.040 3	0.019 1	0.340 2	−139.04	19.98	9.45	168.48
			0.908 8	0.986 2	1.724 9	0.439 7	0.085 5	0.157 8	0.803 6	−90.85	13.85	25.59	130.30
		临界点	1.000 0	1.000 0	1.000 0	0.276 6	0.093 4	0.429 3	1.246 1	−68.00	8.78	40.35	117.13
		液体	0.908 8	0.986 2	0.685 3	0.173 0	0.080 6	0.824 8	1.732 3	−53.27	5.19	53.13	111.59
			0.438 8	0.887 6	0.492 3	0.065 9	0.040 8	1.641 7	2.616 6	−43.23	1.89	75.97	121.09
			7.02E-02	0.712 0	0.395 5	0.010 7	0.008 1	3.208 9	4.206 3	−36.78	0.30	119.30	156.38
42	水	气体	2.76E-05	0.422 0	65 078.86	0.999 9	0.000 0	0.000 0	0.000 1	−328.05	22.69	0.00	350.74
			1.60E-04	0.463 5	12 343.85	0.999 6	0.000 0	0.000 0	0.000 4	−286.37	22.68	0.01	309.06
			4.89E-03	0.579 3	496.53	0.992 6	0.000 8	0.000 0	0.008 2	−204.66	22.54	0.18	227.37
			1.11E-02	0.618 0	230.60	0.985 7	0.001 7	0.000 0	0.016 1	−184.79	22.39	0.36	207.54
		液体	1.11E-02	0.618 0	0.336 6	0.001 4	0.001 2	5.734 4	6.734 2	−18.81	0.02	107.99	126.82
			4.89E-03	0.579 3	0.329 7	0.000 6	0.000 5	6.460 6	7.460 5	−18.43	0.01	119.18	137.62
			1.60E-04	0.463 5	0.316 4	0.000 0	0.000 0	9.312 5	10.312 5	−17.70	0.00	164.86	182.56
			2.76E-05	0.422 0	0.315 5	0.000 0	0.000 0	10.645 9	11.645 9	−17.65	0.00	187.92	205.58
43	二氧化硫	气体	2.61E-04	0.470 5	6 611.75	0.999 3	0.000 1	0.000 0	0.000 7	−554.40	42.26	0.03	596.70
			0.212 7	0.823 3	11.589 7	0.842 1	0.020 7	0.004 5	0.183 0	−223.20	29.22	6.37	258.79
			0.839 9	0.988 0	2.030 4	0.465 8	0.071 3	0.110 4	0.715 8	−132.32	17.65	27.34	177.31
		临界点	1.000 0	1.000 0	1.000 0	0.269 7	0.092 9	0.446 0	1.269 2	−89.10	11.33	54.42	154.85
		液体	0.839 9	0.988 0	0.648 0	0.147 6	0.072 1	0.922 8	1.847 3	−67.39	5.70	72.95	146.04
			0.212 7	0.823 3	0.435 6	0.030 1	0.020 8	2.286 0	3.276 7	−51.54	1.11	121.49	174.13
			2.61E-04	0.470 5	0.324 7	0.000 1	0.000 0	7.889 3	8.889 3	−39.61	0.00	312.52	352.13
44	氨	气体	4.57E-04	0.482 2	3 677.56	0.998 7	0.000 1	0.000 0	0.001 4	−355.18	24.03	0.03	379.24
			0.290 5	0.863 3	7.497 1	0.752 7	0.029 0	0.011 3	0.287 7	−134.44	15.77	6.15	156.36
			0.774 4	0.986 7	1.809 6	0.344 4	0.061 8	0.159 0	0.876 3	−86.01	8.11	20.86	114.97
		临界点	1.000 0	1.000 0	1.000 0	0.242 3	0.091 3	0.531 3	1.380 3	−54.93	6.62	38.52	100.07
		液体	0.774 4	0.986 7	0.677 3	0.128 7	0.065 2	1.006 9	1.943 4	−42.79	3.20	49.44	95.43
			0.290 5	0.863 3	0.458 8	0.037 3	0.025 6	2.234 7	3.222 9	−32.02	0.85	74.33	107.20
			4.57E-04	0.482 2	0.311 9	0.003 2	0.000 1	8.872 9	9.869 8	−22.54	0.00	200.64	223.18

注：本表数据取自：

[1] 张福田. 分子界面化学基础[M]. 上海科技文献出版社，2006.

[2] 卢焕章. 石油化工基础数据手册[M]. 北京：化学工业出版社，1984.

[3] B. E. 波林，J. M. 普劳斯尼茨，J. P. 奥康奈尔. 气液物性估算手册[M]. 北京：化学工业出版社，2006.

附录 4 溶液条件[1]

溶液条件指标：溶液理想度 δ_S、压力相似条件 δ_P、体积变化条件 δ_{V1}、体积相似条件 δ_{V2}

完全理想溶液要求[2]：$\delta_S=0$， $\delta_P=1$， $\delta_{V1}=0\%$， $\delta_{V2}=1$

近似理想溶液要求[3]：$|\delta_S|\leqslant 3\%$， $\delta_P\geqslant 0$， $|\delta_{V1}|=0\%$， 或/和 $\delta_{V2}=1$

实际溶液要求[4] ：$|\delta_S|>3\%$， $\delta_P\geqslant 0$， $|\delta_{V1}|\geqslant 0\%$， $\delta_{V2}\geqslant 0$

P/bar	V/cm^3 • mol^{-1}	x_1	δ_S/ %	δ_P	δ_{V1}/ %	δ_{V2}	溶液类型
1 环己烷(1)—苯(2)，T=313.15 K							
0.259 9	102.69	0.128 2	4.40	0.99	9.67	1.22	实际溶液
0.274 8	101.64	0.493 2	10.87	0.99	0.82	1.22	实际溶液
0.269 0	100.17	0.742 8	8.84	0.99	−5.26	1.22	实际溶液
0.260 0	99.32	0.865 6	5.38	0.99	−8.16	1.22	实际溶液
2 苯(1)—甲苯(2)，T=293.15 K							
0.049 3	106.93	0.200 0	3.53	3.01	0.08	0.83	实际溶液
0.064 7	103.42	0.400 0	5.48	3.01	0.06	0.83	实际溶液
0.078 8	99.82	0.600 0	5.12	3.01	0.15	0.83	实际溶液
0.092 7	96.31	0.800 0	4.57	3.01	0.12	0.83	实际溶液
3 苯(1)—甲苯(2)，T=353.15 K							
0.528 0	113.32	0.200 0	1.49	2.53	−0.06	0.86	近似理想溶液
0.651 9	110.02	0.400 0	1.58	2.53	−0.25	0.86	近似理想溶液
0.779 9	106.58	0.600 0	2.17	2.53	−0.50	0.86	近似理想溶液
0.902 6	103.10	0.800 0	1.99	2.53	−0.46	0.86	近似理想溶液
4 苯(1)—甲苯(2)，T=393.15 K							
1.763 1	118.37	0.227 7	−1.71	2.23	−0.13	0.87	近似理想溶液
2.138 0	114.78	0.440 2	−0.97	2.23	−0.48	0.87	近似理想溶液
2.492 6	111.19	0.638 9	−0.31	2.23	−0.84	0.87	近似理想溶液
2.827 0	107.81	0.825 1	0.24	2.23	−0.74	0.87	近似理想溶液
5 苯(1)—间二甲苯 (2)，T=413.15 K							
1.509 7	138.89	0.131 2	−5.26	4.45	−0.07	0.77	实际溶液
2.300 1	134.56	0.368 1	−7.60	4.45	−0.48	0.77	实际溶液
3.161 3	126.40	0.576 1	−3.50	4.45	−1.10	0.77	实际溶液
3.880 7	118.99	0.760 3	−2.30	4.45	−1.68	0.77	近似理想溶液

续 表

P/bar	V/cm^3·mol^{-1}	x_1	δ_S/%	δ_P	δ_{V1}/%	δ_{V2}	溶液类型
6 己烷(1)—氯苯(2),T=338.15 K							
0.352 1	106.52	0.201 0	27.08	7.47	−1.26	1.32	实际溶液
0.509 7	111.85	0.394 0	19.23	7.47	−1.32	1.32	实际溶液
0.637 1	118.17	0.591 0	9.67	7.47	−1.81	1.32	实际溶液
0.770 6	124.08	0.806 0	2.95	7.47	−7.30	1.32	实际溶液
7 庚烷(1)—氯丁烷(2),T=323.15 K							
0.361 6	115.74	0.158 0	0.51	0.48	0.09	1.40	近似理想溶液
0.340 2	125.78	0.385 3	8.69	0.48	0.18	1.40	实际溶液
0.305 3	134.90	0.595 5	13.16	0.48	0.12	1.40	实际溶液
0.222 9	146.76	0.864 5	3.92	0.48	0.20	1.40	实际溶液
8 环己烷(1)—氯丁烷(2),T=313.15 K							
0.282 7	101.88	0.245 8	2.77	0.87	−0.06	1.13	近似理想溶液
0.275 9	103.50	0.393 9	2.41	0.87	−0.28	1.13	近似理想溶液
0.271 2	109.72	0.526 1	2.56	0.87	4.06	1.13	实际溶液
0.260 8	111.36	0.754 7	2.00	0.87	2.85	1.13	近似理想溶液
9 苯(1)—氯仿(2),T=298.15 K							
0.226 6	83.13	0.260 0	−2.39	0.49	0.12	1.11	近似理想溶液
0.207 2	84.22	0.372 0	−4.43	0.49	0.25	1.11	实际溶液
0.167 3	86.53	0.640 0	−7.00	0.49	0.19	1.11	实际溶液
0.141 2	88.47	0.866 0	−5.13	0.49	0.14	1.11	实际溶液
10 苯(1)—四氯化碳(2),T=313.15 K							
0.276 0	101.45	0.218 8	1.25	0.86	4.28	0.89	实际溶液
0.270 6	102.62	0.393 7	1.91	0.86	7.56	0.89	实际溶液
0.264 0	101.93	0.560 7	1.97	0.86	8.89	0.89	实际溶液
0.252 0	96.02	0.814 2	1.30	0.86	5.65	0.89	实际溶液
11 苯(1)—二氯乙烷(2),T=293.15 K							
0.085 9	80.97	0.155 0	0.34	1.21	0.23	1.12	近似理想溶液
0.091 5	83.86	0.443 0	1.07	1.21	0.29	1.12	近似理想溶液
0.093 9	85.29	0.594 0	0.85	1.21	0.22	1.12	近似理想溶液
0.096 8	87.10	0.777 0	0.63	1.21	0.23	1.12	近似理想溶液
12 苯(1)—氯苯(2),T=307.95 K							
0.062 7	90.39	0.207 9	1.49	7.16	−0.40	1.00	近似理想溶液
0.084 8	90.11	0.349 4	−0.64	7.16	−0.67	1.00	近似理想溶液
0.143 9	90.09	0.709 2	−1.03	7.16	−0.62	1.00	近似理想溶液
0.168 4	90.06	0.848 2	−0.09	7.16	−0.63	1.00	近似理想溶液
13 甲苯(1)—四氯化碳(2),T=293.15 K							
0.106 4	98.44	0.200 0	−0.08	0.28	−0.03	1.10	近似理想溶液
0.088 1	100.39	0.400 0	−0.63	0.28	−0.09	1.10	近似理想溶液
0.069 2	102.43	0.600 0	−2.41	0.28	−0.05	1.10	近似理想溶液

续 表

P/bar	$V/cm^3 \cdot mol^{-1}$	x_1	δ_S/%	δ_P	δ_{V1}/%	δ_{V2}	溶液类型
13 甲苯(1)—四氯化碳(2),T=293.15 K							
0.053 7	104.44	0.800 0	1.15	0.28	−0.04	1.10	近似理想溶液
14 苯(1)—二硫化碳(2),T=298.15 K							
0.429 4	66.53	0.188 6	3.60	0.26	0.51	1.47	实际溶液
0.369 2	74.07	0.438 8	13.35	0.26	0.90	1.47	实际溶液
0.311 4	77.77	0.573 8	12.12	0.26	0.61	1.47	实际溶液
0.237 0	83.16	0.766 3	13.17	0.26	0.38	1.47	实际溶液
15 甲苯(1)—二硫化碳(2),T=273.15 K							
0.139 2	68.57	0.200 0	2.13	0.08	0.02	1.76	近似理想溶液
0.112 7	78.03	0.400 0	6.77	0.08	0.49	1.76	实际溶液
0.084 1	86.64	0.600 0	12.56	0.08	−0.11	1.76	实际溶液
0.056 3	91.04	0.800 0	27.96	0.08	−4.99	1.76	实际溶液
16 环己烷(1)—二噁烷(2),T=293.15 K							
0.091 3	88.67	0.140 0	95.39	2.77	0.25	1.27	实际溶液
0.108 5	93.28	0.320 0	84.98	2.77	0.76	1.27	实际溶液
0.111 3	100.01	0.610 0	42.94	2.77	0.82	1.27	实际溶液
0.110 4	103.57	0.770 0	24.76	2.77	0.69	1.27	实际溶液
17 苯(1)—乙醚(2),T=293.15 K							
0.489 3	100.45	0.200 0	1.13	0.18	−0.18	0.86	近似理想溶液
0.392 0	97.24	0.400 0	0.93	0.18	−0.46	0.86	近似理想溶液
0.296 6	94.76	0.600 0	1.27	0.18	0.00	0.86	近似理想溶液
0.200 0	92.50	0.800 0	1.28	0.18	0.72	0.86	近似理想溶液
18 苯(1)—苯甲醚(2),T=343.15 K							
0.247 2	107.98	0.316 9	−7.30	13.70	−0.08	0.83	实际溶液
0.361 8	104.79	0.480 5	−3.99	13.70	−0.08	0.83	实际溶液
0.463 7	101.77	0.633 4	−3.38	13.70	−0.12	0.83	实际溶液
0.624 5	97.47	0.857 5	−1.03	13.70	−0.04	0.83	近似理想溶液
19 苯(1)—乙酸乙酯(2),T=293.15 K							
0.125 7	96.314 51	0.200 0	26.71	1.04	0.13	0.91	实际溶液
0.139 5	94.470 6	0.400 0	39.39	1.04	0.19	0.91	实际溶液
0.142 0	92.626 68	0.600 0	40.76	1.04	0.18	0.91	实际溶液
0.127 7	90.782 77	0.800 0	25.59	1.04	0.11	0.91	实际溶液
20 苯(1)—苯甲氰(2),T=343.15 K							
0.161 3	104.51	0.208 6	−1.68	53.37	−0.26	0.88	近似理想溶液
0.346 2	101.39	0.443 7	3.83	53.37	−0.39	0.88	实际溶液
0.537 6	97.76	0.734 1	−0.95	53.37	−0.35	0.88	近似理想溶液
0.641 5	96.12	0.877 2	−0.67	53.37	−0.18	0.88	近似理想溶液

续 表

P/bar	V/cm^3·mol^{-1}	x_1	δ_S/%	δ_P	δ_{V1}/%	δ_{V2}	溶液类型
21 苯(1)—苯胺(2),T=348.15 K							
0.190 8	94.87	0.184 4	31.05	51.44	−9.72	0.88	实际溶液
0.325 4	94.69	0.319 2	34.66	51.44	−8.40	0.88	实际溶液
0.502 0	94.49	0.610 1	11.78	51.44	−5.20	0.88	实际溶液
0.629 5	94.58	0.845 8	2.02	51.44	−2.18	0.88	近似理想溶液
22 苯(1)—硝基苯(2),T=293.15 K							
0.030 0	97.72	0.338 0	−9.92	737.00	−0.08	0.87	实际溶液
0.058 8	94.79	0.621 3	−3.77	737.00	0.84	0.87	实际溶液
0.070 9	92.75	0.741 0	−2.63	737.00	0.39	0.87	近似理想溶液
23 氯仿(1)—乙醚(2),T=293.15 K							
0.485 3	96.40	0.200 0	−5.94	0.37	−2.56	0.77	实际溶液
0.398 6	91.68	0.400 0	−9.67	0.37	−2.71	0.77	实际溶液
0.320 0	87.29	0.600 0	−12.73	0.37	−2.52	0.77	实际溶液
0.261 3	83.45	0.800 0	−10.50	0.37	−1.65	0.77	实际溶液
24 氯仿(1)—丙酮(2),T=293.15 K							
0.210 6	74.63	0.200 0	−10.13	0.87	−0.13	1.10	实际溶液
0.186 0	76.09	0.400 0	−18.47	0.87	−0.17	1.10	实际溶液
0.177 3	77.70	0.600 0	−20.07	0.87	−0.02	1.10	实际溶液
0.192 0	79.12	0.800 0	−10.95	0.87	−0.10	1.10	实际溶液
25 碘乙烷(1)—乙酸乙酯(2),T=323.15 K							
0.411 8	100.04	0.134 6	6.43	1.26	0.42	0.82	实际溶液
0.458 2	96.47	0.377 3	11.61	1.26	1.40	0.82	实际溶液
0.476 4	93.20	0.551 4	11.43	1.26	1.39	0.82	实际溶液
0.484 6	87.36	0.825 3	6.71	1.26	0.57	0.82	实际溶液
26 二硫化碳(1)—氯仿(2),T=293.15 K							
0.293 3	76.168 3	0.200 0	14.94	1.80	0.62	0.75	实际溶液
0.344 0	72.205 31	0.400 0	18.46	1.80	0.70	0.75	实际溶液
0.373 3	68.242 32	0.600 0	14.66	1.80	0.70	0.75	实际溶液
0.390 6	64.279 32	0.800 0	8.28	1.80	0.58	0.75	实际溶液
27 乙醚(1)—丙酮(2),T=293.15 K							
0.362 1	78.80	0.158 4	20.12	2.39	0.28	1.41	实际溶液
0.468 2	86.06	0.387 9	23.06	2.39	0.54	1.41	实际溶液
0.516 0	90.82	0.543 0	18.91	2.39	0.53	1.41	实际溶液
0.581 2	100.68	0.872 9	6.14	2.39	0.25	1.41	实际溶液
28 乙酸甲酯(1)—乙酸乙酯(2),T=293.15 K							
0.137 5	92.10	0.200 0	1.94	2.07	0.24	0.87	近似理想溶液
0.163 7	89.79	0.400 0	3.21	2.07	0.34	0.87	实际溶液
0.188 0	87.38	0.600 0	3.06	2.07	0.33	0.87	实际溶液
0.212 1	84.88	0.800 0	2.87	2.07	0.22	0.87	近似理想溶液

续 表

P/bar	V/cm^3·mol^{-1}	x_1	δ_S/%	δ_P	δ_{V1}/%	δ_{V2}	溶液类型
29 二硫化碳(1)—乙醚(2),T=293.15 K							
0.594 6	95.35	0.200 0	8.15	0.68	3.09	0.60	实际溶液
0.590 6	89.02	0.350 0	13.31	0.68	2.94	0.60	实际溶液
0.561 3	78.32	0.600 0	18.52	0.68	2.44	0.60	实际溶液
0.489 3	66.77	0.850 0	14.88	0.68	0.53	0.60	实际溶液
30 二硫化碳(1)—甲缩醛(2),T=289.68 K							
0.416 6	81.80	0.200 0	17.92	0.99	0.47	0.68	实际溶液
0.449 8	76.84	0.395 0	27.54	0.99	1.04	0.68	实际溶液
0.454 1	71.31	0.595 0	28.98	0.99	1.09	0.68	实际溶液
0.434 6	65.38	0.795 0	23.68	0.99	0.53	0.68	实际溶液
31 二硫化碳(1)—丙酮(2),T=302.35 K							
0.653 8	71.31	0.295 0	58.15	1.62	1.52	0.82	实际溶液
0.697 9	69.35	0.460 0	55.35	1.62	1.90	0.82	实际溶液
0.704 9	66.63	0.670 0	42.43	1.62	2.06	0.82	实际溶液
0.690 6	63.39	0.850 0	29.32	1.62	0.77	0.82	实际溶液
32 己烷(1)—甲醇(2),T=316.95 K							
0.214 0	61.71	0.214 0	154.43	1.06	0.40	3.24	实际溶液
0.452 1	83.82	0.452 1	150.64	1.06	0.24	3.24	实际溶液
0.663 0	103.64	0.663 0	147.38	1.06	0.38	3.24	实际溶液
0.827 0	118.96	0.827 0	144.91	1.06	0.39	3.24	实际溶液
33 庚烷(1)—乙醇(2),T=323.15 K							
0.406 4	77.12	0.177 0	47.94	0.64	0.63	2.53	实际溶液
0.415 0	98.99	0.413 8	66.16	0.64	0.52	2.53	实际溶液
0.415 0	112.58	0.561 8	77.20	0.64	0.40	2.53	实际溶液
0.385 8	141.54	0.882 0	92.41	0.64	−0.08	2.53	实际溶液
34 庚烷(1)—丁醇(2),T=323.15 K							
0.078 0	107.13	0.216 6	3.50	4.22	0.28	1.62	实际溶液
0.178 1	115.23	0.363 1	84.98	4.22	−0.11	1.62	实际溶液
0.198 1	131.39	0.635 9	46.45	4.22	0.13	1.62	实际溶液
0.201 6	141.03	0.802 0	26.77	4.22	0.10	1.62	实际溶液
35 2,2,4-三甲基戊烷(1)—乙醇(2),T=323.15 K							
0.401 8	73.983 51	0.120 1	42.16	0.66	−3.08	2.88	实际溶液
0.425 1	104.083 4	0.385 6	65.86	0.66	−3.09	2.88	实际溶液
0.420 2	134.874 9	0.657 2	83.26	0.66	−2.02	2.88	实际溶液
0.395 0	159.680 4	0.876 0	90.29	0.66	−0.95	2.88	实际溶液
36 环己烷(1)—乙醇(2),T=303.15 K							
0.216 5	69.44	0.200 0	88.16	1.57	0.49	1.86	实际溶液
0.234 2	79.74	0.400 0	84.62	1.57	0.69	1.86	实际溶液
0.238 5	89.83	0.600 0	71.98	1.57	0.61	1.86	实际溶液

续 表

P/bar	V/cm^3·mol^{-1}	x_1	δ_S/%	δ_P	δ_{V1}/%	δ_{V2}	溶液类型
36 环己烷(1)—乙醇(2),T=303.15 K							
0.237 3	99.69	0.800 0	57.69	1.57	0.31	1.86	实际溶液
37 苯(1)—甲醇(2),T=303.15 K							
0.302 6	50.84	0.200 0	47.02	0.75	0.10	2.20	实际溶液
0.308 0	60.64	0.400 0	57.89	0.75	0.08	2.20	实际溶液
0.302 6	70.43	0.600 0	64.25	0.75	0.06	2.20	实际溶液
0.278 6	80.21	0.800 0	60.65	0.75	0.02	2.20	实际溶液
38 苯(1)—乙醇(2),T=303.15 K							
0.196 0	66.09	0.228 5	66.08	1.59	0.01	1.53	实际溶液
0.232 0	72.01	0.417 7	78.99	1.59	0.09	1.53	实际溶液
0.237 3	76.29	0.555 3	71.91	1.59	0.10	1.53	实际溶液
0.232 0	81.73	0.730 5	55.91	1.59	0.11	1.53	实际溶液
39 苯(1)—丙醇(2),T=293.15 K							
0.075 7	77.46	0.200 0	110.53	4.99	−0.24	1.19	实际溶液
0.096 3	80.24	0.400 0	85.32	4.99	−0.27	1.19	实际溶液
0.104 0	83.60	0.600 0	53.12	4.99	0.38	1.19	实际溶液
0.108 1	86.23	0.800 0	28.89	4.99	0.16	1.19	实际溶液
40 苯(1)—异丙醇(2),T=298.15 K							
0.112 0	78.65	0.164 0	3.50	1.25	22.73	1.53	实际溶液
0.141 1	83.00	0.479 0	21.29	1.25	12.39	1.53	实际溶液
0.144 5	85.10	0.638 0	20.06	1.25	8.03	1.53	实际溶液
0.145 3	87.78	0.854 0	15.40	1.25	2.70	1.53	实际溶液
41 苯(1)—异丁醇(2),T=298.15 K							
0.075 7	91.29	0.195 0	98.94	7.49	−0.10	0.97	实际溶液
0.100 7	90.73	0.360 0	79.56	7.49	−0.17	0.97	实际溶液
0.119 1	89.81	0.657 0	34.60	7.49	−0.20	0.97	实际溶液
0.124 3	89.81	0.798 0	19.68	7.49	0.26	0.97	实际溶液
42 苯(1)—乙酸(2),T=298.15 K							
0.091 2	68.82	0.326 0	66.52	6.10	1.33	1.55	实际溶液
0.110 5	77.90	0.614 0	30.07	6.10	1.03	1.55	实际溶液
0.117 9	82.25	0.756 0	18.02	6.10	0.76	1.55	实际溶液
0.122 8	85.96	0.886 0	8.19	6.10	0.22	1.55	实际溶液
43 四氯化碳(1)—甲醇(2),T=293.15 K							
0.176 3	46.21	0.095 2	38.36	0.94	−40.65	1.27	实际溶液
0.196 1	47.98	0.178 4	54.74	0.94	−39.71	1.27	实际溶液
0.208 4	48.61	0.290 5	65.55	0.94	−40.64	1.27	实际溶液
0.213 6	65.48	0.580 1	72.75	0.94	−25.47	1.27	实际溶液
44 四氯化碳(1)—乙醇(2),T=318.15 K							
0.382 0	60.93	0.054 3	57.33	1.48	0.04	1.70	实际溶液

续表

P/bar	V/cm^3·mol^{-1}	x_1	δ_S/%	δ_P	δ_{V1}/%	δ_{V2}	溶液类型
44 四氯化碳(1)—乙醇(2),T=318.15 K							
0.462 5	69.01	0.215 9	77.10	1.48	2.23	1.70	实际溶液
0.467 3	75.97	0.416 3	64.61	1.48	0.37	1.70	实际溶液
0.456 3	89.03	0.721 7	43.26	1.48	0.98	1.70	实际溶液
45 1,2-二氯乙烷(1)—乙醇(2),T=323.15 K							
0.422 4	66.59	0.234 0	40.40	1.06	3.73	1.39	实际溶液
0.450 5	70.92	0.512 0	47.39	1.06	0.56	1.39	实际溶液
0.448 9	73.74	0.660 0	45.64	1.06	−0.20	1.39	实际溶液
0.423 7	78.71	0.868 0	35.88	1.06	0.12	1.39	实际溶液
46 1,2-二氯乙烷(1)—异戊醇(2),T=323.15 K							
0.143 6	108.087 8	0.200 0	77.43	13.34	−1.97	0.71	实际溶液
0.208 1	101.471 7	0.400 0	50.24	13.34	−1.28	0.71	实际溶液
0.243 7	94.855 52	0.600 0	24.27	13.34	−0.81	0.71	实际溶液
0.274 9	88.239 38	0.800 0	8.36	13.34	−0.71	0.71	实际溶液
47 丙酮(1)—丙醇(2),T=298.15 K							
0.133 3	76.56	0.175 0	31.26	5.11	0.10	0.96	实际溶液
0.186 1	76.16	0.339 0	31.62	5.11	0.25	0.96	实际溶液
0.222 9	75.63	0.514 0	21.20	5.11	0.26	0.96	实际溶液
0.295 4	74.53	0.839 0	12.39	5.11	0.13	0.96	实际溶液
48 丙酮(1)—丁醇(2),T=298.15 K							
0.097 3	89.77	0.125 0	114.49	34.64	0.03	0.80	实际溶液
0.154 7	85.17	0.381 0	28.40	34.64	0.06	0.80	实际溶液
0.198 7	81.33	0.594 0	8.60	34.64	0.07	0.80	实际溶液
0.242 6	76.15	0.879 0	−8.95	34.64	0.04	0.80	实际溶液
49 乙酸乙酯(1)—乙酸(2),T=333.15 K							
0.241 3	67.81	0.214 0	7.67	4.77	−1.77	1.74	实际溶液
0.428 0	79.78	0.492 0	20.82	4.77	−1.82	1.74	实际溶液
0.480 0	87.86	0.670 0	9.70	4.77	−1.37	1.74	实际溶液
0.558 6	98.18	0.890 0	3.36	4.77	−0.59	1.74	实际溶液
50 吡啶(1)—乙醇(2),T=293.15 K							
0.050 7	63.10	0.200 0	−1.04	0.36	2.33	1.41	近似理想溶液
0.042 7	67.31	0.400 0	−2.44	0.36	1.40	1.41	近似理想溶液
0.034 7	71.26	0.600 0	−4.41	0.36	0.24	1.41	实际溶液
0.028 0	75.75	0.800 0	−2.78	0.36	−0.07	1.41	近似理想溶液
51 吡啶(1)—乙酸(2),T=353.15 K							
0.204 3	61.95	0.151 8	−27.54	1.16	−6.21	1.56	实际溶液
0.118 5	68.14	0.391 4	−59.44	1.16	−8.23	1.56	实际溶液
0.126 0	73.24	0.571 8	−58.00	1.16	−8.94	1.56	实际溶液
0.204 8	78.52	0.763 0	−33.57	1.16	−9.72	1.56	实际溶液

续 表

P/bar	V/cm^3·mol^{-1}	x_1	δ_S/%	δ_P	δ_{V1}/%	δ_{V2}	溶液类型
52 甲醇(1)—乙醇(2),T=303.15 K							
0.128 3	55.40	0.200 0	1.01	2.07	0.01	0.69	近似理想溶液
0.151 9	51.80	0.400 0	1.62	2.07	0.01	0.69	近似理想溶液
0.173 7	48.20	0.600 0	1.07	2.07	0.02	0.69	近似理想溶液
0.197 7	44.59	0.800 0	1.74	2.07	0.01	0.69	近似理想溶液
53 甲醇(1)—丙醇(2),T=293.15 K							
0.042 5	53.92	0.200 0	1.79	6.38	−0.04	0.71	近似理想溶液
0.064 9	50.55	0.400 0	2.35	6.38	−0.04	0.71	近似理想溶液
0.085 1	47.19	0.600 0	−0.03	6.38	0.02	0.71	近似理想溶液
0.106 7	43.83	0.800 0	−0.07	6.38	0.06	0.71	近似理想溶液
54 乙醇(1)—丙醇(2),T=298.15 K							
0.044 3	62.07	0.241 0	4.31	2.54	−0.04	1.33	实际溶液
0.053 9	66.10	0.454 0	2.40	2.54	−0.01	1.33	近似理想溶液
0.063 3	69.85	0.656 0	1.75	2.54	−0.09	1.33	近似理想溶液
0.070 7	73.19	0.836 0	−0.24	2.54	−0.16	1.33	近似理想溶液
55 异丁醇(1)—异戊醇(2),T=333.15 K							
0.060 3	109.57	0.214 0	−1.09	3.00	−0.08	0.85	近似理想溶液
0.077 6	106.16	0.413 0	−0.40	3.00	−0.12	0.85	近似理想溶液
0.093 3	103.16	0.590 0	0.34	3.00	−0.11	0.85	近似理想溶液
0.112 0	99.38	0.815 0	−0.19	3.00	−0.07	0.85	近似理想溶液
56 水(1)—二噁烷(2),T=323.15 K							
0.160 7	73.90	0.199 5	−19.76	0.56	−0.39	0.21	实际溶液
0.225 8	60.00	0.395 4	24.63	0.56	−0.83	0.21	实际溶液
0.223 8	45.49	0.600 6	38.78	0.56	−1.44	0.21	实际溶液
0.212 0	31.64	0.799 2	49.26	0.56	−1.95	0.21	实际溶液
57 水(1)—丙酮(2),T=298.15 K							
0.284 6	61.13	0.214 8	15.17	0.10	−1.33	0.25	实际溶液
0.265 4	49.18	0.419 2	38.95	0.10	−2.70	0.25	实际溶液
0.245 8	36.34	0.646 2	90.98	0.10	−4.04	0.25	实际溶液
0.234 8	31.54	0.734 6	124.75	0.10	−4.24	0.25	实际溶液
58 水(1)—氰化氢(2),T=291.15 K							
0.675 8	34.98	0.162 0	6.27	0.03	−1.96	0.46	实际溶液
0.608 8	29.48	0.395 0	30.96	0.03	−4.18	0.46	实际溶液
0.577 4	24.86	0.607 0	86.75	0.03	−5.43	0.46	实际溶液
0.525 4	21.13	0.803 0	217.86	0.03	−4.66	0.46	实际溶液
59 水(1)—甲醇(2),T=298.15 K							
0.149 3	36.80	0.150 8	2.87	0.19	−1.36	0.44	近似理想溶液
0.109 7	28.22	0.505 7	12.31	0.19	−3.58	0.44	实际溶液
0.093 1	24.90	0.658 3	20.40	0.19	−3.52	0.44	实际溶液
0.070 7	21.77	0.810 0	23.96	0.19	−2.68	0.44	实际溶液

续 表

P/bar	V/cm^3 · mol^{-1}	x_1	δ_S/ %	δ_P	δ_{V1}/ %	δ_{V2}	溶液类型
60 水(1)—乙醇(2),T=298.15 K							
0.075 8	36.11	0.158 3	5.27	0.39	−1.25	0.45	实际溶液
0.065 9	29.03	0.462 3	14.90	0.39	−2.87	0.45	实际溶液
0.062 3	25.84	0.606 7	23.67	0.39	−3.26	0.45	实际溶液
0.051 2	21.92	0.796 6	24.31	0.39	−2.75	0.45	实际溶液
61 水(1)—甲酸(2),T=303.15 K							
0.051 8	32.35	0.276 3	−16.40	0.60	−4.81	0.45	实际溶液
0.031 3	25.85	0.594 9	−41.22	0.60	−4.21	0.45	实际溶液
0.038 4	21.78	0.798 5	−19.22	0.60	−3.26	0.45	实际溶液
0.040 5	18.97	0.952 9	−6.47	0.60	−0.82	0.45	实际溶液
62 水(1)—重水(2),T=298.15 K							
0.029 6	18.06	0.566 5	0.30	1.16	−0.19	1.00	近似理想溶液,接近完全理想溶液
63 水(1)—硝酸(2),T=293.15 K							
0.044 8	27.14	0.200 0	−18.89	0.37	−23.85	0.45	实际溶液
0.020 7	24.06	0.400 0	−56.11	0.37	−23.00	0.45	实际溶液
0.007 1	21.18	0.600 0	−81.88	0.37	−21.09	0.45	实际溶液
0.012 0	19.15	0.800 0	−61.84	0.37	−14.66	0.45	实际溶液
64 硫化氢(1)—戊烷(2),T=310.95 K							
6.890 1	105.70	0.195 1	11.66	25.05	1.13	0.38	实际溶液
13.780 2	88.80	0.438 0	10.21	25.05	2.38	0.38	实际溶液
20.670 3	69.00	0.708 0	5.77	25.05	3.02	0.38	实际溶液
24.115 4	57.20	0.860 0	2.60	25.05	2.42	0.38	近似理想溶液

注:(1) 本表数据取自 Timmermans J. The Physico-Chemical Constants of Birnary Systems in Concentrated Solutions [M]. Interscience Publi, V. 1-4, 1960.

(2) 完全理想溶液是个理论性模型溶液,理论上要求其总压力与 Raoult 定律计算的数值完全吻合,即其偏差 $\delta_S = 0$。但在处理实际数据时一般均会存在有一定的偏差,此外,还需考虑实测数据值亦会存在有一定的测试误差。在 8-2 节的讨论中,建议当 Raoult 定律计算的数值与溶液总压力误差<|3|%时,即各项溶液条件符合以下指标的溶液可以当作是符合完全理想溶液要求的溶液,即:

$|\delta_S| \leqslant 3\%$, $0.97 \leqslant \delta_P \leqslant 1.03$, $|\delta_{V1}| \leqslant 3\%$, $0.97 \leqslant \delta_{V2} \leqslant 1.03$

(3) 近似理想溶液只是接近理想状态的溶液,故在处理实际数据时对溶液条件中各指标可适当放宽(见第八章 8-3-3 节),依据上述设定的溶液条件建议可按以下条件处理近似理想溶液。

$|\delta_S| \leqslant 3\%$, $\delta_P \geqslant 0$, $|\delta_{V1}| \leqslant 3\%$ 或/和 $1.03 \geqslant \delta_{V2} \geqslant 0.97$

(4) 实际溶液的溶液条件要求为:

$|\delta_S| > 3\%$, $0.97 > \delta_P > 1.03$, $|\delta_{V1}| > 3\%$, $0.97 > \delta_{V2} > 1.03$